JN274185

鳥類の
人工孵化と育雛

山﨑 亨 監訳

文永堂出版

This edition is published by arrangement with Blackwell Publishing Ltd, Oxford.
Translated by Buneido Publishing Co., Ltd. from the original English language version.
Responsibility of the accuracy of the translation rests solely with Buneido Publishing
Co., Ltd. and is not the resposibility of Blackwel Publishing Ltd.

Hand-Rearing Birds

Laurie J. Gage, DVM
Rebecca S. Duerr, DVM

Blackwell Publishing

Laurie J. Gage, DVM, served as the Director of Veterinary Services for Six Flags Marine World in Vallejo, California, for 23 years, and then took a veterinary position at the Los Angeles Zoo, where she worked with a large variety of mammals and birds. She is presently the Big Cat Specialist for the United States Department of Agriculture, and also serves as a marine mammal advisor to that agency. She edited *Hand-Rearing Wild and Domestic Mammals* (Blackwell Publishers 2002).

Rebecca S. Duerr, DVM, received her BS in Marine Biology from San Francisco State University and her DVM from the University of California Davis, where she will complete an MPVM degree on oiled seabird care at the UCD Wildlife Health Center in 2007. Since 1988, she has served as staff at several California wildlife organizations including the Marine Mammal Center in Sausalito and Wildlife Rescue, Inc. in Palo Alto. She currently works as an avian and exotic animal veterinarian in Northern California. She serves on the Board of Directors and as wildlife shelter veterinarian for the Wildlife Care Association of Sacramento. She teaches baby bird care and avian trauma and fracture management at various wildlife rehabilitation centers.

©2007 Blackwell Publishing
All rights reserved

Blackwell Publishing Professional
2121 State Avenue, Ames, Iowa 50014, USA

Orders: 1-800-862-6657
Office: 1-515-292-0140
Fax: 1-515-292-3348
Web site: www.blackwellprofessional.com

Blackwell Publishing Ltd
9600 Garsington Road, Oxford OX4 2DQ, UK
Tel.: +44 (0)1865 776868

Blackwell Publishing Asia
550 Swanston Street, Carlton, Victoria 3053, Australia
Tel.: +61 (0)3 8359 1011

Authorization to photocopy items for internal or personal use, or the internal or personal use of specific clients, is granted by Blackwell Publishing, provided that the base fee is paid directly to the Copyright Clearance Center, 222 Rosewood Drive, Danvers, MA 01923. For those organizations that have been granted a photocopy license by CCC, a separate system of payments has been arranged. The fee codes for users of the Transactional Reporting Service is ISBN-13: 978-0-8138-0666-2/2007.

First edition, 2007

Library of Congress Cataloging-in-Publication Data
Gage, Laurie J.
   Hand-rearing birds / Laurie J. Gage, Rebecca Duerr.
      p. cm.
   Includes bibliographical references and index.
   ISBN 978-0-8138-0666-2 (alk. paper)
   1. Cage birds.   2. Captive wild birds.
   I. Duerr, Rebecca.   II. Title.
   SF461.G33 2007
   636.6′8–dc22
                                    2007006837

表紙の写真の説明
上左：42日齢のオオオニハシの3羽の雛。(写真提供：Martin Vince Riverbanks 動物園)
上中：3～5日齢のマネシツグミの3羽の雛。口腔内が黄色く、頭と背に灰色の綿羽が生えていることに注目。(写真提供：Rebecca Duerr)
上右：メキシコマシコの巣内雛3羽。赤い口腔内、頭部に4列に並んだ綿羽に注目。(写真提供：同上)
下右：1～1.5日齢のカリフォルニアコンドルの雛。パペットで給餌している。(写真提供：Mike Wallace Los Angeles 動物園)
下左：33日齢のルリコンゴウインコの雛。シリンジで給餌している。(写真提供：© Joanne Abramson)

Disclaimer
The contents of this work are intended to further general scientific research, understanding, and discussion only and are not intended and should not be relied upon as recommending or promoting a specific method, diagnosis, or treatment by practitioners for any particular patient. The publisher and the author make no representations or warranties with respect to the accuracy or completeness of the contents of this work and specifically disclaim all warranties, including without limitation any implied warranties of fitness for a particular purpose. In view of ongoing research, equipment modifications, changes in governmental regulations, and the constant flow of information relating to the use of medicines, equipment, and devices, the reader is urged to review and evaluate the information provided in the package insert or instructions for each medicine, equipment, or device for, among other things, any changes in the instructions or indication of usage and for added warnings and precautions. Readers should consult with a specialist where appropriate. The fact that an organization or Website is referred to in this work as a citation and/or a potential source of further information does not mean that the author or the publisher endorses the information the organization or Website may provide or recommendations it may make. Further, readers should be aware that Internet Websites listed in this work may have changed or disappeared between when this work was written and when it is read. No warranty may be created or extended by any promotional statements for this work. Neither the publisher nor the author shall be liable for any damages arising herefrom.

目　　次

執筆者一覧 ··· 7
訳者一覧 ··· 11
序　文 ··· 13
謝　辞 ··· 14
監訳者序文 ··· 15
訳語表 ··· 17
用語解説 ··· 33

1　基本的なケア ··· 1
2　雛の識別 ··· 15
3　孵　卵 ··· 33
4　走鳥類 ··· 51
5　ペンギン類 ··· 63
6　カイツブリ類（カイツブリ目カイツブリ科） ··································· 79
7　ペリカン類 ··· 91
8　フラミンゴ類 ··· 97
9　シギ・チドリ類（渉禽類） ··· 105
10　カモメ類とアジサシ類 ·· 117
11　ウミスズメ類 ·· 129
12　カモ類，ガン類，ハクチョウ類 ·· 141
13　ワシ類 ··· 157
14　タカ類，ハヤブサ類，トビ類，ミサゴ，新世界のハゲワシ類（コンドル類） ······ 167
15　コンドル類，旧世界のハゲワシ類 ·· 181
16　サギ類 ··· 201
17　家　禽 ··· 211
18　キジ類（シチメンチョウ，ウズラ，ライチョウ，キジ） ························ 227
19　ツル類 ··· 239
20　ハト類 ··· 253
21　オウム・インコ類 ·· 265
22　ヒインコ類 ·· 277
23　オオミチバシリ ·· 285
24　フクロウ類 ·· 293
25　ヨタカ類 ·· 303
26　エボシドリ類 ·· 313

27	ハチドリ類	321
28	アマツバメ類	335
29	ネズミドリ類	349
30	サイチョウ類，カワセミ類，ヤツガシラ類，ハチクイ類	355
31	キツツキ類	373
32	オオハシ類	383
33	カラス類	391
34	スズメ目：飼料	409
35	スズメ目：メキシコマシコ，ヒワ類，イエスズメ	415
36	スズメ目：コマツグミ類，マネシツグミ類，ツグミモドキ類，レンジャク類，ルリツグミ類	429
37	スズメ目：ツバメ類，ヤブガラ，ミソサザイ類	439
38	スズメ目：外来フィンチ類	451

付録Ⅰ	主要な関係機関	457
付録Ⅱ	鳥の成長期におけるエネルギー要求量	465
付録Ⅲ	製品・製薬等の製造・販売元	467

日本語索引 ……………………………………………………………………………… 471
外国語を含む用語の索引 ………………………………………………………………… 489

執筆者一覧

Robyn Arnold has been the Bird Department Supervisor at Six Flags Marine World for the past 10 years. During the 14 years employed in the bird department, she has raised over 30 Rainbow and 10 Perfect Lorikeet chicks. She has been working with birds for over 18 years. Her bird experience includes handling and training a variety of species, including parrots, raptors, penguins, and many others.

Veronica Bowers has been a wildlife rehabilitator for 9 years and works exclusively with wild native passerines. She is currently the Director of Avian Care for Sonoma County Wildlife Rescue and is co-leader of insectivore care for WildCare of Marin County, CA.

Kateri J. Davis lives with her husband and daughter near Eugene, Oregon, and together they run the Davis Lund Aviaries. They have specialized in raising and breeding softbill birds for over 15 years.

Rebecca S. Duerr, DVM, received her BS in Marine Biology from San Francisco State University and her DVM from the University of California Davis, where she will complete an MPVM degree on oiled seabird care at the UCD Wildlife Health Center in 2007. Since 1988, she has served as staff at several California wildlife organizations, including the Marine Mammal Center in Sausalito and Wildlife Rescue, Inc. in Palo Alto. She currently works as an avian and exotic animal veterinarian in Northern California. She serves on the Board of Directors and as wildlife shelter veterinarian for the Wildlife Care Association of Sacramento. She teaches baby bird care and avian trauma and fracture management at various wildlife rehabilitation centers. Her favorite baby birds are hatchling American Robins, but House Finches hold a close second place.

Nancy Eilertsen has been a wildlife rehabilitator since 1988. She is the founder and director of East Valley Wildlife based in Phoenix, Arizona, and is state and federally licensed. She is a coauthor of *A Flying Chance* passerine rehabilitation manual and is at work on a second edition focusing on identification of juveniles.

Sandie Elliott, combining a BS in Avian Science with 10 years as an Emergency Medical Technician, has devoted 28 years to the rescue and rehabilitation of wildlife in California. Although her passion lies with avian species, as Founder/Director of Spirit-Wild, a wildlife rescue rehabilitation organization in Lake County California, Sandie works with all species of birds and mammals.

Penny Elliston, one of the founders of Wildlife Rescue of New Mexico, has been working with hummingbirds and other avian species since 1980. She has authored and coauthored a number of papers on hummingbird growth, care, and behavior.

Meryl Faulkner has been a full-time home care volunteer with Project Wildlife, a rehabilitation group in San Diego County, for 20 years. She has raised and rehabilitated various avian species, and also skunks, but specializes in sea and shorebirds. She captive-rears and rehabilitates California Least Terns and Western Snowy Plovers (sometimes hatched from salvaged eggs) for local, state, and federal agencies.

Lisa Fosco is a wildlife biologist and a licensed veterinary technician. She has been involved in wildlife rehabilitation for over 20 years and has been an instructor for the International Wildlife Rehabilitation Council for the last 10 years. Lisa has published several papers on owls and has also participated in several radiotelemetry studies documenting the dispersal and survivability of captive-reared owls. She is presently the Director of Animal Care at the Ohio Wildlife Center.

Wendy Fox is a wildlife rehabilitator and Executive Director of Pelican Harbor Seabird Station in Florida. She has been rehabilitating Brown Pelicans and other species for 15 years. She currently sits on the Boards of Directors for the National Wildlife Rehabilitator's Association and the Florida Wildlife Rehabilitation Association.

Elaine J. Friedman is Director and Owner of Corvid Connection, a nonprofit wildlife education organization that uses permanently injured wildlife in programs for all age groups. A former pharmaceutical chemist for the Food and Drug Administration, Elaine currently does rehabilitation of ravens, crows, magpies, and jays for Lindsay Wildlife Museum, Wildcare and Sulphur Creek Nature Center, all located in the San Francisco Bay Area. She is also a consultant at Wildcare dealing with the handling and care of educational wild animals. Elaine has been involved in wildlife education and rehabilitation for over 20 years and has focused on corvid species for 13 years, publishing a number of papers on corvid care. Previously, she was a supervisor in the educational animal department of Lindsay Wildlife Museum and Corvid Species Manager in the Lindsay wildlife rehabilitation department, and she has worked as a keeper, raptor handler, teacher, and enrichment consultant at a number of wildlife facilities.

Laurie J. Gage, DVM, served as the Director of Veterinary Services for Six Flags Marine World in Vallejo, California, for 23 years, and then took a veterinary position at the Los Angeles Zoo, where she worked with a large variety of mammals and birds. She is presently the Big Cat Specialist for the United States Department of Agriculture, and she also serves as a marine mammal advisor to that agency. She edited *Hand-Rearing Wild and Domestic Mammals* (Blackwell Publishers 2002).

Marge Gibson is Founder and Executive Director of Raptor Education Group, Inc. (REGI), a wildlife rehabilitation, education, and research facility, located in Antigo, Wisconsin (www.raptoreducationgroup.org). A former president of International Wildlife Rehabilitation Council (IWRC), she teaches wildlife rehabilitation classes internationally and maintains an active schedule consulting with wildlife professionals worldwide about avian species. Marge has been active with avian field research and wildlife rehabilitation for over 40 years and has cared for thousands of avian patients from Bald Eagles and Trumpeter Swans to and through warblers and hummingbirds.

Janet Howard has been rehabilitating wildlife for 6 years, specializing in birds for 4 years. She runs a small home-based avian rehabilitation center and works as a photographer outside Atlanta, Georgia.

Linda Hufford is an avian wildlife rehabilitator permitted in the state of Texas and through U.S. Fish and Wildlife. Her area of avian interest includes aerial insectivores. She has been a volunteer with Texas Wildlife Rehabilitation Coalition since 1992 and an independent rehabilitator since 1995.

Sally Cutler Huntington's affinity for animals resulted from time spent as a child working in her father's veterinary clinic in Minneapolis. She now has over 300 finches and softbills in her modern San Diego aviaries. Her daily avian efforts are interrupted somewhat by her full-time private practice as a psychotherapist.

Susie Kasielke started her career as an Animal Keeper at the Los Angeles Zoo in 1977 and has been Curator of Birds there since 2001. She earned a BS degree in Avian Sciences at the University of California Davis. Through her involvement with the California Condor Recovery Program, she worked with the staff at Los Angeles to develop and refine propagation, incubation, and rearing methods for condors and other vultures. She teaches workshops on avian egg incubation for zoo groups in North America. She has also taught aviculture at Pierce College and is a guest lecturer at Moorpark College, UCLA, and UC Davis.

Martha Kudlacik has been a volunteer with Wildlife Rescue, Inc. (WRI) in Palo Alto, California, since 1994, using her degrees in nutrition and medicine to raise birds both in the clinic and in home care for return to the wild. She has also served WRI in several administrative and governance capacities over the years.

Georgean Z. Kyle and **Paul D. Kyle** began rehabilitating avian insectivores in 1984. Over 20 years, they have hand-reared and released more than 1,200 Chimney Swifts. Through banding and an aggressive postrelease study they were able to verify that swifts that they cared for survived, migrated, and successfully bred in the wild. They are the recipients of a Partners in Flight award for public awareness in Chimney Swift conservation, are the founders of the North American Chimney Swift Nest Site Research Project and have written two books about Chimney Swifts as part of the Lindsey Merrick Natural Environmental Series for the Texas A & M University Press.

Nancy Anne Lang, PhD is Director and Owner of Safari West. Previous to that, she was Curator at the San Francisco Zoo where she spent over 15 years propagating birds of prey for reintroduction. Target species included Bald Eagles, Bay-winged Hawks, and Peregrine Falcons. Dr. Lang currently teaches Zoo Biology at Santa Rosa Junior College where she is developing a 2-year degree program for those interested in management of captive exotic wildlife.

David Oehler is Curator of Birds at the Cincinnati Zoo & Botanical Garden. He also founded and operates Feather Link Inc., a nonprofit organization that connects people and birds through education and conservation. David first became involved with alcids while working with these birds in Alaska, in 1992. He has since developed protocols for the captive husbandry of auklet taxa and continued in situ conservation/research programs involving the alcid colonies on the Baby Islands and St. Lawrence Island, Alaska. He has since written several articles and book chapters on these activities with alcids.

Libby Osnes-Erie has been involved with wildlife rehabilitation since 1993. She has worked extensively with terrestrial and marine wildlife in the California central coast region. She was a participant in the California Department of Fish and Game Oiled Wildlife Care Network from 1995–2004 and a California Council for Wildlife Rehabilitators board member from 2000–2006. Libby is a California registered veterinary technician and has a Master's degree in Marine Science, specializing in marine mammals and birds.

Nora Pihkala, DVM, raised and bred chickens in the 4-H youth program in Southern California. She earned her BS in Avian Sciences and her DVM from the University of California Davis. Her professional interests lie in poultry production medicine, small animal practice, and veterinary public health. Her favorite breeds remain Silver Spangled Hamburgs and bantam Barred Plymouth Rocks.

Megan Shaw Prelinger is a wildlife rehabilitator specializing in aquatic birds and oil spill response with International Bird Rescue Research Center. She has presented widely on aquatic bird rehabilitation. She is also an independent scholar and cofounder of the Prelinger Library, a private research library in San Francisco.

Guthrum Purdin has been a lifelong bird enthusiast, and has held staff and volunteer positions at several California wildlife rehabilitation facilities over the past 19 years. He received a BS in Marine Biology from San Francisco State University and is currently attending the School of Veterinary Medicine at University of California, Davis where he intends to become an avian and wildlife veterinarian. He has a particular facility for managing the chaos of overcrowded wild passerine nurseries.

Peter Shannon graduated from Michigan State University with a degree in Zoology in 1977. He later became the Curator of Birds at Audubon Park Zoo in New Orleans where he developed particular interests in flamingos, hornbills, and storks. He spent 3 years in Hawaii running the State's propagation facility for endangered Hawaiian birds and assisting in research and restoration of the state's native species, and then spent several years at the Bronx Zoo's breeding facility on St. Catherine's Island in Georgia. This led to 5-1/2 years as Bird and Primate Curator at the San Francisco Zoo. Significant accomplishments with birds have included the first captive reproduction of three Asian hornbill species, the second institution to breed toucan barbets and plate-billed mountain toucans, the first jabiru stork eggs laid in captivity, and the first year of multiple hatches of Hawaiian crows. Shannon is currently the Curator of birds at the Albuquerque Biological Park.

Louise Shimmel has been a state and federally permitted wildlife rehabilitator since 1985, working for 5 years with all species, and then specializing in raptors. In 1990, she founded Cascades Raptor

Center, a nature center and wildlife hospital in Eugene, Oregon, in order to focus on environmental education, as well as the rehabilitation of individual birds. She served for 7 years on the board, including 2 years as president, of the International Wildlife Rehabilitation Council. She was an IWRC Skills Seminar instructor for 5 years, has been an assistant or associate editor for the IWRC *Journal of Wildlife Rehabilitation* since 1989, authored an article in *Seminars in Avian and Exotic Pet Medicine*, and contributed a number of articles to the IWRC *Journal*.

Dale Smith, DVM, DVSc, is a Professor in the Department of Pathobiology at the Ontario Veterinary College, University of Guelph. Her teaching encompasses various aspects of the veterinary care of nondomestic and nontraditional species to veterinary and graduate students. Dr. Smith first became involved with ratites while working in Africa in the 1980s. She has since lectured and written several articles and book chapters on their veterinary care.

Brian Speer received his DVM degree from the University of California at Davis in 1983. Board specialty status was earned through the American Board of Veterinary Practitioners in 1995, and certification in the European College of Avian Medicine and Surgery (ECAMS) in May, 1999. Brian is the recipient of the Lafeber Practitioner Award, 2003. Brian has served as chair of the Aviculture Committee for the Association of Avian Veterinarians and is the 1999–2000 past president. He currently serves as a consultant for the Veterinary Information Network, and chairs the AAV aviculture committee. Brian is well published in numerous veterinary conference proceedings nationally and internationally, has served as guest editor for a number of veterinary journals and texts, and has authored a number of peer-reviewed journal articles. He is a coauthor of *The Large Macaws* and coauthor of *Birds for Dummies*.

Kappy Sprenger began working in wildlife rehabilitation in Los Gatos, California in 1985, caring for both mammals and birds. In 2002, she moved to Maine where she has continued as a rehabilitator, accepting all avian species but specializing in the fish-eating birds (particularly loons) and all precocial species.

Jane Tollini was the Magellenic Penguin keeper for 19 years at the San Francisco Zoo where she successfully fledged 166 chicks. During that time she held the Magellenic Penguin Studbook for 8 years. She has papers published on the topics of penguin malaria, husbandry, and hand-rearing. Jane was featured on, and told the story of the "Mock Migration," of penguins which received worldwide media coverage.

Martin Vince is the Curator of Birds at the Riverbanks Zoo and Botanical Garden. Vince was co-owner of a 30 acre zoo in England before moving to the Sedgwick Country Zoo, Wichita, Kansas, in 1992, where he worked for 4 years in the tropical jungle exhibit. While at the Sedgwick Country Zoo, Vince wrote *Softbills: Care, Breeding and Conservation* before moving to the Riverbanks Zoo in 1992 as the Assistant Curator of Birds. Vince was promoted to Curator in 2006 and has been the Chair of the AZA's Passerine Taxon Advisory Group since 2000. In addition, Vince oversees the AZA's Population Management Plans for the Toco Toucan and Golden-breasted Starling. Along with Bob Seibels, Riverbanks Curator of Birds Emeritus, Martin Vince coauthored the AZA's *Toucan Husbandry Manual*, which is based on 30 years of toucan breeding at the Riverbanks Zoo and Botanical Garden.

Patricia Wakenell, DVM, PhD, has been a professor of poultry medicine at the University of California Davis since 1990. She received her BS and DVM from Michigan State University. Patricia received a PhD in pathology from MSU and the USDA Avian Disease and Oncology Laboratory in 1985, and is board certified in veterinary clinical pathology. Patricia is a past president of the Western Poultry Disease Conference and is currently president-elect for the American Association of Avian Pathologists.

Patricia Witman is the Avian Care Manager for the Zoological Society of San Diego at the San Diego Zoo's Avian Propagation Center. Her responsibilities include creating protocols for any of the avian species from which eggs or chicks are removed from the parents for hand-rearing. Pat first became involved with hand-rearing hornbills in 1987. Her department has continued to have a very high success rate with other related species, including the Micronesian Kingfisher.

訳者一覧

監 訳（敬称略）

山﨑　亨　　　アジア猛禽類ネットワーク会長

編 集（五十音順・敬称略）

笹野聡美　　　グアテマラ野生動物連絡会
田上真紀　　　アジア猛禽類ネットワーク

翻 訳（五十音順・敬称略）

芦田貴雄　　　大阪市天王寺動植物公園事務所
笹野聡美　　　前　掲
高見一利　　　大阪市天王寺動植物公園事務所
田上真紀　　　前　掲
浜　夏樹　　　神戸市立王子動物園
福井大祐　　　旭川市旭山動物園
山﨑　亨　　　前　掲

序　　文

　この本の製作には何年もの月日がかかった．動物園，野生動物のリハビリテーションセンター，大学，獣医学機関，そして個人的に鳥類のことに熱心な多くの方々の間で交わされた，長時間にわたる議論の成果である．とは言えども，この企画案は，「Hand-Rearing Wild and Domestic Mammals（野生と家畜の哺乳類の育て方）」を書き終えた直後に「Becky，次は鳥類の育て方の本を製作しなくては？」ということを口に出したことを聞かれたGage博士によって最終的に企てられたのである．おそらく，その日，Duerr博士の耳はちょっと良すぎたに違いない．それにもかかわらず，有能な友人と同僚のお陰で，私たちはこの度，羽毛をもった生物つまり鳥類がこの世の中で生きていけることを支援するもう1つの情報資源を製作することができたのである．

　9,600種を超える鳥類が確認されており，鳥類の人工孵化と育雛の題目を網羅するということは，容易に百科事典ほどになり得るということは分かっていた．たとえ北米の種に焦点を絞ったとしても，一般に育てられている種ですら，その細部について言及することにはならないだろう．特定の種の育て方を論じている本は何冊かあるし，Fowler博士による「Zoo and Wild Animal Medicine（野生動物の医学）」は，様々な分類群の鳥類の医学的な処置を取り扱っている．しかし，より多くの鳥類の普通種の育て方に関する基礎的な情報のみを提供している本はない．そこで，私たちは最終的に次のような編成を行うことに決めた．不特定な種の雛に関する一般的な処置を第1章，北米の普通種の親からはぐれた雛の種の同定が第2章，卵の一般的な孵化方法が第3章，そして35章を現在認知されている鳥類のほとんどの目に基づいた主要な種にあてている．

　章の著者は，個人的なブリーダーや動物園の鳥類飼養者など雛を育てている人，鳥類専門の獣医師から野生動物のリハビリテーションを行っている人まで，幅広い．このような様々なバックグラウンドを有する著者が鳥類の雛を育てあげることに直面し，障害を乗り越えるのかを知ることはとても楽しみなことであった．

　鳥類のほとんどの種を育てるということは，科学というよりは，むしろ芸術ではないかと思われる．各章で記述されている方法は必ずしも特定の種を育てる唯一の方法を表しているのではない．実際，著者は時々，似通った問題の見方をしていたり，同じ情報の説明に関して矛盾する知識や異なった方法を記述していたりすることがある．技術というものは，1人が絶滅危惧種の1羽の雛を育てるのか，それとも数百の親からはぐれた雛を同時に育てるのかどうかによっても，また雛がペットになるのか，それとも野外で生きていくことを学ぶのが必要なのかどうかによっても差が生じるものだと思う．人の手で育てられた鳥は，いらいらしたり，時にはどうしようもない状態であったりすることもあるかもしれないが，ベテランの著者たちは，実績のある餌や有効なヒントを与えてくれており，これによって，雛を育てるという困難な仕事が，丈夫で健康でかつ美しい鳥を育て上げることによって報われるというチャンスが高められるのである．

Laurie J. Gage，DVM
Rebecca S. Duerr，DVM

謝　　辞

　まず，幅広い知識と経験を共有してくださったすばらしい著者全員に心から感謝の意を表したい．特に，Linda Hufford, Penny Elliston, Nancy Eilertsen, Martha Kudlacik, Pat Witman, Susie Kasielke, Louise Shimmel の皆さんはこの本の出版を実現するのに，期待以上の仕事をやり遂げてくださったことに感謝したい．Susannah Corona さんは最後の土壇場になって支援してくれることに同意してくださり，短時間で担当の章をまとめてくださった David Oehler さんを推挙してくれた．さらに，タイムリミット寸前でオオバンとクイナの短編を書いてくださった Marie Travers さんにも感謝したい．Becky からは彼女に一貫して野生の鳥類は保護施設の環境でうまく飼養できるということを情熱的に教えてくれた，Susie Brain, Juanita Heinemann, Courtenay Dawson-Roberts さんの皆さん，そして Palo Alto の野生動物救護株式会社のその他のすべての皆さん，California crew の皆さんに感謝したい．付属表の作成を助けてくれた Becky のお父さんである Frederic Duerr 博士，編集を助けてくれた Ruth Duer, Jennifer Duerr-Jenkins, Debbie Daniels, Roger Parker の皆さん，この本を出版するのに長期間の支援をしてくださった Hesther Harris 博士，Anne Dueppen さんに感謝したい．Laurie のお父さんの James Gage さんにはいつも精神的（やる気の高揚）な支援を賜った．そして，私たちの夫である，Guthrum Purdin と Kenji Ruymaker のこの 1 年間のあらゆる援助と支援に対して特別の感謝の意を表したい．

Laurie J. Gage, DVM
Rebecca S. Duerr, DVM

監訳者序文

　この本は，人工的に鳥の卵を孵化させ，雛が自立するまでの育雛方法について，著者の「想い」がぎっしりと詰まった本である．当然のことながら，この本に書かれていることは「想い」ではなく，きわめて具体的で詳細な技術ではあるが，それを確立するに至った背景には並々ならぬ「想い」があったからである．

　鳥類は世界中のあらゆる環境に適応することにより，様々な食性や生態をもった種が生息している．このきわめて変化に富む鳥類の代表的な目のほとんどについて，人工育雛の方法を記述した本というものは，これまでになかった．

　ハチドリのような超小型の野鳥の雛を本当に人間の手で育雛できるのか．アマツバメのようなほとんどの時間を飛び回って生活する野鳥の雛をどのように訓練して野外に放鳥するのか．キツツキのような樹木の中に棲む昆虫を捕食する特殊な食性をもった野鳥にどのように採食方法を教えるのか．

　この本を読んで，これほど様々な食性，生理機能，行動をもった鳥類が存在することを改めて知り，驚きを覚えるとともに，それらの多くの鳥について人工的に育雛したり，リハビリテーションを行ったりする技術が確立されていることに，正直，感嘆した．

　この本のもう1つの特徴は，野外における鳥類の保全を目的にしていることである．「人工育雛」というと，鑑賞用やペットまたは家禽としての鳥類の飼育方法の本を思い浮かべるが，この本はそうではない．ほとんどの章において，野外で救護された野鳥をいかに回復させ，野外に復帰させるかについての具体的な方法が，著者の豊富な知識と長年の経験に基づいて詳細に記述されている．つまり，この本は野鳥の保全に必要な1つの手段としての，傷病鳥の救護方法，野外放鳥に必要なリハビリテーションの方法，絶滅危惧種の飼育下繁殖についても具体的に説明が行われており，いわゆる野鳥の域外保全の参考書でもあるといえる．

　各著者が様々な種類の野鳥の救護に際しての対応方法を詳しく説明しているが，すべての章に共通して強調されていることがある．それは，①その野鳥の生態をよく知ることと，②救護された雛には，まず保温と脱水症状の緩和を施すことである．このことは，とても基本的なことであるが，救護された野鳥を回復させるにはきわめて重要なことである．その野鳥の食性や行動に関する正しい知識を得ていなければ，いかなる高度な獣医学的技術をもってしても，その野鳥を生存させることはできないだろう．また，瀕死の雛に水や餌を与えることは，その雛を殺してしまうことにもなりかねない．野鳥の救護における基本的な姿勢をもっていれば，どのような野鳥であっても適切な対処方法を工夫していけるものであることを教えてくれている本である．

　「日本語版」を作成する際にもよく似た「想い」が込められた．それは翻訳者のこだわりである．すべての翻訳者が，それぞれに鳥類の人工育雛に関わったことがある．とくに動物園に勤務している翻訳者は，常に多くの種類の鳥類の人工育雛に関係している．翻訳者の実践的な経験を基に，著者が実際に人工育雛に直面した読者に伝えたいと思うことを十分に理解したうえで，翻訳にあたってくださった．つまり，単に直訳をするのではなく，実際に孵卵や人工育雛を行う状況を頭に描きながら，可能な限り，正確で分かりやすい翻訳がなされた本であると自負している．

　さらに，編者の笹野聡美さんと田上真紀さんに

は，海外での野鳥救護の経験に基づき，私たちに馴染みのない特殊用語や慣用語などの解釈に尽力していただくとともに，この本に書かれている内容をできる限り現場で正確に実践してもらうために，用具や給餌内容を実用的な表記にしたり，図表を理解しやすくしたりすることにも活躍していただいた．

「日本版」のもう1つの特徴は，この分野に関係する専門用語について，「訳語表」と「用語解説」を付記したことである．この本でカバーしている内容は，鳥類学，獣医学，行動学，生態学など多くの分野の知識や技術のうえに成り立っている応用分野であり，専門用語も1冊の辞書だけでは用をなさないし，独自の日本語を当てはめる必要のある単語も多い．このため，いくつかの辞書を参考にしながら，この分野にふさわしい訳語を選定し，「訳語集」とした．訳語の中には，未確定なものもあるが，今後，より良い「訳語集」が完成することの布石になれば幸いである．

著者をはじめ多くの人々の情熱と豊富な経験がぎっしりと詰まったこの本が，鳥類の人工孵化と育雛に関わる人達だけでなく，野鳥保護に関わる人々にとっても役立つものになるものと信じて止まない．

2008年12月

山﨑　亨
アジア猛禽類ネットワーク会長

訳 語 表

英 語	日本語	よ み
adaptation	適応	てきおう
adoptive parent	仮親	かりおや
adult [bird]	成鳥	せいちょう
adult down	成綿羽	せいめんう
adult plumage	成鳥羽	せいちょうう
air cell	気室	きしつ
air sac	気嚢	きのう
airplane wing	飛行機の翼（エンゼルウイングのこと）	ひこうきのつばさ
ala spuria	小翼羽	しょうよくう
alar tract	翼域 羽域	よくいき ういき
alarm call	警戒声（警戒時に発する鳴き声）	けいかいごえ
albumen	卵白	らんぱく
allantois	尿膜	にょうまく
altricial	晩成性の	ばんせいせいの
altricity	晩成性	ばんせいせい
angel wing	エンゼルウイング	えんぜるういんぐ
anisodactyl [foot]	三前趾足	さんぜんしそく
aqua-brooder	温水式育雛器	おんすいしきいくすうき
artificial egg	偽卵	ぎらん
aspergillosis	アスペルギルス症	あすぺるぎるすしょう
aspiration	誤嚥	ごえん
aspiration pneumonia	誤嚥性肺炎	ごえんせいはいえん
automatic turning	自動転卵	じどうてんらん
avian pox	ポックスウイルス感染症 鳥痘 鶏痘	ぽっくすういるすかんせんしょう とりとう けいとう
aviary	鳥舎 禽舎 鳥類飼育舎 鳥ケージ	ちょうしゃ きんしゃ ちょうるいしいくしゃ とりけーじ
aviculture	鳥類飼養	ちょうるいしよう
baiting	餌づけ	えづけ
band	足環	あしわ
bander	鳥類標識調査者	ちょうるいひょうしきちょうさしゃ

訳語表

英　語	日本語	よ　み
banding	足環標識 足環をつけること 鳥類標識調査	あしわひょうしき あしわをつけること ちょうるいひょうしきちょうさ
beak	嘴	くちばし
beak practice	採食訓練 採食練習	さいしょくくんれん さいしょくれんしゅう
begging	餌乞い	えごい
begging display	餌乞いディスプレイ	えごいでぃすぷれい
Betadine	ベタジン（ヨード系消毒剤）	べたじん
bill	嘴	くちばし
bill height	嘴高	しこう
bill width	嘴幅	しふく
blood feathers	羽芽 血幹	うが けっかん
bloodwarm	ブラッドワーム アカムシ （ユスリカの幼虫）	ぶらっどわーむ あかむし
Body Weight Percentage Method	体重比換算法	たいじゅうひかんさんほう
breeder	繁殖個体 飼育者	はんしょくこたい しいくしゃ
breeding	繁殖 飼育 品種改良（育種）	はんしょく しいく ひんしゅかいりょう
brood	一腹雛	いっぷくひな
brooder	育雛器 育雛室 育雛箱	いくすうき いくすうしつ いくすうばこ
brooding	抱雛	ほうすう
brooding behavior	抱雛行動	ほうすうこうどう
broody hen	仮母	かぼ
bruise	挫傷 打撲傷	ざしょう だぼくしょう
bumblefoot	趾瘤症 バンブルフット	しりゅうしょう ばんぶるふっと
cactus skelton	サボテンの骨	さぼてんのほね
calcium glubionate	グルビオン酸カルシウム	ぐるびおんさんかるしうむ
call	鳴き声	なきごえ
caloric requirement	カロリー要求量	かろりーようきゅうりょう
candida	カンジダ	かんじだ
candidadis	カンジダ症	かんじだしょう
candling	検卵する	けんらんする
cannibalism	共食い	ともぐい
cannula	カニューレ	かにゅーれ
canopy	樹冠	じゅかん

英　語	日本語	よ　み
cap	頭頂	とうちょう
Capilaria	キャピラリア属（毛頭虫属，毛細線虫属）	きゃぴらりあぞく（もうとうちゅうぞく，もうさいせんちゅうぞく）
capillary [vessel]	毛細血管	もうさいけっかん
care provider	飼育担当者 飼育者	しいくたんとうしゃ しいくしゃ
caregiver	飼育担当者 世話をする人 世話係り	しいくたんとうしゃ せわをするひと せわがかり
carpometacarpus	手根中手骨（腕掌骨）	しゅこんちゅうしゅこつ（わんしょうこつ）
carpus [bone] 【pl. carpi】	手根骨	しゅこんこつ
cavity	巣穴	すあな
central tail feather	中央尾羽	ちゅうおうびう
cervical	頸部の	けいぶの
chalaza	カラザ	からざ
chorion	漿膜	しょうまく
clavamox	クラバモックス（クラブラン酸カリウムとアモキシシリンの合剤）	くらばもっくす
cloacal opening	肛門 総排泄腔	こうもん そうはいせつこう
Clostridium	クロストリジウム	くろすとりじうむ
clutch	一腹卵	いっぷくらん
clutch size	一腹卵数	いっぷくらんすう
coccidia	コクシジウム	こくしじうむ
colony	集団繁殖地 コロニー	しゅうだんはんしょくち ころにー
complexus [muscle]	錯綜筋	さくそうきん
conspecific	同種の	どうしゅの
constricted toe syndrome	趾の絞約輪形成症候群	あしのこうやくりんけいせいしょうこうぐん
contour feather	正羽	せいう
cooperatative breeding	協同繁殖	きょうどうはんしょく
copulation	交尾	こうび
corio-allantoic membrane	漿尿膜	しょうにょうまく
cornea	角膜	かくまく
correction	矯正	きょうせい
coverts	覆羽 雨覆	おおいばね あまおおい
cranial bone	頭蓋骨	とうがいこつ
creche	育児集団 クレイシ	いくじしゅうだん くれいし
crepuscular	薄明薄暮性（型）の	はくめいはくぼせい（がた）の
crest	冠羽	かんう

訳語表

英　語	日本語	よ　み
crooked neck	頚曲がり	くびまがり
crooked toe	指（趾）曲がり	ゆびまがり
crop	そ嚢	そのう
crop impaction（stasis）	そ嚢停滞	そのうていたい
crop milk	そ嚢乳 ピジョンミルク	そのうにゅう ぴじょんみるく
crop stasis	食滞 そ嚢内停滞 そ嚢食滞	しょくたい そのうないていたい そのうしょくたい
cryptic color（coloration）	保護色 隠蔽色	ほごしょく いんぺいしょく
culmen	嘴峰	しほう
culmen length	嘴峰長	しほうちょう
defecation（defaecation）	排泄	はいせつ
dehydration	脱水 脱水症状	だっすい だっすいしょうじょう
digestive tract	消化管	しょうかかん
digit	趾 足指	し（ゆび） あしゆび
digital pad	肉趾	にくし
dispersal	分散	ぶんさん
display	ディスプレイ	でぃすぷれい
dive attack	急降下攻撃	きゅうこうかこうげき
DNA sexing	DNAを用いた性判別	DNAをもちいたせいはんべつ
DNA-DNA hybridization	DNA-DNAハイブリダイゼーション	DNA-DNAはいぶりだいぜーしょん
domestic fowl	家禽	かきん
double-clutching	再産卵	さいさんらん
down	綿羽	めんう
downy	幼綿羽の	ようめんうの
draw-down	ドローダウン	どろーだうん
droppings	糞	ふん
dry cat kibble	ドライキャットフード	どらいきゃっとふーど
dry-bulb temperaure measure	乾球温度計	かんきゅうおんどけい
dummy egg	偽卵	ぎらん
dust bathing（dusting）	砂浴び	すなあび
dystrophia	栄養不良	えいようふりょう
echolocation	エコロケーション 反響定位	えころけーしょん はんきょうていい
ectoparasite	外部寄生虫	がいぶきせいちゅう
ectropodactyl foot	外対趾足	がいたいしそく
egg candler	検卵器	けんらんき
egg collection	採卵	さいらん

英　語	日本語	よ　み
egg food	エッグフード（卵その他の鳥類用混合飼料）	えっぐふーど
egg obstruction	卵塞 卵秘	らんそく らんぴ
egg tooth	卵歯	らんし
egg turning	転卵	てんらん
egg weight loss（％）	卵重減少率（％）	らんじゅうげんしょうりつ
embryo	胚 胎子 雛	はい たいじ ひな
enclosure	囲い 飼育場	かこい しいくじょう
endangered species	絶滅寸前種	ぜつめつすんぜんしゅ
endemic species	固有種	こゆうしゅ
endoparasite	内部寄生虫	ないぶきせいちゅう
Ensure	エンシュア（栄養補助液の商品名）	えんしゅあ
entire culmen length	全嘴峰長	ぜんしほうちょう
Environmental Protection Agency	米国環境保護庁	べいこくかんきょうほごちょう
esophagus	食道	しょくどう
exotic species	外来種	がいらいしゅ
exploratory behavior	探査行動 探索行動	たんさこうどう たんさくこうどう
external pip[ing]	外側の嘴打ち	がいそくのはしうち
eye	眼	め
eye brow	眉線	びせん
eye dropper	給餌用スポイト	きゅうじようすぽいと
eye stripe	過眼線	かがんせん
eyelid	眼瞼	がんけん
eyries（eyry）	タカの巣 タカの雛	たかのす たかのひな
Fading ostrich syndrome	ダチョウ衰弱症候群	だちょうすいじゃくしょうこうぐん
feather follicle	羽嚢	うのう
feather sexing	羽毛を用いた性判別	うもうをもちいたせいはんべつ
feather sheath	羽鞘	うしょう
feather tract	羽域	ういき
feathercmb	櫛爪	くしづめ
fecal flotation	浮遊法による糞便検査	ふゆうほうによるふんべんけんさ
fecal sac	糞 糞袋	ふん ふんふくろ
feces（faeces）	糞	ふん
feeder	給餌器 餌箱 フィーダー	きゅうじき えさばこ ふぃーだー

訳語表

英語	日本語	よみ
feeding	給餌 採食	きゅうじ さいしょく
feeding tool	給餌器具（用具）	きゅうじきぐ（ようぐ）
fibula [bone]　【pl. fibulae】	腓骨	ひこつ
flat fly（hippoboscide）	シラミバエ	しらみばえ
fledging	巣立ち	すだち
fledgling	巣立ち雛	すだちびな
flight aviary	フライトケージ 飛翔用鳥舎	ふらいとけーじ ひしょうようちょうしゃ
flight feather	風切 風切羽	かざきり かざきりばね
flukes（Trematodes）	吸虫	きゅうちゅう
foot　【pl. feet】	足	あし
foraging	探餌 採食	たんじ さいしょく
force-feeding	強制給餌	きょうせいきゅうじ
forceps	鉗子 ピンセット	かんし ぴんせっと
forked tail	燕尾	えんび
formula	フォーミュラ 雛用の餌（飼料）	ふぉーみゅら ひなようのえさ（しりょう）
foster child	里子	さとご
foster parent	里親	さとおや
front toe	前趾	ぜんし
fruit fly	ミバエ ショウジョウバエ	みばえ しょうじょうばえ
full-spectrum lighting	フルスペクトラム（全波長型）ライト	ふるすぺくとらむ（ぜんはちょうがた）らいと
fuzzy mouse	ファジーマウス（産毛が生えた頃のマウスの子）	ふぁじーまうす
game bird	狩猟鳥	しゅりょうちょう
gape flange	口角突起	こうかくとっき
gapes	開嘴症	かいししょう
gapeworm	開嘴虫（気管開嘴虫，鶏開嘴虫）	かいしちゅう（きかんかいしちゅう，にわとりかいしちゅう）
gaping	大口あけ	おおぐちあけ
gastric stasis	食滞 消化管停滞	しょくたい しょうかかんていたい
gastrointestinal impaction（stasis）	食滞	しょくたい
gavage	チューブ給餌法	ちゅーぶきゅうじほう
Giardia	ジアルジア	じあるじあ
gizzard	砂嚢	さのう
glottis	気管開口部	きかんかいこうぶ

訳　語　表

英　語	日本語	よ　み
granivorous	種子食性の	しゅししょくせいの
gregarious bird	群居性の鳥	ぐんきょせいのとり
grit	グリット（砂嚢内の小石などの粒状物）	ぐりっと
gular	喉の	のどの
gular pouch（sac）	腮嚢	さいのう
gut	消化管 腸	しょうかかん ちょう
gut impaction	消化管通過障害（食滞）	しょうかかんつうかしょうがい（しょくたい）
habit[s]	習性	しゅうせい
habitat	生息場所	せいそくばしょ
habituation	慣れ 馴化	なれ じゅんか
hacking	ハッキング	はっきんぐ
Haemoproteus	ヘモプロテウス	へもぷろてうす
hallux	後趾 第1趾	こうし だいいちし
hand feeding	人工給餌 手差し給餌	じんこうきゅうじ てざしきゅうじ
hand-turning	手動転卵	しゅどうてんらん
hatchability	孵化率 孵化能力	ふかりつ ふかのうりょく
hatchery	孵化場	ふかじょう
hatching	孵化	ふか
hatching muscle	孵化筋	ふかきん
hatching rate	孵化率	ふかりつ
hatchling	孵化後間もない雛 孵化直後の雛 （家禽では初生雛と呼ばれる）	ふかごまもないひな ふかちょくごのひな
heating pad	マットヒーター	まっとひーたー
hemochromatosis	ヘモクロマトーシス（鉄沈着症）	へもくろまとーしす
hind toe	後趾 第1趾	こうし だいいちし
hock	足根間関節（ふ骨間関節）	そくこんかんかんせつ（ふこつかんかんせつ）
hopping	跳行	ちょうこう
hovering	ホバリング 停空飛翔 停飛	ほばりんぐ ていくうひしょう ていひ
howdy cage	お見合い用ケージ	おみあいようけーじ
humerus [bone] 【pl. humeri】	上腕骨	じょうわんこつ
hunting behavior	ハンティング行動	はんてぃんぐこうどう

訳 語 表

英 語	日本語	よ み
hybrid	雑種 交雑種	ざっしゅ こうざつしゅ
hydration	脱水改善 脱水補正	だっすいかいぜん だっすいほせい
hydration fluid[s]	補液 補液剤	ほえき ほえきざい
hyperthermia	高体温	こうたいおん
hypothermia	低体温	ていたいおん
icthyophagous	魚食性の	ぎょしょくせいの
immature	未成鳥	みせいちょう
immature egg	未成熟卵	みせいじゅくらん
immature plumage	未成鳥羽	みせいちょうう
immigrant	移入種 移入個体	いにゅうしゅ いにゅうこたい
imping, imp	継ぎ羽（接ぎ羽） 継ぎ羽（接ぎ羽）をする	つぎばね つぎばねをする
imprinting	インプリント 刷り込み	いんぷりんと すりこみ
incubation	抱卵（自然孵化の場合） 孵卵（人工孵化の場合）	ほうらん ふらん
incubation periods	抱卵期間（自然孵化の場合） 孵卵期間（人工孵化の場合）	ほうらんきかん ふらんきかん
incubator	孵卵器 保温器	ふらんき ほおんき
infradian rhythm	長日周期	ちょうじつしゅうき
injured bird	傷病鳥	しょうびょうちょう
inner shell membrane	内卵殻膜	ないらんかくまく
inner toe	内趾	ないし
inntertarsal joint	足根間関節（ふ骨間関節）	そくこんかんかんせつ（ふこつかんかんせつ）
internal pip[ing]	内側の嘴打ち	ないそくのはしうち
International Wildlife rehabilitation Council	国際野生生物リハビリテーション連盟	こくさいやせいせいぶつりはびりてーしょんれんめい
interspecific	種間の	しゅかんの
intestine	腸 腸管	ちょう ちょうかん
intraspecific	種内の	しゅないの
iron srorage disease	鉄沈着症	てつちんちゃくしょう
isolette	未熟児保育器	みじゅくじほいくき
isotonic rehydration fluid	等張輸液剤	とうちょうゆえきざい
juvenal feather	幼羽 幼鳥羽	ようう ようちょうう
juvenal plumage	幼羽 幼鳥羽	ようう ようちょうう
juvenile	幼鳥	ようちょう

訳　語　表

英　語	日本語	よ　み
karyotype	核型	かくがた
Kaytee	ケイティ（鳥類用飼料のブランド名）	けいてい
kidnapping	誘拐 誤認救護	ゆうかい ごにんきゅうご
labate foot	弁足	べんそく
lactated Ringer's solution	ラクトリンゲル液	らくとりんげるえき
lamellae	板歯	ばんし
larynx	喉頭の	こうとうの
lateral rectrix	外側尾羽	がいそくびう
laying	産卵	さんらん
lead poisoning	鉛中毒	なまりちゅうどく
learning	学習	がくしゅう
leg	脚	あし
leg deformities	脚の変形	あしのへんけい
lethal	致死	ちし
Leucocytozoan	ロイコチトゾーン	ろいこちとぞーん
ligament	靭帯	じんたい
limb	肢	し（あし）
lobate foot	弁足	べんそく
lobe	弁膜	べんまく
luer-lock syringe	ルアーロック（式）シリンジ	るあーろっく（しき）しりんじ
luer-tipped syringe	ルアーチップ（式）シリンジ	るあーちっぷ（しき）しりんじ
MacDiet	マックダイエット（MacLeodとPerlmanが考案した混合飼料）	まっくだいえっと
Maintenance and Deficit Replacement Method	欠乏量換算法	けつぼうりょうかんさんほう
malposition[ing]	位置異常（卵殻内での雛の異常な体勢）	いちいじょう
mandible [bone]	下顎 下顎骨	かがく かがくこつ
manus 【pl. manus】	手（手根関節から先の部位）	て
Marek's disease	マレック病	まれっくびょう
marking	標識 マーキング	ひょうしき まーきんぐ
mate	つがい相手 つがい形成 ペア形成 交尾をする	つがいあいて つがいけいせい ぺあけいせい こうびをする
Material Safety Data Sheet (MSDS)	化学物質安全性データシート	
maturation behavior	成熟行動	せいじゅくこうどう
maxilla [bone] 【pl. maxillae】	上顎 上顎骨	じょうがく じょうがくこつ
Mazuri	マズーリ（米国の飼料メーカー）	まずーり

英　語	日本語	よ　み
mealwarm	ミルワーム	みるわーむ
metacarpus [bone] (metacarpal[s])	中手骨（掌骨）	ちゅうしゅこつ（しょうこつ）
metatarsus [bone]	第1中足骨（蹠骨）	だいいちちゅうそくこつ（しょこつ）
microchip	マイクロチップ	まいくろちっぷ
middle toe	中趾	ちゅうし
migrant	渡り鳥	わたりどり
migration	渡り	わたり
migratory bird	渡り鳥	わたりどり
Migratory Bird Treaty	渡り鳥条約法	わたりどりじょうやくほう
misakigned beak	嘴の不正咬合	くちばしのふせいこうごう
molt（moult）	換羽	かんう
monogamy	一夫一妻	いっぷいっさい
mortality	死亡率	しぼうりつ
mouth cavity	口腔	こうこう（こうくう）
mucosa（membrane）	粘膜	ねんまく
mucus	粘液	ねんえき
mud-balling	泥球症	でいきゅうしょう
nare	鼻孔	びこう
nasal cavity	鼻腔	びこう
nasal operculum	鼻孔蓋	びこうがい
nasal tube	鼻管	びかん
nasal tuft	嘴毛	しもう
natal down	幼綿羽	ようめんう
natal plumage	初毛羽	しょもうう
native species	在来種	ざいらいしゅ
natural enemy	天敵	てんてき
neck	頸	くび
nectar feeder	花蜜食性の鳥	かみつしょくせいのとり
nectarivorous	花蜜食性の	かみつしょくせいの
nest desertion	巣の放棄	すのほうき
nest season	営巣期	えいそうき
nest site	営巣場所	えいそうばしょ
nestbox	巣箱	すばこ
nest-hole	巣穴	すあな
nesting	営巣	えいそう
nestling	巣内雛	すないびな
Newcastle disease	ニューカッスル病	にゅーかっするびょう
nich[es]	ニッチ	にっち
nictitating membrane	瞬膜	しゅんまく
nidicole	就巣性 就巣雛	しゅうそうせい しゅうそうびな

訳 語 表

英　語	日本語	よ　み
nidicolous	就巣性の	しゅうそうせいの
nidifuge	離巣性 離巣雛	りそうせい りそうびな
nidifugous	離巣性	りそうせい
nostril	鼻孔（外鼻孔）	びこう（がいびこう）
nuptial plumage	生殖羽	せいしょくう
nutrient	栄養素	えいようそ
nutrition	栄養	えいよう
nutritive value	栄養価	えいようか
oil gland	脂腺	しせん
omnivorous	雑食性の	ざっしょくせいの
open-mouthed breathing	開口呼吸	かいこうこきゅう
operculum （nasal operculum）	鼻孔蓋	びこうがい
ophthalmic ointment	眼科用軟膏	がんかようなんこう
oral	口の	くちの
orbital	眼窩の	がんかの
orbital ring	囲眼輪	いがんりん
order	目（分類階級）	もく
O-ring syringe	Oリング（式）シリンジ	おーりんぐ（しき）しりんじ
orogastric tube	チューブによる強制給餌	ちゅーぶによるきょうせいきゅうじ
outer primary	外側初列風切	がいそくしょれつかざきり
outer rectrices	外側尾羽	がいそくびう
outer shell membrane	外卵殻膜	がいらんかくまく
outer toe	外趾（外足指）	がいし（そとあしゆび）
outermost primary	最外側初列風切	さいがいそくしょれつかざきり
outermost rectrix	最外側尾羽	さいがいそくびう
oviposition	産卵	さんらん
padoc	運動場 放飼場	うんどうじょう ほうしじょう
pair	ペア	ぺあ
pairing	ペア形成	ぺあけいせい
pair formation	ペア形成	ぺあけいせい
palate	口蓋	こうがい
palmate [foot]	蹼足	ぼくそく
pamprodactyl [foot]	皆前趾足	かいぜんしそく
panting	あえぎ	あえぎ
passive heat transfer incubator	自然対流式孵卵器	しぜんたいりゅうしきふらんき
patagial tag	翼タグ 翼帯標識 翼膜部への標識	よくたぐ よくたいひょうしき よくまくぶへのひょうしき
pectinal claw	櫛爪	くしづめ

英　語	日本語	よ　み
pellet	ペレット	ぺれっと
pennaceous feather	正羽状羽	せいうじょうう
perch-and -pounce	止まって急襲する	とまってきゅうしゅうする
perching	止まり	とまり
perching birds	樹上性の鳥類	じゅじょうせいのちょうるい
pesticide	農薬 殺虫剤	のうやく さっちゅうざい
phalanx [bone]【pl. phalanges】	指骨（趾骨）	しこつ
picking	羽抜き（行動）	はねぬき（こうどう）
pigeon milk	ピジョンミルク そ嚢乳	ぴじょんみるく そのうにゅう
pin feather	筆毛	ふでげ
pink mouse	ピンクマウス（生後直後の無毛のマウス）	ぴんくまうす
pip[ing]	嘴打ち	はしうち
piping muscle	嘴打ち筋（錯綜筋を指す）	はしうちきん
plantar	ふ蹠後面（sole に当たる）	ふしょこうめん
Plasmodium	プラスモジウム	ぷらすもじうむ
plumage	羽衣	うい
plume	飾り羽	かざりばね
plumulaceous feather	綿羽状羽	めんうじょうう
pododermitis	足皮膚炎	あしひふえん
polyandry	一妻多夫	いっさいたふ
powder down	粉綿羽	ふんめんう
precocial	早成性の	そうせいせいの
preen gland	脂腺	しせん
preening	羽づくろい	はづくろい
prefledgling	巣立ち前の雛	すだちまえのひな
primaries	初列風切	しょれつかざきり
primary [feather]	初列風切羽	しょれつかざきりばね
protozoan parasites	（寄生性の）原虫	（きせいせいの）げんちゅう
pteryla 【pl. pterylae】	羽域	ういき
pulmonary respiration	肺呼吸	はいこきゅう
puppet	パペット	ぱぺっと
rachis	羽軸	うじく
radius [bone]【pl. radii】	橈骨	とうこつ
Ratitae	走鳥類	そうちょうるい
rehabilitation	リハビリテーション	りはびりてーしょん
rehabilitator	リハビリテーター（リハビリテーションを行う人）	りはびりてーたー

訳語表

英語	日本語	よみ
rehydration	脱水の改善（補正） 補液	だっすいのかいぜん（ほせい） ほえき
release	放鳥	ほうちょう
reproduction	繁殖 生殖	はんしょく せいしょく
resident bird	留鳥	りゅうちょう
retina	網膜	もうまく
reversed wing	リバースドウイング	りばーすどういんぐ
rictal	口角の	こうかくの
ring	足環	あしわ
ringer	鳥類標識調査者	ちょうるいひょうしきちょうさしゃ
roof of mouth	口蓋	こうがい
rookery	ルッカリー 集団繁殖地	るっかりー しゅうだんはんしょくち
roost	ねぐら	ねぐら
rostral	嘴の	くちばしの
roundworm	線虫 回虫	せんちゅう かいちゅう
rump	腰	こし
saliva	唾液	だえき
Salmonellosis	サルモネラ症	さるもねらしょう
salt gland	塩腺	えんせん
sand bathing	砂浴び	すなあび
sarcophagous	肉食性の	にくしょくせいの
scab	痂皮	かひ
scapulars	肩羽	かたばね
secondaries	次列風切	じれつかざきり
secondary [feather]	次列風切羽	じれつかざきりばね
secondary healing	2次治癒	にじちりょう
sedentary bird	留鳥	りゅうちょう
seminidicolous	半就巣性の	はんしゅうそうせいの
semipalmate [foot]	半蹼足	はんぼくそく
semiprecocial	半早成性の	はんそうせいせいの
sequential polyandry	順次的一妻多夫	じゅんじてきいっさいたふ
sex chromosome	性染色体	せいせんしょくたい
sexing	雌雄鑑別 雌雄判別 雌雄判定	しゆうかんべつ しゆうはんべつ しゆうはんてい
shell membrane	卵殻膜	らんかくまく
shorebirds	シギ・チドリ類（渉禽類）	しぎ・ちどりるい（しょうきんるい）
siblicide	兄弟殺し	きょうだいごろし
silvadene	スルファジアジン銀クリーム	するふぁじあじんぎんくりーむ
siminidifugous	半離巣性の	はんりそうせいの

英　語	日本語	よ　み
slipped wing	外れた翼(エンゼルウイングのこと)	はずれたつばさ
smear	塗抹 塗抹検査 スメア スメア検査	とまつ とまつけんさ すめあ すめあけんさ
social nesting	集団営巣	しゅうだんえいそう
social relationship	社会関係	しゃかいかんけい
soft release	ソフトリリース	そふとりりーす
sole	足裏	あしうら
songbirds	鳴禽類（スズメ目）	めいきんるい（すずめもく）
sour crop	酸敗したそ嚢	さんぱいしたそのう
species	種（分類階級）	しゅ
splayed legs	開脚症	かいきゃくしょう
splint	副子 副木 添え木	ふくし ふくぼく そえぎ
stargazing	スターゲイジング症状	すたーげいじんぐしょうじょう
storage	貯卵	ちょらん
stress line (mark) (bar)	ストレスライン（ストレスマーク）（ストレスバー）	すとれすらいん（すとれすまーく）（すとれすばー）
stunting	成長不良 成長障害	せいちょうふりょう せいちょうしょうがい
subadult	亜成鳥	あせいちょう
subcutaneous emphysema	皮下気腫	ひかきしゅ
substrate	敷料 敷物	しきりょう，しきもの
supercillium	眉線	びせん
surrogate [parent]	代理親	だいりおや
swallowing	嚥下	えんげ
sword wing	刀のような翼（エンゼルウイングのこと）	かたなのようなつばさ
syndactyl [foot]	合趾足	がっしそく
syrinx 【pl. syringes】	鳴管	めいかん
tale feather	尾羽	びう
tail length	尾長	びちょう
tapetum	タペタム 輝板	たぺたむ きばん
tapeworm	条虫	じょうちゅう
tarsometatarsus [bone] 【pl. tarsometatarsi】	足根中足骨（ふ蹠骨）	そくこんちゅうそくこつ（ふしょこつ）
tarsus 【pl. tarsi】	ふ蹠	ふしょ
tarsus bone	ふ骨	ふこつ
tarsus length	ふ蹠長	ふしょちょう
Tbsp	大さじ1杯（15ml）	おおさじいっぱい

訳 語 表

英　語	日本語	よ　み
teat cannula	カニューレ 乳頭管	かにゅーれ にゅうとうかん
territoty	テリトリー 縄張り	てりとりー なわばり
threat display	威嚇行動	いかくこうどう
tibia	脛骨	けいこつ
tibiotarsus	脛足根骨（脛ふ骨） （哺乳類の下腿骨に当たる）	けいそくこんこつ（けいふこつ）
toe	趾 足指	し（ゆび） あしゆび
traffic flow	動線	どうせん
topipalmate [foot]	全蹼足	ぜんぼくそく
Trichomonas	トリコモナス	とりこもなす
tsp	小さじ1杯（5ml）	こさじいっぱい
tube feeding	チューブ給餌	ちゅうぶきゅうじ
umbilicial infection	臍帯炎	さいたいえん
United States Fish and Wildlife Service（USFWS）	米国魚類野生生物局	べいこくぎょるいやせいせいぶつきょく
unnecessary seizures	誤認救護	ごにんきゅうご
USDI	米国内務省 United States Department of Interior	べいこくないむしょう
USGS	米国地質測量局 United States Geological Survey	べいこくちしつそくりょうきょく
umbilicial infection	臍帯炎	さいたいえん
vaccination	ワクチン接種	わくちんせっしゅ
vagrant	迷鳥	めいちょう
vent	肛門 尻	こうもん しり
vent feathers	肛門周囲の羽毛	こうもんしゅういのうもう
vitelline membrane	卵黄膜	らんおうまく
washing egg	洗卵	せんらん
waxworm	ワックスワーム	わっくすわーむ
weaning	自力採食 自主採食 独り餌	じりきさいしょく じしゅさいしょく ひとりえ
web	蹼	みずかき
webbed [foot]	蹼足	ぼくそく
West Nile virus（WNV）	西ナイルウイルス	にしないるういるす
wet mount	糞便の直接塗抹	ふんべんのちょくせつとまつ
wet-bulb thermometer	湿球温度計	しっきゅうおんどけい
wing chord	翼長	よくちょう
wing clip	切羽	せっぱ
wing practice	飛翔の練習 羽ばたき練習	ひしょうのれんしゅう はばたきれんしゅう

訳語表

英語	日本語	よみ
wingspan	翼開長	よくかいちょう
winter area（ground）	越冬地	えっとうち
wintering	越冬	えっとう
yeast infection	酵母型真菌感染	こうぼかたしんきんかんせん
yolk sac	卵黄嚢	らんおうのう
yolk sac retention	遺残卵黄 卵黄嚢吸収不全	いざんらんおう らんおうのうきゅうしゅうふぜん
Zupreem	ズプリーム（鳥類用飼料のブランド名）	ずぷりーむ
zygodactyl [foot]	対趾足	たいしそく
zoonosis	人獣共通感染症	じんじゅうきょうつうかんせんしょう

用 語 解 説

用　語	よ　み	意　味
IUCN レッドリスト	あいゆーしーえぬれっどりすと	国際自然保護連合（IUCN）が発表している，動物の生息数の危険度を評価したリスト．各種が絶滅種 Extinct（EX），野生絶滅種 Extinct in Wild（EW），絶滅寸前種 Critically Endangered（CR）などのカテゴリーに分類されている．なお，IUCN のレッドリストを基に，環境省や各都道府県が独自のレッドリストを作成しているため，1つの動物種に様々なカテゴリーが存在することもある．毎年のように改訂され，http://www.iucnredlist.org/ で最新データを検索できる．
足	あし	原則としてふ蹠（中足骨の部分）を指す．
足皮膚炎	あしひふえん	趾瘤症や軽度の趾瘤症の別称．
足環	あしわ	鳥類の移動，寿命，生態などの研究を行うため，足に取り付ける環（リング）のこと．個体識別を行うための手段であり，記号や番号の刻印された金属性のものや色のついたものなどがある．足環を装着することをバンディングという．足環が装着された個体の記録は，世界各国の標識センターで集積，管理されている．
アスペルギルス症	あすぺるぎるすしょう	アスペルギルス属真菌による感染症．免疫力の低下した鳥類の主に肺や気嚢に病巣を形成する．
アモキシシリン	あもきししりん	広域性ペニシリン系抗生物質．バチリオンの商品名で明治製菓株式会社より販売．
遺残卵黄（卵黄嚢吸収不全）	いざんらんおう（らんおうのうきゅうしゅうふぜん）	卵黄は，孵化後数日間，雛の体内に残って消費された後に消失するが，雛に問題がある場合，吸収されず腹腔内に残って感染症などを引き起こすことがある．第4章の走鳥類などでは，腹腔外に卵黄嚢が残ったまま孵化する状態も指している．
異種養育法	いしゅよういくほう	異なった種の動物によって養育する育成方法．
位置異常（卵殻内での）	いちいじょう（らんかくないでの）	孵化直前，卵殻内で雛が不適切な体勢になる状態．うまく孵化できず，介助が必要となることが多い．哺乳類の分娩では「失位」と呼ばれる．
イトラコナゾール	いとらこなぞーる	抗真菌薬．日本では経口薬として，商品名イトリゾール（ヤンセン ファーマ株式会社），他にジェネリック医薬品が多数販売されている．
イベルメクチン	いべるめくちん	線虫などの駆虫薬．日本では商品名アイボメック（メリアル・ジャパン株式会社）など，複数社から販売されている．
羽嚢	うのう	皮膚内の羽の組織をつくる基部．「羽包」とも呼ばれる．哺乳類の毛包に類似．
餌の漉し採り機能	えさのこしとりきのう	フラミンゴの嘴のふちには，櫛状になった板歯があり，プランクトンなどを漉し採る機能がある．
枝移り	えだうつり	鳥の雛が巣から近くの枝へ飛び移る行動で，巣立ちの前段階である．
エッグフード	えっぐふーど	小鳥用餌の一種．卵と他の飼料を混合してある．

用　語	よ　み	意　味
塩化ナトリウム液	えんかなとりうむえき	0.9%溶液（生理食塩水）が体液と等張だが，雛への経口投与には半分程度の濃度のものを用いることが多い．
エンシュア	えんしゅあ	人用総合栄養食の商品名．経口またはチューブで消化管に入れる流動食．日本では商品名エンシュア・リキッドで，明治乳業株式会社が製造，アボット ジャパン株式会社が販売している．
エンゼルウイング	えんぜるういんぐ	成長期に発生しやすい手根中手骨遠位の外転による翼の形成異常．天使の羽のように見える．ガン類・カモ類などに発生しやすい．蛋白質の過剰給餌によるものとされているが，マンガン欠乏やカロリー過多なども原因と考えられている．「飛行機の翼」もしくは「反転した翼」，「外れた翼」，「刀のような翼」とも呼ばれている．
塩腺	えんせん	海鳥などにある余分な塩分を排出する器官で，塩類腺ともいう．眼の上方から鼻の間に存在する．
（環境）エンリッチメント	（かんきょう）えんりっちめんと	動物福祉の観点から，飼育環境に工夫を加え，野生本来の行動を引き出したり，飼育下でも幸福に暮らせるようにするための具体的手段．（スミソニアン国立動物園の定義：飼育下の野生動物に野生本来の行動を引き起こすような刺激を与え，幸福な暮らしを提供すること．）
オーデュボン協会	おーでゅぼんきょうかい	米国の鳥類に主眼をおいた野生生物・自然保護団体．
Oリングシリンジ	おーりんぐしりんじ	内筒の先端がゴムで覆われていない注射筒．
開脚症	かいきゃくしょう	股関節の脱臼や腱はずれなどが原因で脚が左右に広がる症状．人工孵化や人工育雛の雛に発生することがある．
開嘴症	かいししょう	気管開嘴虫（ニワトリ開嘴虫）Syngamus trachea が気管に寄生して発症する．雛は呼吸を妨げられ，窒息する．口を大きく開いて吐き出すような仕草をすることからこう呼ばれる．
外側の嘴打ち	がいそくのはしうち	雛が卵殻に穴を開ける段階．通常，日本ではこの段階を「嘴打ち」と呼ぶ．
外来種	がいらいしゅ	本来の生息地域以外から意図的であるかないかに関わらず，人為的に持ち込まれた種．
化学物質安全性データシート（MSDS）	かがくぶっつあんぜんせいでーたしーと	化学物質や化学物質が含まれる原材料などを安全に取り扱うために必要な情報を記載したもの．
踵	かかと	足根間関節の部位．
過眼線	かがんせん	ある種の鳥類で見られる，眼の左右にあるライン．
Catac ST1 乳首	かたっくえすてぃーわんにゅうとう	リスなどの小型動物哺育用の非常に細長い乳首．
カテーテルチップシリンジ	かてーてるちっぷしりんじ	カテーテルなどを取り付けるために接合部が太く長くなっている注射筒．図8-2参照
カニューレ	かにゅーれ	カニューレを意味する医療器具は様々であるが，本書で給餌用に用いている「カニューレ」は，乳房炎治療剤の注入や乳管狭窄予防に用いる牛用乳頭管を指している．
痂皮	かひ	かさぶたのこと
カロリー密度	かろりーみつど	ある食物の重量当たりのカロリー量．単位は kcal/g
カンジダ症	かんじだしょう	酵母状の真菌 Cabdida albicans により発生する感染症．免疫力の低下した鳥類の食道やそ嚢に感染して病巣を形成する．

用　語	よ　み	意　味
含硫アミノ酸	がんりゅうあみのさん	分子構造に硫黄分子を含むアミノ酸で，システイン，メチオニン，タウリンなどがある．
気管開口部	きかんかいこうぶ	哺乳類では「声門」を指すが，本書では気管の入り口を指す部位の意味で用いられている．鳥類用語では「気門」と訳されることもある．
危急種	ききゅうしゅ	国際自然保護連合（IUCN）のレッドリストに示されている絶滅危険度のカテゴリーの中で，絶滅の危険性が最もゆるやかな危険性（100年内に絶滅する確率が10%以上），つまり中期的将来に絶滅する可能性があるとされる種のこと．
脚	きゃく　あし	鳥類では原則として下腿を指すが，本書では大腿部も含めた足全体を指していることがある．
休眠	きゅうみん	体温や心拍数，呼吸数を下げることで，一時的もしくは長期に代謝を抑えて休む状態．餌の不足や環境温度の低下などで休眠する種がある．これが冬季に長期間続くものが冬ごもりや冬眠であり，これらは眠りの深度で区別される．逆に高温に適応して夏眠を行う動物もある．
強制対流式（孵卵器）	きょうせいたいりゅうしき（ふらんき）	ファンなどで内部の空気を混合する方式（の孵卵器）．場所による温度差が生じにくい．
協同繁殖	きょうどうはんしょく	親以外の個体が子育てを手伝う繁殖形態．
クラバモックス	くらばもっくす	クラブラン酸カリウムとアモキシシリンを1：14の比で合わせたペニシリン系抗生物質の製品名．
グラム染色	ぐらむせんしょく	細菌検査で用いるごく基本的な染色方法．グラム陽性菌とグラム陰性菌，桿菌と球菌などの識別が可能．
グリット	ぐりっと	筋胃内で餌を磨り潰すための小石，塩土，牡蠣粉，焼き砂など．
クレイシ	くれいし	雛がある程度成育した段階でそれぞれの巣から離れて集合し，雛だけで形成する集団のこと．ペンギン類，フラミンゴ類など集団繁殖する鳥類において見られる．
脛足根骨（脛ふ骨）	けいそくこんこつ（けいふこつ）	鳥類には独立した足根骨はなく，脛骨が足根骨と癒合しているので，脛足根骨と称される．哺乳類の下腿の骨に相当する．腓骨は発達が悪く退化的である．
Kaytee	けいてぃー	鳥類や小動物用の餌を開発販売している米国のペットフード会社．商品名にもKayteeが使われており，雛用飼料をはじめ，様々な製品が市販されている．
ゲージ	げーじ	注射針の太さの単位．数字が大きいほど細い．30ゲージは，眼科用のごく細い針である．
結紮	けっさつ	傷口や血管などを縫合糸や紐を用い，ほどけないようにしっかりと結ぶこと．
検疫	けんえき	動物に病気がないか，一定期間を施設内に係留して潜伏期が経過しても発症しないか見守ること．古代ローマで人間の入国前に40日間留め置きされたことから，40日間を表すquarantineが検疫を意味するようになった．現在では積極的な診断学的検査により，潜伏期間を待たず検疫を終了することも多い．
検眼鏡	けんがんきょう	角膜や，眼球内の網膜などを検査する医療器具．
検卵	けんらん	卵が有精卵か無精卵であるかを見極めたり，胚の成長状態を見たりするため，暗室で卵に光を当てて観察すること
口角突起	こうかくとっき	いくつかの種で雛の嘴の両側にあるやわらかいふくらみ．

用語解説

用 語	よ み	意 味
後腸発酵	こうちょうはっこう	草食性の動物が，結腸や盲腸内のバクテリアを利用して植物の細胞壁を分解すること．
肛門	こうもん	総排泄腔の出口．本来，肛門も含めて総排泄腔と呼ばれる．
誤嚥	ごえん	餌，水や吐出物などが誤って気道内に入ってしまうこと
コーバン	こーばん	自着性保護包帯．伸縮性があり，接着物は用いられていないが互いの逢着が可能．
国際種情報システム（ISIS）	こくさいしゅじょうほうしすてむ	飼育下の野生動物の頭数や，性別，年齢，繁殖歴，疾病などの個体情報や血統情報などのデータを集めて登録している国際的な機関．1973年，個々の動物園での飼育動物記録を世界一元的に集積するしくみとして「国際種登録機構」（International Species Inventory System）が組織された．その後，「国際種情報システム」と改名され，1999年現在，世界の550の動物園などの飼育施設が加盟している．
骨幹	こっかん	長骨の両端を除く幹の部分．
誤認救護	ごにんきゅうご	親がいる健全な状態の野生動物の子供を誤って救護してしまうこと．日本語で「誘拐」と呼ばれることがある．
サイクロピーズ（Cyclop-eeze®）	さいくろぴーず	観賞魚，爬虫類飼育用の飼料．不飽和脂肪酸，各種ビタミンなどを含む．国内のペットショップなどで入手可能．
臍帯炎	さいたいえん	卵黄嚢の吸収不全などによって起こる臍帯部からの感染症．
腮囊	さいのう	ペリカンの下嘴にある伸縮性のある膜．魚を捕獲する際に大きく広げたり，半消化の餌を雛に与えるために用いられる．
錯綜筋	さくそうきん	嘴打ちの時，頭を支えるはたらきのある頸上部背側にある筋肉．孵化後は縮小するが，成鳥になっても残り，頭の挙上や横に曲げるために使われる．piping muscle（嘴打ち筋）とも呼ばれる．
サルモネラ	さるもねら	動物の腸内細菌の1種で，種や血清型により1,000種以上に分類される．鳥類，哺乳類，爬虫類，人に病原性をもつタイプによる感染症をサルモネラ症と呼ぶ．
酸敗したそ囊（サワークロップ）	さんぱいしたそのう（さわーくろっぷ）	そ囊停滞などが原因でそ囊に滞留した内容物が発酵した状態．
ジエチルカルバマジン	じえちるかるばまじん	駆虫薬．日本ではスパトニン（田辺三菱製薬株式会社）などの錠剤が販売されているが，散布できる粉末製剤はない．
自然対流式（孵卵器）	しぜんたいりゅうしき（ふらんき）	ファンなどで強制的に内部の空気を動かすのではなく，場所による温度差で緩やかな空気の流れが生じる方式（の孵卵器）．
尺骨	しゃっこつ	前腕骨を形成する2本の骨のうちの1本．鳥類では尺骨の方が橈骨より太く，哺乳類とは逆．次列風切羽はこの部分から出る．
手根中手骨（腕掌骨）	しゅこんちゅうしゅこつ（わんしょうこつ）	鳥類の中手骨は，手根骨の遠位列と癒合しているため，手根中手骨と称される．哺乳類の中手骨に相当する．初列風切羽は，この骨と第3指骨に付く．metacarpus（掌骨）と表記されることもあるが，同じ部位である．
順次的一妻多夫	じゅんじてきいっさいたふ	一妻多夫の多くを占める繁殖様式．1羽の雌が，同時に何羽もの雄とペアとなるのではなく，ある雄と交尾してその雄の巣に産卵すると，その雄との関係を終了し，今度は別の雄とペアになることを繰り返す繁殖方式．これは雌が縄張りをもち，この縄張り内に複数の雄が巣を作り，1羽の雌が同時にこれら雄の巣に産卵する繁殖方式で，北米ではアメリカレンカク（*Jacana spinosa*）などで見られる．

用　語	よ　み	意　味
趾瘤症	しりゅうしょう	足底や肉趾が炎症を起こし，発赤，腫脹から膿瘍に進行する疾患．不適切な止り木や床材，運動不足，傷，過度の乾燥などが原因で発症する．
シリンジ	しりんじ	針のついていない注射筒．液が漏れないようにするためのパッキンが，中のプランジャー（押し出す方の棒）の先端でなく，中ほどについている物をOリングシリンジという．日本では，主に工業用に用いられている．図1-6参照．
人獣共通感染症	じんじゅうきょうつうかんせんしょう	人と動物両方に感染する感染症のこと．ウイルスや細菌，リケッチア，クラミジア，真菌，寄生虫など，病原体は多岐にわたる．人と動物の共通感染症，ズーノーシス，動物由来感染症とも呼ぶ．
深部体温	しんぶたいおん	直腸内など，体の深部に近い部位で測った体温．
スエット	すえっと	牛・羊の腰や腎臓の付近の脂肪．
スターゲイジング症状	すたーげいじんぐしょうじょう	低血糖などによる神経学的な問題によって起こる症状で，放心して星空を眺めるように上を向くことからこのように呼ばれる．
ストレスライン	すとれすらいん	栄養不良や感染症など何らかの異状により羽弁に変色や変形が起こり，線が入ったように見える状態．ストレスマーク，ストレスバーなどとも呼ばれる．
Zupreem	ずぷりーむ	鳥類や小動物用の餌を開発販売している米国のペットフード会社．商品名にもZupreemが使われており，雛用飼料をはじめ，様々な製品が市販されている．
スルファジメトキシン	するふぁじめときしん	原虫などに有効なサルファ剤．日本ではアプシード（第一ファインケミカル株式会社）などがある．
スルファジアジン銀クリーム	するふぁじんぎんくりーむ	火傷や潰瘍に用いる抗菌外用剤．日本ではゲーベンクリーム（三菱ウェルファーマ株式会社）がある．
スワブ	すわぶ	鼻腔内や口腔内の細胞や病原体を検査するために滅菌綿棒などで拭き取り採取する方法．もしくはその検体．
切羽（クリッピング）	せっぱ（くりっぴんぐ）	風切羽を切って，鳥の飛翔を抑制すること．
絶滅危惧種	ぜつめつきぐしゅ	個体数や特定地域群の減少が特に心配されている動物種のこと．狭義にはIUCN作成のレッドリストにおけるカテゴリーがCritically Endangered（CR）絶滅寸前種，Endangered（EN）絶滅危惧種，Vulnerable（VU）危急種に分類される種または地域個体群のこと．
セファレキシン	せふぁれきしん	セフェム系抗生物質．日本ではケフレックス（塩野義製薬株式会社）などがある．
疝痛	せんつう	ウマなどで見られる腹痛の総称．
総排泄腔	そうはいせつこう	直腸と泌尿生殖器が開口している部分．排泄物や卵はこの空間を通って外に出る．肛門と同じ部位を指して用いられることもある．
足根間関節（ふ骨間関節）	そくこんかんかんせつ（ふこつかんかんせつ）	鳥類では独立した足根骨を欠くので，脛骨と中足骨の間の関節が，足根間関節と呼ばれる．
足根中足骨（ふ蹠骨）	そくこんちゅうそくこつ（ふしょこつ）	鳥類の中足骨（第2，第3，第4中足骨が癒合）は，足根骨と癒合しているため，足根中足骨と称される．哺乳類の中足骨に相当する．

用語解説

用　語	よ　み	意　味
そ嚢停滞	そのうていたい	そ嚢内の餌が胃に流れていかない状態．異物の摂取やそ嚢内感染，雛の脱水や餌の水分不足，環境温度が低すぎるなど，原因は様々である．そ嚢停滞が長時間続くと「酸敗したそ嚢」を継発する．
ソフトビル	そふとびる	鳥類飼養で用いられる用語．柔らかい嘴の鳥という意味ではなく，穀類などだけでは飼育できない愛玩鳥類を指す．ソウシチョウ，キュウカンチョウ，オオハシ，サイチョウ，ヒタキ，エボシドリ，ネズミドリなど，野生での食性も多岐にわたる．
ソフトリリース	そふとりりーす	段階的放鳥ともいい，放鳥後もシェルター（拠点用ケージ）を用意したり，補助給餌をしながら徐々に野生に慣らしていく野生復帰方法．適地に直接放すハードリリースと区別される．
第1中足骨（蹠骨）	だいいちちゅうそくこつ（しょこつ）	鳥類の中足骨は，第2，第3，第4中足骨が癒合して1本になっているが，第1中足骨だけは独立した小さな骨として残り，足根中足骨に関節する．
代謝性アシドーシス	たいしゃせいあしどーしす	様々な原因により，血液のpHが酸性に傾いた状態．重度になると意識障害や循環障害を呈する．
胼胝	たこ／べんち	継続的な摩擦や圧迫などによって肥厚した皮膚の角質層．
タペタム	たぺたむ	網膜の後方にある組織（輝板）．光が反射して増幅されることによって，薄暗い中でも対象物を見分けられる．鳥類では，フクロウやヨタカ類にある．
中手骨（掌骨）	ちゅうしゅこつ（しょうこつ）	→「手根中手骨（腕掌骨）」
腸内細菌叢	ちょうないさいきんそう	個体の腸内に常在する微生物の種類，割合の総体．健康状態，栄養吸収を大きく左右する．食餌内容やpHなど腸内の環境によっても変化する．
貯卵	ちょらん	孵化日を調整するため，産卵直後の卵を孵卵せずに数日間低温で保存する方法．
継ぎ羽	つぎばね	傷んだ羽を切り，これによく似た別の羽を継ぎ足して修復する方法．
テガダーム	てがだーむ	ポリウレタンフィルム被覆材．スリーエム ヘルスケア株式会社．
鉄沈着症	てつちんちゃくしょう	飼料中の鉄分が肝臓などに沈着する疾患．多種の鳥類に発生し得る．鉄貯蔵病と訳されることもある．なお，人医領域では，一定量以上の鉄沈着を「ヘモクロマトーシス」と呼ぶので，鳥類においてもこれを使用する場合がある．
電気柵	でんきさく	動物の侵入や脱走を防ぐための防護柵．動物が電線に触れると電気刺激があり，痛みや軽い刺激を感じる．
転卵	てんらん	ほとんどの野鳥は，抱卵中，まんべんなく卵を温めるため，1日に数回卵を回転させる．孵卵器内でも人工的に卵を回転させることによって孵化率を高める．
橈骨	とうこつ	前腕骨を形成する2本の骨のうち，鳥類では細い方．
動線	どうせん	作業機械や人間，動物の移動する道筋．動物舎や検疫施設を設計する際や，日々の飼育作業でも衛生学上非常に重要．
塗抹（スメア）検査	とまつ（すめあ）けんさ	糞や組織，体液などをスライドグラスに塗抹して，（染色または直接），顕微鏡で観察する検査方法．
トラップ	とらっぷ	鳥類に標識や発信機を装着したり，人為的に移動させたりする際に，個体を捕獲するための装置（わな）のこと．捕獲対象の種，捕獲場所などによって様々な種類のトラップがある．

用 語	よ み	意 味
トリコモナス症	とりこもなすしょう	トリコモナス原虫（*Tricomonas gallinarum* など）が食道，前胃，そ嚢などに寄生して発症する疾患．
ドレーン処置	どれーんしょち	体の一部に溜まった液体などを体外に排出させるために，その部位に管を挿入する方法．
ドローダウン	どろーだうん	孵化前に気室が広がる現象．
内側の嘴打ち	ないそくのはしうち	雛が卵殻の中から内卵殻膜に穴を開ける段階．まだ卵殻には穴が開いていない状態．
肉趾	にくし	鳥類の足底や趾の裏にある，クッションの役割をする柔らかい部分．
西ナイルウイルス	にしないるういるす	人やウマに脳炎などを引き起こすウイルス．西ナイルウイルス感染症は，このウイルスに感染した鳥を吸血した蚊に刺されることによって感染する人獣共通感染症で，米国では全土に広がり，日本への侵入が危惧されている．
2次癒合	にじゆごう	2つの肉芽面が相接着すること．
ニッチ（生態的地位）	にっち（せいたいてきちい）	ある種がその個体群を維持することができる環境要因や食物などの生活資源の範囲．
ニテンピラム	にてんぴらむ	殺虫剤の一種．
ニューカッスル病	にゅーかっするびょう	トリパラミクソウイルス1による，鳥類が広く罹患する感染症で，強い感染力をもつ．高い死亡率の重症型（もしくはアジア型）と，病原性の弱いアメリカ型（もしくは中等症型）がある．
ネラトンカテーテル	ねらとんかてーてる	赤い天然ゴム製の医療用カテーテル．流動食注入用や採尿用など，様々な大きさのものがある．
BioDres	ばいおどれす	被覆材（米国 DVM Pharmaceuticals）の一種．日本でも使用事例が発表されている．
嘴打ち	はしうち	→「内側の嘴打ち」，「外側の嘴打ち」
ハッキング	はっきんぐ	猛禽類の放鳥方法の1つ．放鳥場所に「ハックボックス」などの飼育ケージを設置し，餌を置いて給餌しながら，鳥が自力で獲物を捕れるようになるまでサポートする．
パペット	ぱぺっと	野鳥の人工育雛の際，人への刷り込みを避けるため，給餌の時などに用いる道具で，同種の鳥の頭部にそっくりの形状をしている．その中に手を入れてパペットの嘴からピンセットなどで給餌する．
腓骨	ひこつ	下腿にある骨．鳥類では不完全で飛節まで独立した骨として達することはない．腓骨頭はよく発達しているが，腓骨体は細くなって脛足根骨に付着している．
眉線	びせん	ある種の鳥類で見られる，眼の上の線状の羽の模様．
腓腹筋の腱	ひふくきんのけん	腓腹筋とヒラメ筋の腱が合わさって，アキレス腱をつくる．足根間関節（踵）曲げ伸ばしに役立つ．
Hill's A/D 缶	ひるずえーでぃーかん	イヌ・ネコ用療法食缶詰の商品名．高カロリー，高蛋白質で，衰弱時や術後などに用いる．日本ヒルズ・コルゲート株式会社．
ピンクマウス	ぴんくまうす	生まれたばかりの毛が生えていないマウスの子．飼料用の用語．
ファジーマウス	ふぁじーまうす	生後数日経過して，産毛が生えてくる頃のマウスの子．飼料用の用語．
フィプロニル	ふぃぷろにる	殺虫剤．ノミやダニの寄生予防に用いられる．日本ではフロントライン（メリアル・ジャパン株式会社）などがある．

用 語	よ み	意 味
フェンベンダゾール	ふぇんべんだぞーる	蠕虫，ジアルジアなどの駆虫薬．日本ではメイポール（川崎三鷹製薬株式会社），Panacur（株式会社インターベット）などがある．
副木（副子）	ふくぎ（ふくし）	骨折や脱臼などの外固定に用いる道具．
ふ蹠	ふしょ	tarsi は，元来足根骨を意味するが，鳥類では独立した足根骨を欠く．日本語の「ふ蹠」は，中足骨の部位を指す．
ふ蹠長	ふしょちょう	鳥類の踵から趾の上部までの長さ．鳥類の基本的な計測部位の1つ．
不正咬合	ふせいこうごう	鳥類では，上下の嘴が互い違いになる異常のことを指す．
筆毛	ふでげ	生えてきたばかりの羽が羽鞘に包まれている状態．
ブドウ糖液	ぶどうとうえき	5%溶液が体液と等張で，雛への経口投与には半分の濃度の2.5%で用いることが多い．
踏込み消毒槽	ふみこみしょうどくそう	感染症の伝播を予防するため，動物舎などの入口に設置し，長靴や靴底を消毒するための薬液を入れた容器．
浮遊法による糞便検査	ふゆうほうによるふんべんけんさ	糞中の寄生虫や寄生虫卵を検出する際，比重の重い液体に溶かして浮遊させ，検出しやすくする検査方法．
プラジカンテル	ぷらじかんてる	寄生虫（条虫や吸虫）駆虫薬．日本ではドロンシット（バイエル薬品株式会社）がある．
プラスモジウム	ぷらすもじうむ	鳥マラリアの原因となる住血原虫．蚊が媒介する．
プラットホーム	ぷらっとほーむ	野鳥に営巣させるため，地上や水上から高いポールを立て，先端に平らな板を設けた設備．「人工巣塔」とも呼ばれる．
フルオレセイン染色液	ふるおれせいんせんしょくえき	蛍光色素を含んだ溶液で，眼科診療では，点眼して角膜潰瘍の検査などに用いる．
フルスペクトル（全波長型）ライト	ふるすぺくとる（ぜんはちょうがた）らいと	鳥類や爬虫類用の光源．紫外線不足を予防するため，太陽光に含まれる全波長が発生する．
フレンチ	ふれんち	気管内チューブなどの太さの単位．フレンチサイズ．
分散	ぶんさん	個体群の他個体から離散していく現象．本書では，巣立った幼鳥が独立し，親や兄弟と別れて他の場所へ行ってしまうこと．
閉鎖骨折	へいさせいこっせつ	皮膚から骨が飛び出していない骨折．皮下骨折ともいう．
ベタジン液	べたじんえき	ポビドンヨード（ヨウ素系消毒剤）．日本ではイソジン（明治製菓株式会社）などがある．
Pedialyte	ぺでぃあらいと	米国などで市販されている乳幼児用経口補液剤．日本でも入手可能．
ベトラップ	べとらっぷ	自着性保護包帯．伸縮性があり，接着剤は用いられていないが，互いの逢着は可能なので，獣医領域で汎用されている．スリーエム ヘルスケア株式会社．
ヘモクロマトーシス	へもくろまとーしす	→「鉄沈着症」
ペレット	ぺれっと	猛禽類など獲物を丸のみする鳥類が生理的に吐き出す，食物中の未消化物（毛，骨，鱗など）の塊のこと．「ペリット」，「吐出球」とも呼ばれる．
ボーンミール	ぼーんみーる	動物用カルシウム補助剤．骨粉製剤．牛海綿状脳症（BSE）問題のため，牛由来の製品は輸入されていない．

用　語	よ　み	意　味
ポックスウイルス感染症（鳥痘, 鶏痘）	ぽっくすういるすかんせんしょう（とりとう, けいとう）	皮膚や可視粘膜に発赤や腫瘤病変を形成するポックスウイルス科アビポックス属ウイルスによる感染症．鳥類では10種以上のウイルスが分離されており，1999年現在で23目232種の鳥種で自然発生例が報告されている．
ボツリヌス症	ぼつりぬすしょう	ボツリヌス菌の産生する毒素を摂取することによって起きる中毒で，翼や脚の麻痺，下痢，歩行困難，起立不能などの症状を示し，致死率も高い．湖沼などでカモなどの水鳥に集団発生することがある．
ホバリング（停空飛翔）	ほばりんぐ（ていくうひしょう）	翼を羽ばたかせて空中の一点に留まったまま飛翔する方法．チョウゲンボウやハチドリなどがよく行う．
マイクロチップ	まいくろちっぷ	動物の個体識別等を目的とした電子標識器具で，読取り器で個体情報を判読する．通常，専用の挿入器（使い捨てタイプ）で動物の背側頸部皮下に埋め込んで使用する．
埋没式フェンス	まいぼつしきふぇんす	地面を掘る捕食動物に襲われないよう，下端を地面の深い場所に埋め込んだフェンス．
Mazuri	まずーり/まずりー/まっずーり	動物園動物用飼料などを製造販売している米国の動物飼料会社．
マレック病	まれっくびょう	鶏ヘルペスウイルス2による悪性リンパ腫．
ミオパチー	みおぱちー	筋肉自体の病変により，筋の脱力など筋症状を呈する疾患．動物では，捕獲や保定，闘争などの後で生じることがある
ミルワーム	みるわーむ	チャイロコメノゴミムシダマシ Tenebrio monitor の幼虫．飼料用語．ミールワームともいう．
明暗サイクル	めいあんさいくる	日中明るく，夜暗いという自然の概日リズム．
メガバクテリア	めがばくてりあ	鳥類の腺胃に感染する真菌．鳥の種によって感受性に差がある．
綿モスリン	めんもすりん	薄地平織の綿織物．
モビング	もびんぐ	小型の鳥類が天敵である猛禽類などにちょっかいをかけたり，嫌がらせをしたりする行動．擬攻撃とも呼ばれ，実際に攻撃するのではなく，追い払うのが目的．
弓なり緊張	ゆみなりきんちょう	背側に反り返る姿勢をとる神経症状．第15章ではスターゲイジング症状と類似の姿勢の意味で用いられている．
翼開長	よくかいちょう	翼を広げた時の，左右風切羽の先端までの長さ．
翼長	よくちょう	翼をたたんだ状態で，翼角から一番長い風切羽の先端までの長さ．鳥類の基本的な計測部位の1つ．本書では wing chord と呼んでいる部分もある．
ラクトリンゲル液	らくとりんげるえき	乳酸リンゲル液の別名．輸液剤の一種．脱水症状の緩和に用いる．
ラジオテレメトリー	らじおてれめとりー	野生動物に小型の電波発信機を装着し，アンテナを装着した受信機で追跡する手法．行動圏や生息場所利用調査のために用いられる．
リーフモンキー用ペレット	りーふもんきーようぺれっと	リーフモンキー（葉食性で胃内のバクテリアによって発酵を行っているサル類）専用の飼料．
リハビリテーション	りはびりてーしょん	人工育雛した野鳥や保護個体を自然界に戻す前に行う，野生復帰訓練．
リフィーディング	りふぃーでぃんぐ	低栄養状態からの栄養補給法．
竜骨	りゅうこつとっき	飛翔する鳥類の胸骨にある広い突起．この両側に大胸筋がつき，飛翔を助ける．

用　語	よ　み	意　味
ルアーチップ（式）シリンジ	るあーちっぷ（しき）しりんじ	針との接続部の形状が単純で，ねじ込むのではなく，押し込んで固定するタイプのシリンジ．
ルアーロック（式）シリンジ	るあーろっく（しき）しりんじ	先端に取り付ける針などが外れないよう捩じ込んで取り付ける構造となっているシリンジ．
ワックスエステル	わっくすえすてる	炭化水素が鎖状に連なった脂質で，人が摂取すると下痢の原因となる．アブラソコムツや，寒冷地の魚に多く含まれる．ミズナギドリ目やウミスズメ類などは，特殊な脂質代謝により，カロリーの高いワックスエステル類を高率に利用できる．
ワックスワーム	わっくすわーむ	ハチミツガ（ハチノスツヅリガ）の幼虫．飼料用語．

1
基本的なケア

Rebecca Duerr

生物学的特徴

全世界では 9,600 種以上の鳥類が確認されており，そのうち約 810 種は北米大陸のメキシコ以北で観察されている（Sibley 2000）．米国やカナダ国内で保護される鳥の雛は，ほとんどがこの810 種のうちに含まれる．この他，多くの種がペットとして，あるいは動物園などの施設で飼育されているが，これらの鳥は，ふつうは種が識別されているので，育雛方法については，それぞれ適当な章を読んでいただきたい．

この第 1 章では，種の判別ができていない雛に対する初期段階のケアについて述べる．本章を読んだ後，種不明の雛の目か種を判別する方法について述べた第 2 章「雛の識別」に進んでいただきたい．個々の鳥類ごとの，初期治療以後のケアについては，第 4 章以降で述べている．

米国では，年間，数十万羽の傷病鳥や雛が保護されており（Borgia 2004），そのほとんどは，いわゆる「善きサマリアびと」に発見され，最終的には適任者や管轄の鳥類保護施設に持ち込まれる．この鳥たちは，動物病院や身近な獣医師に引き渡される場合もあれば，動物管理局行きになることもある．動物を移譲するのに野生鳥獣リハビリテーターと連携している動物病院や動物管理局も多い．発見者が鳥の世話をしようとしても，不幸にも雛に必要なケアの知識が欠けていることがあり，適切な保護施設へ搬送する前に，雛がさらなる問題を抱えてしまう事例も多い．

野生の鳥類の幼鳥の中には，初心者が取り扱うと危険な種がある．例えば，サギの仲間は，たとえペット用輸送籠に入れても，隙間から嘴で強く突き刺すことがある．猛禽類の若鳥は人の皮膚を貫通する強い鉤爪をもつ．ペリカンの幼鳥は非常に強い嘴で人の顔をつつこうとする．このため，種によっては，取り扱う際に目を保護するゴーグルや厚手の皮手袋が必要なことがある．いずれの種も常に公衆衛生管理に気をつけて取り扱うのは当然である．マスクや手袋などを着用すると，人獣共通感染症の予防に役立つ．ただし，ラテックス（天然ゴム）製手袋をはめて鳥類を扱う場合は，パウダーを洗い流す．

法律に関連する諸事項

米国国内では，渡り鳥の保護に関する法律や条令が定められている．一般市民および獣医師は，米国魚類野生生物局あるいは各州の当該局の許可なく渡り鳥を飼養することは禁じられている．親からはぐれたところを発見された雛の多くは，この法令によって護られている．つまり，保護を必要としている幼鳥を拾った「善きサマリアびと」は，速やかにライセンスを所持している野生動物リハビリテーターの元に引き渡さなければならない．加療の必要があり，救護のライセンスをもたない獣医師の元に持ち込まれた場合，鳥の状態が安定して 24 時間以内に認可されているリハビリテーターに引き渡されなければならない（連邦規制基準 50 条 第 21 編 12 項）．もし，獣医師が，ライセンスを受けているリハビリテーターを見つけられない場合

は，渡り鳥認可局に協力を要請しなければならない（巻末の付録I参照）．時間がない場合は，http://www.tc.umn.edu/~devo0028/contact.htm，http://www.nwrawildlife.org，http://www.iwrc-online.org/emergency/emergency.html のサイトで北米のリハビリテーターについて，かなり確実な情報を得ることができる．また，多くの州で，魚類野生生物局や国立公園野生生物局あるいは天然資源局のホームページで，現在認可されているリハビリテーターを探すことができる．テキサス州を例にあげると，テキサス州国立公園野生生物局から認可を受けているリハビリテーターの全リストが，http://www.tpwd.state.tx.us/huntwild/wild/rehab/list/ に掲載されている．

本書のいくつかの章を読めば，保護鳥が適切なライセンスを所有したうえで保護されていることに気づくだろう．巻末の付録Iに，地方自治体または連邦政府の野生動物許可保護事務所および各地の野生動物リハビリテーション団体のリストを掲載しているので，参考にしてほしい．

米国国内では，ドバト（*Columba livia*）やホシムクドリ（*Sturnus vulgaris*），スズメ（*Passer domesticus*）などの外来種の幼鳥が保護されることも多い．これら種の保護と飼育の法的規制については，州によって異なる．なかでもムクドリは言葉を話すようになり，ペットになりやすい．野鳥の雛はとても似通っているものがいるので，種を判別することは重要である．外来種は，在来種の生態に様々な悪影響をもたらすため，生態学者や自然保護管理者のほとんどは，これらの種を野生に戻すことはない．

晩成性と早成性

鳥の雛は大きく「晩成性」と「早成性」に分けられるが，この両極のタイプの間には様々な程度がある．「晩成性」の鳥は眼が開いておらず，綿毛がほとんど，あるいは全く生えていない無力な状態で孵化する．巣立ちできるように成長するまで，通常数週間は巣に留まり，親からの世話を受ける．全ての鳴禽類，猛禽類，サギ類その他多くの鳥が晩成性である．早成性の鳥は，孵化した時には眼が開いていて，全身が暖かな綿毛に覆われ，孵化して綿毛が乾くとすぐに巣から離れることができる．通常，親鳥は夜間だけ雛を暖め，外敵から保護してやる．雛は自力で採食できるが，親鳥から食物の見つけ方や食べ方あるいは何を避けるべきかを学ぶ．ガンカモ類やシギ・チドリ類などのほとんどの水辺の鳥，ニワトリやウズラ，キジ類などが早成性である．

人工育雛への移行

幼鳥が保護される理由として，ペットがくわえて運んで来たり，雛が単独で悪条件の環境にいたりすることがあげられる．駐車場の真ん中にいるとか，熱い，または冷たい歩道の上でうずくまっているとか，怪我をしているとか，寄生虫やアリなどにたかられているとか，何かに絡まっているとか，その他明らかに何らかのトラブルに巻き込まれているなどの状況では本当に救護が必要である．逆に，鳴き声をあげて活発に動いている幼鳥で，怪我や周辺の危険もなく，近くに親がいそうな環境で発見した場合は，放っておくべきである．親鳥がちゃんと世話をし，雛が負傷していない限り，「近所のネコが襲うかもしれない」などという理由で雛を保護してはならない．北米では，野鳥であればみな同じ状況に直面する可能性があるのだ．

早成性の鳥では，あたかも親を失って取り残されているような状況で発見されることが多い．車道など明らかに危険な場所で発見した場合は，速やかに移動させるか親の元へ誘導してやる．アヒルが噴水の植込みに営巣し，孵化したばかりの雛が池に飛び込んで岸に上がれずにおぼれてしまうことがある．こういう場合，雛が岸に上がれるような板などを渡してやるとよい．晩成性の鳥は，雛が孵化すると巣を離れてしまうので，いったんはぐれた雛を親の元に戻すのは非常に難しい．しかし，同じくらいの日齢の雛がいれば，他個体の雛でも育ててくれるような，雛の数が変わったことを気にしない種もいる．

多くの鳥はふつう，雛が周辺環境の探索行動を始めるようになると子育てを終えるが，雛はまだ，危険から逃れるほどしっかりとは飛べない．成長してもまだ親からの世話を受け続けるが，つきっきりというわけではなくなる．ほとんどのスズメ目の巣立ち雛は，1週間以内に止り木に止まったり移動したりできるようになるが，まだ完璧な飛翔ができるような新しい羽毛が生え揃ってはいない．この時期の雛は，ネコなどのペットに最も狙われやすい．庭に雛がいたら，完全に飛べるようになるまでの数日間はイヌやネコを外に出さないようにするのが望ましい．親鳥が頻繁に餌を与えにやって来るうちに雛は瞬く間に羽毛が生え揃って親について飛ぶようになり，食物を採るなどの技術を学ぶ．

いくつかの種は，雛に危害を加えるものや天敵に対して「急降下爆撃機」のような攻撃をしかけることがある．この場合，鳥が子育てを終えるまでの数週間は近づかないことが最良の方法である．たとえ短期間でも庭を明け渡すことは難しいかもしれなしが，その鳥にとっては，庭が唯一の生活場所であることを忘れないでほしい．鳥たちは子育てが終わるまで別の場所に移動できないのだ．また，渡り鳥では，連邦政府や州政府の法律や条令によって，営巣中の巣を撤去してはならないことが定められている．

もし，観察していて1時間以上親鳥が戻ってこない場合は，雛を保護しなければならないことがある．近くで観察し過ぎて親が戻ってこない場合もあるが，親が死傷しているのがはっきりしたら，雛が飢え死にしないよう保護しなければならない．

幼くて怪我をしていない雛は，場所が分かっていればその巣に戻してやるべきである．日齢に若干の差があってもよいが，巣にいる雛と同じ種であることを必ず確認すること．人間が触った巣や雛は親に放棄される，というのは誤った俗説である．

巣が落下して，雛が負傷した様子がなければ，大きめの編み籠か穴のある容器に巣を入れ，元あった所になるべく近い木にワイヤーで固定してやるとよい．天敵に狙われず，直射日光が当らない高さに設置すること．巣を戻したら，離れた場所から観察して，親が戻って雛に給餌するのを確認すること．雛は，触ると温かく感じられなければならない．もし体が冷えていれば，巣を修復している間に暖めてやる．塗らした布をジップロックに入れて電子レンジで暖めるか，容器に湯を入れると応急の暖房器具になる．容器の湯はすぐに冷めるので，頻繁に暖め直さなければならない．雛が暖房器具の蒸気や表面の湯滴に触れて火傷しないよう注意する．使い捨てカイロも便利である．暖房用具と雛の間に布やティッシュペーパーを敷いて加温し過ぎないようにし，様子を頻繁に確認する．もし，暗くなって親鳥が新しく設置した巣を見つけられないようなら，雛を部屋に入れて夜の間だけ保護し，翌朝戻すとよい．

ある程度成長していて，元気で，全身が羽毛に覆われた雛であれば，発見場所近くの生垣などに置いてやり，親が気づくかどうかを離れた場所で観察する．「サンディエゴ野生動物プロジェクト」http://www.projectwildlife.org. など，助言を与えてくれる優れたウェブサイトが多く出ている．また，国際野生生物リハビリテーション連盟（IWRC）では，保護した幼鳥や野生動物に関する，よくある質問に対する回答を下記のサイトで公開している http://www.iwrc-online.org/emergency/emergency/html.

保護と飼育の記録

野生動物管理局は，リハビリテーションを行う個々の動物の追跡調査に必要な管理記録の最低基準様式を設けている．さらに詳細な情報は，管轄機関に確認してほしい．最低限，以下の項目について記録をとるべきである．種，年齢，発見場所と日付，保護理由，病気や怪我など，最終転帰，放鳥場所と日付．特に雛の発見場所に関する情報は，放鳥に適した場所を決定する際に役に立ち，また仲間に認識される可能性もある．

個体ごとの詳細なカルテを作成し，初期の検査

	種名：						足環/標識 No.
Wildlife Care Association	受入年月日：			時刻：	AM/PM		
	鳥類	哺乳類	その他	性別：	受入れ：		最終転帰
	□初生雛	□新生仔	□爬虫類	□雄	□保育室		日付：
	□巣内雛	□幼獣	□両生類	□雌	□リハビリ室		↓放鳥
	□巣立雛	□若獣		□不明			↓他施設への移動
	□成鳥	□成獣					□到着時死亡
							□死亡
保護個体記録	*全ての事項を記入し，直ちに………まで返送して下さい．						□安楽死

受入時の状態　チェック担当者：　　　　　　　　　　　　　　　　日付：　　　　　　　　　　　　放鳥場所：

活力	呼吸	ストレス/恐怖	反応	体温	委託先：
□ふつう	□ふつう	□低（落ち着いている）	□元気／警戒	□高い	
□良好	□胸呼吸/パンティング	□中度	□やや警戒	□暖かい	
□不安定	□緩慢	□高	□元気沈衰	□低い	
□蹲座り	□あえぎ	脱水の程度	□反応なし	□冷たい	体重(g):
□頭下垂	□音がする	□なし/軽度 (0-5%)	口腔と筋肉の色		
□伏臥	□開口呼吸	□中度 (6-9%)	□ふつう	□口腔粘膜蒼白	
		□重度 (9%以上)	□筋肉蒼白		

健康診断　検査担当者：　　　　　　　　　日付：　　　　　　　　*以下の事項について詳細に検査すること．

□頭部	□耳（左右）	□握力	□排泄物
□眼で追う	□首	□背中	羽毛：ストレスマーク　脱毛
□口腔	□咽喉	□胸部	□骨折
□嘴	□嗉嚢：充満　空	□腹部	□外傷
□舌	□翼（左右）	□総排泄腔	□栄養状態：正常　軽度削痩　重度削痩
□眼（左右）	□脚（左右）	□尾	
□鼻孔（左右）	□足（左右）	□外部寄生虫：□ダニ　□ノミ　□シラミ　□ハエ卵　□フラットフライ	

日付	検査および経過	担当
	例）補液　　ml　（皮下）（経口）　　時刻(AM/PM)	
		終了

投薬・投薬経路・処置	投与量	期間	投薬・投薬経路・処置	投与量	期間
□フロントライン					～
		～			～
		～			～
		～			～
		～			

日付											
体重(g)											

*救護者の皆様へ　救護個体情報について，下の質問にお答えください．

発見日時：　　　　　　時刻：	氏名：
救護した理由：□猫に襲われていた　□交通事故　□窓への衝突　□巣から落下　□親とはぐれ　□病気またはケガをしていた様子　□その他：	住所：〒 Email: 電話：
あなたが行った処置（どんなことでも）：	
発見場所の住所または地名：	本日，寄付を希望されますか？ *皆様の寄付は，野生動物たちの救護活動に使われます．
発見した環境（道路，芝の上など）：	

図 1-1　救護動物の記録例．チェックボックスを使うと手軽で，後にデータベース化しやすく，大量の救護動物が生じた場合にも便利である．

記録に治療ごとの記録を書き加える．日々の体重や治療の進展，行動なども記入しなければならない．図1-1は記録様式の例である．また，様々な種の雛が多数収容され，かつ複数のボランティアで飼育に当たる場合は，「給餌マニュアル」を作成し，引継ぎのボランティアに給餌の時間，餌の内容，給餌量，給餌のコツなどを盛り込むとよい．

育雛初期のケア

持ち込まれた雛に対して行うケアの原則は，保温（加温），補液，給餌の順に行うことである．体を暖めてから水分を与え，排泄するまで補液を行うこと．体温と脱水が改善されて始めて安全に給餌できる．たとえ餌乞いをしていても，低体温や脱水した雛に餌を与えると死なせてしまうことがある．保護される雛のほとんどは低体温や重度の脱水に陥っており，強いストレスにさらされている．近くでイヌが吠えたり子供が騒いだりするなどの安静を保てない場所に置いてはならない．

多くの鳥は昼行性であるので，もし夜間保護されてきた場合は9〜10時間静かに眠らせる．したがって，夜間救急動物病院に持ち込まれた時は，致命的な状態であれば，対処する．まず補液をして，暖かく，暗い，静かな場所で安静にしておいて，翌朝，経験のある飼育者の元に搬送すべきである．餌を食べさせる目的で，雛を一晩中起こしておいてはならない．ほとんどの鳥は，夜間は雛に餌をやらないし，雛は休ませないと体力を消耗して死亡することがあるからである．しかし，雛がとても幼く，体温も脱水も改善されているなら，夜寝かせる前に1〜2回食べさせる方がよい．孵化直後の雛は，12〜24時間は腹腔内の卵黄から栄養を摂取できる．

孵化後間もない，あるいは衰弱や怪我などで雛が立ち上がれない場合は，布をドーナツ型に巻いたり巣に薄い紙などを敷いたりして，体のサイズに合った人工の巣を作るとよい（図1-2）．雛が横臥や異常な姿勢になったり，平坦な部分に座っていたりしないようにする．頭を真っ直ぐにし，脚を体の真下で折りたたむ体勢になるように巣の大きさを調整する．巣の大きさや形が合っていないと，雛は頻繁に出ようとするので，巣の形状を

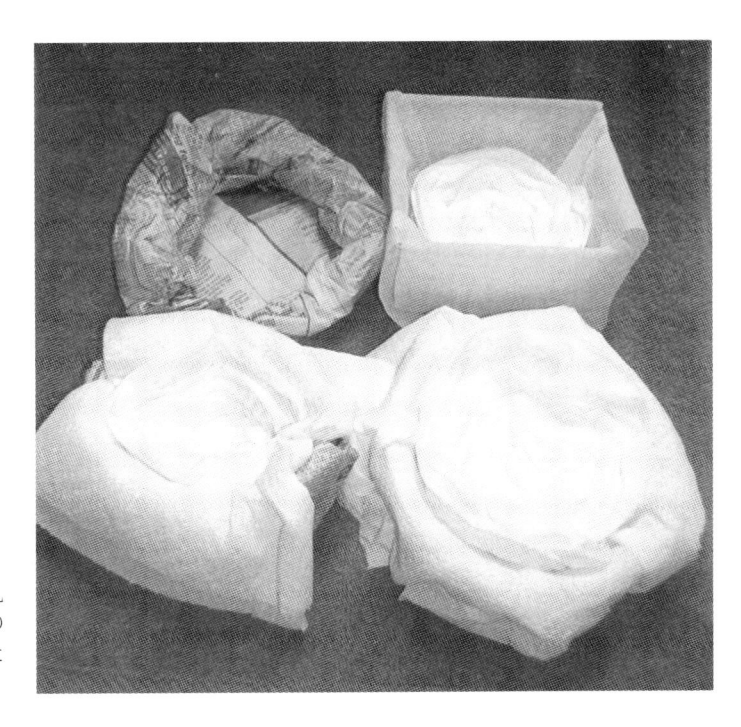

図1-2 巣の代替品．左から時計回りに，巣の形をした枠組みに新聞紙を丸めた巣．果物籠を利用した巣．陶器の皿を利用した巣．上の新聞紙を丸めた巣に紙を敷いた巣．

見直す．巣を軟らかい紙や薄い布で覆うと落ち着く雛もいる．洞に営巣する種では，照明を薄暗くすると落ち着きやすい．カイツブリ類やアビ類などの水鳥の雛は，両脚の幅が広く，立ち上がることができないのが正常なので，脚や竜骨部が圧迫されないように，非常に軟らかい巣材を使わねばならない．

晩成性，早成性の雛とも，可能であれば温度と湿度が調整された育雛器，あるいは高めの温度と適度な湿度を保てる容器に収容する（図1-3〜図1-5，「温水式育雛器」については第10章の図10-1〜図10-3）．保温ランプ（赤外線灯など）も使えるが，雛が直下に来て熱くなり過ぎることがあるので，あまり理想的な器具ではない．体が小さく，羽毛が少ない雛ほど温度を高めにする．ある程度成長した雛で，いったん体調が安定したら，体の大きさに関係なく温度管理はさほど厳密でなくてもよい．最初は，高めの32〜38℃，湿度40〜50％に設定して，雛の体温を正常にする．体重が5〜10g以下の雛では，さらに高い38〜40℃に設定する．水鳥など体格が大き

図1-3 応急的な育雛器．ペーパータオルを敷いたマットヒーターの上にプラスチックのボールをかぶせ，水を含ませたペーパータオルを入れた器を置いて保湿する．ボールの天井には数個の空気穴を開けてある．マットヒーターは低温に設定すること．

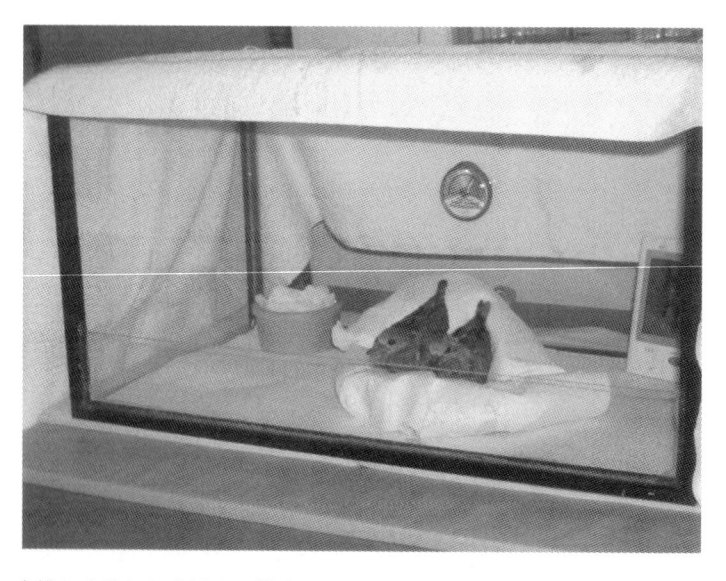

図1-4 ガラス製の水槽を改造した育雛器．横向きに置くと湿度を保ちやすい．正面に，雛が出ないくらいの高さのアクリル板を貼り，水槽用シリコンセメントで接着する．水に浸したペーパータオルを入れた器を置いて加温する．温度計を設置．水槽の下にマットヒーターを2枚敷く．必要に応じて天板にもマットヒーターを2枚追加する．上に布をかけ，給餌中は後ろに折り返しておく．

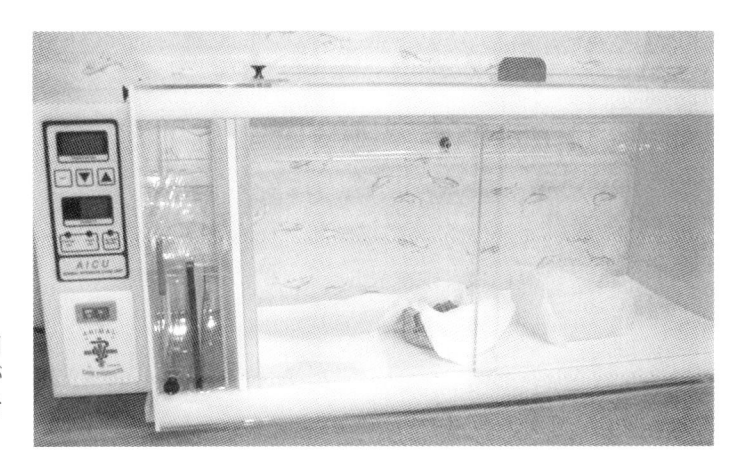

図 1-5 Lyon Technology 社の動物用集中治療装置．雛に必要な高温設定が可能で，優れた内部環境の調節機能をもつ．

めの雛では，ペット籠に厚紙をたくさん敷き，床半分に低温にしたマットヒーターを置くだけでもよい．中で雛が立ったり，やがて走り回ったりジャンプしたりし始めることを考慮する．必要以上に雛を触らないようにする．また，頭部に傷がある場合，加温されると脳の浮腫を起こすことがあるので注意する．

雛が不快な様子を示していないか，頻繁にチェックする．雛の平常体温は約 40 ～ 42℃ だが，種によって異なり，人の接触や保定のストレスによっても変動する．通常，小さい鳥類の体温を測定することはしないが，暖めた人の手に乗せた時雛の体が暖かく感じられるのが正常である．冷たく感じる雛はたいてい元気がなく，反応が鈍い．巣から離れない習性の種では，温度が高すぎると頸をのばして巣の縁に頭をもたせかけ，翼を体から離して広げ，餌乞いではなく口を開けていることが多い．立って歩ける雛なら，ヒーターから離れてあえぎ呼吸をしていることがある．高体温になっている雛は，活力がなく，脱水状態に陥って排泄が止まっていることが多い．正常な雛は肉付きがよく，触ると軟らかく感じるものだが，脱水すると体が熱くなっているか，硬く感じることがある．また，腹部にしわがよる，皮膚の弾力が低下する，眼球が陥没する，眼瞼反射が鈍る，唾液の粘張性が増す，口腔粘膜が乾燥する，などの症状が現れることがある．

雛の体温が上昇し，安定してきたら，経口または皮下的（同時でも可）に水分を補給する．餌乞い行動をしている晩成性の雛に対しては，排泄が見られるまで経口的に補液する．状態が安定したら 15 ～ 20 分置きに小さいシリンジ（針のついていない注射筒）やスポイトで，暖めた経口補液剤を数滴飲ませる（図 1-6）．この時，口に入れた分を完全に飲み込んでしまってから次の分を口にいれる．いったん雛が補液剤をよろこんで飲むようになれば，数口で飲める体重の 2.5 ～ 5％（25 ～ 50ml/kg）まで増量してよい．乳幼児用の経口補液剤（味付けされていないもの）は，雛の経口補液剤として最適で，ラクトリンゲル液や 2.5％ ブドウ糖と 0.45％ 塩化ナトリウム液混合液も同様である．皮下投与する場合は最も細い注射針を用い，小型の雛には 25 ～ 30 ゲージ（ゲージ数が大きいほど細い），大型の雛には 23 ～ 25 ゲージの針を使う．5g 以下の小さな晩成性の孵化直後の雛では，どんなに小さい注射針を用いても体を傷つけてしまうので，可能な限り経口的に補液を行う．必ず雛の体温を上げてから暖めた補液剤を与え，体温と脱水が改善されてから餌を与えるようにする．

晩成性の雛でもサギや猛禽類などの大型の鳥になると，給餌チューブやカテーテルを使って給餌することができる（図 1-6）．雛に力がついて抵抗するようになるまで，最初は体重の 1 ～ 2.5％

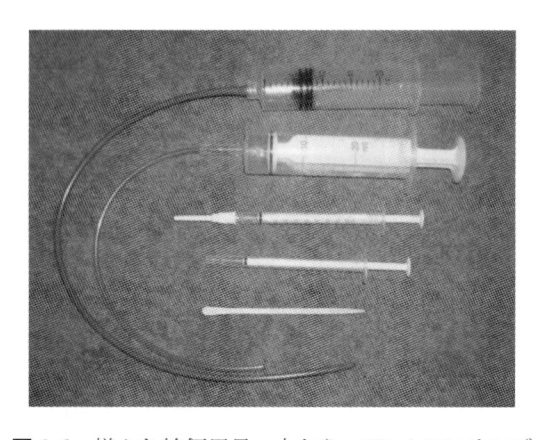

図1-6 様々な給餌用具．上から，20mlのシリンジに赤ゴム製のカテーテル*を装着したもの．20mlのOリングシリンジに静脈輸液セットの延長チューブを取り付けたもの（断端を焼いて，丸めて使用すること）．1mlのOリングシリンジにプラスチック製カニューレの先端を装着したもの．1mlのOリングシリンジ，木製の給餌用スティック（給餌さじと同じように餌乞いをする小型の雛に用いる）．
*訳者注：ネラトンカテーテル

（10～25ml/kg）ほど少量ずつ何度も給餌する．サギはふつう，脱水が改善されていれば年齢に関係なく自力で飲み込むことができるので，チューブによる給餌はストレスになり，また餌が逆流することがある．このため，脱水しているサギの雛には皮下投与で輸液をする方がよい．皮下輸液ができない場合は，チューブで補液剤を投与した後，30秒ほど頭を持ち上げて頚を伸ばし，逆流の危険性がなくなったらすぐに離す．

カモなどの早成性の雛は，体が温まり安心すると自分から餌を食べるようになる．雛がおぼれたり体を濡らして冷えたりしないよう，水を入れた浅い皿に石などの障害物を置くとよい．フタオビチドリその他のシギ・チドリ類などのような小型で早成性の雛は，飼育下に置かれると強いストレスを受けやすい．これらの雛には，1回に1滴，綿棒に水を含ませて嘴をつたわせて与え，飲み込むのを確認する（第9章「シギ・チドリ類（渉禽類）」参照）．また，単独でおくとストレスになるため，無染色の清潔なはたきや小さな鏡を置くと仲間だと思って安心する．しかし，餌を食べたり飲んだりすることよりも鏡をのぞき込むのに夢中になり，正常な行動を阻害するようであれば鏡を取り除く．

雛が衰弱しているか餌をうまく飲み込めない場合は，誤嚥して気道に入る危険性が非常に高いので，経口補液は十分注意して行う．短時間で飲ませるよりもよりもむしろ皮下投与で輸液がゆっくり吸収されるのを待つ方がよい場合もある．しかし，皮下投与ができない場合は，少量ずつ口の奥に入れ，与えるごとに雛が飲み込んだことを確認する．

晩成性の雛は，排泄が始まってから給餌を開始する（第34章「スズメ目：飼料」）．もし，補液を開始して1時間以上経っても排泄が見られない場合は，とりあえず給餌を開始する．ただし，排泄が始まるまでは，水で薄めて小さくして与える．第2章の「雛の識別」を参考に雛の種類を判定し，第4章以降で詳細な育雛方法と餌について情報を得ていただきたい．

健康診断

雛ごとに全身の健康診断を行うべきである．日常的かつ体系的に行うことで，目立つ異変に注意がそらされて隠れた疾患を見逃すことを防ぐことができる．経験を積めば，全身の健康診断を数分以内で済ませられるようになる．ただし，検査をする前にできるだけその鳥に関する履歴を把握しておくことが重要である．発見者に，見つけた時の状況をどんな些細な情報であっても詳しく聞き取りをする．プールに落ちていたのか．ネコが捕まえてきたのか．道路の隅にいたのか．窓の真下に落下していたのか．最近，その庭や敷地で殺鼠剤やシロアリ駆除剤を使わなかったか．庭に除草剤をまいていないか．周辺に他にも落ちている鳥がいなかったか．などである．

雛が運ばれてきた箱の中もチェックし，排泄物や血液，寄生虫，食物など，全てのものに注意を払う．雛の状態にも注目する．警戒しているか，衰弱しているか．立っているか，横になっているか．動きは正常か，けいれんしていないか．開口

呼吸や嘔吐はないか．頭部の下垂や斜頸がないか，真っ直ぐにしているか．翼は左右同じ姿勢になっているか．跛行（足を引きずる）はないか．眼で見える範囲で骨折や腫れはないか．羽域に出血や怪我の痕跡がないか．異臭はないか．種は．年齢は．雛の体に餌が付着していないか．もし，あれば種類は何か．

　雛の全身の健康診断をする時は慎重に保定し，再び恐怖を与えないようできる限りやさしく扱わねばならない．検査は短時間で終わることもあれば，必要があれば数時間に及ぶこともある．検査中にわずかでも開口呼吸がみられたら，検査を中止して落ち着くまでしばらく触れないでおく．大きな傷があって出血していれば直ちに止血し，他の部位の検査を終えてから，最後にその傷の状態を確認する．1ヵ所だけのひどい傷なら回復しやすいが，多数の深い傷を負っていると予後は悪い．著者の経験では，痩せたり栄養状態が悪かったりする雛が大きな傷を負っていると回復は難しいが，肉付きのよい雛は相当ひどい怪我をしていても，驚くほど完璧に回復することがある．

　野鳥の雛にとって翼や脚の骨折は，生命を左右する怪我となる．なぜなら，放鳥するためには翼と脚が完璧に機能する必要があるからである．ふつうの施設では，障害を負った野生動物を一生世話するスペースはない．野鳥の雛が，野生で生きていくまでに回復する見込みのない怪我をしている場合は，安楽死も考慮しなければならない．治療が可能であったはずの骨折が，軽く保定したりケージ内で羽ばたいたり，あるいはX線撮影のために姿勢を整えただけで，一瞬にして手足の切断が必要となるような状態，つまり死なせる羽目になってしまうことがある．したがって，雛が検査中に羽ばたいたり，折れた脚で蹴らせたりしないことが非常に重要である．触れられても大丈夫なくらい雛が落ち着いたら直ちに，少なくとも骨折部が動かないように応急的に固定しなければならない．骨折の固定方法は，Stocker（2005）やその他にも多くの鳥類獣医学系の出版物に掲載されている．

　眼が開く年齢になっているはずの雛の場合，眼がちゃんと開いているか．眼に餌がこびりついていないか．一般の人が野鳥の雛に給餌すると餌が眼に入ることが多いので，眼科用生理食塩水で洗い流さなければならない．眼は左右対称か．片方の眼だけが閉じがちではないか．ライトで照らして瞳孔の大きさと反応を確認するとよいが，幼い雛では難しいかもしれない．瞳孔は開いているか，収縮しているか．裂傷や眼周囲の擦過傷，分泌物，結膜炎，眼瞼の腫脹などを確認する．水晶体や角膜に白濁や不透明な部分がないか．眼の中に肉眼で確認できる出血はないか．瞬膜は閉じるか．その動きは緩慢でなく，正常か．虹彩は正常な位置にあるか．必要があれば，フルオレセイン染色液で角膜潰瘍の検査や検眼鏡で網膜検査を行う．

　口腔粘膜の色をチェックする．鳥の口腔粘膜の色は，種によって黄色や紫，ピンク，黒など様々であり，口腔粘膜よりも眼結膜の色を見る方が，脱水や貧血の状態の診断をしやすい種もある．口腔内に寄生虫や血痕がないかチェックする．口角突起が雛の年齢の目安になる種もあるが，負傷している雛では裂けていることもある．粘稠な唾液が出ているのは，重度の脱水を起こしている可能性がある．鼻腔と嘴の分泌物はないか．詰まっていないか．左右対称か．乾いた餌がこびりついていないか．できものや寄生虫はいないか．をチェックする．ハエの卵や孵化したてのウジは鼻腔にいることが多いが，半透明なので見落としやすい．嘴が骨折や脱臼を起こしていることがあるので，嘴の亀裂や傷，不正咬合をチェックする．北米で見られる野鳥は，イスカ以外は全て上下の嘴がきちんと咬み合っているのが正常である．

　嚥下困難，呼吸の異常，異物や裂傷をチェックする．上下の嘴の間にペーパークリップを横にして差し込み，ゆっくり縦にすると嘴を傷つけることなく開くことができる．口腔内の歯垢や腫脹，分泌物，膿瘍の有無をチェックする．ミチバシリなどのカッコウ類は，口腔内に模様があるのが正常なので，病変と間違えないようにする．トリコモナス（*Trichomonas gallinae*）は，多くの種に

感染し，口腔内や咽喉，そ嚢に悪臭のする白っぽい歯垢や結節を形成する．ビタミン欠乏やウイルス，酵母（真菌），細菌感染でも同じような病変ができることがある．湿らせた咽頭スワブで採取して病因を診断すること．

　耳の中に寄生虫や血液，感染症が疑われるものはないか．傷や分泌物，腫脹はないか．

　頭部に腫脹や裂傷，打撲の痕などはないか．頭の骨をていねいに触診して，陥没や痂皮の形成，捻髪音（プチプチという音）などをチェックする．雛はまだ頭骨が完全に骨化していないために，軟らかく感じられるのは正常である．もし頭骨に刺し傷があるようなら，慎重に傷を洗浄し，神経学的検査を行って予後を診断する．頭骨が露出するほどの裂傷がある場合は，他の傷と同じように縫合するかガーゼなどで覆う．傷が古くて乾燥している場合は，清浄してガーゼなどで湿らせておくと治りやすい．

　そ嚢がある種では，触って内容を確認する．空か，いっぱいか．内容物がまともな食物であるようなら，軟らかいものか硬いものか．裂けて内容物が漏れていないか．ハトの幼鳥や外敵に襲われた雛はそ嚢が裂けていることが多い．そ嚢に餌が残ったまま低体温と脱水を起こした雛は，消化管の運動が低下してそ嚢停滞が発症しやすい．

　胸と腰を触診して筋肉量を調べる．また，視診と触診によって痂皮形成や打撲，羽毛の脱落や損傷をチェックする．ほとんどのスズメ目では，羽毛に息を吹きかけると隙間から皮膚が見えるので，局所の刺傷，裂傷，打撲，皮下気腫（皮下に空気がたまること）を見つけることができる．

　腹部をやさしく触診すると，正常なら軟らかく感じるはずである．晩成性の雛の多くは皮膚が薄く，臓器が透けて見える．重度の脱水に陥っている雛は，腹部の臓器に弾力がなく硬く感じたり，腹部の皮膚にシワができたりしており，輸液が必要である．腹腔が硬く感じられる孵化直後の雛では，腹腔内に血液が透けて見え，臓器ヘルニアを起こしていることさえある．孵化直後の雛が腹腔内出血を起こしている場合，予後はよくない．しかし，成長した雛は，重篤さにもよるが回復することがある．総排泄腔を検査して，病変，下痢，開通性，糞のこびりつき，括約筋の緊張具合などをチェックする．必要があれば，体を濡らさないよう注意しながら暖かい湯で肛門だけをていねいに洗う．

　羽毛が生えていない雛なら，皮膚や筋肉はどんな色か．種によっても異なるが，晩成性の雛は，ピンクがかった色をしているのが正常である．数種のハト類やミチバシリなどのように雛の皮膚が黒いこともあるが，筋肉の色が白や灰色をしているのは異常である．少し経験を積めば，血の気のない雛の状態を把握できるようになる．

　翼や脚，関節をチェックする．慎重に触診して左右の翼や脚，全ての関節の曲げ伸ばしをして診察する．痛み，熱感，腫脹，変形，左右の対称性，可動範囲，摩擦音，脱臼，骨折などの有無を検査する．雛では翼よりも脚の骨折の方が多く，脛足根骨（脛ふ骨）中位の骨折が最も多い．裂傷，その他の病変，爪や趾の欠損をチェックする．小型の鳥では，膝や大腿部周囲の裂傷がとても多く，特にネコに襲われた場合に頻発する．尾の筋肉の緊張状態をチェックする．尾の下垂は脊髄損傷の可能性がある．

　しっかり歩けるほどの日齢になっているはずなのに，歩く時や止り木に止まろうとする時，ふらついていないか．脚をひきずっていないか．弛緩していないか．足の握力はあるか．脚の触診時，反応が左右対称で正常か．

　羽毛の状態をチェックする．栄養状態が悪い雛では，羽毛の粗剛や折れ，羽鞘の固着，あるいはストレスラインなどがみられる．栄養不良のカラスやカケス，イエスズメなどでは，羽毛が白っぽく変色することがある．羽毛の脱落や損壊は，外敵から襲われたことを示唆している．もし，初列風切羽や次列風切羽の羽嚢部が損傷している場合，多量に出血していない限り，大切な風切羽を引き抜かないよう慎重に壊死組織の除去を行う．羽毛が羽嚢に包まれたまま治癒するのが望ましく，必要があれば，軟部組織が治癒してから抜く

とよい．ダニやハジラミなどの外部寄生虫はふつうに見られる．

正常な糞の形状は種によって様々だが，小型の晩成性の雛では，糞は粘液に包まれていることが多い．下痢をすると，この粘液の被膜が見られず，水分の多い汚らしい糞で悪臭を放つこともあり，雛の体を汚してしまう．糞の形状や臭いに異常が認められたら，糞便検査をして寄生虫感染を診断すべきである．痩せている雛では，重篤な寄生虫感染が主な原因となっていることが多いので，必ず糞の直接塗沫や浮遊法による検査を行うべきである．異常な糞が出るまで，検査を待たなければならないこともある．通常の糞便検査は，救護された鳥全てに対して必ず実施すべきである．雛では，下痢の原因が細菌感染であることも多く，糞をグラム染色して調べてもよい．

よくみられる疾病と対処法

著者の経験によると，野鳥の雛にケアが必要となるのは，次の要因が1つ，ないしは複数が絡み合っていることがほとんどである．低体温，脱水，ネコによる裂傷（全体の約3分の1の雛でみられる），巣からの落下やネコによる怪我や骨折，寄生虫感染による削痩，親とはぐれる，あるいは発見者の飼育の失宣による羽毛の発育不良を伴う栄養不良，代謝性骨疾患（併発することもしないこともある），重度の寄生虫感染．

外敵による裂傷は，可能な限り清浄して壊死組織を除去し，閉鎖なければならない．治療により治癒が促進し，成長中の羽毛にストレスラインができるリスクを減らすことができる．壊死組織を全て切除し，風切羽を残して，創面から3～5mm以内の辺縁の羽毛を慎重に引き抜く．創面に近い部分では，傷口が裂けないよう，羽毛が出ている方向か傷の縁に向かって慎重に羽毛を引き抜く．絶対に羽毛を切ったり，剃ったりしてはならない．海鳥では，どの羽毛も抜いてはならない．傷口が閉じるまで，羽毛が傷に触れないようテープで固定しておく．非常に幼い雛や怪我を負って活力を失っている雛には，ネクサバンド（Nexaband，Abbott）のような外科用接着剤を使うことができる．縫合や接着剤が使えない傷には，BioDres（DVM）やテガダーム（Tegaderm，3M）のような創傷被覆材を使ってもよい．著者は，特に救護施設に多数の雛が持ち込まれる場合は，開口している傷は縫合や外科用接着剤，創傷被覆剤の使用を好んで用いている．リハビリテーションによって少しでも早く野生復帰させるためには，可能な限り怪我の回復が早いほうがよい．飼育下におく期間が長引くにつれ，2次的な問題が起こりやすくなる．

幼鳥に使用できる外傷治療製品は他にも多くあるが，べたつくクリームを塗ると傷の治りはよくない．2次治癒の過程には，抗真菌薬と抗生物質の合剤で水溶性のスルファジアジン銀クリームがよく用いられる．Collasate（PRN Pharmacal）は，肉芽形成を促進する製剤としてよく使われており，テガダームやBioDresと併用することもできる．軟膏など，鉱油系基材の外用薬は，必ず羽毛を汚してしまうので使用は禁忌である．

気腫（皮下に空気がたまった状態）は，ネコに襲われたり強い衝撃を受けたりして気嚢が破れ，空気が皮下に漏れ出てできることが多い．これはふつう治療の必要はないが，雛の動きを妨げたり，弱ったりするようであれば減圧処置を施すことがある．血管が見える部位を避け，滅菌した針で皮膚を穿刺する．空気が抜けて気腫はすぐに小さくなるが，その後数日間にわたって何度も抜かなければならないことが多い．通常，穿刺後24～48時間後に再発するかしないかが診断できる．

気腫も含め外傷を負っている雛は全て，パスツレラ菌（*Pasteurella multocida*）にも有効なクラブラン酸（クラバモックスClavamox，Pfizer）とアモキシシリンなどを併用した広域スペクトルの抗生物質を投与しなければならない．クラバモックス125mg/kgを1日2回経口投与，またはセファレキシン100mg/kgの1日2回経口投与を回復するまで続ける（Carpenter 2005）．抗生物質は，傷が完全に治るまで確実に投与し続けなければならない．野生動物を扱う獣医師は，体表面

の傷が治った後も数日間，合併症の発生を防ぐ目的で抗生物質の投与を続けることがあり，体腔内に達する傷がある症例ではなおさらである．

　野鳥は，重い副子（添え木）や体の動きを制限する副子を装着すると元気がなくなることがあり，成長期の羽毛が包帯で痛んでしまうことがある．それゆえ，包帯などは最低限必要なだけ装着し，軽い素材の副子を使うのがよい．著者は，羽毛を巻く包帯材として，はずす時に羽毛が抜けず，粘着剤も残らないマイクロポアペーパーテープ（Micropore paper tape, 3M）を使っている．

　代謝性骨疾患（MBD）を起こしている雛では，長骨がゴムのようにやわらかくなっており，1ヵ所あるいは複数の骨折がみられることがある．軽症例では，第1中足骨基部の骨折を起こし，発見しにくいことがある．種によっては脚の関節部が硬いうろこ状の皮膚に覆われているため，骨折していても緩く固定されていて，骨折部が小さな胼胝（たこ）か異常な形に出っ張るまで気づかないことがある．小型種の雛では，これらの骨折は足根間関節（ふ骨間関節，踵）を軽い副子で外固定することで治癒する．骨折部周囲は，骨に固定具やピンを支えるだけの強度がないので，外科的固定術を実施しても無駄に終わることが多い．

　代謝性骨疾患は，兄弟で最も小さい雛にみられることがある．これは親鳥が全ての雛に均一に餌を与えていなかったり，最後の卵を産むまでに母親自身が栄養的に消耗してしまったりすることが原因である．もし雛に奇形や関節異常がなければ，必要に応じた応急的な外部固定を施して，巣に戻して安静にしておくのがよい．栄養のバランスが改善されれば，特にグルビオン酸カルシウム（カルシウム補助剤）150mg/kgを1日2回経口投与すると長骨はすぐに骨化する．しかし，骨の変形がひどい場合は，安楽死も考慮しなければならない．

　巣から離れない習性をもつ雛にとって，外部寄生虫は貧血を引き起こし，重度に衰弱する原因となり，また，様々な血液感染症を引き起こすことがある．また，外部寄生虫は，過敏症の人間に対してアレルギー反応を引き起こすことがあり，鳥を保護した人にも治療が必要になることがある．感染している鳥の駆虫と同時に他の鳥への感染を防止しなければならない．ダニは，イベルメクチン200μg/kgを1回経口投与（Carpenter 2005），またはフィプロニル（フロントラインスプレー Frontline spray, Merial）20mg/kgを1回，皮膚へ滴下する方法がよく用いられる．両方とも効果が現れるまで時間がかかるため，重度に感染している雛には，即効性のあるSevin Dust（GardenTeck）を体に少量散布するリハビリテーターや野生動物救護獣医師が多い．米国環境保護庁がこの類のデータ表をウェブサイトで公表している．http://www.epa.gov/oppsrrdl/REDs/factsheets/carbaryl_factsheet.pdf．Ritchie, Harrison and Harrison（1999）の報告にあるように，ピレトリンやカルバリルの粉末を少しかけると非常に効果がある．感染鳥を収容している箱の下にSevin Dustをかけた紙を敷くと，周囲の鳥への感染を減らすことができる．ケルセン（Kelthane, Dow Agrosciences）もダニ殺虫剤として使われる．Glovesも殺虫剤として推奨できる．いずれの場合も，化学物質安全性データシート（MSDS）を読んでから使用すること．ニテンピラム（Capstar, Novartis）の水鳥のダニに対する安全性と有効性が，いくつかの野生動物リハビリテーションセンターにおいて研究されている．雛がストレスに耐えるだけの体力があれば，薬浴による駆除を行ってもよいが，薬浴中や乾かしている間に雛の体が冷えないように注意しなければならない．

　最近言われているように，内部寄生虫は，糞便検査を実施し，感染している寄生虫を標的にした駆虫薬を投薬すべきである．とはいえ，糞便検査によって全ての内部寄生虫が検出できるわけではない．寄生虫（卵）が検査時に現れないこともあるし，糞の中に出ない種類もあるからである．例えば，サギ類などによく寄生している線虫類は，幼虫が皮下織や腹腔内を移行して雛に強い病原性をもつことがあるが，糞便中に虫卵が検出されな

応急的な給餌

飼育者は，できるだけ雛の体に餌がかからないように給餌する．給餌が粗雑だと，羽毛の成長不良，羽嚢の損傷，眼の感染症などを引き起こし，すでに何らかの問題をもつ雛の状態をさらに悪化させてしまう．

インコ類の雛用に市販されている餌は蛋白質が多すぎて，野生の鳴禽類，海鳥，シギ・チドリ類，猛禽類などのほとんどの雛には向いていない．しかし，ニワトリ，キジ，ハトの雛などに対する応急的なカテーテル給餌であれば，Kaytee Exact Hand-Feeding Formula（インコ雛の練り餌パウダー）を使ってもよい．

ドッグフードやパンとミルク，ハンバーガー，コンデンスミルク，生米，サル用ペレット飼料などは，雛の餌には不適切である．鳴禽類の雛に短期間だけ給餌するには，日齢や週齢に関係なく，質のよいキャットフードを水に浸して浸透させ，軟らかい団子状にするか，流動食にしてシリンジで給餌するとよい（J. Perlman 私信）．Hill's A/D 缶（サイエンスダイエット）は，ほとんどの動物病院に置いてあり，雛に使用してもよい．しかし，これらの飼料はいずれも雛に必要なカルシウム含有量が少ないので，もし動物病院で数日以上世話をしなければならない場合は，補助的にグルビオン酸カルシウムを最大 150mg/kg を 1 日 2 回飲ませるとよい（Carpenter 2005）．カルシウム要求量の高い種には，一時的に市販されている餌用コオロギを与える方法もある．

猛禽類の雛に適量のカルシウム剤の添加なしに肉製品だけを与えていると，たちまち代謝性骨疾患に陥る．ボーンミール（Bone meal）にはカルシウムとリンがすでに適度な割合で含まれているため，肉のカルシウムとリン比を修正することができず，カルシウム補助剤としては適切ではない．最もよく用いられているカルシウム補助剤は，炭酸カルシウム粉末である．

体のほとんど，あるいは全身に羽毛が生え揃った鳴禽類の雛には，30〜45 分間隔で体重の約 5% の量（体重 20g 当たり 1ml）を給餌する．孵化直後の雛には，日中 12〜14 時間中，20〜30 分間隔で給餌する．ほとんどの種の雛の糞は固形で湿り気があり，ほぼ毎回の給餌ごとに排泄がみられるべきである．満腹になれば餌乞いをやめる種もいれば，続ける種もいる．

ハチドリの雛は，常に保温し，経験者に引き渡されるまでは 20〜30 分間隔での給餌が必要である．脱水予防と一時的な生命の維持のために 5% ブドウ糖，あるいは薄めたハチドリ用花蜜（水 6：砂糖 1）を与えるとよい．しかし，これだけでは栄養素は満たされないので，あくまでもごく短時間の応急的な処方である．

ハチドリの羽毛に砂糖水がかかった時は，絶対にそのまま乾燥させてはならない．羽毛が傷んで回復せず，将来的にハチドリの生命を脅してしまうからである．雛が十分成長していれば，シリンジにつけたカテーテルやスポイドの先端を嘴の先に差し込んで砂糖水を注ぎ，自分から飲み込むよう仕向けてもよい．

謝　　辞

この章の査読をしていただいた Penny Ellison，Daphne Bremer, Martha Kudlacik, Marianne Brick, Linda Hufford，また，数年にわたって寛大な助言をいただいた全ての野生動物，野鳥獣医師：Greg Massey, Vicki Joseph, Nancy Anderson, Marianne Brick, Mira Sanchez, Mike Ziccardi, Tina peak に感謝します．

関連製品および連絡先

BioDres: DVM Pharmaceuticals, Subsidiary of IVAX Corporation, 4400 Biscayne Blvd, Miami, FL 33137, (305)575-6000.

Capstar (Nitenpyram): Novartis Animal Health, (800)637-0281.

Collasate (PRN Pharmacal) 8809 Ely Road, Pensacola, FL 32514, (800) 874-9764.

Frontline spray (Fipronil): Merial, (888) Merial-1.

Kaytee 製品 (Kaytee products): 521 Clay St, PO Box 230, Chilton, WI 53014, (800) KAYTEE-1.

Kelthane miticide: Dow AgroSciences LLC, 9330 Zionsville Road, Indianapolis, IN 46268, (317) 337-3000.

Nexaband: Abbott Animal Health, North Chicago, IL 60064, (888) 299-7416.

Sevin Dust: GardenTech, PO Box 24830, Lexington, KY 40524-4830, (800) 969-7200.

Tegaderm: 3M Corporate Headquarters, 3M Center, St. Paul, MN 55144-1000, (888) 364-3577.

参考文献および資料

Borgia, L. 2004. NWRA membership survey 2003: Results and comparisons. Wildlife Rehabilitation Bulletin 22(1):37–42.

Carpenter, J.W., ed. 2005. Exotic Animal Formulary, 3rd Edition. Elsevier Saunders, Philadelphia, pp 135–344.

Code of Federal Regulations. 2006. Title 50: Wildlife and Fisheries, Sub Part B General Requirements and Exceptions, §21.12 (d) General Exceptions to Permit Requirements. U.S. Government Printing Office.

Ritchie, B.W., Harrison, G.J., and Harrison, L.R. 1999. Avian Medicine: Principles and Applications. HBD International, Inc. Delray Beach, Florida, pp 1196.

Sibley, D.A. 2000. The Sibley Guide to Birds. Alfred A. Knopf, Inc., New York. 544 pp.

Stocker, L. 2005. Practical Wildlife Care. Blackwell Publishing Ltd. Oxford, UK, 335 pp.

2
雛の識別

Guthrum Purdin

雛の識別表について

　この章の目的は，保護した雛を形態的特徴によって識別し，最低でも目または科まで分類する手がかりを提供することである．北米で繁殖する鳥は1,000種近くにのぼるが，今のところ，その雛を識別できるガイド本は出版されていない．成長が早く，日々外見が変化する雛の識別図鑑を作ろうとすると，成鳥のフィールドガイドの何倍もの厚さになってしまうからである．また，多くの鳥は人目につかない場所で営巣するため，雛の姿が知られていない種もある．

　親鳥が不明の雛が持ち込まれた時は，その種を判定することが必須である．種が違っても雛に対して行うべき対応策には共通する点が多いが，一方では，その種に必要な餌や飼育環境，習性に見合った設備を用意しなければならない．また，希少種や絶滅に瀕している鳥類などを保護する場合は，法律的な問題が関与することがある．

　外見が似通った雛でも科が異なると体内生理や代謝要求は著しく異なっている．例えば，晩成性のインコ類の雛の餌に必要な蛋白質量（約20%）は，同じ晩成性のスズメ目の雛（50%以上）に比べるとかなり少ない．このような一般的なことでさえ種によって大きな差があるのだ．また，インコ類はスズメ目に比べて，体に対するそ嚢容積の割合が大きい．給餌量に過多や過少がないよう，雛のそ嚢の容量にあった量を与えなければならない．他の種，例えばツルなどは飼育者に対して刷り込みされる傾向が強いため，それを予防しながら育てなければ，放鳥はできても繁殖させることはできない．

　安易な雛の識別は，間違っていることが多い．たとえ雛を発見した人が自信をもって断定しても，保護飼育する立場の者は冷静な目で雛の種を判定しなければならない．成鳥を間近で見ることさえまれな一般の人が，その雛を知っているとは考え難い．観察ではなく，自分の予想で判定していることもある．托卵（他種や他個体の巣に卵を産みつけ，育てさせる）の習性をもつ鳥もいる．そのため，たとえ巣にいた親鳥が分かっても，そこにいる雛が必ず親と同じ種だという保障はない．

　体格の大きな雛や他種の成鳥までをも猛禽類の幼鳥だと勘違いしてしまう人が少なくない．プアーウィルヨタカ（*Phalaenoptilus nuttallii*）などのヨタカ目の成鳥が地上にいると，フクロウの幼鳥と間違ったり，カワラバト（*Columba livia*）の巣内雛がワシタカ類の雛と勘違いされたりすることも珍しくない．ほとんどの人は，雛の成長が非常に早いという認識がない．サンショクツバメ（*Hirundo pyrrhonota*）や数種の猛禽類のように，まるっきり未熟な巣内雛のうちから親と同じ大きさになる種や，親よりも重くなる種さえいるのだ．多くの種では，羽毛が生え揃う前に体が成鳥と同じ大きさになる．

　ほとんどの幼鳥は親のミニチュア版とはほど遠い姿をしているが，羽毛の先端が羽鞘から現れると成鳥の外観が想像できる種もある．ユキメドリ（*Junco hyemalis*）の雛は成鳥と同じく外

側尾羽が白く，クロツキヒメハエトリ（*Sayornis nigricans*）の雛は成鳥と同じく腹部が白い．サンショクツバメの雛の腰には，はっきりした茶色がかったオレンジ色の斑紋がある．ミソサザイ類の雛は，横縞模様が現れた尾を成鳥と同じように鋭角にピンと持ち上げる．

種が不明の雛を受け入れた場合，いくつかの特徴に着目すると仮の識別の役に立つ．雛が早成性か晩成性か．早成性の雛は，孵化した時には眼が開いていて保温力のある綿羽が生えている．晩成性の雛は眼が閉じ，ほとんど，あるいは全くの裸でわずかに幼綿羽がまばらに生えているだけの，胎子のような状態で孵化する．ニワトリは，多くの人が知る早成性の雛の見本である．孵化して綿毛が乾くと，巣から出て親鳥の後を追い，自分で餌をつつくことができる．餌をうまく食べられるようになるまでの1〜2日間は，腹腔内に吸収された卵黄嚢の残りの養分でしのぐことができる．また，体温調節機能が未発達なため，親鳥は自分の体温で雛を暖めてやらねばならない．アヒルは雛を翼の下に抱いてまもり，半早成性のカイツブリは雛を背中に乗せて運ぶ．晩成性の雛の体温調節は親にゆだねられているため，人工育雛では綿密に管理しなければならない．孵化直後の雛はまだ周囲の状況を把握することができず，どんな刺激にでも反応して口を開ける．巣に留まり，完全に親の保護に頼って生きている．半早成性の雛は，それらの中間型の発達様式を示す．早成性と同じく孵化した時に眼は開いているが，綿羽の量は種によって異なり，親による保温の程度にもいろいろな段階がある．巣からやや遠くまで離れることもできる種もあるが，巣立ちするまでは巣に留まり，親からの給餌を必要とする．

次に雛を見分ける時の特徴として，趾のつき方を見る方法がある．鳥の足にはいくつかのタイプがある．3本の趾が前を向き1本が後ろを向く「三前趾足」は，最も一般的にみられる足の形である．猛禽類は三前趾足で，鋭い鉤爪をもつのが特徴である．フクロウ類も同じように鉤爪をもつが，2本の趾が前方，2本が後ろを向く「対趾足」で，趾どうしが互いに直角になっていたり，X型や十字型になっていたりするなど様々な形状に変化する．カモ類は「蹼足」で，前にある3本の趾には先端まで水かきがあり，後ろにある第1趾（後趾）は小さく，着地面より少し上に付いている．「半蹼足」の鳥は，三前趾足で前の趾間の基部にしか水かきがない．このタイプの鳥の第1趾（後趾）は，著しく退化または消失していることが多い．この形態は，多くのイソシギ類やニワトリのいくつかの品種で見られる．カイツブリ類は特殊な三前趾足で，趾ごとの水かきが癒合せず弁膜が独立した「弁足」である．水面を泳ぐ際，足を持ち上げる時には水かきを閉じ，下向きに蹴る時は広げることによって前へ推進する．アメリカオオバン（*Fulica Americana*）の足は弁足に似るが，弁膜が趾の関節ごとに分岐しているため，「半弁足」に分類される．

ペリカン類やウ類の足は，「全蹼足」である．第1趾を含む全ての趾が水かきによって結ばれており，左右の第1趾（後趾）が体の正中側に引き寄せられている．アマツバメ類は，第1趾を前に向けて4本の趾全てを前方に向けることができる「皆前趾足」をもつ．この趾と鋭い爪のおかげで切り立った岩につかまることができ，雛でさえ孵化して24時間後には垂直に止まることができるのである．エントツアマツバメ（*Chaetura pelagica*）は三前趾足に近い姿勢で止まり，ムナジロアマツバメ（*Aeronautes saxatalis*）では常時，全ての趾が前方に向いている．

孵化直後の雛が保護された時には，まず雛が晩成性か早成性かを判断し，そして足のタイプに着目すればよい．それから，色，嘴，体重，口腔内の色，綿羽が生えている部位や色などを手がかりに絞っていく．例えば，その雛が丸裸で，眼が閉じ，全身の肌が半透明のピンク色で，嘴は大きさが中くらいで平たく細長いくさび形である．これだけでは多くの晩成性の種にあてはまるが，趾が前に2本，後ろに2本の対趾足であればキツツキの雛だと推測できるので，第31章「キツツキ類」で詳細な情報を調べればよい．脚が黒か灰色ならミ

チバシリかカッコウの一種の可能性がある．嘴が太くて鉤形ならオウム目の雛であろう．地理的条件も判断に役立つ．キヌバネドリ類の孵化直後の雛はどれも似通っているが，アリゾナ州からメキシコにかけて生息する程度で，北米で雛に遭遇する確率は低い．

表 2-1 には，最も一般的な分類群から，類似した形態をもつ種をあげてある．表 2-2 と表 2-3 では遭遇する機会が多いスズメ目の雛の特徴を比較している．後者の 2 つの表は，カリフォルニア州のパロアルトにある Wildlife Rescue, Inc.（野生動物救護協会）によって作成され，多くの野生動物救護施設で使われてきたものである．この 2 つの表に掲載されている多くの種は，米国西海岸に主眼をおいたもので，外見が似ている近縁種の雛の識別を可能にするものである．成鳥の習性が違っていても，近縁種の雛に必要なケアは類似していることが多い．スズメ目の雛は全て晩成性で三前趾足なので，表 2-2 および表 2-3 ではこの点を記載していない．

表 2-1 ほとんどの鳥類目の中の代表種における発達の特徴と形態に基づいた雛の識別方法

孵化した時	足の形態	体重	外皮と綿毛	口	鳴き声	種	目
晩成性	三前趾足．脚は非常に小さい	3 日齢：0.9g 数種のハチドリは孵化時 250mg	皮膚が黒い．幼綿羽は「くすんだ綿毛」で，背側に沿って 2 列に並んでいる（11 組）．1 週齢ではっきりした筆毛が生える	黄色．短くずんぐり．成鳥の長い嘴とは全く違う	餌乞いの声：高く細く「シーッ」	アンナハチドリ（*Calypte anna*）*226	アマツバメ目 第 27 章
晩成性．孵化時は起立も頭を持ち上げることもできない．1 週間後には，脅かされると吐物をかけて威嚇する．虹彩はグレー	三前趾足．脚，足が暗灰色．糞で白っぽく汚れているように見える	孵化時：60g	裸．顔，喉，そ嚢部が黒い．頭に白の短い綿毛がある．体の綿毛は長い．25 日齢までに，綿毛は濃くなり，薄汚れた白になる	嘴は黒っぽく，短く，鉤型．鼻孔は大きく穴状	鳴管をもたない．孵化直後の雛：弱くシーッという声．1 週齢以降は，脅かされると様々な大声（ゼーゼーという息の音，ヘビのガラガラ音，強風が吹く音など）を出す．3〜7 秒鳴く	ヒメコンドル（*Cathartes aura*）*339	コウノトリ目 第 14 章
晩成性 体長 5cm	三前趾足．脚はピンクから青灰色	孵化時：15.2g 1 日 4〜8g ずつ増加	長く，やわらかな，光沢のある黄色い幼綿羽が頭と体に生えている．綿毛から透けて見える肌はピンク．頭部はやや黒っぽいことがある	嘴は丈夫でピンクっぽい色から黒，先端が明るい色．鼻孔周囲が膨らんでいる．表面はなめらか	ピーピーという鳴き声が 1 週齢まで続く．巣内雛は，餌乞いの時，円を描いて「ダンス」する	カワラバト／ドバト（*Columba livia*）*13	ハト目 第 20 章

（つづく）

---

*種名の下の番号は，BNA；The Bird of North America Life Histories for the 21st century（Buteo Books，北米で刊行されている鳥類の自然史シリーズ）の掲載番号．

表 2-1 ほとんどの鳥類目の中の代表種における発達の特徴と形態に基づいた雛の識別方法（つづき）

孵化した時	足の形態	体　重	外皮と綿毛	口	鳴き声	種	目
晩成性	三前趾足．脚，足が黒っぽい．脚に羽毛がない	孵化時：5g 10日齢：60g 巣立ち時：80g	頭と体に灰色がかった白い綿毛．黒っぽいグレーの肌が綿毛の間から見える	嘴は丈夫で黒っぽい．鼻孔周囲が膨らんでいる．表面はなめらか．上下嘴に鋭い卵歯がある	弱くピーピー．成長するにつれ大きくなる	ナゲキバト (Zenaida macroura) *117	ハト目 第20章
晩成性	三前趾足．猛禽類型	孵化時：17.4g 最初の1ヵ月で1日12gずつ増加	幼綿羽は淡褐色から黄色っぽい．1週齢までにグレーになることもある	猛禽類の鉤型の嘴	孵化直後の雛のデータなし．2週齢になるまでには，脅かされると翼を持ち上げ大口を開けるが，声は出さない	オジロトビ (Elanus leucurus) *178	ワシタカ目 第14章
晩成性．孵化当日は非常に弱々しいが，24時間後には活発になる	三前趾足．猛禽類型．大腿部に羽衣がない	孵化時：57.6g	孵化直後の雛は白く短い綿毛．後頭部に白い部分がある．1週齢で白から淡灰色になる．9日までに頭部の綿毛が薄くなる	猛禽類の鉤型の嘴	やわらかいピーピー声（ピシーッ）	アカオノスリ (Buteo jamaicensis) *52	ワシタカ目 第14章
晩成性．弱々しい．初日か2日目に黒っぽい眼が開く．3日齢までによく這い回るようになる	三前趾足．猛禽類型．黄色がかった脚．白みがかったピンクの鉤爪	孵化時：地方により差がある．おおよそ8〜10g	皮膚はピンク．綿毛はまばらで白．膨張した腹部は広い範囲が無毛．1週齢で翼の皮膚が青っぽくなる	嘴は鉤型をしていないが，目立つ「タカの歯」をもつ．真の卵歯は1〜2mm．嘴とろう膜は白っぽいピンク	孵化直後の雛：ピーピー．3日齢：クリーという声になる	アメリカチョウゲンボウ (Falco sparverius) *602	ワシタカ目 第14章
晩成性．しかし耳は開き眼は半開き．弱々しく動き回ることができる．状況を把握して動くことはできない	三前趾足．猛禽類型．脚，足が薄いピンク．鉤爪はピンクっぽい色から白	孵化時：110.6g (105〜115g)	孵化直後の雛は短く白い幼綿羽に覆われる．灰色がかる	猛禽類の鉤型の嘴は黒い．卵歯が目立つ	孵化前からよく鳴く．孵化後はチーチーあるいは高い音域でピーピー鳴く	イヌワシ (Aquila chrysaetos) *684	ワシタカ目 第14章
晩成性．虹彩は茶色	三前趾足	孵化時：6.61g	肌：薄いサーモン色．背，頭，四肢にまばらに長く灰色の綿毛が生える	口腔は赤	孵化した週は，弱いピーピーという鳴き声．外敵が侵入すると弱く高い声でピーピー．餌乞いの声は大きく，しわがれている．巣立ち雛は，捕まると耳障りなキーキー声を出す	オナガクロムクドリモドキ (Quiscalus mexicanus) *576	スズメ目 第36章に関連事項．野鳥の餌の切替え期の付加的な食物も確認すること

（つづく）

第 2 章　雛の識別

表 2-1 ほとんどの鳥類目の中の代表種における発達の特徴と形態に基づいた雛の識別方法（つづき）

孵化した時	足の形態	体　重	外皮と綿毛	口	鳴き声	種	目
晩成性．親が戻って大口開けの刺激がない限り動かない	三前趾足	孵化時：3.5g　2日齢：6.3g　1週齢：23.1g	裸．羽域には細かい綿毛がまばらに生える（6〜11mm）．肌はオレンジ色	孵化直後の雛の口腔は赤っぽく，黄色い縁取りがある．巣内雛ではグレーから黒．口角突起はクリーム色	5日齢までに餌乞いの声が大きくなる	ショウジョウコウカンチョウ（*Cardinalis cardinalis*）＊440	スズメ目第36章に関連事項．野鳥の餌の切替え期の付加的な食物も確認すること
晩成性．垂直姿勢を保つ．口を閉じずに餌を飲み込む	三前趾足．脚，足がアプリコットオレンジ色．5日齢までにピンクベージュに変化	孵化時：3g　3日齢：6g　4日齢：10g	裸．肌はアプリコットオレンジ．羽域に1cmの白い綿毛がまばらに生える．腹部にはない	嘴はアプリコットオレンジ．口腔内は赤っぽく，白っぽい象牙色の縁取り．口角突起は黄色	静かで高いピーという声．巣内雛は親が戻ると，連続したウィーッという声が大きくなっていく	チャバライカル（*Pheucticus melanocephalus*）＊143	スズメ目第36章に関連事項．野鳥の餌の切替え期の付加的な食物も確認すること
晩成性．眼は4日齢まで開かない	三前趾足．脚，足が，赤っぽいオレンジ	不明	裸．房状のグレーっぽい綿毛．肌は赤っぽいオレンジ．3日齢までに，背中，翼に黒っぽいラインが出現．頭に一部綿毛が生える	孵化時の嘴はオレンジレッド．口腔内は黄色に縁取られた赤．口角突起は黄色	巣を離れる前日くらいから，ジー・ジー・ジーと鳴き始める	シロオビアメリカムシクイ（*Dendroica magnolia*）＊136	スズメ目第37章に関連事項．巣立ち前の野生の餌を確認すること
晩成性．いったん眼が開くと，鮮やかな青の虹彩は，巣立つまでにグレーに変化していく．成鳥の虹彩は暗褐色	三前趾足．孵化時，脚，足がピンクがかり，徐々に灰色がかった黒に変化	孵化時：15.6g	裸に見えるが，灰色がかった綿毛が，翼，頭，背にわずかに生える．成長すると肌はくすむ．4日齢までは肌はくすんだバラ色，1週間後にはピンクっぽい青灰色に変化	孵化時，嘴はピンクで，後に灰黒色に．口腔内は真っ赤．成長するにつれ，灰黒色がかってくる．ややくさび形	最初は弱く，徐々に大きな声に．チュルル，チーッ，ウィーなど様々な鳴き声．他にもかすれたような声．飼育下の巣内雛は給餌中，独特のユン，ユン，ユンという声を出す	アメリカガラス（*Corvus brachyrhynchos*）＊647	スズメ目第33章
晩成性．弱々しく静か．孵化後，数日間はかろうじて頭を持ち上げられる程度．1週目は眼が閉じている	三前趾足．5日齢まではつかめない．約10日齢までは止まれない	孵化時：3.1g	肌はピンク．全くの裸．3日齢までに尾羽が少し出現	口腔内は鮮やかな赤で，嘴の縁は黄色の縁取り	5日齢までにかすかにつぶやくような声．時々チーチー鳴く．餌乞いは，ふるえるチュルル・チュッルルの繰り返し	ヒメレンジャク（*Bombycilla cedrorum*）＊309	スズメ目第36章

（つづく）

表 2-1 ほとんどの鳥類目の中の代表種における発達の特徴と形態に基づいた雛の識別方法（つづき）

孵化した時	足の形態	体　重	外皮と綿毛	口	鳴き声	種	目
晩成性．孵化翌日には垂直の壁を登ることができる	皆前趾足．三前趾足から第1趾が，前へ可動．爪は灰色がかる	孵化時：1.0〜1.5g　10日齢：14.5〜21.0g	裸．肌はピンク	上嘴に卵歯が，下嘴には硬い部分がある．嘴は灰色がかる．口角突起はない．口腔内は淡褐色	孵化時，弱く鳴く．3日齢：強くチェ・チェ・チェと繰り返す．5日齢：チュー・チュー・チューとだんだん大きく鳴く	エントツアマツバメ (*Chaetura pelagica*) *646	アマツバメ目 第28章
晩成性．雛たちはひとかたまりになり，翼と頸がくっつき合っている	合趾足	孵化時：9〜13g	裸．鮮やかなピンク．綿毛はない	上嘴が下嘴より短い．卵歯は上下にある．口角突起はない．嘴は黒っぽい．口腔内はピンク	巣内雛はずっと鳴いている．2日齢以降，震え声で鳴く．1週齢までに成鳥と同じような「耳障りな機械」のようなガラガラ音	アメリカヤマセミ (*Ceryl alcyon*) *84	ブッポウソウ目 第30章
晩成性．弱々しい．手足が曲がらない	全蹼足	孵化時：27.6〜34.7g	裸．肌は半透明，光沢のある茶色．2週齢までに濃いウール状の黒い綿毛が生える	平均嘴峰長：9mm　卵歯がある	餌乞いや暑い時に高い声で鳴く．脅かされると，シーッという警戒音	ミミヒメウ (*Phalacrocorax auritus*) *441	ペリカン目 第7章，第11章に関連事項
晩成性．頭を持ち上げることができない．頻繁に鳴く．孵化時眼が開いているが，瞬膜を開閉できない	全蹼足	孵化時：73.5g (54.9〜87.0g)	孵化時：わずかに幼綿羽が生える．翼の後ろに紫がかったピンク．1週間後には紫に．孵化時は変温性．白い綿毛（腰から生える）が発達生えるにつれ，恒温性に近づく．3週齢までには，(暑い時に)喉を振るわせることができる	最初，嘴はV字型で成鳥よりかなり短い．4〜5日齢から巣立ちまでに急速に伸びるが，完全に伸びきるのは巣立ち後．先がわずかに鉤状	孵化の1〜2日前から「わめき声」をあげ始める．孵化後は「甲高い，耳障りなわめき声」	カッショクペリカン (*Pelecanus occidentalis*) *609	ペリカン目 第7章
晩成性．孵化後数分で活発，敏感になる．餌乞いを刺激すると葉っぱがカサカサするような声で鳴く	対趾足．脚，足が明るい灰青色	孵化時：7.4g　24時間後：8.5g	肌は光沢のある黒．羽域にグレーの毛のような幼綿羽	嘴は明るい灰青色．口腔は赤．舌と口蓋に変化に富んだ模様，大きく平坦で乳白色の円盤状の乳頭突起	昆虫のようなブンブンとう声	ハシグロカッコウ (*Coccyzus erythropthalmus*) *587	ホトトギス目 第23章に関連事項

（つづく）

表 2-1 ほとんどの鳥類目の中の代表種における発達の特徴と形態に基づいた雛の識別方法(つづき)

孵化した時	足の形態	体重	外皮と綿毛	口	鳴き声	種	目
晩成性.しかし,強く活発.触ると餌乞い行動が誘発される	対趾足.脚は黒	孵化時:14g 24時間後:20g 3日齢:34g	肌は黒で油っぽく見える.羽域に幼綿羽が生える	下嘴は黒.継ぎ目はぼんやりしたピンク.舌の先が黒.硬口蓋は白.口腔内は赤で4つの白点.孵化時,嘴は広いくさび形.巣立ちまでに細くなる	すするような,うなるような鳴き声	オオミチバシリ (*Geococcyx californianus*) *244	ホトトギス目 第23章
晩成性.顔を巣の中心に向けて寄り集まっている	対趾足.脚は薄いピンクと白.踵のタコが大きい.爪は小さく白い	孵化時:3.3g	肌は明るい半透明のピンクと白.綿毛は全くない	嘴はピンクか白.上嘴は口角近くで狭くなる.下嘴から口角にかけて白くなる.上嘴は下嘴より短い.白い卵歯がある	餌乞い時,こすり合うような,耳障りな声.他の時は静か	ホオジロシマアカゲラ (*Picoides borealis*) *85	キツツキ目 第31章
晩成性.眼が開く前から巣に戻った親の影に反応して餌乞い	対趾足.脚はピンク.踵にタコ(硬化した皮膚)	孵化時:1.67g (1.55〜1.77g)	肌は半透明のピンク.綿毛は全くない.尾羽と腹部の羽域に小さい綿毛がまばらに生える	上嘴は光沢ある白で卵歯がある.下嘴はピンクと白で上嘴より1mm弱長い.舌の先は白く光沢あり	低く調子よくピー.餌乞い時はギリギリ声	セジロコゲラ (*Picoides pubescens*) *613	キツツキ目 第31章
晩成性.給餌時,弱々しく,頭を上げる.巣の底で寄り合っている	対趾足.脚,足がベージュからピンク	孵化時:5.5g	綿毛は全くない.肌はピンク	嘴はピンク.上下嘴の継ぎ目は白く肉厚で,折り重なっている	孵化後間もなく,つぶやき声を出す	ハシボソキツツキ (*Colaptes auratus*) *166	キツツキ目 第31章
晩成性.孵化時,動き回ることも,頭を持ち上げることもできないが,餌乞い行動はする	対趾足	孵化時:4.07〜5.45g	たいていは裸.全身に黄色い綿毛がまばらに生える	鉤状のインコ型の嘴	2日間は静か.完全な餌乞い声は10日齢後から出す.給餌時の声も類似(短い音と長い音の繰り返し)	オキナインコ (*Myopsitta monachus*) *322	オウム目 第21章に関連事項
晩成性.活動性が低い.特に高体温になりやすい	対趾足	孵化時:11.5〜13.5g	裸または白っぽい綿毛がまばらに生える	ずっしりした鉤状の嘴.ベージュ色	騒々しい餌乞い声	メキシコアカボウシインコ (*Amazona viridigenalis*) *292	オウム目 第21章に関連事項

(つづく)

表 2-1 ほとんどの鳥類目の中の代表種における発達の特徴と形態に基づいた雛の識別方法（つづき）

孵化した時	足の形態	体　重	外皮と綿毛	口	鳴き声	種	目
晩成性．概して，孵化後動けない．長ければ，孵化後4〜6日まで卵歯と卵黄嚢が残る	対趾足．ふ蹠はピンク	孵化時：34.7g 1ヵ月齢までは1日33.3g増加	裸．肌はピンク．腹に白い綿毛	嘴は鉤状の猛禽類型	1週齢で嘴をパチパチならし始める．2〜3日後には，親の鳴き声に応えて鳴く．2週間後には，脅されるとシュー，またはガチャガチャという音を出す	アメリカワシミミズク（*Bubo virginianus*）*372	フクロウ目 第24章
晩成性．最初は立てない．1日目は弱々しく這うだけだが，約14日目までには上手に歩くようになる	対趾足．脚と趾の前面に白い綿毛	孵化時体重は亜種により少し異なる．平均15.08g	ピンク．頸の両側，腹，背中の中心に裸部．他の部分には白い幼綿羽．3〜4日齢までにはとてもフワフワした白または灰色っぽい白の綿毛が生える．顔が円盤状になってくる	嘴は象牙色．鉤状の猛禽類型	初期：注意を引いたりイライラしている時，よく鳴く．給餌の時，耳障りなイビキ様の声．脅かすとシーッという大声を出す	メンフクロウ（*Tyto alba*）*1	フクロウ目 第24章
半晩成性．虹彩は明るいグレー	三前趾足．脚の色は，黄色，灰色っぽい，黒まで様々．趾の色が脚より薄い．体に比べ脚が長い	孵化時：20g	孵化時，翼以外は白い綿毛に覆われる．頭上に毛深く長い綿毛．肌は灰色がかる．眼の周りは無毛で淡いピンクと緑がかる．眼の周囲はダークブルー．1週齢までに筆毛が生える	薄いピンクで，先に近いほど暗くなり灰色から黒に．上嘴は黄色がかった，または濃い灰色がベースになっている．1週齢までに全体が黒に．嘴峰長は1週齢で11.9mm，4日齢で15.9mm．口腔内は淡いピンク．長い槍のような嘴	やさしくつぶやくような声．餌乞いは，2〜3音節の鳴き声	ユキコサギ（*Egretta thula*）*489	コウノトリ目 第16章
半晩成性．孵化時眼が開いている．虹彩は，孵化時のグレーオリーブから3日齢には明るい黄色に．初日は無反応．翌日には真っ直ぐ座れる	三前趾足．脚は淡褐色，時に青みがかる．趾は上側は明るい淡褐色で腹側は黄色っぽい．体に比べ脚が長い	孵化時：24.2g	肌はピンク．背，頸，頭に灰色の綿毛．頭上に白い繊維状の綿毛．大腿部に白い綿毛．腹部に明るい灰色	上嘴は明るい淡褐色で先が灰色がかる．1〜2週齢の間に黄色っぽくなる．約2ヵ月齢で黒く，サイドが黄色っぽくなる．卵歯が2ヵ月目まで残る．口腔内はピンク．長い槍のような嘴	孵化翌日にはピーピーという餌乞い声を出す．綿毛が生えると，2つの石を打つようなイッ，イッ，イッ，やがてチュ，チュカ，チュチュという声になる．脅かすと，とても大きくけたたましい声で，強いアクセントをつけ，キーッと叫ぶ	ゴイサギ（*Nycticorax nycticorax*）*74	コウノトリ目 第16章

（つづく）

表 2-1 ほとんどの鳥類目の中の代表種における発達の特徴と形態に基づいた雛の識別方法（つづき）

孵化した時	足の形態	体 重	外皮と綿毛	口	鳴き声	種	目
早成性．離巣性．人などが近づくとじっとする．虹彩は黒っぽい	三前趾足（水かきがない）．第1趾がない．脚はピンクがかった淡黄色．爪は黒	孵化時：平均9.6～10.1g	多い綿毛．上から斑点のある淡黄色，茶色，黒．腹面，喉，前頭部は白．眼から後ろ側に黒い縞が走る．頭上に輪状の縞．くっきりした首輪状の黒い帯．背中の中心に縞（ふつう途中で切れている）．眼の周りは無毛で黄色っぽい灰色	嘴は光沢ある黒．口腔はピンク，時に灰色がかったピンク．短く鈍角なくさび形	孵化後，ピーピー鳴き始める．不機嫌な時は，短いピッピッという声	フタオビチドリ (*Charadrius vociferus*) *517	チドリ目第9章
早成性．孵化後間もなく親について巣を離れ，餌をさがしてついばみ始める．虹彩は茶色．黒っぽいが，成長より明るい	三前趾足．脚，足はダークグレー．第1趾は短い	2日齢：6.1g 90日齢まで1日2gずつ増加	綿毛に覆われる．背中は白っぽい淡黄色から赤茶けた綿毛．下部は白．後頭部に淡黄色の縁のある大きい暗褐色の斑点．背に1対の黒い縞模様	嘴は灰色．ニワトリの雛に似るが，とても短い	雛：ふるえ声（孵化後間もなく）幼鳥：ピーピー声．元気のない時：シュー，シュー	カンムリウズラ (*Callipepla californica*) *473	キジ目第18章
早成性．孵化後間もなく巣を離れ，自力で採食．1週齢までに体高7.6cm．虹彩は暗褐色	三前趾足．脚，足はピンクホワイトで，徐々に茶色に変わる．第1趾は短い	孵化時：平均18.5g 1ヵ月齢：135g	綿毛に覆われる．淡い黄褐色から淡黄色．横腹と背に黒っぽい縞．耳の後ろに黒い点．翼に黒い斑点．頭の側面と眉線が赤褐色	嘴はピンク．上嘴基部は象牙色と黒．卵歯はあまり長くは残らない．短くニワトリの雛のような嘴	気分がよい時：テリッ，トウリッ．警戒時：変化のある大声でテリーッ，テュリーッ．集団でいる時：ティーッ．不機嫌な時はリーッ	コウライキジ (*Phasianus colchicus*) *572	キジ目第18章
早成性．離巣性．孵化後2～3日は母親から餌をもらう	三前趾足．黄色っぽい	雄：48g 雌：46g	幼綿羽に覆われる．喉は白い．頭と背は赤褐色．胸と脇はやや明るい．頭上と体の上部に暗褐色の斑点．腹と頭の側面はピンクがかった淡黄色から黄色	ニワトリの雛に似るが，もう少しずっしりしている	ふつう，やさしく喉を鳴らすような声．捕まえると声が変わる．通常，3種類の声（ピー，ピピ，ピピピ）	シチメンチョウ (*Meleagris gallopavo*) *22	キジ目第18章
早成性．離巣性．孵化後2～3時間後には踵をつけて座り，弱々しく立てる．翌日には巣を離れ，活発に採食．眼は暗褐色	脚，足は黄色っぽい．第1趾は短く，少し上にあり地面に着かない．体に比べ脚が長い	孵化時：114.2g 1週ごとに315g増加（亜種により異なる）	厚く赤茶けた綿毛に覆われる．成鳥と違い，頭上にも綿毛が生えている	嘴は細く，ピンクベージュで先の方は黒っぽい．長さ：22.7mm．細い	親といる時は，やさしいピュルルという声が続く．孵化直前から9～10ヵ月齢までいくつかのピーピー声および震える口笛のような声	カナダヅル (*Grus canadensis*) *31	ツル目第19章

（つづく）

表 2-1 ほとんどの鳥類目の中の代表種における発達の特徴と形態に基づいた雛の識別方法（つづき）

孵化した時	足の形態	体重	外皮と綿毛	口	鳴き声	種	目
早成性．虹彩は茶色から灰色がかった茶色．眼の周りの肌は灰茶色．樹洞から落下して巣立つ	蹼足．脚と趾は茶色，黄色い斑がある．水かきは黒	孵化時：23.7g（19〜28g）	綿毛に覆われる．背と頭上，眼の横の線が焦げ茶色．他は淡黄色．背中，腰，翼に明るい黄色の斑紋．尾はとても黒っぽい	上嘴は灰茶色で，縁は明るい黄色．下嘴はピンクがかった黄色．爪は赤みがかり，先は明るい．卵歯は象牙色で，下嘴にもある	孵化の2〜3日前から鳴き始める．警戒声は，高くピーピー．脅かすと甲高い声またはシーという音を出す	アメリカオシ（Aix sponsa）*169	ガンカモ目 第12章
早成性．虹彩は茶色．孵化翌日に母親について巣立ち，自力採食	蹼足．脚とふ蹠はオレンジ色で，灰茶色の模様がある	北米での孵化時の平均：31.8g（27.2〜40.6g）	全身，綿毛に覆われる．顔と体は黄色のベース．過眼線，額，耳の斑点が茶色．茶色の斑点が背に4つある．翼にも斑点	嘴はアヒル型．黒斑のあるピンクベージュ．先が黒い．卵歯がある	気分のいい時：静かにピピ．機嫌が悪い時：大きくピー．1週間後，息を吐き出して警戒音を出す．鋭くピー	マガモ（Anas platyrhynchos）*658	ガンカモ目 第12章
早成性．24〜48時間で巣を離れる．雌親の背中に乗ることがある．虹彩は灰色がかった茶色	蹼足．脚はオリーブブラウン	孵化時：46.2g	綿毛に覆われている．頭は焦げ茶から黒．白い過眼線．白い頬．頸に赤褐色の，眼の上に黄褐色の斑点．嘴から眼の下まで黒っぽい縞．腹側は白い．脇と背は暗褐色．腰と翼に白い斑点	嘴は細身で灰色．成鳥と違って短く，アヒル型ではない．成鳥では鋭い鋸歯状	報告されていない	カワアイサ（Mergus merganser）*442	ガンカモ目 第12章
早成性．たくましい．自力採食．虹彩は青灰色．成長するにつれ暗褐色に変化．頸が長い	蹼足．脚，足は，灰色がかった黄色，オリーブグレー，黒っぽい灰色，黒など変化に富む	亜種により様々．68〜103g	綿毛に覆われている．頭上は黒っぽい．体の色は明るい黄色から黄緑まで様々．成長するにつれ，濃い灰色に変化	嘴は灰青色から黒．卵歯はやや明るい色．アヒル型	単純で強いピーピー声．群れの中では，震えるような声で応える	カナダガン（Branta canadensis）*682	ガンカモ目 第12章
早成性．孵化後，数時間で歩ける．虹彩は焦げ茶色．頸がとても長い	蹼足．脚，趾は明るいピンク．趾の末端の関節と中足と指の関節が明るい灰青色	1日齢：179g（170.5〜189.5g）	綿毛は明るい灰色．背は少し黒っぽく，腹は白っぽい	アヒル型．嘴は明るいピンク．歯縁と爪の縁は灰青色．爪は青っぽいピンク．上嘴の卵歯は象牙色から黄緑．うろこ状の下嘴の卵歯は白い半透明	鳴き声はクークー．保定されたりするとアオーというわめき声	コハクチョウ（Cygnus columbianus）*89	ガンカモ目 第12章

（つづく）

表 2-1 ほとんどの鳥類目の中の代表種における発達の特徴と形態に基づいた雛の識別方法（つづき）

孵化した時	足の形態	体重	外皮と綿毛	口	鳴き声	種	目
早成性．孵化後間もなく自力採食するが，親にももらう．虹彩は赤．第1趾が突出し，爪が1mm	半弁足．趾の関節ごとに側面に弁膜がついている．脚，足はとても大きい．緑がかったグレー．図12a-1と図6-1のカイツブリの足を比べよ	孵化時：19〜22g	厚い綿毛に覆われている．大部分は黒だが，腹は灰色がかる．頸と頭の綿毛は長く，赤からオレンジ色で，先が軟らかい．翼の先端の綿毛が黄色	嘴は，鼻孔部がオレンジ．先にいくほど黒くなる．基部と顔を覆う部分は真っ赤．卵歯がある	4種類の鳴き声．気分のよい時のさえずり声が一般的．ウィトゥー：仲間との呼び合いややや不安な時．クァーク：不安な時．ヨー：保定時など強いストレス時	アメリカオオバン（Fulica americana）＊697	ツル目 第12章に関連事項
早成性．親について歩き，泳ぐが，最初の24時間は不恰好．親の警戒声を聞くと，立って周りを見回した後，しゃがみこむ．3週齢までに走り始める	半蹼足．脚，足は灰青色．足が長い．第3，第4趾間の水かきが特に発達．第1趾はとても小さく，爪がある．爪は茶色っぽい．水かきの縁はオレンジがかることがある	1日齢：20.2g 7日齢：44.0g 14日齢：90.8g	綿毛に覆われる．腹部はクリームから白．上から見ると淡褐色と赤褐色が混じり合っている．背と頭上に黒い点や斑．頸筋は灰色．はっきりした過眼線があるが，途切れていることもある．肩から背の中心にかけて1本のラインがあり，尾に近づくと点線になる	嘴は短く漆黒．上嘴の卵歯は大きく，下嘴の卵歯は24時間で消失．巣内雛の嘴は，成鳥のはっきりと上へ曲がっている形と異なり，真っ直ぐである	孵化前から孵化後までピーピー声で鳴く．捕まえるとチーッ，チーッ，チーッ	アメリカソリハシセイタカシギ（Recurvirostra americana）＊275	チドリ目 第9章
早成性．離巣性．孵化してすぐに歩き，餌をつつくことができる	半蹼足．脚，足は青灰色で長い．第1趾は小さめ	孵化時：37g	綿毛に覆われる．上から見ると，黒斑のある茶色がかった淡黄色．下から見ると，ピンクがかった淡黄色．翼は明るい茶色．頭上は焦げ茶色の斑点，側頭部に点々．眼の前方にラインがあるが，眼まで届かない．背の下方のダイヤモンド模様が真ん中の縞に合流．脚から尾にかけて黒っぽい縞模様	嘴峰長12.9mm（成鳥80〜135mm）卵歯は上下嘴にある（1〜2日齢まで）	不明	アメリカオオソリハシシギ（Limosa fedoa）＊517	チドリ目 第9章

（つづく）

表2-1　ほとんどの鳥類目の中の代表種における発達の特徴と形態に基づいた雛の識別方法（つづき）

孵化した時	足の形態	体　重	外皮と綿毛	口	鳴き声	種	目
半早成性．眼は開いており，黒い．孵化時，変温性．2日齢以降，巣の外へ出始める．3週齢までに恒温性になる	三前趾足．脚は体に比べて小さい．脚，足は灰茶色	体重は不明．孵化時，伸ばした体長：65mm．成鳥は190〜210mm，31〜58g	幼綿羽は淡黄色で腹部はやや薄い．孵化時はまばら	嘴は黒い．管状の鼻孔．嘴は小さいが，開けると大きな口	孵化時，ピーピー声を出す．最初の目立つ声は25日齢くらいから．成鳥と同じ，「ピューウィル」という声は65日齢から	プアーウィルヨタカ (*Phalaenoptilus nuttallii*) *32	ヨタカ目第25章
半早成性．眼は開いている．孵化翌日には動き回ることができる	三前趾足．小さく弱々しい脚	孵化時：5.8〜6.1g　体長：48〜55mm	まばらで軟らかい綿毛．上側はダークグレー，腹側はより薄い色からクリーム色．頬の縞と顎の点は黒に近い．背の中ほどと腰の両側は無毛で肌は黒っぽい	口は，閉じていると小さいが，開けると大きい．嘴は小さい	概して静か．不安な時，やさしいピーピー声を出す	アメリカヨタカ (*Chordeiles minor*) *213	ヨタカ目第25章
半早成性．孵化後，まだ綿毛が濡れている間は親の背に乗っている	弁足．脚，足は灰色がかった黒．脚が後ろにつき，歩行や起立は困難．図6-1と図12a-1のオオバンの足を比べよ	孵化時：14.9g（13.3〜16.2g）	綿毛に覆われる．背と横腹が黒．白い縦縞．頭上にV字形の縞．側頭部と頸に黒い斑点があり，白い胸まで続く．頸の後ろに赤褐色の帯．頭上に斑点．眼の前は無毛でピンク	嘴基部はピンク，中心部は黒，上下嘴に卵歯（上の方が大きい）．鼻孔から嘴先端まで5.1mm．上から下までは4.6mm	最初の2〜3日の餌乞いの声は弱く「イーイーイーイーッ」．3週齢までは柔らかいが大きな声．不機嫌な時は1秒ごとに1音節のピーを繰り返す	オビハシカイツブリ (*Podilymbus podiceps*) *410	カイツブリ目第6章
半早成性．孵化後，まだ綿毛が濡れている間は親の背に乗っている．虹彩は黒から灰色，成鳥と同じ赤になるのは80日後	弁足．脚，足は濃い青灰色で，大部分は黒．弁膜は緑がかる．脚が後ろについており，歩行や起立が困難．図6-1と図12a-1のオオバンの足を比べよ	孵化後1日以内：21.7〜36.0g	頭上の無毛部は麦わら色だが，餌乞い時や親から離れると赤くなる．頭の上部には白い毛とベルベット状の黒灰色の綿毛が，下部には白い綿毛が生える．眼の周囲に白い大きな輪，眼の前に白い無毛部．側頭部にごく淡い線がある．体はベルベット状の灰色の綿毛	黒．上嘴先端に白い卵歯．下嘴の白い点と対になっている（体重が156gになるまで残る）．体長：約11.5mm．40〜80日齢の間に成鳥と同じ緑っぽい黄色になると推測される	孵化前から大きなピーピー声を出す．孵化後はその頻度と大きさが増す．親が餌を探す「クルッ」という声に反応して抱かれている親の背中から出てきて餌乞いをする	クビナガカイツブリ (*Aechmophorus occidentalis*) *26	カイツブリ目第6章

(つづく)

第 2 章　雛の識別　　27

表 2-1　ほとんどの鳥類目の中の代表種における発達の特徴と形態に基づいた雛の識別方法（つづき）

孵化した時	足の形態	体重	外皮と綿毛	口	鳴き声	種	目
半早成性．眼は開いている．虹彩は黒っぽい．巣穴で孵化する	蹼足．しかし，第 1 趾がない．脚，趾はダークグレー．水かきはピンクがかった灰色	孵化時：61.4 〜 70.3g	長い綿毛に覆われている．背の綿毛は 25 〜 30mm，他は短め．黒か茶色っぽいことがある．腹がダークグレーのことがある．まれに腹が白い個体がいる．ろう膜は焦げ茶色	上嘴はダークグレー，下嘴はピンクがかった灰色．上嘴の卵歯は早く消失することもあれば 2 〜 3 週間残ることも．太短い V 字型	餌乞いはピーピーピーの繰り返し．他の時はウイーッ，ウイーッ，ウイーッ	エトピリカ（*Fratercula cirrhata*）*708	チドリ目第 11 章
半早成性．24 時間以内にふ雛を真っ直ぐ立てられる．虹彩は黒っぽい	蹼足．しかし，第 1 趾がない．脚と足は体に比べ非常に大きい．足はダークグレーで爪は黒い	孵化時：75.8g	中くらいの長さの灰色の綿毛に覆われる．体の綿毛は 11mm，頭部は 8mm．腹部はやや淡い．頭と頸の綿毛の先は銀色．2 週間後，頸と側頭部が白くなる．顔はダークグレー．顔の白い部分を黒いラインが通る	口は淡いピンクベージュから紫がかる．嘴は青灰色，円錐形で先細	初期はピーという声．1 週間後には複雑な鳴き方になる	ウミガラス（*Uria aalge*）*666	チドリ目第 11 章
半早成性．離巣性．眼は開いている．虹彩は黒っぽい．孵化後すぐ巣立つ	蹼足．脚，足は孵化時，灰色がかったピンク，育つにつれ黒っぽくなる	孵化時：60 〜 75　5 日齢：100 〜 150g	体は厚い淡灰色の綿毛に覆われる．頭，体，大腿に黒っぽい斑点．背中の斑点は線に見えることがある．頭に細かい灰黒色の点々が放射状から楕円形に並ぶ．淡い腹面には特徴なし	嘴は黒い．時に象牙色．末端の 1/3 はピンクがかった淡黄色．基部はピンクっぽい．ピンクがかった卵歯は 2 〜 3 日齢まで残る．鋭いくさび形	嘴打ちが始まったら鳴き始める．餌乞い時もピーピー鳴く．脅かすと甲高い声を出す	セグロカモメ（*Larus argentatus*）*124	チドリ目第 10 章
半早成性．離巣性．眼は開いている．虹彩は暗褐色．立って歩ける	蹼足．脚，足はピンク．最初の 2 週間で少しオレンジがかる	孵化時：15g　3 日齢：25g　14 日齢：100g	厚い綿毛に覆われる．翼，横腹，背：赤茶色から灰茶色．背に黒点ぼんやりした線．喉，頸の側面，眼の先，暗灰色から茶黒色．腹部は白．まれに頭だけに斑点があり，体の上部が赤茶けた淡黄色の雛がいる	嘴はピンク．先端は黒．基部は 2 週齢くらいでオレンジっぽくなる．ほっそりしたくさび形	嘴打ち時，やわらかくピーと鳴く．親の嘴をつつく時にも同じ鳴き方をする．2 〜 3 日後にはチーチーと鳴き始める．餌乞いはキリ，キリ，キリ，キリとしつこく鳴く．不機嫌な時は染み入るようなジーという声	アジサシ（*Sterna hirundo*）*618	チドリ目第 10 章

表 2-2 鳴禽類の孵化直後の雛および巣内雛の識別

口腔内がピンクから赤い雛

種	口の色	口角突起	嘴の形	綿毛	脚/足	おおよその体重（g） 孵化直後の雛	巣内雛	成鳥（雌）	給餌時の声	羽毛	特別な特徴
イエスズメ (*Passer domesticus*)	ピンク	中型. 黄色. 突出して目立つ	短い. 円錐形	はえていない	短く, 太い	2〜13	14〜20	27	旋律のある単調なさえずり	滑らか. 灰白色の胸	
ワキアカトウヒチョウ (*Pipilo erythrophthalmus*)	ピンク	淡い黄色	円錐形. 先が尖る	ダークグレー	脚が長く, 足が大きい	3〜18	20〜29	39		背が黒っぽく, 翼と尾羽に白い斑点	
カリフォルニアムジトウヒチョウ (*Pipilo crissalis*)	ピンクから赤	淡い黄色. 目立たない	円錐形. 先が尖る	頭, 背, 翼に茶灰色の長い綿毛	脚が長く, 足が大きい	4〜20	25〜39	52	コオロギのような, 高音を繰り返す, または1音節のピー	茶色	
コウウチョウ (*Molothrus ater*)	濃いピンク	白からクリーム色. 目立たない	ずんぐりした形で, 先がトウヒチョウより狭い	長い. 純白	脚は長く, 足が大きく, 黒い. 先に爪がある	2〜20	25〜30	39	継続的な高い震え声	渡ってきた時は胸が黄っぽい	顔が無毛. トウヒチョウの巣に産みつけられていることが多い
キタムクドリモドキ (ボルチモアムクドリモドキ) (*Icterus galbula*)	濃いピンク	淡い黄色	長い. 先が細い	長い. 最初は白. 背と翼は灰色. 頭に2列	長く, 灰青色の脚	2.5〜18	20〜25	33	高い, 切れのよい鳴き声を繰り返す. クロウタドリに似る	胸が黄色. 背が灰色. 翼に白い帯	昆虫食性
ヒメキンヒワ (*Carduelis psaltria*)	赤	淡黄色	フィンチ類に類似	灰色がかる	短く太い. ピンク	1〜6	7〜8	10		背が緑からサビ色. 腹部が黄色	口角突起の角に赤い点
ハゴロモガラス (*Agelaius phoeniceus*)	赤	黄色. 突出していない	長い. 先が尖る	少ない. 翼の下部と背, 大腿部は白い	脚が長い	3〜15	20〜30	42			顔に綿毛がない. コウウチョウに似る
テリムクドリモドキ (*Euphagus cyanocephalus*)	赤	白. 目立たない	長い. 先が尖る	黒っぽい灰色. 全身豊富な綿毛	長い脚. 爪は白い	3〜15	20〜30	42	耳障りな鳴き声を繰り返す. さびた蝶番に似た音	黒	

（つづく）

表 2-2 鳴禽類の孵化直後の雛および巣内雛の識別（つづき）

口腔内がピンクから赤い雛

種	口の色	口角突起	嘴の形	綿毛	脚/足	おおよその体重（g）			給餌時の声	羽毛	特別な特徴
						孵化直後の雛	巣内雛	成鳥（雌）			
アメリカカケス（*Aphelocoma californica*）	赤	白，突出していない	長く幅広	なし	脚が長い．魅惑的な足．爪は白	6〜30	35〜70	87	孵化直後の雛：短いピーピー声を繰り返す．後に単節の叫び声になる	頭は短い灰色に覆われる．翼と尾は青みがかる	血色のよい肌
メキシコマシコ（*Carpodacus mexicanus*）	赤	白から黄色がかった色	短い．円錐形	白．長く豊富な綿毛．頭に4列	短く，がっしりしている	1.5〜8	10〜15	21	孵化直後は鳴かない．しばらくして高い声でピーピー鳴く	胸に灰色と白の縞模様	
カラス類（*Corvus* spp.）	赤	白	とても長く，大きく，ずんぐり	頭と体の下の方に灰茶色のまばらな綿毛	長く，がっしりしている	18〜70	70〜328	438		黒	血色のよい肌

雛の口腔内がピンクから赤い色の鳴禽類には，クロウタドリ類，コウチョウ類，カラス類，フィンチ類（アトリ科など），ゴシキヒワ類，シメ類，カケス類，ムクドリモドキ類，スズメ類，フウキンチョウ類，トウヒチョウ類，レンジャク類などがいる．

参考資料：Marty Johnson, Wildlife Rescue, Inc., Palo Alto, CA 94303, 1995.
転載許可は，International Wildlife Rehabilitation Council. Journal of Wildlife Rehabilitation Vol. 18, No.3 による．

表 2-3 鳴禽類の孵化直後の雛および巣内雛の識別

口腔内が黄色からオレンジ色の雛

種	口の色	口角突起	嘴の形	綿毛	脚/足	おおよその体重（g）			給餌時の声	羽毛	特別な特徴
						孵化直後の雛	巣内雛	成鳥（雌）			
ムクドリ類	明るい黄色	明るい黄色．非常に突出．下が上より大きい	とても幅広	頭，背，翼に灰白の長い綿毛が密に生えている	長い脚	5.5〜30	40〜60	80	孵化直後の雛は，1音節のピー	背中が灰色	
マネシツグミ（モッキングバード）類	黄色	黄色	幅広	ダークグレー．密	長い脚	5〜18	20〜32	43	孵化直後の雛は，1音節のはっきりしたピー．その後ハスキーな大声	翼と尾羽に灰色と白の縞	虹彩は灰色．口蓋に三日月形模様

（つづく）

表 2-3　鳴禽類の孵化直後の雛および巣内雛の識別（つづき）

口腔内が黄色からオレンジ色の雛

種	口の色	口角突起	嘴の形	綿毛	脚/足	おおよその体重（g） 孵化直後の雛	おおよその体重（g） 巣内雛	おおよその体重（g） 成鳥（雌）	給餌時の声	羽毛	特別な特徴
コマドリ（コマツグミ）類	黄色から黄オレンジ	淡黄色	幅広	クリーム色．頭，背，脚にまばらに生える	長い脚	5～35	40～60	77	孵化直後の雛は，切れのよい震え声	先がサビ色の羽毛．胸に斑点	肌は黄色っぽいことがある
クロツキヒメハエトリ（*Sayornis nigricans*）	明るい黄色からオレンジ	明るい黄色	幅広．平たい．先細	灰色．まばら	細長い脚	2～5	7～15	18	ピーピー	先が茶色い黒の羽毛	昆虫食性
キノドメジロハエトリ（*Empidonax difficilis*）	明るい黄オレンジ	黄色	平たい．幅広．先端が細い「矢じり」型	頭と背に白い綿毛．翼に「星団」模様	細長く，きゃしゃ．濃い青灰色，白い爪	2～6	7～8	11	カラスのようなしつこいわめき声．成長するとカエルのような声	淡黄色の腹．翼に淡黄色と白の縞	昆虫食性
サンショクツバメ（*Hirundo pyrrhonota*）	オレンジイエロー	肉色	とても幅広．平たい．先が細い	頭と背が明るい灰色	脚が短い．足は丸っこい	2～13	13～15	22	ほえるようなさえずり	巣内雛は，背から尾羽まで明るい黄褐色．他は成鳥と同じ	昆虫食性．洞性の巣
スミレミドリツバメ（*Tachycineta thalassina*）	オレンジイエロー	クリーム色	とても幅広．先が細い	頭，肩，背がクリーム色	短い脚	1.5～8	8～10	14		白い眉線	昆虫食性．洞性の巣
オオムジツグミモドキ（*Toxostoma redivivum*）	オレンジイエロー	クリーム色	成鳥するにつれ下方に曲がる	ダークグレー．頭，背，翼大腿部に豊富	長い脚	6～35	40～60	84		灰色	
クロイロコガラ（*Parus rufescens*）	オレンジイエロー	濃い黄色．突出	平たい．幅広	頭と背が灰色	長い．淡い青紫色	1～4	6～8	10	チーチーさえずる	淡黄色の腹．頭は黒く，頭側に丸い淡黄白色部	昆虫食性
シロハラミソサザイ（*Thryomanes bewickii*）	オレンジ	黄色	平たい．幅広．先が細い	長い．灰色の綿毛が頭にだけ生える	長く，きゃしゃ	1～4	6～8	10			

（つづく）

表 2-3　鳴禽類の孵化直後の雛および巣内雛の識別（つづき）

口腔内が黄色からオレンジ色の雛

種	口の色	口角突起	嘴の形	綿毛	脚/足	おおよその体重（g）			給餌時の声	羽毛	特別な特徴
						孵化直後の雛	巣内雛	成鳥（雌）			
ヤブガラ (Psaltriparus minimus)	濃いオレンジイエロー	黄色	短い	生えていない	長く、きゃしゃ	1～3	3.5～4	5	3音節の「電波探知機」のような声．（モヒカンスタイル）	第1換羽では頭上に灰色の羽毛	雌は眼が青い．樹洞性の巣
ミソサザイモドキ (Chamaea fasciata)	濃いオレンジ	黄色	先細	生えていない		1.5～6	7～11	14		灰茶色	黄色い虹彩

雛の口腔内が黄色からオレンジ色の鳴禽類には，ヤブガラ類，コガラ類，キバシリ類，カワガラス類，ヒタキ類，マネシツグミ類，コマドリ（コマツグミ）類，モズ類，ムクドリ類，ツバメ類，ツグミモドキ類，ツグミ類，カラ類，ミソサザイ類，モズモドキ類などがいる．

参考資料：Marty Johnson, Wildlife Rescue, Inc., Palo Alto, CA 94303, 1995.
転載許可は，International Wildlife Rehabilitation Council. Journal of Wildlife Rehabilitation Vol. 18, No.3 による．

　鳥の種を推定するには，野鳥識別図鑑などの資料を参照することが望ましいが，予想ができない種である可能性もある．「The Sibley Guide to Birds」（Sibley 2000）は，非常に優れたイラストつきのガイドブックで，その姉妹版である「The Sibley Guide to Birds Life and Behavior」（Elphick ら 2001）は，鳥たちの行動について詳細に記載している．雛について言及されている市販の書籍で最も優れているのは，「Nests, Egg and Nestlings of North American Birds」（2005）である．

　表 2-1 に記載されているほとんどの情報は，Birds of North America Online（http://bna.birds.cornell.edu/BNA/）で配信されている．このサイトでは驚くほど広範囲にわたって米国の鳥類について常に最新の情報に更新している．有料だがリーズナブルな料金で利用できる．サイト内の各章自身も他の章の参考になっている．

　「全ての鳥が似ているとは限らない」というのは，言い過ぎではない．雛は，その科や種に適した扱いをしなければならない．しかし，不可欠な雛の最初の識別を，科学より実践と研究のうえで成り立つ技で実施するのは，いろいろな意味で難事かもしれない．人工育雛に携る人達が継続的に努力することによって，独自の知識体系を作り出すことができる．あらゆる糸口から種を正確に識別し，その種に適した育雛を行うことが必要である．その結果として，健康で活動的な鳥が育つのである．

謝　辞

　鳴禽類の表を作成していただいた Marty Johnson，また，それを使用する許可を下さった International Wildlife Rehabilitation Council に深く感謝します．

参考資料と文献

Baicich, P.J. and Harrison, C.J.O. 2005. Nests, Eggs, and Nestlings of North American Birds, Second Edition. Princeton University Press, Princeton, NJ, 347 pp.

Elphick, C., Dunning Jr., J.B., and Sibley, D.A. 2001. The Sibley Guide to Bird Life and Behavior. Alfred A. Knopf, Inc., New York, 588 pp.

Poole, A., ed. The Birds of North America Online. Cornell Laboratory of Ornithology, Ithaca; retrieved from The Birds of North American Online database: http://bna.birds.cornell.edu/BNA/; AUG 2005. [Individual species papers are indicated by BNA number under each species in Table 2.1.]

Sibley, D.A. 2000. The Sibley Guide to Birds. Alfred A. Knopf, Inc., New York, 544 pp.

3
孵　卵

Susie Kasielka

序　文

　鳥類の人工孵化には，動物の世話をするのと全く同じように，技術力と科学力が必要である．鳥の胚発育に関する科学的な研究の大半は，経済動物である家禽類の分野で発達してきた．鳥類の胚発育と孵化過程が，種の違いを越え，同じように進化してきたことは，非家禽種にとって幸いした．なぜなら，家禽類から得られる知識の大部分を，そのまま他の鳥にも当てはめることができるからである．とはいえ，孵卵期間（孵卵日数），温度，湿度，孵化過程は，種によって多少の違いがある．そのため，われわれの専門知識を集約し，科学に基づいた技術を向上させねばならない．

　多くの鳥は，産んだ卵を取り除かれると，再び産卵するため，希少種や絶滅に瀕した種で人工育雛が応用されることがあるが，卵を取り除く時期は，慎重に決めねばならない．場合によっては，自然育雛と人工育雛を組み合わせることで，最もよい成績を得ることもある．猛禽類などでは，実の親や里親であってもよいので，孵卵日数の1/4〜1/3を親に抱かせてから人工孵化を始めると，確実に孵化率が上がることが分かっている．ペアになったばかり，あるいは自分が卵を抱こうとする小競り合いが多い雌雄では，破損しないよう本物の卵を取り除いて偽卵を置くとよい．親が落ち着いて，おとなしく偽卵を抱く行動が確認できたら，内側の嘴打ちが始まる時期に本物の卵を親に返し，孵化と育雛を親に任せるとよい．

　人工孵化を行うため，あるいは自然孵化を理解するためには，卵の構造，中身の各機能，胚や胚体外膜の発達様式や孵化過程を理解しなければならない．この章では，これらについての概説を述べる．詳細は，参考文献類（Anderson Brown 1979, Hamburger and Hamilton 1951, Romanoff and Romanoff 1949, 1972）を参考にし，鶏卵などの家禽類の卵を使って孵化技術を習得してほしい．

　産卵された時，胚は卵黄の最も薄い部分にあり，卵の体勢がどうなっても最も高い位置にくる．カラザは卵黄の位置を固定し，卵殻への癒着を防ぐ役目をしている．卵黄はこのカラザを含む卵白に囲まれている．卵白は内卵殻膜と外卵殻膜の2層からなる膜に囲まれており，胚に水分と蛋白質と同時に，感染を防ぐための免疫蛋白を供給している．産卵後，卵が空気で冷えて再び温められると卵殻の気孔から水分が蒸発し，この2層の膜に隙間ができて気室が形成される．ほとんどの種では，気室は卵の鈍端（卵の尖っていない方）にある．卵殻は卵を形づくっているだけでなく，胚にとって，カルシウムなどのミネラルの重要な供給源である．卵殻はクチクラ層に覆われている．クチクラ層は，光沢のあるものから白いもの，かろうじて見えるものなど，種によって様々だが，いずれも卵殻や卵殻膜からの水分の蒸発を防ぎ，外からの感染を物理的に防御している．胚の発育は産卵前から始まっており，最初は平坦部で，胚の体外から外側に向けて4層の胚体外膜が伸び始める．

　最初に発達するのは，卵黄嚢である．この膜は非常に血管に富み，卵黄を包みながら，大まかな

球形になっていく．他の膜よりも先に形成されるのは，胚の最初の呼吸と，その後の限られた卵殻内空間でガス交換を行うためである．卵黄嚢は，卵の頂点部分から卵殻膜の内面の胚に沿うように発達する．発達するにつれて厚くなり，栄養を摂取するために，表面に腸壁のような絨毛が形成される．卵黄は胚にとって主要な栄養供給源であり，雛は孵化後も数日間，ここから栄養を吸収する．また，まだ能動免疫を獲得する能力がない胚に，受動免疫を提供している．

次に，羊膜が同じく体壁から外側へ向かって発達する．この膜は透明に近く，血管はきわめて少ない．やがて胚を取り囲み，内部は水分で満たされて，胚は羊水のクッションの中で育つ．羊膜は細かい筋繊維をもち，律動的に収縮している．胚の筋肉が成長するまでは，この収縮運動が，胚が羊膜に癒着するのを防ぐ役割を果たしている．

漿膜は羊膜の後方からのびて胚の上で結合する．そして卵殻膜全体に広がり，最後に形成される尿膜と癒合する．

尿膜は非常に血管に富み，胚の腸の後方から出て風船が膨らむように発達する．徐々に広がって，やがて漿膜と癒合し，漿尿膜を形成する．尿膜には，尿老廃物が溜められ徐々に膨らんでくる．尿膜内には孵化までの短い間に，尿酸結晶が凝集されて不透明での白い尿酸塩として貯留される．漿尿膜は，孵卵中の胚にとって重要な呼吸器官である．卵殻内部に複雑に発達した漿尿膜は，血管内の酸素と二酸化炭素の拡散，および水分蒸発を行う．同じく卵白膜が形成される．孵卵期間の半ばを過ぎた頃，卵白膜が裂けて羊水に流入する．胚の成長が最終段階を迎えると，この卵白の蛋白質を吸収する．また，漿尿膜は，卵殻から吸収したカルシウムや微量元素を胚に供給している．

孵化設備と道具類

最初の卵を入卵する前に，孵化室をきちんと整理し，道具類を整えておかねばならない．理想的な孵化室と道具類をそろえる資金をもつ施設はほとんどない．しかし，下記の方針を取り入れることで，独創的で，細部にまで注意が払われた施設にすることができる．

卵や雛は感染しやすく，傷つきやすいため，孵化場への立ち入り制限を実施し，特定の人間しか入れない検疫室とする．孵化場は，隔離された空間で，清潔な場所から汚れた場所へと一方通行で物が動くようにしなければならない．孵化室には破損がない卵が集められるが，最後の段階で汚染されてしまう．つまり，孵化で生じる割れた殻や羽毛が細菌増殖の温床になるため，外側の嘴打ちが始まる前に，卵を孵化室へ移動しなければならないが，孵化室には，餌と糞，羽毛の粉塵が多いので，孵化後，雛が安定した状態になってから，孵化室へ移す．装置類や器具類は，前述のように，消毒されていない所から消毒されている方へ一方向に動かす．

孵化室は，床や壁，天井など，全ての表面が洗浄できる材質で作るべきである．道具類は，孵化室専用のものを用意し，不要な物を置かないようにする．古い記録用紙や参考資料などは必ず埃をかぶることになるので，他の場所に保管する．室内には新鮮な空気を取り込む換気システムを設け，理想的には，部屋ごとに別々に換気できるのがよい．室温は18〜21℃に保ち，湿度は細菌が繁殖せず，かつ孵卵器にとって最適な状態を維持する．

孵化室を設計する時，その機能性についても，あらゆる視点から考慮しなければならない．孵卵器を扱いやすい，卵重や検卵など日常の作業を行いやすい，こまめに掃除ができる，器具類を置いたり移動したりしやすいものが効率的である．

孵卵器そのものよりも，それを扱う人間の孵化技術の方がはるかに重要ではあるとはいえ，高価な孵卵器は質がよく，成果が出やすい．完璧な孵卵器というものは存在せず，どの器械にも何らかのクセがある．孵卵器の数や型式は，その施設で扱う鳥の種や卵の数，予算に従って選べばよい．その孵化場にどれが適しているのかを議論することは，購入する機種を決定するうえで非常に重要である．孵卵器を使うにあたって最もよい方法は，

3つ以上の孵卵器を備え，皆同じ温度に設定し，湿度に差をつけることである．こうすると，孵卵条件が卵に合っていない可能性があっても，卵を条件のよい孵卵器に移し変えることが可能である．

最近は，小さい部屋でも使いやすいポータブル型（携帯型）がよく利用されている．米国で一般的に使われている孵卵器は以下のような物である．Grumbach（Lyon Electric），Alpha Genesis（China Prairie），Lyon Roll-X（Lyon Electric），Georgia Quail Farm（GQF Manufacturing），Brinsea（Brinsea Products[*1]）．A.B. Newlife 孵卵器（A.B Incubators）は英国だけで販売されているが，米国で使っている施設もあり，よい孵化成績を納めている．Brinsea 社では，最近，より自然な抱卵状態に近い環境が得られる「Contact Incubator」（コンタック孵卵器）の販売を始めた．この孵卵器は，強制加温方式によって，柔軟性のある薄い樹脂性の膜にたまった上層部の空気を温める仕組みになっている．孵卵器のトレーに置かれた卵は，上側が直接この膜に接触するため，上から下へ徐々に温められていくことになる．これは，ある意味で自然対流方式の孵卵器に似ている．学校の教室で鶏卵に使用するような孵卵器は信頼できず，鳥類繁殖場には向いていない．現在は製造されていないが，Humidaire Incubator Company 社のポータブル型孵卵器20型と21型，設置式のダチョウやガンカモ類用50型は入手する価値があるが，交換部品などは入手し難いかもしれない．同じく優れた同社の設置式孵卵器1型と4型の製造も中止されている．

最近のほとんどの孵卵器は，正確で信頼できる電子式温度調整機能を備えている．古いタイプの孵卵器は，水銀温度計やエーテル基温度計を基に温度調整が行われていた．接点付温度計も正確ではあるが，致命的な欠点がある．故障した時にスイッチが切れず，熱源が働き続けて，卵の温度が一気に上がってしまうのである．現在でもエーテル基温度計を予備的に備えている孵卵器がある．正確さでは電子式温度計に劣るが，補助的に使うには有用である．ただし，古くなると質が低下するので，毎年新しい製品に交換しなければならない．

加湿は，水に浸したパッドの水分を蒸発させるか，細かい霧が出る自動加湿装置を使ってもよいし，容器に水を入れるだけでもよい．自動加湿装置はきわめて正確で有用だが，掃除や消毒が困難で，特に使用中にはほとんどできない．オープン式の加湿容器は，孵卵器の上部から入れるタイプでなければ，簡単に取り出して洗うことができる．また，備え付けの容器でなく，水皿を使うとさらに作業が簡単である．水皿を出し入れするか，水の表面積を変えると，湿度を調整できる．湿度を一定に保つには，側面に歪みがなく変質し難い，ステンレスやプラスチックなどの皿を用い，常に蒸留水を満たしておかねばならない．同じ大きさの水皿を複数用意しておくと，湿度を変えたい時や，皿を交換する時に便利である．

転卵システムは3つのタイプに分けられる．卵トレーが回転するタイプは，格子状の枠やバーで卵が支えられており，卵自体は動かない．このタイプは，卵が実質上動かないので安全ではあるが，多くの孵卵器の回転は，適切な転卵角度90度に達しない．きちんと使えば，ほとんどの卵にとって十分な回転角度を得ることができるが，小型の卵の転卵角度は大きく，大型の卵では小さくなる．もし，ローラー周囲に中途半端な隙間があれば，卵がローラーの上に乗ってしまって，ほとんど，あるいは全く転卵されない状態になる．片方が細い形の卵は，丸い方から細い方に向かって揺さぶられる．これを防ぐために，複数の卵を丸い方と細い方を交互に置くとよいが，卵が格子枠やバーで圧迫されると，破損する確率が非常に高くなるので，注意する．

孵卵器を孵化器代わりに利用することも多い．しかし，卵が孵化する時，器内の温度や湿度が変わったり，殻などで汚染されたりするので，孵卵用とは別の孵卵器を用意するべきである．孵化

[*1] 訳者注：ブリンジーは日本支社がある．

用の区画が別に設けてある孵卵器も販売されている．BrinseaとA.B. Newlifeでは，前記の孵卵器に加え，孵化器も販売している．どの孵卵器や孵化器を使うにせよ，予備の部品を常備しておき，孵卵中に故障したら即座に交換できるようにしておく．

温度計を2つ並べておくと，それぞれが違う温度を示していて，もどかしく感じることが多い．とはいえ，質のよい温度計で内部の温度を管理することは重要である．良質の水銀温度計やデジタル温度計，バイメタルダイヤル式温度計で，孵卵器温度の範囲をカバーし，0.1℃刻みまたは華氏で表示される温度計を使うべきである．いずれも年に1回，調整をしなければならない．ASTM（米国材料試験協会）認定の実験室仕様の水銀温度計18F型（VWR実験用品カタログNo.61127-006かFisher実験用品カタログNo.15-059-438）が便利であり，そのまま取り付けて使える孵卵器もある．VWRまたはFisherのメモリー式湿度・温度計（VWRカタログNo.35519-049，FisherカタログNo.11-661-14）は，孵卵器内用としては最も正確な製品の1つで，孵卵器内に入れたまま，ドアを開けずに数値を読みとれるという利点がある．外見がよく似た類似品が孵卵器販売会社から発売されているが，こちらは孵卵器に入れたままで読むことはできず，性能が持続しない．アルコール温度計は，精密さに欠けるため，孵卵器には適さない．

孵卵器内の湿度は，昔から，「吊り下げ式乾湿計」とも呼ばれる「湿球温度計」で計測されてきた．1つの温度計の下端のガラス球感温部にはガーゼが巻かれており，そのガーゼの末端は水をはった容器（多くはガラス管）に浸かっている．湿球の数値をそのまま湿度として読むこともあるが，正確な湿度は，乾球と湿球の差から算出するのである．湿球に巻いているガーゼは毎日洗浄して定期的に交換しないと，数値が正確でなくなるうえに，孵卵器を汚染する元となる．ダイヤル湿度計はそのままの数値を湿度として読むことができるが，使用する場所によって湿度の範囲を調整しなければならない．デジタル湿度計は正確で信頼できるが，誤差が大きい室内用製品ではなく高品質の製品を選択しなければならない（VWRカタログNo.35519-049，FisherカタログNo.11-661-14）．

卵重減少量を管理するためには，緻密で正確な計量器が必須である．現在，デジタル計量器が最も手軽な価格で入手できる．できれば，実験室で使用するレベルの計量器が理想的である．扱う卵の大きさに合った用量の計量器で，かつ卵重減少量を効果的に管理できる目盛りが必要である．産卵時30g以下の卵なら，卵重の減少量である0.01gまで正確に測れる計量器を用意し，30g以上500g未満の卵であれば，最低0.1gの目盛りが必要である．走鳥類の500g以上ある卵なら1g単位の計量器で十分である．

ほとんどの孵化場では，強い光源をもつ検卵器が必要である．現在，Lyon High-Intensity Zoo Model Candler（Lyon Electric）が最も明るい．旧式のスライドプロジェクターを，光が当たる範囲に絞って，他に光が漏れないようにして検卵器の代わりとしてもよい．インコ類のような小型で白い卵だけを扱う孵化場では，照射量が弱い検卵器が適している．Probe Light Candler（Lyon Electric）は，あまり高価ではなく，電池式の光ファイバー式検卵器で，巣箱の中で小型の卵を検卵するのに理想的である．赤外線と紫外線を使った検卵器は，白熱灯による検卵では得られない像を見ることができて有効であるが，試作品で，市販されていない．

部屋の湿度が高い，あるいはコンドルやダチョウのように卵重減少量が少ない種では，部屋に除湿機を備えなければならない．孵卵器が1つしかなく，電力が十分足りている施設でも，緊急時のために必ず発電機を用意しておかねばならない．寒い季節や，フィールドや他の施設から卵を長距離輸送する時などには，ポータブル型孵卵器が便利である．Dean's Animal SupplyのThe Brooder Miniは飛行機に持ち込めるほど小型であり（あらかじめ安全保障援助局に連絡をして

おくとよい），家庭用 110 ボルトの電圧や車のシガーソケット，ポータブル発電機でも使用できる．

孵化場の衛生

厳格な衛生管理基準に従えば，感染症による卵や雛の死亡率を最小限に食い止めることができる．孵化場へ立ち入る人間を限定し，使っている道具類は室内専用にする．

毎年，繁殖期前になったら，孵化場と全ての道具類を十分に洗浄，消毒しておかなければならない．これには，Synphenol-3（Veterinary Product Laboratories）（合成フェノール系消毒剤）などの強力な消毒剤が望ましい．最近は，使用中であってもこれらの消毒剤を使って，孵卵器や孵化器の内側を頻繁に消毒するようになってはいるが，機械部分は繊細で消毒剤で腐食することがあるため，隅々まで十分にすすいで乾かさなければならない．以前は，ホルムアルデヒドによる燻蒸消毒が推奨されていたが，人体に深刻な健康被害をもたらすため，現在では州法によって規制，または禁止されている．全ての機器類は，毎年，必要なメンテナンスをしなければならず，入卵前には動作テストをし，運転を開始して安定させておかなければならない．

孵化場が始動したら，最低週1回は，定期的に部屋を洗浄しなければならない．この時，作業領域に露出している面を全てしっかりと拭き取り，床の洗浄，孵卵器の加湿タンクの洗浄も行わねばならない．これらの洗浄や消毒には，ヨウ素系，クロルヘキシジン，第4級アンモニウム塩などを用いるとよい．塩素系漂白剤は値段が安いが，有毒ガスが発生し，器械類が腐食してしまう．加湿皿および乾湿計の湿球容器の水を，高圧滅菌した蒸留水に替えるか，あるいは加湿皿と湿球容器を消毒する．取り外して洗浄できない加湿タンクの場合，孵卵器の使用中は，定期的に内部を洗い流さなければならない．孵化場のドアの外に踏込み消毒槽を置くと，室内に汚染物が持ち込まれる危険性が減る．ゴミ容器も部屋の外に置き，室内の汚染を最小限に抑える．

スタッフは，孵化場内に汚染された物が持ち込まれないよう，毎日計画的に作業しなければならない．飼育場内のどこに入るよりも先に，孵化場の作業を行わなければならない．孵化場内での作業に，白衣やつなぎなどの保護衣を着用する施設もあるが，これはかえって，室内の汚染につながることがあるので，孵化室専用の清潔な作業衣の着用が望ましい．孵卵器を扱う前には消毒石鹸で手を十分に洗い，無菌的な操作を行うべきである．卵を触る時は，再度手を洗って，実験用グローブを着けることを強く勧める．

卵の取り扱いと貯卵

孵化率に影響する素因は，産卵される前からも含め，多く存在する．遺伝的素因や栄養状態，毒物の影響，年齢や病気などの生理学的要因，行動学的な問題，卵の形成に影響を与えるようなストレスや怪我などである．これらに関する多くの研究がされてきており，入手できる参考文献も多い（Kuehler 1983, Landauer 1967, Romanoff and Romanoff 1972）．

孵化率に影響する要因は，孵卵が始まる前から存在する．孵卵中の卵の汚染は，主な孵化率低下の原因の1つである．細菌による卵殻の汚染は，糞，巣材，あるいは人間の手などが原因である．卵殻のヒビや破損などの物理的要因は，孵化率の著しい低下をもたらす．また，どのような振動であっても，卵殻に付着している胚盤葉を分裂させ，異常な双子や重複胚の発生，あるいは胚の死亡を引き起こすことがある．卵を何度も同じ方向に回転させると，カラザが輪ゴムのように捻れて破損し，その結果，胚が内卵殻膜へ付着することがある．

孵卵前におかれた環境の条件は，孵化率に影響する．21℃以上の温度だと，胚の発育が始まるが，各器官が正常な速度で育たず，死亡する．また，湿度が低すぎると卵の水分の蒸発量が多く，卵重減少量が大きくなり過ぎる．

水鳥のように，一腹の卵が全て産まれないと抱卵を開始しない種も多い．こういった種の卵は，

フラミンゴのように産卵数が1つの種や，オウム類など最初の卵から抱卵し始める種よりも貯卵に耐える傾向がある．ダチョウやキジなどの早成性の卵を多数孵卵させる場合は，数個ずつに分けて貯卵し，孵化日を揃えるとよい．これらの卵は，7日以内の貯卵なら孵化率に大した影響を与えない．貯卵の環境は，温度13～15℃，相対湿度70～80%が理想である．ワイン貯蔵用の冷蔵庫がちょうどよい温度にしやすく，孵卵器と同じような方法で加湿することができる．換気はそれほど重要ではないが，水蒸気が凝集して卵殻表面に水滴ができるのを防がねばならない．貯卵中は，卵を厚紙の卵ケースや清潔な砂の上に置き，1日1回90度以上回転させなければならない．孵卵器に入卵する前には，一晩くらいかけてゆっくりと室温に戻す．

卵の最初のケア

孵化場に運ぶ前に，卵が少しでも抱卵されていた場合，特に卵がすでに冷えていたら，できるだけ早く孵卵器に入れなければならない．全く抱卵されていない卵であれば，多少時間が経過していても構わない．卵を扱う時は実験用グローブかペーパータオルを用いる．運ぶ時に手荒く扱ったり振動を与えたりしないよう，慎重に扱う．卵の輸送には，ダンボール箱やバケツ，小型のアイスボックスなど様々な物が利用できる．中に清潔な布タオルやペーパータオル，家禽類の羽毛，アワなどの細かい種など，クッション材を入れる．輸送時間が長かったり，外気温が低くて卵が冷えそうな場合は，湯を入れた容器や使い捨てカイロなどを入れるとよいが，直接卵に当たらないようにする．卵は，たとえわずかでも高い温度に曝されると，胚の発育が阻害されるので，容器内は孵卵時よりも低い温度に保たれるよう注意する．長時間輸送する場合は，家庭用コンセントや車のシガレットライターソケット，あるいは充電式バッテリーでも使えるポータブル型孵卵器か育雛器（Dean's Animal Supply）が便利である．どんな容器であっても，輸送中には振動を受ける危険があるので，可能であれば手で持つ方がよい．

卵を孵化室に持ち込んだら，直接観察し，検卵器を使って検査しなければならない．検卵器で調べないと分からないヒビがあることがある．検卵しながら先が丸い鉛筆で慎重にヒビの部分に印を付け，卵殻内への感染防止のため完全に塞いでしまう．また，鉛筆で識別番号を卵殻に記入するとよい．卵殻の色が濃ければ，黒の細いマーカーを用いる．すでに発生が始まっているなら，胚と胚膜の発育状態を調べ，卵の内側，外側両方に異常がないかを確認する．

羽毛や巣材，糞などが乾燥して付着し，卵殻が汚れている場合，卵の大きさによって乾いたペーパータオルやガーゼスポンジ，綿棒などを使ってやさしく拭き取らねばならない．排泄物が乾いてこびりつき，広い範囲が汚れている場合は，紙やすりや細かい研磨ブロック，爪やすりなどを使い，クチクラ層や卵殻を破損しないように慎重に磨くと，たいていは落とすことができる．この部分はシミやメッキのように見えるが，そのままにしておく．

局部が汚れていても，液体で洗ってはならない．たとえ消毒液を使っていたとしても，細菌が卵殻の気孔を通って内部に入りやすくなるからである．家禽農場では，卵を消毒液に浸して細菌汚染を防いでいるが，これは，厳格な衛生管理基準の下で，消毒液の温度，漬け方，浸漬時間など，製品としての目的に沿った方法が決められている．消毒液の温度は卵の中身よりもかなり高いが，胚が死なない範囲内に設定してある．消毒液の温度が低いと，卵の内容が収縮して卵殻の細菌をたちまち引き込んでしまうからである．家禽以外の鳥類の卵の浸漬消毒は，通常禁忌であり，特に卵殻が薄い繊細な卵では行ってはならない．また，いったん温められた卵は，どういう場合でも浸漬してはならない．家禽類では，ホルムアルデヒドによる燻蒸消毒も行われてきたが，人体に強い毒性をもたらすために，現在では厳しく規制されており，使用されることはまれである．また，このガスは家禽以外の鳥の胚に対して，致死的な作用をもつ

ことが知られている．この他，卵に紫外線を当てて殺菌する方法もあるが，効果はない．最もよい方法は卵を汚さないことであり，結局は，可能な限り清潔な環境と巣で産卵させることである．

ヒビや穴のある卵でも，慎重に修復すると，孵化することも多い．修復しないと，細菌に感染しやすく，過剰な卵重減少が起きる．たとえ卵白や血液の漏出があっても，少量なら補修できることが多いが，卵黄が漏出している卵は修復できない．修復には多くの材質が用いられているが，中には不適切な物もある．テープや創傷被覆材は，孵化時の妨げとなるので適さない．同じく，外科用接着剤やシアノアクリレート系接着剤（瞬間接着剤）は流れやすく，亀裂や穴を塞ぐのは難しい．多数の卵に対して侵襲的な実験を行う研究室のような環境では，高融点パラフィンを使用しているが，小規模の孵化施設で使われることはまれである．透明のマニキュアは乾きが速く，特に小型の卵での成功例が多いが，胚にとって有害な有機溶剤が含まれている．白ボンドと呼ばれる Elmer's Glue All（木工用ボンド）や Wilhold（学校教材用ではない物）は，乾燥に時間がかかるが，毒性がなく，卵の修復に適している．

損傷部位全体が被覆されるように，殺菌綿棒で無菌的に白ボンドを塗布する．この時，ヒビのない部分にまで塗り広げて，漿尿膜呼吸を妨げてしまわないよう注意する．卵の形が変わるほど大きなへこみや割れ目ができている場合は，薄くて丈夫なペーパータオル（小さな卵ではティッシュペーパー）で張子のようにするとよい．補修部より少し大きめに，紙を引き裂き（切らない），傷に塗り重ねたボンドの上から空気が入らないように慎重に押し付け，さらにその上からボンドを塗る．白ボンドは，孵卵器の温度で軟らかくなって流れ落ちることがあるので，完全に乾くまでは，卵トレーにペーパータオルを敷くか，安定した皿に卵を乗せるとよい．ボンドが乾燥するまでは，孵卵器の転卵装置を使わず手で転卵を行ってもよい．修復部が小さくても，ボンドで卵がトレーに固着してしまうことがあるので，予防措置をとる方が安全である．

割れ目があったり，ひどく汚れたりして破棄する可能性がある卵は，別の孵卵器に入れる．それができなければ，少なくとも，健康な卵とは別のトレーに置くこと．

孵卵条件

自然孵化では，卵は上から下に向かって温められる．湿度は，巣内の微妙な状態によって変化する．また，転卵の頻度と角度も様々である．人工孵化では，自然孵化を完全に模倣することはできないが，同じような成果が出るように努力すべきである．その種の抱卵日数と同じ期間だけ，親代わりとなる孵卵器で温める．雛は自力で孵化し，孵化後は活発でなければならない．そして，他の科学実験結果と同じように，いつも同じ成果が現れなければならない．

温　　度

孵卵器には，自然対流式と強制対流式がある．自然対流式は，ファンではなく，放射熱によって空気が循環しており，器内で温度差ができ，温度のコントロールが難しい．換気性が悪く，卵を置く段が1つしか設けられないため，孵卵数が限られる．この方式の孵卵器は，全てはないが，卵の上部の温度によって温度設定されることが多い．実績のある孵卵データを参考にする時は，その温度がどのように，またどの部分で計測されたものかを検証することが大切である．最近の孵卵器はほとんどが強制対流式で，空気がファンによって循環し，孵卵器内の温度はどの部分も一定である．ここでは，強制対流式の孵卵器に関してだけ述べる．

家禽類の孵卵器は，通常37.5℃に設定されているが，この温度は家禽以外の多くの種にも適している．大きくて孵卵期間が長い卵は，これより低いことが多い．例えば，ペンギンでは35.8℃，コンドルでは36.7℃，水鳥では36.9℃，オウム類では37.2～37.3℃で孵卵するのがふつうである．スズメ目など小型鳥類の小さくて孵卵期間が

短い卵では，37.8〜38.1℃が最も孵化率がよい．孵卵温度が高めだと，胚の成長が若干速まるが，各組織の成長速度が違ってしまう．孵化した雛はふつうより小さい感じがし，臍の閉鎖部がいびつで，痩せていて，よく鳴く．夏季は，エアコン使用による電力障害で孵卵器の電力が不足し，オーバーヒートを起こしてしまうことがある．孵卵中の卵は，一時的な温度の低下には耐えるが，温度が上昇すると生きていけない．たとえ0.5℃でも，高めの温度が1〜2時間も続くと胚には致命的である．孵卵器の故障や電力障害などで，卵を移動させなければならなくなった場合は，同じ温度か低めに設定した孵卵器に移さなければならない．

　逆に，孵卵器の温度が低めの場合，胚の成長は遅れる．また，温度が低すぎたり，低温状態が長時間続いたりすれば，やはり各組織の成長速度に違いが生じる．温度が低い場合は，極端に低いか長時間でない限り，致死的ではない．しかし，孵化した雛は正常サイズより大きくなっていて動きが鈍い．体がべたつき，卵黄嚢の吸収が不完全だったり，臍が完全に閉じていなかったりする．胚の発育の遅れは，電力不足で孵卵器の温度が下がった状態が1〜2時間以上続くと生じる．発生初期で低温に曝された胚は，そのまま成長し続けるが，孵化する時になってその障害が現れ，死亡の要因になることが多い．

　家禽類では，孵化中に温度を0.3〜0.5℃下げると，孵化率が上がることが証明されている．これは，科学的に実証されてはいないが，家禽以外の鳥についても同じことが言える．

湿　　度

　鳥類の卵は，抱卵（孵卵）中，気孔から水分が蒸発して，重さが12〜18%減少する．これは，胚の代謝ではなく物理的な現象によるものなので，抱卵期間中の卵重は直線的なパターンで減少する．人工孵化では，孵卵器の湿度を調節することによって，卵重減少量を管理できる．

　家禽類の孵卵器は，通常，相対湿度55〜60%に設定されている．家禽以外のほとんどの鳥類にとっても，この湿度で孵卵を開始するのがよい．例外的に，ダチョウのような乾燥地帯原産の鳥では，孵卵器には水を入れず，場合によっては孵卵室に除湿器を置くこともある．逆に，多湿地域原産の鳥では，最初から高い湿度が必要である．

　孵化の確率を上げるためには，できる限り産卵直後に卵の重さを量り，継続的に孵卵中の卵重減少率を算出しなければならない．湿度が高すぎると，卵重の減少が不足して，雛は浮腫を起こしていたり，体勢が悪い状態で孵化したり，余剰な卵白や胚膜の液体を誤嚥してしまうことがある．卵黄嚢が腹腔内に吸収されず，臍が完全に閉じないまま孵化した雛は衰弱してしまう．一方，湿度が低すぎると卵重の減少が進みすぎる．卵殻からのカルシウム吸収が阻害されるため，カルシウムが十分沈着せずに，雛の骨が脆弱になる．また脱水して（赤っぽい雛），臍の閉鎖部がいびつで，出血していることもある．（自然孵化で卵重減少率が高くなっていたら），巣から卵を取って適切な湿度にした孵卵器に入れ，親には偽卵を抱かせる．孵化直前になったら，この卵を再び親に戻すのである．

　人工孵化では，卵殻の嘴打ちが始まったら直ちに孵化器の湿度を上げなければならない．湿度が低いままだと，割れた卵殻や膜などが乾いて貼りつき，雛の動きを妨げてしまうからである．この時必要な湿度は，種によって差がある．また，嘴打ちから孵化までに時間がかかると，膜が乾いてしまう危険性が増す．

転　　卵

　孵卵中は定期的に1日に数回転卵しなければならない．これは，正常な胚膜の発育を促し，胚が養分を吸収するのを助け，また胚が卵殻に固着するのを防ぐためである．ニワトリの雌親は，平均35分に1回の割合で卵を転がしており，孵卵器の多くは，1時間ごとの自動転卵に設定されている．転卵頻度を変更できる孵卵器もあるが，家禽以外の種では，ふつうは1時間に1回程度の

転卵でよい．家禽類では，孵卵器により多くの卵を収容する目的で，気室を上にして縦置きで，短軸方向に転卵するが，この体勢は家禽以外には向いていない．家禽以外の種では，卵を横向きに寝かせて置き，卵の長軸が回転するように転卵しなければならない．カラザの捻れを防ぐため，転卵ごとに反対方向に90度転卵する．補足的に手で転卵を行ってもよい．1日に2～3回，反対方向に180度以内の転卵をすると，特に大型の卵では孵化率がよいことがある．転卵角度が90度に達しない孵卵器では，漿尿膜の発育を促進させるために補足的に手で転卵を行う必要がある．転卵機能がない孵卵器や，用手転卵を選択する場合は，できれば1日5回以上行わねばならない．ただし，同じ体勢が長くなる夜間は，前日の夜と反対の方向に傾いているようにするため，転卵回数は奇数回にする．

換　気

孵卵中の胚は呼吸をしているため，孵卵器内における酸素や二酸化炭素濃度が異常だと大きな影響を受ける．ほとんどの孵化施設では，同時に孵卵する卵の数は多くないので，適度に換気されている限り，孵卵器内の酸素と二酸化炭素濃度は外気と同じ程度に維持される．例外として，酸素濃度が低い標高が高い地域では，試験的に酸素を補充すると孵化率が上がることがある．産業動物の孵化場では，常に適切な換気が必要であり，特に胚の二酸化炭素排出量が増える孵卵期間の終盤には，より多くの換気を要する．孵卵数が多い時に孵卵器が出力不足に陥った場合は，とりあえずは内部の温度を保つことより，扉を開けて中の空気を入れ替える方が大事である．

検　卵

胚の発育を確認する主要な方法は，検卵である．胚の正常な発育と異常な状態を撮影した写真を，インターネットのサイト[*2]で見ることができる（Delaneyら1998，Ernstら1999）し，報告もされている（Jordan 1989）．色つきの卵や孵卵後期における検卵は，あまり意味がない．検卵する時は，部屋を真っ暗にし，光源の明るさを最大限引き出すことが大事である．検卵器のライトが明るいと，発生する熱も高いので，卵に影響しないよう十分注意を払わねばならない．同じ部位に，数秒間以上ライトが当たらないようにし，卵殻が熱くならないように気をつけること．

孵卵器に入卵する前には，卵殻にヒビが入っていないかを検卵し，卵黄の質や動き，気室の形や位置などをチェックする．孵卵中は，胚と胚体外膜の発育を観察する．検卵時，尖っていない鉛筆を使って，4～7日ごとに気室の境界に沿って線を引き，気室の発達状態を追跡する．

胚が発育し始めたという判断は，胚盤葉の影で確認できることが多い．卵黄の縁に淡い三日月型が現れるのだが，全ての有精卵で見られるわけではない．同時に卵黄が大きくなり，卵白の水分が卵黄に入り込んで流動性を増す．孵卵期間の7分の1が経過した頃（孵卵日数が21日のニワトリでは3日目）になると，たとえ最も小さい種類の卵であっても，胚と卵黄嚢の血管がはっきりと見えるはずである．慣れてくると，色つきの卵でも見分けられるが，検卵時間が短いと血管を確認できないことがある．胚の血管が発達する段階になれば，検卵で有精卵を確定できる．しかし，無精卵という確認は，検卵だけではできない．検卵で「影がない」卵では，割って中をよく調べない限り無精卵だという証明はできないのである．

発育の記録は有用である．検卵によって得られた情報，つまり心音，眼球，胚膜の発達，胚の動き，その他をスケッチとともに記録するとよい．過去の記録が詳細であれば，現在孵卵している卵の発育状態の判定に利用できる．

最初に，卵黄嚢が，卵黄の真ん中に赤いクモのような影として現れる．この膜は卵黄を包みながら徐々に複雑な形に発達するが，ほどなく，漿尿膜血管が張り巡らされるために，はっきりと見え

[*2] 訳者注：http://anrcatalog.ucdavis.edu/pdf/8134.pdf

なくなる．網目状に血管が発達するこの様子は，血管が破れたと誤解されることが多く，胚が死亡したか死にかけていると思い込んで，卵を孵卵器から出してしまう人もいる．漿尿膜血管は，さらにはっきりし，分岐していく．孵卵期間の半ば過ぎになると完全な線状になり，卵の後ろの閉じ目のように見えることが多い．転卵の角度が不十分だったり，気室が上になるように卵を置いたりすると，漿尿膜の発達が妨げられる．卵の細い方からライトを当てて検卵すると，漿尿膜の発達状態を簡単に確かめることができる．

孵化の最初の徴候は，気室が突然広がることから始まる．これは，「ドローダウン（drawdown）」と呼ばれ，気室自体の容積が増すというより，内卵殻膜と外卵殻膜の間に隙間が広がることによって起こる現象である．孵卵中，内卵殻膜は胚の上方でぴんと張っているが，孵化直前になると，雛の動きを妨げないよう弛緩する．内側の嘴打ちが始まる前に，雛が膜を押している影が，検卵で確認できることがある．孵化の前，卵が不規則にぴくぴくと動き始める．内側の嘴打ちが始まって，気室に内側から穴が開くと，今度は規則的でリズミカルな呼吸が見られるようになる．外側の嘴打ちが始まったら，外卵殻膜が破れて，雛が外気を吸えているかどうかを，検卵によって確認してもよい．孵化が進むと，卵殻の細い方と横からライトを当てて検卵すると，漿尿膜血管が退縮して動いていないのを観察することができる．これは，卵殻が薄いとよく見える．この血管の退縮状態は，自力孵化できない雛の孵化の介助をする時の判断材料となる．

卵重減少率のコントロール

孵化が成功するためには，孵卵中，卵の重量が適度に減少しなければならない．ほとんどの鳥類では，卵重減少率は産卵時重量あるいは孵卵前の重量の15%ほどである．これは，胚の代謝ではなく，卵殻の気孔から水分が蒸発して起こる物理的な現象なので，卵重は直線的に減少する．また，孵卵器内の湿度を調整することで，卵重減少率をコントロールすることが可能である．卵重減少率を入念に計測し，コントロールすることが，孵卵の成功の鍵となる．

卵は，産卵後できるだけ早く重さを量らねばならない．孵卵開始時の重量を「初期卵重」としてしまうと，減量率が正しく算出されず，結果として孵化に悪い影響を与えることがある．もし産卵直後に計測することができなければ，下の式によって産卵時のおおよその卵重を推定できる．

$$\text{産卵時の推定卵重 (kg)} = \frac{\text{現在の卵重}}{1 - \left(\dfrac{\text{入卵から現在までの経過日数}}{\text{推定される総孵卵日数}} \times 0.15 \right)}$$

この式は，親が抱卵していた時の卵重減少率を15%と仮定しているので，0.15という数字を当てはめているが，ここの数値は，その種に合った卵重減少率を当てはめればよい．

産卵時の卵重が分かっている場合，または推定されれば，グラフと照らし合わせて，予測される卵重減少重量を見ることができる（図3-1）．卵重減少率のグラフは，AIMS（Brinsea）のように孵化場専用に製作されたコンピューターソフトや一般の表計算ソフトを使っても，またグラフ用紙と鉛筆だけでも作成できる．y軸を卵重とし，産卵時の卵重より20%程度少ないところに始点を置く．x軸を孵卵日数にし，産卵日を0日として，推定孵卵日数の最終日まで数日間隔で目盛りをうつ．予測される卵重減少率が15%であれば，図3-1のようなラインが描かれる．減少率が14%および16%と計算したラインも書き込んでおくとよい．そして，実際の卵重をプロットしていくと，現在の卵重が正常範囲に入っているか，またラインの勾配が正常かを判定することができる．産卵日や抱卵開始日が不明または推定不能の場合には，卵重減少率のコントロールはかなり困難である．このような場合，同種か近縁種の成功例の数値を当てはめるか，気室の発育状態と照合しながら行うしかない．大きさが非常に近い卵のデータがあれば，毎日の卵重減少率から，現在達して

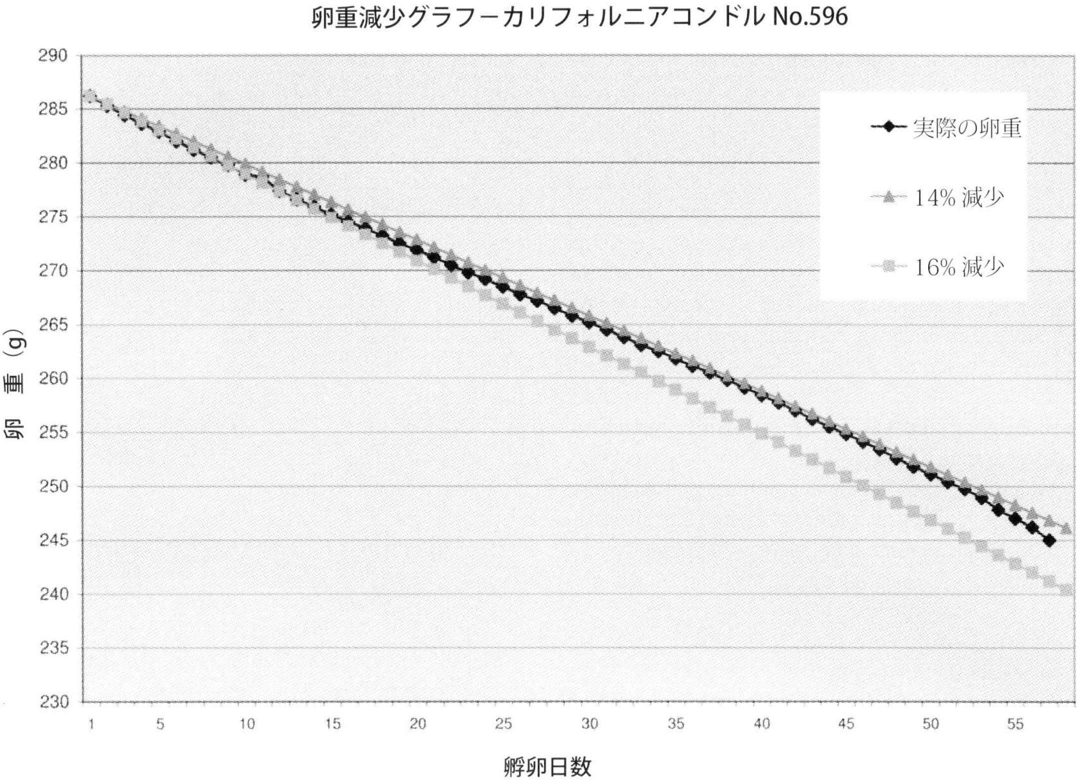

卵重減少グラフーカリフォルニアコンドル No.596

図 3-1　カリフォルニアコンドルの卵重減少グラフ．

いるべき卵重を算出できることもある．

　卵重は毎日，同じ時刻に計ること．これは，特に孵卵初期には重要である．なぜなら，この時期は，後半の時期よりも卵重減少の割合が変化しやすいからである．孵卵数が多い場合は，全ての卵の減少率の平均を採るか，中から数個を選んで計測してもよい．

孵卵記録

　孵化の成功率を高め，分析したデータを将来の人工孵化技術の向上に生かすためには，一貫した詳細な孵卵記録が必須である．個々の卵あるいは一腹卵（クラッチ）について，下記の項目を記録すること．

- 種
- 卵の識別番号
- 父母の個体識別番号．父母の年齢，繁殖歴
- 産卵日
- 抱卵開始日（自然育雛），または入卵日（孵卵器による人工孵化）
- 推定孵卵（抱卵）日数
- 推定卵重減少率
- 産卵時の卵重（産卵日に計測した実際の重さ，または推定重量）
- 使用する孵卵器と孵化器（機種）
- 設定温度と湿度

　卵重の計測，検卵，他の孵卵器へ移動する時などは，個々の卵について，下記の項目を記録すること．

- 現在までの孵卵日数（産卵日を 0 日とする）
- 日時
- 実際の温度湿度
- 現在の卵重
- 検卵結果，孵卵環境の変化，その他のコメン

ト
・記録者

記録したデータは，直接表計算シートや孵卵管理ソフトに入力しておき，孵化後に集計して分析するとよい．

孵卵記録に加えて，個々の孵卵器や孵化器，器械類に関する記録もとるべきである．器械類にわずかでも障害があると，孵化率が明らかに低下することがある．大きな温度の変動や転卵装置の不具合，修理を要するトラブルなどを記録することで，器械類の問題が明らかになる．器械類については，下記の記録をとる．

・メーカー，型式，製造番号，ローカル・ナンバー
・日付，時間，温度，湿度，扉を開けた時のトレーの位置（1日2回以上確認する）
・日常的に行う計測，注水や加湿タンクの掃除など孵卵器の作業内容
・設定値などの調節，計量器・検卵器の調整，卵の移動，季節ごとの掃除や修理など
・記録者

同様に，器械類が置いてある部屋の温度，湿度の継続的な記録は，孵化場の管理に有用である．

孵化過程

孵化間近になると，雛は最も大きくなり，気室以外の卵殻内空間のほとんどを占めるようになる．血中 O_2 濃度の低下と CO_2 濃度の上昇が始まり，漿尿膜の空間だけではガス交換が追いつかなくなる．雛は，孵化のための体勢を整えながら，卵殻内の余剰な水分を吸収してしまう．卵の長軸方向に脊椎を合わせ，背中を気室の最も高い縁に合わせる．卵の細い方にあって，左右の太ももにはさまれている頭は，徐々に体に沿って持ち上がり，やがて右翼の下に置かれる．この時，卵歯は気室の内卵殻膜の下にある（図3-2）．頸の後ろにある錯綜筋に，リンパ液が充満する．卵重減少率が正常でも，この時期には，頭部全体が浮腫になっている．やがてこの浮腫は，呼吸によって消失する．雛が正常な孵化姿勢になるかどうかは，卵重減少率，卵の向き（気室がどこにあるか），

図3-2 孵化直前のカリフォルニアコンドル．孵化時，このように頭が右翼の下にくるのが正しい姿勢である．（挿絵：Mike Clark, Los Angeles Zoo）

呼吸状態（ CO_2 濃度が高いと，姿勢が逆になることが多い）などによって左右される．

孵化の最初の徴候は，内卵殻膜と外卵殻膜の間に隙間が広がる，いわゆる気室の「ドローダウン」で，検卵によって観察できる．それまで，胚を覆うようにピンと張っていた内卵殻膜がカーテンのようにたるんで，気室の形が不整になる．錯綜筋が収縮し，「内側の嘴打ち」が起こって，卵歯が内卵殻膜に穴を開ける．この時，肺呼吸が始まり，親鳥や人間の刺激に対して，鳴き声を出して呼応することがある．血液ガスの濃度勾配が改善されると，錯綜筋の収縮が低下し，雛の動きが落ち着く．気室内からの空気の流入と雛の摩擦運動によって，漿尿膜の血管が収縮し始め，最初は卵殻周囲の血管から，最終的に臍の閉鎖部の血管が収縮する．O_2 濃度の減少と CO_2 濃度の上昇の刺激によって，再び錯綜筋が収縮し始め，卵歯が殻を破る．これが「外側の嘴打ち」で，外気が流入して，血液ガス濃度が改善されると，雛は再び落ち着きを取り戻す．

雛が動くことにより，卵黄嚢が徐々に腹腔内に吸収される．卵黄嚢は，雛が孵化する前に完全に腹腔内に吸収され，臍はしっかりと閉鎖する．卵黄は，孵化後3日間ほど腹腔内に残り，雛が親から給餌を受けるか自分でつつけるようになるま

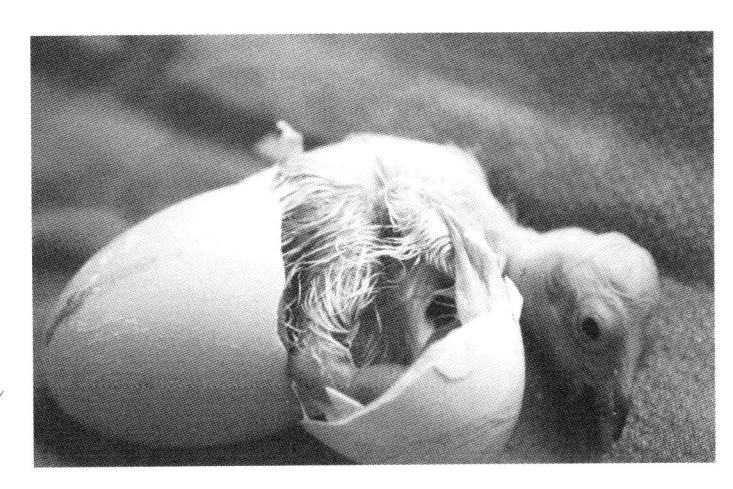

図 3-3 孵化したカリフォルニアコンドル.（写真提供：Mike Wallace, Los Angeles Zoo の好意による）

で，栄養分と水分を供給し続ける．また，まだ免疫力がない雛に，母体抗体を供給する．

O_2 濃度の低下と CO_2 濃度の上昇による刺激で収縮運動が再開し，外側の嘴打ちが起こる．この段階で雛はほんのわずか，休息する．雛はさらに，時計と反対回り（気室側から見て）に180度以上回転しながら，卵殻を脚で押し始める．雛が，蓋のような形で割れた卵殻を押し出し，殻から抜け出した状態が「孵化」である（図 3-3）．孵化後は体を休め，体が乾くのを待つ．漿尿膜血管の一部が臍からはみ出ていることがあるが，ふつうはすぐに乾いてしまう．孵化後もしばらく残りの殻が外れずに，雛が押し続けていることもある．人工孵化の健康な雛は，通常，胸で体を支えることができるようになったら，孵化器から育雛器に移される．正常に孵化した雛は餌に対する反応もよく，排泄もみられる．この時，体重を量り，ベタジン（Betadine）などの汎用のヨード系消毒剤などで臍部を拭いておく．

孵卵介助

たとえ理想的な条件で孵卵されていても，中には孵化がうまくいかない雛がいる．この多くは，卵殻内での孵化姿勢が悪いことが原因である．意図的な人工孵化や，あるいは何らかの危険に曝されていたため人工孵化に変更した卵でも，孵化の介助が必要になることがある．孵化の介助は，全ての種に共通するような決まった方法はなく，たとえ同じ種でも個々の状況によって異なるということを認識しておくことが大切である．多くの健康な卵を，特に孵化過程をよく観察しておくことで，孵化時の異常を早く発見するのに役立つ．

良好に育っていた雛でも孵化がうまくいかなかったケースでは，もっと頻繁な観察と孵化前の介助が必要であったと考えられる．雛の姿勢に異常がある（異常姿勢）と予測されたら，フィルムかスクリーン型フィルム（細部まで見ることができる）を使って卵をX線撮影するとよい．まず，卵殻に鉛筆で描いたラインの上に，細い外科用ワイヤーをテープで貼り付ける．体の器官がどこに位置しているか確かめるには，次の4方向から撮影するとよい．①腹部と思われる方から背部に向かって撮影する（V-D像）．②気室から見て長軸に沿って時計と反対回りに45度回転させ撮影する．③さらに同じ方向に45度回して撮影する．④同じく45度回して撮影する．これで，最後の写真は，腹部から背部に向けて撮影されているはずである．雛の骨はまだ十分に骨化しておらず，X線が透過してしまうため，X線像をじっくりと観察せねばならず，読影には時間を要する．

最初の嘴打ち後，予定通りの時間で孵化過程が進まない場合は，殻に空気穴を開けてやるとうま

くいくことがある．清潔な研磨工具を付けた小型ドリル（Dremel）使い，気室の頂点に 2 mm 以下の小さな穴を開ける．工具の替わりに 16 または 18 ゲージの皮下用注射針を使ってもよいが，針先が滑って雛を傷つけないよう，十分注意する．穴を開けるだけで，後は全くの自力で孵化して，最初の介助が必要だったのか疑問さえ抱かせるような雛もいる．

雛が内側の嘴打ちに失敗し，体力を消耗したり，必死にもがいたりしている場合は，内側の膜に穴を開けてやらねばならない．嘴の先端付近の卵殻に大きな穴を開け，嘴と鼻孔を覆っている部分の卵殻膜を破る．出血を最小限に抑えるため，膜は鈍性に破ること．滅菌水（生理食塩水かラクトリンゲル液でもよい）で湿らせた殺菌綿棒で，ていねいに圧迫して擦ってみると，漿尿膜血管と太い血管が確認できる．これを繰り返すと血管内の血流量が減るので，より安全に卵殻膜を破ることができる．

ここまで介助すると，孵化までの全ての過程で介助が必要になることが多い．卵黄嚢の吸収と臍の閉鎖には時間がかかるので，殻をはがしていく前に，これらが完了しているのを確認することが大切である．血管の状態を確認するには，検卵器で卵全体を観察するとよい．検卵器で卵黄嚢の露出を確かめるのは難しく，不可能なこともある．しかし，殻を剥がしすぎると，卵黄嚢の吸収と臍の閉鎖が終わっていないのに，雛が殻を押し破ってしまうことがある．これらが完了するまでは，殻に開けた穴にセロファンテープやテガダーム（Tegaderm）などの創傷被覆材を貼って穴を開けるか，ゆるめに貼り付け，中の湿度と通気を維持する．介助時間が長引くと，膜が乾燥して縮み，雛を締めつけてしまう．このような時，蒸留水や等張液では膜の乾燥を助長するようだが，オイルベースの人工涙液や眼軟膏を少し入れると改善される．また，嘴の先端や鼻孔が汚れていれば取り除いてやらねばならない．

この段階は，卵殻膜や卵黄嚢が外気に触れて，環境中の細菌に感染する恐れがあるので，介助は無菌的に行わなければならない．カリフォルニアコンドル（*Gymnogyps californianus*）は孵化時間が非常に長い（Los Angeles Zoo における自力孵化では，外側の嘴打ちから孵化まで平均 72 時間）ため，孵化の介助が必要な時には，予防的に抗生物質を使用しており，腎臓に対するダメージが最も少ないロセフィン（Rochephin, Roche Pharmaceuticals）（セフトリアキソンナトリウム）を，漿尿膜の内面に滴下している．

異常姿勢で嘴が気室の近くにないケースでは，介助はさらに難しくなるが，X 線写真で嘴の位置を確かめ，嘴付近の殻に穴を開けてもよい．この方法は必ず出血を起こすが，たいていは命にかかわるほどではない．嘴打ちによって気室を破ることができないと，雛は体を動かすスペースを確保できず，卵黄嚢が吸収されない．これを防ぐため，気室の頂点にも穴を開けると，雛が自分の体重で徐々に気室を押しやり，体を動かすスペースを増やす．これは，外側の嘴打ちが，気室から離れた部位で起こっている雛でも有効である．この場合，綿密に監視すれば，それ以上の介助がなくても自力孵化することがある．

孵化の介助を必要とした雛でも，たいていは孵化した時には卵黄嚢が吸収され，臍部もしっかり閉じている．しかし中には，卵黄嚢の一部が露出したまま，あるいは全く吸収されずに孵化する雛もいる．露出が少量で，臍部の開きも小さければ，腹腔内に卵黄嚢を押し込んで，臍部を縫合すれば簡単に修復できることもある．卵黄嚢の一部が出たまま臍部が硬く閉じている場合，清潔に保ち，露出部が乾いて脱落するのを待つとよい．量が多い，あるいは卵黄嚢全体が露出している場合は，通常，外科的に切除する．卵黄嚢が完全に吸収されるまでは，腸管の一部も腹腔外に出ているので，卵黄嚢の結紮はかなり慎重に行わなければならない．卵黄嚢を切除した場合は，できるだけ早く少量ずつ頻回給餌し，抗生物質を投与するなどの十分なケアが必要である．

胚の死亡と孵化過程の失敗に関する分析

今後の孵化の成功を導くためには，孵化の失敗例を総合的に分析しなければならないが，ここでは，その簡単な概略だけを提示したい．詳細は，以下の文献を参考にしてほしい（Ernst ら 1999, Joyner and Abbott 1991, Kuehler 1983, Langenberg 1989）．

最も有効に使えるデータは，受精率と孵化率であり，どちらもパーセンテージで表すことができる．「受精率」とは，総産卵数に対する受精卵の数の割合である．経済動物である家禽類では，受精率は通常90％以上である．鳥類繁殖場においても，成熟した健康な雌雄で，ペアの愛称がよければ，同じような受精率がなければならない．「孵化率」とは，受精卵に対する孵化した卵の割合である（無精卵は孵化しないので，総産卵数に対する割合ではない）．家禽農場の孵化率は，通常87〜93％だが，鳥類繁殖場では，よい条件が揃っていたとしても，様々な要因が影響するため，これより劣る．

推定死亡率，あるいは標準的な死亡率は胚の発育ステージの特定の時期に増える．死亡雛の3分の1（または全ての雛に対する約2〜5％）は，孵卵の最初の数日間で死亡しており，配偶子が形成される時の染色体異常が主な原因である．あとの3分の2（同じく約5〜9％）は，孵卵の最後の数日間で死亡している．これは，多くが姿勢の異常などによる孵化の失敗が原因である．孵卵の半ばで死亡するケースはまれである．

孵化しなかった卵は，検卵で影が認められなかった卵も含めて，全て割って検査することが大切である．影のない卵を全て無精卵と判定してしまうと，実際は，様々な要因で孵化率が低下しているかもしれないのに，受精能を上げるために労力を注いでしまうことになる．

胚の死亡（中止卵）が起こった場合，まず，親鳥の経歴と孵卵記録の再検討が必要である．検卵では，胚の位置や気室その他の異常がないかを検査する．卵殻表面や内容物，特に卵黄の細菌培養をするのが望ましいが，胚が死亡して数日経っている場合，臓器が腐敗して様々な菌が増殖し，感染原因菌が不明になる．胚がまだ生きているのか，さらに数日間孵卵を続けるべきかを判断するのが，非常に難しいこともある．

影が見られないか，またはごく小さいままの卵は，水の中で割るとよい．調理の時の要領で卵を割ると，内容物が殻から簡単に分離して，底に沈む．卵黄が破れていると濁って内容物が見えなくなるので，ていねいに濾過してすすぎ，胚膜や胚を探す．ある程度胚が育っている卵は，最初に気室に穴を開けてから，胚体外膜と内溶液，胚の位置に注意しながら，鉗子を使って卵殻と卵殻膜を剥がしていく．標準的な胚の成長ステージ（Hamburger and Hamilton 1951）と照らし合わせ，下記のような判定をすべきである．

検卵で影が見られなかった：

- I＝無精卵：中央の胚盤部が濃い白．受精卵で見られる「ドーナツ型」が見られない
- PD＝発育中：胚は確認できないが，白い膜組織が水っぽい卵黄を包んでいる
- FND＝受精卵だが発育していない：遺伝的な欠陥や胚盤葉が原因で受精卵が発育を中断した，まれなケース

検卵で「血のリング」が観察された：

- BWE＝胚盤葉に胚が認められず，膜と血液だけが見られる
- ED＝胚の早期死亡（下記参照）

検卵で明らかに胚が死亡していた：

- ED＝早期に死亡：H＆Hステージ[*3]1〜19（3日以内に死亡）
- MD＝中期に死亡：H＆Hステージ20〜39（3〜14日に死亡）
- LD＝後期に死亡：H＆Hステージ40〜45（14日以上以降に死亡）

いずれも，胚の発生ステージにあった発育をしていたか，また，そのステージが孵卵日数に一致していたかを判断しなければならない．

[*3] 訳者注：胚の発生段階．

孵化の失敗が，卵重減少率の不足など，原因が明らかであれば，今後は同じ失敗を避けることができる．しかし，孵化率が悪いのは，ほとんどがはっきりとしない微妙な要因が原因であるため，データを時間をかけて十分に分析することが重要である．例えば，孵卵中期での胚死亡率が高いケースでは，親鳥の栄養状態を調べ直したり，感染の可能性を探ってみたりするとよい．あるいは，特定の孵卵器だけが，転卵装置がうまく作動していなかっただけかもしれない．孵化率を上げる最もよい方法は，継続的かつ詳細な孵卵記録をとり，そのデータを客観的に分析することである．

関連製品および連絡先

A.B. Incubators, Unit 1, Church Farm, Chelmondiston, Ipswich, Suffolk, IP9 1HS. UK, +44(0)1473-780-050, http://www.abincubators.co.uk.

Brinsea Products, Inc., 704 North Dixie Avenue, Titusville, FL 32786, (321) 267-7009, (888) 667-7009, http://www.brinsea.com/default.html.

China Prairie Company, P.O. Box 2000, 121 Briceland Road, Redway, CA 95560, (888) 373-7401, http://www.chinaprairie.com.

Dean's Animal Supply, Inc., P.O. Box 701172, Saint Cloud, FL 34770,(407) 891-8030, http://www.thebrooder.com.

Fisher Scientific Worldwide[4], One Liberty Lane, Hampton, NH 03842, (603) 929-2410, http://www.fisherscientific.com/index.cfm?fuseaction=order.map.

G.Q.F. Manufacturing Company, P.O. Box 1552, Savannah, GA 31402-1552, (912) 236-0651, http://www.gqfmfg.com.

Lyon Technologies, Inc., 1690 Brandywine Ave, Chula Vista, CA 91911, (888) 596-6872, http://www.lyonelectric.com.

Roche Pharmaceuticals, Hoffman-La Roche, Inc., 340 Kingsland Street, Nutley, NJ 07110, (973) 235-5000, http://www.rocheusa.com/products/rocephin/pi.pdf.

Veterinary Products Laboratories, P.O. Box 34820, Phoenix, AZ 85067, (602) 285-1660, (888) 241-9545, http://www.vpl.com.

VWR Scientific[5], 1310 Goshen Parkway, West Chester, PA 19380, (610) 431-1700, (800) 932-5000, http://www.vwr.com.

参考文献および資料

Abbott, U.K. 1992. Cockatiel Embryonic Development. poster. publication #21504. University of California, Division of Agricultural and Natural Resources. http://anrcatalog.ucdavis.edu/InOrder/Shop/ItemDetails.asp?ItemNo=21504.

Abbott, U.K., Brice, A.T., Cutler, B.A., and Millam, J.R. Embryonic Development of Cockatiel. 1992. University of California, Davis. http://animalscience.ucdavis.edu/research/parrot/c/c.htm.

Anderson-Brown, A.F. 1979. The Incubation Book. Spur Publications Co./Saiga Publishing, Surrey.

Burnham, W. 1983. Artificial incubation of falcon eggs. Journal of Wildlife Management 47(1): 158–168.

Delany, M.E., Tell, L.A., Millam, J.R., and Preisler, D.M. 1998. Orange-winged Amazon Parrot Incubation Series. University of California, Davis. http://animalscience.ucdavis.edu/research/parrot/d/d.htm.

Ernst, R.A., Bradley, F.A., Abbott, U.K., and Craig, R.M. 1999. Poultry Fact Sheet No. 32: Egg Candling and Break Out Analysis for Hatchery Quality Assurance and Analysis of Poor Hatches. Animal Science Department, University of California, Davis. http://animalscience.ucdavis.edu/Avian/pfs33.htm.

Gilbert, S.F. 2003. Chick Embryo Staging. Swarthmore College. http://www.swarthmore.edu/NatSci/sgilber1/DB_lab/Chick/chick_stage.html.

Hamburger, V. and Hamilton, H.L. 1951. A series of normal stages in the development of the chick embryo. Journal of Morphology 88: 49–89.

———. 1951. A series of normal stages in the

訳者注

[4]：Fisher Scientific は,国内に株式会社フィッシャー・サイエンティフィック・ジャパンがある.

[5]：VWR 製品は日本ジェネティクス株式会社から入手できる.

development of the chick embryo. Reprinted in Developmental Dynamics 195: 231–272 (1992).

———. 1951. A series of normal stages in the development of the chick embryo. poster. John Wiley and Sons, Inc., New York. http://www.wiley.com/legacy/products/subject/life/anatomy/hamburger.pdf.

Hamilton, H.L. 1952. Lillie's Development of the Chick. Holt, Reinhart & Winston, New York.

Harvey, R. 1990. Practical Incubation. Birdwood Holt Pound, Surrey.

Jordan, R. 1989. Parrot Incubation Procedures. Silvio Mattacchione & Co, Ontario.

Joyner, K.L. and Abbott, U.K. 1991. Egg necropsy techniques. AAV Proceedings 146–152.

Kuehler, C. 1983. Causes of embryonic malformations and mortality. AAZV Proceedings 157–170.

Kuehler, C.M. and Good, J. 1990. Artificial incubation of bird eggs at the Zoological Society of San Diego. International Zoo Yearbook 29: 118–136.

Landauer, W. 1967. The Hatchability of Chicken Eggs as Influenced by Environment and Heredity, Monograph I (Revised). University of Connecticut, Storrs, Connecticut.

Langenberg, J. 1989. Pathological evaluation of the avian egg. AAZV Proceedings 78–82.

Patten, B.M. 1971. Early Embryology of the Chick. McGraw-Hill, New York.

Rahn, H., Ar, A., and Paganelli, C.V. 1975, How bird eggs breathe. Scientific American 46–55.

Romanoff, A.L. and Romanoff, A.J. 1949. The Avian Egg. John Wiley & Sons, New York.

———. 1972. Pathogenesis of the Avian Embryo. John Wiley & Sons, New York.

4
走 鳥 類

Dale A. Smith

生物学的特徴

　走鳥類はダチョウ目の5科に含まれる飛ばない鳥である（Folch 1992a-e）．5科とは，ダチョウ科，エミュー科，ヒクイドリ科，レア科，キーウィ科である．走鳥類（平胸類）のratiteという言葉はラテン語のratis（いかだ）に由来し，この鳥類の特徴である平坦な胸骨を意味している．ダチョウ，エミューおよびレアは，食肉や皮革，羽根，脂の採取用に商業飼育されている．ヒクイドリとキーウィは動物園で見ることができる．なかでもキーウィは，保護活動や野生復帰プロジェクトの一環としても飼育されている．どの種も飼育下では30年以上生きる．

　ダチョウ（*Struthio camelus*，ダチョウ目 - ダチョウ亜目 - ダチョウ科）はアフリカ全土および中東原産である．現在，野生個体は減少し，生息域が限られている．キタアフリカダチョウ（*S. c. camelus*），ソマリダチョウ（*S. c. molybdophanes*），マサイダチョウ（またはヒガシアフリカダチョウ，*S. c. massaicus*），ミナミアフリカダチョウ（*S. c. australis*）の4亜種が現存している（Folch 1992e）．また，1800年代に南アフリカ共和国でキタアフリカダチョウとミナミアフリカダチョウを交配してできた品種は，ミナミアフリカダチョウまたはケープブラックダチョウ（*S. c. domesticus*）として家禽化されている．発情期における雄の頭部と脚の皮膚の色から，キタアフリカダチョウおよびマサイダチョウは「アカクビ」，ソマリダチョウおよびミナミアフリカダチョウは「アオクビ」とも呼ばれる．ダチョウは，現存する鳥類の中では最大で，雄は体高2～3m，体重は180kgに達することがある．雌はやや小さく，最大で150kg以下である．雄の羽衣は黒と白，雌と若鳥では茶色がかった灰色である．比較的大きな翼をもち，大きさの違う2本の趾は前方を向いている．

　エミュー（*Dromainus novaehollandiae*，ダチョウ目 - ヒクイドリ亜目 - エミュー科）は，オーストラリア全土の開けた半乾燥地帯で見られる．体高1.8m，体重50kgほどで，雌の方が，若干体高が大きく，体重も重い．雌雄とも羽毛に茶色と黒が混じっており，3本の趾が前方を向く．

　レア類（ダチョウ目 - レア亜科 - レア科）は南米原産で，レア（またはグレーターレア，*Rhea Americana*）とダーウィンレア（またはレッサーレア，*Pterocnemia pennata*）の2種に分かれる（Folch）．家禽化されている3種類の走鳥類では最も小型である．レアは体高1.5m，20～25kgくらいで，ダーウィンレアはその半分ほどである．羽衣は灰茶色で，性的二型はみられないが，雄の方がやや大きく黒っぽい．翼の大きさは中程度で，3本の趾が前方を向く．

　ヒクイドリ類（ダチョウ目 - ヒクイドリ亜目 - ヒクイドリ科）はオーストラリア，パプアニューギニア，インドネシアの熱帯雨林に生息する（Folch 1992c）．ヒクイドリ（*Casuarius casuarius*），パプアヒクイドリ（*C. unappendiculatus*），コヒクイドリ（*C. bennetti*）の3種がいる．最も多く飼育されているのはヒクイドリで，雄は体高

1.3〜1.7m，体重29〜34kgだが，雌は58kgにも達する．パプアヒクイドリも同じくらいの大きさで，コヒクイドリは小型である．羽衣は黒く，光沢があって，動物の毛のように見える．顔と頚には羽毛がなく，鮮やかな色の皮膚が露出し，頚の両側あるいは中央部に色のついた肉垂れがある．ヒクイドリの翼は痕跡程度で，先に爪がある．3本の趾は前方を向き，爪は硬く，非常に長くなることもある．

キーウィ類（ダチョウ目-キーウィ亜目-キーウィ科）はニュージーランドの森林地帯に生息する．キーウィ（*Apteryx australis*），コマダラキーウィ（*A. owenii*），オオマダラキーウィ（*A. haastii*）の3種が現存する（Folch 1992a）．この小型の鳥は雌の方が大きく体重3.5kgほどである．夜行性で，日中は巣に潜んでいる．嘴は長く下向きに曲がっており，先端に鼻孔があって，視覚よりも嗅覚と聴覚を頼りに活動している．3本の前向きの趾，1本の後ろ向きの趾をもつ．

この章では，特に断らない限り，最も多く飼育されているダチョウ，エミューおよびレアについて述べている．

図4-1 他の雛から離れている活力がない個体．

人工育雛への移行

飼育されている走鳥類では，自然孵化や親鳥に育てさせるケースはまれである．ダチョウ，エミュー，レアの牧場では，通常，産まれた卵を回収して人工孵化し，親鳥と隔離して育てられるが，まれに繁殖ペアを里親にして育てさせることがある．走鳥類は早成性だが，ふつうは数ヵ月間，親鳥とともに過ごす．雛の中には，孵化に介助が必要とみなされたり，疾病（食欲不振，脱水，元気沈衰，活力低下など）や怪我，著しい成長不良などの理由で育雛群から取り出されたりすることがある（図4-1）．

走鳥類の雛は，ふつう警戒心が強く，好奇心旺盛で社会性がある．特にダチョウの雛は，飼育環境の変化や仲間からの隔離で強いストレスを受ける．ダチョウの雛が餌以外のものを過剰につつくのは，ストレスの指標，あるいは雛が何もすることがない状況であることを意味し，食欲廃絶や食滞を引き起こし，死に至ることがある（Deeming and Bubier 1999）．

育雛記録

走鳥類の牧場では，繁殖，産卵，孵化条件，卵重減少率，孵化日数，雛の成育に至るまで，詳細な記録がとられている（Minaar 1998）．推奨される育雛条件が書かれている書籍や資料は多い（Doneley 2006, Huchzermeyer 1998, Jensenら 1992, Minaar 1998, Tulley and Shane 1996）が，孵卵器の種類や孵卵数，あるいはその土地の気温や湿度などによって条件が異なることを考慮する．一般的な孵卵と孵化条件を表4-1に示している．

孵卵日数と卵重減少率は，標準的な分布曲線に

表 4-1 走鳥類の孵卵および孵化条件

種	卵重 (g)	孵卵温度 (℃)	相対湿度 (%)	孵化日数	卵重減少率 (%)	孵化時の平均体重 (g)
ダチョウ	1300～1700	36.0～36.5	20～40	42	15	860～1100
エミュー	550～600	36.1～36.4	25～40	50～52	10～15	360～400
レア	500～800	36.4	30～60	36～40	15	330～530
ヒクイドリ	500～800	35.5～36.7	40～60	47～54	12～15	330～530
キーウィ	400～450	35.5～36.5	60～65	70～90		280

従って変動する．したがって，これに照らし合わせれば，孵化時のコンディションが予測できる．走鳥類牧場専用に設計された孵卵器やコンピューター制御できるものが便利である．繁殖率を最大限に上げ，管理ミスや疾病を早期発見するには，綿密な管理記録，および孵卵器内の状況と雛の成育状態を頻繁に評価することが肝要である．

孵　　卵

走鳥類は，季節繁殖性である．ダチョウ，レア，キーウィは日照時間が増えると産卵が始まり，エミューは日照時間が減ると産卵する．ヒクイドリは食物の状態によって変動する（Anonymous 2006, Folch 1992a-e）．雌は卵を直接地面のくぼみに産むので，卵の汚染を防いで孵化率を上げるためには，飼育環境を清潔に保たねばならない．卵は産卵後できるだけ早く回収して，個別に標識する．産卵された卵を貯卵し，いくつかまとめて孵卵を開始して孵化を同期化する方法がよく用いられている．ただし，長く貯卵しすぎると（例えば，ダチョウでは7～10日以上），孵化率が下がる．ダチョウの卵は10～20℃以下で貯卵し，毎日2回，転卵する．エミューの貯卵は4～15.5℃で行い，ダチョウよりも長く貯卵することができる（Minaar 1998）．走鳥類，特にダチョウの孵化率は，一般の家禽類に比べるとかなり低い．

孵卵器内の環境は，卵内の胚の発育を左右する．毎週，検卵して卵重を計測し，胚が正常に成長しているか確認しなければならない．他の鳥類では，胚の成長異常や死滅の原因は，孵卵器内の不適切な温度湿度，誤った転卵や転卵不足，細菌や真菌の汚染などが関係していると考えられている．走鳥類では，その大きな胚に酸素を十分に供給し，温度が上がりすぎないよう，孵卵器内の空気が適切に循環することが非常に重要である．ダチョウやエミュー専用に作られた特殊な孵卵器は，卵が適度な頻度で転卵するように設計されている．ダチョウ用は，卵の気室が上になる縦置き方式で，縦軸が片側45度傾くよう，合計90度以上の転卵を行う．エミューの卵は，通常，横に寝かせて置き，直列に並んだ回転バーと一緒に長軸を中心に往復方向に転卵する．ダチョウやレアの卵殻は厚く，検卵器で胚を観察するには，強い光源が必要である．エミューの卵殻は色が濃いため，赤外線検卵器が用いる方法もある（図4-2）．キーウィの孵卵と孵化については，詳細な文献（Doneley 2006）があるので参照してほしい．

孵化および育雛初期のケア

走鳥類の卵は，孵化予定日の1～4日前になったら，湿度が高めで床が滑らない孵化室に移し，孵卵器内が汚染されるのを避ける．内側の嘴打ち（気室に孔が開く段階）が始まってから外側の嘴打ち（卵殻に穴が開く段階）まで1～3日ほどかかる．その後，雛が完全に卵から出るまでには，さらに数時間～1日以上必要である．走鳥類の雛は，最終的には自分の脚と頭で卵殻を押し割る．孵化に問題が起こるのは，たいてい，不適切な孵

図4-2 左からレア，エミュー，ダチョウの卵．手前は鶏卵．

図4-3 孵化室から移動させたばかりのエミューの雛．

卵，雌親の栄養不足，雛自身の奇形などで雛が脆弱に育ったことが原因である．ダチョウでは，外側の嘴打ちが始まったら，少しずつ卵殻を剥がす介助がよく行われているが，焦ってむりやりに卵殻をはがすと卵黄嚢を汚染する恐れがある．孵化したら，卵黄嚢が完全に腹腔内に吸収され，臍が閉じていることを確認しなければならない．臍が完全に閉じていない場合は，ベタジン液（Betadine solution, Purdue Frederick）で消毒し，包帯や被覆材などで覆う．正確に飼育記録を取るために目で見て分かる個体識別標識をつける．また，この時期に頚の後ろにある大きな錯綜筋にマイクロチップを埋め込むこともある．雛の健康状態や活力から判断して，数時間～数日後に孵化室から出す（図4-3）．

孵化室から出す時には，雛の臍が完全に閉じていることを確認すること．孵化室の床は，雛が歩き回ったり立ち上がったりする時に滑って脚を痛めないよう，滑らないことが肝要である．開脚症の予防として，全ての雛で，孵化後数日間はテープで両足を緩く結ぶ方法がよく行われている．

数日～数ヵ月齢の雛では，総排泄腔（クロアカ）で性判別ができるようになる．背中を抑えて保定し，総排泄腔をていねいに反転させると，雄ではペニスが，雌ではクリトリスが露出する．正確に判定するには経験が必要であり，また，幼い雛だと確実ではない．

罹りやすい疾病と対処法

走鳥類の雛は，様々な感染症や非感染性疾患に罹患しやすい．じっとしていたり，何らかの症状が現れたりしている雛は，まず，孵卵の状態と孵化時の記録を再確認するべきである．孵化後数週間は，卵の質（つまり雌親の栄養状態）や孵卵条件，卵の取り扱い方などが雛の健康状態に影響することが多い．先天的に異常をもっている場合もある．孵化後3ヵ月間は，死亡率が最も高く，通常，6～8ヵ月を超えた幼鳥は，概して成鳥と同じように丈夫である．ダチョウの雛は，他の走鳥類よりストレスを受けやすく，感染症に罹患しやすい．多くの牧場では，非感染性疾患，特に飼育管理の失宜がロスの最大の原因となっている．感染症の集団発生はまれである．

捕獲や保定を行う前に，安静においた状態で，雛の注意力や表情，呼吸，神経系，骨格や筋肉などを観察すること．健康な走鳥類の雛は非常に好奇心旺盛である．走鳥類の雛にとって，脚の変形は重篤な障害なので，体型や姿勢，歩き方をよく観察しなければならない．遺伝的要因や孵卵の失宜が原因で，脊柱弯曲症などの脊椎異常が起きることがある．発育不全や羽毛が貧弱な雛は，慢性疾患に陥っている証拠である．

どのような疾病であるかを念頭におかねばならないけれども，まずは加温や補液，栄養補給など

の支持療法が不可欠である．なぜなら，世界中のほとんどの国では，走鳥類を対象にした獣医療資格は認められていないため，獣医師は，獣医師協会の承認適応外として薬を処方し，投薬せざるを得ないからである．投薬は，チューブを使って経口投与することもできるが，手で飲ませてもよい．たいていの雛は薬品の錠剤やカプセルの外見に興味を抱き，自分からつついて飲み込む．状況によっては，餌や飲水に薬を浮かべてもよい．長期間にわたって栄養補助食を投与するには，食道フィステル形成術[*1]を施して，外からチューブを挿入する方法がとられる．走鳥類は餌を貯めておくそ嚢をもっていない．注射をする場合は，大腿部周辺の大きな筋肉がある部分，または腰部への皮下注射，あるいは中足静脈からの静脈内投与が可能である．大きくなった幼鳥は頸静脈からも投与できる．ダチョウの幼鳥では上腕静脈からの投与も可能である．ただし，食肉処理場に出荷する予定の若鳥に筋肉注射をすると，食用不適となって肉が廃棄されたり，注射部位が切除されたりすることがある．

走鳥類の若鳥は，容易に捕まえて保定することができる．小さい雛では，雛の体の下に腕をまわして脚を曲げた状態，あるいは脚を垂らした状態で保定することができる．腹部や脚を調べる時は，仰臥（仰向け）に保定するとよい．雛は，成長するにつれて走るスピードが飛躍的に速くなるので，雛にパニックを起こさせたり，保定時に脚を傷めたりしないよう，慎重に扱わなければならない．個々の雛を捕まえる時や，散らばっている雛を集める時などには，囲いやシュート，板などを使うとよい．若い雛は，脚をぶら下げた状態にして背部から持ち上げることができる．ほとんどの雛は，脚を少しばたつかせた後は落ち着くので，暴れさせずに運ぶことができる．大きくなった若鳥は，成鳥と同じつもりで扱わないと，保定者の方が怪我をすることになる．

走鳥類の雛における代表的な障害は，遺残卵黄と卵黄囊感染，栄養不良，脚の変形，食滞，呼吸器疾患，および「ダチョウ衰弱症候群」である．これらに関する詳細な記述は，以下の獣医学文献などを参考にしてほしい（Anoymous 2006, Boardman 1998, Donely 2006, Jensen ら 1992, Huchzermeyer 1998, Smith 2003, Tulley and Shane 1996, Tulley and Shane 1998, Verwoerd 1998）．

遺残卵黄

遺残卵黄および，それに伴う感染症は，2週齢以下の雛に認められることが多いが，さらに慢性疾患の温床となることが多い．遺残卵黄を起こした雛は，たいてい食欲不振で，同時期に孵化した他の雛たちに比べて体重増加が少ない．本来，卵黄囊は孵化時に腹腔内に入り込んで，孵化器から出す時には臍が完全に閉じていなければならず，孵化後2～3週間以内に完全に吸収されているものである．卵黄囊感染を起こしている雛は，正常な雛より腹が張っているため，消化管や内容物を触診することができない．エコーで診断できることもある．不適切な孵卵条件や孵化条件が臍の閉鎖不全を引き起こし，性急すぎる孵化時の介助や臍帯部の汚染などが遺残卵黄や卵黄囊感染の原因となる．孵化時に卵黄囊が少しだけ露出している場合は，腹腔内に収めて臍を縫合するか，絆創膏を貼ってもよい．大きく出ている場合は，卵黄囊の根元を結紮して切除して臍を閉じなければならないが，こういう雛は虚弱で，採食量も少ない．成長した雛では，外科的切除と対症療法を伴った計画的な抗生物質の投与が必要である．

栄養性疾患

走鳥類では，栄養不全によると思われる様々な程度の症状が認められる．しかし，走鳥類でみられる実際の症状よりもむしろ，家禽類における臨床徴候に基づいていることが多い．古典的な，リン欠乏によるレアのくる病，ビタミンEおよびセレニウムが関連するミオパシー，あるいはビタミンB欠乏症候群が疑われる皮膚炎や趾の彎曲

[*1] 訳者注：外から食道に孔を通す手術．

症（趾曲がり）などが認められる．孵化直後のダチョウへのビタミンE・セレニウム製剤の注射を標準化している牧場もある．孵化時，頚がねじれていて転倒や旋回が見られるエミューの雛では，孵化後日数が経っていなければビタミンBの投与で改善することもある．

脚の変形

走鳥類の若い雛における脚の長骨の変形（「脚曲がり」）は，最も多くみられる疾病である．この疾病には，多くの要因が関連しているようである．過量給餌（カロリー過多）や，成長促進を目的とした蛋白質過量投与，栄養素の不足や不均衡（カルシウム，リン，ビタミンD，ビタミンE，セレニウム，メチオニン，コリン，マンガン，亜鉛など），孵化中や孵化器内での脚へのダメージ，運動不足，および遺伝的素因などが考えられている．走鳥類の雛は成長が非常に早いため，栄養素の不均衡が増強されて発症する．脚の変形の予防には，広い放飼場でよく運動させ，孵化後約2週間は蛋白質を20%以下に抑えて全体の食餌量を減らすことが，最も効果的である．

脚の変形は，骨が縦軸中心に回転または側方向に曲がって生じる．最終的には下肢が外旋し，雛は起立や歩行することができなくなる．脛足根骨（脛ふ骨：脛骨と足根骨が癒合した骨）に最も発生しやすいが，他の部位に生じることもある．走鳥類の成長は非常に早いため，一夜のうちに発症して，急速に悪化することも多い．また，腓腹筋の腱（ここではアキレス腱を指す）やその他の靱帯の側方変位（腱はずれ）が併発または継発することがある．様々な副木や外科的治療が試されてきたが，整復しても数時間には再発し，よい結果になることはほとんどない．

別の障害として，ダチョウの雛で見られる大きい方の趾（第3趾）の回旋がある．これは通常，早い時期に適切な副木で整復すると治癒する．後者についても，遺伝的素因やリボフラビン欠乏など様々な原因が考えられている．

食 滞

走鳥類の雛は，何でも食べてしまう習性がある．このため，砂，砂利，ワラ，長い草，人工芝（Astroturf）など，異物や敷料に使うほとんどの材料が食滞を引き起こす原因となる．エミューは，ダチョウやレアに比べるとやや発生し難い．摂取した異物が前胃や筋胃を穿孔して敗血症性腹膜炎，つまり牛における創傷性第二胃腹膜炎（金物病）に似た疾病を引き起こすことがある．不規則な給餌，飼料の急変，グリットの不足，目新しい敷料の飼育場への雛の移動，そしてストレスを引き起こすあらゆる飼育条件の変更などの飼育管理失宣が食滞を引き起こしやすい．食滞の臨床徴候は，他の動物種に発生する疝痛に似た急性症状のこともあれば，元気沈衰，食欲低下，糞量の減少，糞塊の大きさの減少と乾燥化，発育不全などの慢性的な症状で現れることもある．前胃や筋胃での食滞は触診でも診断できることもあるが，通常は単純X線やバリウム造影によって，X線撮影をしなければならないことが多い．臨床徴候が現れてからの発見が早ければ，下剤を投与すると前胃，筋胃内の滞留物が通過することもあるが，ほとんどの症例では，外科手術による除去が必要である．予後は，手術時の雛の状態に大きく左右され，衰弱していた個体が生き延びる確率は低い．

カンジダやアスペルギルス属，メガバクテリア（*Macrorhabdos ornithogaster*）などの真菌の局所感染によっても前胃，筋胃の機能障害が起こることがある．これは，免疫抑制その他の疾病に続いて発症することが多い．

腸 炎

6ヵ月齢以下の雛では，腸炎が最も大きな問題である．雛の食糞癖に加えて，衛生管理が悪いと，腸炎が集団発生する可能性がある．孵化後数日間における腸内細菌叢の確立が腸炎の予防に重要であると考えられている．発症には，大腸菌，カンピロバクター・ジェジュニ（*Campylobacter jejuni*），シュードモナス（*Pseudomonas*），サル

モネラ属などのグラム陰性桿菌，レアではクロストリジウム属，スピロヘータ，それにパラミクソウイルス，レオウイルス，コロナウイルス，アデノウイルス，ヘルペスウイルスなど様々な病原体が関係している．細菌性腸炎から全身性疾患が発症することが多い．下痢からの継発やいきみが原因で，総排泄腔の脱出がみられることがあり，特にダチョウではクリプトスポリジウム感染との関連が考えられている．治療には，適切な抗生物質の投与と同時に補液などの対症療法が必要である．腸炎の発生予防と制御には，衛生状態の調査および管理基準の制定が必要不可欠である．

寄生虫疾患

走鳥類では，様々な内部寄生虫および外部寄生虫が確認されている．なかでも最も顕著な症状が現れるのが，ダチョウの前胃に寄生する線虫 *Libyostrongylus douglasii* の感染である．雛が感染すると食欲低下，体重減少，昏睡に陥って死亡する．寄生虫感染を制御するためには，定期的な糞便検査と駆虫計画が肝要である．

呼吸器疾患

呼吸器疾患は，6ヵ月齢以下の雛で起こりやすく，結膜炎，鼻炎，副鼻腔炎，呼吸困難などの症状がみられる．細菌，真菌，マイコプラズマ，ウイルスなど以下のような様々な病原体が知られている．パスツレラ・ヘモリティカ（*Pastuerella hemolytica*），ボルデテラ・アビウム（*Bordetella avium*），シュードモナス・アエルギノザ（*Pseudomonas aeruginosa*），ヘモフィルス属（*Hemophilus* spp.），ネイセイリアの1種（*Neisseria* sp.）．特にアスペルギルス症は，牧場経営者にとって深刻な問題である．育雛器およびその後の飼育場で劣悪な飼育環境におかれて多数の胞子に曝露したり，育成中の疾病やストレスによる免疫抑制があったりすると感染しやすい．換気が悪いと，アンモニア濃度が上昇して呼吸器感染症が発生しやすくなる．群飼育している雛にアスペルギルス症の集団発生が起きることがある．一方，成長した若鳥では，散発的に感染し，慢性経過を経て新しい牧場への輸送などのストレスを受けて発症することがある．しかし，通常は，重度に感染していても症状が出ないこともある．治療はほとんど無効であるが，抗真菌剤のエアロゾル投与が推奨されている．

ダチョウの衰弱症候群

6ヵ月以内の雛で発生する食欲廃絶や食滞，高い死亡率を呈する一連の症候群は，未だ原因が特定されていない．飼育管理の失宜によるストレスや免疫抑制，1つあるいは複数の感染症などが原因となっているようである．現在のところ，慎重な飼育管理や衛生管理，感染症予防などが，最も有効な予防手段であるようだ．

その他の疾患

飼育下で発生するその他の問題は，怪我や捕食動物からの襲撃，ミオパシー，低体温，熱射病，腸疾患，それに植物や重金属，化学薬品による中毒などがある．

飼料と給餌方法

キーウィを除けば，走鳥類は主に草食性であるが，消化器系の構造と自然界における食物は異なる（Cillers and Angel 1999, Perron 1992, Sales 2006）．野生のダチョウ，エミューおよびレアは，半乾燥地帯に生える栄養価の低い様々な植物を食べている．食物の消化管通過速度は，盲腸と結腸における後腸発酵への依存が大きいダチョウ（若鳥で36～39時間）やレアよりも，エミューの方が速い（5～6時間）．ダチョウ，エミュー，レアについては，それぞれの種専用および各成長期に向いた飼料が，いろいろな飼料会社や団体などから販売されている（Mazuri, Blue Mountain Feeds, Floradale Feed Mill）．野生のヒクイドリは，熱帯雨林の様々な果実を食べているが，飼育下では果実とペレット飼料を中心に，時々少量の動物質の餌（ひよこ，ラット，肉など）を与える（Anonymous 2006, Folch 1992c,

Perron 1992)．キーウィは昆虫食で，ミミズその他の土壌性無脊椎動物を主食としている（Folch 1992a）．

　走鳥類の雛は，孵化後1週間ほどは卵黄嚢から栄養を吸収しているが，採食習慣を促して早く体重を増やすために，孵化直後からペレット飼料や雛用の粉砕飼料を与えるべきである（Deeming and Bubier 1999）．手本を見せてくれる年上の雛がいない場合，孵化直後の雛には餌や飲水を認識させる介助が必要である．内側に模様のある白い皿に餌を入れたり，刻んだ新鮮な青菜や鮮やかな色の野菜などを，飲水に浮かべたりペレット飼料の上に乗せたりすると，雛のつつき行動を誘発しやすい（図4-4）．

　雛は，器からよりもむしろ，地面に落ちている餌を好んでつつく．ニワトリなど家禽類の鳥舎では，衛生上の措置から，雛が好んでつつくようなものを置くべきではない．ペレット飼料を与えている雛にグリットを与える必要があるか否かは様々な意見があるが，グリットの大きさに応じた次のような商品も販売されている．孵化直後～3週齢用「starter」（3mm），4～7週齢用「grower」（2mm×5～6mm），8～16週齢用「developer」（6mm×9～13mm），16週齢以上「turkey」（9×16～22mm）（Mazuri/PMI Nutrition International 2004）．

図4-4 餌をつつくエミューの雛．新鮮な青菜を上に乗せると採食行動が誘発されやすい．

　走鳥類の雛の必要栄養素に関する世界的な統一基準はない（Minaar 1998，Minaar and Minaar 1992，Sales 2006）．通常，孵化直後の雛は，蛋白質含量20%以上の走鳥類用粉砕飼料，または前述のstarter飼料などから開始する．市販の走鳥類飼料が入手できない場合は，蛋白質含量約15～20%のペレット飼料を代用してもよい（Sales 2006）．雛が，飼料の栄養素を十分に消化吸収する能力を獲得するまでには，孵化後数週間以上かかる．消化管内における正常な腸内細菌叢が確立するのは，孵化後1週間以内である．細菌や原生生物を移植する目的で，健康な成鳥や若鳥の新鮮な糞を雛の飼育場に置いておく牧場経営者もいるが，これは，重篤な感染症を引き起こす恐れがある．バランスのとれた腸内細菌叢を定着させるため，乳酸菌製剤などの投与が必要だと考える経営者もいるが，科学的に立証されているわけではない．常に新鮮な飲水が飲めるようにしておく．年齢に応じて自動給水器を利用してもよい．水が飲めないと，雛は餌を食べなくなる．

　約2～3ヵ月齢から飼料の蛋白質含量を徐々に減らし，6～10ヵ月齢には13～15%にする（Cilliers and Angel 1999，Mazuri/PMI Nutrition International 2004，O'Malley 1996）．1日の給餌回数は，成長するにつれて減らす．雛を屋外の放飼場に放すと，足らない分をつついて食べるようになる．1歳を過ぎたら成鳥用飼料を，また繁殖用には「ブリーダー飼料」を給餌する．

期待される体重増加

　家禽化された走鳥類の成長は早い．ダチョウの雛の体高は，1ヵ月に30cmずつ伸び，体重は1ヵ月齢で4kg，2ヵ月齢で9～14kg，3ヵ月齢では20～30kg，4ヵ月齢までに40～50kgに達することもある（Huchzermeyer 1998）．ダチョウは3ヵ月齢くらいで幼鳥羽に変わるが，完全に成鳥の羽衣になり，成鳥の体重に達するのは2年目である．エミューは，約2ヵ月齢で幼鳥羽に変わり，完全に成鳥の羽毛に変わって体重も成鳥に達するのは1歳くらいである．エミュー

の雛は，6〜7日齢までに孵化時の体重を回復すべきで，その後1カ月目で約1.5kg，10週齢までに6kg，20週齢までに16kg，その後成鳥の体重に達するまでに徐々に増加する（O'Malley 1996）．

飼育環境

走鳥類の雛の飼育管理に関する参考文献は多い（Jensenら1992，Huchzermeyer 1998，Minaar 1998，Minaar and Minaar 1992，Tulley and Shane 1996，Verwoerd 1999）．雛はまだ体温調節機能が低いので，孵化室から出したら，暖房機器を設置した室内の育雛場で飼育する．その後，天気がよい日は自由に外の運動場に出られるように開け放った，広めの飼育舎や放飼場へ移す（図4-5）．

鳥舎の広さは雛の大きさと羽数によって変える．雛の成長を考慮し，十分な運動ができるような面積を確保しておく．初期の育雛舎に必要な広さは，長さ約0.6m，面積2.4m²程度である（Jensenら1992）．室内温度は，移動当初は32℃に設定し，徐々に下げて最終的には26℃前後にする．雛を集団で飼育すると，社会性が形成され，夜間には集まって暖かく安心して休むことができる．群内でのいじめや，給餌場での押し合いを防止するために，体格が同じくらいの雛を同居させねばならない．成長するにつれて，より広い飼育舎に移し，寒い日は室内に入れたままにするか，または夜間は暖房器を設置した暖かい場所を設けるとよい（図4-6）．

排水溝は水が流れやすいよう整備し，清掃と消毒を心がける．オールイン・オールアウト方式[*2]や，群を出した後の育雛舎をしばらく使わないことで，病原体の残存防止になる．雛は環境の変化に適応し難いので，育雛期間中は群の個体を入れ替えず，成長するまで可能な限り同じ状態で飼育することが望ましい．冬季には暖房器具を設けた屋内で飼育する．

孵化後間もない雛であっても，十分に運動できる飼育場を用意することが重要である．野生では，どの走鳥類の雛も，親の後について1日に何キロもの距離を歩く．運動不足は，成長期の脚に様々な変形をもたらす最も大きな原因の1つである．2カ月齢以下あるいは体重9kg以内の雛の育雛舎は，少なくとも広さ3.7m²，成長してさらに重い雛には21〜23m²の面積が必要である（Raines 1998）である．飼育舎内を幅3m以上，長さ30〜60mの長方形に区切るとよい（Jensenら1992，Minaar 1998，Raines 1998）．飼育群の羽数によって，幅や総面積を変える．エミューのように冬に孵化する鳥では，寒い時期には，運動だけでなく日光浴と自然な明暗サイクルを提供することができる大型の温室などを利用するとよい（図4-7）．

成長した若鳥は，フェンスで囲った屋外の飼育場か放飼場で飼育する．怪我の防止のために，フェンスの高さを1.8mにし，フェンス上部に目につ

図4-5 野外放飼場のダチョウの雛．（写真提供：Brian Beck）

[*2] 訳者注：出荷後に農場に1羽も鳥がいない状態を作り，きれいに消毒してから次の雛を入れる方法．

図 4-6 育雛室で暖房器具の側に集まっているダチョウの雛.

図 4-7 大型のプラスチック製温室で飼育されているエミューの雛.

きやすい,でっぱりのない丈夫な横棒を通すとよい.夏季には日陰を設け,冬季には寒さと風を遮る必要がある.家禽化された走鳥類の成鳥は,適切なシェルターさえあれば冬の気温にも耐えるが,凍った地面や滑りやすい地面は危険である.雛が同居していない限り,成鳥用の暖房器具を備えている飼育舎は少ない.

雛には,早い時期からその牧場で使っている敷料に慣れさせることが肝要である.ダチョウとエミューの雛の前胃の食滞の発生率は非常に高いが,敷料など飼育環境の変更がその原因になっていることが多い.もし,他の個体のように外に出ようとしない雛がいたら,草の上に放し,食滞の初期徴候がないかよく観察する.

自力採食

走鳥類は早成性なので,自力採食用の飼料は不要である.

社会化の準備または飼育群への導入

走鳥類は社会性があり，人間の取扱いにも慣れやすい．しかし，成鳥の大きさになったら，鳥を扱う作業は注意を払わなければならない．ヒクイドリとダチョウの雄は非常に危険であり，特に性成熟した個体の繁殖期は，十分に注意すること．

通常，若鳥は互いに攻撃しあうようなことはないが，雛や幼鳥の群れに同種の同じくらいの齢の個体を入れると，体格が小さな個体が餌や飲水の食い負けすることがあるので，注意が必要である．雛が餌を食べるよう仕向けるため，ウサギや小型のヤギをおいて手本にしてもよい．

謝　辞

草稿の準備に協力いただいた Sharon Patterson，また論評をして頂いた Alison Downine, Dr. Grawshaw, Dr. Colin Peace に感謝します．

関連製品および連絡先

Betadine Solution, Purdue Frederick Co. (manufacturer), Norwalk CT, (203) 853-5667, www.pharma.com.

Blue Mountain Feeds, (303) 678-7343, www.blue-mountain.net. Floradale Feed Mills, Floradale, Ontario, (800) 265-6126, www.ffmltd.com/index.php.

Mazuri, a division of PMI Nutrition International, (800) 277-8941 www.mazuri.com.

参考文献および資料

Anonymous. Accessed June 2006. The cassowary workshop. http://www.cassowary.com/workshop.html.

Boardman, W. 1998. Causes of mortality in captive kiwi. Kiwi Workshop Proceedings, Aukland, New Zealand, pp. 61–68.

Deeming, D.C. and Bubier, N.E. 1999. In Deeming, D.C., ed., The Ostrich Biology, Production, and Health. CAB International, New York, pp. 83–104.

Doneley, B. 2006. Management of captive ratites. In Harrison, G.J. and Lightfoot, T.L., Clinical Avian Medicine, Volume 2. Spix Publishing, Palm Beach, Florida, pp. 957–989.

Cilliers, S.C. and Angel, C.R. 1999. In Deeming, D. C., ed., The Ostrich Biology, Production, and Health. CAB International, New York, pp. 105–128.

Folch, A. 1992a. Family Apterygidae (Kiwis). In del Hoyo, J., Elliott, A., and Sargatal, J., eds., Handbook of the Birds of the World, Vol. 1. Lynx Edicions, Barcelona, pp. 104–108.

———. 1992b. Family Dromaiidae (Emu). In del Hoyo, J., Elliott, A., and Sargatal, J., eds., Handbook of the Birds of the World, Vol. 1. Lynx Edicions, Barcelona, pp. 98–102.

———. 1992c. Family Casuaridae (Cassowaries). In del Hoyo, J., Elliott, A., and Sargatal, J., eds., Handbook of the Birds of the World Vol. 1. Lynx Edicions, Barcelona, pp. 90–97.

———. 1992d. Family Rheidae (Rheas). In del Hoyo, J., Elliott, A., and Sargatal, J., eds., Handbook of the Birds of the World Vol. 1. Lynx Edicions, Barcelona, pp. 84–88.

———. 1992e. Family Struthionidae (Ostrich). In del Hoyo, J., Elliott, A., and Sargatal, J., eds., Handbook of the Birds of the World Vol. 1. Lynx Edicions, Barcelona, pp. 76–82.

Huchzermeyer, F.W. 1998. Diseases of Ostriches and Other Ratites. Onderstepoort Agricultural Research Council, Onderstepoort, South Africa.

Jensen, J.M., Johnson, J.H., and Weiner, S.T. 1992. Husbandry and Medical Management of Ostriches, Emus and Rheas. College Station, Texas, Wildlife and Exotic Animal Teleconsultants.

Mazuri/PMI Nutrition International. 2004. Accessed June 2006. Mazuri ratite starter. http://www.mazuri.com.

Minaar, M. 1998. The Emu Farmer's Handbook, Volume 2. Nyoni Publishing Company, Grovetown, Texas.

Minaar, P. and Minaar, M. 1992. The Emu Farmer's Handbook. Induna Company, Grovetown, Texas.

O'Malley, P.J. 1996. An estimate of the nutritional requirements of emu. Proceedings of Improving our Understanding of Ratites in a Farming Environment, pp. 92–108.

Perron, R. 1992. The Cassowary in Captivity. International Zoo News No. 240, Vol 39:7. Online at http://www.species.net/Aves/Cassowary.html.

Raines, A.M. 1998. Restraint and Housing of Ratites. In Tulley, T.N. and Shane, S.M., eds., The Veterinary Clinics of North America—Food Animal Practice (Ratites), WB Saunders, Philadelphia, Pennsylvania, pp. 387–399.

Sales, J. Accessed June 2006. Feeding guidelines for ratites in zoos. http://www.eznc.org/DataRoot/docs/Ratitestandard2.pdf.

Smith, D.A. 2003. Ratites: Tinamiformes (Tinamous) and Struthioniformes, Rheiiformes, Casuariiformes (Ostriches, Emus, Cassowaries, and Kiwis). In Fowler, M.E. and Miller, R.E., eds., Zoo and Wild Animal Medicine, Edition 5. Saunders, St. Louis, Missouri, pp. 94–102.

Tully, T.N. and Shane, S.M., eds. 1996. Ratite Management, Medicine, and Surgery. Krieger Publishing, Malabar, Florida.

———. 1998. The Veterinary Clinics of North America—Food Animal Practice (Ratites), WB Saunders, Philadelphia, Pennsylvania.

Verwoerd, D.J. 1998. Ostrich Diseases. Revue Scientifique et Technique 19(2): 638–661.

Verwoerd, D.J., Deeming, D.C., Angel, C.R., and Perelman, B. 1999. In Deeming, D.C., ed., The Ostrich Biology, Production, and Health. CAB International, New York, pp. 191–216.

5 ペンギン類

Jane Tollini

生物学的特徴

ペンギンは南半球に生息する鳥である．17～18種のペンギン類が赤道から南極の間にかけて分布している．その櫂状の翼で，水の中を「飛ぶ」ことができ，骨は空洞になっていない．魚類，イカ，そして多くの甲殻類を食し，その割合は，その時の獲物の豊富さによって変わる．渡りのタイプは種によって様々である．マゼランペンギン（*Spheniscus magellanicus*）は最も長距離の渡りを行い，その距離は2,000kmにもおよび，アルゼンチンで繁殖してブラジル沖で冬を過ごす．ガラパゴスペンギン（*S. mendiculus*）は営巣地から数百キロ以上は離れることはない．野生での寿命は20年で，動物園内ではそれよりさらに長く生きる．

ほとんどの種は生後3～4年経たないと繁殖しない．場合によっては初産や初めてのペア相手を探すのに12～14年も待つ個体もいる．ペンギン類のほとんどが1個か2個の卵を産む．コウテイペンギン（*Aptenodytes forsteri*）とオウサマペンギン（*A. patagonicus*）は2～3年に1回産卵し，卵は1個だけである．オウサマペンギンは育雛に最長で18ヵ月をかけるが，ガラパゴスペンギンは2羽の雛をたったの3ヵ月あまりで育て，1年に多い時で3回産卵する．

ほとんどのペンギン類が一夫一妻で，繁殖寿命を通して同じ相手と繁殖する個体もいるが，必ずしもペア相手を変えないとは限らない．

他の鳥類と違い，ペンギン類は大量に獲物を食べる時もあれば，一切食べない時もある．成鳥は海に出ている時に体重を増やし，求愛中や抱卵中，雛を守っている間は絶食する．繁殖周期のどの時期にあるかで彼らの体重は定期的に変動する．

鳥類のほとんどは，一度につき少量ずつ換羽するが，ペンギン類では，一度に全ての羽毛が生え変わり，新しい羽毛が成長している間は陸で絶食する．ペンギン類のほとんどは1年に1回換羽するが，ガラパゴスペンギンは年に2回である．

人工育雛への移行

人工育雛に切り替える理由として，親鳥による巣や卵，雛の放棄，親の発病，孵化に関する問題などが含まれる．一般的に，ペンギン類の雛は孵化時に問題が発生することはあまりないが，飼育者は問題が生じた時に対処できるよう，通常の孵化の過程（嘴打ちから孵化の間隔，孵化直後の雛の外見など）に精通していなければならない．もし孵化中の雛の声が弱くなったり途絶えたりした場合，特に嘴打ちした穴がそれ以上大きくなっていない場合などは，人間の介入が必要である．

孵卵器内，および親鳥のもとで観察された異常な孵化の状態については以下の通りである．

- 雛の内側の嘴打ちは確認されたが，12～15時間以上も進展がない．
- 孵化予定日を大幅に超えても嘴打ちがない．
- 卵の殻を破ってはいるが12～15時間進展がない．
- 嘴打ちの後，雛が卵の中で回転し，嘴が穴から見えなくなった．

・エンペラーペンギン属とアデリーペンギン属では，親鳥の行動によって孵化の問題が分かる場合がある．これらの鳥は問題が生じると，頻繁に雛を包み込む部分を持ち上げて頭を下げるようになる．

ペンギンの雛にとって最も孵化が困難な状況とは，一般的に雛の卵内での位置異常である．そして，卵黄の未吸収や卵白の残存などの問題を伴うこともある．雛が孵化に苦労していることが確認されたら，卵を孵卵器か親鳥のもとから取り上げ，介助すべきである．細菌感染を予防するため，孵化の手助けをする際は手を洗い，手袋をはめ，全ての器具はあらかじめ洗浄しておく．孵化の手助けにとりかかる前に，嘴打ちを確認し，判断すること．検卵し，胚を囲む血管の強健な成長をする血管新生を調べ，雛が孵化可能かを見極める．そして，嘴打ちをした箇所が気室の上にあるか下にあるかを調べ，小さな懐中電灯で穴の中を見て未吸収の卵黄，残存卵白，もしくは他の問題がないかを確認する．これらの段階を踏んだうえで，嘴打ちした所から注意しながら卵殻をピンセットで剥がしていく．

穴を広げたら，無菌食塩水に浸した綿棒で膜を湿らせ，機能している血管がないかどうかを確かめる．もし血管がなければ，穴を広げていく．鼻孔に膜が付着して呼吸困難にならないよう注意する．頭から見えてくるように卵殻を剥がして行くが，最悪の場合は翼の下から頭を引き出さなければならないこともある．

雛を親鳥に育てさせる場合は，その他の問題が生じないように注意深く検査を行い，できるだけ早く親元に戻す．卵白が付着してべたついた雛や卵黄嚢が突き出ている雛に関しては人工育雛を考慮する．

営巣環境の問題にも対処が必要である．もし巣が著しく汚れたり，濡れたりしたら，以下の方法で清掃するとよい．

1. もし両親とも巣の近くにいる場合は，卵の上にいない親鳥を注意深く移動させ，巣から離す．
2. 親鳥を慎重に巣から移動させ，掃除が終わるまで捕まえておく．
3. 卵を取り出す（この時が検卵するにはよい機会である）．
4. もし雛を移動させる場合は，健康診断を行うのによい機会である．
5. 迅速に巣の底の汚れを取り除く．まだ使えそうな巣材が残っていたら巣に戻す．
6. 卵または雛を戻し，非常にゆっくりと親鳥を巣に戻した後，距離を置いて観察する．

育雛記録

正確な記録を付けることは，長期的なペンギンの個体数の管理において，非常に重要な要素になってくる．全ての施設や団体が，国際種情報システム（International Species Information System：ISIS）に参加し，種に関する責任者や登録帳の管理者によるデータの要求に応じることを勧める．

最低限控えておく記録として，①ISISの登録番号，②野生で捕らえた鳥か，飼育下で孵化した鳥か，③親子関係，④孵化日，もしくは捕獲日，⑤分かるのであれば保護した場所，⑥個体の識別法，⑦血統台帳（当てはまるなら），⑧繁殖歴，⑨換羽，⑩体重，などがある．もし組織内での記録を行っているのであれば，データは個体登録用のソフト，ARKS（animal record keeping system）にも入力しておくべきである．卵の体重や雛の成長率，孵卵や抱雛情報は貴重な繁殖データである．その他の記録すべきものとして，行動観察，環境要因，換羽データ，餌の摂取などがある．医療の記録も，徹底的かつ正確に管理すること．記録した医療情報はMedARKSに入力するのが望ましい．

繁殖管理に関する育雛記録は産卵した時から始める．もし抱卵日数を計算するのであれば，最初に生まれた卵に印をつけることが重要である．産卵日，抱卵期間，父親と母親，兄弟の識別，育雛方法などを記録するため，日誌に書き記しておく．そうすると，ペアの繁殖記録を辿って，成功や失

表 5-1　200g のペンギンの給餌記録

日付	時間	I.D.	餌	健康・総合コメント
	6:00 a.m.		フォーミュラ 20ml	
	9:00 a.m.		フォーミュラ 15ml，Pedialyte 1〜2ml，魚 3〜5g	
	12:00 正午		フォーミュラ 20ml	
	3:00 p.m.		フォーミュラ 15ml，Pedialyte 1〜2ml，魚 3〜5g	
	6:00 p.m.		フォーミュラ 20ml	
	9:00 p.m.		フォーミュラ 20ml	

敗の傾向を見ることができる．

　孵化時の体重とその後の毎日，もしくは毎週の体重の記録は，全体的な成長を確認する際に重要である．多くの施設では以下のことを記録している．①朝一番目の体重，②各給餌前と給餌後の体重，③毎給餌の与えた量と実際に摂取した量，④餌の種類，⑤行動に関するコメント，⑥ビタミン剤，⑦治療．育雛器を使用している場合は，室温と育雛器内の温度を記録していると便利である．雛に関する記録は巣立ちまで付ける．以下の頁では産卵周期，孵卵，給餌，成長の実際の表を記載した．これらのデータは人工育雛された鳥のみに応用できる．人工育雛の過程では，毎日の状況を記入することが大切で，特に健康に関するコメントの記入は大変重要である．表 5-1 は 200g の人工飼育されている雛の給餌記録である．

人工孵化と卵の管理

卵の取り出し

　ペアの年齢，繁殖経験，環境，社会的状況，繁殖プログラムの最終目的を考慮に入れて，卵を巣から取り出すかどうかを決断すること．卵を取り出すべきその他の理由として，孵化日の延滞，不適切な抱卵，再産卵を避けるためのダミーの卵への置き換え，他のペアに育てさせる，施設の移動，生産雛数の制限，卵のダメージ等がある．

　もし生産雛数の制限目的で卵を取り除くのであれば，胎子の発育を避けるため，産卵後すぐに行うべきである．ダミーの卵と置き換える理由は，再産卵を避けるため，両親をコロニーに馴染ませるため，そしてペアがいつでも里親になれるよう準備しておくためである．

　他のペアに里親に出すために卵を取り出す場合は，孵卵期間中ならいつでも行える．選択肢として，里親の受け入れ準備が整うまで孵卵器に卵を入れておくか，里親のもとにすぐ移動させるかがある．里親となるペアは卵を受け入れる前からダミーの卵を抱いている必要がある．

孵卵器の準備

　孵卵器を消毒する一般的な方法に，ホルマリンか過マンガン酸カリウムでの燻蒸消毒がある．施設によっては孵卵器内の掃除に殺菌剤と燻蒸剤を併用するところもある．過マンガン酸カリウムの使用には政府の厳しい規制がある．カリフォルニア州では特別な訓練が必要で，適切な個人用防護服を装着しなければならない．

　孵卵器に移動する前にペンギンの卵の多くは汚れてしまうので，掃除や消毒について心配するかもしれないが，ペンギンの卵は巣内で自然に汚れるものである．どうしても必要な時にだけ，乾いたガーゼで拭くだけでよい．ほとんどの施設では，卵が入っている時に燻蒸消毒は行わない．

孵卵器の種類

　ペンギンの卵を孵卵するのに適した孵卵器は数多くある．その中には，Petersime Models 1 と 4，

Humaidaire（20, 50, 120型），Grumbachなどがある．孵卵器を選ぶ際に，考慮に入れる点は，孵卵器を収容する部屋もしくは周囲の条件，一度に入れる卵の数，転卵の必要性などである（第3章）．

温度と湿度

孵卵器には監視しなければならない温度が2つある．1つは乾球温度計による温度で，35.8℃くらいに保つ．乾球温度計は孵卵器内の空気温を計測する．湿球温度は27.7〜28.8℃に保つ．湿球温度計は通常孵卵器のドアの中にはめ込まれており，温度計のガーゼを水管に浸けてある．温度計は孵卵器の外からはっきりと見えなければならない．地理的な場所や湿度によって多少影響を受けるので，孵卵器の容器に頻繁に水を足す必要がある所もある．孵卵器の種類と一度に扱う卵の数によっても全体の湿度が変わってくる．

卵の設置，転卵技術と頻度

卵は孵卵器内で縦にではなく，水平に置くべきである．人工孵化を試みているほとんどの施設は，1〜2時間ごとに自動転卵を行う必要があると報告している．自動転卵に加えて，手動で180度回転させている施設もある．この方法は，卵の中で，より均等に血管新生の発達を促す．自動転卵装置の付いていない孵卵器では，2〜3時間ごとに手動で転卵を行い，24時間の間に奇数回転卵するのが望ましい．奇数回転卵を行う必要性については正確には知られていないが，より価値のある手法であると経験からも言うことができる．手動で転卵する時は，発達中の血管が切れないように，ゆっくりと回転させる．

検　　卵

検卵は，卵の受精と発達を観察するには便利な方法である．検卵の技術には練習が必要で，卵を扱う前に経験者に助言を求めるべきである．管理者によっては，胚にダメージを与える可能性もあることから，卵は孵化開始日から10日目までは扱うべきではないという意見をもっている人もいる．卵は振動を与えたり，電灯の熱でやけどを負わせたりしないように注意して扱う．卵を冷やすことはできるだけ避けたほうがよいが，検卵中の少しの間であれば有害な影響は現れない．孵卵期間のほとんどの間，気室は明確に見ることができる．気室の形は通常，嘴打ち前の24〜48時間の間に変化する．これは，ドローダウン（drawdown）と呼ばれ，卵の鈍端の気室が，胚が成長するとともに広がってくる現象である．嘴打ちの期間中に，胚がより一方に傾いて引き下ろされる．この時，転卵は中止する．雛は膜を貫き，気室に入る．ドローダウンに引き続いて外側の嘴打ちが始まり，卵殻自体が破られる．

嘴打ちから孵化までの管理

検卵などで卵を扱う前に，ペンギン類は営巣中に邪魔をされることを嫌うということを念頭に置くこと．卵を扱うことについて，善し悪しを比較して慎重に考慮する．孵化予定日の1週間前は，より頻繁に検卵する必要があるかもしれない．施設によってはこの時点で，孵卵器内の卵を毎日検卵し，報告を行っている．卵は外側の嘴打ちの後に孵化器に移してよい．転卵はこの時点で必要ではなくなる．嘴打ちの時，湿球温度計の湿度を1〜2℃上げる．これは孵卵器から切り離して孵化器で行ってもよい．孵化器を利用することは，他のまだ孵化時期に入っていない卵に悪影響を与えずに湿度を上げることができるということと，孵卵器を孵化した卵で汚すことを回避できるという利点からも重要である．しかしこれは，孵卵器を1つしか所持していない場合は実行できない．孵化中の卵は，1日4, 5回はチェックし，嘴打ちされている部位には蒸留水を霧吹きする．霧吹き用の水は孵化器と同じ温度に保つこと．孵化器内に常備しておくのが得策である．一般的な嘴打ちから孵化までの周期は24〜48時間である（表5-2）．正常な嘴打ちは，ドローダウンのほぼ一直線上の，卵の鈍端から起こる．

表 5-2 嘴打ちから孵化の間隔

種名	産卵間隔（日）	平均抱卵期間（日）	抱卵期間範囲（日）	嘴打ちから孵化（時間）
コウテイ		67	64〜73	48〜72
オウサマ		56	53〜62	48〜72
アデリー	3〜4		34〜42	24〜48
ヒゲ	3〜4	37	35〜39	36〜48
ジェンツー	3〜5	38	36〜41	36〜48
マカロニ	4〜6	36	33〜39	24〜48
イワトビ	3〜5	36	32〜36	24〜48
フンボルト	2〜4	42	40〜46	24〜48
マゼラン	3〜4	42	38〜48	24〜48
ケープ	3〜4	38	36〜42	24〜48
コビト	2〜3	35	32〜35	48〜56

育雛初期のケア

雛の孵化後，親鳥はおよそ15日間抱雛する．アデリーペンギン（*Pygoscelis adeliae*）の綿羽は銀色がかった灰色か黒っぽい灰色のどちらかになるが，たいていは種によって決まった色をしている．野生では，生後3日目まで餌をもらえない雛もいる（Spurr 1975）．したがって，孵化したその日から雛は餌乞いをするが，給餌を開始する必要はないようである．孵化直後の雛に給餌する際は，親鳥は体を曲げて，自分の嘴を雛の嘴の下に持って行く．それに続く雛の餌乞いは，親鳥が餌を吐き戻す刺激となり，嘴を開けた雛の口の中に獲物が入れられる．

各種・各属の孵化直後の雛とそれ以降の雛の正常な体重データを表にまとめた（表5-9）．体重の最低基準を下回る雛は，注意深く監視し，必要であれば人工育雛に移行する．特に兄弟がいる場合，巣内で激しい競争が起こり，弱い雛は成長できないことが多い．

両親の元に残っている雛も注意深く監視する必要がある．もし親に育てられている雛に何らかの問題が疑われたら，巣から慎重に取り出し，診察と体重測定を行う．初めの5〜7日の体重増加は相当なもので，毎日ほぼ2倍に増えていく．検査の際，十分に水分補給ができているかどうか，頸の後ろの皮膚を軽くつまんで弾力性を確かめる．もし皮膚の戻りが悪ければ，脱水症状に陥っているということである．肺にかげりがなく，眼は潤って，足は肉付きがよくなくてはならない．健康的な雛は両親に餌を乞い，大きな声を出す．しかし，少なくとも1つの施設で，声を出さない雛も中にはいることが報告されていることも念頭に置いておく．

孵化後24〜36時間

体重測定は，雛の強健さと保水状態を見るため，孵化後24〜36時間は控える．もし雛が脱水を呈していたら，1〜3mlのPedialyte（Abbot Labs）をチューブで補給する．与えすぎると，両親が給餌するきっかけとなる餌乞いを，雛が止めてしまうことになりかねない．距離を置いて両親を監視し，雛に餌を与えていることを確かめる．初めの24〜36時間は，親鳥の動きは緩慢，もしくは全く動かないが，親鳥に動きが出てくると，雛の羽づくろいをしたりする姿が見られるようになる．雛が餌を食べだしたら，各親鳥に500mgのビタミンB_1を与える．初めのうちは，親鳥は

消化させた餌を雛に与えるのであまり餌を食べない．視線を感じると給餌しないこともあるので距離を置いて観察すること．

36時間〜4週間目

親鳥の邪魔をすることなく毎日雛を観察すること．これは少なくとも約3mは離れて行い，必要であれば双眼鏡を用いる．毎週同じ曜日の同じ時間に体重測定を行う．穴に1羽の親鳥しかいない場合は雛を取り出しやすい．もし両親とも巣にいる場合は，雛の上にいない方か，従順でない方の親鳥を移動させる．雛の体重測定中は，残った親鳥を巣から出させないようにする．親鳥が咬みつこうとしたり，羽をばたつかせたり，巣を守ろうとしていたら，雛が怪我をしてしまう恐れがあるので注意して戻すこと．雛が成長するにつれ，両親には受け付ける限りの餌を与え，500mgのビタミンB_1の投与も続ける．3〜4週齢の雛をもつ両親には，1日3回の給餌が必要である．

自力採食への移行 5〜6週齢の雛と親鳥

飼育者からの給餌の受け入れ方を教えるにはこの時期がより簡単であるため，ほとんどの種においてこの時期に雛を取り出すことが必須である．両親から雛を引き離し，可能なら2羽以上の雛を一度に取り出す．1羽だけの雛を人工育雛するのはより困難である．

雛が取り出されるとすぐに識別用バンドをつけること．羽は柔弱なので，典型的な翼帯は使用できない．雛の羽に，色の違うテープを貼った結束バンドを巻く．雛の成鳥は速いので，結束バンドがきつくなっていないか毎日確認すること．それから，雛を檻や水のないプールに放す．檻の中は床の質がよくなければならない．乾燥したプラスチックの人工芝（Astroturf）が望ましい．共同の巣穴や隠れ場として使えるように，輸送用犬舎の上半分を囲いの中に入れてやる．

雛に魚を与える時は，極小のニシンや小さなキュウリウオを選び出し，給餌する時まで冷凍しておく．1日に3回給餌する．週に1回体重測定を行い，体重が3,000g（大型種の場合）に達するか，泳げるようになるまで続ける．1回の給餌で体重の10%の餌を与える．その雛の1日に必要な魚の重量を測り，3つの袋に分けておくのが一番簡単な準備方法である．魚は冷凍しておき，給餌直前に解凍する．計算した量全てを毎日摂取する必要はないが，それと同様に計算した量全てを食べてしまったら，さらにもう少し与えてもよい．雛が3,000g以上になるか泳げるようになるまでは，体重の10%のルールに従って毎給餌の摂取量を決めることを勧める．種や個体によっては小さい雛もおり，3,000gに達さない場合もあることを念頭に置いておく（表5-3）．

7〜12週齢

いったん雛の体重が3,000g程度に達するか，最高体重に近づき，羽が硬くなってきて泳ぐようになったら，臨時の識別用バンドを取り外し，成鳥用の翼帯に付け替える．この時点で，輸送用犬舎の蓋は取り除かなければ，この先コロニーに戻った時に隠れ場所を探すようになってしまう．もし雛が使用中の穴に入ろうとすると，持ち主の成鳥はつついて追い払おうとする．1〜2年は雛

表5-3 餌のレシピ

480〜540ml分	
330g	ニシン
330g	キュウリウオ
420ml	Pedialyte（Abbott）
3	ビタミンEカプセル（400 I.U.）
3	タラの肝油カプセル*
2	アシドフィルス菌カプセル
1	ビタミンセット†

*タラの肝油は，Mazuri Vita-Zu Bird Vitaminを使用する場合はビタミンAが多すぎるので，省いてもよい．
† Mazuri Vita-Zu 鳥類用錠剤，ビタミンB_1 375mg，第二リン酸カルシウムの錠剤（カルシウム145mg／リン酸112mg）9個．

に穴は必要でない．3,000g以上になると，週1回の体重測定は終了し，成鳥と同じように給餌する．1日2回，通常は自由に餌を与え，成鳥用のビタミン投与も始める．

水　　泳

5～6週目の雛の羽は，弱々しくぎこちないうえに，大部分が綿羽で覆われている．羽が次第に硬くなり，綿羽のほとんどがなくなったら，水に触れる機会を作ってやる．まず浅いプールに雛を入れる．初めのうちは，大抵彼らは嫌がり，すぐに水から出ようとする．毎日2～3回はプールに入れることを続けると，最終的にはプールの中にいることの方を好むようになる．この時点で，プールの水を満タンにして，自由に泳がせてやる．もし彼らが普通に泳げるのなら，水の深さは問題ではない．

罹りやすい疾病と対処法

体温の上がりすぎや下がりすぎは，健康問題に繋がるが，これは注意深く監視することで未然に防ぐことができる．体温が上昇した雛によくみられる症状には，無気力，食欲不振，あえぎ，足や翼を延ばす，などがある．過熱はどの日齢の雛でも問題ではあるが，特に若い雛には正しい処置を取らなければ，致命的になることもある．体温が低下した雛は，震えて育雛器の端に寄り合い，脚は触ると冷たい．この状態の雛は，給餌の際も反応が鈍い．

餌の与えすぎは各雛の体重増加をしっかりと調べていれば，防ぐことができる．たとえ正確に給餌計画に従っていても，餌の多量摂取による問題は生じることがある．1羽1羽の必要性に合わせて給餌するのが最善策である．1羽の雛にとって適したフォーミュラ（雛用餌）の量でも，他の雛には多すぎるかもしれない．かなりの体重増加が期待されるのは，通常初めの数週間であるが，種によって様々である．餌の多量摂取によって引き起こされる症状には，無気力，嘔吐，餌に無反応，などがあげられる．その場合，雛が空腹になるまで何も与えないようにする．黒ずんだ粒状の糞は，消化不良の徴候かもしれないので，医学的意見を求めること．

成長過程を通して，水分補給は注意して監視しておかなければならない．これは，固形の魚を餌として導入した時，きわめて重要になる．脱水状態によくみられる症状として，乾燥した眼，しわの寄った足の皮膚，ネバネバした糞，などがある．背中の皮膚をつまんでみて，皮膚がテントのように引っ張られたままであれば，雛は十分に餌を吸収していないということである．適量の水分を補給してやると，状態は改善される．種の大きさにもよるが，体重の10～20%を与えるとよい．通常1日1回，100～200mlの補液を皮下注射する．

一般的ではないが，その他に脚が開脚症になる（脚が外側に回転する）問題がある．この状態は，長期の合併症を引き起こす可能性があるので，早期発見が重要になる．育雛器や巣の底は，滑りにくい素材にしなければならない．この症状をもった雛の中には，正常な間隔を保つように気をつけながら，軟らかい素材で両脚を縛ると，よい結果を得た個体もいる．もう1つのよい対策として，雛を体と同じくらいの大きさのボウルに入れて，脚が広がらないようにするという方法もある．非常に若い雛の場合，この症状は5～7日で改善できる．

眼の炎症はどの日齢の雛にでも起こり得り，その原因は眼の損傷，細菌や異物の混入など様々である．飼育者は雛の眼から過度に涙が出ていないか，眼に赤みや腫れ，曇りがないかを注意して観察する．もし眼の炎症が認められたら，異物が入っていないか入念に検査する．盛んに幼綿羽が抜け落ちている雛の場合，細かい皮膚の小片が剥がれ出ることがあり，それが眼の表面にこびりついて角膜を痛めることがある．塩水で眼を洗浄すると痛みを軽減できる．必要であれば，点眼薬を獣医師に処方してもらうとよい．

その他の一般的な健康問題は，腸炎と気道感染症である．

50ml/kgの皮下注射液を1日2～3回投与して水分補給を行う．抗生物質として，ピペラシリンやエンロフロキサシンのようなペニシリン誘導体を使用する．トリメトプリム・スルファジアジンは雛が成長の大きさ（3～4kg）に近づいたら使用してもよい．抗生物質治療中の予防薬として，フルコナゾールのような抗真菌剤を20～30mg/kgを1日1回投与する．一般的に，雛が病気の徴候を見せたら，進行は速い．迅速な対応を要し，特にアスペルギルス症や鳥マラリアは早急に処置すると回復の可能性が高い．

給餌器具

カテーテル

孵化したての雛には，10フレンチのカテーテルから始め，雛が成長するとともに12，16，18フレンチに変えていく．

シリンジ

12ml，もしくは35ml，60mlのシリンジを使用の際は以下の順序に従う．

1. シリンジに合わせるため，栄養チューブを切る（先端や挿入口を切らないこと）．切り口が平らになっているか確認する．嘴から腹部中央かそれ以下に合わせてチューブの長さを計る．これによって気管への挿入を防ぐ．
2. 殺菌した少量のワセリンかKYゼリーでチューブを滑らかにし，雛の口に入りやすくする．小さい雛でも大き目のチューブを飲み込むことができる．より大きいチューブを使用することができれば，気管にチューブを挿入してしまう確率が低くなる．
3. 給餌前にフォーミュラをチューブ内に押し入れて，全ての空気をシリンジとチューブから抜く．
4. チューブを通してフォーミュラを簡単に，かつ迅速に与えるため，初めはプラスチックのザルで裏ごしする必要がある場合もある．雛が成長するに従い，塊や骨をもっと与える．
5. フォーミュラを詰めたシリンジは全て，使用前まで氷の上に置く．凍らせてはいけない．

チューブとシリンジは，殺菌処理を行い，シリンジが正常に動くのであれば再利用できる．消毒するには，まず使用後すぐに洗剤で洗い，クロルヘキシジン（Nolvasan）の消毒液（Fort Dodge）に10～20分浸けておく．よく水洗いし，乾燥させる．

初めにPedialyte（Abbott）から与える時は，チューブを抜き取らず，続けてフォーミュラ入りのシリンジをチューブに差し込み，給餌を続ける．これで再度チューブを挿入する必要がなくなり，炎症を起こす確率を下げる．

人工給餌用の配合餌（フォーミュラ）

餌の準備

強力なミキサー（Vita-Mix）で以下のものを混ぜ，フォーミュラは冷やしておく．

1. 初めに，Pedialyte（Abbott）とビタミン剤を入れ，ざっとかき混ぜる．
2. フォーミュラを作る準備が整うまで魚は冷凍しておく．魚は頭と尾と大きい骨を取り除き，縦にぶつ切りにしてから，それを4等分する．
3. 機械が詰まってしまわないよう魚は少しずつ入れる．
4. 初めの方は，滑らかにするため裏ごしする．
5. 日時を書いたラベルを貼って冷蔵する．
6. 24時間以上経った餌は未使用でも破棄する．

給餌方法

ペンギンの雛に初めて餌をやる前に，孵化後少なくとも12時間は待つこと．最初の給餌は水かPedialyteのみにし，給餌に対する雛の反応と嚥下力を調べる．大きな未吸収の卵黄が残存している雛には，初めの給餌の2，3回は水を与えて卵黄の吸収を促す．いったん給餌を始めると，糞の硬さと色を毎日調べること．黒ずんだ糞や悪臭のする糞は消化が正しく行われていないという徴候かもしれない．

図 5-1 給餌に反応させるため，中指と人差し指で，V字型を作り，逆さにしたVを雛の嘴の上に置き，小刻みに揺らす．

給餌に反応させるため，中指と人差し指で，V字型を作り，逆さにしたVで雛の嘴の上に置き，小刻みに揺らす（図 5-1）．

雛は指の弯曲部を押して応えてくるはずである．この時，チューブを喉に少なくとも5cmは挿し込み，フォーミュラを注入する．同時に指も動かし，雛の反応を刺激し，少し持ち上げて雛の頸を伸ばしてやる．フォーミュラが流し込まれる時，給餌者は喉の奥をフォーミュラが溢れ出ていないか確認する．これは，雛がフォーミュラをこれ以上飲み込まなくなったか，注入速度が速すぎるという信号である．もし雛が疲れて飲み込むことを止めたら，チューブとシリンジを取り出し，雛が回復するのを待つ．この経過は給餌が完了するまで行う．1～5日齢の雛は疲れやすいので，雛から給餌に対する反応を得たら，すぐに餌を与え始めるよう準備しておくこと．

孵化したばかりの雛には，初めの給餌の2～3回はPedialyteを1～2mlのみ与える．この量は他のペンギン類にも応用できるが，コウテイペンギンとオウサマペンギンの雛の場合はPedialyteの量を2倍の2～4mlにする．

Pedialyteの初期給餌後は，3～6回目の給餌（表5-4）では1～2mlのPedialyteと1～2mlのフォーミュラを50：50の割合に移行していく．

生後1日目から毎日同時刻に雛の体重測定を行い，その日（24時間）の給餌量を計算する（図5-2）．1回の給餌で体重の約10%量の餌を与え，10%を超えないようにする．

給餌表のサンプル（表5-4～表5-7）を利用し，どのフォーミュラを与えるか，雛の体重と年齢を基に判断する．朝の6時から夜9時の間に，3時間ごとに6回給餌する．朝7時から3時間ごとに5回の給餌でもよい．毎日同時刻に雛の体重を測定し，毎給餌体重の10%量を計算する．10%以上の餌を1回の給餌に与えないこと．給餌回数は体重の変化により変動する．魚を餌として取り入れ始めたら，魚を与えるのは最後にしなければならない．さもないと，雛が吐き戻してしまう恐れがある．どのような時であれ雛が吐き戻したら，給餌をやり直す．もし雛の体重が増えていないのであれば，摂取量を徐々に上げる．巣立ち雛用の給餌プロトコルは，雛が5～6週齢に入り，体重が2,000～3,000gになってから始める．小型の種や小さい両親の間に生まれた雛によっては3,000gを超えないこともあることを念

図 5-2 体重測定中の5日齢のマゼランペンギン．

表 5-4　孵化日から 500g になるまでのペンギンの 6 日間の人工給餌の例

	給餌 1 6 a.m.	給餌 2 9 a.m.	給餌 3 正午	給餌 4 3 p.m.	給餌 5 6 p.m.	給餌 6 9 p.m.
餌 1 孵化日	1～2 Pedialyte のみ	1～2 Pedialyte のみ	フォーミュラ：Pedialyte の割合（50：50） Pedialyte 1～2ml, フォーミュラ 1～2ml	フォーミュラ：Pedialyte の割合（50：50） Pedialyte 1～2ml, フォーミュラ 1～2ml	フォーミュラ：Pedialyte の割合（50：50） Pedialyte 1～2ml, フォーミュラ 1～2ml	フォーミュラ：Pedialyte の割合（50：50） Pedialyte 1～2ml, フォーミュラ 1～2ml
餌 2 1 日齢	フォーミュラ：Pedialyte の割合（75：25）	フォーミュラ：Pedialyte の割合（75：25）	フォーミュラ：Pedialyte の割合（75：25）	フォーミュラ 100%	フォーミュラ 100%	フォーミュラ 100%
餌 3 2～3 日齢か体重が 200g	フォーミュラ 100%	フォーミュラ 100%	フォーミュラ 100%	フォーミュラ 100%	フォーミュラ 100%	フォーミュラ 100%
餌 4 200g ≦ 体重 < 250g	フォーミュラ 20ml	フォーミュラ 15ml, Pedialyte 1～2ml, そのあと魚 3～5g	フォーミュラ 20ml	フォーミュラ 15ml, Pedialyte 1～2ml, そのあと魚 3～5g	フォーミュラ 20ml	フォーミュラ 20ml
餌 5 250g ≦ 体重 < 300g	フォーミュラ 25ml	フォーミュラ 20ml, Pedialyte 3ml, そのあと魚 3～5g	フォーミュラ 25ml	フォーミュラ 20ml, Pedialyte 3ml, そのあと魚 3～5g	フォーミュラ 25ml	フォーミュラ 20ml, Pedialyte 3ml, そのあと魚 3～5g
餌 6 300g ≦ 体重 < 400g	フォーミュラ 20ml, Pedialyte 3ml, そのあと魚 3～5g	フォーミュラ 20ml, Pedialyte 3ml, そのあと魚 3～5g	フォーミュラ 20ml, Pedialyte 3ml, そのあと魚 3～5g	フォーミュラ 20ml, Pedialyte 3ml, そのあと魚 3～5g	フォーミュラ 20ml, Pedialyte 3ml, そのあと魚 3～5g	フォーミュラ 20ml, Pedialyte 3ml, そのあと魚 3～5g
餌 7 400g ≦ 体重 < 500g	フォーミュラ 25ml, Pedialyte 5ml, そのあと魚 15g	フォーミュラ 25ml, Pedialyte 5ml, そのあと魚 15g	フォーミュラ 25ml, Pedialyte 5ml, そのあと魚 15g	フォーミュラ 25ml, Pedialyte 5ml, そのあと魚 15g	フォーミュラ 25ml, Pedialyte 5ml, そのあと魚 15g	フォーミュラ 25ml, Pedialyte 5ml, そのあと魚 15g

給餌を 1 日 5 回行う場合は，朝 7 時から 3 時間ごとに与える．

表5-5 500g〜600gの雛の給餌表

	給餌1 6 a.m.	給餌2 10 a.m.	給餌3 2 p.m.	給餌4 6 p.m.	給餌5 9 p.m.
餌8 500g≦体重<600g	フォーミュラ 20ml（フォーミュラとPedialyte，魚のトータルが体重の10%と等しくなるように調節する），Pedialyte 5ml，そのあと魚の切り身20g（魚の割合は餌の50%を超えてはならない）	フォーミュラ20ml，Pedialyte 5ml，ビタミンB_1 50mg，そのあと魚の切り身20g	フォーミュラ20ml，Pedialyte 5ml，そのあと魚の切り身20g	フォーミュラ20ml，Pedialyte 5ml，ビタミンB_1 50mg，そのあと魚の切り身20g	フォーミュラ20ml，Pedialyte 5ml，そのあと魚の切り身20g

表5-6 600g〜700gの雛の給餌表

	給餌1 6 a.m.	給餌2 11 a.m.	給餌3 4 p.m.	給餌4 9 p.m.
餌9 600g≦体重<700g	フォーミュラ100%，そのあと魚の切り身	フォーミュラ100%，そのあと魚の切り身，ビタミンB_1 50mg	フォーミュラ100%，そのあと魚の切り身	フォーミュラ100%，そのあと魚の切り身，ビタミンB_1 50mg

表5-7 700〜2,500gの雛の給餌表

	給餌1 7 a.m.	給餌2 1 p.m.	給餌3 7 p.m.
餌10 700g≦体重<900g	フォーミュラ35ml，Pedialyte 10〜15ml，そのあと魚の切り身20g（フォーミュラとPedyaliteは50mlを超えない，残りは魚にあてる）	フォーミュラ35ml，Pedialyte 10〜15ml，そのあと魚の切り身20g（フォーミュラとPedyaliteは50mlを超えない，残りは魚にあてる）	フォーミュラ35ml，Pedialyte 10〜15ml，そのあと魚の切り身20g（フォーミュラとPedyaliteは50mlを超えない，残りは魚にあてる）
餌11 900g≦体重<1000g	フォーミュラ40ml，Pedialyte 15ml，そのあと魚の切り身45g（フォーミュラとPedyaliteは55mlを超えない，残りは魚にあてる），ビタミンB_1 50mg	フォーミュラ40ml，Pedialyte 15ml，そのあと魚の切り身45g（フォーミュラとPedyaliteは55mlを超えない，残りは魚にあてる）	フォーミュラ40ml，Pedialyte 15ml，そのあと魚の切り身45g（フォーミュラとPedyaliteは55mlを超えない，残りは魚にあてる），ビタミンB_1 50mg
餌12 1000g≦体重<2,500g	フォーミュラ40ml，Pedialyte 15ml，（フォーミュラとPedyaliteは55mlを超えない，残りは魚にあてる），ビタミンE 150 I.U.，Mazuri Vita-Zu 鳥類用カプセル1/2個，ビタミンB_1 100mg	フォーミュラ40ml，Pedialyte 15ml，そのあと魚の切り身45g（フォーミュラとPedyaliteは55mlを超えない，残りは魚にあてる）	フォーミュラ40ml，Pedialyte 15ml，（フォーミュラとPedyaliteは55mlを超えない，残りは魚にあてる），ビタミンE 150 I.U.，Mazuri Vita-Zu 鳥類用カプセル1/2個，ビタミンB_1 100mg

頭に置くこと．

親鳥と人工育雛された巣立ち雛

少しの体重減少や雛が数日餌を食べない可能性があることを予期すること．そのうえで体重によっては強制給餌を行う（1回の給餌につき体重の10％）．1羽が，誰が餌の供給源か理解すれば，他の雛もそれに続く．いったん彼らが食べ始めたら，無理をしない範囲内（種によって異なる）で，食べるだけ餌を与えてよい．成鳥と同じくらい，もしくはそれ以上食べることを予測しておく．その後摂食は安定し，そして速度が下がるか止まるかし，また食べ始める．雛が丸々と太り，活発で健康的である限り，これは正常な行動である．

魚を丸ごと給餌している雛のビタミン投与計画

ビタミン剤は，魚の鰓に入れる（図5-8）．もし水槽の水が淡水であるのなら，1gの塩のタブレットをビタミン投与計画に追加する．塩は徐々に餌に足して行き，塩腺を活性化させる．各ペンギンに1週目は1gの塩を2回，2週目は3回，そして3週目以降は毎日与える．ペンギンを淡水プールで飼育しているいくつかの施設では，1gの塩の錠剤を週に3回，成鳥の生命維持のために投与しているものである．海水プールで飼育されているペンギンには塩の補給は不要である．

期待される体重増加

表5-9はペンギンの期待される体重増加のリストである．

表5-8 ビタミン表

体　重	回　数	ビタミン類
500〜1,000g	1日2回	ビタミン B_1 50ml
1,000〜3,000g	1日1回	ビタミン E 100 I.U. Mazuri Vita-Zu 鳥類用錠剤1個 ビタミン B_1 200mg
>3,000g	1日1回	ビタミン E 100 I.U. Mazuri Vita-Zu 鳥類用錠剤1個 ビタミン B_1 250mg 第二リン酸カルシウムの錠剤1個

表5-9 孵化後の人工育雛の成長データ〔平均体重（g）〕

種　名	日　数														
	1	5	10	15	20	25	30	35	40	45	50	55	60	65	70
コウテイ	190	219	307	459	657	929	1260	1593	1990	2487	3210	4065	4921	6171	7188
オウサマ	204	195	247	334	437	564	740	1000	1386	1948	2692	3531	4355	5183	5991
ジェンツー	89	124	275	606	1169	1764	2420	3087	3735	4525	5234	5839	6092	6020	6021
アデリー	80	101	192	329	535	825	1172	1599	1901	2290	2656	2701	2596	2551	2500
ヒゲ	69	105	207	423	689	1009	1430	1996	2582	2962	3112	3094	3150	2962	2903
マカロニ	107	165	401	650	959	1356	1741	2237	2669	2998	3214	3232	3211	3104	3004
イワトビ	68	96	203	392	564	716	882	1088	1345	1490	1561	1565	1517	1453	1255
フンボルト	82	86	144	229	313	445	504	776	974	1197	1487	1847	2145	2362	2625
マゼラン	81	121	313	539	799	1076	1422	1834	2252	2557	2763	2949	3177	3253	3150

資料：Penguin Taxon Advisory Groups Husbandry Manual（2003）．

飼育環境

育雛器

育雛器を選ぶに当たって，考慮に入れるべき点は以下の通りである．

- *十分な空気の循環*：ペンギンの雛の育雛には，乾燥した環境が必要なので，湿度の高い所では決して育ててはいけない．過熱しないようにすること．育雛器内の半分を暖めると，雛が自分にとって過ごしやすい温度の場所を自ら選ぶ．それに応じて温度を調節する．
- *管理と消毒の容易さ*：育雛器は少なくとも1日2回は掃除しなければならない．もし材木を使ったものであれば，防水剤が塗られていなければならない．防水剤は熱が加えられても燃焼しないものであるか確認すること．
- *大きさと温度の勾配*：育雛器の端から端までの温度差を約5℃にして，雛がその行動に合わせて体温調節ができるようにしてやる（5～7日齢以降）．もし育雛器が大きすぎると，遠出をして熱源から離れすぎ，深刻な体温低下に陥る危険性がある．
- *一緒に飼育すべき雛の数*：1つの育雛器に2～5羽以上の雛を入れることは勧められない．混雑は雛の体温上昇につながり，病気の伝染の可能性を高める．

初期の雛用として一般的に使用される育雛器は40×83×38cmで，小さ目の種では1～4羽，もしくは大き目の種では1～2羽を収容できる（図5-3）．最も一般的な熱源は，温風暖房機である．過熱ランプやマットヒーター，電気ヒーターも熱源として使われている．やけどを防ぐために過熱ランプは約90cm以上育雛器から離すこと．孵化後14日は育雛器内の温度を26.6～32.2℃に保つ．育雛器を設置している部屋の状態によっては，14日齢に近づくにつれ温度を下げる必要がある場合もある．極度な過熱状態にある雛は，フリッパーと脚を大きく広げてひれ伏し，喘いでいることが多い．その他，脱水気味になり，原因不明の食欲不振に陥ることもある．育雛器やたらい等を設置する時，巣穴か洞穴のようなものを再現するため，覆いを雛に被せてやる．この覆いは安定していて雛の上に落ちることがないか確認すること．この覆いがあることによって雛は安心感を覚える．

敷物と掃除

育雛の初めの2週間は，床に布タオルを敷くのが一般的である．使い捨てのひざ掛けをタオル

図 5-3 7日齢のマゼランペンギンの雛．食器などを入れる容器を育雛器にし，吸収性のある使い捨てのひざ掛けをタオルの上に敷いている．

に巻いてもよい（図5-3）．タオルは手に入りやすいし，漂白剤で簡単に洗浄でき，十分にきれいになる．きめの粗いタオルや，擦り切れているタオルは，足爪が引っかかって脚に怪我をしたという報告が出ているので避けること．その他の初期用育雛器の敷物は，マット，キッチンペーパー，手術用ドレープなどである．重要な点は，雛が滑って脚が広がるような素材の敷物は避けるということである．一時的，あるいは永久的な筋肉や腱，関節のダメージは，足場が不適切なことから起こることがある．

育雛器は1日2回掃除すること．掃除と給餌を合わせて行うと，雛を扱う回数を減らすことができる．給餌直後の雛を扱う時は，嘔吐させないよう特別に注意する．さらに，タオルの交換も必要なら掃除の合間に行う．消毒液は徹底的に洗い落とし，雛を戻す時までに育雛器を乾燥させる．ベタジン（Betadine，ポビドンヨード）をタオルに直接吹き付けて，雛を入れる前に乾燥させておくと，真菌胞子を減らすことができる．サンディエゴ動物園では，希釈したNolvasan（クロルヘキシジン）を主要な消毒剤として使用している．

成長した雛の扱いと育雛器の必要条件
－ 15日齢から巣立ち雛まで

雛が成長するにつれ，より大きい育雛器が必要になってくる．多くの施設では，独自の施設でデザインしたベニヤ板の箱を使用している．板はペンキを塗るか適した製品で密封しなければならない．75mmのワイヤーか網の床を取り付け，脚かキャスターをつけて底を上げる．典型的な面積は $2.4 \times 1.2 \times 0.6$ m で，必要に応じて板で仕切りを作る．この大きさでは，8羽の雛を4分割した仕切りの中に収容できる．もしくは，4羽の雛を2分割した仕切り内に入れてもよい．育雛器内には，絶対に4羽以上一緒に入れてはならない．雛は育つにつれ，より臆病になるので，隠れ場や覆いをつけてやるとよい．1つの手段として，輸送用犬舎の上半分を使うことができるが，そうでなければ育雛器内に隠れ場を組み立てられる設計

にする．人間による扱いと，外部の刺激により慣らすため，1日のある時間は覆いを取り外すようにすべきである．

雛の反応や室温の状況にもよるが，通常この段階の雛には熱源は必要ない．緯度の高い所に生息する種の場合，さらに冷却する必要があるかもしれない．*Spheniscus*（フンボルトペンギン属）のペンギンの場合，扇風機や空気調節装置を育雛器に使うと，体温調節の状態と空気の質がよくなる．前述した過熱の症状が雛の体温調節の必要性を示す一番の信号である．この段階で，育雛器の床には，一般的に室内外用カーペットを用いる．これはホースで水をまいて簡単に洗浄できる．消毒剤に浸けてよく洗い，乾燥させる．その他の敷物として，ゴム加工したマットと布タオルがある．つるつるした表面は雛が滑りやすいので避けること．育雛器はより頻繁に掃除が必要になるかもしれないが，少なくとも1日2回は掃除するべきである．

謝　　辞

本章の執筆にあたって準備を手伝ってくれた，Christa Pu，Freeland Dunker 博　士，Carol Ann Hutchins，そして Jan Nicholas に感謝致します．また，Nancy Lang，Linda Henry，Dee Boersma 博士にもお礼を申し上げます．本章は，地球上のペンギンたちと，ペンギンのために数え切れない時間を無償の奉仕に費やしてくれた皆様に捧げます．

関連製品および連絡先

Mazuri Vita-Zu 鳥類用錠剤（5M25）：Mazuri, 1050 Progress Drive, Richmond, IN 47374, (800) 227-8941, www.mazuri.com, Product information at http://www.mazuri.com/Home.asp?Products＝2&Opening＝2.

Nolvasan: Fort Dodge, Wyeth, 5 Giralda Farms, Madison, NJ 07940, (800) 533-8536, www.wyeth.com.

Pedialyte Abbott Laboratories: Columbus, OH

43215, www.abbott.com.

参考文献

Ainley, D.G., Leresche, R.E., and Sladen, W.J. 1983. Breeding Biology of Adelie Penguins. Berkeley: University of California Press.

Ainley, D.G. and Schlatter, R.P. 1972. Chick-Raising Ability in Adelie Penguins. Auk 89: 559–566.

Boersma, P.D., Stokes, D.L., and Yorio, P.M. 1990. Reproductive Variability and Historical Change of Magellanic Penguins (Spheniscus magellanicus) at Punto Tombo, Argentina. In Penguin Biology, Davis, L.S. and Darby, J.T., eds. Academic Press, San Diego.

Cooper, J. 1980. Breeding Biology of the Jackass Penguin with Special Reference to Its Conservation. Proceedings of the Fourth Pan-African Ornithological Congress, pp. 227–231.

Ellis-Joseph, S. 1990. Patterns of Incubation Behavior in Captive Housed Adelie Penguins: Implications for Long Term Penguin Breeding Programs. American Association of Zoological Parks and Aquariums Regional Conference Proceedings, pp. 115–120.

Gailey-Phipps, J. 1978. A World Survey of Penguins in Captivity. International Zoo Yearbook 18: 7–21.

———. 1978. Breeding Black-Footed Penguins (Spheniscus demerus) at the Baltimore Zoo. International Zoo Yearbook 18: 28–35.

Geraci, J.R. and St. Aubin, D.J. 1980. Nutritional disorders of captive fish-eating animals. In The Comparative Pathology of Zoo Animals, Montali, R.J. and Migaki, G., eds. Smithsonian National Press, Washington, D.C., pp. 41–49.

Henry, L.M. and Twohy, F. 1990. Hand Rearing Guidelines for the Humboldt Penguin (Spheniscus humboldth) with Special Emphasis on Common Hand Rearing Concerns. AAZPA Regional Conference Proceedings.

Kuehler, C.M. and Good, J. 1990. Artificial Incubation of Bird Eggs at the Zoological Society of San Diego. International Zoo Yearbook, 29. Zoological Society of London, London.

Lishman, G.S. 1985. The Food and Feeding Ecology of Adelie Penguins (Pygoscelis Adeliae) and Chinstrap Penguins (P. Antarctica) at Stigny Island, South Orkney Islands. Journal of Zoology, London (A) 205: 245–263.

Miller, K.A. and Searles, S. 1991. The Handrearing of Humboldt Penguins. Proceedings of the 16th Annual Conference, American Association of Zookeepers.

Montague, T.L. 1982. The Food and Feeding Ecology of the Little Penguin Eudyptula minor at Philip Island, Victoria, Australia. Unpubl. M.Sc. thesis, Monash Univ.

Nagy, K.A. and Obst, B.S. 1992. Food and Energy Requirements of Adelie Penguins (Pygoscelis Adelie) on the Antarctic Peninsula. Physiological Zoology 65: 1271–1284.

Osborn, K. and Kuehler, C. 1989. Artificial Incubation: Basic Techniques and Potential Problems. Proceedings of the Annual Meeting of the American Association of Zoo Veterinarians.

Penguin Taxon Advisory Groups Husbandry Manual 2nd Edition. 2003. Tom Schneider, Penguin Tag Chair, Detroit Zoo. Phone: (248) 398-0903; Fax: (248 0 398-0504; email: www.penguintag.org.

Schofield, N.A. 1991. The Effects of Diet and Feeding Regimen on Growth Rate of Magellanic Penguins. Spheniscus Penguin Newsletter 4 (2): 12–17.

Spurr, E.B. 1975. Behavior of the Adelie Penguin Chick. Condo 77: 272–280.

Stevenson, M.F. and Gibbons, M.P. 1993. Bringing new penguins into the collection 90's style. Penguin Conservation 6(2): 2–6.

Von Bocxstele, R. 1978. Breeding and Hand Rearing the Black Footed Penguin (Spheniscus Demersus) at Antwerp Zoo. International Zoo Yearbook 18: 42–4.

Williams, A.J. 1981. The laying interval and incubation period of rockhopper and macaroni penguins. Ostrich 52: 226–229.

6
カイツブリ類(カイツブリ目カイツブリ科)

Sandie Elliott

生物学的特徴

カイツブリ目 (Podicipediformes) カイツブリ亜目 (Podicipedidae) は19の種からなる. 北米では, クラークカイツブリ (*Aechmophorus clarkii*), クビナガカイツブリ (*A. occidentalis*), ミミカイツブリ (*Podiceps auritus*), アカエリカイツブリ (*P. griseigena*), ハジロカイツブリ (*P. nigricollis*), オビハシカイツブリ (*Podilymbus podiceps*), ヒメカイツブリ (*Tachybaptus dominicus*) の7種が見られる. カイツブリ目の種はどれも水上生活者で, 集団性があり, 3つに分かれた弁足(葉状の趾)をもつ. 浮き草で巣を作り, 水生無脊椎動物や魚を食べ, 雛は早成性である. ずんぐりむっくりした体つきの, これらカイツブリ類は, 体の最後方に脚がつき, 葉状の趾とあわせて, 潜水によく適応している. 反面, 水に適応するあまり, かたい地表での歩行には向いていない. 地上でのカイツブリ類は, ようやく歩いたり立ったりできるといったところなので, 陸上での姿を見られ, 両脚とも骨折しているのではないか, と誤解されることもあり得るだろう(図6-1).

カイツブリ類に関してわれわれが最もよく知っていることは, 彼らが水上で行う, 驚くべき求愛ディスプレイである. クビナガカイツブリの求愛儀式を例にとると, 雄と雌は水面を駆け, 潜り, 浮上して, 水面でよりそい, 胸をあわせ, 反らした頚と長くうすい嘴でハート型を形成する. 彼らについて, ほかにわれわれが知っていることは限られている. というのも, カイツブリ類が生涯を通じて, 水上で暮らすためである.

春から夏にかけ, カイツブリ類は淡水の池や湿地でペアとなり, 巣を作る. 水上の草や浮遊物で作ったこの「浮き巣」[*1] は, 浅い水中でアシに固定されている. カイツブリ類はこの巣に3~10個の白~明るい青色の卵を産む. 抱卵期間は, 小型種のオビハシカイツブリ, ハジロカイツブリ, ヒメカイツブリ, ミミカイツブリでおよそ21~23日間, 大型種のアカエリカイツブリ, クビナガカイツブリ, クラークカイツブリでは25~28日間である. 雌雄ともに, 抱卵と育雛に参加する. 孵化直後の雛の体重は, オビハシカイツブリのような小型種で15gから (Muller and Storer 1999), 大型種のクビナガカイツブリの30gまで幅がある (Storer and Nuechterlein 1992).

孵化した雛は, 早成性で, 厚い綿羽で覆われ, 眼も開き, 自力で移動することができる. しかし, 雛の食物と, 保温, 身の安全は, 親が与える必要がある. 生後6週で最初の換羽が起こり, 孵化時の羽衣から幼鳥の羽衣になる. 大型種のクビナガカイツブリとクラークカイツブリでは, 生後10週目には風切羽根が生えはじめる. 生後6ヵ月で, 幼鳥の体重は成鳥のおよそ75%に達する(図6-2).

カイツブリ類の卵は, カラスやワタリガラス, カモメの食料になり, 孵化直後の雛は, コイやオオクチバス, 捕食性鳥類の犠牲になる. 彼らをと

[*1] 訳者注: 古典や季語では「鳰(にお)の浮き巣」といわれる.

図 6-1 クビナガカイツブリの足の拡大．葉状の趾（弁足）が特徴的である．

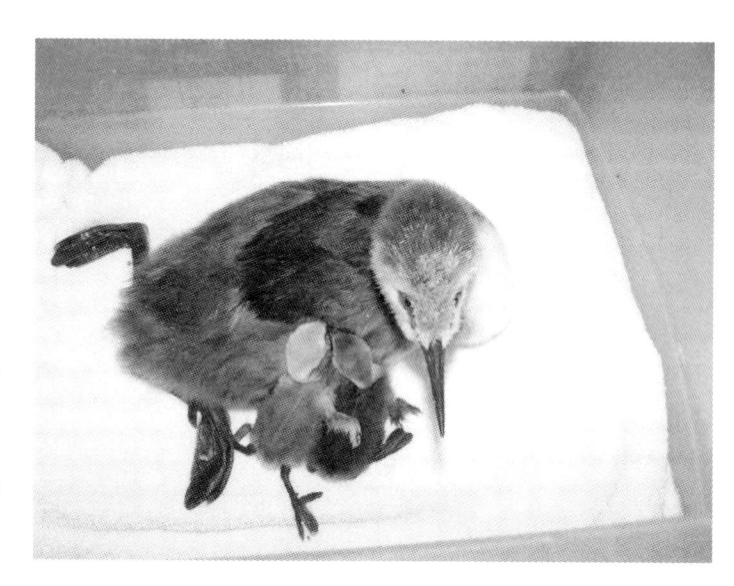

図 6-2 クビナガカイツブリの巣立ち雛および巣内雛（右）と，クラークカイツブリの巣内雛（左）．カイツブリの未成熟個体の中には，巣立ち雛を攻撃せず，背中に登らせるばかりか，驚くべきことに，食物まで与えるものもある．

りまく環境問題には，湖に蓄積された水銀やその他毒物，および人間の活動やレクリエーションによる営巣場所への妨害があげられる．

　カイツブリ類は渡り鳥であるが，全ての個体が渡りを行うわけではない．同じ種の中でも，いくらかの個体は秋に沿岸部へ移動するが，その他の個体やコロニー（集団繁殖群）は，内陸の大きな湖に留まる．ふつうカイツブリ類は日中に採食するが，沿岸部に渡ったものでは，夜間の採食行動も観察されている（Clowater 1996）．

人工育雛への移行

　カイツブリ類の雛は，生後約2～3週間，親鳥の背中の上に乗って，安全な翼の間に包まれて移動する．雛は日中，親鳥の背から水中に滑りおりては，排便し，水を飲み，少しばかり泳いで，水生昆虫や水面の浮遊物をあさったりする．保護されたカイツブリ類の幼鳥の大半は，コロニーを横切ったボートのせいで，親鳥が潜ってしまい，雛が背中からこぼれ落ちて，離れ離れになってしまったものである．少し大きくなった雛や巣立

ち雛では，ボートのプロペラや絡まった釣り糸によって，脚や足にひどい怪我を負ったものがよく見られる．中には，単に，岸辺から陸深く打ち上げられて，水に戻れなくなっただけのものもいる．幼鳥をコロニーに戻して養親に受け入れられるかどうかは，現時点では分かっていない．その可能性を示唆するデータもあるが，まだまだ研究が必要である．よって，まだ羽毛がそろわず綿羽に覆われているとか，ひとりぼっちで見つかったとか，怪我をしているとか，陸上にうち上げられているとかの状態にある幼鳥たちは，どれも人の手で保護すべき正当な理由があると言える．

これら潜水性の鳥の育雛を引き受けるかどうかは，慎重に考える必要がある．なぜなら，カイツブリの飼育は特殊で，水泳用や潜水用のプール，良好な水質，たっぷりと切れ目なく生き餌を与えることなどが必要だからである．まずは，潜水性の鳥を専門に扱っている飼育施設への移動を考慮すべきだろう．

育雛記録

Minimum Standards for Wildlife Rehabilitation (Miller 2000) に記載された飼育記録の情報は，州や地方の野生動物当局および米国魚類野生生物局の法令に準拠しているはずである．最低限記録すべき項目は，種，受入日，発見場所，およその年齢，保護理由，医学的な問題点，受け入れ時の体重，そして最終転帰である．最終転帰には移動・死亡・安楽死・放鳥といった内容と，日時，場所も含めて記録する．

また，医学上の詳細な記録もつけるべきである．鳥1羽ごとに，初診時の詳細な所見，実施した医学的処置，毎日の体重，治療経過，行動の記録をつけること．鳥の保護中はずっと，毎日の餌とケアのカルテの記録をつける．

各個体には患者番号をふる．複数の鳥を世話する場合は，小さなプラスチックの番号入り足環が使える．これは小鳥店や家禽業者から入手できる（入手先：National Band and Tag Company）．

育雛初期のケア

親からはぐれて保護された鳥はたいてい，冷えて，疲れ果て，お腹を空かせている．手早く予備検査を行い，脱水の程度を調べ，出血や呼吸困難といった，緊急処置が必要となるような明らかな外傷がないかどうか調べる．命にかかわる状態であれば，ただちに集中治療に入る．リハビリテーションの努力を続ける資格のない鳥（これには関節での骨折や，鳥が野生では自力で生きていけないようなその他大怪我を負った場合がある）には，リハビリテーションを行うべきではない．リハビリテーション実施の基準に合致する幼鳥であれば，加温に移る．

鳥は，クッションとなるパッドを敷き，その上に置いて暖める．可能であれば，30℃，湿度40〜50%に設定した，温度調節可能な保温器で暖める．どんな日齢のカイツブリ類でも，背の低いプラスチック容器あるいは段ボール箱の中に，タオルで覆ったマットヒーターを置き，そのうえで暖めることができる．暑ければ，鳥が自分で涼しいところへ移動できるように，マットヒーターはコンテナの床面半分だけに敷くこと．鳥に完全な検査を行う前に，15〜20分間鳥をあたためてリラックスさせると，鳥は活動的で機敏になり，よく鳴くようになる．

徹底的な頭から趾までの検査を終え，鳥が完全に温まって，頚と頭の動きをコントロールできるようになれば，26〜29℃に温めた，浅いぬるま湯のプラスチック容器に鳥を入れることができる．ふつう鳥は自力で水を飲む．もし，すぐに水を飲まないようなら，指でやさしく頭を水に押し付けてやる．力を入れすぎないように注意しながら，飲み始めるまで，必要なら数回繰り返す．数回試しても飲まない場合や，弱々しすぎて頭を持ち上げられない場合は，消化管へのチューブ挿入を行って水分を速やかに大量投与（ボーラス投与）する必要がある．雛は幼綿羽に覆われていることから，熟練した飼育者以外は，皮下投与や腹腔内投与は避けるべきである．カイツブリ類は，口を

開けての餌乞い行動（大口開け）をしないため，経口投与では誤嚥のリスクが高い．専門技術と滅菌された道具があれば，内側中足静脈への静脈注射によって補液することもできる．

　脱水の程度に応じて，幼鳥への適切な看護の手順を決めるべきである．正しい補液量を算出するには，欠乏量換算法（maintenance and deficit replacement method）を用いる．推定した脱水の程度（％）×体重（g）＝欠乏（水分）量（ml）であり，最初の12～24時間で欠乏量の半分を与え，残りを次の48時間に分けて与える（Bailey 2000）．この欠乏量に加えて，毎日の維持量として，鳥では一般に50ml/kg/day（1日に体重1kg当たり50ml）も必要である．変法として，体重比換算法（body weight percentage method）もある．補充すべき水分量（ml）＝体重（g）× 2.5（％）というものである．この量を24時間のうちに8～12回投与する．例えば，体重が100gの鳥では，100（g）× 2.5（％）＝ 2.5mlずつを24時間当たり8～12回，鳥が自力で水を飲むようになるまで投与する．

　保護時には，全ての鳥が軽い脱水に陥っていると想定すべきである．健康な鳥であっても，いったん体重の2.5％の水分を取らせた後に給餌する．軽度脱水と口内の乾燥を示し，皮膚が突っ張っている鳥では，給餌に先立って，1時間おきに2，3度水分を与える必要がある．ねばねばした唾液，血の気のない口腔，くぼんだ眼や，引っ張っても戻りが遅い皮膚といった重度の脱水症状を示す鳥には，給餌を始めるより先に，前述の脱水症状緩和処置が必要である．共通ルールは，「幼若な鳥に給餌するのは早ければ早いほどよいが，脱水が回復するまで餌は与えるな」，ということである．

　ラクトリンゲル液と生理食塩水は，いずれも脱水緩和のための優れた電解質溶液である．これらが手に入らない時は，Pedialyteや同様の小児用経口補液剤で代替できる．水分は投与前に38～39℃に温めて用いる（Bailey 2000）．鳥が温まって脱水症状が緩和され，排便もみられたなら，それをもって安定したと考えることができる．

　カイツブリの雛は水の外よりも，水中に排便する方を好む．泳いでいる時に，脚で水をかく動きが排便を促すのである．

　カイツブリの雛は空腹の時だけ鳴くのではなく，むしろ社会的な理由から鳴くものである．独りぼっちの個体には，傍に小型の鏡を置いてやることで，給餌と給餌のあいだも静かに落ち着かせることができる．

罹りやすい疾病と対処法

　孵化したカイツブリたちには，しばしば貧血，脱水，飢餓がみられる．こうした雛には，加温と水分と餌が必要である．これらの雛はまた，一般に鼓張症と呼ばれる胃炎[*2]や，誤嚥性肺炎も患うことがある．鼓張症と誤嚥性肺炎はいずれも，熱意はあるが不慣れな飼育者が，鳥を専門家に見せることなく，水分投与あるいは不適切な給餌を，時には両方とも，行った結果生じる．

　鼓張症は，消化管の通過障害によっても起こり得るが，それ以上に多いのは，生物学的な反応，すなわち腸内の餌や細菌の活動が原因となる場合である．胃炎（鼓張症）の間に，腸内のガスは拡散し，速やかに全身に充満して，臓器を圧迫し，臓器不全の原因となる．しばしば代謝性アシドーシスに伴って表れることもある．カイツブリ類が胃鼓張症を示していたら，ただちに胃の減圧を実施しなくてはならない．胃の減圧は口から経口チューブを食道に沿って挿入し，胃内のガスを逃がすことで実施できる．

　胃の減圧のあとには胃洗浄を行う．胃洗浄にはぬるま湯か温めた生理食塩水を用い，残った刺激物を全て除去する．それから，補液用の水分を腹腔内投与か静脈投与，あるいは経口チューブを通じて投与する．鼓張症は重篤な問題であるから，もしチューブが一度でうまく入らないか，飼育者が一連の操作に不慣れな場合は，すぐさま，鳥を診る獣医師にみせるべきである．

[*2] 訳者注：胃炎と鼓張症は別の病気だが，本文では混同されている．

誤嚥性肺炎とは，食物や水が，肺や気嚢に入った結果生じる肺炎である．半ば水に沈みつつも泳ぎ続け，疲れきったカイツブリの幼鳥が，湖の水を吸い込む，といった場合もあるかもしれないが，それ以上に多いのは，不適切な給餌技術といった，人為的ミスにより誤嚥性肺炎を起こす場合である．努力性の呼吸（すなわち開口呼吸）で苦しんでいる鳥は，しばしば肺水腫や肺の充血音を伴っている．こうした鳥には1週間～10日の抗生物質，例えば1日2～3回のアモキシシリン15～25mg/kgの投与が必要である．鳥を診る獣医師に，適切な治療法を相談すべきである．酸素が利用できるのであれば，高濃度の酸素環境は治療の助けになる．鳥は保温して，十分水和した状態（脱水症状が緩和された状態）に保つ．多くの水鳥はアスペルギルス症に感受性が高いので，抗生物質で鳥を治療するあいだ，用心のために抗真菌剤を与えることもできる．

カイツブリ類の雛が，骨折やその他の外傷で保護されることは珍しい．しかし，カイツブリ類の巣立ち雛は，しばしば脚や趾の骨折や，その他外傷による圧迫性の怪我によって保護される．カイツブリ類の脚の解剖学的なしくみや，獲物を捕えるための身体的な機敏さの必要性から，骨折を負った鳥はしばしば予後不良であり，骨折部位に副木やギプスをあてても無駄になることがある．しかし，副木やギプスは，一時的に骨折を固定するには役立つかもしれない．骨折はいかなるケースであっても，鳥を診る獣医師に指示を仰ぐべきである．

頭部の外傷を負った鳥では，脳の浮腫を悪化させないように，加温していない飼育箱が必要となる．ステロイド剤あるいは，セレブレックス[*3]やメロキシカム[*4]といった非ステロイド系抗炎症剤（NSAID）を投与する．コルチコステロイド剤の使用は，免疫系を抑制することから，大いに議論の的となっている．著者は薬物で治療するよりも，鳥を21～24℃の暗く静かなところで水和し，自力で食べられなければ経口チューブで給餌することの方を好んでいる．

カイツブリ類は鳥インフルエンザや，丹毒やパスツレラといった細菌感染症，および鳥類のボツリヌスといった毒素，メチル水銀中毒に感受性がある．ヒルもよく見つかる（USDI/USGS：米国内務省 / 米国地質測量局 1999）．

寄生虫症はカイツブリ類の幼鳥ではめったに問題にならない．しかし，便の浮遊検査法と顕微鏡検査は，飼育者のルーチンケア手順の一部として実施すべきである．カイツブリ類で最も問題になる寄生虫は吸虫（*Trichobilharzia* spp.）である．水鳥でふつう用いられる駆虫薬は，フェンベンダゾール（5～15mg/kg，経口投与，1日1回5日間），レバミゾール[*5]（20～50mg/kg，経口投与，単回），メベンダゾール[*6]（5～15mg/kg，経口投与，1日1回2日間），プラジカンテル（吸虫用，5～10mg/kg，経口または皮下投与，1日1回14日間），およびイベルメクチン（0.2mg/kg，経口または皮下または筋肉内投与，単回）である（Carpenter 2005）．どの薬を使うにあたっても，必ず，事前に鳥を診る獣医師に正確に検査室診断をしてもらうべきである．

餌のレシピ

カイツブリ類の正確な栄養要求量は，確立されていないが，彼らが生きた昆虫や魚を食べる事実から，必要な餌がそれらであることは分かっている．生きた餌の金魚，グッピー，小魚の，丸のままの栄養価は不明だが，これらは従来から救護施設で小型の水鳥に使われてきているので，カイツブリ類の雛にも給餌できる．生きたコオロギやミルワームも良好な栄養源であるし，自力採食行動の促進にも役立つ．ミジンコや水生昆虫も餌にすることができるだろう．

生の，骨を除いた淡水魚は，短期間であれば，

訳者注：
[*3] セレコキシブを成分とする抗炎症剤．ファイザー株式会社より販売．
[*4] 商品名メタカムで日本全薬工業株式会社より販売．
[*5] 商品名コーキンでコーキン化学株式会社より販売．
[*6] 同商品名でヤンセンファーマ株式会社より販売．

表6-1 一般的な食品の栄養価

可食部位 100g 当たりの栄養価	Kcal	カルシウム (mg)	リン (mg)	ビタミン B_1 (mg)
鶏ムネ肉, 生[a]	110	11	196	0.07
ニシン, 天然, 生[a]	195	83	228	0.06
ニシンダマシ*, 天然, 生[a]	197	47	272	0.15
コイ, 天然, 生[a]	127	41	415	0.12
マス, 天然, 生[a]	119	67	271	0.12
シシャモ, 天然, 生[a]	97	60	230	0.01
コオロギ, 成虫[b]	140	41	295	0.04
ミルワーム[b]	206	17	285	0.24

[a] USDA（米国農務省）Agricultural Reseach Service. Nutrient Data Library; http://www.ars.usda.gov/services/docs.htm?docid=17032
[b] Finke, 2002.
*訳者注：shad, ニシン科 *Dorosoma* 属の淡水魚. 別名アローサ.

あらゆる日齢のカイツブリへの手差し給餌や，強制給餌，チューブによる給餌に使える．死んだ魚を餌に用いる場合，魚 1kg に対し，25～30mg のチアミン（ビタミン B_1）と 100mg のビタミン E を添加しなければならない（Carpenter 2005）．餌全体のカルシウム‐リンを重量比で最適な 2：1 に調整しなければならない（表6-1）．餌の栄養価が不明な時は，体重 1kg 当たり 150mg のグルビオン酸カルシウムを日に 1～2 回経口投与できる（Carpenter 2005）．骨を除いた魚はリンがとても多く，カルシウムがとても少ないので，成長期の鳥にとって正しい比率に戻すためには，多量のカルシウムが必要になる．長期にわたって，鳥に骨を除いた魚をやり続けている場合は，骨抜きの魚 1kg 当たり 12.0g の炭酸カルシウム（カルシウムとして 4,800mg）の粉末を加える．カルシウムは給餌量の 0.4～0.8% とすべきである．

巣立ち雛には生きた，あるいは死んだ，最大 13cm までのマス，コイの幼魚，シュレッドフィンシャド*7 といった淡水魚，ニシンやシシャモといった海水魚，ザリガニなどを給餌することができる．カイツブリ類はこれらの餌を丸のままで飲みこむということを忘れてはならない．したがって，魚が彼らの口の大きさに合わなければ，魚を食べてくれない．健康なカイツブリは羽毛や骨といった消化できないものを，ペレットとして吐き戻す．

餌の蛋白源を多様にし，カロリーを高めるために，さらに昆虫を加えてもよい．餌がスムーズに給餌用のシリンジ（注射筒）や経口チューブの中を通るように，フードプロセッサーで餌の材料を処理する．餌を与える時は加熱してはならない．魚は低温でも火が通ってしまうので，餌は室温で与えること．餌の残りは冷蔵庫で保存できるが，24 時間以内に使うこと．

ドッグフードやキャットフード，シリアル，卵を使ったメニューは，鼓張症の原因となる傾向があるので避けること．生の鶏肉は，緊急時の一晩の食餌としては使えるが，細菌に汚染されている恐れがある．生肉は，衛生的な取扱い手順を忠実に守って使用する．

給餌方法

カイツブリ類の雛は，孵化後 2～3 時間で体が乾き，巣の端まで這っていき，ポチャンと水に

---

*7 訳者注：threadfin shad. *Dorosoma petenense* ニシン科の淡水魚.

落ちて，親鳥の背中によじ登る．眼は開いていて，自分がカイツブリであると認識しているので，巣にいる雛を発見してもわれわれが刷り込みをする機会は巡ってこない．カイツブリ類の雛が高度な社会性をもっており，育雛を成功させるには密接な相互関係が必要であることを考えると，この点は重要である．

　カイツブリ類の巣立ち雛は，生後24～48時間で両親から餌をもらっている時点ですでに，どのように親の嘴から餌を取ればよいかを知っている．生後72時間の段階では，短時間の水泳の間に見つけたものを食べようと試みる．カイツブリ類に給餌するということは，彼らを集中させることと待たせることを組み合わせることにより，嘴で餌をうまくつかむ技術を上達させることである．しかし，実際には彼らを集中させるということはなかなか手ごわいことではある．

　雛がその時点でできることを確かめよう．全てのカイツブリ類の雛は，生きた魚の入った浅い水槽か，生きたコオロギを入れた容器に置き，自力で餌を取る能力をテストすべきである（図6-3）．そのためには，鳥が作業に集中できるように，飼育者は数分間，部屋を出たほうがよい．200gを超える雛はどれも，衰弱や病気や怪我がなければ，自力で餌を捕らえることができる．餌の置き方は，カイツブリ類の普段の採食行動にできるだけ合ったものにしてやり，餌の大きさも彼らの食べやすいものにすべきである．

　餌用の金魚は，幼鳥の自力採食用に，生きたままでおいておくのが最も楽な魚であり，小さなサイズのものが手に入る．30リットル（かそれ以上）のフィルター付き水槽を準備して，適切な大きさの金魚をストックしておくべきである．

　コオロギあるいはミルワームを入れた餌箱は，深くて底のないプラスチック容器を，タオルの上に置くことで簡単に作ることができ，鳥を置いて，虫を入れる．底のあるプラスチック容器の中にタオルを敷くのは，コオロギやミルワームがタオルの下に隠れてしまうので，意味がない．

　鳥の体重は毎日測定し，必要な給餌量を再計算すべきである．適切な給餌量が確立されるまでは，「給餌量は体重の5%」という経験則が使える（付録II「鳥の成長期におけるエネルギー要求量」）．

　あらゆる日齢のカイツブリ類について，給餌方法の基本は4通りある．鳥が病気で衰弱している時には，①チューブ給餌または，②強制給餌が勧められる．鳥がとても幼弱で体力もスタミナもなく，餌を採りに潜れない時は，鈍端のピンセッ

図6-3　2羽のクビナガカイツブリと1羽のクラークカイツブリの巣立ち雛（灰色の濃いほうがクビナガカイツブリ，灰色の薄いほうがクラークカイツブリ）と，巣立ち雛を飼育するための一連の容器．左から右へ向かって，休息用兼睡眠用容器，給餌用の乾いた容器，排便用の水を張った容器，水泳用容器．給餌用の乾いた容器は，雛が水泳用容器で満腹になる前に，疲れたり，びしょびしょになったりした時に使用する．

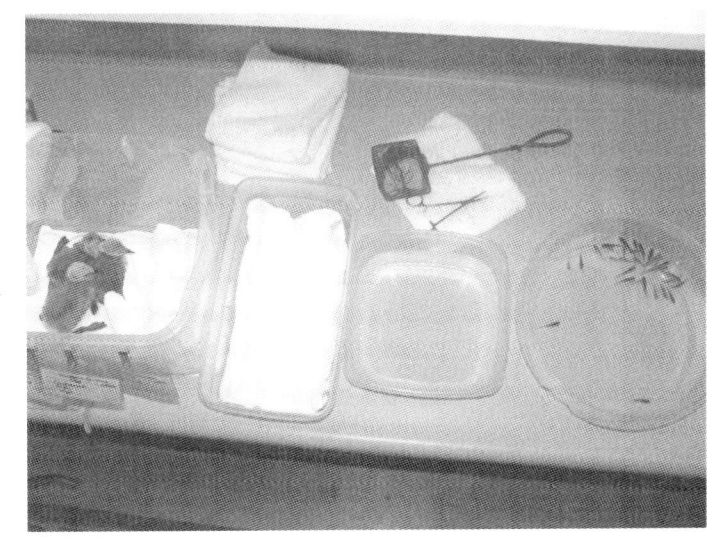

トを用いた③手差し給餌が適している．自力採食できる鳥には，④水中に生き餌を入れる．

孵化直後の雛

　容態が安定してはいても，チューブ給餌や強制給餌が必要な孵化直後の雛は，水深8〜10cm，水温約18〜24℃で，採食前にいくらかの運動ができる広さの，水を張った容器に置いてやる．雛によっては，水を飲むとすぐ排便するものや，水面に触れるなり排便するものもいるので，念のため水を張った容器は2つ用意しておく．鳥が水を飲む前に排便した時は，速やかに鳥を除けて，もう一方の容器に移し，きれいな水を飲ませ，泳がせるようにする．たいへん幼い雛は，排便と飲水のわずかな時間だけ水に入るものである．その後彼らは大声で鳴いて，水から出たいとアピールする．その時は，飼育者が水に手を入れて，雛が手に登れるようにしてやる．チューブ給餌や強制給餌をしている鳥では日中，1時間おきに泳がせてから餌をやる．もし幼鳥が給餌時間のあいだで鳴いたら，給餌時間の間隔を狭めるか，餌の量を増やす．

　チューブ給餌用の給餌器具一式として大変優れているものは，直径12〜14フレンチのソフトラバー製の尿道カテーテル，あるいは静脈内留置針の外套を適切な長さに切ったものを，ルアーロック式シリンジにつけたものである．プラスチックチューブの先端は，使用前に必ず，やすりをかけるか焼くかして，丸めておく．チューブの長さを決めるには，鳥を保定して頚を伸ばし，嘴の先端から，胃のある最後肋骨後方までの長さを測定する．チューブの先端からこの長さと同じだけのところに印をつける．チューブをシリンジに付け，必要量の液体あるいは餌を吸引し，チューブ内の空気を追い出す．チューブを挿入するには，鳥の顎の下を指で支え，頚を垂直に伸ばす．嘴をそっと開けて，注意深くチューブを口腔に進めるが，気管開口部を避けつつ（気管は舌の真ん中後方に開いている），食道がある頚の右側に沿わせる．チューブを正しい位置に置いていれば，チューブはスムーズに進み，頚の右側の皮下をチューブが進んでいくのが見えるはずである．チューブはそっと穏やかに押し進め，チューブにつけた印と嘴の先端が一致したら，挿入を止める．また，抵抗を感じた時にも挿入を止めること．逆流や誤嚥を避けるために，シリンジの中身を注入している間は，頚を完全にまっすぐ伸ばしておく．体重60gのカイツブリが，誤嚥のリスクなしに耐えることのできる一度の注入量は，液体なら1.5〜2ml，ミキサーでピューレ（裏ごし）した魚なら2〜3mlである．注入を終えたら，逆流しないよう気をつけてチューブを引き抜く．もし逆流した時は，すぐに鳥を開放し，自分で口腔内をきれいにさせてやる．

　強制給餌をするには，自分の指の爪を上下の嘴の顔に近いところに差し込み（決して，より鋭い先端の方に差し込まないこと），口を開ける．鈍端のピンセットを用いて，のどの右側奥に小さな虫や魚，魚の細長い切り身を置いてやる．鳥が飲み込むのを観察すること．鳥が飲み込まない時は，頚を上から下へやさしくマッサージして，餌を食道から胃へ進める．

　手差し給餌は，採食が可能なくらい長く泳いでいられる個体では水上で，あるいは，泳がせたあと鳥を巣箱に戻してから実施できる．手差し給餌は，単にピンセットで餌をつまんで，鳥が嘴でつかめるようにしてやるだけである．食べることを覚えたばかりの鳥は，餌を振り回したり，巣箱や近くの壁へ放り出したりする．強制給餌は選択肢の1つに過ぎず，強制給餌によって鳥の学習が抑制されるということを，覚えておく．手差し給餌をしている鳥には，日中1時間おきに餌を与える必要がある．

　手差し給餌をされている健康な雛では，獲物の取り方を理解するまで少なくとも1日1回は，彼らをコオロギの入った箱内に入れるかまたは数匹の生餌の魚を水中に入れたりして，自力採食を促してやる．自力採食の動機付けとして，餌をやる前には空腹にしておく．鳥が獲物に集中できない時は，鳥から人が見えないよう，しばらく離れ

ておいてやることも忘れないようにする．

　幼鳥の自力採食のために，深さ 8 〜 10cm，およそ 18 〜 24℃の水を張った，鳥が十分泳いだり潜ったりできる広さの容器を 2 つ用意しておく．一方に生き餌の魚を入れる．鳥が排便するまで 1 つ目の容器で泳がせ，排便したら 2 つ目の容器に鳥を移して飲水，水泳，採食させる．水深は個体の潜水能力に合わせ，満腹にしてから巣箱用容器に戻す．自力採食できる鳥には日中 1 〜 2 時間おきに餌を与える．魚の重さを量り，数えて，食べた量の記録を続ける．幼鳥では十分食べるより先に疲れてしまうかもしれない．その場合は鳥を水から引き上げ，コオロギやミルワームを与え，手差し給餌か強制給餌，あるいは経口チューブを用いて，食事を完了させる．

　体重 200 〜 240g のクラークカイツブリやクビナガカイツブリの幼鳥では，急速な成長期があり，それは 1 〜 3 日続く．その期間内，彼らは食べものに貪欲になり，24 時間のうちに，体重と同じかそれ以上の量の餌を食べる．この間は給餌間隔を短くする必要があるし，給餌量も劇的に増やす必要がある．

　カイツブリ類の幼鳥では，親から与えられた羽毛が胃の内側を覆い，魚の骨から胃を守っている，という説がある．真にそうした理由で羽毛が与えられているのか，あるいはただ単に，カイツブリ類が水面の浮遊物のうち，たまたま羽毛を食べるという問題なのかは，議論すべきところである．餌の金魚やグッピー，小魚には，カイツブリ類の幼鳥の胃腸を傷つけるような，硬い骨はない．しかし，もし小さな綿羽が手に入るなら，鳥に与える．

巣立ち雛

　巣立ち雛とは，自立して，成鳥のサイズに近く，羽毛に覆われていて，防水能力があり，飛ぶことを覚えた鳥のことである．巣立ち雛には，可能なら生きた魚を，しかしそれがなくともシュレッドフィンシャドか，他の小型淡水魚や，大型の魚の骨をとり除いた切り身を，水槽に投げ落として与えることができる．水中での魚の動きは，巣立ち雛の採食を刺激する．大きな死んだ魚をやる場合は，切れた骨の鋭端で鳥の消化管を傷つけないように，骨をとり除いて与えるべきである．

　自力採食のできる健康な巣立ち雛には，日中に 4 時間おきに満腹になるまで給餌すべきである．経口チューブや強制給餌の必要な巣立ち雛には，日中 2 〜 3 時間おきに給餌する．

期待される体重増加

　カイツブリ類では決まった 1 日増体重の記録というのはなく，地域限定の，あるいは種限定の漠然としたものがあるだけである．機敏で活発で，正常で健康そうに見える鳥は，おそらく健康だし，おなかが空いたら声に出すだろう．体重が増え続けているかどうか確かめるため，1 羽 1 羽の体重を毎日測定すべきである．著者の経験では，成長期の初期には，クラークカイツブリやクビナガカイツブリで日に 8 〜 12g，オビハシカイツブリで日に 6 〜 10g 体重が増加する．

飼 育 環 境

　カイツブリ類の成長と自立に伴って，飼育設備も変えねばならない．どんな日齢のカイツブリ類を飼う時も，足をすりむかないように，表面が硬い，もしくは粗い木，砂利，土，針金，障害物は決して置かないことが大切である．カイツブリ類では，生涯を水上で暮らすようになるまでは，常に陸地の表面にパッドを敷いてやらねばならない．いかなる日齢の鳥であっても，できる限り長くプールで過ごせるようにしてやらねばならない．飼育設備は，日齢や体重で決めるのではなく，鳥の能力で決めるということを忘れないようにしなければならない．カイツブリ類は集団性をもつ鳥であるから，安心して同サイズの亜成鳥を一緒に飼うことができる．

　病気あるいは怪我をしたカイツブリ類の幼鳥の飼育設備としては，やわらかいパッドを敷いた保温器や，温度・湿度を調整できる保育器，マットヒーターを敷いたコンテナがある．保温器や保育

器の温度は 30℃，湿度は 40〜50％ に設定する．タオルで巻いたもの，あるいはパッドをあてた床敷などは，少なくとも日に 2 回交換する．糞尿や食べかすで羽毛が固まることは，断固避けなくてはならない．きれいな水で頻繁に短時間泳がせると，糞による寝床の汚れを減らすのに役立つ．

排便用，採食用，運動用として，どんな日齢のカイツブリ類にも，プールは身近なものにしてやること．給餌の前も，給餌中も，給餌後も，カイツブリ類に好きなだけ泳がせてやることは，彼らの筋肉の調子や潜水能力を大いに高め，消化管の運動性を維持する．だが，防水能力が完全になるまでは，カイツブリ類の幼鳥を，決して長時間，人目のないところで鳥を水中に放っておいてはいけない．

プールの容器は，鳥が泳いだり潜ったりできる余裕のあるサイズでなければならない（図 6-4）．鳥が容器の壁を乗り越えないように，水面は常に容器のふちより十数センチ低くすべきである．水深は，鳥が水底の餌を拾いに潜れる限界を，決して超えないこと．カイツブリ類の幼鳥たちの水泳用あるいは給餌用に使える，掃除や持ち運びが簡単で，移し替えも簡単にできて安価な，様々なサイズのプラスチックやゴムの容器がたくさん売っている．50〜60g の孵化直後の雛では，皿状の洗いおけがよいだろう．しかし，200g の鳥では，少なくともバスタブサイズのプールが必要だろう．

鳥が完全に自力採食でき，水上で長い時間過ごせるようになったら，鳥を人間の幼児用プール，または推奨サイズ直径 1.8m，深さ 0.6m のプールに入れてやる（Miller 2000）．注意深く観察すると，鳥の潜水能力と餌を捕獲する能力とに見合った水深がおのずと決まるだろう．プールには，鳥が休んだり，羽づくろいをしたり，暖まるための「浮き島（休憩所）」が必要である．

足の小さいカイツブリ類用の浮き島は，幅 30cm，長さ 30cm，厚さ 3〜5cm の穴のない発泡材を，6mm の結び目のないナイロンネット（Nylon Net Company）で隙間なく覆ったもの，もしくは類似の素材を使う．大型のカイツブリ類では，幅 60cm，長さ 60cm，厚さ 7cm の発泡材を，2.5cm の結び目のないナイロンネット（Christensen Net Works）で覆う．発泡材の中心に穴を開け，プラスチック製のロープを 1 本通す．発泡材の上でロープの大きな結び目を作って，ロープが穴から抜け落ちないようにする．水中のロープの長さを測り，プールの水深と同じになる

図 6-4 直径 1.8m，深さ 0.7m の規格のプール．ナイロン製のネットで覆った発泡材でできた浮き島を入れる．プールの周囲はワイヤーのフェンスで囲まれており，水面から 30cm の高さまで目隠しの布を立ち上げて，洗濯ばさみでしっかりフェンスに止めてある．

第6章 カイツブリ類（カイツブリ目カイツブリ科）

ようブロックや岩に繋ぎ，浮き板の錨とする．ロープの余った端は切らずにおくと，リハビリテーションの過程で水深を増した時に長さを調整できる．持ち運び可能で手作りの四角い枠に，ネットを四隅からハンモックのように張ったものも，浮き島に使える．浮き島は，鳥がよじ登って，体を乾かし，暖まるために，水面から顔を出していなくてはならない．また，鳥に安全で登り降りしやすい位置になくてはならない．

環境温度がその季節の平均気温よりも，大幅に下がる時は必ず，カイツブリ類の幼鳥のために，浮き島の上に熱源ランプを設置してやらなくてはならない．水温は18～21℃とするか，その地域，その時期の湖のおよその水温に合わせてやること．プールは静かな屋外で，日中の自然光があたる場所においてやる．プールを屋内に置く場合は，フルスペクトル（全波長型）ライトを用い，屋外の明暗サイクルに合わせてあててやる．屋外プールは捕食者の侵入できないものでなくてはならず，安全確保と，鳥が人を見るのを最小限に減らすのとを兼ねて，プールのまわりを視覚的な障壁で囲ってやるとよい．これは，背の高い鉢植えの植物を使ったり，プール外壁に日よけネットを吊したりすることによって，簡単にできる．

長時間監視ができない時や夜間には，この段階でもまだ，カイツブリ類の幼鳥たちを安全な巣箱に戻してやらなくてはならない．注意深く観察すれば，鳥の求めるものが分かるだろう．ひとりぼっちのカイツブリ類を育てる時は，精神の良好な発達上，浮き島の近くに鏡をおいてやることが大切である．

カイツブリをもっと深くて大きな容器に移すことで，魚が鳥から逃れるチャンスを増やしてやる．鳥が十分食べているかどうか確かめるために，プールに入れた魚の重さと数を採食前後にチェックしなければならない．

孵化直後の雛の羽衣から幼鳥羽衣への第1回換羽のあと，もしくは防水性と長時間泳げる力がついたら，カイツブリ類を直径1.8m，深さ0.6mの屋外プールへ1日中入れっぱなしにできる．カイツブリ類が驚いて，あるいは，意図的に逃走しようとした時，鳥は水から跳ね上がって壁を越えようとするので，周囲の壁に安全柵か囲いを設けなくてはならない．囲いは，何かしら曲がる素材でプールの外周を巻いて，水面から高さ30cmの障壁を作ればよい．ぐあいのいい素材として，リノリュームやパラフィンコートされた段ボール，シャワー室用の薄いプラ板があるし，木製や金属製のくいをプールの外周に打ち込んで，3.5cmの開き目の金網やネットやスクリーンを取り付けたものでもよい．深さ90cmのプールに60cmだけ水を張ったものでも代用できる．ここで使うプールも，捕食者から守られていて，視覚的な壁があり，浮き島を備えていなくてはならない．ただし，熱源は必要ない．

プールに濾過装置がない時は，オーバーフロー方式の清掃がお勧めである．これは園芸用ホースをプールに入れ，きれいな水を入れ，数分間溢れさせるだけで簡単に実施できる．それにより，糞や餌から出る脂分によって，鳥の羽毛が汚れる可能性を減らすことができる．

放鳥準備

カイツブリ類は生後10～12週齢（飛翔羽が生えている状態．ただし完全に生え揃っている必要はない）になり，生きた魚を自力採食でき，完全な防水性を備え，治療の必要がなければ放鳥できる．防水性のテストは，浮き島のないプールに，鳥を最低48時間おくことによって行う．放鳥準備の整った鳥は，防水性には1点の曇りもあってはならない．羽毛の下の綿羽は完全に乾き，皮膚はどこにも水が滲みていないことが必要である．

放鳥は，穏やかな天候が少なくとも3日は続くと予想される日に，生息地に適した，できれば同種の鳥たちが近くにいる場所で行う．

謝　辞

本章を査読してくれたDavid Stonebergに深謝します．

関連製品および連絡先

足環：National Band and Tag Company, 721 York St, Newport, KY 41072-0430, (800) 261-TAGS (8247).

ネット：Nylon Net Company, 845 N Main St, Memphis, TN 38107, (800) 238-7529.

ネット：Christensen Net Works, 5510 A Nielsen Ave, Ferndale, WA 98248, (800) 459-2147.

参 考 文 献

Bailey, T.A. 2000. Fluid therapy. In Avian Medicine. Samour, J., ed. Mosby, London, pp. 103–104.

Carpenter, J.W., ed. 2005. Exotic Animal Formulary, 3rd Edition. Elsevier Saunders, Philadelphia, pp. 135–344.

Clowater, J.S. 1996. Western Grebe Research: Nocturnal Foraging of Western Grebes. http://webs.ii.ca/clowater/default.htm.

Finke, M.D. 2002. Complete nutrient composition for commercially raised invertebrates used as food for insectivores. Zoo Biology 21: 269–285.

Miller, E.A., ed. 2000. Minimum Standards for Wildlife Rehabilitation, 3rd Edition. National Wildlife Rehabilitation Association, St. Cloud, MN, 77 pp.

Muller, M.J. and Storer, R.W. 1999. Pied-billed Grebe (*Podilymbus podiceps*). In The Birds of North America, No. 410, Poole, A., and Gill, F., eds. The Birds of North America, Inc., Philadelphia, PA.

Stocker, L. 2000. Practical Wildlife Care for Veterinary Nurses, Animal Care Students and Rehabilitators. Blackwell Science Ltd. London, pp. 26–32.

Storer, R.W. and Nuechterlein, G.L. 1992. Western and Clark's Grebe. In The Birds of North America, No. 26, Poole, A., Stettenheim, P., and Gill, F., eds. Philadelphia: The Academy of Natural Sciences; Washington, DC: The American Ornithologists' Union.

U.S. Department of the Interior and U.S. Geological Survey. 1999. Field Manual of Wildlife Diseases: General Field Procedures and Diseases of Birds. Biological Resources Division Information and Technology Report 199-001. National Wildlife Health Center. Madison, WI, 425 pp. Manual available as free download at http://www.nwhc.usgs.gov/publications/field_manual/index.jsp.

7 ペリカン類

Wendy Fox

生物学的特徴

米国には，3亜種のカッショクペリカン（*Pelecanus occidentalis*）がいる．*P. o. occidentalis* は，メキシコからフロリダ半島東西海岸にかけてのメキシコ湾岸地域に広く見られる．*P. o. carolinensis* は，メリーランド州からフロリダ周辺，メキシコ湾岸を経て中米の地域で繁殖する．*P. o. californicus* は，カナダのブリティッシュコロンビア州から太平洋沿岸を下る地域に生息しており，主にカリフォルニア州からメキシコにかけての地域で繁殖する．

ペリカンは3〜5歳で性成熟に達する．地面の上やマングローブなどの樹林の中に，集団で営巣する．雄が場所を選び，雌を誘った後に小枝を集め始め，雌がその枝で巣を組む．地面に作る巣は，単なるくぼ地でしかない場合もある．

通常，一腹卵数は3卵で，数日間にわたって産卵される．普通，産卵の間隔は2日である．両親とも抱卵する．抱卵期間は種や地域によって差があるが，30〜35日のようである．

人工育雛への移行

人工育雛の理由として一番に考えられるのは，ハリケーンや原油流出といった集団繁殖地の破壊や荒廃を引き起こすような大きな出来事である．一般の人がペリカンの雛を見つけて，野生動物のリハビリテーション施設に持ち込むことはまれであるが，人間が海岸地域を利用し続けている限り，その機会は増えるだろう．それは，ペリカンが好んで巣を作る沿岸の小さな島や沿岸内水路の浚渫によってできた島の多くには，レジャーボートや漁船が簡単に近づくことができるからである．

雛のためには，どのような場合でもその両親によって，あるいは里親がいる野生動物施設で育てられることが最も望ましい．この章では，全ての事態について解説することができているわけではない．間違った方法や，経験のない人によって育てられて野生に戻されることは，野鳥にとって残酷で不適切なことであり，時には違法なことでもある．

育雛記録

野生動物のリハビリテーターや渡り鳥を取り扱う人は，州や連邦政府のリハビリテーション許可書を持っていなければならならない．その許可書には扱っているそれぞれの鳥についての年次報告が必要とされる．報告には，受け入れ日，種，処置結果，手放した日という情報が必要である．

さらに，鳥に対する手当てが継続して行われるように，鳥が発見された場所（その鳥が同じ場所に返されることが望ましいからである），受け入れ時の全身状態と体重，受け入れ時の負傷部位とその後に行われた治療，輸液や薬剤投与の記録，給餌スケジュール，雛が介助なしに採食できるかそれとも援助が必要であるかということについての適切なメモといった情報を収集することが推奨される．成長曲線は，正常に成長していない鳥に対する目安として役立つ．

育雛初期のケア

　雛に対しては，他のどのような処置よりも，まず暖め，次に水分を補給することが重要である．タオルで作った巣を暖かく静かな場所に置き，雛を中に入れる．ペリカンの雛は巣の底から採食するので，紙，特に裁断された紙は摂取してしまう危険性があるので，巣材として用いるべきではない．孵化して最初の約3週間，つまり綿羽で覆われるまでは，雛は自ら体温調節できないため，常に両親と一緒にいる（図7-1）．

　水分補給は経口，皮下，もしくは静脈内投与で行う．様々な補液剤を用いることが可能であるが，野生動物獣医師の指示に従って選択すべきである．野生動物に対する補液治療の一覧表も利用できる（この章の最後にある「参考文献および資料」の項を参照のこと）．雛が温められ，水分が補給されたなら，給餌を開始する．

罹りやすい疾病と対処法

　小さな皮膚の裂傷は頻繁に見られる．患部が清潔に保たれていれば，この種の小さな切り傷は，通常はすぐに治癒する．

　雛が，同じ巣で先に生まれた別の雛から攻撃された場合には，より深い外傷を負うことがある．自力採食に移行する時期にも，似たような問題が起こることがある．その時期の雛は，手当たり次第に成鳥から食物をもらおうとすることがあり，成鳥の嘴を開けさせようと攻撃的になることがある．成鳥は時々，雛の頭のあたりをつついて反撃し，場合によっては頭部を負傷させてしまう．ほとんどの傷は浅く，痂皮に覆われてすぐに治癒する．この日齢では，嘴はまだ柔らかく，傷つきやすい．嘴の傷は顎の近くにできやすい．痂皮の形成はなかなか容易ではなく，嘴が完全に治癒するまでには数週間を要する．眼に達する掻き傷がある鳥や，神経症状を呈している鳥は，経験のある野生動物獣医師に見せるべきである．血液学検査，生化学検査の参考値はZaiasら（2000）の文献に記載されている．

　カッショクペリカンでは，皮下気腫のようなものがあるのは正常なことである．これが浮力の助けとなる．触診の際には発泡ビニールシートのように感じられ，プチプチと音を立てる．気嚢が破裂している場合には，皮膚が明らかに大きく袋状に膨れる．もし気嚢の破裂が疑われるようであれば，野生動物獣医師に見せるべきである．気嚢へのドレーン処置や，呼吸の補助が必要なことがある．

餌の種類

　野生では，カッショクペリカンは頭からダイビングして，魚と水を11.4リットルも腮嚢（下顎にある伸縮性の袋）に入れて水面に持ち上げ，採食する．小魚が密集している大群がいれば，水面に浮いている間にも魚を獲る．飼育下では，キュウリウオ，ミノー，カタクチイワシが小さな雛には適しており，幼鳥になるに従って，小さなツバメコノシロ，ニシン，マイワシ，ボラ，メンハーデン，その他魚の餌となるような丸ごとの小魚へと大きさを増していく．魚の栄養価は，魚の種類や季節，生死によって異なる．脂肪を多く含む魚はカロリー密度が高い．サバのように非常に油っこい魚では，ペリカンの嘴の周囲に油が粘着し，結果的に羽毛に撥水上の問題を引き起こす可能性がある．通常，魚はビタミンのよい供給源で

図7-1　孵化後間もないペリカンの雛．綿羽が生える前の皮膚の色は紫がかっている．

あるが，死んだものや冷凍したものでは変質することがある．死んだ魚や冷凍した魚を給餌している鳥にはチアミン（ビタミンB_1）やビタミンEのサプリメントと，良質な総合ビタミンサプリメントを与えるべきである．飼育下で生の魚を与えている鳥であっても，適切な良質のビタミンサプリメントは有効である．投与量は体重に応じて決められるが，餌やサプリメントの組み合わせにも左右される．魚食性の鳥類や哺乳類のために調合されているVionate powder（Rich Health）や，SeaTab（Pacific Research Laboratories）などもサプリメントの選択肢となる．

最適な餌は，鳥が営巣期に野生で獲るものに近い魚である．したがって，可能であれば季節に応じてその地域で獲れる様々な魚を用いることが一般的な原則である．ペリカンは骨を消化しにくく，時には消化できないこともあるので，大きな魚の厚切りや，大きな骨や鰓板，頭骨をもった魚は適当ではない．大きな尖った骨は，胃に穿孔を生じ，腹膜炎を起こしたり，食道にひっかかって飲み込むことが困難であったりする．カロリー・エネルギーの必要量表と計算結果が野生動物に対しても作製されている（この章の「参考文献および資料」および巻末の付録IIを参照）．

給餌方法

野生では，孵化後数時間のうちに給餌が始まる．親が少しだけ消化した魚を巣に吐き戻して雛に拾わせる．この行動は約3週間続く．雛が完全に綿羽に覆われるのに合わせて給餌方法も変化する．2～3週齢で雛は魚を求めて親の喉の奥にまで頸を伸ばして食べるようになる．この行動は，雛が巣立てるようになるまで続く．雛が飛翔できるようになると，親は給餌の回数を制限する．Pelican Harbor Seabird Stationは，ペリカンの営巣地に近いビスケーン湾（Biscayne Bay）にある渡り鳥の飛行経路上に位置している．著者は，陸上でも海上でも若いペリカンが成鳥を追いかけているのを頻繁に目にする．親の注意を引こうとして翼を振り，頭を上下に動かし，自らの翼にかみつこうとすることは，巣立ち雛の正常な行動である．成鳥の嘴を開けさせようとするような，より積極的な行動もある．

綿羽の生えていない小さな雛に対しては，小さいキュウリウオのような魚の片身，あるいは小さなものであれば丸ごとをケージや巣の底に置いてやる．人がいると，雛が注意をそらして食べないかもしれないので，その場を離れる．雛のところ

図7-2　眠っている雛と一緒にいる里親．

図 7-3 里親の腮嚢から採食している巣内雛．白い綿羽が密に生えていることに注目．

に置いた魚の数を数えておくことが大切で，それにより採食状態をチェックできる．この間にできるだけ早く雛を里親に引き合わせる（図7-2）．

成長し綿羽に覆われた雛は腮嚢から食べるようになっているため，より大変である（図7-3）．床にある魚をついばまないようであれば，止血鉗子か鋏でつまんで与えると，すぐに学習する．しっかりと立ち上がり羽毛が生えつつある雛には，浅く水を張ったボールに魚を入れて与えてみるとよい．

もし里親がいない場合には，里親がいてペリカンの育成経験のある施設に移すことが最も雛のためになる．里親は通常は放鳥できないペリカンで，雛の養育や教育目的に用いられるが，そのための許可が必要とされる．リハビリテーションの最中である成鳥は，里親として用いるべきではない．

雛を里親に引き合わせた時に，雛が受け入れられるかどうかはすぐに分かる．雛の周りを回りながら頭を振り，嘴を開くことは成鳥の普通の行動であり，シューという音を出すこともある．成鳥はすぐに雛を抱くものである（図7-4）．成鳥は，ペアでも1羽のみでも雛の世話をする．

成長した雛は，手本となる里親と一緒にグループで飼育されるのが最適である．それぞれのグ

図 7-4 2羽の雛を抱いている里親．

ループの個体数は，鳥舎の大きさにあわせて決める．若いペリカンは餌の食べ方が大変攻撃的になることがあり，しばしば餌欲しさに成鳥や，より大きな幼鳥を圧倒することに気をつけないといけない．これは雛と成鳥の両方にとって危険な状況である．

集団繁殖地の島がハリケーンによって破壊されたような場合，罹災したペリカンの雛の大集団を導入する時には，フェンス越しに接しているような鳥舎を使ったゆっくりとした導入手法を用いる必要がある．このようなペリカンたちは，救出活動や移送によって精神的ショックを受けており，少なくとも数日間は大きなグループでいるのがよい．2004 年のハリケーン「デニス」の後，著者は 6 ～ 10 週齢のペリカンの雛 50 羽を育てた．雛を，一定の日齢ごとに 3 つのグループに分け，里親とフェンス越しに接している鳥舎に収容した．収容された最初の日，夜が近づくと雛たちは里親のいるフェンスに向かって座って眠り，成鳥たちはフェンスの反対側で雛の隣に座った．次の日には穏やかに，うまく同居が行われた．

期待される成育

最初の 3 週間，体重の増加は急激である．3 週間を過ぎると，急激ではないが安定して体重が増加するようになる．ペリカンは大きさにかなり差があるため，体重増加だけが良好な成長の指標とはならない．雛が次第に活発になることや，胸の肉付きがよく，身体が丸々としており，脱水していないことを日々確認する．

雛は晩成性で，およそ 7 日間は紫がかった皮膚をしている．その後，白い綿羽が最初に尾部から現れ始め，およそ 3 週齢で完全に綿羽に覆われる．4 ～ 5 週齢で正羽が現れ始め，肩甲骨の部分から上腕に広がっていく．

雛は 2 ～ 4 日齢で頭を上げ始める．10 ～ 14 日齢までに巣の中を移動し，直立できるようになる．3 ～ 4 週齢で長い間座ったり立ったりするようになり，その後地上の巣にいる雛は活発に動き回るようになる．巣を離れて探検し始め，時々遠くまで行ってしまうが，親鳥はしっかりと見守っている．樹上の巣にいる雛は，巣に隣接する止まり木に移動するようになる．初めて飛ぶのは，通常 12 ～ 14 週齢の間である．

フライトケージとプール

リハビリテーションを行う野鳥のためのケージ飼育の基準が，米国魚類野生生物局によって規定されている．連邦規則の中で，Miller（2000）の文献が鳥舎の大きさに関するガイドラインとして引用されている．ガイドラインでは 3.6 × 9 × 高さ 3m の鳥舎が必要とされているが，飛翔できる環境を必要としているペリカンや野生復帰の準備をしている巣立ち雛については，およそ 7.3 × 9 × 高さ 4.3m のケージにすることでよりよい環境

図 7-5　伸びをしている 3 羽のペリカンの幼鳥．〔写真　は IBRRC（International Bird Rescue Research Center，国際鳥類救護研究センター）の Marie Travers の好意による〕

が与えられると著者は考える．この大きさなら飛翔中に旋回することができるからである．異なった高さの止まり木も用意すべきである．プールの大きさも規定されており，少なくとも深さ60cmとされている．海水のプールが理想的である．全てのプールで，一方に給水口が，反対側に排水口が設けられていることが望ましい．このようなオーバーフロー方式のための仕組みによって水を良好に循環させ，特に魚の油や糞，その他の汚染物質が水面にない状態を保つことができる．放鳥前，水鳥の羽毛は水をはじき，最高の状態でなければならない．このことは，野生で生きていくために不可欠である．

放鳥準備

ペリカンは，里親か手本となる他のペリカンによって育てられることが，野生で生きていくためにきわめて重要である．ペリカンは，生まれつきかなり好奇心旺盛かつ友好的で，魚を得るためならどのようなことでも行う．残念なことに，マイアミのPelican Harbor Seabird Stationでは，90％以上の負傷が趣味の釣りに起因するものである．ペリカンは餌として与えられた魚と，釣り餌用に中に針が仕込まれた魚を区別できない．もし雛の時に人と餌とを結び付けて考えることを学べば，この行動を成鳥になっても続けて，より負傷しやすく，場合によっては死亡しやすくなる．適切なケージで，里親と一緒に，あるいはグループで他のペリカンと一緒に育った場合，野生で生きていける見込みがより高まる．リハビリテーションの環境では，頭から飛び込むことを教えるのは大変困難であるが，適切なタイプのプール，ケージ，里親，手本となる他のペリカンがそろっていれば，雛はすぐに魚が水中から獲れることを学ぶだろう．生きた魚を腮嚢で捕え，水を吐き出して獲り逃がすことなく飲み込むことを経験するために，生きている魚を与えることが大切である．

可能であれば，ソフトリリースが好ましい．また，幼鳥はグループで，成鳥のペリカンの群れの近くに，もし可能であれば集団繁殖地の近くに放鳥されることが望ましい．マイアミのPelican Harbor Seabird Stationでは，リハビリテーションを行ったペリカンや野生のペリカンに，米国地質調査所（USGS）の金属製足環と，識別を容易にするためのプラスチック製の観察用足環を取り付けている．施設から放鳥されたペリカンの幼鳥が，野生の成鳥と湾の中を飛んだり泳いだりしているのがよく見られる．放鳥個体は，これらの野生の成鳥グループとともに北への春の渡りに出発する．熱心な野鳥観察者が，マイアミの北320kmにある集団繁殖地での観察結果を報告し，写真を送ってくれている．その報告により，飼育下で育てられた，あるいはリハビリテーションされた幼鳥が，野生で成鳥や他の幼鳥と交流していることが明らかになっている．

謝　辞

Beth Hirschfeld獣医師からの情報に感謝します．

関連製品および連絡先

Sea Tabs, Pacific Research Laboratories, El Cajon, CA.

Vionate powder, Rich Health Inc., Irvine, CA.

参考文献および資料

Miller, E.A., ed. 2000. Minimum Standards for Wildlife Rehabilitation, 3rd Edition. National Wildlife Rehabilitation Association, St. Cloud, MN, 77 pp. http://www.nwrawildlife.org/documents/Standards3rdEdition.pdf.

Miller, E.A. and Wolf, L.A. Quick Reference, 2nd edition. National Wildlife Rehabilitators Association, St Cloud, MN.

Shields, M. 2002. Brown Pelicans (*Pelecanus occidentalis*). In The Birds of North America, No. 609, Poole, A. and Gill, F., eds. The Birds of North America Inc. Philadelphia, PA.

Zaias, J., Fox, W., Cray, C., and Altman, N. 2000. Hematologic, plasma protein, and biochemical profiles of Brown Pelicans. American Journal of Veterinary Research 61(7): 771–774.

8
フラミンゴ類

Peter Shannon

生物学的特徴

フラミンゴの6つの種および亜種は似たような生物学的特徴を有する．オオフラミンゴ（*Phoenicopterus rubber roseus*）とコフラミンゴ（*Phoeniconais minor*）は旧世界に生息し，カリビアンフラミンゴ（*Phoenicopterus rubber ruber*），チリフラミンゴ（*Phoenicopterus chilensis*），アンデスフラミンゴ（*Phoenicoparrus andinus*）とコバシフラミンゴ（*Phoenicoparrus jamesi*）は新世界に生息する．彼らの生息場所は熱帯の海水面（カリビアンフラミンゴ）からアンデスの高地（コバシフラミンゴ，チリフラミンゴ，アンデスフラミンゴ）へと幅広い．

一般的に集団を形成し，移動は通常，利用できる食物資源の存在により決定される．概して季節繁殖であるが，時期は生息地の状況の変化によって変わる．

集団でディスプレイすることがコロニー内における繁殖状態を同調させ，産卵の同期化を促進させるのに役立っている．巣は一般的に泥や岩屑を盛り上げて作られる（図8-1）．ある生息地では，こういった巣の構造がおそらくは地表面から卵を上げることにより巣の温度を下げることに役立っているようである．その他の生息地では，盛土は大雨や大波により巣が冠水することを防ぐのに役立っている場合もある．

野生では，営巣期間中，ペアはほとんどが一夫一妻であるが，おそらくは毎年異なる相手とペア形成していると思われる．飼育下では，ペアは数年にわたって固定していることもあるが，一般的に乱交である．飼育集団では，おそらく選択できる交配相手が限られていたり，ほとんどの飼育群が閉鎖的な共同体であったりするという理由から，3個体や4個体による乱婚，あるいは同性のペアリングがしばしば見られる（Shannon 2000）．

一般的には1産1卵である．もしその卵が失われたり割れたりして，コロニーが営巣活動を続けていれば，補充卵を産むこともある．

抱卵と育雛はペアにより行われる．ほとんどの種で抱卵期間は27～30日である．親と卵内の雛の間の音声コミュニケーションは，絆作りのために重要である．雛は吐き戻された液を餌として与えられる．液は雛の声により刺激されて分泌される．雛は通常，孵化後5日目から巣を離れ始めるが，2週間は巣に留まる．

野生の雛は約2～3ヵ月で飛翔できるようになるまで親によって給餌されているようである．育雛期間中に，親による抱雛のために巣に戻ってくるのを止め，そして最終的に巣を離れれば，雛たちはクレイシ（育児集団）に集まり，親は給餌を止める．通常，数羽の親が雛達のそばに付いている．飼育集団は群れの大きさが限られているため，この行動はめったに観察されないか，あるいは明らかではない．

人工育雛への移行

営巣期間中における人的な介入は，抱卵，孵化あるいは孵化後のどの段階においても必要になる

図8-1 親鳥とともに泥土の巣の上にいるフラミンゴの雛.

可能性がある．

抱卵時

抱卵中，卵は不慮の事故や他の個体による攻撃により巣から転げ落ちてしまうかもしれない．もし親が正当に卵を守り，抱卵する能力があると見なされる場合は，卵を巣に戻してやる．親は別の巣で別の雛を育てるかもしれない．フラミンゴは孵化前に彼ら自身の卵を認識することはない．彼らはただ守っている巣を認識しているだけである．偽卵に交換し，孵化まで人工孵化させることが卵を確実に生存させるための方策である．

もし親の片方が死亡したり，営巣にそれ以上参加しなかったりした場合は，片親だけでは自分自身の巣を十分に守ることができないため，卵を里親に託すか，あるいは人工孵化すべきである．

コロニーが妨害を受けたり（捕食者，洪水，他の同じ営巣地内での問題），ペアの適正な育雛能力に関する問題（経験不足，相手のいない雌，抱卵失敗の経験者）があったりした場合は，偽卵に換えるか，人工孵化に切り替える必要がある．1シーズンの間に4個まで産卵する雌がいることが知られているため，保護管理方法の1つとして，再産卵させるために，いくらかの親から卵を取り去ることもできる．

どのような場合においても，有精卵を巣に戻すことができなければ，雛は人工育雛されるべきである．

孵化時

通常，雛の嘴が気室に入った（内側の嘴打ち）ならば，それは孵化をしようとしているということである．人工孵卵されている卵は，この段階で，雛にとっても，親にとっても，孵化前にお互いの声を学ばせるために巣に戻さないといけない．一般的に孵卵器内で孵化してしまった雛は，育雛中の親は認識しないし，攻撃するかもしれないので，巣に戻すことはできない．孵卵器で孵化した雛には人工育雛が必要である．

雛は親の経験不足や他の個体による攻撃により孵化時に傷を負うかもしれない．弱い雛は，最初の24時間以内に，自分自身で卵から出ることができなかったり，あるいは親による抱雛がなされなかったりすれば，危険である．

孵化後

卵が巣から転げ落ちるのと同じように，雛も事故により巣から落ちたり，他個体により落とされたりする可能性がある．通常，雛は孵化後5〜7日の短時間に自力で巣から離れ始める．これよりも早く巣から離れた雛は自力で巣に戻ることはできない．成鳥は巣に居続け，雛を認識し続けるけ

れども，雛が巣に戻ることを援助することはできない．この日齢の雛は巣に戻されるかもしれないが，若い雛が偶然にでも巣から飛び出ないように注意を払わなければならない．より成長した雛は，親がどこにいてもついていき，抱雛してもらうことができる．

　通常，雛は孵化後数週間は，親から食物をもらい，抱雛してもらうために生まれ育った巣に戻る．雛が巣からさらに離れて歩き回るようになると，親は常にその近くにいるものである．もし，使えるような空の巣があれば，雛はその巣に登り，親は場所にこだわらずに雛を抱くことも多い．もし，最初の数週間内で，他の同じ日齢の雛のようには頑健でないようであれば，育雛の介助が必要である．経験不足の親は，時おり，雛の採食に協力できなかったり，あるいは片親が雛とペア相手から去って育雛の義務を放棄したりするかもしれない．最初の音声による絆ができている限り，雛を1日か2日間，育雛を介助するために親から引き離し，その後，悪影響なしに巣に戻すことは可能である．個々のコロニーで違いがあるように，個々のペアでも違いがあり，妨害に対する反応も異なる．そのため，人的介入によるケアに対して保守的であるべきかそれとも積極的に行うべきかを判断するために，その鳥の独特な行動特性をよく知っておくことが重要である．

飼育記録

　飼育記録は，集団の個々の行動的特性を追跡する手助けとなり，非常に価値がある．自分の卵をうまく抱卵している個体の記録，他の攻撃的な個体から巣，卵，雛をうまく守れない個体の記録，そして過去に育雛に成功しているあるいはしていない個体を記録することである．集団の出来事の記録を達成する最良の方法は，離れた場所から視覚による個体識別を行い，ペアリング，巣づくり，育雛を詳細に記録することである．番号が刻印された様々な色の足環（Ogilvie 1972）が様々な形状で製作されており，離れた場所からの個体識別のために最も簡単なシステムである．色コードによる足環または大きな番号が刻印された足環が個体識別法として好ましい．雛を暖める行動，体重の増加，配合された餌の総量を追跡すること，そして行動や医学上の異常を書き留めることが記録にとっては有益な要素である．

孵　　卵

　標準的な孵卵要素がフラミンゴに適応される（第3章参照）．汚れた卵は可能な限り綺麗にしなければならない．フラミンゴの卵は，表面が粉を吹いたようになっているので，泥や汚れを取り除きやすい．ある期間水に浸けられて粉状の表面がなくなった卵は，冷却されたり，水に浸け過ぎたりさえしていなければ，孵化に成功する確率は高い．有精卵は，内側の嘴打ちが始まる前に，親の巣に戻さなければならない．

初期のケア

　孵卵器で孵化した雛は，育雛器に移す前に乾かし，羽毛を立たせなければならない．孵化直後の雛の密生した綿羽は優れた断熱効果をもっているが，しかしそうであっても孵化直後の雛は冷えやすいものである．育雛器の温度は29.4〜32.2℃から始める．雛は，もし暑ければ開口呼吸をし，寒ければ震えることにより快適具合を示してくれる．巣材の代わりとして羽毛で作られた布を使うと雛に安心感を与えることができる．

　孵化時の雛の脚はピンクで膨れている．この浮腫は最初の数日で消退し，脚の皮膚は2週間をかけて徐々に黒く変化する．当初，雛は立てないが，1日以内に自分自身で身動きできるようになる．3日目までに短時間立つことができるようになり，5日齢までに，ぎこちなく歩けるようになる．

　孵化直後の雛，あるいは親から引き離された雛の双方にとって水分補給が重要である．初期の水分補給あるいは水で薄められた餌の給与は孵化あるいは親から引き離してから12時間以内に実施されなければならない．孵化直後の雛は，シリンジから嘴の先端に滴下した液体にすばやく反応す

る．雛の日齢が進むにつれて，ステンレス製フィーディングニードル（ステンレス製の先端が球状をした給餌具：stainless steel ball-tipped feeding needle, ACES）が，給餌にかける時間を管理しやすく，また餌の摂取量を制限，記録しやすいという双方の点で，より有効となる．

孵化直後の雛の糞は液状で明るいオレンジ色である．腹腔内の卵黄が消費しつくされ，消化が始まるため，数日内で糞は深緑あるいは黒くなる．もし糞の排泄頻度が少なくなったりまたは糞が乾いた感じになったりした場合には，水分補給のために，かなり液状にした餌の給与または皮下補液が必要である．

人工育雛された雛と親によって育雛された雛は，同じ成長曲線を描くが，しかし親によって育てられる雛はたいてい人工育雛の雛より早く成長する．

罹りやすい疾病と対処

雛に関して最も重要なのは水分の維持である．人工育雛の増体重は通常，親により育てられた雛より遅いが，たいていは問題とはならない．人工育雛は，最終的には親に育てられた雛に追いつく．時おり，成長が妨げられ，他の雛よりも成長が遅い雛がいることもある．これらの雛は脚が短く，時おり曲がっている．この原因は不明であり，それが起こった時の解決法はないようである．

フラミンゴは鳥マラリアや鳥痘（ポックス），西ナイルウイルスなどの一般的な蚊が媒介する疾病に対して感受性がある．マラリアは重大な影響はないようである．鳥痘は，歩行能力や視覚能力に影響が出た場合は，雛にとって大きな問題となるかもしれない．西ナイルウイルスに対するワクチン接種を行っている施設があるが，その効果は不明である．鳥インフルエンザが飼育下のフラミンゴにどのような影響を及ぼすかは未知である．人工育雛は，室内あるいは遮蔽された飼育施設で飼育されているなら，育雛経過中は蚊から保護されていると考えられる．

人工餌のレシピ

フラミンゴの人工育雛用の餌は飼育施設によって様々である．ある施設では雛の成長に合わせて変化させている．またある施設ではまったく単純で，濃度や量を変えるだけである．多くの餌は魚を主成分とし（魚，オキアミ，エビ），それに蛋白質原料〔低蛋白のサル用ビスケット（ペレット）（Mazuri），鶏肉の粉砕物，煮卵〕が添加されている．全ての例で，雛への最初の給餌にはラクトリンゲル液が用いられ，その後，給餌への反応が確かになり，雛と給餌者が給餌法を会得するまでは，かなり薄めた餌を与えている．2つの代表的な餌を下記に示す．若い雛のためには，必要に応じて使用できるように，少量の餌を混ぜ合わせ，製氷皿で凍結しておく．受け入れ具合と消化状態に応じて，雛の餌の水分を増やしたり，減らしたりする．

餌内容

Audubon Park Zoo in New Orleans（私信）
- 水分：12
- 低蛋白サル用ビスケット（ペレット）：4
- Layena（Purina）の粉砕物：4
- 煮卵の卵黄：4
- 内臓を抜いたキュウリウオ（鰭と頭を除去）：5

Perry and Atkins, 1997
- オキアミ：75g
- カラフトシシャモ（頭，尾，鰭を除去）：75g
- 煮卵の卵黄：75g
- Gerber社の乾燥したベビー用オートミールシリアル：2カップ
- 炭酸カルシウム：小さじ2杯（約900mg）
- 水：1,200ml

Kunneman and Perry, 1992
最初30日間，Perry and Atkinsのレシピに水でふやかしたフラミンゴコンプリートペレット（Mazuri Flamingo Complete maintenance pellets, Mazuri）を1カップ加える．

Bronx Formula 2003（*Ellen Dierenfeld and Christine Sheppard*）

- 煮卵全卵（1〜2個）：50g
- 煮卵卵黄（4〜7個の卵黄）：100g
- 水：150ml
- 炭酸カルシウム（高純度）：2g
- トウモロコシ油：6g
- ビタミンE：20〜25IU

***Riverbanks Zoo Formula*（*Bronx*のレシピが基本）**
- 150gの温湯で溶いた全卵粉末（Whole Egg Powder, Honeyville）：50g
- 226.4gの温湯で溶いた卵黄粉末（Egg Yolk Powder, Honeyville）：174g

水を加え，ブレンダーで粉をかき混ぜ，以下のものを加える．
- 水：600ml
- カルシウム：8g
- ビタミンE：100IU
- トウモロコシ油：24ml

完全に混ぜ合わせる．

給餌方法

孵化直後の雛は水分の多い餌が必要である．当初は雛の頭を支え，シリンジに誘導する必要がある．数日内で雛は自分の頭を安定して保てるようになり，動かないように手で体を支えてやるだけでよくなる．この時点で，チューブによる給餌に変えることで，給餌手順をより清潔で，早くすることができ，そして記録も容易に行えるようになる．親から引き離された雛にシリンジからの採食を教えることはより難しい．より日齢の進んだ雛にはチューブによる給餌が好ましく，すぐにチューブを受け入れることを学習する．雛にシリンジから直接餌を与えることも可能ではあるが，この方法は通常時間がかかるし，汚れる（図8-2）．増体重を維持するために，必要な限り人の手で給餌されるべきである．

孵化直後から，雛は周囲にある物を拾い上げ，それらを飲み込むことができる．約1週齢くらいで雛がいったん歩き出せば，雛が歩き回って餌が取れるように，水を入れた容器の他に，雛がつまみ上げることができるような軟らかい餌を満

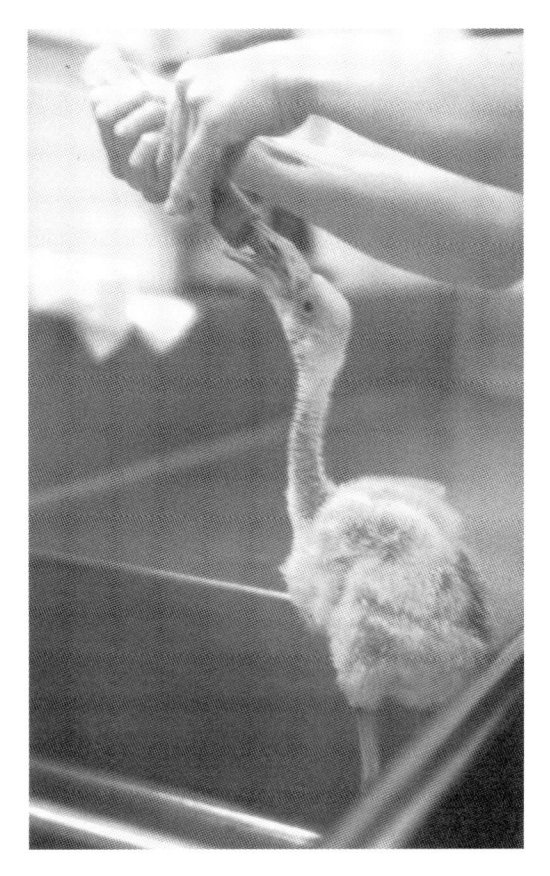

図8-2 カテーテルチップシリンジで給餌されている36日齢のフラミンゴの雛．

たしたもう1つの容器を置いてやることにより，自力採食を促すことができる．

雛が成長するにつれて，自力採食が増え，人工給餌の頻度は減少する．6週齢で完全に自力採食を行う雛もいるかと思えば，さらに長い期間人工給餌に依存する雛もいる．多数の雛を一緒に飼育することは採食行動を加速度的に発達させることにつながる．

期待される体重増加

給餌の処方計画は施設によって様々である．個々の雛の必要度により給餌は通常，日中および夕方の1回行われる．雛の体重は最初の数日は減るだろう．体重の減少は4日目までに終わり，6日齢では孵化時の体重に戻り，増加曲線に乗ら

ねばならない．この時点から雛の体重は，体重増加曲線が平坦になる約80日齢までは10日ごとに倍増しなければならない．この日齢を超えても体重が増え続ける雛もいるであろうが，ゆっくりとなる．雛の体重が増える限り，餌の総量は増えるが，雛が自力採食をするようになるため，給餌の回数は減るだろう．

飼育環境

飼育環境は，雛が動くことができるようになるまでの当初は，雛のそばに羽毛の布やその他の快適感を与える物を置いて暖かくすべきである．1週目の終わり頃になって，雛が動き始めると，運動が急激に重要となり，それにつれて広い空間が必要となる．雛が羽毛に十分覆われるようになるまでは極端な温度は避けるべきである．

雛は，1週齢で，巣から離れるようになるころまでには，水に浮いたり泳いだりできるようになる．運動を促し体重の増加を適正にするために，できるかぎり早く，泳ぐ機会を与えることのできる飼育施設にするべきである．同じような日齢の雛を数羽一緒に飼うことで活動が促されるが，大きな雛が小さな雛を過度にいじめることがないように注意しなければならない．

1ヵ月齢までには，飼育場所が快適で適正な温度を保っている限りにおいて，雛は余分な加温を必要としなくなる．正羽が生え揃うまでは，夜間に雛を水深の深いところに近い場所に放置すべきではない．

床材は粗い物でなく，しかし足がかりがよいものでなければならない．芝生のある屋外運動場はよい足がかりを提供し，自力採食を促す．

自力採食

フラミンゴの雛は，立てるようになる前から巣の上で物を食べ始める．孵化時には自力で餌を食べる性質をもっている．ふつう，食べる物は卵殻であったりあるいは親鳥によって巣の構造物として乗せられた残骸物の破片であったりする．いったん巣を離れると，物を拾うことを続ける．中には，孵化後4〜6週以内に雛を自立させる（あるいは，正確に言えば雛を見捨てる）親もいる．この時期は注意が必要で，監視しなければならない．もしこういうことが起きたら，通常は他の親鳥が雛の養育の全責務を負う．もし他の親鳥が養育しなければ，人工育雛のために雛を引き離すか，あるいは集団の中に残しながら雛に餌の補給をするかのどちらかの人的介入が必要になるだろう．この日齢の雛は給餌がかなり難しいが，通常は給餌チューブの挿入をすばやく受け入れるものである．この日齢では，まだ餌の漉し採り機能は嘴には発達していない．そのため自力採食は食べ物をつまみ上げることによって行われる．

次の繁殖季節になるまで自分の雛に給餌を続ける親鳥がいる．自立は明らかに親鳥によって起こされるもので，雛が自分で自立するわけではない．いったん，親鳥が雛のしつこい餌乞いに反応することを止めれば，雛はようやくあきらめ，自力採食を強いられることとなる．

人工育雛の場合，自力採食を促すために給餌時刻の合間も常に餌が利用できるようにすべきである．雛が自力で餌を拾い上げたなら，すぐに人工給餌の回数を減らし，その行動をさらに促してやる．毎日の体重は人工給餌を減らすことの目安となる．人工給餌を減らしても，体重が増え続ける限り，自立はすぐに可能となる．

フラミンゴにおいて刷り込みは重大な問題とはならないようである．しかし飼育担当者への依存をできるだけ早く軽減させるために，人工給餌から自立させる努力が必要である．数羽の雛を一緒に育てることはこの依存を軽減する手助けになる．

飼育集団への導入のための準備

人工育雛の過程の中において，訓練時に親鳥に会わせることは有益ではあるが，必ずしも必要であるというわけではない．もし雛が親鳥の近くで育てられていない場合は，雛が飼育集団を見聞きできるように親鳥の飼育場の傍かあるいは中に雛の飼育場を作るのが理想的である．いったん，完

全に自立すれば，雛が飼育集団の給餌に使用している餌の入った容器を認識できるようになる必要があるため，親鳥たちに使用しているのと同じ餌容器を用いて給餌すべきである．

雛を成鳥たちの飼育場へ入れた時に，雛は当初はつつき順の一番低位に位置するが，フラミンゴは争う傾向が強いので，雛はすぐに成鳥から逃げる方法を学ばねばならない．最初，雛たちは成鳥から離れているだろうが，最終的には集団の社会的順位に融和していくものである．

謝　　辞

世界中のフラミンゴの飼育管理の改善に長年にわたって協力的に努力した多くの動物園の同胞達に感謝します．

関連する製品および会社

ACES：Animal Care Equipment and Services, Inc., 4920-F Fox St, Denver, CO 80216, (303) 29-287 (worldwide), (800) 338-ACES (North America), (303) 298-8894 (Fax), www.animal-care.com.

Gerber Products Co. Fremont, MI 49413, www.gerber.com.

Honeyville Grain Inc. 1160 Dayton Drive, Rancho Cucamonga, CA 91730, (888) 810-3212, ext.107, www.honeyvillegrain.com.

Layena, Purina Mills, 555 Maryville University Drive, St. Luois, MO 63141, (800) 227-8941, www.purinamills.com.

Mazuri Flamingo Complete and Mazuri Maintenance Primate Biscuit (low protein), Mazuri, P.O.Box 66812, St. Louis, MO 63166, www.mazuri.com.

参 考 文 献

Flamingo Husbandry Guidelines. A joint effort of the American Zoo Association and European Association of Zoos and Aquariums in cooperation with the Wildfowl and Wetlands Trust. Currently available only to AZA members.

Kunneman, F. and Perry, J. 1992. Hand-rearing the Caribbean flamingo *Phoenicopterus r. ruber* at the San Antonio Zoo. Proceedings of the 1990 Flamingo Workshop, AAZPA Western Regional Conference, Sacramento, CA, pp. 30–40.

Ogilvie, M.A. 1972. Large numbered leg bands for individual identification of swans. Journal of Wildlife Management 36: 261–1265.

Perry, J. and Atkins, V. 1997. The weaning, socialization, and breeding history of hand-reared Caribbean flamingos at the San Antonio Zoo. Proceedings of the 24th National Conference of the American Association of Zoo Keepers, pp. 15–23.

Shannon, P.W. 2000. Social and reproductive relationships of captive Caribbean flamingos. Waterbirds Vol 23 (Special Publication 1): 173–178.

9
シギ・チドリ類（渉禽類）

Libby Osnes-Erie

生物学的特徴

　シギ・チドリ類（渉禽類）は極地を除いた全大陸で見られる．シギ・チドリ類は世界で214種を数え，その約3分の1の種が大陸間飛行の途中で北米に立ち寄る．北米で決まって繁殖しているのは49種である．北米では，主に5つの科のシギ・チドリ類が見られる．シギ科（シギ類），チドリ科（チドリ類），ミヤコドリ科（ミヤコドリ類），セイタカシギ科（アメリカソリハシセイタカシギ *Recurvirostra americana* とソリハシセイタカシギ *Recurvirostra avosetta*），レンカク科（アメリカレンカク *Jacana spinosa*）である．シギ・チドリ類の渡りは，西半球で最も壮大な生物の移動の1つであり，その距離は25,000kmにも及ぶ．しかも，旅程の大半は荒涼たる大洋越えである（Thurston 1996）．シギ・チドリ類の全ての種が長距離を渡るのではなく，米国やメキシコの沿岸部，内陸部で冬を越す種も多くいる．しかし，大半のシギ・チドリ類は，新熱帯区の中米や南米まで渡る．

　シギ・チドリ類は水辺で見られるのがふつうだが，ツンドラ，草原，森林，外洋まで，広範かつ多様な生息場所で見ることができる．彼らは1年の2/3～3/4を渡りの道中と越冬地で過ごす．そこは一般に，海生無脊椎動物を採食することのできる，潮の満ち干する環境である．シギ・チドリ類にとって，無脊椎動物の豊富な海岸および内陸の沼沢地の遠く離れた広範なネットワークというのは，彼らが1年の生活サイクルを完結できるかどうかにかかわるきわめて重要なものである（Thurston 1996）．

　シギ・チドリ類の嘴の形態が多様なのは，採食上のニッチ（生態的地位）の幅広さと関連している．このニッチ，すなわち潮位および他の鳥種との関わりあいの中で，ある種のシギ・チドリ類が採食を行える可能性のある場所は，その種の嘴の長さと，いくぶんかは脚の長さによって決定されている（Thurston 1996）．シギ・チドリ類の食物の捕り方にはふつう，突き刺す，探る，薙ぎ払うといったやり方がある．

　シギ・チドリ類は群居性の鳥で，渡りの中継点や越冬地では数羽から数百～数千といった様々なサイズの群れとなって集まる．しかし，繁殖期には方々へ散ってゆく．シギ・チドリ類はたいへん多様なペア形成様式を示すが，それは（食物，営巣場所などの）利用可能な資源を最も効率的に利用することと関係しているように思われる．彼らのペア形成様式には一夫一妻，一夫多妻，一妻多夫，順次的一妻多夫がある（Thurston 1996）．

　ほとんどのシギ・チドリ類の抱卵期間は，比較的短い（種によって17～39日間）．シギ・チドリ類の雛は極度の早成性で，孵化後ごく短時間のうちに自力で歩きまわれるようになる．孵化して体が乾くと，すぐに巣から出て，よろめきながらも歩き，昆虫をついばみ始める．孵化当日から，雛は羽づくろいをし，羽ばたきを練習し，親の警告を聞くとうずくまる．ミヤコドリ類を除き，シギ・チドリ類の親は雛に給餌をしない．それどころか，雛を採食場所へ連れて行く．それとは対照

的に，ミヤコドリ類の雛は，1ヵ月かそれ以上両親から食物をもらい，生後6ヵ月で完全に独立するまで親元に留まる（Peterson 2001a）．

雛にとって，自分で体温を維持できない生後2週の間，親に抱いてもらって過ごすことは特に重要である（Peterson 2001b）．北米のシギ・チドリ類は生後14～63日で巣立つが，両親の元にそれ以上留まる事例もある．

人工育雛への移行

シギ・チドリ類の卵や雛の保護状況で最も一般的なのは，人間の営巣場所への侵入および深刻な悪天候である．人間やペットが巣のすぐ近くに長時間とどまると，シギ・チドリ類の親は巣を放棄してしまうことがある．営巣場所の状態は天候に左右される．巣は時にはきわめて大きな高潮や豪雨で流されたり，強風により砂や土，ごみに覆われたりしてしまうこともある．放棄された卵，あるいは高潮で流された卵であっても，時間的に間に合い，適切に孵卵すれば，孵化することがある．

シギ・チドリ類の雛が一時的に親から離れたところを，「善意の救助」で捕獲（いわゆる誤認救護）されることもある．もし雛が速やかに野生動物リハビリテーターに持ち込まれ，状態もよいケースでは，見つけた場所が明らかならば，親の元に戻すことも可能であろう．しかし，たいていの場合，雛はリハビリテーターに持ち込まれるまでに，救助者のもとで1日かそれ以上飼われていることが多い．こんな場合，雛には速やかな対応が必要なのである．

孵化時期のばらつきにより，最後に孵化した雛や卵が両親に置き去りにされることで，親からはぐれた雛が生じることもある．親が負傷したり捕食されたりした場合も同様である．

育雛記録

鳥が保護された場所の情報は，詳細に記録すべきである．これは，放鳥に適した生息場所の指針として役立つであろう．

野生動物規制当局は，飼育記録について最低限の基準を定めており，そこではリハビリテーション下の1頭1頭の動物の履歴が要求されている．詳しい情報は管轄する規制当局に確かめてほしい．付録Iは，北米での認可を得た野生動物リハビリテーターや規制当局の所在地のリストである．最低限記録しなければならない情報は，種，年齢，発見場所，捕獲理由，医学的な問題点，最終転帰，放鳥場所である．

1羽ごとに詳細な医学的記録もつけること．初診時の検査結果の記録をはじめ，毎日の体重や，治療経過，関連する行動など，更新情報があれば加えていくこと．個々の雛の識別にはプラスチックの足環を一時的に利用できる（National Band and Tag Company）．足環のサイズが足に合っているか定期的に確認すること．というのも，シギ・チドリ類の足のサイズは孵化直後の雛から巣立ち雛の間に，段違いに大きくなるからである．

人工孵化

身体状態が最良の雛を孵化させるとともに，卵の孵化率を最高にすることを確実にする決め手は，適切な孵卵温度である．孵卵についてのさらに詳細な情報は，第3章を参照してほしい．

The Brinsea Octagon 20 デジタルインキュベーターは使い勝手もよく，信頼できる孵卵器である．The Octagon 20 湿球温度計（別売）は，孵卵器内の湿度のモニタリング上，重要である．シギ・チドリ類では，ウズラ向けの設定である37.6～37.8℃にセットする．普段の湿度は40～55%とし，孵卵期間の最後の3日間は65%以上にすること．孵卵期間は種によって異なる．

孵化まで4日以内になると，卵の長円側に「微細な割れ目」が入る（ルーペなどで拡大しないと見るのは難しい）．孵化の2日前になると，規則的な小突き音が聞こえ，孵化の1日半～1日前には，ピーピーという鳴き声が聞こえるようになる．この時期になったら，雛を励ますために，外からも卵を小突き返してやるとよい．孵化は，昼夜を問わず，何時でも起こり得る．卵にはっきりした穴が開くのは，ふつう，雛が卵から出てくる

まで4時間を切ってからである．穴がとても大きくなったなら，孵化の約20～30分前である．

いったん，雛が卵に明らかな穴を開けた後に，もし雛に何らかの孵化が困難な徴候がみられたら（1時間たっても進展がないとか，雛があまり動かないとか，呼吸困難とか），安全策として雛が卵から出るのを助けてやる．先のとがっていないピンセットを用いて，卵の気室の方から，殻のかけらを注意深く取り除くのである．必要があれば，卵膜をすこし湿らせてやる．疲労の色の濃い雛は，自力孵化する途中で力尽き，死んでしまうかもしれない．困難な孵化を経験した雛は，たいてい疲れきっており，卵から出た後も，孵卵器内でもうしばらく休ませる必要がある．

臍の卵黄囊の一部が引っ込まない場合，大抵は何もしなくとも，孵化後数時間のうちにすっかり吸収されてしまう．雛は，完全に乾き，ふわっと膨らみ，力がついてくるまで，孵卵器の中に入れておく．孵化してから餌を探せるくらいに元気になるまでの移行期間中，雛は卵黄囊から栄養を得る．この期間は6～24時間であり，それが済んだら雛を育雛器に移してもよいだろう．

育雛初期のケア

新入りの患者は，診察の前に15～20分間，暖かく，暗くて静かなコンテナで休ませる．起立不能の鳥は，鳥を優しく支える構造の容器で休ませ，雛を横向きに寝かせたり，その他不自然な体勢にしたりしてはいけない．できれば，孵化直後の雛は温湿度調節可能なICU（集中治療器）や育雛器で飼うべきである．

鳥が暖まり，動けるようになったら，浅い皿に生餌を入れて与える．初めての生餌として最適なのはイトミミズ（水に入れて与える）か，小型のウジ（イエバエ *Musca domestica*）である．これらの生餌は活発に動いて，雛の興味を惹きつける．雛は，ほとんどすぐに餌をつつき始めるはずである．

体温が正常に戻っているのに餌を食べようとしない雛や，孵化してから時間の経った雛，自力採食ができないくらいに弱った雛には，経口的に水分を補うべきである．匂いや味のない電解質溶液（例えばPedialyte：小児用経口補液剤，Abbott）やラクトリンゲル液を，細心の注意をもって嘴の先端に滴下し，雛が飲み込めるように嘴を下ろしてやる．必要ならば，そっと口を少し開けて，嘴の内側に滴下する．雛が誤嚥しないように注意しながら，数回繰り返す．電解質溶液を滴下したあとは，続けて50%ブドウ糖液やエンシュア（Ensure, Abbot）のような血糖値を上昇させる液体を滴下する．

鳥が十分元気になり，自力で食べ始める力がつくまでは，15～30分おきに電解質溶液とブドウ糖液あるいはエンシュアを垂らしてやる必要があるだろう．孵化後間もない雛に食べ始めさせるコツと秘訣については，Sprenger氏の小論「Hatchling Killdeer Intensive Care」を参照してほしい．

雛が孵化したら，体が乾き次第，短時間の身体検査を行う．卵黄囊が引っ込んでいるか，明らかな奇形がないかを調べる．新しく入った雛は，暖まり，脱水症状が十分に改善されていることを確かめてから徹底的な身体検査を行う．保護期間中は，体重測定を行うごとに簡単な身体検査をして，羽毛の状態，肛門がきれいか，足の状態，外傷や病気の徴候などについて調べる．

鳥を保定する時は，常に背中側から行う．鳥は胸を拡げて呼吸するので，鳥を正面からつかむと，鳥の呼吸をさまたげる可能性がある．雛は非常に骨折しやすいので，そっと取り扱う．手からふいに飛び跳ねて，床に落下しないよう注意すること．というのも，孵化後すぐ走れるように，シギ・チドリ類の雛の脚は始めからよく発達しているからだ．

人への刷り込みや馴れを防ぐため，人と雛の接触は制限することが重要である．可能な時は常に，同じくらいのサイズの同種の鳥か，代理親を用いて雛を育てる．おそらくは，他のリハビリテーターとの間で，雛を受け渡すか，受け取ることになるだろう．1羽きりで育てた雛の放鳥を成功さ

フタオビチドリの孵化後間もない雛の集中治療

Kappy Sprenger

保温

　保護されるフタオビチドリ（*Charadrius vociferous*）の雛のほとんどは生後5日齢未満である．孵化時は10g前後ある雛の体重も，生後1〜3日後には7〜9gとなっているのが普通である．雛の多くは寒さに震えており，凍えた雛は元気がなく，横たわってしまっている．なかにはいくらか，恐怖から横たわっている雛もいるが，暖かく，静かな場所に15〜20分間おくと，起き上がって走り回るようになる．凍えた雛が元気になるまでは，それよりもかなり長い時間が必要となる．

　フタオビチドリの雛を受け入れたら，すぐさま加温した箱や育雛器に入れて休ませ，保温してやる．雛が横たわっている時や弱っている時の最適温度は33.3〜35℃である．雛が暖まったら，体重を測定する．弱った雛や凍えていた雛は，しばらくこの温度のままで置いておく．体重が12g近くあり，しっかりした雛は，32.2〜33.3℃で飼うことができるし，12g以上なら32.2℃でも安心である．雛が自力で食べられるようになるまでは，これらの温度を保つこと．

脱水症状の改善と液状栄養剤

　雛が暖まって力がついてくるまで，脱水症状の改善はすべきでない．著者は通常，Pedialyteかラクトリンゲル液を使っているが，良質の補液剤ならどれも効果があるだろう．温めた補液剤を，0.5mlか1mlのシリンジ（注射筒）や，スポイト，あるいは脱脂綿にたっぷり含ませて与える．この方法は強制投与を試みるよりも安全である．水分は嘴に沿って1滴ずつ垂らし，鳥が飲み込むまで繰り返す．鳥が飲み下した時には，鳥の喉が動き，水滴が消えるが，鳥が口を開けることはない．鳥には飲めば飲むだけ水分を与えてもよいが，1回には1滴ずつ飲ませるようにする．鳥が目に見えてしっかりするまでは，30分おきに水分を与える．それから排便が見られるまでは1時間おきに水分を与える．白いペーパータオルを平らにならして床敷きとして用いると，排便を早く発見できる．次に，補液剤と同様の方法で温かい液状栄養剤の投与を開始する．Vital High Nitrogen（Abbott）やFormula V Enteral Care（高蛋白）（PetAg）が推薦できる．最初は，薄めた液状栄養剤と補液剤とを，1時間〜1時間半おきに代わる代わる与える．液状栄養剤と補液剤は混合しないように．雛がさらにしっかりとしてきたら，1時間〜1時間半おきの間隔を守りながら正規の濃度の液状栄養剤を与える．これは雛が確実に自力採食ができるようになるまで続ける．

モニタリング

　雛の臀部は常に清潔にしておくように心がける．雛が自力採食できるまでは，特に凍えていた幼若な雛においてはそうであるが，暗色をした糞の小塊が肛門周囲の白い綿羽にこびりついているのに気づくことがあるだろう．ぬるま湯に浸した脱脂綿で，糞塊をそっと取り除き，肛門周辺がきれいになるまで注意深くぬぐってやる．ただし，綿羽をびしゃびしゃに濡らさないように．再び糞塊が見られたら，また取り除く．この世話をしないで放っておくと，糞塊は大きくなり，肛門を詰まらせ，閉塞や死の原因になる．

雛に採食を開始させるには

　雛が自分の足でしっかり立って，走り回

ようになったら，ごく浅く水を張った皿や蓋を入れてやることができる．この水盤のサイズは直径12cmまで，深さは1cmより浅くし，雛がつまずくことなしに出入りできなくてはならない．雛は，時々この小さな水盤から水を飲むが，それだけでは必要な水分量の補給には足りない．いったん暖まって，脱水症状が改善されれば，フタオビチドリは適切なサイズの生餌を与えられるとすぐに自力採食を覚える．雛が小水盤の中を歩いたり，立っている時に趾の周りをくねくねと生餌が動き回っていたら，それを食べずにいろという方が難しい．加えて，生餌を途切れ途切れに与えるよりもはるかに早く，自力採食することを覚える．イトミミズは大きさもちょうどよく，水中生活者であり，非常によく動き回るし，熱帯魚店で手に入り，栄養に富み，餌にするまで飼育するのも容易である．小さな白い（脱皮したての）ミルワームも，よい初めての餌となる．これらの餌は，そう長くは生きないとはいえ，水盤の底にわずかな水さえあれば，雛の興味を惹きつけるのに十分な時間生きられる．浅い水盤のすぐ横に小さい容器を置いて，そこに生餌を入れるのもよい．皮がうす茶色の硬いミルワームを与えるような危険なことは避ける．ミルワームの皮は消化しづらく，幼若な鳥や，衰弱した鳥，脱水した鳥では消化管通過障害のもとになる．極小のミミズの代わりに，生きたブラインシュリンプの成体を与えることができる．いずれの生餌も，雛の下顎の直径より大きな直径のものを与えてはならない．チドリ類の雛では，いったん自力採食を始めると，あっという間に生餌以外の餌を食べることも同様に覚える．

　生餌を大きな「塊」でやるよりも，小量ずつやる方が雛も覚えが早いらしい．塊では餌1匹1匹が「かみ合って」いて，雛はすぐにはそれに気づくのが難しい．生きたグッピーを与えることもできるだろう．皿の水は浅く，高い室温のために，水はほんの2〜3時間ほどで蒸発してしまう．皿の水は日に数回補充する必要がある．また，少なくとも日に1回，炭酸カルシウムの粉末を雛の餌に軽く振りかけること．

　生餌は常に手に入るとは限らない．熱帯魚店や，大きなペットショップの熱帯魚部門で，冷凍やフリーズドライ製品を入手することができる．給餌前には，冷凍製品は解凍し，フリーズドライ（凍結乾燥）製品は戻るまで水に数分浸してやる．少量の餌を，浅く水を張った皿に入れ，少しの間，餌の1切れ1切れが渦巻くように，そっとかき混ぜてやると，雛の注意を惹くことができる．餌のかけらの動きを見ると，雛はそれをつついてすぐに食べることを覚えるのが常である．餌に動きを与え，雛の注意を引く別の方法として，水盤に上からゆっくり水滴を落とす方法もある．これらいずれのやり方も効果がなかった場合は，雛に液状栄養剤か補液剤を与えた後に，そっと口を開けて餌の小片を入れてやる．雛が理解するまで，このステップを2〜3回繰り返す．いったん食べ始めると，チドリ類の雛は，様々な種類の餌をいとわず食べ，驚くほど旺盛な食欲を示す．冷凍の餌の中でも，アカムシ（時にはアカボウフラとも呼ばれる）は，ブラインシュリンプの成体と同様に，嗜好性が高く，栄養のある初期の餌である．フリーズドライ製品では，小さなオキアミ，海生プランクトン，イトミミズ，小エビを与えることができる．いずれ加熱食品も餌に使えるようになるだろう．シクリッド用ミニペレットは，幼若なフタオビチドリにも十分適した小さなサイズである．はじめはほんの数個を水盤にいれ，ゆくゆくはドライで与える．ふつう1日か2日で雛は回復し，自分の足で立ち上がり，走り回り，おなかが空いて，成長する準備が整う．

せるのは難しい．他のシギ・チドリ類と交わる機会がないと，人間への刷り込みが起きたり，人間に馴れてしまったりするであろう．雛に同種の鳥をあてがうことができない場合は，少なくとも1羽を仲間にできるように，他種のシギ・チドリ類の中に一緒においてみる．シギ・チドリ類では，雛同士の攻撃性は問題になるようなものではないが，異なる種の雛とともに飼う時は，大きい雛が小さい雛を踏みつける事故が起こらないよう注意することが重要である．ただしウズラなどの他の目の早成性の雛と，シギ・チドリ類の雛を一緒に飼うのは勧められない．鶏痘などの病気の伝播が起こる可能性があるためである．

罹りやすい疾病と対処法

セイタカシギ類は乾燥，ひび割れ，褥創といった足の病気に特別罹りやすいようである．床面を清潔かつ柔らかく保ち，水の中を歩ける清潔な皿やプールを与えるのが，足の病気を予防する重要なポイントである．

手根中手骨周辺の翼の異常は，ふつう，「外れた翼」（slipped wing）またはエンゼルウイング（angel wing）と呼ばれ，その原因は，ビタミンEやビタミンD_3，マンガン等の栄養素のいずれかの欠乏，餌中の過剰な蛋白質，餌のやり過ぎなどである（Flinchum 2006）．この翼異常が起こった時は，雛をより広い飼育場へ移し，活動レベルを上げてやる．餌を変更して，大半をコオロギやミルワーム（ワックスワームやハエのウジは脂肪が多い）といったキチン質性の餌にしてやるのも回復の補助となる．餌には炭酸カルシウムの粉末と鳥用ビタミン〔Nekton-S（ネクトンS）〕とを添加してやる．翼は正常な位置に包んでやり，翼の軸が身体と平行に戻っているかどうか毎日チェックする．異常が起こってからすぐに矯正を試みれば，3〜5日以内に矯正可能であろう．

餌の種類

孵化直後の雛

雛は本能的に，食べられる可能性のある物体に興味を抱く．孵化したての雛は，体が乾いて歩き回るなり何かしらついばみ始める．

雛に食べ始めさせるうえで決め手になる餌は，イトミミズと小型のウジ（イエバエの幼虫）である．様々な販売元から，様々なサイズの幼虫が輸入されている．著者はArbico社の「Tiny Wigglers」を使用している．これらの餌を雛の前におくと，雛は餌に夢中になって，ほとんどすぐに食べ始める．雛の食べ方は最初の内こそぎこちないが，すぐに餌の扱いが分かるようになる．

餌入れや水入れには，小さなつぼの蓋や小さな浅い皿を用いる．この皿は，雛が簡単に歩いて出入りできて，転んでも簡単に出られるものにする（図9-1, 図9-2）．

雛を育雛器で育てる際，餌は少量を頻繁に（少なくとも日に4回）やるのが最もよい．というのも，雛を暖める熱により，生餌は数時間で死亡し，浅い皿の水は蒸発してしまうからである．イトミミズのような水を必要とする餌には，氷のかけらを入れて長生きさせることができる．水槽のような天井の開いた容器で熱源ランプを使う場合

図9-1 アメリカソリハシセイタカシギの雛．浅い餌皿と鏡に注目（写真はIBRRCのMarie Traversの好意による）．

図 9-2 ひとりぼっちの雛を安心させるのに役立つ人形とぬいぐるみ．ここで示したのは鏡の前に置かれたフタオビチドリの雛とウズラの人形．

は，陰ができるように一部を覆い，温度のいくぶん低いところを作ってやると，餌を長生きさせることができる．

大きくなった雛

雛の日齢とサイズを考慮して，餌用，飲水用，水浴び用および水歩き用の皿を選ばなければならない．雛が簡単に出入りできるように，プランターの水受けのような平らで浅い皿を利用するとよい．

餌も雛のサイズに基づいて選ばなければならない．雛が丸のみする生餌は，雛の口のサイズに合ったものにする．シギ・チドリ類に与えることのできる餌には，イトミミズ，ウジ，小〜中サイズのミルワーム，小さなコオロギ，ワックスワーム，小型のあるいは割いたオキアミがある．餌は日に2〜3回補充すること．

雛を屋外の飼育場に移したら，水の不要な「ドライフード」（ウジ，ミルワーム，ワックスワーム）を皿に入れて給餌する．また，砂の上に「ドライフード」をばらまく給餌法を開始し，より自然な探餌行動を引き出してやる．水の必要な「ウェットフード」（イトミミズやオキアミ）は常に皿の中に入れておくようにする．また，砂の上にコオロギを投げてやる．数日の内に，雛が砂の上の餌を簡単に見つけられるようになったなら，「ドライフード」の全量を数ヵ所にわけて砂の上にまいてやる．

給餌方法

全ての雛が餌にありつくことができ，十分に食べられるようにするため，餌と水入れは2ヵ所以上用意する．異なるサイズの雛を同じ飼育場で飼う必要がある時は，小さい雛が大きな雛の邪魔にならないようにしてやる．でないと，小さな雛が踏みつけられたり，餌をめぐる競争に負けてしまったりする．

栄養素の欠乏を防ぐため，リハビリテーション期間中はずっと，まき餌に炭酸カルシウムや鳥用ビタミン〔Nekton-S（ネクトンS）〕の粉を軽くふりかけてやることが重要である．ネクトンをイトミミズに振りかけるのは避ける．イトミミズはネクトンから離れようとして，皿から這い出してしまうからである．

期待される体重増加

雛が孵化してから巣立ち雛になるまでの間，体重は徐々に増えていくはずである．雛の体重が減るか，同居している他の雛より成長が遅い時は，健康上の問題があるか，餌を十分に食べていない

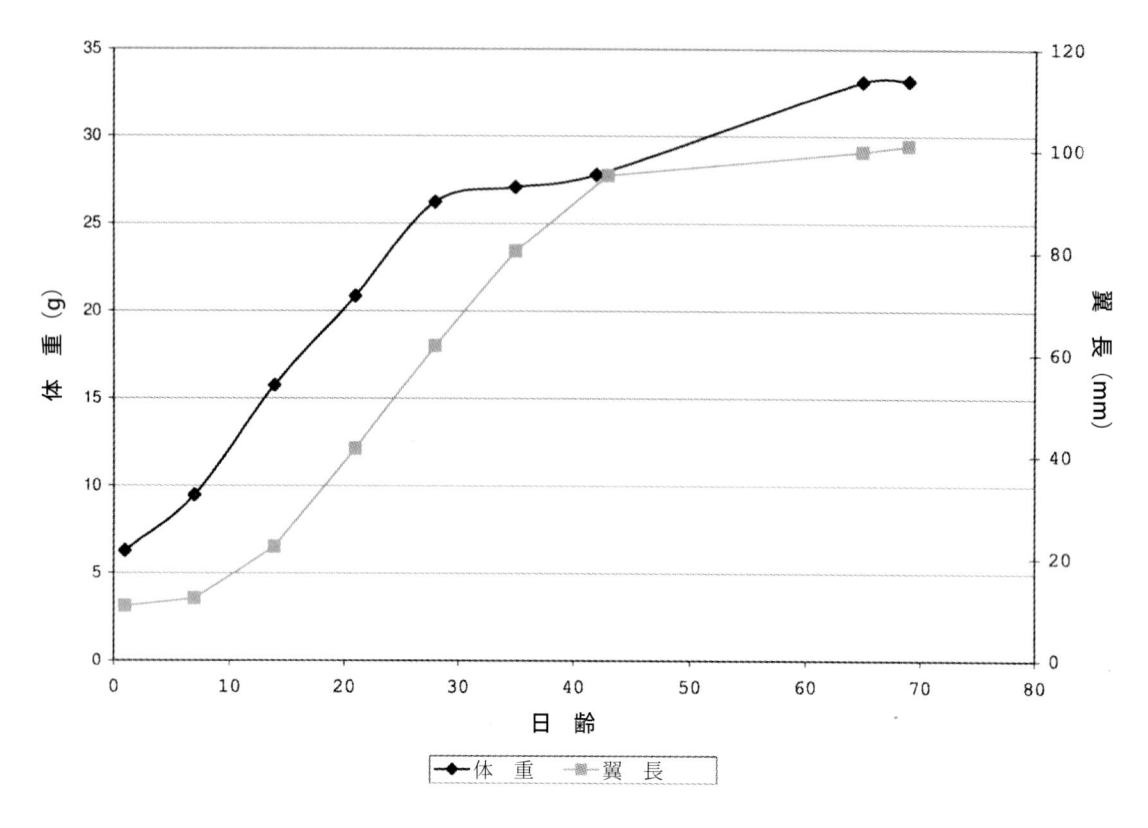

図 9-3 シロチドリの雛（母数 n = 12）の体重増加と翼長の成長．（データは Merly Faulkner の好意による）

か，あるいは大きい雛に阻まれて餌場を使えていないことを示している．雛を屋外に出してはじめの数日間は，1 羽 1 羽の体重を毎日測定する．その後は，週に 2 回または 4 日おきに体重を測定し，また，放鳥時にも測定する（図 9-3）．

飼育環境

シギ・チドリ類をどのように飼育するかを左右する時に考慮すべき要因は多数ある．例えば，その地域の気温，資金，それにどのような備品や器具が利用可能か，などである．復帰までの各段階において，個体ごとに注意を払い，その個体が次の段階に進める状態にあるかどうかを判断するために発育経過を把握しておくことも必要である．以前より広い飼育場に置かれた雛が萎縮しているような場合，例えば 1 つの場所に何時間も隠れているとか，座っているとか，食べないとか，普段と違う行動をしているといった時には，雛が周囲の環境について安心した様子を見せるまで，展示場のサイズを狭めてやるのが望ましい．

シギ・チドリ類の両親は，少なくとも孵化後 1 〜 2 週間までは，夜間そして昼間においても，探餌中以外は保温のために雛を抱く．孵化から巣立ち前までは，野生で親鳥が雛を温める方法を真似るように保温してやる必要がある．

孵化直後の雛

孵化直後の雛と孵化後 1 週間に満たない雛は，集中治療器（ICU，例えば Lyon AICU Electronic Large Digital Intensive Care Unit など）や孵卵器，育雛器，温水式育雛器（図 10-2，図 10-3），ガラスやプラスチック製の水槽で飼育できる．

ICU の温度は始め 31.6 〜 32.0℃ とし，雛の必要に応じて，毎日 0.5 〜 1.0℃ ずつ下げていく．

完全に覆うことができない容器の場合は，（熱源ランプで温めた）およそ31.1〜31.6℃の加温部分を作る一方，雛が暑すぎると感じた時のために，加温していない部分も設けておく．餌皿は，加温していない方の涼しい端の部分に置いておく．雛がいるのと同じ高さに乾式温度計をつけ，正確な温度を測定する．加温部分を作るには，様々な熱源ランプが利用でき，100〜150ワットの電球型夜間黒熱ランプ〔例えば，ESU 爬虫類夜間スポットライト（ESU Reptile NightLight Spot），ペットショップで入手可〕などがある．育雛器の床から熱源ランプの距離は，個々に設定する．すなわち，雛の低体温の徴候（震え，逆立った羽毛）や，高体温の徴候（無気力，開口呼吸）をみて，それに従って温度を調節する．

熱源ランプをつけるのに天井を開ける必要のある育雛器では，湿度を保つために，タオルや固形のカバーで天井をできるかぎり覆う．また，部分的に覆いをつけて，陰の部分を作り，その下に餌皿を置くことができる．

最初の数日は，周囲の湿度が十分であっても，湿度が40〜55%から外れていたら，この範囲に保つよう努める．濡れふきんかスポンジに水を含ませ，小さな容器に入れて湿度を上げる．雛がこの容器に入ったり，溺れたりしないことを確かめること．熱源ランプ設置のために天井が開いている育雛器では，湿度の管理は難しい．濡れたものは頻繁に取り替え，育雛器内にカビが生えないようにする．

育雛器の床敷の一番上に敷くものとして非常にぐあいがよいのは，フランネルの枕布で，適度の伸縮があり，かつ，しわになって趾の爪が引っかかることがない．その下には，薄いタオルや枕布などを2.5〜5cmの厚さに重ねてクッションにしたものを入れる．枕布は毎日取り替える．その際，ついでに雛の体重を計るようにすれば，掃除時間を含めた雛をハンドリングする時間を最短にできる．

飼育箱の角に羽はたき（できればダチョウの，もしくは天然の羽毛で作ったもの）を吊るしてやると，雛が下に隠れることができる．雛が座ったり，登ったり，隠れたりできるように，小さなぬいぐるみや流木，人造の，もしくは本物の植栽を置いてやる（図9-4）．

雛が1羽の場合は，壁に鏡をつけてやり，雛が鏡に映ったものを見て，それを仲間だと思えるようにするのが大切である．雛によっては，鏡の前を行ったり来たりする行動を示すかもしれない．そんな時は，1日かそれ以上鏡を外してやると，雛が探餌行動に注ぐべきエネルギーを無駄に

図9-4 鏡，ぬいぐるみと浅い水皿とともに置かれたセイタカシギの雛．育雛器の床にまかれた砂に注目．

消費しないですむ.

巣内雛と巣立ち雛

孵化後数日以上たっている雛は, サイズと活動性に応じて, 大型の水槽や,（衣装ケースのような）長いコンテナ, 人の幼児用サークルで飼うのがよい（図9-5）. サイズが同じくらいの他種のシギ・チドリ類とともに飼育することもできる. 飼育箱のサイズは長さ86〜162cm, 幅36〜56cm, 高さ36〜51cmあればよいだろう.

別のタイプの飼育ケージとしては, 底面に網を張って床から柱で底上げし, 周りをベニヤ板の壁で囲い, 天井に軽い布製のシーツをかぶせたものがある. 底面の網は糞を通し, かつ鳥が足を絡めることのない細かさでなければならない.

前述の熱源ランプを飼育箱の1ヵ所にだけ設置して, およそ29.7℃の部分を作る. 飼育箱のほかの部分は室温にしておく. 孵化直後の雛と同様に, 雛のいる高さに乾式温度計を設置して正確な温度を測定する. 室内にいる雛に, 人工太陽光をあてるため, Reptisun 5.0 UVB（ペットショップで入手できる）のようなフルスペクトル（全波長型）のライトを1〜2個天井越しにあててやる. メーカーの仕様書を読んで, 雛への距離が適切になるように設置すること.

床敷には砂を勧める. 清潔で, 釜焼き乾燥され, 30番のメッシュ（網目）で漉したサイズの砂を, 少なくとも2.5cmの厚さに敷く. 熱源ランプの下の砂の温度を調べ, 熱くなり過ぎていないことを確かめる. 砂が使えない時は, 底面にタオルやシーツで詰め物をしたフランネルのシーツか, なめらかな織物を使う. 網底のケージでは, 言うまでもなく, 網がそのまま床面となる. 床面は清潔にしておくのが大切である. 小型のほうきとちりとりで砂上のゴミを掃いて, バケツに入れる. 雛の数に応じて, 砂は日に1〜2回掃き清める. 飲水用と水の中を歩く用の皿は, 日に2〜3回きれいにする.

雛を安心させる道具やケージ内に備えるものは, 孵化直後の雛の時と同じである. しかし, やや日齢の経ったこの段階の雛は, もっと複雑な環境にも対応できることから, 設備はより自然に似せたものにしてやる.

水歩き用の皿と, 水浴び用の皿は, 適切な深さものを用意することが大切である. 水歩き用の皿は鳥の趾が十分ひたる深さ, 水浴び用の皿は鳥が入って背中に水がかけられる深さでなくてはならない. プランターの受け皿やネコのトイレの受け皿が, シギ・チドリ類の多くの種に具合がいい. 皿の周りを砂で囲むか, 砂でスロープを作るかして, 鳥が水に入りやすいようにしてやる. 必要なら皿の内側も鳥が登りやすいように, 石, 尖っていない岩や流木でスロープや踏み段を作ることを勧める.

雛が1〜2週齢になれば, 環境温度と雛の大きさ, 雛の活動性に応じ, 屋外の鳥舎で飼育することができる（図9-6）. 鳥舎のサイズはシギ・チドリ類の種類によるが, 長さ2.4〜7.6m, 幅1.7〜7.3m, 高さ1.8〜4.9mとする. 水鳥で推奨される鳥舎の最小サイズについては, Miller (2000) を参照のこと. 鳥舎の中は自然に似せた

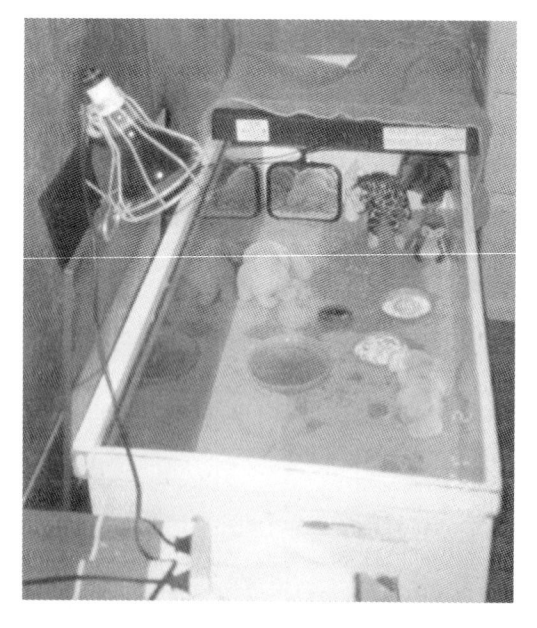

図9-5 幼若な雛向けにセッティングした大型屋内タンク.

図9-6 フタオビチドリの屋外鳥舎．たっぷりの植栽と熱源ランプ，砂の床敷，幅広で平らな餌皿，水浴び用の大型の平らな水盤がある．間隔の狭いフェンスの底部に，目隠しの障壁を設けていることに注目．

デザインとし，鳥が探検したり，餌を探し回ったりする機会をふんだんに提供してやる．

砂はこの時も屋内同様，清潔で，釜焼き乾燥された30番のメッシュで漉したサイズの砂を用いるが，屋外では少なくとも5cmの厚みに敷かなくてはならない．飼育するシギ・チドリ類が大型であるほど，より深く砂を敷くこと．床敷には，すべすべした小石や苔，草を加えたり，床の一部に底がスロープになったプールを設置することもできる．

飲み水用および水歩き用の皿は，日に1〜2回きれいにする．屋内飼育同様に，固まりになった砂は箒で取り除く．濾過ができないプールの場合，いったん水を抜いて，再び満たすやり方で水質を維持する．流木は毎日か1日おきにブラシでこすり，水洗いして糞を取り除く必要がある．

羽はたきや鏡，ぬいぐるみは，幼鳥が使わなくなるまでは入れておく．雛が1羽しかいない場合，鏡は放鳥まで置いておく．必要があれば，飼育箱の1ヵ所に熱源ランプを引き続き設置し，およそ29.7℃の部分を作ってやる．飼育箱の他の部分は室温にしておく．(火傷を防ぐため)鳥が飛び始める前までに，熱源ランプは外す．

靴を介して微生物汚染を持ち込んだり持ち出したりする機会を減らすため，鳥舎の出入り時に，消毒用の踏込み槽とすすぎの設備とを使用する．鳥を野生復帰した後，次に新しい鳥を入れるまでの間も，鳥舎を清潔で感染のない状態に保つよう徹底する．

野外放鳥の準備

放鳥に適した時期を把握するために，その地域における野生での巣立ち雛の日齢を調べること．保護した鳥は，野生での通常の巣立ち日齢より1週間かそれ以上経ち，鳥がよく飛べるようになってから放鳥する．鳥は1羽1羽，健康状態に優れ，防水性を備え，巧みに飛べなくてはならない．鳥によく筋肉がつき，捕食者から逃れることができ，かつ同種の鳥と渡りをすることができる飛翔能力が備わっていることを確認する．放鳥候補個体の翼長を，正常な成鳥の翼長と比べることも適切な放鳥日を決める補助となる．そうした情報は，地域の生物学者や官報の野外調査の研究結果から入手できるかもしれない．巣立ち雛の体重は，成鳥と異なることがあるので，その種の巣立ち雛の正常体重がどれくらいかを調べておく必要がある．

放鳥する鳥は，適切な探餌行動と人間への警戒心を示していなければならない．放鳥は同種の鳥がいる場所で行う．巣立ち雛の集団か群れに合流できれば，よりよい結果をもたらす．

できれば放鳥前に，連邦政府の足環をつける．放鳥後のデータを集めることで，野生のシギ・チドリ類を研究している人々の役に立つ．

　放鳥できない個体を，動物園や水族館で，飼育してもらう道もある．動物を連れていく前に，その施設（および収容能力）が，当該種に適したものであることを確かめる．放鳥できないシギ・チドリ類については，適切な趾の健康や総合的な動物福祉に配慮した，しかるべき飼育場で継続して飼えるのなら，代理親として利用することも考えられる．雄も雌も代理親になり得るが，もし，野外でどちらかの性が主に雛を世話しているのであれば，その性の方がよりよい代理親になるだろう．

謝　　辞

　Point Reyes Bird Observatory（PRBO）Conservation Science に率いられたシロチドリ保護プロジェクトに参加された多くのみなさんに感謝します．そして，カリフォルニアの海岸に沿って，シロチドリの雛に目を光らせ，保護し，救助し，立ち上がらせ，リハビリテーションを行った彼らの不断の努力にも感謝します．放鳥した雛に足環をつけ，観察した，PRBO の研究者たち，彼らは貴重な放鳥後の情報を提供してくださいました．さらに，私が特に感謝したいのは，本章で述べたリハビリテーションの手法を進歩させるのに貢献してくれた，驚くべきシギ・チドリたちの卵，そして雛たちです．そして，シロチドリの親善大使であり，親からはぐれた雛たちの偉大な父親でもあった，私の大好きなシロチドリ，小さくも偉大な「シロ」，またの名を The Little General（小さな将軍）に心からの感謝を贈ります．

関連製品および連絡先

足環：National Band and Tag Company, 721 York St, Newport, KY 41072-0430, (800) 261-TAGS (8247).

孵卵器と ICU: Double-R Discount Supply, 4000 Dow Road, Suite 8, Melbourne, FL 32934, (321) 259-9465, Fax (321) 259-2500.

コオロギ：Bassetts Cricket Ranch, Inc., 365 S. Mariposa, Visalia, CA 93292-9242, (800) 634-2445 or (559) 747-2728, Fax 559-747-3619, www.bcrcricket.com.

ミルワーム：Rainbow Mealworms, Inc., P.O. Box 4907, 126 East Spruce Street, Compton, CA 90220, (310) 635-1494.

ウジ：Arbico Environmental (tiny wigglers), P.O. Box 8910, Tucson, AZ 85738-0910, (800) 827-2847, Fax (520) 825-9785.

ワックスワーム：Grubco, Box 15001, Hamilton, OH 45015, (800) 222-3563.

イトミミズ：Pan Ocean, 23384 Foley Street, Hayward, CA 94545, (510) 782-8936.

オキアミ：MST Enterprises〔Superba（ナンキョクオキアミ），Pacifica（ツノナシオキアミ），Nova Scotia, Canada.

Nekton-S: Guenter Enderle Enterprises, 27 West Tarpon Avenue, Tarpon Springs, FL 34689, (727) 938-1544.

参 考 文 献

Flinchum, G.B. 2006. Management of waterfowl. In Clinical Avian Medicine. Harrison G.J. and Lightfoot, T.L., eds. Spix Publishing, Palm Beach, FL, p. 846.

Miller, E.A., ed. 2000. Minimum Standards for Wildlife Rehabilitation, 3rd Edition. National Wildlife Rehabilitation Association, St. Cloud, Minnesota, 77 pp.

Petersen, W.R. 2001a. Plovers and lapwings. In Elphick, C., Dunning, Jr., J.B., and Sibley, D.A., eds. The Sibley Guide to Bird Life and Behavior. Alfred A. Knopf, New York, pp. 257–264.

———. 2001b. Oystercatchers. In Elphick, C., Dunning, Jr., J.B., and Sibley, D.A., eds. The Sibley Guide to Bird Life and Behavior. Alfred A. Knopf, New York, pp. 265–267.

Thurston, H. 1996. The World of the Shorebirds. Sierra Club Books, San Francisco. 117 pp.

10
カモメ類とアジサシ類

Meryl Faulkner

生物学的特徴

　北米のカモメ科（カモメ類とアジサシ類）は，2種のミツユビカモメ類を含む25種のカモメ類と，2種のクロアジサシ類を含む18種のアジサシ類からなる．カモメ類とアジサシ類は，近縁のオオトウゾクカモメ類やトウゾクカモメ類，ハサミアジサシ類とともにチドリ目に属する．カモメ類とアジサシ類は海岸や湿地帯，放棄された塩田およびその周辺に集団で営巣する．いくつかの種のカモメは断崖に巣をかけるが，アメリカオオセグロカモメ（*Larus occidentalis*）は沿岸の町のホテルやマンション，オフィスビルの屋根といった人工物で営巣する．巣は浅く引っかいたような地上の窪みであったり，草や小枝，小石や瓦礫を敷いたりして作られる．標準的な抱卵期間は21～27日で種により異なる．

　カモメ類とアジサシ類の雛は半早成性である．雛は孵化した時から眼が開き，綿羽に覆われており，歩くこともできるが，巣や巣の近くに2～3週間は留まる．雛の巣立ちは種によって異なり，21日齢（アメリカコアジサシ *Sterna antillarum*）から42日齢（アメリカオオセグロカモメ）まで幅があるが，巣立ち後もしばらくは引き続いて親から餌をもらう．アメリカオオセグロカモメでは，この期間は孵化後11～12週目まで続く．

　カモメ類とアジサシ類はいずれも水かきのある趾と撥水性の羽毛をもつが，長時間泳ぎ，かつ水上に長時間浮いていられるのはカモメ類だけである．アジサシ類はカモメ類に比べ，脚が短く，足も小さいので，長時間水をかくことができない．

　カモメ類もアジサシ類も成鳥は魚を食べる．しかし，カモメ類ではアジサシ類に比べ，無脊椎動物や人間のゴミをあさる傾向が強い．その点が顕著に現れるのは，幼鳥に給餌する以外の期間や，環境が変わって魚が乏しくなった時である．

　カモメ類とアジサシ類の体重は，アメリカコアジサシの40gからアメリカオオセグロカモメの1,000gまで幅広い．幼いカモメ類やアジサシ類は，最初は日齢に応じた適切なサイズの魚を親からもらう．アメリカコアジサシは，雛に28cm以上の魚を，およそ1時間に2回給餌する．アメリカオオセグロカモメの雄は2～3時間おき，雌は3～4時間おきに，巣立ち雛に給餌する．アジサシ類は魚を丸ごと与えるが，カモメ類は小魚や小エビのような獲物を一時に大量に小さな雛の口に吐き戻して与え，10日齢以上の雛に対しては，雛がついばめるように大きな魚を地面に落として与えるようになる．

人工育雛への移行

　州や連邦の当局に保護され，リハビリテーターのもとに連れて来られるカモメ類とアジサシ類は，営巣を妨害されたり育雛放棄された危急種や絶滅危惧種の雛であることが多い．他の例として，いくつかの地域では，商業用ビルやマンションの屋根のようなところにカモメが巣をかけてしまい，親鳥が人間を攻撃してくるために，米国魚類野生生物局や州の当局が雛を取り上げる許可を出す場合がある．

巣立ち雛が発見されるのは，巣が捕食者に攻撃された場合や，屋根の巣から落ちた場合である．アメリカコアジサシが屋根に営巣するフロリダでは，雛を親元へ返すことに成功している．屋根の巣がある場所へ近寄れるようなら，親鳥の元へ返すことを試みるべきである．返す前には，雛に怪我がないか調べること．雛を巣に返したら，雛を置いて戻る前に，親鳥が世話をする様子が見られるかどうかを観察することが重要である．

育雛記録

州の当局は，飼育に関する記録をつけるよう要請している．飼育記録の内容は，州によって異なることがある．最小限必要とされるのは，種，年齢区分，発見場所，発見者の住所氏名，巣から取り上げた理由，獣医学的な問題，最終転帰と放鳥場所である．絶滅危惧種や危急種では，さらに詳細な飼育記録が要求されることがあり，それは当該種の野生復帰を管理している生物学者から提出を求められるのが普通である．

育雛初期のケア

他の鳥種と同じく，幼若なカモメ類やアジサシ類はまず暖めて，次に補液してから，はじめて餌をやるようにすること．やせていたり，標準体重より軽かったり，負傷していたりする鳥では，体重の5%の水分を（給餌チューブを用いて）経口投与，あるいは皮下投与する．絶滅危惧種のCalifornia least tern（Sterna antillarum browni，アメリカコアジサシの亜種）は皮膚が脆弱で，皮下投与を試みようとしても，しばしば悪戦苦闘することがある．著者は小型のアジサシでは，初回に適量のラクトリンゲル液やPedialyte（小児用経口補液剤）を経口的に与え，次に，大型種であっても小型種であっても，Multimilk（PetAg）と水を1対2で溶いたものや，代替品としてIsocal（Mead Johnson）やエンシュア（Ensure, Abbot）を与える方法を好んでいる．鳥がやせているかまたは容態が安定していない時は，さらに2回与える．Multimilkは乳蛋白を含んでいるが，炭水化物（ふつう海鳥は摂取することがない）が少なく，粉の形で利用できるので，海鳥や渉禽類もうまく受け入れてくれる．水分は暖めてから与えると，低体温に陥った雛や成鳥の深部体温を上げるのに役立つ．

幼若なカモメ類やアジサシ類は，温かい容器で静かな場所で飼育しなくてはならない．孵化直後の雛（本来ならまだ親に抱雛されているであろう，綿羽に覆われた幼若な雛）は温湿度管理のできる孵卵器で飼育し，毛皮や毛織物，その他テント状にできるものを入れることで，親代わりにその下に隠れられる場所を作ってやる．

親からはぐれた雛が健康であれば，一度水分補給を行なったのちに，固形の餌をやることができる．アジサシ類には魚を，カモメ類にはエビ，キャットフード，ぶつ切りにした魚を与えることができる．カモメ類とアジサシ類では，日齢とサイズに応じて，90分〜3時間おきに給餌が必要である．

孵化直後の雛と幼若な雛は，紙や布製タオルの上に置くことによって，手製の温水式育雛器や市販の孵卵器で飼うことができる（図10-1〜図10-3）．大型種の，より日齢の経った雛は，低温にセットしたマットヒーターの上に置いて，内部を暖めた段ボールやプラスチックのペットキャリーで飼うことができる．

罹りやすい疾病と対処法

生態学者によって営巣地から収容される孵化直後の雛は，栄養失調に苦しんでいたり，捕食者の攻撃で傷ついたりして親から見離された雛である可能性が高い．より日齢の進んだ巣立ち雛では，釣り針や釣り糸による裂傷や，翼や脚の骨折がみられる．

たまに，親鳥が雛に鉤のついた，魚釣り用のおとりの魚を与えることもある．それらの幼鳥は嘴から短い糸をたらしており，たいていは，治療や手術を受ける前に，衰弱や時には腹膜炎により死んでしまう．

頭部外傷はまれにカモメ類の幼鳥でみられ，これは過密な営巣状況下で起きる，兄弟や成鳥から

第10章　カモメ類とアジサシ類

図10-1　温水式育雛器の中のメリケンアジサシの孵化直後の雛1羽とアメリオオセグロカモメの孵化直後の雛2羽．

図10-2　温水式育雛器のなかのアメリカコアジサシの雛．

の攻撃によるものと思われる．屋根からの落下は，脚や翼の骨折の原因となる．サンディエゴのアジサシ類（アメリカコアジサシ，メリケンアジサシ Sterna forsteri，ユウガアジサシ S. elegans，アメリカオオアジサシ S. maxima，オニアジサシ S. caspia）は海岸を営巣地やねぐらとする．外傷は，たいてい猛禽類のような捕食者が原因だが，しばしばコヨーテやアライグマが海岸や磯の営巣地へ侵入して，成鳥が慌てて逃げようと幼鳥を踏みにじったり，傷つけたりすることでも起こる．

　浅い外傷は，清拭と消毒，それにスルファジアジン銀クリームを塗って治療する．油性の軟膏は，羽毛に滲みこみ，羽毛の撥水性を失わせるので，勧められない．

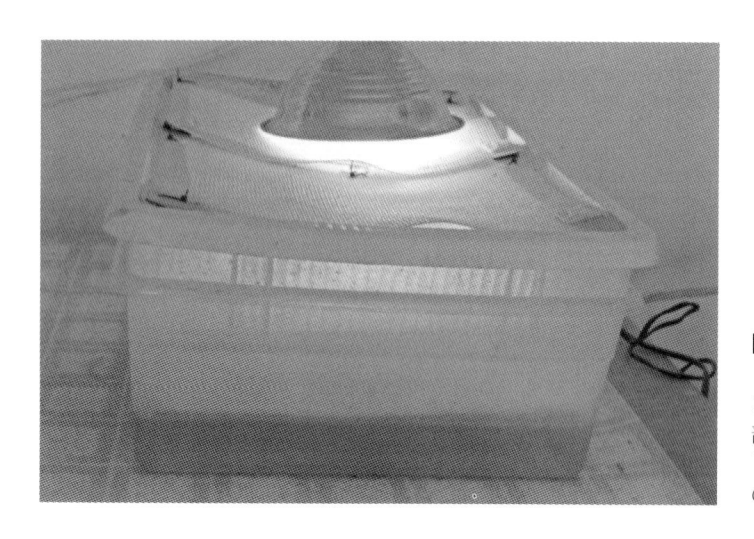

図10-3 温水式育雛器の外観．ヒートランプの位置に注目．2重になったコンテナのうち，外側のコンテナの内部に水を張り，水槽用ヒーターで加熱している．天井はグラスファイバー製のふるいを使用している．

翼や脚の骨折では，適切な材質の副木を正しく当て，マイクロポアペーパーテープ（Micropore paper tape, 3M）や軽い伸縮性のある布テープを巻く．カモメ類の成鳥における上腕骨閉鎖骨折とは異なり，綿羽に包まれた幼いアメリカオオセグロカモメの骨幹近くの閉鎖骨折は，翼に副木をあて包帯すれば，うまく治癒する．予後もよく，治れば飛ぶこともできる．

アジサシ類の骨折は，放鳥後どれだけ飛行できるか，という観点から評価すべきである．それというのも，アジサシ類では飛翔能力が完全でないと，採食できないからである．

獣医師は，カモメ類やアジサシ類において，粘着性のべたつく包帯を直接羽毛に用いるのは禁忌であることを告げておくべきである．というのは，放鳥前に羽衣を痛めて撥水性を損なう恐れがあるからである．著者はカモメ類や大型のアジサシ類の翼で「8の字」包帯法を行うのに，ベトラップ（Vetrap, 3M）やコーバン（Coban, 3M）などの非粘着性の素材を好んで用いている．小型のアジサシ類では，軽いマイクロポアペーパーテープや，幅の狭い非粘着性の素材で包帯することができる．

片足損傷（片足を半分以上失ったもの）を負ったり，飛節や膝関節，股関節を痛めたりしたカモメ類やアジサシ類の幼鳥の予後は不良である．そうした雛や巣立ち雛では，育つにつれて，増加した体重の負荷が正常な方の脚や足にのしかかり，健康な肢が足皮膚炎または関節の変形によって，体重を支えきれなくなってしまう．

抗生物質を投与した若いカモメ類やアジサシ類では，日和見感染を防ぐため，適切な抗真菌薬による治療も必要である．例としてイトラコナゾール（Janssen）15mg/kgを1日1回経口投与する．ほとんどの海鳥と同様に，カモメ類とアジサシ類もアスペルギルス症に感受性が高い．

小型のアジサシ類は特に足皮膚炎に罹りやすく，水かき状の足の裏面に発赤と腫れがみられる．本症は，体重不足の，あるいは怪我をした巣立ち雛を，室内で布地やペーパータオルの上で飼う場合にも発生することがある．足の病変は治療が難しく，しばしば全身性の感染を引き起こし，死の原因となる．濡れて湿ったごみくず（糞や土，砂利）のある床では，繊細な水かきを傷めることも多くなる（本章後半の「育雛環境」の項目で提示した床敷も参照のこと）．

飼育下では，より日齢の経ったカモメ類の幼鳥が嘴を怪我することもある．鳥を一時的にバリケンネル（vari kennel）[*1]で飼育した時に，金属製

[*1] 訳者注：プラスチック製のペットキャリーで前面が金網になっているもの．類似品多数あり．

のドアで嘴をすりむくのである．嘴の損傷は，鳥向けに設定した環境で飼えば治癒する．また，たとえごくわずかな期間であっても，カモメ類を針金でできたケージで飼うと羽毛がいたむ．

餌の種類

小型のアジサシ類（アメリカコアジサシ，アジサシ *Sterna hirundo*，メリケンアジサシ）の雛にはトウゴロイワシ（*Menidia* spp.）やイカナゴ（*Ammodytes* spp.）を与えることができる．多くの小売店やオンラインのペットフード業者が，これらを冷凍状態で発送している．大型のアジサシ類やアメリカオオセグロカモメの雛には，シラスやワカサギ，その他丸ごとの魚をやることができる．孵化後1週にも満たないカモメ類の雛には，エビを与えることもできる．魚は切り身よりも丸ごと与えるほうがよい．というのは，時々魚の脂が嘴に残って，羽づくろいの際に，羽毛や肛門周囲を汚すことがあるからだ．魚，エビ，その他の餌は給餌のたびに新鮮なものを与えること．大きくなったカモメには，ドライのキャットフードやゆで卵，パンを与えることができ，これは多くのカモメが人間から得ている種々雑多な食料への導入にもなる．アメリカコアジサシやその他小型のアジサシ類が，屋外のケージで暮らせる大きさになれば，大型のミルワームを与えることもできる．カモメ類や大型のアジサシ類には，ワカサギやナイトスメルト[*2]（*Spirinchus starksi*，カナダ原産）を丸ごと与えることができ，（北米では）これはたいてい地域のアジアンマーケットで生の，あるいは冷凍のものを入手できる．

給餌方法

カモメ類とアジサシ類の雛は，孵化して数時間以内に餌をもらう．必要であれば，孵化後48時間は卵黄嚢から栄養が供給されるにもかかわらず，親鳥は孵化当日から雛に給餌する．雛はお腹が空くまでは静かに座っているが，じきに声をあげて餌をせがみ始める．差し餌はピンセットや手で行うことができる．カモメ類やアジサシ類の幼鳥は，鳴いて大口開けをした後，持ち手の方に向かってきて差し出された餌をくわえる．嘴をべたつかせたり，餌で汚したりしないように気をつける．必要に応じ，嘴と鼻孔をきれいにしてやる．餌は使用当日に解凍し，給餌の1，2時間前まで冷蔵しておく．

孵化直後の雛

孵化直後の雛への給餌回数は，雛の種と大きさに応じて変わる．カモメ類とアジサシ類の雛は孵化後すぐに餌を食べるが，孵化当日に食べる回数は少ない（図10-4）．孵化後2日目の雛は約60〜90分おきに餌を食べるので，12〜14時間にわたって，90分おきに（1日9〜10回）雛が満足するまで給餌しなくてはならない．雛が食べるのを嫌がるようなら，湿らせた魚を優しく強制給餌してやる．

雛が大口開けや餌乞いをしなくなったら，水分を与え，次の給餌時間まで餌を休止する．その種にその餌を与えた時の便の色や粘度が，正常な範囲かどうかを確かめる．魚を食べた時の便では，ふつう白い尿酸の中にねずみ色の糞塊が見られる．灰色の顆粒状の便は病気や脱水を示唆する．給餌してから1〜2時間後に規則正しい便が見られない鳥では，総排泄腔が詰まっていないか，肛門周囲に白亜色の，あるいは顆粒状の凝固物がないかをチェックする．ぬるま湯で肛門周辺を優しく流してやると排便の刺激になる．その後，これらの鳥には，固形物を給餌する合間に，水分を加えた餌をチューブで給餌してやる．

巣内雛と巣立ち雛

巣内雛と巣立ち雛では，1日12〜14時間にわたり，90分おきに給餌する．最初の1週間が過ぎたら，カモメ類では3〜4時間おきに，アジサシ類では90分〜2時間おきに給餌の間隔を延ばすことができる．小型のアジサシでは皿から餌をついばめるようになっても，2時間おきに

[*2] 訳者注：シシャモ属の魚．

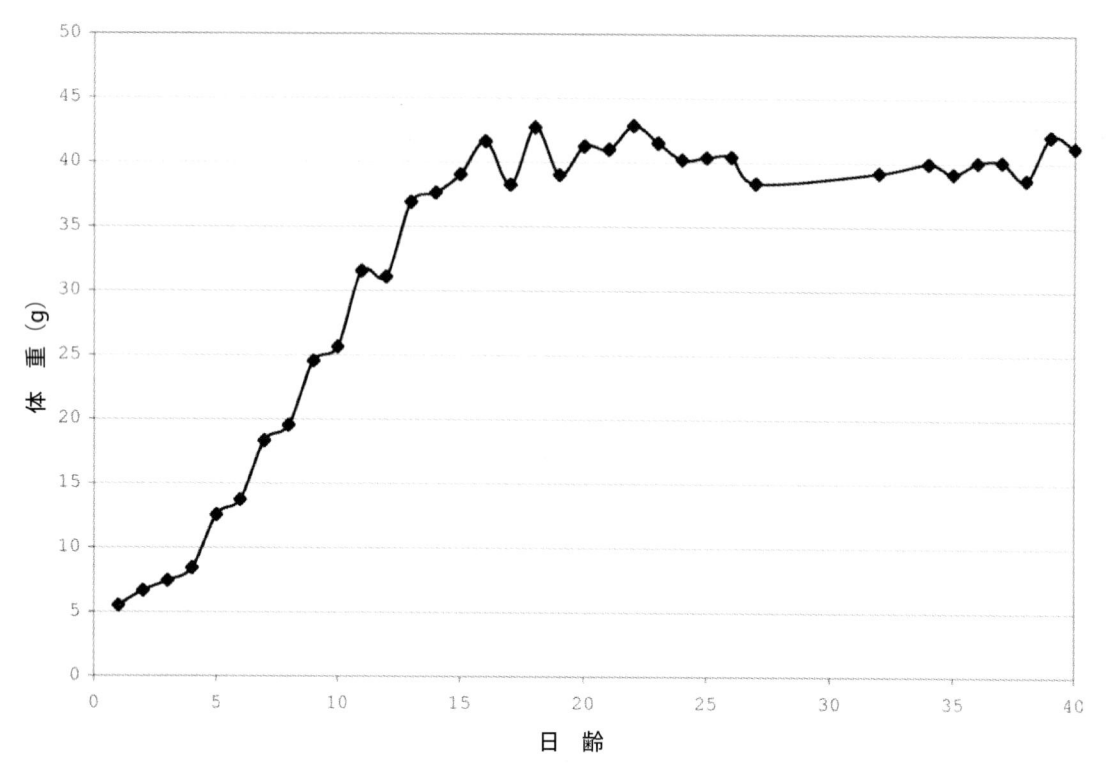

図 10-4 アメリカコアジサシの雛の体重増加（母数 n = 17）．

給餌する必要がある．カモメ類と大型のアジサシ類ではおよそ 1 ～ 2 週齢で皿から餌をついばみ始める．この段階では，少なくとも日に 4 回は，新鮮な餌に替えて皿を満たしてやる．

期待される体重増加

カモメ類とアジサシ類では，孵化後 48 時間は体重が変わらない．48 時間を過ぎてから孵化後 3 週目まで，体重は着実かつ明らかに，直線状に増えていく（図 10-4，図 10-5）．孵化後 3 週目から体重の伸びはゆるやかになる一方で，羽毛は成長し続ける．個体差があるのはふつうだが，体重は空腹時と食後で変わる．カモメ類とアジサシ類では体重に占める，消化管内の餌の重さがたいへん大きいので，毎日，同時刻に体重を測定しなければならない．

育雛環境

孵化後，雛は 32 ～ 38℃で飼育すること．孵卵器の一方の端に 40 ワットの電球を取り付け，床面の温度をおよそ 34℃とする．明るい側の一方の隅に，10cm 四方の合成繊維の布をおいて，小さなアジサシ類の雛が寄り合ってその下にもぐったり，上に座ったりできるようにする．著者は孵化後 5 日齢以下の小さなカモメ類とアジサシ類の雛では，保温器（温水式育雛器）を用いている．育雛器の中には温度勾配を設け，雛が自分で涼と暖を選べるようにする（図 10-1 ～図 10-3）．雛が大きくなり始めたら，小型種は保温器で，大型種は一方の端にマットヒーターを敷き，室温を 29 ～ 35℃に保ったバリケンネルで飼うことができる．

California least tern とメリケンアジサシの孵化直後の雛は，ペーパータオルや綿のベロア布のタ

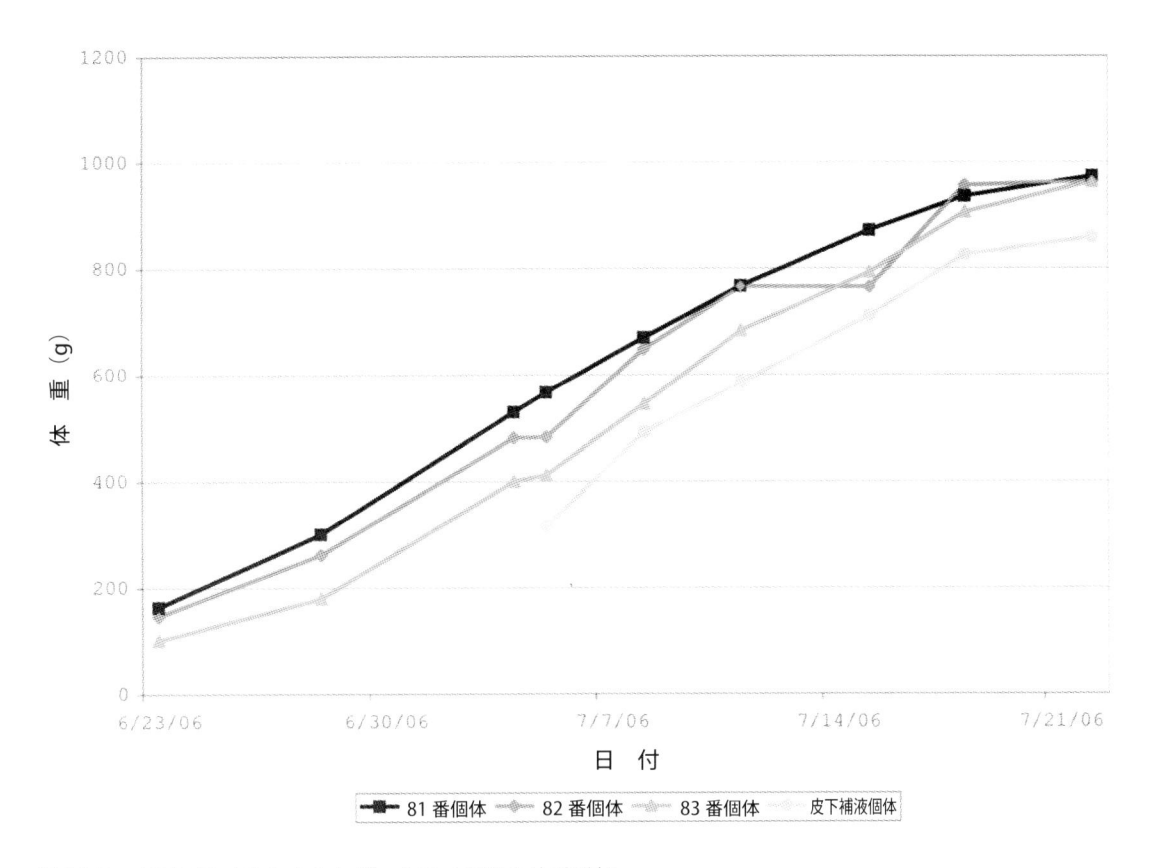

図 10-5　4羽のアメリカオオセグロカモメの雛の体重増加.

オルを数層重ねたものの上で飼うことができる．タオルや紙は固くごわごわになったら取り換える．他の選択肢としては，滅菌した砂場用の砂を0.5cmの厚さに敷き，毎日表面のごみを掃除して，必要に応じ砂を交換する方法がある．

カモメ類では孵化後約1週間，アジサシ類なら約2週間たって，雛が自分で体温を維持できるようになったら，頭上のタングステン電球を全波長型ライトに付け替える．カモメ類とアジサシ類では代謝性の骨障害は珍しいが，雛をずっと室内で飼っている時は，雛に十分なビタミンD合成をさせるため，育雛器の上（やバリケンネルのドア越しに）全波長型のライトをつけておくのが賢明である．

雛が体温を維持，調整できるようになったら，飼育場の温度を少しずつ下げ，雛をより広い飼育場に移動できる．

約3週齢になったアジサシ類や約4週齢のカモメ類の体重は，成鳥の通常体重の約80%近くに達していなければならないし，初列風切羽も半分の長さまで伸びている必要がある．小型のアジサシ類では頭や背中の大半の，あるいは全ての幼綿羽の房がなくなるが，より大きいカモメ類では幼綿羽がいくらか残っている．この発育段階に達したカモメ類とアジサシ類は完全に自力採食でき，砂の床敷きと小さなプールを備えた 1.8m×2.4m の飼育場へ移すことも，あるいは直に最終的な飛翔用鳥舎へ移すこともできる．

屋外へ移してすぐの間は，鳥を監視して，濡れたり，低体温に陥ったりしないようチェックする．冷涼な日や，鳥が撥水性を備えていない場合の監視は特に重要である．全ての鳥が外気温でも十分すごせることが確かめられるまでは，鳥が触れないように保護した一角に熱源を設置しておく．

図10-6　昼食を奪い合う2羽のアメリカオオセグロカモメの雛．（写真はMary F. Platter Riegerの好意による）

飛翔用ケージの床敷きには砂を用い，砂の表面は週に数回掃き清めること．必要に応じて新しい砂を追加すること．鳥舎内のプール（コンクリート，あるいはポリ塩化ビニルを塗ったもの）には緩やかなスロープを設け，常時オーバーフロー（溢れ）させて羽毛を汚すような浮遊物を取り除くか，毎日水を抜いて真水を満たすかする．プールはサイズを変えないで，鳥が水浴びのために歩いて出入りできるようなスロープを設ける．プールのサイズは鳥4〜6羽に対し，最低でも直径120cm，深さ25〜30cmとすることをすすめる（Miller 2000）．

自力採食への移行

ほとんどのアジサシ類は，孵化後2週間で餌をつまみ始める．ある種（アメリカオオセグロカモメ）では，孵化後3日目に落ちている餌をつまみ始めるが，他種ではもっと日が経ってからである．個別飼育されている鳥は自力採食を覚えるのが遅く，集団で飼われている鳥は自力採食を覚えるのが早く，飼育者に馴れることも少ないようである（図10-7，図10-8）．群の日齢の進んだ個体が攻撃的な場合，飼育者は小さ目で弱々しい個体に優先して給餌すること．アジサシ類ではカモメ類に比べ，日齢の進んだ同居個体からより幼い鳥への攻撃はあまり見られない．アメリカオオセグロカモメを過密飼育すると（あるいは単に好戦的な個性の鳥がいると），日齢の進んだ雛が幼い雛の頭部をつつくことによる羽毛の損耗，時には裂傷が起こり得る．

探餌行動の促進法

アメリカオオセグロカモメは陸でも水中でも餌を捕るが，ふだんは潜って採食することはない．彼らには，食物をくわえ上げるための特別な訓練は，全く必要ない．

アジサシ類の訓練法としては最初，ふだんの餌皿（図10-7）を鳥舎のプールの近くに置く．数日後，プールのスロープのふちに置く．鳥が浅いところで餌をくわえ上げるのに慣れるよう，このプールはおおよそ直径120cm，中央部の深さ30cmとする．その後，少し深いところに餌を投げ込み，鳥が水の中に入って歩くのを促してやる．アジサシ類は深いプールには飛びはねて入ろうとはしないので，スロープは緩やかなものでなくてはならない．雛が採食に乗り気でない時は，朝8時に給餌したあと，午後3〜4時まで餌を与えないで置く．さらに何日か経つと，魚をやや深い

図 10-7 屋外ケージのなかのアメリカコアジサシの巣立ち雛4羽と皿の中の魚.（写真はMary F. Platter Riegerの好意による）

図 10-8 屋外鳥舎でプールに入っているアメリカコアジサシ.

ところ置くことができる．鳥ははじめ水の中を歩き，それから羽ばたいて水中へ飛び込み，魚をつまみあげるはずである．最終的には，生きた金魚を餌皿に入れ，1～2日して鳥が金魚を捕らえるのに慣れたら，金魚をプールに放してやる．時には，採食しようという気になるまで鳥を金魚と一緒に1日中放っておく．そうしたケースでは，水に入るのをためらう気持ちより空腹が勝るのが常である（図10-8）．

放鳥準備

放鳥前に使用する鳥舎は，小型のアジサシ類向けでも最低3m×3.6m×高さ2.4mの大きさとし，捕食者が破ることのできないプラスチック製ネット（0.5cm間隔のメッシュ）で囲い，羽毛を痛めないようにしてやる．やや大型のアジサシ類では，少なくとも3m×4.9m×高さ2.4mの飼育場とするが，実際はこれでも水へ飛び込む練習をするには十分な高さではない．オニアジサシのような大型のアジサシ類では，最低でも幅2.4m，奥行き9.6～15m，高さ3.6～7.5mとする．大型のカモメ類では，1.25cm間隔のメッシュからなる針金製の金網の囲いで飼うのが安全である．床面は，滅菌した砂場用の砂を2.5cmの厚さに

敷き，週に1度，表面のごみを掃除する．金網の地下の部分も，捕食者が穴を掘って侵入しないように（板や金網に）する必要があるだろう．

鳥は継続して飛べるようになるまでは飼育する必要がある．カモメ類では地上1.8mの高さの枝まで浮上できる能力が必要である．カモメ類とアジサシ類では休憩なしに飛翔用鳥舎内を数周飛び続けることができ，翼を畳んで着地できなくてはならない．

アジサシ類では，水に入って歩きながら，あるいは水に飛び込むことで，適切なサイズの生餌を捕らえて飲み下すことができねばならない．カモメ類では，魚，パン，（ドライの，あるいは水分をたっぷり含む）キャットフードやドッグフード，人間の出す生ゴミ（ファーストフードの残り物）など，様々な種類の餌を食べる用意ができていなくてはならない．

集団飼育したカモメ類やアジサシ類では，人間への刷り込みはめったに起こらない．しかし，人間が間近に接触して育てたカモメは，人間を適度に恐れる気持ちが全く育たないため，公共の場では迷惑な，あるいは危険な存在になる可能性がある．

アメリカオオセグロカモメとCalifornia least ternの例をあげると，著者の経験では，この2種の巣立ち雛は，繁殖期には同種の成鳥とともに飼っても安全である．アメリカコアジサシの成鳥は回復用のケージや鳥舎に同種の雛がいても気にしないし，アメリカオオセグロカモメでは時々，成鳥が鳥舎内の同種の雛に餌を吐き戻して与えることもある．回復した成鳥を雛の群れの中へ放すこともできる．

California least ternとメリケンアジサシでは，孵化した雛やリハビリテーションのため持ち込まれた雛が，飼育者に餌をねだったり，人に馴れた様子を見せたりすることがあるかもしれない．しかし，彼らが巣立ち雛になったらもう，直接手から給餌しないようにすれば，人への馴れを失い，放鳥前の1～2回の体重測定や身体計測を行う時にでさえ，人間の接触を怖れるようになる．

異なる日齢の雛を一緒に飼ってもよいが，日齢の進んだカモメ類から，より小さく幼い雛への攻撃が見られることがある．これは，飼育場に血で赤くなった場所がないか，雛の後頭部がつつかれて羽毛が抜けていないかを見ることによって確かめることができる．幼い雛を群から隔離したり，攻撃的な雛を見つけて群から分けたりする．種々のアジサシ類では，成鳥が同種の幼い個体を攻撃することはないようであるが，餌を争っている時にはさすがに鳴いて警告声を発する．

ほとんどのアジサシ類の雛は親鳥の元に留まり，引き続き親鳥から食物を補ってもらうことが観察されている．人工育雛した雛が，野生で生き残っている例はわずかにしか知られていないが，12週齢で放鳥したアメリカオオセグロカモメが，放鳥後1年経って生存していた例がサンディエゴで観察されている．

放鳥の基準

放鳥する鳥は，人間を警戒し，休憩なしに飛び続けることができ，鳥舎内で体を傾けて飛べ，旋回でき，スムースに着地できなくてはならない．鳥の初列風切羽，正羽，尾羽は完全な長さでなくてはならない．鳥は水浴びの時や，水から出た時に乾いているように見える（すなわち防水性を備えている）こと．巣立ち雛では，その種の最低体重を上回っていることと足や嘴に異常がないことが条件である．また，ためらうことなく水の中に入り，水浴びを行い，餌をつまみあげることも必要である．

放鳥場所

飼育下で育てたカモメ類やアジサシ類は，同種の鳥がいる適切な生息地で放鳥しなくてはならない．ある種のカモメ類やアジサシ類は渡りをするので，シーズンの終わりに育てたとか，リハビリテーションを行ったことにより，同じ種の鳥がすでに渡ってしまった場合は，適切なリハビリテーション施設で冬を越す必要があるだろう．

謝　　辞

　Mary F. Platter Rieger の熱意と，関心と助力，および彼女の撮影した写真を使わせてくれた寛大さに感謝します．また，California least tern 繁殖地で多くの絶滅の危機にある種のモニタリングに従事されている皆さん，とりわけ Elizabeth Copper 氏，Brian Foster 氏，Robert Patton 氏，Shauna Wolf 氏に感謝の意を表します．サンディエゴの野生物プロジェクトと，そのすばらしいボランティアたち，そして私が出版を通して知識を伝えることを常に励まし続けてくれた今は亡き私の夫 John Faulkner 博士に多大なる感謝の意を表します．

関連製品および連絡先

Vetrap, Coban, and Micropore paper tape: 3M Corporate Headquarters, 3M Center, St. Paul, MN 55144-1000, (888) 364-3577.

Ensure: Abbott Laboratories, Abbott Park, IL.

Multimilk: PetAg 255 Keyes Avenue, Hampshire, IL 60140, (800) 323-6878.

イトラコナゾール：Janssen Pharmaceutica Inc. P.O. Box 200, Titusville, NJ 08560-0200, (609) 730-2000.

参 考 文 献

Grabboski, R. 1995. Simple Things That Make a Difference: Making Water-Based Incubators. Journal of Wildlife Rehabilitation 18(2): 16–17.

Miller, E.A., ed. 2000. Minimum Standards for Wildlife Rehabilitation, 3rd Edition. National Wildlife Rehabilitation Association, St. Cloud, Minnesota, 77 pp.

Pierotti, R.J. and Annett, C.A. 1995. Western Gull (*Larus occidentalis*). In Birds of North America, No 174, Poole, A., and Gill, F., eds. The Academy of Natural Sciences, Philadelphia, PA, and the American Ornithologists' Union, Washington, D.C.

Terres, J.K. 1980. The Audubon Encyclopedia of North American Birds by John K Terres. Alfred A. Knopf, Inc., New York.

Thompson, B.C., Jackson, J.A., Burger, J., Hill, L.A., Kirsch, E.M., and Atwood, J.L. 1997. Least Tern (*Sterna Antillarum*). In Birds of North America, No 290. Poole, A. and Gill, F, eds. The Academy of Natural Sciences, Philadelphia, PA, and the American Ornithologists' Union, Washington, D.C.

11
ウミスズメ類

David A. Oehler

生物学的特徴

　ウミスズメ科は北半球の極地周辺地域だけに見られる,海洋生,沿海性,そして遠洋性の鳥である.aukの名はこれらの海鳥の鳴き声を表現したノルウェー語のālkaに由来する.ウミスズメ科は11属22種からなる.本グループの鳥はいずれも形態的に高度に特殊化しており,(水中で)プロペラ推進する翼,ずんぐりした水雷型の体,短い翼と尾をもつ,潜水する鳥である.羽衣の形態は独特で,上部(頭と背面)は黒や灰色,下部(腹部)は白色をしたものが主である.この羽衣は冬季に劇的な変貌を遂げ,ある種では灰色と白の羽衣となる.特定の種における,それぞれに特殊化した潜水能力は,動物性プランクトンから魚までという獲物の多様さと相まって,種間での餌の競合を緩和している.獲物の種類は体格および嘴の形と密接に関連している(Strauch 1985, del Hoyoほか 1996).

　ウミスズメ科の鳥は獲物の分布に従い,通常,極地の大陸棚上の冷たい外洋で見られる.ウミスズメ属だけが亜熱帯の海に分布する.陸に上がるのは営巣して繁殖する時だけで,探餌の特性上,必然的に1年の大半は海上で過ごしている.ウミスズメ科の鳥はたいてい島や海岸の崖を集団営巣地とし,そこに集まる数は百万羽以上[*1]にもなる.コロニー内の巣はたいてい岩を素材としたり,土を掘った穴であったり,人や捕食者が近づけない洞穴などであり,樹木を元にした巣を作るのは1種だけである.

人工育雛への移行

　リハビリテーション施設にウミスズメ科の鳥が運ばれてくるのはまれである.というのは,彼らの繁殖コロニーや巣のほとんどが,人の近付けない場所にあるためである.伐採により,少数のマダラウミスズメ(*Brachyramphus marmoratus*)が保護されることになり,その結果,この種が古い大きな針葉樹の枝に営巣していることが判明した(Hamar and Nelson 1995).ウミガラス属とオオハシウミガラス(*Alca torda*)は中間型の発育戦略をとり,雛は孵化後2～3週で巣を離れ,生後8週齢に達するまでは海上で親のそばに留まり,両親から食物をもらう.ウミスズメ属の雛は,孵化後ほどなく親と巣から離れる.これらの戦略によって,雛を育てるエネルギー負担を減らしていると思われる(Sealy 1973, Varoujeanほか 1977).人の助けを必要とするウミスズメ科の鳥の大部分は,大型種の巣立ち雛で,海岸線に沿って見つかることが多い.そうしたツノメドリ類,ウミガラス類とウミバト類の巣立ち雛はたいてい体重が軽く,しばしば羽衣に問題をかかえている.

育雛記録

　鳥の1羽1羽について,詳細な記録をつけ続

[*1] 訳者注:より少数の種もあり,例えばウミスズメ科の中でもウミスズメ(*Synthliboramphus antiquus*)は多くとも数万羽,ハジロウミバト(*Cepphus grylle*)はペアのみ～100組までの小規模なコロニーを形成.

けることの重要性は，いくら強調しても，し過ぎることはない．必要な報告項目は，全般的な基礎情報，すなわち種名，日齢，救助した場所，収容理由，医学的情報，最終転帰，放鳥場所などである．健康状態を確かめるため，および将来に役立つデータを得るためにも，系統立った，決まった手順の評価方法に沿って1羽1羽の鳥を観察する．飼育下のウミスズメ科の鳥を治療する場合には，（室温や飼育方式など）環境面での状況，曝露された病原体や毒，餌，餌の摂取状況，身体状態，体格を記録することも欠かせない．

育雛初期のケア

鳥が運び込まれたら，できる限り手をつくして鳥の履歴を完璧に把握すべきである．これは，鳥の状態を評価するのに役立つし，さらには適切な放鳥場所を選定する情報をもたらしてくれる．鳥を観察して，鳥の様子，呼吸，羽衣の状態を記録する．身体検査では体重，全身状態，創傷を負っていないかについて確認する．できるだけ手早く身体検査と適切な治療を実施して，鳥のストレスをなるべく減らしてやる．

持ち込まれるたいていのウミスズメ科の鳥は巣立ち雛であり，脱水して低栄養の状態に陥っている．よって鳥の標準的な受け入れ手順の一部には支持療法を組み込んでおき，それを実施すべきである．40〜50ml/kgのラクトリンゲル液か類似の等張輸液剤を，経口投与または皮下投与して，鳥の脱水の緩和を開始する．初診や仮の診断的検査を終えて感染を疑う結果があれば，広域スペクトルの抗生剤を投与する．抗生剤投与は獣医師の指示で行うが，臨床徴候，診断学的検査，培養検査，感受性試験の結果に基づき，適宜変更されることもあり得る．海鳥では真菌の2次感染がよくみられるので，しばしば飼育下のウミスズメ科の鳥では予防的な抗真菌薬の投与が推奨される．イトラコナゾールによる治療は到着後48時間以内に行うのが望ましいが，腎臓への毒性のリスクを最小にするため，必ず脱水症状を改善してから投与すること．また，ビタミンB複合体，ビタミンA，ビタミンD_3，ビタミンEのサプリメントを与えるべきである（ASLC 2006b，Huckabee私信）．

採血と血液検査は，医学的な問題を診断するのに有効である．十分に丈夫な巣立ち雛であれば，PCV，総蛋白質，白血球数算定，血液生化学の検査に足る量の血液を採取できる．

防水性の度合いを調べるため，鳥1羽1羽の羽衣の撥水性を評価する．水をきちんとはじく良好な羽衣の鳥は，そのままプールのある飼育場に入れることができる．羽衣が極端に擦り切れていたり，油にまみれていたり，羽根に水を吸い込んでしまったりする鳥の場合は，水面のある場所へは入れられない．こうした鳥は補助的な熱源を備え付けた，適切な飼育場へ移してやるべきである．鳥が見すぼらしい羽衣をしている場合，その鳥に潜在的または長期にわたる健康上の問題が存在することが示唆していることがあるので，鳥をより詳しく検査する必要があるだろう．一般に，ウミスズメ科の大型種では外部寄生虫がよくみられるので，1羽1羽について調べる．

糞便検査による，内部寄生虫のチェックも実施すべきである．

罹りやすい疾病と対処法

シラミやダニといった外部寄生虫はウミスズメ科の鳥に，成長率の低下や羽衣の悪化といった負の効果をもたらす（Muzaffar and Jones 2004）．殺虫剤には水溶性ピレスリンのスプレーが使用できる．スプレー，その他の薬剤は羽毛を痛めたり，残留して撥水性を損ねたりしないものでなくてはならない．油性の薬剤や石油由来の製品は避けること．

ウミスズメ科の鳥は，他の海鳥と同様に，アスペルギルス症をはじめとする真菌感染症に罹りやすく，特に室内飼育の鳥に発生しやすい．最初に現れる徴候の1つとしては，食欲はあるのに体格がやせ細ってくることがあげられる．これには確立された最良の予防方法がある．イトラコナゾールの投与，清潔な飼育環境，新鮮な空気，そして（1時間に10〜12回の）適切な換気である．

飼育下の魚食性の鳥では，ビタミン不足が恒常的にみられる．これは冷凍された魚を解凍する際にビタミンが失われ，その魚を鳥に与えることにより起こる．ビタミンのサプリメントを，小型の餌にまぶすか，カプセルにつめるかして，それを魚に仕込むことにより，欠乏症を予防する（Mejeur 1988）．

足皮膚炎もしくは趾瘤症は，炎症性かつ変性性の病変で，硬く，つるつるしたコンクリートの床に長時間立つことを余儀なくされた海鳥の足によく発生する．ウミスズメ科の鳥の飼育場には，必ず予防策（本章後半の「飼育環境」の項を参照）を組み込むべきである．趾瘤症はゆっくりとしか解消されないし，厳密な管理が必要である．ウミスズメ類（ウミスズメ属とマダラウミスズメ属）は陸上にいる間，趾部だけでなく，ふ蹠や下腿まで着地して体を支えている．足首の関節が腫れたり，熱をもっていないかを，頻繁に確認すること．そうした臨床症状を示している鳥は，できる限り長く水の中においてやるべきである．趾瘤症の段階にまで至ってから治療するよりも，足の病変が悪化するのを予防するほうがずっとよい．

餌のレシピ

ウミスズメ科の小型種

ウミスズメ類の基本的な配合飼料の材料は，85g の Cyclop-eeze®（サイクロピーズ：微細な十脚目の甲殻類からなる餌）と，85g のナンキョクオキアミ（*Euphausia superba*），30g のミルワーム，60ml の Pedialyte（Abbott）と 5g の Mazuri Alcid vitamin suppliment added（Mazuri，本章末の「関連製品および連絡先」の項を参照）である．急場の代用餌として，Cyclop-eeze の代わりに，近隣の淡水魚・海水魚店で購入したアミエビが使える．全体が 100ml となるように Pedialyte を足せば，3 日齢未満の雛にも使用できる．材料は全て，ミキサーでなめらかになるまで混ぜるが，長くかき混ぜ過ぎて加熱しないようにする．配合飼料ができたらすぐに冷蔵しておく．配合飼料は毎日新しく作る．この配合飼料は改造したシリンジ（注射筒）と直径 14 フレンチのカテーテルのなかをすっと通るようでなくてはならない（Oehler ほか 2003）．

給餌用チューブは，カテーテルを接続できる 50 ～ 60ml のシリンジを用いて簡単に作れる．シリンジに直径 14 フレンチの給餌用チューブや尿道カテーテルを取り付け，チューブの長さ約 10cm のところで，先端を 45 度にカットする．切り口を炎であぶり，角を丸くする．大型ペットショップなどでもペット向けの似た給餌用シリンジとチューブを売っている．肝腎な点は，シリンジとチューブがしっかり接続されていることである．われわれはこのタイプの給餌用チューブを長年に渡り何千回となく使ってきたが，シリンジからチューブがはずれたら，たちまち雛が飲み込んでしまう．忍耐強く，いくらかの操作を行って，チューブを取り出すことができるが，これは雛と人に無用のストレスを与えてしまう．

ウミスズメ科の大型種

ウミガラス類やウミバト類，ツノメドリ類といったウミスズメ科の大型種では，孵化したその日から，イカナゴ，トウゴロイワシ，ニシン，スメルト（ワカサギ，アユなどキュウリウオ科の魚），カラフトシシャモ，魚の切り身といった餌を 1 日 5 回手差しで給餌する．ふだん小型の魚や幼魚を獲物としているウミスズメ類には，小型のイカナゴや，大きな魚を小さくスライスした切り身が必要である．各給餌の前には，魚をあらかじめ Pedialyte（小児用経口補液剤）に漬けておく．

人工孵化

人工孵化は常に必要なルーチンの作業ではない．孵化期間後半の設定を乾球温度計で 37.5℃，相対湿度 60% とすれば，孵化を成功させるに足る（第 3 章参照）．

孵化直後の雛

孵化直後の雛に必要な餌は種によって大きく異

なるが，育雛器の設備は共通して使用できる．毎朝，雛の体重と餌の消費量を記録する．育雛器の温度，雛の様子，医学的なメモも同様に記録する．TermoCare社のPortable ICS Units（ポータブル型集中治療器）や，Dean's Model II Brooders（育雛器）は3日齢未満の雛に使用されている．36.7℃にセットした温度調節パッドを丸めて円筒に入れ，育雛器の一方の端に設置する．育雛器の天井から羽はたきを吊って，熱源の隣に，雛に暗くて安全で引きこもれる場所を作ってやる．各育雛器はタオルで覆って内部をさらに暗くしてやる．これらのハイテク育雛器はたいへん優れものだが，出先のフィールドでは間に合わせの育雛器を使わざるを得ない．地衣類やコケを敷き詰めた靴箱の中に，湯を満たした水筒を熱源として入れた育雛箱を用いて，1日齢のウミスズメ類やツノメドリ類を無事育てたことがある．3日齢を過ぎた雛は，10℃の冷房室へ移してやる．雛は野生では初期だけ親に暖めてもらうのだが，飼育下では生後2週間経つまで熱源を絶やしてはならない．温水を用いた熱源（湯たんぽ）を雛のもとに置いて，雛が温かい場所に自由に行けるようにして，自分で温度調節できるようにしてやる．21日齢になったら，雛を室温 12.8～15.6℃のエアコンの入った部屋へ移してやる．雛は1羽1羽分離したままにしておく．育雛器の間を硬い壁で仕切って，雛のつつきあいを防ぎ，餌の摂取量を観察する（図11-1）．底面が針金製や網製の育雛器を用いている場合は，外側がワックスなどで(防水)加工された30cm×30cm×30cmのダンボール箱を中に置いて，箱の正面に約10×12cmの小窓をあける．

箱の底にはペーパータオルを敷き，給餌のたびに取り換える．雛が脱水していないか，熱くなり過ぎていないか1日中モニタリングする．乾いた眼や，つまむと盛り上がったままで元に戻らない皮膚は脱水の徴候であるので，配合餌中の水分を増やす必要がある．努力性呼吸や食欲不振，放熱の役割を果たす足が熱すぎる時には，暑過ぎるしるしであるから，育雛器内の温度を下げてやる．

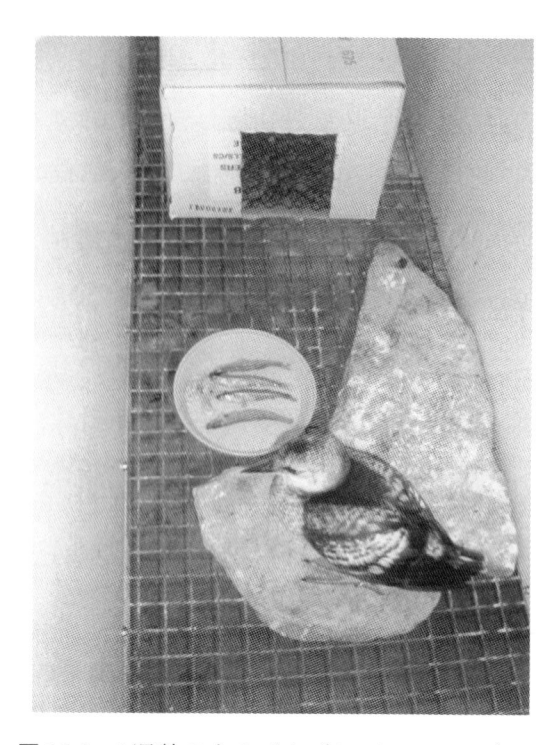

図 11-1 5週齢のウミバト（*Cepphus columba*）の巣立ち雛．開けた水面に移す準備ができている．これは典型的なウミスズメ科の鳥向けの育雛器で，硬い壁で仕切られており，隠れ家として段ボール箱を入れ，床は針金製の網でできている（写真は David Oehler による）．

人工育雛時の餌と推奨する給餌法

飼育下の鳥類に適切な栄養を与えることは，一般的に飼育される分類群の鳥においてすら，難しい課題である．不適切な餌を与えることは，ビタミン欠乏症や，脆弱な羽衣，骨密度の低下やそのほか多くの命にかかわる問題につながる．市販の配合飼料は一般にウミスズメ科の鳥には使用できないことと，加えて様々なウミスズメ科の鳥の餌を複製する困難さとが相まっているので，われわれにとっては難しい課題である．

ウミスズメ科の鳥向けに推奨する最新の餌は，野生での餌にできるだけ似せたものである．シラヒゲウミスズメ（*Aethia pygmaea*）やエトロフウミスズメ（*A. cristatella*）といったウミスズメ科の小型種は，極度のプランクトン食性をもつ．

ヒメウミスズメ（*Alle alle*）や他のウミスズメ類（auklets と murrelets）は，動物プランクトンと魚を食べる．ツノメドリ類，ウミガラス類，ウミバト類といったウミスズメ科の大型種は主に魚を食べ，餌の95%近くが魚で残りは無脊椎動物である（Ewins 1993, Hatch and Sanger 1992, Hunt ほか 1993）．

大型種と小型種の最も大きな違いとして，小型種がワックスエステルの豊富な餌を食べている点がある（彼らが取り込むエネルギーの60%以上）．この餌の選択が意味するところは，彼らの餌中の主要な中性脂肪はワックスエステル（長鎖脂肪酸と長鎖脂肪アルコールがエステル結合したもの）であるという点である（Roby 1991, Roby ら 1986）．多くの鳥，特に海鳥においては，独特の消化吸収能力に基づき，ワックスエステルの吸収効率が哺乳類（50%以下）にくらべてとても高い（90%以上）（Place 1992）．魚食性のウミスズメ科の大型種では，自分の栄養要求を維持すること，および雛を育てるにあたり，イカナゴ，アトランティックコッド，ホッキョクダラ，pollock（スケトウダラ属や *Pollachius* 属など最も一般的なタラ）のような脂肪分の多い獲物に頼っている（Ainley ほか 2002, Gaston and Hipfner 2002, Litzow ほか 2002, Piatt and Kitaysky 2002）．

ウミスズメ科の小型種

ウミスズメ科の鳥の雛は短い極地圏の夏に合わせて，急速に成長する．そのために，他の鳥の孵化したばかりの雛よりも高い割合でカロリーを得る必要がある．アラスカでウミスズメ類のそ嚢内容物が調べられ，種によって大きく変動はあるが，彼らがオキアミや小さなクラゲ，魚，カイアシ類を採食していることが示された（Day and Byrd 1989, Harrison 1990）．より小型のウミスズメ科の鳥になるほど，魚ではなく小型の動物プランクトンにより多く依存していた．カイアシ類は，野生ではウミスズメ類の主要な餌であるが，飼育下の鳥に餌として与えるには，入手のしにくさに難がある．単位体積当たりのカロリーを増やす目的で，冷凍保存されたカイアシ類を人工育雛用の配合飼料に組み込むことに成功している．

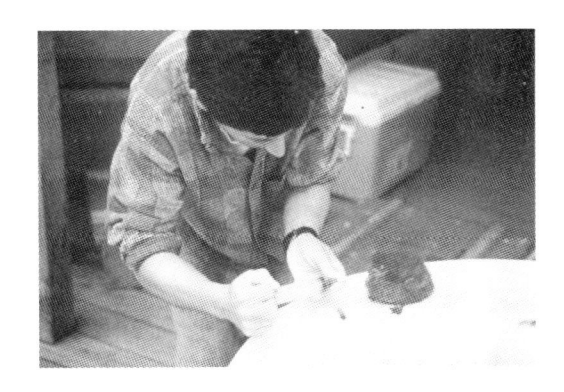

図 11-2　鳥類飼養家，シンシナティ動植物園の Sue Schmid が 25 日齢のシラヒゲウミスズメに給餌しているところ．（写真は Mark Alexander による）

ウミスズメ科の小型種用の配合飼料は，1回の給餌に必要な適量ずつ湯せんで温める．使わなかった部分は再冷蔵せずに廃棄すること．与える適量は，1回当たり，雛の朝一番の体重の10%である．給餌用チューブを雛の嘴のわきにあて，少量を押し出して嘴につけてやると，採食反応を引き出すことができるだろう．雛が配合飼料を味見したら，給餌用チューブを雛の口に入れ，雛が給餌用チューブから出てくる餌を自分で飲み込むのに任せる．シリンジのプランジャー（中の押し込み用の棒）をゆっくりと，一定の圧力で押してやり，雛が飲み続けられるようにする（図11-2）．雛が飲み込むのをやめたり，チューブを嫌ったりしたら，給餌を続けてはならない．雛が食べるそぶりを見せようとしない場合は，強制給餌するのではなく，いったん育雛器に戻して，1時間後に再度試みる．このやり方だと鳥にストレスがかからず，給餌のたびに鳥がどのくらい摂食したかを記録することもできる（Oehler ほか 1995, 2001）（表11-1）．

ウミスズメ科の大型種

ツノメドリ類，ウミガラス類，ウミバト類といっ

表11-1 ウミスズメ科の鳥の野生における発育の概略および人工育雛下で推奨される給餌スケジュール

	ウミガラス[1] *Uria aalge*		ハシブトウミガラス[2] *Uria lomvia*	
	飼育下	野生下	飼育下	野生下
孵化時体重 (g)	55～95		65～70	
生後1～7日目の給餌スケジュール	4～5回/日, 15時間以上かけて		2～6回/日, 15時間以上かけて	
生後1～7日目の成長率			5～10g/日	
生後8～14日目の給餌スケジュール	4～5回/日, 15時間以上かけて		10～15回/日, 15時間以上かけて	
生後8～14日目の成長率			5～10g/日	
生後15～21日目の給餌スケジュール		3回/日, 15時間以上かけて		3回/日, 15時間以上かけて
生後15～21日目の成長率	15g/日			
巣立ち日数	14～21		18	
巣立ち時体重 (g)	200		200～250	
放鳥時体重		700g以上		
成鳥体重 (g)	945～1044			

	エトロフウミスズメ[8] *Aethia cristatella*		シラヒゲウミスズメ[9] *Aethia pygmaea*	
	飼育下	野生下	飼育下	野生下
孵化時体重 (g)	25		12～14	
生後1～7日目の給餌スケジュール	1～4回/日, 15時間以上かけて	12回/日, 22時間以上かけて		12回/日, 22時間以上かけて
生後1～7日目の成長率		25%/日	4～5g/日	25%/日
生後8～14日目の給餌スケジュール	1～4回/日, 15時間以上かけて	8回/日, 20時間以上かけて		8回/日, 20時間以上かけて
生後8～14日目の成長率		15%/日	4～5g/日	15%/日
生後15～21日目の給餌スケジュール		6回/日, 12時間以上かけて		6回/日, 12時間以上かけて
生後15～21日目の成長率	11～13g/日	8%/日		8%/日
巣立ち日数	27～36		39～42	
巣立ち時体重 (g)	260		106	
放鳥時体重		230g以上		100g以上
成鳥体重 (g)	260		120	

[1] Ainleyほか (2002). [2] GastonとHipfner (2000). [3] Ewins (1993). [4] del Hoyoほか (1996). [5] Kappy Sprenger私信. [6] Jonesほか (2001). [7] Oehlerほか (1995). [8] Jones (1993a). [9] ByrdとWilliams (1993). [10] Jones (1993b). [11] Oehlerほか (2001). [12] PiattとKitaysky (2002). [13] Wehle (1983).

※表中段にある項目，エトロフウミスズメ，シラヒゲウミスズメ，コウミスズメ，ツノメドリ，エトピリカについては，原書では空欄であったが，訳者・編集者が検討して当てはめた．

| ウミバト[3] | | マダラウミスズメ[4,5] | | ウミオウム[6,7] | |
| *Cepphus columba* | | *Brachyramphus marmoratus* | | *Cyclorrhynchus psittacula* | |
飼育下	野生下	飼育下	野生下	飼育下	野生下
34〜43		33		27〜32	
	5回/日, 12時間以上かけて		5回/日, 12時間以上かけて		12回/日, 22時間以上かけて
8〜15g/日	15%/日				25%/日
	4回/日, 12時間以上かけて		4回/日, 12時間以上かけて		8回/日, 20時間以上かけて
10〜20g/日	10%/日			9g/日	15%/日
	4回/日, 12時間以上かけて	6回/日, 12時間以上かけて	4回/日, 12時間以上かけて		6回/日, 12時間以上かけて
	8%/日				8%/日
35〜42		27〜40		33〜36	
400〜500				208〜237	
	400g以上				200g以上
450〜550		220		238〜247	

| コウミスズメ[10,11] | | ツノメドリ[12,13] | | エトピリカ[13] | |
| *Aethia pusilla* | | *Fratercula corniculata* | | *Fratercula cirrhata* | |
飼育下	野生下	飼育下	野生下	飼育下	野生下
12		48		64	
3回/日, 15時間以上かけて	12回/日, 22時間以上かけて	3回/日, 15時間以上かけて	5回/日, 12時間以上かけて	2〜4回/日, 15時間以上かけて	5回/日, 12時間以上かけて
5〜6g/日	25%/日	11g/日	15%/日	16g/日	15%/日
3回/日, 15時間以上かけて	8回/日, 20時間以上かけて	3回/日, 15時間以上かけて	4回/日, 12時間以上かけて	2〜4回/日, 15時間以上かけて	4回/日, 12時間以上かけて
	15%/日	11g/日	10%/日	16g/日	10%/日
	6回/日, 12時間以上かけて	6回/日, 15時間以上かけて	4回/日, 12時間以上かけて	2〜4回/日, 15時間以上かけて	4回/日, 12時間以上かけて
	8%/日		8%/日		8%/日
29		37〜46		49	
82		408		496	
	80g以上		375g以上		450g以上
85		612		773	

たウミスズメ科の大型種の孵化直後の雛には、イカナゴ、トウゴロイワシ、ニシン、シシャモ、カラフトシシャモを丸ごと、あるいはスライスして最大日に5回まで手差しで与える。ウミスズメ類には、ふだん餌にしている小魚や幼魚、必要なら小型のイカナゴやうすくスライスした大きな魚の切り身を与える。給餌前には魚をPedialyteにつけておく。4日齢以下の雛には、朝一番の体重のおよそ40%にあたる餌を12時間以上かけて、5回に分けて与える。魚を嘴の脇につけてやれば、採食反応を引き出すことができる。鳥はすぐに餌を認識し、育雛器をあければ魚のほうへ向かって来るようになるだろう。5日齢になったら、手差し給餌の代わりに、皿の上に魚をおいて与えることを始める。20～30分しても餌を取らなかった時は、忘れずに餌を取り除いておくように。雛が確実に皿から餌を取れるようになったら、皿に氷を敷いて魚をたくさん乗せ、育雛器内に置きっぱなしにしてもよい。採食回数は種によってばらつきがあるが、21日齢ではどの種も3回に減るようである（ASLC 2006a, Thompson 1996）（表11-1）。

巣立ち雛

彼らの野生本来の採食行動にならい、給餌回数は1日2回がよい。餌が新鮮であるかを確かめ、餌が痛まないように、餌は氷水に入れるか氷の上に置く。餌を飼育場に長時間置きっぱなしにしないこと。餌の多くは冷凍保存されているので、ビタミンの添加が必要である。餌は清潔で、毒性のない素材の浅いボウルか皿に入れて与える。水はプールの水を準備するだけにして、ウミスズメ科の鳥には据え置き式の飲水容器を決して使用してはならない。

市販されているかいないかの問題に加え、各分類群によって要求するものも違うため、餌の品目選択にあたっては注意深く調べることが必要である。ウミスズメ科の鳥の餌の多くは市販されていないので、餌の選択の幅はひどく限定される。ゆでたナンキョクオキアミは飼育下のウミスズメ科の鳥に使えることが実証されており、彼らの餌のかさを増やすことができる。オキアミには、本来の餌の主要成分である多価長鎖脂肪酸が不足している。養殖したカイアシ類を加えるとともに、水生あるいは陸生の無脊椎動物の生き餌を加え、この不足分を埋め合わせる試みが成功している。Cyclop-eeze®（サイクロピーズ）や生きたミルワームの添加はウミスズメ科の鳥への、多価長鎖脂肪酸を豊富に含んだ供給源として、およびカロリー摂取源としての効果があるとされている。ナンキョクオキアミは茹でたものと、生のものとの両方が出荷されているが、生のものは水気が多くて腐りやすく、羽衣を汚しやすい。ナンキョクオキアミは大きいので、コウミスズメ（*Aethia pusilla*）やシラヒゲウミスズメといった小型種には切って与えなくてはならない。これらの小型種のウミスズメ類には、決してイカナゴを与えてはならない。イカナゴは蛋白質を多量に含むので、この蛋白質消化にかかるエネルギー負荷が大きく、鳥をカロリー不足の状態に陥らせてしまう。茹でて冷凍されたオキアミは一晩かけて解凍し、3～4日冷蔵できる。茶色く変わった、腐臭のするオキアミは決して与えないこと。餌は15時間以内に飼育場から取り除くこと。餌が早く痛むような飼育環境下では、もっと短い時間で取り除く。ツノメドリ類、ウミガラス類、ウミバト類はイカナゴを好み、餌のかさを増すのにも使える。やや小さな種には賽の目に切って与える。

冷凍および解凍処理を通して、ビタミンや栄養素はおのずと変性してしまうので、ビタミンのサプリメント（補助剤）を毎日加える必要がある。マルチビタミンミックスは、冷凍と解凍により不足した、あるいは限られた餌しか与えられないことにより不足した栄養素を補うのに欠かせない。Mazuri Auklet Blend（Mazuri）はシンシナティ動植物園のウミスズメ科の鳥のために特別に開発された、必須ビタミンとミネラルを含むサプリメントである。こうしたタイプのサプリメントは、いつでも誰でも手に入るとは限らないが、Quickon's Multivitaminや同等の良質な鳥用ビタ

ミンであれば，飼育下のウミスズメ科の鳥の栄養要求を満たすことができるだろう．これらのサプリメントは，処方された量だけを，毎日の餌に加える．

ウミスズメ科の小型種へのビタミン補給は，その食材が微小なことから，骨の折れる仕事である．この問題を克服する方法は，粉末に加工されたサプリメントを使うか，粉末にしてくれるように注文することである．清潔な給餌用のバケツにあらかじめ決めた量の餌を入れ，規定量のビタミンの粉末を全部加えて，1日の餌の全量とする（これを給餌回数分に分けて与える）．Mazuri Auklet Vitamin Mix の薬用量は餌 1kg に対し 1.6g である．餌皿に置く前にビタミンを均質に餌に混ぜておく．油に汚染された鳥や羽衣に問題のある鳥，プールに近付けることのできない鳥では，餌を氷水に入れるのではなく，餌皿を氷の上に載せて給餌すること．プールを設置できるようになれば，魚やオキアミを水に投げ込んで，潜水行動を促してやるとよい．鳥が餌を採ることに興味をなくしたら，給餌は中止する（IBRRC 2006）．

餌の材料を準備できない時の急場しのぎに，冷凍したエビと生きた釣り餌用小魚を，餌の代用品としてウミスズメ科の鳥に与えることができる．ウミスズメ科の小型種たちは，大きな餌を嘴で分割することができないので，エビを賽の目（1cm の角切り）に小さく切って与える．小さなプラスチック水槽で生きた釣り餌用小魚を飼えば，代わりの餌の手配が整うまでウミスズメ科の大型種に餌を供給できる．プールには淡水を注ぎ，オーバーフローさせることにより，水面の油分を取り除き，羽衣の状態を良好に保つことができる．

期待される体重増加

ウミスズメ科の小型種は，孵化後 1 週間に約 25% 体重が増加する（表 11-1）．1 日当たりの体重増加率は生後 7 ～ 14 日目では 15%，15 ～ 21 日目では 8%，22 ～ 34 日目では 5% と緩やかになっていく．例としては，コウミスズメでは孵化当日に 12.0g であった体重が，生後 2 日目には 3.1g，3 日目には 3.8g，4 日目には 4.7g 増えるというように，である．以後緩やかになって，7 日目までは 1 日当たり 15% ずつ体重が増加する．

ウミスズメ科の大型種の体重増加率は，種により様々であるが，概して最初の 1 週間に約 15%，だんだん緩やかになって生後 7 ～ 14 日目では 10%，15 ～ 21 日目では 8%，34 日齢に達するまでは 2% である（表 11-1）．巣立ち後に体重が減ることは珍しくない．

飼育環境

他の遠洋性の鳥類と同様に，飼育下のウミスズメ科の鳥も，本来は集団繁殖し，野生の個体と同じように複雑な行動をもっている．ウミスズメ科の鳥の集団の性質は，ただ集まりたいという欲求によるものだけではなく，空間的な隔離をも重んじているようである．

どんな種のウミスズメ科の鳥を飼育する場合でも，まず必要なのは厳しい環境条件の管理である．どのような施設でも絶えず注意深く環境条件をモニタリングすることで，病原体や環境からのストレス，飼育している鳥の健康を危険にさらす外傷のもととなる機械的要因を排除することができる．ウミスズメ科の鳥を飼うために作られた施設には，過熱の危険性を減少させるために空調を備えなくてはならない．ウミスズメ科の鳥一般に推奨される室温は 4.4 ～ 10℃ であり，彼らはそれ以下の温度にはよく耐えることができるが，上は 10℃ を超えないようにすることが必要である．空気は 3μm 以上の大きさの粒子を，事前にフィルター除去して用いるべきである．

プールには冷たい水を張り，水面濾過装置（あるいは物理的なオーバーフロー方式または有機物濾過装置など），多面型濾過器，「水から上がれる場所」を設けること．水温は最高でも 4.4 ～ 10℃ とするのがよい．ウミスズメ科の羽毛の繊細な性質と，ちっぽけな体のために，彼らにとって水浴して羽毛の状態を完全に保つことは，体温を確実に維持するために必要不可欠である．彼らの羽衣の外層を構成する正羽が汚れるのを避ける

ため，水面に浮かんだ油脂は，すぐさま取り除かなくてはならない．もしプールの構造上，油脂がきちんと取り除けないなら，低脂肪の魚を与えることによって，羽衣の撥水性が低下するのを防ぐ．水の濾過は，砂と小石のフィルター，バッグフィルター（濾布を用いて濾しとる濾過器），紫外線殺菌，オゾン酸化分解といった様々な方法を用いて行うことができるが，塩素濾過法は水に浸かった羽毛が痛むので避けること．

一様な固い床面の施設にファイバーグラスやウレタン，岩，小石などの床材を入れると，鳥の羽衣の適切な維持と足の病変の予防に役立つ．床の部分は全て，プールや餌場を汚さないやり方で，きちんと排水されていなくてはならない．磨り減ってアルカリ性を帯びたセメントの床は，ウミスズメ科の鳥や海鳥全般にとって最も有害な床面になる可能性がある．

海鳥は，野生本来の環境ではたっぷりと紫外線にあたっており，飼育下においても多量の紫外線供給が必要である．ビタミンD_3の不足は，室内や日陰で飼われている雛で起こり，くる病の原因となる．適切な照明計画にのっとって，人工環境下にいる全ての雛やコロニーへの紫外線照明を増設すべきである．

自力採食への移行

ウミスズメ科の小型種の自力採食への馴致は，大型種よりも難しい．手始めに皿から餌を取るように仕向けること．ウミスズメ科の大型種が巣立ち前に自力採食するのに対し，小型種では巣立ち後まで自力採食しない．小型種でひとたび皿から取って食べ始めさせることができれば，どの種類のウミスズメ科の鳥でも同様の手法を用いて水の中から餌をとれるまでに馴致できる．

終日にわたって，鳥の目の前とプールの中とに適切な餌を投げてやる．放鳥した鳥が，餌と人とを結びつけて考えないようにするために，投餌する人は鳥から見えないよう距離を置く必要がある．餌を水中に置ける段階になったら，引き続き少量の餌を雛の前に投げてやる．鳥が餌に興味を示さなければ，給餌を1時間中止する．鳥が水に潜り，与えた餌を食べ始めたなら，鳥が満腹になるまで魚を投げ続けてやること．

自力採食に馴らす時には，できれば類似の種類の鳥を同居させる．1羽がうまく採食できるようになれば，周りの鳥もすぐに覚えるものである．

餌付け時に，餌皿にプカプカ浮かんだり，縁からぶら下がるような幼鳥は困った個体であり，生き餌を与えて採食行動を刺激するか，ブラインシュリンプや釣り餌用小魚といった，食べやすくて鳥の興味を惹く餌を与える．

放鳥準備

ウミスズメ科の鳥が野生で生き抜くうえで，決定的に重要なのは羽衣の完璧な防水能力である．水面で生き抜ける適切な羽衣に包まれ，身体的にも血液検査上の健康状態も良好で，成鳥に近い体重がある個体は，よい放鳥候補である．この段階で，急に飼育者に反発するようになり，体格の減少と食欲不振を示す巣立ち雛がいるが，これは放鳥準備が整っているという証拠である．この段階になると，残った綿羽も一晩で羽づくろいされてなくなってしまう．放鳥地は，救助した場所を再度訪れるか，その土地で同種の鳥が生息していることが分かっている場所を選んで決定する．

放　　鳥

いったん放鳥地が決まったら，放鳥を成功させる秘訣は，天候と地形の確認である．天気予報で，24時間に渡って安定した晴天が続く日を選ぶこと．また，ウミスズメ科の鳥は飛翔態勢に入るのが難しく，飛び立つのに長い助走を必要とするので，放鳥地には，鳥がぶつかったりする危険のない開けた，近くにカモメなどの捕食者のいない場所を選ぶこと．ボートを用いて，鳥を海岸から遠く離して放鳥することもできる．燦々と太陽が輝く開けた海岸では，鳥も海に出ていく豊富な機会に恵まれ，羽衣の状態も最良に保たれ，上手くいけば同種の鳥に出会えるだろう．

謝　　辞

ウミスズメ科の鳥のリハビリテーションの面で貴重な見識を提供して下さったAlaska Sea Life CenterのTasha DiMarzio，メーン州，野生生物センターのKaren McElmurry，アラバマ州の鳥類治療・復帰センターのCindy Palmatier，カリフォルニア州の国際鳥類救護研究センター（IBRRC）のMark Russell，これらの方々に感謝します．とりわけ，本稿の一部もしくは全体を厳しく査読され，情報と改善案を提供いただきましたDr. John Huckabee（獣医師/PAWS Wildlife Department, Washington），シンシナティ動物園のKappy SprengerとFritz Haasに感謝します．

関連製品および連絡先

Cyclop-eeze®, Argent Chemical Laboratory, 8702 152nd Ave, N.E., Redmond, WA 98052, (800) 426-6258, www.argent-labs.com.

Mazuri Auklet Vitamin Mix (5M25-3M), Mazuri, 1050 Progeress Dr, Richmond, IN 47374, (800) 227-8941, www.mazuri.com, Product information at http://www.mazuri.com/ PDF/52M5.pdf.

Quikon Multivitamin, Orchid Tree Exotics, 2388 County Road EF, Swanton, OH 43558, (866) 412-5275, www.sunseed.com.

ThermoCare Portable ICS Units ThermoCare Inc., PO Box 6069, Incline Village, NV 89450, (800) 262-4020, www.thermocare.com.

Pedialyte Abbott Laboratories, Columbus, OH 43215, www.abbott.com.

Portable Brooder, Dean's Animal Supply. PO Box 701172, St. Cloud, FL 34770, (407) 891-8030 www.thebrooder.com.

参考文献および資料

Ainley, G.G., Nettleship, D.N., Carter, H.R., and Storey, A.E. 2002. Common Murre (Uria aalge). In The Birds of North America, No. 666. Poole, A. and Gill, F., eds. The Birds of North America, Inc., Philadelphia.

ASLC. 2006a. Alaska Sea Life Center, Seward, Alaska, ASLC Alcid Rearing Protocol (in house publication).

———. Alaska Sea Life Center, Seward, Alaska, ASLC Marine Bird/Mammal Rehabilitation SOP-AVIAN (in house publication).

Byrd, G.V. and Williams, J.C. 1993. Whiskered Auklet (Aethia pygmaea). In The Birds of North America, No. 76. Poole, A. and Gill, F., eds. Philadelphia: The Academy of Natural Sciences; Washington, D.C.: The American Ornithologists' Union.

Day, R.H. and Byrd, G.V. 1989. Food habits of the whiskered auklet at Buldir Island, Alaska. The Condor 91: 65–72.

del Hoyo, J., Elliott, A., and Sargatal, J., eds. 1996. Handbook of the Birds of the World. Vol. 3. Hoatzin to Auks. Lynx Edicions, Barcelona.

Ewins, P.J. 1993. Pigeon Guillemot (Cepphus Columba). In The Birds of North America, No 49. Poole, A. and Gill, F., eds. Philadelphia: The Academy of Natural Sciences; Washington D.C.: The American Ornithologists' Union.

Gaston, A.J. and Hipfner, J.M. 2000. Growth of nestling Thick-billed Murres (Uria lomvia) in relation to parental experience and hatching date. The Auk 119(3): 827–832.

———. 2002. Thick-billed Murre (Uria lomvia). In The Birds of North America, No. 497. Poole, A. and Gill, F., eds. The Birds of North America, Inc., Philadelphia.

Hamer, T.E. and Nelson, S.K. 1995. Characteristics of Marbled Murrelet nest trees and nesting stands. Pages 69–82, In Ecology and Conservation of Marbled Murrelet. Raphael, C.J. and Piatt, J.F. eds. U.S. Department of Agriculture, Forest Service General Technical Report PSW-GTR-152.

Harrison, N.M. 1990. Gelatinous zooplankton in the diet of the parakeet auklet: Comparisons with other auklets. Studies in Avian Biology 14: 114–124.

Hatch, S.A. and Sanger, G.A. 1992. Puffins as samplers of juvenile Pollock and other forage fish in the Gulf of Alaska, Marine Ecology Progress Series, Vol. 80: 1–14.

Huckabee, J.R., DVM. 2006. The Progressive Animal Welfare Society (PAWS), PO Box 1037, Lynnwood, Washington, Personal Communications.

Hunt, G.L., Jr., Harrison, N.M., and Piatt, J.F. 1993. Foraging ecology as related to the distribution of planktivorous auklets in the Bering Sea. Pages 18–26, In Vermeer, K., Briggs, K.T., Morgan, K.H., and Siegel-Causey, D., eds. The Status, Ecology and Conservation of Marine Birds of the North Pacific. Can Wildl Serv Spec Publ, Ottawa.

IBRRC. 2006. International Bird Rescue Research Center; Common Murre, Enclosure and Feeding (in house publication).

Jones, I.L. 1993a. Crested Auklet (Aethia cristatella). In The Birds of North America, No. 70, Poole, A. and Gill, F., eds. Philadelphia: The Academy of Natural Sciences; Washington, D.C.: The American Ornithologists' Union.

―――. 1993b. Least Auklet (Aethia pusilla). In The Birds of North America, No. 69, Poole, A. and Gill, F., eds. Philadelphia: The Academy of Natural Sciences; Washington, D.C.: The American Ornithologists' Union.

Jones, I.L., Konyukhov, N.B., Williams, J.C., and Byrd, G.V. 2001. Parakeet Auklet (Aethia psittacula). In The Birds of North America, No. 594, Poole, A. and Gill, F., eds. The Birds of North America, Philadelphia.

Konyukhov, N.B., Zubakin, V.A., Williams, J., and Fischer, J. 2000. Breeding Biology of the Whiskered Auklet (Aethia pygmaea): Incubation, Chick Growth, and Feather Development, Biology Bulletin, Vol 27, No. 2, pp. 164–170.

Litzow, M.A., Piatt, J.F., Prichard, A.K., and Roby, D.D. 2002. Response of pigeon guillemots to variable abundance of high-lipid and low-lipid prey. Oecologia 132: 286–295.

Manuwal, D.A. and Thoresen, A.C. 1993. Cassin's Auklet (Ptychoramphus aleuticus). In The Birds of North America, No. 50, The Birds of North America, Inc., Philadelphia.

Mejeur, J.H., Dierenfeld, E.S., and Murtaugh, J.A. 1988. Development of a Vitamin Supplement for Puffins and Other Alcids, AAZPA 1988 Regional Proceedings, pp. 696–700.

Muzaffar, S.B. and Jones, I.L. 2004. Parasites and diseases of the auks (Alcidae) of the world and their ecology—A review. Marine Ornithology 32: 121–146.

Oehler, D.A., Schmid, S.C., and Miller, M.P. 1995. Maintaining parakeet auklets at the Cincinnati Zoo & Botanical Garden: Handrearing protocol with development and behavioral observations, Vol: 101, No. 1, pp. 3–12.

―――. 2001. Maintaining Least Auklet, Aethia pusilla, at the Cincinnati Zoo & Botanical Garden: Hand-rearing protocol with field, development and behavioral observations. Zool Garten N.F. 71: 316–334.

Oehler, D.A., Campbell, C., Edelen, C., Haas, F., Huffman, B., Kinley, R., Lewis, C., Malowski, S., and Schmid, S. 2003. Auklet Husbandry Manual (in house publication; The Cincinnati Zoo and Botanical Garden).

Piatt, J.F. and Kitaysky, A.S. 2002. Horned Puffin (Fratercula corniculata). In The Birds of North America, No. 603, The Birds of North America, Inc., Philadelphia.

Place, A.R. 1992. Comparative aspects of lipid digestion and absorption physiological correlates of wax ester digestion. American Physiological Society 1990 Proceedings, pp. 464–471.

Roby, D.D. 1991. Diet and postnatal energetics in convergent taxa of plankton-feeding seabirds. The Auk 108: 131–146.

Roby, D.D., Place, A.R., and Ricklefs, R.E. 1986. Assimilation and deposition of wax esters in planktivorous seabirds. The Journal of Experimental Zoology 238: 29–41.

Sealy, S.G. 1973. The adaptive significance of post-hatching developmental patterns and growth rates in the Alcidae. Ornis Scand 4: 113–121.

Sprenger, K. 2006. Personal Communications.

Strauch, J.G. 1985. The phylogeny of the Alcidae. The Auk 102: 520–539.

Thomson, T. 1996. Hand Rearing a Tufted Puffin Chick, Animal Keeper's Forum, Vol: 23.

Varoujean, D.H., Sanders, S.D., Graybill, M.R., and Spear, M.R. 1977. Aspects of Common Murre breeding biology. Pacific Seabird Group Bulletin 6: 28.

Wehle, D.H.S. 1983. The food, feeding and development of young tufted and horned puffins in Alaska. Condor 85: 427–442.

12
カモ類，ガン類，ハクチョウ類

Marjorie Gibson

生物学的特徴

　カモ類，ガン類およびハクチョウ類は，世界中でよく知られたグループであり，人間との関わりにおいて長い歴史をもった鳥である．しばしば，文学，音楽，あるいは様々な芸術の対象とされ，人間の文化と密接な関わりをもっている（Stromberg 1986）．古代の書物からシェークスピアのソネット，童話に至るまで，この飛んで泳げるすばらしい鳥が独特な存在として描かれている（Price 1994）．ガンとカモの中には，家禽化されたり品種改良されたりして，農場で飼育されてきた種もいる．また，猟期に合法的に狩猟される種もいる．

　カモ目カモ科には，154 種のハクチョウ類，ガン類，いわゆるカモ類，フエフキガモ類が含まれる．本グループは，一般的に北米では水禽類，英国では猟鳥として呼ばれている（Weller 2001）．種によって，身体のサイズ，形態，羽毛，食性および繁殖生態について大きな差異がある．成鳥の体重も，230 g ～ 13 kg 以上までと幅広い．

　カモ目の仲間は，孵化直後でも簡単に水禽類ということが分かる．雛は，綿毛で覆われており，孵化後すぐにあるいは数日以内に巣を離れる（図 12-1）．多くの種で大きな頭部，水平に扁平で先が丸い嘴，長い頸，重い身体および水かきのある足など形態的特徴が共通している（Altman 1997, Weller 2001）．小型種は，6 週間以内に羽毛が生え揃う．大型種では，10 ～ 12 週間は羽毛が生え揃わない．生態や食餌の点で大きな多様性があるため，患鳥を飼育下で看護する場合にも種によって方法が異なってくる．

　水禽類は，湖，小川，河川，海洋および河口などの水辺の生態系に生息している．近年，都市部での生活に適応し，生息域を拡大させている種もいる．この適応性は，彼らにとってよい面も悪い面ももたらしている．1 世代前，都市部に生息するカモやガン類は珍しく，一般的には好奇心のため好意的に受け取られていた．しかし，その数が増えるにしたがって，次第に好奇心が薄れ，人々の関心は衛生面や不快さに移っていった（Erickson 2006）．営巣地付近で陸上に適応した成鳥は，人間にとって迷惑でまったく危険な存在となってしまっている．ハクチョウを含む多くの水禽類が大学構内や公園などの芝を短く刈り取られた整地を好んで棲むようになっている．この現象は，特に，自然生態系を模して設計された湖や水系で起こっている．営巣地が人間の居住地に近すぎて成鳥が陸上で生活し始めた場合や，雛が自然界の生息場所に行き着けない中庭のような閉鎖的な空間で孵化した場合には，リハビリテーターが対応している．

　これらの種は，重い身体で飛翔するために強力な翼をもっている．この翼は，自己防衛にも効果的に用いられる．ハクチョウ類やガン類は，テリトリーや雛を守るために非常に攻撃的になることでよく知られている．人間に刷り込まれた鳥では，繁殖期以外にも攻撃行動が起こることがある．カモ目で最も大型なハクチョウ類は，その強力な翼の打撃で捕獲者の肋骨や腕を折ったり，脳しん

図12-1 このマガモの雛のように，カモ目は孵化直後からすぐに水禽類と分かる．大きな頭部，扁平な嘴および水かきのある足は，全種に共通した特徴である．

とうを起こさせて気絶させたりする危険性すらある．強さやしつこさの面で過少評価すべきではない．水中では，彼らの方が有利であるため，泳いでいる成鳥や亜成鳥の捕獲を試みてはならない．大型の水禽類を救護する際には，チームで取りかかるべきである．

近年，顕著に個体数が減少している種もある．種によっては，生息場所の回復および巣箱の設置による保護を受けている（Erickson 2006）．絶滅危惧種では，飼育下繁殖および再導入の実施が続けられている．リハビリテーターは，絶滅の恐れがある，あるいは絶滅の危機に瀕している種が施設に運ばれてくることもあるので，その地域内の

アメリカオオバン：食餌と飼育

Marie Travers

生物学的特徴

　オオバン類とクイナ類は，ツル目に属するが，生態が水禽類に類似しているため，本項で扱う．本グループは，臆病な種で，湿地帯に生息し，浮き巣を作る．孵化後の雛は，早成性である．アメリカオオバンの孵化直後の雛は，黒っぽい綿羽の背部と翼に，明るい赤色〜オレンジ色の頭頂という実に特徴的な外見をしている．足は，図12a-1に示すように，大きく，各趾に半分切れ込みの入った弁膜がある（図6-1，各趾に弁膜のあるカイツブリの弁足と比較）．

食　餌

　オオバン類とクイナ類は，雑食性のため，様々な種類の餌を食べる．雛は，動くものに興味を示すため，生きた餌を好む傾向がある．生き餌として，ミルワームやイトミミズ，小魚を与える．他に，種子，ブラインシュリンプ，オキアミ，ウキクサかその他の野菜類，小さい魚の切り身，そして水に浸した少量の水禽用ドライフード（もしくはその他のドライフード）に他の餌と混ぜ合わせたものなどを与えてもよい．全ての餌にビタミンB_1とカルシウムを添加すべきである．

図12a-1　オオバン類の足の近影写真（写真提供：David Bozsik）

給餌方法

餌は，瓶の蓋，灰皿や平鍋のような浅い容器に入れ，できるだけ自然に見えるように作って与える．羽毛を汚すことのない餌（野菜類など）はプール内に入れてもよい．

飼育環境

アメリカオオバンは，警戒心が強いため，後ろに隠れられる植栽や羽はたきを設置してもよい．オオバンの雛は，37.8℃の保温器で飼育管理し，体温調節ができるようになってから半分プール・半分陸地の飼育環境に移す．プールを設置した後は，雛が低体温症にならないように注意深く観察する．陸地にヒーターを設置すると，体温調節やプールで泳いだ後身体を乾かすのに役立つ．泳いだり，撥水性を得させたりするために，2.5～5cm以下の深さの浅い平鍋をプールとして使用する．ウキクサを餌として水中に与えるとよい．足の長い爪がひっかからないような環境を整える必要がある．タオルは，爪がひっかかり危険であるため，枕カバーまたは織物でない素材を用いる．

その他の留意点

オオバン類とクイナ類は，警戒心が強く，また刷り込みを避けるため，人との接触を最低限にとどめる．彼らは，驚くほど素早いため，ハンドリングの際には注意が必要である．飛べるようになると，非常にうまく逃亡するようになる．

希少種について熟知していなければならない．これらの種を扱ううえで，州あるいは地方行政の特別な許可が必要になることが多い．

様々な水禽類が，世界中で古くから飼育され，養殖されてきた（Tarsnane 1996）．このため，今では水禽類の繁殖家協会を通して，一般種の収容施設および獣医医療などに関する豊富な情報をオンラインで入手できる（Wobeser 1981）．日齢あるいは種に応じて作られた質の高い商用飼料が，多くの飼料販売店で購入可能となっている．Mazuri社は，数種の一般に使用されている製品を製造している．蛋白質，ミネラルおよび繊維質の要求量など種によって異なっているため，特有の生息地，生態あるいは餌に関する問題を考慮するための文献資料を集めていることが重要である．

野生動物で新たに発生している疾病および地域的あるいは局地的な疾病・感染症について，現状を把握しておかねばならない．通常，州あるいは地方の野生動物の健康に関する機関が容易に入手できる情報源を保管している．

水禽類は，健康を維持するために清潔な水を必要とする．彼らは，生活のほとんどを水中あるいは水辺で過ごす．生息場所が毒物，細菌，異常繁茂した藻類，あるいは油で汚染されていると，汚染水を利用した鳥は病気になり，死亡してしまう可能性がある．つまり，水禽類は生息場所の環境状態を反映するといえる．

本章は，野生のカモ目について，終生飼育管理よりも放鳥に重点を置き，リハビリテーションを中心に解説する．しかし，うまく育たない繊細な種に関しては未知なことも多い．文献資料の多くが野生よりも家禽化された水禽類に関するものであるため，考慮して活用しなければならない．家禽および野生の雛のどちらとも，同種の仲間と一緒にすると最もよい結果が得られる．他の水禽類を看護する野生動物リハビリテーターと情報交換をしながら，救護の成功を目指すべきである．

その他の呼び方

カモ類，ガン類およびハクチョウ類は，一般的に知られている名前であるが，以下のように性別や年齢によって呼称が変わる．

- カモ類：雌は hen，雄は drake，幼鳥は ducklings と呼ばれる．
- ガン類：雌は goose，雄は gander，幼鳥は goslings と呼ばれる．
- ハクチョウ類：雌は swan，雄は cob，幼鳥は cygnets と呼ばれる．

救護を決定する基準

雛のリハビリテーションを必要とする救護原因としては，人による誤認救護，孵化直後に起きる親鳥との離別，ネコやイヌによる攻撃，孵化時の低気温による低体温症などが含まれる．水禽類の雛は，人を惹きつけるものである．人は，小さく，軟らかい綿羽で覆われた孵化したばかりの雛を見ると，家に持ち帰りたいという衝動が起こるものである．リハビリテーションのために救護されたこれらの雛のほとんどは，ストレスを受けており，低体温症に陥り，飢えていることが多い．

一般からの電話相談

もし，まだ自然界にいる雛についての相談であった場合には，人によって親鳥が驚かされ逃げたのであれば，親鳥が戻って来られるようにスペースを与え，静かに見守ることが重要であるということを伝える．相談者には，雛が危険に直面している場合を除き，安全な距離で少なくとも1時間観察するように伝える．その種の生態についての情報を解説すると，雛が実際に親からはぐれたのかどうかを判断するのに役立つ．もし，発見者が雛をすでに捕獲した後だが，まだ捕獲場所にいる場合には，可能であれば，再び家族に合流させるため，その居場所を見つけるよう指示する．発見者が雛の捕獲場所から離れてしまっている場合には，雛を保温し，乾燥した状態を保たなければならないことを強調する．特に，綿羽で覆われ，自分で動くことができ，自立しているように見える早成性の雛に対しては，加温の必要性があることを認識していないことが多い．自然界で親に育てられており，体温を自分で保持できない雛に対しては，孵化後，数週間あるいは正羽が生え揃うまでは，看護していかなければならない．

発見者から保護に至った経過をしっかりと聴取することが重要である．雛をどこで見つけたのか？　生息場所はどんな環境か？　など特別な項目についても尋ねなければならない．これらの情報は，種同定に役立つ．その周辺に，成鳥がいたかどうか？　その雛は，成鳥と再び合流させられる種かもしれない．発見した時の状況はどのようなものだったか？　その場所に，他に負傷した個体や雛がいるかもしれない．保護後どれくらいの時間が経っているか？　親から離れている時間は，飢餓や低体温の程度の指標となる．雛を扱っていたのは誰か？　もし扱っていた人の中に子供が含まれていたら，患鳥の体内に意図的ではないものの何らかの障害が起こっているかもしれない．現時点での行動はどのようなものか？　大きな声でピーピーと鳴いているか？　まだ横たわっているか？　それともあえぎ呼吸をしているか？　保護後，家禽との接触があったかどうか？　もしそうならば，隔離が必要である．

親鳥への合流

家族への合流はうまくいくものであるが，慎重なケアとその後の観察が必要である．種によっては，家族への合流が容易で，他の親の雛でも受け入れるものもあるが，雛を拒絶し，雛をおぼれさせて殺してしまうものもある．合流の基本的な基準としては，家族と雛が保護された場所が分かっている場合には，その日のうちに実施する．リハビリテーターの中には，カナダガン（*Branta canadensis*）などの種で，親が同齢の雛を育てている場合に他の親の雛を受け入れることに成功したと報告している者もいるが，同じ状況で失敗したと報告している者もいる．ハクチョウ類でも同様な事例がみられる．水禽類の野生個体が，人間

に刷り込まれた個体を拒絶することは多くみられる．

野生動物救護施設への輸送

雛は，可能な限り迅速に輸送しなければならない．輸送箱は，患鳥の2倍のサイズを超えない大きさのものを用いると，雛のストレスを抑え，安全に保つことができる．段ボール箱に通気孔を開けたものが適している．箱の底にタオルや乾草を敷くと，雛が滑ったり，肢が引っ張られて開脚症になったりすることを防止できる．輸送中は，水飲み容器を入れてはならない．こぼれた水で身体が濡れたり，低体温症を引き起こしたりする可能性がある．輸送中，温めた米入りの布袋，お湯を入れたボトルか同等の物を用いて保温を行う．雛が保温用の器具に直接触れないように，タオルを当てる．輸送箱に羽でできたぬいぐるみや羽はたきを入れるか，静かにやさしく抱くと，雛を落ち着かせることができる．

育雛初期のケア

孵化直後の雛は，どの種でも，基本的には，順番に保温，水分補給，栄養補給が必要となる．低体温症に陥っている雛は，常に危険な状態であり，すぐに危篤状態に移行しやすい．雛を素早く保温することが重要であり，失敗すると死に至る．身体検査を開始する前に，正常な中心体温を維持していなければならない．低体温症の雛には，餌や水を経口摂取させてはならない．なぜなら，中心体温が回復するまでは，消化器系が機能しないためである．温めたタオルで患鳥の身体をマッサージし，反応を刺激し，循環を活発にさせるとよい．冷えた雛を温めるのに，低温設定したマットヒーターを用いることができる．処置に反応しない雛を保温装置と一緒に置く時は，監視を続けなければならない．マットヒーターや保温ランプは，移動することができない衰弱した患鳥を過熱させる可能性があり，死に至ることがあるからである．

雛の状態が安定すると，人の新生児用経口補液剤などの電解質溶液を温めて嘴の先端に垂らしてみる．小型種では，電解質溶液を指の先端につける．大型種では，スプーンやシリンジが便利である．電解質溶液の摂取に伴う嚥下反応は，消化管の機能を刺激する．脱水が改善されたら，水でふやかして軟らかくしたベビーシリアルをカテーテルで与える．最初は，排糞が確認できるまで少量ずつ与える．赤ゴム製カテーテル（ネラトンカテーテル）は，雛の身体のサイズに合わせて適当な長さに調節できるため，チューブを用いた給餌には便利なカテーテルである．チューブによる給餌量は，最小サイズのカモ類の0.1mlからハクチョウ類の2mlまで調節する．初期のチューブによる給餌は，そ嚢を満たすよりも，消化管の蠕動運動を刺激する意味がある．なぜなら，この仲間は，一度落ち着いたら，後は自分で餌を食べたり，水を飲んだりできるからである．雛が安定化して活発に動けるようになれば，以下に解説するような育雛器に入れて管理する．

まずは，患鳥が自力採食できているかどうか，確認する．雛が餌と一緒に水を飲み込み，それが中に入っていくのを直接観察するまでは，餌を食べたり，水を飲んだりしていると思い込んではならない．雛が餌をつついて周りに散らかし，食べているように見えるだけで，実際は十分量を摂取していないか，あるいは全く食べていないことはよくある．2週齢までは，雛の体重を測り，増加体重を記録していくことが重要である．神経質な種では，自力採食を促すために，自然界の環境を再現して刺激を加えることが必要である．マガモ（*Anas platyrhynchos*）の雛は，ストレスを受けにくく，負傷していない限り餌を活発に食べるため，より神経質な種を餌付けるために使用することができる．同様に，カナダガンの雛も大型種の餌付けのために用いられる．

餌付けのためのコツ

カモ類の雛や他種の孵化直後の水禽類は，親と離れると，簡単には自分で水を飲んだり，餌を食べたりしない．雛をよく観察することが重要である．雛が自分で水を飲まない場合は，雛を手にとっ

て嘴をやさしく水皿に持っていく．数回繰り返して試みれば，雛は自分で水を飲み始める．うまく行かない場合は，成功するまで繰り返して行う．水の代わりに電解質溶液を用いることは，孵化後第1週ではよい方法である．

　樹洞に営巣する種の雛は，採食開始を刺激する自然の習性を有している．彼らの生態として，孵化初日に樹洞から飛び出し，地面に落下する習性が知られている．時にはかなりの高さから怪我をすることなく飛び降りる．この落下の後，最初の採食が始まる．北米で樹洞に営巣する最も一般的なカモ類には，アメリカオシ（*Aix sponsa*），アイサ類，ヒメハジロ（*Bucephala albeola*），ホオジロガモ（*B. clangula*）などがいる．これらの種は全て，ストレスを受けやすく，飼育下で育てるのは難しいと考えられている．これらの神経質な種は，親と離れると，過度にストレスを受ける．彼らのトラウマを克服させるために，新しい生活を始める刺激を与えてみる．孵化したての樹洞営巣性の種で効果的なのは，その生態を参考にすると，実際に約1〜2mの高さから育雛器に落下させることである．雛が着地すると，生活がリセットされる．ケワタガモ（*Somateria spectabilis*）のような海洋性の種でも，海水ではなく，淡水を使用する．海鳥が過剰な塩類を排泄するための塩腺は，カモ類では未発達なためである（Weller 2001）．海水は，雛の正羽が生え揃うまで致命的となり得る．この方法は，おかしく思えるかもしれないが，ほとんどの雛でうまくいく．落下の刺激を開始する前に，種の特定を確実に行う必要がある．地上営巣性の種では，「思い切った投げ技」は通用しない．

保　　定

　水禽類の雛は，しばしば非常に活発で，しっかりとつかまえていても逃げられることがある．タオルを患鳥の背部にかけて脚ごと包み込むと，確実に保定でき，脚の損傷を防ぎ，羽毛が成長しつつある翼を保護するのに役立つ．

　成鳥でも雛と同じようにして保定することが可能である．水禽類の成鳥は，翼を自己防衛のために用いるので，患鳥とリハビリテーターが負傷しないように，翼を脚と同様に保定者の脇にしっかりと抱え込んで制御することが重要である（図12-2）．

図 12-2　Don Gibson に保定されるナキハクチョウ（*Cygnus buccinator*）．ハクチョウ類を抱え上げる際は，翼を保定しつつ，脚を押さえることが重要である．これらの種は，骨折しやすい．

罹りやすい疾病と対処法

感　染　症

　水禽類は，様々なタイプの寄生虫を媒介するが，全てに病気を引き起こす危険性があるわけではない．ウイルス，細菌，その他の病原性微生物も同様である（Altman et al. 1997, Ritchie 1995, Wobeser 1981）．家禽は野鳥との接触を避けなければならない．感染症の伝播は，渡りの時に起こり，拡大する（Ritchie 1995）．第17章「家禽」では，カモ目の家禽における一般的な疾病と寄生虫疾患について，より詳しい情報が記載されている．治療法の多くがある種に有効であっても，他の種には有害であることがある．したがって，水禽類の医療に詳しい鳥類専門の獣医師に相談する

ことが重要である．ニューカッスル病，アヒルペスト（アヒルウイルス性腸炎），鳥インフルエンザなどの感染症に関する検査を必要とする州もある．リハビリテーター間で州外の情報ネットワークを開始したり，放鳥のために州外の渡り地域に移動させたりする前に法規制について確認しておく必要がある．

趾瘤症

人工育雛されたり，飼育下で長く飼われていたりした野生のカモ類では，足の障害が起こりやすい．水禽類は，自然界では湖，湿地や海の河口部の周辺で生活し，雛を育てる．水上，泥地や沼地では，鳥が歩いたり泳いだりすることで，足が効果的にマッサージされる．硬く，ざらざらした床環境は，足底部に不自然で，胼胝が形成され，趾瘤症（足底皮膚炎）に進行する．特に，身体の重い水禽類に起こりやすい．趾瘤症は，大型種では深刻な疾病で，致命的になる症例が多い．このため，鳥を緩衝剤なしにコンクリート地の床の上で飼育してはならない．水禽類を飼育するのに適した床材として，1歩歩くごとに沈み込むような材質のものを用いる（Ritchie et al. 1994）．例えば，カーペット（室内飼育の場合），人工芝，ピーナッツの殻，砂や土がよい．

飼育されている水禽類では，月に1度は足底の胼胝（たこ）や外傷がないかどうか検査すべきである．適当な床材の使用に加え，趾瘤症の予防対策として，月1回もしくは鳥を扱う時に，ラノリンクリームを塗って足底のマッサージを行うことを勧める．足をキャノーラオイルに浸しても効果的である．胼胝が認められたら趾瘤症の進行を防ぐために，足裏に温かいお湯を使ったパルスマッサージかラノリンクリームを塗ってマッサージを週2回行わねばならない．羽毛にマッサージオイルやラノリンクリームに付着しないように注意する．

開脚症

開脚症は，幼鳥が不安定な材質の床の上で滑っ

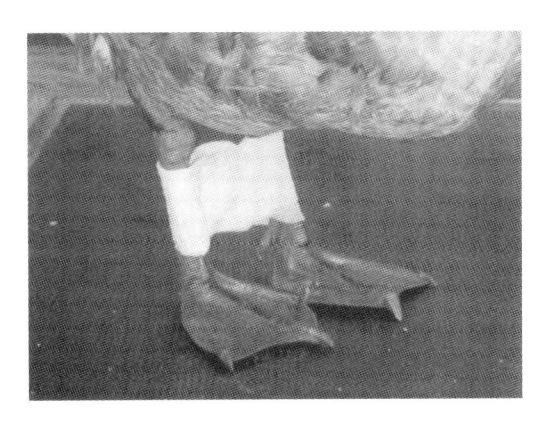

図12-3 このカナダガンの幼鳥は，背部に衝撃が加わって負傷し，開脚症となった．治癒するまでの間，正常な行動を維持できるように，柔らかい副子を用いて患肢を正常な位置で固定している．

て，関節の正常な範囲を越えて靱帯を伸ばした場合に起こる．初期に発見した場合では，患肢にベトラップ（Vetrap，3M）または類似の包帯材料を自然な姿勢で副子をゆるく巻く．これは，時々「あしかせ（hobbling）」とも呼ばれる．正常に起立歩行ができる距離で両肢を整復する．副子を装着された患鳥は，正常に歩行し，行動できる状態でなければならない．副子で固定されている間，筋肉の緊張と発達を維持するために起立歩行させることが重要である（図12-3）．症状の重篤度に応じて，数日間〜1週間，患肢を副子固定する．孵化したばかりの雛に対しては，急速な成長に合わせて副子を毎日調節しなければならない（Altman et al. 1997）．

足の泥球症

足の泥球症は，幼鳥の足の周囲に泥や糞などが付着して塊が作られることにより起こる．重度の場合，患鳥は自然に歩行したり，行動したりすることができなくなる．足の泥球症は，時々，自然界の粘土質の土壌の生息地で発生し，また，飼育中に育雛ケージ内でも発生する．育雛ケージ内で発生する例の多くは，足に濡れた糞が付着して，さらに木くずなどが結合することによって起こる．早期に処置を行い，足や脚の変形あるいは

外傷

　金網フェンスへの衝突や時には他の個体とのテリトリー争いの結果，翼，顔面や嘴を損傷することがある．重度な損傷の場合，失明や死亡することもある．鳥が金網フェンスの周囲で逃げようとしたり，身体が接触したりしている場合には，鳥をすぐに飼育舎から取り出し，シートなどで覆うか，フェンスとの境界に防壁を設置する．出血や損傷が起こった場合には，圧迫して止血し，患部を洗浄後，2次感染を防止するため，水溶性抗生剤クリームを塗布する．

エンゼルウイング

　特に，ガンやハクチョウ類では，栄養的問題に起因すると考えられている「エンゼルウイング」と呼ばれる病態を患っていないかどうか，注意深く観察する必要がある．これは，翼先端の飛翔羽が上向きにめくれ上がる状態となり，この外観が名前の由来となっている．また，「飛行機の翼」(airplane wing) もしくは「反転した翼」(reversed wing)，「外れた翼」(slipped wing)，「刀のような翼」(sword wing) とも呼ばれている．この病態にはいくつかの食餌性要因が関係する．その要因として，食餌中において，硫黄を産生するアミノ酸の高含量，ビタミンEとマンガンの欠乏，ある種では高濃度の蛋白質が組み合わさることが報告されている (Ritchie et al. 1994)．この病態は，風切羽の重さと重力によって，手根関節（翼角の関節）が下方に引っ張られることによって発生する．エンゼルウイングは，早期に処置を行えば，矯正が可能である．翼を正常な位置で数日間固定することで整復が可能である．処置を行わなければ，翼は永久的に変形してしまう．

鉛中毒

　鉛中毒は深刻な問題であるが，不幸にも水禽類においてはリハビリテーションが必要となる，よく発生する問題である．米国だけでも鉛中毒によって年間240万羽の水禽類が死亡していると推定されている (Ritchie et al. 1994)．鳥は野生下で，釣りでよく使われる鉛のおもりや狩猟の鉛弾を飲み込んだり，鉛採掘場のくずを摂取したりするなど，様々な経路で鉛に曝露される．鉛中毒は，全てのハクチョウ類と，可能性は低いもののガン類まで考慮に入れておかなければならない．

　鉛中毒に罹患した鳥は，体重の減少，衰弱，歩行困難や肢の動きの異常，翼の下垂，および特徴的な草色の緑色便など様々な症状を示す．嘔吐によって，胸とそ嚢の周りの羽毛が汚れることがしばしばある．また，鉛中毒の患鳥は，嗜眠，貧血や脱水も示すことが普通である．症状は，全ての徴候がみられるわけではなく，個体，種，毒性の程度や鉛源によって変わる．多くの場合，食物を消化できなくなる．嘔吐も普通に認められる．これらの症例では，皮下補液が必要となる．少量の経口チューブによる給餌を行うことも可能であるが，嘔吐による誤嚥に注意しなければならない．そ嚢が空になって排糞が認められれば，さらに流動食を与えることができる（この章の後で出てくる「衰弱した水禽類のための栄養食」を参照）．水は与えるべきだが，消化器系の機能が正常に回復するまで穀類や固形食を与えてはならない．

　鉛中毒は，初期の診断と治療が非常に重要であり，血液検査と画像診断は，その診断に重要な役割を果たす．X線検査で金属性の陰影が認められた場合，胃洗浄か内視鏡を用いて金属片を除去する必要があるかもしれない (Ritchie et al. 1994)．鳥類専門の獣医師に鉛中毒について相談することである．血中から鉛をキレートするために，Ca-EDTAまたはジメチルカプトコハク酸 (DMSA) がよく用いられる．

　多くの州が水鳥の狩猟に鉛弾の使用を禁止しているが，釣りの他に，小型・大型哺乳類の狩猟に

第12章　カモ類，ガン類，ハクチョウ類

は鉛弾がよく使用されている．鉛は自然界で分解されることはない．特に，ハクチョウ類は，湖や川の水位が低いと，底から餌を探すので，鉛片を摂取しやすくなる．保全団体は，鉛のおもりや鉛弾に代わる無毒な材質に関する資料を用いて，この問題の普及啓発に取り組んでいる．

ボツリヌス症

水禽類の雛は，ボツリヌス症を発症することがある．ボツリヌス菌（*Clostridium botulinum*）は，水が温められ，流れが乏しくなって作られた嫌気性条件下で増殖する．この細菌は，罹患した動物の神経筋接合部を麻痺させる毒素を産出する．鳥は，汚染された水中で毒素を組織内に取り込んだ無脊椎動物を摂食することで曝露される．罹患鳥は，頸，肢や翼などに様々な程度の麻痺を示し，しばしば臭いの強い下痢を示す．重度の症例では，呼吸困難に陥る．軽度から中等度の症例では，予後が良好である．鉛中毒と異なり，ボツリヌス症は，しばしば特定の水源から一度に様々な種類の鳥が数十から時には数百羽も発症する．

本疾患は，感染というより，中毒であるため，抗生物質は無効である．患鳥に対しては，残存している無脊椎動物を消化管内から排出させるために，経口チューブを用いて少量の経口補液を頻回に行うなど支持療法に努める．頻回のチューブによる給餌を24時間行った後，本章で紹介している栄養食のようなより栄養価の高い流動食に切り替える．餌が逆流して誤嚥性吸引を起こさないよう頭部を身体より高く持ち上げ，患鳥を清潔かつ快適に保つ．患鳥の肢の圧迫性褥瘡などの問題を予防するために，洗濯籠の中に細かく裂いた紙切れを厚く敷き詰めて作ったベッドにタオルを敷くことで，一時的に適当な飼育施設とすることができる．まばたきができなくなる患鳥もいるため，眼軟膏を1日数回塗布する．哺乳類と異なり，鳥類は，ボツリヌス症から急激に，しばしば1～2週間で回復する．多くの患鳥は，2～4日で頭部を再び保持できるようになり，1週間で起立して採食できるようになる．

餌の種類

餌の多様性は，水禽類を飼育するうえで非常に大きな問題である．ある種では，商品化されている子ガモ用ドライフードで非常にうまく育てられるが，なかには生存のためには生き餌を必要とする種もいる．リハビリテーション施設に収容された鳥については，看護を成功させるため，正しく種同定を行わなければならないということが十分に力説されているとは限らない（Baicich and Harrison 2005）．水禽類の雛が例外なく反応を示す全般的に使える「最初の餌」がいくつかあ

図12-4 このホオジロガモの雛は，新鮮なウキクサで遊びながら，同時に撥水性の羽毛を機能させていく．

る．これらの「最初の餌」だけが推奨される餌という意味ではない．水禽類の幼鳥を健康に飼育するためには，様々な種類の餌を必要とする（図12-4）．

「最初の餌」

給餌を安定化させてから，野外で自生しているウキクサかクレソンを与える．これは，水禽類の幼鳥にとって最も適した「最初の餌」の1つである．ウキクサは，急速な成長に重要な小型の無脊椎動物を含んでいる．野生のカモ類，ガン類およびハクチョウ類の雛は，天然の水草を直ちに摂食する（Stromberg 1986）．ウキクサは，合法的に湖や小川から採集することができ，1週間かそれ以上冷蔵保存できる．1日分の餌を必要なだけきれいな水でやさしく洗い流す．流れる水に汚れが見えなくなるまで，しかし自然のミネラルの多くがなくならない程度とする．天然の水草は，野外で自然に発生する微生物を含んでいる．過去には，水禽類の雛に潜在的に病原性をもつ微生物をもたらす可能性について問題視されていた．この問題は，家禽や飼育を継続する鳥にとっては検討すべき事柄であるかもしれない．しかしながら，著者は，リハビリテーションを行っている鳥は，放鳥に先立ってこれらの経験をさせ，孵化してから自然に免疫系を発達させる方がよいと指摘している．

浅い水入れ皿に水草を浮かせ，育雛器に置く．小型種では，水入れ皿に出たり入ったりできるように傾斜路を付けなければならない．頻回に，あるいは糞で汚染された時に，水を交換し，水草を洗う．天然のウキクサが入手できない場合には，細かく刻んだタチヂシャレタスを与えるとよい．ペットショップの熱帯魚コーナーで入手できる乾草赤虫，食料品店で入手できる人の新生児用シリアルや粉状に砕いた水禽類用ドライフード（Waterfowl Starter, Mazuri）をウキクサの水に少量加えると，蛋白質と嗜好性を増加させることができる．さらに成長した雛には，ウキクサの水に小魚や虫を加えて与えてやると喜ぶであろう．

雛の多くは，乾燥した餌を食べることを拒む．湿らせると少しは食べる可能性を高めることができるかもしれない．しかし，ふやけた粉末飼料は腐りやすいため，少なくとも1日に2回は交換すべきである．商品化されているドライフードのペレット飼料は，色々な粒の大きさがある．孵化直後の雛には，粉状に砕いて与える．採食を拒む雛には，粉状に砕いたドライフードを背中にふりかけて与える．雛は，羽づくろいと同時に粉状の餌が自然と口に入り，味を覚えて採食を開始する可能性がある．開始食の一部として，サイエンスダイエット（Science Diet, Hills）のネコ用あるいはイヌ用グロースをふやかしたり，固ゆでした卵をつぶしたりして，与えることができる．

「シャベル」の形をした嘴がカモ目の採食方法を最もよく表している．この嘴は，小型の無脊椎動物や水草を濾し採るふるいとして機能する．乾燥した粉末飼料は，鳥の唾液によりペースト状になると，飲み込みにくい．餌を飲み込みやすいよう，水を餌のそばに置かなければならない．ペレット飼料は，多くの種でより食べやすいように，粉状に砕いて与える方がよい．

全てのカモ目について餌リストを作ることは，それがあまりにも様々な種類に及ぶため，ほぼ不可能な作業である．本章で取り上げられなかった種に関して最も役立つ情報は，餌についても記載されているフィールドガイドで入手可能である（Elphick et al. 2001）．一般的原則として，雛は，最初の数週間〜1ヵ月間はほとんど昆虫か無脊椎動物の動物性蛋白質を摂食し，成長するにつれて成鳥の餌リストに記載されている様々な種類の餌に移行していく．地元の生息地に目を向けると，営巣期に昆虫，無脊椎動物やその他のリストに記載されている餌のうちどのようなものを採ることができるか，また水禽類の餌として与えることができるか，を知るための指標となる．一般的な餌として，様々な穀物と植物の他に，小魚やザリガニ，バッタ，コオロギ，ミルワームなどの昆虫が含まれる．

カモ類の雛には，浅い皿や容器が適している．

ガン類とハクチョウ類には，ケーキパンくらいの大きさと深さの皿が適している．家禽の飼育用品の販売店で入手可能な給水器も使用できる．鳥が中に入る皿や床の表面が滑りやすい場合は，足が安定するように底を砂かピーナッツの殻で覆うとよい．こうすれば，脚が滑ったり，開脚したりすることを予防できる（本章の「罹りやすい疾病と対処法」の「開脚症」の項を参照）．給水器の底に大理石かピーナッツの殻を敷くと，雛が水の中に入って溺れることを防ぐことができる．奇妙に思われるかもしれないが，水禽類の雛は水に溺れることがある．細菌の増殖と潜在的な疾病の発生を防ぐために，水は頻回に取り替え，皿は消毒しなければならない．

餌皿に対しての攻撃的行動は，餌が足りないか，違う種類の餌を必要としていることを示している．ピーピー鳴く回数が急に増えることは，空腹であるか，寂しさを訴えているか，を表す．便が正常で，雛が食べている場合は，餌が十分でないか適切でないかもしれない．鳴き止んで静かになるまで経口チューブによる給餌を数回行うか，小魚や生きた昆虫などの新しい餌を与えるか，を試してみるとよい．もし，雛が羽毛を膨らませ，他の個体を避ける傾向があれば，肛門を検査してみる．軟便が肛門周囲で乾燥して固まることがあり，雛が排泄できなくなる．この場合は，温湯で肛門周囲を洗浄し，糞塊を取り除く．

衰弱した水禽類のための栄養食

以下に，衰弱した水禽類のために推奨される栄養食の組成について示す．
- 新生児用の穀類の配合シリアル（Gerber's 商標など） 56g
- 新生児用の肉類（ウシ，ニワトリ，シチメンチョウ，子ウシ）の離乳食（Gerber's 商標など） 71g
- 水　71g
- 新生児用の経口電解質補給飲料（Pedialyteなど） 71g

栄養食の成分をかき混ぜて必要に応じて水を追加し，適当なサイズの赤ゴム製フィーディングチューブ（ネラトンカテーテル）を通過するよう調整する．衰弱が大きな患鳥に対しては，うすめの栄養食を作る．

1回の給餌ごとに必要量の新鮮な栄養食を準備する．そ嚢を十分満たして1時間で通過してなくなる量の給餌を行う．雛が嘔吐したり，栄養食が逆流したりする場合には，給餌量を減らす．雛が自力採食を開始するまでチューブによる給餌を継続する．雛が起立できるようになれば，餌を与えてみる．餌は，32℃に温めて与えなければならない．しかし，熱すぎると，そ嚢の熱傷を起こすため注意する．電子レンジでの加熱は，餌が均一に温まらないため奨められない．冷たい餌の給餌は，衰弱しきった患鳥をショックに陥らせ，死亡させてしまう可能性がある．

飼育環境

水禽類は，種によって身体のサイズが大きく異なる．別の一般的原則として，同じサイズと日齢の雛は，種類が異なっても一緒に飼育することができる．このような混合飼育は，どちらを優先させるかの判断が必要となる利点と欠点がある．単独個体は，種類に関わらず，生き残れない傾向がある．もし，育雛が成功したとしても，世話する人に刷り込まれ，野生に戻すことができなくなる．成長した雛は，孵化したての雛を窒息させたり，怪我させたり，また餌を食べさせなくするかもしれない．こうするしか方法がない場合には，注意して行う．自力採食できるようになった成長した雛は，幼い雛が餌を食べたり水を飲んだりするのを刺激し，教えてくれる．雛たちが攻撃し合わないかどうか注意深く観察し，もし攻撃が起これば，特に異なる日齢の構成群の場合，すぐに隔離しなければならない．他の水禽類のリハビリテーターとネットワークを作って情報交換を行うべきであり，複数の種や異なる日齢の雛を混合飼育する場合は，非常に役立つことになる．

図 12-5 単純な箱で作られた育雛器．足が滑らない材質の床と一角にクリップでしっかりと固定された反射型電球．電球の下の温度は，34.7〜37.4℃に調節する．

育　雛　器

　育雛器は，様々な材質で作ることができる．ドライタイプの育雛器では，泳ぐための設備は備えられないが，ウエットタイプのものでは設置できる．それぞれの利点と欠点がある．特定の一施設に機能的な育雛器と設備を選択するうえで，その地域ではどのような種が最も一般的か，どれくらいの数の症例が予想されるか，などに関する経験が基準となる（図 12-5）．多くのブリーダーが高さ約 1.8 m のウォークイン式（立って出入りできる）の木製育雛器を使用している．これは，ガン類・ハクチョウ類の他に，活動性の高い樹洞営巣性のカモ類の育雛にも適している．また，長方形のプラスチック製保存容器を用いてほとんどの水禽類の雛に使用できる優れ物の育雛器を作っているブリーダーもいる．大型の段ボール箱は，ドライタイプの育雛器と同様に機能する．容器の大きさは，雛の種と数によって変える．

　$1 \times 0.6 \times 0.9$ m の大きさの容器だと，孵化したてのカモ類の雛を最大 8 羽までは収容できるであろう．跳躍の得意な種類のカモ類や大型の水禽類には，より高さのある容器を使用する．段ボールを用いて育雛器の高さを高くするとよい．樹洞営巣性のカモ類の中には足の爪で孵化した後，金網を「はしご」として使って逃亡する種もいるため，金網は使用してはならない．大型種では，金網で嘴を傷つける可能性がある．ピーナッツの殻，砂やカーペットの端材などが育雛器の床材として適している．木くず，わらや新聞紙は，雛が食べてしまう可能性があるため，床材には使用すべきではない．濡れたカーペットやタオルは，カビが増殖する温床となるため，濡れたり，土で汚れたりしたら交換しなければならない．きめの細かい砂は，孵化したての雛の眼に入って炎症を起こす可能性がある．セメントのような硬い床材は，運動器の障害を引き起こし得るため，使用すべきではない．リハビリテーション開始の最初の数日間は，床材の上に白い綿モスリンかタオルを敷くとよい．白地は，リハビリテーターが雛の糞について，色や硬さを評価するのに適しており，雛が餌を食べているかどうか，あるいは消化しているかどうか，を知るための指標となる（Rupley 1997）．

　育雛器の一角には，保温電球をしっかりと固定して設置し，その下の温度を 35.0〜37.2℃に保つように調節する．数羽の雛しかいない場合は，40〜60 ワットのクリップ式反射電球のような

シンプルなものがよい．電球の位置を上げたり下げたりして，簡単に温度を調節できる．より多くの雛を育てる場合は，商品化された育雛器や保温電球が農家用飼育機材販売店で入手可能である．

雛の行動を観察すれば，保温電球が適切かどうか（寒すぎないか，暑すぎないか），育雛器が適当な大きさかどうか，より大きな広さが必要かどうか，十分な餌が与えられているか，などの要因を最もよく知るための指標となる．雛が電球の下に群がる場合は，寒すぎることを意味するため，温度を上げる．雛が電球から遠ざかるか，翼が垂れ下がっている場合は，暑すぎることを意味する．雛が窮屈でなく，十分に歩き運動できる広いスペースを与えるべきである（Tarsnane 1996, Ritchie et al. 1994, Altman et al. 1997）．

もし，1羽の雛を育てる場合は，清潔なモップ先（Ritchie et al. 1994）か羽はたきと鏡，カチカチと音のするぜんまい式目覚まし時計を用いると，雛を安心させられるかもしれない．羽はたきを用いる場合は，羽に塗られた保存料が濡れた時に毒性のある煙を発するかもしれないのでチェックする必要がある．

泳ぎの練習

カモ目の雛は，離巣性（孵化後すぐに巣を離れる）であり，孵化後すぐに親鳥と一緒に採食し，泳ぎ，水に潜ることができる（Ritchie et al. 1994）．とはいえ，雛は孵化時に撥水性がないので，親鳥に依存するか，または親鳥が脂腺のオイルを塗ることによって撥水性を与える．親鳥による撥水性措置を受けていない雛を水中に入れると，低体温症に陥るか，溺れて死亡する可能性がある．雛が安定して餌を食べ始めたら，泳ぎの練習を開始する判断を行い，通常数日間は温水の中で1～2分間の短時間の泳ぎを行わせる．その後，ヒーターをつけたドライタイプの育雛器に雛を戻す．雛が水中で震えだした場合は，すぐに水中から取り出し，35.2～37.2℃の育雛器内に入れる．短時間の泳ぎの練習は，羽づくろいを誘発，それにより雛は水をはじくことができるようになる．

ドライタイプの育雛器は，10～14日間，あるいは雛が餌を十分食べるようになり，寒い時は保温電球の下に寄って体温を調節できるようになるまで使用する．水禽類のほとんどの雛には，正羽が生えてくるまでは，保温が必要である．しかし，保温電球の温度は，3週齢までに24℃まで徐々に下げていく．この際，雛が保温電球の近くにいたがるようであれば，それもできるようにしながら，この温度を維持する．

羽毛の発育の程度は，種および孵化群の間で異なる．飢餓，負傷，または非常に敏感な種においては，飼育下に置かれること自体により生理的ストレスを受けた雛は，発育が遅れるため，ドライタイプの育雛器内でしばらく過ごさせる必要が生じる場合がある．一般的原則として，水禽類の雛は，完全に羽毛が生え揃うまでは，保温電球の近くに行けるように制限された区画内で飼育されるべきである．リハビリテーターは，リハビリテーション中の鳥の発育に影響を与える様々な問題を考慮し，雛を室内の育雛器から屋外飼育施設に移す安全な時期を最も的確に判断することになる．雨やその他の悪天候を含む気象条件も，考慮すべき要因である．

屋外飼育施設

幼鳥を飼育する中間的な育雛施設は，室内・屋外の両方から出入りできるようにする．室内施設は，様々な要素から保護されなければならず，保温電球，餌および水を用意する．その広さは，飼育する雛の数に応じて決める．屋外の草が茂った飼育場なら，6×6×1.8mの広さだと8羽の雛を収容できる．水禽類の過密飼育は，ストレスを招き，病気を発生させることになる．猛禽類の飼育用に設計された飼育施設は，雛が自然の日光と雨にさらされ，かつ捕食者から保護されるため，機能的である（Gibson 1996）．種によっては，地面から0.6～1.5mの高さの目隠し用の壁は，ストレスや金網に接触して起こる負傷を減らすことができる．

水は，水禽類には必須である（図12-6）．どの

図12-6 屋外鳥類飼育施設の池で飼育されているアイサ類の雛．広い植生と水表面にウキクサが与えられている．

種も野生復帰に先立って，なんらかの形で池かスイミングプールを利用できるよう整備する必要がある．泳ぎは，必要となる運動や経験をさせられる他，羽毛の撥水性を確実に獲得させることにもなる．少ない数の雛では子供用プールが機能的で便利である．雛が水に出たり入ったりしやすいよう傾斜路を付ける．大型種や多数羽の雛を飼育する場合は，より大型の池を設置すべきである．水禽類は，餌を食べ散らかし，糞を頻繁にする．餌と糞の多くは，最終的に池の中に入っていく．したがって，プールの排水と水の交換を頻繁に行い，水を清潔に保たねばならない．大型の池には，機能性の高い濾過装置を設置すべきである．

捕食者からの防御

全ての屋外飼育施設は，捕食者から防御しなければならない．捕食者が患鳥に接近するのを防ぐための方法がいくつかある．野外の患鳥を適切に保護するために，埋没式フェンス，電気柵およびしつこく侵入しようとする捕食者に対する人道的に配慮したトラップあるいはその他の技術を複数含む方法が単独の外柵に求められる．捕食者から保護するため，その地域の捕食者と土の質に合わせて外柵を作っていく必要がある．これらの情報は，各地区にある野生動物管理局からが最も入手しやすい．

患鳥を捕食被害から守る最も効果的な方法は，捕食者を飼育施設に近づけさせない対策を行うことである．この中には，残った餌をそのまま放置しないことと飼育施設の外にこぼれた穀類を掃除することが含まれる．堅固な防護柵は，中が捕食者から見えないように保護する．外柵の周囲または境界の樹木は，鳥類の捕食者が止まり木として，あるいは木登りのできる捕食者が外柵に接近するための足場として使用される可能性があるため，除去すべきである．スカンクなどの穴を掘る動物には，2.5×1.3 cmの亜鉛メッキ鉄線を埋設することで，侵入を防止することができる．亜鉛メッキ鉄線は，地面に垂直に0.7m埋め込み，飼育施設の外側方向に0.7m出す必要がある．この中等度以上の太さの亜鉛メッキ鉄線は，しっかりした材質であり，土中でも劣化しにくく，費用のかかるメンテナンスや数年ごとの交換があまり必要でないため，その使用は賢明である．外周柵の外側に電柵の電線を用いて成功しているリハビリテーターもいる．この技術は，アライグマ，ミンクやフィッシャー（テンの一種）などの木登りのできる捕食者からの侵入を防止するのに役立つ．地面から数インチの高さから約1.5mまで電柵の電線を数本設置すると，一般的にはほとんどの捕食者の侵入を防止するのに適している．各地域で一般的な捕食者のリストとその合法的な防除方法の規制について，野生動物行政の担当者に確認しておく必要がある．生け捕りトラップあるいは他の方法を用いた人道的に配慮した捕獲は，しつこく現れる捕食者に対して必要となる．各地域の規制によって，生け捕りした捕食者の移動が規制される．捕食者の対策として，いかなる状況でも毒物を使用すべきでない．患鳥を含む標的でない種を巻き

込んでしまう可能性が大きいからである．飼育施設を最も完全に保護するためには，鳥類の捕食者と寄生虫や他の問題をもたらす野生動物あるいは時期尚早の野外放鳥を防ぐため，飼育施設を覆うか，囲うべきである．

人への刷り込み

水禽類，特にガン類とハクチョウ類は，人に容易に刷り込まれる．これらの種の1個体を育ての親，成鳥の模型または同種個体なしで単独で育てると，ほぼ確実に人に刷り込まれる．人に刷り込まれた大型種は，人に危害を加える危険性があるため，注意して飼育継続すべきであり，決して自由に行動させてはならない．

放　　鳥

幼鳥は，十分に羽毛が生え揃うか，個体によっては最初の冬の間ずっと親と一緒に生活する．十分に羽毛が生え揃い，自然の餌に慣れたカモ類の幼鳥は，できれば同種の野生個体がいる生息地に放鳥する．水禽類は，理想的には人の活動地域から離れた場所に放鳥する．放鳥に際しては，幼鳥が環境に慣れ，野生個体群と合流し，夜間の避難場所を見つけられる時間を与えるため，午前中に行う．

大型種は，最初の冬期間は家族の群れと過ごす．渡りの群れが滞在している場所が分かれば，ガン類のほとんどの種は群れの中に放鳥させるとうまくいく．リハビリテーションセンターで同種のガン類が多数羽飼育されている場合，「家族群」を構成させ，うまく一緒に放鳥すると成功する．リハビリテーションを受けた成鳥の場合は，幼鳥と統合させて，一緒に放鳥することができる．

ハクチョウ類は，自分の子でない雛に対して攻撃的な場合がある．大型種の放鳥において，成功率をより高めるために越冬や春の放鳥計画を立てる際には，州や連邦政府の野生生物局との密接な連携が重要である．

外　来　種

鳥類飼育者，狩猟鳥飼育農場や動物園は，その地域や大陸に在来とは限らない非常に多くの種類の水禽類を飼育し，繁殖させている．これらの飼育鳥の多くは，飛ぶことができるため，いつも逃亡が可能であり，実際に起こっている．逃亡個体の多くが餌を採れないで飢えるか，あるいは適さない環境で衰弱して死亡するが，なかにはうまく適応し，繁殖して定着する種も出てくる．外来種は，在来種と競合し，しばしば対立を引き起こすことになる．その地域の在来種でない個体を保護した場合は，野外で発見されたとしても放鳥してはならない．保護された外来種の取扱いについて，動物園か狩猟鳥飼育農場で飼育してくれる場所を探すことが，その個体にとっても，在来の野生生物にとっても，最善の解決策である．

謝　　辞

ウイスコンシン州ナキハクチョウ再導入計画の初期個体であり，度々，猛禽類教育グループの患者となったナキハクチョウE95に敬意を表します．彼は，私たちの世界観を変えてくれました．いつも私たちの心の中に住んでいます．私たちの州あるいは連邦政府の野生生物局で活動するスタッフに大いに感謝の意を示します．特にウイスコンシン州BERのPat MantheyとSummer Matesonには感謝します．私たちのすばらしい水禽類を保護するため，生息地と種の保全に貢献し続けている鳥類飼育家と保全団体に感謝します．

関連製品および連絡先

Mazuri Waterfowl Starter: Mazuri, P.O. Box 66812, St. Louis, MO 63166, (800) 227-8941, www.mazuri.com.

Science Diet: Hill's Pet Nutrition, Inc., Consumer Affairs, P.O. Box 148, Topeka, KS 66601-0148, (800) 445-5777, www.hillspet.com.

参考文献

Altman, R.B., Clubb, S.L., Dorrestein, G.M., and Quesenberry, K. 1997. Avian Medicine and Surgery. W.B. Saunders Co., Philadelphia, pp. 944–959.

Anderson Brown, A.F. and Robins, G.E.S. 2002. The New Incubation Book. Hancock House Publishing Ltd., Blaine, Washington, pp. 206–213.

Baicich, P.J. and Harrison, C.J.O. 2005. Nest, Eggs, and Nestlings of North American Birds, Second Edition. Princeton University Press, Princeton, New Jersey, 347 pp.

Elphick, C., Dunning, J.B., Jr., and Sibley, D.A. 2001. The Sibley Guide to Bird Life and Behavior. Alfred A. Knopf, Inc., New York, pp. 73–77, 190–211.

Erickson, L. 2006. 101 Ways to Help Birds. Stackpole Books, Mechanicsburg, Pennsylvania, pp. 43, 166, 217.

Gibson, M. 1996. The ABC's of housing raptors. Journal of Wildlife Rehabilitation 19(3): 23–31.

———. 1997. Natural history: Square one for wildlife rehabilitation. Journal of Wildlife Rehabilitation 17(1): 3–6, 16.

Price, A.L. 1994. Swans of the World in History, Myth and Art. Council Oak Books, Tulsa, Oklahoma, pp. 14, 131–153.

Ritchie, B.W. 1995. Avian Viruses: Function and Control. Wingers Publishing, Inc., Lake Worth, Florida, pp. 50–73, 329.

Ritchie, B.W., Harrison, G.J., and Harrison, L.R. 1994. Avian Medicine: Principles and Application. Wingers Publishing Inc., Lake Worth, Florida, 1384 pp.

Rogers, L.J. and Kaplan, G. 2000. Songs, Roars and Rituals, Communications in Birds, Mammals, and Other Animals. Harvard University Press, Cambridge, Massachusetts, pp. 20, 83, 90.

Rupley, A. 1997. Manual of Avian Practice. W.B. Saunders, Philadelphia, pp. 265–291.

Sibley, D.A. 2000. The Sibley Guide to Birds. Alfred A. Knopf, Inc., New York, pp. 70–103.

Stromberg, L. 1986. Swan Breeding and Management. Stromberg Publishing Company, Pine River, Minnesota, 95 pp.

Tarsnane, S. 1996. Waterfowl Care, Breeding and Conservation. Hancock House Publishing Ltd., Blaine, Washington, 288 pp.

Weller, M.L. 2001. Ducks, Geese, and Swans. In The Sibley Guide to Bird Life and Behavior, Elphick, C., Dunning, J.B., and Sibley, D.A., eds. Alfred A. Knopf, Inc., New York, 588 pp.

Welty, J.C. and Baptista, L. 1988. The Life of Birds, Fourth Edition. HBJ College Publishing, pp. 95, 103, 393, 379.

Wobeser, G.A. 1981. Diseases of Wild Waterfowl, Second Edition. Plenum Press, New York, pp. 153–157, 165–187, 223.

役に立つウェブサイト

http://www.npwrc.usgs.gov/resource/1999/woodduck/wdnbox.htm.

http://www.nwwildfowl.com/Veterinary-care.htm.

Loon Watch: http://www.northland.edu/loonwatch.

Raptor Education Group, Inc., http://www.raptoreducationgroup.org.

State of Minnesota Pollution Control Agency, http://www.cleancarcampaign.org/GettingLeadOUT.pdf.

13
ワ シ 類

Nancy A. Lang

生物学的特徴

　タカ目とタカ科には68種の真正ワシ類が確認されている．これらには10種のウミワシとウオクイワシの仲間，22種のチュウヒワシとカンムリワシの仲間，4種のオウギワシの仲間，1種のカザノワシ（*Ictinaetus malayensis*），9種の*Aquila*属のワシ，22種のhawk eagle[*1]の仲間が含まれている（Ferguson-Lees and Christie 2001）．大部分の種は枝を積み上げる巣を作るが，巣のタイプは同じ種であっても変化があり，岩崖の上であったり，地上であったりする．抱卵期間は卵が大きいほど長くなる．小型の種は小さな卵を産卵する．大きな卵は胎子が成長するのに，より長い時間がかかる．北米で通常繁殖している2種は，ハクトウワシ（*Haliaeetus leucocephalus*）とイヌワシ（*Aquila chrysaetos*）である．抱卵期間は，ハクトウワシが35日，イヌワシが41〜45日である．両種ともに，約11週齢で巣立ちする．

　ワシは一般的に強い嘴と足をもっている．嘴の形は爪の形に似ており，ともに捕食に適応したものである．4本の趾と爪のある足は力強く，これによりワシは効率的に獲物を捕獲し，持ち運ぶことができるのである．足の強さは食性によって変化がある（Ferguson-Lees and Christie 2001）．

　成鳥の獲物は，カザノワシが捕ってくる卵のように他種の巣内の獲物から，フィリピンワシ（*Pithecophaga jefferyi*）が捕ってくる霊長類まで，ほとんど全ての野生動物に及ぶ（Ferguson-Lees and Christie 2001）．

　非常に多種類のワシが存在することおよび多くの様々な生物学的特徴があることから，育雛することになる猛禽類の食性的，社会性的，行動的な要求をきちんと認識することはきわめて重要なことである．Ferguson-Lees and Christie（2001）は68種全てについて，簡明，最新かつ正確な説明をしている．さらに，動物管理者が育てるワシに関してより綿密な情報を得ることができる多数の文献も紹介している．

人工育雛への移行

　ワシは様々な理由から人工育雛される．雛は巣が放棄されたり，片方または両方の親が死亡したりした時に飼育下に運び込まれる．巣立ち前に巣からジャンプしたり，落下したりしたワシの雛は，もし健康で怪我をしていなければ，巣に戻すことができるかもしれない．もし，その雛が引き続き巣から落下したり，ジャンプや落下により怪我をこうむったり，または病気の状態で発見されたりした場合には，その雛は人工育雛しなければならない．放棄された卵が孵卵された場合，孵化した雛は人工育雛されることになる．一般の人によって違法に巣から持ち去られた雛が人工育雛される

[*1] 訳者注：直訳すると「クマタカ」になるが，ここではいわゆる「クマタカ属」である「*Spizaetus*属」10種の他に，*Hieraaetus*属，*Spizastur*属，*Lophaetus*属，*Oroaetus*属，*Polemaetus*属，*Stephanoaetus*属の猛禽類を含む広義のクマタカ類を対象としているため，混乱を回避するため「hawk eagle」のままの表記とした．

場合もある．このような例は，違法にワシの雛を持ち去ったものの，その雛を育てることの難しさを知り，リハビリテーションセンターや動物園に育ててもらうために持ち込んでくる場合である．もう1つ，繁殖や教育プログラムのために人工育雛する目的で，巣から卵や雛をとってくる場合がある．

育雛記録

詳細な記録は人工育雛プログラムにとって肝要なことである．それらは，動物管理チームが個体の発育を評価するのに役に立つ．時間を経るごとに，それらの記録はそれぞれの種に必要な育雛技術を改善するのにきわめて重要なものとなる．

その雛が確保された位置に関する正確な情報を，可能な限りいつでも収集しておくことは重要なことである．雛を発見または確保した人の氏名，住所，電話番号，Eメールアドレスは雛の恒久的な記録簿に入力していくべきである．もし，雛を持ち込んだ人が，その雛を発見または確保した人と異なる場合，最初にその雛を確保した人に関する上述の情報を得る努力を怠ってはいけない．そのワシの健康状態や将来の措置の方向性に関する質問が取り上げられた時，最初にその雛を確保した人から得られた情報が役に立つことがあるかもしれないからである．受け入れに際しては，完全な医学的検査が実施されなければならない．受け入れ様式があれば，人工育雛に必要な雛の情報を収集するのに好都合である．

いったんワシの雛が受け入れられたなら，その雛が確保された雛であっても，自分の施設で孵化した雛であっても，詳細な毎日の記録を取らねばならない．記録は，スタッフメンバー間での，毎日および毎週の情報伝達に不可欠な要素となる．そしてさらに重要なことは，この記録は，時間が経つにつれてより多くの個体を育てるための種ごとの人工育雛プログラムを改善するのにきわめて重要なデータベースの一部になるということである．

毎日，および観察ごと，または雛との接触ごとに，記録を書き留めるようにする．毎朝，最初の給餌の前に雛の体重を測定し，体重を記録する．雛の発育を正確にモニタリングするために，次の情報を記録する．医学的な問題点と処置，餌に対する反応を含めた行動の変化や姿勢の異常な変化，餌の消費量，異常な糞である．もし可能なら1週ごとに，翼長，尾長，嘴の幅と深さ（嘴幅，嘴峰長，嘴高），ふ蹠長，足の長さ（趾長）を含む成育のパラメーターを測定する．成育状況を測定することは，いくつもの成育要因の状況を把握するのに有効なのである．もし餌が変わった場合，餌が成育速度にどの程度影響するかを分析することができる．雄と雌の成育速度（体重を含む）は異なっており，記録しておくべきである．これにより，性間の差が確かめられるかもしれない．

上述した情報をデータベースに入力するのに有効なプログラムがある．著者は，国際種情報システム（International Species Information System：ISIS）を利用している．これは，多数のワシが育雛されている動物園やその他の施設で利用されているデータベースである．このプログラムでは，会員の施設間で全員に有用な情報を共有することができる．ISISデータベースは高価なので，それに代わるものを利用することも可能である．例えば，エクセルとMinitab（Minitab Inc.）のような統計データベースを用いて記録するシステムを利用することができる．情報を入力する簡単なシステムをセットアップするのを手助けしてくれる情報技術（IT）の専門家を探し出す必要があるかもしれない．長い期間をかけて収集されたデータは，初期投資としての価値が十分にある．

育雛初期のケア

ワシの雛には静かな場所を用意しなければならない．ワシの雛を育てるには，落ち着いた環境が必要で，通常，暖かくかつ水分が与えられていることが必要とされる．ワシは視覚的に反応するものである．視覚的な刺激はストレスを引き起こすことがある．雛を検査する際に，布または鷹匠のフードで眼を覆うと，雛を落ち着かせることがで

きる．眼を覆う前に，眼を保護する眼科用軟膏を使用することもある．育雛初期では，低体温に対する処置を行うことがよくある．特に，体温調節ができない若い雛ではそのことが多い．もし，雛が湿っていれば，タオルで乾かす．もし，雛が濡れていたら，低温にセットしたドライヤーを使用すれば，羽毛を効果的に乾かすことができる．その後に雛を熱源のところに置いてやる．異常に体温が奪われている場合には，ゆっくりと暖めなければならない．これには，様々な方法で対応することができる．わずかに体温が低下している場合には，育雛器，未熟児保育器に入れるか，またはマットヒーター（K-Pad, Thermocare）の上に置く．もし，マットヒーターを使用する場合には，温度は低温または中間温度にセットし，毛布またはタオルを雛と熱源との間に敷くようにする．赤外線保温ランプと電球もよく使用されるが，もし緩んだりすると火事の原因となることがある．また，雛が接触しないように設置しなければならない．いずれの場合においても，雛が熱源から涼しい場所に自由に移動できるようにしておく必要がある．

　ショックに陥った雛は，補液療法が必要となる．多くのワシの雛が脱水で補液療法が必要な状態で運び込まれる．経口投与と皮下投与の2種類の方法による補液療法が行われる．経口投与には，Pedialyte（Abbott）または同じような経口電解質溶液が用いられる．ルアーチップ式シリンジに適度な太さのカテーテル（Tyco）を取り付けると温かい液体を投与しやすい．誤嚥を避けるため，そ嚢が空っぽまたはわずかしか内容物が入っていない時に投与する．最初は，そ嚢の容量の約1/4ほどの量を投与する．雛が排便を始め，そ嚢が完全に空っぽになったら，そ嚢の半分を満たすくらいの量を投与する．ひどく脱水し，元気がない雛では，24時間内に体重の10%の量まで経口補液を行う．この場合，雛が落ち着くまで，食物は与えない．皮下投与に関しては，獣医師がラクトリンゲル液または塩化ナトリウム液のような温めた液体を処方してくれる．これを24時間内に，体重の10%の量まで皮下注射により補液を行う．注射の部位は，投与ごとに変えなければならない．雛が落ち着き，温かくなり，脱水症状が緩和したら，食物を与える．

　肢（翼や脚）が折れていたら，資格を有する獣医師スタッフによって処置を受けるまで，副木を当てておく必要がある．

罹りやすい疾病と対処法

　ダニとシラミは，イベルメクチンの適切な投薬量を注射することで対処できる．

　カールした趾（趾の弯曲症）は，副木を当ててテープで巻かねばならない．注意深く，副木の上に趾を正常の位置の状態にして置き，テープで固定する．副木に供するものは，雛の日齢と利用可能な材質によって，様々である．効果的な副木は，コーヒーの攪拌棒（プラスチック製や木製），舌圧子，またはプラスチック製のケーブル結束帯をテープで束ねたもののように，日常生活で使用しているもので作ることもできる．副木には，雛の趾を切らないように，鋭利な縁をなくしておかねばならない．テープは，既製の包帯（ベトラップ；Vetrap, 3M）をさらに外科用テープで固定したものでもよいし，または副木をガーゼや外科用テープで固定してもよい．ボール紙の靴を雛の足の大きさに切って使用してもよい．足を「靴」の上に置き，外科用テープで固定する．趾は所定の位置でしっかりと固定するが，足または趾に食い込むとか血液循環を止めることのないように，テープを趾または足に結合させるようにする．全ての副木とテープは数時間ごとにチェックし，少なくとも24時間ごとに交換しなければならない．カールが矯正されたら，問題が再発していないかを，その後24～48時間は確認しなければならない．

　曲がった脚とカールした翼（エンゼルウイング）も，いくらか似通った技術で治すことができるかもしれない．両脚を正常の位置に置き，片方の脚をベトラップの細長い布で巻く．1～2回巻けばよい．テープの小片を最初の巻きを固定するため

に使う．両脚の間隔が正常になるように，ベトラップをカットせずに，2本目の脚に巻く．同様の方法で，その脚を巻き，テープで固定する．これにより，脚は数日で正常な位置に戻る．

垂れたり，カールしたりした翼はベトラップで正常な位置に戻し，上述の方法で固定する．包帯は毎日取り外して，症状の回復状況を確認するとともに，血液循環に障害が生じていないかを確かめる．適切な矯正が達成されたら，その後24～48時間は確認するかまたは問題が継続しないように再度包帯を巻く．

餌の種類

どの日齢のワシにも，自然界での獲物に似たような餌を与える．餌は，ウサギ，ネズミ，ひよこ，ウズラである．魚はチアミン欠乏を引き起こす潜在的な問題があるため，巣立ち後までは魚は与えない．

給餌方法

もし，その雛が野外放鳥または繁殖用のために育雛されるのであれば，人工育雛段階の期間において，人間への刷り込みを避けることはきわめて重要なことである．このためには，全ての巣内雛にパペットを用いて給餌するとよい（Horwich 1989, Wallace 1994）．ラテックス製のパペットは消毒しやすい．ラテックス製のパペットは，社会性をうまく発達させるために，成鳥と同じ大きさ，同じ形，同じ色の頭部を取り付ける（Wallace 1991）（図13-1）．パペットを使用する人間の腕は，黒いフェルトの靴下のようなものでカバーする．嘴の中を通り抜ける鉗子は，雛にパペットから肉の小片を与えるのに都合がよい．鉗子を雛の嘴に触れると，採食反応を引き出すことができる．雛が自分で採食し始めたら，パペットは正しい刷り込みをさせる目的で使用されることとなる．給餌ごとに，鉗子とパペットは消毒しなければならない．この方法としては，塩素系漂白剤と水を1:30で混合した溶液でゴシゴシと洗えばよい．洗った後は，よくすすぐ前に15分間かそれ以上，同じ溶液に浸しておき，最後に乾かす．

雛にはパペットを用いて，筋肉の小さな肉片をそ嚢が約3/4ほど膨らむまで給餌する．各雛は給餌前に検査を行い，そ嚢が完全に空っぽの雛にのみ給餌を行う．そ嚢に餌が入っている雛に給餌すれば，酸敗したそ嚢を引き起こし，結果的に病気になり，嘔吐する．

孵化直後の雛

孵化したばかりの雛には，最初の12～24時間は餌を与えない．その後，Pedialyte（Abbott）のような電解質液に浸した小さな筋肉片を差し出してやる．毎日の最初の給餌には，Pedialyteに浸した餌に，Superpreen商標の鳥用ビタミン-ミネラル混合剤と第二リン酸カルシウムからなるビタミン混合剤をふりかける．最初の段階の給餌

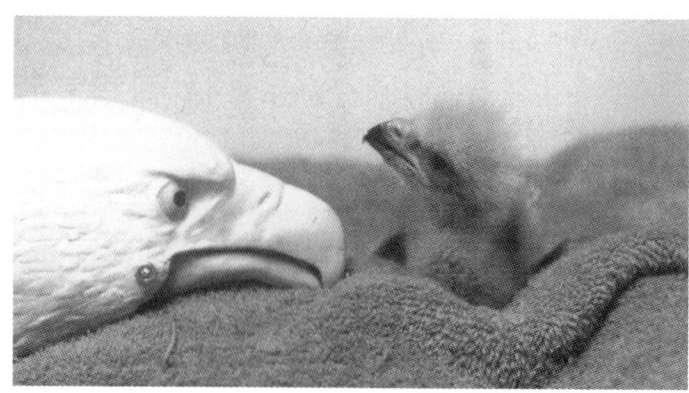

図13-1 ハクトウワシの雛とパペットの頭部．

はわずかにしておく．そ嚢はわずかに拡張する程度にしておく．孵化後5〜7日のワシの雛は，3〜5時間ごとに給餌するが，あくまでもそ嚢が完全に空っぽになってからである．

巣 内 雛

雛の羽毛が伸び始めたら，1日3回，日中4〜5時間ごとに給餌する．種にもよるが，日齢が進めば，8時〜17時のように通常の勤務時間中に給餌するということでもよい．

ワシでは，猛禽類の雛を育てるために，ハヤブサ基金（Peregrine Fund）によって使用された方法を編集した手引書（Heck and Konkel 1991）を用いて給餌することができる．この日齢では，ウズラとネズミからなる餌を生のままで与えるか，またはあらかじめ凍結しておいたものを室温下で解凍して与える．細菌感染のリスクを低減させるため，生の餌はすぐに給餌しなければならないし，解凍した餌は冷却せずに長く置いておいてはいけない．餌動物は，内臓を取り除き，外肢（四肢）を取り外しておく．ウズラの場合，若い雛に給餌する場合には，羽毛の3/4を引き抜いておく．雛が成長したら，残す羽毛の量は徐々に増やしていく．ワシの雛が発育の中間時点に達したら，羽毛の1/4を取り除いたウズラを与える．その後は，全ての羽毛がすぐに食べられてしまうようになる．いかなる場合においても，餌動物は叩き潰して骨を粉砕し，食べられる大きさに細断しなければならない．Superpreen商標の鳥用ビタミン−ミネラル混合剤（Arcata）と第二リン酸カルシウムは，獣医師の処方に従って，毎日1回，餌に添加しなければならない．

雛が自分で採食できる段階に達すれば，下記に記述している巣立ち雛用の餌を与えてもよい．それでも餌を巣に置く時には，常にパペットを使用しなければならない．

巣立ち雛

次のような給餌スケジュールを維持しながら，バランスのとれた餌を給与する．

日曜日	ひよこまたはネズミなどの齧歯類
月曜日	魚
火曜日	ひよこまたはネズミなどの齧歯類
水曜日	ひよこまたはネズミなどの齧歯類
木曜日	ネズミなどの齧歯類
金曜日	ネズミなどの齧歯類／ウサギ
土曜日	ネズミなどの齧歯類

餌動物は，一般に市販されているものまたは実験動物として販売されているものから入手できる．市販の餌というのは主として魚であり，それは人間が食用とするものがふさわしい．魚（巣立ち段階に達してから給与してもよい）は，捕獲時または捕獲後にできるだけ早く購入した時に急速冷凍する．魚は，捕獲月日から6ヵ月以内に給餌するようにする．

放鳥予定のワシは生きた獲物を捕らえるようにしておく．獲物として用いるものは，たとえそれが家畜化された動物であっても，ワシが野外で出くわす獲物にできる限り近いものを用いなければならない．

雛の体重測定

2週齢から1ヵ月までの間の雛は，餌の有効性を解析し，雛の健康と成長を確認するために，毎日測定する．体重測定は，朝の最初の給餌前に行うようにする．

飼 育 環 境

ワシには特別な飼育環境が必要である．雛は通常，自分で体温調節ができるようになるまで，ヒーター内臓型の育雛器またはK-Pads（Thermocare）のような保温装置を装備した育雛器で飼育される．羽毛が成育し，体温調節能力が獲得されれば，育雛部屋（チャンバー）または頑丈な飼育場中に人工の巣を置いてやる．もし，放鳥の時期が巣立ち後であれば，幼鳥はこれらの育雛部屋に巣立つということになる．

雛の飼育環境

猛禽類の雛は，孵化時には体温調節ができない．

体温調節は，体重の増加，脂肪の蓄積，そして羽毛の成育の結果として可能となる（Gill 1995）．大変若い雛（孵化直後〜2, 3週齢だが，健康状態や行動の状態によって左右される）は，2種類の内どちらかの育雛器で育てることができる．1つは，人間の早産幼児用の病院で一般的に使用されている未熟児保育器である．病院は中古の未熟児保育器を野生動物用に寄付してくれることもよくある．もう1つは，K-Pad商標のマットヒーター（Thermocare）に合う，標準サイズのプラスチック製の，レストランで使用しているワゴン用のタブ（大きな皿入れ用の容器）である．マットヒーターを装備したオーダーメイドのアクリルガラス製の育雛器も使用される（図13-2）．人間の医療用に開発されたマットヒーターは，柔らかくて可鍛性のあるゴムでできており，マット内を温水が循環するようになっている．巻いたタオルや広口瓶（カメ）をタブの真ん中に沿って配置した後，温かさを引き出し，ユニット内を保温するようにK-Padをこの端で覆うようにする．この方法により，1ユニットで2羽の雛を育雛することができる．飼育下で育雛する猛禽類の中で兄弟殺しが問題となる可能性があるため，若いワシの雛を人工育雛する時には雛たちの間に仕切りを設けなければならない．育雛用のタブの底には，トウモロコシの穂軸敷料を5〜7.5cmの厚さに敷きつめるとよい．

若い雛にとって，育雛器というのは暖かさを提供するものである．個々の鳥の行動により，育雛器の適確な温度が分かる．もし，雛が震えていたら，落ち着いた状態になるまで温度を上げてやる必要がある．もし，雛が脚を投げ出し，喘いでいたら，ユニット内は暑過ぎるので，温度を下げなければならない．適切な温度の時には，雛は脚を身体の下にしまい込み，翼を胸部のくぼみに向けてゆったりとした状態に保ち，胸にもたれかかるように横臥した姿勢で静かに眠っているものである．雛の日齢が進むに連れて，雛が周囲の室温でも落ち着いた状態となるまで，温度を徐々に下げていく．孵化から巣立ちまでの中間時点で，雛は人工的な保温がなくても，常時，屋外の温度に耐えられるようにすべきである．

次に示す代替法でもワシの雛をより若い日齢で屋外に置くことができる．穏やかな気候の時に，2週齢の雛を人工の巣に入れて屋外に置く．巣は，雛が最終的に巣立ちに使用する部屋の中に置いてもよい．雛はK-pad商標のマットヒーターと頭上の保温ユニットで暖める．巣には，マツの針状葉と枝，または他の適当な植物を並べるようにする．これは，野外のワシの雛で観察されるのと同じように，物をつかむ訓練が行えるようにするためである．

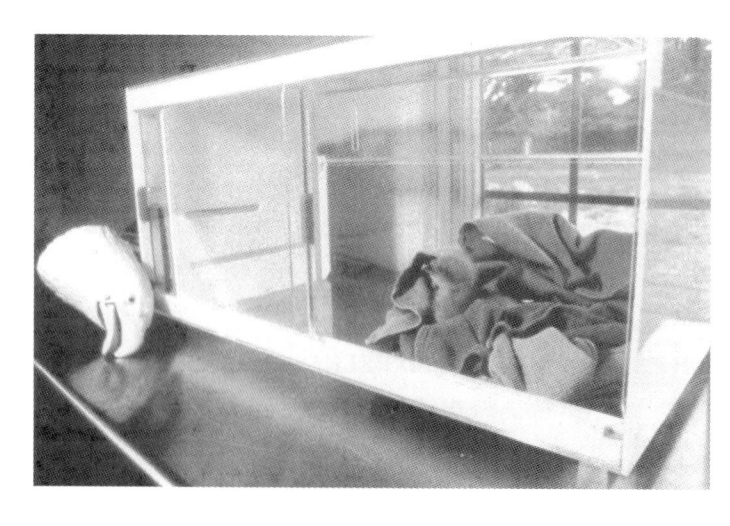

図13-2 特注の育雛器内のハクトウワシの雛と端の方に置かれているパペットの頭部．

自力採食

　巣立ちに向けて，中間時点まで生育した雛を屋外に移し，育雛部屋に入れる．ハクトウワシやイヌワシに適したサイズは，11.6×4.9×3.0mであることが分かっている．部屋には，巣，そしていったん巣立てば適量の運動を可能とするための複数の枝を設置してやる．枝の大きさは様々であり，長さと直径は種ごとに適当なものを選定する．枝は，つかんで握るために重要なものであり，これにより，足を強くしてハンティングの準備が整うのである．放鳥の準備ができた雛に関しては，彼らから飼育者が見えないようにしたうえで，給餌と観察を行う方法を講じれば好都合である．図13-3に示す給餌用開口部は，柔らかい人工芝（Astroturf）で作成したパネルでカバーしてあり，巣内雛に給餌者からの視覚的な遮蔽を施すようにしている．

野外放鳥への準備

　もし可能なら，ワシを放鳥するタイミングは，彼らがまさに巣立とうとしている時に合わせるべきである．その時には，ワシには足環を装着し，もし可能なら，尾羽装着型またはバックパック型のラジオテレメトリー機器を装着する．ワシの足環装着には，大抵の場合（特に米国では），州政府からの特別のライセンスが必要である．翼帯マーカーは，放鳥後に個体識別をしやすくする目的で装着される．

　ワシは繁殖する状態になると，生まれた場所または放鳥された場所に戻ってくる傾向がある．もし可能なら，最初に発見された場所で放鳥すべきである．人工育雛されたワシの放鳥場所については，慎重に調査すべきである．放鳥場所には，営巣木または崖などの適切な繁殖環境と夜間のねぐら場所が十分に存在していなければならない．また，放鳥時およびそのワシが営巣と育雛のために数年後に戻ってきた時に，そのワシを養うだけの十分な獲物が存在していなければならない．米国魚類野生生物局，土地管理局，米国農務省林野部のような連邦政府や州のいくつかの機関がワシをいつどこで放鳥するかに関して管轄権をもっていることがある．民有地で放鳥する際には一般的にこのような制約は受けないが，連邦政府の土地で放鳥すれば，将来，同じ繁殖場所に戻って利用できるというチャンスは多くなる．

　飼育下で育雛された個体またはリハビリテーションプログラムで生まれた個体は，野生での生活に適応した行動をとれるようにならなければならない．そして，適切な獲物を認識し，捕えなければならない．行動的に放鳥プログラムに適さない個体は，野外に放鳥するのには適していない．

放　　鳥

　ワシを放鳥する一般的な方法としては，ハッキングと里親がある．ハッキングの手順は鷹匠によって開発されてきたものである．ハッキングは，1970年代と1980年代にハクトウワシやその他の猛禽類を保護するのに重要な手段であった．ハッキング場所から放鳥された猛禽類は，放鳥された場所に戻ってくる傾向がある．このた

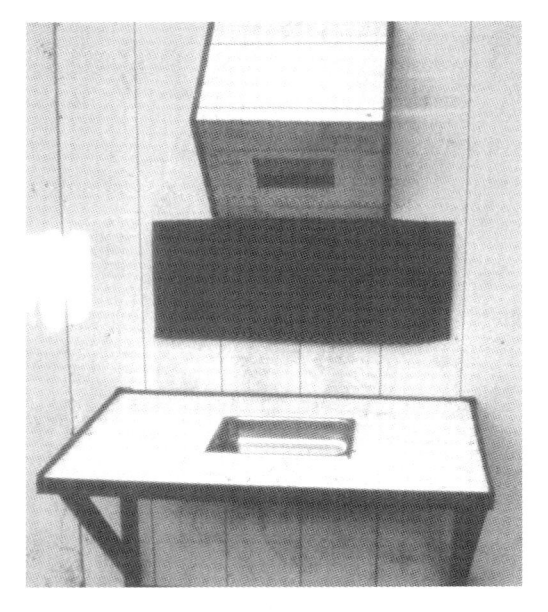

図13-3　給餌口には，雛から給餌者が見えないように柔らかい人工芝（Astroturf）のパネルが取り付けてある．

め，ハクトウワシは，管理者がハクトウワシの繁殖ペアを復活させることを望む場所でハッキングされた．ハッキングは，個体を野外に戻す伝統的な鷹匠の方法である．若いワシを，巣立ちさせることになる人工の巣の中に置く．巣はハックボックス（ハッキングを行う箱型のケージ）内に設置し，ワシは巣立ち時期までその巣の中に置かれる．そして，給餌は周囲の環境が見渡せる，その巣の中で行われる．ハックボックス内で巣立つことができるようになれば，ハックボックスは開けられる．ワシには，巣立ち後も引き続いて給餌が行われ，それはワシが自力で獲物を捕り，巣から離れるまで続けられる．

ハッキング方法は放鳥する個体を出生地に馴致させるのに有効であり，そこが将来の繁殖場所になることが期待されるが，ハッキング場所でのスタッフは餌を与えることはできても，彼らにハンティング方法を教えることはできない．その結果，ハッキングした個体の死亡率は巣から巣立った個体よりも高い．

雛を里子に出す場合には，可能な限り，同じ日齢の雛のいる巣に入れる．雛は野外でも日齢が分かるものである．Carpenter（1990）が1987年の「An Illustrated Guide for Identifying Developmental Stage of Nestling Bald Eagles in the Field」（野外におけるハクトウワシの巣内雛の発育段階同定用イラストガイド）やBortolotti（1984）に記述されているように，ハクトウワシの雛は羽毛で日齢を特定することができる．これにより，野外で雛に邪魔することなく日齢特定を行うことが可能である．望遠鏡を用いることにより，巣から30m[*2]離れた地点から容易に日齢を特定できるものである．里親の巣から巣立ったワシは，巣立った場所に執着し，里親は彼らにハンティング方法を教える．里親に預けられたワシは，将来の繁殖個体となることを確かなものとするのにふさわしい行動的な発達を獲得する最高のチャンスを得ることができるのである．

[*2] 訳者注：原書では「3m」となっていたが，原書の誤りと思われる．

謝　辞

支援と応援を賜ったBetty Nudelman，Jennifer Sheehan，そしてKimberly Robertsonに心から感謝申し上げます．

関連製品および連絡先

Astroturf, Solutia Inc., PO Box 66760, St. Louis, MO 63166-6760, (800) 723-8873, www.astroturfmats.com.

Feeding Tube and Urethral Catheter available from Tyco Healthcare/Kendall, (800) 962-9888, www.kendallhq.com. Sizes 8 through 18 French.

Heating pads available from Gaymar Industries, Inc., (716) 662-2551; International (716) 662-8636, www.gaymar.com.

K-Pad (Distributor Thermocare), (800) 262-4020, www.thermocare.com.

Minitab Inc., Quality Plaza, 1829 Pine Hall Road, State College, PA 16801-3008, (814) 238-3280, www.minitab.com.

Pedialyte, Abbott Laboratories, 100 Abbott Park Road, Abbott Park, IL 60064-3500, (847) 937-6100, www.abbott.com.

Syringes with catheter tip available from Tyco Healthcare/Kendall, (800) 962-9888, www.kendallhq.com. Monoject, 60ml.

Vetrap (3M) available from Jeffers, (800) 533-3377, www.jefferspet.com. Sizes: 2in wide × 5yd and 4in wide × 5yd.

Super Preen, Aracate Pet Suppleis, (800) 822-9085, www.arcatapet.com.

参考文献および資料

Bortolotti, G.R. 1984. Criteria for determining age and sex of nestling bald eagles. Journal of Field Ornithology 55(4): 467–481.

Carpenter, G. 1990. An Illustrated Guide for Identifying Developmental Stages of Nestling Bald

Eagles in the Field. San Francisco Zoological Society, San Francisco.

Ferguson-Lees, J. and Christie, D.A. 2001. Raptors of the World. Houghton Mifflin Company, New York, 992 pp.

Gill, F.B. 1995. Ornithology, Second Edition. W.H. Freeman and Company, New York, 766 pp.

Hartt, E.W., Harvey, N.C., Leete, A.J., and Preston, K. 1994. Effects of age at pairing on reproduction in captive California condors *Gymnogyps californianus*. Zoo Biology 13: 3–11.

Heck, W.R. and Konkel, D. 1991. Incubation and rearing. In Weaver, J.D. and Cade, T.J., eds., Falcon Propagation. The Peregrine Fund, Boise, Idaho, pp. 34–76.

Horwich, R.H. 1989. Use of surrogate parental models and age periods in a successful release of hand-reared sandhill cranes. Zoo Biology 8: 379–390.

Wallace, M.P. 1991. Methods and strategies for the release of California condors to the wild. Proceedings American Aquarium and Zoological Park Association, San Diego, California, pp. 121–128.

———. 1994. Control of behavioral development in the context of reintroduction programs for birds. Zoo Biology 13: 491–499.

14
タカ類，ハヤブサ類，トビ類，ミサゴ，新世界のハゲワシ類（コンドル類）

Louise Shimmel

生物学的特徴

　昼行性の猛禽類グループにはいくつかのタイプがある．世界的に分布するタカ，チュウヒ，ワシ，ハヤブサ，トビ，ミサゴ，ハゲワシの仲間であり，313種からなる．この分類は，時代とともに変わっているが，それは特に形態的な特質よりもDNA解析によるところが大きく，普通，次のような分類が一般的に認められている．タカ目*は，ミサゴ（1科1種），トビ類（23種），旧世界のハゲワシ類（15種），チュウヒ類（15種），タカ類（120種），ワシ類（別の章で網羅されている68種）である．
　ハヤブサ目は，ハヤブサ類（54種），カラカラ類（9種），ヘビクイワシ（1種）を含んでいる．新世界のハゲワシ類（コンドル類）の7種は，現在，遺伝子解析的には，コウノトリと同じコウノトリ目に分類されているが，一般的には猛禽類の一覧表に掲載されているので，この章で取り上げることにした．
　猛禽類は，長くて鋭く弯曲した爪と強靭な趾を備えた獲物を捕殺するのに非常に適応した足をもち，獲物を捕らえるという（スカベンジャーと呼ばれる死肉を捕食する猛禽類を除く）偏性的または完璧な肉食動物である．鉤状の嘴は，それが生きたまま捕殺した小動物であろうが，スカベンジャーのように引きちぎって食べる死体であろうが，肉を引き裂くのに都合のよい形状をしている．ハゲワシ類と多くのノスリの仲間のタカ類，それにワシ類は少なくとも食物の一部として，すでに死亡した動物の肉を食べる．どの種でも，獲物の全てまたは一部が昆虫，爬虫類，両生類，魚，鳥類，小型のネズミ類，その他の哺乳類，または他の動物の死体である．
　しかしながら，猛禽類とはみなされない鳥でも偏性的な肉食であり，猛禽類が食べるのと同じ種類の獲物を食べる鳥も多い．つまり，その種が猛禽類に分類されるかどうかは，食性に基づいているのではなく，解剖学的な分類に基づいているのである．他の規則と同じように，例外というものは往々にしてあるものである．ハゲワシ類は典型的な猛禽類がもっているような武器は有していないが，強力な鉤状の嘴と食性は猛禽類のプロフィールにまさに適合している．

タカ類

　タカの仲間には2つの総体的にはっきり異な

---

*訳者注：この章では，いわゆるワシタカの仲間をタカ目・ハヤブサ目・コウノトリ目に分類しているが，日本鳥類目録（日本鳥学会 2000）では，目をタカ目（FALCONIFORMES）の1つとし，日本に生息するワシタカの仲間を目の下位にタカ科（ACCIPITRIDAE），ハヤブサ科（FALCONIDAE）として分類している．これに従うと，日本に生息しないコンドル類は，コンドル科（CATHARTIDAE）となり（世界鳥類和名辞典，山階芳麿 1986），第15章ではこのように分類している．

るタイプがある．「真正」のタカまたは *Accipiter* 属のタカは，長い脚，長い趾，長い尾羽，短い翼を有しており，森林環境で短距離をすばやく機動的に飛行できるため，食性では鳥類を多く捕食している．帆翔するタカ類または *Buteo* 属のタカは（米国以外では，一般的にノスリと呼ばれている），長くて幅広い翼を有し，他の鳥に比べて比較的重量感に富んでいる．というのは，この仲間は滑空と帆翔に向いた体つきをしているからであるが，一方で，止まった場所から獲物に急襲する捕食者でもある．

メキシコ以北の北米で普通に見られるタカ類というのは，*Accipiter* 属では，アシボソハイタカ（*Accipiter striatus*），クーパーハイタカ（*A. cooperii*），オオタカ（*A. gentilis*）の3種である．ノスリ類では，アカオノスリ（*Buteo jamaicensis*，最も広い分布域をもっている），ケアシノスリ（*B. lagopus*），カタアカノスリ（*B. lineatus*），ハネビロノスリ（*B. platypterus*），アカアシノスリ（*B. regalis*），アレチノスリ（*B. swainsoni*，少なくとも1年のある時期には，アカオノスリに次いで広い分布域を有している），その他，ミジカオノスリ（*B. brachyurus*），オビオノスリ（*B. albonotatus*），オジロノスリ（*B. albicaudatus*），クロノスリ（*Buteogallus anthracinus*），オオハシノスリ（*Buteo magnirostris*）の11種である．これらの全てはかろうじて米国南部にまで分布している．モモアカノスリ（*Parabuteo unicinctus*）は *Parabuteo* 属のタカであり，分布域は米国南西部，さらに中米〜南米にまで広がっている．

タカ類はもっぱら樹上営巣性の鳥であり，巣は枝で作られる．しかし，モモアカノスリはサボテンに営巣する，興味深い集団行動性のタカである．翌年にタカが同じ巣を再利用するところでは，巣はかなりしっかりと作られ，必要に応じて作り直される．巣そのものを吹き落としたり，枝を折ってしまったりするような暴風や伐採，樹木を切り出す美化作業があると，孵化直後の雛や巣内雛が救護されることが多い．

チュウヒ類

チュウヒ類は長い翼をもち，音によって獲物の位置を突き止めるのに役立つと考えられるフクロウのような平円盤状の顔を利用して，獲物を探しながらフィールドの上を前方に後方にと突っ切って勢いよく飛行する，すらっとした猛禽である．北米におけるこの仲間の代表種がハイイロチュウヒ（*Circus cyaneus*）である．このチュウヒは地上に営巣し，丈の高い草の中や小さな潅木の下に，草やいくらかの枝を踏みつけた簡単な巣を作る．卵，孵化直後の雛，巣内雛は，この隠密的な行動をするチュウヒがそこに営巣しているということに気づかない人によって，農場が干草作りや草刈りされる際の草刈り機による事故により保護されることが多い．雄が雌や雛のために獲物を持ち帰る時でも，獲物の受け渡しは隠された巣から離れたところで行われる．

ミサゴ

ミサゴ（*Pandion haliaetus*）は世界中に分布しており，通常，水のそばに生息し，食性はほとんど魚に特化している．その他の獲物の様々な残骸が巣で発見されているが，そのような魚以外の獲物がミサゴの食性に占める割合はきわめて低い．ミサゴの巣は枯死した樹木，電柱，営巣用に人工的に作られたプラットホームのてっぺんに分厚く作られる．ミサゴは，空中にいる時を除くと，不器用なタカであり，大抵の他の猛禽類が苦労して巣を枝の中に隠そうとするのとは異なり，巣への出入りがしやすいことの方を望んでいるようである．孵化直後の雛や若い巣内雛は時々，巣とともに吹き落とされることがあるが，雛を巣に戻すことは，登っていくのに危険な状態にある突き出た大枝の先のてっぺんに巣が作られている場合には困難である．もし，それが巣に雛を過剰に入れすぎることになるとか，巣内雛が若すぎたり年長すぎたりする巣に養子縁組させる雛を預けるのでなければ，多くの人工的なプラットホームのように高さの低いところに作られた他のペアの巣に里子

に出す方が，元の巣に戻すことよりも現実的な手法である．飼育下では，ミサゴは放鳥のための条件を整えることが特に困難な猛禽なので，怪我をしていない落下した雛を親鳥に戻すことに最大限の努力を払うべきである．

トビ類

トビ類は米国の南部の州で最も一般的に見られる猛禽類である．ただ，オジロトビ（*Elanus leucurus*）は，最近，カリフォルニアからオレゴンまで北の方に分布域を広げている．メキシコ以北の北米では，ミシシッピートビ（*Ictinia mississippiensis*），ツバメトビ（*Elanoides forficatus*），オジロトビ（最も広い分布域をもっている），そして，その分布がかろうじて，それぞれフロリダ，テキサスの最南端にまで広がっているタニシトビ（*Rostrhamus sociabilis*），カギハシトビ（*Chondrohierax uncinatus*）が生息している．樹木や森林植生に営巣するため，暴風，樹木を切り出す美化作業，または巣の崩壊によって，若いトビが治療を受けにやってくることが多い．

ハヤブサ類

ハヤブサ類はメキシコ以北の北米に生息し，シロハヤブサ（*Falco rusticolus*），ハヤブサ（*F. peregrinus*），ソウゲンハヤブサ（*F. mexicanus*），コチョウゲンボウ（*F. columbarius*），アメリカチョウゲンボウ（*F. sparverius*）が主たる種であり，オナガハヤブサ（*F. femoralis*）が再導入プロジェクトの努力により，テキサスに生息している．ハヤブサはもっぱら開けた地域や丘などの斜面（断崖地）に生息する猛禽類であり，巣を作らない．崖や空洞に営巣したり，または古いカラスの巣を乗っ取ったりする（コチョウゲンボウ）．チョウゲンボウとハヤブサは人的な生息場所に慣れており，ハヤブサは多くの都市において，高層ビルや工業用のタワーまたは橋で営巣していることが知られている．そこには適当なプラットホームがあったり，取り付けられていたりする場所である．チョウゲンボウは適当な大きさの様々な空洞を都合よく利用するため，概して営巣場所の人為的な破壊や条件がよくない営巣場所からの落下により，かなり若い雛が保護されることが多い．

新世界のハゲワシ類（コンドル類）

メキシコ以北の北米で見られる新世界のハゲワシ類（コンドル類）は，クロコンドル（*Coragyps atratus*），ヒメコンドル（*Cathartes aura*），カリフォルニアコンドル（*Gymnogyps californianus*）である．カリフォルニアコンドルは第15章の「コンドル類，旧世界のハゲワシ類」で取り上げられているが，現実的には，少数の特別な施設以外では，人工育雛で取り扱われることはない．しかしながら，もし生息数が野外で増加し続け，怪我をした巣立ち雛が一般の人に発見されるようなことになった場合には，幼鳥のカリフォルニアコンドルが応急処置にやってくるようになるかもしれない．

ヒメコンドルとクロコンドルは，しばしば地上，風倒木の下，空洞の中に営巣し，時には先端の大枝が破損したところや空洞の切り株に営巣する．このため，卵や若い個体が伐採や開発作業またはその他の巣を妨害する行為によって保護されることがある．ヒメコンドルは全ての鳥の中でも，人間への過度の順応化なしに飼育下で育てることが非常に困難な種なので，親鳥の元に戻すかまたは野外の里親に預けるかを強く勧めること以外に方法はない．彼らの高度に発達した嗅覚の下では，食物と人間の関係を避けるようにすることは大変困難だからである．

人工育雛への移行

他の多くの野鳥種と同じように，両親は育雛に積極的に参画している．両親の一方がいなくなることは，人工育雛への理由になるかもしれないし，そうでないかもしれない．抱雛中の雌親が死亡すると若い雛の死亡につながるかもしれない．なぜなら，たいていの雄親は抱雛しないからである．雌親が抱卵または抱雛している時に，寒い気候の中で，雄親が死亡した場合，雌親は確かに雛に食

物を与えることはできるかもしれないが，雛を暖めることができないので，雛は死亡することになるかもしれない．

雛が冷たい状態，怪我をした状態，脱水状態，ネコやイヌに捕まえられた状態，またはやせ衰えた状態で，地上で発見された時には，飼育下での保護に回すべきである．もし，その状態がすぐに緩和することが可能で（例えば，冷感とか脱水症状とか），その巣の位置が分かっていて，アプローチが可能であり，明らかにまだ両親が滞在している場合には，その雛は1日または2日以内にその巣に戻すことができる．もし，他の雛がその巣にいることが分かっており，その雛を巣立ち日齢時に巣に戻すことが可能な場合には，骨折とか創傷のようなもっと厳しい状態の処置をした後であっても，元の両親に戻すことの可能性は残っている．

巣全体がなくなったり，営巣木そのものがなくなったりすると長期間の飼育ケアが必要になるが，これも巣内雛を籠や排水穴をつけた上部が開いた木の箱のような代替の巣に入れることにより，時には回避できる可能性がある．この場合の雛は，体温調節ができるだけの日齢であること，そして両親に発見されるように鳴き声を発することができなければならない．チョウゲンボウ用の巣箱も有効なものである．チョウゲンボウは，取り壊されるような古い納屋のような，あまり条件がよくない場所に営巣するため，最も頻繁に人工育雛が必要とされる．しかしまた，伐採場所，開発地，採草地において大規模な環境破壊が行われることによって巣や営巣木が失われる場合も，人工育雛は必要となる．たとえ両親がいたとしても，妨害が継続していたり，近くに営巣木や適当な営巣場所がなかったりする場合には，巣内雛を戻すことは不可能になる．

どの種でも，地上で健康な雛が発見された場合には，そのまま放っておくか，飼育動物に襲われない近くの安全な場所に置いておくべきである．その場合の雛の条件は，基本的に十分に生育しているけれども，まだ飛べないということである．その雛の両親は，雛がどこにいようとも給餌を続けるものなのである．

育雛記録

その鳥が発見された場所に関する詳細な情報は記録しておかねばならない．これは，放鳥時にどのような生息場所が適しているかの指針になるし，また，まだその鳥を認識している身内の元に戻してやることにもつながるからだ．

野生動物管理機関はリハビリテーションを行っている個体の追跡に必要な飼育記録に関する最低限の基準をもっている．さらに詳しい情報に関しては，自分のところの野生動物管理機関に当たってみることである．付録Iは，救護のライセンスを有している野生動物のリハビリテーションを行う者や管理部局に関する北米の所在情報リストなので，これを参照されたい．最低限，次の情報は記録されなければならない．それらは種名，日齢，発見場所，保護収容の理由，医学的問題点，最終的な処遇，放鳥場所である．保護している各雛には固有の個体番号が与えられ，生育状態を追跡できるように暫定的な素材の足環が着けられる．脚に直接，粘着性のテープを装着するのを避けるため，最初にふ蹠の低い位置に粘着性のない伸縮性の包帯素材を巻き，それから固有の個体番号が書ける白い布製のテープを巻く．また，プラスチック製の家禽用の足環も，様々な色やはっきり目立つ番号があったり，数字が書ける空白部があったりするので，有効である．しかしながら，巣内雛が膝節の上に背を乗せている時に足環の硬い縁が鳥の皮膚に食い込まないように，または羽づくろいしている時に詮索好きな嘴がはさみこまれることのないように注意しなければならない．布製であれ，その他の素材であれ，全ての足環は雛が成育中は毎日点検し，放鳥前に除去しなければならない．

詳細な医学的記録は，最初の検査結果とともに，個体ごとに記録し，最新の情報があり次第，その情報を追加していかなればならない．これには，同じ時刻に測定された毎日の体重，ペレットを吐

第14章　タカ類，ハヤブサ類，トビ類，ミサゴ，新世界のハゲワシ類（コンドル類）

き出したかどうか（毛や骨のような不消化物からなるペレットを吐き出すこと），異常な糞，そ嚢が空かどうか，何が何回給餌され，どの程度食べたのか，投薬量，さらに処置の経過や行動に関する適切な記録も必要である．

育雛初期のケア

どの種についても，最初に行う雛の処置の主要ルールは，保温，脱水症状の緩和，給餌の順である．補液剤を与える前にまず保温を行い，その後に糞をするようになるまで脱水症状を緩和するための補液を行う．そして，その後にのみ給餌を開始することが安全な方法である．冷えた雛や脱水している雛に，体温が上がる前や脱水症状が緩和する前に給餌を行えば，雛を殺すことになりかねない．

新たな雛は，検査の前に15～20分間,暖かく，暗い，静かなコンテナの中で休息させておく．もしその雛が立てなければ，ロールした布で作った「ドーナツ」または雛の身体よりもあまりにも大き過ぎない大きさの紙で作った巣のような柔らかい支持物（敷物）の中に置いてやる．大型の種では，ロール状に巻いて，弾力性のある縁の下に取り付けたタオルとセットにした，上下を逆にした布製のトイレのシートカバーが良好な代替巣になる．この場合，全てを1枚のタオルでカバーすれば，給餌ごとに取り替えるのに必要なタオルの枚数を少なくすることができる．また，これにより，開脚症を避けるための支えを確保することもできる．

雛を横向きや異常な姿勢でうずくまらせてはいけない．孵化直後の雛や巣内雛は，もし可能なら環境状態がコントロールできる保温器の中に置くべきである．雛が温まり，落ち着いたなら，経口的または皮下的に水分補給を行う．もし，口腔内または糞に出血の徴候が認められたり，腹部に広範な挫傷があったりしたら，それは巣からの落下による傷の存在を示している可能性があり，皮下への補液が望まれる．腹部の一般的な触診により，消化器官に食物やペレットが入っているかどうかを知ることができる．

温めた滅菌済みの0.45％塩化ナトリウム含有の2.5％ブドウ糖液またはラクトリンゲル液を1回に体重の5％量を皮下投与するが，極端に脱水している個体には2～3時間ごとの反復投与が必要なこともある．

猛禽類は大きく口を開けないので，元気な孵化直後の雛や巣内雛では，糞をするようになるまでチューブを用いて経口的に水分補給を行わなければならない．人間の幼児用の電解質液（味付けされていないもの）は幼い雛の経口補液剤として優れている．繰り返すが，補液剤を与える前に雛を暖めることを忘れてはならない．そして，餌を与える時には，雛が温まりかつ十分に水分補給されている状態が確保されていなければならない．雛が糞をしたら，温水に浸した清潔な小さな肉片を与え始めることとなる．

もし雛が，元気がなかったり，うまく餌を飲み込まなかったりした場合には，経口的な水分補給を行わなければならない．しかし，それは十分に注意深く行う必要がある．なぜなら，補液剤が呼吸器に誤嚥されてしまう危険性が大きいからである．このような状態では，経口的よりも皮下的に水分補給を行った方がよいかもしれない．もし，皮下的に水分補給することができない場合には，チューブを用いて口の奥深く（できればそ嚢内まで）にごく少量の経口補液剤を入れるようにし，次の投与までには全てを飲み込んでしまっていることを確保しておくことである．

もし，雛が補液剤を与えてから3時間以内に糞をしなければ，適切な食物の給餌を開始する．しかしながら，糞をすることを確認するまでは，その食物は十分に湿らせるとともに，小さくしておかねばならない．

罹りやすい疾病と対処法

ステロイド系または非ステロイド系の抗炎症剤（NSAIDs）は頭部の傷害の治療に用いられるが，ステロイド系を使用することには異論もある．多くの野生動物関係の獣医師は，ステロイ

ドが免疫系機能の低下を引き起こすという懸念から，頭部の傷害に対してデキサメタゾンを使用するよりは，1日に1回または2回経口的に0.2mg/kg投与するメロキシカム（Metacam, Boeringer Ingelheim）や1日に1回10mg/kg投与するセレコキシブ（Celebrex, Pfizer）（Carpenter 2005）のような新しいNSAIDsを好んで使用している．頭部に傷害のある雛は決して暖めすぎてはいけない．なぜなら，暖め過ぎは脳の腫脹をより悪化させるからである．

　残念なことに，代謝性骨疾患は経験のない人の手によって不適切な食物をわずか数日間給餌されただけの雛でもよく見かけるものである．猛禽類の雛が肉食と認識していても，ものすごい勢いで成長することによる影響を受けやすい雛では，ハンバーガー，内臓肉，筋肉のような食物がカルシウムやリンの重度のアンバランスを引き起こすということを理解していないのである．このような肉におけるカルシウムとリンの比率（Ca：P）の重度のアンバランスは骨からの有効カルシウムの放出原因となり，長骨の弯曲や完全骨折を引き起こすこととなる．これらの雛が治療に持ち込まれた時，しばしば発見者はようやく何かが間違っていることに気がつくので，この状態は時には是正されることもある．その雛が未だ骨折や大きな変形を生じていなければ，経口のカルシウム補助剤を加えたCa：P比が2：1の適切な食物を，不適切な食物が給餌されたのと同じ期間与えることによって，この問題は回復することもある．獣医師はこのようなケースの時には，どのように対処するかについて相談にのってあげるべきである．たいていの場合，骨皮質が大変薄くなっており，骨折部位を固定またはピンニングしようとした場合に他の部位が骨折してしまうので，一度骨折が起きたら，対処の方法がないことが多い．これらのケースの場合，たいていは羽毛の発達もかなり大きな障害を受けているものである．

　落下する速度を減速させる翼羽をもっていない雛は，高い巣からの落下によって，ひどく打撲することがある．もし雛が大変若く，腹部が重心の近くにある場合には，その部分の打撲はペレット構成物の嵌入（消化管内に未消化物が詰まる状態）を引き起こす可能性がある．排出される糞便は，典型的な目玉焼き形状よりも，むしろつながったビーズのように見えるかもしれない．食欲は少なく，腹部内の脚の間に硬い塊を触診により認知できるかもしれない．流動食と少量のメタムシル（Metamucil，食物繊維のサプリメント）を与えれば，そのうち回復するだろう．補助剤で適切なCa：P比にした清潔な肉をメタムシルに浸して給与することも可能である．これにより，ペレットの負荷を増すことなく，栄養を補給することができる．この状態は，問題が解消されるまでに3日ほどかかることもしばしばある．

　外傷は親鳥と同じように治療するが，ネコに咬まれたりした場合のように，抗生物質が必要であると思われた時には，鳥を診療する獣医師に相談されたい．怪我をした猛禽類では広域スペクトルの抗生物質がよく使用される．それには次のようなものがある．セファレキシンのようなセファロスポリン系抗生物質40〜100mg/kgを1日3〜4回，経口投与または筋肉内注射により行うとか，セファゾリン50〜100mg/kgを1日2回，経口投与または筋肉内注射により投与するとか，アンピシリンのようなペニシリン系抗生物質15mg/kgを1日に2回筋肉注射するとか，アモキシシリン−クラブラン酸（クラバモックスなど）125mg/kgを1日に2回経口投与するとかである（Carpenter 2005）．

　若い猛禽類では，時々，外部または内部寄生虫のひどい侵襲がみられることがある．蒼白な粘膜や削痩の場合は，血液塗抹検査や糞便検査のようなさらなる診断検査を行うべきである（もし日常的に実施していなければ）．コクシジウム感染症は貧血や成長障害を引き起こすほど重度なこともある．ロイコチトゾーン症も，特に日齢の進んだ巣立ち後の雛では同様な症状を引き起こす．コクシジウム症はトルトラズリル（Baycox, Bayer）10mg/kgを3日に1回投与（Carpenter 2005），ロイコチトゾーン症では，プリマキン

0.75～1.0mg/kgとクロロキン25mg/kgをまず同時に経口投与し，その後はクロロキンに関しては15mg/kgを12時間後，24時間後，48時間後に投与する（Carpenter 2005）．きちんと管理されていないと重度の貧血や羽毛の障害を引き起こすこともある外部寄生虫は，ピレトリン成分のパウダーによって処置することができる．導入規制条件に基づき，全ての鳥について，外部寄生虫の処置を行うことは，疾病や血液寄生虫の伝播を抑制するのに有効である．

さらに，経験のない人の手によって育てられた若鳥はしばしば人に誤った刷り込みをされていることがある．これは，医学的な問題ではないけれども，放鳥できないことにつながってしまう．このことは，その鳥を永久に飼育することができなければ，致命的な問題となる．というのは，このような鳥は放鳥できないために安楽死しか方法がないということにもなりかねないからである．

巣に戻す

通常，怪我をしていない保護された野生の猛禽類にとって，最善の方法はその巣に戻してやることである．地方の樹木事業，樹木に詳しい専門家，公益事業施設，州または連邦政府の林野部事務所では，樹木に登る人を有していることがあるので，雛を巣に戻すのを手伝ってもらえるかもしれない．まれに，人間活動に近いところで営巣している親鳥が非常に攻撃的な場合，政府当局はその卵や雛を巣から取り去ったり，時には親鳥を殺したりすることを承認するということがあるが，これはむろん，最終手段であるべきである．

里　親

怪我をしていない保護された孵化直後の猛禽類の雛や巣内雛を里親の巣に入れるということも飼育下で育雛するのには望ましい方法の1つである．この場合は，次のことに注意しなければならない．まず，その雛を巣に入れる行為によって，抱雛中の雌親が巣を離れて長時間，巣をあけてしまうことがあるため，親鳥のいない雛と里親の巣内雛は体温調節が可能な日齢になっていることである．次に過剰な数の雛を世話することに親鳥の能力が不足することにならないように，巣を雛が多すぎるという状態にしないことである．さらに，入れる雛が里親の雛に打ち負かされたり，逆に打ち負かしたりしないよう，里親の巣内雛は，入れる雛に比べて日齢が進み過ぎていたり，若すぎたりしないことである．巣に入れられる雛の最大数は，種ごとの自然界での雛の数に依存する．チョウゲンボウの巣では4～5羽の雛ならうまくいくかもしれないが，ミサゴの巣では2～3羽が限度である．もちろん，季節ごとの獲物の有効量も考慮に入れなければならない．もし，その地域の猛禽類にとって厳しい条件の年であれば，当然，巣に入れる雛は少なくすべきである．まずは，その地域の自然に関する資料を調べて，その種の通常の一腹卵数を把握しておくことである．

飼育下での里親

飼育下で放鳥できない成鳥を里親として利用することも，人工育雛を開始する前に考慮すべき選択肢である．雄であろうと雌であろうと，成鳥のいくらかは，特有の音声を発する同じ種の雛を育てるものである．その成鳥が世話をするかどうかを確かめる唯一の方法は，まず試してみることである．最初に入れる時には雛の安全を確保するため，成鳥の視界に入りつつも保護されている場所に置くことである．例えば，巣内雛を飼育下の成鳥のタカ籠の中に，前面がワイヤーになっている箱または飛行機用のイヌを運ぶケージに入れて置くことである．そうすれば，成鳥は雛を見ることができるし，その逆も然りである．理想を言えば，世話をする人が飼育場に入ることなく，雛に餌を与えることができるためのドアが箱の後ろに設けられていることである．もし成鳥が巣内雛の近くにやってきて，雛の餌乞い鳴きに反応してワイヤー越しに餌を差し出そうとしたら，接近させることが可能である（図14-1）．

もし成鳥が雛に全く興味を示さなくても，視覚的なモデルとして重要な役割を果たすことはでき

図14-1 親からはぐれた2羽のアカオノスリの雛の里親として振舞う教育されたアカオノスリの成鳥.

る. いったん, 雛が細かく切った肉を皿から食べれば, 雛に24時間, 成鳥との視覚的な接触を保たせながら, 投入口を通して餌を箱の中またはイヌ運搬用ケージ内に置くことができる. 枝移りや巣立ちの日齢になれば, 2羽を一緒にすることができる. もし, 雛を成鳥のテリトリー内に入れることにより攻撃が発生した場合には, 両方ともにテリトリーのない所に移すことを考慮し, そして雛に生きた獲物を用いた訓練をさせる.

巣に戻す時や里親に預ける時の注意事項

雛を巣に戻したり, 里親に預けたりする場合, 雛を成鳥に託すことはできる限り早く行わなければならない. なお, それまでの間, 人間への刷り込みを避けるためのあらゆる予防措置を講じなければならない (パペットによる給餌, 幽霊のような着ぐるみをかぶる方法, 落とし桶や隙間からの給餌). もし雛が成鳥に対して, 恐怖心をもったり, 逆に攻撃的であったり, 不適切な反応を示した場合は, 殺される可能性もある. もし, その雛に人からの世話を受けていた様子があり, 発見者によってどれくらいの期間飼育されていたのか分からない場合, 飼育下の成鳥や同種の鳥を用いて, 安全にその鳥の反応を確かめることは不可欠である.

ハッキング

ハッキングは, 特に1羽だけの雛の場合 (誤った刷り込みの危険性が最も高い) や鳥類を捕食するためケージ内で生きた獲物を用いた訓練を行うことが不可能な, ハヤブサの仲間やハイタカ属のタカに適した方法である. ハックボックス (ハッキングを行う箱型のケージ) は木製で, その大きさは鳥の種類によって異なる (図14-2). 箱の前面は, その鳥が成長して外の環境に出るようになった時点で, 開けられるようにドアになっている. 基本的な配慮事項としては, (1)ハックボックスはその鳥が周囲の広い視野 (そこは, 放鳥場所になるので, その鳥にとって適切な生息場所でなければならない) が得られる場所に据え付けられること, (2)その鳥が悪天候や外敵から保護されること, (3)ハックボックスの後ろは給餌用の細長い隙間を除いては隙間がないようにし, 給餌と人間を関連付けさせないようにすることである. 例えば, 最初の基準としては, 前面, 屋根の半分, 側面はスラット (よろい板) にする. 2番目の基準としては, 屋根や側面の残りの部分は日陰や雨よけのために隙間のない木材で作る. ハッ

図14-2 ハックボックスの背面，給餌用のスライド式ドア，給水用の落とし戸，蚊とスズメバチ防止のためのスクリーンが見える．

クボックスを置く場所によっては，スラットの外側にワイヤーを取り付けるとか，樹木の基部に雨押さえを取り付けるとかして，外敵がよじ登ってこないような障害物を設けることも考慮に入れなければならない．3番目の基準としては，人間がハックボックスに近づいたり，完全に接近したりする場合には，背後や見えない側面から行い，人間の接近が餌を意味するという条件付けを起こさせないようにしなければならない．

巣内雛の段階で体温調節能力を獲得し，プレートから餌を平らげるようになれば，すぐに雛をハックボックスに入れなければならない．ハックボックスは，その鳥にとって巣であり，枝移りをしたり，そこから巣立ったりするという役割をもっているのである．日齢が進んで枝移りをする雛や巣立ち雛をハックボックスに入れた場合にはそこを利用する時間は短くなる．ハックボックスには通常，飛行に必要な練習をするだけの十分な広さはなく，ハックボックスが巣であるということを刷り込ませるだけの十分な時間が確保できない場合には，ドアを開けたらすぐにどこかに飛び去ってしまうかもしれない．ハックボックスが自分の巣であるということを刷り込まれた雛は，その周囲を活動し，自分自身でハンティングを試み

たりしていても，餌を求めて戻ってくるものである．その目的のために，「ハックボード」またはしっかりした給餌トレイが用いられる．それは白色または黒色のプラスチックプレートまたは板であり，雛が餌と関連付けられるようなはっきりと分かりやすいものであることが重要である．雛はハンティングができるようになるにつれて，戻ってくることは徐々に少なくなる．

同種の雛と給餌用のパペット

不幸なことに前述のどれも不可能な場合（例えば，巣内雛が怪我をしているために，毎日の投薬や包帯交換が必要であり，その鳥の巣または他の巣に戻すことができなかったり，ハックボックスがなかったりした場合），人工育雛が必要となる．その地域で情報交換が可能であれば，雛は同種の雛と一緒にすべきである．なぜなら，同種の雛と一緒にいることにより，人間への刷り込みの危険が少なくなるからである（図14-3）．たとえ実際に雛達を一緒にすることが巣内雛を危険にさらすことがあるにしても，もし単独の若い雛が少なくとも同種の雛と視覚的な接触をもつことができるのであれば，この同種の雛は日齢が進んでいても構わない．

図 14-3 チョウゲンボウの雛の元に一緒に入れられた親からはぐれたチョウゲンボウの雛，日齢は異なっても同種が一緒にいることによる効果がある．

もし，給餌用のパペットが可能な場合，雛の眼が開き，焦点を合わせ始めた時にそれを使用すれば，結果に大きな違いをもたらす（図 14-4）．パペットまたは水の入ったボトルの上に皮をかけたものまたは成鳥の剥製に，24 時間，視覚をひきつけておくことは適正な刷り込みを行わせるのに重要な手助けとなる．人間の声は最小限にしなければならない．特に，給餌の時間においてはなおさらである．

もし，パペットがない場合には，「幽霊」の衣装（人の顔や外形を隠すための形のはっきりしない白またはカモフラージュの被りもの）も，人間が給餌しているということを悟られずに日齢の若い雛に注意深く接することができるなら，給餌には有効である．

餌 の 種 類

猛禽類については，小型の動物丸ごとに代わる餌はない．ペレットの材料（骨，毛，羽毛）がもしある場合，それをどのくらい与えるかは雛の日齢によって決まる．雛の種や自然界での食性が育雛期の代用の餌を決める参考になるが，どのような餌が適切か把握しきれていない種のとても若い雛にとっては，一般的にウズラやマウスがよい手始めの餌である．もし Ca：P 比を増強すれば，ニワトリの初生雛も若い猛禽類に与えることが可能である．若いニワトリの雛のように未発達な骨は，それがたとえ低レベルでバランスは取れていたとしても（Ca：P 比が 1：1 というのはニワトリの初生雛では通常の比率である），十分なカルシウムやリンを供給するのに足るだけのミネラルが蓄積されていない．骨粉は鳥へのカルシウム補助剤としてはあまり推奨されないけれども，骨粉と炭酸カルシウム粉末を重量比 1：1 で混合することによって，Ca：P 比が 4.5：1 の粉末を作ることができる．この粉末はカルシウムが欠如しているあらゆる餌にふりかけて使用することができる．

もし，多くの雛に給餌をしなければならない場

図 14-4 止血鉗子で餌をつまんだタカのパペット．

合には，ウズラの羽をむしるとよい．まず頭，足，翼，腸の下部は取り除く．そして残りを肉挽き器にかける．出てきたペーストはパティ（挽き肉等を小円盤状にまとめたもの）にして，必要に応じ，後で解凍する時のためにワックスペーパー（ろう紙）のシートの間に挟んだ薄層状態で凍結する．マウスも簡単に皮をはぎ，肉を挽くことができる．肉挽き器にかける前に頭を取り去る．尾は優れたカルシウム源であり，また他の骨ほど先がとがっていないため，最初のペレットの材料にもなり得るので，尾は残しておく．成熟した動物を丸ごと餌として用いれば，巣内雛はその骨からミネラルを吸収することができる．しかし，雛が若すぎて丸ごとは食べられない場合には，肉を挽いてやれば吸収できる．

給餌方法

孵化直後の雛

　先端のとがっていない鉗子または止血鉗子は，温水に浸した温かくて細菌の付着していない肉（例えばウズラの胸肉）の細片をつまみあげるのに用いられる．雛の摂食反応を誘引するために，止血鉗子を嘴に触れさせる．孵化直後の雛は，まるで母親の嘴の先からのように鉗子から餌をつかみ取る．もし肉片が大きすぎたり，扱いにくい形をしていたりすれば，その結果はすぐに分かる．孵化直後の雛が，眠ってしまう前に給餌時に受けとれるのは，ごく小さな肉片4〜5個にすぎない．そ嚢内の餌を見ることは容易であるし，そ嚢が空であるのを見たり，触診したりして確認することも容易である．孵化直後の雛は2時間ごとまたは日中にそ嚢が空であったり，空腹であったり，糞が排出されたりした場合には，給餌を行う．注意深く砕くかまたは挽いたごく小さな骨のかけらは，3日齢までは混ぜて使用することができるし，5日齢ではペレットの材料ともなり得る．餌は，容器に入れ，お湯の中または上に置いて，おおむね体温くらいに温めなければならない（細菌の増殖を防止するため，解凍時にお湯の中で餌を浸してはいけない）．なお，孵化直後の雛が必要とするより多くの水分については，給餌時に個々の肉片をお湯に浸すことにより，これを供給することができる．

巣内雛と巣立ち雛

　先端のとがっていない鉗子または止血鉗子は，巣内雛が小さなプレートや蓋の上にのせた細かく切った餌に気付き，自分自身でつまみあげるようになるまでは，給餌に使用し続けることができる．この自力採食は，餌をのせてある蓋や小さなプレートを巣内雛の前に置き，その餌を雛が見ている前で蓋からつまみあげることにより，促すことができる．一般的に，餌を落とした若い巣内雛は，単に餌がなくなってしまったと思っているようである．いったん，足元に落ちた餌を見つけ始めると，プレートから餌を自分自身でつまみあげるようになる．自分自身で食べ始めるようになると人間に対する刷り込みの危険は少なくなる．プレートから細かく切った餌をつまみあげる行動は，雛が立ち上がる前に，少なくとも2週齢で始まることが望まれる．もちろん，餌を足で押さえつけ，それを引き裂くことができるようになるには，さらにかなりな日数がかかる．

　いったん，雛の眼が開き，焦点を合わすことができるようなれば，パペットを給餌に用い，世話をする人間が変装するための「幽霊」の衣装をまとい，雛が給餌する人間と顔を合わないように注意しなければならない．また，可能な限り，雛をひとりぼっちにしないことである．もし，里親が得られない場合には，同種の雛と一緒にするか，同種の雛または成鳥の代わりの親の見えるところに置くようにする（図14-5）．

期待される体重増加

　孵化後，最初の数日間の体重増加はゆっくりだが，着実であることが望まれる．孵化後の体重は最初の5〜7日以内で倍になり，その後，急激に増加する．チョウゲンボウのように小型の種では，立ち上がり，羽毛の鞘の外に羽毛の先端が多

図 14-5　チュウヒの巣内雛．

く出る前の約2週齢で，ほぼ成鳥と同じ体重になる．アカオノスリやヒメコンドルのような大型の種では，成鳥の体重に達するのに5〜7週ほどかかる．再度申し上げるが，種によって差はあるものの，10〜14日齢以内にプレートや蓋から細かく切った餌をつまみあげるようになるので，その時点でハックボックスに入れるようにしなければならない．

毎日，同じ時刻（最初の給餌の前がよい）に体重を測定し，体重の変化を図に表すことは重要である．

飼育環境

孵化直後の雛は，温度が29〜32℃，湿度が約40%で飼育する．しかしながら，絶対的な温度や湿度よりも，もっと重要なことは，雛が心地よくしているかどうかを観察することである．雛が冷えていれば，餌を食べようとしない．雛が暑がっていれば，あえぐかまたは巣の中で身体を広げる．雛は生まれつきの綿羽が生えているが，2番目の綿羽が生えるまで自分の身体の体温を調整することができない．この2番目の綿羽はまるでウールのような触感で，断熱効果に優れている．

若い雛にとっては，タオル（穴や糸状の縁がないもの）は最良の敷物である．タオルは，雛がそれを足でつかみ，身体の下で脚を折り曲げることにより，直立した姿勢を保てるように，巣の中に雛を取り囲むように置く（図14-6）．タカ類，ミサゴ，チュウヒ類，若いチョウゲンボウは糞をふっかけてしまう．つまり，糞を外や上に飛ばすのである．このため，飼育場の中を清潔に保つのは大変なことになる．ケージは，少なくとも1日に1回は徹底的に清掃しなければならない．希釈したクロルヘキシジンのような殺菌剤で拭き取り，タオルや紙は交換するか，または衛生的な環境を保

図 14-6　動作がぎこちない日齢のミサゴの巣内雛（保温器内）．

第14章　タカ類，ハヤブサ類，トビ類，ミサゴ，新世界のハゲワシ類（コンドル類）

持するのに必要なら雛を新しい飼育施設に移動する．給餌中に汚れやすい嘴の回りの羽毛を含めて，新しく成長してくる羽毛を清潔に保っておくことはとても重要なことである．糞をふっかける成鳥では，病院のケージに入っている時に尾羽に鞘（覆い）をかぶせることが行われるが，羽毛が成長している場合にはそれは不可能である．というのは，羽づくろいは鞘（覆い）がない状態でないとできないからである．

　雛が立ち上がり，飛行練習のために羽ばたきを開始すれば，活動範囲を広げるようにしてやる．例えば，巣を取り去り，安全な環境のあちこちに移動させるのである．もし体温調節能力があり，自己採食できるのであれば，太陽の光と同様，周囲の環境の温度と適切な光周期（明暗サイクル）が得られる室外に置くことは重要なことである．

　放鳥前の調整を行うためのケージの大きさの最低条件はMiller（2000）に紹介されている．推奨すべきサイズというのは，チョウゲンボウ，小型のトビ類，コチョウゲンボウ用の2.4×4.9×高さ2.4mから，ヒメコンドル，クロコンドル，アカオノスリ，ミサゴ，ハヤブサ，ソウゲンハヤブサ用の6.1×30.5×高さ4.9mまで，種の大きさやニーズによってかなり差がある．壁は，木材または木製の薄い板で作り，鳥がしがみついたり，登ったりするようなところには金網やワイヤーは取り付けないようにする．十分量の清潔な飲用水と水浴用の水は常時，供給しておかねばならない．ダボ木またはプラスチック製のパイプの周囲には，趾瘤症（バンブルフット）予防のため，プラスチック製の人工芝または室内屋外兼用のカーペットを貼り付けなければならない．樹皮のついた自然の枝は優れた止まり木になる．少なくとも2本の止まり木を，異なる高さと角度で設置する．多くのリハビリテーションセンターでは，滑車から止まり木をつるしている．止まり木が上げられている時には「揺れ」が生じ，これにより，良好な運動と動く物への止まりの練習が可能となる．そして，止まり木を降ろしている時には，清掃をしたり，鳥を捕捉したりしやすいのである．

自力採食への移行

　猛禽類にとって，生きた獲物を捕獲することがきわめて重要な技術であることは明らかである．雛が餌をつかみ，引き裂くことを学び始めたらすぐに，丸ごとの獲物を提供すべきである．黒っぽい色のマウスは，ほとんどの猛禽類にとって最初の獲物として優れている．チョウゲンボウと昆虫食（性）のトビ類については，ミルワームが最初の獲物として適している．というのは，その動きが雛の関心を引くからである．生きたコオロギを加えるのは2番目のステップである．それから，若いマウス，次に成長したマウスを与え，最後に，隠れた場所にマウスを置くようにする．野生の獲物を野外で捕獲することの困難さに備えさせるために，飼育下で十分な経験を実際に与える方法というものはない．このため，無警戒な若い獲物がいる時に雛を放鳥することは重要なことである．

野外放鳥への準備

　チョウゲンボウ，チュウヒ，多分コチョウゲンボウも，そしてほとんどのノスリの仲間は，生きた獲物を入れたアリーナを置いた大きな飛行ケージの中で適切な訓練を受けることができる．生きた獲物を入れたアリーナとは，鳥類飼育場の中に設置されている，通常，大きくて，安全な，上が開いているコンテナであり，その場所で生きた獲物がハンティング訓練のために与えられる．これは，地面に埋め込んで設置されるかまたは地上に置かれるが，製作にあたっては，穴が掘り抜かれないように安全な底の付いたベニヤ板で作るか，カイバ桶のような大きなあらかじめ作られたコンテナを用いる．重要なことは，マウスなどの齧歯類が逃走しないように工夫されているとともに，猛禽類が食事のためにそれらを捕獲する作戦を行うのに十分な広さがあることである．

　しかしながら，いくらかの種にとっては，生きた獲物を入れたアリーナは十分なものではない．巣に戻したり，野生の親鳥に里子に出したりする

ことが不可能な場合，*Accipiter*属のタカ類，大型のハヤブサ類，ミサゴにとっては，ハッキングが選択肢となる．ミサゴの場合，魚を捕獲するモデルを示すために，他のミサゴのいる場所で放鳥すべきである．大型のハヤブサ類と*Accipiter*属のタカ類は，ハッキングが不可能な場合，ライセンスを持った鷹匠に預けるのが一番である．訓練，経験，そして飛行している鳥を捕獲するのに必要な技術というものは，前述の2つの方式の内，実際にどちらか1つによって実際に行われるバックアップシステムによって，しっかりと習得させておく必要がある．

放　　鳥

飛行訓練，生きた獲物を用いた訓練以外に，適切な放鳥場所を選定することもきわめて重要なことである．チョウゲンボウのように穴に営巣する種では，単に外に放すよりも巣箱の中に放す方がよい．チョウゲンボウを一定の安全を確保する箱に隠し，輸送と人の手による取り扱いによるストレスから回復するだけの時間を与えてやる．こうして，単に地平線から飛び立つのではなく，箱から外を見て，周囲の環境に慣れていくことができるのである．

放鳥のタイミングもまた重要な課題である．理想的には，放鳥はその地域で野外の雛が独立する時期と一致させる．なぜなら，それは最も彼らにとって有利なことであるからである．もし，渡りを行う種であれば，同種の他の個体と合流する前に，自分の位置を見定め，慣れた場所でハンティングの訓練を行わせるため，少なくとも2～3週間ほど，最も早い渡り開始日よりも先行して放鳥しなければならない．

謝　　辞

トビ類の情報を提供してくださったCarol Lee, South Plains Wildlife Rehabilitation Center, Lubbock Texas，ここ7年間にわたって多くの情報，試行錯誤，苦難を寛容に共有してきてくださったRaptorCareのメンバー，そして私のいかなる機嫌にも寛大にお付き合いしてくださったCascades Raptor Centerの素晴らしいボランティアチームとスタッフの皆様にお礼を申し上げます．

参考文献および資料

Brown, L. and Amadon, D. 1968. Eagles, Hawks and Falcons of the World. McGraw-Hill, Inc., New York, 945 pp.

Carpenter, J.W., ed. 2005. Exotic Animal Formulary. Third Edition. Elsevier Saunders, St Louis, pp. 135–344.

Ehrlich, P.R., Dobkin, D.S., and Wheye, D. 1988. The Birder's Handbook: A Field Guide to the Natural History of North American Birds. Simon and Schuster, Inc., New York, 785 pp.

Ferguson-Lees, J. and Christie, D.A. 2001. Raptors of the World. Houghton Mifflin, New York, 992 pp.

Fox, N. 2000. Nutrition, The Bird of Prey Management Series. Faraway Films Productions.

International Wildlife Rehabilitation Council. 2000. Basic Wildlife Rehabilitation 1A/B, An Interpretation of Existing Biological and Veterinary Literature for the Wildlife Rehabilitator. International Wildlife Rehabilitation Council, San Jose, California.

Johnsgard, P.A. 1990. Hawks, Eagles & Falcons of North America. Smithsonian Press, 403 pp.

Miller, E.A., ed. 2000. Minimum Standards for Wildlife Rehabilitation, 3rd Edition. National Wildlife Rehabilitation Association, St. Cloud, Minnesota. 77 pp.

Palmer, R.S., ed. 1988. Handbook of North American Birds, volumes 4 & 5: Diurnal Raptors. Yale University Press, New Haven, Connecticut. 898 pp.

Poole, A. and Gill, F., eds. 1992–2004. The Birds of North America. Philadelphia: The Academy of Natural Sciences; Washington, D.C.: The American Ornithologists' Union.

Weidensaul, S. 1996. Raptors: The Birds of Prey. Lyons & Burford, New York, 382 pp.

１５
コンドル類，旧世界のハゲワシ類

Susie Kasielke

生物学的特徴

カリフォルニアコンドル（*Gymnogyps californianus*），コンドル（*Vultur gryphus*），トキイロコンドル（*Sarcorhamphus papa*），ヒメコンドル（*Cathartes aura*），クロコンドル（*Coragyps atratus*），オオキガシラコンドル（*Cathartes melambrotus*），キガシラコンドル（*Cathartes burrovianus*）を含む新世界のハゲワシ類（コンドル類）*はタカ目のコンドル科に分類されている．コンドルの仲間のハゲワシ類は，タカ目よりもコウノトリ目のコウノトリに近縁であることを示すはっきりとした根拠があるが，まだそのようには再分類はされていない．

よく似ている旧世界のハゲワシ類と同じように，コンドルの仲間のハゲワシ類（コンドル類）も完全な死肉捕食者であり，多くの時間，採食の可能性のある地上の動きを探して，高空で旋回している．そして，しばしばコンドルの仲間のハゲワシ類，イヌワシ，ワタリガラスといった鳥の死肉捕食集団を形成して，多数の個体が一緒に採食していることがある．また，コヨーテ，キツネ，クマのような哺乳類の死肉捕食者と獲物をめぐって張り合うこともある．カリフォルニアコンドルとトキイロコンドルは最も大きく，たいてい採食場所では優位に立っている．また，大きな死体を引き裂くことができる嘴をもっており，これにより他の鳥も死体を採食することができるのである．探餌戦略は学習行動に密接に関係しており，若い個体は１年またはそれ以上，両親の元に留まり，その地域の個体群の探餌手法を身につける．しばしば飼育下で40年以上生きるトキイロコンドルと同じように，コンドルの仲間もハゲワシの仲間も大型の種は長寿である．カリフォルニアコンドルは北米で最大の飛行する鳥であり，翼開長は2.7mにも及ぶ．概して雄の方が大きく，体重は雌が8〜10kgであるのに対し，雄は9〜11kgあるが，外見的に雌雄の区別は困難である．幼鳥は茶色みがかった黒色の羽毛をしており，翼下面は淡い色をしている．羽毛のない頭と頚は黒い皮膚をしており，虹彩は黄褐色である．

カリフォルニアコンドルの巣は急峻な山岳地帯の崖地の洞穴やくぼみである．産卵数は１個である．雌雄ともに抱卵を行い，抱卵期間は57日（±１日）である．雛が孵化すると，両親は最初の３週間は交替でずっと雛を暖め，給餌を行うが，その後の３週間は夜間のみ雛の元にいる．６週間後からは，雌雄ともに巣にはいなくなる．しかし，どちらか一方は，5.5〜6ヵ月間の巣内育雛期は

---

*訳者注：「vulture」はいわゆる「ハゲワシ」であるが，新世界の「vulture」については「コンドル」と呼ばれている．しかし，英語では，新世界のコンドル類には「vulture」と「condor」の両方の標記が使用されている（ヒメコンドル：Turkey vulture とカリフォルニアコンドル：California condor のように）．また「vulture」は広義にはコンドルも含む「ハゲワシ類」を表わしていることもあることおよび「コンドルの仲間の」という形容詞の後の「vulture」に「コンドル」と訳すのは違和感を生じると思われるため，この章では種名が明記されていない場合の「vulture」はすべて「ハゲワシ」と訳している．

たいてい巣の近くに留まっているものである．雛は巣立つと，成鳥と一緒に採食できるようになるまでの数ヵ月間，親鳥について回り，親鳥から食物をもらう．営巣期間と雛の養育期間の全期間は通常，1年以上に及ぶので，野生のカリフォルニアコンドルはたいてい，最も条件のよい時でも隔年繁殖であり，食物が少ない時には繁殖間隔はさらに長くなる．カリフォルニアコンドルは5～6年で性的成熟に達する．カリフォルニアコンドルは1982年には22個体という史上最少の個体数を記録した絶滅危惧種であるが，集中的な保護管理努力により，現在では300羽を超える個体数となり，その約半数は野外に放鳥されている．

翼開長が3mにも達するコンドルは，南米および北米で最大の飛行する鳥である．幼鳥の羽毛は，6～7年で性的成熟に達するまでは，全体的に黒っぽい茶色みがかった灰色である．孵化時から性的二型であり，雄は嘴の先端付近に肉垂をもっているが，これは雌にはない．この肉垂は年齢が進むにつれて大きくなり，顔と頚の周囲の皮膚を覆うようになるので，外観から年齢を推測することができる．成鳥の体重は，雄が11～15kg，雌が8～11kgである．

コンドルの繁殖生態は北米の他のコンドル類と似通っているが，抱卵期間は60日（±2日）で，巣内育雛期間は6.5～7ヵ月間である．この種も絶滅危惧種と考えられているが，個体数は数千羽いるものと思われている．米国の動物園において飼育下繁殖で育てられた60羽以上のコンドルがコロンビアとベネズエラで放鳥されている．

トキイロコンドルは全てのハゲワシ類の中で最も色彩に富んだ種である．若い雛は黒っぽい頭で白い綿毛をまとっており，幼鳥の羽毛と皮膚は全体的に黒っぽい灰色である．雄は大きな肉垂を発現させ，たいてい雌よりも体重は重いが，基本的には雌雄同型である．成鳥は，体重が3.00～3.75kgで翼開長が1.8～2.0mである．野生での繁殖生態は事実上，ほとんど分かっていないが，巣は樹木の切り株の中や地上に何ら巣材を置かずに作られると考えられている．1卵を産み，両親は交替で抱卵と雛の世話にあたる．飼育下での抱卵期間はたいてい55日（±1日）である．トキイロコンドルは現時点では，絶滅危惧種や絶滅の危機にある種とはみなされていない．

シロエリハゲワシ属（Gyps）のハゲワシ類は，コンドルの仲間のハゲワシ類よりもより多くの特徴を共有している他の旧世界のハゲワシ類，タカ類，ワシ類とともに，タカ科に分類されている．全ての種は，採食やねぐらをとる時には大きな群れをなし，しばしば集団で営巣する．彼らは森林，サバンナ，ステップを含む様々な開放性の生息場所で見かける．新世界のハゲワシ類と同じように，雌雄同型であり，ペアで営巣し，ずっと同じ個体とペアを継続し，1羽の雛を育て，長寿である．しかし，コンドルの仲間のハゲワシ類と異なり，全てのタカ科のハゲワシ類は雌が雄よりも大きい．

近年，3種のアジアの種（ベンガルハゲワシ Gyps bengalensis，インドハゲワシ G. indicus，ヒマラヤハゲワシ G. himalayensis）は，ほとんど絶滅と思われるほどまで激減した．飼育繁殖施設ではこれらの生態学的にも文化的にも重要な種の復活の支援を展開している．

シロエリハゲワシ属の7種全ては飼育されているが，アフリカの3種，コシジロハゲワシ（G. africanus），マダラハゲワシ（G. rueppellii），ケープシロエリハゲワシ（G. coprotheres）は米国で最もおなじみの種である．

コシジロハゲワシの体重は4.2～7.2kgで，3種の中では最も小型である．ペアは樹木の頂上に，単独または最大13ペアくらいまでの小さな集団で，枝を用いた巣を作る．産卵数は1個で，56日間（±1日）抱卵され，雛は4ヵ月で巣立つ．

成鳥のマダラハゲワシは体重が6.8～9.0kgである．10～1000ペアからなる大きなコロニーの真ん中の岩棚の上に木の枝で巣を作る．産卵数は1個で，55日間（±1日）抱卵され，雛は約5ヵ月で巣立つ．

ケープシロエリハゲワシはシロエリハゲワシ属では最大の種であり，成鳥の体重は7.1～

10.9kgである．ペアはコロニーの真ん中の岩棚の上に木の枝で巣を作る．産卵数は1個で，55日間(±1日)抱卵され，雛は約4.5ヵ月で巣立つ．

この章では，カリフォルニアコンドル，コンドル，トキイロコンドル，そしてシロエリハゲワシ属のハゲワシ類について，特に詳細に記述するが，その手法は，抱卵期間，育雛期間，適切な給餌と体重増加を考慮することで，その他のハゲワシ類にも同様に役立つものと思われる．

人工育雛への移行

放棄されたり，危険にさらされたり，または親に返すことのできない卵または雛は，それが親の養育技術の低さ，同じ飼育場の中の個体による妨害，事故，または気候の激変のいずれによるものかにかかわらず，人工育雛の対象となる．教育プログラムとして手を触れることのできる動物を作り出すためにハゲワシ類を人工育雛するということは，一般的には賢明なことではない．というのも，これらの鳥は，性的成熟に達した時に，きまって非常に攻撃的になり，彼らの実用性を大いに制限してしまうし，繁殖の可能性も減少させてしまうからである．人工育雛するという選択が意図的なものであったとしても，または救護としてのものであったとしても，下記に記述する隔離育雛の方法により，人間への異常な刷り込みを防ぎ，行動的に健全な成鳥を育て上げることができる．

卵または雛を人工育雛するかどうかを決定することは，たいてい単刀直入的なことであるが，それが本当に必要かどうかに関して言えば，良好な世話や巧みな管理技術を行うことによって人工育雛を回避することができる場合も多い．

もし適切な個別の営巣場所が与えられれば，たいていのハゲワシ類は素晴らしい親鳥になるものである．しかしたとえそうであったとしても，人工的に卵を孵化させたり雛を育雛したりするということは，個体数を増加させる目的で複数の1腹卵を得ることを可能とするので，野生に返す目的のために飼育されている絶滅危惧種のような場合であれば，それは望ましい方法となり得る．時おり，親鳥が卵や雛の世話ができないということがある．この場合の親鳥は，経験が乏しく，若い個体であり，同種の鳥との適切な社会性を構築することなしに人工育雛された親鳥である場合が多い．個々の鳥，とりわけ雄は，適切な育雛と経験の有無とは関係なく，ペア相手に対して非常に攻撃的なことがある．これらのいずれの状況においても，親鳥が一貫して抱卵したり，適切に抱雛や雛への給餌を行ったりすることができない可能性がある．彼らはまた，このような繁殖行動の義務に関して，取っ組み合いの争いを引き起こすこともあり，卵の破損または雛の共食いといった危険を招いてしまう．産卵や孵化の時期には，緊張が最も高まり，負傷の危険性も最大となる．自分たちの営巣場所を守らなければいけないと思っている親鳥は，たいてい互いにより攻撃的になり，卵を破損したり，雛を傷つけたりしやすいものである．

優れた巣箱(または旧世界の数種のハゲワシ類で用いられているプラットホーム)の構造のおかげで，親鳥に知られずかつ安全性を確保しながら，マジックミラーまたは回線を隠したビデオを通して，卵と雛を近くからモニタリングすることができる．成鳥は，もしそこで彼らが安全を確保され，営巣場所からは見えないということが確保されれば，特定の場所において特定の時間に採食することに慣れることができるのである．それにより，親鳥に気付かれることなく，卵と雛を直接チェックすることができる．このような方法を用いれば，卵をダミーの卵と置き換え，卵または雛をより信頼できる親鳥に預け，卵と雛をモニタリングし，そして親鳥が雛を完璧に育てるようになるまで，雛に手厚い補助的な世話を施すことが容易になる．その成功例として，巣を作って，それを守っていたケープシロエリハゲワシの雄同士のペアが，里親として卵を孵化させ，1羽の雛を育てることができたという例があげられる．この雛には，親鳥が適切に餌を与えているかどうかが，朝夕の体重測定で明らかになるまでの3週間にわたって補足的な餌が与えられた．その後，それ

以上の人的介入は全く必要なくなった．

育雛記録

詳細な記録は，育雛方法の継続的な改善や将来の育雛成功のために不可欠なものである．かなりの量になるデータを注意深く記録していくことは，それを行っている際にはうんざりするものに思えるかもしれないが，その後の解析にとても役立つものである．限られたスタッフで多数の雛を飼育している施設においてですら，重要なデータは効果的な記録継続システムを利用することによって容易に得ることができる．収集中の記録は育雛場所に置いておくべきであり，そうすることによってスタッフは常に新しい情報を知り得ることができる．

雛は孵化した日が0日齢とされる．日々の体重，餌とその消費量，給餌の頻度，飼育場の種類，飼育場の中の仲間（もしいれば），育雛器の温度と湿度は，記録項目として最も不可欠なデータである．体重は，毎朝その日の1回目の給餌の前に測定しなければならない．毎日何％増量しているかを記録し，体重をグラフ化してたどることは有益である．サプリメントと与える餌の大きさを含めた餌の構成を書き記し，実際の消費量を記録しなければならない．水や他の液体も与えられることが多いため，この記録は複雑かもしれないが，与えられる固体と液体は分けて測定されなければならず，その両方が将来，他の個体に役立つ指針となり，栄養学上の分析を可能にする．餌を与える度に，残った餌の量を全体量から差し引き，消費量を計算する．消費量を測定する代替方法は，毎回餌を与える前と後に雛の体重を測るというものである．この2つ目の方法は，隔離育雛方法が用いられている場合にはやや困難である．育雛器の温度と湿度，または雛が保温を必要としなくなった部屋または育雛部屋（チャンバー）の温度と湿度は，給餌ごとに記録しなければならないし，また獣医師の検診を受けるというような他の理由によって雛が取り扱われる際にも，記録しなければならない．

餌を与える度に記録されるべきその他の量的情報としては，与える前と後のそ嚢の膨満度（0〜100％）の推測，給餌・パペット使用セッションの継続時間，そして給餌に対する反応である．0〜4という尺度は，給餌に対する反応の記録のために用いられる．0は全く反応が見られない，4はしきりに嘴を突き出して非常に早く食べる，というように定義づけられている．検査，処置さらに投薬（投与方法と投与量を含む）に関する基本情報は，たとえ別々の医療記録が存在している場合であっても，記録しなければならない．これにより，雛の育雛記録が全体像を描くことを確かなものとするのである．

加えて，成功したとか成功しなかったとかという給餌や雛の取り扱い技術だけでなく，特に行動および発達段階の詳細な描写といった物語形式の解説は，将来の雛の育雛や新しいスタッフの研修にとても役立つものである．「よく食べた」「元気そうだ」といったコメントは次に担当するスタッフにとって役立つものかもしれないが，それは将来に役立つ情報を提供してはいない．カリフォルニアコンドルの雛の発達の全段階を写真で記した資料は，野外でカリフォルニアコンドルに育てられている雛が正常に発達しているかどうかを判断する際に特に価値のある情報を提供している．

孵 卵

カリフォルニアコンドルの卵は，36.7℃で孵卵する．湿度は50〜60％相対湿度（RH）から開始するように設定されている．人工孵卵する卵の場合，規則だった測定計画に基づいて卵の重さを測定し，卵重の減少率をモニタリングしなければならない．これにより，卵重の減少を増したり減らしたりする目的で，孵卵器の湿度を調節するのである（第3章）．カリフォルニアコンドルの卵，特に年齢の進んだ雌が産んだ卵は，40％のRHまたはそれ以下の乾燥した孵卵器の中ですら十分に卵重を減少させることが難しいこともある．もし人工孵卵に移す前に7〜14日間，親鳥に抱卵させた場合，そのような卵はたいてい，十分な管理

がなされる孵卵器の中で維持される適切な卵重減少が誘起されるものである．まれに，親鳥による抱卵等を受けなかった卵や別の理由で卵重が十分に減少しなかった卵では，卵殻を研磨するといった思い切った対応を要することもある（第3章）．2時間ごとに機械が回転するのに加え，1日に2度，卵を180度以内に手動転卵する．

　孵化のプロセスが始まったという徴候は，49日目という早い時期に観察されることがあるかもしれないが，たいていは50～51日目に気室のドローダウン（draw down）が始まる．この段階と内側の嘴打ちが始まる段階との間で，卵を温度36.4℃，湿度50%RHに設定された別の孵卵器に移し，もう転卵は行わない．内側の嘴打ちが始まるのはたいてい53日目で，外側の嘴打ちは54日目に起こる．卵の外側にも殻が割れるようになれば，80%RHまたはそれ以上に湿度を上げ，卵殻膜と胚体外膜が長時間におよぶ孵化プロセスによって乾燥しないようにする．孵化はたいてい57日目に起こる．健康的な自力孵化は，外側の嘴打ちが始まってから，短くて45時間後，長くて96時間後に完了している．コンドル類の卵は容易に検卵することができるので，卵の段階および卵の発育経過に応じて，2～6時間間隔で，孵化の全プロセス期間中，頻繁にモニタリングを行うことが可能である．漿尿膜の血管は，次第に後退し，黄ばんだ色になっていくように見えるかもしれない．多くの鳥類とは異なり，カリフォルニアコンドルの胎子は一般的に孵化する直前に卵殻内で排便する．これもまた検卵で見ることができ，活発な脈管の消失とともに起こる．これは，孵化が今すぐにでも起こるというよい指標になる．胎子は，この段階では，叩いたり声を出したりすると，まるで親鳥に対するかのように，それに反応するようになる．これにより，胎子の孵化に向かう過程を促進することができる．この段階で適当な経過をたどらない胎子には孵化のための介助が必要となる．

　コンドルの卵も，36.7℃で孵卵するが，50～60%RHから開始し，36.4℃および70%RH以上で孵化する．というのも，このコンドルは多くの異なる施設で飼育されてきており，孵卵温度が36.4～37.5℃でうまくいっていたが，36.7℃での孵卵が最も安定的に健康的に雛を孵化させることにつながったからである．コンドルの孵卵期間は60日±2日であり，内側の嘴打ちは孵化の4日前，外側にも嘴打ちが出てくるのは3日前というように，似たようなパターンである．同じ雌から産まれた卵の抱卵期間は，たいていどの卵でも一致する．言い換えれば，59日目で孵化する卵を産む雌は，後にまた卵を産んでもその卵は59日目で孵化するということである．

　トキイロコンドルの卵もシロエリハゲワシ属のハゲワシ類の卵も，温度36.9℃，湿度50～60%RHから開始して孵卵され，36.7℃および70%RH以上で孵化させる．彼らの抱卵期間はそれぞれ55日と55～56日±1日であり，内側の嘴打ちは孵化の4日前，外側にも嘴打ちが出てくるのは3日前というように，似たようなパターンである．コンドルの卵もトキイロコンドルの卵も，容易に簡単に検卵することができる．この科の全ての卵と同様に，タカ科のハゲワシ類の卵は検卵することが難しい．しかし，シロエリハゲワシ属のハゲワシ類の卵は白色で無地であるため，コンドル科のハゲワシ類の卵よりも明瞭には現れないものの，初期の胎子の発達を容易に観察することができる．孵卵期間の1/4～1/3までは，卵殻の内側にある漿尿膜の成長により，卵は事実上，気室の下で不透明になる．その後については，生存状態を判定することは事実上困難になる．孵卵期間の半ばを過ぎた卵の発育を確認する1つの方法は，その卵を丈夫で平らな面に置き，転がらないように注意深く監視し，動きを見守ることである．これには2分ほどかかることがある．他の方法は，Egg Buddy（Avian Biotech）のような卵の心臓音の検出器を使用することである．これらのいずれの試験においてマイナスの結果が得られても，死亡だと確定することはできない．したがって，死亡の徴候が明確でないかぎり，少なくとも孵化予定日までは卵を孵卵器の中に置

いておくべきである．最後に，いかなる種の卵もX線写真を撮って，孵化予定日の胚を確認し，正しい孵化位置かどうかを測定することは可能である．

カリフォルニアコンドルの卵と同じように，コンドルとシロエリハゲワシ属のハゲワシ類の卵は，十分に重量を減少することが難しいので，同じように扱うべきである．しかしながら，トキイロコンドルの卵には，このような問題は滅多にない．おそらく，それは彼らが格段に湿度の高い気候のもとで生活してきたことが要因であると思われる．

雛が孵化すると，雛に付着している薄膜は，排泄物または尿酸塩と同様に，雛が濡れている間に湿らせた綿球またはガーゼスポンジで丁寧に取り除かなければならない．これらは，乾燥すると雛の綿羽または皮膚を傷つけることなく剥がすことはほぼ不可能である．もし，臍帯血管が残っている場合は，1cmの長さに切ることがある．臍帯端は，ベタジン液（Betadine Solution, Purdue）のようなポビドンヨード液で拭き取らなければならない．これは最初の72時間の間，約6時間ごとに繰り返し行う．水性のベタジン軟膏は，最初の拭き取り後に，溶液の代わりに用いられる．というのは，石油基材の軟膏のようにその部分を湿らせすぎたままにしておくことなく，それでいて長持ちするからである．

孵化したばかりの雛は，孵卵器の中で休ませ，新しい無菌のタオルを用いて乾かしてもよい．上体を起こし続けることができるようになって，給餌に反応し，排便すれば，育雛器へ移される．

育雛初期のケア

育雛器に移すという上記の基準に当てはまる人工孵化した雛には，孵化後6〜12時間目に給餌することができる．特に大きな卵黄が残っている雛への給餌はそれよりも遅れることもある．餌は，最初は少な目に，低濃度で，頻繁に与え続ける．それにより，消化管が食物を処理することに次第に適応していくことができる．

親の育雛放棄，病気，または傷害によって救護された雛は，冷たくなっていたり，または脱水したりしているかもしれない．大半の雛は35.5〜36.1℃にあらかじめ調節された育雛器の中で温めるが，著しく低体温の雛には，湯を入れたボトルまたは似たような適度な熱源で追加の熱を与えると有効なこともある．いかなる低体温の動物の場合にも，徐々に温めるケアを行い，確実に四肢から身体の中心まで体温を上げる必要がある．脱水している雛には，たいてい鼠径部の皮膜部に皮下注射により補液を行わなければならない．注射用の抗生物質を，治療または傷口や全身の感染予防のために投与することもある．ロセフィン（Rocephin, Roche）は近年，特に未発達の腎臓に損傷を与える他の製品とは異なるという理由で，雛への使用が推奨されている．

障害のある雛は，摂食することが難しく，消化管の通過停滞を引き起こしていることがある．この状況においては，少量の薄めた餌をより頻繁に与えることが最も安全である．ピンクマウス（生まれたばかりのマウスの子）を，十分細かく切り刻み，必要であれば，普通のシリンジ内を通過できるように蒸留水と混ぜ合わせる．可能な限り，手差し給餌が好ましいが，チューブによる強制給餌も選択肢の1つである．脱水している雛には，蒸留水の代わりに無味のPedialyte（Ross）またはラクトリンゲル液のような電解質溶液を用い，餌に湿り気を与えたり，薄めたりする．液体飼料または補助液を与える際には，最善の注意を払い，雛がうまく飲み込んでいることを確認しなければならない．そうすることで，雛がこれらを肺に誤嚥しないようにする．これは，特に弱った雛では必要なことである．雛が容易に飲み込まない場合には，口から安全に摂食することができるようになるまでは，注射による補液やチューブによる強制給餌を続けた方がよい．

罹りやすい疾病と対処法

コンドル類やその他の大きなハゲワシ類は，非常に丈夫で，回復力に富む鳥であり，雛も例外で

はない．適切な飼養状態や餌を与えていれば，病気になることはまれである．カリフォルニアコンドルの40羽の雛が，最近10年以上の間に，孵化後30日間の罹病率10%および死亡率5%という成績で，人工孵化による人工育雛で育てられている．収縮しない卵黄嚢を孵化時に切り離した雛には，広範囲にわたる補助的なケアが施され，頭を後ろにそらし，上を見つめて放心状態のような症状（スターゲイジング症状）を改善するための治療が適切に行われた．他の1羽の雛は酸敗したそ嚢を引き起こしたが，同じく適切に治療が行われた．孵化の介助を必要とした6羽の雛は，予防的に抗生物質を投与されたが，臨床的に病気になることは一度もなかった．ある1羽の雛は先天的奇形と神経の問題があったこと，もう1羽は卵黄嚢が著しく感染していたことから，安楽死させた．

孵化の介助を必要とする雛は，感染するリスクがより高い．これらの雛は，事前の感染，浮腫，または脱水により自力孵化が不可能であった．孵化の介助が必要な大型のハゲワシの卵は，孵化の3日またはそれ以上前に穴が開き始め，空気にさらされる状態となり，むき出しの胚体外膜と開いたままの臍帯端は日和見的な微生物感染の温床となる．このような卵には，予防的に抗生物質を投与処置することが有効かもしれない．ロセフィン（Roche）は，注射部位を確保することが可能であれば卵の中の胎子に投与し，そうでない場合は漿尿膜の内側面に垂らす．孵化時に平均体重が183gになるカリフォルニアコンドルの胎子への投薬量は，12.5mgを1日に2回である．孵化時に臍帯端が良好な状態であり，雛が正常で元気である場合には，抗生物質の投与は中止する．しかしながら，雛の臍帯端が開いていたり，むき出しの卵黄嚢があったり，またはその他の障害がある場合には，抗生物質の投与は状況が改善されるまで続ける．

このような大型のハゲワシ類においてはまれなことではあるが，雛にとって最も起こりやすい病気や致死の可能性があるのは，臍帯や卵黄嚢の感染症である．この症状は，下痢，消化管通過障害（食滞），臍帯端付近の発赤／炎症，皮膚を通して見ることのできる卵黄嚢の変色，昏睡状態，または翼角関節（手根関節）の腫れである．このような症状が幾つかまたは全てみられる場合，予後はあまり好ましくない．しかし，抗生物質療法と補助的なケアによって回復する雛もいる．

孵化時に卵黄嚢が完全に収縮せず部分的に壊死していた1羽の雛は，孵化を介助する手順の一環として卵黄嚢を完全に取り除く必要があった．その処置の直後，その雛は99gだった．これは，健康なカリフォルニアコンドルの孵化時の平均的体重である183gと比較すると84gも軽かった．この雛には，前述の液体飼料が頻繁に与えられ，抗生物質による治療も行われた．8日もしないうちに，その雛は同じ日齢の他の雛と区別がつかなくなり，ついには野外に放鳥された．

卵重の減少が十分でないことによる浮腫は，病初として雛の活動性に深刻な影響を与える．特に，頭部が非常にむくみ，自力で頭を持ち上げるのが困難な時にはそうである．この症状は，たいてい24〜48時間以内に肺呼吸によって消失していくものであるが，この期間においては，特別なケアと摂食補助が必要なことが多い．フロセミド（Lasix, Aventis）のような利尿剤の投与は，浮腫が深刻な場合には必要であるかもしれない．雛が休息や摂食している時には，頭をわずかに持ち上げて支え，確実に正常な呼吸をさせてやる必要がある．頭部の浮腫が頚にしわができるほどのものである場合，これらの関節を何度もやさしくマッサージすることで，腫れをより早く減少させることができるように思われる．

1991年から1993年にかけて，関連のない3羽のカリフォルニアコンドルの雛が孵化直後に頭を後ろにそらし，上を見つめて放心状態のような症状を呈した．これらの雛の頭部は休息時にひどく後ろ向きになっており，背中向きにひっくり返ることもあった．たいていの場合，雛は摂食のためのような時に数秒〜1分間，自分の頭部を正常な位置に保つことができるが，力尽きるとすぐ

に頭が後ろに垂れる姿勢に戻ってしまう．この状態は，おそらく卵の中のチアミン欠乏によって引き起こされているものと思われた．これらの雛はそれぞれ，最初の24時間以内に様々な量のチアミンを注射と経口の両方で投与することで治療され，全ての雛が完全に回復した．1羽は15時間以内，他の2羽は数日以内に回復した．これらの雛は治療中，たまに頭を安定して持ち上げて，比較的普通に摂食することができた．雌親がチアミン欠乏の卵を産むという結果につながるチアミン欠乏の原因は明確に特定することはできなかったが，簡単な食物変更によってこの問題を解消することができたようである．このような影響を受けた雛を産む前，その親鳥には，以前に凍結しておいた魚のマスを解凍したものが2週間に1度与えられていた．カリフォルニアコンドルは，もっぱら魚食の鳥が行うように魚を丸飲みするというよりも，むしろちぎって食べるため，魚だけではビタミンE，チアミンの不足を適切に補うことができない．また，凍結・解凍されたマスにはチアミナーゼ（チアミン分解酵素）が存在することが立証されている（Barnard and Allen 1997）．餌の総量に対してわずかな割合を占める魚は，親鳥に有害であるとは考えられておらず，実際にそのようなことはなかった．しかし，卵形成への影響は予測されていなかったのである．繁殖個体の餌から魚が除外されてからは，雛の頭を後ろにそらし，上を見つめて放心状態のようになるスターゲイジング症状は起こらなくなった．

　酸敗したそ嚢は真正猛禽類ではより一般的に発生するが，大型のハゲワシ類の雛にも起こっている．それは，雛からひどくすっぱい匂いがするとか雛が悪臭を放つそ嚢内容物を吐くことで明らかになる．排泄物も，同じような強い臭いがする．酸敗したそ嚢の臭いは，通常のペレットまたは他の嘔吐物の臭いよりも格段に強く，ほぼ間違えようのないものである．酸敗したそ嚢の発生は，消化が遅いということによる体系的な感染による副次的な影響によるものであったり，または過度の摂食または腐った食物の摂食による結果であった

りする．治療されないままでいると，そ嚢や消化管の停滞につながる．治療は，そ嚢内容物を空っぽにし，塩水で洗い流すという簡単なものである（Heidenreich 1997）．この処置を行う際には，肺への誤嚥を防ぐため，最善の注意を払わなければならない．体系的な感染に対する追加の治療も必要であるかもしれない．

　開脚症は，平らに敷いた滑らかなタオルのように十分な摩擦のない敷物の上で滑ることによって引き起こされる．正常に発達している雛の場合，膝関節は飛節と並行して垂直に一直線に並んでいる．脚を敏速に正しく伸ばせないということは，永久に脚が外に広がったままという結果になる．早期で程度の軽い症状である場合，雛を整ったタオルの束またはタオルを敷いて縁をまっすぐに整えて作った穴状の巣に数日間入れて，矯正する．さらに深刻な場合には，正常な姿勢状態で「あしかせ」をする．「あしかせ」は，どのような場所にも雛の皮膚に刺さることがないように弾力性のない包帯を2重に巻いて作ることができる．「あしかせ」は，踵（足根関節の部位）のちょうど下のふ蹠骨（足根中足骨）の周りに取り付けるが，血液の循環が阻害されないよう緩めでなければならない．しかし，「あしかせ」が膝または脚の上でずり落ちたり，趾にひっかかったりするほどに緩めてはならない．「あしかせ」は，雛の成長に合わせて毎日または1日おきに交換しなければならない．

　トキイロコンドルの雛は，趾の周りの絞約輪が発達する（趾の絞約輪形成症候群）かもしれない．この症候群はオウムの雛にもみられるが，カリフォルニアコンドルまたはタカ科のハゲワシ類では記録されていない．原因は明らかにされないままであるが，絞約輪は血流を制限し，影響を受ける趾の末梢部の壊死を起こすほどに深刻な場合もある．確実に育雛器の湿度を高め（50～60％以上）に保っておくことで，たいていはこのような事態を防ぐことができる．仮にそのような事態が起こり，早期に発見した場合には，即座に湿度を上げ，3種類の抗生物質の入った軟膏のような油

が主成分の潤滑剤を非常に薄く塗り，頻繁につま先をマッサージすることで永久的な損傷を防ぐことができる．状態が悪化した場合には，外科的な処置も必要になる（Romagnano 2003）．

カリフォルニアコンドルとトキイロコンドルの雛は，通常，育雛器にいる段階のある時点で頭部に薄片を重ねたような皮膚が発達する．これは正常な発育過程に見られるもので，低湿度または栄養不足による結果ではない．したがって，これは処置することなしに回復する．コンドル類は，頚と頭部の皮膚の下に広がる気嚢の拡張組織をもっており，それによって劇的効果をもたらす膨張を発生させることができる．カリフォルニアコンドルの雛の一部には，頭部の片方に大きくて永続的な空気の「気泡」が発達していたが，これは，問題視はされず，生後6〜8週間以内に消えるものである．

北米に西ナイルウイルス（WNV）が侵入したことで，多数の鳥が感染し死亡した．コンドルの仲間のハゲワシ類は幸い感染しやすい集団ではないことが判明しているが，カリフォルニアコンドルの一部は，親鳥も雛もこの病気によって死亡した．さらに，2羽のコンドルがWNV感染により深刻な病態に陥ったが，回復している．また，カリフォルニアコンドルの中にはワクチン接種による効果よりもはるかに高い抗体価を有する個体もいた．旧世界の種では予想される通り，米国で飼育されているシロエリハゲワシ属のハゲワシ類においてはWNVによる病的状態または死亡の報告は出ていない．しかし，彼らの多くは，動物園で飼育されている大半の鳥と同じように，馬用ワクチン（Fort Dodge）で予防接種が行われてきている．カリフォルニアコンドルは，疾病管理センター（Centers for Disease Control）によって実施されているDNAワクチンの試験プログラムに組み入れられている．執筆をしている現時点においては，商業上使用可能な製品はまだ作られていない．種にかかわらず，雛は早くて30日齢くらいの時期，および野外の環境に移す前には必ずワクチンを受けている．親鳥によって飼育されている鳥は30日齢でワクチンを行う．

餌の種類と自力採食への移行

最初の72時間は，雛にはよく刻んで蒸留水で水分を含ませたピンクマウスが与えられる．カリフォルニアコンドルへの典型的な給餌の量と頻度を表15-1に示している．次の72時間は，餌をピンクマウスからファジーマウス（部分的に産毛で覆われたマウスの子）に変更し，その後は，ファジーマウスから成獣のマウス（頭部，尾，脚を取り，皮を剥いだもの）に変えていく．その結果，9日目までに雛は，皮を剥いだ成獣のマウスの胴（SMTs）をより粗く刻んだものを100%食べるようになる．固体と液体の比率は2：1で，その混合物は与える前に体温ほどに温める．カルシウムまたはビタミンDを添加しない初期の餌は，成長の遅いハゲワシ類には有効である．しかし，真正猛禽類や他の成長の早い種に与えると，代謝性骨疾患になることもある．

12日目までに，雛が適切にペレットを吐き出せるように，マウスの毛を少し残すようにする．雛は，特に早期においては毎日ペレットを吐き出さず，頻度，量，堅さには相当の違いがある．ペレットは猛禽類ほどには吐き出されないものであるが，湿り気を帯び，ある程度，形のあるものでなければならない．雛のいくらかは，BB弾サイズ（約5mm）の小さな球を吐き出すこともあるし，または排泄物の中に不消化物を排出することもある．湿って柔らかいペレットや酸い臭いのするペレットは，雛がペレットを形成するために本来摂取すべき十分な物質を得ていないということを示している．2週間目には，雛はたいてい，頭部，尾，脚の一部を含めて刻まれた100%毛のあるマウスを消化できるようになる．4週間目までには，雛はたいてい半分または4等分に切られたマウスを消化できるようになり，6週間目までには，容易にマウスを丸飲みできるようになる．親鳥に育てられる雛は，巣立ちまでは丸ごとの死体に接することはほとんどまたは全くないが，人工育雛される雛はこの段階において，他の餌がない

表15-1 ロサンゼルス動物園−カリフォルニアコンドルの雛の人工育雛指針

日齢	餌	添加物	給餌当たりの固形物重量 g(平均)	給餌当たりの液体重量 g(平均)	1日当たりの給餌間隔と給餌回数	育雛器の温度 ℃	その他
0	ピンクマウス(完全にミンチしたもの)	−	4	2	2.5時間ごと,7回	35.0	餌に蒸留水を混ぜる,消毒したタオルの敷物,ベタジン軟膏を72時間の間,6時間ごとに塗布
1	ピンクマウス(完全にミンチしたもの)	−	4	2	2.5時間ごと,7回	34.4	パペットの使用
2	ピンクマウス(完全にミンチしたもの)	−	6	3	2.5時間ごと,7回	33.9	完全隔離飼育
3	ピンクマウス2:1ファジーマウス(ミンチしたもの)	−	7	3	3時間ごと,6回	33.3	
4	ピンクマウス1:2ファジーマウス(1/4片)	−	8	4	3時間ごと,6回	32.8	
5	ファジーマウス(1/4片)	−	9	4	3時間ごと,6回	32.2	
6	ファジーマウス2:1皮を剥いだ成獣マウスの胴(1/4〜1/2片)	−	10	5	3.5時間ごと,5回	31.7	
7	ファジーマウス1:2皮を剥いだ成獣マウスの胴(1/4〜1/2片)	−	11	5	3.5時間ごと,5回	31.1	
8	皮を剥いだ成獣マウスの胴(1/2片)	−	13〜14	6	4時間ごと,4回	30.6	
9	皮を剥いだ成獣マウスの胴(1/2片)	−	15〜16	6	4時間ごと,4回	30.0	
10	皮を剥いだ成獣マウスの胴1:1成獣マウス(毛のついたもの,1/4片を数個)	−	29〜30	12	5時間ごと,3回	29.4	
11	皮を剥いだ成獣マウスの胴1:1成獣マウス(毛のついたもの,1/4片を数個)	−	30〜38	12	5時間ごと,3回	28.9	
12	成獣マウス(1/4片を数個)	−	33〜45	12〜13	5時間ごと,3回	28.3	

(つづく)

表 15-1 ロサンゼルス動物園―カリフォルニアコンドルの雛の人工育雛指針（つづき）

日齢	餌	添加物	給餌当たりの固形物重量 g（平均）	給餌当たりの液体重量 g（平均）	1日当たりの給餌間隔と給餌回数	育雛器の温度 ℃	その他
13	成獣マウス（1/4片を数個と1/2片を数個）	―	37～52	12～13	5時間ごと，3回	27.8	
14	成獣マウス（1/4片を数個と1/2片を数個）	―	43～62	13～17	5時間ごと，3回	27.2	
15	成獣マウス（1/4片を数個と1/2片を数個）	―	58～90	13～17	10時間ごと，2回	27.8	
16	成獣マウス（1/2片を数個）	―	66～106	18～24	10時間ごと，2回	26.7	
17	成獣マウス（1/2片を数個）	―	72～102	18～24	10時間ごと，2回	26.1	
18	成獣マウス（1/2片を数個）	―	80～124	20～26	10時間ごと，2回	25.6	餌に水道水を混ぜる
19	成獣マウス（1/2片を数個）	―	88～130	20～30	10時間ごと，2回	25.0	
20	成獣マウス（1/2片を数個）	―	98～138	22～30	10時間ごと，2回	24.4	
21	成獣マウス（1/2片を数個）	―	110～160	26～30	10時間ごと，2回	23.9	タブに移す（18～21日間）
35	午前：成獣ラット（切り開いたもの）午後：成獣マウス（1/2片を数個）	―	1頭（265g）複数頭	―30～38	10時間ごと，2回	23.9（室内）	
42	午前：成獣ラット（切り開いたもの）午後：成獣マウス（丸ごと）	―	1頭（265g）複数頭	―30～38	10時間ごと，2回	屋外，保温ランプを設置	屋外の育雛部屋に移す
60	成獣ラット（丸ごと）	―	125gを4～5頭	―	1回	屋外，保温ランプを設置	
75～80	日・月・火・木・金・土：成獣ラット 水：馬肉（細長く切ったもの）	0.6g CaCO₃/100g 肉	125gを4～5頭 600g	―	1	屋外	
150～180	月：ネコ科動物用の餌 火：ウサギ 水：馬肉（ぶつ切り） 日・木・金・土：成獣ラット	―	500g 1頭（570g）600g 125gを4～5頭		1		

場合，切り開いて与えられるラットの死体も食べ始める．自力採食能力を促進することにより，飼養期間の残りにおける餌の準備がより効率的になり，コストも削減できる．また，それは雛が早期に採食スキルを身につけさせることにも役立つ．

12週間目までに，雛が皮膚と頭部以外ほとんど何も残さずにラットをよく食べている場合，餌からマウスを徐々に減らしていき，成鳥が食べる別の品目を徐々に導入していくことができる．これには，巣内雛期では1週間に1回の成獣のウサギおよび1週間に1回の肉1kgに対して6gの炭酸カルシウム（$CaCO_3$）を添加して細切れにした馬肉（または牛肉）が含まれる．後者の肉は単独では不十分な餌であるが，他の全ての餌との組合せによって，食餌の一部とすることができ，ラットまたはウサギの供給が中断した場合に，この容易に用意できる餌を雛に食べさせることが可能となる．

巣立ちまでに，巣内雛は成鳥の餌を食べられるようになっていなければならない．ある1羽のカリフォルニアコンドルの餌は，1週間のうちの，1日にウサギ1頭，1日に（何も添加していない）ぶつ切りの馬肉600g，3～5日間に，1日当りラット4～5頭というようなことになる．雛に餌を与えている成鳥，巣立ったばかりの雛，および人工育雛されている幼鳥には，最も若い鳥が9～10ヵ月齢になって，1週間に1～2日の断食が実行できるようになるまでは，餌は毎日与える．

給餌方法

親鳥による給餌を誘導するために，雛は翼を素早く上下に動かす餌乞いをしながら，親鳥の嘴に向かって上方に体を伸ばす．すると親鳥は，一部消化された食べ物を吐き出し，雛はそれを食べるために親鳥の口の中に自分の嘴の一部を入れる．親鳥が吐き出す食べ物は，孵化直後の雛には非常に液状であるが，その後は次第に固形状になる．人工育雛の雛については，親指と人差し指を雛の嘴のそばに置くことで，雛からこの摂食反応を誘い出すことができる．初期の摂食では，小さなプラスチック製のスプーンで餌をゆっくりと雛の口へ滑らせることが最善の方法である．全ての液体を雛の口に入れることは重要で，それによって好ましい水分保有状態を確保できる．たいていの孵化直後の雛はスプーンまたは骨の破片といった硬いものを咬むと，摂食するのを止めて，そっぽを向く．そのため，このような事態を避けるように世話をしなければならない．いくらかの給餌者はスプーンを用いるよりも自分の指を使うことを好むが，この方法では液体を全て雛に飲ませることは難しい．いずれの場合にも，食べたがるものの不器用な雛にこれを上手く行わせるようにするには練習を要するものである．雛は早く食べすぎて鼻孔から液体を吐き出すことがあり，その場合には即座に拭き取らなければならない．雛が自発的に摂食しているかぎり，液体を肺へ誤嚥することはまれであるが，雛が誤嚥を起こしていないことを確認するために，数分間は状態をモニタリングしなければならない．

雛は1日目には早くも小さなカップから自分で摂食することを学ぶが，ほとんどの雛はこれを身につけるのに2～3日を要する．この段階で効率的な隔離飼育手順を遂行するためには，約72時間以内にこれを身につけさせることが不可欠である（図15-1）．これには50～75mlの浅く，明るい色のプラスチック製のカップが有効である．雛は生まれつき食物の赤色にひかれるもので，カップが丁度よい角度で置かれると素早く嘴を伸ばしてくる．これをうまく行うには，雛にも餌を与える者にも練習を要する．繰り返しになるが，この場合でも必要があれば給餌の最後にスプーンを用いて，雛が確実に液体を摂取することを確認しておかねばばならない．

餌の量は，規定量または体重によって制限されるものではない．というのも，これらの種においては，体重の過度の増加というのはこれまで問題になっていないからである．健康な雛の記録から，予測摂取量の基準を知ることができる．雛のそ嚢は，食間にはわずか5～10%だけが残る程度と

図 15-1 パペットを用いた 36 日齢のカリフォルニアコンドルの雛への給餌．（Mike Wallaces 撮影，ロサンゼルス動物園の好意による提供）

し，夜間には完全に空っぽになるようにすべきである．もしそうならなかった場合，そ嚢が空っぽになるまで，予定していた給餌は遅らせるか中止しなければならない．食べ過ぎるとか食べるのが遅い雛は，酸敗したそ嚢やその後に続くそ嚢停滞を引き起こし，人的介護を要するものである．

雛が育雛器から出され，タブ（たらい）に移されれば，餌は小さく浅い陶製の容器で与えられることになる．プラスチック製の容器も使われているが，陶製のものより軽量であるため，雛によって餌がこぼされやすい．雛が屋外の巣箱の育雛部屋（チャンバー）に移されてそこに慣れると，ネコ用の小さなトイレ箱のような浅いトレイの中に置いた大きめの容器に餌と水を入れる．このトレイは可動式の蓋が付いた特注のベニヤ板の箱にスライドして移動させることができ，飼育場の外から餌と水を交換することが可能である．また，このシステムは，雛が容器を巣箱の育雛部屋の中の届かない位置へ移動させてしまうことを極力少なくすることにも有効である．

巣立ち後，幼鳥と成鳥は通常，収容されている飼育場の中でのみ摂食する．その飼育場の大きさは，約 2×4×2.5m で，主要な飛行訓練用の飼育場の中に置かれる．これは鳥が習慣的にこの飼育場の中に入るような状況を作り，その戸は外から閉じることができる．それにより，スタッフは身体検査や移動のために鳥を容易に捕えることができるのである．餌はシュート（餌を下へ送り落とす装置）によって送られる．シュートは，直径 20cm のポリ塩化ビニル製パイプをカットしたもので，黒色に塗り，フェンスを通して 2m の高さになる下向きの角度に設置する．このパイプは，使用しない時にはポリ塩化ビニル製の蓋で覆う．収容場所や馴致用の飼育場の壁は，金属性の波板のような硬い素材で覆い，視界を妨げるようにする．給餌の際にスタッフが特に静かにし，視界に入らないようにさえすれば，鳥が人間と餌とを関連付けるということは事実上なくなる．

期待される体重増加

一貫して成長具合を比較するデータを得るために，毎日，朝一番の給餌の前に雛の体重を測定しなければならない．これは，雛が室内で育雛器または蓋のないタブで飼育管理されている時には簡単なことである．雛は孵化した初日には体重は増加しないものである．実際には，孵化時の体重の平均 1% は減少する．最初の体重増加はゆっくりとしており，2〜5 日目までは 1 日当たり 3〜5% 程度の増加であるが，6〜18 日目では平均 12%±5% の増加と急激に体重は増える（図 15-2）．19〜35 日目では，1 日当たりの体重増加は平均 7% であるが，増加率は 2〜16% と日

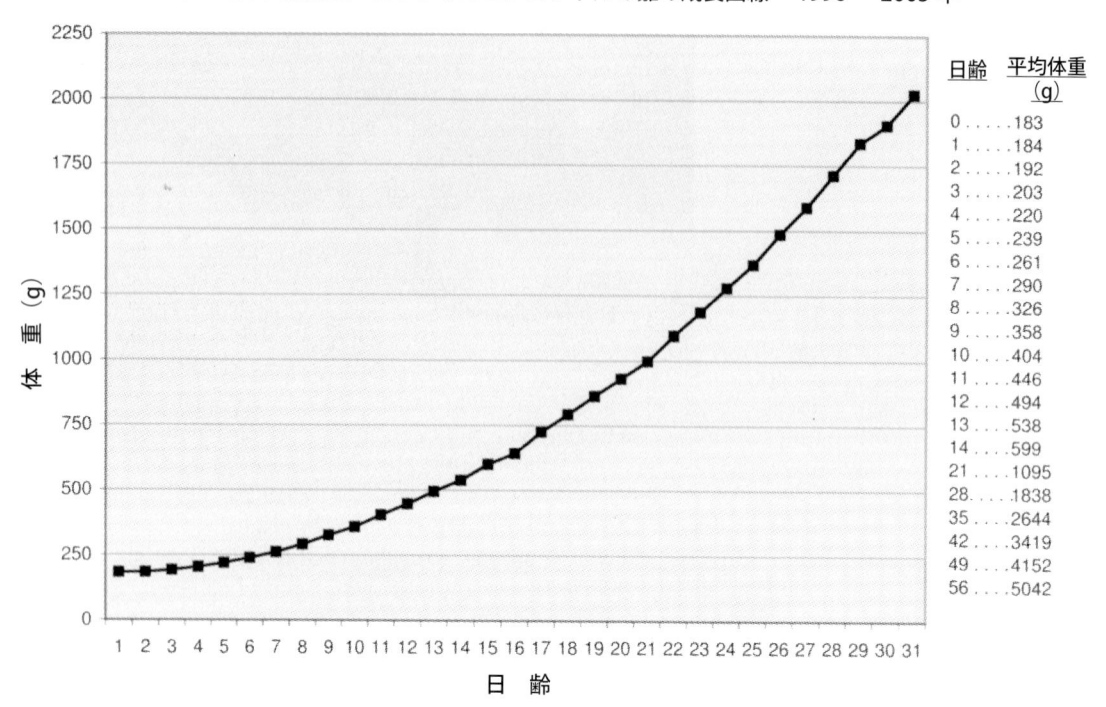

ロサンゼルス動物園－カリフォルニアコンドルの雛の成長曲線－ 1996～2005年

日齢	平均体重(g)
0	183
1	184
2	192
3	203
4	220
5	239
6	261
7	290
8	326
9	358
10	404
11	446
12	494
13	538
14	599
21	1095
28	1838
35	2644
42	3419
49	4152
56	5042

図15-2 カリフォルニアコンドルの雛の成長曲線．（ロサンゼルス動物園提供）

によって差が大きい．

いったん雛が屋外の育雛部屋または巣箱に移されると，もはや雛を毎日，直接取り扱うことができなくなるので，体重測定はかなり困難になる．この時期の体重は，例えば雛がワクチン接種される時のように，日和見的に測定されることとなる．雛が30～40cm程度の低い止まり木にジャンプして止まれるくらいに成長すれば，頑丈なスプリング式のはかり（バネ量り，Pelouze model 10B60のきわめて頑丈なはかりで27kgまで測定できる）に，ベニヤ板で作った収容箱を測定用の台の代わりに取り付け，それを育雛部屋の中に設置すればよい．お気に入りの止まり場所に設置すれば，雛を捕捉することなく，かなり一貫して体重のデータを得ることができる．また，このはかりは屋外の飛行用の飼育場の中でお気に入りの止まり場所を提供する頑丈な柱の上に設置すれば，巣立った幼鳥や成鳥の体重のデータも得ることができる．鳥ははかりの上で飛び跳ねる傾向があるので，ベニヤ板で作った収容箱は，飛行機作成用に設計されたナットとボルトを使ってはかりの台の上に取り付けるようにする．これらを見つけるのは少々手間がかかるかもしれないが，ハンググライダーや軽飛行機の店を訪ねてみるとよい．同様に，はかりの前面をカバーする軽重量の金属製の口金は，はかりの前面が順番に引き剥がされ，壊されてしまわないようにネジでしっかりと取り付けなければならない．電子はかりは特定の目的に基づいて，コンドルで使用されたことがあるが，コンドルと環境がはかりに与える衝撃があまりにも大きいので，実用的かどうかはまだ検証されていない．

他の多くの小型の鳥と異なり，コンドル類とシロエリハゲワシ属のハゲワシ類の雛は，巣立ち前に成鳥の体重に到達またはそれを超えることはない．巣立ち時には成鳥の背丈になっていることは

不可欠ではあるが，骨量と全体の大きさは1年以上，増加し続けるものである．

飼育環境

The Animal Intensive Care Unit（AICU）の育雛器（Lyon）はコンドル類やその他のハゲワシ類の人工育雛に最もよく使用されている．人間の幼児用の保育器を含めて，その他の強制空気循環型育雛器も，安定した温度と湿度が確保でき，大きくて活発な雛に物理的弊害を与えない構造であれば，使用可能である．親鳥または孵卵器のいずれの方法によって孵化したとしても，雛が孵化時に健康かつ強健であれば，35.0℃±0.5℃で35〜40%RHの育雛器に収容する．AICUにおけるこの温度での湿度水準は，貯水トレイが蒸留された水で満たされていれば，確保できる．それが低くても，コンドル類やシロエリハゲワシ属のハゲワシ類には問題はないことが確かめられているが，トキイロコンドルは最も高い湿度を必要とし，少なくとも50%RHは必要である．周囲の湿度が適切な状態で，温度が室温に近づくまで，育雛器内に2つ目の貯水トレイを置けば，湿度を増すことができる．約15〜20cm四方の長手の付いたプラスチック製の給餌コンテナに，蒸留水をある程度入れ，紙や布のタオル（水面における蒸発を促進させるために隆起状に束ねる）を置き，ワイヤーやプラスチックのメッシュで安全を確保すれば，かなりうまくいく．そのタオルは細菌の増殖を抑えるために，毎日交換しなければならない．

孵卵器と同じように，雛を育雛器に移す前には，その育雛器内の全ての部分の温度を測定し，熱すぎたり，冷たすぎたりする場所がないかどうか，そして補正すべき箇所がないかどうかを確かめることは賢明な方法である．AICUの孵卵器は，30℃以上で使用した場合，断熱のために，孵卵器の上に折り重ねたバスタオルを置き，タオルの下地を重ねたものを雛の下に敷くようにすれば，より安定的に適温を確保することができる．

もっと大きくて，力強い雛は最初の温度をもう少し低くしてもよいかもしれないが，逆に小型の雛や障害のある雛はもう少し高い温度が必要なものである．暑がっている雛は，四肢を伸ばすとか，または無気力でだるそうな様子をしているし，さらにひどくなると鼻孔の周囲に白い塩が付着してきて，脱水状態に陥ることもある．寒がっている雛は密着するように集まり，震えていたり，触ると冷たく感じたりすることもある．これらの雛の消化能力は低下し，そ嚢停滞や酸敗したそ嚢を誘発する危険性がある．

育雛器は白いテリー織のタオルを厚く敷き詰め，雛が脚を滑らせたり，開張させてしまったりしないように，一番上は全面を細かくしわくちゃにして居心地をよくする．最初にオートクレーブ（高圧蒸気滅菌器）でタオルを滅菌し，臍帯部の感染を予防するために滅菌した四角いガーゼの上に雛を乗せる．また，雛の脚が絡んで怪我をしないように，タオルから出ている緩んだ糸を注意深く取り除かなければならない．タオルは汚れたらすぐに交換しなければならない．

育雛器の温度は，各雛の望ましい状態に合わせながら，毎日約0.5℃低くしていく．これで3週間目には，育雛器の温度は約24℃になり，雛を蓋のないサイドが深いタブに移すことができる．この日齢になると，育雛器は1kgほどになった雛には小さ過ぎ，掃除をするのが難しくなっている．タブはVari Kennel（Petmate）のようなプラスチック製の動物輸送用枠箱を半分に切ったものに，ベニヤ板やメッシュ，または深いゴム製の給餌用タブ（Fortex）を用いてドア開口部をカバーするように修正する．タブはタオルだけで内側を覆うか，砕石した花崗岩またはタオルで軽く包んだ砂を底に8〜10cmの厚さに敷く．シロエリハゲワシ属のハゲワシ類は野外では木の枝でできた巣で育てられるので，日齢の進んだ雛の下にしっかりした木の枝をきっちりと組んでやると，足の発育に役立つかもしれない．底に敷物をする場合には，尿酸塩から生じるアンモニアの増加を防ぐため，少なくとも毎週交換しなければならない．雛が餌を敷物の中で引きずり，それを飲み込んでしまわないか，注意深く監視しなければなら

ない．この段階から雛は，長時間，すぐそばにある物を触って過ごすようになる．成鳥の清潔な換羽で落下した羽毛や石，堅い木の枝は大き過ぎて飲み込めず，巣でのよい「玩具」になる．

　もし，密着性の保温源を確保することが可能なら，数日早く，蓋のないタブに収容することも可能である．これらの若い雛への敷物としてはタオルのみである．タブの半分の下部にマットヒーターを置いてやれば，雛は自分自身で暖かさを求めて動き回ることができる．マットヒーターは，雛の飼育場の内側に直接設置してはいけない．なぜなら，雛または磨り減りによって配線がむき出しとなり，感電の危険性があるからである．2週齢以内の雛は体温調節のために自分自身で暖かさを求めて動き回ることが十分にはできないので，強制空気循環型の育雛器に収容すべきである．

　6〜8週齢になると，雛は成鳥の姿が見え，鳴き声が聞こえる屋外の育雛部屋に移す．これは，特にこの目的のために設計された飼育場または使用していない巣箱でも構わない．巣箱は，たいてい2×2×2mの大きさである．専用の育雛部屋の大きさは，この広さの2/3位でもよいし，トキイロコンドルではこれよりもさらに小さくてもよい．これらの側面は全てベニヤ板で作られ，飛行訓練用の飼育場に面した側面には，0.5〜1m四方の頑丈なワイヤーメッシュでカバーされた開口部がある．開口部の下は，雛が棚にジャンプして飛び移るほど成長した時に，自分の意思で直接，成鳥の飼育場を見ることができるように，頑丈な棚の止まり場を付けてあり，そこは床から約0.6mの高さの位置にしてある．カリフォルニアコンドルやトキイロコンドル用の巣箱のように，巣箱の床は10〜15cmの厚さの清潔な砂を敷き詰めておく．雛が屋内のタブから屋外の育雛部屋に最初に移された時には，移動を容易に行うため，慣れ親しんだものとして数枚のテリー織を部屋の下に敷いてやる．これは，いずれは取り去るもので，交換はしない．もし，気温が18℃を下回ったなら，保温ランプや放射熱源により補助的な保温を行わねばならない．これらの熱源は，大きくなった雛が直接それに触れないようにワイヤーメッシュで囲って保護し，部屋の1カ所以上に設置する．換気は，部屋の頂上付近に換気扇またはメッシュでカバーした窓を設置することにより行う．

　ベニヤ板やポリ塩化ビニルのパイプフレームに暗い不透明な防水シートを被せて作った暗いブラインドを育雛部屋の外側に取り付け，全ての雛の世話はこのブラインドからアクセスできる小さなドアを通して行われる．小さな窓は，10×30cmで自動車の暗い窓用着色フィルムを貼ってマジックミラーを作り出し，スタッフがパペットを用いて雛と交流が続けられるよう，アクセスドアの約10×20cm上に取り付ける．最初にこの窓を通して食物と水用の鉢を入れ，移動させる．しかし，雛はすぐに鉢を引きずり，手の届かないところに持っていくものである．雛が新しい飼育場の中に慣れ，給餌箱（この章の「給餌方法」のところで記述）に届くくらいに成長すればこれを使用できる．

　有線方式のビデオカメラは孵化から巣立ち，さらにそれ以降においても，雛を遠隔的にモニタリングするのに用いられる．これは，高性能な業務用のシステムでも簡単で安い保安カメラでもよい．

野外放鳥への準備

　人工育雛した後に野外に放鳥されるハゲワシ類の雛は，人間との接触を厳格に隔離するように注意深く管理されるとともに，野外での生き残りと長期間生存する機会を確保するために，同種の成鳥との社会性を獲得するよう注意深く管理されなければならない．ハゲワシ類は，タカ類，ワシ類，ハヤブサ類のような他の猛禽類とは異なり，小さな雛が自分たちの種に対して刷り込みを行う，生まれつき備わっている固有の時期というものはもっていない．しかし，ハゲワシ類は，死肉捕食者の種で必要とされる行動を学習するという能力の高さと先天的な好奇心の強さにより，すぐさま人間に誤った刷り込みをしてしまうのである．こ

の傾向は1歳を超えても続き，性的成熟年齢でようやく完全に消滅する．

視覚的および聴覚的に人間からの隔離は孵化後72時間以内に実行する．雛や幼鳥のそばではどのような話もささやきも許可してはならないし，そばで働いている人の音をマスキング（遮断）するために自然界の音のレコードを絶えず流しておくようにする．給餌とその他の世話は暗いブラインドをかぶった飼育担当者によって行うようにし，雛は育雛器であってもその後のタブであっても，明るい場所に置くようにする．ブラインドは，暗い不透明な布地のカーテンに腕の高さと開口部，陰影窓を設けて作成する．袖ぐりの布地は隙間ができないように重ねるようにする．窓は20×30cmの大きさで，2つまたはそれ以上の窓用スクリーンや陰影布地を張り，使用しない時は暗い布の垂れ幕でカバーしておく．カーテンは壁またはポリ塩化ビニルのパイプフレームに取り付けたケーブルから吊るす．暗い布地は，ブラインドの天井を張るのにも使われる．

まるで生きているように見える「カリフォルニアコンドル（またはその他のハゲワシの種でも）パペット」は雛と交流をもつために使用される．パペットは，アクリル製の頭部，ガラス製の剥製用の眼球，エルクの皮で作られ，飼育担当者の上腕に通す人工の毛皮で作った袖に取り付けられる（図15-3）．パペットはめったに雛への給餌には用いず，むしろ社会的な相互作用，雛への羽づくろいや過剰な独断的行動や外部騒音への反応に対する叱責行動のような，カリフォルニアコンドルの両親が雛に行うのと同じ行動や反応を可能な限り，雛に与えるという役割を担っている．飼育担当者のもう一方の腕はゆったりとした，先が閉じている軽くて黒い布地の袖で覆う．これにより，雛とその周囲の物を実に巧妙に取り扱うことができる．

毎日の体重測定や清掃または医療処置のために，雛を育雛器から移動するには，パペットと袖を用いて，まず暗い掛け布を雛の上に緩く掛ける．飼育担当者は，カーテンを開け，布を被せた雛を体重測定のための深いコンテナに入れる．この際，雛に適切な換気が行われているかを確認することはきわめて重要なことである．というのは，血液中の酸素を運搬する能力が生まれつき低いからである．もし，体重測定用のコンテナの片面に無数の換気孔があり，常に飼育担当者に向き合ってない状態であれば，掛け布をコンテナの上に緩く掛けるだけで，隔離した状態を確保することが可能である．

日常の世話で視覚的に隔離する新しい方法は，緩い袖をフードとして用いる方法である．雛は生まれつき，物を詮索したり，押したりする習性が

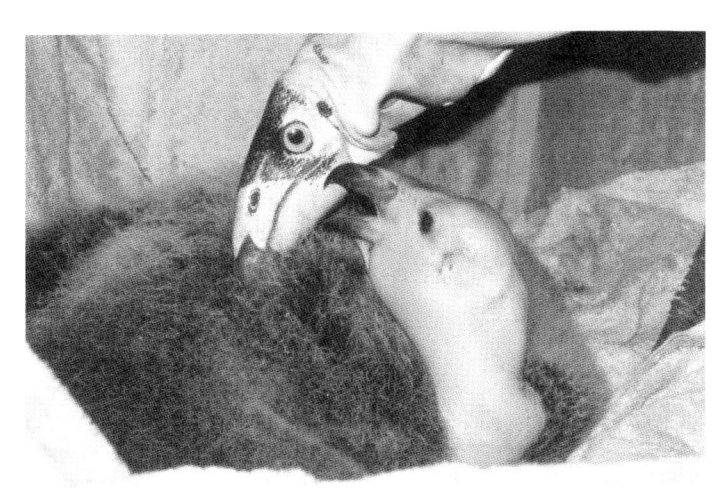

図15-3 パペットと触れ合う46日齢のカリフォルニアコンドルの雛．（Mike Wallaces撮影，ロサンゼルス動物園の好意による提供）

あるので，飼育担当者は，袖で覆われた手で雛の頭をそっと包み，それから袖全部を反転させて雛の頭をすっぽり覆うというものである．挿入部分である開いた方の袖の端は，柔らかいゴムで閉じ締められるようになっている．掛け布の時と同じように，フードをかぶせた雛は，短時間の拘束とし，適切な換気を確保しなければならない．布地が軽ければ，ゴムが挿入されている端の閉じ具合はわずかに緩やかなだけでよく，それで雛はいらいらせず，換気も確保できる．掛け布またはフードをかぶせられた雛は抱雛されている時や暗い時と同じような行動を取り，大変リラックスしているものである．しかしながら，隙があれば，掛け布の下からまたはカーテン越しに詮索し，頭を突き出そうとする．これは小さな問題のように思われるが，雛はこの人間へのわずかな面識にすぐに慣れてしまうので，飼育担当者はこれを起こさないように常に注意深く対応しなければならない．

うまく隔離が行えていても，もし過剰に人の手で取り扱われたり，多くの新しい経験に対して感覚が鈍くなっていたりすると，あらゆる変化に慣れてしまう可能性がある．このため，雛がいる環境の中での動きやその他の変化，身体の拘束，他の雛への面識については，完全に最小限にとどめるようにしなければならない．日齢の進んだ雛や幼鳥については，彼らの警戒心が少なく，日常の日中の活動と関連付けのない夜間に，移動や検査を行うのが最善な方法である．

雛が大きくなり，屋外の育雛部屋に移動すれば，パペットが成鳥のカリフォルニアコンドルの役割を果たすことは次第にふさわしくなくなり，時間が経過するにつれてパペットの使用は減少する．雛はこの代理の親に過度に攻撃的になり，しかるべき雛と成鳥との行動関係はなくなってしまう．この段階で，他の成鳥のカリフォルニアコンドルとの視覚的かつ聴覚的な接触が，雛にとっての適切な模範を示すことになるのである．カリフォルニアコンドルでは，独身の成鳥雄のよき指導個体は，人工育雛している雛の近くで飼育され，雛が巣立ちをすると，1羽ずつその雄の飼育場の中に入れられる．雄は，雛に対して雌よりも寛容的なことが分かっている．雌は多くの場合，雛に対してはるかに攻撃的であり，特に，近くに1羽の成鳥雄しかいない時はなおさらである．雌は，1歳以上の幼鳥にとってはよき指導個体である．指導個体は，人間を避けるかまたは少なくとも人間に興味を示さないという，人間活動に対して適切な行動を行う個体が選ばれる．人間活動や新しい事象に好奇心が強い個体は，たとえその個体が群生活をしていたことがあったり，またはよい両親であったりしたとしても，指導者としてはふさわしくない．若鳥を適切に育雛する目標は，新しいことには慎重であるとともに，競争性かつ序列的な個体群における社会干渉に必要な技術と自信を獲得させることである．

細心の方法で実施されるこの人工育雛の方法により，野外で育った個体と同じように野生的な雛を生産することができる．これはいったん，幼鳥が放鳥されればうまくいく方法ではあるが，飼育下にとどまっている間には注意深い管理が必要である．巣立った幼鳥は，突然驚いた場合には，飼育場のメッシュに向かって飛行し，高いところまで登ろうとするため，最終的に嘴にかなりの力が加わり，嘴にひびが入ったり，折れたりすることがあり，かなりの治療が必要となることもある．これを避けるため，巣立ち前に，雛の嘴の先端を爪やすりを用いて鈍くしておく．

カリフォルニアコンドルの幼鳥は，人工育雛であっても，親鳥による育雛であっても，14〜18ヵ月齢までは，最初の成鳥の指導個体のもとにとどまる．集団の中の全ての幼鳥が適切な信頼と社会的な行動を獲得したことが確かめられた時点で，野外に設置してある放鳥前段階の飼育場に移動させることになる．この飼育場は，飼育下での繁殖用の飼育場と同様のものである．幼鳥の集団は，数週間〜数ヵ月間，成鳥の指導者と一緒にこの施設に滞在し，放鳥後に遭遇する食物や環境に適応していく．いったん放鳥されれば，幼鳥が野外に慣れながら獲物を見つけ出すことおよび再捕獲できることを確保するために，生物学者は飼

育場の近くに動物の死体を置き続ける．

飼育下の群への移入準備

飼育下での繁殖または展示用の目的で人工育雛された個体もまた，前述した方法で育雛すべきである．しかし，巣立ち後における人間活動への接触を避ける予防措置はそれほど厳密なものでなくてもよい．主として考慮すべき事項は，雛の発達に食物源として人間が強く関連付けられないようにすることである．というのは，これが雛の攻撃性を引き起こすからである．幼鳥を飼育下での生活の特別なことに故意に慣らせる必要はない．スタッフが幼鳥との干渉を促進したり，接近を抑制したりすることなく，清掃や飼育場の維持管理といった日常的な活動を行ってさえいれば，幼鳥は人間の世話による利益を感じたりすることもなく，飼育下の環境に自然と順応していくものである．

教育プログラムのための行動訓練

教育プログラムに従事する個体は，両親による育雛または巣立ちまで隔離して育雛されなければならない．隔離の予防措置が行われずに人工育雛した個体は，幼鳥段階までは大変優しくて，飼育担当者に対してリラックスしている．しかしながら，これらの個体は性的成熟に近づくと，次第に攻撃的になり，特に育ててくれた人以外の人間に対しては攻撃的となる．両親による育雛または隔離して育雛された個体ですら，特に雄はこの年齢では次第に向かってくるようになる．これら大型のハゲワシ類に対しては，有能な動物訓練経歴，理想を言えば，鷹匠技術と様々な種に対応する一般的な効力のある調整技術の両方を兼ね備えた経歴をもった人によって，教育プログラムにのための最善の訓練が提供されるのである．教育プログラムに使われたハゲワシ類は一貫してうまく管理されれば，その後に優秀な繁殖個体となるかもしれない．若い時に適切に取り扱われなかった成鳥個体は，手に余ったり，危険になったりして，プログラムから外すことを余儀なくされるかもしれない．これらの個体は他のハゲワシと融合するための社会性能力が欠けているために，展示個体としてもふさわしくないことがあり，よい両親にもなれない．これらの種に長生きをしてもらうためには，初期段階からの注意深い，情報に基づく管理が不可欠なのである．

謝　　辞

ロサンゼルス動物園のスタッフおよびカリフォルニアコンドル復活プログラム（California Condor Recovery Program）の多くの方々に感謝します．彼らのカリフォルニアコンドルとその他の全てのハゲワシに関するこの仕事はこの章の基盤です．彼らとは，数名をあげると，飼育係りの Mike Clark, Chandra David, Debbie Sears, Dawn Swalberg, Marti Jenkins, Laurie Ahlander, Nancy Thomas, 獣医師の Cynthia Stringfield, Janna Wynne, Leah Greer, Russ Burns, P. K. Robbins, Michelle Miller, Scott Amsel, Ben Gonzales, 動物看護師の Jeanette Tonnies, Julie Sweetdearu です．カリフォルニアコンドル復活のチームリーダーであり，ロサンゼルス動物園の前鳥類責任者である Mike Wallace 博士は復活プログラムの主要な原動力でした．彼らの能力は驚異的であり，彼らの情熱は人々を奮い立たせるものです．

関連製品および連絡先

Aventis (Sanofi-Aventis), 300 Somerset Corporate Boulevard, Bridgewater, NJ 08807-2854, (800) 981-2491, (800) 207-8049, http://products.sanofi-aventis.us/lasix/lasix.html.

Avian Biotech International, 1336 Timberlane Road, Tallahassee, FL 32312-1766, (850) 386-1145, (800) 514-9672, http://www.avianbiotech.com/buddy.htm.

Purdue Pharma L.P., Stamford, CT, (800) 877-5666, (203) 588-8000, http://www.pharma.com.

Fort Dodge Animal Health, West Nile Vaccine

Product Manager, P.O. Box 25945, Overland Park, KS 66225-5945, (800) 477-1365 (U.S.), (800) 267-1777 (Canada), http://www.equinewestnile.com/index.htm.

Fortex Fortiflex, (800) 468-4460, http://www.fortexfortiflex.com/rubberpans.html.

Lyon Technologies, Inc., 1690 Brandywine Avenue, Chula Vista, CA 91911, (888) 596-6872, http://www.lyonelectric.com.

Pelouze Scales, Rubbermaid Commercial Products, 3124 Valley Avenue, Winchester, VA 22601, (800) 950-9787, (888) 761-8574, http://www.pelouze.com.

Roche Pharmaceuticals, Hoffman-La Roche, Inc., 340 Kingsland Street, Nutley, NJ 07110, (973) 235-5000, http://www.rocheusa.com/products/rocephin/pi.pdf.

Ross Consumer Products Division, Abbott Laboratories, 625 Cleveland Avenue, Columbus, OH 43215, (800) 227-5767, http://www.pedialyte.com.

Petmate, P.O. Box 1246, Arlington, TX 76004-1246, (877) 738-6283, http://www.petmate.com/Catalog.plx.

参考文献および資料

Bernard, Joni B. and Allen, Mary, E. 1997. Feeding captive piscivorous animals: Nutritional aspects of fish as food. In Nutrition Advisory Group Handbook. Association of Zoos and Aquariums, Silver Spring, Maryland.

Clark, Michael, Wallace, Michael, and David, Chandra. 2006. Rearing California Condors for Release Using a Modified Puppet-rearing Technique. In press.

del Hoyo, Josep, Elliott, Andrew, and Sargatal, Jordi, eds. 1994. Handbook of the Birds of the World. Volume 2. New World Vultures to Guineafowl. Lynx Editions. Barcelona.

Ferguson-Lees, James and Christie, David A. 2001. Raptors of the World. Houghton Mifflin Co., New York.

Heidenreich, Manfred. 1997. Birds of Prey: Medicine and Management. Blackwell Science, Oxford.

Koford, Carl B. 1953. The California Condor. Dover Publications, Inc., New York.

Kuehler, Cynthia M., Sterner, Donald J., Jones, Deborah S., Usnik, Rebecca L., and Kasielke, Susie. 1991. Report on the captive hatches of California Condors (*Gymnogyps californianus*): 1983–1990. Zoo Biology 10: 65–68.

Ritchie, Branson W., Harrison, Greg J., and Harrison, Linda R. 1994. Avian Medicine: Principles and Application. Wingers Publishing, Inc., Lake Worth, Florida.

Romagnano, April. 2003. Avian Pediatrics. Proceedings of the International Aviculturists Society.

Snyder, Noel F.R. and Snyder, Helen. 2000. The California Condor: A Saga of Natural History and Conservation. Academic Press, San Diego.

Wilbur, Sanford R. and Jackson, Jerome A., eds. 1983. Vulture Biology and Management. U.C. Press, Berkeley.

16
サ ギ 類

Megan Shaw Prelinger

生物学的特徴

　コウノトリ目サギ科[*1]には，65種のサギ類が属する．北米ではこのうち10種のサギ類が見られる．サギ類はいずれも樹上営巣性の鳥であるが，木のない地域では時おり地面に巣を作る．サギ類はいずれの種も晩成性で，雛は綿羽に覆われている．サギ類は集団で営巣し，ふつう1つの巣に2～4羽の巣内雛が孵化する．抱卵期間は，その種の大きさによって異なるが17～28日で，雛は21～30日で巣立ちする（Dent 1963）．いくつかの種では，雛が巣立ったあとも，親が雛への給餌を短期間続ける．

　サギ類は三前趾足をもち，趾の3本は前を向き，1本が後ろを向いている．各趾には鋭くとがった爪がついており，著しく長くて伸張性の強い丈夫な趾と鋭い爪を用いて，様々な太さの枝をがっちりとつかむことができる．

　成鳥は様々な食物に適応している．小魚や水生無脊椎動物が彼らの好物だが，どのサギ類も大なり小なり補助的な食物として，小型の齧歯類や昆虫にも頼って生きている．幼鳥は最初の数日は親から吐き戻された餌を食べるが，すぐに巣の中に置かれた餌をくわえ上げることを覚える．

人工育雛への移行

　サギ類は群居性で集団営巣する鳥であり，他の科の鳥に比べ，人間の多い少ないには鈍感である．生後初期や生後数週のうちに多くの雛が巣から落下している．人里離れた環境にあるコロニーで生まれた雛は，落下しても草むらの中に隠れて，親から餌をもらうことができる．街中や郊外のコロニーは，丈の高い自然草地の上ではなく，丈の短い草地や舗装の上に立地していることが多いので，落下した雛は捕食者である猛禽類やイヌ・ネコ，そして自動車からの被害を受けることが非常に多い．このように，落下した巣内雛は全くの無防備な状態に置かれる．しかも，雛は通りかかった子供や大人から嫌がらせを受けたり，「誤認救護（誘拐）」されたりする．こうした人間の介入は，その後すぐにリハビリテーターが関わらなければ，雛の命を奪うことになりかねないものである．

　高い枝から落ちた巣内雛や巣立ち雛は，骨の損傷および軟組織の打撲を負っていることが多い．最も危険な点は，サギ類の雛は，たとえ温暖な日であっても致命的な低体温に陥りやすいことである．また，雛が健康で元気であっても，木が高すぎてコロニーに戻すのが不可能な時もある．

育 雛 記 録

　親からはぐれた，あるいは負傷したサギ類の発育中のよく似た個体を一緒に育て，世話するうえで重要なことは，1羽1羽についての記録をつ

[*1] 訳者注：原著ではsuborder Ardeidae（サギ亜目）となっているが，サギ科のほうが実用的と考えられる．

けることである．傷の回復過程や，救助から放鳥までに鳥が辿る過程においてキーポイントとなる発育段階を，追跡記録して書き留めることも重要である．サギ類の雛は特定の場所，特定の時期にかたまって救助される傾向があるので，リハビリテーターは鳥を個別に育てるよりも，群で人工育雛することの方が多い．雛の体を覆う羽毛の発達を，継続して詳細に記録するのも重要である．というのも羽毛の成長過程は，鳥の体温維持能力および飛翔学習の開始を決定する要素だからである．同時に，これらは鳥を育てる過程で，どの雛を現段階から卒業させて次の段階へ進めるかを決めるのに，最も重要な基準でもある．

こうして注意深く記録を行うことにより，鳥を適切な日齢の群に分けることができる．そうすることで仲間同士の群の社会化を促進し，異なる発育段階の雛を同じスペースで飼育した時に起こり得る，仲間同士の攻撃の問題を避けることができる．

育雛初期のケア

サギ類の雛における低体温対策の重要性は，どれほど言っても足りないほどである．サギ類は生後2～3週の間は，たとえ暖かい日でも巣の外では体温を保つことができない．リハビリテーターはサギ類の雛の到着を待つ間に，手持ちの育雛器やケージを熱源ランプで予熱して，中の温度を37.7℃，湿度を40～50%にして備えておくべきである．幼鳥はたとえ元気であっても，到着するなりすぐにこの暖かな環境に入れる（図16-1）．新入りの患鳥は検査等を行う前に30～60分休ませて暖めるべきである．鳥が眠るように活気がなかったり，反応が鈍い時は，ラクトリンゲル液のような滅菌された補液剤を温め，体重の5%（50ml/kg）を皮下投与するか，電解質液を飲ませる．完全な身体検査を終えるまでは，追加の水分もいかなる栄養分も与えないこと．

元気いっぱいのサギ類の雛は経口補液の適用外である．サギ類の雛は，親が巣に運んでくる大きな魚や齧歯類，昆虫を飲み込むために，たいへん大きく口と喉を開くことができる．ところが15gもの魚を飲み下すこともできるこの大口開けの能力は，経口補液を拒むように機能してしまうのである．すなわち，補液の後に彼らが喉を開くだけで，与えた水分は，前胃から彼らの目の前のケージ床にすっかりこぼれ落ちてしまう．そればかりか，要らぬ誤嚥の危険まで生じる．皮下に針を刺して補液すれば，誤嚥のリスクを避けられる．

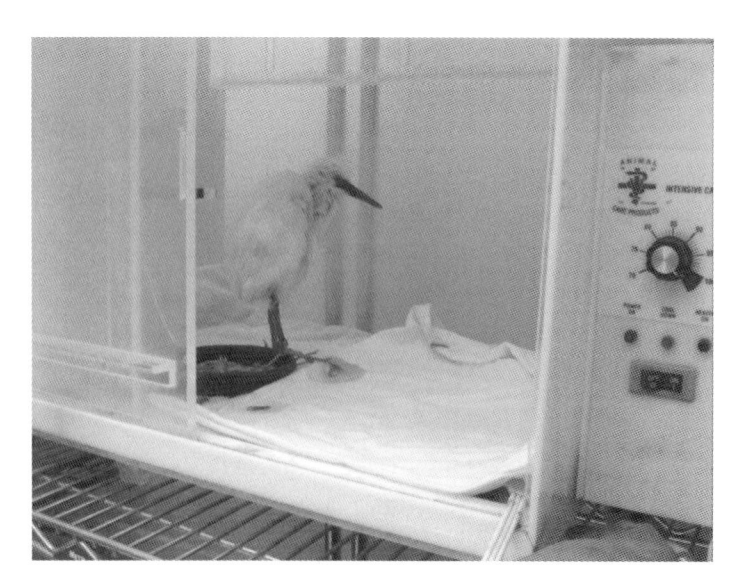

図 16-1 補助的にマットヒーターを入れた，育雛器の中で暖められているユキコサギの巣立ち雛．

幼綿羽しか生えていない，ごく幼い雛が運ばれて来た場合は，皿にタオルを並べて入れ，立てるように体を支えてやる．サギ類では一般に，正羽と飛翔羽が生え始める段階まで発育しないと，自力で体を支えたり，辺りを見渡したりできない．

鳥が暖まって元気になったら，総排泄腔温度の測定と嘴から趾までの身体検査からなる，徹底した受け入れ時検査を行わなくてはならない．雛の体温測定には人用のデジタル体温計が適している．繊細な組織を傷つける恐れがあるので，体温計の先端だけを慎重に挿入すること．

自力採食している雛の体温は餌を与える前に測定すべきである．お腹を空かせた雛が，先ほどまで冷蔵されていた魚を大量に食べた場合は，体温計が低い温度を示すし，餌を消化したての鳥では体温が上昇するので，正確な体温が読み取れないからである．

罹りやすい疾病と対処法

サギ類の雛は，育雛のどの段階においても，骨の損傷や変形を起こしやすい．保護期間中は毎日欠かさず，砕いた，あるいは粉末の炭酸カルシウムを餌に振りかけ，カルシウムを補ってやる．

人工育雛期間中は，雛に跛行や翼下垂といった毛髪様骨折や骨軟化症を示唆する徴候がないかを定期的にチェックする．これは，カルシウムを経口補給する手段をもちあわせていない時には，特に重要である．初期段階の骨の損傷は，かすかで分かりにくいことがしばしばあり，台上の検査では判明しないことがある．

搬入時や人工育雛の過程で跛行や翼下垂がみられれば，患部を軽量支持包帯で包んで固定する．固定法にはベトラップ（Vetrap, 3M）を用いた8の字包帯法（翼向け）もしくは副木の使用，軽量支持包帯の使用，サムスプリント[*2]（SAM Sprint, SAM Medical Products）かベトラップあるいはその両方（脚や趾向け）を用いる方法などがある．患部の悪化を防ぐため，患鳥は行動の制限されたケージに入れる．例をあげると，屋内や屋外の飛翔用鳥舎（フライトケージ）で跛行している巣立ち雛を見つけた場合は，鳥を収容し，鳥が立つには十分だが，数歩も歩くことのできない小さなケージに入れる．また，できれば壁と床にはパッドをあて，バランスを崩した際に損傷が悪化するのをできるだけ防ぐべきである．同時に，骨の治癒過程を助けるよう，鳥のカルシウム摂取量を見直すべきである．添加したカルシウムの吸収をよくするため，ビタミンDを経口投与もしくは筋肉内投与する．かかりつけの鳥を診られる獣医師に相談して，骨の成長を助けるサプリメント（栄養補助剤）のその種に応じた適切な組合せと用量を教わること．なお，ビタミンDの過剰投与は軟部組織へのミネラル沈着の原因となる．

関節の腫れは，くる病の徴候である．くる病はカルシウムあるいはビタミンD_3の不足や，餌中のカルシウム−リン比が不適切であると起こる．骨の正常な発育のためには，餌にはリンの倍の重量のカルシウムが含まれていなくてはならない．

多くの巣内雛は落下の際に打撲や裂傷を負っている．なかには，落下時に致命的な内臓の損傷や内出血を負っていることもある．腹部の皮膚に明るい光をあてると，体腔内の出血を明らかにすることができる．これらの損傷の重篤度を最も明らかにしてくれるのはX線写真である．

体表面の裂傷は，グルコン酸クロルヘキシジンやベタジンの希釈液で毎日洗浄すること．もし裂傷が表面のみにとどまり，小さくなり，清潔で2次癒合を通してすでに治りかけているなら，ふつう毎日の洗浄だけで十分に早期治療できる．新鮮な裂傷や深い大きな裂傷は，洗浄と，テガダーム（Tegaderm, 3M）かBioDres（DVM Pharmaceuticals）（併用も可）のような局所包帯を用いてふさぐべきである．筋肉，骨，腱が露わになった裂傷では，獣医師に外科手術による縫合を検討してもらうこと．新規受け入れ個体の裂傷を調べる時には，穴のあいた創傷があり得るので注意深く調べること．とりわけ鳥の落下にネコが関わっている恐れのある事例ではよく調べるこ

[*2] 訳者注：折り曲げ可能な板状の副子．

と．ネコに咬まれたことが確かめられた鳥には，ネコの口内に常在するパスツレラ菌（Pasteurella multocida）といった病原菌に効果のあるクラバモックス（Clavamox，アモキシシリンとクラブラン酸の合剤）やセファレキシン（Cephalexin）による治療を行う．

水上や水辺にあるルッカリーから救助された幼鳥では，釣り針や釣り糸による創傷，油汚染，船舶との衝突といった，水鳥に一般的な創傷を負っていることも多い．こうした怪我を負う確率は，同じ種では成鳥に比べると当歳の若い個体では低いけれど，もしその若い個体が水辺から救出された場合ではそのような創傷が起こりやすいことを忘れてはならない．

サギ類は寄生虫の重度寄生による衰弱に陥りやすく，時には寄生虫性の腹膜炎を起こす．受け入れ検査時には，鳥の腹部の触診を組み込み，腹部をそっと，しかし徹底的に触診して，硬くなった部分がないかを調べるべきである．さらに，舌の近位の皮下組織に虫の這ったあとがないか，口内を調べる．重度寄生による腹膜炎は，しばしば縦横無尽に隆起した線が走る，固くてごつごつとした腹部から分かる．糞便検査により，感染している内部寄生虫の種を特定する．糞便検査で陽性が示されたら，原則的には駆虫薬を用いて積極的に治療すべきであるが，いかなる薬物も，動物の全身代謝の状態と比較考慮して使用すべきである．なかにはプラジカンテルのように，巣内雛や小さい巣立ち雛には致命的な駆虫薬もある．また，フェンベンダゾールは羽毛の発育への影響があるので，当歳の鳥への使用は禁忌である．リハビリテーターは，若い個体や衰弱した鳥の治療に当たっては，鳥を診られる獣医師の指示を受けること．

餌のレシピ

野生のサギ類の若い個体は魚を基本に小型の齧歯類や大型の昆虫を含む多様な食物を食べている．オオアオサギ（Ardea herodias）は小型のサギ類に比べ，小動物を多く食べる．アマサギ（Bubulcus ibis）は他のサギ類に比べ，水辺に向かうことが少ない．ゴイサギ（Nycticorax nycticorax）は他種に比べて魚に極端に依存している．これらの一般的傾向および特殊性を網羅した，サギ類の栄養要求を満たす基本的な餌のセットを備蓄しておくことができる．この基本セットには，飼育下での主食となる，塊で冷凍した小魚（5～20gの大きさのシシャモやニシン）および冷凍マウスと生きた昆虫を十分に貯蔵しておく．リハビリテーターが他の鳥のためにミルワーム（Tenebrio monitor）を飼っているなら，一部を別の容器で飼って成虫まで育てる．こうした虫は放鳥前の飛翔用飼育場における，生きた餌を探す訓練用のよい餌になる．サギ類の幼鳥は1日に体重の半分の餌を食べることもあるので，彼らの餌の大部分を生餌に依存することは現実的ではない．人工育雛中は常に，カルシウム錠を砕いたものを餌に振り掛けること．

魚をベースとした餌に加えて，解凍し4つに分割したマウスを取り入れることができる．マウスはどのサギ類でも使用でき，1羽につき1日に1頭のマウスを与えて，鳥に魚以外の食材を試す機会を与える．リハビリテーターは，その種のマウスを好む度合をみて，どれくらいの量与えるかを見極めることができる．

給餌方法

孵化直後の雛

孵化直後の雛には，水か電解質に浸しておいた魚の切り身に，カルシウムの粉末を振りかけて与える．それぞれの切り身に尖った部分が2ヵ所できるよう，魚を斜めにスライスして作るのが大切である．幼鳥は口の中で，本能的に餌の「頭」と「尾」の先端を見つけて，餌を喉に運ぶことを学習する．斜めにスライスするだけで，切り身は十分に小魚の代替物としてはたらく．人に馴れないように，手にはそれらしい外観の靴下やパペット（鳥型の人形）をはめて偽装する．サギ類は他の鳥に比べて刷り込みを起こすことは珍しいが，誤って刷り込みしないように常に最善の注意を払

うべきである．雛が自力採食を始めるまでは餌を毎時間与え続けること．

与える魚の切り身のサイズは，雛のサイズに合わせること．アメリカササゴイ（*Butorides virescens*）の孵化直後の雛は100gほどのサイズであるが，10gのシシャモを4分割した切り身を与える．サイズ上，対極に位置する最も大型のサギ類，オオアオサギとダイサギ（*A. alba*）は，孵化直後の雛ですら10gの魚を丸のみすることができる．ユキコサギ（*Egretta thula*）の雛とゴイサギの孵化直後の雛には半分に切った5gの切り身を与えることができ，巣内雛においてはすぐに切らずに丸ごと食べるようになる．

サギ類の孵化直後の雛は，大口開け行動をしないことから，給餌の際は口を開けさせなくてはならない．嘴のわきを魚で小突いてやると口を開くことがある．弱った雛や育ちの遅い雛には，魚を見て反応するようになるまで，最初のうちは強制給餌する必要があるだろう．

巣内雛は，周囲を認識できるようになると，親が残してくれるはずの餌を求めて床に目をやるようになる．ゆえに，雛のケージ内に餌皿をおいて，餌のある光景になじませること．餌の時間には，努力を惜しまずに，幼鳥が目の前に置かれた魚の入った餌皿に気づくように誘導し，自力採食を促すべきである．自力採食用にケージに入れた魚の切り身は，深さ1cmの皿に入れ，真水に浸してカルシウムの粉を「雪のように」軽く振りかけておくこと．自力採食している鳥は，餌皿から魚をつまみ上げるたびに，一緒に口いっぱいに水を含むことで十分な水分を摂取できる．サギ類の幼鳥は，まだ綿羽で覆われたきわめて早い時期から自力採食できる．彼らが食べる量を甘くみてはいけない．ゴイサギは大食漢の典型で，数回に分けて1日に体重の半分の魚を食べることができる．なお，サギ類は食べた量に比例した量の糞をするとは限らない．

巣内雛と巣立ち雛

部分的に，または完全に羽毛の生え揃ったサギ類の雛には，自力採食する能力があるはずである．雛は，立ち上がれるくらいたくましくなるとすぐに，ケージの床に餌がないか探し始め，目の前のケージ中央に置かれた魚の入った皿を簡単に見つけることができる．巣内雛に自力採食の訓練を行うには，（止血鉗子を使って）鳥の目の前で魚を，しぶきを立てて餌皿に落とし，嘴のわきを魚で小突いてやる．そこで鳥が食べようと口を開けた時に，再び魚を餌皿にバシャンと落とす．餌皿は頻繁に中をチェックして，空になっていたら魚を補充する．たとえ自力採食を覚えたての鳥であっても，魚を丸ごと受け入れるなら，迷わず丸のままで与えること．

期待される体重増加

体重は毎日計測すること．1日当たりの体重の増減は10%以内に収まるのがふつうである．何日も続いて体重増加がみられない時や，3～4日以上体重の減少傾向が続く時は，直ちに何らかの手を打つこと．サギ類の雛は体重の20%近い量を一度の食餌に食べるので，消化した餌からの影響によるばらつきを減らすために，体重は朝一番に計測すること．なお，羽毛の状態から見て同程度の発育段階にあると思われる鳥でも，個々の大きさはかなり異なることがある．表16-1に受入時と，育雛中に鳥を移し換える3つの時点での体重を示した．

体温維持能力の発達の確認

親からはぐれたサギ類の雛を人工育雛するうえで主要な指標となるのは，体温維持能力の発達である．孵化後8～12日までのサギ類は，きわめて低体温に陥りやすい．彼らの正常体温は39.5～41.1℃である．新たに搬入された個体では，容態が安定するまでとても低い体温を示すことも珍しくない．それゆえに，シーズン中は常に，鳥を安定化させるための環境を整え，あらかじめ暖めて，いつでも使えるようにしておく必要がある．

サギ類の人工育雛を計画しているリハビリテー

表 16-1 受入時，飼育期間中，放鳥時の体重

	種		
	アメリカササゴイ	ユキコサギ	ゴイサギ
受入時の平均体重	156g	252g	477g
24℃のケージへ移したときの平均体重と	198g	316g	584g
受入からの平均日数	3日	5日	3日
放鳥前のケージへ移したときの平均体重と	205g	364g	708g
受入からの平均日数	8.5日	9日	10日
放鳥時の平均体重と	233g	380g	755g
受入からの平均日数	14日	18日	22日

ターは，以下の体温調節補助の4つの主要な段階を念頭に入れて飼育計画を作成する．

- ステージ1：37.7℃．湿度40〜50%の環境．あらゆる日齢の低体温に陥った鳥を最初に安定化する時と，孵化直後の雛，巣内雛を飼う時（図16-1）．
- ステージ2：30℃の環境．羽毛の伸び始めた早期巣立ち雛を飼う時（図16-2）．
- ステージ3：21〜24℃（室温）の環境．背中全体と腋窩，脇腹，飛節，腰部の羽毛が成長中の巣立ち雛を飼う時（図16-3, 図16-5）．
- ステージ4：変動する外気温下の環境．背中全体と腋窩，脇腹，飛節，腰部が正羽に覆われた巣立ち雛を飼う時（図16-4，図16-6，図16-7）．

最初の3つのステージのケージでは，マットヒーターと熱源ランプを必要に応じて取り外しできるようにして，基本のステージからの移行段階を作り出すための温度調整補助を行う．それぞれの移行段階では，鳥を念入りに観察し，彼らが新しい温度環境で快適に過ごせているかどうかを確かめる．鳥をステージ1と2で飼育する間は，総排泄腔の温度を毎日測定する．鳥をステージ3に移したら，初日はケージの一方の隅にマットヒーターと熱源ランプをおいて，最初の2日間，もしくは新しい環境に鳥が落ち着くまで，毎日体温を測る．また，幼鳥を新しい環境に導入して，行動に変化が見られた時には，必ず体温をチェックする．食欲不振，背を丸める，鳴かずに座っているといった行動の変化は，いずれも体温を維持できず苦しんでいる可能性を示している．こうした徴候を示す鳥や，体温が39℃以下の鳥は，1つ前のステージに戻して，24〜48時間後に再評価するべきである．

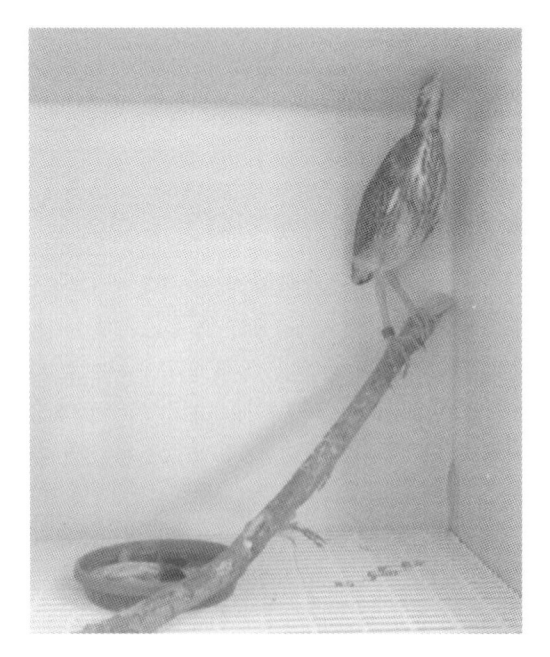

図 16-2 標準的な動物医療用ケージ内のアメリカササゴイの雛．

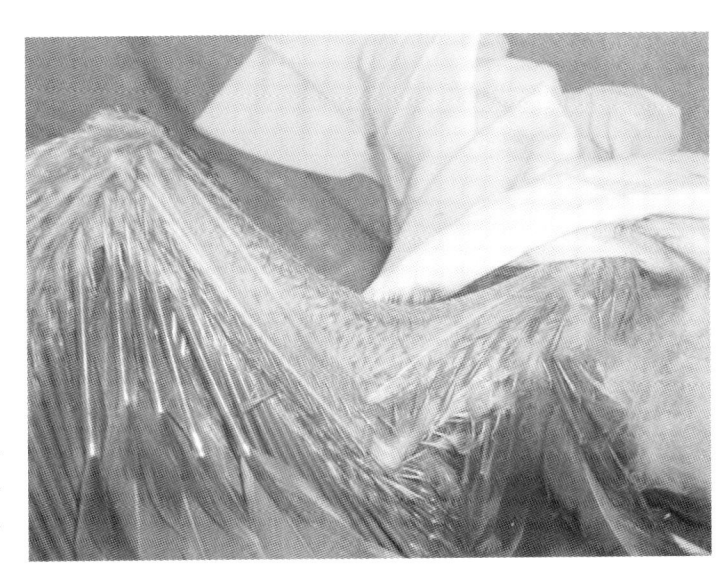

図 16-3 ゴイサギの雛の右の翼の下面. 初列風切羽と次列風切羽が約半分生え, 羽軸の部分がまだ羽毛に覆われていないことに注目.

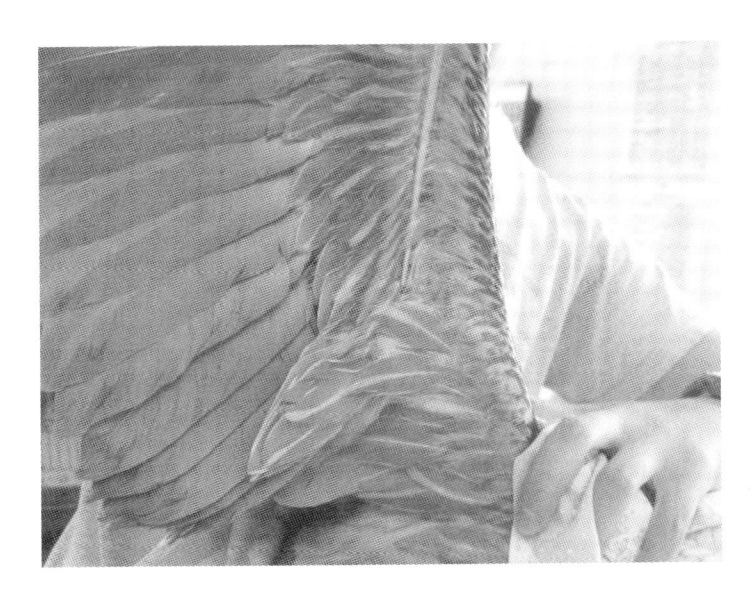

図 16-4 放鳥準備が整ったゴイサギの幼鳥. 腋窩はすっかり覆われて, 風切羽も全て生えている.

　ステージ3の鳥が2〜3日以上にわたって常に体温を維持できる様子が見られたなら, 毎日の体温測定をやめ, 行動の変化の視点から体温維持能力の発達を観察する. 鳥が元気で, 活動的で, よく鳴き, 自力採食していれば, 体温を維持できていると思ってよい.

　鳥を外気温環境に移すにあたっては, 腋窩と背中が正羽に覆われていなくてはならない. 腋窩は最後に羽毛に覆われる部分であるが, これがないと, 18.3℃未満の気温で鳥が生きて行くことはできない.

　若い個体の腹部は完全に羽毛で覆われることはない. 腹部周辺の羽毛の下部には粉綿羽の羽縁が成長し, この部分は成鳥になってもこの状態のままである.

飼育環境

　できるなら, サギ類の雛は発育段階の釣り合う

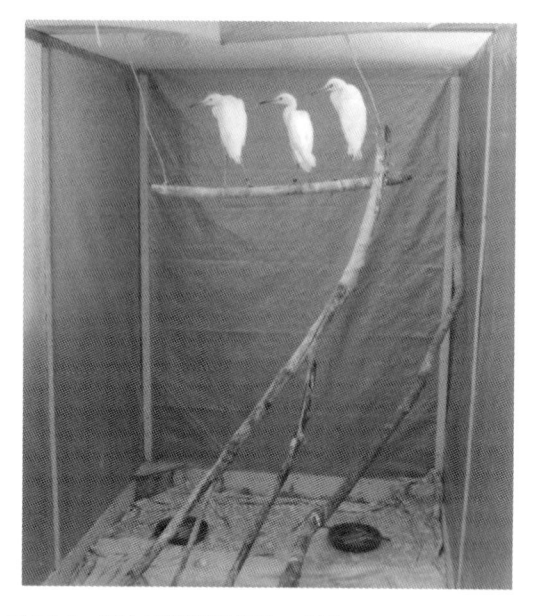

図 16-5　屋内飛翔用飼育場の内観.

図 16-6　アルミニウムの枠組みで作った飛翔用飼育場内のゴイサギ.

図 16-7　屋外飛翔用飼育場に吊るした止まり木の詳細.鳥を傷つけないように,吊り具の針金の端をテープで覆っていることに注目.

個体あるいは釣り合う他種の鳥と一緒に,群で飼うべきである.サギ類は孵化直後や巣内雛の段階から群居性であるので,いくぶんか餌の競合がある環境のケージで飼うと,特によく自力採食の習慣を身につけることができる.ケージ内で攻撃的な争いがないかを監視し,攻撃的な個体は,同じような態度をとる鳥と同じケージに移す.

ステージ1の鳥の体温維持に対応するには,

新生児用保育器（Lyon Technologies）での飼育が適している．本機は透明なアクリルの箱で，正面にスライドドア，天板に開き戸がついている（図16-1）．側面に取り付けられた電気ヒーターのユニットはLEDディスプレイとタッチパネルで操作する．内部の湿度を維持する水のタンクは取り外しでき，設定温度以下で自動的に作動するアラームがついている．温度は37.7℃まで設定可能である．内寸は標準タイプで61×30×30cmである．

　前述したように，若い個体の腹部は完全に羽毛で覆われることはない．腹部周辺の羽毛の最下部では粉綿羽の羽縁が成長し，成鳥になっても腹部はこの状態のままである．

　育雛にあたって，先のような既製の機器を利用できない場合は，他の形状のケージに熱源ランプとマットヒーターを取り付け，37.7℃の環境を作り出すことができる．その場合はケージ内部の外から見やすい場所に温度計を取り付けて，温度の変動を日に数回監視する．

　ステージ2のサギ類の巣立ち雛にうってつけなのは，標準的な動物医療用ケージである（図16-2）．また，ステージ3で屋内飛翔用飼育場を使用できない時にも，動物医療用ケージが使える．推奨される内寸は61×59×59cmから109×58×91cmまでで，前者では小型種のサギ類を3羽まで，後者では小型種で最大6羽を飼育できる．ケージには木の枝を配して，鳥が枝をつかんだりバランスをとったりする練習ができるようにする．ケージの床として，プラスチックで覆われた角のない金属の枠組みを挿入しておくと，糞が容易に枠を通って床下に落ちる．掃除を簡単にするため，ケージの床下には新聞紙を敷いておく．ケージは毎日掃除して，うすめた漂白剤やクロルヘキシジンで消毒し，新聞を取り換える．

　可能ならば，屋内に飛翔用飼育場を設けてやると，体温維持能力が発達して屋外へ移せるようになる前から，雛に飛翔訓練をさせられる．屋内飛翔用飼育場の1例として，木の厚板の枠組みにカンバス（帆布）やターポリン（防水シートの一種）を張って壁とし，天井には最も光を通して換気もよい魚網を張り，開き戸もカンバスやターポリンで作って中の鳥を覗けるように小窓を切り，そこにも魚網を張って建てたケージがある．こうしたケージのサイズの好例として1.5×2×2.25mがあげられる．このような飛翔用飼育場の中には揺れる枝を吊し，幼鳥が不安定な止まり木上でバランスをとる練習を行うとともに，床と止まり木の間で短距離の飛翔訓練ができるようにしてやる．このようなケージは，床を張らずに底にキャスターを付けてもよい．置く場所によっては，どこへでも転がせて便利である．シーツや新聞を1～2枚床に敷けば掃除も簡単である．全ての個体が床から飛び移れる余裕があるように，枝はたっぷり入れてやること．こうしたケージでは種によって異なるが，最大12羽を収容することができる．

　屋外フライトケージは日陰に置くべきである．中には様々な太さの枝や止まり木を自在に揺れるように吊し，サギ類の雛がゆらゆらした止まり木に止まったり，バランスを取ったり，飛び降りたり，飛び移ったりする練習ができるようにしてやる．屋外フライトケージのサイズの好例には2.5×5×3.5mがあり，種によって異なるが最大20羽まで収容できる．床面は小石深く敷く取り外しのできるゴムマットにする．材料は木またはアルミニウムでフレームを組み，鋼製金網やナイロンの魚網を壁と天井に用いる．地面から1.5mの高さまではブラインドクロスやベニヤ板，その他スクリーン状のもので覆って目隠しをして，鳥へのストレスを減らしてやる．日陰に設置できない場合は，天井の半分以上を厚手の遮光カーテンで覆ってやる．屋外飛翔用飼育場では，床面を鋼製金網とし，壁の基部にしっかり取り付けることがきわめて重要である．さもないと，幼鳥は，トンネルを掘る捕食者からの危険にさらされてしまう．

　放鳥前鳥舎においては，雛は外気温に適応し，揺れる枝の上でバランス能力を養い，床の生餌を探し出して食べることを覚えねばならない．最

も経済的な餌は，屋外にいる身の回りの無脊椎動物である．ミルワームの成虫や，利用できれば，生きた小魚やその他餌用金魚，水生昆虫を与えたり，あるいはマウスを入れて自由に徘徊させてもよい．放鳥に向けて，日を決めて定期的に，通例2～3日おきに鳥の状態を評価する．評価を行ううちに，どの個体が丈夫で，有能な飛行家で，揺れる枝上でバランスを取るのがうまく，非常に俊敏で活発かがおのずと判明するだろう．放鳥候補と比べれば，新入りの個体は飛翔用飼育場の環境では，不器用でおぼつかない．サギ類が群居性の鳥であることから，放鳥候補は3羽かそれ以上の群に再編するべきである．可能なら，サギ類の雛を放鳥する時は，通例1～2週間の移行期間を設けて，野外で餌を与える半放飼を行う，ソフトリリースを行うべきである．サギ類の雛は他の鳥類に比べて人に馴れることが少ないので，ソフトリリースを行うことができる．自力採食を覚える間，移行的に餌を与えても，彼らはいったん完全に自力採食できるようになれば，飛び去って二度と戻ってこない．

放　　鳥

サギ類のほとんどは長距離の渡りをする鳥ではない．北米においては，北方でコロニーを作る鳥は，冬には南部に渡るようである．温暖な地域でコロニーを作る鳥は，全く渡りをしないものもいるようだ．渡りをする群では，渡りのルートは幅広く，地域を限ってはいない．オオアオサギとダイサギは，繁殖期以外は単独で暮らすことから，幼鳥も1羽ずつ放鳥してよい．より小型の種では，群居性が強いので，なるべく群で放す．放鳥場所は，同種の鳥がすでに過密に生息している場所さえ避ければ，食物の豊富な場所ならどこでもよい．その日に一緒に放鳥する個体数が少なければ少ないほど，放した個体が地域の群に受け入れられるためには，同種の鳥がいる場所を放鳥場所に選定することがより重要となる．

ほとんどの種では，晴れた朝に放鳥するのが最もよい．これによって，雛に最大限の陽光時間と新しい環境に適応するための天候の面からの有利性を与えてやることができる．ゴイサギは夜行性であるが，日中の放鳥にも，夕方近くの放鳥にも対応できる．

謝　　辞

本章の知識ベース作成にご協力いただきましたJay Holcomb, Michelle Bellizzi, Marie Travers, Dr. Greg Massey, Coleen Doucetteと国際鳥類救護研究センター（IBRRC）の育雛プログラムに感謝いたします．研究助手のKaty SiquigとAnn Yasudaには特に感謝します．

関連製品および連絡先

育雛器：Lyon Technologies, Inc., 1690 Brandywine Avenue, Chula Vista, CA 91911, (888) 596-6872.

Vetrap and Tegaderm: 3M Corporate Headquarters, 3M Center, St. Paul, MN 55144-1000, (888) 364-3577.

SAM Splint: SAM Medical Products, 7100 SW Hampton St, Ste 217, Portland, OR 97223, (800) 818-4726.

BioDres: DVM Pharmaceuticals, Subsidiary of IVAX Corporation, 4400 Biscayne Blvd, Miami, FL 33137, (305) 575-6000.

参考文献および資料

Davis, W.E., Jr. 2001. Herons, egrets, and bitterns. In The Sibley Guide to Bird Life and Behavior. Elphick, C., Dunning Jr., J.B., and Sibley, D.A., eds. ALfred A. Knopf, Inc., New York, pp. 170–176.

Dent, A.C. 1963. *Life Histories of North American Marsh Birds*. Dover Publications Inc., New York, pp. 101–218.

17
家　禽

Nora Pinkala and Patricia Wakenell

生物学的特徴

　キジ目の数種（ニワトリ Gallus gallus domesticus, シチメンチョウ Meleagris galapavo domesticus, ウズラ, キジ, シャコ）とガンカモ目の数種（アヒル Anas platyrhynchos domesticus, ガチョウ[*1]）は食料や羽毛の供給源，あるいはペットとして家禽化されてきた．本章で扱う鳥はいずれも，雛は早成性であり，全身をすっかり幼綿羽に覆われ，孵化後すぐに走ったり自力採食したりできる．これらの種の親は，雛に餌を吐き戻して与えたりはしないが，雛に何を食べるべきかを見せ，寒さや風雨，捕食者から雛を守る．

　アヒルやガチョウの雛は，泳ぐのに適した完全な水かきのついた3本の前向きの趾をもち，足の色はたいていオレンジである．後ろ向きの趾は退化しているが，足の底面より少し上に位置している．キジ類の雛は三前趾足をもち，趾の3本は前を向き，1本は後ろを向いている．

　野鳥のリハビリテーションを行うにあたっては，州や連邦政府の許可が必要であるが，そのためには雛の種を特定することが不可欠である．親からはぐれた雛の種を確実に同定するには，地域の野生動物救護センターか，鳥を診られる獣医師に相談するとよい．あるいはインターネットも悪くない選択肢である．家禽の雛と野生種の雛を見分けるには，時としてプロの眼を必要とすることがある．一般的には，野生種の雛は斑や縞模様の色合いをしており，決して明るい黄色をしていない．親からはぐれた野生種の雛については，第18章「キジ類（シチメンチョウ，ウズラ，ライチョウ，キジ）」と第12章「カモ類，ガン類，ハクチョウ類」を参照してほしい．

ニワトリの家禽化

　ニワトリはキジ目キジ科に属し，アジアに生息するセキショクヤケイ（Gallus gallus）から家禽化された鳥である．ニワトリはもともと，闘鶏を目的として家禽化され，世界中に広まった（Smith 1976）．その際に，ニワトリは食卓への貢献度，つまりは，肉と卵でも高い評価を受けることになった．

　人間はニワトリを好ましい形質，とりわけ生活環境への適応性や生産性に基づいて選択育種してきており，常に飼育する地域の環境に合わせて品種改良を行ってきた．このことは，家禽の純血種および血統を保存する組織である，American Poultry Association（全米養鶏協会）による，世界規模で行われた様々な分野の標準品種に関する調査研究からも明らかである．例として，米国種[*2]には13のニワトリの系統が含まれ，どの種

訳者注
[*1]：ガチョウには，ハイイロガン（Anser anser）が3,000～3,500年前に東南ヨーロッパでされたヨーロッパガチョウと，サカツラガン（Anser cignoides）が少なくとも3,000年前に中国で家禽化されたシナガチョウとがある．一方，北米でカナダガン（Branta canadensis）が一時家禽化されたが，放棄された．〔世界家畜図鑑（正田陽一監修，講談社，1987年）より．なお，他の注でも本書を使用した〕
[*2]：プリマス・ロック種，ロード・アイランド・レッド種，ニュー・ハンプシャー種など．

も丸々と太った豊満な体つきをしており，冬のニューイングランドの寒さを遮断するゆったりした羽衣に身をつつみ，卵の生産性と肉質とのバランスが取れている．現在これらは卵肉兼用種として分類される．対照的に，地中海沿岸種[*3]には7つの系統が含まれ，それらはほっそりと締まって背が高く，暑い夏に適した薄手の羽衣をしており，暗い色をしたものが多い．1年中緑の茂みがある環境で捕食者から逃れるため非常に俊敏であり，熱心に餌を探して広範囲を歩き回るにもかかわらず，卵をたくさん産む．商用ブロイラー種は肉用種の最もよい例で，その唯一の目的は肉の生産である．詳しくは「American Poultry Association」(2001)の記述，図解，および家禽の純血種の育種の歴史を参考にしてほしい．

商業的な肉用種と採卵種のニワトリの飼育に重点を置くのは，本章の意図ではない．なぜならこれらの鳥とその飼育場には，特殊な管理が必要となるためである．商業用家禽の生産に関しては，BellとWeaverの優れた成書(2002)がある．

他のキジ類の家畜化

シチメンチョウ，ウズラ，キジ，シャコは，ニワトリに比べ家禽化の歴史が浅く，狩猟鳥として少数が育種されているに過ぎない．

シチメンチョウは北米と中米に生息する野生種のシチメンチョウ(*Meleagris galapavo*)がメキシコでアステカ人により肉用種として家禽化されたものである．その後，16世紀中期にヨーロッパに導入された(Richardson 1897)．ロイヤル・パーム種やナラガンセット種のような変種は欧米で開発された種であり，好事家の庭や家禽ショーで見ることができる．今日のシチメンチョウの肉用種はブロード・ブレステッド白色種[*4]の系統で，成長が早く，改良の結果，羽域がほとんど見あたらない．こうした種は野生種や展覧会用の種とは著しく異なり，現代の肉用種はフルサイズまで育てると22kgにもなる．シチメンチョウの家禽化についての解説と図解は「American Poultry Association」(2001)に書かれている．

キジ類は最初，小アジアで家禽化された(Quarles 1916)．家禽化されているキジ類にはギンケイ(*Chrysolophus amherstiae*)，キンケイ(*C. pictus*)，ハッカン(*Lophura nycthemera*)，オナガキジ(*Syrmaticus reevesii*)，コウライキジ(*Phasianus colchicus*)がある[*5]．米国の育種家は用途に応じてキジを交雑しており，純血種と交雑種を見分けるのは困難なことが多い．今日，キジは狩猟クラブで放すために養殖されており，数の多い鳥である．ずば抜けて大きなコウライキジは3kgもあり，高級レストランの食材として開発された(Hayes 1995)．コウライキジは20世紀初頭，米国の多くの地域に導入されて成功を収めており，野生の生息数が増え続けたり，あるいは定期的な放鳥により補充されたりしている．

家禽化されたウズラ類で最もよく目にするものは，ウズラ(*Coturnix japonica*)とコリンウズラ(*Colinus virginianus*)である．ウズラ〔「Pharaoh Quail(エジプト王のウズラ)」〕という呼び名でも知られる〕は11世紀に日本でもともとは鳴き声を楽しむためのペットとして家禽化された(Hayes 1995)[*6]．これらのウズラ類は生後6週間で性成熟に達し，小さな卵を多数産むので，現在も飼育されている．ウズラ類はその成長の早さ，丈夫さ，育雛の容易さから科学研究の場でもよく使われてきた．コリンウズラは北米と中米が

訳者注

[*3]：レグホーン種，ミノルカ種，アンダルシアン種など．

[*4]：別名ラージ・ホワイト種．ブロード・ブレステッド・ブロンズ種と白色オランダ種を交配したものと，ブロード・ブレステッド・ブロンズ種の突然変異として出現したものがある．

[*5]：原文ではコウライキジでringneckとmongolianの2品種をあげている．米国にはそれらの交雑種の飼育例もある．なお，原文にはニホンキジ(*Phasianus versicolor*)は取り上げられていないが，日本では養殖している．ただし，養殖場にはコウライキジとの雑種が多く，野生でも遺伝子交雑が進んでいる．

[*6]：日本での家禽化は600年前とする文献が多い．江戸時代には「啼き鶉」として鳴き声を楽しむための飼育が流行した．現在の家禽ウズラは1910年ごろ改良されたもの．

原産の種で，北米大陸中に多様な亜種が生息している．いつ頃家禽化されたかは明らかでないが，種々の環境に容易に適応する．色合いが多様で，キジ同様に狩猟クラブによって養殖されている．ずば抜けて大きなコリンウズラは620gもあり，食用に開発された．野生種および大型でない他の品種では200～225gである．狩猟鳥のより詳しい家禽化の情報が書かれた良書としてはHayes（1995）がある．

ガンカモ類の家畜化

最初に家禽化されたカモは野生のマガモ（*Anas platyrhynchos*）と考えられており，マガモはバリケン（*Cairina moschata*）を除く，あらゆる家禽ガモ（アヒル）の祖先と考えられている．マガモは紀元前500年ごろに東南アジアやイタリアで家禽化されていた痕跡が残っている．バリケンは1000年以上前にコロンビアで家禽化されたと考えられている（Holderred 2001）．アヒルは家禽化された後，肉，卵，羽毛をとるという用途の広さから，世界中に広まった．アヒルの一般的な品種にはペキン種，ランナー種，カーキー・キャンベル種，ルーアン種，スウェーデン種がある．カモの家禽化と発展についての解説と図解は「American Poultry Association」（2001）とHolderred（2001）を参照してほしい．後者の文献にはカモの育雛についての詳しい情報も記載されている．

裏庭での趣味や品評会のためにニワトリ，ウズラ，シチメンチョウを飼うのは人気のある気晴らしの趣味である．純血種から交雑種まで，ありとあらゆる種類のニワトリ，ウズラ，シチメンチョウ，ガチョウ，アヒル，キジが飼われている．多くの人々が，手の込んだ鳥舎でこうした鳥を飼育しているが，家禽は頑健であるので，適切な栄養と環境条件さえ整えば，たいていの飼育環境でなんとかなるものである．

人工育雛への移行

保護された個々の雛の来歴は，道に迷って近所や路上をさまよっているところを発見されたものであったり，時には「善きサマリアびと」によって動物病院や野生生物救護センターに持ち込まれたものであったりする．

種が同定された雛は，あまり飲食できていなかったり，乱れた羽衣，沈うつな姿勢，元気のない様子，削痩，蒼白といった非特異的な症状を示していたりするものである．胃腸障害を抱えている雛では下痢がみられるだろう．呼吸器に問題のある雛では，あえぎ呼吸や開口呼吸（同様の開口呼吸を示す，熱中症のような他の要因も意識しておくこと），またはスニッキング（snicking，くしゃみをしながら，あるいは嘴をカチッと鳴らしながら，頭を一方向にすばやく振ること）が見られる．また，雛は苦しい時に大声でピーピーと鳴くことがある．対して，健康な雛はやわらかい高音で鳴くだけある．より劇的な症例としては，共食い，外部寄生虫感染，外傷が見受けられる．

育雛初期のケア

種が何であっても，一時的なケアあるいは恒久的なケアであっても，新たに到着した雛に真っ先に行うべきことは保温である．雛を調べる時も，温めた手で扱い，雛を冷えた面に触れさせることは避ける．特に凍えた雛は，震えて大声でピーピー鳴く．このような場合は，それ以上の検査は後回しにして，雛を保温ランプで温める．ただし，緊急処置が必要な事例（大量出血など）は別である．本章の鳥の雛は早成性であるから，晩成性の鳥よりは幅広い温度に対応して体温の維持ができる．しかし，凍えた雛では体温調節が重荷となるため，やはり温かい部屋で取り扱う必要がある．

明らかに異なる種の雛が一緒にいた場合は，直ちに分けて別々に育雛すべきである．狩猟鳥の幼鳥を，ニワトリ，シチメンチョウ，ガチョウ，アヒルとともに飼育してはならない．というのは，狩猟鳥の幼鳥は他種の鳥が運んでくるかもしれない病原体に非常に感染しやすいためと，大型の個体が狩猟鳥の幼鳥をつついて傷を負わせることがあるためである．

どの種の狩猟鳥の幼鳥でも，羽毛が完全に生えそろうまでは，保温ランプが必要である．最も安くつく方法は，網でカバーした保温ランプを，ワット数に応じて床から50〜75cm離して設置する方法である．日齢の経った雛での共食いを抑制するために，ランプの色は白よりも赤とするのがよい．床面の温度は，ランプの真下で37.7℃となるようにすること．ランプの下方に高さ30〜60cmの育雛用の囲いを置いて雛を入れ，保温ランプからあまり遠くへ行ってしまわないようにする．四角い囲いを使用すると，いくつかの種では隅に雛が集中して窒息してしまうので賢明でない．この囲いは生後1週間で取り除くことができる．うまく温度調節するための最良の経験則は，ランプの下で休んでいる雛の散らばり具合を観察することである．雛がランプの外側に向かって扇形に，均等に散らばっているようにしなくてはならない．雛がランプの下で積み重なっている時は温度が低すぎる．雛が囲いに体を押し付けている時は，暑過ぎるのか，またはそこに隙間風があると考えれられる．

本章の種の雛の多くは，単独でいることがストレスとなるため，雛を1羽で置く時は，羽製のはたきを，あるいはさらに鏡を飼育場に入れてやる．ペットとなる運命が決まっている雛は，頻繁にハンドリング（人が接触すること）して人へ馴れさせる補助とする．ただし，雛には食べたり飲んだりする時間を1日を通じてたっぷり与えなければならない．人間の子供にはこの点をよく指導しておかなければならない．というのも，子供は喜んで雛を抱えて運び回るが，うっかり熱中しすぎて，雛が十分な栄養を取るのを妨げてしまうかもしれないからである．

雛が多い時には，餌と水の取り方をいくらか指導してやる必要がある．群のサイズが大きい時は，群の25%を教育すれば，彼らが残りの雛の「先生」になって教えてくれる．指導の内容は，嘴を水につけさせることと，数回餌を食べさせることである．水飲み容器は小型種や極小種の雛であっても水を飲めるよう，ふちの小ぶりなものとする．一般的にいって，釣り鐘型をしており，必要に応じて中央のホルダーから水が出てきてふちを満たすタイプの給水器を使う．ふちに雛が落っこちてしまうような，大型の給水器は，決して使ってはならない．孵化したばかりの雛は足元がおぼつかず，ひっくり返ると自力で起き上がることができない（図17-1）．その結果，皿に水を張った給水器を用いると，雛が溺れて大量死してしまう．

図17-1 家禽の雛は，しばしば自動的に転卵する孵卵器の中で孵化する．写真はロータリー方式で自動転卵する孵卵器．

図 17-2 簡単な育雛箱の構成例．一方の端には保温ランプを取り付け，全ての雛に行き渡るたっぷりの餌と浅い万能水飲み容器を入れる．いくつかの種の雛はかなり高く飛び跳ねることができるので，鳥が逃げないように蓋をすること（写真には示していない）．

皿状の水入れしか利用できない時は，ビー玉や小石を皿に敷きつめて水深を浅くして雛が溺れないようにしてやる．給水器のサイズは雛の成長に応じて徐々に大きなものと取り換えてやること（図17-2）．健康でわずかに脱水した雛は，自力で水を飲み始めるか，あるいは2～3回嘴を水につけた後に飲み始める．弱った雛では，水を飲み込もうとはしても，頭をあげることができないかもしれない．このような時は，雛が嘴を水につけた後に，親指と人差し指でそっと嘴をつまんで雛をやさしく後方へ傾けてやる．雛が飲み込む様子を観察すること．彼らが飲み込み終えたら，再度嘴を水につける．雛が飲もうとしなくなるまで嘴をつけては傾けることを繰り返す．

初期治療の目的は，鳥の容態を安定化させて，ストレスをできる限り減らすことである．ストレスは免疫系その他を抑制し，雛の病気への抵抗力を弱める（Saif 2003）．ストレス要因には寒さ，栄養失調（食欲不振によるものを含む），脱水，過度なハンドリング（とりわけ狩猟鳥），過密飼育がある．

身体検査

全身状態：鳥はやせていないか．鳥の胸を触り，竜骨（胸骨の突起部）に着目する．竜骨が浮き上がっていればいるほど，より雛はやせている．雛は蒼白でないか．沈うつに陥っていないか．背を丸めていたり，その他異常な姿勢をしたりしていないか．外傷を負っている様子（刺し傷や裂けた皮膚）はないか．

外皮（皮膚と羽毛）：皮膚は清潔で乾いているか．体の表面に切り傷やひっかき傷，膿瘍がないか．皮膚にこぶや結節がないか．羽毛が逆立ったり抜けたりしていないか．次に脚全体を調べる．足のうろこは平らに並んでいて滑らかで，めくれ上がったり，薄皮で覆われていたりしないか．足の裏は清潔か．足の裏に傷がついていないか．足の裏の皮膚が肥厚していたり，周囲にかさぶたがないか．尻と尾の付け根周辺の皮膚や羽毛に，外部寄生虫の痕跡がないかを厳重に調べる．虫眼鏡を用いて，羽軸と羽枝に沿って羽毛の生え際を調べる．足や趾が羽毛に覆われているニワトリの数品種では，その部分の羽毛も調べること．寄生虫の種類を確かめるには，羽毛を抜いて顕微鏡で見るとよい．最も多い外部寄生虫は，シラミとダニである．家禽にはそれぞれの種に特異的なノミやニワトリフトノミ（*Echidnophaga gallinacea*）がおり，顔の皮膚やとさかで見つかることが多い．

家禽には種特異的なダニもいる．

眼，鼻，耳，喉：鳥の口を開き，そっと頭と頸を伸ばして口内と食道が見えるようにする．後鼻孔開口部も含め，すみずみまで口内を観察する．白っぽい塊は真菌や寄生虫感染を示すもの（それぞれカンジダ Candida albicans かトリコモナス Trichomonas gallinae があり得る）であろう．鳥を診られる獣医師なら見分けることができる．ペンライトや小型の懐中電灯で気管内を照らす．あるいは，皮膚の外からの明かりで気管を透かしてもよい．気管開嘴虫（Syngamus sp.）として知られるごく小さな赤い虫がいないか，注意深く調べる．この検査を行う間に治療も一緒に実施すべきである．というのも気管開嘴虫は可換気量を減らし，鳥を息詰まらせ，負荷を与えるためである．眼をよく見て，眼球が澄んでいるか，濁っているかに注目する．鳥が片眼あるいは両眼が失明している様子がないかを気をつけて見る．鼻汁が出ていれば，その性状は，濃厚か，泡沫状か，血様か，水様か，透明であるか？

心血管系：鳥は正常でも心拍数が多いので，雛の心拍を評価することは困難である．口内粘膜あるいは肛門の内側を調べて色を見る．薄いピンク（明るい色素の鳥の場合）は，貧血や灌流（血液が組織へ行き渡ること）の不足，失血を意味する．暗くて濃い色素をもつ皮膚の鳥では評価は難しい．

呼吸器系：呼吸困難がみられないか．ガーガーという呼吸音や，喘ぎ呼吸，咳はみられないか．

消化器系：尻付近を調べる．乾いた，固まった糞が肛門周囲や羽毛にこびりついている，といった下痢の徴候がないか．何らかの寄生虫が糞にくっついていないか．

神経系：鳥は歩行できるか．異常な歩様，非協調歩様や，脚弱を示していないか．休んでいる時に震顫（寒さによる身震いでなく）がないか．飛節の上に座って休んでいないか．スターゲイジング症状（頭を上に向け，虚空を見つめるような放心状態）がみられないか．

雛を多数受け入れた時に，全個体の身体検査を実施するのは非現実的である．個体ごとに扱う前に，全体をグループに分けて観察し，全体的な外観，行動，歩様を見る．それから少数を抜き取って身体検査を行えば，群の他の鳥にも（同時に）起こっているであろう概観を素早く把握することができる．

育雛記録

可能なら，雛を連れてきた人から雛の詳細な履歴を聞き取りすべきである．雛が拾われたものなら，どこでどれくらい前に雛を拾ったか．餌や水を与えようとしたか．またその結果はどうであったか．雛はどのような環境条件（冷える夜のような）にさらされたか．雛をしばらく育てていた飼い主が持ち込んだ場合には，その成育環境を明らかにする．餌，ワクチンの接種歴，他の鳥と同時に飼った履歴，病歴を前もって入手しておくと，病気や外傷のもととなった原因の役立つ情報が得られるかもしれない．特に，飼育方法と餌，環境条件について尋ねる．

飼育方法：育雛器で育てたのか．他の鳥と同居させ放し飼いで育てたのか．育雛器の場合，素材は何か．通気性のない素材であれば，育雛を終えるごとに育雛器の清掃と消毒を行っていたか．消毒薬は何か．ダンボール箱を育雛に使っているのなら，使い回ししているのか．ダンボールをどこから入手したか．

飼料：何を食べているのか．どこで購入したのか．いたんでいたり，かび臭かったりしないか．どのように飼料を貯蔵しているのか．人間の食事の残り物や，ありあわせのものを餌に足しているのか．どんなタイプの給餌器を使っていたか．雛は食べにくそうにしていないか．

環境：屋内飼育か屋外飼育か．屋外飼育の場合，他の鳥の近くで飼われていたのか，もしくは他の鳥が近づくことのできる場所で飼われていたのか．もしそうなら，その鳥の種類は何か．隙間風にさらされていたかどうか．直射日光の当たる場所か．雨の吹き込むところか．敷料はどんな種類か．新聞紙を使っていたのか．敷料はいつ換え

たか．敷料が濡れたり固まったりしていなかったか．敷料を取り替える際，カビが生えていなかったか．

罹りやすい疾病と対処法

ショーに使われるものを除いて，ペットの家禽の多くでは，商用種の家禽が直面するのと同じ激しい病気は滅多にみられない．多くの「病気」は実際のところ，飼育環境や飼料管理の失宜によって起こっているか，（換羽のような）生理的ではあるが変わった出来事が異常と誤解されているだけである．2～3のわずかな例外を除いて，ワクチン接種は家庭で飼育している家禽には不要であり，ちょうどよい量を入手するのが難しい．ほとんどのワクチンは500～10,000羽単位の容量で販売されており，混合ミスによりワクチンの効果がなくなることもある．加えて，（内服）薬も商業的なサイズの群向けに製造されていることから，小さな群用に希釈する際のミスもめずらしくない．過量投与した時に備えて，全ての希釈計算は書き留めておくこと．スペースが限られていることから，本章では，大部分の感染症について徹底的に論じることはできないので，鳥の感染症に関する安価で優れた文献（Charleton 2000）を参照してほしい．

以降の項目は，全てを網羅したものではないが，家庭で飼育される家禽でよく遭遇するいくつかの病状について述べている．

共食い

キジ目の家禽では共食いが普通にみられ，とりわけ狩猟鳥でよくみられるであろう．共食いは2，3週齢より若い鳥ではほとんどみられない．もし幼い雛でみられた場合は，その原因の多くは餌の不足や下痢である（汚れた尻は魅力的なつつきの標的となる）．より日齢の経った雛では，つつき合いを制限する方法として，照明を減らす，鳥の飼育密度を減らす，餌箱の数を増やす，嘴をトリミング（先端を切る）するといった方法がある．ひどくついばまれた個体はそっと取り除き，皮膚が完全に治るまで隔離飼育する．鳥の皮膚は，特に幼鳥では，ほとんど，もしくは全く傷跡を残さずに治癒する．鳥がひどくつつかれているにも関わらず，隔離する施設がない時には，（木に用いる）木タールを患部にスプレーするのがよい解決法である．タールは皮膚の欠損部分からの水分の滲出を防ぎ，塗布部位が開放創でさえあれば毒性もなく，しかも，つついた鳥の嘴が黒くなることで犯人を特定できる利点がある．もし攻撃的な鳥が複数いる場合は，赤いメガネを彼らの鼻孔に取り付けるか，赤いコンタクトレンズをはめる．これらはたいていの家禽取扱店で販売している．

趾瘤症

趾瘤症または足皮膚炎は，足底を擦りむいたり，刺し傷を負ったりして，ブドウ球菌（Staphylococcus sp.）が傷に感染して起こる．趾瘤症はよく目立つ肥厚した胼胝（肉芽組織）が足底にできることから，身体検査の際にたやすく診断できる．肉芽組織とは硬くなった炎症細胞の集まりである．肉芽組織はおそらくたいへん広範にわたっていて，仮に取り除いたとしても痛みが残り，その下の組織があらわになって，さらに感染が進む結果に終わるであろう．鳥を診られる獣医師に診せ，その病状に確定診断を下してもらい，一連の抗生物質を処方してもらうことになるだろう．趾瘤症はより日齢の経った鳥にみられるのが普通だが，雛にも起こり得る．敷料を掃除して乾いた状態を保ち，固まることのないようにすれば，趾瘤症の発生率を減らすことができる．柔らかく，足がすべらず支えとなる籾殻や，かんな屑のような敷料を用いる．とがった素材は足底を傷つけ，ブドウ球菌感染のもととなるので避ける．

そ嚢停滞

雛は生まれつき好奇心が強く，興味を覚えたものは何でもつつく．雛が砂やおが屑といった餌以外の粒を摂取すると，それら消化できないものでそ嚢がいっぱいになる．鳥は餌を食べなくなり，そ嚢が下垂し，ぱんぱんに詰まっているように感

じられる．より日齢の経った鳥でのそ嚢停滞は，マレック病の徴候であることがある．これは迷走神経の麻痺と消化管の運動性低下によって起こる．

感染症

感染症が疑われる時は鳥を診ることができる獣医師に診察してもらうべきである．獣医師は鳥を診察し，診断学的検査を行い，病気に応じた治療や予防法を助言してくれる．鳥を診ることができる獣医師がいない時は，1羽もしくは複数の鳥を最寄の獣疫的検査機関に提出することになるだろう．提出された鳥は人道的に殺され，病気の原因究明のため，解剖と病理検査が行われる．大学や州の機関で行う場合は，非営利的であり，たいてい無料か低料金である．

外部寄生虫

家禽でよく見られる2種のダニはトリサシダニ（*Ornithonyssus sylviarum*）とワクモ（*Dermanyssus gallinae*）である．トリサシダニは肛門周辺部や，尾部，胸部に多く見られ，赤みがかった茶色をしており容易に見つけられる．ワクモは夜間だけ現れて吸血するので，昼間に発見するのは難しい．ワクモは鳥小屋の寝床近くの割れ目や継ぎ目の中などに潜み，白い毛玉やゴマ塩状の堆積物に見える．ワクモは脱毛，掻痒，貧血の原因となる．いずれのダニも殺虫剤で治療可能で，カルバリル粉末（Carbaryl, 5% Sevin dust, GardenTech）[*7]のような殺虫剤が効果的であり，飼料取扱店や園芸品店にて入手できる．殺虫剤は惜しみなく使い，粉が皮膚まで確実に届くようにする．肛門周辺部や尾の付け根には特に念入りに振りかける．必要に応じて4週間後にもう一度振り掛ける．と殺の7日前からは使用を停止すること（Campbell 1914）．別の殺虫剤としてペルメトリン[*8]の粉末やスプレーがある．ラベルに記された出荷前使用停止期間を参照すること．他に認可された殺虫剤のリストはBeyerとMock（1999）に記されている．

家禽につくシラミは数種あり，シラミやその卵，幼虫は，羽毛の付け根に見られる．重度に寄生すると，成長や産卵に悪影響を及ぼすこともある．シラミの治療でも，カルバリルやペルメトリンが有効である．

ナガヒメダニ（*Argas persicus*）は多種の家禽や野鳥に寄生する軟ダニ類（soft ticks）の一群からなる．ダニが鳥の体の上で過ごす時間は相対的に短いので[*9]，すぐにどこかへ行ってしまう．重度寄生は貧血やダニ麻痺の原因となる．ダニは鶏スピロヘータ（*Borrelia anserina*，スピロヘータ症を起こす）のベクターとなる．治療法にはペルメトリンで鳥舎をスプレーする方法がある．

内部寄生虫

条虫と回虫とは家禽で最もよく見られる寄生虫で，一般に，土壌汚染や不適切な管理の結果によるものである．重度感染を起こさない限り，明確な臨床症状を示さない．回虫にはピペラジン[*10]（10～14日ごとに繰り返し投与）が，条虫にはジブチル錫ジラウレートが使用できる．これらの薬剤は産卵鶏には使用しないこと．敷料の適切な管理により，寄生虫の数と再感染の危険を減らすことができる．

コクシジウムの制御は商業的に，あるいは裏庭で家禽を飼育する際に最も被害の大きな問題の1つである．コクシジウムは主に多くの家禽の腸管に見られるが，ガチョウの腎臓で見られたこともある．コクシジウム症は一般に生後1～4ヵ月の雛にみられ，下痢，時として血便を引き起こし，致死率も高い．湿って重く固まった敷料が，コクシジウムの温床となる．本症の発生はたいてい，過度に高い飼育密度の結果である．予防は餌に抗

訳者注
[*7]：日本では商品名「サンマコー粉剤3%」で三共ライフテック株式会社より販売．
[*8]：日本では商品名ペルメトリン乳剤「フジタ」でフジタ製薬株式会社より販売．
[*9]：ヒメダニ類は若虫と成虫期に数回も宿主を変える．
[*10]：日本では各社から散剤のピペラジンとして販売されている．

コクシジウム薬を添加することである*11. 爆発的感染の流行に対しては，一般にサルファ剤が用いられるが，期待はずれの結果に終わることが多い．サルファ剤は産卵鶏には用いない．

ウイルス病

マレック病（MD）はニワトリによくみられるウイルス病であり，主要な病変は内臓，筋肉，皮膚，末梢神経の腫瘍である．「脚麻痺」と呼ばれる神経病変が，病状の早期の指標となる．内臓腫瘍のある鳥では臨床的に悪液質（消耗）の症状しか示さないことがしばしばある．筋肉や皮膚の腫瘍はしばしば容易に触知できる．マレック病は治療できないが，孵化直後の雛にワクチン接種することで予防できる．裏庭で飼育されている家禽を譲り受ける時や，自分で孵化させる時は，手を尽くしてマレック病のワクチンを接種してもらうべきである*12. 生後1～2週を過ぎた雛では，ワクチンを接種しても効果がない．一般にマレック病の症状は4～14週齢の鳥にみられ，それより週齢の進んだ鳥ではあまりみられない．死んだ鳥の内臓に腫瘍がみられた時は，診断が行える検査機関に死体を送り，マレック病か，一般にリンパ腫を引き起こすことの多いもう1つの病気である鶏白血病かを鑑別してもらう．鶏白血病は14週齢以降の鳥にみられ，マレック病とよく似た腫瘍を形成する．鶏白血病には治療法もワクチンもない．

伝染性気管支炎ウイルス（IBV）は雛に，急速に伝播する呼吸器疾患を引き起こす．産卵鶏では産卵数低下と卵殻異常を引き起こす．IBVのいくつかの株は腎臓の病変も引き起こす．生後早期にIBVに感染した鳥は，卵管に永続的な損傷を受け，卵が産めなくなる．IBVの伝播力は非常に強いが，多くの鳥は支持療法により回復する．2次感染を防ぐ目的で，飲水に抗生物質を添加することもできる．ワクチン*13が使用できるが，裏庭のニワトリでは他のニワトリと（近隣やショーで）接することがない限り接種しないのが一般的である．

ニューカッスル病ウイルス（ND）は膨大な数のニワトリに影響を及ぼすため，米国に輸入される鳥に対する検疫制度の設立のきっかけとなった．外来型のNDは致死率が高く，現在，米国内には常在しないが，近年の発生では数千羽の鳥の殺処分につながった．中等症型のNDは米国内にも存在し，初期の特色は呼吸器症と産卵低下である．死亡率はウイルスの系統によって異なる．IBV同様にワクチンを使用できるが*14，一般に他の鳥と接する機会のあるペットの家禽に使用されるだけである．

鶏痘ウイルスは主として鳥の皮膚の毛のない部分に結節性の病変を作る（皮膚型）．時として，鶏痘ウイルスは口腔内や気管に病変を作り，窒息死させることがある（粘膜型）．鶏痘から回復した鳥は，たいてい終生免疫をもち続ける．全ての鳥痘が鶏痘ウイルスによってのみ起こるのではなく，七面鳥痘ウイルス，インコ痘ウイルス，ウズラ痘ウイルスなどによっても起こる．各株はふつうなら種特異的に感染するが，時として他種の鳥にも感染し得る．1つの株に罹ったからといって，他の株に交差防御ができるとは限らない．ワクチンが使用できるが*15，鳥痘に罹った前歴があるとか，鳥痘に罹っている鳥の近くで飼育している群には使用すべきでない．鳥痘ウイルスは感染病変に開放創が接触したり，昆虫（蚊など）の刺咬を介して伝染する．

鶏脳脊髄炎（AE）はニワトリ，シチメンチョウ，キジ，ウズラにみられ，主として1～3週齢の雛に感染する．ほぼ全ての商業的な群が感染するが，母性由来の免疫のために症状は軽くて済む．AEは感染後5～13日の間は産卵を介して垂直感染し，自然感染（水平感染）では経腸感染する．ケージ飼いの鳥よりも，平飼いの鳥のほうが伝播は早い．治療法はなく，育種家が（ニワトリでも

訳者注
*11：日本では「日生研鶏コクシ弱毒3価生ワクチン」も使用でき，日生研株式会社より販売されている．
*12：日本では各社から生ワクチンが販売されている．
*13：日本では各社からニューカッスル病との混合ワクチンが販売されている．
*14：日本では各社からIBV，鶏伝染性コリーザ等との混合ワクチンが販売されている．
*15：日本では数社から生ワクチンが販売されている．

シチメンチョウでも）ワクチンを行わないので，雛が生後初期にもつ母性免疫が感染防御の決め手である．多くの家禽飼育者，とりわけ畜産物を食料品店に売る多くの飼育者がワクチンを行わないために，AE は裏庭で飼育される家禽にはかなりありふれた病気である．ワクチンは産卵用のニワトリには 8 週齢を過ぎてから，遅くとも産卵開始の 4 週前までに接種する[*16]．

細菌感染

サルモネラ属には非常に多種の菌がある．一般的にいって，雛白痢菌（Salmonella pullorum）と鶏チフス菌（S. gallinarum）が家禽にとって最大の問題であり，S. typhimurium や S. enteritidis も公衆衛生上重要である．雛白痢（S. pullorum による）は経卵感染し，ニワトリの幼雛とシチメンチョウの雛に致死率の高い下痢を引き起こす．成鳥では無症状のキャリア（病原体保有動物）となる．診断は病歴と菌の分離培養に基づいて行われる．予防法は病原体をもたない群から雛を購入することである．治療はキャリアの鳥を生み出すことになるので，推奨されない．鶏チフス（S. gallinarum による）はニワトリ，シチメンチョウほか多くの狩猟鳥や野鳥で発生する．鶏チフスは雛白痢に似た症状を呈し，診断法も同様だが，成鳥にも臨床症状が現れる．予防法はやはりこの病気をもっていない群から鳥を導入することである．S. typhimurium や S. enteritidis に罹患した鳥でも高い頻度で臨床症状がみられる．環境中や卵から採材したサンプルの培養検査をすることで，群を監視できる．

大腸菌症は，大腸菌（Escherichia coli）感染のあるところに，たいていは IBV やマイコプラズマのような他の病原体が 2 次感染して起こる．多様な臨床症状がみられるが，呼吸器症状と消化器症状の両方がみられ，病原体はほとんどの種，年齢で見られる．本症を発生させないためには，生物学的遮断と消毒を着実に実行することが効果的である．治療には種々の抗生物質を用いることができるが，菌の抗生物質への感受性を確かめる．発生早期の段階であれば，治療はたいてい成功する．

家禽（主としてニワトリとシチメンチョウ）の慢性呼吸器病は一般に，マイコプラズマ（Mycoplasma gallisepticum）の感染により起こる．M. gallisepticum の病原性は，他の病原体と重複感染することで増幅される．呼吸器症状はゆっくりと群の中に広がり，餌の消費量が減少する．シチメンチョウでは眼窩下洞への感染がよくみられる．診断には血清学的検査と菌の分離培養が行われる．予防法はサルモネラ症と同様で，感染した鳥を淘汰して群を清浄に保ち，滅菌を完璧に行い，マイコプラズマのいない群を導入することである．ワクチンは利用できる州とできない州とがある[*17]．治療には費用がかかり，しかも治療を休止すればしばしば再発する．その他の重要なマイコプラズマとしては，M. synoviae（伝染性関節膜炎を引き起こす）と M. meleagridis（交尾感染し，気嚢炎を引き起こす）がある．

真菌症

アスペルギルス症（育雛器肺炎）は多くの家禽および野鳥に発生する．総じて 3 週齢以下の雛が最も感染しやすく，真菌の芽胞で汚染された孵卵器や孵化場で感染する．罹患率は様々だが，臨床症状を示した鳥では死亡率が高くなる．真菌を培養するか，新鮮病変のプレパラート上で特有の菌糸を鏡検して診断する．予防は，孵卵器や孵化場，給水器，給餌器，換気扇の徹底した清掃，および敷料を清潔に乾燥した状態に維持することである．治療は高価で，しかも効果がないことが多いが，ケトコナゾールやナイスタチン[*18]が用いられる．

訳者注
[*16]：日本では数社から AE 生ワクチンが販売されている．
[*17]：日本では各社から生ワクチンおよび不活化ワクチンが販売されている．
[*18]：日本では「ナイスタチン錠明治 50 万単位」の商品名で明治製菓より販売．

州の当局に通報すべき事例

届出すべき疾病には，致死率および罹患率の高い病気，経済的損失の大きい病気，伝播の急速な病気がある[19]．獣医師やリハビリテーターは外来性NDや鳥インフルエンザといった届出すべき疾病を最初に発見するという，とても重要な防衛の最前線にいる．2002年にカリフォルニアで起こった外来性NDを最初に発見し，州の食料・農業当局へ報告したのも，一介の個人開業獣医師であった．

国際獣疫事務局（OIE）は160ヵ国以上が参加する，動物衛生に関する国際機関である．OIEにはいくつかの目的があるが，動物の疾病に関するデータを集めることもその1つであり，鳥類の届出すべき伝染病のリストを作成している．すなわち，伝染性気管支炎，伝染性喉頭気管炎，鳥結核病，アヒル肝炎，アヒルウイルス性腸炎，家禽コレラ，鶏痘，鶏チフス，伝染性ファブリキウス嚢病（ガンボロ病），マレック病，鶏マイコプラズマ病（*M. gallisepticum*によるもの），鳥類のクラミジア病，雛白痢，高病原性鳥インフルエンザ，ニューカッスル病である（OIE 2006）．加えて各州が独自にいくつかの病気を届出すべき疾患とみなして追加している．追加の疾病については州の農業当局に問い合わせること[20]．

鳥が届出すべき疾病に罹っている疑いのある場合は，早急に州の農業局に連絡し[21]，当局からさらなる具体的な指示があるまでは，飼い主に全ての鳥を隔離するよう指導する．伝染病の爆発的流行を防ぐための，何よりも重要な要素は時間であり，州の農業部局は，届出すべき疾患を疑ったらすぐさま当局に緊急に連絡するよう要請している．届出すべき（および届出する必要のないもの）伝染病の臨床症状は，しばしば非特異的であり，沈うつや無気力，食欲不振，飲水量の減少，羽毛の乱れ，および産卵の低下といったものである．感染症の爆発的流行が劇的な時，深刻な感染率や致死率を示す時，長期間に渡って続く時や急速に群の中で広まった時には当局に通報すべきである．

餌のレシピと給餌方法

ニワトリの栄養要求については，人間を含む他のどの動物よりもよく分かっている．ニワトリの幼雛や成長期の雛，シチメンチョウ，キジ，ウズラ，アヒル，ガチョウの幼雛や成長期の雛，それぞれに特化した配合飼料が入手できる．餌は飼料販売店にて10〜20kg入りの袋で購入できる．郊外のホームセンターでは餌を袋ではなくキロ単位で売っていることもある．飼料は袋単位で買うほうが経済的であり，雛を複数飼っている時は実用的である．しかし，1羽か2羽の雛だけを育てる時は，袋単位の大量の飼料は，使い切る前にいたんだり，カビが生えたり，虫がわいたりすることもあるので，このような時は1回に1.5〜2kgの飼料を購入する．高くつくかもしれないが，飼料の風味が保たれ，安全に使い切れる点で確実である．

幼若な雛では，ほんの一握りの飼料をプラスチックや使い捨てのトレイ上に，高さ1cmもないくらいに盛ってやる．手芸店や趣味の店で，発泡スチロールや段ボールの使い捨ての皿を買い求めると，安くて便利である．生肉に使われた発泡スチロールの食品トレイは，細菌感染の危険があるので使用しないこと．卵のパックの蓋[22]も側面を低く切れば利用できる．雛は生まれつき好奇心が旺盛で，足元にあるものを本能的につつく．雛を飼料の上に乗せると，雛はすぐに飼料になじむ．雛はお互いに動作を真似あうので，1羽が採食を覚えると，残る雛もそれにならって覚え

訳者注
[19]：日本では都道府県知事に届け出るべき家畜の監視伝染病として家畜伝染病（いわゆる法定伝染病）と，届出伝染病とがある．
[20]：日本では動物衛生研究所のホームページ http://niah.naro.affrc.go.jp/index-j.html で最新の家畜伝染病と届出伝染病のリストを参照できる．
[21]：日本では各都道府県の家畜保健衛生所．
[22]：米国には蓋が平らでトレイ状になった卵パックがある．

る．雛が飼料に興味を示さないようなら，飼料を指でゆっくりかき混ぜることによって雛の注意を引く．その動きを見れば雛は食欲をそそられるである．何時間も監視なしに雛をおいて離れる場合は，全ての雛が飲食できているかを観察してから離れること．ふつう雛は生後1週間のうちに雛用給餌器を使えるようになる．雛には生後最初の数日間に雛用給餌器の使い方を教える．雛用給餌器はカバーがついているので，より日齢の経った雛が餌を掻き出して無駄にするのを防ぐことができる．雛が給餌器から採食することを覚えたら，飼料を盛っただけの皿の方は取り除く．

ニワトリの幼鳥に給餌する際は，幼雛用飼料を6週齢まで与え，成長期用飼料に切り替える[*23]．餌のタイプにはマッシュ（粉状）飼料，クランブル（粒状）飼料，ペレット飼料がある．ペレット飼料はしばしば雛には大きすぎることがあるので避けること．マッシュ飼料は非常に嗜好性が高いが，無駄がたくさん出る．また，雛はマッシュ飼料の中の好きな穀物ばかり（たいていはトウモロコシ）を選んでつつく傾向があるので，栄養不良になる可能性がある．クランブル飼料の栄養面は折紙つきであり，粒も大抵は孵化直後の雛も容易に食べられるくらいに小さい．もしクランブル飼料の粒が，雛が簡単に食べられないくらい大きいと判明した場合は，代わりにマッシュ飼料を与えるべきである．マッシュ飼料が利用できない時は，密閉できるプラスチックの冷凍バッグにクランブル飼料を入れ，延べ棒で挽いて粉砕する．18～20週齢になったら，雌にも雄にも産卵鶏用配合飼料を与える．

シチメンチョウ，キジ，ウズラの幼鳥では，より高蛋白，高カルシウムの餌が要求される．これらの鳥には6～8週齢まで狩猟鳥の幼雛用飼料を与える．理想的にはその後16～20週齢まで狩猟鳥の維持用飼料か狩猟鳥の成長期用飼料を与える．その後は狩猟鳥の産卵用配合飼料を与える．狩猟鳥用の飼料は，総じて栄養的なバランスが取れているとはいえ，個々の鳥種の栄養要求は異なるので，鳥の種や品種が判明するまでは，雛の飲み水にミネラルミックスを添加することを勧める．種が分かったらそれに応じた餌を与える．ミネラルミックスは鳥向けに特別に調製されたものを用いること．飼料取扱店に利用可能な製品をたずね，添付説明書によく従う．

狩猟鳥における重要な例外はウズラである．ウズラは性成熟に達するのが早く，6週齢になるやいなや卵を産み始める．ウズラには狩猟鳥の幼雛飼料を6週齢まで与えるべきであり，その後は狩猟鳥の産卵用飼料を与える．

アヒルやガチョウにも専用の飼料がある．幼雛用飼料を2週間与え，8週齢まで中雛用飼料を，20週齢まで大雛用飼料を与え，その後は維持飼料や産卵用配合飼料を与える．水禽向け飼料は，ニワトリや狩猟鳥向けの飼料よりも入手しづらい．水禽向け飼料がない時は，取扱店の知識のある職員や，飼料製造業者の代表に何が適切かを相談する．水禽用飼料が利用できない時の代替物と添加物については，Holderread（2001）を参照できる．

ニワトリの雛と，アヒル，ガチョウ，シチメンチョウ等を混合飼育する際は，8～10週齢以降になればPurina Mills®やFlock Raiser®のような多目的育雛飼料を与えてよい．しかし，8～10週齢までのシチメンチョウ，キジ，ウズラには，狩猟鳥向けの幼雛用飼料を与えることが必要不可欠である．また，8～10週齢までのニワトリには狩猟鳥向けの幼雛用飼料を与えないことが同じくらい重要である．狩猟鳥用幼雛飼料にはカルシウムと蛋白が過剰に含まれており，長骨の過熟の問題を引き起こすためである．米国には何十もの製粉業者が存在し，各社の飼料や給餌プログラムも様々であるので，複数の種を群で飼育する際の推奨品を飼料販売店に照会する．

家禽の飼料を選択し，給餌するにあたっての，もう1つ考慮すべき点はアンプロリウムのよう

[*23] 訳者注：日本では飼育方針や品種によって異なるが，4週齢まで幼雛，10週齢まで中雛，20週齢まで大雛，以降成鶏用飼料を与えることが一般的．

な抗コクシジウム薬を含んだ飼料を給餌することであり，大いに推奨される点である．コクシジウム症はアイメリア属の原虫によって起こる寄生虫病で，大半の家禽の小腸に定着して，家禽の幼鳥に致死率の高い下痢を引き起こす．坑コクシジウム薬の作用は，感染した動物の体内においてアイメリアの生活環を抑制することであることから，孵化したばかりの雛にも安全な薬剤である．抗コクシジウム薬は16週齢まで使用すべきである (Smith 2007)．FDA（米国食品医薬品局）の認可を経た薬剤だけが，飼料への添加を許されていることから，坑コクシジウム薬を添加済みの飼料は，最も安全であり，かつ簡単にコクシジウムを減少，もしくは根絶する方法である．肉や卵を出荷する前には，飼料メーカーの勧告に従い休薬しなければならない．

病原体となる細菌が発見されない限り，雛に抗菌剤を使用してはならない．生後数週間は，雛の消化管に多くの有益な細菌叢が定着しつつある時期である．これらの細菌叢は消化を助けると同時に，大腸菌のような病原性の細菌と首尾よく競合してくれる．明確な治療目的なしに，幼い雛に抗菌剤を与えると，有益な細菌叢までも破壊され，消化管が病原体の定着可能な開放された状態になってしまう．

配合飼料は栄養面において完全に作られているので，幼雛がしっかり食べていれば，飼料への添加剤は不要である．飼料業者は粒餌を販売しているかもしれないが，これはむしろ成鳥にとってのご馳走である．粒餌は栄養価に乏しいうえ，多量に給餌すると肥満のもとなる．野菜くずは成鳥には給餌できるが，下痢の原因になる可能性があるので雛に与えてはならない．

病気の雛では，乾燥した餌を受けつけなくなるかもしれない．このような時は，マッシュ飼料をペースト状にした粥が好まれる．水分を含んだマッシュ飼料のペーストはとても嗜好性がよく，鳥の水分補給に役立ち，作るのも簡単である．大きめのシチューなべやダッチオーブンに穀物ミックスと3倍量の水を入れる．挽いたエンバク（オートムギ）や砕いたコムギ，マイロ，フスマといった穀物が，飼料販売店や自然食品の店で個別に売られている．中火〜強火で加熱しながら，時々かき混ぜる．沸騰し始めたら火を小さくし，時おりかき混ぜながら，水分がほとんど吸収されるまで，量に応じて10〜30分間火にかける．完全に冷めたら，出来上がった量に応じて小さじ1杯〜大さじ1杯のタラの肝油を加え，十分に混ぜる．冷えた粥がかき混ぜにくくなった時には，調理したオートミールの柔らかさになるまで，水を少し加える．この粥は栄養バランスがよくないので，病気の雛の看護中，かつ乾燥した飼料を自力採食するようになるまでの短期間だけ与える．

家禽の飼料はネズミや甲虫類といった害獣や害虫から守る必要がある．飼料は入手した量に応じて，少量なら朝食シリアル保管用のタッパーウェア，多ければプラスチック製や金属製のごみ箱のようなしっかりした容器に貯蔵する．蓋がきっちり閉まるものを使用すること．温暖湿潤な気候ではカビの問題がある．特に夜間冷え込んだ時はコンテナ内で湿気が結露する．カビの生育を抑制するため，餌は室内もしくはその他の寒暖の差が少ないところに保管すること．カビが生えた飼料は「決して」動物に与えてはならない．毒性が生じている可能性がある．飼料がカビは生えているかどうかは，見た目（緑，黒，錆色のふわふわ）やカビ臭い匂いから分かる．

水は最も重要な栄養素である．新鮮で清潔な水を，いつでも確実に飲めるように，毎日取り換える．また，糞や敷料や飼料がこびりついたらすぐに取り替える．水を替える際は藻や細菌がすぐに生えてくるのを防ぐため，スポンジやブラシでこすり洗いすること．雛は7〜10日齢で掻き出し行動ができるようになる．この時期は，雛が飼料や敷料を水中に蹴りこむことが多いので，給水器を日に何度も確認する．

販売されている給水器には数タイプあり，プラスチックの泉タイプは飼料販売店ですぐに入手でき，使いやすい．ふつう，光沢のない白い貯水部と赤い基部からなっている（赤は雛の注意をひ

く）．このタイプの給水器は掃除や水の補充のための取り外しが簡単で，溝を切ったねじ込み式のものが最も信頼性が高い．雛の数が少ない時は1ガロン（約4リットル）の給水器より1クォート（約1リットル）の給水器がよい．なぜなら雛が落ちておぼれる危険を減らすため，ふちの開水面は浅く狭いほうが望ましい．雛が落水する危険をさらに減らすには，水深が3〜6mmとなるように，小石やビー玉を水に沈める．

期待される体重増加

多数の家禽が入舎した場合，期待される体重増加には著しい差異がある．どの種でも使える，鳥が適切に発育・成長しているかを見分ける簡便でよい目安は，竜骨（胸骨）とその左右の肉付きを触るだけである．理想的には，胸骨は丸々と盛り上がった胸筋に左右からはさまれて，先端しか感じられない．胸筋が減少して竜骨がとがって感じられる場合は，鳥がとてもやせていることを示している．このような時には，栄養的な問題や，消化管内の寄生虫が存在しないかを調べるべきである．

飼育環境

できることなら，雛は生後4〜5週齢まで，または外気が21℃以上に暖かくなるまでは屋内で飼育する．屋内で飼育すれば密接に観察できるうえ，捕食者や保温ランプの故障といった要素から雛を守ることもできる．

雛を育てるにあたって最も便利な飼育箱は，高さが60cm以上ある頑丈な段ボール箱である．この高さがあればニワトリ，シチメンチョウ，アヒル，ガチョウが飛び越えて逃げるのを防げる．狩猟鳥では，跳び出し防止に育雛箱に金網をかぶせなければならない（金網を切れば保温ランプのカバーとしても応用できる）．

必要な飼育場の広さは，雛の種や週齢に応じて変わる．飼育場の広さは狩猟鳥を飼ううえでとりわけ重要となってくる．というのも，彼らは密飼いされるとストレスを感じやすくなり，共食いする傾向があるからである．

敷料として適切なのは，カンナクズやもみ殻である．砂やオガ粉（細かい，木のけずりカス）は雛が食べてしまうことにより，そ嚢詰まりを引き起こすので避ける．また，新聞やその他表面のつるつるしたものも，雛の足が敷料の下に容易に滑り抜けてしまうことから決して使用してはならない．雛は弱く，骨も関節も柔らかいため，長期間にわたって脚が広がった状態でいると，脚に恒久的な変形を生じてしまう．不必要な関節の問題を一生抱えることにより，脚の変形した雛は二度と歩けなくなったり，歩様が異常になってしまったりする．

熱源は「育雛初期のケア」の項で述べたように設置する．保温ランプは24時間激しい熱を出し，火事の原因となり得るので用心して設置すること．ランプがしっかり取り付けられていることと，あらゆる可燃物がランプのふちから10cm以上はなれていることを確かめる．前述したように，孵化後の日齢が進んでいない雛を監視なしでおく時には，事前に保温ランプの元での（寒暖に対する）雛の行動と快適性を確認すること．種に関係なく，室温を週ごとに2.8℃ずつ下げていくと，雛の羽毛の成長と気温の低下が釣り合うので，雛が快適に過ごせる．

生物学的防御

病気による損害を本質的に減少させるには，生物学的防御を忠実に実践することである．最も大きな感染源は同種，他種にかかわらず，他の鳥である．周囲の鳥と接触した人や動物は群に近づけてはならない．感染源の常習犯になるのはペット（イヌ・ネコ）とネズミである．こうした動物は病気を機械的に伝播したり，生物学的にベクターとなったりする．動物を誘引する要素は排除すること．飼料はネズミを防ぐことのできるコンテナに保管し，こぼれた飼料は速やかに掃除する．死体は直ちに取り除き，地域の環境基準に則って適切な方法で処理すること．埋葬する場合は，死体を石灰（消石灰）で覆って，動物に掘り返される

可能性を減らす．良質な殺鼠剤と殺虫剤の使用プログラムも必要不可欠である．給水器と給餌器は2～3日おきに清掃して消毒し，敷料が湿ったら飼育場を清掃する．飼料の保管容器は陽に当てないようにして，夜間冷えて結露しカビが生えるのを防ぐ．飼料は早めに使用し，入手後1週間以上貯めないようにする．希釈したヨード剤で踏込み消毒槽を満たし，微生物が長靴に付着して運ばれるリスクを減らす．ヨードの色が透明になったら取り替える必要がある．あらゆる飼育道具は使用前に，完全に掃除して消毒する．有機物が表面に残っていると，最も優秀な消毒剤でさえも効果がなくなることがある．繰り返しになるが，種は混合して飼育すべきでない．最良なのは週齢もそろえることである．

　構内から離れたり，他の鳥と接したりした鳥（例：ショーなど）は全て6週間，隔離した区画にて検疫すべきである．検疫中には，薬剤を含んだ飼料を与えないように注意する．ショーに使ったケージ，給餌器，給水器，卵籠などの用具は保管前や再度の使用前に全て消毒する．何がしかの理由あるいは病気のために鳥を隔離して飼育する場合は，これらの鳥がもっているかもしれない病原体に，健康な鳥が侵されることのないよう，最後まで気をつけて鳥を取り扱う．

　つけ加えると，米国の多くの地域共同組合の出張所では，家禽を取り扱ううえで特有な話題を載せたパンフレットを置いている．このパンフレットは家禽の研究者や獣医師が執筆しており，最も正確な最新の情報源であり，とりわけ地域に特有の病気や，管理の問題を重要視している．ここに置いているものは，たいてい無料である．

ペットにするための行動訓練

　家禽の種の多くは，家庭向けの優れたペットになる．とりわけニワトリとアヒルは，しばしば愛玩用のペットとして家庭で飼われている．人によく馴れた鳥に育てるには，他のペットにするように，育雛期に頻繁なふれあいを必ず行うようにする．人間と密接に接触し，ともに活動した幼雛は，人間に非常によく馴れ，しばしば仲間として探し求めるようになる．ペット向きに育種されている種もある．プリマスロック種やコーチン種のような大型種は総じて，レグホン種といったひどく神経質な地中海沿岸産種に比べておとなしい．他の人馴れしやすい品種については，American Poultry Association（2001）を参照されたい．

関連製品および連絡先

Purina Mills Poultry Diets: 2005, SunFresh Recipe Products Index Page, St. Louis, MO, http://www.rabbitnutrition.com/flock/index.html.

Sevin Dust: GardenTech, PO Box 24830, Lexington, KY 40524-4830, (800) 969-7200.

参考文献および資料

American Poultry Association. 2001. The American Standard of Perfection. American Poultry Association, Inc., Mendon, Massachusetts, 372 pp.

Bell, D.D. and Weaver, Jr., W.D., eds. 2002. Commercial Chicken Meat and Egg Production, 5th ed. Kluwer Academic Publishers, Norwell, Massachusetts, 1365 pp.

Beyer, R.S. and D. Mock. 1999. Eliminating Mites in Poultry Flocks. Kansas State University Agricultural Experiment Station and Cooperative Extension Service publication MF-2387. Kansas State University, Kansas. http://www.oznet.ksu.edu/library/lvstk2/MF2387.PDF.

Campbell, J.B. 1914. Nebraska Management Guide for Control of Arthropod Pests of Poultry and Pets: Featuring: Poultry, Dogs, Cats, Rabbits, Birds, Guinea Pigs and Gerbils. Nebraska Cooperative Extension Circular EC89-1551. Nebraska Cooperative Extension, Nebraska. http://ianrpubs.unl.edu/insects/ec1551.htm.

Charleton, B.R., Bermudez, A.J., Boulianne, M., Halvorson, D.A., Jeffrey, J.S., Newman, L.J., Sander, J.E., and Wakenell, P.S., eds. 2000. Avian Disease Manual, 5th ed. American Association of Avian Pathologists, Kennett Square, Pennsylvania, 243 pp.

Hayes, L.B. 1995. Upland Game Birds: Their Breeding and Care. Valley Center, California, self-published, 350 pp.

Holderread, D. 2001. Storey's Guide to Raising Ducks. Storey Publishing, Pownal, Vermont, 288 pp.

Office International des Epizooties (OIE)/World Organization for Animal Health. 2006. Diseases Notifiable to the OIE. Paris, France. http://www.oie.int/eng/maladies/en_classification.htm.

Quarles, E.A. 1916. American Pheasant Breeding and Care. Hercules Powder Company, Wilmington, Delaware.

Richardson, E. 1897. The turkey: Its natural history and origin of name. In Myrick, H., ed. Turkeys and How to Grow Them. Orange Judd Company, New York, pp. 1–4.

Saif, Y.M., ed. 2003. Diseases of Poultry, 11th ed. Iowa State Press, Ames, Iowa, 1231 pp.

Smith, H.E. 1976. Modern Poultry Development: A History of Domestic Poultry Keeping. Spur Publications Company, Hampshire, England, 215 pp.

Smith, T.W. 1997. Feeding Game Birds. Mississippi State University, Mississippi State, Mississippi. http://www.msstate.edu/dept/poultry/bwqfeed.htm#nutr.

Smith, T.W. Accessed 2007. Feeding Chickens Properly. Mississippi State University Extension Information Sheet 1214. 2 pp. Available online at http://www.msstate.edu/dept/poultry/is1214.pdf.

18
キジ類(シチメンチョウ, ウズラ, ライチョウ, キジ)

Marjorie Gibson

生物学的特徴

　世界中で，7科256種の鳥がキジ目に分類されると考えられている．北米には4科のみであるが，これらの科に含まれる多くの種が生息している．その中には，ライチョウ，キジ，シチメンチョウ，ウズラ，ホウカンチョウが含まれている．

　これらの陸生の鳥は，人間の歴史の中に数多く登場し，芸術や文学，特に経済において暮らしの中で大きな役割を演じ続けている．今日，世界中で，これらの鳥は最も重要な蛋白質源であると多くの人に考えられている．

　これらの鳥は陸生で，樹上で眠るが，地上で生活し，採食する．強力な翼を備え付けているが，丸く短い構造であるため，飛翔能力はそれほど大したものではない．飛翔は端的に言うと，力強い爆発的なものである．足はニワトリのものとよく似ており，羽毛が生えている種もあり，食物を探して地面を掘るための堅い爪を備えている．泳ぐことはない．捕食動物から逃れる主な手段は，走ることと回避行動をとることである．身を守る必要に迫られた時には，強力な脚，足，爪，時には蹴爪（距）を使って攻撃を阻止する．敵や，場合によってはリハビリテーターや救護する人を打ち払うために，翼を棍棒のように攻撃的に用いることができる（図18-1）．

　ほとんどの種の体色は隠蔽色となっており，羽毛は生息環境に調和している（図18-2）．ライチョウ類のように，換羽によりシーズンごとに色が変わる種もある．この隠蔽色によるカムフラージュは，その個体を環境に溶け込ませ，人や捕食動物に対して目立たないようにしている．

　リハビリテーション施設で最も目にしそうなキジ目の野鳥としては，キジ，ウズラ，ライチョウ，ヤマウズラ，ソウゲンライチョウ，シチメンチョウ，クジャク，ヤケイがあげられる．いくつかの種で家畜化や雑種形成が広く普及しているため，飼育者は傷病鳥を正確に同定するために最善を尽くさなければならない．傷病鳥は，家禽や逃げ出した外来種，在来種，あるいは絶滅危惧種ですらあるかもしれない．ウズラやソウゲンライチョウのように，在来種の個体数が激減し，絶滅危惧種に位置づけられている地域もある．北米では狩猟愛好家やその組織によって，新たな狩猟の機会を設けるために，在来種ではない種が地域的に導入されている．導入された種の中には，キジ（*Phasianus colchicus*）のように，米国各地で，在来種であると思う人がいるほど一般的になっている種もある．ニワトリやその他家畜化されているキジ目の人工育雛に関する情報については，第17章「家禽」を参照されたい．

　スポーツとしての狩猟や食糧のために狩られる狩猟鳥は，頻繁に商業的に育てられている．狩猟鳥は美しいことでも知られており，動物園や個人の鳥舎で鑑賞用の鳥として飼育されている．営利農場で生産されている最も一般的な狩猟鳥は，キジとウズラである．これらの種は，簡単に改良することができ，狩猟鳥用の市販の餌で問題なく飼育できる．多くの種が一般的で育成が簡単である一方で，飼育下での育成や維持が最も困難である

図18-1 キジ目の鳥の翼は，体の大きさに比べて短くて幅広く，長距離の移動よりは短距離の力強い飛翔に向いている．

図18-2 ディスプレイしているソウゲンライチョウ（*Tympanuchus cupido*）の成鳥．

ような種もこの目には含まれている．多くの種は生まれつき身を隠す習性があり，注意深いため，野生での調査が困難である．したがって，食物や生活史についてはあまり知られていない．不幸なことに，野生動物のリハビリテーション施設に持ち込まれる在来種は，飼育が困難な種であることがよくある．家禽の疾病や飼育の技術に関する情報は役には立つが，野生種の育成とは多くの点で異なり，時には劇的に違っていることもある．

種の同定は必須

この目には非常に多くの野生種が含まれるが，その多くは食物（Elphickら 2001）や疾病への感受性（Altmanら 1997）が独特である．したがって，キジ目の雛が保護された時には，正確に種を同定することが大変重要である．生息地や分布域，巣，卵についてだけでなく，雛についても記載されている野外観察図鑑もある．「A Guide to the Nests, Eggs and Nestlings of North American Birds」（北米の鳥の巣，卵，雛のガイドブック）（Baicich and Harrison 2005）は良書の1つである．

来歴を入手することは，傷病個体についての記録をつけるために大切であるだけでなく，ライチョウ類やその他環境に敏感な種は特定の地域に生息しているので，どこで雛が見つかったかということは傷病鳥を同定するために計り知れないほど貴重な情報であり，その個体のリハビリテーションの成功に直接影響を及ぼすことがある．

傷病個体が外来種であると同定されることもあるだろう．その個体は，動物園や地方の狩猟鳥の農場から逃げ出したものかもしれない．もしそうであれば，単に鳥を持ち主に返せばよい．あるい

は，新たに持ち込まれた傷病鳥が家禽のニワトリであるかもしれない．ニワトリの品種には，孵化した時に縞模様があり野生のライチョウやキジ，あるいはウズラに似ているものもある．多くのキジ目の鳥には商業的な側面があるため，私的な所有権が問題となることがある．その市や州の法律によっては，法的に面倒な問題が生じ，所有者を探す努力がなされるだろう．

多くのキジ目の鳥は合法的な狩猟対象であるため，狩猟に関する法律を知り，適法な狩猟シーズンについての情報を得ることが役立つ．狩猟鳥のリハビリテーションを抑制する州もある．狩猟鳥が傷病鳥として持ち込まれる前に，この点を明らかできるよう許認可について確認しておかなければならない．

非常に早成性な雛

キジ目の雛は非常に早成性である．地上性であり，雛は孵化後すぐに巣を離れるため，巣はわずかな例外を除いて地面の上に作られる．多くの種において，孵化の時点ですでに初列風切羽が形成されている（Sibley 2000, Ritchieら 1994）．雛は綿羽で覆われており，しばしば縞やまだらの模様があって，周囲の環境に対して隠蔽色となっている．孵化後すぐに餌をあさることができるが，餌の場所を探し出すことは親に頼っている（Williams 1991）．ほとんどの雛は自力で採食する．しかし，シチメンチョウ類を含むいくつかの種では，口移しで雛に餌を与えることが知られている（Skutch 1976）．雛は寒さの影響を受けやすく，羽毛が十分に生えそろうまでは親に抱かれていなければならないが，2〜10日で飛ぶことができるようになる．多くの種で，1つの巣の雛の数が25羽にまでなるような大きな家族群を作る．親は孵化の前後より雛に呼びかけ，親としての刷り込みを行い，自分の声を雛に認識させる．多くの種では，雌親の声を識別するだけでなく，それぞれの兄弟の声も同様に識別する（Williams 1991, Skutch 1976, Gibson 1998）．そのため，里親による養育が困難である．

人工育雛への移行

善意で救護しようとする人々や活動的な子供たちが，雛を取り上げてしまうことがある．時には建物や農地のすぐそばの地面に巣があることがある．見つけた人が，野生動物センターにアドバイスを求めて電話する前にこのような巣の卵を取り上げてしまうこともよくある．野生動物の担当職員に取りに来て移動させてくれと依頼し，先に建築の計画を進めてしまうこともある．在来種の営巣を妨害することは違法である．このような電話に対応するには，国や州の渡り鳥に関する法律に精通しておくことが大切である．持ち込まれるその他の理由としては，親鳥の巣外での死亡，飼いイヌや飼いネコによる負傷などがある．寒い時や厳しい天候下で孵化した雛は，生き残れる可能性が低いため，親に見捨てられることがある．

野生の雛が親鳥と一緒にいられるようにするために一般の人々への啓発活動を行うことは，野生動物のリハビリテーターの果たす重要な役割である．キジ目のほとんどの鳥は，18〜26日で孵化する．孵化後数時間以内に巣を離れることができるようになるが，生きていくためには親の保護が必要である．

電話をしてくる人に，成長過程を説明する必要がある．卵は産み落とされてから3週間以内に孵化し，雛はその後すぐに巣を離れるということを伝えると，安心する．

電話してきた人が，孵化直後の雛を取り上げる前に問い合わせてきたなら，雛がすぐに危険な状態でなければ雛に触れないように説得する．そして，親鳥が近くにいて，人間による騒ぎが収まれば雛の声に応えるだろうと伝えて安心させる．

電話した人が雛を取り上げてしまっているが，まだ雛が見つけられた地域にいる場合，雛を放してその場を去るように説得し，親鳥が雛のところに戻れるようにする．離れたところから1時間ほど観察するとよい．

もし雛が負傷しているとか，親鳥に戻せない理由があるようなら，雛を保温し，動きを制限する

必要があることを強調する．キジ目の親鳥は，雛を体のそばに寄せて抱くものである．暖かくして雛の周りにタオルを巻くといったように，親鳥に抱かれているのと似たような状態にすることで，ストレスを低減し，生き延びる可能性を高くすることができる．

野生種の成鳥が「飼いならされている」ように見えて，人に寄ってくることがある．特にライチョウは，かなり飼いならされているように見える奇妙な行動を時おり示す．人から手渡しで餌をもらうことや，乗物の後をついていくことすらある（Bumpら 1947）．これらの鳥は，人に刷り込まれているとか，飼育下で育てられていたということではないが，このようによく知られている割にあまり解明されていない行動をとる．もし，その鳥が在来種で，今すぐに危険な状態になければ，電話をしてきた人に，野生にそのまま置いておくようにとアドバイスする．概してこういった行動は，突然始まって突然なくなるものである．しかし，1羽の鳥が2年もの間「飼いならされている」ような行動をとり続けたということも報告されている．もし，その鳥がテリトリーを守ろうとするようになったり，攻撃的になったりするようであれば，場所を移動させることを検討するべきである．

キジ目の成鳥が最もよく負傷するケースは，車にはねられたり，銃で撃たれたり，有刺鉄線の柵に掛かったりした時である（Erickson 2006）．負傷した鳥をそっとその場所から取り上げ，底にタオルや木の葉のようなものを敷いた段ボール箱の中に入れて，できるだけ速やかに野生動物のリハビリテーション施設に移送するよう，通報した人に指示する．

狩猟鳥のリハビリテーションを行ったり，荒らされた巣の卵を人工孵化させたりすることについて，管轄機関が否定的な取り決めを行っている場合がある．一般の人々への返答を明確にするために，その地域の機関の担当者に確認する必要がある．

野生動物施設への輸送

雛はできるだけ速やかに施設に輸送すべきである．輸送箱の大きさを，収容個体の倍より小さくすると，ストレスを低減し雛を安全に保つことができる．空気穴を開けたダンボール箱が適している．タオルかTシャツを箱の底に敷くと，雛が滑らず，開脚症が起こるのを予防できる．水を満たした器を入れて輸送してはいけない．こぼれた水が雛を濡らし，低体温症を引き起こすからである．輸送中は，補助的な暖房を用意する．マットヒーターや温めた米袋，お湯を入れたボトル，その他同様なものにタオルを当て，雛が熱源に直接触れないようにして用いる．動物のぬいぐるみや羽のはたきなど，体を寄せられるものを入れてやると，輸送中に雛が落ち着くだろう．

育雛初期のケア

キジ目の雛は，多くの場合孵化した時には大変小さく，たまに体重が1gかそれ以下のものもいる．雛はストレスと寒さの影響を非常に受けやすい．低体温の個体は，常に危機的な状態である．体温を速やかに上昇させなければ死亡する．健康診断を行う時には，鳥の深部体温が正常でなければならない．低体温の鳥には経口的に餌や水を与えるべきではない．深部体温が回復するまで，消化器系は機能しない．冷えた鳥を温めるためには，低い温度に設定にしたマットヒーターや，温めた箱，あるいは36.1〜37.2℃に設定した孵卵器を用いることができる（Anderson Brown and Robins 2002）．反応のない傷病鳥は，暖房の上に置いたままで目を離してはいけない．マットヒーターや保温ランプは，衰弱して熱源から移動できない鳥を温めすぎて死なせてしまうことがある．反応を促し，血液循環を亢進させるために，温めたタオルでマッサージする．

ストレスを避けるために，雛の健康診断は短時間で行う．保育箱の中の雛を観察することで多くの検査が実施できる．傷病鳥が孵化直後の雛かどうか判断するために，卵歯をチェックする．卵歯

は孵化を助けるもので，ほんの数日間だけ目に見える形で残っている．多くの種において初列風切羽が生えた状態で孵化するので，誤ってより成長しているとみなすことがあることを覚えておく必要がある．肛門がきれいで，糞がこびりついていないことを確認する．やわらかい糞は乾いて肛門の周囲に積み重なっていき，雛の排泄を妨げる．もし，肛門がきれいでなければ，その部位をぬるま湯で洗い，全ての糞を取り除く．

雛の眼が開き，嚥下反射があれば，温めた湯か電解質液（Pedialyte，0.9％塩化ナトリウム液，あるいはラクトリンゲル液）を1滴，指先から垂らして与え，雛に飲ませる．雛が立っていられるほど十分にしっかりしたら，飲ませている液体に薄い蛋白質混合物を加え，指先から垂らす方法で与え続ける（処方については，第19章「ツル」の中の「ツルの削痩雛用処方餌」の項参照）．これらの種の多くは非常に小さいので，シリンジやピペットによる給餌は，嚥下能力に負担をかけて調子を崩させることがある．雛が排泄するまで薄い混合物の給餌を続ける．カテーテルによる給餌は少量（ウズラに対しては0.05ml）から始める．初期のカテーテルによる給餌は，そ嚢を満たすと言うよりは，消化管の蠕動を刺激する意味がある．

罹りやすい疾病と対処法

野生のキジ目の雛は，家禽化されたものと違って，非常にストレスを受けやすい．飼育下で育てられると，より疾病や寄生虫に感染しやすい．おそらく飼育によるストレスが関係しているのだろう．本来の生息地で親鳥と一緒に育った場合には，疾病よりも捕食されて死亡する可能性の方が高い（Bump 1978, Woodward 1993）．明らかに分かっているわけではないが，野生で育った雛と親鳥は，そこで得られる多種多様な自然の昆虫や草木の葉を食べることで，おそらく免疫システムが高められ，自然の治療薬としての効果も得ているのだろう．自然に摂取される植物には，有毒な化学物質や2次化合物を含んでいるものもあるが，それにもかかわらずライチョウ類をはじめいくつかの種はたやすく消化し，耐性を示す（Elphickら 2001）．そのため，その鳥の本来の生息地の林床などから取ってきた落葉落枝を用いることで，成功率が高まることがある．家禽化されたキジ目の寄生虫や疾病の治療については，第17章の「家禽」で取り上げられている．

疾病は，発生してから治療するよりも，予防するに越したことはない．成長した鳥では必要な時に尺骨皮静脈（翼下静脈）から採血できるだろうが（図18-3），キジ目の雛は非常に小さく，ストレスに敏感であるため，血液検査による診断は現実的ではない．同じ理由で，ひとたび疾病が進行し始めると，治療はうまくいかないことが多い．したがって，リハビリテーターは予防と初期の発見に重点的に取り組むべきである．

サルモネラ症などの細菌性の疾患には，汚染した水や餌を通じて罹ることがある．雛のために水を日に何度か交換し，餌を腐敗させたり，糞で汚染させたりしないようにする．鳥の糞を観察し，下痢のような変化には即座に対応する．肛門を清潔に保ち，消化器系の問題を引き起こす糞のこびりつきに注意を払う．肛門に糞がこびりついていると適切に排泄ができず，死んでしまうことがあ

図18-3 キジの尺側皮静脈からの採血．

キジ目のどんな野生種でも，雛が1羽だけ単独で育てられれば，リハビリテーターが最善の努力を行っても生き残る可能性は低い．その理由は，この章で前に述べている．同じような大きさの他の雛と一緒にすれば，生き残る可能性は劇的に高まる．理想的には同じ種であるべきだが，野生動物のリハビリテーションにおいては常に可能なわけではないので，同居個体として似たような種が用いられることがある．不思議なことに，多くの野生種で，臨床的にすぐに症状を示さない疾病でも，他個体から自然にもたらされると罹りやすい．成鳥になるまで，罹りやすい状態は変わらないので，原則として混合した群や混雑した状況の中で鳥を育てるべきではない．

　野生では，種を越えて同じ生息地にいたとしても，通常は疾病が伝染するほど十分接近することはない．多くの種で，疾病の伝播についてはほとんど知られていない．鳥類の医学に関するテキストでは，率直に情報の欠如について論じている（Altmanら 1997）．新たな情報が絶えず見出されているので，疾病の詳細や種による違い，薬剤感受性について，狩猟鳥に関する経験の豊富な鳥類の獣医師に問い合わせるとよい．免疫システムを抑制するかもしれないので，キジ目の野鳥に対する抗生物質の使用は控えめにする．抗原虫薬は，いくつかの種，特にシチメンチョウ類で必要であり，市販のシチメンチョウ用の餌に含まれていることが多い．

　特定の種に対して特別に開発された市販の餌は，キジ目の他の種に対しては有毒なことがある．例えば，ニワトリ用に開発された餌は，ハロフジノン[*1]を含んでいるため，キジやヤマウズラには有毒である．市販のシチメンチョウの餌は，抗原虫薬を含んでいるため，ライチョウ類やその他感受性のある種では盲腸の細菌叢を阻害して死亡させることがある（Altmanら 1997）．このような理由で，キジ目の野鳥には自然な餌が最適である．

泥球症

　泥球症は，野生，飼育下を問わず，地面で生活する鳥に発生する（図18-4）．湿った状態で粘着性になった土が雛の足に付着した時に起こり始める（Welty 1982）．足の周りに土が多層の膜状に積み重なり，球のように足が包み込まれる．したがって泥球症と呼ばれている．鳥はこの状態から逃れようともがいて消耗したり，歩行や採食，その他の正常な行動ができなかったりすることで，死に至ることがある．飼育下では，非常に幼い雛がいる育雛器の中や屋外の施設でこのような経過をたどることがある．木の削り屑のようなやわらかい敷料と混ざった湿った糞によっても，泥球症が起こることがある．軽症の場合でも，すぐに処置しなければ足の変形を引き起こす．硬い材料をギプスとして用いると，雛の急速な成長を阻害する．足を暖かい湯につけて付着物をやわらかくすることで治療する．骨折や皮膚の裂傷が起こることがあるので，付着物の除去は注意深く行う．

開脚症

　雛が不安定な敷料の上で滑り，靱帯を正常な範

[*1] 訳者注：家禽生産においてコクシジウム症を防ぐ抗寄生虫飼料添加剤.

図 18-4 重くて硬い塊の中に足が包み込まれる泥球症は，致死的なこともある．

囲以上に伸ばした時に開脚症が起こる．早めに見つけられれば，ベトラップ（Vetrap, 3M）や同等品を用いて正常な位置に脚を「軽く固定」することで整復できる．正常に起立しているか歩行している時の幅に両脚を離しておく（図12-3）．脚に副木（ここでは，あしかせを指す）をつけた状態で正常な行動が維持でき，歩けるようにしないといけない．副木をつけている間も立って歩くことは，筋肉の正常な緊張と発達を維持するために重要である．程度に応じて，数日～1週間脚に副木を付けたままにする．孵化したばかりの雛は，急速な成長に合わせて毎日副木を調節してやる（Altmanら 1997）．

共食い

共食いは，キジ目の全ての種において，飼育されている際に発生することがある．この原因としては，栄養不足や過密飼育による不衛生など，多くの説が存在する（Woodward 1993）．おそらく複数の要因がこの現象に関与しているだろう．このように有害な行動を予防するためにまず行うべきことは，適当な空間と良好な餌を十分に用意することである．人間や家畜によるストレスも最小限に抑えないといけない．

育雛器の中にいる間，雛はよく他の個体のつま先や脚をつつく．他個体の注意を引くようなつま先の屈曲といった身体的異常や出血がないか，被害個体を確認する必要がある．肛門や脚に付着した糞や敷料は餌のかけらに似ており，他の雛につつかれる原因となることがある．皮膚の損傷となっているところは全て，抗生物質軟膏で治療したほうがよい．同居個体によってつつかれた鳥を再び同居させる際には，開放性の創傷は治癒していなければならない．

たとえ短期間でも攻撃的な鳥を取り除くことで，つつくという行為の連鎖が断ち切られるようであるので，十分問題の解決になることもある．根や土が付いたままの新鮮な植物を与えて，鳥の気を紛らわせることによっても，つつきを解決できるかもしれない．

屋外施設にいる鳥は，生理的ストレスや環境ストレスにさらされた時に，他の個体や自分の羽毛をつつく．適切で高品質な餌が食べられているか，捕食動物に悩まされていないか，ストレスのない環境であるかといったことの確認を含め，全ての要因を確かめる．所有地内に住むイヌを含む家畜も，ストレスの原因となる．鳥は飼われているペットを捕食動物であるとみなして反応する．もし，ストレスの原因を突き止めることができなければ，放鳥することが最もよいかもしれない．

餌

キジ目の野鳥では，かなりの種が独特な餌を要求する．市販の加工品の餌で生きていける種もあるが，多くの種では困難である．また，残念ながら，最も経験を積んだリハビリテーターにとっても，どの種が比較的丈夫で，どの種が想像以上に虚弱であるかを判断する明確な基準というものはない．

一般論として，キジやウズラのように商業的に育てられてきた種は丈夫で，飼育下で育てられた場合に育成率が高い．対照的に，野生のシチメンチョウやライチョウは飼育下では虚弱である．野生のシチメンチョウは，脳の容積が35%大きいということを含め，家禽化されたものと多くの点で異なっている．

ライチョウ類では，種によって食性にかなりの違いがみられる．複雑なことに，これらの食物は季節によって変化する．北半球だけで16種のライチョウがいることを考えれば，この章でそれぞれに適した食物を述べることは事実上不可能である．リハビリテーターにとって最もよい対処法は，それぞれの地域で見られる種とその食物について詳しくなっておくことである．このことが，キジ目の鳥では他の鳥より来歴や鳥が見つかった場所が重要となる1つの理由である．このように繊細な種の雛を放鳥するまで育て上げるのには，余分な努力が必要とされる．

雛を餌付かせるのは，大変な仕事である．ライチョウの雛の最初の食物は，アリか他のごく小

さな昆虫である．昆虫の素早い動きは雛を惹きつけ，たいてい採食を開始する刺激となる．ドッグフード用の大きなサイズのボウルには，小さなスコップ1杯分の活発なアリを入れておくことができる．アリが雛を圧倒し，雛を咬むことがあるので，十分に観察するように気をつける．

地面から引き抜いて多少の土が根についたままの野生の牧草や雑草（Hayes 1992）は，かなり雛の興味を引く．ほとんど本能的に根を引っ掻いて食べ始める．その草が安全で無毒で殺虫剤が噴霧されていないことを確認しておかないといけない．このような，餌を食べるという行動によって，他に与えた餌の採食も促進される．子イヌ用や子ネコ用のペットフード（ヒルズサイエンスダイエット，Hills Science Diet）を冷蔵庫中で同量の水に一晩浸し，浅い皿に入れて与える．与える前に，わずかのミルワームやアカムシ，ワックスワーム，イトミミズ，あるいはその地域で自然にいる昆虫を加える．狩猟鳥の営利農場の飼育者には，赤色のイヌのおやつを粉々に砕いて上にかけることを勧める人もいる．赤い色は雛の注意を惹きつけると言われている（Woodward 1993）．

もし雛が上記のような方法にもかかわらず，採食することを拒んでいるようなら，乳児用ドライシリアルか乾燥させて粉砕した昆虫を雛の背中にふりかける．自然な羽づくろいの行動の間に必ず多少の餌を口にし，それを餌であると認識して食べ始める．

あれこれ手を尽くしてもだめなら，この章で前述した通りに削痩雛用処方食を用いて1滴ずつ給餌する方法をとる．カテーテルによる給餌を行ってもよいが，繊細な種にはストレスが多い．

敷料として玉砂利か砂を満たした浅い受け皿状の大皿に暖かい湯（Hayes 1992）を入れて与える．これにより，雛が滑って脚を開脚してしまうことを予防する．雛は，消化を助けるグリットとして，多少の砂も食べる．そ囊の食滞が引き起こされるほど大量の砂を摂取しないよう予防しなければいけない．市販されている雛用の給水器は，ほとんどの農業用資材店で入手可能であり，十分

役に立つ．雛が給水に注意を惹かれている間におぼれないよう，カラフルなビー玉を飲み水に入れる（Ritchieら 1994, Hayes 1992, Woodward 1993）．

雛が食べ始めたら，ふやかした子ネコ用あるいは子イヌ用のドライペットフードの上に小さなミルワームやイトミミズ，その他の昆虫をかけたものを主要食として，生後1ヵ月の間与え続ける．ふやかしたペットフードは，腐敗しないように1日に何度か入れ替えなければいけない．雛が成長し，新たな餌に興味を示すにしたがって，バッタやコオロギ，最後には穀類を加える．ひと口サイズに小さくカットした野生の自然の葉は，餌に添加するのに適している．ロメインレタスも用いることができる．葉を細かくカットすることで，大きな切れ端がそ囊の食滞を起こすことを予防する．野生では親鳥が雛のために葉を細かくしてやっている．

飼育環境

育雛器

ニワトリや狩猟鳥の農場で用いられる市販の育雛器でも，野鳥の雛に対して十分利用できる．育雛器がそれまでに家禽に使われていたなら，十分に洗って殺菌しなければいけない．多くの野生種は，家禽であるニワトリやシチメンチョウの雛にみられる疾病に高い感受性をもっている．市販の育雛器は，一度に多くの雛を育雛するようにできているので，ごく数羽しか育てないのならそれほど適してはいない．

もし，飼育する雛がごく数羽なら，小さめの設備がより実用的である．40×50×50cmのダンボール箱，あるいはプラスチックの収納容器が適している．多くの店の金物売り場に置かれているクリップ固定式のリフレクターランプ[*2]を箱の一方にしっかりと取り付ける．通常35〜

[*2] 訳者注：写真撮影などに用いる照明電球で，内面に反射鏡を有する．

37.2℃の温度を保つには40〜60ワットの電球が適している．保温ランプの下の温度を確認し，適切な温度になるようにランプを上下に動かす．

雛は単独でいると，ほとんど生き残れない．そこで，雛のストレスを低減させ，採食を促すために，育雛施設に収容して始めの数日間は，1日齢かもう少し成長したチャボの雛と同居させてやる．しかし，この場合には伝染性の細菌やウイルスなどによる感染症に気をつける必要がある．たとえ短時間であっても家禽を野生個体と接触させる場合には，一般的な疾病についてのワクチンを接種しているか閉鎖群由来の家禽を用いることが勧められる．

異なる年齢の雛を同居させることには長所も短所もあるので，その点を比較検討する必要がある．年長の雛は，孵化したばかりの雛に餌を食べさせなかったり，負傷させたり，上に乗って窒息させたりすることがある．このような飼育方法を採るしかなければ，注意を払わないといけない．自分で採食を始めている年長の雛は，より幼い雛に採食や飲水を促し，そのやり方を教える．攻撃性がないか注意深く鳥を観察し，もし攻撃性が生じたらすぐに隔離する．様々な年齢や複数の種を一緒に収容するのに非常に役立つので，他のリハビリテーターとのネットワークを作るべきである．

ネジ巻き式目覚まし時計と，清潔な羽はたきか綿のモップの先端部がついた鏡（Ritchieら1994）は，雛のために親の姿の代わりを作るのに役立つ．もし羽のはたきを使うのなら，化学薬品や防腐剤が用いられていないことを確かめないといけない．化学物質で処理された羽が濡れた時に，毒性のガスを発生することがある．このような用途には，合成繊維でできた羽が最も安全であろう．孵化後1週間，敷料の上に白い綿モスリンの布地を敷いておくと，飼育者が糞を観察でき，消化器系に問題がないか，雛が食べているかといったことに注意することができる．布地を敷くことで，植物性の敷料や砂を大量に摂取することによるそ嚢の食滞も予防できる．目の荒い砂，玉砂利，きれいな土，あるいは乾燥した自然の落ち葉も，育雛器の敷料として適している．堅くしっかりとした敷料は，雛が滑って開脚症を起こすことを予防する．細かい砂は雛に眼の問題を引き起こす．雛の本来の生息地から取ってきた木の切り屑（杉でないもの）や，自然の落ち葉を玉砂利と組み合わせたものは，雛の成長とともに敷料として用いることができるようになる．

どのような敷料が用いられても，細菌の増殖や疾病の発生を予防するために清潔で乾燥した状態に保たなければならない．木製の箱を推奨する人もいて，それも十分役に立つが，乾燥しにくいので，使用後に消毒するのがより困難である（Woodward 1993）．

雛の行動は，温度が高すぎたり低すぎたりした場合の目安になる．雛は，寒すぎれば保温ランプの下に寄り集まり，採食や飲水をしに出てこなくなる．暑すぎれば翼を垂らしてランプから離れたところにいるようになる．保温ランプを箱の一方に取り付けると，ランプの近くにいるか遠ざかるかを雛が必要に応じて選べる．

雛が成長し，より活発になるに伴って，広く背の高い育雛用の箱が必要となり，温度も下げることが必要となる．温度は週に2.8℃ずつ下げるが，雛が暑すぎるという様子を示しているなら，より急激に下げる．キジ目の雛の多くは，孵化後数日〜1週間で飛翔することが可能である．このため，育雛用の箱の上部は雛を中に閉じ込めておける構造でなければならない．5〜6週間は雛をこの箱に留めておく必要がある．完全に羽毛に覆われれば，屋外施設に移してもよい．涼しい気候では，雛が完全に環境に順応するまで，補助的な暖房と安全な屋内施設を利用し続けられるようにしなければいけない．

屋外施設

キジ目の鳥は，他の動物に捕食されることが多いため，捕食動物の姿や音に対して強いストレス反応を生じる．隠れ場所を探したり隠れたりすることは，恐怖への反応である．捕食動物から隠れることを強いられた時には，ストレスの増加によ

り新陳代謝が亢進してカロリーの必要性が増加しても，十分に採食や飲水を行わない．

猛禽類の仕様に沿って作られたケージは十分に役に立ち，鳥を自然の太陽光や雨にあたらせ，捕食動物から保護することができる（Gibson 1996）．高さが少なくとも90cmある目隠しをケージの周囲に取り付けることで，外から見られない状況にしてやり，飼育下の鳥のストレスを低減させる．野生に放される予定にあるキジ目の鳥には，その土地の植物やベリー，リンゴの木，その他の無毒な植物が植えられて隠れ場所となっているような放飼場が最も適しているだろう．著者は，ケージを覆う網へのダメージを避けるために，小型の果物の木を用いている．厳しい天候に対して，あるいは日よけとして，必要に応じて差し掛けの屋根や建物といった避難場所も提供すべきである．

放飼場の大きさは，飼育する鳥の種類によって決まる．キジ目の種には，自然の土が最良の床材である．以前飼育していた鳥の残した寄生虫や病原体が土の中に潜んでいるかもしれないので，それによる感染を予防するために，少なくともシーズンに1回あるいは雛を収容する前に放飼場を新たに耕すべきである．もし，放飼場の床材が玉砂利か何かであれば，消毒すべきである．床材を，その地域の森林の林床から取ってきた自然の落葉落枝（葉や朽ちた樹皮，土）で数cm覆ってやる（図18-5）．落葉落枝は生息地の自然な環境要因であり，鳥は餌を探す通常の行動を練習することができるようになる．キジ目の鳥は，砂や砕けやすい土を，羽づくろいの補助物あるいは消化のためのグリットとして用いるため，ケージの一角に砂を入れるとよい．

放鳥準備用の放飼場の大きさも，飼育する種によって決まる．9×9×3mの放飼場であれば，5～10羽のライチョウの幼鳥を放鳥まで収容できる．たくさん詰め込むと，ストレスや疾病に罹る機会が増加する．避難場所となるように中身をくり抜いた自然の丸太は役に立ち，放鳥に先立って鳥が「野生の生息環境」に慣れるための助けとなる．

キジ目の鳥では，完全に羽毛が生えそろうまで親鳥，通常は雌親と一緒にいるのが自然であり，時には生まれた年の秋が終わるまで一緒にいることもある．しかし，雄とほぼ成熟した幼鳥のように，成鳥の中にはしばしば一緒にすることが難しいものもいる．多くの種でテリトリーをもつ習性があるので，集団内の他個体に対して攻撃的であ

図18-5 鳥が餌を探す行動を練習できるように，放飼場には自然のままの散らかった落ち葉や土があったほうがよい．

る．攻撃的な行動の徴候を見張り，傷を負わせるような個体は隔離しなければいけない．負傷個体が出血していれば，新鮮な創傷が目につかなくなるまで安全のために隔離しなければいけない．

収容施設と放飼場の捕食動物防除対策

捕食被害から傷病鳥を守る第一歩は，そのエリアに捕食動物を寄せ付けないことである．こぼれた穀物をきれいに清掃し，余分な餌をケージの外側に置き去りにしないようにする．囲いを不透明な柵にすれば，中の鳥が見えることによって捕食動物が寄ってくることを防げる．放飼場に接している樹木は，傷病鳥を狙う鳥が止まったり，木に登る捕食動物が放飼場に侵入したりする際に利用するので，注意深く見極めないといけない．スカンクのように地面を掘る動物は，網目 2.5 × 1.25cm の鋼製金網を地面に垂直に 60cm 埋没させ，さらにそこから 60cm 放飼場の外側に向かって曲げておくことによって防ぐことができる．あまり丈夫でない針金は品質が低下して維持に費用がかかるので，適度に太い亜鉛メッキの金網を使用することが賢明である．外周柵の外側に電気柵を複数本並べて設置し，効果を上げているリハビリテーターもいる．地面から 10cm 程度のところから 30cm 間隔で，およそ 150cm の高さにまで電気柵を張れば，通常ほとんどの捕食動物を防ぐことができる．地元の野生動物担当官に，その地域で頻繁に見られる捕食動物のリストや，それらを抑えるための合法的手段に関する規則について問い合わせるべきである．しつこい捕食動物に対して，生け捕り用トラップやその他の方法による人道的捕獲が必要とされることがあるが，地方の規則は，生け捕りにした捕食動物の移送にも影響を及ぼすことがある．どんな状況であれ，捕食動物を抑制するために毒物を用いるべきではない．対象外の種を毒殺する可能性が高い．鳥を完全に保護するためには，寄生虫や他の問題を持ち込む野生動物の侵入，鳥類による捕食，時期尚早である放鳥などが防げるように，飼育ケージは覆い囲われているべきである．

野外放鳥の基準

キジ目の野鳥に関することは全て独特であり，放鳥についても例外ではない．ほとんどの種は飛ぶことが上手ではなく，長距離を移動することもないので，キジ目の鳥に対しては，他のほとんどの鳥とは違って分散を期待することはできない．したがって，人間や家畜から離れた，よい生息地に放鳥することが重要である．放鳥は，鳥が完全に羽毛に覆われ，外気温に順応し，自然の食物について学んだ後に実施する．晩夏に放鳥するが，気温が穏やかな地域では秋か冬でもよい．春，同じ種の野生個体群が繁殖や営巣を行っている時には放鳥してはいけない．キジ目の野鳥は，種によってテリトリー意識にかなり差があるものの，自分たちのテリトリーを精力的に守るものもいるからである．

キジ目の鳥の多くは狩猟対象である．放鳥のタイミングを考えるには，狩猟シーズンの日程を考慮しなければいけない．鳥を最大限に生き残らせるためには，狩猟に脅かされずに環境に順応できるように，狩猟シーズンの数週間前か，終わった後に放鳥しなければいけない．放鳥後に補助的な給餌を続けてもよいが，通常は必要ない．

著者あとがき

キジ目の野鳥のリハビリテーションは，やりがいのある仕事である．野生動物のリハビリテーターは，人がほとんど触れる機会のない種に，しかも，とりわけ雛に接することができる．このような繊細な種を扱うことで，その鳥の自然な成長についての情報を収集したり，疾病についての調査を行ったりする貴重な機会が得られる．餌や飼育施設，取り扱い方などに関する確かな記録を残すことは非常に重要である．鳥の世話のあらゆる面について，成功と失敗の両方の情報が大切であり，その情報を野生動物のコミュニティーで共有すべきである．あまり解明されていない疾病の経過を記録するために，死亡時には詳細な剖検がなされるべきである．種に関する知識を蓄積してい

くことは大切な努力であり，リハビリテーターが積極的な役割を果たせるところである．

謝　辞

　祖母と両親は，私の幼少時代に野生や家畜のキジ類に触れる機会をたくさん与えてくれ，私は彼らの鳥に対する愛情に影響を受けました．今の私があるのは，彼らのおかげです．鳥とともに歩む人生を私と共有し続けてくれている家族，すなわち夫の Don と子供の Darrell，Katrinka，Sarah，さらに孫の Hunter，Madalyn，Alexander に感謝します．

参考文献および資料

Altman, R.B., Clubb, S.L., Dorrestein, G.M., and Quesenberry, K. 1997. Avian Medicine and Surgery. W.B. Saunders Co., Philadelphia, pp. 944–959.
Anderson Brown, A.F. and Robins, G.E.S. 2002. The New Incubation Book. Hancock House Publishing Ltd. Blaine, Washington, pp. 206–213.
Atwater, S. and Schnell, J. 1989. The Wildlife Series: The Ruffed Grouse. Stackpole Books, Mechanicsburg, Pennsylvania, pp. 130–138.
Baicich, P.J. and Harrison, C.J.O. 2005. Nest, Eggs, and Nestlings of North American Birds, Second Edition. Princeton University Press, Princeton, New Jersey, 347 pp.
Bump, G., Darrow, R.W., Edminster, F.C., and Crissey, W.F. 1947. The Ruffed Grouse: Life History, Propagation and Management. New York State Conservation Department, pp. 179–226.
Delacour, J. 1978. Pheasant Breeding and Care. T.F.H. Publications Inc., pp. 18, 443–448.
Elphick, C., Dunning, Jr., J.B., and Sibley, D.A. 2001. The Sibley Guide to Bird Life and Behavior. Alfred A. Knopf, Inc., New York, pp. 73–77, 233–245.
Erickson, L. 2006. 101 Ways to Help Birds. Stackpole Books, Mechanicsburg, Pennsylvania, pp. 73–74, 76, 203.
Gibson, M. 1996. The ABC's of housing raptors. Journal of Wildlife Rehabilitation 19(3): 23–31.
———. 1997. Natural history: Square one for wildlife rehabilitation. Journal of Wildlife Rehabilitation 17(1): 3–6, 16.
———. 1998. Putting baby back. Journal of Wildlife Rehabilitation 21(2): 33–40.
Hayes, L.B. 1992. The Chinese Painted Quail, Their Breeding and Care. Leland Hayes' Gamebird Publications, 161 pp.
Johnsgard, P.A. 1988. The Quails, Partridges and Francolins of the World. Oxford University Press, pp. 202–205.
Landers, L.J. and Mueller, B.S. 1986. Bobwhite Quail Management: A Habitat Approach. Tall Timbers Research Station and Quail Unlimited, 39 pp.
Martin, L.C. 1993. The Folklore of Birds. The Globe Pequot Press, pp. 69, 153.
Ritchie, B.W., Harrison, G.J., and Harrison, L.R. 1994. Avian Medicine: Principles and Application. Wingers Publishing Inc., Lake Worth, Florida, 1384 pp.
Rogers, L.J. and Kaplan, G. 2000. Songs, Roars and Rituals, Communications in Birds, Mammals, and Other Animals. Harvard University Press, Cambridge, Massachusetts, pp. 20, 83, 90.
Rupley, A. 1997. Manual of Avian Practice. W.B. Saunders Co., Philadelphia, pp. 265–291.
Sibley, D.A. 2000. The Sibley Guide to Birds. Alfred A. Knopf, Inc., New York, pp. 134–149.
Skutch, A.F. 1976. Parent Birds and Their Young. University of Texas Press, pp. 312–315.
Welty, J.C. 1982. The Life of Birds, Third Edition. Saunders College Publishing, Philadelphia. 754 pp.
Williams, Jr., L.E. 1991. Wild Turkey Country. Northword Press, 160 pp.
Woodward, A. 1993. Commercial and Ornamental Game Bird Breeders Handbook, Hancock Wildlife Research Center, pp. 181–188, 272–290, 357–359.

役に立つウェブサイト

http://www.mcmurrayhatchery.com/index.html.
http://www.naga.org/.
http://www.gamebird.com/.
http://www.agmrc.org/agmrc/commodity/agritourism/gamebirds/.
http://www.lelandhayes.com/.
http://www.avianpublications.com/items/fowl/itemB15.htm.

19
ツ ル 類

Marjorie Gibson

生物学的特徴

　ツルは鳥類の中でも最も古い科の1つである．世界中のツル科の15種の中で，9種が絶滅危惧種である．ツルは，長い頸と脚，大きな嘴をもった，背の高い威厳のある鳥である．3列風切羽が腰背の部分で背尾部を覆うように垂れ下がった独特のシルエットをもっている．ツルは，パートナーに対する強い忠誠，複雑な「求愛ダンス」，兄弟殺しの習性でよく知られている．

　北米では2種が見られ，その他の種としてユーラシアのクロヅル（*Grus grus*）が時おり観察される．カナダヅル（*G. canadensis*）にはカナディアン，グレーター，レッサー，フロリダ，ミシシッピー，キューバの6亜種がある．アメリカシロヅル（*G. americana*）は北米の絶滅危惧種である．

　カナダヅルは体高0.8〜1.2m，翼開長1.8〜2.3mで，亜種によって大きさに差がある．アメリカシロヅルは体高1.3m，翼開長2.2mである．アメリカシロヅルについては良好な飼育下繁殖計画が確立されており，現在，米国のいくつかの地域に再導入されている．飼育下繁殖と再導入が継続的にうまく進行している[*1]ため，今後10年の間にリハビリテーションを必要とする野生のアメリカシロヅルに遭遇することがあるかもしれない．

　ツルは長寿で，一夫一妻である．湿地で巣作りをし，周囲から植物を集めて簡素な巣を作る．巣の周囲に水のバリアを形成するために，巣材集めは巣作りの際に重要な役割を果たす．この行動がツルの繁殖成功率を高めるのに役立っているものと思われる．雄と雌の両方が2個の卵を抱卵し，2個の卵は28〜36日の間で別々に孵化する．

　ツルの雛はコルト（colts）と呼ばれる．ツルの雛は互いに非常に攻撃的になることがあり，兄弟殺しもよく起こる．同時に孵化しないことは先に生まれた雛に有利に働くが，2つ目の卵から生まれる雛を最初の雛が死んでしまった時の予備として残す．もし両方の雛が孵化後に生き残れば，それぞれの親鳥が1羽の雛を受け持ち，それぞれの雛に対して専属の親として雛を育てる．このようにして，ツルの雛は，寛容性が備わるまで引き離された状態で成長するのである．

　ツルの雛は，孵化の時点で早成性である．密な赤茶色の綿毛に覆われており，孵化後は活発で，その日のうちに巣から離れることがある．親鳥の後をついて回り，湿地を通り抜ける時にはしばしば親鳥の腹の下を歩く．雛は短い距離を泳ぐこともできる．親子のツルの間では，多様な発声が行われる．その声は，穏やかなポンピング音から，危険が迫った時の攻撃的なトランペットのような甲高い鳴き声にまで変化する．雛は，歩いている時に親鳥との連絡を保つために，たえず穏やかな喉を鳴らすような声を発する．親鳥は，甲殻類やカエル，ヘビ，ネズミといった獲物を殺し，細かくばらして雛に与える．また，泥や高地の土を掘り返して昆虫や水生無脊椎動物を見つけ出すことによって，食物を確保することを雛に教える．ツ

[*1] 訳者注：すなわち，野生の個体数が増加している．

ルの雛は，生まれつき動くものと光るものに惹かれるので，すぐに獲物を採ることを学ぶ．

野生のツルは多種多様な植物，昆虫，水生無脊椎動物，カエル，小動物，機会があれば小さな鳥までも採食する．したがって，鳴禽類や幼い子ガモと一緒に飼育してはいけない．植物も少量摂取するが，生まれて最初の 6 ～ 8 週間の食物は，親鳥によって殺されてバラバラにされた昆虫や無脊椎動物，さらに大きな脊椎動物がほとんどである．

飼育下の繁殖施設

飼育や繁殖が行われているツルの飼育管理については，メリーランド州のローレルにあるパタクセント野生動物調査センター（Patuxent Wildlife Research Center）と，ウィスコンシン州のバラブーにある国際ツル財団（International Crane Foundation）で，科学者により広範囲にわたって研究されている．これらのすばらしい情報源のおかげで，野生動物のリハビリテーターは飼育下のツルのケアの様々な面に関する多様な情報を入手することができる．David Ellis, George Gee, Claire Mirande による「Cranes: Their Biology, Husbandry and Conservation」（1996）は参考となる本の 1 冊で，ツルに携わる全てのリハビリテーターにとって必読である．

ツルの長期飼育におけるケアに関する情報はすばらしいものではあるが，リハビリテーションの場合，永続的に飼育し繁殖させる場合のケアとは異なった対応が必要であるということを心に留めておかなければいけない．雛の場合は野生での暮らしへの準備に，成鳥の場合は野生への復帰に重点を置いているところが，その違いである．リハビリテーションの場合，飼育下でのケアは，一生ではなく短期間である．その違いのいくつかを，この章で論ずる．

人工育雛への移行

ツルが大きな鳥であり，興味深い行動をとり，ツルにまつわる多くの民話があることから，人里近くにツルが巣を作った場合，人々はツルに高い関心をいだく．

成　　鳥

ツルの成鳥に関して野生動物センターで受ける電話のほとんどは，車との衝突，銃撃，農地での農薬の過剰散布や流出による中毒事故に関するものである．マイコトキシンによるツルの大規模な激減も報告されている．これは，未収穫のまま残された農作物で増えたカビによってもたらされたものである．ツル類はマイコトキシンに対して感受性が高いようである（Ellis ら 1996, Altman ら 1997）．鉛中毒や，ネジや釘などの異物の摂取も発生している．そのため，消化器に異常のある傷病ツルには，摂取したものが原因であるかどうか確認するためにX線検査を行うべきである．ツル科の鳥は全体的に寒さに強いほうである．しかしながら，無防備なまま極度の寒さにさらされた個体は，趾が凍傷になることがある．凍傷に罹るのは，通常は何らかの理由で渡りができず冬の極寒の中に留まらなければならなかった鳥である．

雛

幼いツルが，低体温で発見されることがある．気温が非常に低い時期に孵化した雛は，生き延びる見込みが少ない．ある程度まで体温調節することはできるが，周囲の状況によっては雛は孵化後すぐに濡れてジメジメした生息場所で親鳥の後を追わなければならない．気温が低い時期に，特にそれが長引けば，生き延びるには大変過酷なことは明らかである．このような状況に置かれた雛は常に低体温で，触れると冷たく，刺激に対して反応が遅れるか，わずかにしか反応しない．深刻なケースでは，死んでいると間違われることもある．低体温のツルは，たとえ動きがない時でも加温によって回復させることができる．

ツルの雛の長い頸と脚，穏やかな色合いといった容姿は人々を引き付けるため，いったん見つかれば，野生から持ち去られることも多い．イヌや

ネコ，野生の捕食動物も脅威である．いずれも，巣の位置が公園や農地，あるいはその他のレクリエーションエリアに接していると起こりやすい．怪我をしていない健康な雛が野生で両親と一緒にいられるようにするために，一般の人々に忠告することは重要である．

電話対応時に一般の人に問いかける質問

1. ツルは立っているか，横たわっているか．
2. 血が見えているか．
3. 雛は活発で，走っているか．
4. 雛に親鳥の声が聞こえるか，もしくはすぐ近くに親鳥が見えているか．
5. 雛は差し迫って危険な状態にあるか（例えば，もしイヌや攻撃的な子供たちが雛を追い回しているようであれば，雛を一時的に捕獲し，危険が去ってから戻してやってもよい）．

幼いツルは，よく動き回るが，簡単に捕まえられる．雛は追われると，熱中症やミオパシーに罹ったり，怪我をしたりすることがある．ほとんどの場合，親鳥がごく近くにいる．親鳥は雛を守るために攻撃的になることがある．親鳥ははじめ，反応して鳴き声をあげる．雛に対しては危機が迫っていることを，「敵」に対しては親鳥がいることを警告するために，鳴き声の大きさとトーンが高まる．成鳥のツルの頑丈で大きな嘴は非常に危険である．

両親はたまに孵化したばかりの雛を見捨てることがある．この現象は，孵化時の天候が極端に悪く，雛が生き延びる見込みがきわめて低い場合に起こりやすい．また，兄弟が互いに傷つけあったり殺しあったりすることがある．兄弟殺しは，飼育下の方がより頻繁に発生するが，野生でも起きることがある．非常に幼いツルや，衰弱しているツルであっても一緒に飼育する時には注意しなければならない．

育雛初期のケア

もし雛に触れてみて冷たくても，反応があれば32〜34℃に保温した暗く静かな箱の中に，深部体温が正常に戻って安定する（40〜42℃）まで入れておく．反応を促すために，暖めたタオルでやさしくマッサージするとよい．雛が安定したら，検査を実施できる．

反応のない雛に経口で水分や餌を与えてはいけない．せめて短時間でも雛が自力で頭を持ち上げられる時にのみ，経口で水分を与えてもよい．経口の削痩雛用処方食は低体温から回復した雛や，重篤な状態にある雛に最初に与えるべき餌である（この章の後に出てくる「餌」の項目参照）．

38〜39℃に温めた水分（Samour 2000）を，弱っている雛や反応の乏しい雛には皮下に，丈夫な雛にはカテーテルを用いて経口で与える．著者は与える水分の量について慎重な方であり，ツルの雛への過剰な水分補給を避けるために体重の5％（50ml/kg）を最大として与えるようにしている．補液療法は，飢餓や脱水を伴う他の症状がある時に重要である．脱水は，飢餓の場合ほぼ常に認められる症状であり，すぐに対応すべきである．

雛に手を触れる機会はできるだけ少なくする．これは，ストレスを軽減し，触れることによる怪我をなくすために大切なことである．ツル科の鳥の体は，少しのことで負傷しやすい構造になっている．怪我が発生する可能性に十分に配慮するよう，ツル科の鳥のハンドリング管理基準に記載されていなければならない．触れることが必要な場合には，脚を保護するように気をつける．保定にはタオルを用いるとよく，若いツルをやさしく抑えるようにする（図19-1）．傷病鳥が幼鳥であれば，常に一方の腕で脚を下から押さえる．ツルの関節と脚は非常にデリケートで，不適切な扱いは脚や骨盤，関節に永久的な損傷をもたらすことがある．

もし傷病鳥が痩せていて，ずっと食べていないようであれば，カテーテルを用いてそ嚢に削痩雛用処方食を与える（最初に水分補給をしてから行う）．給餌の前に，まず最少量（5ml）を与えて消化器が動いていることを確認する．傷病鳥の状態が安定したら，十分な検査と追加の医療行為を

図 19-1 ツルを保定するには，顔を後ろに向け脚を押さえた状態で鳥を抱える．保護メガネの使用が賢明である．

図 19-2 里親の脚に向かって歩いている幼い雛．

施してもよい（図19-2）．

罹りやすい疾病

ツルは，いくつかのウイルス病や真菌症に罹りやすく，細菌や寄生虫の宿主になりやすい．野生のツルは多くの寄生虫を保有していて，それらに耐性である．2次的な問題が発生するまで，全ての傷病鳥を調べる必要はない．もし傷病鳥が下痢を呈していたり，体重の増加が乏しかったり，無気力であったならば，問題を特定するために精密検査を行うべきである．よい衛生設備，ケージの交換，新鮮な食べ物，きれいな水が，疾病予防のための最適な方法である．

呼吸器疾患

呼吸器疾患はツルの雛によくみられる．どのような呼吸器の病気でも，初期の段階で粘膜の蒼白や沈うつといった全身症状が認められる．疾病の徴候を示している雛には，すぐに加温し（32〜36℃），対症療法を行うべきである．荒い呼吸や開口呼吸をしていれば，即刻の診療が必要である．非常に幼い雛の場合，問題はたいてい細菌によるものである．しかし，2週齢以降では，アスペルギルス症やコクシジオイデス症を含む真菌症についての適切な診療を検討すべきである（Altmanら 1997）．

ツルではニワトリ開嘴虫（気管開嘴虫，*Syngamus trachea*）のような寄生虫が見られ，呼吸器症状を引き起こす．ミミズが中間宿主の役割を果たすので，あらゆる若いツル，特に幼いころにミミズを与えられていたツルや，ミミズを食べられる状態であったツルではこの寄生虫のことを考慮しなければならない．開嘴虫は，頭の震盪，荒い音を伴った呼吸，開口呼吸，発咳を含む多くの症状をもたらす．口の内側から気管開口部を見下ろした時，気管の壁に赤く細長い糸のように虫を簡単に認めることができる場合もある．虫卵は糞中から検出される．この寄生虫は，貧血，粘液の分泌による窒息，さらには気管の潰瘍によって若いツルを死に至らしめることがある（Ritchieら

1997, Rupley 1997). 診断が下れば，イベルメクチンもしくはチアベンダゾールで治療する．

熱射病

ツルは，特に暑い夏の日に，熱射病になることがある．これはいくつかの簡単な方法で予防できる．放飼場に逃げ場や日陰の場所を設ける．暑い日には，緊急時を除いて雛に触れるべきではない．捕獲などが必要な場合には，涼しい早朝の時間に行う．適切な給水も設ける．ツルは容器から水を飲むことができるが，嘴が長いので深い皿かバケツが必要で，浅い皿からは飲むことができない．

熱射病に罹ると，あえぎや息切れ，呼吸促進，ふらつき，翼の下垂や翼を胴体から離すといった症状を示す．もし体温が上昇したままであれば，死に至る結果となる．熱射病が疑われたなら，体やその一部を冷たい水につけて，すぐに鳥を冷やすべきである．より早く冷やすために翼の下に冷湿布を貼ってもよい．意識があって，機敏で余力がある鳥には，自ら体を冷やさせるためにスイミングプールを利用してもよい．

骨と嘴の損傷

この項では，完全に回復し野生に復帰できるような負傷に関してのみ扱うこととする．飼育下のツルに対して良好な，義足を含む多くの整形外科手法が生み出されている．これらの手法に関する情報は，多くのすばらしい教科書から得ることができる．その多くはこの章の参考文献の項に掲載されている．Altmanら（1997）の本は，野生種を含む鳥類の医学に関する最良の情報源の1つである．重篤な骨折（例えば，開放骨折や粉砕骨折，関節に近い部位での骨折）は，鳥類専門の獣医師によって診察，治療されるべきである．

ツルは，しばしば嘴の損傷でリハビリテーション施設に収容される．嘴の負傷は，物との衝突やツル自身の防衛行動によって起きる．出血していたり，採食や飲水に支障をきたしたりしていない限り，たいていの場合は折れた嘴の先端への処置はほとんど必要ない．表面を滑らかにするために，平やすりかドレメルツール[*2]によって折れた部分にやすりをかけることが勧められる．

嘴の重篤な破損は，キルシュナー鋼線で補強して歯科用の自然硬化アクリル樹脂で修復することが可能である．鋼線を使うとたいてい4～6週間で治癒するので，その時に鋼線をはずす．若いツルでは嘴の成長にあわせて頻繁に副子を換えなければならない．

折れた翼は様々な方法でうまく修復することができる．包帯法，副子固定，外科的修復はどれも翼の骨折の対処として有効な方法である．どの技術を用いるかは，骨折がどれ程最近のものか，どの骨が折れたのか，閉鎖骨折か開放骨折かによる．

脚が折れている場合は，修復は困難ではあるが，吊り紐を使って体を自然な直立位置に保持するように努める．幼いツルでは体重負荷運動が必要であるため，この方法はたいてい成鳥か十分な体高に達した幼鳥のみに用いられる．吊り紐を用いる場合，鳥が排泄するのに支障がないかを確かめるために，飼育者は肛門の部分が吊り紐で覆われていないことを確認しなければいけない．

栄養の問題

蛋白質と含硫アミノ酸が過剰な餌は，翼と脚の奇形を引き起こすことがある．初列風切羽の過形成は，一般的にエンゼルウイング（angel wing）として知られている状態，すなわち翼の先端が不自然な位置で上を向いた状態を引き起こす．これは，羽毛の成長が筋肉の発達を上回った時に起こる．エンゼルウイングは早期に見つけられれば，翼を正常な位置に3～4日間包帯で固定することによってたいていは修復可能である．

どのような飼育場所でも，針金の破片やホッチキスの針といった不自然に光るものがないかどうかを確かめるよう気をつけなければならない．ツルは光るものに惹きつけられるので，そのようなものを飲み込んで，死んでしまうかもしれないからである．

[*2]訳者注：ドレメル社製ホビー用小型電動工具．

羽毛の問題

　飼育下で育ったツルにおいても，リハビリテーションを行ってきたツルにおいても，放鳥に適しているかどうかを評価する際に，羽毛の状態はたいてい軽視される．ストレスライン，くすみや汚れ，羽毛の折れや欠損（羽枝の欠如など）といった，羽毛の状態に注意を払うことが大切である．羽毛は飛ぶためだけではなく，低体温を予防するために防水性を維持する役割も果たしている．羽毛は野生で生きる鳥の生死に直接影響を及ぼす．栄養不良やその他の状態は羽毛に変化を引き起こし，その鳥が放鳥できる状態になっていないことの指標となる．このような鳥は，留め置いて対症的な栄養療法を行うべきである．羽毛のダメージは深刻な事態をもたらすことがある．というのは，他には問題がなくても羽毛のダメージだけのために放鳥時期が次の換羽まで遅れてしまうことがあるからである．

　初列風切羽の折損は，負傷やウイルス感染の結果によって起こる．不適切な施設に短期間置かれただけでも，羽毛が折損したり貧弱な状態になったりする．初列風切羽には，猛禽に用いられている方法と同様に，生えている羽毛の羽軸に人工的に代替の羽毛を固定する処置である継ぎ羽を行うことができる．

餌

　飼育下では，親鳥の嘴の先端を摸した赤いものを餌の皿の中に置けば，孵化後の日齢が進んでいないツルの雛は器から食べるように仕向けることができる．嘴を摸したものは，頑丈で雛が飲み込む危険のないものであるよう気をつけるべきである．

　ツルの餌は，年齢に応じて変わる．成鳥の餌に植物や穀類が含まれる一方で，孵化後45〜60日の幼いツルの餌は，ほぼ全てが殺した虫や無脊椎動物，水生脊椎動物であることを覚えておくことが大切である．

　生きている虫や動物を孵化後の日齢が進んでいないツルに与えることは危険であり，勧められない．幼い鳥は，生きた獲物を殺して消化する経験も技術も消化酵素ももっていない．親鳥は，孵化後数週間は非常に小さな虫以外の全てを殺して与え，その後の数週間も同様に大きめの獲物は殺す．

　虫や水生脊椎動物のような自然の餌を，雛が食べるだけ与える必要がある．新鮮な餌が常に得られるようにするべきである．飼育下で育てられたツルでも野生に戻されることが決まっている場合は，自然の餌が必要である．これは，栄養補給のためのみならず，彼らの正常な腸内細菌叢を発育させ，獲物を捜し出す経験を習得させるためでもある．ツルは急速に成長するので，代謝要求を満たすためのカロリーやミネラル，その他の栄養素を供給するために大量の餌を摂取する．

　自然の餌を補うために，冷蔵庫中で一晩水に浸したイヌ用かネコ用のサイエンスダイエットグロースペレット[*3]からなる餌が良好な基本食となる．ペレット飼料は完全に水が染み込むまで与えてはいけない．使用まで冷蔵保存し，室温なら1日1回，暖かい環境ならより頻繁に取り換えるように気をつける．一度水につけたら，古くなると酸っぱくなり腐敗するので，ペレット飼料は使用前に冷蔵庫中で3日以上保存しなてはいけない．日中は雛が食べたいだけ食べさせてもよい．ツルが45日齢以上になったら穀類を加えることが可能となる．このような餌の管理と併行して，成長期の雛に必要なだけの運動をさせなければならない．

　30日齢以降に，カゲロウの幼虫，蛾，ミルワーム，ワックスワーム，その他の獲物となる無脊椎動物に加えて，小さな生きた甲殻類を与える．雛は，新しい餌で数日間遊んだ後に，それらをうまく殺して食べるようになるものである．それぞれの餌が必要な栄養素をもたらすので，多様な餌を与えることは重要である．若いツルが自然界に囲いを作ったエリアを利用でき，放し飼いの状態で

[*3]訳者注：日本ヒルズ・コルゲート社の子イヌ，子ネコ用ペットフード．

幅広い種類の自然の虫や植物を自分自身で選択できれば最高である．もし野生復帰ができない鳥を里親に用いる育雛方法を用いれば，自然界には飛ばない成鳥もいるので，雛はさまよったりしないだろう．60日齢以降になると，ザリガニ，カエル，ネズミ，穀類を雛の餌に加えてよい．

Zeigler Crane Breeder（Zeigler）のような市販の初生雛用飼料は容易に入手でき，自然の生餌の補助食として用いることができる．成鳥に用いられる維持飼料と，活発な発育段階の幼鳥に用いられる初生雛用飼料の違いに気をつけることが大切である．雛の餌に含まれている蛋白質の種類が重要なのである．

含硫アミノ酸の割合が高い餌は，脚や翼に問題を起こす発育異常の一因となるため，避けなければいけない．例えば，魚には高い割合でこれらのアミノ酸が含まれているので，給与量はごくわずかにすべきである．複数の飼育者が，蛋白質24％，カルシウム1.4％，リン0.90％，メチオニンとシステイン0.7％，リジン1.3％の餌を勧めている．単位重量当たりのカロリーは，成鳥のために開発された餌より初生雛用飼料や雛用飼料の方が高い．成鳥用飼料（維持飼料）は蛋白質の割合が低く，ツルが2ヵ月齢を過ぎたら用いることができる（Ellisら1996）．

リハビリテーションを行っているツルにもっぱら市販の餌や人工の餌ばかりを給餌することは勧められない．市販の餌のみしか与えられない場合は，体重の急激な増加を防ぐために摂取量を制限すべきである．そうしなければ，自らを支えきれなくなって，脚の奇形を生じるかもしれない．

飼育下の傷病ツルのために十分な量の自然の餌を，毎日用意することは困難である．ほとんどのツルは，一度市販の餌を食べさせると，それを食べるようになる．市販の餌の上にトウモロコシや虫を振りかけると，餌付けを促進することができる．成鳥は約19％の蛋白質を含む市販の維持飼料で問題なく飼育できるだろう．成鳥が早春あるいは繁殖期にかけて収容されているなら，繁殖用に配合された飼料を与える．繁殖用飼料は高蛋白質，高カルシウムで，代謝性のエネルギーとなる．市販のペレット飼料や乾燥飼料を新鮮で乾燥した状態に保っておくことは，大変重要である．

リハビリテーションを行っている野生の傷病個体については，離れた場所から観察したり，飼育場にあるカメラで観察したりして，採食していることを確認しなければいけない．もし鳥が食べていなければ，24時間以内にカテーテルによる給餌を始める．

ツルの削痩雛用処方餌

削痩したツルの雛に対して勧められる餌は，下記の通りである．
- 人の乳児用穀物ミックスシリアル，例えばGerber社の商品など　56g
- Gerber社の肉入離乳食（牛肉，鶏肉，七面鳥肉，子牛肉）　1瓶（71g）
- 水　カップ1杯（71g）
- 人の乳幼児用電解質補給液，例えばPedialyteなど　カップ1杯（71g）

材料を一緒にして強くかき混ぜ，14フレンチサイズの赤ゴム製の給餌用カテーテルを通るようなるまで必要に応じてさらに水を加える．非常に弱っている傷病鳥には，餌をより薄くする．

餌は給餌のたびに新鮮なものを必要な量だけ用意すべきである（図19-3）．孵化直後の雛には，5mlから始め，どれだけ早くそ嚢が空になるか観察する．雛がうまくそ嚢を空にするに従って，与える量を増加させる．そ嚢を満たして，1時間でそ嚢からなくなる量を給餌する．もし雛が吐き戻したり，飲ませたものが上がってきたりしたら，与える量を減らす．雛が自力で食べるようになるまで，カテーテルでの給餌を続ける．雛が立てるようになったら，通常の餌を与える．餌は与える時には32℃に温めなければならないが，そ嚢が火傷するほど熱くしてはいけない．電子レンジによる加熱は，食べ物が均一に温まらないため勧められない．冷たい餌を与えることは，弱っている傷病鳥をショック状態に陥れ，死に至らしめることもある．

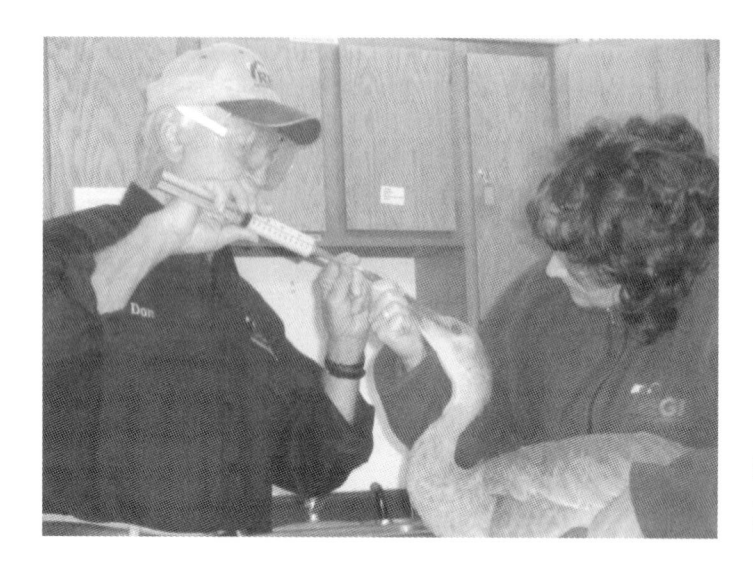

図19-3 ツルの幼鳥にカテーテルによる給餌を行っている著者と夫のDon Gibson.

もし鳥が下痢や水分の喪失を伴っていたら，等張の電解質液を余分に加える．しかし，単純な飢餓や削痩のほとんどの場合，腎臓やたいていの器官の機能が低下しているので，電解質液を加えることは，すでにストレスがかかっている腎臓にさらにナトリウムを負荷することになり，機能停止を引き起こすかもしれない．

調理済みの肉入りの雛用餌が入手できない場合は，混じりけのない新鮮な肉（脂肪のないもの）を十分に蒸して，ミキサーにかけて裏ごしする．給餌用カテーテル内を十分に通るよう細かくしておくために，毎回の給餌前に材料を混合したものを再度ミキサーにかける必要があるだろう．

肉は全てを含むバランスの取れた餌ではなく，鳥が自分の脚で立てるよう回復させるためにのみ用いるものである．そうすることで，自然の食物などあらゆる食物を再び消化できるようになる．非常に削痩した鳥については，消化器を動かせてカロリーを取り入れるために，小量の質素な餌を与える「リフィーディング」のプロセスが必要であり，弱っている状態の体に詰め込みすぎないようにする．ビタミンや他のサプリメントを加えることは，傷病鳥を死亡させることになるかもしれない．

期待される体重増加

カナダヅルの雛は通常，体高15cmのごく小さな孵化直後の雛から成鳥の体高にまで56～64日で急速に成長する．もし飛ぶことが可能であれば筋肉の重量も含めて，3ヵ月齢までに成鳥の体重に達する．鳥の体重測定は，しばしば人馴れを引き起こしたり，きゃしゃな脚を傷つけたりする危険性を伴う．したがって，それぞれの雛の様子や食欲を観察することが成長の目安としてより適している．北米のツルの体重も，地理的地域によってかなりばらつきがある．

飼育環境

若い雛

しっかりしている雛に対する飼育施設は，およそ90×60×75cmのリフレクターランプ[*4]を備えたシンプルな段ボール箱でよい．ランプは一角に安全に取り付け，雛に接触しないようにする．箱の一部は孵化直後の雛のために35～37℃に維持しなければならない．より成長した雛はより

[*4] 訳者注：写真撮影などに用いる照明電球で，内面に反射鏡を有する．

低い温度でよいが，羽毛が生え始めたり，健康を取り戻したりするまでは，補助的な暖房が必要である．毎週2.8℃ずつ温度を下げるが，雛が箱の反対側に移動するといったように暑すぎるそぶりを示す場合はより急速に下げる．

箱の底の敷料は，滑らずしっかりとした足場をもたらすものでなければならない（Ellisら 1996）．玉砂利や土，布地が利用できる．砂を試してもよいが，合併症を伴った眼の炎症を引き起こすかもしれない．もし砂を用いるなら，顔や頭を頻繁にこするといった眼の炎症の徴候である行動について注意深く観察すべきである．傷病鳥が飲み込むかもしれないような木の削り屑やキティーリター（kitty litter）[*5]，あるいは自然の土以外のものは用いてはならない．腸閉塞を引き起こすこともある．湿った木屑や草には真菌が潜んでおり，呼吸器系の感染症を引き起こすことがある．どのようなものを用いるにせよ，乾燥した状態で清潔に保たなければいけない．さもなければ，ツルが餌の中を歩く時，糞を敷料から餌の中に運び込むことになる．

非常に幼いツルに用いる水飲みは，ひっくり返らない安定した種類のものにすべきである．耐久性があって毒性のないケーキ焼き皿はよい水飲みとなる．ツルは成長が早く，成長に伴って飲水用の容器に求められるものも変わっていく．雛が実際に飲むことができているか確かめなければいけない．嘴が長いので，ほとんどの鳥に対して用いられる水飲みよりも深いものが必要である．もし雛が水飲みの中に入るようなら，足場の確保のために玉砂利のようなしっかりとした敷料を底に並べるべきである．

雛が自力で食べられるようになったら，イヌやネコ用の皿のように周囲が立ち上がっていてひっくり返らないボウルを用いる．ツルの雛は可能であればどんなところでも足を踏み入れるだろう．もし，ボウルがひっくり返るようなら，ツルが負傷するかもしれない．細菌の増殖を防ぐために，

水と餌の両方を頻繁に取り換えるべきである．

どのような飼育施設であれ，釘やワイヤーの切れ端，ホッチキスの針などのような，不自然に光るあらゆるものがないかを確かめるように気をつけなければいけない．前述のとおり，ツルは光るものに惹きつけられる．そして飲み込めば死に至ることもある（Ellisら 1996）．ツルを収容する前に，棒に市販の磁石を取り付けたものを用いて，飼育場をくまなく調べるとよい．新築や改築されたばかりの施設を利用する時には特にこのようにした方がよい．

若いツルには，運動のための適度な空間が必要である．関節や靱帯は，体の他の部分と同調して急速に成長する．有効な運動をせずに育てられた雛は，自分自身を支えられず生きていけない．もし足首に何らかの腫脹が認められたり，あるいは雛が自らの膝の上に頻繁に座ったりするようであれば，より積極的な運動プログラムをすぐに始めなければならない．ツルにとって泳ぎは歩行に加えて優れた運動方法である（Ellisら 1996）．人馴れや刷り込みを防ぐために，歩き回ったり，ツルの雛を放飼したりする時には，色やデザインが景観と調和するようにカムフラージュされたガウンを着るとよい．著者は，自分たちがツルを運動させている地域の環境に調和するような，背の高い草に見える布地のコートを用いている．

新たな施設に収容した最初の数日間は，雛を若い水鳥，例えば年齢が近いカナダガン（*Branta canadensis*）の雛と同居させることが有効である（図19-4）．これにより，ストレスが予防され，採食が促進されるだろう．1週齢のニワトリの雛と同居させて，好成績を得ているリハビリテーターもいる．しかし，このような場合は，感染症の伝播に気をつけなければならない．獲物のようには見えないほどに大きい他種の同居個体には，概して兄弟殺しの本能は働かない．

ネジ巻き式目覚まし時計と，羽はたきの付いた鏡は，雛のために親鳥の姿を模したものを作るのに役立つことがある．もし羽はたきを用いるのであれば，化学薬品や防腐剤が用いられていないこ

[*5] 訳者注：ネコのトイレ用吸湿材の商品名．

図19-4 カナダガンの雛と同居しているツルの雛.

とを確かめないといけない．化学的に処理された羽が濡れた時に，毒性のガスを発生することがある．このような用途には，合成化学製品の羽が最も安全であろう．

30日齢を過ぎた雛

最も安全な放飼場は，網目 2.5 × 1cm の被覆線のフェンスで囲われている広い自然の場所である．放飼場の形は長方形が最も多用途に使え，雛が最も自然に運動できる．網目の径が大きいと，イタチやネズミがすり抜けて幼いツルを殺すことがある．網目の径が大きいフェンスに，ツルが頭や嘴をひっかけて負傷することもある．

高さ 1 ～ 1.7m の板状の不透明な材料をフェンスの内側に取り付けることが勧められる．板状の柵は，自ら負傷するのを防ぐために必要である．ツルは，怯えた時や逃げ出そうとしている間，あるいは放飼場内外での急な動きに反応した時などにフェンスにぶつかり，自ら大怪我を負うことがある．板状の柵は，人の活動を視覚的に遮ることで人馴れを少なくすることにも役立つ．

若いツルの自然な行動として，成鳥の求愛ダンスをまねて空中に飛び上がることもある．この行動は，よく知られている交配の儀式としてはもとより，他のツルへのあいさつやストレス反応としてなど，様々な理由で行われる．鳥が身体や羽毛を傷つけることなくこの動作ができるよう，飼育ケージは十分な高さがあるべきである．一般的に 3 ～ 3.5m の高さの外周柵であれば，全ての年齢のツルにとって十分であると思われる．

飼育ケージには，暑さやその他の極端な天候から逃げられるような自然の日よけ場所があるべきである．建物か，しっかりとした屋根と囲いを備えた場所のような，隠れることができる場所を用意すべきである．

ツルは水に入ることを好むので，底に滑り止めのある浅い池が役に立つ．細菌の増殖や藻を防ぐために，水を流しておいて頻繁に交換するか，濾過システムを備えなければならない．6 週齢までは，もし気温が 10℃以下に下がるなら，補助暖房を用いなければいけない．

カナダヅルの雛は孵化後 56 日で飛べるようになる．初めて飛ぶ時期を予見し，時期尚早で野外に飛び出さないようにしないといけない．

外敵の侵入防止

　鳥をケージに収容することには，飼育している鳥を逃がさないということ以外にも多くの意味がある．鳥を閉じ込めるのと同じぐらい重要なのは，望ましくないものを締め出すということである．鳥が飼育管理下にある間，その安全は飼育者に委ねられる．たとえ，それらの鳥が健康な時には自らを守る能力があっても，リハビリテーションを行っている間は体の怪我や病気の伝播を防ぐようにする必要がある．

　外敵除けは，ツルを含む野生の傷病動物を収容する全ての飼育ケージに必須である．外敵を防ぐ柵についてのよい技術が多くある．野生の傷病鳥をしっかりと守るためには，埋設柵や電気柵の設置，しつこい外敵を人道的に捕獲すること，その他の技術などを含む複合的な対策が，1つの飼育ケージに必要とされることがある．その地域に特有な外敵や土壌の種類に対応した飼育ケージの防護対策を備える必要があり，これらの情報は，その地域の野生動物機関から最も多く得ることができる．

　外敵から傷病鳥を守る重要な取り組みの1つは，放飼場に外敵が興味を抱かないような措置を講じることである．例えば，余分な餌を周囲に置き去りにしたり，放飼場の外側に穀類をまき散らしたりしないことなどである．板状の柵で作った囲いは，視覚によって外敵が寄ってくることを防ぐ．飼育ケージに近い，あるいは接している樹木は，外敵となる鳥がとまったり，木を登る外敵が飼育ケージに侵入するための足場として用いたりする．スカンクのように地面を掘る動物は，埋設した網目2.5×1cmの亜鉛メッキ針金の金網によって防ぐことができる．金網は，地面に垂直に60cm埋没させ，さらに60cm放飼場の外側に向かって曲げておく．亜鉛メッキは適度に太いものを使用することが賢明である．あまり丈夫でない針金は，維持に費用がかかったり，数年ごとに取り換えたりする必要があるからである．外周柵の外側に複数本の電気柵を並列に設置することでうまくいったリハビリテーターもいる．この手法は，アライグマやミンク，テンといった木に登る動物を防ぐことができる．地面から10cm程度のところから，およそ150cmの高さにまで何本かの電気柵を張る方法は，通常ほとんどの外敵を防ぐのに適している．地元の野生動物担当官に，その地域で頻繁に見られる外敵のリストやそれらを抑えるための合法的な方法についての規則を問い合わせるべきである．しつこい外敵に対しては，生け捕り用トラップやその他の方法による人道的な捕獲が必要とされることがあるが，その地方の規則が，生け捕りにした外敵の移送も規定していることがあるので注意が必要である．どんな状況であれ，毒物を用いるべきではない．守るべきツルを含め対象外の種を毒殺する可能性が高いからである．完全に飼育場所を保護するのであれば，鳥類による捕食や野生動物の立ち寄りによる寄生虫の持ち込み，時期尚早での野外への飛び出しを防げるよう，飼育ケージは覆い囲われているべきである．

刷り込みと人への馴れ

　刷り込みと人への馴れは全く違った行動である．刷り込みは，性別や種についての自覚を永久的に変えてしまうことである．異種養育法（cross-fostering techniques）が行われると，鳥は，人間や物，さらには他の種にすら刷り込まれる．アメリカシロヅルを絶滅から救うための取り組みで，当初アメリカシロヅルの雛を異種養育するためにカナダヅルが用いられた．その結果，若いアメリカシロヅルは，この種に求められる求愛行動を全く学ぶことができず，アメリカシロヅルに受け入れられなかった．カナダヅルもまた，おそらく鳴き声の違いのため，若いアメリカシロヅルを受け入れなかった（Ritchieら 1997，Baughman 2003）．

　刷り込みの過程は孵化後すぐに始まり，少なくとも最初の1ヵ月続く．最近の調査結果から，寿命が長く巣立ち後の雛の成熟が遅い鳥に刷り込みがみられることが分かっている．刷り込みは孵

化後数日か数週の間の給餌と関連があると考えられている．雛が，生涯自我の一部となる重要な音や行動を受け入れ，覚えるのがこの時期である．刷り込みは，ペア相手を正しく認識し，惹きつけるという点に問題を生じ，自然な繁殖を妨げることになる．刷り込まれた鳥では鳴き声の発達が遅れ，生涯雛の鳴き声のままでいることがある．また，刷り込まれた鳥において，特に繁殖年齢に達した時に，しばしば攻撃性が現れる．刷り込みによる攻撃性は極端なことがある．刷り込まれた鳥は，危険で予測できない行動をとると考えるべきである．人に刷り込まれた鳥は，この予測できない攻撃的本性のため人に重大な危険を引き起こすことがあり，決して野生に放したりふれあい動物園に用いたりすべきではない．飼育し続けるのであれば，最も経験のある飼育者のみが取り扱うべきである．

人に馴れたツルは，人やイヌ，あるいは繰り返し遭遇する他愛ないことに対しては，正常な警戒反応や恐れを示さない．人に馴らされたツルを放鳥すると，ツルのためにならない様々な問題を生じることがある．しかし，人に馴れたツルをトレーニングし，野生個体群に加えることのできる方法がある．人に馴れたツルをうまく野生に戻すためには，正常なツルと一緒のケージで飼育することが大変重要であるが，可能な限り人との接触を制限しなければならない．騒音を立てるといった嫌がらせ手法は，野外で危険をもたらす可能性がある事柄について人馴れしたツルに認識を改めさせるのに有効である．

家庭のイヌと接しながら育てられたツルについて考えてみると，そのイヌはツルに危害を加えないかもしれないが，いったんその鳥が放鳥されれば他のイヌが危害を加えることがあるかもしれない．鳥は，生き延びるために危険に対して正常に反応しなければならない．しかしながら，人への馴れは治せるが，刷り込みは治せない．

ツルは生まれつき好奇心が強く，人間である飼育者に刷り込まれやすく，また人に馴れやすい．野生のツルの雛を人間に刷り込ませることなく育てるいくつかのよい方法がある．多少は人に馴れるだろうが，放鳥前の期間に他のツルと一緒に過ごすことで，人への馴れは軽減されるだろう．ただし，刷り込みは改まらない．

図 19-5 里親と一緒に鳥舎内にいる幼い雛．

- 放鳥できないツルを里親として，それぞれの雛につける（図 19-5）．もし適切な成鳥がいれば，この方法が最少の労力で最高の結果をもたらす．しかし，それぞれの成鳥が通常一度に 1 羽の雛しか育てることができないという制限がある．他の雛を入れると兄弟での闘争が起こるからである．成鳥のツルが雛に対して攻撃的なこともある．もしこれが里親として用いようとしている鳥の問題であれば，雛から成鳥の姿が見えて声が聞けるようなアクリルガラスや網を取り付ければよい．このような方法でも，成鳥は雛の手本として役立つことができる．

- 同種の他のツルの姿が見え，声が聞ける状態で雛を育てる．

- 野生の子連れツルの録音した声を流す．
- もし生きた里親が使えない場合には，頭を下にした姿勢の剥製と一緒に風雨の当たらない場所で育てる．
- 最後の手段として，もし里親による飼育下養育が選択できなければ，ツルのような衣装を着るかツルの成鳥に似た色のものを被り，ツルの成鳥をそっくりまねした大きさ，形，色合いのパペットを用いた飼育者によるコスチューム育雛を行う．雛にとって音は重要であるので，人間の声は最低限に控えなければいけない．繁殖しているツルの録音した声を用いるとよい．

放鳥の準備

雛が数ヵ月齢になる夏の終わり（ウィスコンシン州では8月下旬）までに，放鳥前の「家族集団」を結成するため互いに引き合わせる．雛がこの年齢になると，兄弟殺しの本能は減衰するが，各個体を詳細に観察し，攻撃的な個体は互いの姿が見えて声が聞こえるだけの場所に隔離すべきである．他個体とうまくやっていく雛もいれば，そうでないものもいる．

放　　鳥

ツルのほとんどの種は渡り鳥で，群れで渡りをする．冬の間は，渡りをしないツルも集団を形成する（Ellisら1996）．

若いツルは，野生に放される際には，身体と羽毛の状態が申し分なく，自然の食物に慣れており，獲物を採る技術があり，他のツルとの関係も良好でなければならない．放鳥の前に他の個体とうまく交流することが，若いツルのためになる．飼育下で育てられる雛に対しては，人間とほとんど接触させず，大きく囲われた自然なエリアで自由に動き回れるようにしてやることが，野生復帰に最も適した備えとなる．ツルは同種の個体に対して攻撃的なことがある．しかし幼鳥になってしまうと個体間の寛容性は増加する．幼鳥は，他の個体と交流することができれば，秋の渡りまでに「家族集団」を結成する．これらの幼鳥を初秋に家族集団で放鳥することで，生き残れる可能性を大幅に上昇させてやることができる．

野生で育てられた雛は，最初の冬を両親と一緒に過ごす場合がある（Kaufman 1996）．このため，1羽で放す場合は，冬を越した後の初春に合わせて放鳥すれば，生き残る確率が上がるだろう．放鳥後も餌と避難場所を与え続けるソフトリリース（soft hack release）は，このような鳥に対して最適な放鳥方法である．もしソフトリリースが選択できないなら，可能であれば初春に渡りの群れの中に放鳥する．放鳥する場所は，獲物の豊富な自然の生息地で，営巣しているツルのいない地域がよい．放鳥を確実に安全かつ問題なく行うために，その地域で営巣をする期間を確かめておかなければならない．

リハビリテーションを受けた成鳥のツルには，放鳥前に飛翔の練習をさせなければならない．もしそのツルが渡りを行う種で，越冬地以外の場所に秋に放鳥されるのであれば，とりわけ重要である．

成鳥の放鳥は，可能な限り，その種がいる場所で行うべきである．ツルは一夫一妻で，そのテリトリーの中では他の個体に対して攻撃的なことがある．そのため，成鳥も渡りの集団の中に放鳥することがある．渡りのために鳥が集結する場所や渡りの集団がいる場所は，州の生物学者や地域のオーデュボン協会，バードウォッチングクラブ，あるいはその地域の土地所有者との良好な情報交換によって知ることができる．

著者のあとがき：
ネットワークづくりの重要性について

他の人たちとのネットワークは，野生動物のリハビリテーターにとって最も役に立つ手段である．ネットワークは，地域ごとの動物の行動やニーズの微妙な差異についての情報を得るための手段でもある．この情報は，傷病野生動物の福利に違いをもたらす．地方の機関の生物学者や大学の研究者，獣医師，熱心な野鳥観察者，あるいは土地

所有者—これらの全ての人はネットワークのすばらしいパートナーとなる．他の人たちの支援とアドバイスを通じてのみ，野生動物のリハビリテーションがうまく行われる．このことは，厳密な条件が必要とされる繊細な種において特にあてはまる．私たちが世話をする動物が回復できるよう，また放鳥後に生き残れるよう，最善の機会を提供することが，プロの野生動物リハビリテーターである私たちの責務である．

謝　辞

夫の家庭内での編集作業に対して，そして家族のサポートと長年のフィールドワークに対する我慢に対して，さらに私たちのリハビリテーション施設で頑張り野生に復帰した多くの野鳥に対して，愛と感謝をささげます．この章への Dr. Barry Hartup の助力に感謝します．最後に，私たちが学び続けたツルに感謝します．彼らが私たちのところでリハビリテーションに費やすのは短い時間ですが，ツルについて私たちが理解を深めるためには計り知れないほど貴重な時間なのです．

関連製品および連絡先

Zeigler crane feeds: Zeigler Bros, Inc. PO Box 95, Gardners, PA 17324, (800) 841-6800, http://zeiglerfeed.com/bird.htm.

参 考 文 献

Altman, R.B., Clubb, S.L., Dorrestein, G.M., and Quesenberry, K.E. 1997. Avian Medicine and Surgery. W.B.Saunders Co., Philadelphia, 1070 pp.

Baughman, M., ed. 2003. Reference Atlas to the Birds of North America. National Geographic, pp. 136–140.

Ellis, D.H., Gee, G.F., and Mirande, C.M., eds. 1996. Cranes: Their Biology, Husbandry and Conservation. U.S. Department of the Interior, National Biological Service, Washington, D.C. and International Crane Foundation, Baraboo, Wisconsin, 308 pp. Available free online at http://www.pwrc.usgs.gov/resshow/gee/cranbook/cranebook.htm

Gibson, M. 1994. Natural history: The square one for wildlife rehabilitation. Journal of Wildlife Rehabilitation 17(1): 3–16.

———. 1996. The ABC's of housing raptors. Journal of Wildlife Rehabilitation 19(3): 23–31.

Harrison, H.H. 1975. Birds' Nests. Peterson Field Guides, Houghton Mifflin Co., pp. 54.

Kaufman, K. 1996. Lives of North American Birds, Kenn, Houghton Mifflin Co., pp. 173–175.

Ritchie, B.W., Harrison, G.J., and Harrison, L.R. 1997. Avian Medicine: Principles and Application. Wingers Publishing, Inc., Lake Worth, Florida, pp. 842–849.

Rogers, L.J., Kaplan, G. 2000. Songs, Roars and Rituals. Harvard University Press, pp. 70–89, 128–140.

Rupley, A. 1997. Manual of Avian Practice. W.B. Saunders Co., Philadelphia, pp. 265–291.

Samour, J. 2000. Avian Medicine. Harcourt Publishers Limited, pp. 102–104.

20
ハ　ト　類

Martha Kudlacik and Nancy Eilertsen

生物学的特徴

　ハト科（ハト目）は313の種から成り立っている．そのうち9種は北米の在来種で，オビオバト（*Columba fasciata*），ナゲキバト（*Zenaida macroaura*，クゥと嘆くように鳴くのでそう呼ばれる），インカバト（*Columbina inca*），ハジロバト（*Z. asiatica*）を含む．4種が外来種で，とりわけ，カワラバト（ドバト，*Columba livia*）（Leahy 2004）が目立ち，それに加えてキジバト属のカノコバト（*Streptopelia chinensis*），シラコバト（*S. decaocto*），ジュズカケバト（*S. risoria*）の3種が帰化している．本章では，科を一まとめとして扱うこととする．特別な違いは必要に応じて記述する．

　ハト類の大きさは15〜75cmと様々である．彼らはぽっちゃりとした体に小さい頭，短い脚で，虹色の部分がある個体も少なくないが，一般的にくすんだ茶色である．嘴は細く，蝋膜または弁蓋のようなものが付け根にある．

　大型種も小型種も，穀物，種子，果実を主食とし，グループで地上にいる姿がよく見られる．他の鳥と比べてはっきりとした違いは，頭を上げずに水を飲むことができることと，そ嚢で作られるピジョンミルクという分泌物で，雛を給餌することである．

　ペアの絆が強く，一生を通して一緒にいるが，残念なことにこれらの温和な鳥の死亡率は高く，そのため毎年新しいペアが誕生することになる．雄が1つの場所をくるくる回り，雌の近くで上下に動く，「求愛ダンス」は街でよく見かける行動である．ドバトはやや自然の岩棚に似た人工構造物を営巣地に選び，小型種は吊るしてある籠や，交差する電話線，雨樋，もしくは低い藪や木に営巣する．巣は枝や乾燥した草，小枝などで作られた壊れやすい台のようなもので，白色から青白い卵を2個産む．捕食動物に取られたり，落下したりすることが多いので，これらの鳥はしばしば1シーズンに何度も営巣することがある．したがって，親を亡くした雛や負傷した雛は1年を通して，ほぼいつでも発生することになる．

　抱卵は，14〜19日で，雌雄両方が抱卵と給餌を行う．雛は晩成性で，孵化時の皮膚はピンクか灰色で，長い綿羽に覆われており，眼は閉じている．趾は三前趾足で，3本の指は前向き，1本は後ろ向きである．雛は急速に成長し，生後3週間でほぼ成鳥と同じ体重にまでなる（図20-1）．ハト類の最も一般的な天敵は，ハヤブサ（*Falco peregrinus*），クーパーハイタカ（*Accipiter cooperii*），アシボソハイタカ（*Accipiter striatus*），そして飼いネコである．在来種のオビオバトは，脚が黄色く，嘴も黄色で先が黒いので，赤かピンクの脚のドバトと区別がつく．

人工育雛への移行

　小型種はネコの攻撃や，窓への衝突，交通事故などの犠牲になることが多い．嵐や強風，豪雨などの後は，もろい巣が壊れたために落下した雛がよく見つかる．ハト類はタカ類には恰好の獲物であるため，親鳥がいなくなることも非常に多い．

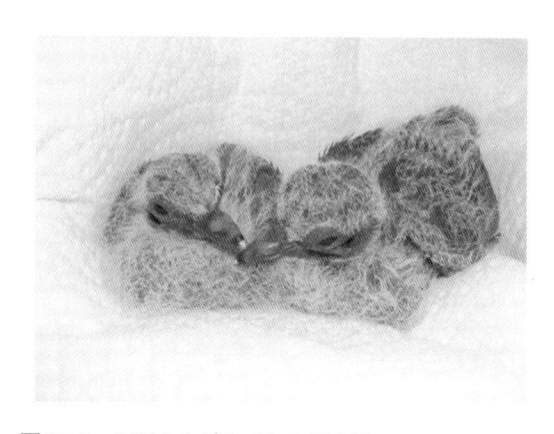

図20-1 2羽のナゲキバトの巣内雛.

カラス類やカケス類も雛を攻撃する.

　大型種はペレット銃による負傷や, 中毒, 交通事故, 鳥除け素材による羽毛のダメージなどが多い. また, 会社の建物の屋根などに営巣することが多いので, 鳥獣駆除業者による巣の撤去によって, 親からはぐれてしまうことも多い.

　巣のダメージが頻繁に起こるため, 雛を元の巣に戻すことはほぼ不可能で, リハビリテーションセンターの大半を親からはぐれた小型種, 大型種両方のハトの雛が占めてしまうこともある. しかし, 小型種は, 正しい条件の下では再び巣に戻すことが最も容易な鳥の1種である. 地上に落ちた雛であっても, 両親が鳴き声を聞きつけて, できる限り給餌や抱雛を続けることがある. 落下した雛はそのまま地上では生き残れないので, もし雛の体温が温かく, 反応がよく, 親鳥が近くにいる場合は, 巣の再設置が成功する可能性が高い. 簡易の巣（乾燥した草か元の巣の残りを敷いた小さい天然繊維の籠）を使い, 近くの木に取り付ける. 巣が雨風などに曝されないよう気を配り, 特に午後の日差しから守るようにする. 離れた場所から観察し, 親鳥が雛の世話をしていることを確認する. 親鳥が戻ってくるまで1～2時間かかる場合もある.

　足環を付けたレース用のハトが怪我や迷子でリハビリテーションセンターに運ばれてくることがある. American Racing Pigeon Unionに登録しているハトなら, 足環の番号は文字と番号が並んでいるので（例えば, AU 99 ABC 1234）, 飼い主を特定できるかもしれない.（http://www.pigeon.org/lostbirdinfo.htm）.

　飼育されている小型種や大型種が逃げ出したり, 公共のイベントで放たれたりすることがある. 人気のある飼いバトは, tumblerやrollerといった宙返りバト（回転バト）で, 野生のハトにはない特徴〔羽毛の生えた足と短い嘴, 頸にはひだ襟状の羽毛があり, 体も大きい（最大で900g）〕があるので, 識別しやすい. 放鳥すべきか飼育すべきかを決めるには, 正しい種の識別が必要になってくる. ドバトは1918年に制定された「Migratory Bird Treaty Act」によって保護されていないので, 治療や飼育に許可は必要ない.

育雛記録

　連邦規制に従い,「Minimum Standards for Wildlife Rehabilitation」[*1]（Miller 2000）に基づいた記録をとらなければならない. 追加の必要事項については, 州や地域の野生生物局に問い合わせること. 少なくとも以下の情報は記録しておくべきである. ①種, ②収容日, ③発見場所, ④おおよその年齢, ⑤収容の理由, ⑥健康問題, ⑦収容時の体重, ⑧最終処置（移送, 死亡, 安楽死, 放鳥日と放鳥場所など）. 発見者の連絡先も追加情報が必要な時には役に立つ.

　詳しい治療記録も記録しておく. 各個体の初回検査, 投与した薬, 毎日の体重, 治療効果, 行動の記録などの詳しい所見が必要である. 毎日の給餌と治療の表は, 鳥が飼育下にいる間は記入を続ける. 特に, 気温や水分補給, 給餌形式などがいかにそ囊を空にするのに影響しているかを記録しておくと便利である.

　各個体に診療個体番号をつけること. もし複

[*1] 訳者注：International Wildlife Rehabilitation Councilとthe National Wildlife Rehabilitators Association共同制作の野生動物の野生復帰訓練のための最低基準を設けたマニュアル本.

数の鳥が治療を受けているのであれば，番号が付いた小さなプラスチックの足環（National Band and Tag Company）を鳥類・家禽業者から入手し，それを利用して個々の経過をみるようにする．

育雛初期のケア

保護された雛が到着したら，迅速な検査を行い，対処が必要な命に関わるような怪我の有無を確認する．ハト類は典型的な被捕食者であるので，羽毛の損失，損傷，そ嚢の裂傷，骨折などが頻発する．このような怪我は，無駄な治療の努力を避けるため，生存確率を査定した方がよい．しかし，これらの種は重度の細胞組織のダメージであっても，驚くべき回復力を見せることがある．巣内雛と巣立ち雛は収容時，低体温と脱水状態に陥っていることが多い．通則として，温かく，暗く，静かな場所に少なくとも到着後15〜20分は置き，精密検査はそれから行う．羽毛が完全に生え揃った鳥を，クッションとなるものを敷いた覆いのある容器に入れ，低温に設定したマットヒーターの上に置く．元気がないように見える鳥（特に成鳥）は，体温が正常に戻ったら活発になり，逃亡を試みる場合もあるので注意する．孵化直後の雛は，到着時にはより高い温度（29〜32℃）にまで上げる必要があり，温かい人間の手で触れて冷たく感じるようでは絶対にいけない．

また，雛は収容時の極度の高温による体温上昇を呈している場合もある．症状には，速い，浅い，もしくは口を開けたままの呼吸，衰弱，不安定，眼球振とう（急速な眼球運動）などがある．これは不可逆的な臓器障害を引き起こす可能性があるので，鳥を涼しい場所に置き，飲めそうであれば冷たい水を与える．深刻なケースには，プラスチックの袋に鳥を頚まで入れ，冷水に浸けて急速に温度を下げる．その過程で低体温症を引き起こさないように注意する．

鳥の体温が正常に戻ったら，状態に応じて補液剤を投与する．十分に水分補給されている鳥は機敏になり，皮膚に弾力があり，しっかりと眼を開き，湿った粘膜に，形のよい湿り気のある糞をする．やや脱水気味の鳥は，反応が通常よりも少し鈍く，パサパサに乾燥した皮膚にうつろな眼，形の崩れた糞，べとついた粘膜に糸を引くような唾液を出す．深刻な脱水症状を呈している鳥は，無気力か，無意識で，皮膚は軽くつまむとテントのようになり，元に戻らない．そして，眼はくぼみ，糞は乾燥，もしくは排泄をせず，粘膜も乾燥してくる．

収容時は全ての鳥が，少なくとも軽い脱水症状を呈していると考えた方がよい．原因や脱水率にもよるが，回復には最大24時間かかる．もし鳥に反応があれば，水分補給は経口で，温かい（38℃）ラクトリンゲル液か小児用電解質溶液（Pedialyte）を，スポイトで嘴のまわりに垂らすか，チューブによる投与かどちらかの方法で与える．もし鳥が自ら飲み込んでいないか，反応が鈍い場合は，皮下注射で投与する．体重の5％（50ml/kg）の補液剤を経口か皮下投与する．もし，そ嚢に親鳥から与えられた食物がまだ残っていたら，この先の給餌を始める前に，そ嚢が空になるまで水分を与える．

罹りやすい疾病と対処法

トリコモナスは鞭毛のある原生動物の寄生虫で，親と雛の口から口の接触か，汚染された水の摂取により感染する．同じ水を分け合うことによる感染が一般的である．この寄生虫にはシスト期がないので，乾燥や抗原虫薬の多くで効果的に死滅させることができる．悪臭のあるチーズ状の塊からなる口腔内病変は，吐き気，頚の伸長，呼吸や嚥下困難，嘔吐などを引き起こす原因となる．病巣が食道を塞ぐと，鳥は食べることができず，粘液性の分泌物を嘴から出す．深刻な状態の巣立ち雛は喉に明白な塊があり，衰弱していることがある．口から採取した塗布標本から，鞭毛虫の有無を識別し，診断を確定する．しかし，経験豊富な飼育者は，肉眼検査で推定診断できる．カルニダゾール（Spartrix, Janssen Pharmaceuticals）20〜30mg/kgを1回，経口投与して治療するのが大抵効果的である（Carpenter 2005）．メト

ロニダゾールを使用してもよい．もし食道が塞がり，そ嚢にチューブが通らず，特に鳥が衰弱して神経に異常が認められれば安楽死を考えなければならない．餌皿や給餌用具は特に注意を払い，消毒処置を行うこと．なぜなら，トリコモナスは他種にも移りやすく，スズメ目の鳥であればすぐに死んでしまうからである．そのため，スズメ目の鳥はハト類から離して飼育するのが賢明である．

その他にもいくつか潜在的なそ嚢の問題が考えられる．そ嚢を正常に空にすることができないことを，そ嚢停滞といい，どの日齢の大型種，小型種にも起こり得る．免疫抑制，そ嚢の感染，異物（巣材など），ミミズや乾燥した米などの不適切な餌，不適切な給餌〔餌の与え過ぎ，冷えたまたは消化できないフォーミュラ(雛用餌)の給餌など〕，そしてまれではあるが，ビタミンやミネラルの欠乏（ビタミンB_1と銅）などが原因として考えられる．深刻なケースは獣医師にそ嚢を空にしてもらい，その根本的な問題を治療してもらわなければならない．カンジダ（酵母型真菌）感染症はそ嚢停滞の一般的な原因であるが，清潔でストレスのない環境に置き，適切な栄養を与え，抗生物質の使用を制限することで防ぐことができる．乾燥した餌を大量に与えることで，そ嚢停滞を引き起こすこともある．少量のぬるま湯をチューブで与え，そ嚢をマッサージしてやると餌がほぐれる．もし，そ嚢内の餌を数時間たっても取り除けない場合は，ハト類に慣れている鳥類専門の獣医師に相談する．フォーミュラが熱すぎるとそ嚢にやけどを負わせることになる．その場合，目に見える穴がそ嚢に認められ，周りが腫れて変色し，悪臭がし，羽毛がもつれてくる．この状態になると，大抵は安楽死が必要である．そ嚢の裂傷は捕食動物の攻撃が原因である．これらはそ嚢と皮膚を別々に，うまく縫合することができる．

大型種はハジラミやシラミバエなどの外部寄生虫を保有していることが多い．もし寄生虫が見つかったら，頭を覆い，UltraCare Mite and Lice Bird Spray（8 in 1 Pet Products）のような局所的殺虫剤を噴きつける．スプレー中とその後は，薬の吸入を防ぐため，十分な換気を行う．大型種は毛細線虫やコクシジウムのような腸内寄生虫を数種保有していることも多い．衰弱した雛や，下痢をしている雛は，糞による寄生虫検査を行う．毛細線虫はフェンベンダゾール50mg/kgを経口で1日1回，3〜5日間投与する．治療は2週間後にもう一度行う必要がある場合がある．コクシジウムはトルトラズリル（Baycox, Bayer）20〜35mg/kgを経口で1回投与して治療する．

鳥痘は大部分，もしくは全ての鳥類に感染し得る，ウイルス性の病気である．趾や嘴のような羽毛の生えていない部分に疣状の結節が現れる．回復した鳥は，感染したウイルスの型には免疫があると考えられている．これは自己限定性疾患で，特別な治療法はなく，対症療法と細菌の2次感染の予防しか対処法はない．対症療法には，食餌，飼育環境，ストレスに注意を払うことも含まれる．病巣を，薄めたクロルヘキシジンかポビドンヨード液で毎日洗ってやると，細菌の2次感染の可能性を減らすことができる．鳥痘は伝染性であるので，傷口やかさぶたとの接触や虫刺されによって広がることがある．また，間接的に，汚染された止まり木や餌皿，器具などに接触して感染することもある．感染していない鳥への伝染を防ぐため，感染した鳥は健康な鳥から隔離して（別室に移す等），ケージや給餌用具を別々に消毒し，他の鳥を扱う前や給餌する前に念入りに手洗いをすること．給餌や治療検査などをする時は常に感染した鳥を最後にする．鳥痘が潜伏していて，病気や怪我，飼育によるストレスで治療中の鳥に現れることもある．

関節の発達中に巣内で十分なサポートがないと，脚が広がったまま成長し，開脚症になってしまう．新聞など，足場が滑りやすく不適切な床に入れると，少し成長した巣内雛の脚を広げてしまう．はじめに趾が平たく広がり，腫れてくる．状態が悪化すると，踵の腱の位置がずれて，脛骨とふ蹠骨（中足骨）がねじれたり曲がったりする．初期の段階の場合はビタミンBを補給してやると効果がある．もし脚が十分柔軟で，正しい位置

に戻せるようなら，脚を縛って矯正してもよい．足や趾の弯曲症は骨折かビタミンB_2（リボフラビン）の欠乏が原因かもしれない．かんじき型の副木を使用すると足や趾を構造上正しい位置に戻せる可能性が高い．これは，ダンボールか薄い発泡スチロールを通常の足の形に切り取って作成できる．足（指の部分）を正しい位置に広げ，副木にテープで貼り付ける．鳥が不快に感じないよううまく副木に貼るには何度もやり直しが必要かもしれない．2日に1度は副木を取り外して足の経過を調べ，必要なら作り直す．

親鳥は時おり，人間の毛髪や釣り糸を巣材に使うことがあり，それが巣内雛の足や脚にからまり，壊死することがある．もしダメージが生死に関わるほど深刻でない場合は，圧迫している細かい繊維を除去するため，麻酔をして糸や壊死した組織を拡大した状態で見ながら取り除き，その後は局部と全身を抗生物質で治療する．

糞が肛門の周りにこびりついて閉塞を起こすことがある．これは脱水症状や不適切な食餌，病気などが原因である．柔らかい布で優しく糞をぬるま湯で洗い落とす．閉塞が解消されると排泄できるようになるはずである．脱水症状の徴候を確かめること．

小型種の幼鳥と成鳥両方の最も一般的な捕食動物の1つはネコである．ネコの口腔細菌叢にはパスツレラ菌（*Pasteurella multocida*）という，非常に伝染性の高いグラム陰性桿菌が含まれており，治療しなければすぐ死に至る．鳥が収容された時に，何らかのネコとの接触があったとの報告があれば，咬み傷の有無に関わらず，抗生物質を与えること．パスツレラ菌は，通常はクラバモックス（Clavamox，クラブラニック酸とアモキシリン）50〜100mg/kgを毎日2回，7〜10日間投与するか，ケフレックス（Keflex，セファレキシン）100mg/kgを毎日2回，7日間投与することによって治療する（Carpenter 2005）．傷が完全に癒えるまで抗生物質療法を続ける．傷口はきれいに洗い，可能であれば最初に縫合か外科用接着剤で傷口を閉じる．頭皮裂傷は頻繁に起こる．

頭皮組織は非常に繊細なので，麻酔ができる環境でないのであれば，外科用接着剤の使用がふさわしい．もし傷口の閉創が難しいようであれば，BioDres（DVM Pharmaceuticals）やテガダーム（Tegaderm，3M）のような吸湿性に優れた包帯が便利である．

人工育雛用の餌の種類

野生復帰の訓練および繁殖のための人工育雛用の餌の種類とバリエーションは，この短い章の中で全て紹介することは到底できない．基本的な法則は，自然の餌にできるだけ似せることである．野生では，生後2〜3日の雛には，高蛋白質，高脂肪のピジョンミルクが与えられる．3〜4日齢の雛には，親が吐き戻した少量の種子をピジョンミルクに混ぜて与える．ミルクの分泌は7〜9日齢で終わり，それ以降は吐き戻された種子が巣立ちの時期を通して与えられる（Yuhas 2000）．

孵化直後の雛の餌

以下が推奨する孵化直後の雛の餌である．
- Gerber's chicken and gravy（人間の乳児用ベビーフード）　1瓶
- 無脂肪プレーンヨーグルト　大さじ1
- コーン油　1ml
- Avi-Era鳥類用ビタミン剤（Lafeber）　小さじ1/8
- 炭酸カルシウム250〜375mgからのカルシウム100〜150mg

巣内雛とそれ以上の雛の餌

生後4日以降は，Exact（Kayteeの雛用パウダー）を小さじ1杯と少量の水を孵化直後の雛用の餌に追加する．毎日徐々にExactの量を増やし，ベビーフードの量を減らす（表20-1）．7日齢以降は人間のベビーフードのミックスベジタブルを濾した物を大さじ2杯分追加する．餌はクリームスープのような状態にする．配合した餌は給餌前に5分間置く．ガスがこの間に放出され，鼓脹症の原因になるからである．もし餌が硬過ぎるよ

表 20-1 ナゲキバトのチューブによる給餌計画

体　重（g）	量（ml）	給餌間隔（時間）
10	**1**	**1**
15	**1.5〜2**	**1〜1.5**
20	**1.5〜2.5**	**2**
25	2〜3	2
30	2.5〜3.5	2
35	4	2
40	5	3
45	5	3
50	6	3
55	6	3
60	6〜7	3
65g 以上，そ嚢内に種が残っていたら給餌を省く		
65	6〜7	3〜3.5
70g 以上の新しく収容されたナゲキバトは通常やせ衰えたり衰弱していたり，その他障害がない限りは自力採食する．		
70	8	4
80	8	4
90g 以上，鳥が衰弱していない限り，チューブによる給餌は行わない．健康な幼鳥は90gでたいてい自力採食する．		
90	9	3回/日
95	9〜10	3回/日

・体重はカリフォルニアの個体群に基づく．
・孵化直後の雛用の餌は**太字**内の体重の雛に与えること．孵化直後の雛用の餌を摂取している雛は，表に記載しているほど頻繁に給餌する必要がないかもしれない．そ嚢を毎回チェックし，そ嚢内に何もなければ給餌する．

うであったら水を追加すること．

　キビと殻をむいたベニバナの種かヒマワリの種，細かく砕いたトウモロコシを混ぜたものに，きめの細かいグリットと一緒にし，自立の時期の雛や，自力採食する雛に与えて砂嚢での餌の破砕をしやすくしてやる．1羽につき少量のグリットで十分である．グリットの与えすぎは，無栄養のものを大量摂取してしまうことになるので注意すること．大型種用配合種子を大型種に与えてもよいが，大型種は小型種用の小さめの種子を好むこともある．巣立ち雛が十分に成長しているにも関わらず，独り立ちや自力採食に時間がかかっているようであれば，違うタイプの配合種子を与えてみる．

給餌方法

　餌に色々な種類があるように，給餌方法も様々で，飼育者によって意見も異なる．ここでは2つの給餌法を説明する．

　1つ目の方法は，若い小型種の自然の餌の食べ方を刺激してやるというもので，雛が頭を親鳥の口と喉に突っ込み，そ嚢から餌を食べる行動を

似せてやる．フォーミュラを29～32℃に温め，シリンジの筒に吸い上げる．自着性のある包帯（ベトラップ；Vetrap，3M）でシリンジを閉じ，細長い切り口を入れて嘴を入れやすいようにする．容器を押さえている間，シリンジから雛に餌を食べさせる．この給餌法は，より自然に近い方法だと考えている．しかし，汚れやすく時間がかかり，そして雛がどのくらい食べたのか判断するのが難しいという欠点もある．羽毛に餌が付着したら，感染と羽毛のダメージを防ぐため，すぐにぬるま湯で洗い落とす．

2つ目の方法は，チューブによる給餌法である．この方法には練習が必要であるが，多数の鳥を給餌する時は非常に便利である．給餌用シリンジは前もって上手く作成しておかなければならない．チューブは気管開口部を越えてそ嚢の中に入るまでの長さが必要である．ほとんどの小型種は7.5～10cmの長さが必要である（図20-2）．大型種は15cmも必要である（図20-3）．輸液チューブを適した長さに切って，給餌用のチューブとして活用してもよい．このチューブは通常3mmで，餌を通すには十分である．切り口を軽く焼いて，鋭い先端をなくし，そ嚢内の損傷を防ぐ．スチール製のフィーディングニードルを使用するリハビリテーターも中にはいるようだが，ハト類はチューブを咬みちぎることはないので必要ではない．やわらかいチューブを給餌用シリンジに取り付け，そして温かいフォーミュラを入れる．大きい気泡が入っていれば，シリンジから抜き，表面はきれいに拭いて餌がついていないようにする．鳥を柔らかい布でしっかりと包み，食道を真っ直ぐにするために頚を伸ばす．1本の指で嘴を開き，チューブを口の奥の右側を狙って挿入する．ゆっくりとチューブを差し込んで，そ嚢の周りの羽毛が立ってくるまでゆっくりと差し込む．いかなる時でも抵抗を感じたら挿入を止めてチューブを抜くこと．チューブが正しく挿入されたら，フォーミュラを着実に注入していく．チューブがそ嚢の外に滑って，フォーミュラが口の中に噴き出ないように注意する．これは鳥が餌を吸い込んでしまう（誤嚥）原因にもなる．もし口の中に餌が溜まったら，チューブをすぐに引き抜き，口の中をきれ

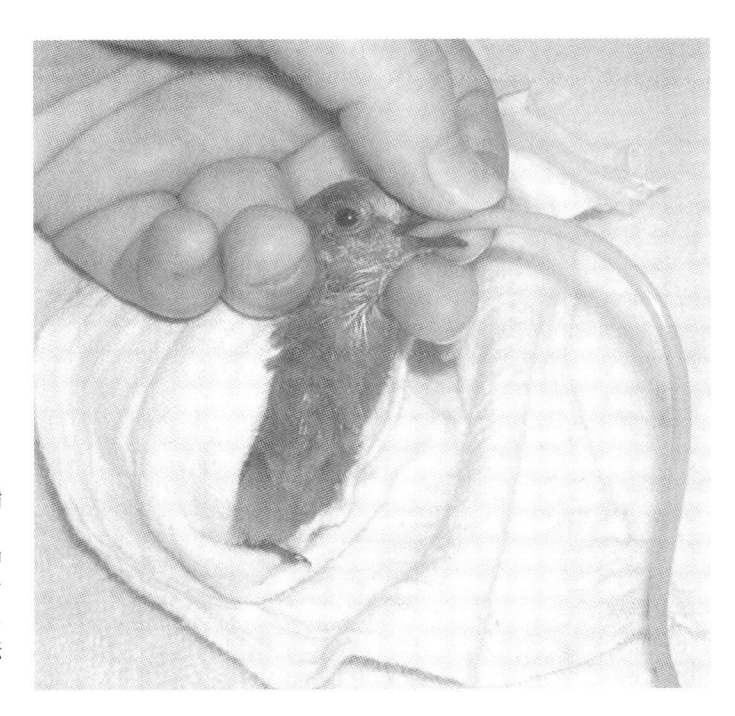

図20-2 ナゲキバトのチューブによる給餌．この持ち方であれば，親指と人差し指を自由に使えるため，嘴とチューブを扱うことができる．給餌中は頚を伸ばすこと．暴れる鳥にはタオルを巻いてやると心地よくなって落ち着かせることができるが，この給餌法に慣れた鳥には必要ない．

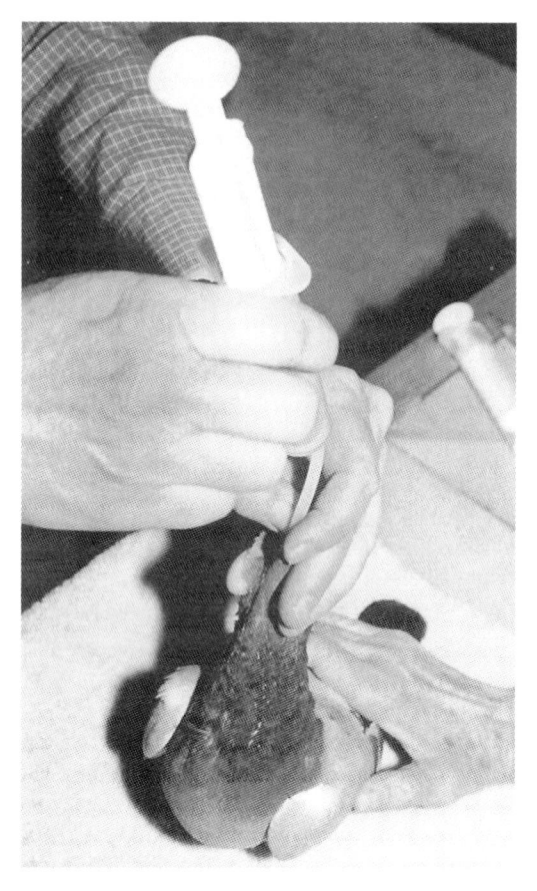

図20-3 大型種のチューブによる給餌．頸が完全に伸ばされていることに注目する．チューブはそ嚢に届くように十分深くまで挿入する．

いにする．

治療や投薬が必要な場合は，そ嚢に餌が溜まっていると搾り出して誤嚥を起こしてしまう恐れがあるので，給餌前に行う．若いハト類は，空腹時は必死に餌乞いをし，そしてしばしば満腹時も同じ行動を見せる．そ嚢に関する問題を避けるには，そ嚢が空になるまで給餌を待つ．張りすぎたそ嚢は時に，「クロップブラ（そ嚢ブラジャー）」と呼ばれる自着性のある包帯（ベトラップ）によって胸の周りを包んで支えることがあり，そ嚢が竜骨にまで垂れ下がらないようにするのが目的である．ほとんどのハト類のそ嚢の許容量は，体重の10％（100ml/kg）である．

期待される体重増加

図20-4のグラフはナゲキバトとドバトの期待される体重増加である．

飼育環境

親からはぐれた雛の野生性を保つためには，2羽を同時に育てるか，同日齢や同サイズの雛を小グループにまとめて育てることが必要不可欠である．小型種とドバトは決して一緒に育てないこと．体もより大きく，より攻撃的な大型種は小型種を殺してしまうかもしれない．オビオバトの巣立ち雛は人間に触れられることに極度のストレス反応を表すかもしれない．もしそのようなことが起きたら，できるだけ早く自立させるようにする．落ち着いており，温和な自力採食ができる雛に，餌の食べ方などの手本を見せてやるとうまくいくことがあり，この役は違う種類のハトが務めることも可能である．

孵化直後の雛や巣内雛の巣は，プラスチックのボウルかベリーバスケット（果実籠）を吸収性のあるキッチンペーパーで覆い，ティッシュペーパーやトイレットペーパーを敷いて作成する．白くて香料の付いてないものが好ましい．硬い表面やプラスチックのメッシュは全て，ティッシュペーパーで覆うこと．下に敷物がないと，果実籠の表面で鳥が怪我をしてしまう恐れがある．巣の底の敷物を，次第に細く，逆さの円錐状にし，脚が広がるのを防ぐ．巣の大きさは鳥の大きさと数にもよるが，雛が容易に体を動かすことができ，かつ互いが寄り添い合えるような程度がよい．ほとんどのハト類は一度に2羽の雛を産むので，2羽で育てるのが理想的である．そして，ほとんどが社会的なので，それ以上の数でグループを作っても，優劣の問題は生じない．巣の縁を低くして，雛が巣の外へ排泄しやすいようにしてやる．水槽や育雛器の底にキッチンペーパーを敷き，巣をその中に置く．小さい広口瓶に綿球と水を入れ，温度計を挿す．布で水槽の上を覆い，温度を監視する（図1-3）羽毛のまだ生えていない雛に適した温度は

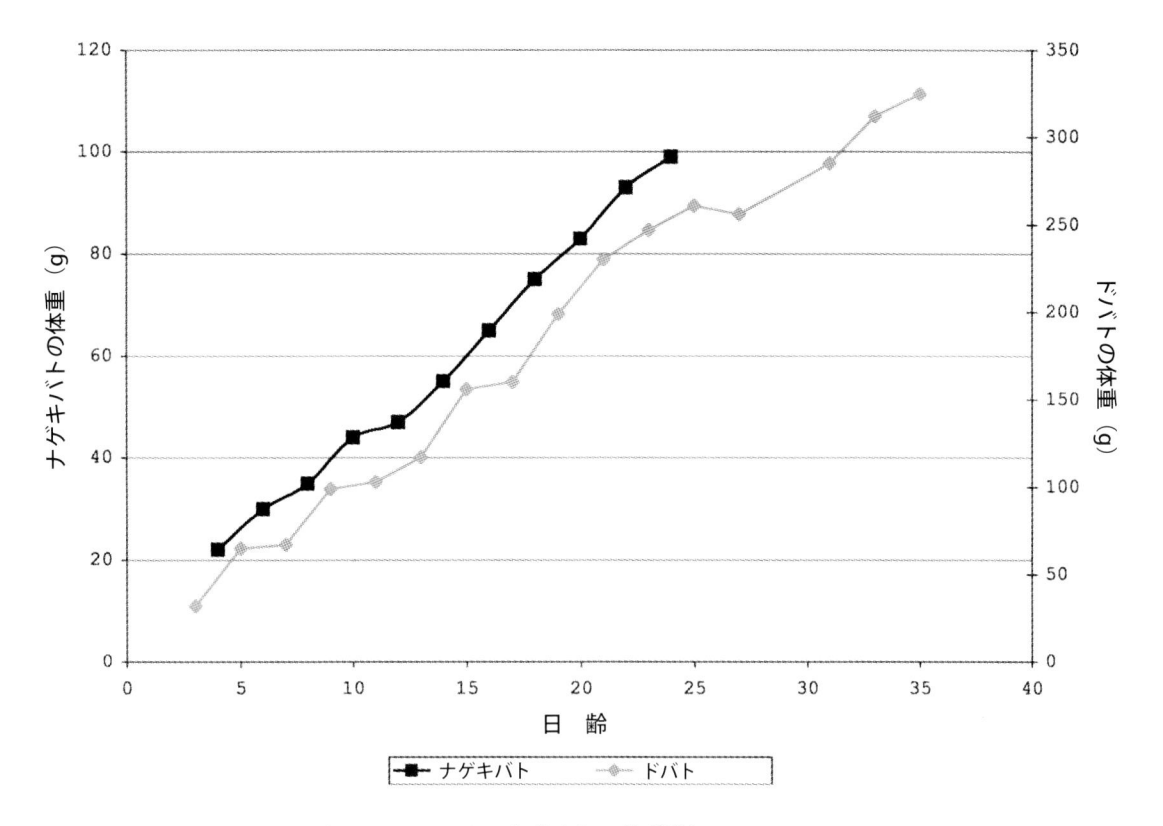

図20-4 人工育雛されたナゲキバトとドバトの期待される体重増加.

29〜32℃で，湿度はおよそ50%である．マットヒーターを水槽の下に敷いてもよい．新しく施設を作る時は，頻繁に温度を確認すること．自動的に消えるマットヒーターの使用は避け，温めすぎにも注意する．

ハト類の成長は速い．成長するにつれ，熱の必要性は減ってくる．過熱の徴候（あえぎ，脱水）や低温の徴候（羽毛のけば立ち）などがないか監視する．雛に完全に羽毛が生えたら，次の段階の入れ物に移し変える．洗濯籠の内側に網を張り，キッチンペーパーを敷いたものでほとんどの鳥に使用できる．天井はファイバーグラスのスクリーンか網で覆い，洗濯ばさみで止める．止まり場はレンガか似た大きさの材木を，食品包装用の蝋紙かラップで包み，それからキッチンペーパーで包んで両端をテープで止める．これによって糞などの吸収を防ぐことができる．止まり場は，尾羽が籠の底に当たって曲がらないよう，十分な高さがなければならない．大きさの違う止まり場をいくつか置いておくと成長の邪魔にならずに済む．籠の壁に羽毛が触らないよう，籠は十分な大きさのものを使用する．毎日止まり場は掃除，もしくは交換し，糞を取り除く．枝の止まり木を使ってもよいが，床に近いところに設置すること．ストレスのある鳥には，羽毛を痛める可能性があるので枝の止まり木の使用は避けること．

小さなダンボール箱に入れてやると，若い鳥は寄り添いあって温かさと安心感を得ることができる．また，葉付きの枝を入れてやると，安心感を与えるうえ，自然の環境も供給してやれる．工芸店で販売されているような，人工植物を利用してもよい．必要であれば掃除して漂白剤で消毒する．

色々な大きさの広くて浅い瓶の蓋を種入れに使う．大型種は特に，つぼ型の深い餌入れよりこの

方がより早く採食を覚える．水は少なくとも鳥の嘴の長さほどの深さはあるボウルを選びたいが，鳥が届かないほど高すぎてはいけない．大型種には少なくとも 2.5 〜 3.5cm の深さのものを使用する．種入れと水皿は止まり木とは反対側の籠の端に置き，糞による汚染を防ぐ．

可能であれば，自然の光を与えるため，屋外の安全な場所に置いてやる．自然の光に当ててやることができない時は，紫外線 A 波と B 波の両方を出すフルスペクトルライトで代用する．

鳥が自力採食し，7 日間体重を維持していれば，野外の飛翔訓練用ケージ（フライトケージ）に移動させる．建物の中を自由に飛ばせることは決して行ってはいけない．

自力採食

ハト類は小型種・大型種ともに，早い時期に種子を拾い上げることを学ぶ．自立する時期の鳥を，自力採食できる少し年上の鳥と一緒にしてやると，たいてい自立のプロセスを早める．一緒にする年上の鳥は，特に大型種の場合，大きさは若い鳥に近く，攻撃的ではない方がよい．成鳥の大型種はしばしば自分の雛以外の若い個体に容赦がなく，深刻なダメージを与え，時には殺してしまうこともある．若い大型種の中には，自力採食を生後 2 週間ほど，もしくは歩き出してすぐ行うものもおり，大半の小型種と大型種は自分で採食することを熱心に覚えようとする．体重のモニタリングとそ嚢のチェックを念入りかつ頻繁に行う．鳥によっては，ついばんでいるように見えても成長に十分な餌を摂取していない可能性もある．

そ嚢の中に入った種子は，豆の入った袋のような感じであるとよく表現される．そ嚢を優しく触診し，2 本の指で転がすように皮膚を触ってみる．うまく自力採食できている雛はそ嚢内の種子が目に見えて分かる．もし種子がそ嚢内になければ，糞を監視し，フォーミュラを補足的に与え，そ嚢に常に種子が溜まるようになるまで続ける．追加の給餌が必要であれば，1 回は夜に行い，朝までもちこたえられるよう十分に餌をやる．

鳥が自力採食を開始してから少なくとも 7 日間は体重増加が確認されたら，屋外の飛翔訓練用ケージか鳥舎に移動させる．ハト類の収容場所の最低基準は 3.6 × 2.5 × 2.5m である（Miller 2000）．ベニヤ板，ファイバーグラス，もしくは金網でケージの側面を覆う．床に砂を敷くと次に新しく鳥が収容された時にふるいにかけて掃除しやすい．金網を張った側面と天井はスクリーンで覆ってパニック飛翔した時の羽毛のダメージを防ぐ．小型種は驚いた際に勢いよく飛び立つので，天井に当たって頭部を傷つけてしまう危険性がある．

放鳥準備

ハト類は群で行動する鳥である．したがって，同種の群の中に放鳥してやる必要がある．放鳥前に，少なくとも 1 週間は屋外の鳥舎で自力採食できていなければならず，胸の筋肉も発達していなければならない．野外の環境に順応するだけでなく，スタミナも必要である．短い飛翔で息切れしているようであれば，放鳥はしないこと．羽毛は無傷で，防水で，寄生虫が存在しないことを確かめる．人間や他の動物に対して警戒しない鳥は放鳥には適していない．もし鳥が長期間，他の鳥と一緒に過ごしていなかったのであれば，同種の鳥をケージに入れることで，人馴れした鳥を「野生化」させる手助けになる．放鳥を考えているのであれば，できる限り単独で育てないこと．天気予報を調べ，2 〜 3 日は穏やかで晴れの時を狙って放鳥する．早朝に放鳥すると，暗くなる前に鳥が環境に慣れることができる．狩猟地域に放鳥する場合は，猟期が終わるまで放鳥時期を延長するのが賢明である．

謝　　辞

Martha Kudlacik はカリフォルニア州の Palo Alto にある Wildlife Rescue, Inc. の歴史的なデータと，Rebecca Duerr 獣医師と Kathy Tyson 獣医師による WRI のナゲキバトの給餌表の作成に対し，お礼を申し上げます．Nancy Eilertsen は絶

え間ない精神的支援と知識，そして長年にわたり精神の支えになってくれた Linda Hufford に感謝致します．

関連製品および連絡先

カルニダゾール (Spartrix): Janssen Animal Health, available in the U.S. through Global Pigeon Supply, 2301 Rowland Ave, Savannah, GA 31404, (800) 562-2295, www.globalpigeon.com.

トルトラズリル (Baycox): Bayer Animal Health, available in the U.S. through Global Pigeon Supply 2301 Rowland Ave, Savannah, GA 31404, (800) 562-2295, www.globalpigeon.com.

Ultracare Mite and Lice Bird Spray: 8 in 1 Pet Products, Hauppauge, NY, (800) 645-5154.

足環：National Band and Tag Company, 721 York St, Newport, KY 41072-0430, (800) 261-TAGS (8247).

Vetrap and Tegaderm: 3M Corporate Headquarters, 3M Center, St. Paul, MN 55144-1000, (888) 364-3577.

BioDres: DVM Pharmaceuticals, Subsidiary of IVAX Corporation, 4400 Biscayne Blvd, Miami, FL 33137, (305) 575-6000.

Kaytee products: 521 Clay St, PO Box 230, Chilton, WI 53014, (800) KAYTEE-1.

Avi-Era Avian Vitamins: Lafeber Company, Cornell, IL 61319, (800) 842-6445, www.lafeber.com.

参考文献および資料

Carpenter, J.W., ed. 2005. Exotic Animal Formulary, 3rd Edition. Elsevier Saunders, Philadelphia, pp. 135–344.

Leahy, C.W. 2004. The Birdwatcher's Companion to North American Birdlife. Princeton, New Jersey, Princeton University Press, pp. 223, 638.

Miller, E.A., ed. 2000. Minimum Standards for Wildlife Rehabilitation, 3rd Edition. National Wildlife Rehabilitation Association, St. Cloud, Minnesota, 77 pp.

Yuhas, E.M. 2000. New Approaches to Hand-rearing Mourning Dove (Zenaida macroura) squabs. Proceedings of the 2000 Symposium National Wildlife Rehabilitators Association, St. Cloud, Minnesota, pp. 25–43.

21
オウム・インコ類

Brian Speer

生物学的特徴

　オウム目は，80属約360種からなり，全てのオウム・インコ類を含む．オウム目の鳥は，飼育鳥として広く知られており，公立や私立動物園で飼育され，何より世界中でペットとして非常に人気が高い．オウム目には約77属が含まれる．米国本土で見られるオウム目の鳥は，ハシブトインコ（*Rhynchopsitta pachyrhyncha*）のみである．オウム目の約90種がIUCNレッドリストの絶滅寸前種，絶滅危惧種，危急種に位置づけられている．カリブ海，中南米およびメキシコ原産のオウム目44種が絶滅寸前種，絶滅危惧種，危急種に含まれ，これはこの地域のオウム目のほぼ31％を占める．オウム目はいずれの種も晩成性で，孵化した雛は眼が見えず，羽毛も生えていない．このような雛は，羽毛が生え揃って十分体力がつき独り立ちできるまで，長い期間，親の世話を必要とする．どのオウム・インコ類も巣穴や洞に営巣し，卵は白色である．抱卵日数は16～28日である．雛は30日～6ヵ月で巣立ちするが，多くの種は，さらに数ヵ月間にわたって親から餌をもらい続ける．群の社会構造は種によって様々であり，巣立ち雛にとって必要な社会性や学習すべき内容は，種ごとにかなりの相違がある．オウム目では，種の違いや飼育の目的によって，育雛方法や自力採食後の育て方が異なる．ペット用に育てられる雛は，繁殖に用いる個体や自然復帰させる個体とは異なる社会性を身につける必要がある．人間による刷り込みの結果，鳥類の正常な社会生活や同種間の日常行動，自然の生態を学ばないままで育つと，特にオウム科のオウム類などは問題行動が現れやすくなる．親を失って人工育雛される野生種の鳥とは対照的に，飼育下のオウム・インコ類は，ほとんどが繁殖プログラムの一環として人工育雛される．人工育雛する理由には，親鳥の育雛放棄，販売や趣味，鳥自身の病気や怪我，あるいは自然保護活動の一環として，また野生の雛が何らかの理由で保護が必要であった，など様々なことがあげられる．

胚の発生と発育

　胚は，受精卵の胚盤あるいは胚斑部に形成される．雌が雛の性別を決定する性染色体をもつ．雌の卵子がもつ性染色体はZまたはW染色体である．雄の染色体はZZ型なので，精子の性染色体は全てZ染色体である．3層からなる膜が胚を保護し，胚の成長とともに分離していく．2層の膜からなる胚膜は，それぞれが面する部位によって外胚葉と中胚葉，内胚葉と中胚葉からなる．胚盤が成熟するに従って，羊膜が胚を取り囲みながら発達して袋状になり，内部が羊水で満たされる．胚はこの羊水の中に吊るされた状態で発育する．漿膜は卵殻の内壁に沿ってのびる．尿嚢は胚の消化管後部から出て，同じく卵殻の内側に沿って広がる．これらは癒合して，漿尿膜と呼ばれるようになり，血管が発達して，胚の呼吸機能と排泄機能を担うようになる．漿尿膜の血管は，卵殻内面から胚に酸素を供給し，胚が排出した二酸化炭素を卵殻表面に運ぶ役割をしている．つまり，内卵

殻膜は一時的に大きな肺のような機能を果たしているのである．代謝産物の老廃物の一部は尿膜内に尿酸結晶として蓄積される．不溶性の尿酸塩は，窒素が生物学的に最も不活化された形である．もしも鳥類が，哺乳類のように窒素性老廃物をアンモニア（尿素）として排泄する仕組みをもっていたら，卵殻内で発生するアンモニアの毒性で胚の発育が阻害され，卵殻での繁殖は不可能だったであろう．

育雛室（器）

繁殖場で鳥が最も密集した時期を過ごすのが，育雛室（器）である．よってここでは，機械類の故障や人為的ミス，感染症，あるいはそれらが重なることによって，多くの雛が死亡して損失を招くことがある．この時期の雛は，非常に環境に敏感で，抵抗力が弱く感染症に罹患しやすいため，最も多くの時間を割いて世話をしなければならないことを認識すべきである．育雛室は独立した区画であり，概念上は鳥舎とは別に管理されている施設である．しかし，鳥舎全体における「動線」の状況は，そっくりそのまま育雛室内における「動線」にも通じる．閉鎖空間である育雛室における卵と雛の状態は，生産収益や作業内容，知識そして鳥類飼育のテクニックを反映している．管理不良の繁殖場では，感染症や2次感染症が発生し，鳥類飼養家にとっても雛たちにとっても，精神面，経済面両方で大きな損失をもたらすことになる．

孵化・育雛記録

孵卵器に入卵する時や雛を育雛室に移す時は，個体識別をして個々の記録を取るべきである．卵の識別は，卵殻に鉛筆で記入するとよい．雛の標識は，足環の装着が一般的で，ほぼ一生の間保持されるが，成長した雛や走鳥類などの早成性の鳥の雛では，マイクロチップを埋め込んでもよい．足環は孵化直後には装着できないので，装着できるようになるまで，飼育中に個体を取り違えないように注意すること．

オウム・インコ類の人工育雛は特殊な分野であり，下記の項目に関する記録が必要である．

- 個体識別（足環やマイクロチップ番号，その他の標識）
- 種
- 血統
- 孵化日
- 人工給餌の開始日
- 使用している餌〔フォーミュラ（雛用餌）〕の種類
- 日齢
- 体重（毎日，またはその種に適した間隔で測定する）
- 給餌量
- 給餌回数（頻度）
- コメント（排泄物の様子，餌に対する反応，そ囊内滞留時間など）

育雛室内における「動線計画」

隔離された孵化室や育雛室をもつ飼育施設では，全体的な配置図を作成してみるべきである．それによって，これまでの「動線」の見直しと効率的な作業の進め方が見えてくると同時に，病原体などによる場内の汚染を最小限にとどめることができる．効率的な作業手順を計画するにあたっては，いわゆる「スパゲティ・テスト」を行ってみるとよい（配置図面の上に作業や物の流れを記入してみる）．日常の作業を1つ1つ書き込んで分析してみると，育雛室や施設全体における重複した動きや効率の悪い動きが明らかになる．書き込んだ線が絡み合って団子状になったら，作業効率が悪く，また病原体による汚染が広がる恐れがあるということなので，配置を改めるべきである．

孵卵から育雛まで全ての期間を通して，「動線」に配慮することが肝要である．特に孵卵器内や孵化室，育雛室などのリスクの高い空間においては，作業や物が動く頻度を最小限に抑えることによって，卵や雛にかかるストレスを軽減し，感染症の罹患率も減らすことができる．育雛室への病原体の侵入をいかに抑えるかが重要な鍵である．作業担当者や卵，また訪問者などの入場や，孵化室を

通る経路については，十分熟慮するべきである．

人工孵化

ほとんどのオウム・インコ類の飼養家は，巣から卵を採取したその日に孵卵器に入れる．これは，正確な産卵日が分からないせいでもある．しかし，親鳥が全く抱卵せず，孵卵器にも入れていなければ，胚の発生は始まっていないので，孵化日を揃えるために，貯卵することも可能である．しかし，暖まった卵を冷やし，再度暖め直すと胚の死亡率が非常に高くなるので，自然孵化，人工孵化を問わず，いったん暖め始めた卵を貯卵してはならない．貯卵は，約15℃で行うのが理想的である．巣内または貯卵室で卵が冷えると，卵殻膜の内膜と外膜とが分離して気室を形成し始める．貯卵中あるいは初期胚の段階で卵を乱雑に扱ったり，不正な角度で置いたりすると，胚が死亡しやすいので，この時期の卵の移動や振動は最小限に抑えなければならない．オウム目では，卵を孵卵器に入れる前に洗卵することはまれである．卵の識別は，インクやフェルト・ペンではなく，HB程度の濃さの鉛筆で卵殻に記入する．

人工孵化において最も大切な要素は，温度，湿度，転卵の3つである．孵卵器内は，この3つの条件が常に一定の状態で保たれていなければならない．孵化を成功させるためには，詳細な記録，器材類の点検とメンテナンス，卵の取り扱い技術，そして育雛器の管理が必須である．孵卵器のメーカーや機種，環境設定，孵卵方法の選択については，様々な方法が推奨されているが，よしとする方法が違っていることが多いのも事実である．孵卵器を扱う担当者は，それらをよく吟味し，真偽を見分けることが大切である．これは，担当獣医師や飼育係にも同じことが言える．

孵卵器は，「部屋の中の部屋」の状態にするのが理想的である（図21-1）．気候や日々の天候の変動に左右されない室内に置いて，孵卵器内の環境を一定に保たねばならない．孵卵器を置いている部屋にエアコンなどの設備がないと，孵卵器内の温度や湿度も変動し，孵化に悪影響を及ぼしやすい．また，孵卵器の材質は，一定の温湿度を保ち，かつ効率よく内部の清掃と消毒ができるように，通気性がないものを選ぶこと．状況が許せば，ニワトリを仮母にして抱卵させると，うまく行くこともある．

温　　度

胚の成長速度は，孵卵器の設定温度によって影響を受ける．オウム目の孵卵で適温とされるのは，37.2〜37.4℃である．孵卵器内の温度は，常に均一かつ一定に保たれていなければならない．正確な温度を継続的にモニターするには，複数の温

図21-1 必要な孵卵環境が備わった孵卵器．温度湿度管理された部屋に置かれている．

度計を使うとよい．1つの温度計や，モニタリング装置の一部の計測値をそのまま鵜呑みにしないよう注意する．孵卵器内の温度は，ファンなどによる空気循環システムによって，あるいは自然対流によって均一に保たれている．空気の流れが少ない孵卵器は，特に入卵数が多くて孵卵器が満杯になるような場合，器内の温度が均一にならないことを念頭に置いておく．このような孵卵器は換気が優先されて外部に熱が放出される結果，温度の変動性を大きくしてしまうことさえあるのだ．

湿　　度

孵卵中の卵重減少率は，孵卵器内の湿度の調整に左右される．卵の重さは，孵卵が進むにつれて減少するが，これは卵殻内の水分が蒸発することによって生じる正常なプロセスである．卵重が正常に減少せずに孵化した雛は，「水っぽい雛（wet chick）」と呼ばれる．晩成性の雛では，早成性の雛のように，はっきりした浮腫がみられることは少ないが，脆弱なことが多く，開脚症や免疫抑制による疾病を発症しやすい．逆に，卵重減少量が多過ぎると，「乾燥した雛（dry chick）」あるいは「べたついた雛（sticky chick）」になりやすい．こちらも早成性の雛ほど，外見的にはっきりとは分かり難い．オウム・インコ類の人工孵化においても，卵重減少率の算出は，湿度管理に役立つであろう．

転　　卵

人工孵化において，転卵の具体的な方法や頻度という点は，最も見落とされている部分であろう．オウム・インコ類のほとんどの種では，卵を横向きにして孵卵する．転卵は，胚膜を通して胚の血管の発達を促すために，欠かせない作業である．この血管網がなければ，胚は十分な酸素の供給を受けられず，死滅してしまうこともある．一般の家禽類では，1回の回転角度が90度，1日4回以上の転卵が推奨されている．転卵のやり方が粗雑だと胚が死滅しやすくなるので，転卵装置はなめらかに動くものでなければならない．手動転卵と同様，転卵装置による自動転卵でも，粗雑な扱いをすると，胚の死亡率が高まることは明白である．このため，孵卵器の転卵システムについては，慎重に評価し，積極的にアドバイスを受けるべきである．

卵重減少率の計算式

卵重減少率は，以下の手順で算出する．

1）1日当たりの「卵重の減少量（g）」を算出する．

$$\frac{\text{最初の卵重} - \text{現在の卵重}}{\text{これまでの孵卵日数}} = \text{1日当たりの卵重減少量（g）}$$

例：

$$\frac{26.00g - 24.05g}{14日} = \frac{1.95g}{14日} = 0.14g/日$$

2）1）の値に，その種の孵卵日数をかけると「推定総卵重減少量」が出る．

1日当たりの卵重減少量×孵卵日数28日

例：

0.14g/日 × 28日 = 3.9g

3）予測される卵重減少率（%）を算出する．

$$\frac{\text{「推定総卵重減少量」}}{\text{最初の卵重}} \times 100 = \text{卵重減少率（%）}$$

例：

$$\frac{3.9g}{26g} \times 100 = 15\%$$

鳥類のほとんどの種では，最初の卵重に対する卵重減少率は15%前後（13〜16%）であり，これはオウム目にも当てはまる．卵重は，孵卵期間中一定の割合で減り続けるので，孵卵の途中で減少率を算出すると最終的な卵重減少率が予測できる．しかし，オウム目では，まだ卵重減少率のデータが少なく，卵重減少の（グラフ化した時の）予測ラインが明確に分かっていないため，減少率の予測に用いるのは難しい．

孵　　化

　胚が成長するに従い，卵の漿尿膜から水分が蒸発して失われていく．水分の減少に加え，胚の代謝によって卵黄が消費されて小さくなるため，孵化直前の卵は産卵時よりかなり軽くなる．また，雛が卵殻の内層からカルシウムを大量に吸収するため，卵殻の厚みも減少する．孵化直前には，雛は残った卵黄囊を腹腔内に取り込むと同時に，余剰な羊水を吸収し始める．

　卵殻を割るために，孵化直前の雛には2つの独特の構造が現れる．1つは，小さくて鋭い「卵歯」で，嘴先端の背面に形成され，「嘴打ち」と卵殻を切り開く役割をする．さらに頚部の後方にある錯綜筋（「嘴打ち筋」）が大きく広がって発達し，卵を割る時に頚を支えると同時に衝撃を和らげる役割をする．孵化すると錯綜筋のほとんどの水分は吸収され，成長後も残って頚を伸ばす機能を果たし，ほとんどの鳥類では成鳥にも見られる筋肉である．一方，卵歯は，孵化後数週間以内に消失してしまう．

　孵化の過程が始まると間もなく，気室が広がって卵殻内容積の20～30％を占めるようになる．同時に雛は，左右の脚の間にもぐりこませていた頭を持ち上げ，右翼の下方に置く．これらの変化は，検卵器で確認できることがあり，「ドローダウン（drawdown）」と呼ばれている．嘴が気室の内壁を形成している内卵殻膜を貫くと，肺が気室の空気を吸い込んで機能し始める．この「内側の嘴打ち（internal pipping）」を誘発する要因には，血漿中のCO_2濃度の上昇が関連している．雛が外卵殻膜と卵殻を破り，ヒビが入った状態を「外側の嘴打ち（external pipping）」と呼ぶ．再び気室内のCO_2濃度が上昇すると，頚部のけいれんと，孵化の過程で機能する筋肉が収縮を始める引き金となる．家禽類では，嘴打ちから孵化までおよそ20時間かかる．ほとんどのオウム・インコ類は，内側の嘴打ちの開始から完全に孵化するまでの時間は，通常24時間である．

孵化に伴う問題

　表21-1に孵化に伴う問題および対処方法をあげているので，参考にしてほしい．1つ1つの問題にとらわれるのではなく，全体を把握しながら管理することを忘れてはならない．1つだけの原因に絞って育雛方法を改良しようとすると，さらに重大な問題を引き起こしてしまうことがある．

育　雛　器

　育雛器の役割は，孵化した雛が給餌を受け，安定するまでの環境を提供することである．育雛を成功させるためには，孵卵器同様，信頼できる温度・湿度調節機能がついた育雛器が必要である．孵化して間もないオウム目の雛には，通常，緩や

表 21-1 卵殻中における雛の様々な位置異常（家禽類における基準）

I	頭が両腿の間に置かれている（孵化直前である場合は異常）．
II	頭が卵の細い方にある．この姿勢で孵化する雛は，約半数が窒息死するが，人が孵化の介助をすると，死亡率を減らすことができる．
III	頭が右翼でなく左翼の上または下方に来ている．雛は，時計と反対回りに回転しながら孵化するのだが，この姿勢ではそれができないため，致命的である．
IV	嘴が気室から離れていく方向に回転している．雛が，嘴打ち行動で漿尿膜血管を何度もつついて出血させてしまうため，うまく孵化できない．
V	足（趾の部分）が頭の上に来ている．この体勢では，体を回転させるのが困難なため，孵化できない．オウム目では，この異常姿勢はあまり見られない．
VI	嘴が右翼の上側にある．これは，正常な姿勢の変則的なもので，命に関わるものではない．

図 21-2 ニヨオウインコ（*Aratinga guarouba*）の雛．まだ羽毛がなく，露出した皮膚は寒さや乾燥に弱いため，保温と適度な湿度が必要である．

かな対流式または自然対流・熱分配式の育雛器が，理想的だと考えられている．育雛器内の温度が高すぎると，脱水を引き起こして消化管通過速度が遅くなり，発育障害などをもたらす．逆に低すぎても，消化管通過速度に時間がかかるようになる．また，湿度が低すぎると脱水を引き起こす原因となる．原則的には，孵化直後の雛では湿度をなるべく高く維持し，その後，幼綿羽や正羽が生え揃うに従って，一般的な部屋と同じ程度まで徐々に下げていくのがよい（図 21-2）．育雛器の材質は，浸透性がなく簡単に清浄と消毒ができるものでなければならない．敷料（敷物）は，雛の体が汚れないようなものを選ぶ．ごく幼い雛には，タオルや細かいノコクズがよく用いられ，成長した雛にはふつうのノコクズが使われることが多い．敷料の素材を選ぶにあたっては，雛の脚がしっかりと安定し，また雛が食べてしまっても害にならない点に配慮する．杉のノコクズや土，泥，木の葉などの呼吸器を刺激する素材や，アスペルギルスに汚染されている恐れがあるものは避ける．

餌

オウム目の人工育雛用餌は多く市販されており，ペットショップや通信販売で容易に入手可能で，最近では，オウム類飼養家たちの間でも自家調合するよりも市販品の方がよく使われている．市販のフォーミュラの成分は，蛋白質 16～26%，脂質 3～16%，繊維質 2～10% である．フォーミュラは，メーカーが推奨する使用方法に従って給餌ごとに 40～41℃のぬるま湯でふやかし，いつも新鮮なものを与える．孵化当日の雛には，フォーミュラを薄めに与える飼育者が多いが，これは経験によるものである．餌メーカーが推奨する作り方で開始する．孵化直後の雛にはわずかに水を多めにしてもよいが，薄めすぎてカロリーが低くならないよう注意する．

薄め過ぎた餌ではカロリーが欠乏し，逆に濃過ぎると消化管通過速度が遅すぎて，脱水や 2 次的な疾病をもたらす可能性がある（表 21-2）．どちらに偏っても雛の発育不全や遅延をもたらす．

米国で入手できる市販のフォーミュラについては，章末の「関連製品および連絡先」を参照してほしい．

給餌方法

ほとんどのオウム・インコ類の雛は，給餌の際，様々な反射的な行動や活発な「飲込み運動」を見せる．給餌に際しては嘴に触れる必要はない．かえって不用意に圧迫することで，まだ軟らかい嘴を傷つけてしまうことがある．オウム・インコ類における特有の給餌方法は，雛の頭と頸を支えて採食行動を誘発し，飲み込める量に合わせて餌を

表 21-2 雛に多い疾患

臨床徴候	考えられる原因
そ嚢停滞	脱水 餌が熱過ぎる 餌が冷た過ぎる 発育阻害による運動性減弱 栄養不良 原発性あるいは2次的な感染症 合併症によるそ嚢内の酸敗 育雛器内の温度が高過ぎる 育雛器内の温度が低過ぎる 育雛器内の湿度が低すぎる 外因性のストレス（灯りなど） 異物による消化管閉塞 1日の中で見られる正常な状態 中毒
吐き戻し	そ嚢閉塞 種や年齢によっては正常な行動 不適切な給餌 育雛器内の環境が不安定
副鼻腔炎	育雛器内の空気が悪い 鼻腔内異物 原発性あるいは2次的な感染症 不適切な給餌方法
開脚症（図21-5）	育雛器内における不適切な敷料 「水っぽい雛」（孵卵の湿度が高かった） 脆弱な雛 雛の不注意な扱い
脛足根骨（脛ふ骨）の回旋	開脚症 外傷 雛の不注意な扱い 栄養不良，代謝性骨疾患
第1，第4趾の前方屈曲	発育障害 育雛器内における不適切な敷料 栄養不良 雛の不注意な扱い
趾の絞約輪形成症候群	原因不明 遺伝的疾患？ 高湿度？ 真菌性皮膚炎，あるいは過敏症？
下痢	種や年齢によっては正常 腸内細菌叢の不均衡，消化管内の感染 腸炎 原発性または2次感染 過剰投薬 栄養不良 腸管の運動亢進 腸管の運動抑制 全身性疾患 内部寄生虫 多尿症？

（つづく）

表 21-2 雛に多い疾患（つづき）

臨床徴候	考えられる原因
発育障害	栄養不良
	1日当たりの給餌量不足
	1日当たりの摂取カロリー不足
	そ嚢停滞
	不適切な飼育管理
	育雛器内の温度が高すぎる
	育雛器内の温度が低すぎる
	給餌者の経験不足
	親鳥の給餌不良
	一腹卵内の最初と最後の孵化日の開きが大きい
	飼育舎が撹乱された
	親鳥の感染症
	原発性あるいは2次的な感染症

注入するやり方である．雛の日齢やシリンジの大きさに関係なく，基本的には同じ方法で給餌する．左手は，餌を口に注ぎ込みやすいよう雛の頭を誘導するだけで，嘴に触れる必要はほとんどない．頭と頚は驚くほど丈夫ではあるが，まだ不安定なので，ただ支えるだけでよい（保定するのではない）．雛とシリンジを一緒に支え，咽頭や成長しつつある口角突起を傷つけないことが大切である（図21-3）．給餌による損傷は，嘴の発達が左右不均一になって，不正咬合などの後遺症を引き起こす原因となる．

現在では時代遅れの考え方とされてはいるが，オウム・インコ類の雛では，前回与えた餌がそ嚢内から完全になくなってしまってから与えるという給餌が，まだ広く行われている．しかしこれは，飢えやストレス，カロリー不足，ひいては発育障

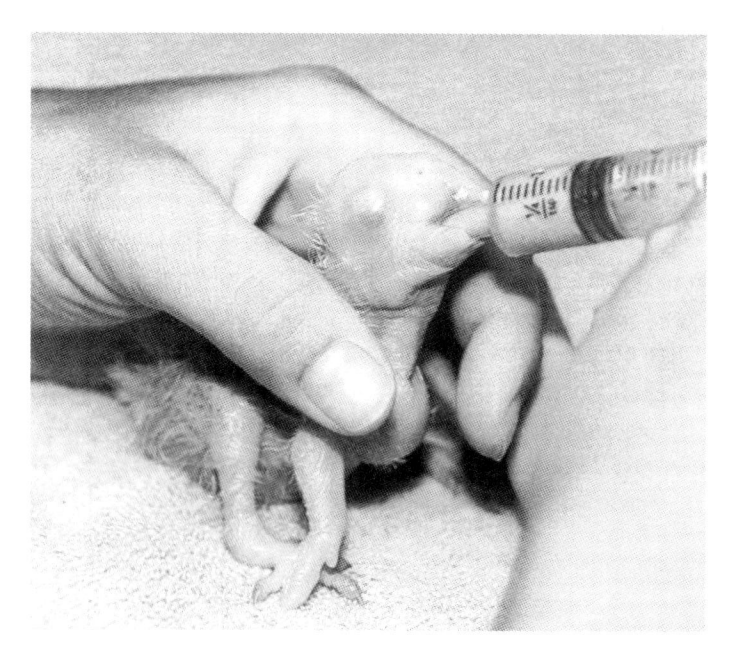

図 21-3 ほとんどのオウム・インコ類の雛は給餌の際，様々な給餌反射や活発な飲込み運動を見せる．この雛は，給餌者に頭をやさしく支えてもらい，頭を素早く前後に動かして餌を飲み込んでいる．原則的に，1回の給餌で雛の体重の約10%を与える．

第21章　オウム・インコ類

害を引き起こす原因である．オウム・インコ類の親は，雛が餌を求めて鳴き始めると，そ嚢が空でなくても給餌をすることが分かっており，最近の人工育雛では，親鳥に習って，そ嚢内に餌が残っていても給餌するようになってきている．給餌量は，雛のそ嚢の容量に従って決める．一般的に，1回の給餌に雛の体重の約10％を与える．通常，そ嚢が満杯，あるいはそれに近くなれば，頸部食道に餌が少し見えてくる．頸部食道は，口腔の奥から頸の右側に向かってそ嚢に至る．だからといって，よく言われるように右側（給餌者から向かって左側）に向けて給餌する必要はない．1日の給餌回数は種や週齢によって異なるが，雛のそ嚢容量と成長状態を第一の目安として決定する．

期待される体重の増加

育雛の期間中，雛の体重を計測し，確立している標準の成長曲線と比較して，成長状態をチェックするのが望ましい（図21-4）．特に飼育担当者にその種の育雛経験が少ない場合はなおさらである．雛の体重を標準体重と比較するには，以下の計算式を用いる．

$$\frac{\text{X日齢の雛の体重}}{\text{「標準体重」}} \times 100 = \text{「標準体重」に対するX日齢の体重（\%）}$$

人工育雛では，毎日ただ単に雛の体重を計測するのではなく，「標準体重」と比較して発育異常がないことを確認しなければならない．雛を正常に近い状態で発育させるためには，管理に多くの時間を割くことが必要なのである．

給餌に必要な道具類

オウム・インコ類の雛の給餌には，様々な種類のルアーロックシリンジや3ml〜60mlのカテーテルチップシリンジが用いられている．必要があれば，シリンジ先端に赤ゴム製カテーテル（ネラトンカテーテル）や軟性ゴムチューブを取り付けて給餌してもよい．また，市販の金属性のフィーディングニードル（ゾンデ）を用いてもよい．感染源を最小限に減らすため，給餌の道具類は，十分に洗浄と消毒をしなければならない．

育雛器をはじめとする飼育環境について

孵化当日の雛は，小さなカップやプラスチック容器にペーパータオルを敷いて，個別に入れることが多い．こうすると，雛の個体識別が可能で，

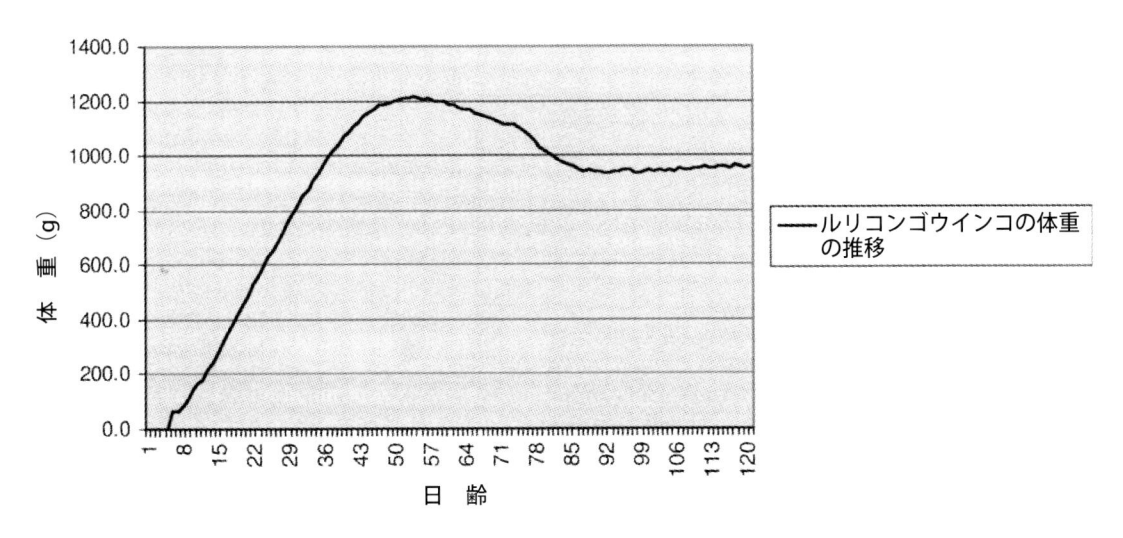

図21-4 ルリコンゴウインコ（*Ara ararauna*）の雛の成長曲線（Abramsonら1995）．

体を清潔に保つことができる．しかし，全ての雛がこのように飼育されるわけではなく，一腹の雛たちを一緒にすることもある．また，ペーパータオルの代わりにノコクズや天然素材を敷いてやれば，雛はさらに快適だろう．ほとんどのオウム・インコ類は樹洞営巣を行うので，幼い時期にはあまり日光を浴びることがない．したがって，雛が少し成長して活動的になるまでは，育雛器内はやや薄暗くするとよい．さらに，雛が生物学的に自然な状態に近づけるよう，一定時間暗くして休ませるのが望ましい．

自力採食と巣立ち

オウム目には多くの種があり，巣立ちの時期も様々である．概して，大型オウム・インコ類は，餌の自力採食も巣立ちの時期も遅い．成長するにつれ，雛の好奇心が増し，正羽や風切羽も揃い始め，運動能力が発達してくる．この時期に様々な餌に慣れさせる必要があるため，最初の「自力採食用の餌」を与える．また，活発に運動させて同種の他の個体と接触させ，社会性を身につけさせる．接触させるのは，適当な多種の鳥でも構わない．この時期には餌を探す能力が発達し，様々な餌を覚え，また休息場所を選ぶことを学ぶ．雛に与えてよい食卓の食材として，ほとんどの野菜やパスタ，果実などがある．これらは日常的な主食になるものではないが，巣立ちして自力採食が始まった時に，餌探しの玩具類などを受け入れやすくなる．自分で餌を食べ始めても，まだ人の手によって流動食のフォーミュラを与える必要があり，もし拒絶するようなら強制給餌を行ってもよい．やがてフォーミュラを食べる量が徐々に減っていき，最終的には全く食べなくなってしまう．一般の飼育書には，古典的な自力採食への強制切り替え方法が書かれていることがあるが，これはオウム・インコ類の雛にとって非常に強いストレスとなり，2次的な障害を引き起こすことがある．さらに，自力採食への移行期や巣立ち期に発達すべき社会性の形成や運動能力の発達，探索行動の発現を阻害してしまうことになる．巣立ち期や自力採食への移行期の体重減少は，多くのオウム・インコ類でふつうにみられ，体重の約15％も減少することがある．減少した体重分は，以降6ヵ月齢〜1歳までの間に回復する．

幼鳥の疾患

最近のオウム・インコ類の幼鳥の疾病に関する参考書では，栄養性疾患とその治療について述べられているものがほとんどである（図21-5）．これらは通常，「後遺症」や飼育管理の失宣について言及してはいるが，疾病の根本的な原因，あるいは臨床徴候については重要視していない．そのため，表21-2に，幼鳥に様々な症状を起こす可能性がある原因（つまり，根本的な治療に結びつく要因）をあげている．オウム目の幼鳥に関する医療は，様々な点で，飼育場全体や群全体の医療に通じることを忘れてはならない．洞察力のある獣医師であれば，個々の鳥を診て，その根底にある問題を突き止めることができるだろう．

飼育下のオウム・インコ類の幼鳥にみられる代表的な症状，および考えられる原因を，表21-2にあげている．

謝　　辞

私の「鳥趣味」に何年にもわたって忍耐強くつきあい，支えてくれている妻Denisと家族に感謝します．また，われわれの著書である「The Large Macaws」から写真を提供してくれたJoanne Abramsonに深く感謝します．

関連製品および連絡先

Zupreem, 10504 W. 79th St. Shawnee, KS 66214, (800) 345-4767, www.zupreem.com.

Roudybush, Box 908, Templeton, CA 93465-0908, (800) 326-1726, www.roudybush.com.

Lafeber Company, 24981 North East Road, Cornell, IL 61319, (800) 842-6445, www.lafeber.com.

Pretty Bird International, Inc., PO Box 177,

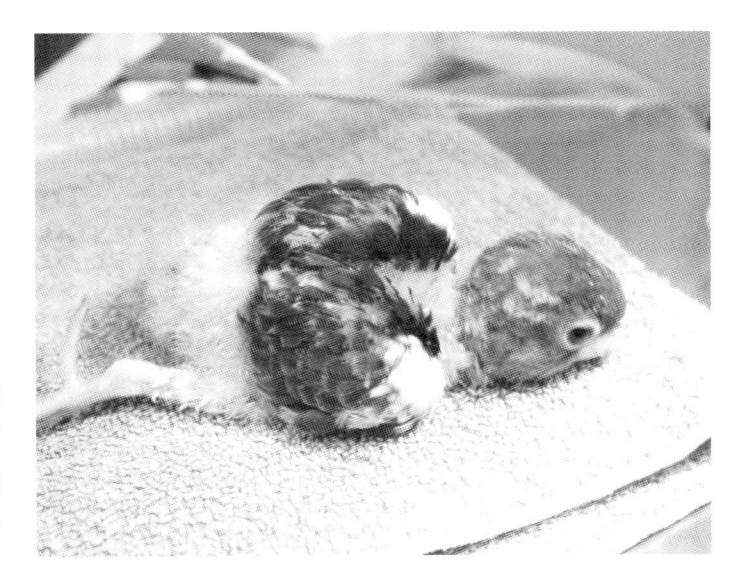

図 21-5 このムラクモインコ（*Poicephalus meyeri*）は，開脚症，脛足根骨（脛ふ骨）回旋，発育障害，そ嚢内通過時間遅延および代謝性骨疾患を併発していた．整形外科手術を施した結果，現在は関節などの動きが改善され，外見上は正常な状態に近づきつつある．

Stacy, MN 55079, (800) 356-5020, www.prettypets.com.

Kaytee, 292 E. Grand, Chilton, WI 53014, (800) 669-9580, www.kaytee.com.

Hagen, 50 Hampden Rd, Mansfield, MA 02048, (800) 225-2700, www.hagen.com.

Harrison's Bird Diets, 7108 Crossroads Blvd, Suite 325, Brentwood, TN 37027, (800) 346-0269, www.harrisonsbirdfoods.com.

参考文献および資料

Abramson, J. 1995. Captive breeding and conservation. In Abramson, J., Speer, B.L., and Thomsen, J.B., The Large Macaws. Raintree Publications, Fort Bragg.

Abramson, J., Speer, B.L., and Thomsen, J.B. 1995. The Large Macaws. Raintree Publications, Fort Bragg.

Balinsky, B.I. 1975. An Introduction to Embryology. W.B. Saunders, Philadelphia.

Forshaw, J.M. 1973. Parrots of the World. Lansdowne Press, Melbourne.

Johnson, A.L. 1986. Reproduction in the Female. In Sturkie, P.D., Avian Physiology. Springer-Verlag, New York, pp. 403–431.

Juniper, T. and Parr, M.L. 1998. Parrots: A Guide to Parrots of the World. Yale University Press, Hong Kong.

King, A.S. and McLelland, J. 1984a. Birds: Their Structure and Function. Bailliere Tindall, Philadelphia.

———. 1984b. Female Reproductive System. In King, A.S. and McLelland, J., Birds: Their Structure and Function. Bailliere Tindall, Philadelphia, pp. 145–165.

Low, R. 1986. Parrots, Their Care and Breeding. Blandford Press, Dorset.

———. 1998. Hancock House Encyclopedia of the Lories. Hancock House, Blaine.

Monroe, B.L. and Sibley, C.G. 1993. A World Checklist of Birds. Yale University Press, New Haven.

Perrins, C.M. and Middleton, A.L.A. 1985. The Encyclopedia of Birds. Facts on File, Inc., New York.

Sibley, D.A., Dunning, J.B., Elphick, C. 2001. The Sibley Guide to Bird Life and Behavior. Chanticleer Press, New York.

Speer, B.L. 1991. Avicultural Medical Management. In Rosskopf W.J. and Woerpel R.W., eds., Veterinary Clinics of North America, Small Animal Practice. W.B. Saunders, Philadelphia, pp. 1393–1404.

22
ヒインコ類

Robyn Arnold

生物学的特徴

　ヒインコ科に属するインコ類には53種が含まれる．ヒインコ，つまりローリーとロリキートは，「ブラシ状の舌」をもつ小型から中型のインコで，太平洋領域に分布している．ローリーの舌は，インコ類の中では独特な形態をもち，先端に長い乳頭があって，花粉や花蜜を舐め取るのに役立っている．多くのインコ類と違って筋胃を欠いており，軟らかい餌しか食べない．ほとんどのロリキートは性的二型がみられず，性判別はDNAによる性判別や羽毛による核型判定，または外科的処置（内視鏡などで直接生殖器を確認する方法）を用いて判定するしかない．

　適度な飼育スペースや巣箱，適切な飼料を備えれば，飼育下でも繁殖が可能である．性成熟は1～4歳である．野生では，樹木の花が咲く時期にだけ営巣する．なぜなら，親鳥は営巣中，長時間離れることができないので，採食の領域が巣のごく周辺に限られるからである．最適な気候の時期であれば，1年のどの時期にも繁殖できる種もある．樹洞に営巣し，雛は晩成性で，孵化した時には眼は開いておらず，羽毛はほとんど生えていない．親鳥は，雛に花粉や花蜜を吐き戻して与える．

　ほとんどの種は，一腹卵数が2個で，抱卵日数は22～27日である．産卵後10日以上たったら，卵を慎重に検卵して，有精卵か否かを確認してもよい（第3章を参照）．

　2個目の孵化は，最初の卵の孵化から48時間以上遅れることがある．しかし，72時間たっても孵化が始まらなければ慎重に検卵し，胚が生きている兆しがなければ，すでに孵化した雛が汚染されるのを防ぐためその卵を取り除く．

人工育雛への移行

　雛が人工育雛になる理由で最も多いのは，親鳥が過剰に雛の羽づくろいをして，羽毛を引き抜いてしまうケースである．この行動は，飼育下のペアに起こりやすい．羽毛が生え始める20～25日齢頃にこの行動が始まったら，親鳥から雛を離す．この問題行動は，飼育下の狭い環境で飼われている親鳥が採食に出かける必要がなく，巣箱で時間を持て余すことが1つの原因であると考えられている．木の葉やインコ用玩具，細かく引き裂いた紙や樹皮，またリンゴやブドウを丸ごと与えるなどのエンリッチメントを取り入れると，この行動を軽減することができる．

　一般のふれあい型鳥類園に搬入されるロリキートは，人間に馴らすために人工育雛をすることが多い．通常，親鳥がちゃんと世話をしていれば，約5週齢で人工育雛に切替える．

　雛の養育が放棄された場合や親鳥や雛が病気の場合も人工育雛に切り替える理由である．親鳥がうまく育てていない場合，特に寒い季節には人の介助が必要になることがある．

　雛を巣箱から取り出して体重測定や給餌，あるいは保温や巣箱の掃除など短時間の作業を行うことは大きな問題ではない．雛を巣から出しておく時間を最小限に留め，戻した後は必ず親鳥が世話

をしていることを確認しなければならない．

孵化直後の雛の経過観察

　ヒインコ類は通常一腹卵数が2個で，2個目の産卵は最初の産卵から24時間以上遅れることが多い．このため，2羽の雛には育雛期間を通して5g以上の体重差がある．孵化日が大きく異なると，10gの差がつくことさえある．この雛の体重差は，成鳥の大きさに達するまで続く．1日に2～3回は雛の様子を観察して，親鳥が餌を与えていることを確認する．順調に育っていれば，2～3日ごとに巣箱から出して体重を測定し，巣材の交換を行うとよい．巣箱から出している間，異物を取り除いたノコクズや軟らかい布を敷き詰めた小さなボールや箱に雛を入れ，タオルや布をかぶせて保温する．雛が成長するにつれ，巣材はもっと頻繁に交換する必要があるが，雛を戻した後は必ず親鳥が世話をしていることを確認しなければならない．

　寒い季節に親鳥が長時間巣箱から出ていると，雛はたちまち衰弱してしまう．雛を人工育雛のために取り上げる時には，2～3羽同時に行う場合が多いことを念頭においておく．これは特に*Trichoglossus*属（コセイガイインコなど）に多いので，寒い時期に孵化しないよう計画的に繁殖させるべきである．産卵の合間に偽卵を抱かせると繁殖をコントロールできることもあるが，必ずしも成功しない．作り物の卵や代替物，または中身を抜いてしまった卵などを受け入れず，全く出し入れのない自分たちの卵しか抱かないペアもいる．この場合，卵に小さな穴を開けて内容物を抜き，水を入れて穴をロウで塞いだ偽卵を抱かせる方法もある．ただし，この偽卵は腐敗しやすいので2～3日おきに確認しなければならない．また，偽卵を入れても新たに産卵していることもあるので，時々巣箱を確認しなければならない．

　もし寒い時期に孵化したら，飼育ケージ内に保温ランプやラジエーター式パネルヒーターなどを入れ，防水シートや毛布をかけて暖房し，鳥がランプに触れないよう，しっかりした金網でカバーする．人工育雛の準備は，なるべく早い日齢の段階から開始しておくべきである．

飼育記録

　飼育の記録は，詳細に行うことが大切である．飼育記録は，単に人工育雛を担当するスタッフ間の情報交換ばかりでなく，将来の人工育雛に当たっての重要な参考資料となる．いったん雛を巣から取り出したら，毎日の体重と給餌時間を記録することができるので，これをもとに適切な給餌間隔を決定し，体重が順調に増えているかどうかを確認する．体重測定は，1日の最初の給餌前のそ嚢が空になっている時に行う．育雛器の温度，餌の温度，雛の活力，食欲なども記録する．給餌ごとに観察された全ての事項について記録する．また，糞の状態や量などの変化があれば，併せて記録する．

初期のケア

　雛を巣から出す前に育雛器を準備し，通常は，内部を26.7～32.2℃に保っておく．育雛器の温度は，最初は巣箱と同じに設定する．巣箱の温度は様々なので，あらかじめ親鳥が巣を空けている間に温度計を入れて内部の温度を計測しておくとよい．

　雛を育雛器に移したら，雛が常に快適な状態でいることを確認する．内部が暑すぎる時は，雛があえぎ呼吸や翼を広げており，逆に温度が低すぎれば震えている．どちらの場合も温度を調節する必要がある．サーモスタットがあれば，簡単に温度を調節することができる．もしくは，育雛器代わりの箱や容器に毛布や布などを被せてもよいが，完全に覆うのではなく，空気が流れるように必ず少し隙間を空けておく．繁殖業者は，アクリル板や木の板で覆っていることもある．最初の2～3日は，綿密な観察をしなければならない．雛を新しい環境に慣らすために周辺を静かにしておく．雛は，初日は静かにしているが，1～2日もすると，給餌の時間になると日中でも夜でも関係なく鳴き始める．給餌後数時間たつと鳴き始

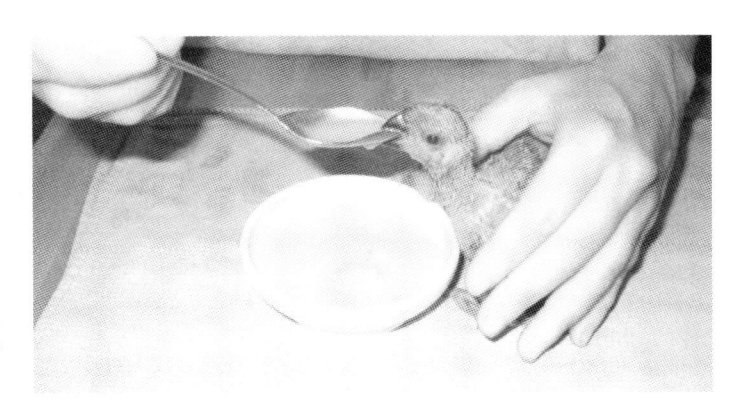

図22-1 23日齢と24日齢のゴシキセイガイインコにテーブルスプーンで給餌している．

るが，これは正常な行動である．

20～25日齢で巣から取った雛では，初めての給餌は雛にとっても飼育者にとっても難しい作業となる．まず，雛にスプーンから餌を食べる方法を覚えさせなければならない（図22-1）．餌の温度はとても重要で，かなり温かくなければならないが，火傷させるほど熱くてはいけない．給餌前に餌を自分の腕に乗せて温度を確認するとよい．雛の頭を，親指と人差し指でやさしく支えてスプーンに向け，餌が嘴に触れるようにゆっくりとスプーンを傾ける．餌が適温であれば，1～2滴嘴に入れば雛は進んでスプーン1杯分の0.5mlほどの量を食べてしまう．しかし，温度が低いと雛は嫌がり，それ以上食べようとしない．Trichoglossus属の雛は，ふつう，最初の給餌で1mlほど食べてしまうので，頸の後方を見てそ嚢の膨らみを確認しながら給餌する．頸を取り巻くように餌が充満してくるそ嚢の様子が，皮膚から透けて見えることが多い．たっぷりと花蜜餌を飲んでそ嚢が背中側まで膨らんだら，給餌を休止して餌を温め直す．特に雛が複数いる場合には，餌の温め直しが必要である．ほとんどの雛は，1杯目から2杯目のおかわりをするまでの時間が非常に短いが，必ず口に入れた分を飲み下したのを確認して次を与えること．また，給餌後，雛を巣に戻す時にそ嚢を圧迫して餌を吐かせないよう注意する．

罹りやすい疾病

冬季における低体温症は，よくみられる症例の1つである．ロリキートでは，特筆する獣医学的な問題はないが，親鳥の雛に対する過剰な羽づくろいが深刻な障害を引き起こすことがある．その他のオウム目によくみられる疾病については，第21章で述べられている．

餌のレシピ

雛には，花蜜と精製水か一度沸騰させた水で溶いたKaytee Exact（オウム目雛用練り餌パウダー）を混合したものを与える．巣から取り出した日齢や週齢に関係なく，最初は以下の餌がよい．

雛2羽分のレシピとして，
・花蜜パウダー：大さじ1/2杯（乾燥量7.4ml）（パウダー製品のみを使用し，給餌直前に水で溶く）
・Kaytee Exact：小さじ1杯（乾燥量5ml）
・蒸留水：1/4カップ（59ml）

雛の成長に合わせて花蜜の量を徐々に増やし，55日齢に近くなったら他の餌も与え始める．

給餌のためのチェックリスト

以下は，給餌飼料および道具類の準備リストである．
・蒸留水
・Kaytee Exact

- 花蜜パウダー
- 給餌計画表
- 計量器
- 敷料（亜麻布や異物を取り除いたノコクズなど）
- 1mlシリンジ（注射筒）
- テーブルスプーン
- 浅い小皿または，小型のボール
- 計量スプーン（小さじ1本，大さじ1本）
- 計量カップ（60mlが測れるもの）
- 消毒剤
- スポンジ

給餌方法

　ロリキートの雛は，通常，素直に餌を食べてくれる．孵化後1～2週間は小サジで給餌すればよいが，間もなくもっと大きな金属性のテーブルスプーンから食べることを覚え，積極的にスプーンの先から餌をむさぼるようになる．雛は日齢に関係なく，初めて食べる餌の温度に非常に敏感である．初日から1週間は，餌を十分温めて39～43℃ほどにしないと食べるようにならない．しかし，雛の口腔や食道はまだ脆弱なので，火傷をさせないよう与える前に必ず自分の手首に餌を乗せて温度を確かめるようにする．

　成長するにつれて雛の食べ方は雑になり，餌が口からこぼれて羽毛を汚すことが多くなる．雛の体に餌がこぼれてしまった時は，乾く前にぬるま湯で湿らした布で拭き取る．給餌用具類は全て給餌ごとに必ず消毒する．

孵化直後の雛

　孵化直後の雛は1時間ごとにチェックする．通常2時間ごとに，そ嚢が完全に空かほとんどなくなっていたら給餌する．雛や給餌用具を扱う前には，必ずよく手を洗う．最初の7日間は，終日（24時間）2時間ごとに給餌する．雛の体重が安定して増えるようになれば，給餌の間隔は徐々に延ばしていけばよいが，これには通常7～10日間ほどかかる．日中は規則的に給餌し，夜間の給餌間隔を延ばすようにすればよい．最も小型種の孵化直後の雛には1mlのシリンジを使えばよいが，ほとんどの種では乳児用の曲がった小さなスプーンで給餌できる．少し成長すると，すぐに大きなテーブルスプーンから食べるようになる．シリンジやスプーンの先を嘴に押し込まないよう注意しながら餌を口の中に少量入れると，後は雛が進んで食べ始める．どんな種類の餌も，無理やり口の中や食道に入れてはいけない．もし雛が食べない場合は，餌の温度が低い可能性があるので，温め直してみる．いったん雛が進んで餌を食べ始めたら，飲み込むタイミングに合わせて給餌する．少量を口に入れ，雛が完全に飲み込んでしまってから次の分を与えること．成長するにつれ，雛は自分が食べられる速さを超えて食べたがるようになるので，そ嚢をチェックして満杯になる量を把握しておく．花蜜が頚の後ろまでそ嚢を満たしている状態になったら，給餌を止める．気道に入る危険性があるので，餌を口いっぱい入れないようにする．少量ずつ何度も与える方がよい雛もいれば，一度に素早く食べてしまう雛もいる．あまり早く食べさせると，餌が鼻孔から出てくることがあるので注意する．

期待される体重の増加

　図22-2および図22-3にそれぞれ，ゴシキセイガイインコ（*Trichoglossus haematodus*）およびニブイロコセイガイインコ（*Trichoglossus euteles*）体重増加曲線のグラフがある．

飼育環境

　孵化直後の雛の育雛器は，温度を29.4～32.2℃に保たなければならない．ブリーダー（繁殖業者）やペットショップ，インターネット販売を通して様々な種類の育雛器を購入することができる．小型のクーラーボックス（Igloo）にタオルや毛布をかけた自家製育雛器でも代用できる．センサー付きのデジタル式温度計を用い，雛の近くにセンサーを置く．育雛器が20℃以上に保たれた室内に置かれている場合は，マットヒーター

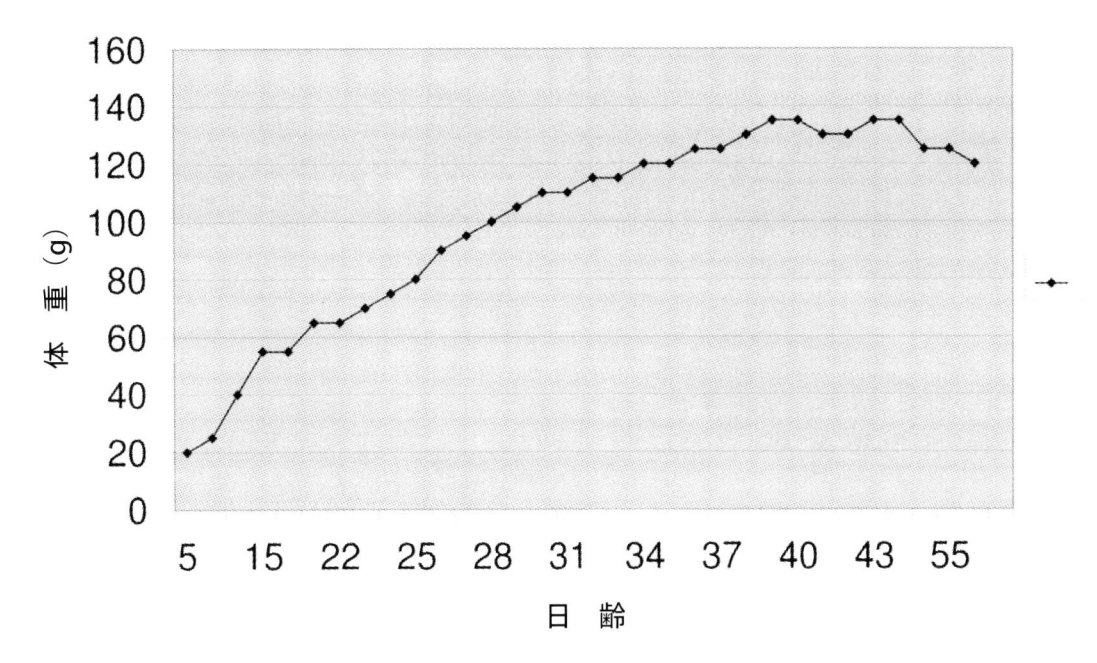

図22-2 ゴシキセイガイインコの体重変動曲線.

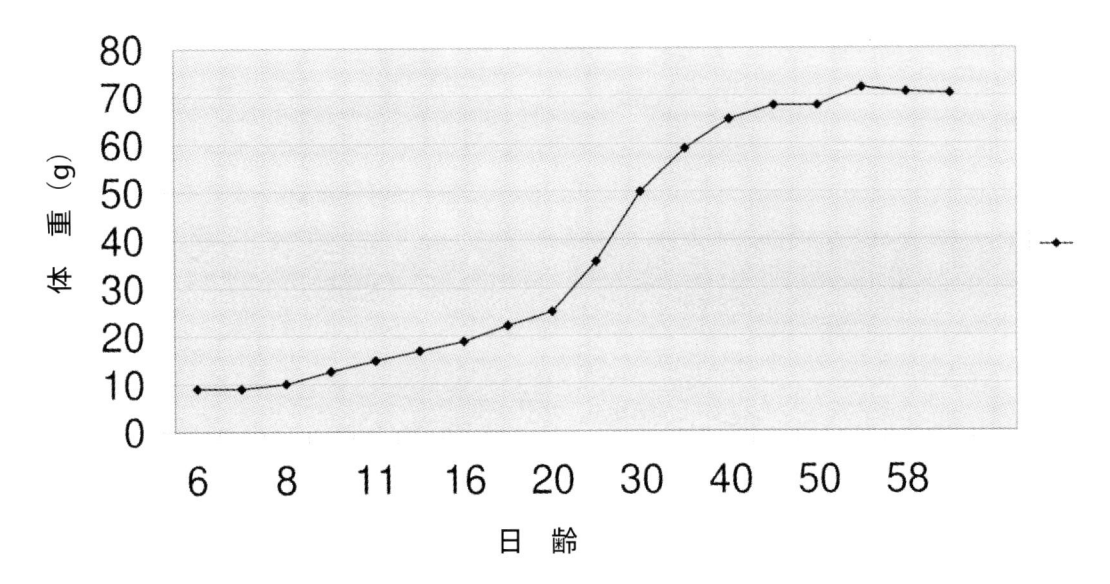

図22-3 ニブイロコセイガイインコの体重変動曲線.

などの補助暖房器は必要ない．この他，小型のプラスチック製ネコ用トイレを2つ合わせて自家製育雛器を作ることができる．1つを逆さまにしてもう1つのトイレの上にかぶせ，天井に大きめの穴を開ける．底半分にマットヒーターを置いて暖かい部分と涼しい部分を作り，雛が快適な方に移動できるようにする．マットヒーターと容器の間にはタオルを敷く．ただし，この自家製育雛器では温度を保つのが難しいので，タオルや毛布で覆ってデジタル温度計を入れておかねばならな

図22-4 市販のポータブル育雛器にいるロリキートの雛．側に置いてあるのは，羽はたき．

い．部屋の温度が一定であれば，育雛器内の温度調節は容易である．孵化直後の雛には，枕カバーや滑らかなタオルを敷くとよい．両方とも穴やつるし紐がない物を選ぶ．両面にループがあるタオルは使ってはならない．異物を取り除いたノコクズも利用できる．敷料（敷物）は毎日，乾いた新しい物と交換する．

洗濯した安全な素材で作られた小さなぬいぐるみや，小さなはたきを育雛器内に入れてやるとよい（図22-4）．ただし，雛が飲み込んだり絡まったりするような部品が付いていない物を選ぶ．雛はこれに寄り添うことによって保温され，快感や安堵感を感じとることができる．

自力採食

給餌中は浅い小皿に餌を入れ，そこからスプーンですくって食べさせる．しかし，5〜6週齢になると，雛はスプーンよりも餌が入った皿の方に興味を示すようになる．健康な雛は餌を食べたがるのが正常である．雛の頭をやさしく皿の方に導いて，嘴を餌につけてやるとよい．スプーンで軽く皿をたたくと雛の注意を引き付けやすい（図22-5）．間もなく皿から餌を食べる方法を覚えるようになるが，最初は十分温まっている餌を1〜2口ほど食べるだけなので，残りはスプーンで与える．

自分で皿の餌を全て食べるようになるまで，7〜20日ほどかかる．40日齢頃になったら，花蜜混合餌に裏ごしした果実を少量加える．この頃，皮をむいた柔らかい果実や小さく刻んだ野菜などを玩具として与え始めるとよい．ただし，アボカドは鳥に毒性があるので禁忌である．また，同時にプラスチック製の鎖や木のブロック，薄いダンボール紙などの玩具を入れるとよい．ただし，縄や編み物のおもちゃは，大きさに関係なく玩具に向いていない．探索行動を始めたら，育雛器内の一角に低い小型の止り木を入れる．育雛器の床または床面から少しだけ高い位置にダボや小枝を取り付けるだけでもよい．全身に羽毛が生えて活動的になってきたら（これには数日〜1週間ほどかかることもある），小さなケージに移す準備を始める．このケージには低い止り木を取り付け，餌皿はまだ床に置いておく．雛の筋力が増すのに合わせて餌皿や止り木を徐々に高い位置に移動してゆき，雛が自力で登ったり，行動範囲を広げたりするように仕向ける．

様々な種類の餌や玩具，止り木，木の葉，そしていろいろな人間に接触させることによって，

図 22-5 23日齢と24日齢のゴシキセイガイインコの雛．側に給餌用の浅い小皿がある．

雛はよく順応し人馴れしやすい性質になる．表22-1に理想的な自力採食計画が記載されている．

この頃には，雛にも成鳥と同じ餌を与えてよい．54〜64日齢くらいには夜間の世話は必要なくなるが，成長が悪い個体では，日中，スプーンで補助的な給餌が必要なこともある．

飼育下のロリキートの成鳥の餌は，通常，市販の花蜜飼料とつぶしたり細かく刻んだりした様々な果物を合わせたものである．Lory life（Avico）およびネクトン（Nekton）は，ほとんどのペットショップで購入できる．Rainbow Landingは優れた飼料だが，ペットショップでは入手できない．

栄養補助として，時々，少量の野菜を加えるとよい．ロリキート用ペレット飼料も有効だが，単品ではなく，上記の様々な餌を組み合わせて与えるべきである．ロリキートは，シード（種子）類やナッツ（木の実）類を消化する筋胃をもたないので，軟らかい餌しか与えてはいけない．

鳥舎への放鳥準備

しばらく飛翔練習などをさせた後は，十分に飛べる広さがあるが，少し狭めの「準備用鳥舎」に移す．ここで攻撃性のない鳥や他の巣立ち雛と同居させ，社会性を身につけさせる．最初の数日間は，1日2〜3時間ずつ「準備用鳥舎」に放し，徐々に時間を延ばしていく．この間，他の鳥が異常な行動を示していないか，また，新しく入れた雛が餌を食べているかを綿密に監視しなくてはならない．もし，同居させる適当な鳥がいなければ，雛をケージに入れて成鳥舎の隣に置いて見合いをさせる．この間，雛の体重が最低2週間安定するまで毎日体重を測定し，体重が一定になったら，鳥舎へ放す．

謝　辞

ご協力いただいたBobbie Meyer氏，Laura Guinasso氏およびDyann Kruse氏に感謝します．

表 22-1 ロリキートの平均的な自力採食（餌の切り替え）計画

50〜53日	Kaytee Exactを半分に減らす．花蜜は同量を維持する．
55日	すりつぶすか皮をむいて細かく刻んだ果実を加える．
60日	餌に加える蒸留水を半分に減らし，飲水を成鳥へやるのと同じ方法で置く．
67日	Kaytee Exactを中止する．
70日	蒸留水の飼料への添加を中止し，成鳥と同じ方法で飲水を与える．

関連製品および連絡先

Lory life Pre-Mix Nectar Diet, Avico, Cuttlebone Plus, 810 North Twin Oaks Valley Road, #131, San Marcos, CA 92069, (760) 591-4951, (800) 747-9878, www.cuttleboneplus.com.

Nekton products, www.nekton.de.

Rainbow Landing, P.O. Box 462845, Escondido, CA 92046-2845, (800) 229-1946, lorynectar@earthlink.net.

Kaytee Exact (Baby Parrot Feeding Formula), 521 Clay St., Chilton, WI 53014, (800) Kaytee-1 or (920) 849-2321, www.kaytee.com.

参考文献および資料

Low, R. 1998. Encyclopedia of the Lories. Hancock House Publishers, Blaine, Washington.

23
オオミチバシリ

Elizabeth Penn Elliston

生物学的特徴

　オオミチバシリ（*Geococcyx californianus*）は，他にもヤブカッコウ（Chaparral Cock），ヘビ殺し（Snake Killer），トカゲ鳥（Lizard Bird），Churca，田舎者（Paisano），道走り（Correcamino）など様々な呼称がある．北緯26度周辺より北に留鳥として暮らす米国で唯一のカッコウ（の仲間）であり，米国南西部とメキシコ中北部の乾燥地帯に生息する．このカッコウの仲間は，早い時期から営巣準備を始め，密集した常緑樹や動いていない農機具を営巣場所に選ぶことが多い（図23-1）．1回の繁殖期に，多い時には3回も繁殖することがある．雌雄ともに模範的な親で，1腹で最大6羽の雛を育てあげることもある（Ohmart 1973）．抱卵期間は17〜20日で，雌雄ともに抱卵する．1個目の卵を産んだ日から抱卵し始めるので，1つの巣に様々な大きさの雛が見られることになる．雛は2週齢くらいになると巣を離れるが，さらに30〜40日間は親の保護を受け（Whiston 1976），採食能力を高めていく．

　成鳥の背部は茶色と白の縞模様で，翼は緑色，濃い藍色，紫など虹色に変化する．尾羽の先端には，この種独特の「指紋」つまり目印となる模様がある．頭部には黒と藍色の冠羽があって，ディスプレイの時に，これを立たせたり寝かせたりする．眼の後方は羽衣がなく皮膚が露出しており，眼のすぐ横は真っ青で，その後方は赤く，眼に近付くにつれて溶け合い，薄くなって明るいオレンジ色になる．この部分はディスプレイ時に鮮やかに発色することがある．保護用の長いまつげで影になっている眼の虹彩は薄黄色，または灰色から赤みがかったオレンジ色である．嘴は約5cmで黒く，下向きに曲がっている．脚は長く，青みがかっており，対趾足で，第2と第3趾が前方，第1と第4趾が後方を向く．Calder（1968）の研究によると，成鳥の平常体温は40℃で，これは著者も確認している．成鳥の体重は221〜538gである（Dunning 1984）．

　オオミチバシリは偏性の動物食性で，ネズミ，トカゲ，ヘビ，小鳥，昆虫，カタツムリなど小型の生き物なら何でも捕らえて食べてしまう．また，動物以外にも様々な餌（唐辛子など）も拾って食べる．通常，筋胃にたまった未消化の物は吐き出す．捕らえた獲物は，周囲の岩など硬い物に叩きつけてから丸飲みする．

人工育雛への移行

　オオミチバシリが保護されるのは，以下のような理由である．卵や孵化直後の雛が農機具類に営巣していた巣から発見される．巣立ち雛が誤認救護される，あるいはイヌやネコに捕まえられる．成鳥が事故にあう．オオミチバシリの親は非常に献身的に子育てをする．一見，無傷のように見える巣立ち雛であればわずかな，もしくは明らかな外傷がないかを検査して確かめ，結果に異常がなければ親元に戻すべきである．

育雛記録

　記録に関する内容は，第1章の「基本的なケア」

図 23-1 オオミチバシリの巣．3 羽の孵化直後の雛と 2 個の卵がある．

を参考にしてほしい．

育雛初期のケア

　雛に対して最初に行うケアは，原則として，保温（加温），脱水の改善，そして給餌の順である．まず雛の体を暖めてから補液を行う．脱水が改善されたら排泄が始まる．それから給餌を行うのが安全なやり方である．加温も補液もせず，低体温で脱水した状態のまま餌を食べさせると，おそらく雛を殺してしまうことになる．

　保護されたばかりの雛は，検査する前に暗くした暖かい箱に入れて静かな場所におき，15〜20分間安静にすること．もし，その鳥が立つことができなければ，布を丸めたドーナツ形の巣や紙の巣など軟らかいものの上に座らせておかねばならない．鳥が巣内で横臥姿勢や不自然な姿勢にならないようにすること．孵化直後の雛と巣内雛は，できれば温湿度調整ができる保温器に入れるべきである．体温が上がって安定すれば，経口的または皮下的（その同時も可）に補液を行ってもよい．滅菌した 2.5% ブドウ糖と 0.45% 塩化ナトリウム混合液またはラクトリンゲル液などの補液剤を温めて，体重の 5% 量を 1 回皮下投与するとよい．脱水が重度であれば，これを数回繰り返す．餌乞いを行う活発な孵化直後の雛や巣内雛であれば，排泄するまで経口的に補液すればよい．小さいシリンジやスポイトを使って，温めた補液剤を 15〜20 分おきに数滴を口に入れ，完全に飲み込んだのを確認してから次を与える．雛が 1 回に飲める量が分かったら，数口で飲める範囲内で体重の 2.5〜5% まで増やしてもよい．雛の経口補液には，小児用経口補液剤（無香料のもの）が最適である．補液をする前に必ず体を暖め，体温が上がって十分に脱水が改善されてから給餌を開始することが重要である．排泄が始まったら人工給餌飼料を与え始める．

　衰弱しているか，補液剤をうまく飲み込めない場合は，誤嚥する危険性が大きいので，経口での補液はきわめて慎重に行わなければならない．このような場合には経口で急速に補液するより，皮下投与でゆっくり吸収されるのを待つ方がよいことがある．もし皮下輸液ができない場合は，口の奥に補液剤をごく少量ずつ流し入れ，確実に飲みこんだことを確かめてから次を与えるようにする．

罹りやすい疾病と対処法

　オオミチバシリの幼鳥は，動物から咬まれて傷を負ったり，親を失ったりして保護されることが多い．負傷した個体は，骨折していて副木固定が必要になることがある．目の詰まった発泡スチロールを副木として使うと軽くて具合がよい．著者は，裂傷の縫着やその他の傷の閉鎖に，医療用創傷被覆材であるオプサイト（Op-site，Smith and Nephew）やテガダーム（Tegaderm，3M）を推奨する．著者の経験では，これらの被覆材はほとんどの鳥に使用することができるし，また，この被覆材が皮膚の役割をしてくれるので，傷の縫合や排液をする必要がない．また，羽毛が創面に触れるのを防ぐこともできる．関連製品で，浸出液を吸収するタイプも数種類，販売されている．ネコに襲われた個体では，皮下気腫（皮膚の下に空気が溜まる症状）を起こしていることがあるが，ふつうは治療しなくても自然に治る．もしも，気腫によって鳥の動きが阻害されたり，呼吸し難くなっていたりしているようなら空気を抜く必要がある．皮膚の血管が見える部分を避けて，滅菌された針で穿刺すればよい．気腫の原因となっている気嚢の穴が閉じないと再び膨らんでくるが，緩い伸縮性包帯を施すと，気腫の再発をある程度防ぐことができる．しかし，たいていの包帯類は鳥に装着し難く，ストレスも大きい．刺し傷に対する抗生物質投与などの治療に関しては，身近な鳥類専門獣医師に相談してほしい．

餌の種類

オオミチバシリは偏性の動物食性なので，猛禽類の餌を与えればよい（第14章「タカ類，ハヤブサ類，トビ類，ミサゴ，新世界のハゲワシ類（コンドル類）」の「餌の種類」を参照）．しかし，猛禽類と違って，オオミチバシリはふつう，骨や毛，歯，昆虫のキチン質の外骨格などを吐き出さない．成鳥は，丸飲みにした動物を，濃いタール状で悪臭のする糞として排泄する．健康な巣内雛の糞は非常に大きく，ゼリー状の膜に包まれている．

砂漠という環境で進化したオオミチバシリは雛の成長が速く，幼いうちから豊富でバランスのとれたカルシウムとリン（重量比で2：1），それにビタミンD_3と日光浴が必要である．

カッコウ全般の特徴だが，オオミチバシリも学習しない限り死んだ動物を拾って食べることはしない．幼鳥の野生復帰リハビリテーションでは，生きていても死んでいても，餌になりそうな物は拾ってみることを学習させると，野生で生きていける可能性が高くなる．

給餌方法

孵化直後の雛は，十分に補液されると大きなゼリー状の糞を排泄する．そうしたら，雛が飲み込める大きさの餌を食べさせてよい．餌を液体（水か0.9％生理食塩水）に浸して水分を含ませてから与え，脱水を予防する．孵化直後の雛の口腔内は，縁取りのある真っ赤な色をしており，舌は先端にかけて黒く白い斑点がある．餌乞いをする時は，元気よく大口を開け，あわれっぽい，うなるような声で鳴く．刺激に反応する度に餌を与えなければならない．腹部に少しでも皺ができているのは脱水症状の初期徴候なので，速やかに等張の補液剤を投与しなければならない．

1日に必要な餌の量は，次の計算式で求めることができる．

(体重 kg)$^{0.75}$ × 78 × 1.5
　　　　　　　＝ 24時間のエネルギー維持要求量

ただし，幼鳥が健康に育つためには，この維持量の1.5～3倍の餌が必要である．体重ごとに必要なエネルギー量が巻末の付録IIにあるので参考にしてほしい．その日に用意した餌を，1日の最初の給餌前と最後の給餌後に量るのが，給餌量をみるよい方法である．この2つの重量差は，もちろん雛が食べた量を意味する．獲物の種類によってカロリー密度が異なるが，著者の経験則では，餌として与える動物類は1g当たり1kcalとして計算してかまわない．

リハビリテーションセンターに持ち込まれた鳥がすでに自力採食している場合，動かないでいる物を餌だと認識させるのは難しい．このような幼鳥たちには，治療中に豊富な栄養素とカロリーを摂取させるために，自分で殺す必要のない餌を食べさせることが重要となる．たとえ1日2回の強制給餌でも，非常に大きなストレスがかかってしまうので，自分から食べるように仕向けることが大切である．こういう幼鳥には，パペット[*1]

[*1] 訳者注：ここでは，手にかぶせる鳥型の人形．

で餌を食べる手本を見せると効果的なことがある．また，肉片を羽や毛で装飾すると，餌として認識することもある．いったん，餌らしくない物でも食べられるのだと認識すれば，以後は容易に自分から採食するようになる．

猛禽類と同じように，オオミチバシリも孵化後，眼が開いてはっきり見えたものに対して刷り込みされる．そのため，雛には同種の鳥の形をした物を見せなければならない．これは，里親でもよいし，少し早く孵化して餌乞いを始めた同腹の兄弟でも，あるいはオオミチバシリの皮で作ったパペットでもよい（Elliston 1998）．パペットは給餌道具としても有効で，中に長い止血鉗子を通して給餌できるし，シリンジに長いゴム製チューブをつないで，液状の餌を飲ませることもできる．

孵化直後の雛

体重 13 〜 18 g の孵化直後の雛には，毎朝体重を量って水分を与え，1 日の 12 〜 14 時間の間に 5 回，あるいは餌乞いする度に給餌しなければならない（図 23-2）．給餌の合い間と夜間は十分な睡眠をとらせること．孵化直後の雛の深部体温は約 40.6℃（著者，未公表データ）で，触ると温かく感じられなければならない．また，雛の外観は小さな黒い風船のようで，白い綿毛が羽域にまばらに生えている．雛が餌を食べたがらない時は，餌の温度を測り直し，脱水の程度と体調をチェックする．

巣内雛と巣立ち雛

一部または全身に羽毛が生え揃った雛には，1 日に 2 〜 3 回，鳴いたり餌乞いしたりする度に給餌しなければならない．オオミチバシリの雛は満腹すると餌乞いを止める．野生の親鳥は通常，朝暖かくなってからねぐらに向かう夕暮れ 1 時間ほど前まで雛に給餌する．飼育下では，代理親（里親代わりの兄弟や成鳥）に給餌させてもよいし，鈍端の鉗子とパペットなどで餌を与えてもよい．

期待される体重増加

他の多くの鳥と異なり，オオミチバシリは採食行動を学んでからも成長が続き，その後成鳥の体重に達するため（図 23-3，図 23-4），正確な日齢は中央尾羽の長さによって判定される．これはもちろん，事故などによって尾羽が欠けたり傷んだりしていないことが前提である．

飼育環境

孵化直後の雛は温度約 37℃，湿度 40 〜 50% の環境におかなければならない．巣材には様々な材料を用いることができるが，オオミチバシリには，適度な大きさの編み籠が最適である．雛がごく幼い時には軟らかい敷物をして，糞はトイレットペーパーで取り除くとよい．籠の編み目の枝は，雛の脚（下腿の部分）と足（地面に着地する部分）の発達に非常に有効である．体の両側に脚が広がった姿勢で座っていると変形の原因となるので，籠の中では脚を体の下に敷いて座っていなければならない．健康な巣内雛は，巣の縁の上に糞を堆積させるので，巣を清潔に保つのは簡単である．

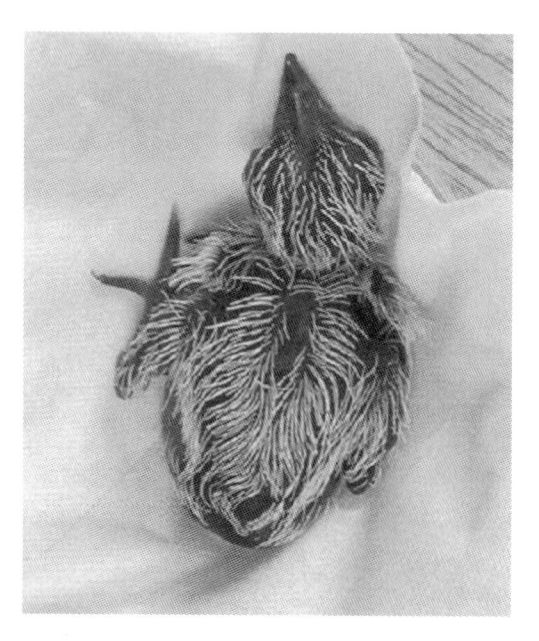

図 23-2 オオミチバシリの孵化直後の雛．綿毛が白く，皮膚が黒いことに注意．

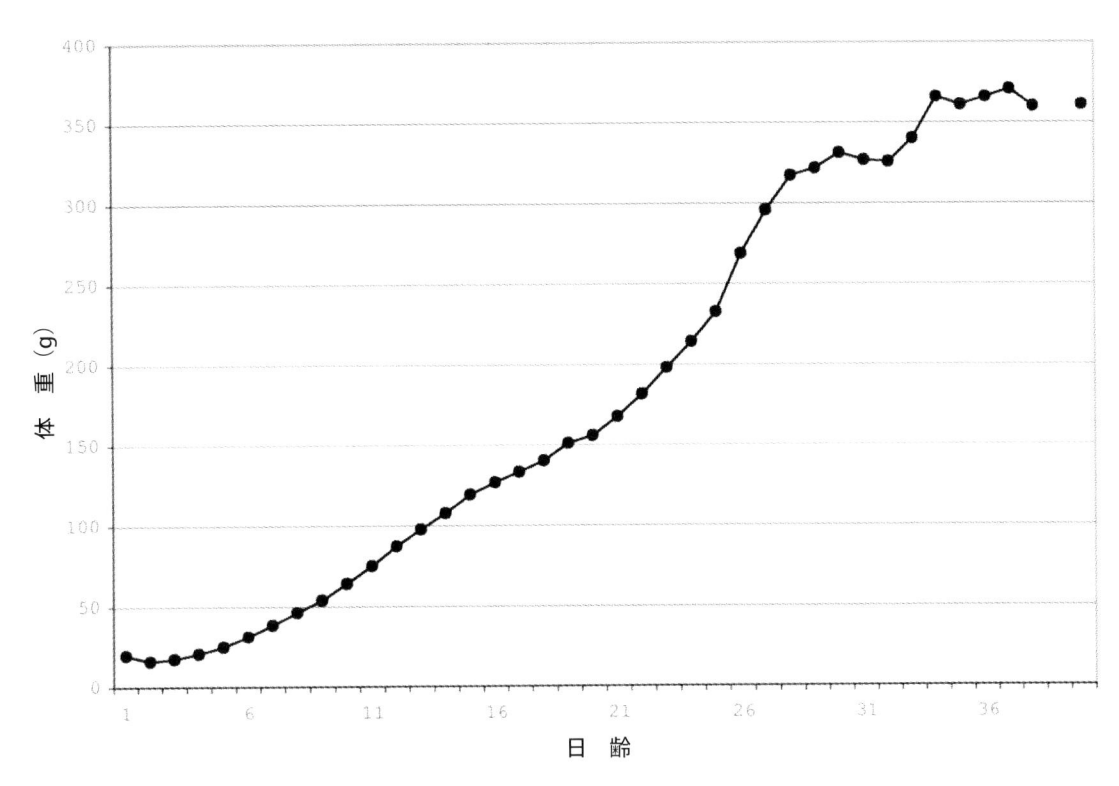

図 23-3　人工育雛のオオミチバシリの平均増体重（n = 10）.

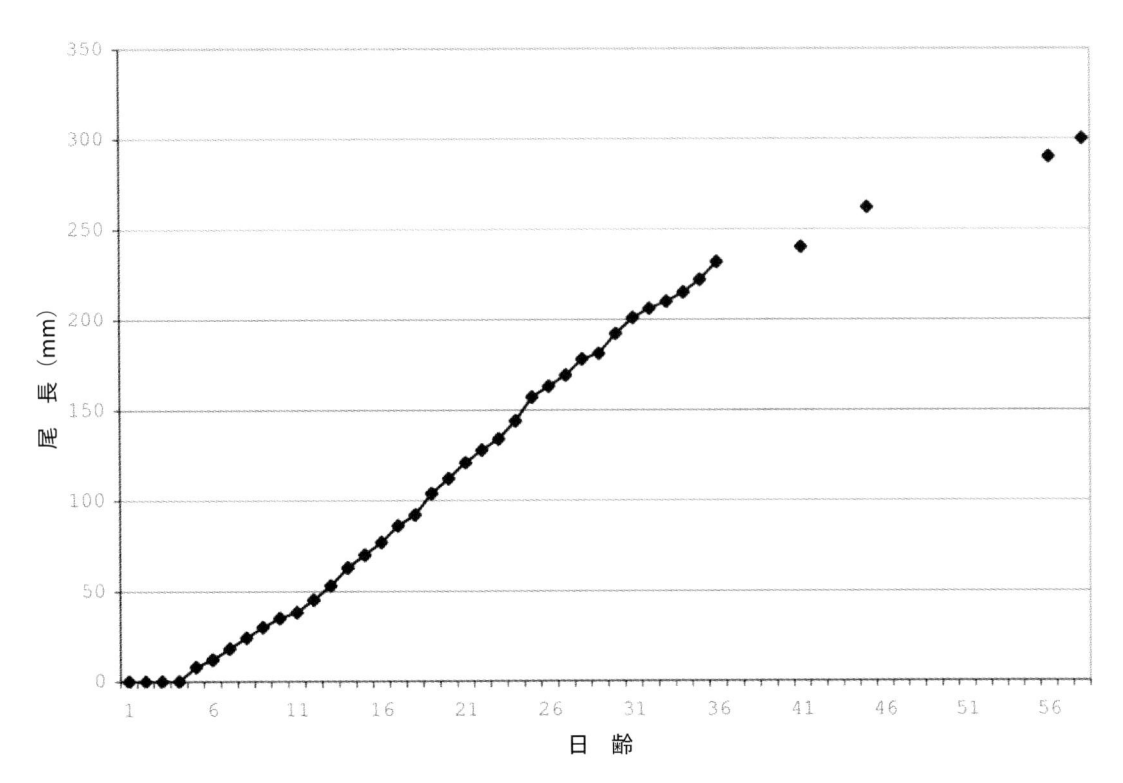

図 23-4　人工育雛のオオミチバシリの平均尾長（n = 10）.

完全に羽毛が生えて動き回り始める10～11日齢になると，巣内雛は巣の外に出て周りの環境に触れはじめる．飼育舎は，6羽以内であれば，4.9 × 2.4 × 2.4 mの広さを設け（Miller 2000），日光浴と砂浴びがたっぷりできる設備にする．運動と夜間の休息のために，止り木はいろいろな高さで用意することが大切である（図23-5）．水浴び用のプールをおくと興味を示すが，この砂漠地帯の鳥には必ずしも必要ではない．しかし，飲み水は常に置くのが賢明である．

重くなった体とそれを支える脚を自由に動かすことができるようになると，雛は，体を伸ばし翼を広げて腰を日光にさらすオオミチバシリ独特の日光浴行動を見せるようになる．これによって，代謝で体温を上げる必要がなくなり，1日に必要な餌のカロリーを41～50%節約することができるのである（Calder 1968, Ohmart 1971）．

2週齢までには，幼鳥は様々な物を拾い上げたり遊んだりするようになるが，それを飲み込んでしまうことはめったにない．3～4週齢の間に獲物を叩きつけて食べるようになる．この時期にミルワーム（*Tenebrio molitor*）やスーパーワーム（*Zoophorba moriom*）を与え，採食行動を刺激しなければならない（図23-6）．4週齢の終わり頃までには，死んだマウスを拾って叩きつけるよう

図23-6 飼育舎内の2羽の巣立ち雛．獲物を拾い上げる方法を学んでいる．

になり，間もなく生きたマウスも捕殺して食べ始める．当然だが，幼鳥はパペットを使うより里親に育てられる方が早く獲物の捕らえ方を学び，また放鳥後に有利となるカタツムリの開き方を早々に覚えることができる．巣立ちしたら，人間への馴れを引き起こさないため，体重測定を毎日行うことは避けるようにする．

自力採食

幼鳥が巣の内外でジャンプし始め，周囲を探索して回るほど成長したら，樹皮やサボテンの骨など砂漠で見られる物を飼育舎内に置く．生餌が外に逃げないように閉じ込めておく必要はあるが，同じく，鳥の探索行動を刺激することが重要である．木の葉や岩の破片，狩猟鳥雛用飼料，みじん切りの果実やジャガイモなどを大きな皿に入れ，雛が餌を狩る敷地内に他の野生の虫を誘い込むようなミルワームやスーパーワームと一緒に置くとよい．大型のスーパーワームを完璧に殺せるようになったら，生きたマウスを飼育舎に入れてみてもよい．生餌は高価だし，また様々な栄養素を補充するためにも生餌以外の肉（鶏頭，カルシウム添加の七面鳥ひき肉団子など）も継続して与える必要がある．いずれにせよ，動いていない餌でも拾って食べることを学習するのは，野生で生きていくうえで明らかに有利である．これができれば，放鳥後，ハンティングの腕前が上がるまでの間，

図23-5 飼育舎内でトタンに止まっている巣立ち雛．止り木になる物には，いろいろな材料を使い，高さにも変化をもたせること．

死体を食べて生き延びることができるのである．

人工育雛されたオオミチバシリを，人馴れさせずに長期間飼育するのは難しい．野性味を保つために，必ず世話は特定の1人だけが行い，自力採食が始まったら給餌を1日に1～2回に限定する．幼鳥が鳴いている時は，探し出せる餌がなくなっている場合がある．もし，いつもより元気がない，あるいは活発に動いていない場合は，飼育舎から運び出して身体検査すべきである．

放鳥準備

オオミチバシリの幼鳥を人に馴れさせないようにするためには，飼育する人間を1人だけに絞り，姿を見せるのも給餌の時だけに限定する．保護している幼鳥が1羽だけの場合は，他の保護施設に要請して同居させる個体を探す必要があるかもしれない．

放鳥準備が整うまでには，人への馴れが解消されていなければならない．放鳥する鳥は，世話をしている人間が近づくのを警戒するだけでなく，人間そのものを恐れるようになっていなければならないのである．

放　　鳥

オオミチバシリは渡りをせず，かなりテリトリー意識が強い鳥である．放鳥は，幼鳥の準備が整った時期を見計らって，多くの獲物を見つけることができ，かつペット類に襲われない場所で行うことが重要である．バッタなど昆虫類が大量に発生する季節は，分散が起こるまでは，そこにテリトリーをもつ成鳥も，若鳥がいることに対して寛容である．放鳥時の体重は，最低275gに達していなければならない．放鳥個体は，他の鳥とは別にしっかりと餌を食べさせ，十分に日光浴をさせてエネルギーを蓄えさせてから放鳥すること．世話係が餌を見せると餌乞い行動を示すようではダメである．放鳥予定の個体を捕獲する時は，いつも世話をしている人間が，暗がりで近づき，止り木で休んでいるところを捕まえ，暗くしたダンボール箱に入れる．このままの状態で運ぶと，できるだけストレスをかけずに放鳥場所まで連れて行くことができる．地面に箱を置いて蓋を開け放ち，鳥が自らの意思で出て行くようにする．

謝　　辞

多くの資料を提供していただいた Nancy Lee Olsen に，この章を査読していただいた Janine Perlman に感謝します．ニューメキシコ州の州鳥であるオオミチバシリの，巣を失った卵と幼鳥の保護許可を出し，搬送していただいた米国魚類野生生物局アルバカーキ支局およびニューメキシコ州漁業狩猟局（NMDGF）に感謝します．また，ニューメキシコ野生動物救護委員会（WRINM）に変わらぬ支援をいただいている NMDGF の Share with Wildlife Program に感謝します．とりわけ，オオミチバシリへの手厚いケアを通して情報を提供してくれた WRINM のサポーターおよびメンバーに感謝します．

関連する製品および会社

Op-site Flexifix dressing: Smith & Nephew, Inc., 11775 Starkey Road, P.O. Box 1970, Largo, FL 33779-1970, (800) 876-1261, Http://www.opsitepostop.com/.

Tegaderm: 3M, 3M Center, St. Paul, MN 55144-1000, (800) 364-3577.

無脊椎動物飼料取り扱い業者：Rainbow Mealworms, 126 E. Spruce St., Compton, CA 90220, (800) 777-9676, https://www.rainbowmealworms.net/home.asp.

無脊椎動物飼料取り扱い業者：Fluker Farms, 1333 Plantation Ave., Port Allen, LA 70767-4087, (800) 735-8537, http://www.flukerfarms.com/.

参考資料

Calder, W.A. 1968. There really is a roadrunner. Natural History 77(4): 50–55.

Dunning, J.B., Jr. 1984. Body weights of 686 species of North American Birds. Western Bird Banding Association Monograph No. 1. 39 pp.

Elliston, E.P. 1998. MOM—Made to Order Mother. 1998. International Wildlife Rehabilitation Council Conference Proceedings, p. 138.

Miller, E.A., ed. 2000. Minimum Standards for Wildlife Rehabilitation, 3rd Edition. National Wildlife Rehabilitation Association, St. Cloud, Minnesota, 77 pp.

Ohmart, R.D. 1971. Roadrunners: Energy conservation by hypothermia and absorption of sunlight. Science 172: 67–69.

———. 1973. Observations on the breeding adaptations of the roadrunner. Condor 75: 140–149.

Whitson, M.A. 1976. Courtship behavior of the greater roadrunner. Living Bird 14: 215–255.

24
フクロウ類

Lisa Fosco

生物学的特徴

　フクロウ類は，フクロウ目に属し，解剖学的特徴と生態の違いから異なる2つの科に分けられている．メンフクロウの仲間は，メンフクロウ科に分類され，約14種類を含む．一方，よく知られた「典型的な」フクロウの仲間は，フクロウ科に分類され，世界中に約167種が存在する．本科は，さらにフクロウ亜科（長い羽角をもつ森林性のフクロウ類）とワシミミズク亜科（短い羽角をもち視覚に頼って狩りをするフクロウ類）の2つの亜科に分類される．

　フクロウ類は，南極大陸を除く全ての大陸に生息している．ほとんどの種は，夜行性で，全てが生きた獲物を捕食するハンターであり，必要な時のみ死肉を食べる．視覚と聴覚の両方を用いてハンティングを行い，ほとんどの種が音を出さないで飛翔するのに適した羽毛をもっている．一般的に，フクロウ類は比較的定住性であり，より小型の特殊な種のみが渡りをする．

　フクロウ類の繁殖期間は，他の猛禽類と比べて長い傾向がある．ほとんどの種で，抱卵日数と巣立ちまでの期間も相対的に長い．樹洞営巣性の種は，通常，巣立ちまでのほとんどの期間を周囲環境から視覚的に隔離された巣内で安全に隠れて過ごす．これらの種のほとんどは，他のフクロウ類とは異なり，餌乞い行動に視覚的な合図は用いない．

　樹上営巣性の種は，より早く成育する傾向がある．これらの種は，身体的により活発で，よく動き，脚が発達するにつれて巣の上や周りを登り出すようになる．この行動は，これらの種の雛がしばしば巣立ち前に巣から離れることにつながる．これは，他の鳥類や猛禽類と異なって，自然であり，親鳥の世話に影響を与えることはまずない．また，他の猛禽類とは異なり，ほとんどの種のフクロウ類の幼鳥は，巣立ち後もハンティングの技術を学び，磨きあげるまで相対的に長い期間，親鳥の元に留まる傾向がある．

人工育雛への移行

　健康なフクロウの雛であれば，可能な限り，巣に戻して親と再会させるべきである．健康な雛は，十分に太っていて，眼の輝きがあり，どんな刺激にも反応する．羽毛の生えた巣内雛であれば，巣のある木か構造物周辺の地面に置いて安全を確保して離れると普通は受け入れられる．雛が繰り返し地面に降りる場合は，巣に構造的な問題があるか，巣が都会の中や周りから見える環境条件にある可能性があり，保護対策が有効かもしれない．巣のある木から約180cmの半径の所を簡易防護柵で周囲を囲めば，ペットや人が近づかないように保護することができる．

　不幸なことに，フクロウ類の雛は，地面に降りた時，目につきやすく，人やペットが近づいても逃げないため，容易に捕まえられてしまう．雛が負傷していなければ，親鳥が明らかに育雛放棄していない限り，親鳥からはぐれた雛とみなすべきではない．最も高水準の人工育雛をもってしても，一般的な行動に加え，学習によって備わる能

力や技術に永久的な影響を与える可能性がある．これらの要素は，その個体が長期間生存していくためにきわめて重要である．

多くの種は，親鳥から離れて数日あるいはそれ以上経った雛をすぐに受け入れることが分かっている．著者は，2001年に，尺骨を骨折したアメリカワシミミズク（*Bubo virginianus*）の雛を22日間治療した後，再び家族に戻し，自然に巣立たせることができた．

雛が親鳥から繰り返し巣から追い出されたり，完全に放棄されたりする場合は，たいてい救護の対象となる．また，外部寄生虫が多数付着している個体やハエにたかられている個体も救護対象となる．

人工育雛が唯一の方法である場合，野生復帰を予定する個体については，決して単独飼育してはならない．同種の雛と一緒に育てるとともに，理想的には自然界の生息場所に近い環境で飼育するよう努力する．患鳥の年齢や状態にかかわらず，人の介入や人・ペットとの接触は，可能な限り最小限に抑えるべきである．

育 雛 記 録

全ての症例について，救護した時の状況に加え，発見場所などに関する詳細な情報を記録する．野生生物管理局に，特定の要件や当該地域の認可を受けている野生生物に関するリハビリテーション方法について相談する．

基本的な法定書類の他に，飼育管理中の個体に関する情報を記録する．患鳥は，可能な限り，体重測定と日齢査定を行うとともに，潜在的な健康上の問題または負傷を鑑別診断するための身体検査を行う．

体重，採食時の習性や行動，消化や羽毛の状態などをこまめに観察して記録し，野外個体と比較することで発育状況と健康状態に問題がないかどうか評価する．フクロウ類のほとんどの種について，雛の身体の発育状態が観察，記録されており，簡単に文献を入手することができる．この情報は，扱い慣れない種を飼育する際，必要不可欠な情報

源となる．発育過程を通じての餌，栄養要求性や採食行動は，骨の成長や行動の成熟に影響するため，これらの要因に対して特別な注意を払わなければならない．

育雛初期のケア

状態が安定しているように見える持ち込まれたばかりの患鳥に対しては，保温の必要性を評価した後，1羽にして落ち着かせ，ストレスを取り除く．暗い色のタオルで育雛箱やケージを覆い，静かな部屋へ移して数分間安静にすると，十分効果的であることが多い．

患鳥が温められ，静かに落ち着いたら，体重測定と脱水緩和処置を行い，初診時身体検査を行う．初診時の体重は，グラム単位で記録するか，または入手できる最小単位かつ最も正確なはかりを用いて記録する（図24-1）．全般的な健康状態を評価するために，胸骨の竜骨突起と胸筋を触診して

図24-1 電子はかりの上に載る羽毛が生え揃いつつあるアメリカワシミミズク．

検査する．雛の日齢にかかわらず，竜骨が「鋭く」突出しているか，明らかに目立っている状態は異常である．フクロウの左右の耳が非対称であっても正常であり，これは獲物の位置を音を用いた三角測量により特定するための構造である．重度の栄養不良あるいは衰弱個体には，保温して脱水症状を緩和したら直ちに，内臓の肉片を数個与える．衰弱または飢餓状態の雛を安定化させる場合，少量の餌が消化されて通過するまでに時間がかかる．

　持ち込まれたばかりの患鳥については全ての鳥で，脱水症状を緩和すべきである．補液量は，おおよその脱水量に基づいて決定する．表面上健康で脱水を示した鳥では，体重の5％量（50ml/kg）をボーラス投与（急速投与）する．重度の脱水（粘液の付着したあるいはねばねばした口腔内，陥没した眼球，しわの寄った皮膚と眼瞼）がみられる鳥では，15％まで投与量を増す（図24-2）．必要に応じて，鳥類専門の獣医師に相談するか，協力を求めるとよい．温めたラクトリンゲル液か0.9％生理食塩水のような滅菌等張液を皮下，または重症例では静脈内に投与する．それ以外に方法がない場合を除き，大量の液体を経口投与するべきではない．フクロウ類は，体の構造上，固形の獲物を食べたり消化したりするようにしかできていない．したがって，液体を飲み込む時，あるいは頭部が身体の上に保たれていない体位では簡単に誤嚥してしまう可能性がある．付加的に胃腸からの脱水補正を行う場合，あるいは丸ごとの餌を消化できない場合に，少量かひと口ずつの液体であれば，経口投与できる．

　患鳥を十分温め，脱水症状を緩和できたら，身体検査を行って負傷や異常を記録し，治療を進めていく．おおよその日齢を身体の発育状態に基づいて推定し，給餌を開始する．理想的には，受け入れ後なるべくすぐに給餌を開始すべきである．ストレスによって嘔吐が起こりやすく，誤嚥の危険性が増すため，ハンドリング（鳥類に接触する作業）の後に給餌を行う．栄養不良のため非常に衰弱した個体や状態が安定化されていない個体は，全てのハンドリングと処置はなるべく素早く行うべきである．このような状態では，体重測定と脱水緩和を迅速に行い，身体が十分温められたら，内臓の肉片をひと口かふた口与えてみる．そして，患鳥を1羽にさせて，暗い静かな場所で保温して安静に保つ．少なくとも1〜2時間後には，元気が少し回復しているはずである．

　十分に太った健康な雛の場合，頭部を挙上で

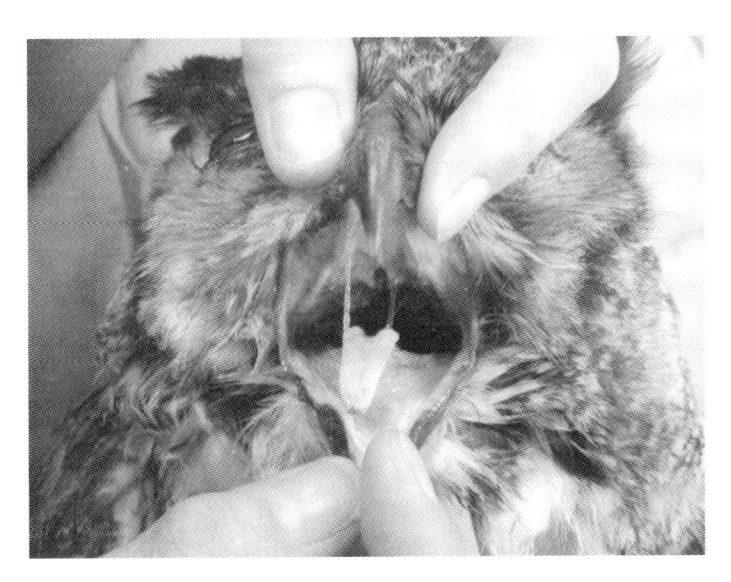

図24-2　脱水を示す鳥では，唾液が糸を引いたり，ねばねばしたりするのが認められる．

きるようになればすぐに餌を与え，自力採食させるよう試みるべきである．雛の発育段階ごとの消化能力に応じて，餌の大きさと与え方を決めていく．雛に対する強制給餌は，どうしても必要な時以外は行ってはならない．腹を減らして餌をガツガツ食べていた雛が強制給餌や嫌な給餌経験をした後に，自分で餌を食べるのを止めたり，餌を与えられても拒んだりするようになることはよく起こる．新患の雛の給餌を開始する前に，どんな餌を与えるか注意深く調べ，給餌計画を立てなければならない．

明らかな外傷がなく，十分に太っている個体であれば，他に方法がない場合を除き，飼育下に置くべきではない．初診時検査の後，野生復帰できる可能性のある雛を家族に戻す計画を実行する．

罹りやすい疾病と対処法

フクロウ類における外傷は，他の鳥類と同様に処置を行う．フクロウ類は，身体的構造上，眼の上の眉斑部分の突出を形成している骨を欠くため，眼の損傷が起こりやすい．しかし，残念なことに，文献は少ない．フクロウ類において，眼の損傷は，ハンティングの能力に加え，飛翔にまで影響する可能性があるため，疑わしい症例については完全な眼科検査を行うべきである．眼の障害があった症例全てについて考慮し，その種の最適な光条件において生きた動物を狩る能力をしっかりと評価したうえで野生復帰を検討すべきである．

角膜損傷は，角膜表面におけるフルオレセイン染色液による染色によって診断する．非ステロイド性点眼薬による治療が有効である．フルオレセイン染色液で染色される角膜損傷がある場合，ステロイドを用いてはならない．角膜外層の瘢痕や不透明性が視力に影響するかどうかは，その密度と位置による．前眼房出血は，外傷の結果として起こりやすい．出血は，無処置でも吸収されることが多いが，コルチコステロイドの局所投与による治療が有効な場合がある．年齢に関連した網膜変性が報告されている（Redig 1993）．

図 24-3 瞳孔左右不同症を示すヒガシアメリカオオコノハズク（*Otus asio*）に対して，保定なしに点眼を行っている．

大きい体をもつフクロウ類の自然な行動を利用して，保定なしで点眼薬の投与を行うことができる（図 24-3）．点眼薬を持つ手をフクロウの横から出すと，フクロウは正面の術者に注目し，処置する手や薬の投与に反応しないことが多いので，保定なしの点眼が可能なのである．

寄生虫

野生動物は，たいてい多くの寄生虫の宿主となっているものである．他の日和見感染を起こす病原体と同様に，寄生虫も易感染性宿主にとって重大な問題を引き起こす可能性があるため，このような個体や回復期の個体では治療を行うべきである．消化管内寄生虫は，糞便検査によって診断し，治療を行う．

血液原虫

フクロウ類では，プラスモジウム，ロイコチトゾーンやヘモプロテウスを含む数種類の血液原虫が普通に認められる．これらを診断するため，通常の血液検査に血液塗沫標本の観察を含める．プラスモジウムは，人と同様に鳥類においてもマラリアの病原体となる．ベクター（媒介昆虫）として，3属の蚊が含まれる．ロイコチトゾーンの主なベクターは，*Simulium* 属のブユである．ヘモプロテウスは，一般的にシラミバエに媒介される．感染は，不顕性であることが多い．治療方法について，鳥類専門の獣医師に相談する．

外部寄生虫

ハジラミ，シラミ，シラミバエは，全身に認められる．これらの寄生虫は，ベクター媒介性感染症の予防のため，臨床現場や飼育集団では駆除すべきである．一般的に，ジエチルカルバマジン（Sevin Dust, GardenTech）の散布で安全かつ完全に駆虫できる．薬剤の粉末を羽毛の下の皮膚にまで軽く擦りつける．呼吸器への影響を避けるため，顔面周囲は避ける．この1回の駆虫薬の散布によって，当該宿主だけでなく，他の患鳥や飼育個体への寄生虫の感染を予防することができる．薬剤を散布する際には，グローブの装着が奨められる．駆虫薬の処置を行う者への影響については，第1章「基本的なケア」を参照する．

ハエのウジと卵は，できる限り早く手で取り除くべきである．創傷や天然孔など中へ侵入可能な，または貫通しやすい部位は，すぐに除去する．なかには，易感染性組織のみをターゲットにする種もいるが，最も普通種のハエのウジは，あまり組織選択性がなく，健康な組織にたかりやすい．卵が孵化すると，健康な組織に穴を掘って侵入し，元々の外傷を悪化させることがよくある．より深部に寄生しているウジや手の届かない部位に寄生している活発なウジを弱らせ，その数を減らすために，ニテンピラム（Capster, Novartis）の経口投与がよく用いられる．生命力の強い生きたウジと同様に，持続して起こる孵化を注意深く観察し，ウジを完全除去するまで1日に2回投与すべきである．

餌の種類

フクロウ類が餌を丸ごと効率よく分解する能力は，研究が進んでおり，またその能力には感心すらさせられる．最も消化のよい栄養のある部分（内臓，筋肉，脂肪）のみが利用され，残った消化の悪い部分（骨，被毛，羽毛）は，効率的に集められてペレットが形成され，吐き出して排出される．フクロウ類のペレットは，教育プログラムの教材として利用されることがよくある．

野生動物の飼育管理において，他分野でも同様なことが言えるが，最も健康的で最適な餌は，その種が野外で得ている餌に一番近いものである．成鳥は，不完全で栄養バランスの悪い餌にも耐えるかもしれないが，骨が成長している発育期の幼鳥は，永久的かつ不可逆的な影響を受ける恐れがある．理想的には，餌を丸ごと消化できるフクロウ類の雛には，十分に栄養バランスの取れた完全な餌を与えるべきである．与える餌には，カルシウム，リンおよび脂肪などの成分が適切に含まれていなければならない．餌としては，成体の動物を丸ごと与えるのが望ましい．

餌の品質や入手手段に限りがある場合，給餌の度に，必要に応じて，ビタミン，ミネラルや不足している栄養素を補給する必要がある．不足している成分を添加する時は，その種の栄養要求性に加え，餌の内容を分析した結果に基づいて，慎重にその量を計算しなければならない．他種の発育期の幼鳥と同様に，代謝性骨疾患の発生を防ぐために，カルシウムとリンの比率は，2：1のバランスで与えなければならない．丸ごとの成体の動物を餌として与えると，この問題を防ぐことができる．一般的原則として，成体の動物を丸ごと与えられなければ，餌に必要量のリンの2倍のカルシウムを添加する．骨粉は，カルシウム含量に対して一定比率のリンも含んでいるため，カルシウム添加剤としては適当ではない．炭酸カルシウム粉末は，カルシウム添加剤の1つとして選択できる．

給餌方法

　給餌回数は，餌の消化と通過速度に基づいて決定する．フクロウ類は，真のそ嚢を欠いているため，その指標として砂嚢（筋胃）を用いることが多い．中身が詰まっておらず，たるんだ，あるいは不明瞭な下腹部というのは，おそらく消化管内が空であることを意味する．中身が満たされた筋胃は，下腹部で明らかな硬い丸い塊として触診できる．毎日，体重を測定して監視すべきであり，採食後48時間以内に毎日一定の増加がみられる．

　成育期のフクロウ類の給餌計画を立てる際には，慎重に検討しなければならない．孵化直後の雛とまだ羽毛が生え揃っていない巣内雛は，消化機能が完全には発達していない．ほとんどの種において，雄が餌を持ち帰り，雌が巣に留まって雛の保温，保護および給餌の役割を果たす．雌は，雛の成長段階に合わせて，餌を食べられる大きさにちぎって与える．餌をひと口サイズに切る時は，口と喉の大きさを考慮する．給餌に関する次項では，フクロウ類の雛の自然生態と成長段階に基づいて検討を行っている．飼育下では，理想的には，一般的な自然生態に合わせて管理するべきである．

孵化直後の雛

　孵化直後のフクロウ類の消化器系は，ほとんどの種において，機能し始めるまでに36時間かかる．孵化直後の雛がピーピー鳴き続ける場合には，数滴の水を与えて水分補給することも必要なことがある．ほとんどの種では，24時間以内に固形食を与えるべきではない．この時期の雛が鳴き声を出すのは，餌を実際に求めているのではなく，親の特別なホルモン反応を刺激するためだと考えられている．羽毛の生え揃っていない孵化直後の雛において，糞の排泄が認められたら，消化器系が機能し始めたものと確認してもよい．

　たいていのフクロウ類の雛は，通常1日に4〜5回，数時間ごとに餌を食べる．この時期の雛には，内臓，筋肉や皮膚などの消化しやすい部分を小さくちぎって与えるべきである．ひと口サイズの肉片を嘴の端にやさしく擦りつけるようにして与える．餌は，室温よりも温かく，新鮮なものを与える．消化しやすい部分の肉片を与える方がよいが，親鳥が骨を抜いたり，内臓を注意深く取り除いたりして与えているわけではない．全ての日齢の雛に与えられる自然界の餌にも骨，皮膚，被毛や胃の断片が含まれている．このことを参考にすると，このような日齢の若い時でもカルシウムを必要とするため，健康な孵化直後の雛の餌には，小さな骨の断片が含まれているべきである（図24-4）．ただし，敏感な食道を刺激したり，傷付けたりしないように，骨の尖った断片は全て取り除いて与える．必要に応じて，骨を乳鉢と乳棒で砕いて軟らかくして与える．

　フクロウ類の雛は，給餌前には，輝いた眼をしていて活発であり，満腹になればぐっすり眠るのが普通である．つやのない眼をした動作の緩慢な弱い雛は，できる限り早く問題がないか判定すべきである．水分補給と保温調節を行うかどうかで，予後が明らかに異なることが多い．全ての日齢の

図24-4 与えられた齧歯類の肉片を食べるフクロウの雛．

易感染性個体に対しては，餌を消化吸収する機能が正常に回復するまでは，消化性の高い栄養バランスのとれた餌を少量ずつ頻回に分けて与える．体重，消化機能や普段の行動について，成長ごとに観察し続けていく．

巣内雛と巣立ち雛

雛が成長して身体が大きくなるにつれて，餌の大きさと量を増加させていく．徐々に，皮膚，被毛や羽毛を加えていき，ペレットの形成を観察し，記録する．ペレットの中身を見れば，骨が消化されているかどうかも分かる．体重が増え，食欲があり，餌を効率よく消化し，さらに正常なペレットを形成している健康な雛には，餌を丸ごと与えられるようになるまで，完全な餌を次第に増やして与えていく．餌を丸ごと消化するのに十分な日齢になった健康な雛には，決して丸ごとではない餌を与えてはならない．樹洞営巣性の種は，早い段階で丸ごとの餌を細かくちぎることを学習する．個々の状況に応じて必要があると判断された場合にのみ，例外的な対処を行うべきである．

飼育環境

孵化直後の雛と巣内雛

この時期の雛にとって，母親の身体は，一定の熱源の役割を果たしている．雛は，暖を求めて母親の周りに群がるか，その下にもぐり込み，熱くなったら，移動するか，母親から離れるものである．最も低い温度に設定したマットヒーターをタオルなどで包んで保護し，その上に巣を置く．巣は，温度勾配をつくるために，巣の底がマットヒーターにのる面積が80％以下になるように置く．フクロウの雛は，熱源を自分の温かい母親のようにみなして，探し回り，利用する．熱源から盛んにあるいは持続的に離れたり，逃げたりする雛は，注意して観察する必要がある．なぜなら，これは，死にかかっている雛で最初に認められる行動であるからである．もし，この徴候が認められたら，すぐに鳥類専門の獣医師に相談する．

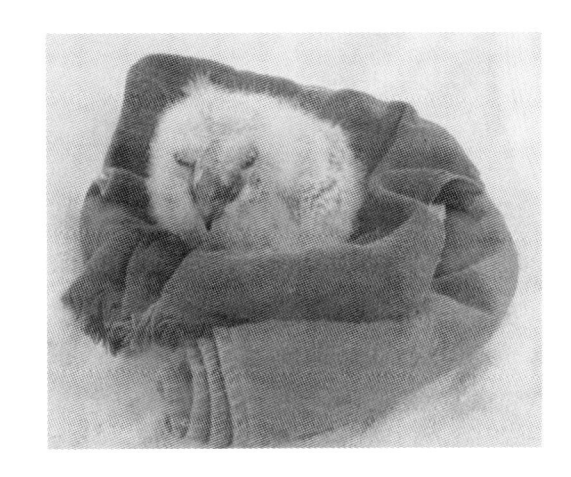

図 24-5 適当な大きさの布製人工巣の中の雛．

人工巣は，各種の巣の様式に合わせて設計し，ケージまたは保温器の後方の隅に設置する．樹洞営巣性の種では，巣箱は，巣内で動ける十分な大きさを確保し，雛が外に落ちないように，かつ雛を安心させるため，丈夫な壁を設置する（図24-5）．これらの種は，隅に集まり，寄りかかる習性があるため，従来の開放型巣の端から落下しやすいためである．樹上営巣性の種は，しゃがんで身を隠したり，寄りかかったりするのに十分な高さで，かつ端から顔を出せる低さのボウル型の巣を用いる．重い皿やイヌ用の食器に布を敷いて覆うと，より大きく成長した雛の巣として利用できる．より小型の重いボウルは，小型種に理想的である．多くのフクロウ類の雛は，頸をだらりと垂らし，頭部を巣の端にもたれかけて眠る．

どのような飼育様式であっても，ケージの前部は人の姿や動きが見えないように適当な覆いが必要である．しかし，光が差し込む部分も確保するべきである．

体温調節機能は，羽毛が生え揃うにつれて発達してくる．鳥が自分で適切に保温できるようになれば，徐々に保温器具を取り除いていく．

フクロウ類の雛の飼育に，重くて暗いプラスチック製のイヌの輸送用ケージを用いてもよい．ケージの奥の隅に，巣箱を設置し，周囲の空気孔は塞ぐ．巣外への最初の一歩を踏み出しやすいよ

うに，適当な大きさの天然の止まり木を付ける．イヌ用ケージの大きさは，雛が少なくとも翼を広げられる広さを確保し，成長に伴って大きくしていく．

　雛は，日齢が進むにつれて視力が発達し，次第に周囲の環境を認識するようになっていく．現在のところ，生まれながらにプログラムされた物を識別したり，認識したりする行動がこの時期を通して発達すると信じられている（McKeever 1987）．社会性の発達と永久的な同種認識は，認知発達のこの時期に一致して起こる．この時期を自然環境で過ごしたフクロウ類の雛は，普通，ずっと野生的で，より攻撃的な行動を示す．彼らは，人に対して積極的に反応し，自然界で起こる脅威を認識しているものと思われる．この時期を飼育下または非自然な環境で過ごした雛は，一般的にはハンドリングや人の動きを認識して逃げようとするが，野生個体に比べて攻撃性は少なく，より消極的に行動することが普通である．

　同種の仲間を同居させることは絶対に重要なことである．理想的には，代理親または里親のフクロウを用意するか，少なくとも姿をずっと見られるようにしておく．そして，人との接触は避け，可能であれば，全く見えないようにする．雛が成長して自力採食が可能となり，体温を保持できるようになれば，周囲の屋外環境に順応するまで，ケージを屋外に出す時間を次第に増やしていく．厳しい天候や極度の気温変化に対して，室内の避難場所が必要な場合でも，窓のそばに設置して視覚的な刺激が受けられるようにすべきである．開閉できるドアや窓が付いている建物（ベランダ，車庫，納屋）は，不安定な天候に順応させるのに役立つ．気温が8℃以下に下がると，全ての日齢の個体に熱源を用意して自分で環境を選べるようにする．

巣立ち雛

　フクロウ類の雛は，急速に活動的になり，動き出すようになる．彼らは，起立し始め，巣の端に止まったり，登ったり，外に出ようとし始める．多くの樹上営巣性の種では，様々な身体の大きさの兄弟と母親を含む家族集団を樹間から容易に観察できることがある．これらの巣立ち雛は活発で，成熟しているように見えるが，風切羽の成長にはまだまだ時間がかかる．飼育下で育てられた巣立ち雛は，できる限り早く屋外に出して飼育するようにする．彼らは，快適な止まり木から新しい世界を眺めながら1日の大半を過ごすことになる．

　小型のフクロウ類用の飼育施設は，最低2.4×2.4×2.4mの大きさが推奨される．メンフクロウ（Tyto alba）のような中型種では，少なくとも3×9×3.6mの大きさの飼育施設が必要である．アメリカワシミミズクのような大型種では，最低3×15×3.6mの大きさの大型フライトケージを必要とする（Miller 2000）．飛翔能力の発達のためには，L字型に設計されたフライトケージか，または傾いたり，曲がったりしながら飛行させることができる可動式そらせ板をケージの側面に伸ばすことで強化できる．全ての種で生き餌の採食場を用意しなければならない．生きた齧歯類を入れられる大型の金属製のたらいか，放飼場の床に採食場を埋め込むだけの単純なものでよい．餌が逃げないように工夫することが重要である．鳥が生き餌を捕るのに慣れてくると，採食場内により多くの齧歯類の隠れ場所を作っていく．

野外放鳥に関する考察

　ほとんどのフクロウ類の幼鳥は，飛べるようになってもかなり長い期間，営巣テリトリー内に留まる．親は，雛がのんびりと飛翔やハンティングの練習を行っている間，餌を与え続ける．フクロウ類は，幼鳥が訓練を行っている期間中，他の猛禽類よりも全面的にサポートしているように思える．野外放鳥前の少なくとも3週間は，生き餌を狩る訓練を集中して行わせるべきである．繁殖期の遅い時期に保護されて飼育された幼鳥は，必要な訓練の成果が身に付かないため，最初の冬を生き残ることは困難であろう．多くの施設は，秋に飼育されているフクロウ類の幼鳥が訓練に十分時間をかけ，きちんと成熟するために越冬させて

いる．秋に野外放鳥する1年目の幼鳥は，給餌基地を設置してソフトリリースを実施すべきである．アメリカワシミミズクがその冬の間中，給餌基地に何度も戻ってくることはよくあることである．自然界というものは，生き残るために必要でない限り，このような補完的な時間や十分な手助けを与えてはくれないのである．

謝　辞

私は，家族に深く感謝し，この執筆を捧げます．

関連製品および連絡先

Sevin Dust: GardenTech, PO Box 24830, Lexington, KY 40524-4830, (800) 969-7200.

Capstar（ニテンピラム）：Novartis Animal Health, (800) 637-0281.

参 考 文 献

Bent, A.C. 1938. Life Histories of North American Birds of Prey. Dover Publications, New York.

Engelmann, M. and Marcum, P. 1993. Raptor Rehabilitation. Carolina Raptor Center.

Fosco, L. 1997. Great Horned Owls: Natural history and its role in wildlife rehabilitation. Proceedings of the International Wildlife Rehabilitation Council Annual Conference. Concord, California, pp. 173–177.

Johnsgard, P.A. 1988. North American Owls: Biology and Natural History. Smithsonian Institution Press, Washington, D.C., 295 pp.

Long, K. 1998. Owls, A Wildlife Handbook. Johnson Publishing Company, Chicago, 181 pp.

Macleod, A. and Perlman, J. 2003. Wildlife Feeding and Nutrition. International Wildlife Rehabilitation Council, 73 pp.

McKeever, K. 1987. Care and Rehabilitation of Injured Owls. W.F. Rannie Publishing, Lincoln, Ontario, Canada, 128 pp.

Miller, E.A., ed. 2000. Minimum Standards for Wildlife Rehabilitation, 3rd Edition. National Wildlife Rehabilitation Association, St. Cloud, Minnesota, 77 pp.

Redig, P.T. 1993. Medical Management of Birds of Prey. The Raptor Center at the University of Minnesota.

Tyler, H.A. and Phillips, D. 1978. Owls by Day and Night. Naturegraph Publishers, Inc., Happy Camp, California. 208 pp.

Walker, L.W. 1993. The Book of Owls. University of Texas Press, Austin, 255 pp.

25
ヨタカ類

Linda Hufford

生物学的特徴

　ヨタカ類はヨタカ目に属し，5つの科から構成されており，いずれの種も多様で興味深く，変わった代謝様式や生活様式面での適応性を有している．最も新しい分類学では，DNA-DNA ハイブリダイゼーションによってヨタカ目とフクロウ目が近縁であることが解明されている（Sibley and Ahlquist 1990）．この章では，ヨタカ類の代表種であるヨタカ科のヨタカ類（nighthawk および nightjar）について詳細に述べる．別の科に属しているズクヨタカ類は，原産国のオーストラリアでは「moth owl（蛾フクロウ）」と呼ばれることもある．ズクヨタカ類は小型で長い尾をもち，気温が低い時期は垂直の姿勢のまま休眠（torpor）をすることができる．同じくオーストラリアに生息するガマグチヨタカ（ガマグチヨタカ科）は，横広のぽっかりと開いたような口と，夜よく響く声で鳴くことにその名の由来がある．獲物のほとんどは昆虫だと考えられており，自分の口から滲み出る臭いで虫をおびき寄せる種もある．ガマグチヨタカは多くの動物園で飼育されているが，これは他のヨタカと違って，自分で餌皿から餌を食べることができるようになるからである．タチヨタカ（タチヨタカ科）は南米に生息し，眼を閉じていても小さい隙間から周囲が見える独特の眼瞼をもっている．長い爪をもったこのヨタカが，嘴を高く上げて木に止まっている姿は，折れた枝のように見える．なかでも最も興味深い特徴をもつのは，南米に生息するアブラヨタカ（アブラヨタカ科）である．この鳥の名前は，雛が栄養豊富で油脂分の多い果実を与えられて，おおよそ30日齢までには成鳥の1.5倍もの体重になることに由来している．雛はかつて，灯火用の油に利用されていた．果実食性で，ほとんど真っ暗闇の洞窟で生活をするアブラヨタカは，エコロケーションを行う特有の種であると考えられている．

　goatsucker（ヨタカ科）というのは通常，新世界 nighthawk（アメリカヨタカ亜科）および nightjar（ヨタカ亜科）を含む名称である．北米では，チャックウィルヨタカ（*Caprimulgus carolinensis*），オオヨタカ（*Nyctidromus albicollis*），ホイッププアーウィルヨタカ（*C. vociferous*），プアーウィルヨタカ（*Phalaenoptilus nuttallii*），クビワヨタカ（*C. ridgwayi*）は nightjar と呼ばれている．一方，アメリカヨタカ（*Chordeiles minor*），カリブヨタカ（*Chordeiles gundlachii*），コアメリカヨタカ（*Chordeiles acutipennis*）などは一般に nighthawk と呼ばれている．

　2つの亜科には共通の形態的特色がある．平べったい頭と丸みを帯びた体が一体化したような姿は，頸がないかのように見える．また，鼻孔（屈曲自在なチューブ状になっている）が目立つ嘴は小さく脆弱であるが，いったん開けると驚くほど大きな口が現れる．さらに，フクロウと同じように真のそ嚢を欠いている．

　脚は小さくて短くて脆弱であり，木に止まると見えなくなってしまう．ヨタカ類は3本の趾が前方に向き，1本が後方に向く三前趾足で，前方の趾の間に部分的に水かきをもつ．いくつかの種

図 25-1 ヨタカ類は，背景に紛れるような隠蔽色の羽毛をもつ．（写真提供：Peter Butler）

では，中趾に，羽毛を整える役割をもつと考えられているクシ状の爪，すなわち「櫛爪」をもつ．

柔らかい初列風切羽のおかげで，フクロウと同じように羽音をたてないで飛翔することが可能である．枝の上や枯葉の中で休んでいると，背景に溶け込む体色と枝に一体化する姿勢によって，その姿が見えなくなってしまう（図 25-1）．羽毛は鉛筆画のような，ぼんやりした斑入りのまだら模様である．羽毛は弱くて繊細であり，色は茶色，黄褐色，灰色，または鉄さび色がうまい具合に相まって，自分で選んだ環境に紛れることができる．概して，標高の高い地域に生息するものは，乾燥地帯で見られるものより色が明るい傾向がある．

どの種も，その繊細な羽毛の状態を維持するために砂浴びを行う．成鳥でもくつろいでいる時に空中浴のような行動にふけることがある．ヨタカの脂腺は退化しているので，この羽づくろい行動によって，胸部の羽毛から出る脂を，嘴と櫛爪を使って全身に広げていると考えられている．強い土臭い臭いを発する種もいる．

ヨタカ類の翼は，獲物の大半を占める様々な昆虫を追うための操作性と敏捷性に優れた構造を有している（図 25-2）．夜行性から薄明薄暮性のハンティング習性をもつため，眼も特殊である．大きく黒い眼にはタペタムがあり，光が反射して独特の赤や濃いオレンジ色に光って見える．また，

図 25-2 ヨタカ類はきわめて敏捷に飛ぶ鳥であり，放鳥するには，完璧な飛翔ができる能力が必要である．

左右の眼が頭の側面についているため，飛びながら広い範囲を見渡すことができる．上眼瞼を開閉することができるのも特徴である．

ヨタカ亜科の翼は，全般的に丸みを帯びていて白い羽毛がない．また，夜間採食し，嘴毛が生えている．止まった時の翼の先端は尾より短く，ふ蹠が羽毛に覆われている．一方，アメリカヨタカ亜科の翼は先が尖り，止まっていると覆羽（雨覆）に白い羽が見える．翼に多くの白斑があり，種ごとに様々な模様がある．閉じている時の翼は背部で交差し，尾羽よりも長い．夜行性から薄明薄暮型だが，嘴毛は目立たないか全く生えていない．二股に分かれた燕尾も特徴的である．大部分のヨタカの雛は同じような方法で育てることができるが，放鳥時期が近づいてきたら，その種にふさわしい放鳥基準および種による身体的な成熟度合いによって放鳥の時期を見極めることが必須である．ヨタカの種や亜種を識別するには，質のよい野鳥図鑑（フィールドガイド）が役立つ．また体重や生息域からも判断することができる（表25-1）．特に米国北部やカナダでは，生息している種はほとんどない．一方，渡りの時期に米国南部やメキシコ北部で見られる種については，必ずしも生息地であるとは限らない．

いくつかの種に見られる渡りは，日中群れを組んで行われる．渡りをしないタイプの代表であるプアーウィルヨタカは休眠に入り，心拍数，呼吸数，代謝率が減少し，外部からの刺激に対する反応が低下する．

繁　　殖

雄がブーンという音を出して尾羽をひらめかせる空中での求愛行動をした後，雄と雌が体をくっつけて交尾する．一腹卵数は通常2個（まれに最多で4個）で，連日産卵する．卵は地面や折れた木の切り株，また平らな屋根の上などに巣材をほとんど，あるいは全く使わず直接産卵する．

抱卵日数は17〜21日である．雄か雌のどちらかが，主に昼間抱卵する．同じく種によって異なるが，卵は同じ日に孵化するか，または連日孵化する．直射日光が当たる場所や危険な環境を避けるために，親鳥が脚や胸で押して卵を移動させることがある．

脚が脆弱で嘴も脆弱なヨタカ類は，基本的に外敵から身を護る術をもたず，成鳥にとっても幼鳥にとっても唯一身を護る手段はカムフラージュだけである．巣は暗い色をした天然の素材で作られ，卵も目立たない模様をしている．さらに雛の幼綿

表25-1　北米のヨタカ類6種の形態的特徴

和　名	雛の綿羽	嘴の色	足および脚の色	成鳥の体重
アメリカヨタカ	灰色，上部は焦茶色と淡黄色のまだら模様	濃い藍色	淡褐色	58〜91g
コアメリカヨタカ	上部は茶色と淡黄色のまだら模様	黒	灰色，茶色がかった色	34〜55g
チャックウィルヨタカ	琥珀色または黄褐色	暗い色調．ピンクがかったベージュ，先端が黒	ぼんやりした淡黄色	94〜137g
ホイッププアーウィルヨタカ	肉桂色，薄い淡黄色，茶色，帯黄褐色に褪せる	焦茶色，黒	灰色がかった紫または茶色	49〜68g
プアーウィルヨタカ	薄い淡黄色，灰色がかった淡黄色，紫がかった色	茶色か黒	ピンクがかった茶色	31〜58g
オオヨタカ	茶色，ピンクがかった淡黄色	黒	灰色	43〜66g

羽さえ周辺によく紛れる色である．巣にいる時，親鳥は背部の羽毛を平らにし，頭を地面まで下げて巣と一体化するという，外形を変える手法を用いる．しかし，このカムフラージュがうまくいかなかった時には，羽を広げて体を大きく見せながら身を乗り出し，か弱い口を開けてシーッという声を発して相手を脅かすという攻撃的な手段で巣を護ろうとする．

　これでも効果がない場合は，親鳥は「おとり」と「かく乱」行動に出る．雄が翼をばたばたさせながら侵入者の周りを飛び回ったり飛びかかったりする一方，雌が翼を傷めたふりを装い外敵を巣から引き離すのである．

雛の成長

　雛は孵化する前からピーピーという声を出す．その後，嘴打ちが始まり，卵は真二つに割れる．雛は半早成性で，孵化当日には巣の中を動き回ることができる．種ごとの孵化時の体重は公表されている（Cink 2002, Poulin ら 1996）．雛の体重は 5 ～ 6g で，やわらかい幼綿毛がごくまばらに生えている．10 日齢までに翼と肩に筆毛が生えてくる．巣に危険が迫ると，雛は素早く散り散りになり，それぞれが別方向に逃げ去るため，外敵が惑わされる．ヨタカ亜科では 16 日齢までに，アメリカヨタカ亜科では 18 日齢までに初列風切羽の羽鞘がとれ，親鳥の警戒声に対して，跳ねたり短く飛んだりして反応するようになる．種によって異なるが，20 ～ 23 日齢には自分で体温を調節できるようになる．親鳥は雛を抱かなくなるが，食物はまだ与え続ける．25 日齢頃になると雛は自分で獲物を捕らえるようになるが，親鳥からも補助的に食物をもらう．どの種も 30 日齢までには完全に自分で獲物を捕るようになり，飛翔も上達して完全に巣を離れる．渡りをする種は，7 週齢頃になると長旅に備えて群れに混じる．

人工育雛への移行

　雛は様々な理由によって保護される．屋根の改築や修理の時に発見されたり，営巣が妨害された建築現場から保護されたり，あるいは親鳥が不幸にも営巣場所の選択を誤った結果，配送トラックの荷台から見つかることさえある．発見されて時間が経っておらず，雛にも怪我がなければ，元の巣に戻すのが最善策ではあるが，もしそれができなくても比較的簡単に雛を育てることができる．

育雛初期のケア

　他の雛と同様，まず体を暖めることが大切である．低温にセットしたマットヒーターの上に敷物を入れた箱を置き，状態が安定して体温が上がるまで，雛を 15 ～ 20 分ほど入れておく．持ち込まれたばかりの雛のケアについては，第 1 章「基本的なケア」を参考にしてほしい．

　ヨタカ類の羽毛は非常に繊細なので，保護期間中に傷めてしまわないよう，細心の注意を払って取り扱わなければならない．保定する時には絹かポリエステルの布（スカーフなど）で羽を覆う．緊急でそういう布などが手に入らない場合は，羽毛を汚さないよう，検査台などを洗剤でよく洗って水で流し，取扱者の手も石鹸で洗って皮脂と水分を拭い去る．どんなに幼い雛でも，強い恐怖を感じるとシーッという声を発して口を開けるので気をつけねばならないが，これは傷つけるほどの威力をもたない，相手を驚かす戦術である．猛禽類を検査する時のように脚をつかんではならない．ヨタカ類は，人が近づいてもじっとしていて，突然飛び立つことが多い．怪我をさせないために，片方の手を鳥の上にかざしながら，もう片方の手を横からゆっくりと近づけること．負傷していない雛は巧みに逃げ回り，不意に検査台から飛び降りることがある．

　眼は澄んで透明感があり，眼瞼は軽度に弛緩していなければならない．昼間や灯りの下では，眼瞼が半開きになるが，これは正常である．羽毛を正しい状態に整え，翼を体にくっつけて保定する．翼の配置を確認するには，第 2 趾と第 3 趾を頚の両側で押さえて体の動きを抑えるとよい．翼を詳細に触診する時は，片方の翼を体にくっつけて押さえ，もう片方の翼を検査する．口腔内

の検査は，嘴毛にやさしく触れるか，息を吹きかけるとよい．この刺激でヨタカは口をパッと開けるので，半分に折った舌圧子や大きめのペーパークリップを口の横から挿入する．それをゆっくりと回して立て，口を開かせると，顎を痛める危険をおかさずに口腔内を観察できる．他の部位の検査は，他の鳥類と同じような手技で行うことができる．寒い時期に発見されたプアーウィルヨタカは，休眠状態にあるとみなさなければならない．休眠中のヨタカは，全身の健康状態を正しく把握するために，診察前にゆっくりと暖める必要がある．休眠は，心拍数，呼吸数，代謝率を下げてエネルギーの消耗を防ぐしくみである．1994年のプアーウィルヨタカにおける休眠の研究では，体温が5℃以下にまで低下したことが報告されており，これは他種の野鳥で記録されている中で最も低い体温である．プアーウィルヨタカを100日間10℃の環境下においた実験では，体脂肪が10gしか減少しなかったという報告もある（Howell and Bartholomew 1959）．休眠は，体重が20%減少するか気温が低下すると引き起こされる．プアーウィルヨタカは雛でも休眠しているのが発見された例がある．

罹りやすい疾病

ヨタカにおける内科的疾患はほとんど知られておらず，雛の大半は誤認救護で持ち込まれる．成鳥は交通事故による怪我で保護されることが多い．車のヘッドライトに引き寄せられた昆虫を追って，車と衝突してしまうのだ．車との衝突事故では，翼が複雑骨折したり，ほとんど切断したりすることが多い．自然界では翼を完璧に操縦して飛翔しなければならないため，ほとんどのリハビリテーターは，翼に重度の骨折を負ったヨタカに対して安楽死を考慮するものである．正しく整復できる橈骨や尺骨，掌骨（中手骨）の中間部における骨折で，軟部組織の損傷が最小限に留まっていれば，予後が良好な場合もあるが，個々の状態によって判断しなければならない．自然界で生き残る飛翔能力がないアメリカヨタカ亜科やヨタカ亜科は放鳥すべきでないので，翼の怪我はいずれも非常に重篤であると考えるべきである．外敵から攻撃で裂傷を負っていることがある．この場合，創面のどの羽毛も抜かないようにして最小限の範囲を清浄する．翼帯その他の包帯を装着している間は，羽毛の状態に配慮する．鳥類における開放創への抗生物質療法については，第1章「基本的なケア」を参考にしてほしい．

給餌方法

全てのヨタカ類は，飼育下におくと手差し給餌が必要となる．飼育下のヨタカ類は，幼鳥だけでなく成鳥も自力採食しようとしないが，昆虫を鳥に向かって放り投げたり落下させたりすると，飛びついて食べるようになることが多く，給餌のテクニックが大切である．おそらく眼が頭の側面にあるせいで，ヨタカ類は静止している餌を認識できないようである．給餌する時には，嘴毛を軽くなでたりくすぐったりしながら，鈍端の鉗子や止血鉗子でつまんだ餌を鳥に近づける動作をするとよい．野生では，親は夕暮れと夜明けに2～3回ずつ昆虫を吐き戻して与える．飼育下では，1日に3～4回，昆虫食性用飼料（第34章「スズメ目：飼料」）に浸した市販のミルワームやワックスワーム，スーパーワーム，コオロギなどを主体に給餌する．できるだけ多くの種類の昆虫を与えるべきである．小型のヨタカ類の胃内から最もよく見つかる昆虫は，甲虫，蛾，ハエ，蚊，バッタ類，アブラムシ，イナゴ類，イエバエ，羽アリ，狩猟性のハチ，ミツバチ，コバネナガカメムシ，そして毛虫である．ずっと大型のチャックウィルヨタカは，小鳥や小型のネズミを丸飲みしていることもある．雛はすぐに人工給餌に慣れ，飼育係がケージに近づくと間もなく餌をもらえることを覚える．雛は，しばしば狂乱したようなピーピーという声を発しながら，翼を広げ大口を開けながら餌をくれる人間に向かって突っ込んでくるので，注意が必要である．雛が欲しがるたびに，欲しがるだけ与えるべきである（図25-3，図25-4）．給餌途中に少し時間を空け，その後残

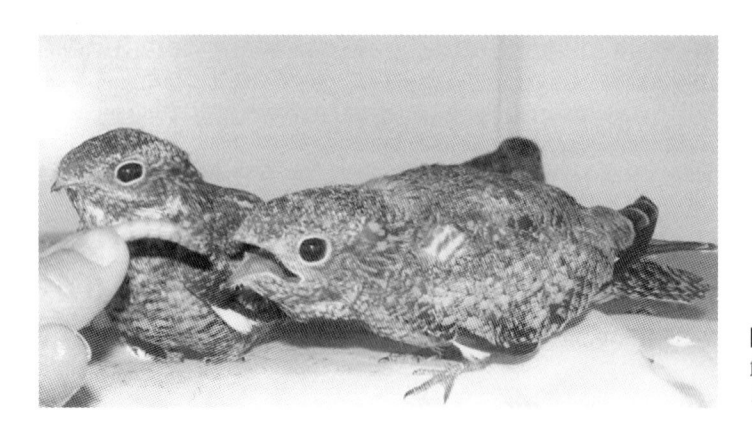

図 25-3 人工飼育されている雛は，餌を見ると口を開けて突き出してくる．ヨタカ類特有の小さい脚に注目．

図 25-4 昆虫は鉗子などを使って与えるとよい．雛に向けて昆虫を近寄せる動作が，採食行動を刺激しやすい．

りの餌を与えるとうまくいく．

　一方，成鳥は飼育下における給餌が難しいことで知られている．通常，ほとんどの種にとって，夜明け直後および夕暮れ前のそれぞれ 45 分間が重要な採食時間帯である．保護飼育されているヨタカは，この時間帯であれば給餌を受け入れやすい．ストレスを軽減するために，初めて給餌する時は，前述の「餌を近づける動作」を行うとよい．多くの成鳥はすぐにこの方法に慣れる．給餌を受け付けない個体は，やさしく顎を開けて昆虫を口の奥に入れるとよい．成鳥は頭をふって餌を吐き出すとか，または飲み込まずに後で口から出すことが多いので，給餌後は，顎の下に指を 1 本おいて，指先で頭を軽く持ち上げるとよい．給餌終了ごとに，しばらくしてから床を点検して餌を吐き出していないことを確認する．成鳥は，野生下における通常の採食時間帯にしか餌を食べない．この時間帯に何度も給餌に失敗すると，鳥が餓死する恐れがあるため，強制給餌が必要になる．給餌者が右利きの場合，鳥の体をスカーフで覆って左手で保定し，右手を体の下からまわして，親指とくすり指で鳥の両側のこめかみ（上顎と下顎の関節部）を押さえる．左右の関節に等しく圧力がかかるようにしながらごくゆっくりと口を開ける．口が開いたら直ちにペーパークリップを口の横から反対側に向かって挿入する．人差し指と中指で餌をつまんでおいて，口が開いたら，慎重に餌を舌の上に乗せて奥に押し込む．

　昆虫食鳥用の人工給餌飼料（第 34 章）を，Catac ST1 乳首（Catac Products Limited）を取り付けたシリンジを使って上記と同じやり方で与えてもよい．ヨタカ類へのチューブによる強制給餌は難しい．ヨタカ類の嘴はいとも簡単に折れてしまうので，強制的に口を開けるにはかなりの慎重さが要求される．しかし，必要な時には，15cm サイズの輸液延長チューブを切り取ったものや，その他細くて軟らかいチューブなどを利用して給餌することも可能である．チューブの切断面を焼いて角を丸くし，差込部を適当な大きさのシリンジに装着する．テーブルの上で鳥を保定して，前

述のように口を開けさせると食道の開口部が見える．チューブを回転させながら食道開口部に向かって下ろしていくと，食道に沿って鳥の胸郭の奥深くまで入っていく．チューブを挿入していくと，食道がまるで直線の状態からテーブルに向かって90度曲がっているかのように感じる部分があるが，それを過ぎると急にテーブルと平行方向に進んでいく．保護飼育中の成鳥は，この給餌方法によって数週間は生かすことができる．再度述べるが，ヨタカ類を取り扱う時は，繊細な羽毛を傷めないよう注意を払うこと．人工給餌飼料を体重の5％（50ml/kg）を1日4～6回，例えば40gの個体には飼料2mlを1日4～6回給餌する（R. Duerr 私信）．個体によって代謝率に差があるので，毎日同じ時間に体重を計測して変化を記録すること．どの鳥も，給餌後は毎回，湿らせた綿棒や綿球で嘴や顔の羽毛や鼻孔に付着した餌や液体をていねいに拭き取る．飛べるまでに成長したら，幼鳥を大きなケージに移して中にトンボ，甲虫，蛾，チョウ，ミツバチなどの飛翔昆虫を入れる．毎日個体ごとに体重を計測して減っていないことを確認し，放鳥するまでは補助的な人工給餌を続けなければならない．野生のチャックウィルヨタカとコアメリカヨタカをはじめとする数種で，小石を拾って飲み込む行動が観察されている．これは，必要なミネラル分を補うためか，あるいは消化を助ける役割があるのかもしれない．保護飼育中は，砕いた卵殻かカキ殻カルシウム剤を敷料の上に撒いておくと食べることがある．

期待される体重増加

雛は毎日体重が増えていなければならず，4週齢までに成鳥の体重に到達するか，あるいは超えていなければならない．ヨタカ類数種の成鳥の体重を表25-1に示している．

飼育環境

どんな場合でもワイヤー製のケージを使ってはならない．ほとんどのリハビリテーターは，幼鳥と負傷した成鳥の治療期間中は側面が板などに囲まれたケージを用いている．扉に虫除けネットを装着したプラスチック製のイヌ用運搬ケースやイヌ用航空機輸送ケージ（バリケンネル）が適している．扉の格子に虫除けネットを細い糸で縫いつけると，しっかりと固定される．配管用テープなどの粘着性のあるテープ類は，緩んでヨタカの羽毛を傷める恐れがあるので使ってはならない．緊急の場合は，段ボール箱で覆うだけでもよい．

敷　　料

飼育ケージの床の敷料には，清潔な砂が望ましい．さらに，均一に加温できるような暖房器具を設置するとよい．敷き砂は，積み方によってへこみや出っ張った部分を作ることができる．また，鳥が砂浴びをして羽毛の状態を整えることができるという利点もある．

鶏卵梱包用の緩衝スポンジや紙製鶏卵箱，あるいはシュレッダーにかけた新聞紙をケージの床に敷いて起伏をつけ，これをフリースで覆うとよい．フリースは洗濯できて，安価で様々な柄を選択できる．入手できれば，暗い斑入り模様のフリースを使うとよい．フリースは，タオル生地のようにヨタカの小さな趾に絡まることはないし，新聞紙のように油分で羽毛を傷めることもない．定期的に取り替えてカビの発生を防ぐなら，殺虫剤のかかっていない落ち葉をケージの床に撒いて起伏をつけてもよい．暗い色やカムフラージュ模様は，ヨタカに安堵感を与えるらしく，幼い雛でさえ自分の姿が紛れるような敷物の色を選び，そこで座ったり寝そべったりする行動が見られる（図25-5）．

どの敷物を使うにしても，最も大切なのは清潔に保つことである．糞やこぼれた餌が付着して羽毛を傷めないよう，こまめに掃除をしなければならない．時々抜け殻のような物が目につくことがあるが，消化できなかった昆虫の体の一部なので，これも掃除中に取り除かねばならない．

止 り 木

ふつうの鳴禽類用の止り木は，ヨタカ類には向

図 25-5 ヨタカは自分の姿が紛れるような素材の上にいると落ち着きやすい．できるだけ暗い色調または斑入り模様の素材を置いてやる．写真にあるのは，黒っぽい色のカーペット．

いていない．ヨタカ類は地面に座るか，体を太い枝や岩に体を沿わせて水平に止まるからである．保護飼育中は，敷物を隆起させたり，太い枝や細い丸太，あるいは表面が粗い大きめの石を置いたりするとよい．石や砂は木よりも熱を保ちやすい．いずれの材料を選ぶにしても，止まった時に羽毛が糞で汚れないよう床からの高さを十分保つこと．

飲　　水

何人かのリハビリテーターは，ヨタカが水皿の中に排泄しているのを見ているが，果たして飼育下で水を飲むかどうかということは報告されていない．野生のヨタカ類が，静水の上を飛びながら下顎で水をすくう姿や，まれに静水池の縁に止まっているのが目撃されている．しかし，多くの昆虫は約70％の体液を含んでいるので，水分は主にそこから補っていると推測されている．幼鳥や負傷した成鳥は溺れたり，体が濡れて凍えたりする恐れがあるので，放鳥前の成鳥にだけ飲水を用意すればよい．

補助的な暖房

加温を行う際には，2つの点に留意しなければならない．温度が低すぎると，種によっては休眠に入ってしまうことがある．逆に高すぎると「喉振るわせ行動」を誘発する．つまり，低温では代謝が低下するし，高温では体を冷やすために，喉を振るわせて代謝エネルギーを使う必要がある．どちらの状態も鳥の健康にはよくない．

3週齢以下の雛と負傷した成鳥には，保温が必須である．暖房には，ケージの下にマットヒーターを敷いたり，上から保温ランプを当てたり，あるいは爬虫類用セラミックヒーターなどを使うとよい．夜行性の鳥類には，光を発せず熱だけを出す暖房器具の方が都合よい．フルスペクトルライトを保温ランプに併用してもよい．成長した雛と負傷している成鳥では，周囲の温度を約32.2℃に設定し，若い雛ではさらに少し高めにする．どの暖房器具を使うにせよ，飼育舎内を加温し過ぎないように十分注意しなければならない．また，上から保温ランプで暖める場合は，羽毛や脚が触れて焼けないよう，カバーをかぶせること．

観察を怠らないことが肝要である．鳥の動きを見て，暖房器から離れた場所で座っているなら，温度を下げる必要があるのかもしれない．暖房器具の真下や真上に座っているようなら，様子を見ながら温度を徐々に上げていくべきである．砂漠やプレーリ（草原）地帯に生息するプアーウィルヨタカは，「喉振るわせ行動」によって体温を下げ，非常に高温になる気候を効率よく耐えることが分かっている．しかし，飼育下でこの行動が見られるのは，温度が高すぎるという危険信号なので，直ちに暖房器具を取り除いて温度を下げた後，注意深く観察しながらゆっくりと暖め直す．

自力採食

ほとんどのヨタカ類は餌皿から餌を食べないので，自分で飛翔昆虫を捕食できるようになるのが，自力採食の目安である．風切羽が完全に生え揃ったら，雛を屋外の飼育舎に移す．飼育舎内に鳥か

ら離れた場所に白熱電球を設置して（鳥が接触しないようにワイヤーカバーで覆う），適切な給餌時間に野外の飛翔昆虫をおびき寄せる．あるいは，昆虫を網で捕まえ，試験的に飼育舎内に放してみてもよい．Miller（2000）は，6羽までの飼育舎として2.4×4.9×2.4mの広さが望ましいとしている．放鳥前には全身の身体検査を行うことが大切である．羽毛を入念に検査し，飛翔の操縦性を損なう原因となるストレスラインなどが現れていないか，骨折部が正しく整復されているかなどを検査するとともに，眼の検査も行う．もし全く不備がなければ，飛翔試験と筋肉を増強させる訓練を兼ねて，大きなフライトケージに鳥を移す．

ヨタカ類には，優れた飛翔力が必要である．フライトケージ内には枝やシーツ，麻布などの障害物を吊り下げ，体を傾けたりそらしたりする能力があるかどうかを観察する．飛翔訓練に際して，種によって獲物の獲り方が異なることに留意しておく．アメリカヨタカ亜科などは生息域内を飛びながら獲物を捕らえ，他の多くのヨタカ類は短距離を急襲して捕獲する．どの種でも飛翔しながらカーブする，体を傾ける，突進する，急な方向転換をする，素早く高い場所に上がる，といった能力が備わっていなければならない．

放　　鳥

定住性のヨタカ類は，発見された場所で放鳥することが大切だが，渡りの期間中に保護された個体はその地域が生息地とは限らない．そのため，安全で，十分な餌が確保でき，生存の望みが多い場所に放鳥すべきである．放鳥に当たって忘れてならないことは，ヨタカ類が薄明薄暮性から夜行性の鳥であるということである．満腹するまで給餌した後，夕暮れ時か夜明け直前に放鳥する．車道から離れ，近くに猛禽類がいなくて，さらに可能ならしばらく殺虫剤を散布していない場所を選ぶ．これらの条件が整っていれば，鳥が自然界で自由な生活を始めるチャンスが生まれるだろう．可能な限り，天候や月の満ち欠けに従って放鳥する．晴れた満月の夜は，採食行動が高まる．昆虫を十分に捕獲する能力がないヨタカは決して放鳥してはならない．とはいえ，ヨタカ類は飼育下では自力採食できないため，放鳥できないヨタカが飼育され続けることは滅多にない．鳥の一生にわたって，給餌の面倒を見ることができる保護施設はほとんどないのである．

謝　　辞

自らの経験を惜しみなく分け与えてくれたリハビリテーターの皆さん，なかでもGloria Halesworth，Sigrid Ueblacker，Rebecca Duerr そして Nancy Eilertsen に感謝します．

関連製品および連絡先

Catac nipples（Catac ST1 乳首）：Catac Products Limited, Catac House, 1 Newnham Street, Bedford Mk40 3jr England, Tel: +44 (0) 1234 360116, Fax: +44 (0) 1234 346406, http://www.catac.co.uk.

また，Chris's Squirrels and More からも入手可能である．LLC, P.O. Box 365, Somers CT 06071, (860) 749-1129, http://www.thesquirrelstore.com

参考文献および資料

Bent, A.C. 1962. Life histories of North American Cuckoos, Goatsuckers, Hummingbirds, and Their Allies. Dover Press, New York, 506 pp.

Cink, C.L. 2002. Whip-poor-will (*Caprimulgus vociferus*). In The Birds of North America, No. 620 (Poole, A. and Gill, F., eds. The Birds of North America, Inc., Philadelphia.

Cleere, N. 1998. Nightjars: A Guide to Nightjars and Related Nightbirds. Yale University Press, New Haven, Connecticut, 317 pp.

Forbush, E. and May, J. 1939. Natural History of American Birds of Eastern and Central North America. Houghton Mifflin Company, Boston, 553 pp.

Howell, T.R. and Bartholomew, G.A. 1959. Further experiments on torpidity in the poor-will. Condor 61(3): 180–185.

Ligon, J.D. 1970. Still more responses of the poor-will to low temperatures. Condor 72(4): 496–498.

Miller, E.A., ed. 2000. Minimum Standards for Wildlife Rehabilitation, 3rd Edition. National

Wildlife Rehabilitation Association, St. Cloud, Minnesota, 77 pp. http://www.nwrawildlife.org/documents/Standards3rdEdition.pdf.

Perrins, C. 1979. Birds: Their Life, Their Ways, Their World. Reader's Digest Association, Pleasantville, New York, 411 pp.

Poulin, R.G., Grindal, S.D., and Brigham, R.M. 1996. Common nighthawk (*Chordeiles minor*). In The Birds of North America, No. 213 (Poole, A. and Gill, F., eds. The Academy of Natural Sciences, Philadelphia, and The American Ornithologists' Union, Washington, D.C.

Sibley, C.G. and Ahlquist, J.E. 1990. Phylogeny and Classification of Birds: A Study in Molecular Evolution. Yale University Press, New Haven, Connecticut, 976 pp.

Terres, J. 1991. The Audubon Society Encyclopedia of North American Birds, Wings Books New Jersey, 1053 pp.

26
エボシドリ類

Rebecca Duerr

生物学的特徴

　エボシドリ目のエボシドリの仲間は，アフリカのサハラ砂漠南部にのみ生息する．5属23種に分類され，さらにいくつかの亜種に分けられる．一般名は plantain-eater, go-away bird, loury そして touraco など多くあるが，turaco が最も一般的である．

　全ての種がニワトリ程の大きさで，長い尾，短く丸みのある翼，対指性の足，そして枝を走り回ったり飛び回ったりできる強い脚を有する．彼らは，自分の意思で立たせることのできる滑らかな羽毛と冠をもっている．2種類の銅を素材とした羽毛色素：turacoverdin（緑），turacin（赤）を有していることがエボシドリの特徴である．

　エボシドリは5属に分類されているが，4つの基本的なカテゴリーに分類することができる．つまり，緑色のグループ（エボシドリ属），紫色のグループ（ムラサキエボシドリ属），灰色のグループ（ムジハイイロエボシドリ属）そして青色のグループ（1種，カンムリエボシドリ *Corythaeola cristata*）である．紫のグループは plantain-eater（バナナを食する鳥）と呼ばれる傾向にあり，灰色のグループは go-away bird（鳴き声がゴー・アウェイと聞こえるため）と呼ばれる傾向にある．緑や紫のグループと灰色のグループの間には，生息地，餌そして行動に違いがある．

　エボシドリの多くの種は常緑樹林や熱帯雨林の樹冠の中層部にペアか少数のグループで生息しているが，例外的に灰色のグループだけがより乾燥したサバンナ地域に生息している．ほとんどの種は果実を餌としているが，灰色の種は樹葉より多く食している．時には甲虫の幼虫やその他の昆虫を食することもある．

　エボシドリはハトのように，一夫一妻で平らで脆い粘着性のある巣を作る．彼らはほぼ決まった一腹卵数を産む鳥で，通常2～3個の白い卵を産む．幼鳥は親からの吐き戻しによって給餌される．シロハラハイイロエボシドリ（*Criniferoides leucogaster*）以外の全種は，性的単型性である．

人工育雛への移行

　色彩や展示用として適した素質により，エボシドリは欧米で，ソフトビルの鳥類としてはより一般的に飼育されており，動物園施設でも人気のある種である．テキサスのヒューストン動物園は長年にわたってエボシドリ飼育の指導的立場にある．緑色のエボシドリが米国で最も一般的に飼育されており，次いで紫，その次に灰色が飼育されている．カンムリエボシドリは米国では非常にまれにしか飼育されていない．ヒューストン動物園はこの種の繁殖に成功しているが，個人飼育では未だ成功していない．

　エボシドリの人工育雛は通常，ペアの繁殖性を高めるため，雛の安全確保のため，あるいは人間に馴れた親鳥を作るために行われている．

育雛記録

　第29章の「ネズミドリ」を参照．

孵　卵

　エボシドリの卵は，壊されてしまうかもしれない卵を救い出す場合に加えて，数週間のうちに再度産卵させる場合に，時おり巣から取り出し，人工孵化させることがある．親鳥たちにとっては，彼ら自身で育てる方がよいが，希少な種であるといった特定の場合には，この手法を使用し過ぎることなく過剰な産卵による雌の健康被害に及ぶことがなければ，妥当な手法である．

　エボシドリの卵は標準的な孵卵器内において37.2〜37.8℃，45％の湿度で人工孵化する．卵は1〜5時間おきに180度反対に転卵する．受精の有無は産卵後7〜10日目の検卵で確認できる．詳細は第3章の「孵卵」を参照すること．

　孵卵期間は種によって異なり，個体間でも差がある．緑色のエボシドリは産卵後19〜23日で孵化し，カンムリエボシドリは31日かかる．紫と灰色のエボシドリではこれらの間である．孵化には最長で48時間かかる．

孵化および初期のケア

　エボシドリの雛は半早成性で，孵化後すぐに眼が開き（図26-4），周囲に対して警戒心が強い．巣の中の雛は警戒音を発し，大きな口をあけて侵入者を脅し，捕まえられると排便する．孵卵器で孵化した雛は，世話係の人間に刷り込まれ，怯えてさえいなければ，特にこのような反応を示すことはない．

　孵化直後の雛は，体が乾くまでの数時間，孵卵器内にとどめておくことができる（図26-1）．卵黄嚢が吸収されるまでの最初の12〜24時間は給餌すべきではない．臍帯は，感染防止のため，ヨード剤で消毒する方がよい．エボシドリの雛は暑過ぎると過呼吸となり，寒過ぎると口を開けず，採食しないため，雛の様子を観察しなければならない．

罹りやすい疾病と対処

　エボシドリ，特に緑色の種は，頑健で一般的に健康上の問題は少ない．彼らは鉄沈着症あるいはヘモクロマトーシスに冒される可能性のあるグループである．それは多量の鉄が肝臓に貯まる致死的な食餌性の疾患である．彼らはオオハシやムクドリほどには罹患しやすくないが，エボシドリの餌には注意を払わなくてはならず，動物性の鉄を含む餌や柑橘類は避けるべきである．Kaytee Exact Mynah や Mazuri Softbill あるいは ZuPreem Softbill などの低鉄性のペレット飼料が勧められる．

　人工育雛されたエボシドリにみられる最も一般的な問題は，不適当な巣材による開脚である．孵

図26-1　孵卵器内で孵化した直後のリビングストンエボシドリ（*Tauraco livingstonii*）．羽毛が乾きつつある．

化後1日目からエボシドリはワイヤーかプラスチックの網と繊維状の草かあるいは干草などの容易に握ることのできる巣材で飼育されなければならない．滑りやすい床の上で飼育された場合，脚は永久的に損傷を受ける．軽い開脚の場合は，両脚をテープで留めることにより数日で治すことができる．この方法でテーピングした場合，肛門を塞いでしまわないようにしなければならない．雛を小さなお椀に入れ，両脚を体の下の正しい位置に置くようにするのが効果的な場合もある．

人工育雛の餌

エボシドリではグループによって必要な餌も異なる．緑および紫の種が最も一般的に人工育雛に成功しており，より果実食性の傾向にある．灰色のグループとカンムリエボシドリは成鳥では，より草食性である．人工育雛に成功している人もいるが，雛の必要栄養についてはあまり知られておらず，人工育雛は問題が多い．現在用いられている人工餌には多くのバリエーションがある．

給餌は朝6時頃に開始し，午後10～11時まで続ける．夜間の給餌は必要ない．雛が問題をもっていないかどうかを確かめるために，給餌ごとに排糞の規則性，糞の外観，糞の量を記録すべきである．エボシドリの糞は軟らかく，茶色がかっており，幾分か形があり，時には粘膜を含んでいる．糞の粘性が強すぎる場合は，酵母（真菌）か細菌感染を示していることがある．糞が乾きすぎている場合は，フォーミュラ（雛用餌）に水分を加えてやる．雛が糞をしない，あるいは背弯姿勢をとっている場合は，肛門を暖かく湿らせた綿で刺激してやる．体温が正常にもかかわらず，雛が餌を求めない場合は，便秘か脱水を示している可能性があり，補液の必要があるかもしれない．

緑色と紫色のエボシドリの人工育雛用の餌

緑色と紫色の種に推奨される人工育雛用の餌は下記のとおりである．

- パッケージに従ってぬるま湯に溶かしたKaytee Exact Hand-Feeding Formula（Kaytee Products, Inc.）のような，オウム用の市販の人工給餌用フォーミュラ：2
- Gerber社のナシ，リンゴ，パパイヤ，バナナなど，裏ごしした人間用ベビーフードのフルーツ（Gerber Products Company）：1

人工餌は熱過ぎない程度に暖め，各給餌時間に新鮮なものを用意する．雛の成長に従い，人工餌の水分を減らし，硬めのホットケーキの生地のような状態にする．Kaytee Exact Mynahのような，水でもどしてすり潰したソフトビル用ペレット飼料が緊急時に人工給餌用フォーミュラの代用として使用できる．雛の成長とともに，果実の小片や水にふやかしたペレット飼料を与え，人工餌の量を減らす．

推奨される給餌スケジュール

ムラサキエボシドリ（*Musophaga rossae*）のような大型の種は，やや多量の餌を食する（表26-1）．餌の量は日内でも徐々に多くなる．例えば，孵化後2日目の最初の給餌は0.3mlであるが，最後の給餌は0.5mlとする．体重の増加は，餌の量が適切かどうかを給餌者に知らせる．

果実とペレット飼料の増加に伴いフォーミュラの量を減らし，孵化後10～11日目までには雛は固形物のみを食べるようになる．

他の人工育雛用の餌

以下のリストは代替の人工給餌用飼料をまとめたものである（給餌スケジュールは表26-2を参照）．

表26-1 エボシドリの給餌スケジュール

日齢	給餌量（ml）	頻度
2	0.3～0.5	30分毎
3	0.6～0.8	30～60分毎
4	1.0～1.2	60分毎
5～6	1.3～2.5（ナシ，パパイヤ，メロン，リンゴなどの果実とふやかしたペレット飼料とともに）	75分毎

表 26-2　他のエボシドリの給餌スケジュール

日齢	餌の内容
0〜10	粥状の混合物（プラスチックピペットあるいはスプーンで給与）
10〜18	果実とインコ用ペレット飼料を粥状にしたものをピンセットで与える（齢が進むにつれて徐々に水分を減らす）
18〜20	固形物をスプーンあるいはピンセットで給与
22〜25	成鳥用の餌（皿に入れて置いておく）

・ふやかした Mazuri Parrot Breeder Pellets：2
・フルーツ（アップルソースかパパイヤ，あるいはその双方）：1
・緑野菜（ケールかキクヂシャ）：1

　水っぽいオートミールから粒入りのピーナッツバターくらいの堅さになるように十分な Pedialyte を加える．

　最初に与える固形物は，通常，ブドウ，パパイヤ，バナナあるいはふやかしたオウム用ペレット飼料である（表 26-1）．ヒューストン動物園では，カンムリエボシドリには，上記のオートミールに幼児用の野菜やフルーツを加え，給餌物中の緑色餌糧の量を増やしている．灰色の種には，Mazuri Leaf-eater Primate Pellets（リーフモンキー用ペレット）や Mazuri Parrot Pellets を加えている．雛は強欲に見えるかもしれず，他の種よりも多量の餌を食べたとしても問題はない．これらの種に対する理想的な餌が未だ開発されていないため，これらの餌は常に改善されている．多くのカンムリエボシドリや灰色の種の雛は成長段階におけるいくつかの時点において胃消化管の不調のための医療を必要とする．医療情報は鳥類専門医に相談すべきである．

給餌方法

　エボシドリは人工的に餌を与えるのは容易な方である．彼らは素早く投餌器に向かって大きな口を開けるが，巣から引き離すのが遅くなった日齢の進んだ雛では，それに慣れるのに時間がかかる．ネズミドリのように彼らはそ嚢をもっていないけれど，拡張できる食道をもっているため，給餌時に頸部の右側がふくらむのは正常である．

　誤嚥を避けるためにも過剰給餌しないように気をつけなければならない．ほとんどの雛は満腹になると口を開けるのを止めるが，なかには，餌が喉に見えるほど詰まっていても餌をねだり続ける雛もいる．雛に餌を飲み込む時間を与え，餌が見える場所まで食道を満たさないようゆっくりと給餌をすることが最適である．誤嚥の確率を減らすため，給餌中はシリンジを嘴の右側に置く．一般的なチップを取り付けた，1ml のシリンジを使用することから始め，雛がさらに多くの餌を求めるようになったらより大きなシリンジを使用する．雛のなかには給餌時に狂乱状態になる個体もおり，そういう場合には優しく囲うようにして捕らえ，頭を安定させてやる．

　汚れた餌による感染の機会を減らすために，給餌後には暖かく湿らせた綿で嘴や体の汚れた部分の拭いてやる．成育中の羽毛に，乾いてしまうまでこぼれた餌を残さないようにし，また，眼にもこぼれた餌が入らないようにする．

　エボシドリには，ムラサキエボシドリのように，ツメバケイ（$Opisthocomus\ hoazin$）に似た手関節に大きな鉤爪をもっている種もいる．これらの鉤爪は雛の成長に伴い消失する．また，餌をねだっている最中に体を前進させ，上の方に押し上げるために翼を腕のように使う種もいる．

期待される体重増加

　エボシドリの雛の成長は早い．体重の増加を追跡するために，毎日最初の給餌前に体重を測定すべきである．種にもよるが，体重は幾分か変動があるものの，毎日 5〜14％ 増加するのが普通である（図 26-3）．孵化後 18 日後あるいは自立後は，エボシドリの雛の体重増加は毎日とはいかなくなる．体重増加の消失および体重の減少は，特に 2 日かそれ以上続いた場合は問題がある可能性がある．雛が疾患に罹っている，あるいは成長してい

ないなら，鳥類専門医に相談すべきである．

別の種の成鳥やその雛は体の大きさや体重に少し違いがある．緑色の種の孵化時の平均体重は18〜20gである．

飼育環境

孵卵器内で孵化した12時間以降に，育雛器箱に移すことができる（図26-2）．育雛器は専用のものか，あるいは温度と湿度を調節できるよう

図26-2 育雛器の中にいる1週齢のムラサキエボシドリ．翼を腕のように使って，給餌器の方へ自分自身の体を寄せて行っているのに注目．

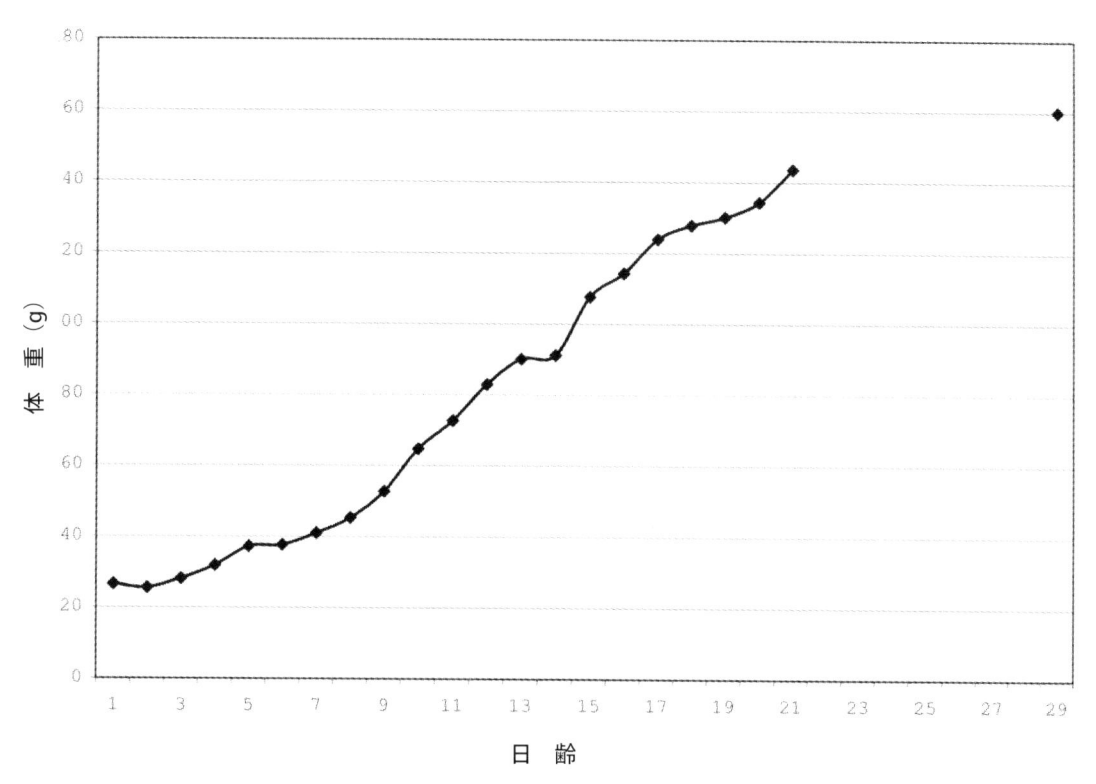

図26-3 ムラサキエボシドリの成長曲線．

図26-4　3日齢のリビングストンエボシドリと25セント硬貨との大きさの比較.

にした透明なプラスチック飼育箱のような単純なものでよい．簡単に握ることのできる素材の敷物を入れた小型のお椀に雛を置き，雛が揺れ動いても横にずれないようにしておく．雛と雛がいる場所を糞や食べ残しの餌で汚れないようにする．親鳥に育てられているような刺激を与えるために清潔なティッシュや軽い布でお椀を覆う．雛は成長に伴い活動的になるため，お椀は雛が餌をねだる時にひっくり返らないように大きくする必要がある．孵化後11～14日目頃には，雛はお椀から飛び出て育雛器の中を歩き回り始める．

1日目の育雛器の温度は35.5℃くらいにし，その後は1日に1℃ずつくらい下げていく．温度ほど重要ではないが，湿度は50～60%を維持し，雛の成長に伴い，温度と同じように部屋の湿度まで低下させる．平均室温が23～27℃以下でなければ，孵化後16～18日目までに雛を加温装置のないケージに移してもよい．ケージには，雛が走ったり飛び上がったりできるように，丈夫なとまり木を設置してやる．エボシドリにとっては，雛が非常に活動的になり，羽ばたき，走り回るような強烈に興奮するような時期を突然に示すことは普通である．およそ孵化1ヵ月で飛翔し始める．

自力採食への移行

エボシドリの雛は孵化後18日目に自力採食を始め，その後徐々に進み，30日目あるいはそれよりも早く完全に自立する（図26-5）．孵化後18日目に，成鳥用の餌と水の入った浅い皿を与えると，雛はたいていそれと知り，自分自身で自力採食する．この時点で，たいてい体重の上下変動が起こる．また，雛は飲み水で水浴びをし始めるため，頻回の水換えが必要となる．緑色のエボシドリの幼鳥の羽毛の色は暗く，成鳥の光沢と色になるのに数ヵ月を要する．

飼育群への導入

幼鳥のエボシドリは，異なる種を混ぜても，似たような日齢であれば，しばらくは安全に同居飼

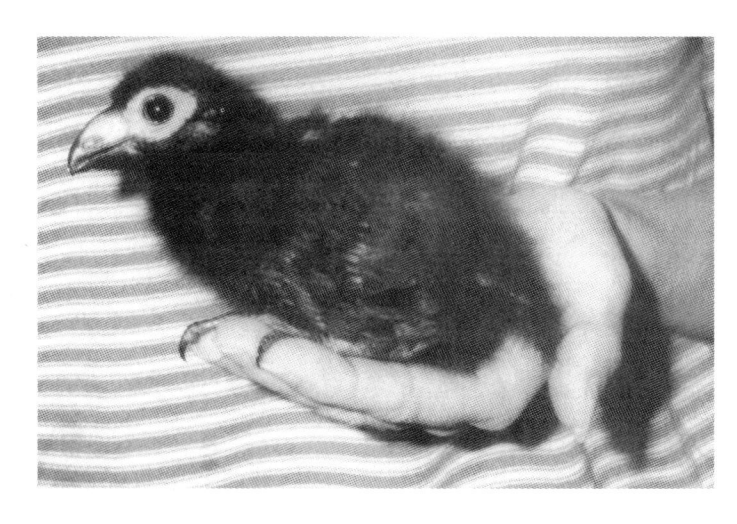

図26-5　3週齢のムラサキエボシドリ.

育ができる．成熟したエボシドリはお互いに攻撃的な傾向にあり，個々に飼育するかあるいは絆の強いペアでの飼育が推奨される．異なる種は別々に飼育すべきである．全種において，交配による攻撃や死は長年同居していても普通に起きることであり，全くその徴候もなく突然に起こり得る．地面の上に適当な大きさの中空のパイプのような隠れ場所を常に用意しておくべきである．エボシドリを同居させる時には第29章で記述したお見合い用ケージ（「howdy cage」）を用いることが勧められる．エボシドリは繁殖期には他の鳥を追いかけ回すかもしれないが，どの齢においても通常他の種の鳥，小型のフィンチ類とでさえ同居が可能である．

エボシドリをペットにするための行動上の訓練

エボシドリは，広い飼育スペースが必要で非常に活動的であるため，家庭用のペットには不向きである．しかし飼い慣らされれば成熟後も人と交流するため，大きな飼育場（図26-6）の中にいてもかなり可愛らしい．しかし慣らされていても，特に繁殖時期には人を恐れなくなり，危険なほど攻撃的になり，顔や頭をつついたり飛び跳ねたりするので油断してはならない．

通常エボシドリはこの行動をしないようにしつけることはできないため，飼育者が鳥の気分を読みとるようにすることが最善策であり，アイコンタクト（これは挑戦的態度と取られる）を避け，交流は最小限に留め，保護用ヘッドギアやメガネをかける必要がある．エボシドリは通常，翼を広げ，頭を倒し，大声で鳴いたりうめいたりしながら近づき，誇示することで気分を飼育者に警告して知らせる．初心者のエボシドリの飼い主と観察者は，鳥とのこの干渉行動にスリルを覚え，鳥の鳴き声や行動を真似ることによってディスプレイをしたいと感じるかもしれない．しかし，そうすることはまさに鳥の興奮度を上げ，攻撃性をより高めることになってしまう．

著者雑記

著者はエボシドリの飼育に取り組んでいるが，現時点で鳥類飼育に関してエボシドリに限定して出版されている正式な書籍はない．しかし雑誌や論文上には豊富に情報がある．最も助けとなったのは，1990年代初頭に英国で設立された国際エボシドリ協会（The International Turaco Society）である．

著者は，ソフトビルバード専門の飼育場であ

図26-6 飼育場のリビングストンエボシドリ．

るDavis Lund Aviariesを所有しており，エボシドリに関する多くの写真や情報を持っている．また，他のソフトビルバードも著者のウェブサイト（http://members.aol.com/DLAviaries）で見ることができる．彼女はエボシドリについて研究している他の人々とのコンタクトを求めている．連絡は541-895-5149あるいはDLAviaries@aol.comへ．

謝　　辞

過去および現在において，長年にわたり経験を共有してくださったソフトビルバードの飼育者全員に感謝します．エボシドリの飼育手法や餌の情報を分け合ったヒューストン動物園のHannah Baileyに深謝します．餌の情報に関して援助いただいたPet Witmanにも感謝します．

関連する製品および会社

Kaytee Exact Hand Feeding Formula and Mynah Diet: Kaytee Products, Inc., 521 Clay St, P.O. Box 230, Chilton, WI53014, (800) Kaytee-1.

Mazuri ZuLiFe Soft-bill Diet: Mazuri Products, PMI Nutrition International, (800) 227-9841, www.mazuri.com.

ZuPreem Low-Iron Softbill Diet: ZuPreem, Premium Nutrition Products, Inc., (800) 345-4767, www.zupreem.com.

Gerber human baby food: Gerber Products Company, 445 Sate St, Fremont, MI, 49413-0001, (800)9 4-GERBER.

参 考 文 献

Milne, L. 1994. Touracos. AFA Watchbird. 21(6): 40–43.

Peat, L. 2000. Touracos galore. International Turaco Society Magazine 13: 8–14.

Plasse, R. and Todd, W. 1994. Turaco husbandry at the Houston Zoo. AFA Watchbird 21(6): 34–39.

Todd, W. 1998. Turaco TAG Husbandry Manual. Houston Zoological Gardens. Houston, 30 pp.

Vince, M. 1996. Softbills, Care, Breeding and Conservation. Hancock House Publishers LTD., Blaine, Washington, 278 pp.

27
ハチドリ類

Elizabeth Penn Elliston

生物学的特徴

「これほど多くの種があり，これほど様々な形態をもち，これほど輝く羽をもち，生態が他の鳥類と異なる鳥は多くの鳥類の中でも類を見ない.」ハチドリについて語られたこの言葉は，1世紀前の米国人鳥類学者 Robert Ridgway によるものである（Johnsgard 1983）．ハチドリ科は西半球にだけ分布し，300種以上いるとも言われ，大部分は南米に生息している．南部原産の種が米国内に迷鳥として見られることがある．北米の南部からアラスカにかけて，少なくとも5属23種がたびたび飛来している（Johnsgard 1983）．

ハチドリは，アマツバメ目に属する樹上性の鳥である．脚は止まるためだけに使い，空中では自分で望むどの方向に向かっても飛ぶことができる．ハチドリ科は特殊な構造の肩関節をもち，翼を回転させたりオールを漕ぐように動かしたりすることができる．これによって，長時間ホバリング（停飛）を続けることができ，他の鳥にはできない後方への飛翔さえ可能である．

ハチドリは，自然界に見られる様々な植物の花蜜や人が設置した給餌台の蜜を食べる．1世紀以上も前から，ハチドリが様々な種類の小型昆虫やクモなども食べていることが分かっていた（Baltosser and Scott 1996, Baltosser and Russell 2000, Bent 1940, Bendire 1895, Calder and Calder 1992, Calder 1993, Robinson ら 1996, Scheithauer 1967）．ハチドリは，とまったりホバリングをしながら餌を食べている．蜜を毛細管作用によって舌で吸い上げてそ囊に絞り入れ，昆虫は捕獲して食べる．地面などから昆虫を拾って食べるという報告もあるが，著者は，飼育下のノドグロハチドリ（*Archilochus alexandri*）が虫を拾って食べる姿をほとんど見たことがない．Scheithauer（1966）は，飼育下のハチドリ数羽において，昆虫を捕まえる際にわざと空中に飛ぶようにしむける「いじめ行動」が見られたと報告している．ハチドリが虫を拾って食べることはまれだと思われるので，飼育場内の地上性昆虫を食べて十分に栄養を摂取していると思い込んではならない．

ハチドリは，植物の繊維や綿羽，動物の毛，綿などを使ってフェルトのカップのような独特の巣を作る．外側は苔や樹皮やはがれた塗料などの材料で覆われている．だいたい1日ごとに2個の卵を産み，最初の卵を産むとすぐに抱卵を始めるので，それぞれの卵の孵化日が異なる．抱卵期間は12～19日，通常約2週間で，抱卵中の天候に左右される．晩成性で，孵化した雛は眼が開いておらず，皮膚は黒く，頭と背中の羽域に白か黄色がかった繊維状の羽毛がわずかに生えている．通常21日ほどで巣立ちするが，その後も2週間ほど巣に留まって親鳥の世話を受ける．雄は交尾を終えると子育てには参加しない．

人工育雛への移行

ハチドリが持ち込まれる理由は主に3つある．1つは成鳥で，窓ガラスに衝突したりネコに襲われて怪我を負ったり，あるいはその他の外傷で飛

べなくなったところを見つかるケースで，北米では夏に多い．この場合，安全な場所に置き，安静にして回復を待つしかないが，飛べるようにならないこともある．

2つ目は負傷していない，親からはぐれた巣立ち雛である．これらの個体は巣立ったものの，まだ自力で生きていけない．親切すぎる人間が雛のためを思って誤認保護してしまうか，あるいは本当に親が何かのトラブルに巻き込まれて戻れなくなったケースである．巣立ち雛はすでに飛ぶことはできるが，まだ嘴が伸びきっていない．この時期の雛は，母親に自分の居場所を伝えるために，高くて頻繁に繰り返すピープコール（ピーピーという鳴き声）を発することがある（Elliston and Baltosser 1995）．こういう雛は，適切な栄養を含んだ餌を与え，餌を探す練習をさせれば，容易に放鳥することができる．

3つ目は，巣内雛が故意に保護されるもので，よく見られるケースである．巣内雛が「誘拐」，つまり誤認救護されることはめったにない．なぜなら，観察している人々はハチドリの営巣活動を注意深く見守っており，営巣中に何らかの問題が起きた時だけ雛を保護するのである．営巣の失敗で特に急いで対処しなければならない目安は，親鳥が約1時間ごとに食物を与えに戻らない，親が夜間に羽毛の生えていない雛を抱いていない，雛が巣から親鳥を呼んで鳴いている，などの現象がみられる場合である．まれに，まだ飛べそうにない雛が地面の上で鳴いているのが発見されることがある．こういう雛は，たいてい巣から落ちた巣内雛で，食物を求めて鳴いている（Ellison 1995）．

育雛記録

鳥が発見された場所と日付は詳細に記録すべきである．発見場所の記録は，放鳥する時にその種に適した生息環境を選び，同じ系統の遺伝子をもつ個体群がいる地域に戻すのに役立つ．発見された日付は，その個体がもし博物館標本になっても有益であり，その種の繁殖時期の記録にもなる．特殊な鳥なので，いくら飼育過程を忘れない自信があっても，記憶は失われるものである．そのため，観察したその時に記録しなければならない．まだ飛べない雛の場合は，毎日，体重と嘴の長さ（露出嘴峰長）をmm単位で計測し，また処置の結果，餌の内容，行動なども記録する．

野生動物管理機関には，リハビリテーションを行う個々の動物について，その履歴を追えるように最低限の記録様式マニュアルがある．詳細については，読者の管轄内の管理機関のマニュアルを参考にしてほしい．巻末の付録I「主要な関係機関」に北米の公認野生動物リハビリテーターおよび野生動物管理機関が掲載されている．最低限，以下の項目の記録をとるべきである．発見場所と日付，種（判明すれば），日齢（分かれば），保護理由，発見時の健康状態，最終的な転帰，放鳥場所である．「保護理由」と「発見時の健康状態」は混同して記録されていることが多いが，「保護理由」とは，育雛放棄とみなした（ハチドリでは，雛が巣で鳴いている，親鳥が最大12時間以内に戻らない，などのケース），地上で発見された，外敵に捕まっていた，あるいは「誤認救護」された，などであり，「健康状態」とは，脱水していた，巣の外にいた，体が冷えていた，餓えていた，などである．常に明確なカテゴリーで記録していかねばならない．

個体ごとに詳細な診療記録をつけ，初診時の検査結果およびその後の経過など，その都度新しい情報を書き加えていくべきである．様々な種が多数いて，多くのボランティア飼育者が雛の世話にあたるような場合は，「給餌マニュアル」表を作成しておくと，次に来るボランティアに餌の内容や給餌方法のちょっとしたコツなどを伝えることができる．計画表には，正確な給餌時間や給餌量なども記入すると有益である．

育雛初期のケア

他種の雛と同様，初期のケアは，原則として加温，脱水の改善，給餌の順序で行わねばならない．筆毛（2週齢以下）や羽毛が生えている，あるい

は枝に止まって餌乞い行動が見られないくらい成長しているハチドリは，自分で体温調整をすることができるので，正常な行動が回復するまで，一時的に暖めるだけでよい．その後，まず等張の補液剤を飲ませてから高張の栄養補液などを与える．脱水が軽度であれば，少量の餌を与えながら5％ブドウ糖液を飲ませれば十分である．5％ブドウ糖液は体液と等張で，鳥が好む味でもある．もし味が気に入らなければ，補液剤を飲みたがらない．チューブで強制的に経口補液することも可能だが，ハチドリには向いていない．自分で飲むようにしむけるのが最良である．雛が液状の排泄物を出したら，給餌を開始してよい．

まだ無毛か筆毛が生え始めたばかりの雛なら，適切に保温することが非常に重要である．孵化したばかりのハチドリは体重が250mgほどしかないので，たちまち体温が下がってしまう．また，あまりにも小さいために孵卵器の温度の影響をもろに受けてしまう．プローブ式温度計（ホームセンターやガーデンセンターで入手できる）を使うと，室内外や巣の中，雛の直下の温度を測定することができる．37.7℃に設定した孵卵器に巣内雛を天然の巣ごと入れ，巣をフランネルのハギレで覆うと，適度な温度に保つことができる（図27-1）．雛が口を開けるくらいの温度になっている時は，雛の真下に置いているプローブの温度計は40℃を指しているかもしれない．これくらいの温度になると，たいてい巣内雛は覆ってある布を蹴りはずす．温度が高くなっている場合は，庫内の湿度を測定することが大切である．広口ビンに水を入れて，糸芯を出しておくと，適当な湿度を保つことができる．雛が口を開けている場合は，プラスチック製の小カテーテルを取り付けた1mlシリンジを使って，温めた経口補液剤を飲ませてもよい．元気な雛なら，親鳥から給餌されている雛に見られる活発な動きで，カテーテルをよじ登るようにして補液剤を飲む．補液は，雛の大きさにあわせて，1回に0.05〜0.5mlを与える．頸部のそ嚢が見えやすいので，ここの状態を見て投与量を判断する．ハチドリは液体状の餌をとても

図27-1 ノドグロハチドリの巣内雛．頸部に満杯になったそ嚢が見える．まだ羽鞘（角質鞘）に包まれたままの羽毛が多く残っている点にも注目．ハチドリの雛は，元いた巣ごと容器に入れるとうまく育つ．

上手に飲むことができるが，そ嚢は小さいので，満タンにならないよう少なめに与える方がよい．また，餌乞いの時には味を確かめずに飲み込む傾向があるので，ラクトリンゲル液（LRS）や5％ブドウ糖・ラクトリンゲル混合液などの電解質溶液を容易に飲ませることができる．雛の体がふくらんだようになり，水分の多い排泄物を出し始めたら，昆虫や栄養分を含んだ流動餌を与えてもよい．

罹りやすい疾病と対処法

親からはぐれたり，負傷したりしたハチドリで最も多いトラブルは，発見者が砂糖水を飲ませようとして鳥の体にこぼしてしまうことである．こうなると，巣内雛では巣にくっついてしまって自由に動くことができなくなり，場合によっては排泄さえできなくなる．そういう時は，雛の状態が安定したらできるだけ早くぬるま湯で湿らせて体を巣から引き離し，羽毛と総排泄腔を洗浄することが大切である．その後，総排泄腔がきれいになって，雛が定期的にお尻を上げて巣の外へ排泄できるようになったことを確認しなければならない．

ハチドリの幼鳥が治療を必要とするのはまれであるが，飛べるようになったハチドリにおけるトリコモナス感染，および保護中の巣内雛におけるミクロスポリジア（微胞子虫）の集団発生の症例が報告されている．これらが検出されたら，ニトロイミダゾール類で治療が可能である（Diane Waters 私信）．真菌の胞子や大腸菌（E. coli）が糞の塗抹検査で検出されることは珍しくはないが，何らかの症状が現れない限り，適切な栄養と世話が最良の治療方法である．自力採食をしている幼鳥が頻繁に舌を出すような場合は，ナイスタチン（Nystatin, Bristol-Myers Squibb）1滴を流動餌3mlに混ぜて与えると，状態が改善することが多いようである（Janine Perlman 私信）．

巣にいるハチドリには，羽ダニが寄生していることが多い．これは，鳥の繁殖期の終りごろに発生するので，雛を取り出した巣にケルセン（Kelthane, Dow Agrosciences）などの殺ダニ剤をかけ，それから雛を戻すとよい．巣に残留した殺ダニ剤は，雛の体にいる様々なダニにも有効である．また，この成分はダニに対してだけ毒性があって，鳥には害がないようである．羽毛が生えたハチドリにダニが多数寄生している場合，殺ダニ剤に浸した綿棒で羽毛の表面，特に頭頂部を軽く拭くとよい．

マヨイダニ科のダニが1964年にBakerとYunkerによって報告されて以来，これまで60種ほど見つかっているが，ハチドリの巣内雛からも時々検出される．この小型のダニは雛の鼻孔周辺に群れていて，雛が口を開けた時に嘴の先端にまで駆け上ってくるのが観察される．そして，雛が口を閉じると嘴の根元に戻るのである．これらのダニはたいてい，黄色やピンク，茶色がかった色をしており，実は花につくダニである．それぞれ固有の花の花蜜や花粉を食べ，花蜜を吸いに来たハチドリの体にくっついて花から花へ移動しているのだが，巣内雛の体に乗ってしまうと行き止まりとなる．このダニは花がなければ数日間しか生きることができないので，そのまま処置せずにおいてもよいし，湿らせた綿棒で取り除いてもよい．

餌のレシピ

液状餌はいずれも，給餌の合間には冷蔵庫で保管するか，その日の餌を小分けにして氷を満たした魔法ビンに保存しておく．その日に作った新鮮な餌を与えるようにする．液状餌に少し粘稠性をもたせるのに乳清を混ぜるとよい．計量スプーンは，品物によって容量の誤差が大きいので，パウダー類を量る場合は，あらかじめ個々の道具類の容積と重量比を確かめておいてから使うこと．

巣立ち雛と成鳥

巣立ち雛と成鳥用の液状餌（表27-1）には，20mg/mlの蛋白質が含まれている．これを1日5ml与えると，成鳥に必要な蛋白質量を大体満たすことができる．この混合餌とネクター（砂糖1：水4），真水を選べるようにしておけば，ハチドリは自分に必要な量をそれぞれ摂取することができる．ハチドリは成長するほど甘味を好むようになる．鳥が進んで食べるようにするため，上記の

表27-1 巣立ち雛と飛べない成鳥用の配合餌：Vital HN・乳清・砂糖「液状餌」の作り方

成　分	量
水	75ml
Vital HN パウダー	4g
砂糖（ふつうのもの）	25g
乳清（100％濃縮粉末）	1.8g

上記を混ぜて塊状に凍らせ，使う日ごとに十分解凍して，10mlに対して以下を加える．

プレーンヨーグルト（生菌）	0.5ml（10滴以内）
タラ肝油：ビタミンE（5：1）	1滴
複合ビタミンB・C錠剤を砕いたもの	少量（液がレモン色に変わる程度）

幼鳥や骨折した成鳥には，以下を添加する

グルビオン酸カルシウム	0.25ml

Elliston and Perlman 2002 の資料をもとに作成している．

餌に少量の砂糖を添加しなければならないこともある．

液状餌の給餌は 3ml シリンジで行うことができる．Vital HN・乳清・砂糖の液状餌は真水や砂糖水よりも細菌やカビが増殖しやすいので，腐敗しかかっていないか確認して与える．シリンジの口から内容液が自然に漏れ出すのは，腐敗や発酵している徴候である．ハチドリは酸味のする餌は全く食べないため，たちまち餓死させてしまうことになる．

飛び回る養殖ミバエ（ショウジョウバエ）を入れると，ハチドリが小型の昆虫を捕獲する練習に役立つ．ハエをうまく捕えて，たくさん食べられるようになると，蛋白質含有量の多い液状餌を食べる量が減り，何も添加していないネクターと水の摂取量が増える．

孵化直後の雛と巣内雛

ユスリカの幼虫である「ブラッドワーム（アカムシ）」（血のような色，赤，または黒色をしている）を与える時は，生体でも冷凍品あっても，重量を測る前にペーパータオルで水分をとらなければならない．このブラッドワームを乳鉢と乳棒で砕いて材料と一緒にすり潰し，1ml シリンジに吸う．これを使う量ごとにかなりの低温で冷凍保存しておく．給餌の合間は，シリンジをごく小さな容器に入れて，氷を満たした魔法ビンの中で低温保存するとよい（餌の種類と成分については，表 27-2〜表 27-5）．

不足しているカルシウム分を，どんなタイプの製剤でもよいので補充する．23mg/ml に調整された小児用のグルビオン酸カルシウム懸濁剤が使いやすい．

表にあるどの混合餌も非常に小さいカテーテルで押し出すことが可能である．雛が成長して，大きめのカテーテルで給餌できるようになったら，半固形餌や流動餌に混ぜて，地上性昆虫よりも体がかなり小さい飛翔昆虫を丸ごと与えてもよい．他の鳥の雛同様，様々な種類の餌を与えるのが効果的である．白ボウフラやミバエ（ショウジョウ

表 27-2 孵化直後の雛と巣内雛用の配合餌
その 1：強化 Vital HN ミックスの「流動餌」

成　分	量
水	33ml
Vital HN パウダー（砂糖を加えない）	8g
複合ビタミン B・C 錠を砕いたもの	1/20 錠を液がレモン色に変わる程度
添加オイル（表 27-4）	0.025ml
プレーンヨーグルト（生菌）	餌 1ml 当たり 0.05ml

表 27-3 孵化直後の雛と巣内雛用の配合餌
その 2：昆虫「半固形餌」

成　分	量
アカムシとボウフラ	2g
グルビオン酸カルシウム（表 27-5）	0.60ml
プレーンヨーグルト（生菌）	餌 1m 当たり爪楊枝 1 杯

表 27-4 添加オイル

成　分	量
魚油（オメガ 3）	7 滴
タラ肝油	2 滴
ビタミン E	1 滴

表 27-5 グルビオン酸カルシウムなどの添加

成　分	量
グルビオン酸カルシウム（23g/ml）	10ml
複合ビタミン B・C 錠を砕いたもの	砂粒ほどの量を液がレモン色に変わる程度添加
添加オイル	ごく少量

バエ），またはその乾燥製品は，どれも適切な餌である．冷凍昆虫は，熱帯魚の業者から入手できる．ミルワームの内臓は，雛が好まないようで，採食反応が鈍いので勧められない．新鮮な昆虫を混ぜると，乾燥飼料や保存飼料では得られない酵素や微生物の補給ができる．

雛が口を開けている間に，ミバエやコバエ，ヨコバイなどの小型の節足動物やブラインシュリンプなどを鉗子でつまんで，丸ごと食べさせてもよい．小皿で，これらの小動物の体を覆っているキチン質を細かく砕くと，消化することができる．

孵化直後のハチドリにとって最適な餌を与えるには，継続的な努力が必要である．餌に必要と考えられる栄養素ははっきりしているのだが，問題は，これまでどの餌でうまく成長したのかが比較されてこなかったことである．飼育するハチドリの数が少なければ，綿密な記録をとることができるが，成長状態を検討するのが難しいし，逆に非常に多くのハチドリを育てると，綿密な記録をとる時間がない．あるいはデータをもっていても公表しないこともある．いずれにせよ，育雛の仕事は継続されるのであり，他のリハビリテーターたちと育ったハチドリについての情報を交換して，新しい知見を得られるよう最大限の努力をすべきである．

孵化したばかりの雛にとって最も重要なことは，丈夫な骨格と内臓の形成である．同時に，体を保護し，飛翔の道具となる羽毛を発達させなければならない．貧弱な羽毛は，ハチドリにとっては命にかかわることである．ハチドリは，飛ばないと昆虫を捕獲できず，エネルギー源となる花蜜を飲むことができないのである．羽毛の発育不良は，孵化直後の非常に小さい雛を育てるリハビリテーターのほとんどが遭遇する問題である．すでに1890年初期には，ハチドリの親が孵化直後の雛に小型の節足動物ばかり与えることが，Ridgwayによって観察されている（Johnsgard 1983）．

体重に基づいて毎日必要な蛋白質量を計算するよりも，ハチドリの親が雛に与えている食物に近い給餌内容にするのが最もよい方法である．つまり，給餌ごとに雛のそ嚢を昆虫でいっぱいにするのである．とはいえ，体重250mgから育て始め，この雛のそ嚢をいっぱいにするほど，小さな昆虫を集めて与えることは，人間にはできない．成長期のこの雛に1日に必要な0.77kcalの栄養を，全て昆虫でまかなうことは非常に困難なことである（付録Ⅱ「鳥の成長期におけるエネルギー要求量」）．Vital HN パウダーを少し薄めの0.7kcal/mlに希釈した溶液を，細い静脈カテーテルなどを親の嘴のように使って与えるとよい．Vital HN パウダーにはエネルギー源として蛋白質16.7%，脂質9.5%，糖質73.8%が含まれている．糖質は，パウダーに含まれている分だけで，余分な砂糖は添加しない．給餌の開始は，この溶液と昆虫の半固形餌をそ嚢がいっぱいになるまで与えれば十分である．

給餌者と雛が互いに慣れるにしたがって，給餌が簡単になる．まず昆虫と節足動物入りの半固形餌を雛が餌乞いを止めるまで与え，ビタミンを添加したVital HNを，雛が飲めば30～60分ごとに，あるいはそ嚢が空になったら与える．このサイクルはすぐに習慣化する．昆虫と半固形餌は流動餌よりも消化に時間がかかる．日が経つにつれ，雛は昆虫性の餌よりもVital HN流動餌の方を多く食べるようになるかもしれない．もしそ嚢内の餌の通過時間が長びいたり滞留したりしている場合は，そ嚢の動きが元に戻るまで，Vital HNを与える．

Vital HNを使うにあたって念頭においておかねばならないことは，非常に小さい雛にとっては，これだけで必要なカロリーが足りてしまうということである．丈夫な羽毛を育てるには蛋白質が必要であり，ハチドリの育雛を成功させるには，餌の大半を多量の脊椎動物（昆虫その他の節足動物）でまかなうべきである．ハチドリは丈夫な羽毛なしに自然界で生き延びることはできない．

雛の喉に昆虫による刺し傷が見つかることがある．それを見ると，虫を与えるのを躊躇してしまうかもしれないが，昆虫を混ぜた餌はいくら混ぜ

合わせてもすり潰しても同じことが起こり得る．Vital HN は説明書の用法どおり調合すると高張（386mosm/l）で，雛が脱水を起こす恐れがある．水を増量して作成した強化 Vital HN ミックスの餌のレシピが表 27-2 にある．著者は，雛が脱水していないと判断するのに，皮膚の羽毛がない部分にシワができていないこと，活発に餌を食べるということを指標にしている．

ハチドリの育雛成功例として，他にも様々な餌が報告されている．しかし著者は，昆虫食性のハチドリが成長する時，必要なアミノ酸を含む多量の動物性蛋白質を与えなければ健全な羽毛が育たないと考えている（MacLeod and Perlman 2001）．実際，非常に多くのリハビリテーターが，大豆蛋白からなる市販の餌で育てたハチドリやスズメ目の放鳥に失敗したことを報告している（MacLeod and Perlman 2001）．多量の大豆蛋白を含む市販のハチドリ用飼料は絶対使ってはならない．この類の餌はハチドリの幼鳥に消化管うっ滞を引き起こすことが知られており，また成長期の幼鳥に必要な蛋白質の量や質を十分に満たしていない（Elliston and Perlman 2002）．市販の餌は準備の手間がかからないが，この不適切な餌を与え始めた日齢が早い雛ほど，羽毛が健康に育たなかったり，死亡率が非常に高かったりする．Nectar-Plus（Necton Products）は成鳥用の製品で，成長期の雛には不向きである．ハチドリは昆虫を食べるように進化してきたのであり，大豆由来の蛋白質を消化吸収できると考えるとは考えられない．

給餌方法

羽毛が完全に生え揃って止り木に止まるようになると，ハチドリの幼鳥は母親以外に対して餌乞いしなくなるように見える．Vital HN・乳清・砂糖ミックスの液状餌を入れた 3ml シリンジを置いておくと，間もなく自分で飲むようになる．最初はシリンジの先に色をつけて興味を引くようにしてもよい．先端を赤く塗ったり，先端に光沢のある糸を巻きつけたり，あるいは光沢のあるセロファンをシリンジに貼り付けてもよい．幼鳥の嘴はかなり短く太いので，ルアーロック式シリンジの先端を 4 分の 1 ほどに切り落とすか，シリンジの筒に穴を開けると餌を飲みやすくなる．さらに，もう 1 本同じように細工したシリンジを置き，飲水を入れておく．

ハチドリの母親はそ嚢内容を吐き戻して雛に与える．健康な雛なら口を開けて母鳥に訴えかけ，嘴から餌をもらう時，活発に体を上下させる動作が見られる．他の雛と同じく，口を開けさせる鍵は雛に何らかの刺激を与えることである．ハチドリの母親は，巣の上で羽ばたいて雛の糸状羽をなびかせて刺激し，餌乞い行動を促す．雛が口を開けて頸をのばしたら，鈍端の眼科用ピンセットでつまんだ昆虫をそ嚢まで入れてもよい．昆虫をつかんだ鉗子を少し緩め，雛が受け取りやすいようにする．雛が餌乞いを止めるまで繰り返す．著者が考えた，最もよい給餌姿勢は，平らな台に置いた巣の側に肘をついて前腕を固定し，雛に向かって腕をテコのように動かす方法である．鉗子やシリンジを持った腕を突っ張ったまま雛の頭上でかまえ，雛が口を開けたら降ろして口に入れる．その時，雛に息を吹きかけるとよい．最初は，雛の大きさに合った太さのカテーテルをシリンジに取り付けて行うとうまくいく．

液体に昆虫を入れてシリンジで与えているリハビリテーターもいる（Van Epps 1999）．この著者は，体が丸ごと通るような小型の昆虫（ミジンコ属の虫は除く）だけをカテーテルで与え，大きめの昆虫は鉗子で丸ごと与える方法を好んでいる．なぜなら，液体状の餌に大きな昆虫を混ぜて与えると，吐き戻してしまう雛がいるからである．雛のそ嚢に入る固形物の量と必要な水分量を算出すると，固形餌と液体を別々に与えることができる．昆虫をすり潰して半固形餌を作ることもできるが，昆虫のリン含量とのバランスがとれるよう，カルシウム剤を加えること（23mg/ml のグルビオン酸カルシウムを，昆虫 100mg 当たり 0.03ml 添加する）．そ嚢が空の時に半固形餌と Vital HN ミックスの流動餌を交互に与えてもほとんど問題

孵化直後の雛

孵化直後の雛には，1日のうち12〜14時間中，餌乞いをする20分〜30分ごとに給餌せねばならない．しかし，決して過度に刺激したり強制的に食べさせたりしてはいけない．流動餌や半固形餌を給餌するには，1mlシリンジに18ゲージ以下の細い静脈カテーテルを取り付けると，使いやすい（図27-2）．カテーテルが外れて餌が雛にかからないよう，しっかりとシリンジに装着すること．雛が積極的に餌を食べたがる時にだけ，与えすぎない程度に給餌する．そ嚢のふくらみ具合を見て，いっぱいになる前に止める．時々，口の中にあふれ出た餌を飲み込むことがあるが，健康なハチドリの雛は液状の餌をとても上手に飲み込むことができるので問題はない．しかし，一度に多く与えすぎると雛の元気がなくなったり，さらには誤嚥したりすることがあるので，固形餌でも液状餌でも雛が餌乞いをしなくなるまで，徐々に増量しながら与える方がよい．

もし，そ嚢が空にもかかわらず雛が餌を拒否する時は，餌の温度を測り直し，体調を調べ，脱水していないか確認する．また，総排泄腔の汚れや巣にくっついていないかなどを確認する．

巣内雛と巣立ち雛

羽毛が一部または完全に生え揃った雛には1日12〜14時間のうち1時間ごとに，雛の餌乞いにあわせて給餌をしなければならない．雛が十分大きくなったら，ひと口で食べられるくらいのミバエを5匹くらい水につけ，鈍端の眼科用ピンセットで食べさせてもよい．昆虫を飲み込む時には，舌をほとんど使っていないので，ピンセットの先端を気管開口部より奥に突っ込んではならない．固形の餌をそ嚢に近い部位に置いてしまうと，雛はいったん舌で外に出し，再び舌でそれを拭い取る．眼が開いている雛は，固形餌をつまむピンセットと，流動餌が入ったカテーテルを識別できるようになる．雛は昆虫を十分に食べると餌乞いを止めるが，流動餌を見せると再び口を開ける．昆虫や半固形餌を食べたがらない時は，流動

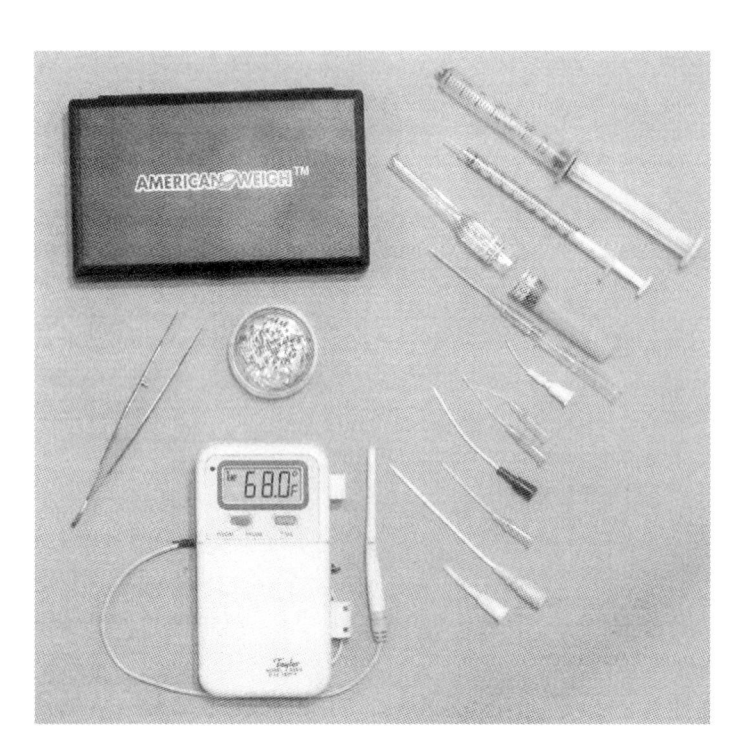

図27-2 左上から時計回りに，はかり（American Weigh），先端を短くして赤いマネキュアで着色していた3mlシリンジ，1ml O-リングシリンジ，給餌に用いる様々なタイプの静脈留置カテーテル（写真にあるのは18〜24ゲージまで），プラスチック製静脈カニューレの外筒，プローブ付きデジタル温度計，ピンセット，小型の昆虫が入った小皿.

餌で満腹にさせてもよい．昆虫を丸ごと与える場合は，上記の量のカルシウム剤を液状餌に混ぜて，毎日与えなければならない（23mg/mlのグルビオン酸カルシウムを，昆虫100mg当たり0.03ml添加）．

ハチドリの糞は非常に水分が多く，通常，巣の縁の外に排泄する．健康な糞は，大きな真っ黒い塊に白い尿酸が付着している．尿は大きな丸い塊の形で排泄される．巣の中と周辺は常に清潔にして乾燥させておくよう心がける．

期待される体重の増加

ハチドリは体重が1gにも満たない状態で孵化するので，3-beam（片皿タイプの天秤ばかり）やグラム単位のはかりでは，体重の変化を正確に計測することができない．0.01g刻みで最大100gまで計測できるAmerican Weighなどの電子天秤が発売されており，2006年現在，50USドルほどで身近な店でも購入することができる．雛の体重は1日に100〜900mg増加するので，週齢によっては，ふつうの天秤ばかりでも計測できるかもしれない．

図27-3と図27-4にある成長曲線はそれぞれ，1990年代に開発された餌で育てた例と標準濃度のVital HNと昆虫を与えて育てた例であるが，この後，餌の内容は改良されてきた．著者が現在推奨しているのは，前出（「餌のレシピ」の項）の餌である．

図27-3と図27-4の成長曲線を比べると，大型のアンナハチドリ（*Calypte anna*）は不安定だが，ノドグロハチドリの成長曲線を比べてみると，表27-2の強化Vital HNの流動餌と昆虫とを別々に与える方法，または液状餌に昆虫を混ぜる方法が良好な成長を示していることが分かる．先に推奨した昆虫をすり潰してから混ぜたり，液状餌に昆虫を入れて与えたりする時，ネックになるのは，

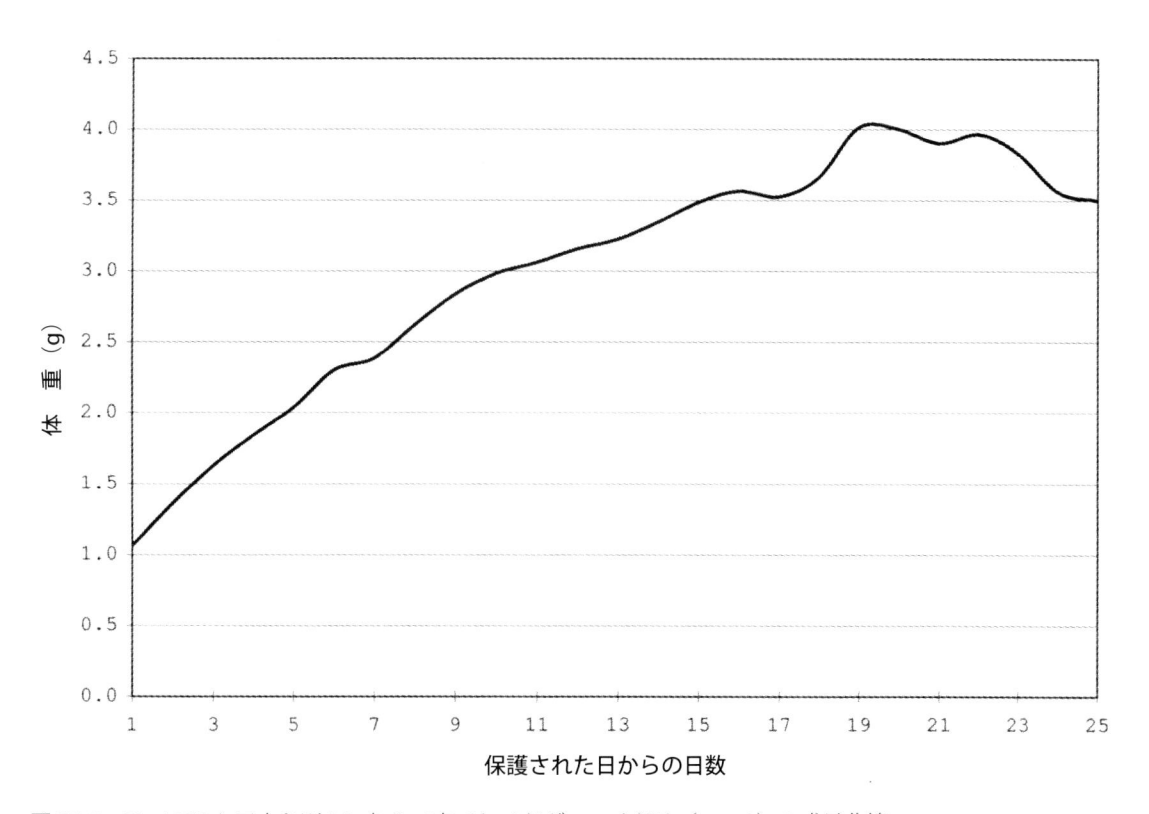

図27-3 Vital HNと昆虫を別々に与えて育てたノドグロハチドリ（n = 9）の成長曲線．

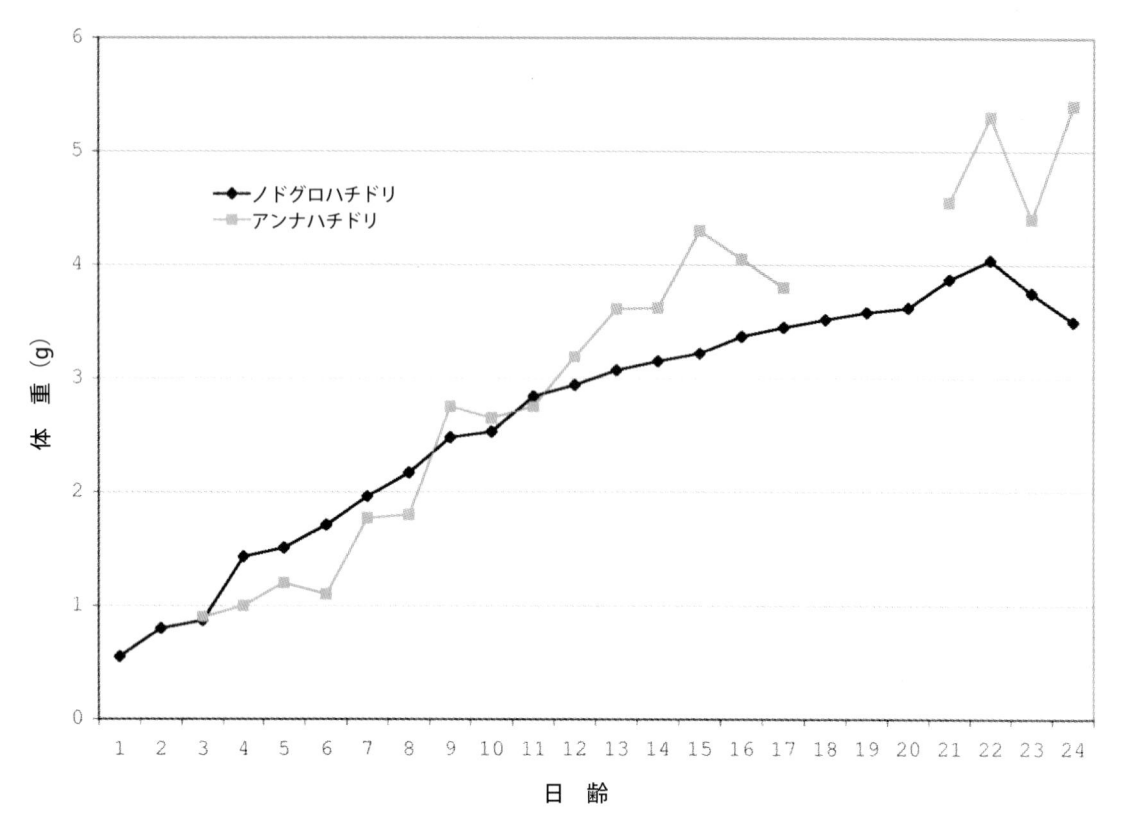

図 27-4 標準濃度の Vital HN と昆虫で育てたノドグロハチドリ（n = 7）とアンナハチドリ（n = 4）の平均成長曲線（Van Epps 1999）．

給餌に用いるカテーテル類の太さだけである．

そ嚢内に餌があると測定値に大きく影響するので，体重計測は朝一番の給餌前に行う．また，この大きさの雛では，排便によって体重の 30〜50% ほど減量することがある．ハチドリは毎日体重が増加するのが正常である．約 14 日齢で成鳥と同じ体重に達する種もいるが，これはほんの 3g ほどしかないハチドリである．雛は 10〜12 日齢までに全身が筆毛で覆われるようになり，野生では親鳥は夜間雛を抱かなくなる．2 週齢までには体重が安定する．もし体重が増えなかったり，雛が絶えず巣の中で鳴いていたりする場合は，何かの異常が起きている証拠なので，餌と飼育環境を再度見直す必要がある．

飼育環境

孵直後の雛は，温度 32.2〜35℃かそれよりやや高め（この章の「育雛初期のケア」），湿度 40〜50% に調整した環境におかねばならない．孵化して間もない頃は，雛は巣に対する執着が非常に強く，ハチドリ類だけは，自然の巣をそのまま持ってきて使うのが望ましい．巣に外部寄生虫が発生しても，「罹りやすい疾病と対処法」の項で述べたように，雛を巣から取り出しておいて殺虫処置した後再び雛を戻せばよい．毎日の体重測定は，雛が嫌がらなければ，巣から出して量るのが望ましいが，さもなければ巣に入れたまま量り，雛が巣立ってから巣の重さを量ればよい．これで得られた数値は正確ではないが，数 mg も違わない．また，巣内雛の間は，正確な体重変動が分ら

なくても，よく観察することによって成長具合を把握することができる．

巣の内側にシングルタイプのトイレットペーパーを敷いておき，それごと雛を持ち上げて一緒に体重を測定してもよい．巣に戻す時は新しいペーパーを敷いておいて，その上に雛を転がすようにして戻す．この方法だと，その都度トイレットペーパーの重さを量れるので，非常に小さい雛（250〜1500mg）の体重測定にも利用できる．

10〜14日齢になると，雛は自分で体温調節をできるようになる（図27-5）．この頃には，親は夜間，雛を抱かなくなるので，人工育雛の雛では保温器から出してもよい．しかし，雛はまだ小さいので，十分注意を払わなければならない．ハチドリの雛は，夜中に徘徊するネズミなどに簡単に食べられてしまう．

19〜20日齢ほどになったら，巣立ちに備えて巣を安全な囲いの中に入れておかねばならない．雛が初めての飛翔をする前には，巣の縁につかまったままブーンと音をたてて羽ばたきする行動が見られる．羽ばたきは巣の上で行われることもあれば，時には巣から飛び上がってしまって方向のコントロールができないまま飛翔してしまうこともある．囲いのない場所で飛び上がると，冷蔵庫の裏側や書類棚，あるいはトイレの中に舞い降りてしまい，行方が分からなくなってしまうことがある．雛は数時間後にまた飛翔を試みることもあれば，数日間じっとしていることもある．この段階では，雛は飛ぶ方向をほとんどコントロールできず，餌は全て親に依存している．雛の運動量が増えてくるこの時期は，自然環境も最適になる季節で，雛はさかんに母鳥に対してピープコールを発するようになる．巣立ち後数日間は，止り木から簡単に飛んでいける距離に餌を置いておくことが重要である．さらにうまく飛べるようになったら，ホバリングしないと食べられないような所に餌を置いてみてもよい．同時に，養殖ミバエを入れて飛ばすとよい．

飼育場所は，比較的狭いケージから開始し，幼鳥の飛翔能力が増すにつれて徐々に広い鳥舎にするとよい．飛翔練習用の鳥舎は少なくとも0.6×1.2×1.8mの広さにするか，あるいは幼鳥の飛翔能力に合わせる（Miller 2000）．次の2週間以内で，幼鳥はホバリングしながら採食したり，様々な採食場所から餌を採ったり，また昆虫を捕獲できるほど飛翔能力が上達する．餌をとる技術が上達するにつれて鳥舎を広げていき，最終的には屋外の鳥舎で飼育する．

複数の巣立ち雛を同居させると，夜間身を寄せ合って寝るようになる．しかし雄は，さらに餌探し行動が上達してホルモンの分泌がさかんになると，同居個体どうしで対立するようになる．そのため，鳥舎内には全ての個体が餌を食べられるだけの給餌シリンジを十分に用意しなければならない．

自力採食

19〜20日齢になったら，自力採食の練習を始めてよい（図27-6）．採食を促すためには，餌に砂糖を添加する必要がある．この時期の餌は，Vital HN・乳清・砂糖の液状餌でよい．

ハチドリは他の種に比べると自力採食に切替

図27-5 2羽のノドグロハチドリの雛．1羽はまだ非常に小さく，もう1羽は自力採食間近である．

図27-6 餌乞いをしているノドグロハチドリ．雛の嘴に合ったサイズの給餌カテーテルを使っている点に注目．（写真提供：Mark Gruber）

えるのは難しくはない．実は，巣の中からでも自力採食できるのである．一方で，昆虫をうまく捕獲したり，水浴したり，その他の自立のための行動を覚えるためにはそれなりの時間が必要なのだが，これらの技術の習得に関心を抱く飼育者は少ない．

幼鳥を屋外の鳥舎に移したら，捕獲練習のための昆虫を多数入れてみてもよい（図27-7）．最もよいのは，グラスファイバーのネットをかぶせた広口ビンに，元気な養殖ミバエを入れておく方法である．こうすればミバエは自由にビンに出たり入ったりして，かつハチドリがビンの中に落ちてしまう危険性もない．腐りかけの果物を金網で覆って鳥舎に置いておくと，周辺の昆虫が果物に誘われて集まり，ハチドリはべたついた果実に触れることなく，金網に止まって，空中の昆虫を捕食することができる．鳥が隙間に挟まったり，クモの巣に絡まったり，あるいは砂糖水や果汁がかからないように工夫することが大切である．

水浴びは，ごく浅い器に水を入れるか，岩から滝のように水を流すようにすればよい．飲水用の水は別途，チューブフィーダー（吊り下げ式筒型給餌器）やふつうの給餌器や水入れに用意すること．著者が使っている放鳥前の鳥舎には，外部からの危害防止のために1×1cm目の鋼製金網を張っている．その隙間から3mlシリンジを1本吊るしており，水やVital HNを入れたシリンジの置き場所を簡単に変えることができる．どんな理由にせよ，うまくホバリングができない幼鳥でも栄養豊富な餌を食べられるよう，Vital HN・乳清・砂糖ミックス餌のうち，いくつかは止り木に止まって食べられる場所に置いておくのが賢明で

図27-7 室内ケージにいる2羽の巣立ち雛．給餌シリンジをケージの外から挿入していることに注目．止り木にとまったり，ホバリングをして餌を食べる．

ある．給餌器の餌が，ホバリングしなければ食べられない給餌器の餌よりも早くなくなっているかどうかで，幼鳥の飛翔能力を判断できる．

ネクター（砂糖1：水4）を入れる給餌器には，サテライトフィーダー（衛星型給餌器）やチューブフィーダーなど様々な形状のものを利用して，採食の練習をさせ，ハチドリたちが放鳥後に最大限生き残れるチャンスを与えるべきである．

もし幼鳥がピーピーと鳴いていたら，全ての給餌器と飲水器を調べて，餌を食べられるようになっているか，水浴び用の水が汚れていないかなどを確認する．ピープコールを発するような幼鳥はまだ放鳥するには早いということなので，不安の原因となっている要因は解消してやるべきである．飛翔するようになったら，あまり頻繁に体重測定してはならない．飛翔の具合と採食行動を見ることで，鳥にストレスをかけずに健康状態を評価することも可能である．もし日中に活力がなかったり朝の目覚めが悪かったりする場合は，こまめに世話ができる小さめの鳥舎に移し，餌と飲水を止り木から摂取できるところに置いて，入念に観察すること．

放鳥準備

巣立ち後2週間ほどたったら，放鳥できるようになっているどうか判断する．ノドグロハチドリは巣立ち時の21日齢の頃には嘴の長さがまだ13mmほどしかなく，成鳥と同じ長さに達するにはさらに2週間ほどかかる（Ellison and Baltosser 1995）．

ハチドリには大胆なところがあるのが特徴である．人間が近づいても恐れていないように見えるのは，人に馴れているからだと解釈されている．しかし，一定の週齢に達して放鳥前にほんのわずかに隔離飼育した個体は，たとえ放鳥したばかりであっても，近寄ったり捕まえたりできそうにない．このことは，魅力的な食べ物だけでは生粋の野生のハチドリをおびき寄せることはできないことを示唆している．警戒心を欠き，過剰な好奇心をもったハチドリは，自然界では危険な目に遭うだろう．

放　　鳥

放鳥前は，フィーダーを吊り下げた，外の景色を見渡せる鳥舎で2～3週間飼育すべきである．幼鳥はここで，野鳥の採食行動を観察し，周囲の音を聞き，花蜜のありかを覚えることができる．放鳥は，鳥舎の扉を開け放っておき，自分の意志で自然に外に出て行けるようにする．もし放鳥後にピープコールを発していなければ，それまでの一連の過程が成功したと考えてよい．

米国やメキシコ北部のハチドリは，ほとんどが渡りを行うが，皆が旅立った後にも温暖な気候のもとに残る鳥がいくらかいる．もし放鳥するハチドリが放鳥域周辺を通る渡り鳥ならば，本来の渡りの時期か，あるいは冬が終わった後に放鳥すべきである．幼鳥は，成鳥が旅立った後に生まれた場所を発つので，渡りの時期には多少の幅がある．もし，放鳥が時季遅れの可能性があれば，週間天気予報を調べ，地元の鳥類関係組織に相談してみるとよい．

謝　　辞

この章を書くに当って編集のご支援とご助言を頂いた Denise Coli と Janine Perlman 博士に深く感謝します．また，許可を頂いた米国魚類野生動物庁のアルバカーキ支局および New Mexico Department of Game and Fish（NMDGF, ニューメキシコ州漁業狩猟局），Wildlife Rescue Inc. of New Mexico（WRINM, ニューメキシコ野生動物救護協会）と，変わらぬ支援を下さる Share with Wildlife Program of the NMDGF に感謝します．とりわけ，住処を失くしたハチドリの雛たちを入念に世話することによって情報を集め，この章を書くことを可能にしてくれた WRINM のメンバーの皆さんとサポーターの皆さんに感謝します．

関連する製品および会社

Vital HN: Ross Products, (800) 258-7677, a
　division of Abbott Laboratories, Abbott Park,

IL. Vital HN シングルピッケージは The Squirrel Store, (866) 907-7757, or by fax at (205) 664-1386, http://www.thesquirrelstore.com/category.cfm?Category=29.

はかり：American Wiegh Scales Inc., 1836 Ashley River Rd, Suite 320, Charleston, SC 29407, (866) 643-3444.

Nystatin: Bristol-Meyers Squibb, Princeton, NJ 08543.

Kelthane 殺ダニ剤：Dow AgroSciences LLC, 9330 Zionsville Rd, Indianapolis, IN 46268, (317) 337-3000.

参考文献および資料

Baker, E.W. and Yunker, C.E. 1964. New Blattisociid mites (Acarina: Mesostigmata) recovered from neotropical flowers and hummingbirds' nares. Annals of the Entomological Society of America 57:103–126.

Baltosser, W.H. and Russell, S.M. 2000. Black-chinned Hummingbird (*Archilochus alexandri*). In The Birds of North America, No. 495. Poole, A. and Gill, F. eds. The Birds of North America, Inc., Philadelphia.

Baltosser, W.H. and Scott, P.E. 1996. Costa's Hummingbird (*Calypte costae*). In The Birds of North America, No. 251. Poole, A. and Gill, F. eds. Philadelphia: The Academy of Natural Sciences; Washington, D.C.: The American Ornithologists' Union.

Bendire, C.E. 1895. Life Histories of North American Birds, United States National Museum, Special Bulletin 3.

Bent, A.C. 1940. Life Histories of North American Cuckoos, Goatsuckers, Hummingbirds and Their Allies, Part II. Smithsonian Institution, United States National Museum, Bulletin 176, United States Printing Office., Washington, D.C.

Calder, W.A. 1993. Rufous Hummingbird (*Selasphorus rufus*). In The Birds of North America, No. 53. Poole, A. and Gill, F. eds. Philadelphia: The Academy of Natural Sciences; Washington, D.C.: The American Ornithologists' Union.

Calder, W.A. and Calder, L.L. 1992. Broad-tailed Hummingbird. In The Birds of North America, No. 16. Poole, A. and Gill, F., eds. Philadelphia: The Academy of Natural Sciences; Washington, DC: The American Ornithologists' Union.

Elliston, E.P. 1995. Security behavior in Black-chinned Hummingbird mothers and nestlings. Journal of Wildlife Rehabilitation 18 2:3–4.

Elliston, E.P. and Baltosser, W.H. 1995. Sex ratios and bill growth in nesting Black-chinned Hummingbirds. Western Birds 26: 76–81.

Elliston, E.P. and Perlman, J. 2002. Meeting the protein requirements of adult hummingbirds in captivity. Journal of Wildlife Rehabilitation 25(2):14–19.

Johnsgard, P.A. 1983. The Hummingbirds of North America, Smithsonian Institution Press, Washington D.C., pp. 11, 24.

MacLeod, A. and Perlman, J. 2001. Food for thought. Journal of Wildlife Rehabilitation 24(2):30–31.

Miller, E.A., ed. 2000. Minimum Standards for Wildlife Rehabilitation, 3rd Edition. National Wildlife Rehabilitation Association, St. Cloud, Minnesota, p. 37. http://www.nwrawildlife.org/documents/Standards3rdEdition.pdf.

Robinson, T.R., Sargent, R.R., and Sargent, M.B. 1996. Ruby-throated Hummingbird (*Archilochus colubris*). In The Birds of North America, No. 204. Poole A. and F. Gill, eds. Philadelphia: The Academy of Natural Sciences; Washington, D.C.: The American Ornithologists' Union.

Scheithauer, W. 1967. Hummingbirds. Thomas Y. Corwell, New York, p. 48.

Van Epps, L. 1999. Care and Feeding of the Newborn Hummingbird. International Wildlife Rehabilitation Council 22nd Annual Conference Proceedings, Tucson, Arizona, p. 72.

28
アマツバメ類

Paul and Georgean Kyle

生物学的特徴

96種のアマツバメ類とカンムリアマツバメ類が存在し，アマツバメ科のうち4種が北米に生息している．4種全てが晩生性で，羽毛は生えておらず，眼も見えず，無力である．ムナジロアマツバメ（*Aeronautes saxatalis*）とクロムジアマツバメ（*Cypseloides niger*）は，絶壁の割れ目に営巣し，クロムジアマツバメは滝の近くを営巣地に選ぶ．ムナジロアマツバメは時には，飛行機の格納庫や陸橋の下などの大きな空間を利用することもある．エントツアマツバメ（*Chaetura pelagica*）とノドジロハリオアマツバメ（*Chaetura vauxi*）は木の洞や煙突など，空洞内の垂直の表面に営巣，休息する．ムナジロアマツバメとクロムジアマツバメの巣には近付くのが難しいため，その抱卵と巣立ちまでの期間のことはよく知られていない．エントツアマツバメとノドジロハリオアマツバメは18～20日間，4～5個の卵を抱き，雛は28～30日で巣立つ．

ムナジロアマツバメの足は皆前趾足で（4本の指が前向き），脚は足の先まで羽毛が生えている．これらのアマツバメは「歩き回る」ことができ，割れ目に穴を掘って入り込む．エントツアマツバメとノドジロハリオアマツバメは三前趾足（3本の指が前向き，1本が後ろ向き）だが，第1趾を前に向けることもできる．*Chaetura*属の鳥は垂直のでこぼこの壁にしがみつくようにして休息し，水平な面の上ではほとんど無力である（図28-1）．彼らの脚は，繊細な皮膚で覆われており，一般的なスズメ目の鳥などに見られるうろこはもちあわせていない．

アマツバメ類は昆虫食性で，通常飛翔中に捕食する．膨張可能な喉袋は，巣内雛に給餌する昆虫を蓄えるために用いられる．

本章は，運び込まれて来たエントツアマツバメの世話を長年続けてきた著者の豊富な経験が土台となる．本章に記載されている代用飼料は，ほとんどのアマツバメ類に適応できるが，飼育環境と放鳥の基準は各種の生態に合わせていく必要がある．西海岸の飼育者達の情報によると，ノドジロハリオアマツバメには，この餌や技術がうまく応用されているとのことである．エントツアマツバメの生活史や保護に関しては，「Chimney Swifts, America's Mysterious Birds above the Fireplace」（Kyle and Kyle 2005a）でより多くの情報を得ることができる．

人工育雛への移行

エントツアマツバメの繁殖生態と渡りの習性に関する知識のあるリハビリテーターであれば，多くの場合，人間による手助けをせずに，妨害されない場所で彼らに季節的な営巣周期を遂行させてやることができるものである．以下の基本的な事実は，一般の人が保護した際の対応に役に立っている．

- エントツアマツバメは春にペルーとアマゾン川流域から北米に渡る（Coffee 1944）．この種は渡り鳥条約法，連邦法によって保護されている．

図 28-1 野生のエントツアマツバメは垂直に休息し，寄り添って混み合ったグループを作る．この行動は飼育下の健康的なエントツアマツバメにも見られる．

- 他の鳥と違い，エントツアマツバメは止まりや直立ができないので，休息や育雛には煙突やそれに似た構造物が必要である．
- 住人はしばしば大きな音を聞くかもしれないが，それはエントツアマツバメの雛の餌乞いの声である．生後2週間程度から最初の飛翔で巣を離れるまでが，一番よく声を出す時期である．そのため，比較的静かになるまで最長2週間程度かかる．巣は小さく，煙突がきちんと整備されていれば，安全性や健康に影響を及ぼすことはない．
- エントツアマツバメは何千という昆虫（蚊，ハエ，ブヨ，ハネアリ，シロアリを含む）を捕食し，雛に与える．
- エントツアマツバメは年の一番暖かい時期は北米にしかおらず，秋には南米へ渡っていく．エントツアマツバメが煙突に入ることは普通

で，滞在も一時的なもので，大きい音は給餌の際の雛の鳴き声だということをいったん住人が理解すれば，ほとんどの人は快く，エントツアマツバメに数週間の育雛をさせてあげることができる．

消音のためと，雛が暖炉に落ちたり部屋の中に入って来たりするのを防ぐため，風戸と防火戸が閉じていることを確認する．風戸のない古い暖炉か風戸が使用不可能な暖炉には，煙道の下部に大きな気泡ゴムをはめ込んでおくとよい．

ほとんどのエントツアマツバメは，雛や幼鳥，もしくは成鳥が風戸を越えて暖炉に落ちてしまった時に収容される．成鳥は混乱し，部屋の中を飛び回り，しばしば窓に衝突する．成鳥は手で捕まえ，もし怪我をしていなければ，風戸より上の，煙突の内側の壁に戻してやるとよい．鳥を背中から包むように持ち，壁に近付けて鳥が垂直の面にしっかりしがみつくまで支えてやる．完全に羽毛が生え揃い，眼がしっかり開いており，そして落ちてから24時間以内の幼鳥であれば，成鳥同様，煙突に戻してやることができる．ただし，煙突に戻す前に，幼鳥にでこぼこした表面にしがみつく能力があるかテストしてみること．これは，幼鳥を持って，暖炉の壁のレンガに優しく押して試すことができる．もし幼鳥が両足でしがみつくことができたら，煙突内に戻してやる．風戸と煙棚の上の，壁の内側にしがみつかせてやると，幼鳥は兄弟のところに這い上がって行き，成鳥からの給餌を再び受けることができる．

巣内雛は，しっかりとしがみついている巣そのものが剥がれて，煙突の壁から落ちてしまった時に収容されることが多い．巣や雛が煙突の下で見つかった時は常に，全ての雛を救出するために，煙棚，暖炉，スクリーン，そしてその周りをくまなく探すこと．

煙突と暖炉のデザインは各家で様々なので，巣の落下に対して1つの解決策があるというわけではない．少なくとも，巣は煙突下部の風戸の上に戻してやらなければならない．1つの案として，巣を浅い籠に入れ，風戸の真上にある煙棚に置くということができる．親鳥が降りたって食物を与

える時にひっくり返さないように，重みをかけるか，押し込むかして巣を安定させる．もう1つの方法は，箒に巣をテープで巻き付けて，そしてその箒を風戸の上の煙突の隅に差し込んで固定する．

　鳥を見つけた住人によっては，エントツアマツバメの雛を籠に入れて家の屋根の上に置いたり，幼鳥を木の上に乗せたりして親鳥が給餌するのを待つようにアドバイスされているかもしれない．しかし，これはスズメ目の種に対してはよいアドバイスかもしれないが，アマツバメ類には致命的である．屋外に短時間でも置かれたエントツアマツバメは診療所に保護されるべきである．

　野生の雛を人工育雛することを決める前に，その他に最良の選択肢がないか常に考慮すること．いったんその鳥が人間による世話が必要であると認められると，布を敷いた小さい箱に入れて蓋をして運ぶ．タオル地の布は，爪が糸の輪に引っかかって怪我をするかもしれないので，適していない．Tシャツがよい生地だが，きつく織られている布なら何でもよい．布を敷くことによって，鳥が楽にしがみつくことができ，暗所は鳥を落ち着か付かせる．保護した者は，餌や水を与えようとする衝動を抑えなければならない．何もしない方が，鳥が水分を誤嚥したり不適当なものを食べたりするよりはよいからである．

　その他のアマツバメ類に関しては，営巣地が人間の手に届かないところにあるので，落下した雛を元の巣に戻すことは大抵不可能である．地上で発見された幼鳥は，診療所に収容すべきである．

育雛初期のケア

　体温の低下している鳥は，水分を与える前にまず温めなければならない．固形の餌を与える前に輸液療法を行うことは重要である（Kyle and Kyle 1995, 2004）．エントツアマツバメは真のそ嚢をもっていないので，チューブによる水分補給や皮下注射より，経口投与で十分効果的で，そして安全性も高い．経口投与の場合，ゲータレード（Gatorade），ニュートリカル（Nutri-cal），STAT高カロリー流動食（STAT high-calorie liquid diet）の3商品を混合させて投与するのが，信頼性があり，よい結果が期待できる．レモンライム味かその他の薄い色の味を選ぶこと．濃い色の水分を与えると，糞の検査が難しくなる．

　ゲータレードとニュートリカルを10：1の割合で混ぜ，30℃に温めたものが初期治療には非常に適している．ゲータレードは，炭水化物と電解質を供給し，ニュートリカルは消化器官に負担をかけずにすぐにカロリーを与えてくれる．STATは10：1のゲータレードとニュートリカルの混合物と似たような属性があるが，より濃縮されている．STATは初期治療後に消化器官が反応しだしてから使用する．

　鳥の糞の硬さを観察することで，健康状態を効果的に調べることができる．以下の手順にしたがうと，鳥の消化器官が正しく機能する．

1. 初めての排便前：3〜4滴の液剤（ゲータレード10：ニュートリカル1）を，先の曲がったシリンジで15分ごとに与える．
2. 初めての排便後：3〜4滴の液剤（ゲータレード10：ニュートリカル1）を，15分ごと，そして2滴のSTATを30分ごとに与える．
3. 2回目の排便後：小さいミルワームを1匹，1時間ごとに与える．3〜4滴の液剤（ゲータレード10：ニュートリカル1）と2滴のSTATを30分ごとに与える．
4. 収容後始めの2日間はステップ3を続ける．糞の質がよくなってきたら，ミルワームの数を徐々に増やしていく．固形の餌の量は，糞の質が悪化したら減らすこと．

　一番初めの糞は，鳥の健康状態を正確に示しているとは限らない．たとえその雛の両親がしばらくの間，食物を与えていなかったとしても，最初の糞は湿っていて，正常に見えることがある．晩成性の鳥類の巣内雛の多くが，食物が与えられるまで排泄を止めることで水分を維持する．一般的なエントツアマツバメの糞は，主に暗色で固形の物質（外骨格やその他の硬くて消化できない部分）と，白色の尿酸の2つで成り立っている．中身

が充満してくると，総排泄腔の皮膚を通して，蓄積された排泄物が透けて見える．もし，数時間経っても糞が排出されず，体内に大量の排泄物の蓄積がある場合は，援助が必要かもしれない．爪でしがみつきながら巣の端へ後退するように手助けしてやると，刺激されて巣の外に排泄するようになる．これは特に脚を怪我している雛には大きな助けになる．排泄した時，糞の白色の部分は暗色の部分よりかなり小さく，糞の端に凝縮されている．糞全体に白い被覆物がある時はいつでも，まだ等張性脱水を起こしているので，輸液治療を続ける必要がある．

補液剤にはそれだけで鳥が24時間までもちこたえるだけの十分な栄養分が含まれている．等張性脱水と衰弱状態のアマツバメ類は神経過敏になったり，異常に活発になったり，すでに眼が開いている日齢にも関わらず，眼を閉じたままであったりする．もしこれらの行動が24時間以上続くか，この期間中に糞が正常にならない場合は，感染症か怪我に苦しんでいる可能性がある．

罹りやすい疾病と対処法

外傷

エントツアマツバメはその営巣地や声の大きさから，様々な外傷を負いやすい．害獣とみなし，煙突から追い出そうとして火を焚く人がいるが，その火で鳥は有毒ガスを吸い，羽毛を焦がし，やけどをする．獣医師はこの時に生じる呼吸器官の障害を直ちに酸素療法で治療する．やけどは殺菌した等張食塩水で毎日数回あふれるほどに流し，新しい組織が生成されるまで続ける．角膜損傷がないか調べ，人工涙液で水分を保つ．

もしエントツアマツバメが誤って部屋の中に入って来てしまった場合，室内の飼いイヌやネコに捕まってしまうことや，窓や天窓に衝突してしまうことがよくある．もし咬み傷が見つかったか，疑われた場合は，広域抗生物質の経口投与を始めなければならない．頭部外傷は，抗炎症薬で治療する．どんな薬でも投与する前に，獣医師に相談する．

もし脚が骨折していたら，固定しなければならない．アマツバメ類の脚は比較的短いので，副木をあてるのはほぼ不可能である．しばしばうまくいく方法に，伸縮ガーゼを使って怪我をした脚と体を優しく巻きつけるというものがある．テープを直接巣内雛の皮膚に貼らないこと．きつく締めすぎたり緩すぎたりした場合は調節し，肛門を覆ってしまわないよう注意する．

脚が1本しかないエントツアマツバメは不利ではあるが，野生で雛に餌を与えている姿が確認されている（Dexter 1967）．しかし，どちらの足も使えないアマツバメ類は生き残ることができないので，安楽死させるべきである．

羽の折れたアマツバメ類は通常安楽死させるのが実情である．治療を試みることは構わないが，予後は大抵思わしくない．

エントツアマツバメは1年に1度換羽する．換羽は春に始まり，秋まで続く．ほとんどの場合，羽毛にダメージや変形があると自然に換羽しない．折れているか発育の悪い風切羽は，羽包を痛める恐れがあるので引き抜かないこと．

冬を越させることは勧められない．エントツアマツバメの筋緊張や羽毛の状態は飛翔に大きく依存している．エントツアマツバメは飼育下で冬を越すことが可能かもしれないが，野生で飛翔し，生き残れる確率は非常に低い．

疾病

細菌であれ，ウイルスであれ，真菌であれ，ストレスによって弱っている鳥は簡単に日和見菌に感染する．エントツアマツバメの場合，いくつかの頻発する症状に関しては十分なほどに観察されているので，現在では症状によってはこの先起こり得る病気を確実に予想することができる（Kyle and Kyle 2004）．いったんこれらの疾病の前徴が現れたら，感染はすぐに罹患や死亡の原因になるので，迅速な対応をとらなければならない．

・24時間以内に雛が餌に対して声を出さず無反応である

- 皮膚か口がピンク色ではなく，暗赤色か白色である
- 嚥下が難しい，もしくは口と喉に過度の粘液がある
- 餌を吐き戻す
- 体のどこか（特に顔面か頭部）に腫れ物か気泡または水疱ができる
- 声を失くす：口は通常通り動くが声は出ていない
- 平衡感覚を失くす
- 輸液療法後落ち着きがない，異常に活発である
- 排泄物の異常：悪臭，気泡，固形部分のざらざらの表面，暗緑か黒色，糸を引く粘度

これらの症状はどれも細菌感染の徴候である．この状態を効果的に治療する唯一の方法は，獣医師か微生物学研究所に培養と感受性試験を行ってもらうことである．どの季節であれ，一般的な病原菌は変化し，それと同様にどの抗生物質に対しても，感受性が変化する可能性があるからである．

培養によって反応した病原菌を特定することができ，感受性試験はどの抗生物質が感染に一番よく効くかが分かる．殺菌した滅菌スワブを使って輸送培地に喉の培養を入れたもので十分病原菌を特定できるので，抗生物質の投与前に確認する．これらの器具は獣医師から手に入れることができるので，常にいくつか手元に置いておくとよい．

培養は通常，培養物の生育と検査反応の診断に通常少なくとも24時間はかかるので，問題が疑われたらすぐに，サンプルを集めて研究所に持ち込むことが重要である．その間に，感染が多くの病気の原因になり得るからである．獣医師はそれまでの間，適切な広域抗生物質を勧めてくれるかもしれない．ほとんどのケースで，経口投薬が注射より望ましい．

酵母（カンジダなどの真菌）感染症は幼鳥と成鳥に一番よくみられる．これは大抵，からし色の糞や，食欲があるか十分に強制給餌しているにも関わらず，着実に体重が減少することなどで読み取ることができる．獣医師は新鮮な排泄物のサンプルの顕微鏡検査から酵母感染症を確認できる．酵母の感染を治療せずそのままにしておくと，大抵は命にかかわるが，ナイスタチン（Bristol-Meyers Squibb）300,000IU/kgを7～14日間に1日2回与えることで，うまく治療することができる（Carpenter 2005）．

適切な餌や消化を助けるための乳酸菌サプリメント（*Lactobacillus acidophilus*）を投与されていないアマツバメ類は，喉に白い粘膜のような物質を分泌することがある．この物質は，口角の端に硬い層を形成することがある．本章で記載した人工給餌用飼料を与えると，大抵24時間以内にその状態から回復するが，不適切な餌を与えていた場合は，状態は変わらず，異常発育や細菌や酵母の感染症などの結果をもたらし，最終的には死亡してしまう（Kyle and Kyle 2004）．

人工給餌用配合飼料

アマツバメ類の自然界での食物である空中浮遊性の昆虫（風に飛ばされて空中に舞っている微小な昆虫）は，カルシウム含有率が低い．これは，孵化後しなびてしぼんでしまう極度に殻の薄い卵からも理解できる（George Candelin, George Oxford Swift Project, personal communication 2005）．アマツバメ類は一般的に代謝性骨疾患の問題がない．したがって，他の鳥類に使用するようなカルシウム補給用の餌を用意してやる必要はない．本章で紹介するこの配合飼料は，栄養士とTexas A&M University Avian Diagnostic Laboratoryの獣医師らの助言をもとに，エントツアマツバメ用として特別に配合されている．その配合飼料で育てられた鳥の，高い生存率と放鳥率からも成果が出ていると判断できる．それと同時に，その後の20年以上にもわたる，人工育雛した鳥の放鳥後，繁殖成功率，渡り後の膨大な研究データからもこの配合飼料の良さが評価できる．多くの市販の鳥類用飼料には大抵穀物類が含まれていることを念頭においておかなければならない．アマツバメ類は，植物性のものを基にした多くの製品は消化することができないので，これ

らの使用は避けるべきである.

エントツアマツバメは完全な昆虫食性である. 小型から中型のミルワーム（Tenebrio molitor）は，適切に餌をやり，管理されているものであれば，食虫鳥類のほとんどの必須栄養分を確保することができる（Kyle and Kyle 2004, Petrak 1982）.

熱に極度に影響を受けやすいミルワームは，輸送時に冷たく乾燥したところで保管しなければならない. たとえ敏速かつ適切に運ばれたとしても，到着時には脱水症状に陥ってしまう. 店から到着したらすぐに，新聞紙から離し（大抵新聞紙に包まれて運ばれてくる），ふすま（小麦の皮の屑）とコーンミール（引き割りのトウモロコシ粉）を3:2の割合で混ぜたものと一緒に，プラスチックの容器に入れる. 1,000匹のミルワームに対して約1カップ程度の混合飼料で十分である. 水分は，ジャガイモで与える. 半分に切り，切り口を下にして混合飼料の上に置く. ミルワームは採食させるために一晩中室温に保っておく. 翌日の朝には脱皮した皮や，死んだミルワームが上層に上がってきているので，取り除きやすくなっている. 掃除後，ミルワームの容器は冷蔵庫に入れる. 結露がつかないよう蓋ははずしておく. これによって，ミルワームの成長を遅らせることができ，小さいミルワームを長期間給餌することができる. 1週間に1度は皮と死骸を取り除き，通常通りに餌を与える. もし結露が出ていたら，直ちに篩い分けて乾燥した混合飼料の中に入れる. ジャガイモは食べられていたら取り替える. 少量のレタスやその他のサラダ菜を与えてもよい.

体の小さい雛には，大きめの硬いミルワームの皮を消化するのは難しいかもしれないので，小型のものだけを与えること. 冷えたミルワームを与えるのはどの雛であれ不適切である. 小分けにしたミルワームを使う分だけ室温に保ち，育雛期間中常に給餌できるように用意しておく.

餌を完全なものにするため，いくつかの重要なミネラルと，必須アミノ酸を追加する必要がある. もし以下の材料全てが使用されたら，エントツアマツバメは栄養に関する問題を引き起こすことはない. たとえ1種類でも，材料が抜けていたり他の材料で代用したりすると，違うものになり，質が落ちてしまう可能性もある（Kyle and Kyle 1986, 1990）.

餌の材料

・小型・中型のミルワーム
・アビミン液体ミネラルサプリメント（Avimin liquid mineral supplement）
・Avi-Con粉末状ビタミン剤（Avi-Con Powdered vitamin supplement）
・スーパーリッチイースト（SuperRich Yeast）かその他の栄養分のあるイースト（醸造用イーストを除く）
・ニュートリカル
・生菌入りプレーンヨーグルト（L. acidophilus）
・蒸留水

器　　具

・先が丸く，細い切手用か一般のピンセット
・塩入れ　1個
・先の曲がったシリンジ　8本
・蓋付きの500mlの瓶　1本
・120〜240mlの口の広いガラスの瓶かボウル　1個
・大きめの茶漉し　1個
・小さいプラスチックの皿　1枚

餌の準備

1. 500mlの瓶に200mg（小さじ半分）のAvi-conと15mlのアビミンを250mlの蒸留水で溶かす. 混ぜたものは冷蔵庫で冷やし，必要な分だけ取り出して温める. 雛に給餌する前に，これにミルワームを浸す.

2. 同量のヨーグルトとニュートリカル（各1mlか小さじ1/4程度）を混ぜて滑らかにし，先の曲がったシリンジに入れる. 腐敗を避けるため，2〜3時間ごとに作る. 大量に作ってシリンジに分け入れておき（1日に6本），冷蔵庫に入れておいてもよい. 早めに取り出して

おき，使用前には室温に温まっているようにする．ヨーグルトの生菌が死んでしまうので，電子レンジなどの熱で温めないこと．
3. 塩入れにイーストを入れる．
4. 先の曲がったシリンジに蒸留水を入れる．
5. 室温にしたミルワームを浸すための混合液を，給餌の 15 〜 30 分前に小さなボウルに入れる．茶漉しで適量のミルワームを篩い，混合液に浸す．ミルワームがビタミンとミネラルを吸収してくれる．
6. 給餌の際に，ミルワームを混合液から切手用ピンセット（大量のミルワームを掬う時はプラスチックのフォークでもよい）で取り出し，プラスチックの皿に置く．まだ羽毛の生えていない鳥には，ミルワームをピンセットで潰して柔らかくしてから与える．
7. ミルワームに少量のスーパーリッチイーストを振り掛ける．
8. ニュートリカルとヨーグルトを混ぜ合わせたものを全てのミルワームにかけて，眼のまだ開いていない雛に与える．羽毛の生え揃った雛には，1 羽につき少なくとも 1 匹にはかけて与える．
9. ピンセットで給餌する．ミルワームの環節は前方から後方に重なっている（図 28-2）．このため，ミルワームは常に頭から与え，雛が飲み込みやすいようにしてやる．

給餌方法

雛が適切に水分補給されるまでは，いかなる時も固形の餌は与えてはいけない（本章の「育雛初期のケア」の項目を参照すること）．

エントツアマツバメには，籠をぽんと叩くか，親鳥の羽を真似てティッシュで顔を優しく触れて，給餌に対して反応するきっかけを作ってやる（Terres 1980）．雛は頭を上下に動かしたり大きな声でけたたましく鳴いたり，近くに寄ってきたものなら何にでも大口を開ける．飼育者の指に噛み付かせると，口を開けたままになるので，ピンセットで容易にミルワームを入れ込むことができる．少しの練習だけで，雛はすぐにピンセットから直接，がつがつと食べるようになる．

10 日齢までの雛には，ミルワームを各雛が食べるのを止めるまで与え，1 日に 12 〜 13 時間，30 分の間隔で与える（「人工給餌用配合飼料」の項で述べたように用意をする）．10 日齢を過ぎたら，雛の反応は次の給餌時間である 30 分後には鈍くなってくる．徐々に給餌のスケジュールを延ばしていくには，雛が活発でなくなってくる午後に，一度給餌を抜くことから始める．上手くいけ

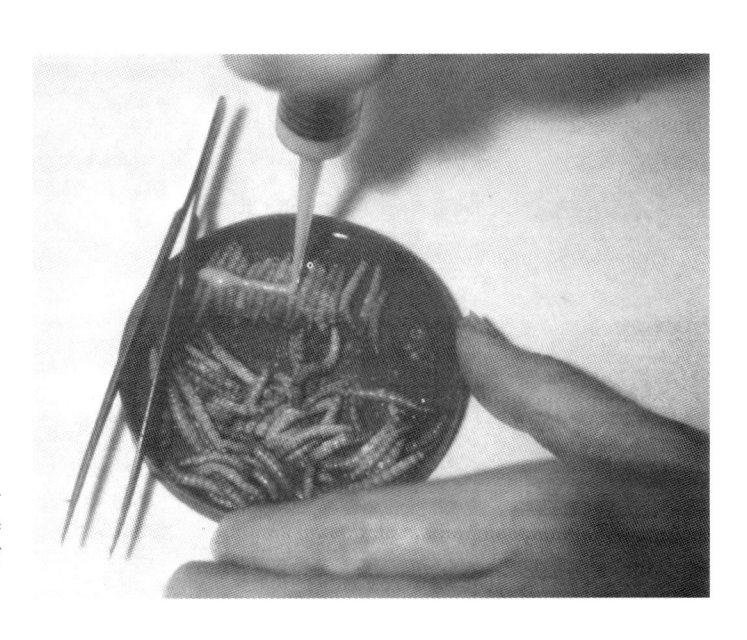

図 28-2 エントツアマツバメに十分な栄養を与えるため，ミルワームは特別に準備，栄養補給されていなければならない．

ば，1時間ごとの給餌スケジュールに変更するまで，午後の給餌をさらに減らしていく．1時間ごとの給餌スケジュールは放鳥まで続く．エントツアマツバメはすぐに定時の給餌に順応する．そして，決まったスケジュールを守ることは，ストレスを最小限にするためには重要なことである．

　かなり成長した巣立ち雛を収容した場合は，ピンセットでの給餌を受け入れるようになるまで，6～10匹のミルワームを毎時間強制給餌する必要があるかもしれない．幼鳥や成鳥は餌を一切食べようとはしないはずなので，放鳥まで強制給餌が必要である．アマツバメ類は空中で餌を捕らえるため，止まり木に止まることはなく，飼育下で自主採食することはあり得ない．

　毎度の給餌の際に，先の曲がったシリンジで蒸留水を1，2滴与える．喉に垂らすのではなく，鳥の嘴の上に垂らすこと．

　雛はすさまじい勢いで餌を求めるため，顔の掃除に特別なケアを施さなければならない．アマツバメ類の鼻腔は前方にある．餌が付着すると硬くなって剥がしにくいので，餌を鼻腔にこぼさないよう注意する．顔は，給餌後など必要な時に湿らせたティッシュで優しく掃除する．

唾液の移植

　エントツアマツバメの消化管は，孵化時は無菌である．度重なる口から口への給餌により，両親の唾液が雛へ移ると，正常腸内細菌叢が雛に引き継がれ，免疫能力を獲得する．孵化後7日以前に収容されたエントツアマツバメは，正常腸内細菌叢が完全に受け継がれておらず，免疫能力も基準を満たしていない．これらの若い雛は，一般的な病原体から死に至る可能性のある感染症を引き起こしやすくなっている．生菌入りのヨーグルトは，いくつか役に立つ細菌叢を含み，消化の助けにはなるが，成鳥の唾液に代わる成分は現在のところない．

　少し大きくなった巣内雛，巣立ち雛，もしくは回復中の成鳥がいるのであれば，雛の唾液のドナーになり得る．年上の鳥の口を，ミルワームを挟んだピンセットで拭い，それを若い雛に与えることで，菌を移すことができる．この過程は雛が10日齢になるまで1日3回，通常の給餌のスケジュールに合わせて行う．ドナーは怪我で収容されている鳥に限り，病気や投薬療法中の鳥からは受け取ってはならない．

　1985年の研究に基づくこの方法によって，前年の7日齢以下の雛の死亡率が100%であったのに対し，この年に細菌叢を受け取った94%の無傷の若い雛が成長し，放鳥された（Kyle and Kyle 1990a, 2004）．いかなる状況でも，他種の唾液や，エントツアマツバメの巣内から採取した乾燥した唾液は使用してはいけない．

期待される体重増加

　鳥の発育をモニタリングする際，毎日の体重測定が非常に役に立つ．人工育雛中のエントツアマツバメの平均的な体重増加率は，初めの3週間は1日1～2gである（図28-3）．0.5g以下の増加しかない場合は，代謝異常を示している可能性があり，全身感染症が関係していることが多い．20gに達してからは体重が増減しても正常である．

飼 育 環 境

巣 内 雛

　14日齢以下の巣内雛は効率よく体温の調節を行うことができない．収容場所では，人間の保育器のような，温度と湿度が一定に保たれた環境内で飼育しなければならない．保育器に相応する代用品に，「Hospital Box」（ホスピタルボックス：ガラスか透明のプラスチックのフロントドア付きの，通気孔を設けた木製の入れ物）がある（Petrak 1982）．この場合，熱は自然対流式孵卵器または育雛器の上半分から供給される（Kyle and Kyle 1990b）．これらにはほぼ正確な温度自動調節器が内蔵されている．湿度は容器に水を入れ網でカバーしたもので供給する．ホスピタルボックスの構造についての詳細は，Kyle and Kyle（1990）

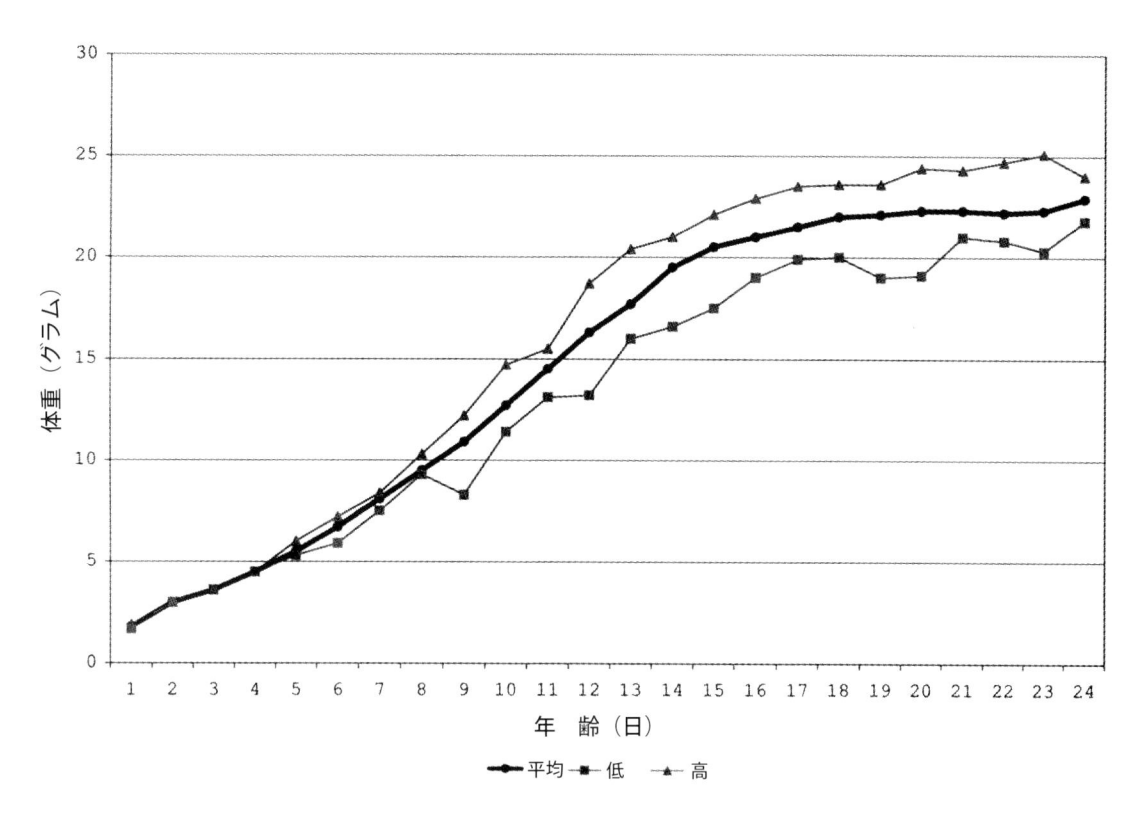

図 28-3　人工育雛されたエントツアマツバメの体重増加率（n = 12）.

を参照していただきたい．育雛器やホスピタルボックスは 30℃に，相対湿度を 50 ～ 60% に保つ．

飼育場内に人工の巣を取り付けるには，綿モスリンを 15cm 四方に折りたたむ（図 28-4）．スーパーで売られているマッシュルームのポリスチレンの容器を薄めた漂白液かその他の適した消毒剤で徹底的に洗って殺菌し，その中に折りたたんだ綿モスリンを入れる．布の中央を容器の中に少し押して，浅い皿のような形を作り，育雛器の床から浮かせる状態にする．巣内雛は休息時や給餌時に生地にしがみついて頭を巣の端にかける．とても小さい雛や弱っている雛は，巣の中に糞をする．汚れた布と瞬時に交換できるよう，きれいな布をマットヒーターの上に置いて常に用意しておく．雛が少し大きくなったら，自然界でも行うように簡単に巣の端に後退して行き，巣の外に排泄するようになる．キッチンペーパーを巣の回りに置いておくと，糞の処理に便利である．雛によっては巣の外に下りて，むやみに箱の中をうろうろすることがある．この行動を念頭に置き，収容箱の設置を考慮する．

同じ一腹から生まれた巣の仲間は，育雛の全体の期間を通して一緒にする．1 つの巣に一腹卵を入れるのが一番よい割り振りである．1 羽だけの雛は，他の同年齢の雛達と一緒にするべきで，一腹卵数が 2 ～ 3 個の小さいグループと一緒にするのがよい．

アマツバメ類は爪でつかまっていないと，安心できない．生後たったの 1 日であっても，しっかりとつかまる能力がある．雛を扱う時は，足を傷つけないように，特別に注意する必要がある．もし鳥を別の巣に移動するのであれば，注意して巣材を爪から取り外さないといけない．手を鳥の前に置き，もう一方の手を鳥の足の後ろに持ってきてほどく．片足が布からほどけると，大抵安全

図 28-4 布を敷いた人工のエントツアマツバメの巣は，しがみつくには十分な素材で，雛に野生で感じる安心感を与えてくれる．

のために目の前の手をつかむので，この方法が一番容易に行える．

巣立ち雛

野生では，エントツアマツバメの巣立ち雛は煙突や木の洞，その他の似たような生息地でぶら下がって過ごす．彼らは実は，孵化後 28〜30 日までその安全な空洞から離れない（Fischer 1958, Whittemore 1981, Kyle and Kyle 2005a, b）．

雛は完全に羽毛が生え揃い，眼が開くまで，本章の「飼育環境」の「巣内雛」の項で述べたように，浅い人工の巣の上で十分である．眼が開き，体の羽毛が広がってきて，しかし頭の羽毛にはまだ鞘が付いている時期に（雛の顔が銀色か霜で覆われたような色になる），側面を綿モスリンで覆った蓋なしの 30cm 四方の小さい箱の中に雛の巣全体を入れる．まず，底に蝋紙を敷き，それからキッチンペーパーを敷くと掃除がやりやすい．キッチンペーパーは日中少なくとも 2 回は交換し，雛の就寝前にもう一度交換する．布はこの「煙突箱」の内側と外側の両方を覆うため，ゆったりと側面まで掛ける．外側の布の端は箱の底にテープで留めて，雛がぶら下がっても重みでずれないようにする．

巣は二面が壁に接するように角に設置する．巣を離れる時，壁が綿モスリンで覆われているので，しがみつきやすい．雛は大抵数時間以内に，まさに実際の煙突を登るように，巣から垂直の壁に這い上がっていく．数日後，全ての雛が巣を離れたら，巣を取り払う．煙突箱全体を小さなファイバーグラスのスクリーンで囲われた場所に入れることを勧める．ある時点で雛は布をしっかりとつかんで羽を激しくばたつかせ，羽を動かす練習をし始める．雛が実際に煙突箱から飛び出てきたら，鳥舎に移さなければならない．

体が小さいにも関わらず，いったん飛翔し始めたらアマツバメ類の巣立ち雛には最低 3.5 × 4.5 × 2.5m のスペースが必要である（Kyle and Kyle 2004, Miller 2000）．このような大きい鳥舎に入れても，彼らは全速力で飛ぶことができない．1 日数回，大きい鳥舎に放すなどというだけでは十分とは言えない．アマツバメ類は，身体的，精神的な発達に悪影響を及ぼしていなければ，思いのままに飛翔させるべきである（Kyle and Kyle 1990b, 2004）．エントツアマツバメ専用の飛翔訓練用鳥舎（フライトケージ）の作り方の詳細は，「Rehabilitation and Conservation of Chimney Swifts」（Kyle and Kyle 2004）を参照されたい．

アマツバメ類専用の鳥舎を作る代わりに，大きな空き部屋を改造して使用してもよい．窓は全て半透明の素材かファイバーグラスの網戸用スク

図 28-5 布が敷かれた「煙突箱」はエントツアマツバメの雛には適した箱である。野生の雛が巣を離れた時に煙突にしがみつくように，箱の側面にしがみつくようになる．写真の煙突箱は大きい鳥舎に設置した人工の煙突の下に置かれたものである．鳥が煙突の壁に移動したら，箱は取り除く．

リーンで覆う．少なくとも向かい合った二面の壁には，目の粗い麻布やコルク，もしくはざらざらした材木などを張る．

箱は全て部屋から出し，きめの粗いベニヤ板で組み立てられた人工の煙突を，ねぐらと給餌場として中央に置く．煙突は約50cm四方にし，高さは飼育者の腰より少し高い位置に設定する．仮の底を上から45～50cmの位置に設置し，鳥に手が届きやすいようにする．煙突の底は，掃除をしやすくするため，新聞紙を何枚か敷き，その上にキッチンペーパーを敷く．

エントツアマツバメを外の鳥舎に移す時は，グループ全体を，小さい煙突箱とその他の全てを一緒に移動させるのが最良である．巣を一番初めの煙突箱の中に移し入れた時のように，人工煙突の下の角に置く（図28-5）．

初めての飛翔は，飼育下の雛には大抵ストレスになる．煙突から直接壁に移り，しっかりとしがみつかなければならない．もし飼育者が給餌の際に呼び集め，雛が煙突に舞い戻ってきたら，その後は自力で戻って来られるようになる．上達してきたら，煙突を出たり入ったり，自由に飛び回り，鳥舎内で弧を描いたり，鬼ごっこをしたりするようになる（図28-6）．煙突を出入りすることは雛には非常によい練習になり，放鳥時に必要な技術である．

夏の午後の暑い時間には，蒸留水を霧吹きで優しく噴きつけてやるとよい．毎日午後に一度水を吹き付けてやるだけで，体を冷やすだけでなく，羽づくろいを追加で行わせることになり，羽毛の状態をさらによくする．

若いエントツアマツバメは非常に社会的なので，ほとんど争い合うことはない．小さな煙突箱には10羽以上の雛を収容することができるし，前述した鳥舎には常時50羽もの雛を収容できる．グループにすると，雛は羽を屋根板のように重ね合わせて寄添い合う．大きなグループにまとめると，飼育下でのストレスが軽減されているようであるし，野生で行うように盛んに交流できるようになる．

放鳥準備

エントツアマツバメの場合，典型的な刷り込みは問題になっていないようである．放鳥後に再度捕獲された鳥は，前の飼育者に特別な感情を表したりはしない．

野生のエントツアマツバメは孵化後約4週間で安全にねぐらを離れる（Fischer 1958, Kyle and Kyle 2005a, b）．人工育雛の鳥は放鳥時に親に見守られるということがなく，不利である．そのため，鳥舎で余分に練習しておくと，この不利な立場を補うことができる．練習時間を増やす

図 28-6　人工の煙突は幼鳥の給餌と睡眠の場として使われる．給餌の際に煙突に戻るよう促すことは，放鳥後に野生で煙突やそれに似た構造物に出入りするための練習にもなる．

ことにより，スタミナと技術を向上できる．

2週間の飛翔練習の後には（生後5週間程度の頃），放鳥を考慮するべきである．放鳥可能な鳥は，発育中の羽毛を包む半透明の鞘は残っておらず，初列風切羽が完全に成長していなければならない．そして，休息時の鳥の羽の先が少なくとも2.5cm交差していなければならない．人工育雛のエントツアマツバメの放鳥時の体重はおよそ20gでなければならず，翼長（翼角から最長の初列風切の先までの長さ）はおよそ13cmなければならない．

野生で生き残るためには，エントツアマツバメの飛翔能力は完璧でなければならない．鳥舎内では疲れることなく飛翔でき，人工の煙突を上手く利用し，絶えず飛び回っていて，放鳥の際に捕らえるのが難しいほどになっていなければならない．飛びたがらない鳥がいたら，それはおそらく身体的障害があるか，放鳥にはまだ早すぎるということである．放鳥できるかの判断は，鳥をグループ全体として見るのではなく，1羽ずつ個別に見て判断することが重要である．

エントツアマツバメの放鳥は，日中の暑い時間が過ぎてから，日暮れの2～3時間前をねらって，他のエントツアマツバメが給餌している場所にグループで放す．移動の時は小さい煙突箱に通気性のある蓋をして運ぶとよい．

放鳥は屋根の上など高い場所から行うのが最もよい．放鳥場所に煙突箱を置き，移動による興奮を落ち着かせる．数分後，上空に他のエントツアマツバメが飛翔している時に，ゆっくりと箱の蓋を取り外す．蓋の下につかまっている雛がいるかもしれないので，傷つけないよう注意する．蓋を開けるとすぐに飛び出す鳥もいれば，躊躇する鳥もいる．1羽1羽のペースに合わせて飛び立たせてやる．

新しく放されたエントツアマツバメは，箱から出て初めの数秒は大きく羽ばたきをするが，その後すぐに力強い羽ばたきをしながら，帆翔，滑空し始める．そして，その数分後には，典型的な採食行動である俊敏な方向転換を見せるようになる．放鳥は，大抵野生のエントツアマツバメの注意を引き，快く新入り達を彼らの仲間に入れてくれる．

追加情報

エントツアマツバメはかつて，数がとても多く，煙突のねぐらに戻る様子が「煙が煙突に戻って行く」と例えられているほどであった．しかし，2004年には生息地の消失によりその個体数は40%も減少した．初めは空洞のある大きな木が，そして今は進入可能な煉瓦の煙突が少なくなってきたことが原因である．エントツア

マツバメの北部の生息地であるカナダでは，絶滅危惧種としてリストに載せることを思案している．エントツアマツバメについての，より詳しい情報や保護活動については，オンラインのwww.chimneyswifts.org で閲覧可能である．

謝　　辞

エントツアマツバメにおける研究の先駆者は Dr. Ralph W. Dexter と Dr. Richard B.Fischer です．彼らの計り知れない知識と激励をいただいたこと，そして特に彼らの晩年期に友情を分かち合えたことを光栄に思います．また，エントツアマツバメの人工育雛の手順書の作成を支援してくださった Dr. Katherine Van Winkle, Betty Schuessler，Dale Zoch-Hardelik，Avian Diagnostic Laboratory of Texas A&M University と Driftwood Wildlife Association のスタッフの皆様方にも感謝します．

関連製品および連絡先

ミルワーム：Rainbow Mealworms, 16 E. Spruce St, Compton, CA 90224, (800) 777-9676.

Avimin: Lambert-Kay, Cranbury, NJ 08512（多くのペットショップで入手できる）．

Avi-Con: Lloyd, Inc., P.O. Box 130, Shenandoah, IA 51601, (800) 831-0004.

SuperRich Yeast（醸造用イーストを除く）：Twin Laboratories, 150 Motor Parkway, Suite 210, Hauppauge, NY 11788.

Nutri-cal: Vetoquinol USA/Evsco Pharmaceuticals, 101 Lincoln Ave, Buena NJ 08310, (800) 267-5707.

STAT high-calorie liquid diet: PRN Pharmacal, Inc., Pensacola, FL 32504.

参考文献および資料

Carpenter, J.W. 2005. Exotic Animal Formulary. 3rd Edition. Elsevier Saunders, St. Louis, pp. 172–173.

Coffey, B.B., Jr. 1944. Winter home of Chimney Swifts discovered in northeastern Peru. The Migrant 15(3): 37–38.

Dexter, R.W. 1967. Nesting behavior of a crippled Chimney Swift. Bird Banding 38(2): 147–149.

Fischer, R.B. 1958. The Breeding Biology of the Chimney Swift Chaetura pelagica (Linnaeus). New York State Museum and Science Service Bulletin 368. University of the State of New York, Albany, New York.

Kyle, G.Z. 1985. An Introduction to the Role of Vitamin, Mineral and Amino acid Supplements in the Avian Diet. Driftwood Wildlife Association, Driftwood, Texas.

Kyle, P.D. and Kyle, G.Z. 1986. Hand-rearing Chimney Swifts (Chaetura pelagica). Wildlife Rehabilitation 5: 103–113.

———. 1990a. An evaluation of the role of microbial flora in the saliva transfer technique of hand-rearing Chimney Swifts (Chaetura pelagica). Wildlife Rehabilitation 8: 65–72.

———. 1990b. Housing Avian Insectivores During Rehabilitation (second edition). Driftwood Wildlife Association, Driftwood, Texas.

———. 1995. Hand-rearing Chimney Swifts (Chaetura pelagica): A 12-year retrospective. Wildlife Rehabilitation 13: 95–121.

———. 2004. Rehabilitation and Conservation of Chimney Swifts (Chaetura pelagica) (fourth edition). Driftwood Wildlife Association, Driftwood, Texas. 53 pp.

———. 2005a. Chimney Swifts: America's Mysterious Birds above the Fireplace. Texas A & M University Press, College Station, Texas. 152 pp.

———. 2005b. Chimney Swift Towers: New Habitat for America's Mysterious Birds. Texas A & M University Press, College Station, Texas. 96 pp.

Miller, E.A., ed.) 2000. Minimum Standards for Wildlife Rehabilitation, 3rd Edition. National Wildlife Rehabilitation Association, St. Cloud, Minnesota, 77 pp.

Petrak, M.L. 1982. Diseases of Cage and Aviary Birds (second edition). Lea and Febiger, Philadelphia, pp. 238, 252.

Terres, J.K. 1980. The Audubon Society Encyclopedia of North American Birds. Alfred A. Knopf, Inc., New York, pp. 868–871.

Whittemore, M. 1981. Chimney Swifts and Their Relatives. Nature Book Publishers, Jackson, Mississippi.

29
ネズミドリ類

Kateri J. Davis

生物学的特徴

　ネズミドリの仲間は非常に独特な鳥である．ネズミドリ目は2つの属だけで成り立っており，その中に6種類の近縁の種が存在する．ネズミドリ目は，現存する様々な鳥の種類の中で，全ての種がアフリカの固有種である唯一の目である．ネズミドリ類には近縁の仲間はいないが，エボシドリ類とオウム類と同じような特徴をいくつかもちあわせている．ネズミドリ類の全ての種の生体構造，習性，声はよく似ており，そのため飼育方法や飼育環境も共有できる．チャイロネズミドリ（*Colius striatus*），アオエリネズミドリ（*Urocolius macrourus*），アカガオネズミドリ（*U. indicus*），セジロネズミドリ（*C. colius*）が鳥類飼育でみられる種である．

　ネズミドリ類は独特な体温の生理機能をもっており，鳥類としては数少ない休眠をする種類である．また，食物に含まれるエネルギーが比較的少なく，食べられる量も予測不可能な環境では，確実に生き残ることができるように日光浴をしたり，群がったり，社交的な能力の技術を活用したりする．

　ネズミドリ類は他の鳥類のような典型的な止まりはせず，腹の部分を止まり木に乗せて止まる（図29-1）．脚は両側に広く離れており，ネズミドリ類の飼育未経験者の中には開脚症になっていると思う人もいる．また，ネズミドリ類は足で逆さにぶら下がって，尾は下向きにし，そのまま睡眠することさえできる．

　ネズミドリ類は小さな群れで行動する鳥である．藪の中を走り回るように動き，灰色の体に細長い尾がネズミのようなことからその名がつけられた．この鳥は北部と最西端を除くアフリカのほぼ全域にわたって，乾燥した低木の森やサバンナ，そして耕作地の樹林や藪などで見られる．

　ネズミドリ類は主に草食性で，果実の熟したものや未だ熟していないもの，葉っぱ，つぼみ，花を食する．場合によってはカブトムシの幼虫などの昆虫も捕食する．

　ネズミドリ類は性的単形（型）である．通常一夫一妻で，小さな集団を形成し，共同で繁殖する．小枝や葉，それによく似た材料を緩く積み上げてコップのような巣を共同で作る．親鳥は雛に吐き戻した餌を与える．

人工育雛への移行

　ネズミドリ類は，米国とヨーロッパでペットとして徐々に人気を上げている．したがって，人工育雛がより一般的になりつつある．親鳥に育てられた鳥や，輸入された成鳥でも人になつくことはあるが，人工的に育てられた鳥が一番人間のコンパニオンになりやすい．家で飼うなら，人工育雛されたネズミドリ類はどの種のオウム類と比べても，ペットとして同じくらい適している．

　ネズミドリ類を人の手で育てることは難しくなく，ソフトビルの種の中では飼育が最も簡単である．ペットとして人工育雛するのには，大抵7～9日齢で巣から取り出すのが最良である．飼育関係者の間では，しばしばこれを pulled（引き

図 29-1 ネズミドリ類独特の「ぶら下がり」をするチャイロネズミドリの成鳥.

出す）と呼んでいる．この時期は，飛翔はできないものの羽毛は生えており，周囲の様子に敏感になっている．非常に大きな足で枝をしっかりつかむことができ，数日でよじ登ったりぶら下がったりできるようになる．

本来の生息地やいくつかの鳥類飼育用の環境の中では，雛と親鳥は時おり助けを必要とすることがあり，特に暴風雨でずぶ濡れになってしまった時などは救護しなければならない．時には，人工給餌を含むリハビリテーションが必要になる．

育雛記録

現時点ではネズミドリ類を飼育，育雛するのに連邦政府の許可は必要ないが，州の法律はそれぞれ異なるので，入手前に確認すること．

育雛記録は鳥類飼養家によって異なるが，孵化日，両親と血統，雌雄鑑別情報，健康問題などの基本情報は最低限控えておく．個体の識別と追跡のため，足環かマイクロチップを用いることを推奨する．鳥類飼養の伝統として，雌雄の識別は，雄は右脚に足環を付け，雌は左脚に付けている．刺青は適切な側面の飛膜に用いられる．

孵　　卵

ネズミドリ類の卵を人工孵化させる理由はほとんどない．鳥類飼養の環境では，ネズミドリ類は非常に繁殖率が高いので，全ての卵を保護する必要はない．人工孵化の必要な時は，希少な種を扱う時や，緊急時の救護の時くらいである．

ネズミドリ類の卵には，一般的な孵卵器を使用し，温度を 37.2 ～ 37.8 ℃，湿度を 45% に設定する．卵は 1 ～ 5 時間ごとに 180 度回転させる．発育しているかどうかは孵卵後 5 ～ 7 日に透光検卵法により観察することができる．

孵卵期間は大抵 12 日である．嘴打ちを始めだしたら，通常 1 日以内に孵化する．この間，短い鳴き声を出し続けるので少々騒々しい．

育雛初期のケア

雛や病気，負傷したネズミドリ類は早急に温めなければならない．環境の影響か病気で体が冷たくなった時，特に若い雛は休眠状態に入り，身体機能が減退し，死んだようにも見える．負傷した鳥は休眠状態から元に戻るのが困難かもしれない．

罹りやすい疾病と対処法

ネズミドリ類は比較的丈夫な鳥で，健康面の問題は少ない．鉄沈着症のようなソフトビルの何種かによくみられる病気もネズミドリ類では記録がない．

ネズミドリ類の雛の糞はやわらかく，大量なので，育雛器や飼育場所は定期的に掃除しなければならない．放っておくと，カビや細菌が急速に増殖し，雛をアスペルギルス症やその他の感染症の危険に曝すことになる．あいにく幼鳥や成鳥は羽づくろいがうまくないので，糞や食べ物が体に付着すると，羽毛を汚して断熱機能にも影響を及ぼすことがある．

人工給餌用飼料

以下の項目はネズミドリ類の人工給餌用として推奨する飼料である.

1～6日齢

- Kaytee Exact の Hand-feeding Formula のような市販の人工飼育用フォーミュラ（オウム用）. パッケージに表示されているようにぬるま湯で戻す.
- Gerber 社の洋ナシ，リンゴ，パパイヤ，バナナなどの人間用ベビーフード. フォーミュラと人間用ベビーフードの比率は2：1にする.

フォーミュラは新しいものを温かくして，熱すぎないものを与える. 雛が成長するとともにフォーミュラの水の量を減らし，ホットケーキの生地のような硬さにする. 緊急の場合は，水に浸してすり潰したソフトビル用のペレット飼料（ドライペットフード）で代用してもよい.

乳酸菌類を与えてもよいが，必ずしも必要ではない. 実際，Kaytee Exact のような市販の飼料には乳酸菌類が含まれている. 鳥類飼養家の中には，有益な細菌と抗体をもたせるため，雛のフォーミュラに両親の糞を混ぜる人もいるが，病原性の細菌や寄生虫を取り入れてしまう危険性もある.

6日齢から自力採食まで

- リンゴやメロン，洋ナシ，パパイヤ，その他の果物を細かく切ったもの. 柑橘類やトマトは酸味がきついので避けること.
- 水に浸した小さいソフトビル用のペレット飼料.
- Kaytee Exact Mynah のような大粒のペレット飼料を水に浸して細かく潰したもの.
- 水入れは浅い皿を利用する.

多種の果物を与えて，栄養面での多様性だけでなく，成鳥になった時に好き嫌いのないようにする. フォーミュラはこの日齢の鳥には栄養補給として与えるが，日ごとに硬めにして与え，主要な餌はミックスフルーツにする.

給餌方法

孵化直後の雛

孵化直後の雛は養分を卵黄嚢から摂取するので，初めの20～24時間は給餌する必要がない. 初期の給餌は15～30分ごとに行い，フォーミュラを1，2滴与えることから始める. 給餌のスケジュールは朝6時から夜11時頃までの間に行い，初めの数日は夜間の給餌も数回行う.

ネズミドリ類はそ嚢をもっていない. 餌を食べると食道が広がり，雛の頚の右側が膨らんでみえる. 給餌後は湿らせた綿棒で嘴の周りに付いた餌を拭き取り，腐敗による病気の誘発を防ぐ.

雛が育つにつれ，給餌頻度を1～2時間ごとに変え，フォーミュラの量を徐々に増やしていく. 6日目には，雛には毎給餌につき1～1.5ml のフォーミュラを与えてもよい. ネズミドリ類の成鳥の体重については表29-1を参照すること.

人間から与えられる餌の食べ方をいったん覚えたら，雛はすぐに給餌者に口を開けて餌をねだるようになる. 空腹になると雛はうなるような声を出し，翼を半分広げ，小刻みに震えるような動きをする. チャイロネズミドリは餌乞いの際，発作のような動きをする. ネズミドリ類の雛は給餌中，頚を上下に動かすポンプのような動きをするが，満腹になって，口から食道内の餌が見えるほどになっても餌乞いを続けることもある. 誤嚥を防ぐため，餌のやり過ぎには注意すること. 少量の餌

表29-1 ネズミドリ類の成鳥の体重

種　名	体重（g）
アオエリネズミドリ（*Urocolius macrourus*）	50～60
アカガオネズミドリ（*U. indicus*）	65～75
チャイロネズミドリ（*Colius striatus*）	50～80
コシアカネズミドリ（*C. castanotus*）	50～75
セジロネズミドリ（*C. colius*）	50～55
シロガシラネズミドリ（*C. leucocephalus*）	35～45

を，回数を増やして与える方が，多い餌を少ない頻度で与えるよりはよい．

　雛の排泄を促すため，給餌後に肛門を刺激してやる必要がある．肛門を柔らかいティッシュペーパーで優しく触るかこするってやる．糞は膜に包まれてはおらず，多量で柔らかい．雛が成長するにつれ，自分で排泄できるようになってくるが，育雛器を清潔に保つためにも，毎給餌後に飼育者が刺激して排泄を促してやる．

巣内雛

　6日齢以上の若いネズミドリには，朝6時から夜11時くらいの間に1～2時間ごとに十分餌を与える．巣から取り出してから1, 2日は，夜間に追加の給餌を1, 2回行う方がよい．

　取り出されたばかりのネズミドリ類の雛は，初めは給餌が難しく，鳥によっては全く受け付けようとしない．雛は，初めは頭を下に押し込んで，給餌者に対して口を空けることに抵抗する．その場合，爪の先で優しく嘴をこじ開け，餌かシリンジの先を差し込めばよい．餌は嘴の中に置くだけでよい．フォーミュラを与える場合は特に，雛が誤嚥していないか確認し，さらに，柔らかい嘴に傷をつけていないかを確認する．いったん餌が口の中に入れば，自ら飲み込んでくれるはずである．

期待される体重増加

　ネズミドリ類の雛は急速に成長するので，体重も毎日増加していなければならない．健康的な雛では竜骨が突出しておらず，成鳥ほどではないとしても，筋肉が胸の両側についているはずである．ネズミドリ類は生後3ヵ月程度にまでならないと成鳥の体重には到達しない．チャイロネズミドリはネズミドリ類の中で一番重い種で，50～80gある．

飼育環境

　初日は，タオル生地を敷いた小さなプラスチックのボウルに雛を入れて保育器に収容する．底を少しくぼませて巣を再現し，雛は成長するに連れ，それを足でつかむようになる．軽い布かティッシュペーパーをボウルの上に軽くかけて雛が親鳥に抱雛されているような感覚にさせてやる．

　育雛器に雛と人工の巣を移したら，それから数日間で温度を32.2℃にまで徐々に下げていく．ティッシュペーパーをくしゃくしゃにして巣の底の布の上に敷くと掃除がしやすいが，雛がつかみやすくしておかないと脚の障害が出てしまう（図29-2）．ネズミドリ類の雛は巣を汚しやすいので，雛が汚れないよう清潔に保つこと．

　6日齢までには雛はボウルの端にぶら下がるようになり，給餌の時間になると飛び出してくるかもしれない．そうなると，掃除がしやすいように，ボウルの底はくしゃくしゃにしたキッチンペーパーに変更してもよい．

　8～10日齢になると，雛は巣の外にもっと出るようになるので，ぶら下がるための止まり木またはおもちゃを用意してやる．雛はすぐ，夜間

図 29-2　2週齢の雛を収容した育雛器．チャイロネズミドリ1羽とアオエリネズミドリ2羽．

図 29-3 2週齢の自立したセジロネズミドリと、細かく切った果物と水に浸したペレット飼料が入った小さなボウル．

に巣を利用する代わりにぶら下がるようになるので、保温ランプのような暖房器具を用意できるのであれば、ケージに移動させる．温度は毎日徐々に下げていき、14日齢になると室温にまで下げる．温度が急激に下がると雛が休眠状態に入ってしまうので、温度と雛の行動はよく監視する．もし複数の雛を一緒に育てるのであれば、攻撃的になっていないか注意して見張ること．

ペットとして育てている雛は10日齢くらいから別の場所に収容し、人間との絆を深めるように、毎日接して社会性を身につけさせる．ネズミドリ類は非常に社会性が強いので、人間や仲間の鳥と切り離すことはどの年齢であっても残酷なことである．

自力採食

ネズミドリ類はとても早く、簡単に自立する．11日齢の雛には浅いボウルに細かく切ったフルーツ（75%）と水に浸したペレット飼料を（25%）入れ、ケージ内に置いてひとりで餌を調べられるようにしてやる．成鳥になるまでこの比率の餌を与え続ける．毎給餌の際、餌乞いをしている雛の前にこのボウルを置き、指で餌を動かすと、雛が大口を開けている時に嘴が餌に触れる（図29-3）．ボウルにできるだけ近づくような角度で給餌する．鳥によっては初日からついばむようになるが、1週間以上かかる鳥もいる．アオエリネズミドリはチャイロネズミドリやセジロネズミドリより独り立ちに時間がかかる傾向にある．

雛が16日齢くらいになり、完全に自立採食できるようになるまでは、手からの給餌も続けなければならない．体重増加と大胸筋を注意深くチェックすること．ネズミドリ類の雛は、生後1ヵ月経ち、よく食べ、暖房器具を取り外してから少なくとも2週間経つまでは、鳥舎や新しい家に放すのはまだ早い．またこの時、鳥は上手とは言えなくとも飛翔はできるようになっていなければならない．自立の時期に、水に浸したペレット飼料を徐々に固めにしていくと、成鳥になった時に乾燥したペレット飼料を食べられるようになる．

若いネズミドリには通常生後3ヵ月までは常に餌を用意してやる必要がある（図29-4）．彼らは驚異的な食欲の持ち主なので、空腹になることが頻繁に起こると、急激に体重が減少し、休眠状態に入ってしまう．

正しく育てられ、人工給餌されたネズミドリはとても可愛らしく、ペット用のケージに入れるまでに特別な訓練は必要ない．鳥を飼っている人のほとんどはオウム類しか馴染みがないので、初めてネズミドリを飼う人は、その独特な性質や餌について徹底的に学び、正しい方法で世話をしてあげなければならない．

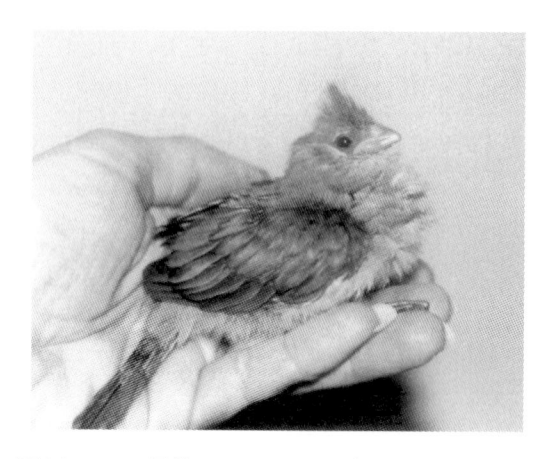

図 29-4 3.5週齢のアオエリネズミドリの給餌後．食道の一部が膨張し，頚の周りの羽毛が立っている．

飼育下の群への移入

ネズミドリ同士を一緒にする時，特に成長した鳥や群れと一緒のケージに入れる時は，細心の注意を払わなければならない．同種間で攻撃的になることがよくあり，時には致命的な争いをすることもある．多種の鳥を混合することは飼育初心者にはあまり勧められない．鳥達の協調性を保つことが難しいからである．雛はいったん巣立つとお互い攻撃的になることさえある．通常，幼鳥の方が成鳥より群れに受け入れられやすい．

最良の方法は，全てのネズミドリを新しい環境に同時に入れることである．もしそれが可能でないのであれば，新入りの鳥か群れの鳥を小さいケージの中に入れて，収容所内に置く（お見合い用ケージ）．ネズミドリ類はケージのワイヤーにぶら下がるので，収容所内にケージを入れ，さらにその中に小さいケージを入れるとなおよい．そうしないと，鳥が趾を咬み合うことになってしまう．この方法は，安全に新入りを馴染ませるのに非常によい方法である．

ケージ内に放した後は，攻撃的になっている鳥がいないかの監視を続け，趾や顔，腰の辺りなどに出血がないかなども調べる．尾羽がなくなっていたり，地上で隠れていたりする鳥がいたら，何かしら問題があるということである．

著者あとがき

この素晴らしい鳥についての飼育下や野生での記録はこれまでほとんどない．著者は，ネズミドリ達に何年も接し，動物学関係の機関やその他の鳥類飼養家から得た経験や研究結果をまとめ，「Mousebirds in Aviculture（ネズミドリ類の飼養）」という本を出版した．この分野では始めての本である．この本にネズミドリの全種についての生態から飼育法，飼料，飼育環境，繁殖に至るまでを記載してある．この本の購入法についての詳細は，http://members.aol.com/birdhousebooks にアクセスしていただきたい．

著者は，ソフトビルの鳥類専用のDavis Lund Aviariesという鳥舎を所有しており，ネズミドリ類と，その他のソフトビルの鳥類に関する写真や情報は著者のサイトから閲覧可能である．http:// members.aol.com/DLAviaries．ネズミドリ類関連に携わっている人がいれば連絡を取りたいので，以下の電話番号かメールアドレスから連絡していただきたい．(541) 895-5149, DLAviaries@aol.com.

謝　辞

長年にわたって経験を分かち合ってきた，ソフトビルの飼育者の全ての方に感謝致します．

関連製品および連絡先

Kaytee products: 521 Clay St, PO Box 230, Chilton, WI 53014, (800) KAYTEE-1.

参考文献および資料

Davis, K.J. 2001. Mousebirds in Aviculture. Birdhouse Publications, Sacramento, California, 140 pp.

30
サイチョウ類, カワセミ類, ヤツガシラ類, ハチクイ類

Patricia Witman

序　文

　Zoological Society of San Diego の 2 つの施設である, San Diego Zoo と Wild Animal Park には, ブッポウソウ目の多様な種を飼育, 繁殖させてきた長い歴史がある. 10科のブッポウソウ目のうちカワセミ科, ハチクイ科, ブッポウソウ科, ヤツガシラ科, モリヤツガシラ科, サイチョウ科の6科から, 18種の鳥を人工育雛してきた（表30-1）.

生物学的特徴

　カワセミ科は世界中に分布しており, 91種存在する. 54種いるサイチョウ科のうち23種がアフリカの熱帯地域に, 31種がアジアからソロモン諸島にかけて分布する. ハチクイ科は25種, ブッポウソウ科は11種で, 旧世界に生息する. モリヤツガシラ科の8種はサハラ以南で見つかり, ヤツガシラ科は旧北区, エチオピア区, 東洋区に生息する（表30-1）.

　ブッポウソウ目の鳥は一般的に, 大きい頭, 短い頸, 短い脚をもつ. ほとんどの鳥が大きく長い嘴と, 比較的弱い足に短い趾が付いており, 3趾と4趾が付け根で引っ付き, 前を向いている. 羽毛の色は虹色か緑と青色の色素からなっているが, サイチョウは白と黒の羽毛に若干の灰色, 茶色, クリーム色である. 全種が何らかの穴に営巣し, 木の洞, シロアリの巣, 土手の泥の穴, 発掘跡の露出した岩壁などを選ぶ. 最もまれなのがサイチョウ類で, 空洞の入り口を泥や食べ物, 糞などで塗り固め, 雌と連れている雛を中に閉じ込めてしまう. 雌と雛はもっぱら雄やヘルパーに給餌を頼ることになる. 全種が白い卵を産み, 晩成性の雛が生まれる（Fry et al. 1992, Kemp 1995, del Hoyo, et al. 2001）.

　何種かは共同で営巣するが, ほとんどは一夫一妻でペアになる. 種によって大きさには非常に差があり, 小さいものはコミドリヤマセミ（*Chloroceryle aenea*）から, 大きいものはサイチョウ類まで様々である. それと同様に, 孵卵期間や一腹卵数, 育雛期間なども様々である（表30-2）.

　カワセミ類, ハチクイ類, ブッポウソウ類, モリヤツガシラ類, ヤツガシラ類, ジサイチョウ類の主となる食物は, 多種にわたる昆虫, その他の無脊椎動物, 小哺乳類, 小爬虫類, 両生類, 鳥類の卵や雛である. カワセミ類は捕獲した獲物を枝などに叩きつけてから食べることを好む. ハチクイ類はほぼ常に飛翔中に捕獲し, ハチ類や近縁の針をもつ虫の毒針を巧みに取り外す. ほとんどのブッポウソウ類は地上で採食するが, ブッポウソウ（*Eurystomus orientalis*）は空中で獲物を捕獲する. ヤツガシラ類はその細長い嘴で地上の獲物を探索する. ほとんどの昆虫食性鳥類は, 消化できない外骨格のキチン質をペレットとして吐き出すが, ヤツガシラ類は糞として排泄する. モリヤ

表30-1　ブッポウソウ目の科

科	俗名	種番号	分布
カワセミ科	カワセミ	91	世界全域
サイチョウ科	サイチョウ	54	エチオピア区，東洋区，オーストラリア区周辺
ハチクイ科	ハチクイ	25	旧世界
ブッポウソウ科	ブッポウソウ	11	旧世界
ヤツガシラ科	ヤツガシラ	1	旧北区，エチオピア区，東洋区
コビトドリ科	コビトドリ	5	大アンティル諸島
ジブッポウソウ科	ジブッポウソウ	5	マダガスカル
オオブッポウソウ科	オオブッポウソウ	1	マダガスカル，コモロ諸島
ハチクイモドキ科	ハチクイモドキ	10	新熱帯区

表30-2　抱卵期間，一腹卵数，営巣期間[a]

種	抱卵期間	一腹卵数	育雛期間（日）[a]
ワライカワセミ（*Dacelo novaeguineae*）	21〜26	3	32〜44
ズアカショウビン（*Todiramphus cinnamominus*）	20〜23	1〜3	?
アオショウビン（*Halcyon smyrnensis*）	18〜25	4〜7	26〜27
ノドジロハチクイ（*Merops albicollis*）	19〜20	4〜7	〜30
シロビタイハチクイ（*M. bullockoides*）	19〜20	2〜5	〜30
アオハラニシブッポウソウ（*Coracias cyanogaster*）	18〜21	2〜4	25〜30
チャガシラニシブッポウソウ（*C. naevius*）	17〜23	2〜4	25〜30
ブッポウソウ（*Eurystomus orientalis*）	18〜22	3〜5	〜23
ヤツガシラ（*Upupa epops*）	16〜18	5〜8	24〜28
ミドリモリヤツガシラ（*Phoeniculus purpureus*）	17〜18	2〜5	28〜30
ジサイチョウ（*Bucorvus abyssinicus*）	37〜41	2	80〜90
ミナミジサイチョウ（*B. leadbeateri*）	37〜43	1〜3	86
クロサイチョウ（*Anthracoceros malayanus*）	30	2〜3	50
オオサイチョウ（*Buceros bicornis*）	33〜40	1〜4	72〜96
カオグロサイチョウ（*Penelopides panini*）	28〜30	2〜4	50〜60
アカコブサイチョウ（*Aceros cassidix*）	32〜35	2〜3	〜100
ズグロサイチョウ（*A. corrugatus*）	29	2〜3	65〜73
アカハシサイチョウ（*A. leucocephalus*）	29	2	?

[a] del Hoyo et al.（2001），ZSSDデータと合併．

ツガシラ類はその細長い嘴で樹皮やたくさんの毛虫やその他の虫を捕食する．

ほとんどのサイチョウ類は雑食性であるが，主に肉食性，主に果実食性といった種もいる．果実食性鳥類は繁殖期になると，多くの動物性の食物を摂取することがある．肉食性の種はサバンナに生息する傾向にあり，沼地性である．ほとんどの果実食性の種は森に生息し，樹上性である．ほとんどのサイチョウ類は水を飲まず，食物から水分を補給する．

人工育雛への移行

2つの施設はともに，親鳥による育雛を望んではいるが，雛はしばしば，親鳥の育雛放棄や，様々な原因による繁殖失敗例から，人工育雛へと移行されることがある．人工的に育てられる雛のほとんどは孵卵器で孵化した個体である．このことによって，寄生虫やその他の感染症にさらされる危険のほとんどを排除している．親による育雛から離された雛は，獣医師がグラム染色や培養結果から健康状態を判断するまで隔離される．もし親鳥のもとで孵化した雛が健康で，水分補給も十分であれば（図30-1），巣立ち前に巣から離された場合でも比較的簡単に人工飼育できる．しかし，不十分な親鳥の世話により，健康状態に支障をきたしている雛を人工育雛することは，極度に時間を要するかもしれない．

育雛記録

人工育雛の詳細にわたる記録は，育雛の成功，データの共有，変化の追跡のために保管しなければならない．場所や両親の認識，年齢，人工育雛する理由，人工育雛に切り替えられた時の健康状態などの具体的な情報も記録しておく．全ての雛に，識別のため，足環をはめるか毒性のないカラーフェルトペンでマークをつける．給餌と体重も詳細に記録すること（表30-3）．餌の目標摂取量と頻度を設定する．これらは前回の成功例を目安にするとよい．実際に摂取した量を記録，集計し，目標摂取量と比べる．毎朝，1回目の給餌の前に体重を測定する．餌の目標摂取量の判断は，体重の増減が基準内であるかどうかを基に考える（図30-2a～d）．

孵　　卵

両親が孵化に失敗している経歴がある，もしくは施設内で育雛が難しい状態にある場合は人工孵卵を行う．孵卵のパラメーターは過去の近似種の飼育下での成功例を基に測定している．空洞に営巣する種の孵卵期間の確定は，調査で巣内の親鳥を阻害するうえに，監視カメラの設置例もほとんどないので，非常に難しい．

育雛に成功したサイチョウ類とワライカワセミ類は全て，37.2℃で，56～62％の相対湿度で孵卵した．その他のカワセミ類やブッポウソウ類とハチクイ類の全種のより小さい卵は，37.5℃で，相対湿度は50～66％で孵卵する．これらの相対湿度の設定は孵卵の開始点ではあるが，卵重量の減少率を監視し，湿度をそれによって調節する．もし卵の重量が十分に減少していなければ，湿度を下げ，反対に重量が減りすぎていたら湿度を上げる．早めに対応すると，より効果的である．孵卵期の早い時期に細かく調整をすることは，孵卵後期になって急激な調整を行うよりよいし，胚の発達にも安全である．孵卵器内では，水の表面を広くするか狭くするかで湿度の調整を行う．例え

図30-1　十分に水分補給のされている第1週目のシロビタイハチクイ．（著作権：Zoological Society of San Diego）

表30-3 人工育雛の給餌表のサンプル（ズアカショウビン）

時　間					6:30	7:00
年月日	日齢/体重/体重変化率（%）	Ca	ビタミンB	投薬		体重比(%)（体重当たりの摂取した総固形飼料の比率）
2006年5月24日	0日齢（孵化当日）					23.0%**
与えた固形飼料の量（g）	体重5.00g					
経口補液剤						
サプリメント						
摂食反応*						
糞						
2006年5月25日	1日齢					44.9%
与えた固形飼料の量（g）	体重5.50g			0.32		
経口補液剤	体重増加率10%（現在の体重－前回の体重）÷前回の体重					
サプリメント		0.01	0.02			
摂食反応*					良	
糞					あり	
2006年5月26日	2日齢					36.8%
与えた固形飼料の量（g）	体重6.82g			0.33		
経口補液剤	体重増加率24%					
サプリメント		0.02	0.05			
摂食反応*						良
糞						あり

*摂食反応：良＝よい，普＝普通，乏＝乏しい，無＝無反応．
**訳者注：原書では「23.0%」だが，計算すると「21.4%」になる．
灰色の枠内には，年月日，日齢，体重変化率，目標摂取量，実際の総摂取量，サプリメントの量を表している．全ての量はグラムで表示してある．表は本のサイズに合わせて切り詰めてある．

ば，もし卵の重量が9%しか減少していなければ，付属の水皿を，表面積の小さい皿に取り替えて，相対湿度を6～7%減にする．相対湿度は急激に上げたり下げたりしてはいけない．1週間当たり10%以下の範囲で変更する．

卵は1週間に2回重さを測定する．卵重減少率を計算する1つの方法として，以下の公式を利用する．

$$\left\{ \frac{\left(\frac{S-E}{D} \times I\right)}{S} \right\}$$

S＝入卵時重量，E＝現在の重量，D＝入卵時からの日数，I＝孵卵日数である．入卵時重量とは，卵が巣から取り出されて孵卵器に入卵した時の重さである．現在の重量とは人工孵卵中の計測当日

7:30	8:00	8:30	9:00	9:30	10:00
1日の目標摂取量（体重比%）	給餌頻度	1日の目標摂取量（体重×その日の摂取量%）	給餌ごとの目標摂取量	実際の固形飼料の摂取量（g）	実際の水分の摂取量（ml）
25%	7回	1.25	0.18	1.07（与えた全ての固形飼料を追加）	0.00
0.18	0.19	0.17	0.20	0.18	0.15
					良
					なし
30%	7回	1.65	0.24	2.47	0.00
		0.32			
		良			良
		あり			あり
35%	7回	2.39	0.34	2.51	0.00
		0.32			
		良			
		あり			

の重量である．この公式は，たとえ産卵直後に卵重を測定していなくても[*]，孵卵期間ならどの時期でも卵重減少率を計算することができ，減少の推移を調べることができる．例えば，もし卵が親鳥による抱卵から 5 日後に取り出され，卵量が 26g，抱卵期間が 30 日，そして人工孵卵が始まって 7 日後に重さが 25g であった場合，方式はこのようになる：

$$\left\{\frac{\left(\frac{26-25}{7}\times 30\right)}{26}\right\} = 16.5\%$$

すなわち，卵重減少率は 16.5% ということにな

---

[*]編者注：産卵直後の卵重を推算し，それを当てはめて計算する方法もある．

A

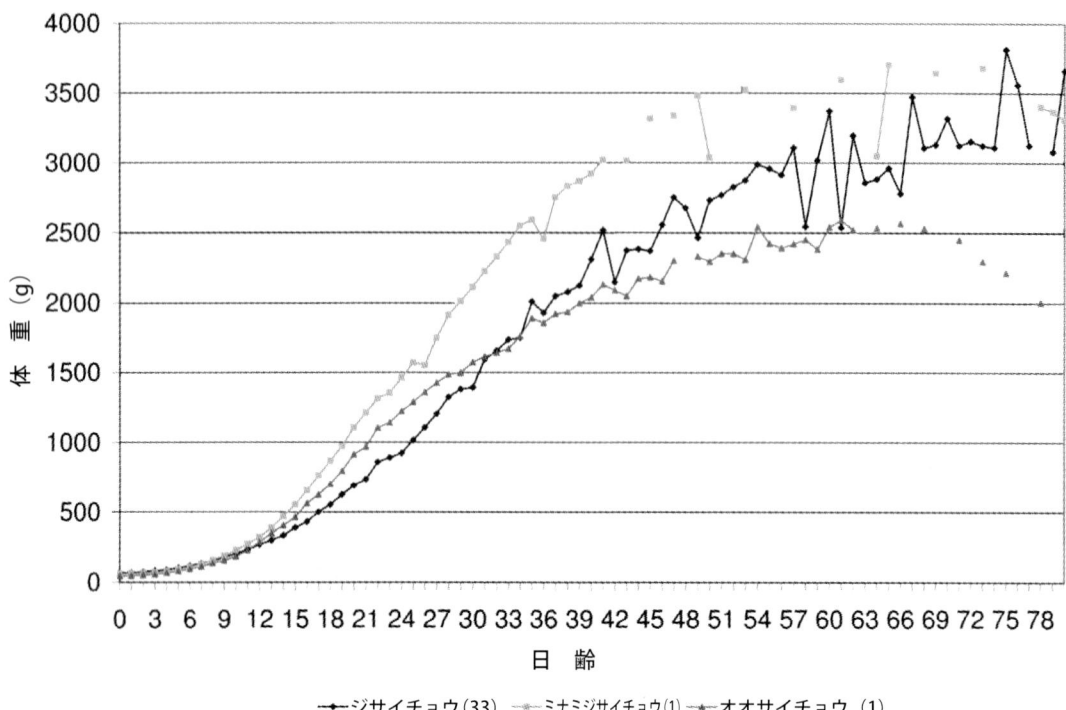

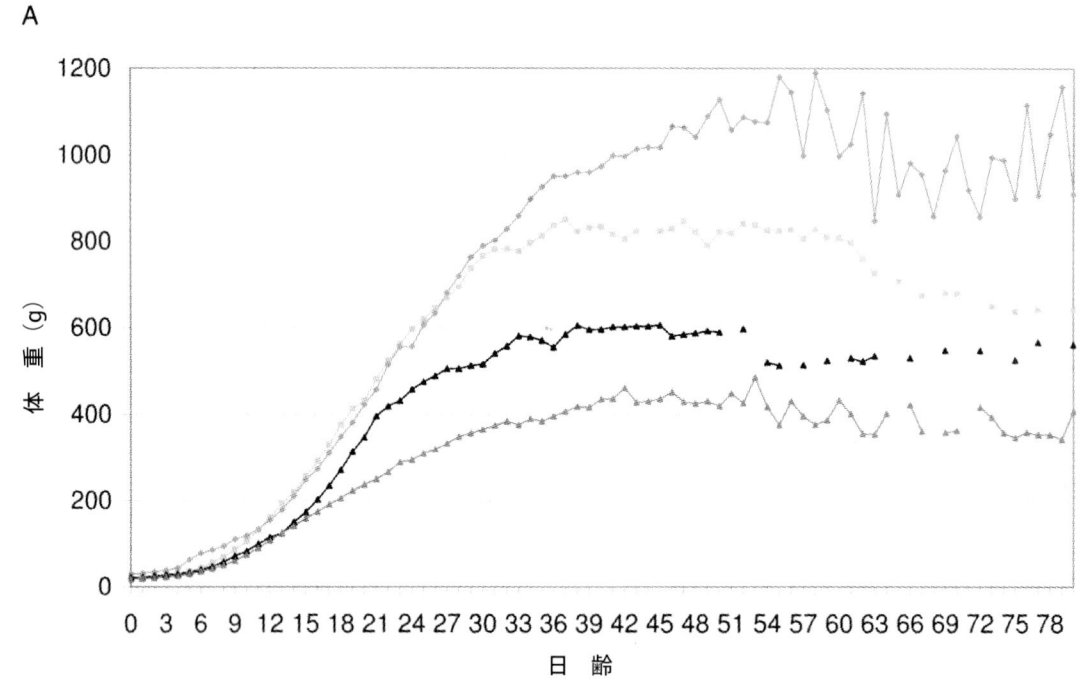

B

図 30-2 （A）3種のサイチョウの雛の平均成長曲線．（B）4種のサイチョウの雛の平均成長曲線．（C）ブッポウソウ類の雛の成長曲線．（D）ズアカショウビンの雛の成長曲線．

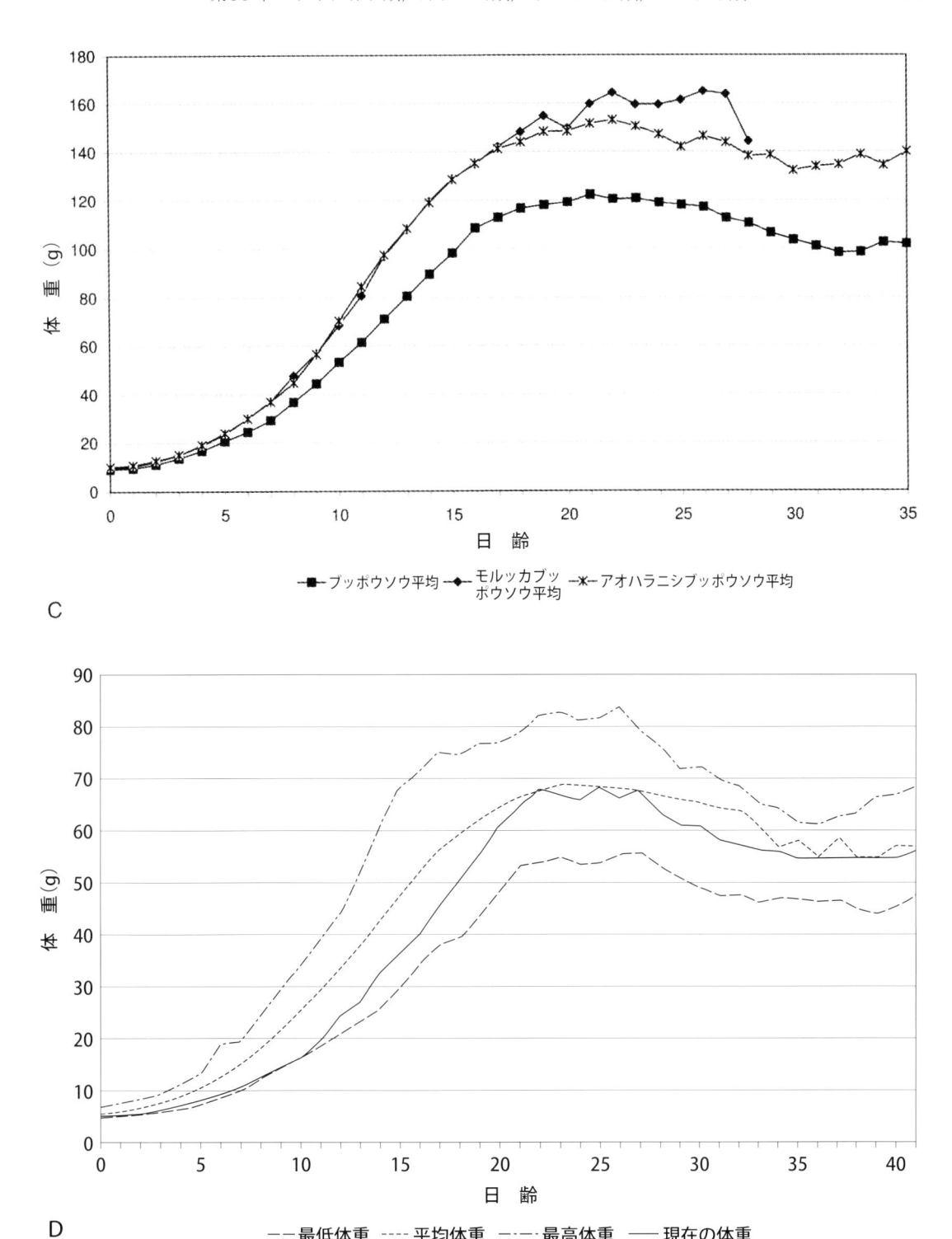

第30章　サイチョウ類，カワセミ類，ヤツガシラ類，ハチクイ類

C

凡例: ■ ブッポウソウ平均　◆ モルッカブッポウソウ平均　✱ アオハラニシブッポウソウ平均

縦軸：体重 (g)　横軸：日齢

D

凡例: ─ ─ 最低体重　---- 平均体重　─·─ 最高体重　── 現在の体重

縦軸：体重 (g)　横軸：日齢

図30-2　つづき．

表30-4 ズアカショウビンの卵重減少のサンプル

卵番号	実際のI	最初の重量測定日	2回目の重量測定日	D	S	E	I	I	I＝20日の重量減少率（%）	I＝23日の重量減少率（%）
5	20	1995/01/27	1995/07/16	19	7.89	7.00	20	23	12	14
6	21	1997/12/20	1998/01/06	17	7.98	7.23	20	23	11	13
231	21	1998/04/09	1998/04/17	8	7.58	7.25	20	23	11	13
197	21	1999/04/28	1999/04/30	2	7.10	7.03	20	23	10	11
222	21	2000/04/24	2000/04/30	6	6.08	5.88	20	23	11	13
209	23	2004/03/19	2004/04/05	17	7.81	7.81	20	23	10	12

S＝設定重量，E＝現在もしくは最終重量，D＝人工孵卵の日数，I＝孵卵期間（孵卵期間は20〜23日）

る．もしこれが，ニワトリの卵であれば，この結果は通常の範囲内である．しかしこれがシロビタイハチクイ（Merops bullockoides）や，11.2%の減少率で孵化に成功した種であれば，孵卵器内の湿度を上げて卵重減少率を下げるよう努めなければならない（表30-4）．

もう1つの方法は，以下の公式を利用する：

$$\left\{\frac{F-P}{F}\right\} \times 100$$

F＝産卵時の重量，P＝嘴打ちしだした時の重量である．この公式は，最新重量が測定されておらず，嘴打ちの前でも，もし値が数学的に推定できるのであれば，孵卵期間のいつでも使うことができる．実際の卵重は推定値とともにグラフ上に描かれている．それから重量が予想の範囲内かを測定することができる（図30-3）．

人工孵化されたカワセミ類，ハチクイ類，ブッポウソウ類，サイチョウ類では減少率は10〜14%であった．これらのうち，いくつかの卵は産卵後すぐに回収し，孵卵期間の全てを人工的に行ったもので，その他はそれぞれ何日間か親による抱卵が行われた後に回収されたものである．卵は孵化のおよそ3日前に，温度が0.3〜0.6℃下げられ，相対湿度が63〜73%に設定された孵化器に移動する．

所定の衛生基準を孵卵器と孵化器に適用し，雛が細菌やウイルスの汚染にさらされる可能性を極力避けるように努力する．1年に1度，孵卵室と孵化室は消毒液（Roccal-D, Pharmacia and UpJohn）で床から天井まで，全ての孵卵器や孵化器，そしてその他の用具も一緒に清掃する．そして週に1度，全ての機械の外側を消毒液で拭き，人間と卵を守るために窓を覆って紫外線殺菌器（Canrad-Hanovia Inc.）を両方の部屋に使用する．機械内のトレーは次の一腹卵を収容する前に全て消毒する．入り口には踏込み消毒槽を用意し，床も少なくとも週2回は消毒する．そして，施設内の出入りは制限する．近年は孵卵器内で卵にとってよい衛生環境を保つ方法として，オゾン発生器が日常的に使われている．全ての装置の加湿用の水は逆浸透圧水を使用し，紫外線殺菌器を利用する．卵を扱う前と扱った後は，抗菌石鹸で手を洗う．従業員は制服を毎日洗い，髪の毛は清潔にし，短くするか後ろで束ねる．

育雛初期のケア

ほとんどの孵化したばかりの雛は人工孵卵されていた孵化室から施設に運ばれてくる．雛が孵化器で完全に乾いたら，育雛室に運ぶ．育雛器のおおよその温度は孵化予定日の前に調節し，安定させておく．孵化したばかりの雛への給餌は摂食反応の徴候がみられた時，もしくは孵化後12時間以内に行う．全ての餌は電解質溶液に浸けて，水

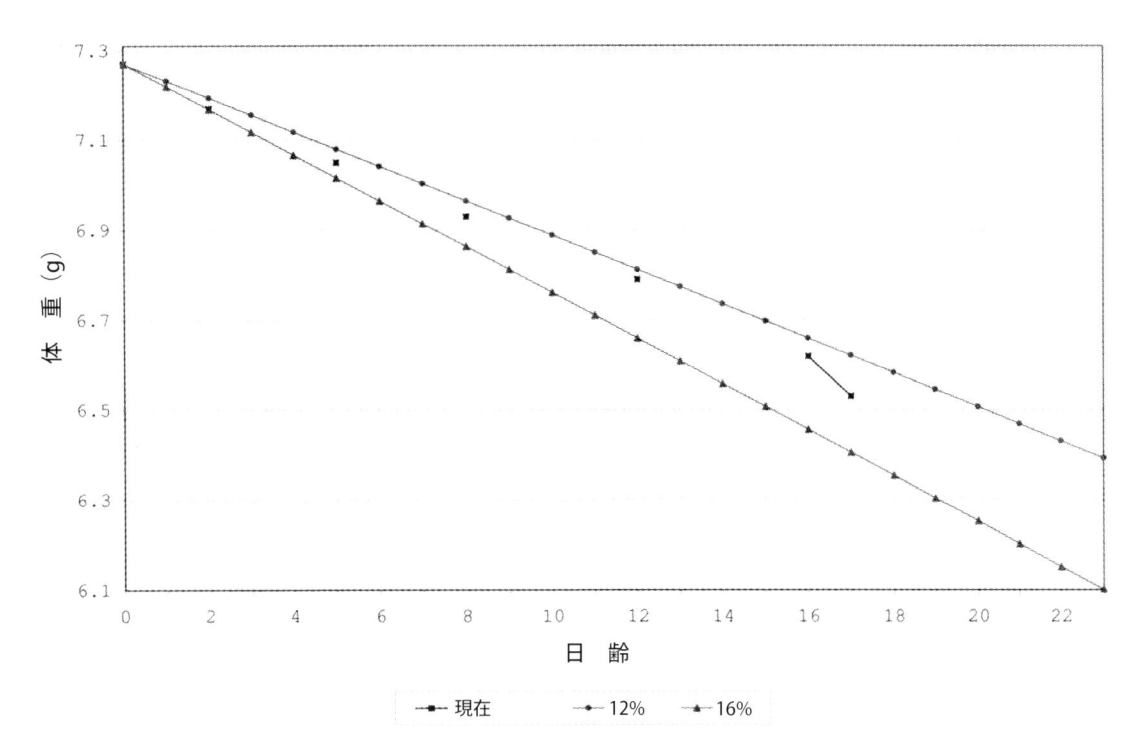

図 30-3　ズアカショウビンの卵重減少のグラフ.

分を与える.

　もし雛が孵化後に親鳥から離された場合は，健康状態を診断し，記録する．テントが張られたような皮膚，くぼんだ眼，摂食反応の欠如などの傾向が見られたら，雛が脱水症状を呈しているので，体重の5～10％の皮下注射液（ラクトリンゲル液）を投与する．もし雛が怪我をしていれば，獣医師による治療を受ける．冷えた新生子には，ゴム手袋にぬるま湯を入れて，指の間に置いて体を温めてやってもよい．

罹りやすい疾病と対処法

　孵化したばかりの雛はどの種においても，細菌感染が最も一般的な問題である．無菌状態で育てられた栄養状態のよい雛が感染に一番影響されにくい．摂食反応，排泄物，皮膚，そして羽毛の状態を観察し，変化があれば記録する．発育上，もしくは医療上の変化に正常範囲を超えた異常がみられたら，処置を施す．発育異常は不適切な栄養や量，給餌方法が原因である．

　本章で論じた全ての種は，消化できない物質（昆虫のキチンか齧歯類の毛）のペレットを吐き出すことが確認されているが，これを糞から排泄するヤツガシラ（Upupa epops）と，昆虫食性や肉食性の種ほどにはそのような食物を多く採食しない果実食性のサイチョウ類は例外である．雛によってはペレットを吐き出す前に小休止が必要なこともある．1980年代のまだこの種の鳥類があまり人工育雛されていなかった頃は，この小休止の間，雛が摂食反応を示さないことに対して，医学的な問題があると誤診していた場合があった．

　1980年代中頃に初めてジサイチョウ類を人工育雛した時は，キチンや毛を与えすぎたことによる腸閉塞の問題が生じた．ジサイチョウ類が砂を食べ過ぎた時，飲み込めるほどの小さい異物は施設内に入れてはいけないという結論に至った．雛が十分に成長してから，他の仲間と一緒にして施設内の物をついばむことから気を逸らせるか，消

化器官に影響なく異物を排泄できるほど大きく成長するまでは，基本的に比較的何もない環境で育てる方が安全といえる．

シロビタイハチクイの第1回目の初列風切羽は通常より短かったが，換羽後は通常の長さに生え変わった．また，親に育てられた雛の中でも少なくとも1羽は尾羽の異常がみられた．原因として，栄養の偏りが考えられるが，正確には判明していない．

1羽のジサイチョウ（Bucorvus abyssinicus）とズアカショウビン（Todiramphus cinnamominus）がそれぞれ11日目と8日目に頭を後ろにそらし，上を見つめて放心状態のような症状（スターゲイジング症状）に陥った．両方ともビタミンB群の注射を受けて，ジサイチョウの状態は5日以内でよくなった．ズアカショウビンは複数回注射しても30日間回復がみられなかった．しかし，雛をプラスチックのカップに入れ，網の蓋を乗せ，頭を通常の位置に固定すれば，5日後には完全に回復した．

餌のレシピ

サイチョウ類の何種かだけが果実食性に偏る傾向にあるが，本章で論じた種のほとんどが昆虫食性か肉食性である．成鳥の栄養所要量に関わらず，全ての雛は通常に成長するために，蛋白質が必要である．最も簡単に手に入れられる市販の蛋白質はマウス，昆虫，水に浸したキャットフードかドッグフード，サプリメントを混ぜた肉製品である．十分に水分補給が施され，丸々と太った，まだ毛の生えていないピンクマウスはこれらの種の蛋白源として効果がある．昆虫類の多くは消化できないキチン質を多く含み，新生子の消化管閉塞を起こすことがある．3週齢のコオロギ，白く脱皮したミルワーム，ワックスワームを利用することで，初めの7～10日の消化管閉塞は避けられる．ひき肉にビタミン剤やミネラルを混ぜたものも，もう1つの蛋白源として有効である．

孵化したばかりの雛用の消化しやすい餌から，成鳥の餌に移行していく際は，徐々に移行していくようにする．ジサイチョウ類やワライカワセミ類のような種の成鳥は，マウスの成体を食するが，7～10日齢の少し毛の生えたマウスの幼体（ファジーマウス）を与えて徐々に慣らしていく．コオロギの頭部，脚，羽を取り除いて与えるのも，3週齢の体の柔らかいコオロギからキチンを含む成虫を与えるまでのよいステップになる．

飼育下で成鳥に与える餌のいくつかは人工育雛には必要ないかもしれないが，自立の前にこういった餌を入れておくことで，成鳥になってからもバランスの取れた餌を摂取する可能性が高くなる．新しい種類の餌を，人工給餌に頼る幼い雛に前もって与えておくと，後で自立した鳥に与えるより随分簡単である．ドッグフードかキャットフードを浸したものとひき肉はその例である．一般的に手に入りやすいアノールトカゲをズアカショウビンの餌に足してやると，雄が求愛に利用する．

これらの成鳥用の餌のどれにも，栄養バランスの維持成分としての市販の鳥類用ペレットが十分には含まれていないので，人工育雛用の全ての餌に炭酸カルシウム（前日に与えた餌の量の1％）と複合ビタミンB液状サプリメント（Apatate Liquid）を追加する．この商品には，ビタミンB_1（チアミン）が5mg，ビタミンB_6（ピリドキシン）が0.5mg，そしてビタミンB_{12}（シアノコバラミン）が25mg含まれている（前日与えた餌の量50gにつき1ml）．例えば，もし前日に50gの餌が与えられたのであれば，カルシウムサプリメントは炭酸カルシウムを0.5g，ビタミンサプリメントはApatate Liquidを1.0ml，次の日に与える．コオロギとミルワームには給餌の3日前からカルシウムが主成分の市販の餌を与えて，内臓に十分貯めさせてから給餌に使う．

果実食性のサイチョウ類の孵化したばかりの雛には，70％の高蛋白質の餌（ピンクマウスや昆虫）と30％の果実を最初の10日間与える．比率を徐々に変えていき，およそ28日目には果実が75％，蛋白質源が25％になるようにする．この施設では以前から，人工育雛用の高蛋白質の餌

表 30-5　San Diego Zoo Avian Propagation Center の人工育雛手順

俗　名：ジサイチョウ
学　名：*Bucorvus abyssinicus*

日数	育雛器／温度	頻　度	餌（重さにより計算）	摂取率	その他
1	AICU/35℃，1日につき0.5℃下げる．カップの巣にキッチンペーパーかティッシュペーパーを敷く		Pedialyte（小児用経口補液剤）を与えるが，孵化後12〜24時間は待つ		
2		2時間（7回）	細かく切ったピンクマウスをPedialyteに浸す	20%	炭酸カルシウムとApetate入りのサプリメント
3				25%	日光浴の開始
4		3時間（5回）	切っていないピンクマウスに切り替え	30%	
5				35%	
8	屋外用マット（Add Nomad mat）を巣に追加	4時間（4回）			摂取量を45%に増やして体重増加率を15〜20%に上げる
12		5時間（3回）	産毛の生えたマウス（ファジーマウス）に移行		炭酸カルシウムから第二リン酸カルシウムに変更
13			25%の食肉を追加（75%ファジーマウス）		
14			50%食肉，50%ファジーマウス		
15			徐々にマウスの胴体（毛を除去）に移行		眼が開く
17			少量の毛を足し（2.5cm四方），徐々に増やす		筆毛
21		6時間（2回）			ペレットを出す可能性あり
24	桶に移し替え，底の半分を温める				
30				任意	
33	内側の暖房器具を取り外す				約40日齢で，自力採食始まる；給餌と給餌間に餌皿を置く
52	夜は外側を温める				
53					桶から出る可能性あり
56	外側も暖房不要				飛翔できる可能性あり
63		1回			自立

体重増加は1日15〜20%に調節する．
サイチョウ類は毛皮や羽毛，土，砂，石などで腸閉塞を起こす．

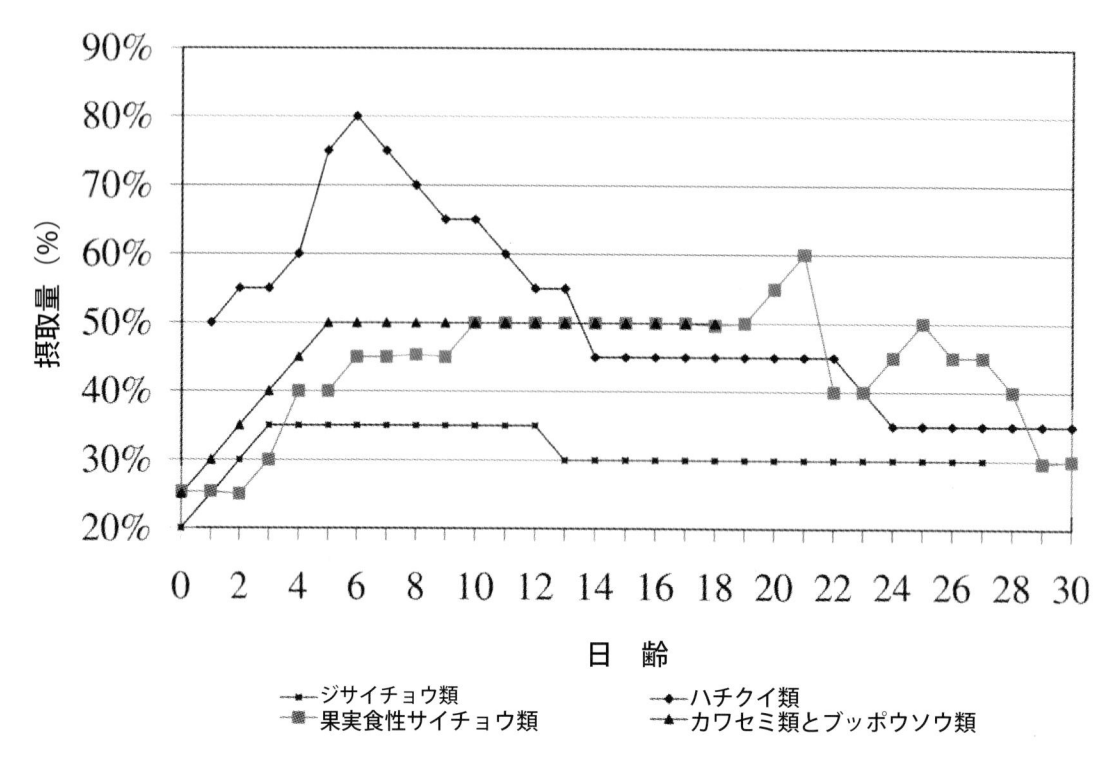

図30-4 サイチョウ類，ハチクイ類，カワセミ類，ブッポウソウ類の目標摂取率．

に水分補給も兼ねてパパイヤを加えている．30日齢までにはメロンやリンゴ，そしてその他の旬の果実のフルーツミックスに替える．

肉食性のジサイチョウ類の雛には100%蛋白質の餌を与える．2週間程度で徐々にひき肉や毛の生えたマウスの成体などを足していく（表30-5）．

どの時期に餌の移行をしていくかは，基本的に試行錯誤しながら変えて行くしかない．一度成功したら，それが他の近似種における成功の第1歩となる．これは記録を注意深く書き留めることがいかに大事かをはっきりと示している．実際の摂取量は，雛の摂食反応や成長率によっては目標量から異なることもある（図30-4）．

給餌方法

雛に人工給餌する際，3つの基本的な注意事項がある．いつ給餌するか（給餌頻度），どのくらい給餌するか（量），そしてどのように給餌するか（技術）である．これらはそれぞれ，育雛の時期によって変わってくる．これらをどのように変化させていくかが人工給餌をダイナミックなものにしているのである．

給餌回数の変更は，各種の餌の許容量や持久力によって異なる．大量の餌が与えられると，雛は食べることをやめるので，それは再び給餌回数を減らす必要があるということを示している．健康的な雛には絶対に強制的に餌を与えてはならない．飼育者は雛の行動が読めるようになり，より積極的な摂食反応を得るために給餌法を修正できるようになる．小さなハチクイ類は1日13回（毎時間）の頻度から始め，その他の種は1日7回（毎2時間）給餌する．給餌は朝の6:30から夕方の6:30までの間に行う．

ピンセットまたは曲がったスプーンでカットフルーツか動物性の餌を与える（図30-5）．餌は

第30章　サイチョウ類，カワセミ類，ヤツガシラ類，ハチクイ類

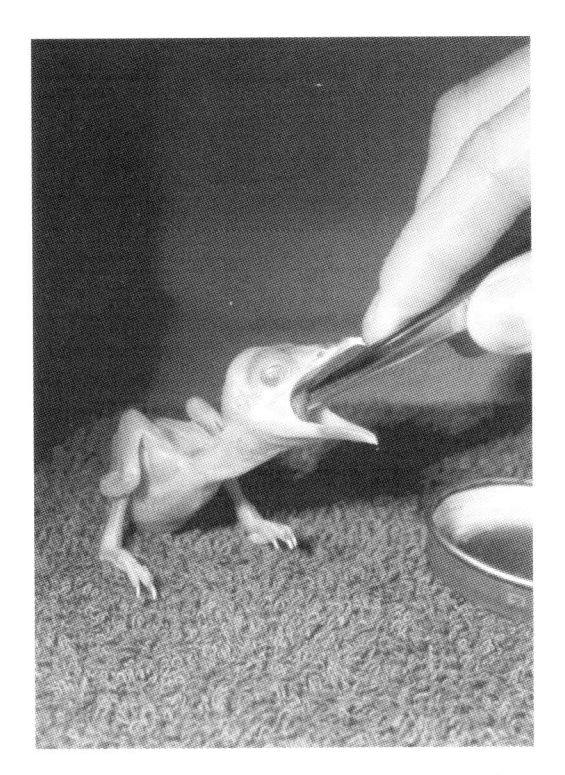

図 30-5　喉の奥にピンセットで給餌される1週目のズアカショウビン．（著作権：Zoological Society of San Diego）

ひと口サイズに切り，雛が育つにつれ，徐々に大きく切っていく．先の尖っていないピンセットを使って餌を電解質溶液に浸して口の奥に入れ込む．このような方法で給餌すると，雛が餌を吐き出しにくくなる．餌を与えすぎたり，給餌が速かったり，餌が冷たすぎたりすると，雛は餌の一部，もしくは全てを吐き戻してしまう恐れがある．曲がったスプーンなどは大きくなってきたサイチョウ類の雛に使い，そしてより多くの餌を与えるにはティースプーンの側面を折り曲げたものが使いやすい．

雛に与える餌の量は，長年にわたって試行されてきた．時には，雛が飽きてくるまで餌を与えたり，飼育者が自由に与えたりしているが，体重比率によって摂取量を決めていることが多い．通例，最初の週は，体重の20%の量から始め，徐々にサイチョウ類では35～50%，その他の小さい種では50～75%と増やしていく．雛が受け付ける量が安定するまで給餌量を最大に保つか，徐々に減らしていくかする．目標は親鳥に育てられた雛と同じ日齢で自立させることである．

孵化直後の雛，巣内雛，巣立ち雛は給餌に対してそれぞれ違った反応を示す．鳥の孵化直後の雛の頸の筋肉は比較的弱く，餌を求めて嘴を開いた時に，頭がぐらぐらするかもしれない．ピンセットで口を傷つけないように，よく気をつけなければならない．目測を誤ると，雛が汚れてしまう．その場合，温かく湿った布で，きれいに拭いてやり，眼の感染を防ぎ，羽包からの正常な羽毛の成長の妨げになる餌の残りカスを取り除く．巣内雛はより強くなり，餌が欲しいばかりにカップの巣から落ちてしまうことがある．育雛器の外に出している間は，絶対に目を離さず，カップは落下を防ぐために十分深いものを使用して，巣内雛の安全を確保すること．それに対し，巣立ち前の巣内雛には，活発になってきたら外に出られるようなカップを使用する．

雛が親鳥に育てられた雛と同じ日齢で巣立ちすることを目標とする（表30-2）．巣立ち直前は摂食反応が悪くなることが多い．雛が給餌を拒否するのを認めるか，エネルギー要求量を満たすために十分な餌を食べさせるかは難しい決断である．正常な雛の成長曲線を指針にすると判断しやすくなるかもしれない（図30-2）．

餌を用意する場所は他のどの場所よりも清潔にしておかなければならない．餌は室内で用意し，ステンレス製のカウンターで，果物と肉類は別々のまな板と包丁で切り，細菌の汚染を最小限に抑える．飼育者は餌の準備の際は常に手を洗うこと．傷みやすい餌は冷蔵庫に入れ，絶対に直射日光の下に放置してはいけない．コオロギやミルワーム，アノールトカゲ，マウスなどの生餌は雛に与える前に3～4日飼育しておく．生餌の飼育容器や餌，水入れなどは定期的にきれいにする．生餌の入手先はきちんと調べて商品の質がよいことを確認する．

期待される体重増加

給餌前の体重測定を雛が巣立つまで毎日行い，それ以降は回数を減らして行う．結果は記録し，成長曲線に追加して，以前に正常に育てられた雛の曲線と比べる（図30-2）．餌の摂取量も摂食反応とともに記録し，糞の有無も調べる．給餌の表は公式の入ったパソコンの表計算ソフトを活用し，雛の体重変化率と固形飼料・水分の給餌量を計算する．飼育者は毎日，体重，体重比率を基にした目標摂取量，そして給餌頻度を手順の指示に従って入力する．1日の目標摂取量は表計算ソフトで自動的に計算される．例えば，もし雛の体重が10gであれば，摂食所要量は35%，給餌頻度は1日7回なので，10×0.35÷7で，1回の給餌につき雛は0.5g摂取しなければならないという計算になる．1日の目標摂取量と実際の摂取量は簡単に比較できる．サプリメントの量もまた，前日の摂食量から計算する．

育雛期間中は，眼が開くとか巣立ちなどの成長と発達の節目として観察し，記録しておく（図30-6）．もし雛がうまく生き残り，親鳥に育てられた雛と同じように成長したら，次の育雛の参考に利用できる（表30-6）．

飼育環境

孵化したばかりの雛はアクリル製の電子育雛器

図30-6 23日齢と28日齢のズグロサイチョウ．

に入れ，34.4〜35.6℃に設定する．温度は雛の反応を見て毎日0.3〜0.6℃下げていく．雛の行動を観察し，震えがないか，息切れしていないか，脚と翼を広げていないか，兄弟と離れているか寄り添っているか，などを記録しておく．温度と湿度が適していなければ，摂食反応と糞の排泄量の両方が減少する可能性がある．初めの10日間は，毎日消毒をしている水皿を育雛器に入れて，相対湿度を50〜59%に設定することから始める．これによって脱水を防ぎ，皮膚がかさかさになるのを軽減することができる（図30-7）．育雛器は覆って自然の空洞の巣を真似て，飼育者との接触を最小限に抑える．育雛器は次の一腹卵を収容するまでに消毒し，必要であれば消毒回数を増やす．

表30-6 発育経過

発育経過（おおよその日数）	カワセミ類	ハチクイ類	ブッポウソウ類	モリヤツガシラ類	カオグロサイチョウ	ズグロサイチョウ	ジサイチョウ類	オオサイチョウ
ペレットの排出	6	11	20		10		20	
眼が開く	12	12	12		12	15	15	
活発性	14	14	14	14	30	30	50	55
好きなだけ給餌	20	30	20	30	30	30	30	30
自力採食の開始	20	17	30	26	30	40	40	40
自立	25	30	35	35	50	60	60	65
飛翔	30	30	30	30	40	65	＞55	75

図 30-7　箱型育雛器の中のズアカショウビンのパペット．（著作権：Zoological Society of San Diego）

雛はキッチンペーパーやティッシュペーパーを敷いた，プラスチックのボウルに入れる．表面が輪状になっているビニール製のマット（Nomad matting）はボウルの下に敷くと，糞の上に座らずに済むうえ，趾でつかみやすく，よい足場となる．ペーパーは毎給餌後交換し，ボウルとマットは毎日消毒する．

筆毛が開いてきたら，暖房付きの箱の育雛器か，針金のケージか，ゴム製の桶を床に置いて，その中に雛を移動させる．雛の羽毛が完全に生え揃い，止まりができるようになったら，止まり木と保温ランプのある屋外の飛行訓練用ケージに立ち入ることができるようにしてやる．何日か調整を繰り返し，日中や夜を通して屋外に出すようにする．保温ランプはおよそ3日以内，もしくは自然の温度が10℃を下回らなければ取りはずすこと．

自力採食

自立は，雛が助けなしに自ら餌を拾い上げたり，人工給餌の拒否を続けたりした時から始まっている．雛が活発になってきたら，給餌時間以外の間に探餌ができるよう，餌皿を置いてやる．雛が餌をついばんでいるのを確認したら，最初の給餌を省略する．雛の成長が正常で，人工給餌を毎回拒むようになるまで，給餌を試みることを続ける．

飼育下の群に導入するための準備

もし一腹卵に1羽以上の雛がいる場合，同じ育雛器で育てるが，カップの巣は兄弟殺しを避けるために別々にする．巣立ちは一緒に行ってもよいし，それ以降も引き続き同居させてもよい．兄弟がいない雛は，可能であれば年上の同種の雛か近似種の雛の近くに巣を置くとよい．

ズアカショウビンの育雛には，人間に対して刷り込みが生じないように，パペットを使用している（図30-8）．パペットがなくても，飼育者が体をシーツで覆い，靴下を手に履いて世話をしてもよい．これらの種は，特に刷り込みに関係する不適応行動を起こすことはないようである．

結　　論

人工育雛は長年にわたり，数々の困難を乗り越え，成功を成し遂げながら，進化し続けている．飼育環境，給餌頻度，餌の種類，餌の量に関しては，常に変化している．過去の観察を基に学習し，変更を加えることで，よりよい成功に繋げることができる（表30-7）．

謝　　辞

卵と雛の世話のため，人工孵卵から育雛の間の

図30-8 パペットを使って給餌される30日齢位のズアカショウビン（著作権：Zoological Society of San Diego）

表30-7 人工育雛の結果

種　名	人工育雛数	生存数（30日）	生存率
ワライカワセミ（*Dacelo novaeguineae*）	4	4	100%
ズアカショウビン（*Todiramphus cinnamominus*）	32	29	91%
アオショウビン（*Halcyon smyrnensis*）	6	6	100%
ノドジロハチクイ（*Merops albicollis*）	2	2	100%
シロビタイハチクイ（*M. bullockoides*）	4	4	100%
アオハラニシブッポウソウ（*Coracias cyanogaster*）	6	6	100%
チャガシラニシブッポウソウ（*C. naevia*）	2	2	100%
ブッポウソウ（*Eurystomus orientalis*）	5	5	100%
ヤツガシラ（*Upupa epops*）	1	1	100%
ミドリモリヤツガシラ（*Phoeniculus purpureus*）	1	1	100%
ジサイチョウ（*Bucorvus abyssinicus*）	42	34	81%
ミナミジサイチョウ（*B. leadbeateri*）	1	1	100%
クロサイチョウ（*Anthracoceros malayanus*）	2	1	50%
オオサイチョウ（*Buceros bicornis*）	1	1	100%
カオグロサイチョウ（*Penelopides panini*）	13	9	69%
アカコブサイチョウ（*Aceros cassidix*）	1	1	100%
ズグロサイチョウ（*A. corrugatus*）	10	8	80%
アカハシサイチョウ（*A. leucocephalus*）	2	1	50%
総　数：	135	116	86%

データ収集と，正確性を再調査してくれた，San Diego Zoo's Avian Propagation Center と Wild Animal Park の鳥類飼育者の多大な努力に感謝します．そして，これらの努力をさらに支えてくれた学芸員の David Rimlinger と Michael Mace にもお礼を申し上げます．

関連製品および連絡先

Forced air incubator: Humidaire Model 20, manufactured by Humidaire Incubator Co., 217 W. Wayne St., PO Box 9, New Madison, OH 45346 (out of business).

Forced air incubator: Petersime Model 1 Incubator: Petersime Incubator Company, 300 North Bridge Street, Gettysburg, OH 45328（現在営業しておらず）．

Forced air hatcher: AB Newlife Hatcher, manufactured by A.B. Incubator Ltd., PO Box 215, Moline, IL 61265.

ROCCAL-D Plus Disinfectant: Pharmacia & Upjohn Co., 7171 Portage Rd., Kalamazoo, MI 49001-0199 (616) 833-5122, FAX: (616) 833-7555.

紫外線殺菌器：Canrad-Hanovia Inc./Hanovia Lamp Division, 100 Chestnut St., Newark, NJ 07105, (201) 589-4300.

アクリル育雛器：Animal Intensive Care Unit (AICU), manufactured by Lyon Technologies, Inc. (formerly known as Lyon Electric Co., Inc.), 2765-A Main Street, PO Box 3307, Chula Vista, CA 92011, http://www.lyonelectric.com/index.htm, (888) 596-6872, info@lyonelectric.com.

ビニール製マット：Nomad Matting, manufactured by 3M Product Information Center, 3M Center, Building 042-6E-37, St. Paul, MN 55144-1000, (866) 364-3577, http://solutions.3m.com/en_US/.

Antiseptic povidone iodine solution: Betadine solution, Purdue Pharmaceutical Products L.P., One Stamford Forum, 201 Tresser Boulevard, Stamford, CT 06901-3431, (800) 877-5666, www.pharma.com.

検卵器：Hi-intensity candler, manufactured by Lyon Technologies, Inc. (formerly known as Lyon Electric Co. Inc.), 2765-A Main Street, PO Box 3307, Chula Vista, CA 92011, http://www.lyonelectric.com/index.htm, (888) 596-6872, fax (619) 216-3434, info@lyonelectric.com.

体重計：Ohaus scale, manufactured by Ohaus Corporation, P.O. Box 900, 19A Chapin Road, Pine Brook, NJ 07058, (973) 377-9000, fax (973) 944-7177, http://www.ohaus.com.

電解質溶液：Pedialyte, manufactured by Products Division Abbott Laboratories, Columbus, OH 43215-1724, http://www.abbott.com.

Liquid B-complex vitamin（複合ビタミン B 液状サプリメント）：Apatate, manufactured by Bradley Pharmaceuticals Incorporated, Fairfield, NJ 07004-2402, http://www.bradpharm.com.

市販の鳥類用ペレット：Marion Jungle Pellets, manufactured by Marion Zoological, 2003 E. Center Circle Plymouth, MN 55441, (800) 327-7974, http://www.marionzoological.com. Outside the United States (763) 559-3305, fax (763) 559-0789, soniag@marionzoological.com.

ドッグフード：Iams Less Active For Dogs, manufactured by Iams Company, 7250 Powe Avenue, Dayton, OH 45414, (800) 675-3849, http://www.iams.com.

1999 年まで使われていた肉製品：Nebraska Bird of Prey Diet, manufactured by Central Nebraska Packing Inc., PO Box 550, North Platte, NE 69103-0550, (308) 532-1250, (877) 900-3003, (800) 445-2881, fax (308) 532-2744, http://www.nebraskabrand.com, info@nebraskabrand.com.

2000 年以降使われている肉製品：Natural

Balance® Meat-eating Bird Diet, processed by Dick Van Patten's Natural Balance Pet Foods, Inc., 12924 Pierce Street, Pacoima, CA 91331, (800) 829-4493, http://www.naturalbalanceinc.com.

昆虫用カルシウム入り飼料: High Calcium Cricket Diet manufactured by Marion Zoological, 2003 E. Center Circle, Plymouth, MN 55441, (800) 327-7974, http://www.marionzoological.com. Outside the United States (763) 559-3305, fax (763) 559-0789, soniag@marionzoological.com.

参考文献および資料

del Hoyo, J., Elliott, A., and Saragatal, J. eds. 2001. Handbook of the Birds of the World. Vol 6. Mousebirds to Hornbills. Lynx Edicions, Barcelona.

Fry, C.H., Fry, K., and Harris, A. 1992. Kingfishers, Bee-eaters & Rollers. Princeton University Press, Princeton, New Jersey.

Kemp, A. 1995. The Hornbills. Oxford University Press Inc., New York.

31
キツツキ類

Rebecca Duerr

生物学的特徴

　キツツキ目キツツキ科[*1]には215種のキツツキ類，シルスイキツツキ類，ハシボソキツツキ類がおり，これらの22種が北米で見られる．この目に含まれる全ての種が穴や空洞の中に巣を作る．雛は晩成性で，孵化した時，羽毛がなく眼の見えない無力な状態である．キツツキ類のいくつかの種では協力して営巣し，2羽の雌で最大12羽の雛をもうけることがある．抱卵期間は11〜14日で，雛は21〜30日で巣立つ．しかし，サバクシマセゲラ（*Melanerpes uropygialis*）のようないくつかの種では何ヵ月にもわたって幼鳥に給餌し続けるものもいる（Reed 2001）．

　ほとんどのキツツキ類は，趾の2本が前向きで2本が後ろ向きの対趾足であり，この点が，非常に幼いキツツキ類の雛と，よく似ているスズメ目の雛とを識別するのに役立つ．アメリカミユビゲラ（*Picoides dorsalis*）[*2]やセグロミユビゲラ（*P. arcticus*）のようないくつかの種では，趾が3本しかなく，2本が前向きで1本が後ろ向きである．一方，スズメ目は三前趾足で，3本の指が前向きで，1本が後ろ向きである（図31-1）．孵化直後の雛は，通常はピンク色の皮膚で，綿羽が全く生えていない．似たような大きさのスズメ目の鳥よりも頸が長いように見える．

　成鳥の食性は季節によって変化し，昆虫や他の無脊椎動物，木の実，ドングリ，種子，樹液，ベリー類，果実といった幅広い範囲の食物の中から，種ごとに特有の食物に依存している．繁殖期には，多くの種が主に昆虫を食べる．雛は親が吐き戻した餌を与えられる．ドングリキツツキ（*Melanerpes formicivorus*）やルイスキツツキ（*Melanerpes lewis*）のようないくつかの種では，季節的に食べ物を蓄える．ドングリキツツキのようないくつかの種では，その社会構造[*3]のために，飼育下で育てられた個体の放鳥が困難であるため，飼育者は世話をしている種の生物学的特徴や行動の特殊性について十分な情報を得るように，あらゆる努力をすべきである．

人工育雛への移行

　キツツキ類の孵化直後の雛や巣内雛が飼育下に持ち込まれる原因は，そのほとんどが悪いタイミングでの樹木伐採である．巣は洞の中にあるため，通常は樹木（もしくはサボテン）が伐採され，雛が丸太の中から鳴いているのに誰かが気づくまでは発見されない．この時点では，巣を元のままに

訳者注
[*1]：原著では「Picidae下目」と記載されているが，Picidaeはキツツキ科のことであり，キツツキ下目はPicidesである．また，例示されている鳥は全てキツツキ科に含まれるものであるため，ここではキツツキ科とした．
[*2]：原著ではTree-toed Woodpeckerと記載されており，これにはミユビゲラ（*P. tridactylus*, 英名 Eurasian Three-toed Woodpecker）とアメリカミユビゲラ（英名 American Three-toed Woodpecker）があてはまるが，北米で執筆されているため，アメリカミユビゲラのことであると思われる．

[*3] 訳者注：集団で生活し，集団内での役割分担がある．

図 31-1 シロハラシマアカゲラ (*Picoides nuttallii*) の孵化後間もない雛．対趾足の指の並びであることに注意．(写真は Roger Parker の好意による)

しておいたり元の場所に戻したりするにはほぼ手遅れである．

　巣立ち雛は，家で飼われているペットに襲われたり，窓に衝突するといった不運な事故が原因で持ち込まれることが多い．地面にいるところを発見される巣立ち雛は，治療が必要な問題を抱えていることが多い．しかし，時々救護に熱心すぎる人によって捕まえられることもある．一見怪我をしていないように見え，両親の元に戻せそうな巣立ち雛であっても，ごく軽度であれ重度であれ怪我を負っていないことを確認するために，身体検査と飛翔テストを行った方がよい．

育雛記録

　第1章の「基本的なケア」の項を参照．

育雛初期のケア

　初期の雛のケアにおける主な原則は，保温，脱水補正（脱水症状の改善），給餌をこの順で行うことである．水分を与える前に雛を温め，その後に糞が排泄され始めるまで補液を行う．その後にようやく給餌を始めるのが安全な方法である．冷えていたり脱水したりしている雛に，保温や補液を行う前に給餌するとおそらく死亡させてしまうだろう．

　新たな傷病鳥は，検査の前に15〜20分間，暖かく，暗く，静かな容器の中で休ませる方がよい．もし鳥が立てなければ，布を丸めてドーナツ状にしたものや，紙で作った巣のような，柔らかく支える構造のものの中に置くべきである．雛が横臥していたり，その他不自然な姿勢になっていてはいけない．孵化直後の雛や巣内雛は，可能であれば環境条件がコントロールできる保温器の中に置くべきである（図31-2〜図31-4）．雛が温まり落ち着いたら，経口または皮下注射で水分補給を行ってよい．2.5%のブドウ糖を含む0.45%生理食塩水やラクトリンゲル液のような温めた滅菌溶液を，皮下に一度に体重の5%投与する．著しく脱水した鳥には繰り返し投与する必要があるかもしれない．大きく口を開けているような活発な孵化直後の雛や巣内雛には，糞をするまで経口で水分を補給する．15〜20分ごとに小さなシリンジかスポイトで温めた経口補液剤を数滴与え，鳥が完全に飲み込んでから次を与えるようにする．雛が十分な量を飲み込むことができるように

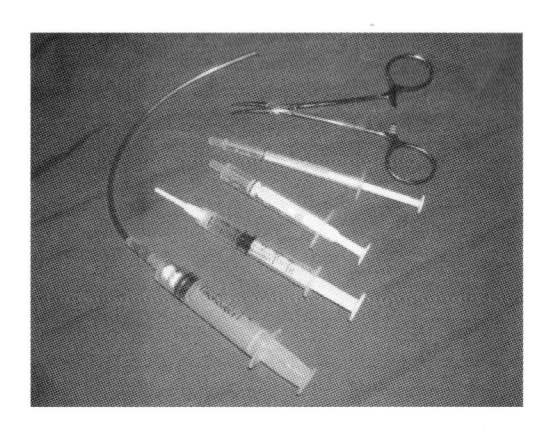

図 31-2 給餌器具．上から順に，止血鉗子，1ml のOリングシリンジ，3ml のOリングシリンジ，プラスチック製カニューレ（Jorgensen Labs をしっかりと取り付けた3ml のルアーロック式シリンジ，輸液セットの延長チューブを切断して取り付けた6ml のシリンジ（注意：チューブの断端は角を丸めるために軽く火であぶってある）．

第31章　キツツキ類

図 31-3　シロハラシマアカゲラの孵化直後の雛の巣.（写真は Roger Parker の好意による）

図 31-4　シロハラシマアカゲラの巣内雛.（写真は Roger Parker の好意による）

なったら，数口分で体重の 2.5 〜 5% となるように量を増やす．人の乳児用電解質液（味付けしていないもの）は，雛の経口による脱水補正に最適である．必ず雛を温めてから水分を補給しなければならない．また，十分に温め，水分補給した後に餌を与えるようにしなければならない．糞を排泄し始めたら人工給餌用に配合した餌を食べさせ始めさせる．

　もし鳥が沈うつ状態であったり，うまく飲み込めなかったりした場合には，誤嚥により補液剤が呼吸器に入る危険性が高いので，経口的な脱水補正は非常に注意して行わなければいけない．このような状況では，経口投与で急速に補液するよりも，皮下補液をして吸収されるのを待つ方がよい．もし皮下補液が選択できなければ，ごく少量の経口補液剤を口の奥深くに入れてやり，鳥が全てを飲み込んだことを確認してから次を与えるようにする．

　もし晩成性の鳥において補液剤を与えて 1 時間以内に糞を排泄し始めなければ，適切な餌を与え始める．しかし，糞が排泄されるまでは餌を非常に薄くし，給餌量を少なくする．

罹りやすい疾病と対処法

　動物による咬傷や落下，窓への衝突による負傷でキツツキ類の若鳥が持ち込まれることがある．負傷した鳥は，骨折のため副子を必要とすることがある．副子が重く動きを制限するような

場合には野鳥が沈うつになることがあり，包帯などで覆うことで成長している羽毛にダメージを与えることがある．したがって，拘束が最小限となるように覆い，軽量な副子を使用することが勧められる．著者は，裂傷に対しては縫合やNexaband（Abbott）のような組織接着剤を，縫合や接着ができない外傷に対してはBioDres（DVM Pharmaceuticals）のような吸湿性シートを好んで用いる．詳しくは第1章の「基本的なケア」を参照されたい．

　キツツキ類の舌は頭蓋骨の外側に巻き付く構造であるため，頭部を負傷した鳥は，患部の腫脹により舌の動きが妨げられるので，嚥下能力に支障をきたすことがある．このような鳥には，栄養補給のためカテーテルによる給餌が必要なことがある．輸液セットの延長チューブを適当な長さに切ったものは，小さな鳥のためのすばらしい給餌用カテーテルになる．切断したチューブは，尖った断端を丸めるために火であぶる（図31-2）．キツツキ類にカテーテルによる給餌を行うには，頸を伸ばした状態で保定する．口から胸郭の尾端（胃のある部位）までを計測し，どれほどチューブを挿入すればよいか確認する．嘴を左右に広がらないようそっと開け，気管開口部（気管の入り口）を避けて口の右側に沿ってカテーテルを挿入する．カテーテルの位置が適切であれば，容易に鳥の頸の右側を滑り降りていく．嚥下能力に障害のある鳥に対してカテーテルで給餌する場合，その鳥が吐き戻しそうになく，正常な糞を排泄しているということについて確信がもてるまでは給餌量を少量にとどめる．キツツキ類では，寄生虫感染で発病することはまれである．しかし，定期的に糞の塗抹検査や浮遊法検査を行うことが勧められる．可能性のある寄生虫としては，コクシジウム，消化管内寄生蠕虫，ダニ類，ハジラミがあげられる．

餌のレシピ

　キツツキ類には，スズメ目の鳥と同じ高動物性蛋白質の人工給餌用飼料を給餌することで順調に育つ．作り方については第34章の「スズメ目：飼料」を参照されたい．

給餌方法

　キツツキ類は，活発につついて餌を取るので，体全体に餌を撒き散らかさずに，確実に口の中に餌を入れることが難しい．羽毛の状態は非常に重要で，樹木に登る際に尾を堅い支えとして用いる必要がある種では，特に尾羽の状態が大切である．はみ出した餌や糞を，成長しつつある羽毛にこびりつかせないよう注意しなければ，羽毛の脱落や，皮膚，眼への感染が起こることがある．

　多くの晩成性の雛と同様に，キツツキ類は1回の採食で体重の約5％を食べる（例えば，30gの鳥なら1.5mlである）．多めの量でかまわない種もいれば，非常に大型のキツツキ類では少なめでかまわない種もいる．どれだけ給餌すればよいかを判断するためには，糞を観察する．湿っていてしっかりと形がある糞がよい．緩く流れ出すような糞，特に未消化の餌のように見える糞は，餌の与えすぎを示していることがある．糞が排泄されないことは，脱水の徴候であることが多い．どの鳥も，与えた餌とほぼ同じだけの量の糞をするはずである．排泄が見られなくなったら，消化管の中にある餌が排泄されてしまうまでは経口的に水分を補給する．その際に，脱水の進行を緩和するために，より水分の多い少量の餌で給餌を再開する．キツツキ類は非常に成長が早いので，給餌量は絶えず調節する必要がある．

孵化直後の雛

　孵化直後の雛には，1日に12～14時間，20～30分ごとに給餌する．鳥の口の大きさによっては1mlシリンジそのままでも利用できるが，使い捨てのプラスチック製カニューレ（Jorgensen）を取り付けた1mlシリンジは，すばらしい給餌器具となる（図31-2）．カニューレがはずれて，雛が誤って飲み込まないように，しっかりと取り付ける．取り外し可能な小さなカニューレは，成長した雛に使うとはずれて飲み込

む恐れがあるので，用いてはならない．成長した雛には，カニューレをしっかりと取り付けるためにルアーロック式シリンジを用いる．鳥が積極的に飲み込んでいる間は，制御しながら餌を与える．鳥の口の中に餌が逆流しはじめたらすぐに止められるように準備しておく．もしそうなったら，給餌器具を引き抜き，雛が飲み込めるよう少し時間を与えてから給餌を続ける．もし餌を飲み込めなければ，綿棒で素早く口の中から取り除く．口が餌でいっぱいになると，鳥は息ができなくなる．餌を少量ずつ頻回に与えればより楽に食べられる鳥もいるが，全ての餌を非常に素早く食べるものもいる．餌で羽毛を汚してしまうため，シリンジから餌を勢いよく出しすぎてはいけない．

キツツキ類は，他の多くの晩成性の鳥のようには口を大きく開いて餌を求めない．給餌器具が嘴に触れることにより採食が促される．眼が開く前の雛であっても，親鳥が巣の洞の中に入ってきて光が遮られた時のように，一瞬暗くしてやることでも採食が促される．保護されて間もない雛で，与えられた餌を食べようとしない場合は，嚥下を促すために，嘴をそっと開いて少量の餌を口の奥に入れてやる．鳥の口を開く際，嘴を一方向に曲げて成長期の嘴や顎にダメージを与えることがないように気をつける．もし鳥が餌を拒絶するようであれば，体温や水分補給状態，体調について再検討し，問題が見つかれば対処する．

巣内雛と巣立ち雛

多少でも羽毛が生えた鳥には，1日 12 〜 14 時間，45 分ごとに給餌する．著者は，体重 40g までの雛には 1ml のシリンジを好んで用いている．小さなシリンジは，親の細長い嘴の代わりとして用いるのに適しており，口の中にうまく納まる．給餌の最中は，雛が口の中の餌を完全に飲み込むのを待つ間にシリンジに餌を補充する．より大きな鳥には，3ml くらいの，大きめのシリンジを使うとうまく給餌できる．この時，ルアーロック式シリンジを使ってカニューレをしっかり取り付けてもよいし，カニューレを付けずに使っても

よい（図 31-2）．巣内雛や巣立ち雛は，積極的に給餌用シリンジに自分の体を刺そうとしているように見えることがあるかもしれないが，これは正常な行動である．給餌器具に尖った角がなく，チューブやカテーテルがシリンジにしっかりと取り付けられていれば，鳥が傷つく危険性はほとんどない．昆虫や塊状の餌は，鈍端のピンセットや止血鉗子で給餌する．シリンジや鉗子から餌を食べようとしないような，協力的でない巣内雛や巣立ち雛にはカテーテルによる給餌が必要なことがある．

期待される体重の増加

水分補給を行い，新しい餌に順応させた日からは，体重は日ごとに増加し，急速に成鳥と同じかそれ以上になるはずである．どの鳥も 2 〜 3 週齢までに成鳥の体重に達する．より大型のキツツキ類は孵化から巣立ちまでが比較的短時間である．もし，雛の体重が増加していかなければ，給餌法を見直すべきである．より成長した巣内雛や巣立ち雛は，特に初心者にとっては給餌が困難なことがあり，鳥が 1 日当たりに必要十分なカロリー量を得られないことがある．病気や怪我の可能性についても，再度検査をした方がよい．病気に罹っていたり，怪我をしていたりすると，それが回復に向かっている期間は，体重の増加が遅いことがある．自力採食への過程に移る前に，成鳥と同じかそれ以上の体重に達している方がよい．

体重測定やケージの清掃をするために，複数の巣立ち雛を小さな容器で一緒にすると，お互いの顔を激しくつつきあい，傷つけあうことがあるので，個別の容器が必要である．

もし体重がそれまでに発表されている値と異なっていても，それが正常であると判断してよいこともある．例えば，「The Sibley Guide to Birds」には，シロハラシマアカゲラ（*Picoides nuttallii*）の体重は，肉付きがよくても 38g であると記載されている．しかし実際には，カリフォルニア州北部のある野生動物救護センターで治療される成鳥の傷病個体はたいてい 32 〜 34g であ

る．よって，巣立ち雛は完全に自力採食させる時点で，33gであれば良好な状態であると考えられる．それぞれの種の地域ごとの適正体重を明確にするため，時間をかけて体重を記録することが大切である．

飼育環境

孵化直後の雛は温度32.2～35℃，湿度40～50%に保つ．巣の代わりになるものを作るために，様々なものを使う．籐籠，丸めた新聞紙，プラスチックや陶器でできた皿が用いられている．陶器のような隙間のないかっちりとした皿の中に巣を作ると，濡れやすく，換気が不十分である（図31-3）が，一度温めると熱をよく保つので好んで使う人もいる．いつでも簡単に掃除できるように，巣全体をティッシュペーパーかペーパータオルで覆う．新聞紙は，インクが雛の皮膚に触れないようにティッシュペーパーで覆う．必要に応じてティッシュペーパーを取り換え，雛の羽毛や皮膚が汚れないようにする．雛は，ふつう胴体の下に脚を折りたたんで座る．脚や腰の変形の原因となるので，雛が外側に脚を広げて座らないようにする．木の洞をまねてカットした小さな段ボール箱の中にペーパーで作った巣を置くと，キツツキ類の巣の代わりとして有効である．その際，効率よく散らかさずに給餌ができるよう十分な視界を確保する必要がある．この箱は，保温器の大きさにあわせて作ればよい．

羽毛が完全に生えた時点で，巣箱を大きな容器に移す．まだ非常に幼い間は，最低温度に設定にしたマットヒーターを容器の下に敷き，保温する．巣立ちの時期が来れば，思い切って巣の外に出て行き始めるだろう（図31-4）．小型のキツツキ類では，垂直によじ登る空間があまりないのが欠点だが，内側に網戸用の網を張った大きな洗濯籠をケージとして利用してもよい．網戸用の網は，籠の屋根としてもすぐれており，巣立ち雛は，しばらく網を逆さになって登って過ごすだろう．あるいは，Reptarium[*4]（Dallas Manufacturing）を用いることもできる．これなら雛が垂直によじ登る空間が十分にあるものを用意できる．大型のキツツキ類は，網戸用の網を内側に張り付けた金属性飼育ケージに入れてやる．十分に運動できる広さで，かつ人工給餌の妨げになるほどは大きくないサイズのケージがよい．0.6×1×1mの大きさのケージが適している．網を内張りしていない金属性ケージは，羽毛にダメージを与えることがある．多くの場合鳥が網をつつき始めるので，網は定期的に補修する必要があるだろう．衛生的な環境を保つために，少なくとも1日1回はケージを十分に掃除し，希釈したクロルヘキシジンのような消毒剤で拭き，必要に応じて敷いてあるペーパーを交換する．Reptariumは必要に応じて水洗いする．

自力採食への移行

鳥が周囲を探索する大きさに達したらすぐに，樹木の幹や皮の塊，大きなマツカサ，サボテンの骨[*5]，その他似たようなものを備え付けてやる．この時期に，自力採食を促すために，餌となるものを鳥に与え始める．簡単に入手できる代用餌が必要になることも多いが，理想的には放鳥後に食べるものと同じ自然の餌に慣らすべきである．

放鳥した時に食べる様々な種類の餌（例えば，生きている虫や木の実，樹液，ベリーなど）に触れさせることはきわめて重要である．様々な餌を探す機会を用意することによって，野生で餌を手に入れる能力が増強される．ほとんどのキツツキ類は，あまり地面では採食しない（ハシボソキツツキ類とその他何種かは行う）ため，餌を入れた単なる皿を床に置くだけでは十分ではない．人工給餌から自力採食に移行させるためにも，また餌を見つけ出す技術を習得させるためにも，餌の与え方に独創的な工夫をこらさなければならない．有効であることが認められている餌の与え方の例

訳者注
[*4]：爬虫類などの飼育用に市販されているケージの商品名．周囲がネットで作られており，様々な大きさが用意されている．
[*5]：自然枯死したサボテンの維管束．

第31章 キツツキ類

を，以下に示す．

虫のクッション

ガーゼを30cmの四角形か円形に切る．その真ん中にミルワームを少量置き，その上にリンゴの薄切りを数枚置く．ミルワームを中央に寄せて4つ角を束ねる．端をよじってテープかヒモで口を閉じて「虫のクッション」を作る．鳥の注意を引くために，布地にミルワームが脱出できない程度の大きさの切れ目を数ヵ所入れる．リンゴはミルワームに水分を補給し，ミルワームの逃走意欲を抑える．目立つ場所にクッションをぶら下げる．切れ目がほつれてミルワームの体液で汚れていれば，鳥がクッションをつついている証拠である．必要に応じて，クッションを取り替えたり，ミルワームを補充したりする．虫のクッションは，樹皮から昆虫を見つけるゴジュウカラ類やその他のスズメ目の種にも有効である．

マツカサ

大きなマツカサを，辺縁が急傾斜になっている鉢や皿に入れ，ミルワームやワックスワームを定期的に振り掛ける．大きめのミルワームはマツカサからすぐに離れ落ちてしまうので，小さめのものが最適である．辺縁が急傾斜になっている皿は，ミルワームを逃がさないために役立つ．この方法は，ヤブガラ類やその他の小型の食虫性のスズメ目の鳥にも有効である．

サボテンの骨

湿らせてすりつぶした高品質なドライキャットフードと「ピーナッツバタークランブル」（作り方については第36章「スズメ目：コマツグミ，マネシツグミ，ツグミモドキ類，レンジャク類，ルリツグミ類」を参照されたい），ミルワームを混ぜたものをサボテンの骨の中に詰める．果物やベリー類，その他の餌を詰め込んでもよい．サボテンの骨は，ケージ内のトレーに置く．骨をトレーの平らな台の上やコーナーに垂直に取り付けてもよい．こうすると，散らかって汚くなるが，面白い探餌ができる．

穴を開けた丸太

ケージに見合った様々な大きさの樹木の切り株や丸太に，たくさんの穴やくぼみを設ける．木の実やドングリ，ペットフード，殺した新鮮なコオロギや解凍したコオロギ，ミルワーム，その他の昆虫をくぼみに詰める．ピーナッツバターをていねいに塗れば，穴から餌が外れ難くはなるが，清潔に保つことが難しくなるだろう．シルスイキツツキ類のために，開けた穴に希釈したメープルシロップ（シロップ1に対して水9の割合）を満たして，樹液が噴き出ている穴に似せてもよい．穴には，生きた，あるいは潰した昆虫をつける．べとべとした餌を用いる場合，羽毛が汚染されないよう気をつけないといけない．

切り株に取り付ける給餌器

標準的なプラスチック製のフック付き愛玩鳥用給餌器を，垂直な切り株の側面に取り付けられるよう改造する．適当なサイズの丸環ネジを木に捻じ込み，針金のフックが付いた給餌器を取り付ける．切り株と樹皮の間に針金のハンガーをはめこんで，切り株の頂上部に給餌器を吊り下げてもよい．給餌器を切り株に取り付けるのに釘が必要なこともあるが，給餌器が硬質プラスチック製なら，割れないようにあらかじめ穴を開けておく必要がある．キツツキは，このような給餌器をかなり激しくつくことがあるので，簡単に外れないように取り付けることを忘れてはならない．

市販のキツツキ用給餌器

これらの給餌器は，様々な種類の餌を鳥に供給できるが，通常用いられるのは，いろいろな木の実の仁である．シーズン遅くに放鳥され，ソフトリリース後の冬の間，部分的に給餌器に依存している鳥にとってはよい方法である．

果実給餌器

半切りにしたリンゴにいくつか穴を開ける．そ

の穴に，人工給餌用の餌に少量のメープルシロップを加えたもの，砕いた子ネコ用ペットフード，切り刻んだ果実，生きた昆虫や潰した昆虫を混ぜて詰める．

雛が成鳥と同じかそれ以上で安定し，羽毛が完全に生え，餌を自由に選ぶことに興味を示したら，自力採食に移行させる時期である．人工給餌用に作った餌に替えて，成鳥の餌によりふさわしいものをピンセットや止血鉗子で与える．午前中にケージを掃除して，中に各種取り揃えた新鮮な餌を用意する．

飼育者への餌の依存を減らし，なくしていくために実行可能な方法がたくさんある．空腹による興味を促すために，まずは朝の餌を減らすリハビリテーターもいれば，給餌の間隔を長く延ばす者もいる．

それまでの45分間隔の給餌を，まず1時間間隔にして2～3日間，その後2時間間隔にして2～3日間続ける．もし，2時間間隔の給餌でも体重を維持し，糞が太く硬ければ，給餌回数を減らし続け，3時間間隔で数日間行って，最終的に人工給餌を完全に中止する．自力採食へ移行させはじめた時に成鳥の体重を超していても，自力採食への移行中に体重が10%以上減少することは普通のことである．鳥の体重の変動がはっきりしない場合や，日々体重を測定することができない場合には，胸の筋肉のふくらみを注意して観察する．この過程の間に雛が体重を大幅に落とすか，胸部の筋肉の大きさが失われるか，少量の黄緑色あるいは尿酸塩のみの糞を排泄するようであれば，45分間隔の給餌に戻し，医学的な問題がないか再検査する．雛の体重を増加させ，自力採食用の餌の提供方法を再検討した後で再び試みる．

小さなケージの中で頻繁に採食し，補助的に人工給餌しなくても体重を維持するようになれば，雛を大きな鳥舎に移してかまわない．屋外の気候が室内の温度と著しく異なる場合は，大きな鳥舎に移す前に24～48時間かけて徐々に屋外の気候にさらして馴化させる．完全に自力採食ができる頃には，気温の変化にも慣れているようにする．

図31-5 よじ登れるような木肌の太い丸太や巣箱を設置した木枠のキツツキ用鳥舎．（写真はVeronica Bowersの好意による）

気温の変化に順応しないまま，突然，極端に暑いもしくは寒い気温にさらされたら，鳥は死んでしまうだろう．

鳥舎の大きさは，小型のキツツキ類では少なくとも1.2×2.5×2.5m，大型のキツツキ類では2.5×5×2.5mはある方がよい（Miller 2000）．木製の鳥舎はキツツキの自然な習性によってすぐに壊されるので，鳥舎は金属性フレームに金網を取り付け，その内側に網戸用の網を張ったものがよい（図31-5）．必ず太い丸太を与え，新鮮できれいな水がいつでも利用できるようにする．鳥の尾羽にダメージを与えないよう，金網がむきだしになっている部分をなくす．少なくとも鳥舎の半分は風雨を防ぐための日よけをつける．丸太を置いて，そこに止まったりよじ登ったりできるようにする．餌は，先に「自力採食への移行」の項で記載したとおり，地面から離して棚や丸太にのせておく．

放鳥準備

　人への馴れを避けるため，給餌時間にのみ鳥と接するようにし，1羽だけで育てないようにする．他の施設に連絡して，単独で飼育されている鳥を組み合わせる必要があるかもしれない．キツツキ類の孵化直後の雛や巣内雛を，同じくらいの大きさのスズメ目の鳥と一緒にしてもよいが，巣立ち雛の時期になると隔離する必要がある．もしキツツキを他の種と一緒に収容するなら，その攻撃性に十分注意して観察しなければならない．お互いに闘争していたり，脅かしあっていたりする鳥はそればかりに気が行き，自力採食を習得できないだろう．兄弟であっても攻撃するため，別々に分ける必要がある．嘴の周囲や眼の間に血のついた小さな傷がないか，注意して観察しなければいけない．

　野生では暗い洞の中にいるので，孵化直後の雛や巣内雛には薄暗い照明がよい．しかし，鳥が羽毛で覆われたら，光を遮らないような明るい色のシーツで目隠しし，人間の動きを見せないようにする．

　人への馴れが避けられたかどうかは，鳥が鳥舎に移るころまでには分かる．餌を求めて飼育者に寄ってくるのではなく，人間に対して用心深くなくてはならない．通常，成長した巣内雛や巣立ち雛の段階で収容されたキツツキ類は，簡単には人馴れしない．

放　　鳥

　鳥は放鳥の前に7〜14日間かけて鳥舎の中で飛翔技術を習得し，常温で息切れせずに5〜10分間続くような短時間の飛翔ができないといけない．霧で覆われた時には水をはじき，正常な成鳥と同じだけの体重がなければいけない．いつでも可能なときに生息地の近隣に放鳥する．天候の極端な日を避けて放鳥する．キツツキ類は昼行性であるので，午前中に放鳥する．

　ほとんどのキツツキ類は渡り鳥ではないが，冬に海抜の低い地域に移動する種もある（Reed 2001）．多くの種は冬に食べるための餌を貯蔵する．もし年の終わりごろに放鳥するなら，関係者が春まで餌を補足的に供給できるような場所でソフトリリースを行うのが賢明であろう．

　ドングリキツツキのように，自分のテリトリーに入ってくる見知らぬ巣立ち雛を受け入れそうにない種もあるが，いなくなった雛が数週間以内にテリトリーに戻ってくれば，おそらく家族として認識されるだろう．ドングリキツツキについては，生まれたテリトリーに急いで戻してやるために，鳥舎で飛翔練習させる期間を最小限にすることが望ましい．

　別々のリハビリテーションのグループにいた若いドングリキツツキを，鳥舎の中でひとまとめにして新たに社会グループを形成した後，ドングリキツツキのコロニーがなく，十分に成長したオークやマツの木がある郊外へ放鳥し，成功したという事例がある（Sue Kelly 私信）．複雑な社会システムをもつ種で，親鳥のいない雛を放鳥するための最善の方法を確立するには，更なる調査が必要である．場合によっては，永久に飼育しなければならないことがある．

謝　　辞

　編集協力と内容に関する助言を行ってくれたGuthrum Purdin と Susie Brain に対して，またキツツキ類の育雛について教えてくれた Casey Levitt と Courtenay Dawson-Roberts, Juanita Heinemann に対して，感謝の意を表します．

関連製品および連絡先

Nexaband: Abbot Animal Health, North Chicago, IL, 60064, (888) 299-7416.

BioDres: DVM Pharmaceuticals, Subsidiary of IVAX Corporation, 4400 Biscayne Blvd, Miami, FL 33137, (305) 575-6000.

Cannula (J-12 teat infusion): Jorgensen Laboratories, Inc., Loveland CO.

Reptarium: Dallas Manufacturing Company Inc., 4215 McEwen Road, Dallas, TX 75244, (800)

256-8669.

参考文献

Ehrlich, P.R., Dobkin, D.S., and Wheye, D. 1988. The Birder's Handbook: A Field Guide to the Natural History of North American Birds. Simon and Schuster Inc., New York, 785 pp.

Miller, E.A., ed. 2000. Minimum Standards for Wildlife Rehabilitation, 3rd Edition. National Wildlife Rehabilitation Association, St. Cloud, Minnesota, 77 pp.

Reed, J.M. 2001. Woodpeckers and allies. In Elphick, C., Dunning, J.B., Jr., Sibley, D.A., eds. The Sibley Guide to Bird Life and Behavior. Knopf, New York. pp 373–383.

32
オオハシ類

Martin Vince

生物学的特徴

　オオハシ科は，オオハシ類，チュウハシ類の35種から構成されている．一般に知られているように，オオハシ類は近縁のキツツキ類やゴシキドリ類とともにキツツキ目に属している．オオハシ類は，インコが使い終わった樹洞を利用したり朽ちた木の幹や太い枝に自分で穴を掘ったりして営巣する．チュウハシ類はオオハシ科の中で最も小型で，巣の大きさは直径約17cm，巣穴の入口からの深さは30cmほどである．大型のオオハシ属では，直径約22cm，深さは38cm以上を必要とする．営巣場所には，鳥が自分で改良できるような，適当な太さがある朽ちかけたヤシの丸太などが向いている．オオハシ類の嘴はかなり頑丈で，軟らかい木なら穴を開けて巣を作ることができる．飼育下では巣箱を利用することもできるが，オオハシ属は順応し難く，チュウハシ類に比べて繁殖はかなり難しい．

　その内部が蜂の巣状で軽量な嘴には読者もお馴染みだろう．しかし雛にとっては，日々どんどん大きくなる嘴は扱い難い代物であり，足を前方の空中に突き出して後ろにもたれかかるような姿勢でいないと真っ直ぐ立っていられない．そのため，両脚（ふ蹠）の後ろには骨稜が形成され，この姿勢でいる孵化から2～3週間の間は，これを靴のようにして体を支えている．この「靴」のような器官は，ふつう巣立ち後に用がなくなると消失するのだが，ちゃんと靴が脱げたかどうか，というこっけいな現象を飼育者は確認しなければならない．なぜなら，巣立ち後に「靴」が残ったままだと，止り木に止まった時に前のめりに落下してしまうからである．

　全てのオオハシは雑食性で，鋸歯状の嘴を使って植物や果実に加え同じくらい小動物も食べる．ほとんどの種で雌雄に大きな差はない．巣材を使わず，巣穴の底に直接2～4個の真っ白な卵を産む．雌雄ともに抱卵し，抱卵期間はチュウハシ類で約16日，オオハシ類は約18日である．雛は6～7週齢で巣立ち，10～12週齢で完全に自力採食できるようになる．

人工育雛への移行

　オオハシの人工育雛はほとんどが計画的に行われ，孵卵器で人工孵化させて育てることもあれば，人に馴らす目的で，ある程度育った雛を巣から取ることもある．しかし時には，雛の疾病や親の育雛能力の欠如または育雛放棄などがあったために雛を巣から取り出す，あるいは雛が飼育場の床に落ちていたという理由で行われることがある．いずれの場合も直ちに保護し，数日間は適正な温度に調整した孵卵器か育雛器に入れておくべきである．

育雛記録

　雛を育てるという行為は忘れがたい経験ではあるが，記憶に留めているだけではいずれ消失してしまう．失敗を免れて何度も育雛に成功しているのであれば，詳細な記録をとることが必須である．チュウハシ類を育てる能力は稀少な技術であり，

大型のオオハシ属ではなおさらである．それゆえ，将来に向かってオオハシ科の育雛技術を高めるために，全ての人工育雛事例について詳細に記録していくことが大切である．

人工育雛記録は，手書きよりもコンピューターに入力する方が断然よい．給餌記録を1つの表に入力することで手書きの読み難さを解消できるし，電子メールで相談しやすく，グラフ化その他の統計処理をするのも簡単である．また，雛の成長状態を詳細に撮った写真を取り込み，育雛がうまくいけば雛の成長過程の基準として示すことも可能である．

育雛初期のケア

床で発見された雛は低体温に陥っていることが多いので，手に包んで暖めながら孵卵器や育雛器に運ぶ．雛が怪我をしていなければ，体温が戻るにつれて動きが活発になってくる．日齢と怪我の状態にもよるが，オオハシの雛は丈夫で，このような事故にあっても回復することが多い．

よくある疾病

嘴の不正咬合

オオハシの嘴は3週齢くらいまでは非常に曲がりやすい．給餌時のシリンジによる圧迫など様々な原因で，先端の3mmくらいで不正咬合を起こし，上下の嘴が合わなくなる．しかし，この歪みは，曲がっている方と反対側へ軽く押すことで比較的簡単に修復することができる．1日に3～4回，または担当獣医師が勧める頻度で先端部を正中と反対側に20～30度曲げるとよい．

カンジダ症

人工育雛のオオハシにカンジダ症予防としてナイスタチン[*1]（Nystatin，Bristol Myers Squibb）の経口投与を行う飼育者もいる．ナイスタチンは，2～3週間の投与では特に副作用が出ることもなくカンジダ感染のリスクを減らすことができるし，有効であるとする報告は多い．しかし，ナイスタチンの投与なしで育雛に成功した例もある．最終的な判断は，飼育者やかかりつけの獣医師に任される．

天然物による食滞

雛を巣から取り出したら，親鳥が木片や枝，結束帯その他の異物を食べさせていないか確認する．雛自ら巣内の樹皮や土を食べていることもあり，これらの異物は消化管通過障害（食滞）の原因となることがある．体重の減少や糞への土の混入に注意すること．よく行われる食滞の予防は，雛を巣から取り出したら，少量のミネラルオイル（体の大きさによって0.1～0.2ml）を下剤代わりに飲ませる方法である．

餌の種類

野生のオオハシの雛が孵化して数日間，親から与えられる食物は，大型昆虫に始まって鳥の雛，ネズミなどの小動物や小型爬虫類などの蛋白質が豊富な餌である．成鳥の主食となる果実類を給餌されるようになるのは，種によって差はあるが，4～7日齢になってからである．果実食の鳥なのに最初の餌が動物質というのは不自然にも見えるが，オオハシの人工育雛をする際には念頭に置いておかねばならない．

オオハシの雛は，少量のつぶした果実（リンゴやパパイヤなど），ピンクマウス（マウスの新生子）およびKaytee Exact（Kaytee）などの市販のインコ用育雛飼料で育てることができる．厳密な配分はあまり問題ではないが，つぶした果実（リンゴやパパイヤ）とKaytee Exact Formula（粉状の餌なので，指示量の水で溶いて用いる）を，重量にしてだいたい2：8で配合する．Kaytee Exactを使うとうまくいくようである（表32-1）．野生の給餌方法をまねて，この混合餌に加えてピンクマウスの内臓を少しずつ雛の口に入れるか，すり潰

訳者注
[*1]：抗真菌薬の錠剤．日本の発売元は明治製菓株式会社．

表32-1 オオハシの雛への給餌計画

日齢	水の割合	Kaytee Exact 人工育雛用パウダーの割合
1	6	1
2	5	1
3	4	1
4	3	1
5	3	1
6	3	1，ペレット飼料や果実の小片を与え始める

したピンクマウスをシリンジで食べさせる方法を著者は奨励する．また，巣立ちまでは毎日カルシウム剤（炭酸カルシウム）を添加するとよい．孵化後1～10日齢までの雛には，医薬品等級の炭酸カルシウムを1日約0.5g，10日齢以降は1日1.5gになるまで少しずつ増量する．

この給餌方法によって雛は非常によく育つ．言い添えておかねばならないが，これは「基本的な栄養素」を満遍なく含むことを目標に調合した餌であり，例数が多くないオオハシの育雛に適しているかどうか，科学的な検証は十分にできていない．この給餌で育雛に成功してはいても，実際の親鳥の育て方には反している．つまり，野生では1～7日齢の間，果実を給餌されない時期があるにも関わらず，人工育雛では常に果実を含んだ餌を与えるのである．今後，さらに研究が進めば，1～7日齢の期間は餌の果実量を減らす，または全く与えないことにどういう利点があるのかが解明されるであろう．ピンクマウスの給餌についても，よく知られている鉄沈着症を誘発する危険性があることを考慮すべきである．この病気の危険性は非常に大きいとはいえ，孵化後数日間は特に多くの栄養を必要とするため，他の時期に比べると，肉に含まれる鉄分で鉄沈着症を起こす危険性は少ないようである．逆に，孵化後しばらくの間ピンクマウスを与えずにいると，体重増加の遅延や減少など，さらにやっかいな問題が生じてしまうようである．

給餌方法

他の多くの種と同様，オオハシの雛も朝の寝覚めが悪い．親が樹に止まった時の振動や音をまねて，台をやさしく叩いて刺激してやらねばならないことがある．口笛や唇を鳴らしたりするのも効果がある．

オオハシの雛は頭の動きをうまく制御できず，給餌の時に頭を振り回してしまう．頭の周りで指を丸め，動く範囲を制限し，給餌中の事故を減らす．

オオハシにはそ嚢がないため，給餌量の一部を食べただけで一時的に満腹したように見える．しかし，それを飲み込んでしまうと，空腹に戻ったようにおかわりをほしがる．10日齢になる頃には，この「満腹と空腹」状態を何度も繰り返すため，1回の給餌に15分以上かかるのがふつうになる．本当に満腹になると，雛は頭を後ろ側に完全に倒してしまう．オオハシの雛に適正な量を給餌するには，よく知られているインコ類などと比べてかなり長い時間が必要なのである．インコの雛に給餌するのに慣れている人は1分もかからないが，オオハシの雛に対しては短時間で給餌する技術は必要ない．給餌が終わったら，毎回，雛の口の中や回りに残った餌を湿らせたコットンや綿棒で拭き取ることを勧める．

1～6日齢

卵黄嚢の吸収を促進させるため，孵化後最初の給餌は数時間待ってから行う．最初は，蒸留水やPedialyte（Abbott Labs）などの経口電解質液にごく少量のKaytee Exactを溶いた液状の餌から始める．その後，Kaytee Exactを平均的な給餌計画に沿って徐々に増やしていく（表32-1）．

孵化直後の雛には，14時間中に60～90分ごとに給餌しなければならない．1日目の始めの数回の給餌量は体重の2～3％，その日の午後に体重の3～4％になるよう徐々に増量していく（例：9gの雛に2％の量を与える場合，1回給餌量は

0.02 × 9 = 0.18ml となる). しっかりと食べているという確信がもてるまでは，インコのように一度に1回分全量を与えてしまうのではなく，0.05ml くらいずつ少量に分けて給餌するとよい．

　少なくとも最初の4日間は，1mlシリンジを使うべきである．好みによって，シリンジの先にプラスチック製乳頭導乳管のようなカニューレを取り付けてもよい．特にオオハシ属のような大型種には，ふつうの1mlシリンジが使いやすい．孵化したばかりの雛にとって，餌の誤嚥は大きな死亡要因となる．したがって，1週間目からは小さな固形物として給餌し始めることを検討すべきである．固形物で与えることは，雛にとってより自然に近い給餌だし，シリンジを使うよりも誤嚥の危険性が少ない．6日齢になるとたっぷりと水に浸した小さなペレット飼料を食べられるようになる．この時，成鳥に与えるペレット飼料と同じ銘柄の製品を与えるようにする．KayteeやMazuri，Zupreemなどが製造している鉄分含量の少ないペレット飼料の使用を奨める．

7日齢以降

　7日齢ほどになったら，鉗子や指で比較的簡単に成鳥用の餌を食べさせることができるようになる．大型種はもう少し早く，4〜5日齢で可能になることもある．鉗子は餌を口に入れやすいが，雛が成長すると動きがだんだん活発になるので指の方が安全である（図32-1）．7日齢になると，1日12時間以上の間に6〜7回になるよう給餌回数を減らす．2週齢では1日5回，5週齢までには1日3〜4回の給餌で十分になる．

　3週齢くらいになると，オオハシの雛は餌を選り好みして頻繁に吐き出すようになる．その場合は，餌を人差し指で口に押し込んで飲み込ませるとよい．口に残った餌に気づかないで放置すると，雛が前かがみ姿勢になった時に窒息してしまうことがある．

　この時期の雛は光に対して非常に敏感である．おそらく，親鳥が巣穴に戻った時に光が変化するのを本能的に知っているだろう．給餌の時間以外は，育雛器に影を落とさないように注意しなければならない．たとえまだ眼が開いていなくても，雛は人がいることを察知する．給餌の準備をしていないのに部屋の明かりを点灯したり消灯したりしてはならない．これは，1日の作業終了後，部屋を消灯する時の最大の問題だが，明るさの調節ができる白熱電球を使うと徐々に暗くすることができるので非常に便利である．

期待される体重増加

　雛の体重は，毎日同じ時間に適正なはかりで計測する．デジタル式はかりは，数値の読み取りが素早く簡単に計測できるので，雛に対する負担が少ない．1日5〜15%の増加は許容範囲だが，平均約10%の体重が増加するのが望ましい．もし増加量が5%以下，あるいは逆に15%以上の場合は，給餌量や給餌回数を見直すべきである．

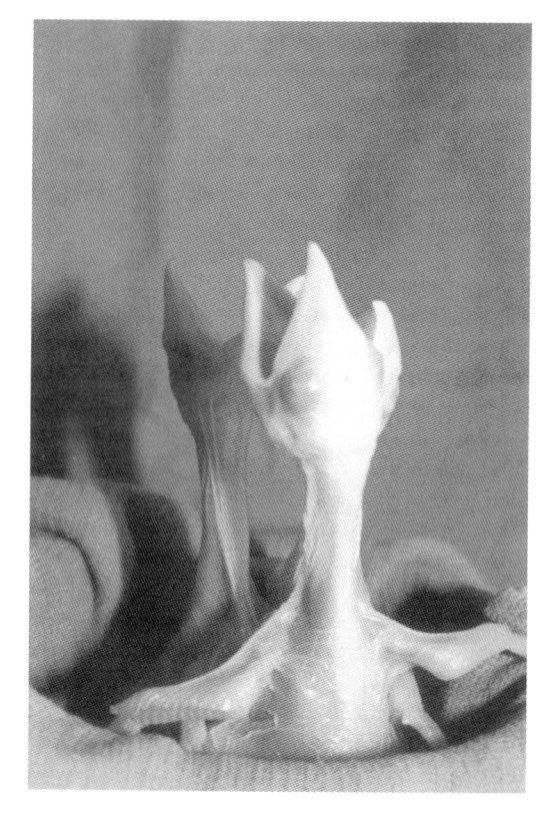

図32-1　刺激に反応している9日齢のオオハシの雛．

体重増加が少ない場合

例えば75分間隔で給餌していて，1日2%しか増量しないのであれば，60分間隔にして給餌回数を増やしてみる．ただし，時間の間隔は徐々に短くしていくこと．通常，給餌頻度や量の変更は，体重が理想的な増加を示すようになるまで続けなければならない．この間12時間ごとに計測すると24時間後の体重変化を予測しやすい．12時間後の計測値によっては，翌日までに給餌した方がよいと思われる場合は，夜間の補助的な給餌を行ってよい．つまり，明朝の増加が少なすぎるよりも前夜のうちに先手を打っておく方が簡単なのである．しかし，もし翌日にも増えていなければ，次のような問題が考えられる．

- 脱水を起こしている可能性．特に親から育児放棄されて間もない雛に多い．日中2〜4回，通常の給餌量の約半量の前述の液状餌を与えるとよい．
- 育雛器の温度が低過ぎる．1〜2℃上げてみて，給餌に対する反応や食欲を見てみる．
- 1〜7日齢の雛では，この章の「餌の種類」にあるように，餌にピンクマウスを加える．
- 4週齢になると，体重が全く増えなくなるか，逆に減少することがある．これは，栄養分が体の成長ではなく羽毛の成長に使われるためである．

日々の体重変化については，様々なツールを用いて雛の状態によって修正し，慎重に算出しなければならない．もし，体重増加が非常に大きい（24時間で40〜50%）場合は，計算違いか体内に貯まっている水分が多い場合があるので再確認する．逆に，体重の増加が少なかったり減ったりしていても慌ててはいけない．特に前日の増体重が大きかった場合はなおさらである．増加の割合が少ない時は，餌にピンクマウスを補足する．また，育雛器の温度が高過ぎて喘ぎ呼吸をしていないか，低いために活力が低下していないかなどをよく観察する．総合的にみると，雛の体重が最もよく増えて幸福な生活を送るためには，できる限り快適でストレスのない環境を提供することである．

飼育環境

これまでの経験からすると，同時に2羽以上の雛を人工育雛する場合は，最初の2〜3日は雛を一緒にしておくとよい．互いに長い頸をもたせ合って姿勢が楽になり，安心するようである．

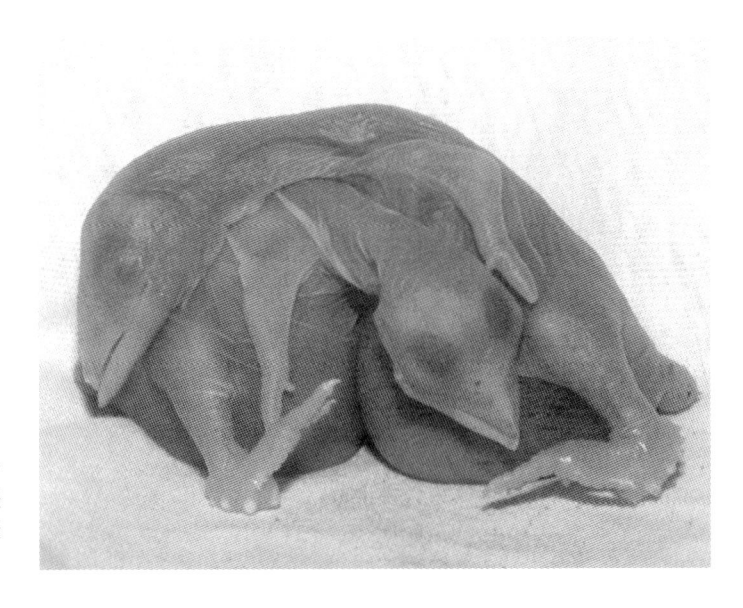

図32-2 互いに体をもたれかけているオオハシの雛．雛にとって安心で楽な姿勢であり，おそらくストレスも軽減されているようである．

図32-3 5週齢のオオハシを滑らかな縁のプラスチックボウルに入れる.

また，互いに触れ合うことによってストレスの軽減にもなっているようである（図32-2）.

1羽しかいない場合は，布でくるんだゴルフボールなどを置いてやると，同じようにしてもたれ，くつろいでいるように見える．タオルを敷いた小さめのボウルに雛たちを入れてもよい．踏ん張れるように下にタオルを敷き，頭を乗せやすいように縁が滑らかになっていることが大切である（図32-3）．2〜3日もすれば，雛は頭をボウルの縁にもたせかけるようになる．この頃になると雛どうしの頭がぶつかり合う危険があるので，1羽ずつ別のボウルに入れるのが望ましい．

約3週齢になったら，雛を個別の育雛器に入れる．育雛器内に複数の雛を入れる場合は，ダンボール紙などで区切る方がよい．同じ育雛器の中で2〜3羽の雛に給餌するのはとても大変だし，分けておかないと互いの顔を強く突き合ってしまうからである．この頃には，ボウルから出すのに十分なくらい大きくなっている．育雛器の中にタオルを敷くと，脚を踏ん張って立つことができ，床の衝撃を和らげる．簡単に取り外して洗濯することもできる．給餌ごとにタオルを取り替えなければならないので，作業量が増えてしまうが，それを差し引いてもタオルを敷く利点が多い．

巣 立 ち

約6週齢になると，育雛過程で最も危険な時期に入る．インコ類は人に育てられると状況に馴れ，巣立ち時期になっても育雛器の中で暴れずにじっと待っていることが多い．しかし，オオハシは巣立ちへの衝動が強く，飛び立てなくても育雛器の中で飛び跳ねて壁に衝突してしまうのだ．飼育係が準備していようがいまいが，巣立ちの時は突然やってくる．育雛器から飛び立とうとするような巣立ちの徴候を見逃さないようにする．適当な時期が来たら，育雛器を小さな鳥舎や囲いの中に移動する．幼鳥はすぐに新しい環境に向かって飛び立つか，もしくは2〜3日間は警戒して周りをよく観察し，自分で納得した時期に「巣立ち」を行う．

飼育舎に過剰な止り木を設置して，飛翔を妨げてはならない．雛が嘴をこすって汚れを落とせるよう，樹皮が粗く直径4.8cmほどの真っ直ぐな枝を3本だけ用意する．巣立ちしたばかりのオオハシ類は約1.2mしか飛べないが，数日のうちに飛距離が大きく延びるので，能力に合わせて止り木を設置する．3本の止り木を1.2m間隔で設置するのが理想的である．こうすると，雛は自分で選んで1.2mの間を飛んだり，能力がついたら一気に2.4m飛ぶようになる．できれば，最低1

本は寝場所用の木を高い位置に設置し，飛翔訓練用の止り木は地面から1.5mほどの高さにするとよい．

オオハシは好奇心が旺盛である．そのため，絶えず飼育舎内を探索してまわり，緩んだクギやネジなどを見つけると飲み込んでしまうことがある．巣立ち雛の飼育舎内に危険物がないか，常にチェックしなければならない．飼育舎内に葉のついた枝やツル，丸太などの自然物を入れておくと，幼鳥たちの関心をそちらに向けることができる．興味を引き続けさせるために，頻繁に交換すること．

8週齢になると自分で餌を食べ始め，9〜10週齢になると完全に自力採食できるようになる．できれば，餌皿を止り木の高さに取り付けて食べやすいようにしてやるとよい．

謝　　辞

Riverbanks 動物園・鳥類部門の全てのスタッフに，特に Bob Seibels 鳥類学名誉教授兼園長の大いなる情熱と献身に感謝します．彼らの専門的技術なしには，かつ献身的に多くの時間を割いていただかなければ，この章は完成しなかったでしょう．

関連する製品および会社

Kaytee Exact (Original Hand-Feeding Formula and Kaytee Exact Rainbow pellets), Kaytee Products Inc., 521 Clay St, Chilton, WI 53014, (800) Kaytee-1 or (920) 849-2321, www.kaytee.com.

Pedialyte Abbott Laboratories, Columbus, OH 43215, www.abbott.com.

沈降炭酸カルシウム[*2](Calcium Carbonate USP Precipitated Light), manufactured by PCCA, 9901 S Wilcrest, Houston TX 77099, (800) 331-2498, www.pccarx.com, Item# 30-1944-500.

ズプリーム ソフトビル用低鉄分飼料[*3](Zupreem low iron softbill diet), Zupreem PO Box 9024, Mission, KS 66202, (800) 345-4767, www.zupreem.com.

マズーリ ズーライフ ソフトビル用飼料[*4] (Mazuri Zulife Soft-Bill Diet), (800) 227-8941, www.mazuri.com.

Nystatin, Bristol Myers Squibb, 345 Park Avenue, New York, NY 10154-0037, (212) 546-4000, www.bms.com.

参考文献および資料

Howard, R. and Moore, A. 2003. A Complete Checklist of the Birds of the World. Princeton University Press, Princeton, New Jersey, pp 301–303.

訳者注
[*2]：日本ではカルタレチン，カルタンなど．
[*3]：日本でも多くの専門店が扱っている．
[*4]：日本でも入手可能．

33
カラス類

Elaine Friedman

序　文

　この序文の内容は，おそらく本章の中で一番重要な情報である．カラスの仲間は大変知能が高く，社会性も発達している．彼らは怒りや恐れ，嫉妬などの感情を見せ，欺く能力をもち，身体的問題を隠したりすることもできる．観察能力も秀でており，日常の小さな変化もすばやく察知する．食物に関しては嗜好性を示し，性格の特徴はかなり幅広い．カラスの仲間の育雛またはリハビリテーションを成功させるためには，飼育者は観察力があり，個々の鳥の病歴，ボディー・ランゲージ，行動，そして健康状態を基に判断を下すことができなければならない．飼育者は個々の鳥の特有のニーズに合わせ，基本的な飼養管理法から応用を利かせていく必要がある．例えば，衰弱した鳥にチューブによる餌の大量投与や強制投与を行うと，吐き戻して誤嚥する可能性もある．

　カラス類は，本能で行動するだけでなく，生活の中で学び取った経験によっても行動する．もし彼らが赤い実を見たことがない，白いネズミを与えられたことがない，などというのであれば，そのような餌を餌入れに入れても全く手をつけないということもある．そして，もし孵化後に自然の食物を一度も見ずに育ったら，放鳥後は食物を見つけ出す前に餓死してしまうかもしれない．カラス科の鳥は思考や意志を，発声や羽の広げ方，ボディー・ランゲージで表現する鳥であるので，ここに記載している情報よりもさらに詳しい生物学的特徴を調べるようにしていただきたい．野生と飼育下の両方の鳥を観察し，見聞きしたものを観察状況に関係づけてみる．そして，本に書かれていることだけでなく，何が最適か自分で感じたことも考慮に入れて判断しなければならない．本章は，負傷した雛や親を失くした雛を育てる際，学識に基づいた決断を下す手助けとなるガイドラインと知見を提供するのが目的である．

生物学的特徴

　カラス科はスズメ目に属する科で，前方に3趾，後方に長い第1趾をもった，樹上性の鳴禽類（スズメ目）で，その中には鳴禽類の中で最大の種も含まれる．これらの鳥は，あまり本能に頼らず，より優れた知力を頼って行動する．そして，その能力は他の種と比べて秀でている．Sibleyによれば，世界中におよそ120種のカラス科が生息し，米国国内にいる8属の中にワタリガラス類，カラス類，カササギ類，カケス類，ハイイロホシガラス（*Nucifraga columbiana*）を含む20種が生息している．連邦政府によりカラス科の鳥は渡り鳥に関する法律の中に含まれており，保護されている．カラス科の多くは留鳥ではあるが，より豊富な食物を求めて移動することはあるかもしれない．カラス科の鳥をペットとして飼うことは禁じられている．

　カラス類は，社会的な行動を行う鳥類で，小規模なものから何千羽という数にもおよぶ大規模なグループになることもある．アメリカガラス（*Corvus brachyrhynchos*）を含む何種かは，協同繁殖する．カラス科はグループとして見ると雑食

性ではあるが，種によっては昆虫や堅果，死肉などに高く依存している．集中して食する食物は，季節の変化や自然の食べ物の豊富さによって変動する．食べ残しや興味のある物は，隠して貯えている．物を隠す能力は特殊化しており，例えばカナダカケス（Perisoreus canadensis）のように，唾液を利用して枝に種子を引っ付けて隠す種もいる．

カラス科の鳥の飛翔は一般的に力強く，漕ぐように羽ばたきを行う．ほとんどの種はその探餌技術から，仲間の中の1羽に警備の役を勤めさせて多くの時間を地上で過ごす．巣は，小枝の分厚いカップ型のもので，木の中やその他の適当な高い構造物に作る．時には，何種かは藪に営巣する．カササギ類は構的に可能な場合は巣に屋根を作り，ワタリガラス類には岩棚に営巣するものもいる．カラスの仲間はとてもうるさく，攻撃的なことで知られているが，営巣期間中は静かでおとなしい．ただし，タカやフクロウなどの天敵が巣や巣立ち雛を脅かしている時のモビングは例外である．

カラス科の種はそれぞれその種に関係した特有の行動があり，特に雛が兄弟や年齢の近い幼鳥や成鳥などの中で育てられなかった場合，これらの行動は放鳥の可能性を複雑化させる場合もある．例えば，ワタリガラス類の場合，成鳥は幼鳥に対して容赦がないので，幼鳥はグループを形成することによって在住する成鳥から見つけた餌を守らなければならない．ワタリガラス類の巣内雛は交互に大きな声を出すが，これは他の種では一般的ではない．カササギ類は同種の劣った仲間や社会に順応していない仲間には極度に攻撃的である．

カラス科の各種の生物学的特徴に関しては，素晴らしい情報源が揃っている．カラス科の特定の種を育てるにあたって，不注意で怪我をさせたり，無意識のうちに人間に馴れさせてしまったり，刷り込み現象を避けるために，飼育者はその種の生物学的特徴に精通していなければならない．放鳥は種ごとに必要とされる要因，特に生息地と，想定される野生の同種との相互の影響に基づいて考慮しなければならない．

食性は雑食で，昆虫とその他の無脊椎動物，穀物，種子，ベリー類を含む果物，野菜，どんぐりを含む堅果，小型哺乳類，死肉，鳥類の卵と雛，カエル，トカゲ，サンショウウオ，イモムシ，生ごみ，そしてその他自然界に存在する食料になり得るものなら何でも食す．

カラス科の鳥を飼育下で育雛する際，これらの種の特有の生態に関連した問題が生じることがある．カラス類とワタリガラス類は並外れて大きな鳴禽類である．そのため，まだ幼鳥で自力採食ができないとか，まだ巣内雛で止まり木よりも巣が必要であるなどという状態に，飼育者が気付かない場合がある．カラス科の鳥はその社交性から，巣立ち雛はたいてい自力で採食できるようになる前に上手く巣を離れ，成鳥から数週間〜数ヵ月間の世話と訓練を受ける．カラス科の幼鳥を飼育するには，他のスズメ目の幼鳥が必要とする訓練よりさらに多くの訓練を提供しなければならない．カラス科の鳥は位置関係に敏感である．これは脳の海馬が高度に発達した貯食性の鳥類に見られる非常に重要な要素である．飼育下の場合，カラス類は収容施設の変化に大きく影響され，時には餌を食べなくなる場合もある．カラス科の鳥の巣内雛は過熱状態や脱水状態の影響を他種より受けやすく，時には保温器内であっても，初期の水分補給の後すぐに脱水症状を起こすこともある．脱水状態になると，普段なら口を開けるきっかけになる刺激に無反応になる可能性がある．もしこの時点で無理に餌を与えると，正常に嚥下や消化ができなくなる．飼育者が問題の原因に気付き，水分補給をしてやらない限り，雛がすぐに深刻な病気に陥る危険性がある．

人工育雛への移行

カラス科の鳥は様々な理由で運ばれてくる．暴風が孵化直後の雛，巣，全てを吹き飛ばすこともある．タイミングの悪い剪定や木の除去なども多大な巣の破壊の原因の1つである．巣内雛を，隣の木に移動させた場合や，同じ木であっても巣

が同じでなければ成鳥は雛の世話を続けない可能性がある．少し育った巣内雛は巣の中をうろうろと動き回り，伸びをしたり羽をパタパタさせたりするので，若い兄弟を巣から落としてしまうこともあり，時には自分が落ちてしまうこともある．また，外敵のアライグマやフクロウ，タカ，そしてリスまでもが巣内雛を怪我させたり巣から落としたりする可能性もある．

　湿度が低く，温度が高い時期は，脱水を起こし，方向感覚を失う巣立ち雛もいる．もし，その巣立ち雛の着陸した場所が，成鳥にとってその雛の世話をしたり，援助したりするのに危険な場所であった場合，成鳥は，その雛に声はかけても世話をしない可能性がある．完璧な飛翔技術を習得するまでは，ほとんどの巣立ち雛は地上で過ごさなければならないので，もし両親が雛の世話のためにリスクを背負おうとしなければ，たとえ健康な雛でも食物や水分の不足によって，弱っていく．巣立ち雛は飛翔方法を学ぶだけでなく，自分より年上の仲間の行動を真似ることによって，ついばみや探餌の試行錯誤を繰り返して自力採食できるようにならなければいけない．それゆえに，カラス類はペットを含む天敵による怪我を受けやすい．

　巣立ち雛は従順なことがあり，特に驚いた時や窓ガラスなどに衝突して怪我をした時などはおとなしく，そのため人間に拾われることが多々ある．幼鳥を家族の下に戻す前に，身体検査は必ず行わなければならない．なぜなら，これらの幼鳥が人間に見つけられた時，高い確率で，骨格か神経系に損傷があるか，もしくは食料や水分不足で疲労している可能性があるからである．もしカラス科の鳥を1羽地上で確認し，近くに成鳥がいたとしても，それだけでその鳥の安全性が保証されたとは言えない．十分距離をとって成鳥が幼鳥に近づこうとしているか観察することが重要である．もし成鳥が何度もその幼鳥に餌を与えているところが見られ，周りに外敵がおらず，幼鳥が機敏な様子であれば，そのままにしておく．しかし，もし成鳥が活発に給餌を行っていない，あるいは安全な場所や枝に来るよう促している様子が伺えないのであれば，その幼鳥を捕獲して診断しなければならない．幼鳥を巣に戻すには注意深い配慮が必要である．もし他の幼鳥が巣内に存在し，その幼鳥が巣立ちにはまだ早い場合，兄弟が戻って来た時に，未熟のまま巣を飛び出してしまうかもしれないからである．もし巣内の幼鳥の羽毛が完全に生え揃っていなく，それゆえによりおとなしいと，兄弟が戻ってきてもそのような問題は起きない．ワタリガラス類を含む何種かの巣は，絶壁または高木にあるので，巣に近づくには経験豊富な登山者か特殊な用具が必要である．

育雛記録

　カラス科の鳥は渡り鳥条約法によって守られており，飼育下でのいかなる時も，法律によって米国魚類野生生物局の規制の下に置かれている．負傷した鳥や親を亡くした鳥は，州と政府の両方より認定を受けた個人か団体のみが飼育することができる．経験のない飼育者が1羽の鳥を育てることは，刷り込みや人馴れした鳥を育ててしまうことにほぼ間違いない．

　鳥の基本情報は，①種名，②年齢，③発見場所，④発見者の連絡先，⑤保護された理由，⑥発見時の鳥の行動，⑦初回検査で認められた症状，⑧最終措置，⑨放鳥場所を含め，各鳥の情報を記録しておく．詳しいカルテには，初回検査とその後の体重や治療効果，毎日の餌の内容と摂取量，行動に関するメモ，そして臨床検査結果のような最新情報を記録する．

　鳥が発見された場所を記録しておくこと．カラス科の鳥は社会性の強い鳥であるため，特定の場所に家族と集まるからである．放鳥の際に，援助してくれる仲間の下に返すことができれば，生存率を上げることができる．発見場所の生息地の詳しい記録があれば，飼育者は，それぞれの種にとって有利な生息地を特定できる．これは，何らかの理由で元のテリトリーに戻れなくなった鳥を無事に放鳥する大きな助けとなる．

　多くの団体には多数の飼育者が存在するた

め，一貫性がなく，不適当な飼育の仕方になってしまうことがある．このため，給餌と収容場所の手順書は各飼育者の手に渡るようにし，その中には鳥の成長や回復などそれぞれの段階に合わせた餌の量や給餌法を組み込まなければならない．

最後に，カラス科の鳥はストレスの軽減と社会性の確立のため，同種の仲間と一緒にすることが必要になる．記録には，飼育下での仲間同士のやり取りや接触などの詳細を書き込み，飼育者が社会集団を1つにまとめ，放鳥後も病原菌の侵入や病気の追跡，特定ができるようにする．

育雛初期のケア

新しく運び込まれたカラス科の鳥は，緊急の治療が必要でない限り，初回検査の前に少なくとも15分は暖かく，静かで暗い場所に入れて安定させる．初回検査では，外傷や骨折その他の異常がないか調べる．それ以上の診察が必要であれば，いったん鳥が安定してから行う．鳥はグラム単位で体重測定する．これが，初めに与える水分の量を決定するのに役に立つ．水分補給は最も重要である．適切な水分補給なしには，給餌や治療は成功しない．一番安全な水分補給法は，補液剤の皮下注射である．もし鳥が脱水症状を起こしているのなら，体重の2〜3%の補液剤を与える．もし経口投与をするのであれば，鳥は初めの補液剤は1mlシリンジ（注射筒）で与える．カササギ類とカケス類には，先の細い1mlシリンジを使うかカニューレが便利である．補液剤をきちんと飲み込み，吸収することができるように，まず体を温めておく．0.1ml以下の少量の温かい経口液剤（ラクトリンゲル液か同等のもの）を，気管開口部の奥の喉の右側に垂らし，水分を飲み込むことができるかどうかを確認する．脱水症状を呈している鳥は，細胞組織が圧縮して粘りつき，水分が飲み込めない状態になる．この場合，初めての水分補給には，皮下注射が最適な方法である．いったん鳥が口を開け，飲み始めたら，計算された残りの補液剤を，その後，経口投与で2〜3時間かけて与える．

例えば，200gのカラス科の巣立ち雛の場合，体重の2%の補液剤は200g×0.02＝4mlになる．そして，この量を分割して，2〜3時間の間に経口投与する．ひと口当たりの量は，鳥の反応をみて対応する．弱り気味の200gの鳥は，ひと口0.5〜1mlほどしか受け付けられないかもしれない．

いくら諸文献から適量が示されていたとしても，鳥がその時に受け付けられるだけの量を与えること．その鳥の健康に問題があり，通常の水分の吸収の妨げになっている場合もあり，無理に扱うと死に至る可能性もある．鳥が排泄をし始めたら，食餌療法に重点を移していく．

状態を安定させている間の飼育場所は，できるだけストレスのかからない所にする．孵化直後の雛は可能であれば，保温器に入れる．もしくは，マットヒーターを最低温度に設定し，鳥の収容容器の下に敷いてもよい．巣内雛と孵化直後の雛には巣が必要である．カラス類やワタリガラス類のような大型の種には巣の代わりに，体重を支えるためにタオルを巻いて，ドーナツ型にしたものが必要になるかもしれない．小型の鳥は，マーガリンの容器のようなプラスチックの入れ物にトイレットペーパーを何層かにして敷いて置く（図33-1）．孵化直後の雛には，その種の大きさに適したと思われるサイズのプラスチック容器を選択する．トイレットペーパーは十分な厚さに敷き，巣内雛が巣の外に排泄しやすいようにしてやり，孵化直後の雛はトイレットペーパーのくぼみに入るようにする．トイレットペーパーは十分くしゃくしゃにして雛の脚が広がっていかないようにサポートする．もし体温が低下している雛を，マットヒーターを容器の下に敷いて温めているのであれば，十分温まった雛の過熱を避けるために，トイレットペーパーの層を増やす必要がある．そして，あらかじめ温められた巣を用意するのが最善である．1〜2枚のトイレットペーパーを巣立ち直後の雛（特に1羽の場合）に掛けてやると体温を保つことができる．

カラス科の鳥は，他の鳥に感染させてしまう恐

図33-1 ティッシュペーパーを敷いたプラスチック容器の中のアメリカカケスの雛．

れのある病原体を保有しやすい．新しく運ばれて来た鳥と，すでに飼育中の雛を一緒にしないこと．口腔と喉頭のスワブ（塗抹標本）とそれに付随するトリコモナスの顕微鏡検査，寄生虫やその卵の糞便分析，鳥痘の病巣と外部寄生虫の徹底的な身体検査を行うことを勧める．カラス科の鳥は特に西ナイルウイルスに感染しやすい．新しく入った雛は，その地域で西ナイルウイルスが流行しているのなら隔離すべきである．ただし，社会性を必要とするので，隔離されることによるストレスとの折り合いを考慮すること．もし，その地域に西ナイルウイルスが流行っていたとしても，単独の雛か巣立ち雛が健康的であるのなら，隔離は2～3日だけにする．そして，その雛を初めの1週間は1～2羽だけと一緒にし，注意深く観察する．

罹りやすい疾病とケアの諸問題

幼鳥は成鳥に比べて免疫力が低い．カラス科の鳥が鳥舎に収容された際，細菌感染したり，見逃していた寄生虫が発生したりすることがある．もし，鳥がおとなしく見える，あるいは不適切な止まり方をしている（例えば他の鳥が全て日陰にいる時に1羽だけ日光にあたっているなど），他の鳥にいじめられている，瞬膜や眼を閉じたままである，長時間止まり木に止まっている，かぼそく鳴く，羽をけば立てる，餌を食べている様子がない，などの傾向がみられたら，鳥を鳥舎から移動させ，検査と体重測定を行う．細菌感染は，特に暑い時期は鳥舎内のあらゆるものが感染源となり得る．抗生物質の治療には，獣医師の診断を受けること．飛翔の練習を始めると，捻挫，体の酷使による損傷，骨折などがないかも観察する．寄生虫の再発防止のために，鳥舎内の定期的な糞便分析も行うこと．

行動上の問題

日没時の行動

カラス科の鳥は自然界では夕暮れ時にねぐらに移動する．そのため夕暮れになるとこの本能が成長した幼鳥を興奮させ，暴れだす．もし幼鳥がこの時点でまだ室内で飼育されているとしたら，日没前に完全に暗くした部屋に入れる．もし手を尽くしても効果がなければ，囲い自体をタオルか布で覆う．失敗すると鳥が壁にぶつかって，羽毛を傷つけてしまう恐れがある．

同種による攻撃

飼育中の幼鳥のグループ内に新しく鳥を加える時は，十分注意しなければならない．たとえ元々そのグループ内にいた鳥でも，長期の治療から帰ってくると，仲間から攻撃を受ける場合もある．新入りが屈従したり，社会能力に欠けていたりす

ると，グループ内の仲間から攻撃的な出迎えを受けることは避けられない．その場合，負傷や，死亡という結果にさえなり得る．新しく鳥を入れる際は，距離をおいてやり取りを観察する．元々いた全ての鳥を小屋から出して，新入りを慣らす必要があるかもしれない．それから，1羽ずつ仲間を足していく．新入りは，平穏が保たれるまで1羽の仲間だけと過ごしてもよい．もし新入りに健康的な問題があるのであれば，仲間の中に入れる前に，先に完治させなければならない．刷り込まれている鳥は絶対に受け入れてはもらえない．新しい仲間との関係で，一番攻撃的なカラス科の鳥は，ワタリガラス類とカササギ類で，特に確立した社会的ルールに無知な鳥には厳しい．

ストレスと倦怠

飼育下におかれた野鳥にはストレスにより，パニック飛行や，口を開けたままの呼吸，常同行動（反復行動），羽抜きなどの徴候が現れてくる．カラス科の鳥のような高レベルの知識をもった鳥は，よくない行動を起こす可能性を軽減するために，自然からの刺激を与えなければならない．石，松ぼっくり，どんぐり，小枝，葉の付いた枝，乾燥したヒマワリ，樹皮，物を掘って隠すための土を入れた容器など，自然の物を入れてやる．鳥舎の床は，探餌や穴掘り，餌隠し等ができるような基層にする．小さな木や低木の鉢植えを追加し，枝に果物を挿すか，スエットバスケット*（Suet Baskets, Arcata Pet Supplies）に果物や脂肪，マウス等を入れて吊るす．もし鳥が室内にいるのなら，外の景色が見えるようにし，野生の鳥の声が入るようにする．体の掃除や給餌のついでに不定期な治療や検査のために鳥を捕まえたりしないこと．さもないと，毎回掃除の際に恐れるようになる．

---

*訳者注：脂肪・固形飼料などを入れる四角い金網の容器．

羽毛の問題

頭部の脱羽

カラス科の鳥では，これは春～早秋の換羽期間に起これば自然のことである．幼鳥でさえ風切羽が生え揃った後は体の換羽を経験する．カササギ類は特に，頭の全ての羽毛を一度に失う．もし鳥が外傷性の健康症状があった場合や飼育下で一時期過ごした場合，頭の羽毛が抜け落ちやすくなる．

羽毛の損傷

幼鳥の翼羽や尾羽が折れた場合，次の春か夏の換羽の時期まで生えてこない．これは成鳥においても同じである．尾羽は獣医師のケアのもとに，うまく引き抜くと，早期に生え変わる刺激になるが，これは翼羽には通常当てはまらない．羽毛を抜くと羽嚢（羽包）に損傷を与えることがよくある．新たに羽毛を生えさせる最良の方法は，きめの細かいスクリーン（Pet Screen, Phifer Co.）か，ファイバーグラスのスクリーン，日除け布，もしくは鳥舎用ネットを張った鳥舎に入れることである．止まり木を階段状に作り，登る際に羽毛をこすって成長中の羽芽（血幹）を折ってしまわないよう，枝は止まり木から近付けないようにする．クローゼットのポールや真っ直ぐな木などの頑丈な登り用の棒にプラスチック製の人工芝（AstroTurf, Solutia Inc.）を覆い，45度の角度で水平の止まり木にもたれかけさせる．これによって飛翔が困難な鳥も，止まり木に横に歩いて上がることができる．ポールに上がる時に，羽をばたつかせるかもしれないが，そうすることで上に上がりやすくしている．羽毛に損傷のある鳥を地上から離れさせることで，地上から止まり木へのジャンプの失敗による更なる羽毛の損傷を防ぐことができる．

呼吸器症状

カラス科の鳥は，ストレスを感じたり，体温が上がったりすると口を開けて息をするようになる．しかし，もし鳥が落ち着いていて，体温も正常な時にこのような状態がみられたら，細菌か真

菌による呼吸器感染症，もしくは食物か液体を誤嚥した徴候である．このような症状を無視してはいけない．

脱　　水

カラス科の鳥は，飼育下で脱水症状に陥りやすい．動きが鈍くなり，餌乞いをしなくなることもある．対処法は水分補給をしてやることで，餌には十分な水分が含まれており，鳥舎の中も暑くなりすぎていないことを確認する．

衰　　弱

一目瞭然で判断できる衰弱の徴候は，尖った竜骨である．総蛋白量と血中血球容積を測り，生存確率を判定するとともに，流動食か鳴禽用ベビーフードのどちらを与えるかを含めた治療方針を考える．体が受け付けない食べ物は嘔吐し，場合によっては誤嚥することもあるので，給餌の進行は，給餌の手順書が勧めるよりもゆっくりと進める．雛に力がつき始めら，給餌の量を増やしてもよい．

眼の疾患

分泌物や腫れ物，変色などが見られないか，眼の検査を行う．眼の損傷の一般的な原因は，怪我，鳥痘，細菌感染，トリコモナス症，マイコプラズマ症である．鳥が視覚的刺激に正常に反応しない，もしくは頭部を動かして何かを追うような行動が見られたら，視覚障害か機能障害を疑うこと．

足の異常

異常な止まり方

幼鳥がどのように止まり木に止まるか，または巣内に座るかを観察する．もし鳥が繰り返し第1趾（後趾，後方についている趾）を他の趾と一緒に前に出していたら，第1趾をあるべき位置に戻す「矯正」のために，包帯かダンボールで作った靴が必要である．もし放置していたら，第1趾はそのまま下に折り込まれてしまい，止まり木をつかむことができなくなる．包装紙か靴が使用されている間は，鳥の成長のために注意を払わなければならない．強く巻きすぎると永久的な損傷を与える結果となる．

趾瘤症（バンブルフット）

赤みや硬化，腫れ，痛みなどが足の裏にみられたら趾瘤症の徴候である．表面の滑らかな止まり木や鳥舎の床に立つ習慣があると趾瘤症につながることもある．もし早期に発見できたなら，止まり木を別のものに変えてやるだけでよい．人工芝（AstroTurf）で枝やポールを巻いてやると，止まり木としては最適な表面になる．症状の重いものに関しては，抗生物質の投与と獣医師の治療が必要である．

頭の損傷

多くの幼鳥が巣から落ちたり，最初の飛翔で失敗したりして頭に怪我をする．弱々しい鳴き声，呼吸困難，視覚障害，バランス障害，異常におとなしいなどの徴候がみられたら頭に傷を負っている可能性がある．鳥を暖かくて暗い場所に置き，獣医師の指示をあおぐ．鳥を真っ直ぐ座らせる必要があるなら，タオルを巻いた巣に入れる．また，補液剤や餌を与える時は，嚥下力が損なわれていることがあるので注意する．

代謝性骨疾患

カラス科の鳥には，しばしば代謝性骨疾患の徴候が現れる．この症状は特に，一腹卵内で一番小さい雛や，ペットとして育てられたり，経験の少ない親鳥か仲間に育てられたりした雛によくみられる．鳴禽用ベビーフードは鳥に必要なカルシウムの摂取の手助けになるが，追加でカルシウムを補給する必要があるかもしれない．野生のカラス科の鳥は，不足するカルシウムを補給するためのカルシウムを探しだす．地上での探餌が難しい豪雪の時期に，カルシウムが含まれている家屋の外壁塗料を剥がしている姿が確認されている．飼育下のカラス科の鳥では給餌を開始する前に，固ゆで卵の殻を食べているところを確認している．バランスのよい餌を与えたり，固ゆで卵を殻付きで与えたりする．代謝性骨疾患の症状がみられる鳥

においては，獣医師にカルシウムのサプリメントに関する助言を求める．

感染性疾患

鳥痘

脚，足，顔，腹，肛門，口，もしくはその他腫れや痛みのある部分を調べる．鳥痘は接触，あるいは昆虫を媒介して近似種に感染する．感染した鳥は，最低2週間は隔離すること．症状が現れた鳥は，傷が癒えるまで，ネットを張った昆虫の入らない場所に置く．使用後は全ての表面を消毒し，汚染されたダンボールの箱や鳥籠は処分すること．鳥痘ウイルスは服にも付着することがある．対症療法で，2次感染を防ぎ，治療を進めることが必要である．もし病巣が著しく大きくなったり治癒しなかったりするのであれば，獣医師は細菌感染症または真菌感染症かまたはダニの発生がないかを確認すべきである．

西ナイル熱

前述のように，カラス科の鳥は西ナイルウイルスに感染しやすく，感染した鳥の死亡率は高い．最良の治療は予防することである．もし西ナイルウイルスが地域で流行していたら，ウイルスを保持しながらまだ症状が現れていない場合も見込んで，新しく収容された鳥は数日間隔離する．新入り同士で作るグループを小さめにしておくと，もし1羽が症状を呈し，西ナイルウイルスに感染していたとしても，感染の危険にさらされる鳥の数が少なくなる．蚊やその他の刺咬性昆虫を小屋に近づけないようにする．新しく入った鳥は，外部寄生虫を保持している場合があるので駆虫剤をスプレーすることを忘れないこと．鳥同士の直接の感染は病気を広げる可能性がある．もし西ナイルウイルスに感染したと疑われる鳥を保護したら，獣医師に最新の治療手順を確認すること．

抗生物質に対する反応

トリメトプリム・スルファメトキサゾール合剤（Septra）は投薬直後，もしくは1時間後でも嘔吐を引き起こす場合がある．もし鳥がこの薬に敏感であれば，治療が不十分なことも伴い，脱水症状に苦しむことになる．この商品は必要な時だけ使用し，問題がないか監視する．

寄生虫性疾患

外部寄生虫

ダニは，脚や足など羽毛のない部分に灰色の斑点のように現れる．皮膚検査と顕微鏡検査で鳥の表皮内に潜伏するダニがいないかを確かめることができる．もし対処せず放っておくと，皮膚の質が変化し，灰色の発疹か，中心に穴の開いた突起のように見える．イベルメクチンおよびダニとシラミ用スプレーの散布による治療でたいてい寄生虫を全滅させることができる．治療期間は感染の重症度によって異なる．

内部寄生虫

カラス科の鳥によく見られる3種の寄生虫は，毛細線虫，コクシジウム，条虫類である．鳥が収容されたらすぐに糞検査をし，すばやい治療をして他の鳥に感染するのを防ぐ．プラジカンテル（ドロンシット，Droncit）は条虫類に有効で，フェンベンダゾール（Panacur）は毛細線虫，そして，スルファジメトキシン（Albon）はコクシジウムに有効である．2種類以上の寄生虫が存在する時はAlbonとPanacurを同時に投与しないこと．この2つを合わせて投与すると，中には食欲を失くし，元気がなくなる鳥もいる．

トリコモナス症

トリコモナス症は原虫の感染による寄生虫性疾患だが，感染していても見た目には気付かない．口腔と喉頭のスワブ（塗抹標本）を顕微鏡で検査する，証拠となる「パックマン」に似た生物を探しだす．この症状の治療にはカルニダゾールを経口で投与するのが一般的である．正しい投薬量は，獣医師に確認すること．

餌のレシピ

表33-1は鳴禽類用ベビーフードの材料である．ドッグフードに水を十分吸収させたら，フォークで潰す．卵とバナナをミキサーでピューレ状に

表 33-1　鳴禽用ベビーフードレシピ

冷水に浸けた Science Diet Canine Growth（サイエンスダイエット・グロース，子イヌ用）1 カップ（240ml）
ベビーバナナか熟したバナナ　112g
殻をむいた固ゆで卵　1 個
鳥用ビタミン剤（Superpreen か Arcata Pet Supply かそれ同等のもの）　小さじ 1（5ml）
重質炭酸カルシウム　大さじ 1（約 1,800mg）

表 33-2　成鳥用配合飼料

2 カップの冷水に浸けた Science Diet Canine Growth（サイエンスダイエット・グロース，子イヌ用）4 カップ
鳥用ビタミン剤（Superpreen か同等のもの）　小さじ 1
固ゆで卵　半分
リンゴやナシなどの果物　1/6 カップ
ズッキーニやキュウリなどの青野菜　1/6 カップ
ニンジンやカボチャなどの黄色野菜　1/6 カップ

する（表 33-1，表 33-2）．全ての材料をフードプロセッサーで混ぜる．小さな容器に入れて冷凍し，1 日に使う分だけを解凍する．容器は温水に浸けるか，低温にセットした加温プレートに乗せて温める．もし気温が高ければ，餌は昼には捨て，それ以降は新鮮なものを与える．

注意点：もし，ベビーフードがシリンジで与えるには硬すぎる場合は，1 日分のベビーフードに水を足し，与えやすくする．水分を足しすぎると，誤嚥の原因となるので注意する．表 33-2 は成鳥用の配合ドライフードの材料である．

水の入れすぎや，選択する果物と野菜によっては，ドライフードがどろどろになってしまうので注意する．卵と果物や野菜をフードプロセッサーで粗めに砕く．加工しすぎないこと．全ての材料を混ぜ合わせる．冷蔵庫で 2 日間まで貯蔵できる．

栄養補助餌

多様な栄養と触感を与えるため，通常のドライフードに色々な補助餌を追加する．バランスが悪くなるので，1 つの食べのものをたくさん与えないこと．1 つで全てをまかなえる補助餌などはないので，鳥の状態をみて飼育者の判断で与える．食べることを学び出した若い雛には，主食は配合ドライフードを与えるが，餌を味わうためと，上手くついばむために，ドライフードに少量の補助食品を混ぜる．鳥がうまく餌を食べられるようになったら，量を増やすとよい．堅果は，最初は割ってから与え，鳥が殻の割り方を覚えるようになったら，割らずにそのまま与える．補助餌として，以下のものを配合ドライフードに混ぜるとよい．

- 初生雛（1 日齢）
- マウス：初めはピンクマウス（ネズミの新生子）やカットしたマウスを与え，鳥がつかんで引きちぎれるようになったらそのまま与える
- 殻付きの固ゆで卵
- 無塩の堅果類全般：特にその鳥の生息地に自生する植物の堅果がよい
- 昆　虫：ミルワーム，ワックスワーム，コオロギ，野生で見られる昆虫など
- 粗切りの野菜
- 細かく切った野菜：冷凍のトウモロコシの粒やカットしたサヤインゲン，カットブロッコリー，エンドウ豆，カットフルーツ，ベリー類など
- ついばんで探餌する頃用の細かく切った果物：レーズン，レーズンサイズに切ったイチゴ，ブドウ，メロン，スイカ
- 火を通したサツマイモ（ビタミン A 源）
- 色の付いたドライフード：Kit and Kaboodle cat food（Purina）のようなドライキャットフード
- ピーナッツ：無塩，殻付き，砕いたもの，殻なし

ワタリガラス類が自力採食しだしたら，餌は主として丸ごとの肉または死肉になる．手による給

餌でも最終の時期になると，鳴禽用ベビーフードは拒否し，細かく切ったラットやニワトリ，マウスばかりに口を開けるようになる．成長するにつれ，細かく切らなくても食べるようになる．

給餌方法

全ての幼鳥は，体内に食べ物を取り入れる前に，体が温められ，水分補給ができていなければならない．この条件を満たし，雛がしきりに口を開けたら，シリンジでベビーフードを与える．温かくして，水分も十分に補給できている状態で給餌を拒んだら，強制的に与えなければならない．孵化直後の雛に給餌する間は，優しく指で頭を支え，頸を伸ばす．適した大きさのシリンジ（表33-3）にベビーフードを入れ，気管開口部の奥の，喉の右側に差し込む．成長した食欲旺盛な雛は，シリンジを口の奥に入れるだけで，後は餌を流し込んだ時に雛の方から飲み込んでくる．小さい鳥（25g）や弱った鳥には，必要であれば，ステンレスのチューブ（フィーディングニードル）かカニューレを1mlシリンジに装着して与える．そして，カラス科のどの種でも，最初は0.5mlかそれ以下の量を与える．餌を吐き戻したり，吐き気を催したりしないように，少量を与えることから始める．表33-3に示した，次のカテゴリーからおおよその餌の量を参照する．孵化直後の雛（羽毛なし），巣内雛（筆毛の生えた雛と巣立ち直前の雛），巣立ち雛．

期待される体重増加

カラス科の鳥は，科の中でも大きさが非常に異なるが，同種間でも差がある．飼育者の地域で一般的な鳥は，毎日の体重変化をグラム単位で記録しておくと，この先の参考資料として役に立つ．大きさと体重が急速に増加し，それから筆毛が発育して羽毛へと変わってくると，一定の重さになる．鳥によっては，放鳥前に体が急激に大きくなり，体重が増加するものもいる（表33-4）．

経験者が行う最も便利な体重診断法は，竜骨のどちらかの側の筋肉のつき具合を触診することである．胸の筋肉の大きさが小さい鳥は，放鳥にはまだ早い．鳥が飼育下に入って何週間かしてから診断し，そのうえで筋肉の量が少ない場合は，その鳥の健康状態を再検査し，特に感染症や寄生虫に関する検査を行う．もし本章で記載した飼料と異なるものを与えているのなら，栄養価の見直しを行う．体重が一定になってきたら，通常は放鳥前の段階で餌の摂取量が減少するので，脱水症状に陥っていないかを注意して観察する．シリンジの餌の中に，経口用補液剤を追加する必要があるかもしれない．生後1年目のカラス科の鳥は，初めての冬を乗り切るために，脂肪を蓄える傾向にある．この場合幼鳥が翼開長と体長が同じくらいの成鳥よりも重くなる可能性がある．

飼育環境

カケス類

孵化直後の雛は，保温器か，温めた窓付きのダンボール製ペットキャリー（Porta-pet）に収容する．巣内雛は直接ペットキャリーに入れてもよい．側面に18×23cmの穴を開け，薄いプラスチックの透明なシートをセロハンテープで留めて窓を作ったペットキャリーが最良である（図33-2）．折りたたんだバスタオルを枕カバーで包んで，ペットキャリーの底に敷く．

小さいタオルを巻いてドーナツ型にし，巣の代わりにするか，マーガリンの容器にトイレットペーパーを敷いて作った巣内雛用の巣を支えるために利用する．孵化直後の雛には，巣の下に薄いタオルを1枚敷き，熱源からの温度を保つためにさらにもう1枚で巣を包んでやるだけでよい．熱源はマットヒーターを低温に設定してキャリーの下に敷く．巣内雛にはキャリーの一部に，孵化直後の雛にはキャリー全体に敷いてやる．熱が逃げるのを防ぐには，枕カバーで部分的にキャリーの上部を覆ったり，たたんだトイレットペーパーを巣の上に乗せたりする．巣立ったばかりのカケスの幼鳥には，サイザル麻のロープ（天然繊維のロープ）で止まり場を作ってやるとよい．キャリー

表 33-3　給餌法

カラス科	年齢	量	シリンジ	頻度
カラス類	羽毛が生える前の雛（孵化直後の雛）	1ml かそれ以下	1ml	30～45分ごと
	少し育った羽毛が生える前の雛（孵化後数日）	3～6ml	1～3ml	30～45分ごと
	筆毛が生えた雛	6ml まで	1～3ml	30～60分ごと
	巣立ち前の雛	6～12ml	3ml	1～2時間ごと
	巣立雛	9ml かそれ以上	3ml	1～3時間ごと
アメリカカケス，ステラーカケス	羽毛が生える前の雛（1～6日齢）	0.1～1ml かそれ以上	1ml，乳頭先端付カニューレ装着	20分ごと，朝7時～夜10時まで
	羽毛が生える前の雛（6日齢以上）	可変：1～2ml	1ml，食欲がない雛にはカニューレを装着	20～30分ごと，朝7時～夜9時まで
	筆毛が生えた雛	可変：1～3ml	1ml	30～60分ごと，朝8時～夜8時まで
	巣立ち前の雛	可変：1～3ml かそれ以上	1ml，育った巣立ち直前の雛には3ml（先を切断したシリンジ）	1～2時間ごと，朝8時～夜8時まで
	巣立ち雛	可変：3ml かそれ以上	3ml（先を切断したシリンジ）	1～3時間ごと，朝8時～夜7時まで
カササギ，キバシカササギ	羽毛が生える前の雛	0.1～2ml か口を開ける場合はそれ以上	1ml，孵化直後の雛か弱っている雛には乳頭先端カニューレを使用	30分ごと，朝7時～夜8時まで
	筆毛が生えた雛	可変：1～3ml	1ml	30～60分ごと，朝8時～夜8時まで
	巣立ち前の雛～巣立ち雛	可変：1～6ml	1～3ml シリンジ（先を切断したシリンジ；大きく強い鳥には大きめのシリンジ）	若い雛は45分ごと，成長した雛は120分ごと
	羽毛が生える前の雛～筆毛が生えた雛	カラス類と同じ，もっと口を開ける場合は増量	一番若い雛には1ml シリンジで，受け付けられるなら3ml；先端を切断したシリンジを使用	30～60分ごと
	巣立ち前の雛～巣立ち雛	ワタリガラス類は急激に成長し，大きさも個体によって異なる．成長した雛は20～30ml 程度食べる．餌乞い状況により量を考える．多くのワタリガラス類が鳴禽用ベビーフードを拒否してカットしたネズミなどの肉を食べる	3ml シリンジかそれ以上の大きさ．（切断したシリンジ）；ピンセットでカットした肉を与える	巣立ち前の雛は1時間ごと，巣立ち直前の雛は最長3時間ごと

表 33-4 アメリカガラスの発育経過

日 齢	体重（g）	体 表	眼	飼育者に対する反応	メ モ
1～3	15～30	ピンク	閉じている	大口を開ける	親による抱雛；卵黄嚢の残存
3～5	30～45	曇った色	閉じている	大口を開ける	親による抱雛；卵黄嚢の残存
5～10	45～110	黒	閉じている/その後薄目	大口を開ける	親による抱雛が次第に減少；卵黄嚢の残存
10～15	110～210	筆毛の発育	薄目/その後開眼	大口を開ける	親による抱雛が次第に減少，卵黄嚢の痕跡，その後消失
15～18	210～255	羽毛の発育	鈍い色	大口を開ける	声が低いピッチに変わる
18～25	255～300	羽毛の発育	鮮明な灰紫色	大口を開け，その後身を低くする	中央部の初列風切羽で角質鞘から約5cmまたはそれ以下羽毛が突出
25～30	300程度	羽毛の発育	鮮明な灰青色	身を低くする，その後逃げる	中央部の初列風切羽で角質鞘から約5cm以上羽毛が突出

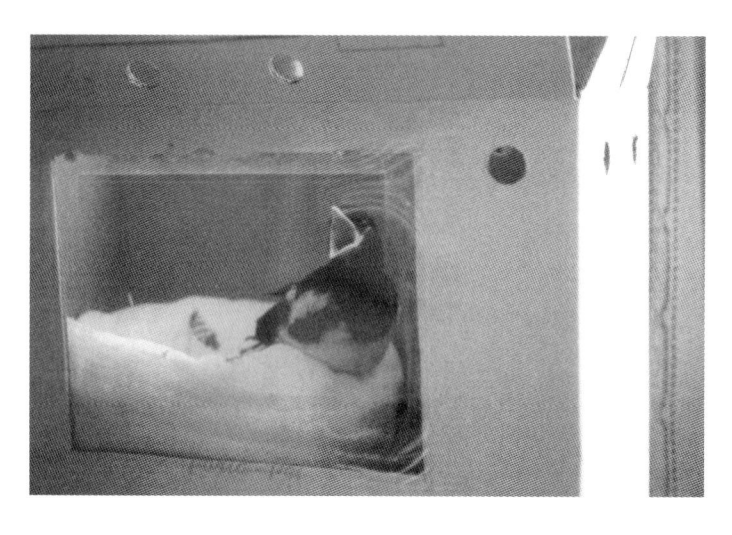

図 33-2 透明のプラスチックの窓の付いたダンボール製ペットキャリーの中のカササギの幼鳥.

の広い方の面に，止まりの高さに穴を2つ開ける．ロープはキャリーの外側で結んで張る．ロープは鳥が立つのに十分なスペースを残し，尾羽がキャリーの壁に当たらないように注意する．キャリーの窓側は，部屋の窓側に向けてストレスを減らす．

止まりとついばみができるようになり出したら，飛翔準備用ケージに移動させる．ケージ内にファイバーグラスのスクリーンを張って，羽毛を守る．飛翔準備用ケージは室内に設置し，1人で餌を食べる練習をさせながら，飼育者の手からも餌を与える．止まり木の位置は，鳥が簡単に飛び移ったりできるようアレンジする．餌入れは糞をする場所から離すこと．カケスは大きなケージや鳥舎に移動させる前に，完全に自力採食ができるようになっていなければならない．順応しやすいカケスの幼鳥でさえ，極端な環境の変化に不安を覚え，給餌を拒むこともあるからである．放鳥前の最終段階では，幼鳥は野外の鳥舎で少なくとも2週間は過ごさせるべきである．

カラス科の鳥は嘴で探索するのが好きなので，

ほとんどのケージにはいくつかの損傷がみられ、特に内側に張っているものに被害が出る．ペット用スクリーン（Phifer）はイヌやネコが引っかくのにもちこたえられるようにデザインされているので、耐久性が他の製品より優れている．ケージや鳥舎には多様な止まり木を設置すべきである．表面が滑らかな枝は避けること．カラス科の鳥の足は、不適当な止まり木を使用すると、趾瘤症に罹りやすい．鳥が長時間止まる枝には、人工芝（AstroTurf）のような素材で止まり木の周りを覆ってやるとよい．代用品としては、樫のような粗い表皮の枝や、生きた木や植物、サイザル麻のロープがある．サイザル麻のロープは粗い天然繊維で、健康的な鳥の足をサポートするには最適である．

保温器の適温は、孵化直後の雛によって異なる．鳴禽類の何種かの孵化直後の雛は高くても32.2～35℃、湿度40～50%に保つが、これは通常カラス科の鳥には温度が高すぎ、特に保温器が高湿度を保っていなければ、脱水症状の原因になる．多くのリハビリテーションセンターで、2.8℃ずつ温度を変えた多数の保温器を用意している．保温器に孵化直後の雛を収容した後は、呼吸や採食の傾向を観察する．健康な孵化直後の雛が口を開けて呼吸していれば、それは暖かすぎるということを示している．大口を開ける回数が減ったり、嚥下力が低下したりしていれば、それは鳥は脱水状態にあるか、病気か、冷えているかである．適温を保っている時でさえ、孵化直後の雛のほとんどは時おり水分を補う必要があり、新しく収容された雛の場合はなおさらである．カラス科の鳥は他の鳴禽類と比べて体が大きいので、たくさんの巣立ち直後の雛をひとまとめにしていると、違いが出てくる．1羽だけだと、水分をよく失う羽毛の生えていない部分の面積が大きくなるので、4～6羽でグループを作るといくらかは温かさを保つことができる．

大型のカラス科（ワタリガラス類とカラス類）

大型のカラス科の幼鳥は、孵化したばかりの雛でなければ通常窓付きのペットキャリー（図33-2）か、小型の犬舎に、タオルを巻いた巣か人工芝（AstroTurf）の止まり木を入れて収容する．孵化直後の雛については、カケスの手順書に従うこと．もし採食や排泄を正常に行っているかどうかが明らかでなければ、鳥をキャリーに一晩入れて観察する．巣内雛は止まりができるようになるか、巣が小さくなってくるまでは、熱源の上に置いた窓付きキャリー内に入れておく．その後、小型の犬舎に移し、最初はタオルを巻いた巣を入れ、それから止まり木を入れる．雛が犬舎ですくすくと成長すると、すぐに窓付きの大型の犬舎に移し、犬舎の幅に合わせて切ったクローゼットのポールの周りに人工芝（AstroTurf）をロックタイで結び、1～2本止まり木を設置する．小型タオルかたたんだキッチンペーパーを両端にはさみ、犬舎に押し込む．犬舎を掃除している間に、雛を犬舎の上に止まらせたり（図33-3）、床に置いたり（もし雛がまだ飛べない場合）、もしくは毛布で覆ったメッシュのベビーサークルに入れたりして、雛にストレッチや翼を動かす機会を与える．翼の力を付ける機会があると、鳥舎に移動させた際に、より強い鳥になる．放鳥前の最終的な施設は、野外の鳥舎である．もし小さい鳥舎（1.8×1.8×1.8m）があれば、まだ鳥が餌乞いをしている段階でも外に移動させてもよい．小さい鳥舎であれば、まだ口を開ける鳥に給餌しやすい．いったん、雛が自力採食できるようになり、壁に掛けてある餌入れからだけでなく、恐れずに地上に餌を取りにいけるようになったら、大きい鳥舎に移動させる．

社会グループの形成

初めて運ばれて来た時に、幼鳥だけの小さなグループを作っておき、この社会集団をリハビリテーション期間中一緒にしておく．放鳥の際は集団で放す．カラス科の鳥の社会的結束は強く、これを分裂させるとストレスの原因になる．新しく鳥が運ばれて来ても、一緒にしたり、交換したりしないこと．

図33-3 ペットキャリーを掃除している間に翼を伸ばしたり羽ばたきしたりするカササギの幼鳥.

鳥舎

　飼育者の州の魚類野生生物局にカラス科用の鳥舎の大きさについて問い合わせてみるとよい．もう1つのよい情報源として，National Wildlife Rehabilitation Association 出版の，「Minimum Standards」という本がある（www.nwrawildlife.org）．3×3×2mの鳥舎はカササギやカケスには十分で，6×3×2mの鳥舎はワタリガラス類やカラス類には十分である．鳥舎に昆虫用のスクリーンを張り，羽毛の損傷を防ぐと同時に蚊を媒介する病気から守る．ペット用スクリーン（Phifer）は通常の昆虫用スクリーンより強く，鳥による損傷も少ない．一番損傷を受けやすい場所は，止まり木の両端がネットに当たる，鳥舎の側面である．これらの場所は，さらにプラスチック網で補強し，鳥がつつくのを防ぐ．様々な止まり木を設置し，趾瘤症を防ぎ，また，野生で止まり木として利用できるよう，慣れさせなければならない．一番高い止まり木は，鳥舎内の保護された場所に設置し，止まり木は人工芝（AstroTurf）で覆う．ここが，鳥がほとんどの時間を費やす場所となる．サイザル麻のロープや表面の粗い天然木，本物の植物は，よい代用品になる．ほとんどのカラス科の鳥は，初めて鳥舎に移された時は，床に降りて餌を食べたり水を飲んだりすることを躊躇する．この行動は何日も続くことがある．脱水症状と飢餓を防ぐために，移動させて数日間は，一番よく使う止まり木の近くに，水入れと基本の餌を入れたボウルを掛けてやる．お気に入りの餌は床に置き，探索させるように促す．床に置く水入れと餌入れは，頑丈で，ひっくり返らない容器にする．常に，プラスチックの人工芝の素材で覆った登り用のポールを，床から止まり木に繋げ，まだ飛べない鳥に安心できる止まり木へと登らせる．止まり木は高すぎない場所に設置し，落下して怪我をするのを防ぐ．これはストレス発散になり，健康的な羽毛の発育を促進する．飛べない鳥は床に残されるとしばしば高い所へ登ろうとして，怪我をすることがある．水入れを大きなものに交換するなど，たとえ少しでも鳥舎内の何かが変わると，鳥はしばらく餌を食べないこともある．カラス科の鳥は，非常に位置関係を重視する種なので環境の小さな変化にも敏感に反応するのである．天候の変化から鳥を守るために鳥舎の一部に覆いをし，掘ったり物を隠したりできるような床を作ってやる．木の皮や，2〜3.8cmほどの滑らかな軽い小石（Lodi rock）はよい選択である．

自力採食

　野生では，カラス科の鳥は両親や他の親戚から

何ヵ月もかけて学習をする．自力採食できるようになる前に巣立ちをし，巣の外で他の仲間に援助され，守られているのである．カラス科の鳥を育てるには，放鳥後に鳥が直面する物事に対して用意ができていなければならないので，時間と努力が必要である．自然界では食物や水を探し当てなければならないし，恐れるべきものに気付き，避難できなければならない．援助してくれる家族がいないので，生き残るためには放鳥前に学習していなければならない．カラス科の鳥は位置関係の感受性はかなり高度なので，未知の場所を恐れ，新しい場所で探餌するのを極端に恐れるかもしれない．幼鳥を屋外の環境で飼育することで，放鳥後の地域がどのようなものかできるだけ再現してやる．一番の方法は，同じ種の親代わりや他の成鳥と一緒にし，経験のある成鳥の行動から学ばせることである．

それらの事実から，独り立ちのプロセスには，本物の植物や木の枝，掘ったり物を隠したりできる土や小石，木の皮，叩いたり堅果を割ったりするのに使う丸太などに触れることのできる環境に入れてやることも必要になる．さらに，他の野鳥の声も聞こえる環境に置き，特に自然界で関係する種の声を聞かせ，どの声がケージ外のどのような危険と繋がっているか，学ばせる必要がある．放鳥された時に認識できるよう，放鳥時に自然界で見られる季節の食べ物も与えておく．種を入れたバードフィーダーや，スエットバスケット，果物，堅果を藪の枝に吊るしたり，松ぼっくりの中に差し込んだり，餌を丸太の割れ目に隠したりしたものを与える．その他にも，鳥が餌を見つけだす練習になるものを工夫する．地域によっては，カラス類がファーストフード店やピクニック場によく通ったりするので，紙袋を裂く練習をする．

また，自立のプロセスには，1人で採食する練習をしながら自然の食物を調べる機会を与えることも大切である．雛が巣から離れようとしたらすぐに，探索させるための餌を与える．シリンジ給餌の段階で，雛が餌を飲み込まずに口の中に蓄えはじめたら，それは雛が自分で餌を採り始めたものの，自立はできていない状態を示す．餌乞い行動が断続的になったら，1日に少なくとも4回の給餌を継続しつつ，給餌の周期を長くする．採食が熟達してきたら，体重の記録は続けたまま，1日の給餌を3回に減らし，そして2回，1回と減らし，最後に給餌を終了する．ほとんどの飼育者が午前中に新鮮な餌を与え，鳥がその新鮮な餌を自分で採食したり探索したりするようになれば，その日の最後に鳥が餌乞いを止めるまで給餌をして体重維持の手助けをする．鳥が餌を食べているという証拠は，おびただしい排泄物と通常の活動レベルから読み取れる．ケージ内に変化があると，通常カラス科の鳥は食べることを拒否する期間がある．独り立ちの時期にケージ内の環境を変えざるを得ない時は，給餌の援助をしてやり，鳥が再び自力採食し始めるまで続けること．このプロセスは，餌入れや水入れを犬舎，そして特に鳥舎の止まり木の高さに掛けることで援助することができる．自立の時期に，1種類の餌だけを補給することは避けること．巣立ち雛は，自然の食べ物を探索したり，味わったり，あちこちに動かしたりすることで，生きていくために十分な餌を体内に取り込むことを学んでいく．果物やドライフード，その他の餌の上に，うねうねと動くイモムシを散らしてやると，食物の探索行動を促すことができる．トウモロコシの粒のような明るい色の餌も，ついばみを促すよい餌である．卵の黄身や柿，カットしたスイカ，そして血で赤く染まったマウスの切り身など多様な色の餌を与えると，しばしば少なくともひと口は口を付けてくれる．堅果の割り方や，マウスを引きちぎるといった技術を学ばせ，大きなケージに移動してその上達ぶりを簡単に観察できなくなる前に練習させる．屋外のケージに移動する前に，室温の調整された環境よりも悪条件に順応できるようにしておく．自立の時期に，徐々により厳しい気温にさらしていく．

放鳥準備

放鳥に向けての準備は，鳥が運ばれて来た時

から始まっている．決して鳥をペットのように扱わないこと．放鳥した時に，生きるために必要なものが認識できるよう，自然環境と自然の食物に触れさせる．カラス科の鳥は社会性のある鳥なので，絶対に1羽だけで飼育しないこと．その種の社会ルールについていけない鳥は，通常なら社交的に接してくれる鳥から，避けられてしまうか，時には怪我をさせられることもある．他の飼育者で，同じくらいの年齢の鳥を飼育している人を探すか，怪我をした成鳥か自然復帰できない成鳥と一緒にできるようアレンジする．鳥をグループにするまでの待機期間中は，1羽でいる鳥の近くに，眼の位置に合わせた鏡や同種のぬいぐるみや，剥製を置いてやる．もしぬいぐるみが実際の鳥と同じ大きさであれば，巣の中に一緒に入れてやると，「仲間」にもたれかかったりできる．室内のケージは，窓際に寄せ，人間の行動より野外を見る環境を作る．鳥との接触を必要な時だけにとどめ，ペットと接するような態度で扱ってはならない．

いったん鳥舎に収容されると，もし正しく飼育された鳥であれば，人間に不信感を抱くようになる．野生で育てられた巣立ち雛はたいてい，すでに人間を恐れているので，飼い慣らされたり，刷り込みされたりする心配はない．

放　　鳥

放鳥を検討できる鳥は，寄生虫がおらず，肉付きがよく，鳥舎での捕獲が難しいほど元気で，悪天候に対応できる防水の羽毛が生え揃っていなければならない．巣立ち雛は，放鳥を考慮に入れる前に以下のことを習得できていなければならない．①変動する気温に順応できる．②簡単に木の上に飛ぶことができる．③自力採食ができる．④自然の食物を認識，探索できる．⑤他の仲間とうまく交流できる．⑥人間や外敵に恐れをもつ．そして，自然界に順応し，生存率を高めるため，同種の仲間と一緒に最低3週間は野外の鳥舎で過ごす必要がある．初めの1週間は鳥舎の床に降りて来ないことがあるということと，生き残りのためには地上で安心して探餌できるようにならなければいけないことを念頭に置いておく．

同種が生息する地域に放鳥すること．どんな鳥でも，その家族のテリトリー内に放すのが好ましい．もしそれが可能でないのであれば，いくつかのグループが集まる場所を見つけること．その方が，幼鳥が受け入れられる可能性が高い．同じ飼育場所で一緒に育ったグループを一緒に放すと，その後も互いに交流をもち，助け合うようになる．ワタリガラス類では特に，もし本来の両親が見つからなければ，幼鳥を他の幼鳥と一緒に放すことが大事である．幼鳥はお互い助け合い，食物のある場所へ導いてくれるが，成鳥は見慣れない幼鳥がいると追い払おうとするかもしれない．

これらの鳥は昼行性なので，天気のよい日の朝のうちに放鳥する．

関連製品および連絡先

人工芝：AstroTurf Solutia Inc, PO Box 66760, St. Louis, MO 63166-6760, www.astroturfmats.com.

キャットフード：Kit and Kaboodle cat food, Purina Mills, Nestlé Puriha PetCare Company, Checkerboard Square, St. Louis, MO 63164, (314) 982-1000, www.purina.com.

ペットスクリーン：Pet Screen, Phifer Inc., P O Box 1700, Tuscaloosa, AL 35403-1700, (205) 345-2120, www.phifer.com.

ダンボール製ペットキャリー：Portapet-Cardboard Pet Carrier 24" × 12" × 18", Item #6000: UPCO, 3705 Pear St, St. Joseph, MO 64503, (800) 254-8726, www.UPCO.com.

Super Preen, Item ##835-837: Arcata Pet Supplies, (877) 237-9488, www.arcatapet.com.

スエットバスケット，Item #1472: Arcata Pet Supplies, (877) 237-9488, www.arcatapet.com.

サイザル麻ロープ（天然繊維のロープ）：LeHigh, 2834 Schoeneck Road, Macungie, PA 18062, (610) 966-9702, www.Lehighgroup.com.

トリメトプリム・スルファメトキサゾール：

Trimethoprim-sulfamethoxazole (Septra), King Pharmaceuticals, Bristol, TN 37620, (888) 840-5370, www.kingpharm.com

乳頭挿入用カニューレ（小型動物用乳首 No.J）：Teat Cannula (Cannula Item # J): www.squirrelstore.com.

参考文献と資料

Angell, T. 1978. Ravens, Crows, Magpies, and Jays. University of Washington Press, Seattle, Washington.

Caffrey, C. 2003. Determining impacts of West Nile Virus on crows and other birds. In American Birds, Summary of the 103rd Christmas Bird Count. Audubon, pp. 12–13.

Ehrlich, P.R., Dobkin, D.S., and Wheye, D. 1988. The Birder's Handbook. Simon and Schuster Inc., New York, pp. 406–421.

Elston, C.F. 1991. Ravensong. Northland Publishing Co., Flagstaff, Arizona.

Emlen, J.T., Jr. October, 1942. Notes on nesting colony of Western Crows. In Bird Banding, 13, pp. 143–154.

———. 1936. Age determination in the American Crow. In The Condor, XXXVIII, May–June: 99–102.

Friedman, E. 2004. Magpie rehabilitation. In Wildlife Rehabilitation, Vol. 22. National Wildlife Rehabilitation Association, St. Cloud, Minnesota.

Friedman, E. and Petersen, S. 2001. Care for the Western Scrub Jay and Steller's Jay. In Wildlife Rehabilitation, Vol. 19. National Wildlife Rehabilitation Association, St. Cloud, Minnesota.

Goodwin, D. 1976. Crows of the World. Cornell University Press, New York, pp. 173–183.

Heinrich, B. 1999. Mind of the Raven. HarperCollins Publishers, Inc., New York.

Kilham, L. 1989. The American Crow and the Common Raven. A&M University Press, College Station, Texas.

Madge, S. and Burn, H. 1994. Crows and Jays: A Guide to the Crows, Jays and Magpies of the World. Houghton Mifflin Company, New York.

NWRA. www.nwrawildlife.org.

Savage, C. 1997. Bird Brains—The Intelligence of Crows, Ravens, Magpies, and Jays. Sierra Club, San Francisco.

Save Those Eggshells. 1998. Birder's World. Kalmbach Publishing Co., Waukesha, Wisconsin.

Sibley, D.A. 2001. The Sibley Guide to Birds. Alfred A. Knopf, New York, pp. 350–361.

Terres, J.K. 1991. The Audubon Society Encyclopedia of North American Birds. Wings Books, Avenal, New Jersey, pp. 124–144.

34
スズメ目：飼料

Rebecca Duerr

序　文

　北米に生息するほぼ全ての野生のスズメ目の雛は，急速な成長率を確保するのに必要な蛋白質を得るため，昆虫を与えられて育つ．成鳥の食物が種子などの昆虫以外のものであったとしても，通常，雛の時は昆虫を与えられる．理想としては，飼育下の雛にも野生で親鳥が与えると思われる食物と全く同じものを与えるべきであるが，それは極端に難しい．一度に数十羽，もしくは数百羽という雛を育てている飼育者もいるので，市販で購入できる昆虫の選択肢も限られており，さらに生餌にかかる費用にも限界がある場合もある．それゆえ，栄養価や費用，努力，そして入手のしやすさなどを考慮した人工給餌飼料のレシピの必要性は高い．

　上質の餌を与えることはどのような状況でも最良の策といえる．十分に栄養の行き届いた雛は，病気に罹りにくく，質の悪い餌を与えられている雛より成鳥が速い．これによって給餌期間を数ヵ月減らすこともでき，リハビリテーションの観点からも，多数の雛を同時に育てている場合は特に重要である．

　幼鳥の栄養についての論文が近年数多く書かれており，スズメ目の幼鳥の栄養必要量について，また飼育下でどのように必要を満たすことができるかが述べられている（MacLeod and Perlman 2001, 2003, Winn 2002, Finke and Winn 2004a,b）．その他の教育の機会に加えて，International Wildlife Rehabilitation Council（IWRC）は Wildlife Feeding and Nutrition という上級コースを設け，飼育下の野生動物の餌に関する研修を提供している．付録Ⅰの「主要な関係機関」から IWRC に連絡を取るか，もしくはウェブサイト www.iwrconline.org から次回の研修の日時や場所を調べることができる．付録Ⅱの「鳥の成長期におけるエネルギー要求量」から，成長中のスズメ目の鳥の体重を基に計算したカロリー必要量の表を参照していただきたい．

　十分な知識がない多種類の食品をスズメ目の幼鳥に多量に与えることは，全くもって不適切であり，絶対に与えるべきではない．数例をあげると，パンと牛乳，コンデンスミルク，ハンバーガー，生米などである．これらを餌として与えることで，鳥が死に至る可能性もある．短期間用として推奨する餌については，第1章の「基本的なケア」を参照されたい．ドッグフードを主とした餌は成長中のスズメ目の雛には適切ではなく，また，オウム類の雛専用の市販の飼料も同様である．例外として，Kaytee Exact Hand-Feeding Formula は，メキシコマシコ（*Carpodacus mexicanus*）には効果的であると報告しているリハビリテーターもいる．その他のスズメ目の鳥にオウム用の餌を与えると，生き残り，健康的な体重を維持することもあるが，羽毛の質が悪くなる可能性が高い．オウム類の蛋白質の必要量はスズメ目の鳥に比べ非常に少なく，そしてその蛋白質は主として植物由来のものであるため，上質の動物性蛋白質（例えば昆虫など）を必要とするスズメ目の鳥には不十分である．ドッグフードを主とした餌もまた，一

般的に巣立ち雛の羽毛の質を悪くする．飼育者は，一見正常に見える質の悪い羽毛に見慣れてしまわないように気をつけなければならない．飼育下で育った雛は，放鳥の際には野生で育った同日齢の雛の羽毛と見分けが付かない程でなければならない．

雛の代謝性骨疾患を避けるため，どの人工育雛用フォーミュラ（雛用餌）であってもカルシウムとリンを重量比2：1の割合で含んでいるものでなければならない．カルシウムは乾燥した重さから計算して，餌の2％を含むようにする．カラス類，マネシツグミ（Mimus polyglottos），コマツグミ（Turdus migratorius）は特に代謝性骨疾患を引き起こす確率が高い．炭酸カルシウムは最も一般的に使用されるサプリメントである．炭酸カルシウムの粉末状の商品は濃度が様々で，低いものは小さじ1杯につき700mgの商品から1,600mgを超える商品もある．したがって，飼育者はその商品に含まれるカルシウムの含有量を小さじで測定できるようになるまで，粉末状のカルシウムを天秤ばかりのような正確な秤でミリグラム単位で計測しなければならない．新たに商品が配達されて来た時や，別の商品を使い始める時は，度量衡を再度チェックする必要がある．炭酸カルシウムは40％のカルシウムを含んでいるので，1g（1,000mg）の炭酸カルシウムの粉で正味400mgのカルシウムを補給することができる．

飼育者は給餌する際雛の羽毛や眼の上に餌をこぼさないよう努めなければならない．ずさんな給餌法では羽毛のダメージや皮膚や眼の感染，その他の問題を引き起こす原因となる．餌を羽毛の上にこぼした場合は濡らした綿棒などで直ちに拭き取り，眼は点眼用生理食塩水で洗い流す．

レシピは新しい知識とともに常に進歩し更新されてはいるが，表34-1～表34-3のレシピは非常によい選択肢である．全てのレシピは，生きた昆虫と一緒に与える目的で配合されている．栄養バランスを保つため，材料を省いてはならない．そして，San Diego Zoo（サンディエゴ動物園）のスズメ目の鳥用のレシピを最後に記載した．こ

表34-1 Astrid MacLeodとJanine PerlmanによるMacDiet©2006 *

材　料	分　量
水	3分の2カップ（160ml）
Super-premium feline growth dry kibble ドライキャットフード；上記の水で，完全に軟らかくなるまで冷蔵庫で浸す；吸いきらなかった水は捨てないこと	2分の1カップ（120ml，もしくは65g）
固ゆで卵の白身，目の細かいざるで裏ごしする	2
水きりした缶入りキャットフード	大さじ3（45ml）
フリーズドライの昆虫，最小限の水で戻し，余分な水分を切る	大さじ2（30ml）
「Knox Blox」粉末状のゼラチン	大さじ2分の1（8ml）
炭酸カルシウム4.5gに含まれるカルシウム	1,800mg
ビタミンC（アスコルビン酸）	50mg
粉末状のビタミンB群	一つまみ弱（ゴマ2粒程度）
魚油（魚肝油を除く）	4滴（0.3ml）
ビタミンE油	1滴弱（0.08ml）
低脂肪，もしくは無脂肪のプレーンヨーグルト	大さじ強（20ml）

* Janine Perlman氏のご好意により転載．

表 34-2 Mark Finke と Diane Winn による鳴禽類の巣内雛用のフォーミュラ（FoNS©）2006*

材　料	分　量
約 1.5 カップの水に予め浸けておいた ZuPreem Premium Ferret Diet（フェレット用ドライフード）	135g（1 カップ）
Beech-Nut Chicken & Chicken Broth Baby Food（人用ベビーフード・チキン味）	71g（広口瓶 1 杯）
乾燥卵の白身（粉末）	12g（大さじ 2）
生菌入りプレーンヨーグルト	5g（小さじ 0.5）
炭酸カルシウム（カルシウム含有量 1,200mg）	3g
Avi-Era（Lafeber）鳥類用マルチビタミン剤	1g（小さじ 4 分の 1）

* International Wildlife Rehabilitation Concil のご好意により転載.

表 34-3 巣内雛の基本的飼料

材　料	分　量
Purina ProPlan Kitten Chicken and Rice（子猫用キャットフード・チキン＆ライス）	1 カップ（240ml）
水	1.25 ～ 1.5 カップ（300 ～ 360ml）
卵の白身（粉末）*	大さじ 2（30ml）
Avi-Era（Lafeber）鳥類用ビタミン類	小さじ 2 分の 1（2.5ml）
粉末炭酸カルシウム（カルシウム含有量 750mg）	1850mg

*訳者注：卵白を乾燥させ粉末にしたもの.

こでは雛は，成鳥用の餌に徐々に移行し，自立の時期に近づくまで，もっぱら動物性蛋白質を与えられている.

MacDiet（スズメ目の雛用餌）

必ず，重量または容量を計測すること．おおよその予測をしたり，材料を省いたりしてはいけない．1 回につき 6ml の MacDiet[*1] を与え，さらに大きいミルワームを 10 匹，ワックスワームを 5 匹，大きいコオロギを 3 匹与える．MacDiet のレシピは，昆虫のこの割合に対してのカルシウムの必要量を補給できる．水分は毎給餌後，鳥が望む限り与える．ビタミン類とヨーグルト以外の全ての材料は，混ぜ合わせてそのままサイコロ状に冷凍して，1 ヵ月まで保存できる．1 日分を解凍し，それからビタミン類とヨーグルトを追加する．

孵化後 1 ～ 3 日の雛には，ミルワームの内臓と無頭のワックスワーム，コオロギの腹部のみをすり潰して MacDiet に上記の割合で混ぜ，さらに少量のヨーグルトを追加する．さらに消化酵素を以下のように追加する．少量（ケシの実サイズ）のパンクレアチン（例えば Pancreazyme）の粉を毎給餌の際に昆虫のすり潰したものに十分に混ぜ込み，給餌前の 15 分間，室温で培養する．また，共生細菌叢を腸に定着させるために，糞に含まれる微生物を与えることが必須である．健康な同種の成鳥の新しい糞便を 1 日に 2 回，雛に与える．残りの糞は処分し，全ての器具を徹底的に洗浄する．3 ～ 4g の昆虫（およそ 20 匹）につき 1 日 100mg のカルシウムを粉末の炭酸カルシウムから補給すること．怪我をしていない雛が死亡する一番の理由は脱水である．水か低張液は十分に与える．

巣内雛用のフォーミュラ

表 34-2 は鳴禽類の巣内雛用フォーミュラ，FoNS© のレシピである．滑らかになるまでフードプロセッサーでよくかき混ぜること．硬めであれば，水を少し足してもよい．フェレット用ドライフードをあらかじめフードプロセッサーで粉々にしておけば，水に浸ける時間を短くできる．材料の割合は，水 73%，1.27kcal/g とし，乾物重量比で蛋白質 50%，脂肪 23%，炭水化物 17%，カルシウム 2.0%，リン 1.0% である（詳細は Finke

---

[*1] 訳者注：米国で鳥類飼養家やリハビリテーターによってよく使用されている特定の鳥用に作られた餌.

巣内雛の基本的飼料

表34-3に基本的な巣内雛用飼料について記載している．ドライフードを20〜30分浸けておく．残りの材料を足し，滑らかになるまでかき混ぜる．この飼料は前述の飼料ほど質はよくないが，これは比較的低価格で，作りやすく，状況によってはよい選択といえる．この飼料は，1年に何千羽という雛を育てているような，都市部の大きな施設ではよく活用されている．

サンディエゴ動物園のスズメ目用レシピ

フウチョウ科の鳥や，オナガテリカラスモドキ（*Aplonis metallica*）のようなスズメ目の孵化直後の雛にはハチの幼虫を33%，ピンクマウスのぶつ切りを40%，コオロギを27%与える．餌の割合は各種によって，若干の違いがある．ハチの幼虫は水分を多く含んでいるため，特に1日の最初と最後の給餌で与えられる．脱水気味の雛には追加でハチの幼虫を与える．雛には1日9回，1.5時間ごとに給餌する．炭酸カルシウムは前日に与えた餌の重量の1%を与える．また，雛にはApatate（子供用液状ビタミンB群サプリメント）を50gの餌に対して1ml補給してやる．孵化時は，1日体重の30〜35%の餌を与え，生後5日目には55〜60%に上げる．

5日齢にはハチの幼虫の給餌を終了する．雛には，ぶつ切りのピンクマウスを50〜55%，3週齢のコオロギを35%，パパイヤを10%与える．生後7〜9日目には，パパイヤの量を20%に上げ，給餌回数を1日7回，2時間ごとに減らす．生後10日目のオナガテリカラスモドキには，水に浸したソフトビル種用のペレットを5%と，ファジーマウス（産毛の生えたマウスの子）を45%，コオロギを30%，パパイヤを20%与える．フウチョウ科の鳥には，ぶつ切りにしたファジーマウス35%と，半分に切ったミルワーム25%，コオロギ20%，パパイヤ20%を混ぜたものに丸ごと1匹のミルワームを5%追加する．生後11〜20日から，高蛋白質の雛用飼料から徐々に成鳥用飼料に移行していく．生後6〜10日では，1日の給餌量が最高で体重の約65%になり，その後成鳥用飼料を与え始めるにつれ減らしていく．

キタシロズキンヤブモズ（*Eurocephalus rueppelli*）の孵化直後の雛には，ハチの幼虫とピンクマウス，コオロギ，ワックスワームをそれぞれ25%ずつ与える．生後5日目以降はハチの幼虫から肉食鳥用の餌に変更する．10日目には，ピンクマウス，コオロギの成虫，脱皮したミルワーム，肉食鳥用の餌をそれぞれ25%ずつ与える．17日目には，ファジーマウス35%，肉食鳥用の餌35%，水に浸したIams社のキャットフード10%，ミルワーム10%，コオロギ10%を与える．毎日の餌の摂取量を体重の25%から始め，10日目には50〜75%に増やす．0〜5日齢の雛には1日9回，1.5時間ごとに給餌し，6〜8日齢の雛には1日7回，2時間ごとに，そして25日齢の自立が本格的に始まる頃には，1日5回，3時間ごとに給餌する．カルシウムとビタミンBは他の種と同様に補給させる．

全ての飼料

2〜3時間で使用できる分のみを温めること．残りの餌は冷蔵庫で冷やし，48時間以内に使用する．温かい餌か室温程度の餌を与え，冷たいまたは熱い餌は与えない．電子レンジで温めると，部分的に非常に熱くなってやけどをする可能性があるので，使用を避ける．冷たい餌を温める時は，お湯を入れた大きめの鍋に餌を入れた皿を浸ける．餌と給餌用具は1日に数回取り替える．グループ間での感染を避けるため，餌や給餌用具はグループごとに使い分ける．給餌用具は洗浄し，使用前と使用後に消毒する．

謝　　辞

Janine PerlmanとAstrid MacLeod, Diane Winn, Mark Finke, International Wildlife Rehabilitation Councilに心からの感謝をします．そして，飼料に関する情報をくださった

Pat Witman，有意義な話し合いをして下さった Nancy Eilertsen と Linda Hufford，準備や手続きの援助をして下さった Penny Elliston と Jennifer Gursu に感謝します．また，編集に助力して下さった，Guthrum Purdin にもお礼を申し上げます．

関連製品および連絡先

Avi-Era 鳥類用ビタミン類：Lafeber Company, 24981 North East Road, Cornell, IL 61319, (800) 842-6445, www.lafeber.com.

Beech-Nut Chicken & Chicken Broth Baby Food: Gerber Products Co. Fremont, MI 49413. www.gerber.com.

粉末状炭酸カルシウム：Life Extension Foundation, P.O. Box 229120, Hollywood, FL 33022, (800) 544-4440, www.lef.org.

Iams キャットフード：The Iams Company, Dayton OH 45414, (800) 675-3849.

粉末状卵白：John Oleksy Inc., PO Box 34137, Chicago, IL 60634, (888) 677-3447, www.eggstore.com.

ProPlan Total Care Kitten Chicken and Rice Formula（子猫用キャットフード）：Purina ProPlan products, www.proplan.com.

ZuPreem Premium Ferret Diet: Zupreem, PO Box 9024, Mission, KS 66202, 10504 W. 79th St, Shawnee, KS 66214 (800) 345-4767, www.zupreem.com.

参考文献および資料

Finke, M. and Winn, D. 2004a. Insects and related arthropods: A nutritional primer for rehabilitators. Journal of Wildlife Rehabilitation 27(3–4): 14–27.

———. 2004b. Formula for Nestling Songbirds (FoNS)©: Updates for 2006. Journal of Wildlife Rehabilitation 27(3–4): 28.

MacLeod, A. and Perlman, J. 2001. Adventures in avian nutrition: Dietary considerations for the hatchling/nestling passerine. Journal of Wildlife Rehabilitation 24(1): 10–15.

———. 2003. Food for thought: Songbird nestling diets, 2004. Journal of Wildlife Rehabilitation 26(3): 26–27.

Winn, D. 2002. Formula for nestling songbirds: Down payment on fitness and survival. Journal of Wildlife Rehabilitation 25(3): 13–18.

35
スズメ目：メキシコマシコ，ヒワ類，イエスズメ

Rebecca Duerr and Guthrum Purdin

生物学的特徴

　メキシコマシコ（*Carpodacus mexicanus*）とヒワ類はアトリ科のヒワ亜科に分類されている鳥である．アトリ科の他の仲間には，アオアトリ類，アトリ（*Fringilla montifringilla*），ハワイミツスイ類などがいる．ヒワ亜科には，数ある中で，シメ類，マヒワ類，カナリア類，イスカ類，ベニヒワ類などを含む．これらの種の分類法は議論の余地があり，今後，改正される可能性もある．これらの種の成鳥は典型的な性的二形（型）をしており，雄が大抵目立った羽毛をもっている．世界中で約150種のアトリ科の鳥が分布しており，北米では17種が存在する（Elphick et al. 2001）．

　メキシコマシコは人間の生活地域によく営巣し，吊るしたプランターや軒下，格子などを利用する．温帯地域では，ペアは1腹4〜5個産卵し，最大で一季に3回繁殖する．親鳥は吐き戻した種子を雛に与える．北米のスズメ目の中では昆虫を与えない変わった鳥である．北米に生息するヒワ類は，ヒメキンヒワ（*Carduelis psaltria*），オウゴンヒワ（*C. tristis*），カオグロキンヒワ（*C. lawrencei*）の3種類である．これらの種の一腹卵数は4〜6個で，一季に2回繁殖することもある．雛は親鳥から吐き戻されたミルク状の種子の果肉や，少量の昆虫を与えられる（Ehrlich et al. 1988）．

　イエスズメ（*Passer domesticus*）は北米に移入され，定着してきたが，北米の在来種とは特に近縁なわけでもない．また，北米中部の小規模な地域で，スズメ（*P. montanus*）が持ち込まれ，繁殖しているが，イエスズメほど遍在はしていない．これらの2種はスズメ科に分類される旧世界の鳥である．イエスズメはしばしば都会や，ショッピングモール，他種のために設置された巣箱，格子，配水管，スペイン風瓦屋根，その他，囲われた空間を営巣地に選ぶ．穴に巣を作る鳥として，これらの種は他の在来種と，特にルリツグミ（*Sialia sialis*）やサンショクツバメ（*Hirundo pyrrhonota*）と営巣地を巡って競争をする．イエスズメは1腹に4〜6羽の雛を孵し，一季に最多で3回まで繁殖する．親鳥は雛に主として昆虫を与える（Ehrlich et al. 1988）．しかし，ショッピングモールで孵化した雛は，人間の食べ残しを与えられている場合もある．

フィンチ類とスズメ類の対比

　メキシコマシコとイエスズメの雛は，北米ではリハビリテーションの目的で施設に運び込まれる最も一般的な種で，ヒワ類はそれほど多くない．これらの種は全て，孵化時は小さく（＜1〜2g），口内は鮮明な赤，そしてピンク色の皮膚をしており，お互いの種の識別を誤ることが多い（本表紙に記載されている，餌乞い中のメキシコマシコの巣内雛のカラー写真を参照）．全種とも典型的なスズメ目の趾である三前趾足で，3本の趾が

図 35-1 体羽と風切羽が生え出した頃のイエスズメの巣内雛．綿羽が全く生えていないことに注目．

前を向き，1本が後ろ向きになっている．

メキシコマシコの雛は4列の白っぽい綿羽を頭に生やしている．2列は頭上にあり，小さい2列はそれぞれ眼の上にある．ヒワ類の雛は，小さな灰色がかった綿羽を眼の上にそれぞれ1列ずつ生やし，もう1列は頭の後ろにまで続き，綿羽の3角形を形成している．メキシコマシコとヒワ類の綿羽は体羽が生え始めていても残存し，頭にクモの巣が張ったように見える．イエスズメの雛は綿羽を全くもっておらず，全裸で孵化する．孵化後3～5日に眼が開き始めると，羽域に無精ひげのように黒っぽい羽毛がぽつぽつと生えてくる（図35-1）．栄養が行き届いたイエスズメの雛は，羽毛が十分に生え揃う前に成鳥の体重に近づく場合がある．イエスズメはこのグループ内では最も体が大きく，メキシコマシコはそれより少し小さい．ヒワ類は大きさも体重も，羽毛の発育状況から判断したどの日齢においても，他種の約半分である．成鳥の体重は以下の通りである．

　イエスズメ　28g
　メキシコマシコ　21g
　オウゴンヒワ　13g
　カオグロキンヒワ（Carduelis lawrencei）　11.5g
　ヒメキンヒワ　9.5g　　　　　　　　（Sibley 2000）

若いオウゴンヒワは，羽毛が生え始めるとすぐに，真っ黒な羽毛に桃色の翼帯がはっきりと現れるので，他のヒワ類と区別できる．経験を積むと，飼育者は各種の声の特徴を聞き分けられるようになる．

人工育雛への移行

これらの種はネコの攻撃を受けやすい．しかも，雛はダニに覆われて地上で発見されることもある．雛は雨どいの掃除や家のペンキ塗り，または建築などが行われた時に保護されることがある．イエスズメの孵化直後の雛は，都市に巣がある場合は，よくコンクリートの上に落ちることがあり，その結果，腹腔内出血や骨折を起こすことがある．メキシコマシコの巣立ち雛は，誤った知識をもった悪気のない人達に，親鳥から見捨てられたと勘違いされて「誤認救護（誘拐）」されることが多い．雛の保護の必要性に関しての詳細は，第1章の「基本的なケア」を参照されたい．

育雛記録と育雛初期のケア

個体識別のため，小さなプラスチックの足環を利用するとよい（Red Bird Products）．個体の識別は，成長具合，体重，治療効果などの経緯をモ

ニタリングするのに重要である．詳細は第1章を参照のこと．

罹りやすい疾病と対処法

外敵による裂傷は洗浄・清拭し，早急な治療と成長中の羽毛にストレスラインが出るのを減らすため，可能な時に第1に傷口を閉じる．全てのごみを傷口から取り除き，損傷部分の端から3～5mmの範囲で風切羽以外の羽毛を注意深く引き抜く．羽毛を抜く時は，皮膚を破らないよう羽毛の生えている方向と同じ向きに引き抜くか，もし縁に近いなら，傷口の端の方向に抜く．非常に若い雛や，あまり張りのない傷の場合は，Nexaband（Abbott）のような外科用接着剤で，十分傷口を閉じることができる．BioDres（DVM Pharmaceuticals）やテガダーム（3M）のような，半透明の粘着性テープは縫合が難しい傷に使用する．著者の場合，開いた傷口は縫合するか，接着するか，包帯を巻くか，いずれかの方法で全ての傷口を閉じている．特に，野鳥の保護施設の混雑した状態を考慮するとなおさらである．リハビリテーション効果の促進と迅速な放鳥のため，いつでも可能な限り一番早い傷の治療を進める．長引くと，鳥はそれだけ長く飼育下に滞在することになり，2次的な問題を起こす可能性が高くなる．

皮下気腫は一般的な症状で，ネコによる攻撃，あるいは深刻な衝撃によって1つ以上の気嚢が破裂し，皮下に空気が流れ込んで生じる．この症状はしばしば治療なしでも自然に治るが，もしこの気胞が行動の妨げになったり，鳥に元気がなかったりするようであれば，空気を抜いてやるとよい．必要であれば，目に見える皮膚の血管を避けて，気腫の部分を消毒した針で刺す．多くの場合，すぐに再膨張するので，数日の間に数回針で刺す必要があるかもしれない．この症状は施設に運ばれてから24～48時間経って現れる場合もある．

皮下気腫を含め，怪我をしている全ての雛には，パスツレラ菌（*Pasteurella multocida*）に対応できる可能性の高い，アモキシシリンとクラブラン酸カリウムの配合剤（クラバモックス，Pfizer）のような広域スペクトルの抗生物質を125mg/kg，もしくはセファレキシン 100mg/kgを経口で1日2回，問題が改善されるまで投与する（Carpenter 2005）．抗生物質は，傷が完全に治るまで途中で投与を止めてはいけない．野生動物獣医師の中には，合併症の可能性を考慮して（特に体腔に穴が開いている場合），外傷が回復してからさらに数日間，抗生物質投与を続ける人もいる．

脛ふ骨（脛足根骨）の中間部の骨折はこれらの種の雛ではわりと一般的ではあるが，時間的な影響はあまりなく，順調に回復する．著者は，ミニチュアのホッケーのすね当てのような，体の動きの制御を最小限に留めることができる副木を使用している（図35-2）．極小のヒワ類の巣内雛でも，丁寧に組み立てられた軽量の副木であれば固定可能である．この骨折用の副木は，両端が緩んで骨折部が重なり合うことを防ぐため，正しい長さで保たなければならない．そして，足が常に前方を向くように，回転しない，安定したものでなければならない．これらの条件さえ満たしていれば，踵か膝の関節の使用を制限する必要はなく，また脚を体に固定する必要もない．雛が回復中も脚をできるだけ通常通りに使えるようにしてやることが目的なので，急速に成長する雛の脚を体に縛るのは理想的ではない．骨折は，これらの種の雛の場合，きわめて早く回復する．1週間で副木は取り除くが，もしまだ骨折部分が動くようであれば副木を取り付け直し，必要なら成長に合わせて大きさを変える．雛が若ければ若いほど，そして種の大きさが小さければ小さいほど，骨折の回復は早い．翼の骨折はこの日齢では成鳥に比べてあまり一般的ではない．

腸内寄生虫はメキシコマシコとヒワ類では一般的ではないが，イエスズメは場合によってはコクシジウムを保有していることがある．糞便浮遊法または塗抹検査で診断する．治療は，トルトラズリル（Baycox, Bayer）を7～25mg/kg，1日1

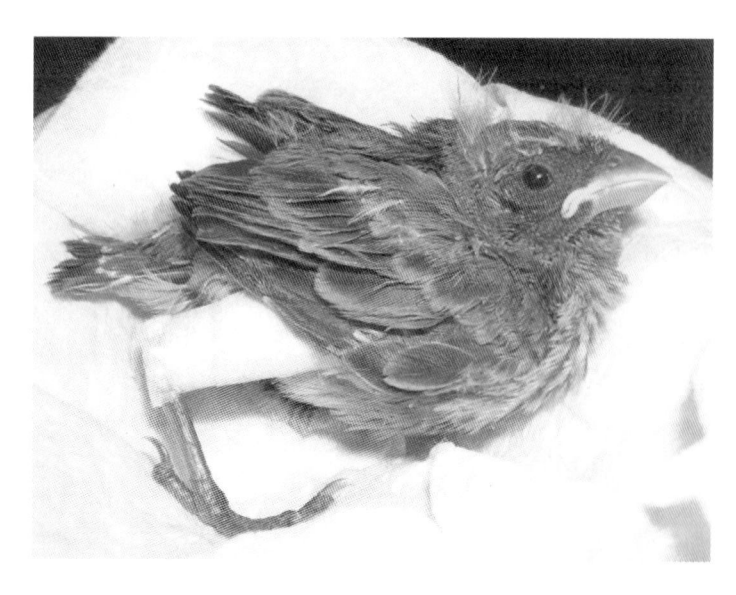

図 35-2　脛ふ骨（脛足根骨）が折れたメキシコマシコの巣内雛．動きの制限を最小限に留めた副木を使用している．

回の投与を2日間行う．消化管の真菌感染症はまれな病気ではない．診断は，糞の細菌検査かそ嚢の直接塗抹法を用いて診断する．治療法はナイスタチン（Mycolog, Bristol-Myers Squibb）を300,000IU/kg，1日2回投与し，7〜14日間続ける．トリコモナス症も発症することがあり，特に雛が混雑した環境で育てられると，発症の可能性が高まる．多くのリハビリテーションセンターでは，新しく収容された鳥に，予防的にカルニダゾール（Spartrix, Janssen）を25mg/kgで1回経口投与して，この病気の対処を行っている（Carpenter 2005）．著者の場合，この病気が施設内で再発することが多い時は，1週間に1回の投与を繰り返すが，この方法は大変効果的である．メキシコマシコの巣内雛と巣立ち雛は，概してこの病気の徴候を示すことがあり，嘔吐したり，そ嚢内の餌が空になるのが遅いとか空にならなかったりしたり，不特定の病気を引き起こしたりする．ケージ内の衛生状態と，給餌用具の消毒には十分な注意を払わなければならない．病原菌の繁殖を防ぐため，雛にはそれぞれ個別に餌入れを用意すべきである．

スズメ類の羽毛の発育不良

イエスズメは，しばしば人の手で羽づくろいをして，風切羽から羽鞘を取り除いてやる必要がある（図35-3）．もしこれを行わないと，羽鞘が羽毛を締め付けているところにストレスラインが生じることが多い．羽鞘を取り除くには，親指の爪で丁寧に白い羽芽（血幹）以外の部分をこすり，鞘をはがす（図35-4）．成長中の羽毛をこれよりも上までこすると，羽芽（血幹）の部分にダメー

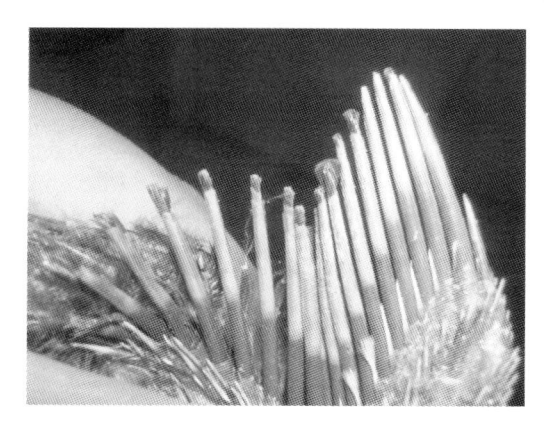

図 35-3　羽づくろいを施す必要のある羽鞘のついたイエスズメの翼．

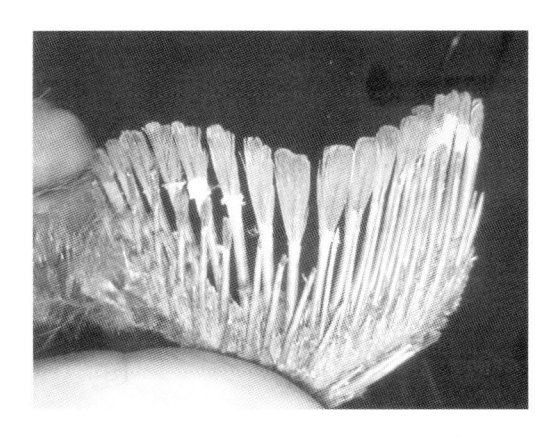

図35-4 羽づくろいを施した後のイエスズメの翼.白っぽい部分は取り除かれたものの,羽芽(血幹)の部分は傷つけられていない.

ジを与える結果となる.なお,メキシコマシコとヒワ類は通常この補助を必要としない.

　スズメ類は時に体が小さく育ち,羽毛の成長が示す日齢が体の大きさが示す日齢をはるかに超えていることがある.これらの鳥は,たとえ保護時は活発であっても,多くの場合衰弱し,数日のうちに死亡する.このような場合,羽毛の状態もよくない.標準の大きさのスズメ類でも異常に白い羽毛やきわめて劣悪な羽毛状態を呈していることがある.このような鳥は,たいてい正常な羽毛の発達ができず,羽毛を抜いても,換羽を待って長期的に治療しても結果は同じである.体羽が十分に生えない鳥は,いったん野外に出れば健康状態に支障をきたすか,鳥舎でも急に死亡することもある.極度に羽毛の状態が悪いイエスズメは,安楽死を考慮すべきである.イエスズメの所有は米国の多くの地域で規制されていないので,恒久的に飼育することも状況によっては実行可能な選択肢である.規制に関して不明瞭なところがあれば,地元の野生生物局に問合せを行う.

病気のフィンチ類

　メキシコマシコは時に,リハビリテーターの間では「フィンチの突然死シンドローム」と呼ばれる症候群を患うことがあり,このような鳥を世話することは非常にもどかしいものである.これは,メキシコマシコが自立の時期を迎えた時に生じ,多くが衰弱し始め,最終的には病気になって死亡する.この問題に対する著者の意見は次の通りである.

- この症候は,十分な注意を払っていれば突然起こるものではない.問題のある雛は,そ嚢内を空にするのが遅かったり,羽毛がけば立ったり,嘔吐し,羽毛を汚したりする.これらの徴候は死亡する24時間前かそれ以前にみられる.
- 成長が思わしくない雛に,抗生物質と抗原虫薬,抗真菌剤の混合物を与えると,状態が急に好転することがあり,しばしば検査結果が陰性であっても,感染性の微生物が原因である可能性も考えられる.
- 病気に罹りやすいということは,免疫機能が低下しているということで,栄養面の問題や,ストレスの副作用とも考えられる.未熟な鳥の自立は,この症候の一因になりやすい.また,フィンチ類は満腹でも餌乞いし続けるので,過食も一般的な原因である.伸張したそ嚢では動きが鈍くなり,過剰に大きなそ嚢は病原菌には恰好の棲みかとなる.
- 著者(RD)を含む多くの獣医師は,クロストリジウムの大繁殖が一番疑うべき病因であると考えている.メキシコマシコにメトロニダゾール(Flagyl, Pfizer)を毎日1回投与しながら育てると,問題は軽減できるようである.この治療はクロストリジウムのような多くの嫌気性腸内細菌や鞭毛虫にも効果がある.

病気のフィンチ類の対処に問題を抱える飼育者へのアドバイス

　羽毛や巣,ケージ,そして給餌用具を細かいところまで清潔にする.穏やかで静かな環境を与えてやる.フィンチ類を,ムクドリ類のような騒々しい鳥や,ハト類のようなトリコモナスを保有している鳥の横に置かない.1回の給餌で少量の餌を,回数を多くして与え,体重の5%以上は与え

ないようにする．1日12〜14時間の間に30〜45分ごとに給餌する．雛の尾羽が完全に生え揃い，体羽は巣立ち雛のように立っておらず滑らかで，必死に餌乞いをせず，正常な成鳥の体重かそれ以上（18〜21g）になるまで鳥を自立させようとしないこと．感染した鳥と感染の危険性のある全ての雛にメトロニダゾール（Flagyl, Pfizer）を50mg/kg，自立するまで毎日投与する．病弱な雛は，健康な雛から引き離す．そ嚢内を空にするのが遅い雛には，皮下輸液が必要になるかもしれない．診断テストや詳しい治療に関しては，鳥類専門の獣医師に意見を求める．

人工給餌用飼料

これらの種には第34章の「スズメ目：飼料」に記載した餌を与えるとよい．さらに，多くのリハビリテーターはKaytee Exact Hand-Feeding Formulaを与えてよい結果を得ているようである．これは，オウム用の人工給餌用飼料は与えてはならないという一般の法則からすると，例外といえる．しかし，イエスズメではより多くの蛋白質を含んだ餌を与えると，羽毛の質がさらによくなる．

餌の給与

いったん雛が巣を離れ，餌を探し始めたら，様々な小さい種子の混合餌を与える．「Canary Mix」または「Finch Mix」，もしくは類似の無着色の混合餌を与えるとよい．特に，ニガシード*1のような種子が他にあれば，餌の種類を多くするために混ぜるとよい．ヒワ類は，特にアザミの種子とキビの実付きの小枝に惹かれるようである．ブロッコリーの房，パセリの葉，みじん切りにした青葉，半分に切ったブドウは，初めによく与えられる一般的な食品である．また，イエスズメは昆虫を食する場合もある．その他の食品として，フェンネル，砕いたナッツ類，スグリ，みじん切りしたリンゴやサクランボ，細かくした固ゆで卵，そして子ネコ用キャットフードなどを与える．食物がよく見えるように，並べて与える．床に種子を撒き散らしてしまうが，瓶の蓋など浅い容器は種子を入れるには最適である．ブロッコリーの房や横から半分に切ったブドウは竹の串に突き刺して，「シシカバブ」のような状態にし，止まり木から届きやすい場所に設置する．もう1つの方法として，木製の洗濯ばさみの長い方の一方に，短い竹串をきっちりと差し込める穴をドリルで開ける．その竹串にカットした新鮮な果物や野菜を刺して洗濯ばさみの穴にはめ込み，止まり木にはさむ．また，キビの小枝を止まり木の横にぶら下げると，採食に乗り気でない鳥にも，空腹になると気を引くことができるかもしれない．雛があたりを探索し出したら，すぐに浅い水入れを用意してやる．いったん雛が自立すると，餌皿を大きく，かつ広くして，雛の視覚を最大限に刺激する．壁掛け式の餌入れは，状況によっては便利かもしれないが，雛がケージの中心部の方を向いて縁に止まっている間に排泄し，汚物入れのようになってしまう可能性もある．

給餌方法

メキシコマシコとヒワ類はどの日齢でも，ひと口分の大きさを小さくして（日齢にもよるが，ひと口当たり0.05〜0.2ml）口の奥に入れるとよく食べる．おびえている巣内雛には，清潔なシリンジで嘴の横を優しく叩いてやると，刺激されて口を開けることがある．その種に特有の餌乞いの声を真似て，優しく口笛を吹いてやると，雛の餌乞いの促進に役立つ．極度におびえている少し成長した雛は，優しく手で持ち，口笛を吹いて餌乞いの真似をしながら嘴を叩いてやると口を開ける場合がある．忍耐強く続けると，数回の給餌で雛は私達が餌を与えようとしているのであって，彼らを食べようとしているのではないということを理解する．

カニューレ（Jorgensenの乳頭カニューレ）を

---

*1 訳者注：キク科のキバナタカサブロウ（*Guizotia abyssinica*）の種子．エチオピア原産．種子は黒く細長い．ナイジャーシード．

取り付けた1mlシリンジは，メキシコマシコとヒワ類のどの日齢にも使え，イエスズメの孵化直後の雛にも利用できる（図1-6）．イエスズメが10g程度に成長し，カニューレを引っぱるほど十分強くなったら，シリンジから引き抜いて飲み込んでしまう恐れがある．成長したスズメ類には1mlシリンジにカニューレをつけずに使用する．シリンジに餌を詰めたら，外側に付いた餌を拭き取り，漏れないよう給餌の前にカニューレを付ける．

巣内にたくさんの雛がいる場合は，1羽につきひと口ずつ順番に与えるとよい．この方法では，各雛が次のひと口をもらう前に口の中の餌を飲み込むことができる．イエスズメは餌に関しては幾分競争心が激しい．各雛がきちんと均等に餌をもらっているかどうかを確認する必要がある．メキシコマシコの場合，巣内で一番小さくて弱い雛は巣の底に押しやられる可能性があるので，給餌の際は必ず羽数を数える．

リハビリテーターによっては給餌に木製の給餌用スティック（図1-6）や清潔な絵筆などを使用する人がいる．著者の経験からして，この絵筆を使うと，その名の通り，雛に餌で「絵を描く」結果になってしまう傾向にある．経験者によってはこの方法を好む人もいるので，熟練した飼育者の手にかかればそのような問題は起きないようである．給餌用スティックの使用は，フィンチ類の飛び回りながら餌乞いをするその性質から，スティック上の餌が当たって雛を汚してしまう可能性があり，あまりよい方法とは言えない．どちらの給餌法も，与えた餌の量を量ることはできない．

これらの種は満腹になってもさらに餌乞いするので，過食が問題になる場合がある．したがって，飼育者が給餌量を管理する必要があり，雛の意思に任せてはならない．ヒワ類は，餌のやり過ぎやずさんな給餌法で羽毛を汚すと感染症に罹りやすいことが分かっている．

孵化直後の雛と巣内雛

若い雛には1日14時間，20～30分ごとに給餌しなければならない．メキシコマシコやヒワ類のそ嚢は若い雛だとよく見えるので，雛の頭の3分の2以上の大きさにまでそ嚢をいっぱいにしないようにする．この量は体重のおよそ5%であるが（20gの体重に付き1ml），量は与える餌によって変わってくる．そ嚢は次の給餌までに空になるようにする．孵化直後の雛は大口を開けている間，よろめいて頭を揺らすかもしれない．その場合，給餌中は綿棒を用いて雛の頭を固定するか，優しく指で支えてやる．小さい雛に餌を与える時は，口に入れるのが難しく，雛の体を汚してしまうかもしれないので，雛をしっかりと見ていなければならない．

孵化直後の雛は成長した雛に比べ，より水分を必要とする．餌は水で薄めて水っぽくならない程度に軟らかくするか，固形の餌の量を少なめにし，その分に相当する水分を与えるかする．そして，排泄物に注意しておく．もし雛が毎給餌時に排泄しなくなったり，餌乞いをしなくなったりしたら，雛の腹部を触診する．雛の腹部は常に柔らかい．脱水症状を呈している雛は，内臓を通して餌を動かす十分な水分が足りず，触ってみると硬く感じるはずである．このような雛には少量の輸液を経口投与するか，うまく飲み込めないようであれば，皮下注射で投与し，体内の餌が流れるまで続ける．腹部が再び柔らかくなり，糞が通るようになったら，水分を多く含んだ餌を再び与え始める．

巣立ち雛

巣立ち雛は1日に12～14時間，45分ごとに給餌する．ほぼ成鳥になるまで巣にとどまるメキシコマシコは，自立をさせるのが一番簡単で，そして体重は比較的重い傾向にある．雛が望む時まで巣にとどまらせてやること．鳥が止まりをしたり，ケージ内をうろうろしたりし出したら，すぐに固形の餌を与え始める必要がある．しかし，これらの種は効果的に種子を割る技術を身につける前に，上手に餌をかじりだすので，飼育者は鳥が成鳥になる前に自力採食していると思い込みがちである．人工給餌は鳥が必死に餌を求めてこなく

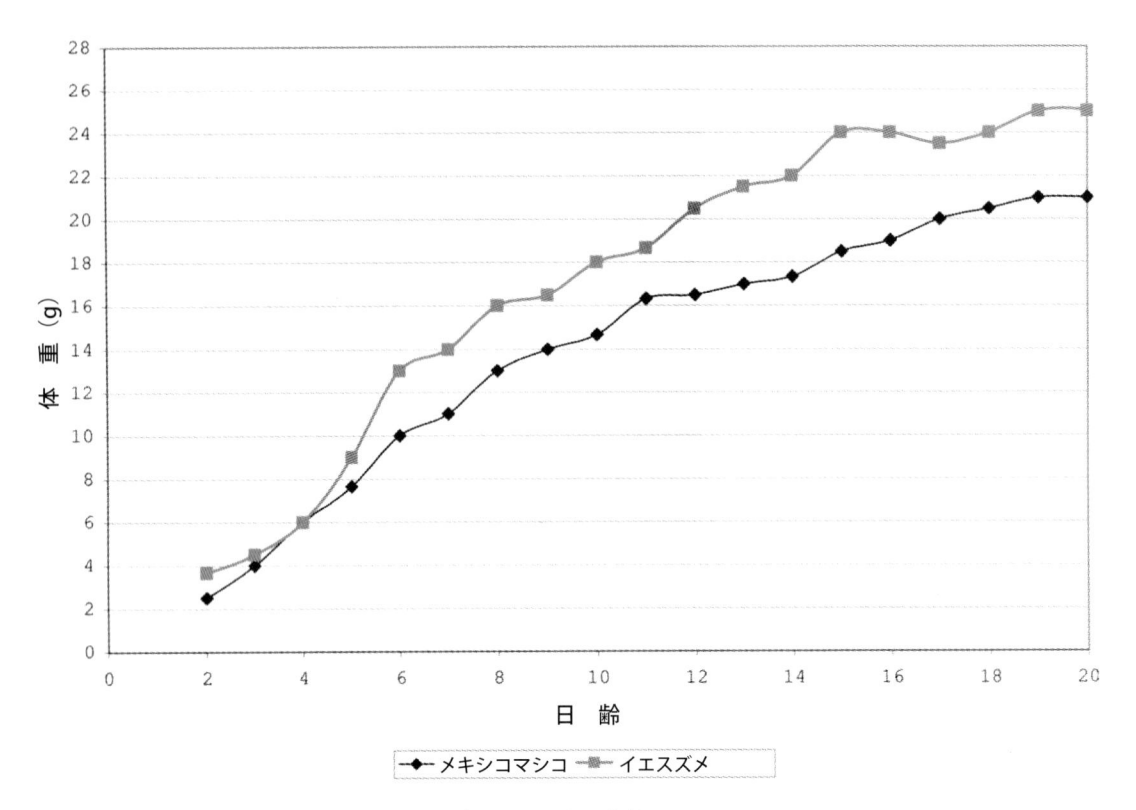

図35-5　一般的なメキシコマシコとイエスズメの雛の成長曲線.

なるまで続ける．ヒワ類とメキシコマシコが自立するまで，カニューレをつけた1mlのシリンジを使用する．カニューレはイエスズメの巣立ち雛には使用しない．

期待される体重増加

メキシコマシコとイエスズメの雛の一般的な成長のグラフは，図35-5を参照されたい．

飼育環境

孵化直後の雛

孵化直後の雛は適切な大きさの巣に入れ，動物用集中治療器（Lyon Technologies）のような育雛器の中に置く．イエスズメは給餌の時間外はティッシュペーパーで巣を覆ってやるか，洞穴のような形のものを巣として使ってやると安心する（図37-3）．温度は32～35℃に保ち，湿度は40～50%に設定する．その他の高温の収容場所については第1章で述べられている．

雛の脚が広がって成長してしまう恐れがあるので（開脚症），決して平らな場所に雛を置かない．巣には成長中の足でつかめるような質のもの（ぐるぐる巻きや，くしゃくしゃにしたティッシュペーパーなど）を中に敷いてやらなければならない．糞やこぼした餌は直ちに取り除き，必要であればティッシュペーパーを交換し，孵化直後の雛を清潔に保つようにする．

巣内雛と巣立ち雛

雛の羽毛が全て生え揃ったら，育雛器から移してもよい．大きい籠に巣を入れて，低温に設定したマットヒーターの上に置く（図35-6）．爬虫類用ケージと同様，大きな洗濯籠に網戸用スクリーンで全ての穴を覆えば，最適なケージになる（第37章の「スズメ目：ツバメ類，ヤブガラ，ミソ

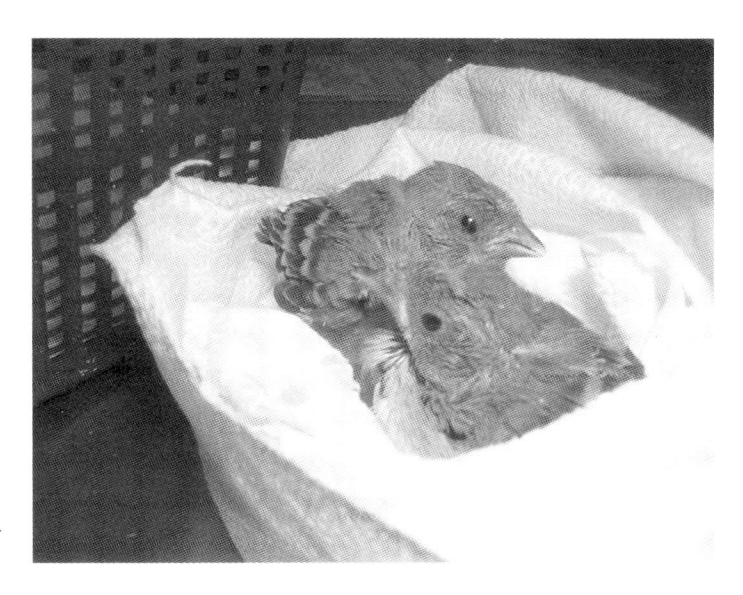

第35章　スズメ目：メキシコマシコ，ヒワ類，イエスズメ　　　　423

図35-6　果物籠で作った巣の中に入るヒメキンヒワの巣内雛．

サザイ類」を参照）．洗濯籠の天井は大きいスクリーンで覆い，洗濯ばさみで留めておく．成長したイエスズメは逃亡が非常に巧みで，一度逃げ出すと部屋の家具の下に隠れたりする．飼育者が施設内を追い回して時間を無駄にしないように，ケージをきちんと閉じておく．

　ケージは通常の日中の光が差し込む場所に置き，可能であればフルスペクトルライトを設置する．巣立ち雛は，光の量が少ないと自立がより困難になる．鳥は夜間9～10時間の睡眠時間が必要で，餌乞いは夜の消灯まで続く．掃除など，人間が明かりを必要とする行為は雛の暗所の必要性を考慮して行うことが必要である．もし1日の課業を終えても電灯がついたままであると，鳥は活発な状態を保ち，就寝時に空腹になるかもしれない．

　鳥が巣を離れ，あたりを探索するようになったら，屋外で集めた小枝などの止まり木を設置してやる．タンポポの花や殺虫剤のかかっていないライラックの小枝の先，スイカズラ，蕾のついたレンギョウなどの自然の食物を追加してやる．自立が始まれば，餌にすぐにたどり着けなければならないため，自然の植物を入れすぎないこと．鳥が巣に戻ってこなくなったら，暖房器具を取り外す．

これらの種はできるだけ一番高い場所に止まろうとするので，止まり木は床に近い高さに設置する．止まり木を低く設置すると，巣立ち雛を餌皿から近いところにとどめておくことができる．

　イエスズメは空洞に営巣する種なので，多くの時間を隠れて過ごす場合がある．このため，頭を突き出してずっと餌をねだる雛もいれば，隠れたままの雛もいる場合もあり，全ての雛が十分な餌を受け取っているか分かりづらい．時には隠れ場を取り除く必要があり，鳥が自力採食に向けて順調にやっていけているようであれば，再び戻してやる．

自力採食

　小型の種子食の鳥類は，あまり早く自立させようとしない．同時にたくさんの雛を育てている飼育者は特に，鳥が自力で固形の餌を扱っているのを確認すると，すぐにでも1日の給餌回数を減らしたくなるものである．しかし，これらの種は巣立ち後も親鳥から十分な餌を与えられる種である．野生では雛は親鳥について回り，探餌方法を覚えるのである．完全に成長したように見えるメキシコマシコの巣立ち雛が，成鳥に餌乞いをしている姿は野外でよく見られる光景である．嘴の発

達が進む間も，雛は探餌や餌の扱いの技術をつけることを試みる．この時期は，雛にとって非常に重要である．雛がもう少し大きくなるのを待つだけで，飼育者はより健康的な鳥を，少ない手間で育て上げることができるのである．早く自立させられた鳥は，病弱で，より長期にわたって世話をしなければならないことになる場合もある．

メキシコマシコを独り立ちさせるのは比較的容易であるが，成功させるには細かい気配りが必要である．巣立ち雛が約 16g に達したら，種子に興味をもつようになる（図 35-7）．多くの飼育者はこれを自力で餌を食べるようになったと思い，フォーミュラ（雛用餌）の給餌回数を減らしがちだが，鳥はまだ種子の扱いもぎこちなく，嘴も柔らかいので，きちんと殻をむくことができない．成鳥は 1 粒の種を拾い，殻をむき，飲み込むまで 1 秒とかからない．巣立ち雛は同じ種を 20 分程かけて持ち上げたりいじったりする．ただ持ち上げては落とすという作業を繰り返すこともある．彼らが摂取する種子の量は，健康面と発達の最終段階において，まだ不十分なのである．

シリンジによる給餌は 45 分間隔で続けなければならない．もし 16g の鳥が，そ嚢の中に多量の種子を貯めていたら，1 回の給餌量を注意しながら 1ml 減らしてみる．この日齢で餌乞いをしない鳥は，健康問題を抱えているはずなので，検査が必要である．熱心に餌乞いをする雛や，弱い雛，嘔吐したり元気がなかったり，総合的に病弱な雛などは，無理に自立させない．

十分栄養の行き届いた巣内雛は，与えられた食物を喜んで食べる．巣内雛の自力採食を促すため，ブロッコリーやブドウの串刺しを 1 日 2 回与える．ブロッコリーの房とブドウを細かくして浅皿に入れ，ケージの床に置いてもよい．水分のある餌がついばまれても簡単に捨てられるように，種子を入れる皿や瓶の蓋とは別の皿にすること．野菜や果物は常に新鮮なものを用い，頻繁に取り替える．これらの食べ物は軟らかく甘くて，フィンチ類の口に非常に合う．メキシコマシコは自然界では緑色の植物の芽と緑色の種子を食する．ブロッコリーの房はこれらの緑の芽に似ているので，しばしばこれが自力採食し始めて一番初めに口にする餌になる．日中，時々植物を入れてやると，彼らは非常に興奮する．キビの小枝は若い雛には好まれるが，キビはあまり栄養価が高くないので，小さい小枝にすること．しかし，雛の主要な餌としてバランスの取れたフォーミュラを与えている限りは，あまり栄養面が十分でなくても味のよい食べ物を与えてもよい．重要なことは，雛に楽しんで餌を食べさせることである．

メキシコマシコを自立させるかどうかの判断は，全体的な鳥の観察を基に行う．尾羽は完全に生え揃っていなければならず，先端の V 字の切込みが顕著でなければならない．自立にはまだ早い鳥は，頭部の羽毛がけば立って，未熟に見える．自立に十分なほど成長していれば，頭部は滑らかで，つやがあるように見える．餌乞いの時の雛は，頭の羽毛を立てることがあり，若く見えることがあるので，雛が休憩している時に確認する．細くて白い幼綿羽は，この時点で一切見られなくなるが，少量の羽衣はしばらくの間，残っているかもしれない．嘴は幾分重くなったように見え始め，

図 35-7 自立の時期に入ったメキシコマシコの巣立ち雛．

口角突起はほぼなくなっている．もし雛が飼育者の指に咬み付いたら，その強さが分かるはずである．ケージ内の鳥によっては，巣内雛に見られるようなシリンジに対しての興味を示さなくなる．自立途中の鳥は羽毛が滑らかで，次第に成鳥のような体つきに変わってくる．

この時点で鍵となるのは，体重である．フィンチ類は 18～21g の時が自立させるのに適している．初日の朝に，自立させようとしているケージ内の全ての鳥の体重を測定する．もし全ての鳥が最低 18g あれば，給餌間隔を 1 時間ごとに変更する．大きな種子用の餌皿を用意し，床にも少し蒔いておく．この種子は，一般的なフィンチ用種子やニガシードで，カナリア用の配合餌も多様性のために混ぜてもよい．野菜と果物の串刺しも与える．そして，毎時間の給餌は続ける．次の日の朝にもう一度体重測定を行う．もし全ての雛が正常に行動しており，シリンジの給餌も受け入れているのであれば問題はない．もし 1 羽かそれ以上の鳥が必死に餌乞いし，餓えているようなら，これらの鳥のスケジュールを再度見極める．体重を 18g 以上保っているのであれば，新しいスケジュールのままでよい．もし 18g 以下になっていれば，その鳥をもっと若い鳥のいるケージに移動させる．全ての鳥の体重が減少していれば，45 分ごとの給餌スケジュールに戻す．体重が減少していない限り，シリンジによる給餌を受け付けない鳥への強制給餌は行ってはならない．

3 日目と 4 日目の朝は，全ての鳥の体重を測定する．もし体重がまだ 18g かそれ以上なら，給餌の間隔を広げて，2 時間に 1 回にする．完全に自力採食している鳥もいるかもしれないが，ほとんどの鳥は餌乞いをするはずである．給餌の際，フォーミュラを最高 1ml まで与える．十分な種子と水は常に用意できるようにしておかなければならない．担当者以外の人間が，自立途中の鳥にひそかに余分な餌を与えないよう用心する．このことによって，人工給餌を減らしたことによる鳥への影響を誤って結論付けてしまうかもしれない．どの時点であれ必死に餌を欲しがる鳥は，病気の徴候かもしれないので，厳密に判断すべきである．時おり，グループ自体に個性が現れ，特に独立したグループとそうでないグループが顕著になってくる．グループによっては，全ての雛が激しく餌を求めることもあるし，全ての鳥が初日からシリンジでの給餌を拒むこともある．毎給餌と掃除の際，鳥の様子からどのような状況にあるのかを見極める．もし不明な点があれば，1 時間置いてみる．

5～6 日目には，体重をチェックし，前述した観察を行う．もし全ての鳥の体重が，依然として 18g 以上なら，フォーミュラの給餌を 3 時間ごとに変更する．多くの，もしくは全ての巣立ち雛はこの時シリンジの餌には興味を示さないかもしれない．3 時間ごとに 1ml 与えるだけでは体重維持には十分ではないので，もし鳥が体重をこの少量の補充的な給餌のみで 1 日間保つことができれば，彼らは大部分を自力採食に頼っているということになる．もし鳥が意欲的にシリンジの餌を食べているのであれば，7 日目まで給餌スケジュールを延ばしてもよい．もしまだ餌乞いをしているとしても，鳥が健康で活発な限り，その後は安全に給餌を減らすことができる．シリンジによる給餌を止めてから，24 時間後に体重を量る．もし体重が維持されていれば，自力採食しているということであり，放鳥に向けて鳥舎に移動することを考慮に入れる．

リハビリテーターによっては野生の親鳥との状況をより再現するため，自立の最終段階を屋外の鳥舎で行う人もいる．これはよい選択ではあるが，雛が大きなグループで育てられた時や，多数のボランティアの飼育者に育てられた時など，状況によっては実用的でない場合もある．鳥が室内におり，必要であれば個別に管理ができる状況で，専門のスタッフによって独り立ちを監視するのが適している．

個体差をモニタリングするため，自立の期間中は体重を記録しておくのが最良である．もし時間があり，ケージの掃除の間に行えるなら，毎日測定するのが望ましい．鳥を小さいプラスチックの

容器に入れ，目盛をゼロに合わせてから乗せる．小さめの鳥もいるが，著者（GP）は約5％のメキシコマシコが17gでも独り立ちすることを観察している．独り立ちの状況を最終的に判断するのは，総合的な外見で，特に頭（滑らかさ），尾羽（長くV字型），行動（強健，活発，必死に餌乞いはしない）で判断する．もし鳥の体重を毎日測定することが不可能なら，竜骨の筋肉組織を注意深く監視する．竜骨が鋭くとがっていればその鳥は痩せているということである．しかし，若い，成長中の鳥は，体重が十分にあっても野生の成鳥のような，膨らんだ硬い胸部の筋肉をもち合わせていない．これらの筋肉は鳥舎に放し，飛翔を普通に行うようになってから発達する．

要約すると，初日は給餌間隔を45分ごとから1時間ごとに変更する．3日目は給餌を2時間ごとに変更．状態のよいグループでは5日目に3時間ごとの給餌にする．そして，7日目までには完全に自力採食すると思われる．

イエスズメも種特有の考慮は必要だが，基本的には同じスケジュールで独り立ちする．20～27gの，尾羽が少なくとも2～3cmのスズメ類は，おそらく自立が可能である．自立の準備ができたスズメ類は，明るい黄色の口角突起が消失している．彼らの嘴は，灰色がかったベージュ色に変化し，硬くなる．咬まれると痛いほどになり，体には完全に羽毛が生え揃う．ケージ内で非常に活発になり，逃亡する可能性が出てくる．いったんシリンジによる給餌回数が減らされたら，スズメ類は急激に自力採食の能力を上げていく．フィンチ類の基本のスケジュールを用い，体重チェックと給餌間隔を広げることから始める．しかし，1～2日後には全ての鳥がフォーミュラを拒否するかもしれない．強制給餌はせずに，体重を監視する．もし彼らの体重が21gを超えていて，元気がよく機敏であれば問題はない．数日後，鳥舎への移動を考慮する．

1羽だけで育てられたイエスズメは，飼育者に関心をもちすぎるので，自立が難しい場合がある．薄い色の布でバリアーを作り，通常の光は入るが，人間の行動が見えないようにしておく．チーズクロス[*2]はよいバリアーになる．1羽だけで育てられたイエスズメは，鳥舎で他の鳥と一緒にされると攻撃的になるかもしれない．そのため，全ての鳥は少なくとももう1羽の同種の鳥と一緒に育てて，社交性を身につけさせる．

ヒワ類はそ嚢がいっぱいになってもいつまでも餌乞いをすることでよく知られている．彼らがいったん種子を食べ始めたら，そ嚢がどのくらい詰まっているかシリンジによる給餌の前に調べ，そ嚢内に餌を溢れさせるのを防ぐ．与えるフォーミュラの量は注意して監視すること．固形飼料を与え始めたら，ニガシードを十分に混ぜる．ヒメキンヒワは9～10gで自立させるが，前述のように，羽毛の状態と行動の様子から判断する．ヒメキンヒワは体重が7gにまで減少すると痩せすぎで危険である．オウゴンヒワは通常ヒメキンヒワより2gほど大きくなる．地域によって，どの種であれ差は出てくる．自立のスケジュールは，地域ごとの体の大きさに合わせて立てる必要がある．

大施設での世話についてのヒント

もし，ボランティアが交替性で雛の給餌を行うのなら，新人に給餌を任せる前に給餌技術に関する訓練を行うことが非常に重要である．技術のない給餌者がたった1人いるだけで，ケージ内全体を汚してしまうこともある．

この章で扱っている種は，保護施設内でもよく育つが，管理者の一貫した管理と毎日の監視が必要である．自立の時期ではない時に，羽毛をけば立たせたり，排泄しなくなったり，給餌を拒否するようになった鳥は即座に診察を行う．スズメ目の孵化直後の雛の問題を解決するには，一般的な世話を任されているボランティアでは技術が足りないので，管理者が細かいところまで管理し，1日に数回監視する必要がある．

[*2] 訳者注：目の粗いガーゼ．

放鳥準備

これらの種の鳥舎は，4～6羽を収容するのに少なくとも 1.2×2.4×2.4m のものを用意することを勧める（Miller 2000）．鳥舎は 1×1cm の金網で外壁を作り，舎内はファイバーグラスのスクリーンで全て覆って羽毛の怪我やダメージを防ぐ．穴を掘って進入しようとする外敵から守るため，床にも敷物の下に金網を張るとよい．天井と側面と奥の少なくとも3分の1は金網ではなく隙間のない素材にし，日陰とプライバシーを与える．小枝や藪，サイザル麻のロープなど，様々な止まり木を用意してやる．鳥舎の中央は活発に飛翔訓練ができるように，スペースを開けておく．配合種子だけでなく，自然のものはできるだけ入れてやるようにし，餌皿も高さを変えて複数設置する．鳥は放鳥まで7～10日は鳥舎で過ごすべきである．鳥は，飛翔が力強く，雨水に耐え，多様な食物を探餌できる能力が身についていなければならない．

放　　鳥

ヒワ類は可能であれば，群に放してやるのが理想である．メキシコマシコは，それぞれ発見された場所に返してやるのが最良ではあるが，施設内では違う地域から来た鳥も一緒にして育てるので，著者の場合は成鳥が近くにいる環境のよい場所に，グループで放鳥している．

外来種であるイエスズメを放鳥することについては，賛否両論がある．もし放鳥するのであれば，すでにこの種が広く生息している場所を選ぶ．在来種の競争が激しい繊細な地域や自然公園等に放さない．

これらの種は昼行性なので，午前中に放鳥してやり，日暮れ前に方向感覚をつかませるようにする．極端に悪天候な日が少なくとも3日間は続かない時を選んで放鳥する．

謝　　辞

Lessie Davis と Martha Kudlacik に厚く感謝の意を申し上げます．Debbie Daniels, Sarah Brockway, そして Jackie Wollner の鳥への熱意と奉仕に感謝します．そして，長年にわたって私たちの元にやってくる何千ものフィンチとスズメたちが育雛や飼育方法を教えてくれたことに感謝します．

関連製品および連絡先

BioDres: DVM Pharmaceuticals, Subsidiary of IVAX Corporation, 4400 Biscayne Blvd, Miami FL 33137, (305) 575-6000.

カルニダゾール (Spartrix): Janssen Animal Health, available in the U.S.A. through Global Pigeon Supply 2301 Rowland Ave, Savannah, GA 31404, (800) 562-2295, www.globalpigeon.com.

Kaytee products: 521 Clay St, P.O. Box 230, Chilton, WI 53014, (800) KAYTEE-1.

足環：Red Bird Products, P.O. Box 376, Mt. Aukum, CA 95656, (530) 620-7440, www.redbirdproducts.com.

メトロニダゾール：Pfizer Inc., 235 East 42nd St, New York, NY 10017, (212) 733-2323.

Nexaband: Abbott Animal Health, North Chicago, IL 60064, (888) 299-7416.

ナイスタチン：Bristol Myers Squibb, 345 Park Ave, New York, NY 10154-0037, (212) 546-4000, www.bms.com.

爬虫類用ケージ：LLLReptile and Supply Company Inc., 609 Mission Ave, Oceanside, CA 92054, (760) 439-8492, www.lllreptile.com.

カニューレ：Teat Infusion Cannula J-12 (Jorgensen Laboratories Inc., Loveland CO) and O-Ring syringes available from www.squirrelstore.com.

Tegaderm: 3M Corporate Headquarters, 3M Center, St. Paul MN 55144-1000, (888) 364-3577.

トルトラズリル (Baycox): Bayer Animal Health, available in the U.S.A. through

Global Pigeon Supply, 2301 Rowland Ave, Savannah, GA 31404, (800) 562-2295, www.globalpigeon.com.

参考文献および資料

Carpenter, J.W., ed. 2005. Exotic Animal Formulary, 3rd Edition. Elsevier Saunders, Philadelphia, pp. 135–344.

Ehrlich, P.R., Dobkin, D.S., and Wheye, D. 1988. The Birder's Handbook: A Field Guide to the Natural History of North American Birds. Simon and Schuster Inc., New York, 785 pp.

Elphick, C., Dunning J.B., Jr., and Sibley, D.A. 2001. The Sibley Guide to Bird Life and Behavior. Alfred A. Knopf Inc., New York, 588 pp.

Hill, G.E. 1993. House finch (*Carpodacus mexicanus*). In The Birds of North America, No. 46 (Poole, A. and Gill, F., eds. Philadelphia: The Academy of Natural Sciences; Washington, D.C.: The American Ornithologists' Union.

Miller, E.A., ed. 2000. Minimum Standards for Wildlife Rehabilitation, 3rd Edition. National Wildlife Rehabilitation Association, St. Cloud, Minnesota, 77 pp.

Rule, M. Songbird Diet Index. Coconut Creek Publishing Co, Coconut Creek, Florida 161 pp.

Sibley, D.A. 2000. The Sibley Guide to Birds. Alfred A. Knopf Inc., New York, 544 pp.

36
スズメ目：コマツグミ類，マネシツグミ類，ツグミモドキ類，レンジャク類，ルリツグミ類

Janet Howard

生物学的特徴

　ツグミ類はスズメ目の6つの科からなるグループで，ツグミ科（ルリツグミ類，ツグミ類，コマツグミ），チメドリ科（ミソサザイモドキ），マネシツグミ科（マネシツグミ類，ツグミモドキ類），ムクドリ科（ムクドリ類），セキレイ科（セキレイ類，タヒバリ類），レンジャク科（レンジャク類）が含まれる．これらの科は，DNAの研究を通した分類学の上でも，近縁種であり，また，食性も似通っている．しかし，形態や巣作り，渡り，生息場所などにかなりの違いが見られる．

　ツグミ類の主要な食物は果物と昆虫で，繁殖期には昆虫の摂取が多く，夏から冬にかけては果物をより多く食べるなど，季節によって割合が変化する．巣は一般的に上半分が開いた，コップのような形で，通常は木や低木に作るが，ルリツグミ類などは人工建造物や自然の空洞などに作ることもある．標準的な一腹卵数は4～5個で，雌による抱卵が約10～17日間行われ，年に2～3回産卵する．雛は晩成性で，わずかな綿羽に覆われている．

　これらの科の全ての鳥は，典型的な三前趾足で，3本の指が前方へ，1本が後方へ向かって伸びている（図36-1，図36-2）．嘴は細長いものの，鋭くは尖っておらず，昆虫やベリー類などを食するのに適している．これらの種の多くには特有の採食行動が見られ，例えばレンジャク類は，一列に並んだ鳥から鳥へと実を渡して行く．コマツグミ（*Turdus migratorius*）では，草むらで頭を傾けてミミズを捕獲する姿がよく見られる．

人工育雛への移行

　ツグミ類は，スズメ目の中でも一番多く飼育下に保護される種類である．それは巣立ち雛が，頻繁に人間の好意による誘拐の被害者になるからである．これらの鳥の多くは，通常，うまく飛翔できるようになる1～5日前に巣を離れる．特にコマツグミは，風切羽がまだ鞘状の時に巣立つのだが，それが善意ある人達には，雛が巣から落ちたか，親に見捨てられたかのように見えてしまい，時には親鳥がそばで抗議をしていることにも気付かないこともある．このような飛翔訓練中の時期は，ネコやイヌの攻撃を受けたり，車に衝突したりすることもよくある．ネコにくわえられた雛は，保護して治療する必要があるが，無傷の巣立ち雛のほとんどは，両親の元に戻ることができる．

　ルリツグミ類は，もう一種の頻繁に治療に持ち込まれる鳥である．熱心なバードウォッチャーによる巣箱の近くでの観察がその理由である．親が負傷か死亡したということを確認していれば，健康な雛でも保護してよいが，健康な雛は同年齢の雛をもつ他の親にうまく養育してもらえる可能性もあるということを留意しておくこと．リハビリテーターがルリツグミ類の巣箱を観察している人達のネットワークと情報交換をしていれば，健康

図 36-1 マネシツグミ（*Mimus polyglottos*）の孵化直後の雛．灰色の幼綿毛が頭と背に密集しており，口角突起は薄く，黄色ではなく黄色がかった白色．口の中は黄色である．下嘴は上嘴より突き出ていない．（写真提供：Rebecca Duerr）

図 36-2 眼が開いたばかりのホシムクドリの雛．厚みのある口角突起と広がった下嘴が特徴．口は明るい黄色．頭の綿羽はまばらで灰色，腰に下がるにつれ白っぽくなる．（写真提供：Jackie Wollner）

な単独の雛を檻の中に閉じ込めずに，野外の親に引き取ってもらえる可能性もあり，リハビリテーターにとっても有益である．他の親に養育させる場合は，その地域の巣で見られる標準的な一腹卵数を超えないようにしなければならない（たいてい5～6羽）．

育雛記録

　これらの鳥の多くは群や家族を形成するので，保護された正確な場所を把握していると放鳥の際に同じ場所に戻すことができる．さらに，個々の鳥の詳しい記録は，健康状態と成長過程を見るのに役に立つ．放鳥に向けての経過を見るためにも，

体重，食餌，健康状態といった情報を毎日更新するとよい．

育雛初期のケア

スズメ目の鳥はストレスによって合併症を引き起こしやすいので，診察の際はストレスを最小限に抑えることを留意する．新しく保護された雛は，まだ羽毛が生えていなければ32～35℃，部分的であっても羽毛が生えている場合は30℃の育雛器（Brinsea Octagon TLC4など）か温かい部屋に入れ，暗くて静かな場所に置いてストレスを軽減する．診察時であってもいかなる時でも雛の体温を一定に保たなければならない．そして，体温が安定するまでは給餌もするべきではない．

いったん雛が温まると，温かいラクトリンゲル液のような等張輸液剤で水分補給をする必要がある．ほとんどの孵化直後の雛と巣立ち雛は給餌の度に排泄するが，脱水した雛の場合，排泄するまで15～20分間隔で水分補給を何度か試みる必要がしばしばある．排泄が終了したら給餌を始める（図36-3）．

罹りやすい疾病と対処法

ツグミ類によくみられる症状は，外敵による裂傷や骨折，皮下気腫，気嚢の損傷，脱水症，救助者による不十分もしくは不適当な食餌から起こる余病などである．抗生物質はネコに襲われた場合によく与えられるが，トリメトプリム・スルファメトキサゾールはツグミ類の多くで嘔吐を起こすケースがみられるので，アモキシシリンやセファレキシン，エンロフロキサシン，シプロフロキサシンなどがこの種には適している．

ネコかイヌに咬まれた鳥の場合は，まず治療者は上顎歯と下顎歯の両方による傷口が2つないか探すことである．通常1つの大きな裂傷が見られ，その反対側に打撲や骨折，小さな裂傷などが伴う．まず初めに，傷口を清潔にし，縫合か外科用接着剤で閉創する．しかし，外科用接着剤だけでは，ある程度育ったよく飛び跳ねる巣立ち雛，特にコマツグミの雛の大腿部の裂傷を閉じるには不十分である．裂傷が閉じにくい時や壊死組織が見られる時は，吸湿性の包帯を使用するとよい．抗生，抗菌治療中は，傷口を湿らすため，スルファジアジン銀クリームを塗布するとよい．このクリームは水溶性なので，油が主成分のどんな抗生物質の軟膏よりも望ましい．雛の傷の治療に関しての詳細は，第1章の「基本的なケア」を参照されたい．

一部の獣医師は，皮下気腫が自然に吸収されるのを待つ方法をとっており，鳥自身がそれほど不快に感じていないようであれば，その方が好ましい．その他の獣医師は，感染した部分を大きいゲジの消毒針でしぼませる．

コマツグミ類は治療に運ばれる前に，親鳥か保護した人間にミミズを与えられていることがしばしばあり，その場合，気管開嘴虫（*Syngamus trachea*）に感染している可能性がある．ミミズは，寄生虫の中間宿主で，摂取されたミミズ内の卵が幼生になり，気管へ移動して行く．多くのコマツグミ類が，クシュッという音か，軽い咳のような音を出し，寄生虫の卵を咳によって出そうとしてはまた飲み込む，という行動を見せる．その他の症状には，嚥下力の低下や，重度の場合は呼吸困難に陥ることなどがある．治療方法は，イベルメクチンかフェンベンダゾールを1服与える．フェンベンダゾールは羽毛が活発に成長している

図36-3　新しく保護された代用した巣の中のコマツグミの雛．（写真提供：Rebecca Duerr）

時期の羽毛異常と関わりがあるが，多くのリハビリテーションセンターで駆虫目的にスズメ目の雛に支障なく使用している．

　ほとんどのツグミ類には定期的な糞便浮遊法と塗抹検査を行うのが望ましい．コマツグミとマネシツグミ類はコクシジウムや条虫，毛細線虫などの寄生虫に感染していることがよくある．これらの寄生虫に多重感染しているコマツグミも時には見られる．コマツグミにおいては，日常的に重度の寄生虫感染が認められるので，多くのリハビリテーションセンターではコマツグミがセンターに到着次第，規定どおりに駆虫を行えるよう，治療手順書が用意されている．トリコモナス症も頻繁に検出され，特にマネシツグミ類に多い．トリコモナス症は咽喉培養による検査で診断する．これらの寄生虫感染に加えて，北米のホシムクドリ（*Sturnus vulgaris*）はジアルジア症に罹っていることが多い．抗寄生虫薬の用量などについては鳥類獣医師に助言を求めること．これらの種において寄生虫治療に一般的に使用される薬には，カルニダゾール，ロニダゾール，メトロニダゾール，プラジカンテル，フェンベンダゾール，トルトラズリル，イベルメクチンが含まれる．

　ヒメレンジャク（*Bombycilla cedrorum*）は発酵したベリー類を食べて，酔ってしまうという珍しい問題で治療施設に運ばれてくることがある．レンジャク類は，果実をおなかいっぱいに詰め込む傾向にあり，旬の終わりの発酵した果実に酔って，捕食者や人間，車などの犠牲になってしまう．この問題は，大抵繁殖期が終わってからみられるが，巣立ち雛にも症状が現れる可能性があるということを念頭に置いておく．加えて，その果実に農薬が使われていた場合，死亡することもある．人間が酔った時と同様，時間が経てば鳥の状態もよくなるはずだが，もし中毒が疑われたら，活性炭治療が必要になることもある．

　マネシツグミ類とコマツグミ類は，代謝性骨疾患に罹る傾向がある．もし救助者に不適当な給餌を長期にわたって続けられていた場合，骨折したり，奇形が生じたり，直立が困難になったりする．悪気のない救護者がカルシウムを十分に与えておらず，さらに雛が正常に発育していないことに気付いていないということが多々ある．そして，初めての飛翔で雛が地上に降りた際に骨折したりする結果となってしまう．野生では，親鳥が全ての雛に均等に食物を与えていない時などに，一巣内で一番小さな雛にこの症状が現れる．症状が出た鳥には，グルビオン酸カルシウムを150mg/kgで1日1～2回経口投与し（Carpenter 2005），調整した食餌を与える．もし病的骨折がみられた場合は，軽量の副木が必要になる．止まり木や，ケージの床にパッドを敷くと，痛みを和らげることができる．重度の関節異常や予後不良が生じた鳥には安楽死を考慮に入れなければならない．

　ツグミ類（特に，ツグミモドキ類，ツグミ類，マネシツグミ類）は鳥痘に罹りやすい．治療施設に来る多くの鳥は，眼や口，足といった羽毛の生えていない部分に鳥痘の病変を伴っている．残念なことに，鳥痘はしばしば死に至るウイルスなうえに，対症療法しか対策はない．鳥痘は昆虫の刺咬や接触よって伝染されるので，感染した鳥は隔離し，給餌器具や皿，ケージなど全て，他の鳥が使用する前に消毒すること．治療者も，無意識にウイルスの機械的媒介者になってしまわないよう，感染した鳥を扱う際は，手袋を着用する．口内に傷があり，餌の摂取が困難な場合は，病変が治るまで経管栄養法を用いる．もし傷が喉を覆ってしまい，餌が飲み込めない，チューブが通らない，などという場合は安楽死を選択するべきである．眼の周りにできた傷が鳥の視野を悪化させている場合は，小さな箱に入れて餌や水が探しやすいような環境を作る．隔離施設が備わっていなければ，他の健康な鳥を危険にさらすよりは，感染した鳥を安楽死させることを優先するのが望ましい．

餌のレシピ

　ツグミ類は生きた昆虫や果実，FoNSかMacDiet（第34章「スズメ目：飼料」）などの人工給餌用飼料などの様々な餌に好反応を示す．彼

らは雑食性であるため，正しい割合でカルシウムとリン（目方でカルシウムとリンが2：1）を摂取することが重要で，骨の成長のためのカルシウムと，羽毛の成長のための高品質の動物性蛋白質も十分に摂取する必要がある．巣立ち雛用の理想的な食餌の割合は，人工給餌用飼料が1/3，生きた昆虫が1/3，その他の食べ物（果物，ベリー類，レーズン，オレンジ，メロン，固ゆで卵，ピーナッツバタークランブル，トウモロコシ，スエット）が1/3である．巣内雛には，消化作用の急な変化を避けるため，まずは人工給餌用飼料と殺したての昆虫（ミルワーム，ワックスワーム，コオロギ等）を与えることから始め，そして徐々にやわらかい果物などを足して行き，巣立ち雛や成鳥用の餌に移行していく．

さらに，コマツグミ類に与えるミミズの量は制限し，可能ならば壌土に入れて雛に採食練習をさせる．壌土はコマツグミ類のきわめて重要な食餌の一部となる．しかし，開嘴虫の感染を防ぐためにも制限は必要である．これらの鳥が興味を示す最初の餌は，ピーナッツバターと乾燥させたハエの成虫（もしくは成虫，さなぎ，幼虫のミックス）の混ぜ合わせたもので，Arbico Organics 社の Bird Bug Cuisine などがある．著者は混合餌をツグミ類とコマツグミ類に初めて採食させる際はまずこれを第一に選択する．

ピーナッツバタークランブルのレシピ

材 料

- Hills Science Diet feline maintenance（ネコ科用メンテナンスドライフード）　2カップ
- トーストした小麦胚芽　2カップ
- AviEra 鳥類用ビタミン剤（Lafeber）　大さじ2
- カルシウム 1,200mg を含む炭酸カルシウム 3g
- ピーナッツバター（塩，砂糖，その他添加物を含まない）　1/2 カップ

フードプロセッサーかコーヒー豆挽き器でドライキャットフードを粉状にし，乾燥材料をよく混ぜ合わせる．ピーナッツバターを加え，やわらかくもろもろにして，油っこくならないようになるまで混ぜる．混ぜ合わせたものは容器に入れぴったりと蓋をして冷蔵庫に保管しておく．

種類豊富な食品は，鳥の興味を引きつけ，様々な果実や昆虫の採食と探餌能力を上げる（表36-1）．飼育下で与える餌として，カットしたブドウ，ベリー類（野生と栽培），サクランボ，レーズン，刻んだリンゴかナシ，ミカンの房，ミルワーム，ワックスワーム，コオロギ，蛾，細かく潰した固ゆで卵の黄身，乾燥蝿，ピーナッツバタークランブル，木の実の仁，ヒマワリの種，生か砕いた乾燥トウモロコシ，そしてスエットなどがある．

表36-1　餌に含まれる植物性食の割合

種　名	春	夏	秋	冬
マネシツグミ（*Mimus polyglottos*）	17%	35%	67%	59%
ネコマネドリ（*Dumetella carolinensis*）	20%	60%	81%	76%
チャイロツグミモドキ（*Toxostoma rufum*）	28%	46%	71%	78%
コマツグミ（*Turdus migratorius*）	21%	60%	81%	64%
モリツグミ（*Catharus mustelinus*）	5%	35%	77%	N/A
チャイロコツグミ（*Catharus guttatus*）	7%	15%	47%	60%
ルリツグミ（*Sialia sialis*）	7%	17%	38%	39%
ムクドリ（*Sturnus cineraceus*）	7%	41%	39%	68%
ヒメレンジャク（*Bombycilla cedrorum*）	74%	80%	90%	97%

給餌方法

多くのツグミ類は過食の傾向があるので、ひと口ひと口きちんと飲み込んでいるか確認することが重要で、かつ餌のやり過ぎにも注意する。スズメ目の胃の許容量は体重の5%なので、餌の量を計算し、毎食時適量を与える。餌をやり過ぎると嘔吐したり下痢を起こしたりする。もし、糞に消化しきれていないものがみられたら、給餌の量を減らすこと。しかし、果実食性鳥類はしばしば果実と同色の糞をするので、糞の色は形が通常であれば心配する必要はない。

ツグミ類は眼が開く前は特に、動きに刺激される。もし雛がなかなか口を開かない場合は、巣を突いて親が巣に降り立った様子を真似てみるのもよい。

孵化直後の雛

孵化直後の雛には体重の5%の餌（20gの鳥に対して1mlの餌）を1日12～14時間の間に毎20～30分与える。1mlシリンジは給餌に最適な器具である。ツグミ類は、特にムクドリ類とレンジャク類は食欲旺盛で、餌を飲み込む前から口を開けることがある。嚥下促進のため、喉の右側の奥の方に餌を入れることを念頭に置き、少量ずつ与えて餌が喉に詰まらないようにする。

巣内雛と巣立ち雛

完全に、もしくは部分的に羽毛の生えた鳥は、1日12～14時間の間に、毎40～60分給餌する。1mlシリンジが通常適したサイズだが、成長するにつれムクドリ類やコマツグミ類のような大きめの鳥には3mlシリンジが必要になるかもしれない。

巣立ち後に飼育下に収容された雛は、新しい餌と飼育者への適応が困難な場合が多い。巣立ち雛は動くものに興味を示すので、シリンジを動かしたり優しく嘴をつついたりするとシリンジに引き寄せられる。初日に生きた昆虫を与えるのも、鳥を新しい環境に慣らすのによい。特に生きたコオロギにはよく興味を示す。

ヒメレンジャクは野生では初めの2日間は雛に昆虫を与え、そして徐々に果実の割合を増やし、巣立ち前の雛にはおよそ85%の果実を与えるようになる。飼育者は、巣内雛と巣立ち雛が野生の食餌に近似させるため、十分な果実を与え、かつ、骨と羽毛の成長のためにカルシウムと蛋白質も十分に与える。ヒメレンジャクの成鳥の蛋白質の所要量はコマツグミやモリツグミ（*Catharus mustelinus*）の半分以下で、他のツグミ類の果実食性鳥類と違い、腸内にスクラーゼという酵素をもっており、効率よく甘い果実から蔗糖を分解することができる。

これらの鳥は好奇心が強く活発で、巣立ちの日に餌に対して興味を示さないことは異常ではない。巣の外の場所を探索するのにもとても興味を示すようになるので、通例、手からの給餌を避けたり、口を開けなくなったりする。大抵、彼らの食欲は1日程度で通常に戻るが、飼育者は巣立ち後も十分に餌を食べているか確かめること。

コマツグミ類は浅めの皿に土とミミズを入れてやると、自分で採食する刺激になる。土中の動きに引き付けられ、しばしばミミズが最初の自力採食のきっかけとなる。

生きた昆虫は、雛の自力採食を促進するのに重要なきっかけ作りの餌で、特にコオロギや蛾のような速く動くものは雛の採食能力を発達させる。採食能力が上がってきたら、果実を葉っぱやケージの中の用具の中に隠すとよい。新鮮な木の葉を入れ、床に餌を散らしたりして自然な探餌行動を促進させる。可能なら、実の付いた枝を与えてやる。マネシツグミ類は生きた昆虫に羽をパッと広げて見せつけたりする。

ツグミ類の多くが共同で育雛する。年上の兄弟や他のグループの仲間が雛の給餌や世話を手伝ったりする。これらの鳥は、飼育下で同種を一緒にしてやると最もよく成長する。しばしば、年上のコマツグミ類が若い仲間の探餌を促したり、若い巣立ち雛の給餌の手伝いまでしたりする。

表 36-2　ツグミ類の 8 種の性成熟データ

種　名	繁殖期	孵化時の体重	巣立ちまでの日数	巣立ち時の体重	巣立ち後自力採食までの期間	成鳥の体重
ルリツグミ	4 月中旬～7 月	2.4g	18～20	28～29g	2～3 週間	31g
モリツグミ	5 月中旬～8 月上旬	4.2g	12～14	35g	2～3 週間	47g
コマツグミ	4 月中旬～8 月中旬	5.5g	13～15	48～50g	4 週間	77g
ネコマネドリ	5 月～8 月	3g	10～11	26～28g	2～3 週間	37g
マネシツグミ	4 月中旬～7 月	3.5g	11～13	32g	2～4 週間	49g
チャイロツグミモドキ	4 月中旬～7 月	5～6g	10～11	40g	2 週間	69g
ムクドリ	4 月中旬～7 月	5.5～7g	20～23	50g	1.5～2 週間	82g
ヒメレンジャク	7 月～10 月中旬	3g	14～18	30g	2 週間	32g

期待される体重増加

ツグミ類の多くは，孵化時は小さく（2～4g），その後成鳥の体重の 60～70％になる巣立ち前まで，着々と体重を増やす（表 36-2）．通常，これらの鳥は巣立ち日の前後で体重が減り，その後 2～4 週間後に成鳥の大きさになるまで急速に成長する．

飼育環境

孵化直後の雛は 32.2～35℃に保たなければならない．巣はトイレットペーパーやキッチンペーパーを籠や小さいボウル（雛の大きさによる）の中に入れて作る．雛が巣内で脚を体の下に入れて座れるか，そして，正しい肢発達のため脚が広がらないように側面に十分なサポートがあるか，確認する．

雛は毎給餌後に排泄するが，通常，身体の後部を巣の端にもっていき，巣の外に糞を落とす．飼育者は親鳥のように糞を巣から取り除いて巣内の汚れを防ぐか，毎給餌後巣内の材料を交換して，雛が汚れるのを防ぐ．下痢の症状がみられる雛の糞は通常膜をかぶったような状態になっている．

雛が巣立ちをしたら，容器を大きめのものに変えてもよい．このような鳥に最適な容器は，昆虫が逃げてしまうような大きな隙間がなく，巣立ち雛が怪我をせず嘴で探索できるようなやわらかい側面のものがよい．爬虫類用ケージ（150 リットルかそれ以上；Dallas Manufacturing Company, Inc.）か，網戸用のネットを張った大きな洗濯籠のようなものが適している．（図 36-4）．針金のケージは，昆虫の逃亡や，羽毛の損傷の原因となるので，網戸用のネットなどで覆わない限りは使用を避ける．

ケージは 1 日に数回掃除すること．この種の

図 36-4　爬虫類用ケージの止まり木に止まるルリツグミの巣立ち雛．

鳥は，探餌能力が発達するにつれ，ケージ内の全てを探索するので，すぐに汚れてしまう．さらに，彼らは餌入れや水入れをひっくり返す達人なので，安定した皿を使用することを勧める．

止まり木も雛が巣立ったらすぐに入れてやり，成長とともに調整したり変えたりする．ルリツグミ類のケージには，隠れられる場所か小さい箱を用意する．すると野生で行うように，夜間は集まって身を寄せ合うようになる．

人間用のベビーサークルは，網戸用ネットをクリップで留めた天井とフルスペクトルライトがあれば，室内用としてとてもよい巣立ち雛のケージになる．揺れ動く自然の枝があれば，まだ給餌を受けている鳥のバランス取りや生餌に飛び掛る練習になる．

普通の昼の光と同レベルの照明をケージに入れ，標準の昼夜の明暗サイクルを作ること．十分な光に当たっていないと，独り立ちが遅れることがある．これらの種は日齢に関わらず，少なくとも8〜10時間の睡眠が夜間に必要である．

自力採食

雛が新しい巣の環境に慣れだしたら，自然の素材を足して，より自然に近い環境を体験し，探餌行動の促進をさせてやる．太い枝や小さな丸太，樹皮，そして葉のついた枝などは，隠れる場所を作るだけではなく，よい刺激にもなる（図36-5）．自力で食べられるようになり始めたら，餌を樹皮の下や葉の下に隠したり，枝の上に置いたりして能力を発達させる．

コマツグミ類，ツグミモドキ類，その他のツグミ類は土の中にミミズやミルワームを入れてやるかミルワームとぼろぼろに潰したスエットケーキと乾燥バエ，小さい木の実の仁を混ぜたものを浅い皿に入れてやると，雛は欲しいものを掘り出すことができる．

これらの鳥がいったん自力採食をしだしたら，独り立ちのプロセスが始まる．どのくらい餌を食べているかの目安となるので，定期的な体重測定は非常に重要である．各鳥は1日を通して体重が増加していき，そして毎晩，睡眠中に体重が減少するはずだが，全体的に独り立ちの時期を通し

図 36-5 手からの給餌に大きく口を開けるマネシツグミの巣立ち雛．（写真提供：Rebecca Duerr）

図 36-6 コマツグミの巣立ち雛.

て同体重を保つか増加していくはずである．この時期に人工給餌を徐々に減らしていき，雛が常に自力で採食しているようであれば，人工給餌の回数を減らしてさらにその後打ち切るために，朝とその日のうちにもう 1 回体重を測定して餌の摂取量が十分であることを確認する．もしその鳥の体重が 1 日の間に減少したら，自分で採食して自然に体重が増加するまで，再び人工給餌を行う．ツグミ類のほとんどが，採食がうまくなるにつれ自然に人工給餌を避けるようになるので，飼育者は彼らの行動をよく観察し，いつ給餌をやめるべきかを見極める必要がある（図 36-6）．

放鳥準備

探餌に慣れさせるため，ケージはより大きく，鳥の発達を重視したものに変更しなければならない．ツグミ類，コマツグミ類，ムクドリ類，ツグミモドキ類は特に水浴びが好きなので，飲み水用の水入れとともに，水浴び用の水入れを少なくとも 1 日に 1 回は入れること．水浴びをしようとしない鳥には，1 日に 1 〜 2 回霧吹きで水を吹きかけて羽づくろいをするよう刺激してやるとよい．

鳥は徐々に外の世界に慣らす必要がある．ケージを開いた窓の近くに置いたり，屋外に置いたりして，屋外に出す時間を延ばして行き，最終的には屋外の鳥舎に移動させる．ほとんどのグループには少なくとも 1.2 × 2.4 × 2.4m の大きさが必要で，大きめの同種の集団や混合グループには 2.4 × 2.4 × 4.9m は必要である．ほとんどのツグミ科は，大きな鳥舎の中では他種との同居を問題としないが，鳥舎内の鳥の総数が 8 〜 10 羽を超さないこと．鳥舎内には，水飲みや水浴びができる場を用意し，葉っぱや草地に加えて，木や低木，枝葉などできるだけ自然のものをとり入れる．可能であれば，餌を鳥舎に散らしたり隠したりして，放鳥前に広い場所で探餌練習できるようにしてやる．新しい鳥舎に移す前に，寄生虫の卵で鳥舎を汚染しないよう，いかなる寄生虫感染も完治していることを確認する．

放　　鳥

放鳥の前に，野外の環境に順応させるため，最低 7 〜 10 日は屋外の鳥舎で過ごさせたい．自然界で，上手に飛行し，適切な避難場所を探し，霧がかかると水をはじき，そして昆虫やその他の餌をうまく探せるようにならなければならない．

放鳥は本来の生息環境で行ってもよいし，診療所の近くで放し，鳥が自ら離れて行くまで餌とシェルターを用意してやってもよい．ヒメレンジャクは集団行動するので，活動中の群れの中に放してやらなければならない．

放鳥日は天気の極端に悪い日やその前後は避け，雨や嵐が鳥の行動を妨げる前に，避難所や自分のテリトリーを探せるようにしてやる．

謝　　辞

本章やその他で全てを教えてくれた Casey Levitt に感謝致します．また，何年にもわたり莫大な量の質問に答えてくれた，Astrid MacLeod と Janine Perlman にも感謝します．

関連製品および連絡先

Brinsea Octagon TLC4: Brinsea Products Inc., 704 N. Dixie, Ave, Titusville FL 32796, (888) 667-7009.

Bird Bug Cuisine: Arbico Organics, P.O. Box 8910, Tucson, AZ 85738-0910, (800) 827-2847.

Reptarium® (爬虫類用ケージ): Dallas manufacturing Company Inc., 4215 McEwen Road, Dallas, TX 75244. (800) 256-8669.

参考文献および資料

Carpenter, J.W., ed. 2005. Exotic Animal Formulary, 3rd Edition. Elsevier Saunders, Philadelphia, pp 135–344.

Cavitt, J.F. and Haas, C.A. 2000. Brown Thrasher (*Toxostoma rufum*). In The Birds of North America, No. 557 (Poole, A. and Gill, F., eds.) The Birds of North America, Inc., Philadelphia.

Cimprich, D.A. and Moore, F.R. 1995. Gray Catbird (*Dumetella carolinensis*). In The Birds of North America, No. 167 (Poole, A. and Gill, F., eds.) Philadelphia: The Academy of Natural Sciences; Washington, D.C.: The American Ornithologists' Union.

Derrickson, L.C. and Breitwisch, R. 1992. Northern Mockingbird. In The Birds of North America, No. 7 (Poole, A., Stettenheim, P., and Gill, F., eds.) Philadelphia: The Academy of Natural Sciences; Washington D.C.: The American Ornithologists' Union.

Eilertsen, N. and MacLeod, A. 2001. A Flying Chance: A Manual for Rehabilitating North American Passerines, and a Survival Guide for the North American Passerine Rehabilitator. East Valley Wildlife, Phoenix, Arizona.

Elphick, C., Dunning, J.B., Jr., and Sibley, D.A., eds. 2001. The Sibley Guide to Bird Life & Behavior. Alfred A. Knopf, New York, 588 pp.

Gowaty, P.A. and Plissner, J.H. 1998. Eastern Bluebird (*Sialia sialis*). In The Birds of North America, No. 381 (Poole, A. and Gill, F., eds.) The Birds of North America, Inc., Philadelphia.

Martin, A.C., Zim, H.S., and Nelson, A.L. 1951. American Wildlife & Plants: A Guide To Wildlife Food Habits. New York, McGrawHill, 500 pp.

Sallabanks, R. and James, F.C. 1999. American Robin (*Turdus migratorious*). In The Birds of North America, No. 462 (Poole, A. and Gill, F., eds.) The Birds of North America, Inc., Philadelphia.

Sibley, D.A. 2000. The Sibley Guide to Birds. Alfred A. Knopf, New York, 544 pp.

Stokes, D. 1979. Stokes Nature Guides: A Guide to Bird Behavior, Vols. I and II. Little, Brown & Co., Boston.

Witmer, M.C., Mountjoy, D.J., and Elliot, L. 1997. Cedar Waxwing (*Bombycilla cedrorum*). In The Birds of North America, No. 309 (Poole, A. and Gill, F., eds.) Philadelphia: The Academy of Natural Sciences; Washington, D.C.: The American Ornithologists' Union.

37
スズメ目：ツバメ類，ヤブガラ，ミソサザイ類

Veronica Bowers

生物学的特徴

ツバメ類

　ツバメ類は，南極大陸を除く世界中で約 90 種が見つかっている．そのうち，アフリカに最も多くの種が生息しており，北米では 8 種が見られる．北米のツバメ類の全てが渡り鳥で，繁殖期を米国で過ごし，冬季は最長で南米まで渡る．

　ツバメ類は，長く尖った翼と，短い嘴に短い脚，小さく繊細な足をもっており，三前趾足で前向きの指が 3 本，後ろ向きの指が 1 本である．ツバメは他のスズメ目に比べ，空中にいることが多く，優雅に飛翔し，アマツバメに非常によく似ている．全てのツバメ類は空中捕虫型の鳥で，開けた場所で頻繁に採食を行い，しばしば水辺で行動する．ツバメ類はほとんどが空中の昆虫を食するが，ミドリツバメ（*Tachycineta bicolor*）は，冬の間，場合によってはベリー類を食する北米では唯一のツバメ類である．

　ミドリツバメやスミレミドリツバメ（*T. thalassina*）のようなツバメ類の何種かは，分散したテリトリーで営巣する．その他のツバメのような種は，まとまったいくつかのグループの中で営巣する．サンショクツバメ（*Hirundo pyrrhonota*）とショウドウツバメ（*Riparia riparia*）はコロニーで営巣する．営巣地は，地中の穴や木の穴，川岸，岩壁から，巣箱，コップ，泥で作ったひょうたん型の巣など様々である．

　全ての種が晩成性で，孵化時は羽毛がなく，眼は見えず，無力である．抱卵期間は 13～18 日で，ツバメ類の全ての種において，両親がともに育雛する．雛はおよそ 3 週齢で巣立ちをする．

ヤブガラ

　ヤブガラは北米では最も小さいスズメ目の 1 種である．生息地は北米西部の全域に及ぶ．成鳥は体長約 10cm で体重は 6g しかない．体は灰色で，頭は薄茶色，細長い尾に暗色で尖った嘴，そして脚は黒く長い．彼らは完全な昆虫食性鳥類である．かつてヤブガラは，鳥類学者によってシジュウカラ科のコガラ類やエボシガラ類と同じグループに分類されていた．近年の研究でヤブガラは旧世界（ヨーロッパやアジア）のエナガに一番近いことが明らかになった．

　ヤブガラはきわめて社会的な鳥である．非繁殖期には，大きいグループで 40 羽かそれ以上が一緒に採食している姿を見ることができる．群は大抵，数家族のグループから構成されている．採食中は軽い高音の地鳴きで常にコンタクトを取り合っている．深い茂みにともにねぐらに入り，互いに寄り添いあって体を温める．彼らの採食行動はとても活発で，日中のほとんどの時間を探餌に費やす．こつこつと餌を集めるヤブガラは，枝から逆さにぶら下がって，昆虫やクモを葉や枝の表面からつまみ上げる．しばしばコガラ類やキクイタダキ類，エボシガラ類などと一緒になって採食する姿が見られる．

　繁殖期にはペアを作り，ややなわばり意識が強くなる．巣内が完全に囲まれた巣を作り，木の小

枝からぶら下げる．巣の基礎はクモの糸と繋がっていて，外観のカムフラージュに苔や小さな葉などの植物の材料を使用している．内側には，羽毛や動物の毛が敷かれている．乾燥した綿花も一般的な巣材である．平均的な一腹卵数は5～7個で，1回のシーズンにつき1～2回繁殖する．ほとんどのヤブガラが6月の終わりには繁殖周期を終了する．雄と雌の両方が巣を作り，抱卵と抱雛と給餌を行う．ペアによってはヘルパーに手伝ってもらう場合もある．ヘルパーは通常ペアになっていない雄のヤブガラか，繁殖に失敗した成鳥である．ヘルパーは雛の世話の手伝いをする代わりに，その巣で一緒に夜を過ごすことができる．

ミソサザイ類

ミソサザイ類は，世界中で76種発見されており，そのうち7種が北米に存在する．ミソサザイ類は小さい茶色の鳥で，とても行動的でよく声を発する．彼らは湿地から森林，砂漠に至るまで，低木が茂った所や藪の密集した場所を生息地とする．完全な食虫類で，細長く尖った嘴を使って地上や植物の表面，木や岩の割れ目から獲物を拾い上げる．チャバラマユミソサザイ（*Thryothorus ludovicianus*）やシロハラミソサザイ（*Thryomanes bewickii*）のような何種かのミソサザイ類は，冬季に微量の木の実や種を食べることが知られている．北米の何種かは渡り鳥であるが，その他は留鳥である．

ミソサザイ類は複雑かつ大音量でさえずることでよく知られており，さえずりのレパートリーがとても広い．若いミソサザイは30～60日齢の間に父親のさえずりを学ぶ．そのさえずりでテリトリーを守ったり，雌を引き付けたりする．ミソサザイ類は，繁殖期はなわばり意識が極端に強く，留鳥は1年を通してテリトリーを守り続ける．

全てのミソサザイ類は，何らかの囲われた空間の中に巣を作るが，その場所は岩の割れ目や木の穴，巣箱，それに放置された車など様々である．雄と雌の両方が巣作りと育雛に参加する．一腹卵数は3～10個である．種によっても異なるが，

雛は生後10～23日で巣立ちをする．そのミソサザイ類の独特な尾をぴんと上に立てたポーズは，巣内雛に尾羽が生えてくるとすぐに認識でき，種の識別に役に立つ．

人工育雛への移行

ツバメ類

ツバメとサンショクツバメの泥の巣は，人間によって叩き落されることが多々ある．古巣を再利用していたり，雨が長く続いたりすると，自然に落ちることもある．

もしツバメの巣が落ちても，巣がほぼ無傷で巣内の雛にも外傷が認められない場合は，元の場所へ戻すことを考慮する．元へ戻すには，0.5cmの金網でカップ型の籠を作り，元の巣のあった正確な場所に取り付ける．親鳥が入って来る時や，巣内の雛の怪我の原因となるので金網のワイヤーが飛び出ていないか，端が尖っていないかを確認する．籠の中に雛の入った巣を挿入する．親鳥が雛の世話に戻ってくるのを確認するまで，距離をおいて観察する．

サンショクツバメの巣は，泥で完全に囲まれており，ひょうたん型である．その物理的構造と，集団営巣の性質から，巣を復元することはあまり現実的とはいえない．人間がサンショクツバメの巣を叩き落した時，大抵はコロニーの大部分，もしくは全てを落としてしまうので，一度に10羽，100羽，もしくはそれ以上の雛の世話をすることになる．親を失った数羽の巣内雛を，他の家族の巣に入れることは可能だが，その場合細心の注意を払わなければならない．サンショクツバメ（もしくはツバメ）の親のない雛をどの家族と一緒にするか見極めるには，次の条件を考慮に入れる．

1. 巣内雛の日齢
2. 既存の巣内雛の数
3. 親のない雛の健康状態

受け入れる側の雛達と，新たに加わる雛の日齢は同じでなければならない．巣内の雛の数は4羽以上にしてはならず，新入りの雛には怪我や病

気，寄生虫などがなく健康でなければならない．また，巣は人間の手が届くものでなければいけない．サンショクツバメは巣の構造上観察が非常に難しく，特に受け入れる側の巣内雛が生後 10 日以下であればさらに困難を極める．巣に傷をつける恐れがあるので絶対にサンショクツバメの巣には手を挿入しないこと．ツバメの場合，親からはぐれた雛を同種の他のツバメの家族の中に入れることは巣と雛が見やすく観察しやすいので，比較的容易である．

ミドリツバメとスミレミドリツバメは空洞に営巣する種である．木の穴に巣を作るだけでなく，巣箱に作ることもある．もし使用中の巣が木の伐採などで壊された場合，健康で声の出る雛は，柱に取り付けた巣箱に入れて木のあった場所に立ててやると，容易に親の世話の元に戻すことができる．巣と巣内雛を木の穴から取り出し，巣箱の中に入れる．距離を置いて観察し，雛の鳴き声に親が応えているかどうかを確かめる．親鳥が巣箱に入り，食物を与えているのを確認するまで，雛を巣箱に置き去りにしないこと．

巣立ち後のツバメ類もリハビリテーションセンターに頻繁に運ばれてくる．建物や車との衝突や，飼いネコとの不運な遭遇などが原因であるが，時には人間による誘拐の犠牲になることもある．ツバメは巣立ちの初日から飛行が可能である．しかし，初日は長時間の飛行には十分な力がないこともあり，そのため地上で休んでいる幼鳥を見かけたり，危険な場所で弱々しくたたずんでいるように見えたりすることがよくある．地上で発見した巣立ち雛は必ずしも病気か負傷をしているわけではないので，ほとんどの場合そのままにしておき，親鳥に任せればよい．もし親鳥が頻繁に気を配っているようであれば干渉する必要はないが，もし数時間経っても親鳥が現れない場合は対処が必要である．親のところに戻す前に，綿密な診察を行うこと．

ヤブガラ

ヤブガラの巣は非常に上手くカムフラージュされており，春の剪定の時期に知らずに切り落とされてしまうことが多々ある．もし巣にダメージがなく，雛にも外傷が認められなければ，巣を木に取り付ける．もし巣が切られた枝に付いているのなら，枝ごとワイヤーを使って別の枝にくくりつける．巣は元の場所から 30cm 以上離れた所には取り付けないようにし，外敵の目にさらされず，手の届かない場所に設置しなければならない．巣を別の木に取り付けないこと．少なくとも 1 時間は 9m 以上離れた所で観察し，親鳥が巣を発見し，再び世話を続けるのを確認する．

飼いネコやカケス，リスなどはヤブガラの巣の一般的な外敵である．もし巣がカケスやリスによって乱されたり壊されたりして，まだ雛が生き残っていた場合，捕食者が戻ってくるので雛を巣に戻さないこと．もし飼いネコが巣を攻撃したのであれば，ネコは口内や爪に雛を死に至らしめる細菌を保有しているので，生き残った雛はリハビリテーターのところに連れていくべきである．

ミソサザイ類

ミソサザイ類はたまに不適当な営巣地を選ぶことがある．ミソサザイ類は臆病で，環境の変化にとても用心深いので，巣の再設置を行っても成功率は低い．雛はネコに襲われて運ばれてくることが多い．

育雛記録

第 1 章の「基本的なケア」を参照すること．

育雛初期のケア

救護されたツバメの雛のほとんどが，ある程度の脱水か衰弱，もしくは両方の症状を抱えている．口を大きく開けて餌を欲しがる元気な孵化直後の雛，巣内雛，巣立ち雛はその雛の条件に合った補液剤を経口で与えて簡単に水分補給をすることができる．脱水症状がもっと重度な雛には補液剤の皮下投与が必要である．脱水状態のツバメに，数日間にわたって補液療法を行うのはまれなことではない．IWRC Wildlife Feeding and Nutrition の

マニュアル（IWRC 2003）に掲載されている経口補液剤は，衰弱したツバメの治療の際の初期治療には非常に有効である．羽毛の生え揃った雛が衰弱している場合は，29～30℃に設定した育雛器に入れて，体温調節よりも，摂取した栄養による生体組織の再形成を促進させる．

ヤブガラとミソサザイ類は飼育下ではストレスを強く受ける傾向がある．そのため，補液剤の皮下注射より，人間の手に触れられることの少ない経口投与がより好ましい．育雛初期のケアに関しての詳細は第 1 章を参照すること．

罹りやすい疾病と対処法

ネコの攻撃を受けた鳥は，直ちにクラバモックスのような抗生物質の治療を始めるべきである（第 1 章）．小さい傷はぬるま湯か薄めたベタジン（ポビドンヨード）できれいにする．ヤブガラとミソサザイ類はとても小さいので，骨折の触診や咬み傷の特定が困難かもしれない．湿らせた綿棒で羽毛をかき上げると咬み傷を探すのに便利である．必要であれば，微量のスルファジアジン銀クリームかその他の水溶性の塗り薬を塗布する．

翼が骨折している場合は注意深く診断すること．ツバメは渡りをする空中捕虫型の鳥であるため，翼の骨折はまれではあるが，100％回復しなければならない．脚の骨折はツバメの採食習性や止まりの選択傾向からも，回復には入念な予後診断が必要である．ヤブガラとミソサザイ類もまた，機敏な飛行ができるよう，完全な回復が求められる．ヤブガラは 1 日中活発に群れの仲間と探餌を行う．回復後は群れに付いて行くことができ，葉の下側の昆虫をついばむ際に，枝の先からぶら下がれるよう，脚を常に使える状態にしなければならない．

サンショクツバメの場合，羽毛の損傷がよく見られるが，それにはいくつかの理由がある．シカシロアシマウスはサンショクツバメの巣を襲うことで知られている．このネズミは巣の中に入り込み，雛の発育中の羽毛をかじる．そのせいで，雛が巣立ちの時期に入った頃，羽毛がなかったり発育不良になっていたりして，飛行できない場合がよくある．人間が使用中の巣を動かす際は，怪我や羽毛の損傷につながる可能性がある．特に高水圧洗浄で巣を叩き落した場合にはそのような事態を引き起こすことが多い．不適切な巣で飼育すると，羽毛の状態が悪化する恐れもある．折れたり損傷がみられたりする羽毛は抜いて，渡りの時期までに健康で新しい羽毛が生えてくるようにする．羽毛を抜く時には，強い痛みを伴うこともあるので，鳥類獣医師の指導の下で行う．

ダニやシラミのような外部寄生虫はこれらの種には一般的で，UltraCare Mite and Lice Bird Spray（8 in 1）のようなピレトリンを散布すると簡単に治療できる．はじめに，布にスプレーを吹きつけ，軽く雛の体を包む．頭を包むことは避け，直接鳥に吹き付けることは絶対にしないこと．寄生虫がいなくなるまでは，頻繁に巣内やケージを交換すること．寄生された鳥は全ての寄生虫がいなくなるまで隔離する．重度の感染には，200 μg/kg に希釈したイベルメクチン（Carpenter 2005）を一度経口投与する．その他ウマバエやクロバエなどという寄生虫はあまり見られないが，感染した場合はイベルメクチンや可能な抗生物質で治療する．卵と幼虫は鳥の体や羽毛から取り除くこと．

これらの種が内部寄生虫と共生することはまれだが，浮遊法や塗抹法による糞便検査を行うことは常によい習慣である．著者は 2006 年に，何十羽もの若いツバメ類の間でトリコモナス症が発生するというケースを経験したが，ロニダゾールによる治療が効果的であった．カルニダゾールはこの場合は有効ではなかった．

飼育下ではどんな野鳥でもストレスを感じるが，ヤブガラとミソサザイ類は特にストレスによる影響を受けやすい．これらの種の世話には，1 人の飼育者による監視の下で行うのが最良で，静かで落ち着いた環境で行わなければならない．

餌 の 種 類

これらの種には，若い昆虫食性鳥類用に配合さ

れた MacDiet のように，多種の生きた昆虫が入っ た餌を与える（配合に関しては第 34 章の「スズ メ目：飼料」）．人工飼育用のフォーミュラは水っ ぽくなってはいけない．MacDiet を使用する際は， 硬めのプリンぐらいの硬さを真似て作る．市販の オウム用の人工飼料や，手作りの砂糖が多く入っ たフォーミュラや，大豆，カッテージチーズなど の乳製品の入ったフォーミュラなどは決して与え ないこと．鳥の日齢にもよるが，生きた昆虫には ミルワームやワックスワーム，コオロギ，ハエの 幼虫，イエバエ，ショウジョウバエなどを含むと よい．養殖のミルワームやコオロギには高蛋白， 高カルシウムの餌を与える．養殖の昆虫を購入す る際は，小さい（全長 1.25cm を超えない）ミル ワームやコオロギを注文すること．中型や大型の 昆虫はツバメ類には消化が難しく，嘴でうまく扱 えないので，適した大きさとは言えない．自力採 食しているツバメ類には，市販のフリーズドライ されたハエを生きたミルワームの皿に散らすとよ い．

給餌方法

ツバメ類

ツバメ類は真のそ嚢をもっていないので，少量 の餌を頻繁に与えなければならない．餌をやり過 ぎると，喉まで逆流したり，誤嚥したり，羽毛を 汚したり，あるいは前胃（腺胃）が破裂するとい う事態にまで陥る恐れがある．最適条件で成長さ せ，健康的に体重を増加させるには，若い雛は 1 日に 20 〜 30 分間隔で 14 〜 16 時間給餌し，完 全に自力採食できるようになるまで続ける．放 鳥後に生き残るためには，羽毛の状態が完璧であ ることがきわめて重要なので，羽毛が餌や糞で汚 れないよう常時細心の注意を払わなければならな い．

給餌の際は毎度，糞を観察すること．ゆるくて 水っぽい糞は，餌のやり過ぎが原因の可能性があ る．糞が少ない場合は，脱水症状の徴候というこ ともあり得る．オレンジ色の糞は餌が十分でない か，細菌による感染が考えられる．もし昆虫がそ のまま消化されずに排泄されていた場合は，もう 少し小さな昆虫を用い，給餌前に体をピンセット で潰して柔らかくしてから与える．健康的な糞は 形がよく，湿っていて，ゼリー状の皮膜に包まれ ている．

ツバメ類に給餌する際は，給餌の合図となる掛 け声を考えておくとよい．短くて優しい口笛を 2 度吹くのが大抵効果的である．これは，口を大き く開けさせる刺激にもなるし，後々，放鳥に向け て大きな鳥舎で自力採食させる過程で活用するこ ともできる．

健康な雛は，空腹時はすぐに口を開ける．もし 巣内雛か巣立ち雛が口を開けない場合は，脱水症 状を起こしているか，冷えているのか，もしくは 他の処置を施すべき健康状態にあるのかもしれな い．ある程度成長している巣内雛や巣立ち雛は， 初めて治療に運ばれた時は人間を恐れるので口を 開けるのを嫌がってもおかしくはない．その場合， 雛の健康状態に問題がなければ，よく口を開ける， 日齢の近い別の雛と一緒の巣にするとよい．この 方法で雛に新しい餌の受け方を教えることができ る．もし一緒にする雛がいないのであれば，巣の 横に鏡を置くと口を開けるのを促す助けになるか もしれない．しかし，この方法は臨時対策として 使うべきで，ツバメ類は決して 1 羽のみで育て るべきではない．もし可能なら，他のリハビリテー ションセンターに連絡し，同日齢の雛を探す．

孵化直後の雛

孵化直後の雛には，カニューレ（Jorgensen） を取り付けた 1ml シリンジで少量の MacDiet を 与え，小さくした白いミルワーム（外骨格を脱 いだばかりのミルワーム）か，頭をつまんだ小さ いハエの幼虫を，先の尖っていないピンセットで 与える．給餌は少量を頻繁に与え，少なくとも 1 日 14 時間，20 分間隔で与える．1 日 16 時間が 最適である．

巣内雛

巣内雛は，同じ餌を 1 日 14 〜 16 時間，20 分 間隔で与える（図 37-1）．餌の配合は，1/3 の昆

図 37-1　9 日齢と 12 日齢のサンショクツバメ．羽毛の発達に目覚しい変化がある．

虫と 2/3 の MacDiet にする．雛に与える餌は前もって殺しておくこと．硬い外骨格をもったミルワームやコオロギは，ピンセットで潰して柔らかくしたり足を取り除いたりしておく．

巣立ち雛

巣立ち雛は自力採食するまで 1 日 14 〜 16 時間，20 分間隔で給餌する．巣立ちの時期に（およそ 21 〜 23 日齢），雛がシリンジによる給餌を避けるようになり，ピンセットで与える昆虫にだけ口を開けるようになる．昆虫を MacDiet に浸して，雛がまだ十分なビタミンとミネラルを摂取していることを確認する．昆虫にも栄養のある餌を与えておく．外骨格の硬いミルワームやコオロギは，潰して柔らかくしたり脚を取り除いたりする必要がある場合がある．

ヤブガラとミソサザイ類

若いヤブガラとミソサザイ類には，健康的な体重増加と成長を確実にするため，1 日 14 時間，15 〜 20 分間隔で給餌する必要がある．ヤブガラの孵化直後の雛と巣内雛は，毎回たったの 2 口しか食べないかもしれない．しかし，餌のやり過ぎは絶対に避けなければならない．餌をやり過ぎると，下痢になったり，その他の消化器系の問題を起こしたり，もしくは死に至る可能性もある．1 〜 3 日齢の孵化直後の雛には，MacDiet を改良した Jannie Perlman によって作られた孵化直後の雛用の配合餌を与える（第 34 章の MacDiet）．生後 3 日かそれ以後の孵化直後の雛と巣内雛には，MacDiet とハエの幼虫や小さな白いミルワームなどの昆虫を殺して与える．ミルワームの頭はつまんで，体の部分もピンセットで挟んで柔らかくしてから与える．フォーミュラはカニューレを取り付けた 1ml シリンジを使って給餌し，昆虫はピンセットで与える．

巣と巣内雛は清潔に保つこと．ヤブガラとミソサザイ類はとても小さいので，体に付いた餌や糞がたとえ微量であっても羽毛にダメージを与えることもあり，顔の付近に付着した場合は感染症の原因にもなる．ヤブガラは，巣内にいる際，頭を越えそうになるまで後部を上げて，巣の中心に向けて排泄する（図 37-2）．これは一般的な行動で，計画的な給餌をしている間は，通常きっちり時間通りに排泄する．この時，膜に包まれた糞はピンセットで簡単に取り除ける．

ミソサザイ類の巣立ち雛は，飼育下に運ばれてきた時は特におびえる傾向にある．強制的に給餌をしないといけない場合でも，忍耐強く，最大の注意を払うこと．初めはシリンジよりは餌としてみなされやすい昆虫のみを与える．くねくね動く虫をピンセットの先で持って見せると，臆病だが空腹の巣立ち雛の興味を引くことができる．

図 37-2 止まり木で寄り添うヤブガラ．

雛が成長するにつれ，少量の MacDiet と昆虫を，1 日 14 時間，20 〜 30 分間隔で与える．1 日の餌の摂取量の 3 分の 2 が昆虫になるよう配合する．自分で餌をついばみ出したら，徐々に給餌の頻度を減らしていく．ヤブガラとミソサザイ類は自力採食し始めるのが遅いこともあるので，自力採食ができているか慎重に観察することが大切である．昆虫をつまみ上げたり，殺したりする行動が見られたとしても，十分に餌を摂取しているとは限らない．餌乞い行動を見せなくなり，少なくとも 3 日間上手く自力採食をしていれば，すぐに大きな鳥舎に移して，放鳥に向けて体調を整えるようにする．

期待される体重増加

ツバメ類の孵化直後の雛の体重は，種によっても差はあるが，生後 3 〜 5 日で 5 〜 8g である．巣内雛の体重は，種によって大きく異なる．全種において，大きな成長の変化は生後 5 〜 10 日の間に起こり，平均的な体重増加は 1 日 2g である．ツバメ類の巣立ち雛は，一般的に成鳥の体重より 2 〜 3g 超える．各地域の種の最適体重を定めるため，長期にわたって体重変化の記録をつけることは重要である．

飼育環境

ツバメ類

孵化直後の雛

ツバメ類の孵化直後の雛は，32 〜 35℃，湿度 50% に保たれた育雛器に入れる．巣は丸いプラスチック製の容器に小型タオルを敷き，中心はくしゃくしゃにしたティッシュペーパーを詰めて自然の巣の形を真似る．適切な巣内の肌触りと巣の形は，若い雛の発達をサポートするのにとても重要である．収容する雛の数に合わせ，雛が快適に過ごすことのできる大きさの容器を選ぶこと．巣内が混雑し，排泄物でお互いを汚してしまうと問題になるので，決して 5 羽以上の雛を 1 つの巣に入れないこと．

ミドリツバメやサンショクツバメ，オビナシショウドウツバメ類[*]などの，空洞に営巣する種の孵化直後の雛と巣内雛は人工の空洞に巣を設置する必要がある．これは，厚地のハンドタオルなどの布を半分に折り，巣の上に被せて空洞を作ることで賄うことができる（図 37-3，図 37-4）．タオルの空洞の入り口は，サンショクツバメの雛が巣の外に排泄できるよう，十分に大きくしなくてはならない．また，巣の端にもスペースを作って，他の種の雛が巣の側面から排泄しやすいようにする．巣と，巣を覆うタオルは常に清潔にしておかなければならない．タオルとティッシュペーパーは餌や糞で汚れたらすぐに交換すること．

巣内雛

巣内雛にも孵化直後の雛と同じ方法で巣を作ってやる．成長し，羽毛が生えるにつれ育雛器の温度を毎日 0.5℃ずつ下げていく．10 日齢までに健康な雛は体温調整ができるようになるので，温度を 27℃に下げてよい．

18 日齢までには，ツバメ類は巣の端や入り口に止まるようになる．この時点で，巣とタオルを，

---

[*]訳者注：北米ではキタオビナシショウドウツバメのみ生息.

図37-3 巣立ち間際のサンショクツバメ．ドーム型の巣を使うことで，多くの種に快適さと安心感を与える．

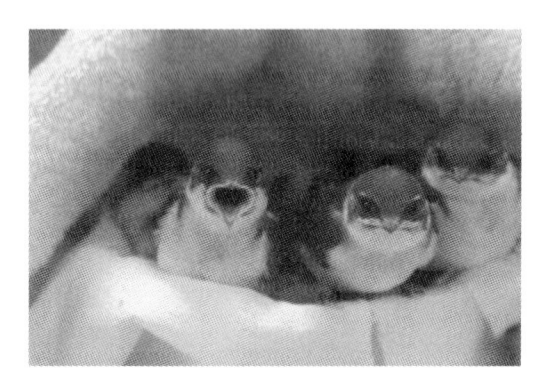

図37-4 ドーム型の巣の中の巣立ち前のスミレミドリツバメ．

150リットルサイズのメッシュの爬虫類用ケージなど，より大きく側面が柔らかいケージに移動する（図37-5）．巣を置いたケージの端を，最低温度に設定したマットヒーターの上に乗せること．

巣立ち雛

ツバメ類は生後20〜23日の間に巣立ちをする．この時点で，ケージ内に枝や丸太など自然の止まり木を設置する．巣はまだ覆いの中に入れておき，雛が眠りに戻って来なくなるまで置いておく．巣立ち1週間後までは，巣内で昼寝をし，夜は眠りに戻る雛もいる．

巣内雛の室内用ケージには，浅いミルワーム用の透明の皿と，広くて浅い水入れを，飲み水と水

図37-5 大型の爬虫類用ケージを利用したツバメの室内用ケージ．サイザル麻のロープで止まり木を作り，ガラスの餌皿は，止まり木から届くよう，高さを上げている．平たい水入れを低い位置に置き，フルスペクトルライトをケージの上に取り付けている．

浴び用に用意する．ペット用などで使われる壁掛け用の皿は，ミルワームを入れ，止まり木と同じ高さで壁に取り付ける．ツバメ類の行動が多くなるにつれ，ケージの大きさも大きくするべきである．もし，雛が自力採食できるまで室内で飼育さ

れているなら，ケージの大きさは少なくとも 1.2 × 0.9 × 0.9m はなければならない．このサイズのケージには 10 羽以上の雛を入れないこと．柔らかいメッシュの側面の爬虫類用ケージは，室内用のケージとしては最適だが，金網のケージでも，羽毛を痛めないように網戸用のスクリーンを張ればそれで対応できる．

ヤブガラとミソサザイ類

孵化直後の雛と巣内雛

プラスチックの容器か果物用籠にタオルを敷いて，人工の巣を作成する．巣の中心に固くくしゃくしゃにしたティッシュペーパーを詰めて，雛が足でしっかり握れる場所を作る．フェイスタオルを折りたたんで巣の上に取り付け，ドーム型にする．巣の周囲を囲むことで，雛が安心感をもち，ストレスを減らすことができる．育雛器の中に，小さい巣箱に巣を入れるというのも，何種かのミソサザイ類にはよい案である．巣箱は手からの給餌がしやすいものにする．ミソサザイ類の巣内雛は 32℃ に設定した育雛器に入れ，湿度は少なくとも 50% に保つ．ヤブガラは少し暖かめの 35℃ に設定する．羽毛が発達して広がってきたら，温度を毎日 0.5℃ ずつ下げて，最終的には室温にする．

ヤブガラは決して 1 羽で育てたり放鳥したりしないこと．コガラ類は同居させるには相性がいい種だが，放鳥前のケージの中では少なくとも 1 羽のヤブガラと一緒にしなければならない．

巣立ち雛

ミソサザイ類とヤブガラは順番に孵化するため，巣立ちも同じように順番に行う．巣は，巣立ち雛が夜に眠りに戻って来なくなるまで囲いの中に入れておく．巣立ち雛が巣を離れだしたら，育雛器から網戸かナイロンネットを内側に張った小さな籠に移し替える．蓋もそれに似た質のもので作る．巣立ちの最初の週は，籠を 2～3 日ごとに大きくしていく．この徐々に変えていく方法で，雛に与えるストレスとエネルギーの浪費を減らすことができる．雛が巣から出るようになる前に，雛の体重，総合的な体調，普段の行動をチェックすること．籠には自然の葉を入れ，止まり木と同じ高さに小さいミルワームを入れた餌入れを掛ける．止まり木は，小さな指に合わせて，直径の小さいものを選ぶ．ミソサザイ類は臆病なので，空洞のある丸太を置いたり，大きな樹皮を籠の横に立て掛けたりして隠れることのできる場所を作ってやる．

大きさの異なるいくつかの籠で 1 週間過ごした後は，雛が飛びまわれる程のスペースのある巣立ち雛用のケージに移し変える．ケージは小さな入り口の付いた，90 × 75 × 75cm 程度の大きさのものにする．ミソサザイ類とヤブガラはいったん飛べるようになるととてもすばしこく，すぐに逃げ出してしまう．入り口をカバーするため，ケージとドアの間に洗濯バサミか安全ピンで小さい四角の網戸用スクリーンを入り口の上に留めておくと採食や掃除の際に逃げられるのを防ぐことができる．ケージ内に止まり木を色々な高さに掛け，採食を促進するために葉の付いた枝を入れる．さらに，小さいミルワームとハエの幼虫の入った餌入れを数個，高さを変えて掛ける．ミソサザイ類には，小さいミルワームの入った皿をケージの床に置き，丸太や樹皮で隠す．落ち葉と草をケージの床に散らし，浅い皿にそれぞれ水ときれいな土を入れてやる．喜んで砂浴びをするはずである．

巣立ち雛用ケージでは，ほとんどのミソサザイ類が何らかの空洞で夜を過ごす．若いミソサザイ類はペットのフィンチ用の巣をねぐらに好む．巣の大きさはミソサザイ類の数によって異なる．くしゃくしゃにしたティッシュペーパーを巣に入れ，定期的に交換する．ミソサザイ類は日中でもしばしば巣にこもって昼寝をする傾向がある．

若いミソサザイ類には，必ず同種のさえずりを聞く機会を与えなければならない．最近の研究では，スズメ目の多くの種において，生き残りにはさえずりの発達がきわめて重要であると言われている．CD だけでなく，インターネットでも鳥のさえずりを録音したものを容易に入手することができる．種について不明な点は，入手できる資料

で調査する．さえずりを録音して，日中に断続的に声を流して鳥に聞かせてやる．

ヤブガラの家族をケージ内で混合させる時は，優勢な鳥が他の仲間を攻撃するかもしれないので，小競り合いなどがないか目を配り，監視する．

放鳥前の調整飼育

ツバメ類

これは著者の好みではあるが，著者は，ツバメ類の巣立ち雛が十分に飛行可能になり，夜に巣に戻って眠らないようになればすぐに鳥舎に移動させる．雛が完全に1人で採食できるようになるまでは，飼育者の手から定期的な間隔で給餌を続けることが必要となる．鳥舎の中で餌を与える時，餌を飛行中に取らせるよう促してみる．これは，雛が止まり木に止まっている時に，鳥から1mくらい離れたところで昆虫をピンセットで空中に持ち上げることで簡単にできる．給餌の掛け声をかけて．ピンセットを5～6cmくらい上下に揺らすと雛の注意を引き付けることができる．雛が餌をかぶりつこうとした時に餌を放すことを忘れないよう注意する．この給餌の仕方は少なくとも1回は毎度の給餌の初めに試すこと．この方法によって雛の自然界での採食能力をつけると同時に飛行訓練にもなる．残りの給餌は雛が止まり木に止まっている間に行い，餌乞いを止めるまで続ける．この給餌方法を行っている間は雛の行動と体重変化を注意深く監視する．1つの鳥舎に10羽以上収容しないこと．鳥舎内の鳥が多すぎると個々の状態を監視することが難しくなる．

鳥舎は最低でも4.9×2.4×高さ2.4mの大きさを選ぶ．もちろん，鳥が方向を変えたり旋回したりできるため，鳥舎は大きいに越したことはない．鳥舎の骨組みは材木で作り，外側は外敵から守るために金網を使い，内側は全面をファイバーグラスの網戸用スクリーンを張り，羽毛の損傷を防ぐ．鳥舎の3分の1は側面，背面，上面の全てをベニヤ板で囲い，日陰やプライバシー，安全に眠る場所，外敵の視界から避難できる場所を確保する．鳥舎の床は，草地，コンクリート，土，砂利，材木，のいずれか，もしくはそれを組み合わせたものにする．

鳥舎には色々な止まり木を揃えるようにする．自然の葉の付いた枝と，人工芝を敷いた浅い棚に加え，鳥舎の両端にそれぞれサイザル麻のロープをつける．止まりのスペースを鳥舎の両端にだけ作り，飛行経路を遮らないようにする．ねぐら用の巣箱は，ベニヤ板の囲いの隅の，高い場所に設置する．

ミルワームの餌入れを色々な高さに配置する．しかし，床には置かないこと．餌入れは鳥舎の壁に取り付けられた小さな棚に置き，大きな浅い餌皿は植物を吊り下げるのに使われるホルダーに置いて天井から吊るすとよい．また，鳥舎の中央に餌台を設置してもよい．水飲みと水浴び用として，広くて浅い入れ物を用意してやる．

自然に採食できるよう促すため，飛翔昆虫を鳥舎の中に豊富に与えなければならない．ミルワームの餌入れだけでは，空中捕虫型の鳥を人工育雛するには十分ではない．飛行する昆虫は，野生で捕まえてきた蛾やハエを鳥舎に入れたり，市販の，成虫になる直前のハエのさなぎを鳥舎に置いておいたりして供給する．コンポストは果物が腐るとショウジョウバエを引き付けたり養殖したりできる．用心のため，コンポストの籠は金網で覆っておく．

ヤブガラとミソサザイ類

羽毛のダメージを防ぐファイバーグラスの網戸用スクリーンを張った，2.4×2.4×2.4mの大きさの鳥舎は，2,3羽のミソサザイ類には最適である（図37-6）．3.6×2.4×2.4mの大きさの鳥舎は3～6羽のミソサザイ類かヤブガラに適している．鳥舎の3分の1は天井を覆い，頑丈な壁で囲って，雨風を防ぎ，安全に眠り，外敵の視界から隠れる場所を確保する．鳥舎の外側は金網を張り，外敵からの攻撃を防ぐ．鳥舎内は植物でいっぱいにし，ミソサザイ類やヤブガラの生息地を再現する．切りたての葉付きの枝を天井から

図 37-6 室外の鳥舎の中のシロハラミソサザイ．ミソサザイ類は臆病なので，十分な隠れ場が必要である．

吊るし，林冠を作り，野生の昆虫を入れる．荒い樹皮の付いた丸太や鉢植えの低木を入れてやるとなおよい．植物は鳥舎の両端に密集させて，採食や睡眠の場とし，中央は飛行の妨げにならないよう十分なスペースを作ってやる．小さいミルワームを入れる，飼い鳥用の餌入れをクリップで枝に付ける．生きた昆虫を取り入れるため，枝は頻繁に交換すること．飲み水と水浴び用の皿と，きれいな土を入れた砂浴び用の浅い皿を床の上に置く．

ミソサザイ類は低い場所で長時間探餌を行うので，床に藪を積んでやること．藪は木の枝を切って積み重ねるか，人工のクリスマスツリーの一部を置いてもよい．イモムシやハエの幼虫を入れた皿を，藪の中に隠しておく．追加の生餌として，小さいコオロギを購入したり，養殖された針のない小さいハチを鳥舎の中で孵化させたり，もしくはコンポストのバケツで果物を腐らせ，ショウジョウバエを引き寄せたりする．コンポストを入れる際は，バケツは事故を防ぐために細い鳥舎用針金で覆い，そしてその上に藪を乗せる．中から虫が這い上がって来て藪の葉に付くので，自然な探餌環境を作ることができる．

自力採食するヤブガラは少なくとも1週間は鳥舎に入れて放鳥に備える．自力採食するミソサザイ類の場合は，10〜14日は必要である．ねぐら用の箱と巣箱は，夜間にねぐらを取れるように鳥舎の高い場所に設置しておく．

放　　鳥

ツバメ類

ツバメ類が自力採食しだしてから鳥舎で10〜14日過ごしたら，野生に返せるかを判断しなければならない．ツバメ類は長距離を渡る鳥なので，野生で生き残るためには非常に厳しい条件がある．放鳥可能な幼鳥は，少なくとも5分は楽に飛行することができ，飛行中の昆虫を空中で捕まえることができ，その種としての健康的な体重を保持しており，外敵に対して正しい恐れの反応をもち，羽毛の状態が万全で，そして水をはじくことができなければならない．ツバメ類は，もしコロニーや家族がまだ存在しているのであれば，生まれた場所で放鳥した方がよい．家族がもういないのであれば，他の仲間のいる，生息場所として適した別の場所に放鳥してやる．放鳥は，はっきりとした予報で少なくとも3日間，天候がよい日に実行する．移動用のケージから幼鳥を放す前

に，周りに外敵がいないか点検する．もし上空でツバメ類が落ち着いて採食，飛行をしていれば，この地域は外敵がいないというよいサインである．夜のねぐらを見つける時間になる前に，新しい環境を探索し，順応する時間が必要なので，放鳥は午前の早いうちに行う．

ヤブガラとミソサザイ類

ヤブガラとミソサザイ類は，体力があり，水をはじき，羽毛の状態が万全で，完全に自力採食でき，うまく探餌できなければならない．ヤブガラは他のヤブガラが生息している，適応した場所にグループで放鳥しなければならない．絶対に1羽だけで育雛や放鳥を行ってはいけない．ミソサザイ類は生まれた土地のテリトリーに戻してやるようにする．しかし，もしそれが可能でないのであれば，その種に適応した生息地に放鳥する．放鳥は，予報で3日間は天気のよい日の朝に行う．

ツバメ類の越冬

秋の渡りまでに放鳥の準備が整っていなければ，越冬を考慮に入れなければならない．冬を通してよい健康状態を保つには，よく管理された，長期にわたる世話が必要になってくる．自然の太陽光線と人工の紫外線の照明による正しい光の調節が必要で，それに加え，非常に注意深く管理された衛生状態と，バランスの取れた餌が必須である．爪と嘴は30日ごとにきれいに整える．体重は随時，測定する．羽毛は外部寄生虫の有無と清潔さを注意深く調べる．ツバメ類はほとんど体を動かさないと，趾瘤症（バンブルフット）に罹りやすいので，足を定期的に調べる．また，彼らも他の仲間と一緒にしなければならない．単独で飼育すると，意気消沈し，一般的な健康状態も悪化する．

謝　　辞

私の夫のLance Groodyの支持と援助に感謝します．特に，カリフォルニアのWildCare in Marin CountyのMelanie PiazzaとBrenda Goedenに，そしてSonoma County Wildlife RescueのMary Pierce, Marcia Johnson, Doris Duncanに感謝の意を表します．そしてもちろん，その美しさと歌でこの地球を毎日優雅にしてくれている，素晴らしい歌鳥達に，心から感謝の気持ちを捧げます．

関連製品および連絡先

Ultracare Mite and Lice Bird Spray: 8 in 1 Pet Products, Hauppauge, NY, (800) 645-5154.

爬虫類用ケージ，丸太，樹皮：LLLReptile and Supply Company Inc., 609 Mission Ave, Oceanside, CA 92054, (760) 439-8492, www.lllreptile.com.

ミルワーム，ワックスワーム，コオロギ：Rainbow Mealworms, 126 E. Spreuce St, Compton, CA 90220, (800) 777-9676. https://www.rainbowmealworms.net/home.asp.

生きた昆虫，ハエのサナギ，乾燥した虫：Biconet, 5116 Williamsburg Road, Brentwood, TN 37027, (800) 441-BUGS, www.biconet.com.

参考文献および資料

Bent, A.C. 1942. Life Histories of North American Flycatchers, Larks, Swallows and their Allies. United States Government Printing Office, Washington D.C.

Elphick, C., Dunning, J.B. and Sibley, D.A., eds. 2001. The Sibley Guide to Bird Life and Behavior. Alfred A. Knopf, Inc., New York, 588 pp.

Graham, K. 1999. Captive Care of Swallows. Wildlife Rehabilitation Bulletin 17(3).

International Wildlife Rehabilitation Council. 2003. Wildlife Nutrition and Feeding. IWRC, Oakland, California, 73 pp.

MacLeod, A. and Perlman, J. 2001. Adventures in avian nutrition: Dietary considerations for the hatchling and nestling passerine. Journal of Wildlife Rehabilitation 24(1): 10–15.

Rule, M. 1993. Songbird Diet Index. Coconut Creek Publishing Co., 161 pp.

Winn, D., Dunham, S. and Mikulski, S. 2003. Food for insects and insects as food: Viable strategies for achieving adequate calcium. Journal of Wildlife Rehabilitation, 26(1): 4–13.

38
スズメ目：外来フィンチ類

Sally Huntington

生物学的特徴

　「フィンチ」という言葉はかつて，漠然とした意味をもち，種を割るのに適した嘴をもっていればどんな鳥にも使われてきた．飼育用として人気のあるフィンチは，スズメ目のカエデチョウ科の鳥である．体は小さく，一般的に全長約 9 〜 23cm，体重は 7.5 〜 35g である．この科の鳥は，活発で，静かで，かつ鮮やかで，ペットとして飼育しやすい鳥である．

　数十年にわたり，これらのフィンチ類のほとんどが，アフリカ，南米，東南アジア，太平洋諸島，オーストラリアで捕獲され，米国やヨーロッパに大量に輸入されてきた．この無規制で，数に限りがないように思われる輸入が原因で，小さなフィンチはペット業界の主要商品の 1 つとして利用され，安価な美の存在に成り下がってしまった．しかし，20 世紀後半に，ショウジョウヒワ（*Carduelis cucullata*）のように絶滅の危機に追いやられた種を含め，何種類かのフィンチ類の数が減少したことにより，鳥類飼育やペットとしての売買，そして農業における害虫駆除効果などに，フィンチ類の真の価値について意識を高める結果となった．世界中で保全への関心が新たに高まったおかげで何種類かのフィンチ類はワシントン条約の付属書に登録されるまでになり，輸入できる鳥の数も制限されるようになった．この規制によって，個々の鳥のドル価値を上げたと同時に飼育下での繁殖数を上げ，米国で販売されるフィンチ類の約 50% を占めるようになった．例えば，1980 年代にペットショップで 1 ペアの小売価格が 29.50USドル であったオナガカエデチョウ（*Estrilda astrild*）は，2006 年の初めには 1 ペア 250.00USドルと，8 倍にもつり上がった．

　米国では，オーストラリア産の全てのフィンチ類が飼育下で繁殖されてはいるが，アフリカ産のフィンチ類はたったの 50% しか繁殖されていない．ジュウシマツ（*Lonchura domestica*）を除き，アジアのフィンチ類においては飼育下での繁殖はさらに少ないと考えられているが，正確な数値は出ていない．

人工育雛への移行

　自然界では，フィンチ類はその機敏な飛翔によって，捕食者から逃れている．危険に対する俊敏な飛行能力は命を救う有利な本能ではあるが，時にそれは雛を置き去りにする結果となることもある．産まれた雛がたった 1 羽であった場合，1 羽だけではその存在が初めて親になった両親を刺激し，養育行動をさせるには不十分なこともあり，雛を見捨ててしまう場合もある．その他，誤って雛が巣から落ちた時や，親鳥が夜中に捕食者に遭遇しパニックに陥り逃げた時，あるいは，飛翔中の事故によって親が戻らない時など，営巣地の周りの変化によって親鳥が混乱し，見捨ててしまう場合もある．

育雛記録

　徹底した記録の保存は，個々の雛の総合的な健康状態を把握する一番の方法である．雛の体重を

グラム単位で少なくとも1日2回は測定し，それと同時に従来の体重表と比べるために，またはデータが少ないとか皆無である希少なフィンチ類の新しいデータ作成のために，体重記録を残しておく．記録をつける際に最低必要な事項は，①種名，②孵化推定日，③雛が人工育雛されている理由，④野生で保護された場合はその発見場所，⑤医療所見，⑥体重の増減，⑦行動の発達（餌乞い，飛翔練習，羽づくろい，ついばみの練習），⑧足環装着日と足環鑑識，⑨食餌変化，⑩鳥の最終措置，である．

育雛初期のケア

フィンチ類の雛を育てることは，しばしば時間と忍耐力を要するが，人工飼育された雛は一般的に50％以上の確率で生き残ることができる．置き去りにされた雛や体温の下がった雛は，治療と人工育雛なしでは生存の見込みはない．

衰弱した雛に最初に必要なのは，暖めることである．発見されたばかりの雛は大抵，人間の手のひらには冷たく感じる．雛に最適な気温は32.2～35℃である．発見されたばかりの雛は，搬送中や暖房器具が作動するまではすぐに温かい手で包み込み，定期的に温かい息を手の中に吹き入れるようにする．きちんと適温を保てる管理下にあるのであれば，市販のペット用のマットヒーターか爬虫類用岩型暖房器，もしくはUniheat Small Pets Shipping Warmer（American Pioneer）のような，新タイプの鉄を発熱源とした保温パック（ペット輸送用使い捨てカイロ）なども使用するとよい．温度は巣内に温度計をつけるか，巣の外から温度を測定できる，赤外線放射温度計（Raytek Minitemp laser thermometer, Raytek International）を使用する．

巣の大きさを再現するには，小さな陶磁器のボウルを用いるとよい（図38-1）．2～3枚のティッシュペーパーを詰め物として熱源の上のボウルに入れる．ティッシュペーパーは毎給餌後に交換しやすく便利である．冷えたそ嚢に入った餌は消化することができないので，雛には十分体が温まるまで餌を与えないこと．孵化したばかりの雛には孵化後20～24時間は給餌する必要はない．まだ眼の開いていない，もしくは羽毛の生えていない雛は，覆われた巣の環境を模した蓋付きの暗い容器に入れるのが最適である．蓋を開くと同時に光が差し込み，それが餌の時間だという合図になる．このような容器は熱源と陶磁器のボウル内の熱を保つうえ，給餌がしやすい．

雛が温まってくると，初めの数回は水分補給と標準的な身体機能を保証するために給餌を行う．初めは，Pedialyte（小児用経口補液剤）のような等張輸液剤を31℃にして与える．これは親鳥に与えられた食物や種を洗い流し，雛の体内での酸敗を防ぐのに役立つ．半透明のそ嚢が空になり，大便を済ますと，雛の身体が機能したということである．この時点で，給餌を始めてよい．一度餌が与えられると，雛は形のある糞を毎食後，出すようになるはずである．雛の初期の世話に関しての詳細は，第1章の「基本的なケア」を参照されたい．

餌 の 種 類

Kaytee Exactのような市販の人工育雛用フォーミュラ（配合飼料）はフィンチ類には最適である．パッケージに表示された説明に従い，若い雛には

図38-1　巣の代用のティッシュペーパーを敷いた大中小の陶製のボウルと，使い捨てカイロと，蓋付きの大型籠．

薄めの水っぽいものを，成長した雛にはスープ状のものから濃いめのものを与える．餌は継続して使うので，ぬるま湯の入ったマグカップか大きめのカップの中に小さい餌用の容器を入れ，市販の電気カップウォーマーに乗せて温かく保つようにする．給餌用具は，使用後は毎度洗浄すること．多量のフォーミュラを作ると，3〜4時間で乾いたり，塊になったり，酸敗したりするので，作りすぎに注意する．餌の鮮度は匂いで確認し，酸化した餌を与えないこと．

給餌方法

ガラスかプラスチック製のスポイトか，1mlのOリングシリンジは，ほとんどのフィンチ類の給餌に最適な用具である（図38-2）．しかし，生まれたばかりの非常に小さいカエデチョウなどには小さいピペットが便利である．これらの用具は，給餌者が指に自由な流れを感じとることができ，雛が餌を受けつけていない時のそ囊内の抵抗にも敏感になる．もし給餌用スポイトを通して感じる餌の抵抗に反して押し込むと，誤嚥のリスクが高くなり，致命的になる可能性がある．

まず初めに，餌を入れた給餌用スポイトをきれいにし，そのスポイトの先で嘴の横を軽く叩いて餌乞い行動を促すようにする．雛は次第に受け入れるようになり，給餌用スポイトの先に自ら吸い付くようになる．雛が口を開けて餌乞いをする間，慎重に口の中に触れ，雛がスポイトを受け入れ，飲み込みながらスポイトに吸い付くようになるまで1，2滴ずつ垂らす．その雛の適量を把握するまでは，1回の給餌の量を少なめにする．雛の口から餌が溢れないよう注意する．口の中がいっぱいになると雛は呼吸困難になるうえ，きちんと飲み込めないと，誤嚥する場合がある．そして，毎給餌後に肛門をチェックすること．雛は大抵，採食後すぐに排泄するので，肛門が汚れていないか確認する．この糞は，チューブから出てくる歯磨き粉ほど硬くないにしても，これに似た形のはずである．

次に，そ囊の大きさを確認すること．一般的に，カエデチョウ科のフィンチ類のそ囊は頚の両側に膨れるが，アトリ科のフィンチ類（北米の在来種）のそ囊は右側だけが膨れる．経験から言えば，雛のそ囊がいっぱいの時は，頚の両側であれ片側であれ，そ囊の全体の許容量が，雛の頭の半分ほどの大きさと考えるとよい．上手に給餌するには，2時間でそ囊内の餌が胃に流れていくくらいの量を与えるように努める．カエデチョウ科の雛は餌乞いに熱心で，大口を開けるので，食べ過ぎる傾向にある．食べ過ぎは，そ囊の中に長時間餌を溜めることになり酸敗しやすいので，この頭半個分の法則を念頭に置き，餌のやり過ぎに注意する．

夜間は雛を暗い場所で温かく保ち，9〜10時間の睡眠をとらせる．親鳥による夜の抱雛行動に似せるため，くしゃくしゃにしたティッシュペーパーで雛を覆う．

人工育雛は，1巣内に1羽以上の雛がいる方が成功率は高い．他の雛を単独の雛の巣に移入した方がよく，それは必ずしも同じ種でなくてもよい．同年齢もしくは同サイズのジュウシマツかキンカチョウ（*Poephila guttata*；*Taeniopygia guttata* と同じ）はお互いを暖め合うにはよい仲間であり，熱心な餌乞い行動も他の雛を刺激し，口を開けるようになる．

図38-2 餌を温めるカップウォーマー，給餌用フォーミュラ（Kaytee Exact Hand Feeding Formula, Kaytee Exact），スポイト，ピペット，1ml Oリングシリンジ．

罹りやすい疾病と対処法

体重減少，無気力，餌乞い行動の欠如，そ嚢内のガス発生，そ嚢停滞，もしくは形状のないからし色がかった排泄物などがみられた場合は，雛が病気に罹ったか，あるいは間違った給餌方法や餌のやり忘れ，冷えなどによる反応であると思われる．人工育雛されているフィンチ類のもう1つの主な問題は，不完全なまま排泄された糞が，肛門と肛門付近の羽毛に付着し，それゆえ肛門を塞いでしまうというものである．その場合，必要に応じてぬるま湯で肛門を洗浄する．

細菌や真菌によるそ嚢痙攣にも気をつけること．そ嚢が膨れ上がり，回転するような動きでゆっくり収縮し，しばしば赤色に変わる症状がみられる．対処法として，少量の補液をそ嚢の中身が流れるまで流し，その後市販の抗生物質か乳酸菌を投与する．用法は，製造会社の指示に従うこと．医療情報の詳細は第1章の「基本的なケア」を，類似種に関する情報は第35章の「スズメ目：メキシコマシコ，ヒワ類，イエズズメ」を参照されたい．

期待される体重の増加

ケーススタディ：キンカチョウと一緒に育てられたルリガシラセイキチョウ

1羽のルリガシラセイキチョウ（*Uraeginthus cyanocephalus*）が鳥小屋の床で発見された．眼がまだ開ききっていなかったので，推定日齢を4〜5日齢とした．雛は冷たくはなく，触ると餌乞い行動を始めた．初めの48時間は体重が増えているか確認するため，1日2回体重計測を行い，注意して観察した（図38-3）．0.4mlの餌を1mlのOリングシリンジで1日に約8回与えた．生後8日目には0.5mlの8回に増やした．10日目には，雛は自ら餌をつつくようになった．14日目には，雛はよく育ち，種やエッグフードをつついて食べた．最後の体重は成鳥の体重である．キンカチョウをルリガシラセイキチョウの「温かい同居人」として移入した．キンカチョウは生後約10日目であった．この雛には16日目まで，給餌用スポイトで1.5〜2.0mlを1日8回給餌した．雛は生後15日目についばみ行動を始めた．この2羽の雛の体重増加のグラフは図38-4を参照すること．

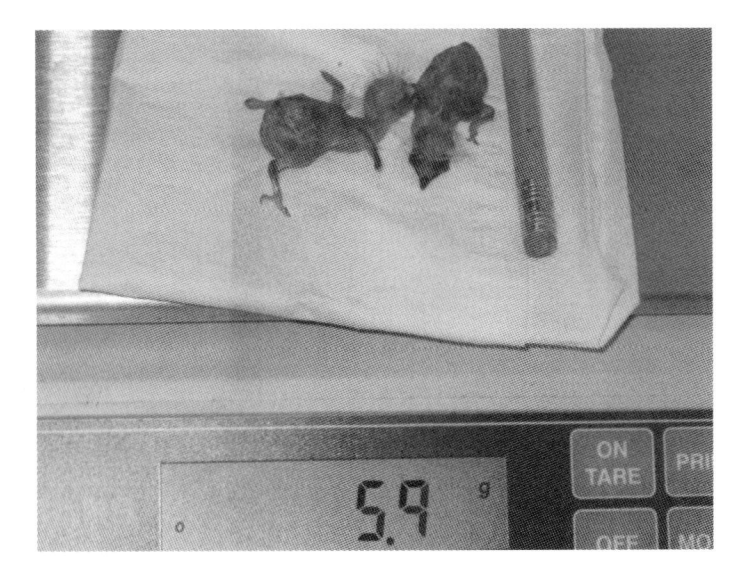

図38-3 体重計上の2羽のルリガシラセイキチョウ．

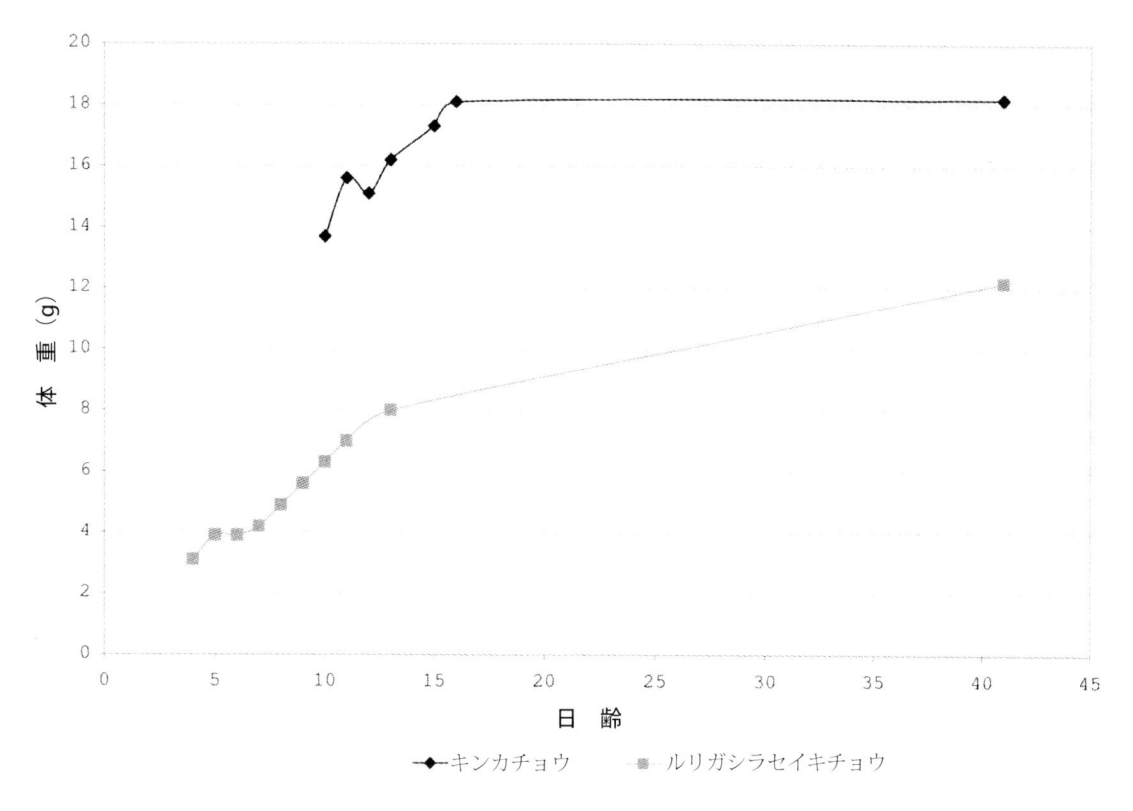

図 38-4　ルリガシラセイキチョウとキンカチョウの雛の体重増加．

飼育環境

若い雛は，蓋付きの小さい籠の中でも問題がないので，飼育者には掃除がしやすく頻繁な給餌もやりやすい．完全に羽毛が生え，枝に止まれるようになれば，少なくとも 30 × 30 × 30 cm の大きさのケージに移し変える．ケージは引き続き給餌と掃除がしやすいようにしておき，止まり木と水入れを入れる．鳥が時おり手からの給餌を拒むようになった時が，自力採食の始まりである．注意しながら給餌の回数を減らし始め，完全に自力採食に移行するまでは給餌を続ける．1 日 8 回であった給餌を，1 日 7 回，6 回，5 回，4 回，と減らし，2 日間完全に餌を拒否するまでは給餌を続ける．雛にもっと羽毛が生え，行動的になり，羽ばたきの練習と短距離の飛翔練習に励むようになったら，飼育者は鳥に見合ったケージを新たに考えなければならない．止まり木があり，給餌と掃除がしやすいだけでなく，鳥が逃げないようなケージを選択する．給餌の際に，跳ね蓋式の網戸をケージのドアの外に設置することで給餌の際にドアから手を入れた時に飛び出すのを防ぐこともできる．

自力採食

野生では，これらの種は生後 19 〜 28 日で巣立ち，大抵 33 〜 44 日で自力で採食し始める．人工育雛されたフィンチ類では，自力採食までにさらに時間がかかるが，最終的には離れるようになる．巣立ちする寸前に，雛は枝に止まって羽づくろいをしたり，活発に羽をパタパタさせたりするようになる．雛が羽を動かす練習をし始めたら，2 〜 3 日以内に巣立つ．一度巣立つと人に育てられた雛はめったに巣には戻ってこない．また，

巣立ち行動に伴って様々な行動を見せるようになる。色々なものに興味をもち，頭を傾けてじっと見つめたり，嘴で触ってみたり，飛翔練習を行ったり，ティッシュペーパーや紙製品を引きちぎったり，仲間の羽毛を引っ張ったり，その他活発な行動をする。この時点で，成鳥の体重に近づくか達するようになるので，雛の毎日の体重増加はかなり減速する。

飼育下個体群への導入

雛は，他の鳥とうまく付き合っていくためにも，同種の仲間と一緒に過ごし，社会能力を身につけなければならない。安全に行えるものとして，ケージを成鳥の小屋の近くに置き，幼鳥に成鳥の行動を観察させるという方法がある。巣立ち雛は成鳥を観察し，次第に人間の手による給餌から，成鳥用の餌を自ら食べるようになり，独り立ちしていく。可能な場合は，友好的な同種の成鳥と一緒にする。もしくは，ジュウシマツは水の飲み方，種の外皮のむき方，水浴び，巣材集めなどの成鳥の社会行動や技術のよい手本を見せてくれる。また，飼育者が頻繁に雛に触れていると，人馴れしたペットのようになる。

謝　　辞

私の夫で編集者の Vince Huntingto，亡父で獣医師の Jimmy Cutler，そして，Roy Beckham，Robert Black，Kateri Davis，Julie Duimstra，Mary Hibner，Frank Jones，Russell Kingston，Mareen Shanahan，Hal Vokaty，を含むその他たくさんの国内外の「鳥と語らう鳥類飼養者」の方々に感謝と謝意を表します。

関連製品および連絡先

Kaytee Exact: Kaytee products, 521 Clay St, PO Box 230, Chilton, WI 53014, （800）KAYTEE-1.

Oリングシリンジ：Chris's Squirrels and More, LLC, P.O.Box 365, Somers CT 06071, (860) 749-1129, http://www.thesquirrelstone.com.

Raytek Minitemp laser thermometer: Raytek International, (800) 227-8074.

Uniheat Small Pets Shipping Warmer: American Pioneer International, PO Box 402, Orinda, CA 94563.

参 考 文 献

Black, R. 1999. Problems with Finches. Black Publishing, Lafayette, California, pp 77–78.

Clement, P., Harris, A., and Davis, J. 1993. Finches and Sparrows. Princeton University Press, Princeton, New Jersey, pp 11–18.

Goodwin, D. 1982. Estrilidid Finches of the World. Cornell University Press, New York, pp 23–29.

Huntington, S. 2002. Breeding the White-eared Bulbul. AFA Watchbird 24(1): 16–20.

———. 2003. Meet the companion finch. Bird Talk Magazine 21(6): 60–69.

———. 2005. The Red-headed finch. Just Finches and Softbills Magazine 5: 3–6, 29.

Kingston, R. 1998. Keeping and Breeding Finches. Indrus Productions Queensland Australia, pp 60–61.

Restall, R. 1997. Munias and Mannikins. Yale University Press, New Haven and London, pp 20–21.

付　録　I
主要な関係機関

UNITED STATES MIGRATORY BIRD PERMIT OFFICES

The information in this appendix is based on information provided by the National Wildlife Rehabilitator's Association.

The following list includes only the U.S. Fish and Wildlife Service Migratory Bird Permit Offices

Region 1
Tami Tate-Hall
Migratory Bird Permit Office
911 NE 11th Ave
Portland, OR 97232-4181
503-872-2715
503-231-2019 (fax)
tami_tatehall@fws.gov

Region 2
Kamile McKeever, Permits Administrator
U.S. Fish and Wildlife Service
Migratory Bird Office
P.O. Box 709
Albuquerque, NM 87103-0709
505-248-7882
505-248-7885 (fax)
kamile_mckeever@fws.gov
http://www.fws.gov/permits/mbpermits/birdbasics.html

Region 3
Andrea Kirk
Migratory Bird Permit Office
1 Federal Dr
Fort Snelling, MN 55111
612-713-5449 (direct office)
612-713-5436 (general line)
andrea_kirk@fws.gov

Region 4
Carmen P. Simonton
Wildlife Compliance Specialist
U.S. Fish and Wildlife Service
Migratory Bird Permit Office
404-679-7049
404-679-4180 (fax)
Carmen_Simonton@fws.gov

Region 5
Peggy Labonte
U.S. Fish and Wildlife Service
Migratory Bird Permit Office
300 Westgate Center Dr
Hadley, MA 01035-0779
413-253-8643
http://www.fws.gov/migratorybirds
http://www.fws.gov/northeast/migratorybirds
http://www.fws.gov/permits/mbpermits/birdbasics.html

Region 6
Janell Suazo
U.S. Fish & Wildlife Service
Migratory Bird Permit Office
P.O. Box 25486
Denver Federal Center 60154
Denver, CO 80225-0486
303-236-8171 ext 630

Region 7
U.S. Fish and Wildlife Service
Migratory Bird Permit Office (MS-201)
1011 E. Tudor Rd
Anchorage, AK 99503
907-786-3693
http://www.fws.gov/permits/mbpermits/birdbasics.html

STATE AND U.S. TERRITORY WILDLIFE PERMIT OFFICES (LISTINGS ARE ALPHABETICAL BY STATE OR U.S. TERRITORY ABBREVIATION)

Karen Blejwas, Wildlife Biologist
Permits Section
Dept of Fish & Game
P.O. Box 115526
Juneau, AK 99811-5526
907-465-4148

Craig Hill, Assistant Chief
Law Enforcement Section
Div of Wildlife/Freshwater Fisheries
P.O. 301456
Montgomery, AL 36130-1456
334-242-3467

Karen Rowe, Non-game Migratory Bird Program Leader
AR Game & Fish Commission
31 Halowell Lane
Humphrey, AR 72073
870-873-4302
krowe@agfc.state.ar.us

Sandy Cate, Coordinator
Adobe Mountain Wildlife Center
AZ Game and Fish Dept
2221 W Greenway Rd
Phoenix, AZ 85023
623-582-9806

Nicole Carion
CA Dept of Fish & Game
Wildlife Programs Branch
1812 9th St
Sacramento, CA 95814-2090
916-445-3694
ncarion@dfg.ca.gov

Kathy Konishi
CDOW/Special Licensing
6060 Broadway
Denver, CO 80216
303-291-7143
Kathy.konishi@state.co.us

Laurie Fortin, Wildlife Technician
Dept of Environmental Protection
Wildlife Division
79 Elm St
Hartford, CT 06069
860-424-3011
860-424-4078 (fax)
laurie.fortin@po.state.ct.us

Kenneth M. Reynolds
Program Manager II
DE Division of Fish and Wildlife
4876 Hay Point Landing Rd
Smyrna, DE 19977
302-653-2883
302-653-3431 (fax)
302-222-5604 (cell)
Kenneth.Reynolds@state.de.us

Wildlife Permit Officer
FL Fish & Wildlife Cons Comm
620 S Meridian St
Tallahassee, FL 32399-1600
850-488-6253

Special Permit Unit
Wildlife Resources Division
GA Dept of Natural Resources
2065 US Hwy 278 SE
Social Circle GA 30025-4714
770-761-3044
706-557-3060 (fax)

Norma I. Bustos
Wildlife Program Specialist
HI Dept of Land & Natural Resources
Division of Forestry and Wildlife
1151 Punchbowl St, Rm 325
Honolulu, HI 96813
808-587-0163
808-587-0160 (fax)
norma.i.bustos@hawaii.gov

Daryl Howell
IADNR
Wallace State Office Bldg
502 E 9th St
Des Moines, IA 50319-0034
515-281-8524
daryl.howell@dnr.state.ia.us

Non-game Wildlife Program Manager
Dept of Fish & Game
Box 25
Boise, ID 83707-0025
208-334-2920

Brian Clark
Dept of Natural Resources
1 Natural Resources Way
Springfield, IL 62702-1271
217-782-6431
bclark@dnrmail.state.il.us

Linnea Petercheff
Operations Staff Specialist
Division of Fish and Wildlife
402 W Washington St, Rm W273
Indianapolis, IN 46204
317-233-6527
317-232-8150 (fax)
lpetercheff@dnr.i.gov

Wildlife Permit Officer
KS Dept of Wildlife & Parks
512 SE 25th Ave
Pratt, KS 67124-8174
620-672-5911

Wildlife Permit Coordinator
KY Dept of Fish & Wildlife Resources
#1 Sportsmans Lane
Frankfort, KY 40601
502-564-7109

Non-Game Wildlife Biologist
LA Dept of Wildlife and Fisheries
2000 Quail Dr
P.O. Box 98000
Baton Rouge, LA 70898-9000
225-763-3557
225-765-2452 (fax)

Dr. Tom French, Assistant Director
Heritage & Endangered Species
MA Wildlife Field Headquarters
North Drive
Westboro, MA 01581
508-792-7270 ext 163

Mary Goldie
DNR
580 Taylor Ave
Tawes State Office Bldg E-1
Annapolis, MD 21401
410-260-8540
http://www.dnr.state.md.us/wildlife/rehabpermit.asp

Susan Zayac
Dept of Inland Fish & Wildlife
284 State St Station #41
Augusta, ME 04333-0041
207-287-5240
susan.zayac@maine.gov

Wildlife Rehabilitation Permit Coordinator
MI Dept of Natural Resources
Law Enforcement Division
P.O. Box 30031
Lansing, MI 48909
517-373-1230

Nancy Huonder, Wildlife Rehab Program Coordinator
DNR Nongame Wildlife Program
500 Lafayette Rd, Box 25
St. Paul, MN 55155-4025
651-259-5108
nancy.huonder@drn.state.mn.us

Lynn Totten
Dept of Conservation
P.O. Box 180
Jefferson City, MO 65102-0180
573-522-4115 ext 3322

Richard G. Rummel
Dept of Wildlife, Fish & Parks
MS Museum of Nat Science
2148 Riverside Dr
Jackson, MS 39202-1353
601-354-7303 ext 109
richardr@mmns.state.ms.us

Wildlife Permit Coordinator
MT Fish, Wildlife & Parks
23 S Rodney
Helena, MT 59601

Tammy Minchew
Special Permits Coordinator
NC Wildlife Resources Commission
1724 Mail Service Center
Raleigh, NC 27699-1724
919-707-0060
919-707-0067 (fax)

Sandra Hagen
Non-game Biologist
ND Game & Fish Dept
100 N Bismarck Expressway
Bismarck, ND 58501-5095
701-328-5382
shagen@state.nd.us

Wildlife Permit Officer
Game & Parks Commission
105 W 2nd St Suite 201
Valentine, NE 69201

Sgt. Bruce Bonenfant
NH Fish and Game Dept
11 Hazen Dr
Concord, NH 03301
603-271-3127

Amy Wells
NJ Division of Fish & Wildlife
P.O. Box 400
Trenton, NJ 08625-0400
609-292-2965
amy.wells@dep.state.nj.us

Rhonda Holderman
Special Uses Permit Manager
NM Dept of Game and Fish
P.O. Box 25112
Santa Fe, NM 87504
505-476-8064
505-476-8166 (fax)
rhonda.holderman@state.nm.us

Julie Meadows, Program Officer 1
License Office-special licenses NV
Dept of Wildlife
4600 Kietzke Lane D-135
Reno, NV 89502
775-688-1512

Patrick P Martin
NYS Dept Env Conservation
625 Broadway
Albany, NY 12233-4752
518-402-8985
pxmartin@gw.dec.state.ny.us

Caroline Caldwell, Program Administrator
Wildlife Management & Research
Division of Wildlife
2045 Morse Rd, Bldg G
Columbus, OH 43229-6693
614-265-6330
carolin.caldwell@dnr.state.oh.us

Jim Edwards
Law Enforcement Division
OK Dept of Wildlife Conservation
P.O. Box 53465
Oklahoma City, OK 73152-3465
405-521-3719

Carol Turner
Wildlife Biologist
OR Dept Fish & Wildlife
3406 Cherry Ave NE
Salem, OR 97303
503-947-6318
503-974-6330 (fax)
joel.a.hurtado@state.or.us
www.dfw.state.or.us

Wildlife Permit Officer
PA Game Commission
2001 Elmerton Ave
Harrisburg, PA 17110-9797
717-783-8164

Lori Gibson
Wildlife Permit Officer
Division of Fish & Wildlife
277 Great Neck Rd
West Kingston, RI 02892
401-789-0281
lori.gibson@dem.ri.gov

Wildlife Permit Coordinator
Sandhills Research & Educ Center
P.O. Box 23205
Columbia, SC 29224-3205
803-419-9645

Wildlife Permit Officer
Game, Fish & Parts Dept
Division of Wildlife
412 W Missouri, Suite 4
Pierre, SD 57501
605-773-4191

Walter Cook
Captive Wildlife Coordinator
TWRA/Law Enforcement Division
P.O. Box 40747
Ellington Ag Center
Nashville, TN 37204
615-781-6647

Texas Parks and Wildlife
Nongame Permits Specialist
4200 Smith School Rd
Austin, TX 78744-3291
800-792-1112

DNR Division of Wildlife Resources
1594 W N Temple, Suite 2110
P.O. Box 146301
Salt Lake City, UT 84114-6301
801-538-4701

Diane Waller
VA Dept of Game & Inland Fisheries
P.O. Box 11104
Richmond, VA 23230-1104
804-367-9588

Judy Pierce
Division of Fish & Wildlife
6291 Estate Nazareth 101
St. Thomas, VI 00802-1104
340-775-6762

Law Enforcement Assistant
Agency of Natural Resources
Fish & Wildlife Dept
103 S Main, Ste 10
South Waterbury, VT 05671-0501
802-241-3727

Peggy Crain
Dept of Fish & Wildlife
600 Capitol Way N
Olympia, WA 98501-1091
360-902-2513
crainpsc@dfw.wa.gov

Wildlife Rehabilitation Liaison
DNR
Box 1721, WM/6
Madison, WI 53707-7921
608-267-6751
http://dnr.wi.gov/or/land/wildlife
Jennifer.haverty@dnr.state.wi.us

Wildlife Permit Officer
Division of Natural Resources
Wildlife Resources
1900 Kanawha Blvd
Bldg 3, Rm 816
Charleston, WV 25305
304-558-2771

WL Law Enforcement Coordinator
Game & Fish Dept
3030 Energy Lane
Casper, WY 82604
307-473-3400

CANADA PROVINCIAL AGENCIES (LISTINGS ARE ALPHABETICAL BY PROVINCE)

Ron Bjorge, Acting Executive Director
Wildlife Management Branch
Fish and Wildlife Division
Sustainable Resource Development
2nd Floor
9920-108 St
Edmonton, AB T5K 2M4
CANADA

Yvonne Foxall
Permit & Authorization Service Bureau
P.O. Box 9372 STN PROV GOVT
Victoria, BC
V8W 9M3
CANADA
http://www.env.gov.bc.ca/pasb

Dr. James R. Duncan, Manager
Biodiversity Conservation Section
Wildlife and Ecosystem Protection Branch
Manitoba Conservation
Box 24, 200 Saulteaux Crescent
Winnipeg, MB R3J 3W3
CANADA
204-945-7465 work
204-945-3077 (fax)
jduncan@gov.mb.ca
www.manitoba.ca/conservation/wildlife
http://web2.gov.mb.ca/conservation/cdc/

Gerard MacLellen
Environmental Monitoring and Compliance
P.O. Box 697
5151 Terminal Rd, 5th Floor
Halifax, NS B3J 2T8
CANADA
902-424-2547

Delbert Miller
Senior Fish & Wildlife Specialist, Aylmer District
Ministry of Natural Resources
615 John St N
Aylmer ON N5H 2S8
CANADA
519-773-4709
519-773-9014 (fax)
delbert.miller@ontario.ca

John Sullivan
Canadian Wildlife Service
465 Gideon Dr
P.O. Box 490 Lambeth Station
London, ON N6P 1R1
CANADA
519-472-5750

Tamara Gomer
Wildlife in Captivity Specialist
Policy and Program Development
Ontario Ministry of Natural Resources
300 Water St, 5th Floor N
Peterborough, ON K9J 8M5
CANADA
705-755-1999
tamara.gomer@mnr.gov.on.ca

Ministère des Ressources naturelles et de la Faune
Direction des territoires fauniques et de la réglementation
Édifice Bois-Fontaine—2e étage
880, chemin Sainte-Foy
Québec, PQ G1S 4X4
CANADA
418-627-8691
418-646-5179 (fax)

Ms Penny Lalonde
Saskatchewan Environment
Resource Stewardship Branch
2nd Floor
3211 Albert St
Regina, SK SKS 5W6
306-787-6218

U.S. STATE REHABILITATION ASSOCIATIONS (LISTINGS ARE ALPHABETICAL BY STATE ABBREVIATION)

California Council for Wildlife Rehabilitators (CCWR)
P.O. Box 434
Santa Rosa, CA 95402
415-541-5090
info@ccwr.org
www.ccwr.org

Colorado Council for Wildlife Rehabilitation (CCWR)
c/o Sigrid Ueblacker
R.R. 2 Box 659
Broomfield, CO 80020
303-665-5670

Connecticut Wildlife Rehabilitators Association, Inc. (CWRA)
P.O. Box 3556
Amity Station
New Haven, CT 06525
203-389-4411
info@cwrawildlife.org
www.cwrawildlife.org

Delaware Wildlife Rehabilitators Association (DWRA)
Robin Coventry, President
276 Cambridge Rd
Camden, DE 19934
302-698-1047
coventrybird@verizon.net

Florida Wildlife Rehabilitation Association (FWRA)
P.O. Box 1449
Anna Maria, FL 34216
941-778-6324
www.fwra.org

Iowa Wildlife Rehabilitators Association (IWRA)
Beth Brown, Treasurer
Box 217
Osceola, IA 50213
651-342-2783

Illinois Wildlife Rehabilitators Association (IWRA)
P.O. Box 28
Tremont, IL 61568
309-925-5321
309-922-3204
wildan@dpc.net

Louisiana Wildlife Rehabilitators Association (LAWRA)
P.O. Box 90201
Lafayette, LA 70509
www.lawraonline.com

Wildlife Rehabilitators' Association of Massachusetts, Inc. (WRAM)
62 Common St
Groton, MA 01450
978-448-2912

Maryland Wildlife Rehabilitators Association (MWRA)
c/o Roxy Brandenburg
6616 A Debold Rd
Sabillasville, MD 21780
410-255-4737
www.mwra.org

ReMaine Wild
P.O. Box 113
Newcastle, ME 04553

Minnesota Wildlife Assistance Cooperative (MWAC)
P.O. Box 130545
Roseville, MN 55113
info@mnwildlife.org
www.mnwildlife.com

Wildlife Rehabilitators of North Carolina (WRNC)
2542 Weymoth Rd
Winston-Salem, NC 27103

Wildlife Rehabilitators Association of New Hampshire (WRANH)
Ann McDermott, President
P.O. Box 1274
Lincoln, NH 03251
603-536-2592
admin@wranh.org

New Jersey Association of Wildlife Rehabilitators (NJAWR)
c/o Dave Purdy
24 Mountain Church Rd
Hopewell, NJ 08525

New York State Wildlife Rehabilitation Council (NYSWRC)
Kelly Martin, President
Box 246
Oswego, NY 13827
www.nyswrc.org
607-687-1584
brancher@clarityconnect.com

Ohio Wildlife Rehabilitators Association (OWRA)
c/o Betty Ross
175 RT 343
Yellow Springs, OH 45387-1895
937-767-7648
baross@antioch-college.edu
www.owra.org

Pennsylvania Association of Wildlife Rehabilitators (PAWR)
4991 Shimerville Rd
Emmaus, PA 18049-4955
570-739-4393
redcreekwildlife@comcast.net
www.pawr.com

Texas Wildlife Rehabilitators Association
P.O. Box 114
Cat Spring, TX 78933
Txhuff@aol.com

Wildlife Rehabilitation Association of Virginia (WRAV)
Robin Eastham, President
Portaferry Farm
Batesville, VA 22924
540-456-8324
540-456-8788 (fax)
robinjane@cstone.net

Wild In Vermont
Nancy J. Carey, President
P.O. Box 163
Underhill Center, VT 05490
802-899-1027

Washington Wildlife Rehabilitation Association (WWRA)
Shelley McGuire, President
14299 Rosario Rd
Anacortes, WA 98221
360-421-0914
shelley.mcguire@att.net

Wisconsin Wildlife Rehabilitators Association (WWRA)
South 3091 Oak Knoll Rd
Fall Creek, WI 54742
262-662-2224
wwra_org@yahoo.com

CANADA PROVINCIAL REHABILITATION ASSOCIATIONS (LISTINGS ARE ALPHABETICAL BY PROVINCE)

Bill Tomlinson, President
Alberta Wildlife Rehabilitators Association (AWRA)
P.O. Box 79113
70-1020 Sherwood Dr
Sherwood Park, AB T8A 2QA
CANADA
a_w_r_a@hotmail.com

Liz Thunstrom, Vice President
Wildlife Rehabilitators' Network of British Columbia (WRNBC)
1388 Cambridge Dr
Coquitlam, BC V3J 2P7
CANADA
604-939-9571
www.wrn.bc.ca

OWREN (Ontario Wildlife Rehabilitation and Education Network)
40—1110 Finch Ave W, Ste 1071
Toronto, ON M3J 3M2
CANADA
905-735-6885 (fax)
info@owren-online.org
www.owren-online.org

ZOO AND AVICULTURE RESOURCES

American Federation of Aviculture (AFA)
www.afabirds.org

American Zoo and Aquarium Association
www.aza.org

Avicultural Society of America (ASA)
Membership Secretary
P.O. Box 5516, Riverside, CA 92517-5516.
www.asabirds.org

National Finch & Softbill Society (NFSS)
Membership
7421 Whistlestop Dr
Austin, TX 78749
www.nfss.org

Organization of Professional Aviculturists, Inc. (OPA)
OPA Membership
P.O. Box 927
Littleton, NC 27850-0927
www.proaviculture.com

付　録　II
鳥の成長期におけるエネルギー要求量

エネルギー要求量について

表 A2-1 および A2-2 に，鳥の成長期におけるエネルギー要求量を示している．病気や怪我をしている幼鳥は，非常に多くのエネルギーが必要であるにもかかわらず，摂取した餌の代謝率が減少していることが多い．このような個体では治療期間中の成長が遅れがちであるので，消化のよい餌を十分に与えなければならない．また，健康な個体でも，成長期にある雛では必要とするエネルギー量は日毎に違ってくる．

計　算　式

- スズメ目の基礎代謝率（BMR）＝
　（体重 kg）$^{0.75}$ × 129
- スズメ目以外の基礎代謝率（BMR）＝
　（体重 kg）$^{0.75}$ × 87
- 1 日当たりの維持エネルギー要求量
　〔MER（kcal／日）〕＝ BMR × 1.5

各ライフステージにおける MER の補正

- 成長期に必要なエネルギー＝ MER × 1.5 － 3.0
- 傷病時に必要なエネルギー
  ○ 敗血症の時：MER × 1.2 － 1.5
  ○ 外傷（軽症）の時：MER × 1.0 － 1.2
  ○ 外傷（重症）の時：MER × 1.1 － 2.0

参考文献：Carpenter J.W., ed. 2005. Exotic Animal Formulary, Third Edition. Elsevier Saunders, St. Louis, p 559.

表 A2-1　スズメ目の雛のエネルギー要求量

体重〈g〉	基礎代謝率（BMR）	維持エネルギー要求量（MER）〈kcal/日〉	成長に必要なエネルギー（健康時）
2	1.2	1.8	2.7 〜 5.5
4	2.1	3.1	4.6 〜 9.2
6	2.8	4.2	6.3 〜 12.5
10	4.1	6.1	9.2 〜 18.4
12	4.7	7.0	10.5 〜 21.0
14	5.3	7.9	11.8 〜 23.6
16	5.8	8.7	13.1 〜 26.1
18	6.3	9.5	14.3 〜 28.5
20	6.9	10.3	15.4 〜 30.9
25	8.1	12.2	18.2 〜 36.5
30	9.3	13.9	20.9 〜 41.8
35	10.4	15.7	23.5 〜 47.0
40	11.5	17.3	26.0 〜 51.9
45	12.6	18.9	28.4 〜 56.7
50	13.6	20.5	30.7 〜 61.4
60	15.6	23.5	35.2 〜 70.4
70	17.6	26.3	39.5 〜 79.0
80	19.4	29.1	43.7 〜 87.3
90	21.2	31.8	47.7 〜 95.4
100	22.9	34.4	51.6 〜 103.2
120	26.3	39.5	59.2 〜 118.4
140	29.5	44.3	66.4 〜 132.9
160	32.6	49.0	73.4 〜 146.9

表 A2-2　スズメ目以外の雛のエネルギー要求量

体重〈g〉	基礎代謝率（BMR）	維持エネルギー要求量（MER）〈kcal/日〉	成長に必要なエネルギー（健康時）
30	6.3	9.4	14 〜 29
40	7.8	11.7	18 〜 35
50	9.2	13.8	21 〜 41
60	10.5	15.8	24 〜 48
70	11.8	17.8	27 〜 53
80	13.1	19.6	29 〜 59
90	14.3	21.4	32 〜 64
100	15.5	23.2	35 〜 70
120	17.7	26.6	40 〜 80
140	19.9	29.9	45 〜 90
160	22.0	33.0	50 〜 99
180	24.0	36.1	54 〜 108
200	26.0	39.0	59 〜 117
225	28.4	42.6	64 〜 128
250	30.8	46.1	69 〜 138
275	33.0	49.6	74 〜 149
300	35.3	52.9	79 〜 159
350	39.6	59.4	89 〜 178
400	43.8	65.6	99 〜 197
450	47.8	71.7	107 〜 215
500	51.7	77.6	116 〜 233
600	59.3	89.0	133 〜 267
700	66.6	99.9	150 〜 300
800	73.6	110.4	166 〜 331
900	80.4	120.6	181 〜 362
1000	87.0	130.5	196 〜 392
1250	102.8	154.3	231 〜 463
1500	117.9	176.9	265 〜 531
1750	132.4	198.6	298 〜 596
2000	146.3	219.5	329 〜 658
2500	173.0	259.5	389 〜 778
3000	198.3	297.5	446 〜 892

付　録　Ⅲ
製品・製薬等の製造・販売元

DIETS AND DIETARY SUPPLEMENTS

Cyclop-eeze, Argent Chemical Laboratory, 8702 152nd Ave. N.E., Redmond, WA 98052, (800) 426-6258, www.argent-labs.com.

Dried egg products: John Oleksy Inc., P.O. Box 34137, Chicago, IL 60634, (888) 677–3447, www.eggstore.com.

Dried egg yolk and eggs: Honeyville Grain Inc., 11600 Dayton Drive, Rancho Cucamonga, CA 91730, (888) 810-3212 ext. 107, www.honeyvillegrain.com.

Gerber Products Co. Fremont, MI 49413, www.gerber.com.

Hagen: 50 Hampden Rd, Mansfield, MA 02048, (800) 225-2700, www.hagen.com.

Harrison's Bird Diets: 7108 Crossroads Blvd, Suite 325, Brentwood, TN 37027, (800) 346-0269, www.harrisonsbirdfoods.com.

Kaytee Exact Hand Feeding Formula and Kaytee exact Rainbow pellets: Kaytee Products Inc., 521 Clay St., Chilton, WI 53014, (800) Kaytee-1 or (920) 849-2321, www.kaytee.com.

Kit and Kaboodle cat food: Purina Mills, Nestlé Purina PetCare Company, Checkerboard Square, St. Louis, MO 63164, (314) 982-1000, www.purina.com.

Lafeber Company, 24981 North East Rd, Cornell, IL 61319, (800) 842-6445, www.lafeber.com.

Layena: Purina Mills, 555 Maryville University Drive, St. Louis, MO 63141, (800) 227-8941, www.purinamills.com.

Lory life Pre-Mix Nectar Diet: Avico, Cuttlebone Plus, 810 North Twin Oaks Valley Rd, #131, San Marcos, CA 92069, (760) 591-4951 or (800) 747-9878, www.cuttleboneplus.com.

Mazuri Flamingo Complete, ZuLiFe Soft-Bill Diet, and Maintenance Primate Biscuit (low protein): Mazuri, P.O. Box 66812, St. Louis, MO 63166, (800) 227-8941, www.mazuri.com.

Nekton products: www.nekton.de.

Nutri-cal: Vetoquinol USA/Evsco Pharmaceuticals, 101 Lincoln Ave., Buena, NJ 08310, (800) 267-5707.

Pretty Bird International, Inc., P.O. Box 177, Stacy, MN 55079, (800) 356-5020, www.prettypets.com.

Purina Mills Poultry Diets: 2005. SunFresh Recipe Products Index Page. St. Louis, MO, www.rabbitnutrition.com/flock/index.html.

Rainbow Landing, P.O. Box 462845, Escondido, CA 92046-2845, (800) 229-1946, lorynectar@earthlink.net.

Rodents (frozen): LLLReptile and Supply Company Inc., 609 Mission Ave, Oceanside, CA 92054, (760) 439-8492, www.lllreptile.com.

Roudybush: Box 908, Templeton, CA 93465-0908, (800) 326-1726, www.roudybush.com.

STAT high calorie liquid diet: PRN Pharmacal, Inc., Pensacola, FL 32504, www.prnpharmacal.com.

SuperRich Yeast (not "brewers yeast"): Twin Laboratories, 50 Motor Parkway, Suite 210, Hauppauge, NY 11788.

Vital HN (hydrolyzed protein enteric diet powder): Ross Products, (800) 258-7677, a division of Abbott Laboratories, Abbott Park, IL. Vital HN may be obtained in single packages from Chris's Squirrels and More (860) 749-1129, (877) 717-7748.

Zupreem Low Iron Softbill Diet: Zupreem, P.O. Box 9024, Mission, KS 66202, 10504 W. 79th St. Shawnee, KS 66214 (800) 345-4767, www.zupreem.com.

Invertebrate Food

Arbico Organics: P.O. Box 8910, Tucson, AZ 85738-0910, (800) 827-2847.

Biconet, 5116 Williamsburg Rd, Brentwood, TN 37027, (800) 441-BUGS, www.biconet.com.

Fluker Farms, 1333 Plantation Ave, Port Allen, LA 70767-4087, (800) 735-8537, www.flukerfarms.com.

Rainbow Mealworms, 126 E. Spruce St, Compton, CA 90220, (800) 777-9676. https://www.rainbowmealworms.net/home.asp.

DISINFECTANTS

Betadine: Purdue Pharma L.P., Stamford, CT, (800) 877-5666, (203) 588-8000, www.pharma.com.

Nolvasan: Fort Dodge, Wyeth, 5 Giralda Farms, Madison, NJ 07940, (800) 533-8536, www.wyeth.com.

EGG MONITORING DEVICES AND CANDLING DEVICES

Egg Buddy (Egg monitoring device): Avian Biotech International, 1336 Timberlane Rd, Tallahassee, FL 32312-1766, (850) 386-1145, (800) 514-9672, www.avianbiotech.com/buddy.htm.

Egg Candlers: Lyon Technologies, Inc., 1690 Brandywine Ave, Chula Vista, CA 91911, (888)596-6872, www.lyonelectric.com.

FEEDING NEEDLES, TUBES, SYRINGES, AND NIPPLES

ACES Animal Care Equipment and Services, Inc., 4920-F Fox St, Denver, CO 80216, (303) 296-9287 (worldwide), (800) 338-2237 (North America), (303) 298-8894 (fax), www.animal-care.com.

Catac nipples: Catac Products Limited, Catac House, 1 Newnham St, Bedford Mk40 3jr England, +44 (0) 1234 360116 (tel), +44 (0) 1234 346406 (fax), www.catac.co.uk. Also available from Chris's Squirrels and More, LLC, P.O. Box 365, Somers CT 06071, (860) 749-1129, www.squirrelsandmore.com.

Feeding Tube and Urethral Catheter available from Tyco Healthcare/Kendall, (800) 962-9888, www.kendallhq.com. Sizes 8 through 18 French.

Syringes with catheter tip available from Tyco Healthcare/Kendall, (800) 962-9888, www.kendallhq.com. Monoject, 60 ml.

Teat Cannula (Jorgensen Laboratories Inc.) and O-Ring syringes, www.squirrelsandmore.com.

FURNISHING AND HOUSING ITEMS

Astroturf, Solutia Inc, P.O. Box 66760, St. Louis, MO 63166-6760, (800) 723 8873, www.astroturfmats.com.

Netting: Nylon Net Company, 845 N Main St, Memphis, TN 38107, (800) 238-7529.

Netting: Christensen Net Works, 5510 A Nielsen Ave, Ferndale, WA 98248, (800) 459-2147.

Pet Carriers: Petmate, P.O. Box 1246, Arlington, TX 76004-1246, (877) 738-6283, www.petmate.com/Catalog.plx.

Pet Screen, Phifer Inc., P.O. Box 1700, Tuscaloosa, AL 35403-1700, (205) 345-2120, www.phifer.com.

Portapet-Cardboard Pet Carrier 24″ × 12″ × 18″: UPCO, 3705 Pear St, St. Joseph, MO 64503, (800) 254-8726, www.UPCO.com, Item #60000.

Reptarium screen enclosures: LLLReptile and Supply Company Inc., 609 Mission Ave, Oceanside, CA 92054, (760) 439-8492, www.lllreptile.com.

Reptarium screen enclosures: Dallas Manufacturing Company Inc., 4215 McEwen Rd, Dallas, TX 75244, (800) 256-8669.

Rubber pans and tubs: Fortex Fortiflex (800) 468-4460, www.fortexfortiflex.com/rubberpans.html.

Sisal Rope (natural fiber rope): LeHigh, 2834 Schoeneck Rd, Macungie, PA 18062, (610) 966-9702, www.Lehighgroup.com.

Suet Baskets: Arcata Pet Supplies, www.arcatapet.com, (877) 237-9488, item #1472.

INCUBATORS, HATCHERS, BROODERS, AND HEATING PADS

Incubators, Brooders, and Contact Incubation Systems (Contaq X3): Lyon Technologies, Inc., 1690 Brandywine Ave, Chula Vista, CA 91911, (888) 596-6872, www.lyonelectric.com.

Brinsea Octagon TLC-4: Brinsea Products Inc., 704 N. Dixie Ave, Titusville, FL 32796, (888) 667-7009.

Heating pads available from Gaymar Industries, Inc., (716) 662-2551, (716) 662-8636 (international), www.gaymar.com.

Portable Brooder, Dean's Animal Supply, P.O. Box 701172, St. Cloud, FL 34770, (407) 891-8030, www.thebrooder.com.

ThermoCare Portable ICS Units: ThermoCare Inc., P.O. Box 6069, Incline Village, NV 89450, (800) 262-4020, www.thermocare.com.

REHYDRATION SOLUTIONS

Pedialyte: Abbott Laboratories, 100 Abbott Park Rd, Abbott Park, IL 60064-3500, (847) 937-6100, www.abbott.com.

Ross Consumer Products Division, Abbott Laboratories, 625 Cleveland Ave, Columbus, OH 43215, (800) 227-5767, http://www.pedialyte.com.

RECORD-KEEPING AND IDENTIFICATION AIDS

Leg bands: National Band and Tag Company, 721 York St, Newport, KY 41072-0430, (800) 261-TAGS (8247).

Leg bands: Red Bird Products P.O. Box 376, Mt. Aukum, CA 95656, (530) 620-7440, www.redbirdproducts.com.

Computer Program: Minitab Inc., Quality Plaza, 1829 Pine Hall Rd, State College, PA 16801-3008, (814) 238-3280, www.minitab.com.

SCALES

American Weigh Scales Inc., 1836 Ashley River Rd, Suite 320, Charleston, SC 29407, (866) 643-3444.

Lyon Technologies, Inc., 1690 Brandywine Ave, Chula Vista, CA 91911, (888) 596-6872, www.lyonelectric.com.

Pelouze Scales, Rubbermaid Commercial Products, 3124 Valley Ave, Winchester, VA 22601, (800) 950-9787, (888) 761-8574, www.pelouze.com.

VETERINARY SUPPLIES

Antibiotics and Antifungal drugs and Vaccines

Carnidazole (Spartrix): Janssen Animal Health, available in the U.S.A. through Global Pigeon Supply, 2301 Rowland Ave, Savannah, GA 31404, (800) 562-2295, www.globalpigeon.com. or Jedds, 1165 North Red Gum, Anaheim, CA 92806, (800) 659-5928, www.jedds.com.

Lasix: Aventis (Sanofi-Aventis): 300 Somerset Corporate Blvd, Bridgewater, NJ 08807-2854, (800) 981-2491, (800) 207-8049, http://products.sanofi-aventis.us/lasix/lasix.html.

Nystatin: Bristol Myers Squibb, 345 Park Ave, New York, NY 10154-0037, (212) 546-4000, www.bms.com.

Roche Pharmaceuticals, Hoffman-La Roche, Inc., 340 Kingsland St, Nutley, NJ 07110, (973) 235-5000, www.rocheusa.com/products/rocephin/pi.pdf.

Toltrazuril (Baycox): Bayer Animal Health, available in the U.S.A. through Global Pigeon Supply, 2301 Rowland Ave, Savannah, GA 31404, (800) 562-2295, www.globalpigeon.com.

Trimethoprim-sulfamethoxazole (Septra): King Pharmaceuticals, Bristol, TN 37620, (888) 840-5370, www.kingpharm.com.

West Nile Virus Vaccine: Fort Dodge Animal Health, West Nile Vaccine Product Manager, P.O. Box 25945, Overland Park, KS 66225-5945, (800) 477-1365 (U.S.A.), (800) 267-1777 (Canada), www.equinewestnile.com/index.htm.

Bandaging, Splint, and Wound Products

BioDres: DVM Pharmaceuticals, Subsidiary of IVAX Corporation, 4400 Biscayne Blvd, Miami, FL 33137, (305) 575-6000.

Op-site Flexifix dressing: Smith & Nephew, Inc., 11775 Starkey Rd, P.O. Box 1970, Largo, FL 33779-1970, (800) 876-1261, www.opsitepostop.com/

SAM Splint: SAM Medical Products, 7100 SW Hampton St, Ste 217, Portland, OR 97223, (800) 818-4726.

Tegaderm and Vetrap: 3M, 3M Center, St. Paul, MN 55144-1000, (888) 364-3577.

Vetrap (3M) available from Jeffers, (800) 533-3377, www.jefferspet.com. Sizes: 2″ wide × 5 yards and 4″ wide × 5 yards.

Parasite Control

Kelthane miticide: Dow AgroSciences LLC, 9330 Zionsville Rd, Indianapolis, IN 46268, (317) 337-3000.

Sevin Dust: GardenTech, P.O. Box 24830, Lexington, KY 40524-4830, (800) 969-7200.

Ultracare Mite and Lice Bird Spray: 8 in 1 Pet Products, Hauppauge, New York, (800) 645-5154.

VITAMIN AND MINERAL SUPPLEMENTS

Avi-Con: Lloyd, Inc., P.O. Box 130 Shenandoah, IA 51601, (800) 831-0004.

Avi-Era Avian Vitamins: Lafeber Company, Cornell IL 61319, (800) 842-6445, www.lafeber.com.

Avimin: Lambert-Kay, Cranbury, NJ 08512 (available in many pet stores).

Calcium Carbonate Powder (1 kg bottles): Life Extension Foundation, P.O. Box 229120, Hollywood, FL 33022, (800) 544-4440, www.lef.org.

Calcium Carbonate USP Precipitated Light: manufactured by PCCA, 9901 S. Wilcrest, Houston, TX 77099, (800) 331-2498, www.pccarx.com, Item# 30-1944-500.

Mazuri Auklet Vitamin Mix (5M25-3M): Mazuri, 1050 Progress Drive, Richmond, IN 47374, (800) 227-8941, www.mazuri.com, Product information at: www.mazuri.com/PDF/52M5.pdf.

Mazuri Vita-Zu Bird Tablet (5M25): Mazuri, 1050 Progress Drive, Richmond, IN 47374, (800) 227-8941, www.mazuri.com, Product information at www.mazuri.com/Home.asp?Products=2&Opening=2.

Quikon Multivitamin: Orchid Tree Exotics, 2388 County Rd EF, Swanton, OH 43558, (866) 412-5275, www.sunseed.com.

SeaTabs: Pacific Research Laboratories, El Cajon, CA.

Superpreen: Aracata Pet Supplies, (800) 822-9085, www.arcatapet.com, item #'s 835-837.

Vionate powder: Rich Health Inc., Irvine, CA.

日本語索引

あ

アイサ類　146
あえぎ呼吸　213
亜　鉛　56
アオアトリ類　415
アオエリネズミドリ　349
アオショウビン　370
アオハラニシブッポウソウ　361, 370
アカエリカイツブリ　79
アカオノスリ　18, 168, 174, 178
アカガオネズミドリ　349, 351
アカケアシノスリ　168, 179
アカコブサイチョウ　370
赤ゴム製カテーテル　145
赤ゴム製フィーディングチューブ　151
アカハシサイチョウ　360, 370
アカムシ　234, 325
アクリル樹脂　243
趾
　　―の絞約輪形成症候群　188
　　―の弯曲症　55, 159, 257
あしかせ　147, 188
アジサシ　27, 121
アジサシ類　117
足皮膚炎　120, 131, 217
アシボソハイタカ　168, 253
趾曲がり　56
足　環　81, 96, 99, 106, 116, 163, 170, 254, 255, 266, 350, 357, 416
アスペルギルス　270
アスペルギルス症　57, 70, 83, 120, 130, 220, 242, 350
アスペルギルス属　56
圧迫性褥瘡　149
アデノウイルス　57
アデリーペンギン　67
アトリ　415

アビミン液体ミネラルサプリメント　340
アヒル　211, 213, 221, 222, 224, 225
アヒルウイルス性腸炎　147, 221
アヒル肝炎　221
アヒルペスト　147
油汚染　204
アブラヨタカ　303
アボカド　282
アマサギ　204
アマツバメ目　17, 20
アマツバメ類　16, 335
アメリオオセグロカモメ　119
アメリカオオアジサシ　119
アメリカオオセグロカモメ　117
アメリカオオソリハシシギ　25
アメリカオオバン　16, 25, 142, 143
アメリカオシ　24, 146
アメリカカケス　29, 401
アメリカガラス　19, 391, 402
アメリカコアジサシ　117
アメリカササゴイ　205, 206
アメリカシロヅル　239, 249
アメリカソリハシセイタカシギ　25, 105
アメリカチョウゲンボウ　18, 169
アメリカミユビゲラ　373
アメリカヤマセミ　20
アメリカヨタカ　26, 303, 305
アメリカレンカク　105
アメリカワシミミズク　22, 294, 300, 301
アモキシシリン　11, 83, 204, 417, 431
アモキシシリン–クラブラン酸　172
アレチノスリ　168
アンデスフラミンゴ　97
アンナハチドリ　17, 329, 330
アンピシリン　172
アンプロリウム　222
アンモニア　195, 266
安楽死　12

い

イエスズメ　28, 415
生　餌　109, 126, 245, 367, 449
育雛器　6, 195, 278, 388, 431
　　ウォークイン式の—　152
　　温水式—　118, 120
　　強制空気循環型—　195, 196
育雛部屋　161, 184
育雛放棄　186
遺残卵黄　55
維持エネルギー要求量　465, 466
　　24時間の—　287
維持飼料　222, 245
異種養育法　249
異常姿勢　46
イスカ類　415
胃洗浄　82, 148
イソシギ類　16
位置異常　64, 269
位置関係　405
一妻多夫　105
一夫一妻　63, 97, 105, 239, 313, 355
一腹卵　43
一腹卵数　278, 313
一夫多妻　105
イトラコナゾール　120, 130
イヌワシ　18, 157, 163
イベルメクチン　12, 83, 159, 243, 398, 431, 432, 442
インカバト　253
インコ　13
インコ痘ウイルス　219
インコ用育雛飼料　384
インコ類　15
　　晩成性の—　15
インドハゲワシ　182
隠蔽色　227

う

羽　域　9
ウォークイン式の育雛器　152
ウオクイワシ　157
羽　芽　396, 418, 419
浮き島　88
羽　鞘　306
ウズラ　176, 211〜213, 221, 222, 227, 231, 233
ウズラ痘ウイルス　219
羽　嚢　10, 396
羽　包　396
馬用ワクチン　189
ウミオウム　134
ウミガラス　27, 134
ウミガラス属　129
ウミガラス類　129, 131, 133, 136
ウミスズメ類　129
ウミバト　132, 134
ウミバト類　129, 131, 133, 136
ウミワシ　157
ウ　類　16

え

衛星型給餌器　333
衛生管理基準　38
餌乞い　67, 82, 121, 286, 287, 405, 420, 425, 453
エコロケーション　303
餌の漉し採り機能　102
エッグフード　454
エトピリカ　27, 134
エトロフウミスズメ　132, 134
エネルギー要求量　367, 466
　　鳥の成長期における—　465
エボシドリ類　313
エミュー　51
エミュー科　51
塩化ナトリウム液　7, 159, 231
嚥下反射　231
エンシュア　107, 118
エンゼルウイング　110, 148, 159, 243
塩　腺　74, 146
塩素濾過法　138
延長チューブ
　　輸液セットの—　376
エントツアマツバメ　16, 20, 335
遠洋性の鳥類　137
エンロフロキサシン　70, 431

お

オウギワシ　157
オウゴンヒワ　415, 416, 426

オウサマペンギン　63, 71
嘔　吐　295
オウム　38
オウム・インコ類　265
オウム目　17, 21
　　－の人工育雛用餌　270
オオアオサギ　204, 205, 210
オオキガシラコンドル　181
大口開け　82, 121, 202
オオサイチョウ　360, 368, 370
オオタカ　168
オーデュボン協会　251
オートクレーブ　195
オーバーフロー方式　89, 96
オオハシ　387～389
オオハシウミガラス　129
オオハシノスリ　168
オオハシ類　383
オオフラミンゴ　97
オオマダラキーウィ　52
オオミチバシリ　21, 285
オオムジツグミモドキ　30
オオヨタカ　303, 305
Oリングシリンジ　8, 374, 453
オールイン・オールアウト方式　59
オキアミ　136
オキナインコ　21
オジロトビ　18, 169
オジロノスリ　168
オゾン発生器　362
オナガカエデチョウ　451
オナガキジ　212
オナガクロムクドリモドキ　18
オナガテリカラスモドキ　412
オナガハヤブサ　169
オニアジサシ　119, 125
オビオノスリ　168
オビオバト　253, 260
オビナシショウドウツバメ類　445
オビハシカイツブリ　26, 79, 87
オプサイト　286
お見合い用ケージ　319, 354
温水式育雛器　6, 118, 120, 122

か

開脚症　54, 69, 145, 147, 151, 171, 188, 230, 232, 235, 268, 271, 422
開口呼吸　9, 213
開嘴虫　242, 433
皆前趾足　16, 20, 335
外側の嘴打ち　34, 42, 44～46, 53, 54, 66, 185, 269
外側尾羽　15
カイツブリ目　26
カイツブリ類　16, 79
外胚葉　265
外部寄生虫　12, 294, 442
開放骨折　243
外来種　2, 155, 227, 427
外来フィンチ類　451
外卵殻膜　33, 42, 44
カオグロキンヒワ　415, 416
カオグロサイチョウ　360, 368, 370
化学物質安全性データシート　12
鉤　爪　16, 316
カギハシトビ　169
家　禽　211
　　－の血統　211
　　－の純血種　211
家禽コレラ　221
核型判定　277
隔年繁殖　182
角膜潰瘍　9
角膜損傷　296, 338
カケス　402～404
カケス類　29, 391, 394, 400
風切羽　274, 300, 429
カササギ　401, 402, 404
カササギ類　391, 394, 396
カザノワシ　157
ガス発生
　　そ嚢内の－　454
家族群　155
家族集団　251
カタアカノスリ　168
刀のような翼　148
ガチョウ　211, 213, 221, 222, 224
カッコウ　285
カッショクペリカン　20, 91, 92
活性炭治療　432
カテーテル　70, 241, 323, 376
カテーテルチップシリンジ　101, 273

カナダカケス　392
カナダガン　24, 144, 145, 247, 248
カナダヅル　23, 239, 248, 249
カナリア類　415
カニューレ　8, 374, 376, 377, 386, 400, 420, 421, 443, 444
カノコバト　253
痂皮　92
花粉　277
仮母　267
ガマグチヨタカ　303
カムフラージュ　227, 305
カモメ類　117
カモ類　141
カラザ　33, 41
カラス類　29, 391, 410
ガラパゴスペンギン　63
カラ類　31
カリビアンフラミンゴ　97
カリフォルニアコンドル　43, 45, 46, 169, 181
カリフォルニアムジトウヒチョウ　28
カリブヨタカ　303
カルシウムサプリメント　364, 398
カルシウムとリンの比率　297
カルシウム補助剤　12, 172
カルニダゾール　255, 398, 418, 432, 442
カルバリル　12, 218
カロリー密度　92, 287
カワアイサ　24
カワガラス類　31
カワセミ類　355
カワラバト　15, 17, 253
換羽　217, 227, 396
眼科検査　296
眼科用ピンセット　327
眼球振とう　255
かんじき型の副木　257
カンジダ　56, 216, 256, 339, 384
乾燥した雛　268
眼軟膏　149
カンピロバクター・ジェジュニ　56
ガンボロ病　221
カンムリウズラ　23
カンムリエボシドリ　313〜316
カンムリワシ　157
含硫アミノ酸　243

ガン類　141

き

キーウィ　51〜53, 58
キーウィ科　51
飢餓　404
キガシラコンドル　181
気管開口部　400
気管開嘴虫　216, 242, 431
危急種　117, 265
キジ　13, 38, 211〜213, 219, 221, 222, 227, 232, 233
気室　33, 66
キジ目　23
気腫　11
キジ類　227
寄生蠕虫
　消化管内－　376
寄生虫性の腹膜炎　204
季節繁殖　53, 97
基礎代謝率　465, 466
キタアフリカダチョウ　51
キタシロズキンヤブモズ　412
キタムクドリモドキ　28
キチン質　287, 355, 364
キチン質性の餌　110
キツツキ目　21
キツツキ類　373
キヌバネドリ類　17
気嚢炎　220
キバシカササギ　401
キバシリ類　31
脚弱　216
脚麻痺　219
キャットフード　412
キャノーラオイル　147
キャリア　220
求愛ダンス　248, 253
救護のライセンス　1, 170
給餌器　225
　衛星型－　333
　吊り下げ式筒型－　332
給餌チューブ　118, 131, 133
給餌マニュアル　322
給餌用スティック　421
給餌用フォーミュラ　453

旧世界のハゲワシ類　181
急速投与　295
吸　虫　83
休　眠　303, 349
教育プログラム　158, 183, 297
強化 Vital HN ミックス　327
強制給餌　85, 121, 205, 287, 296, 342
　　チューブによる—　186, 308
強制空気循環型育雛器　195, 196
共生細菌叢　411
強制対流式孵卵器　39
兄弟殺し　239, 241, 247, 251, 369
協同繁殖　391
魚類野生生物局　2
偽　卵　33, 98, 278
キルシュナー鋼線　243
キンカチョウ　453, 455
キンケイ　212
ギンケイ　212

く

空中浮遊性の昆虫　339
空中捕虫型　439, 448
クーパーハイタカ　168, 253
櫛　爪　304
クジャク　227
クビナガカイツブリ　26, 79, 85, 87
クビワヨタカ　303
クラークカイツブリ　79, 85, 87
クラッチ　43
クラバモックス　11, 172, 204, 257, 417, 442
クラブラン酸　11, 204
クラブラン酸カリウム　417
クラミジア病　221
グラム染色　11, 357
クランブル飼料　222
グリット　58, 258
クリプトスポリジウム感染　57
グルコン酸クロルヘキシジン　203
グルビオン酸カルシウム　12, 13, 84, 324, 325, 327, 329, 432
くる病　55, 138, 203
クレイシ　97
クロイロコガラ　30
クロウタドリ類　29
クロコンドル　169, 179, 181

クロサイチョウ　360, 370
クロストリジウム　57, 419
クロツキヒメハエトリ　16, 30
クロップブラ　260
クロヅル　239
クロノスリ　168
クロムジアマツバメ　335
クロルヘキシジン　37, 70, 178, 209, 256, 378
クロロキン　173
群居性　210
燻蒸消毒　37, 38, 65

け

ケアシノスリ　168
経口チューブ　82, 83, 148, 149, 151
経口補液剤　7, 374, 442
　　小児用—　131, 286, 452
経腸感染　219
鶏　痘　110, 221
鶏　頭　290
鶏痘ウイルス　219
ゲータレード　337
ケープシロエリハゲワシ　182, 183
ケープブラックダチョウ　51
外科用接着剤　11, 417
血液原虫　297
血　幹　396, 418, 419
欠乏量換算法　82
ケトコナゾール　220
ケフレックス　257
蹴　爪　227
ケルセン　12, 324
ケワタガモ　146
検　疫　225
検疫室　34
検眼鏡　9
嫌気性腸内細菌　419
検　卵　41, 42, 44, 66, 185
検卵器　36, 38
　　赤外線—　53

こ

コアメリカヨタカ　303, 305, 309
ゴイサギ　22, 204〜206
広域抗生物質　338, 339
コウウチョウ　28

抗炎症薬 171
口角突起 9, 425, 426
抗原虫薬 232
抗コクシジウム薬 223
交差防御 219
後 趾 16
合趾足 20
抗真菌剤 70
抗生物質軟膏 233
高体温 7, 113
後腸発酵 57
コウチョウ類 29
コウテイペンギン 63, 71
コウノトリ目 17, 22
高病原性鳥インフルエンザ 221
酵母感染症 339
コウミスズメ 134, 136, 137
絞約輪形成症候群 271
　　趾の— 188
コウライキジ 23, 212
誤 嚥 8, 86, 107, 186, 192, 260, 295, 351, 375, 386, 391, 397, 443, 453
誤嚥性吸引 149
誤嚥性肺炎 82, 83
コーバン 120
コオロギ 379, 412, 443, 449
コーンミール 340
コガラ類 31
国際エボシドリ協会 319
国際獣疫事務局 221
国際種情報システム 64, 158
国際ツル財団 240
国際野生生物リハビリテーション連盟 3
コクシジウム 172, 218, 223, 256, 376, 398, 417, 432
コクシジオイデス症 242
国立公園野生生物局 2
コシアカネズミドリ 351
ゴシキセイガイインコ 279〜281, 283
ゴシキヒワ類 29
コシジロハゲワシ 182
コセイガイインコ 278
個体登録用のソフト 64
コチョウゲンボウ 169, 179
鼓張症 82
骨疾患

　　代謝性— 12, 172, 189, 297, 397, 410, 432
骨軟化症 203
骨 稜 383
粉状飼料 222
誤認救護 106, 144, 307, 322, 416
コハクチョウ 24
コバシフラミンゴ 97
コヒクイドリ 51
コフラミンゴ 97
コマダラキーウィ 52
コマツグミ 410, 429
コマツグミ類 429
コマドリ 30
コマドリ類 31
コミドリヤマセミ 355
コリン 56
コリンウズラ 212, 213
コルチコステロイド 296
コルト 239
コロナウイルス 57
コロニー 80, 81, 201, 210
　　ドングリキツツキの— 381
骨 幹 120
混合飼育 151
コンタック孵卵器 35
昆虫食性 179, 327, 335, 340
昆虫食性用飼料 307
昆虫食鳥用の人工給餌飼料 308
コンドル 36, 181〜183, 185, 186, 194
コンドル類 167, 181, 195

さ

サイエンスダイエット 150, 244
細菌叢 232
サイクロピーズ 136
臍 帯 314
臍帯血管 186
サイチョウ 360
サイチョウ類 355
再導入 239
腮 嚢 92, 94, 96
在来種 227, 415
サギ類 201
錯綜筋 44, 54, 269
削痩雛用処方餌

ツルの− 245
殺鼠剤　8
殺ダニ剤　324
サテライトフィーダー　333
里　親　33，65，94〜96，98，163，164，169，
　　173，174，177，229，245，250，288，300
里　子　164，179
サバクシマセゲラ　373
サプリメント　130，203，410
　　アビミン液体ミネラル−　340
　　カルシウム−　364
　　乳酸菌−　339
　　ビタミン−　364
　　複合ビタミンB液状−　364
サボテンの骨　378
サムスプリント　203
サルファ剤　219
サルモネラ　56，220
サルモネラ症　220，231
サル用ビスケット　100
サンショクツバメ　15，16，30，415，439〜
　　442，444〜446
三前趾足　16〜19，22，23，26，201，211，
　　253，303，335，373，429，439
酸敗したそ嚢　160，187，188
産卵鶏用配合飼料　222
産卵用配合飼料　222

し

趾
　　−の絞約輪形成症候群　188
　　−の弯曲症　55，159，257
シアノコバラミン　364
ジアルジア症　432
飼育下繁殖　239
シード　283
ジエチルカルバマジン　297
塩のタブレット　74
紫外線　450
紫外線殺菌器　362
シギ科　105
シギ・チドリ類　105
敷　料　270，282
シクリッド用ミニペレット　109
止血鉗子　377
ジサイチョウ　360，364，365，370

ジサイチョウ類　355，363，364，366，368
脂　腺　153，304
自然対流式孵卵器　35，39，342
シチメンチョウ　23，211〜213，219〜222，
　　224，227，232〜234
七面鳥痘ウイルス　219
七面鳥ひき肉団子　290
疾病管理センター　189
自動加湿装置　35
自動転卵　66
死肉捕食集団　181
嘴　幅　158
ジブチル錫ジラウレート　218
シプロフロキサシン　431
嘴峰長　158，322
ジメチルカプトコハク酸　148
シメ類　29，415
嘴　毛　305，307
社会構造　373
シャコ　211，212
遮光カーテン　209
尺骨皮静脈　231
重質炭酸カルシウム　399
ジュウシマツ　451，453，456
終生飼育管理　143
集団繁殖　137
集団繁殖群　80
集団繁殖地　95
シュート　193
雌雄同型　182
シュードモナス　56
シュードモナス・アエルギノザ　57
重複胚　37
手根関節　148，187
ジュズカケバト　253
受精率　47
樹洞営巣性　146，152，274，293
手動転卵　66
受動免疫　34
狩猟クラブ　213
狩猟シーズン　237
狩猟鳥　212，227
順次的一妻多夫　105
瞬　膜　9
消化管
　　−へのチューブ　81

消化管通過障害　187，384
消化管通過速度　270
消化管内寄生蠕虫　376
消化管閉塞　364
渉禽類　105
ショウジョウコウカンチョウ　19
ショウジョウバエ　325
ショウジョウヒワ　451
条虫　432
条虫類　398
常同行動　396
ショウドウツバメ　439
小児用経口補液剤　131，286，452
小児用電解質溶液　255
漿尿膜　34，41，42，44，46，185，187，265，269
漿尿膜血管　41，42，45，46，269
漿膜　34，265
静脈カテーテル　326
静脈内留置針　86
食滞　187，384
食道フィステル形成術　55
初生雛用飼料　245
初列風切羽　126，364
シラコバト　253
シラヒゲウミスズメ　132，134，136
シラミ　130，215，218，297，442
シラミバエ　256，297
趾瘤症　131，147，179，217，397，450
シリンジ　7，108，286，352，374，377，385，394，400，444
シロアリ駆除剤　8
白いミルワーム　443
シロエリハゲワシ属　182，183
シロオビアメリカムシクイ　19
シロガシラネズミドリ　351
シロチドリ　112，116
シロハヤブサ　169
シロハラシマアカゲラ　374，375，377
シロハラハイイロエボシドリ　313
シロハラミソサザイ　30，440，449
シロビタイハチクイ　357，362，364，370
真菌感染症　130，398
真菌症　242
真菌性皮膚炎　271
人工育雛用餌
　　オウム目の－　270
人工育雛用配合飼料　452
人工育雛用フォーミュラ　452
人工給餌飼料　409
　　昆虫食鳥用の－　308
人工芝　68，147，163，396，397，403，404
人獣共通感染症　1
新生児用保育器　209
新世界のハゲワシ類　167
心臓音の検出器
　　卵の－　185
真のそ嚢　298，303，337
深部体温　288

す

ズアカショウビン　360～364，367，369，370
水禽向け飼料　222
水禽類　141
水禽類用ドライフード　150
水面濾過装置　137
水溶性ピレスリン　130
スーパーリッチイースト　340，341
スーパーワーム　290
スエットバスケット　405
スカベンジャー　167
スクラーゼ　434
ズグロサイチョウ　360，368，370
スズメ　2，415
スズメ目　15，17～19，409，415，429，439，451
　　晩成性の－　15
スズメ類　29
スターゲイジング症状　187，188，216，364
ステラーカケス　401
ステロイド系抗炎症薬　171
ステロイド剤　83
ストレス　146，235，241，431，442
ストレスライン　10，11，244，311，418
砂浴び　304
スニッキング　213
スピロヘータ　57
スポイト　7，108，255，286，374，453
スミレミドリツバメ　30，439，441，446
3M　11，12，159，203，233
刷り込み　110，155，160，175，196，247，249，250，265，288，345，369

スルファジアジン銀　442
スルファジアジン銀クリーム　11，119，431
スルファジメトキシン　398
スワブ　10，339，395，398

せ

正羽　126，144，207，274
性染色体　265
セイタカシギ　113
セイタカシギ科　105
成長期　465
成長期用飼料　222
成長に必要なエネルギー　466
性的単型（形）　313，349
性的二型（形）　415
性判別
　　DNA による—　277
生物学的防御　224
生理食塩水　82，295，374
赤外線検卵器　53
赤外線放射温度計　452
セキショクヤケイ　211
セキレイ類　429
セグロカモメ　27
セグロミユビゲラ　373
セジロコゲラ　21
セジロネズミドリ　349，351，353
舌圧子　307
石灰　224
絶滅危惧種　117，182，227，265
絶滅寸前種　265
セファゾリン　172
セファレキシン　11，172，204，257，417，431
セレコキシブ　172
セレニウム　55，56
セレブレックス　83
前眼房出血　296
染色体異常　47
潜水行動　137
疝痛　56
全波長型ライト　89，114，123
全米養鶏協会　211
全蹼足　16，20

そ

ソウゲンハヤブサ　169，179

ソウゲンライチョウ　227，228
総合ビタミンサプリメント　93
創傷被覆剤　11
早成性　2，6，8，16，23〜25，38，52，60，
　　79，142，211，213，229，239，268
相対湿度　184，357
走鳥類　51
総排泄腔　10，54，121，323，328
総排泄腔温度　203
足根間関節　12
足底皮膚炎　147
そ嚢　351，385
　　酸敗した—　160
　　真の—　298，303，337
　　—の裂傷　255
そ嚢痙攣　454
そ嚢停滞　193，195，217，256，454
そ嚢内のガス発生　454
そ嚢ブラジャー　260
そ嚢閉塞　271
ソフトビル　313，319，349〜351，354，412
ソフトビル用ペレット飼料　315
ソフトリリース　96，210，251，301，379，381
ソマリダチョウ　51
ソリハシセイタカシギ　105

た

ダーウィンレア　51
第 1 趾　16，397
ダイサギ　205，210
対趾足　16，20〜22，285，373
代謝性アシドーシス　82
代謝性骨疾患　12，172，189，297，397，410，
　　432
体重比換算法　82
大雛用飼料　222
大豆蛋白　327
代替の巣　170
大腸菌　56，324
大腸菌症　220
第二リン酸カルシウム　160，161
　　—の錠剤　74
代用餌　378
第 4 級アンモニウム塩　37
代理親　116，288，300
大量投与（ボーラス投与）　81，295

唾液の移植　342
鷹　匠　163, 180, 199
　―のフード　158
多価長鎖脂肪酸　136
タカ類　167
托　卵　15
ダチョウ　36, 38, 40, 51
ダチョウ科　51
ダチョウ衰弱症候群　55, 57
ダチョウ目　51
タチヨタカ　303
脱　水　5, 82, 108, 132, 171, 195, 255, 287, 295, 322, 363, 387, 392, 394, 397, 404, 443
ダ　ニ　11, 12, 215, 218, 324, 376, 398, 442
　マヨイダニ科の―　324
タニシトビ　169
ダニ麻痺　218
タヒバリ類　429
タペタム　304
卵の心臓音の検出器　185
ダミーの卵　65, 183
多目的育雛飼料　222
炭酸カルシウム　84, 100, 101, 109〜111, 192, 203, 257, 364, 385, 410〜412
丹　毒　83

ち

チアベンダゾール　243
チアミナーゼ　188
チアミン　84, 93, 364
チアミン欠乏　160, 188
チアミン分解酵素　188
窒素性老廃物　266
チドリ科　105
チドリ目　23, 25, 27
チャイロコツグミ　433
チャイロツグミモドキ　433, 435
チャイロネズミドリ　349
チャガシラニシブッポウソウ　370
チャックウィルヨタカ　303, 305, 307, 309
チャバライカル　19
チャバラマユミソサザイ　440
チャンバー　161, 184
中央尾羽　288

昼行性　5, 381, 427
中止卵　47
中雛用飼料　222
中性脂肪　133
中胚葉　265
チュウハシ類　383
チュウヒ　179
チュウヒワシ　157
チューブ　55, 121, 171, 186, 255, 400
　消化管への―　81
　輸液セットの延長―　376
チューブ給餌　85, 86, 186, 308
チューブフィーダー　332
チョウゲンボウ　170, 173, 176, 177, 179, 180
腸内寄生虫　256
腸内細菌叢　58, 244, 271, 342
貯食性　392
貯　卵　37, 53
チリフラミンゴ　97

つ

対趾足　374
継ぎ羽　244
ツグミモドキ類　31, 429
ツグミ類　31, 429, 432, 434, 436, 437
ツノメドリ　134
ツノメドリ類　129, 131〜133, 136
翼異常　110
ツバメ　440
ツバメトビ　169
ツバメ類　31, 439
ツメバケイ　316
吊り下げ式筒型給餌器　332
吊り紐　243
ツルの削痩雛用処方餌　245
ツル目　23, 25
ツル類　239

て

泥球症　147, 232
ディスプレイ　97, 285
低体温　5, 113, 143〜145, 201, 205, 230, 240, 279, 286
低鉄性のペレット飼料　314
テガダーム　11, 203, 257, 287, 417

デキサメタゾン 172
手差し給餌 86, 136, 186, 307
デジタルインキュベーター 106
鉄沈着症 314, 350, 385
テリトリー 141, 237, 291, 300, 393, 406, 440
テリムクドリモドキ 28
電解質溶液 107
　小児用― 255
点眼薬 296
伝染性関節膜炎 220
伝染性気管支炎 221
伝染性気管支炎ウイルス 219
伝染性喉頭気管炎 221
伝染性ファブリキウス嚢病 221
天然資源局 2
転　卵 35, 40, 185, 268

と

投　餌 138
凍　傷 240
動　線 266
等張輸液剤 130, 431
トウヒチョウ類 29
動物医療用ケージ 209
動物性蛋白質 433
動物性プランクトン 129
動物用集中治療器 422
トキイロコンドル 181〜186, 188, 189, 195, 196
土地管理局 163
突然死シンドローム
　フィンチの― 419
ドナー 342
ドバト 2, 17, 253, 254, 261
トビ類 167
塗抹検査 417, 432
　糞の― 376
塗抹標本 395, 398
塗抹法 442
共食い 183, 217, 224, 233
鳥インフルエンザ 83, 100, 147, 221
鳥結核病 221
トリコモナス 9, 216, 255, 256, 324, 395, 419
トリコモナス症 397, 398, 418, 432, 442

トリサシダニ 218
鳥　痘 100, 219, 256, 397, 398, 432
鳥痘ウイルス 398
鳥の成長期におけるエネルギー要求量 465
鳥マラリア 100
トリミング 217
トリメトプリム・スルファジアジン 70
トリメトプリム・スルファメトキサゾール 398, 431
鳥用ビタミン 110, 111, 399
鳥用ビタミン－ミネラル混合剤 160, 161
トルトラズリル 172, 256, 417, 432
ドレーン処置 92
ドローダウン 42, 44, 66, 185, 269
ドロンシット 398
ドングリキツツキ 373, 381

な

内視鏡 148
ナイスタチン 220, 324, 339, 384, 418
内臓腫瘍 219
内側の嘴打ち 33, 42, 44, 46, 53, 185, 269
内胚葉 265
内卵殻膜 33, 37, 42, 44, 265, 269
ナガヒメダニ 218
ナキハクチョウ 146
ナゲキバト 18, 253, 254, 259, 261
鉛中毒 148, 240

に

ニガシード 420
肉　垂 182
西ナイルウイルス 100, 189, 395, 398
西ナイル熱 398
24 時間の維持エネルギー要求量 287
ニテンピラム 12, 297
ニトロイミダゾール 324
ニブイロコセイガイインコ 280, 281
ニューカッスル病 147, 221
ニューカッスル病ウイルス 219
乳酸菌 454
乳酸菌サプリメント 339
乳酸菌製剤 58
乳児用電解質液 375
乳児用ドライシリアル 234
乳　清 325

ニュートリカル　337, 340
尿酸塩　34, 266
尿酸結晶　34
尿道カテーテル　86
尿　嚢　265
尿　膜　34, 266
ニヨオウインコ　270
ニワトリ　13, 211〜213, 219〜221, 224, 225
ニワトリ開嘴虫　242
鶏スピロヘータ　218
鶏チフス　220, 221
鶏チフス菌　220
鶏脳脊髄炎　219
鶏白血病　219
鶏マイコプラズマ病　221

ね

ネイセイリア　57
ネクサバンド　11
ネクター　324, 333
ネクトン　110, 111, 283
ネコマネドリ　433, 435
ネズミドリ類　349
熱源ランプ　110, 113〜115, 202, 206, 209
熱射病　243
熱中症　213, 241
ネラトンカテーテル　145, 151, 273

の

能動免疫　34
鋸歯状の嘴　383
ノドグロハチドリ　321, 323, 329〜333
ノドジロハチクイ　370
ノドジロハリオアマツバメ　335
喉　袋　335

は

バードフィーダー　405
胚　34
ハイイロチュウヒ　168
ハイイロホシガラス　391
敗血症　465
敗血症性腹膜炎　56
配合飼料
　人工育雛用－　452

肺水腫　83
胚体外膜　33, 47, 185, 187
胚斑部　265
胚盤葉　41
胚　膜　265
ハクチョウ類　141
ハクトウワシ　157, 160, 162, 163, 164
薄明薄暮性　304
ハゲワシ類
　新世界の－　167
跛　行　203
ハゴロモガラス　28
嘴打ち　40, 269, 350, 362
　外側の－　34, 42, 44〜46, 53, 54, 66, 185, 269
　内側の－　33, 42, 44, 46, 53, 185, 269
ハシグロカッコウ　20
ハシブトインコ　265
ハシブトウミガラス　134
ハシボソキツツキ　21
ハジラミ　256, 297, 376
ハジロカイツブリ　79
ハジロバト　253
パスツレラ　11, 57, 83, 204, 257, 417
外れた翼　110, 148
パタクセント野生動物調査センター　240
ハチクイ類　355
ハチドリ　13
ハチドリ類　321
8の字包帯法　203
爬虫類用岩型暖房器　452
爬虫類用ケージ　435, 446
爬虫類用セラミックヒーター　310
発　咳　242
ハッカン　212
ハッキング　163, 164, 174, 180
ハックボード　175
ハックボックス　164, 174, 175, 178
ハ　ト　13
ハト目　17, 18
ハト類　253
花　蜜　277
花蜜パウダー　279
ハネビロノスリ　168
パネルヒーター
　ラジエーター式－　278

パプアヒクイドリ　51
パペット　160〜162, 174〜177, 184, 193, 196〜198, 204, 251, 287, 288
ハヤブサ　169, 179, 253
ハヤブサ類　167
パラミクソウイルス　57
バリケン　213
バリケンネル　120, 122, 123, 309
ハロフジノン　232
ハワイミツスイ類　415
繁殖業者　280
繁殖コロニー　129
繁殖用飼料　245
晩成性　2, 6〜8, 16〜22, 95, 201, 213, 253, 265, 268, 277, 321, 373, 375, 377, 429
半早成性　16, 26, 27, 306, 314
反転した翼　148
ハンドリング　295
ハンドリング管理基準　241
半晩成性　22
バンブルフット　179, 397, 450
半弁足　16, 25
半蹼足　25

ひ

ピーナッツバタークランブル　379, 433
ピープコール　322
ヒインコ類　277
尾　羽　354, 376
皮下気腫　10, 92, 287, 417, 431
ヒガシアメリカオオコノハズク　296
皮下注射　255
皮下補液　375
皮下輸液　8, 420
光周期　179
光ファイバー式検卵器　36
ヒクイドリ　51, 53, 57, 61
ヒクイドリ科　51
飛行機の翼　148
飛翔訓練用鳥舎　344
飛翔昆虫　309, 448
飛翔用鳥舎　123, 203
ピジョンミルク　253, 257
非ステロイド系抗炎症剤　83, 171
ヒタキ類　31

ビタミンA　130
ビタミンB　256
ビタミンB_1　67, 68, 74, 84, 93, 142, 256
ビタミンB_2　257
ビタミンB_6　364
ビタミンB_{12}　364
ビタミンB群　364
ビタミンB欠乏症候群　55
ビタミンB複合体　130
ビタミンD　56, 189, 203
ビタミンD_3　110, 130, 138, 287
ビタミンE　55, 56, 74, 84, 93, 101, 110, 130
ビタミンE欠乏　148, 188
ビタミンE・セレニウム製剤　56
ビタミンサプリメント　364
人馴れ　249, 381
雛白痢　220, 221
雛用餌　410
雛用飼料　245
ピペラシリン　70
ピペラジン　218
微胞子虫　324
ヒマラヤハゲワシ　182
ヒメウミスズメ　133
ヒメカイツブリ　79
ヒメキンヒワ　28, 415, 416, 423, 426
ヒメコンドル　17, 169, 178, 179, 181
ヒメハジロ　146
ヒメレンジャク　19, 432〜435, 437
ヒューストン動物園　313, 316
病原体保有動物　220
標準体重　273
日和見感染　296
ピリドキシン　364
ヒルズサイエンスダイエット　234
ピレトリン　12, 173, 442
ヒワ類　415
ピンクマウス　186, 189, 364, 384, 387, 399, 412
ピンニング　172

ふ

プアーウィルヨタカ　15, 26, 303, 305, 307, 310
ファジーマウス　189, 364, 412

フィーディングニードル　100, 273
フィプロニル　12
フィリピンワシ　157
フィンチの突然死シンドローム　419
フィンチ類　29, 425
　外来−　451
フウキンチョウ類　29
フウチョウ科　412
プール　81, 88, 95, 96, 124, 143
フェノール系消毒剤　37
フェンベンダゾール　83, 204, 256, 398, 431, 432
フォーミュラ　69, 70, 256, 259, 262, 270, 274, 315, 351, 352, 410, 411, 424〜426, 443, 444
　給餌用−　453
　人工育雛用−　452
孵　化　45
　−の介助　187
孵化器　35
孵化率　37, 47, 48
複合ビタミンB液状サプリメント　364
副　子　147, 375
副子固定　243
副鼻腔炎　271
副　木　233
　かんじき型の−　257
腹膜炎
　寄生虫性の−　204
フクロウ　298
フクロウ目　22
フクロウ類　293
浮　腫　187
不正咬合　9, 384
フタオビチドリ　8, 23, 108, 109, 111, 115
ブッポウソウ　355, 361, 370
ブッポウソウ目　20
ブッポウソウ類　355, 357, 360, 362, 366, 368
筆　毛　322, 369
ブドウ球菌　217
ブドウ糖　7, 13, 374
ブドウ糖液　107, 171, 323
ブドウ糖・塩化ナトリウム混合液　286
ブドウ糖・ラクトリンゲル混合液　323
踏込み消毒槽　37, 115, 225, 362

浮遊法　442
浮遊法検査　376
フライトケージ　95, 203, 262, 311, 344
プラジカンテル　83, 204, 398, 432
ブラシ状の舌　277
プラスモジウム　297
プラットホーム　168
フラミンゴ　38
フラミンゴコンプリートペレット　100
フラミンゴ類　97
孵卵温度　185
孵卵器　34, 39, 267
　自然対流式−　35, 342
　ポータブル式−　38
孵卵期間　33
孵卵日数　33
ブリーダー　280
プリマキン　172
ブリンジー　35
フルオレセイン染色液　9, 296
フルコナゾール　70
フルスペクトルライト　89, 114, 262, 310, 423, 436, 446
フレクターランプ　234
フレンチ　70
プローブ式温度計　323
フロセミド　187
フロントラインスプレー　12
糞の塗抹検査　376
糞便検査　11, 130
糞便浮遊法　417, 432
フンボルトペンギン属　76

へ

米国環境保護庁　12
米国魚類野生生物局　1, 81, 163
米国食品医薬品局　223
米国農務省林野部　163
閉鎖骨折　120, 243
平常体温
　雛の−　7
ベクター　297
ベタジン　45, 54, 76, 186, 203, 442
べたついた雛　268
ペットキャリー　118, 400
ペット輸送用使い捨てカイロ　452

ベトラップ　120，147，159，203，233
ペニシリン　172
ベニヒワ類　415
ベビーシリアル　145
ヘモクロマトーシス　314
ヘモフィルス　57
ヘモプロテウス　297
ペリカン目　20
ペリカン類　16，91
ヘルペスウイルス　57
ペルメトリン　218
ペレット　84，100，170〜172，176，177，
　　189，297，299，355，363
　　リーフモンキー用−　316
ペレット飼料　222
　　ソフトビル用−　315
　　低鉄性の−　314
ベンガルハゲワシ　182
ペンギン　63
ペンギン類　63
弁　足　16，26，79，142
弁　膜　142
鞭毛虫　255，419

ほ

保育器
　　新生児用−　209
ホイッププアーウィルヨタカ　303，305
ホウカンチョウ　227
抱　雛　183，254，453
包帯法　243
抱　卵　239，253
抱卵期間　185
補液剤　394，397
補液療法　241，441
ホオジロガモ　146
ホオジロシマアカゲラ　21
ポータブル型孵卵器　35，36，38
ボーラス投与（大量投与）　81，295
保温器　122
ボーンミール　13
保温ランプ　6，214，224，278，310
蹼　足　16，24，27
ホシムクドリ　2，432
ホスピタルボックス　342
ポックス　100

ボツリヌス　83
ボツリヌス症　149
ホトトギス目　20，21
ホバリング　331
ポビドンヨード　186，256，442
ボルチモアムクドリモドキ　28
ボルデテラ・アビウム　57
ホルムアルデヒド　37，38

ま

マイクロチップ　54，266，350
マイクロポアペーパーテープ　12，120
マイコトキシン　240
マイコプラズマ　57，220
マイコプラズマ症　397
埋没式フェンス　154
マガモ　24，142，145，213
マサイダチョウ　51
マスキング　197
マゼランペンギン　63，75
マダラウミスズメ　129，134
マダラウミスズメ属　131
マダラハゲワシ　182
マツカサ　379
マッシュ飼料　222
マットヒーター　118，145，159，162，196，
　　202，206，209，230，281，299，378，452
マニュアル
　　IWRC Wildlife Feeding and Nutrition の−　442
マネシツグミ　29，410，430，433，435，436
マネシツグミ類　31，429
マヒワ類　415
マヨイダニ科のダニ　324
マラリア　70，100，297
マルチビタミンミックス　136
マレック病　218，219，221
マンガン　56，110
　　−の欠乏　148
慢性呼吸器病　220

み

ミオパシー　55，57，241
ミクロスポリジア　324
ミサゴ　167，168，173，178，179
ミジカオノスリ　168
ミシシッピートビ　169

未熟児保育器　162
水っぽい雛　268
ミソサザイモドキ　31, 429
ミソサザイ類　31, 439
ミチバシリ　9, 10, 16
ミドリツバメ　439, 441, 445
ミドリモリヤツガシラ　370
ミナミアフリカダチョウ　51
ミナミジサイチョウ　360, 370
ミネラル　444
ミネラルオイル　384
ミネラルミックス　222
ミバエ
　　養殖—　325, 331
ミミカイツブリ　79
ミミヒメウ　20
ミヤコドリ科　105
ミヤコドリ類　105, 106
ミユビゲラ　373
ミルワーム　204, 234, 290, 379, 443
　　白い—　443

む

ムクドリ　2, 433, 435
ムクドリモドキ類　29
ムクドリ類　29, 31, 434, 437
虫のクッション　379
ムナジロアマツバメ　16, 335
ムラクモインコ　275
ムラサキエボシドリ　315, 316, 317

め

明暗サイクル　59, 89, 179, 436
メープルシロップ　379
メガバクテリア　56
メキシコアカボウシインコ　21
メキシコマシコ　29, 409, 415
メタムシル　172
メチオニン　56
メチル水銀中毒　83
メトロニダゾール　255, 419, 420, 432
メベンダゾール　83
メリケンアジサシ　119, 121, 122, 126
メロキシカム　83, 172
綿羽　69
免疫蛋白　33

メンフクロウ　22, 300

も

毛細線虫　256, 398, 432
盲腸　232
毛髪様骨折　203
網膜検査　9
木タール　217
目標摂取量　368
モズモドキ類　31
モズ類　31
モビング　392
モモアカノスリ　168
モリツグミ　433〜435
モリヤツガシラ類　355, 368
モルッカブッポウソウ　361

や

ヤケイ　227
夜行性　210, 304
野生個体群　237
野生動物救護協会　17
野生動物許可保護事務所　2
ヤツガシラ　363, 370
ヤツガシラ類　355
ヤブカッコウ　285
ヤブガラ　31, 439
ヤブガラ類　31
ヤマウズラ　227, 232

ゆ

ユウガアジサシ　119
誘拐　416
有刺鉄線　230
有精卵　41, 98
輸液セットの延長チューブ　376
輸液療法　337
ユキコサギ　22, 205, 206
ユキメドリ　15
湯たんぽ　132
ゆで卵　397

よ

養子縁組　168
養殖ミバエ　325, 331
養親　81

幼雛用飼料　222
ヨウ素系　37
幼鳥羽　58
羊　膜　34，265
幼綿羽　69，123，203
翼開長　182，239
翼角関節　187
翼下垂　203
翼　帯　68
翼帯マーカー　163
翼　長　115，158，346
ヨタカ目　26
ヨタカ類　303

ら

ライセンス　180
　救護の—　170
ライチョウ　227，230，233，236
ライフステージ　465
ラクトリンゲル液　7，82，100，107，108，118，130，159，171，186，202，231，255，286，295，323，363，374，394，431
ラジエーター式パネルヒーター　278
ラジオテレメトリー　163
ラノリンクリーム　147
卵黄嚢　16，33，34，40，41，44，46，54，55，58，64，107，187，269，314，351，402
卵黄嚢感染　55
卵殻膜　185
乱　婚　97
卵　歯　44，230，269
卵重減少率　40，42，44，48，52，184，268，359，362
　—の公式　359
卵重減少量　36，37，40，268
卵重の減少　187
卵白膜　34

り

リーフモンキー用ペレット　316
離巣性　153
リハビリテーション　106，144，153，409
リハビリテーション施設　126，227
リハビリテーター　1，106，153，202，235，326，429
リビングストンエボシドリ　314，318

リフィーディング　246
リフレクターランプ　246
リボフラビン　257
リボフラビン欠乏　56
竜　骨　215，224，260，352，397
竜骨突起　294
粒状飼料　222
リンパ腫　219

る

ルアーチップ（式）シリンジ　159
ルアーロック（式）シリンジ　86，273，374，377
ルイスキツツキ　373
ルッカリー　204
ルリガシラセイキチョウ　454，455
ルリコンゴウインコ　273
ルリツグミ　415，433，435
ルリツグミ類　429

れ

レ　ア　51〜57
レア科　51
冷凍マウス　204
レース用のハト　254
レオウイルス　57
レバミゾール　83
レンカク科　105
レンジャク類　29，429

ろ

ロイコチトゾーン　172，297
ローリー　277
濾過装置　89
ロセフィン　46，186，187
ロニダゾール　432，442
ロリキート　277，279，280，282，283

わ

ワキアカトウヒチョウ　28
ワクチン接種　217，219
ワクモ　218
ワシ類　157
ワシントン条約　451
渡　り　80，126，210
ワタリガラス類　391〜394，399，401，403，406

渡り鳥　3, 391
渡り鳥条約法　335, 393
ワックスエステル　133
ワックスワーム　111, 234, 379
ワライカワセミ　370

ワライカワセミ類　357, 364
弯曲症
　足の―　257
　趾の―　159, 257

外国語を含む用語の索引

A

Abbott　11, 70, 159, 160, 376
Abbot Labs　67
Accipiter 属　168, 180
AE　219, 220
AICU　195
airplane wing　148
American Poultry Association　211〜213, 225
angel wing　110
animal record keeping system　64
Apatate　412
Apatate Liquid　364
Ara ararauna　273
Arcata　161
ARKS　64
Astroturf　68
Aventis　187
Avi-Con 粉末状ビタミン剤　340
Avi-Con Powdered vitamin supplement　340
Avi-Era 鳥類用ビタミン　257, 411
Avimin liquid mineral supplement　340

B

Betadine　45, 76
BioDres　11, 203, 257, 376, 417
BMR　465, 466
body weight percentage method　82
Brinsea　35
Buteo 属　168

C

Ca-EDTA　148
$CaCO_3$　192

California least tern　118
Capstar　12
Catac ST1 乳首　308
Centers for Disease Control　189
Clavamox　11
cob　144
Coban　120
Collasate　11
colts　239
Contact Incubator　35
Cyclop-eeze®　136
cygnets　144

D

DMSA　148
DNA-DNA ハイブリダイゼーション　303
DNA による性判別　277
Dow Agrosciences　12
drake　144
drawdown　42, 66, 185, 269
dry chick　268
ducklings　144
DVM　11
DVM Pharmaceuticals　203, 376

E

Egg Buddy　185
Ensure　107
Exact　257
external pipping　269

F

FDA　223
Flock Raiser®　222

Formula V Enteral Care 108
Frontline spray 12

G

gander 144
GardenTeck 12
Gloves 12
goose 144
goslings 144

H

Hand-feeding Formula 351
hen 144
Hill's A/D 缶 13
Hills 150
hobbling 147
Hospital Box 342

I

IBV 219, 220
internal pipping 269
International Species Information System 64, 158
International Wildlife Rehabilitation Council 409
ISIS 64, 158
ISIS データベース 158
Isocal 118
IUCN レッドリスト 265
IWRC 409
IWRC Wildlife Feeding and Nutrition のマニュアル 441

K

K-Pad 159
K-Pads 161
Kaytee 257, 386
Kaytee Exact 279, 351, 384, 385, 452
Kaytee Exact Formula 384
Kaytee Exact Hand-Feeding Formula 13, 315, 409, 420
Kaytee Exact Mynah 314, 315, 351

Kelthane 12
KY ゼリー 70

L

Lafeber 411
Lasix 187
Lory life 283
LRS 323
Lyon Technologies 209

M

MacDiet 410, 411, 432, 443, 444
maintenance and deficit replacement method 82
Mazuri 100, 136, 143, 386
Mazuri Auklet Blend 136
Mazuri Auklet Vitamin Mix 137
Mazuri Leaf-eater Primate Pellets 316
Mazuri Parrot Breeder Pellets 316
Mazuri Parrot Pellets 316
Mazuri Softbill 314
Mazuri Vita-Zu 鳥類用錠剤 74
MBD 12
MedARKS 64
MER 465, 466
Merial 12
Micropore paper tape 12, 120
Minimum Standards for Wildlife Rehabilitation 81
MSDS 12
Multimilk 118

N

National Band and Tag Company 81
ND 219, 221
Nectar-Plus 327
Nekton-S 110, 111
Nexaband 11, 376, 417
Nolvasan 70
Novartis 12
NSAIDs 83, 171, 172

O

OIE　221

P

Pasteurella multocida　11，204
Pedialyte　67, 70, 71, 82, 107, 108, 118, 131, 136, 151, 159, 160, 186, 231, 245, 255, 316, 365, 385, 452
Pfizer　11
PRN Pharmacal　11
Probe Light Candler　36
Purina Mills®　222

Q

Quickon's Multivitamin　136

R

Reptarium　378
reversed wing　148
RH　184
Rocephin　186
Roche　186, 187
Ross　186

S

SAM Medical Products　203
SAM Sprint　203
SeaTab　93
Sevin Dust　12
slipped wing　110, 148
STAT 高カロリー流動食　337
sticky chick　268
Superpreen　160
SuperRich Yeast　340
swan　144
sword wing　148

T

Tegaderm　11, 203
Thermocare　159, 161
The Animal Intensive Care Unit　195
The Sibley Guide to Birds　377
torpor　303
Trichomonas gallinae　9

V

Vetrap　120, 147, 159, 203, 233
Vionate powder　93
Vital High Nitrogen　108
Vital HN　324, 325, 327, 329, 330～332
Vital HN パウダー　326
Vital HN ミックス
　　強化—　327

W

wet chick　268
WNV　189
WNV 感染　189

Z

Zeigler Crane Breeder　245
Zupreem　386
ZuPreem Softbill　314

鳥類の人工孵化と育雛	定価（本体 12,000 円＋税）	
2009 年 1 月 15 日　第 1 版第 1 刷発行	＜検印省略＞	

監訳者　山　﨑　　　　亨
発行者　永　井　富　久
印　刷　㈱　平　河　工　業　社
製　本　田　中　製　本　印　刷　㈱
発　行　**文 永 堂 出 版 株 式 会 社**
〒113-0033　東京都文京区本郷 2 丁目 27 番 3 号
TEL　03-3814-3321　FAX　03-3814-9407
振替　00100-8-114601 番

Ⓒ 2009　山﨑　亨

ISBN　978-4-8300-3218-9

■文永堂出版■

野生動物の医学
Fowller・Miller/Zoo and Wild Animal Medicine 5th ed.

中川志郎 監訳　成島悦雄，宮下 実，村田浩一 編

定価（本体 29,000 円＋税）

送料 790 円〜（地域によって異なります）

A4 判変形，818 頁，2007 年 9 月発行

　『野生動物の獣医学』から 23 年振りに野生動物，展示動物の獣医学を体系的にまとめた待望の書がここに完成しました。魚類（1 章），両生類（2〜4 章），爬虫類（5〜9 章），鳥類（10〜32 章），哺乳類（33〜64 章），多種共通の疾患（65〜80 章）で構成されています。関係者必携の 1 冊です。

野生動物のレスキューマニュアル

森田正治 編
（森田 斌 編集アドバイス）

定価 7140 円（本体 6800 円＋税），送料 400 円

B5 判，267 頁，2006 年 3 月発行

　傷病野生動物が持ち込まれて困った際，動物病院でも，職場でも，自宅でも，この本をひも解いていただけば，すぐに役立つ実践書。〔略目次〕看護，小型・中型鳥類，鳥類の油汚染・中毒，猛禽類，哺乳類・両生類，人獣共通感染症，病理，付録

野生動物の看護学
Les Stocker/Practical Wildlife Care 2nd ed.

中垣和英 訳

定価（本体 9,000 円＋税），送料 510 円

B5 判・395 頁，2008 年 6 月発行

　略目次：最初の指令，最初の対応，輸液療法，創傷管理，骨折の生物学と応急処置，骨折の管理，野生鳥類の病気，野生哺乳類の病気，庭を訪れる鳥（庭の鳥），ハト，狩猟鳥，カラス類，水鳥－カモ類，水鳥－ハクチョウ類，ガンと他の水鳥，猛禽類，海鳥，親からはぐれた鳥を人の手で飼養する，小型哺乳類，ハリネズミ，カイウサギとノウサギ，アカギツネ，アナグマ，他のイタチ科の動物，シカ，コウモリ，他の哺乳類，親からはぐれた野生哺乳類を育てる，爬虫類と両生類

　英国 No.1 の野生動物救護施設 St Tiggywinkles の英知と技術が盛り込まれた 1 冊。とても有効でかつ実際的な取り扱いが学べます。

獣医療における動物の保定
Sheldon・Sonsthagen・Topel/Animal Restraint for Veterinary Professionals

武部正美 訳

定価（本体 12,000 円＋税），送料 400 円

A4 判変・約 240 頁，オールカラー，2007 年 9 月発行

　略目次：1 章 保定の原則，2 章 結節の結び方，3 章 猫の保定法，4 章 犬の保定法，5 章 牛の保定法，6 章 馬の保定法，7 章 羊の保定法，8 章 山羊の保定法，9 章 豚の保定法，10 章 齧歯類，ウサギおよびフェレットの保定法，11 章 鳥類の保定法

　獣医療では，診療に際して動物たちが自発的に協力してくれることはありません。当然なにがしかの保定が必要になります。診断や治療には，それぞれの処置に適した保定が必要となります。動物の保定は獣医療では欠かせない重要な技術と言えます。本書は各種動物の保定について豊富なカラー写真を用いてそのノウハウを解説したものです。

●ご注文は最寄の書店，取り扱い店または直接弊社へ

文永堂出版　〒113-0033　東京都文京区本郷 2-27-3　TEL 03-3814-3321
URL http://www.buneido-syuppan.com　FAX 03-3814-9407